Prof. Dipl. Ing. Dr. Hans G. Steger, Linz
Prof. Dipl. Ing. Johann Sieghart, Linz
Prof. Dipl. Ing. Erhard Glauninger, Linz

Technische Mechanik 2

Festigkeitslehre
Kinematik, Kinetik
Hydromechanik

mit 575 Bildern und Tabellen,
248 Beispielen und 342 Aufgaben

Verlag Hölder - Pichler - Tempsky GmbH
www.hpt.at

Mit Bescheid des Bundesministeriums für Bildung, Wissenschaft und Forschung vom 19. November 2024, GZ 2024-0.248.157, gemäß § 14 Abs. 2 und 5 des Schulunterrichtsgesetzes, BGBl. Nr. 472/86, und gemäß den derzeit geltenden Lehrplänen als für den Unterrichtsgebrauch für den II. – IV. Jahrgang an Höheren technischen und gewerblichen Lehranstalten im Unterrichtsgegenstand Technische Mechanik und Berechnung (Lehrplan 2015) geeignet erklärt.

Änderungen aufgrund von Veränderungen der Rechtsordnung und des Normenwesens, in der Statistik und im Bereich von Wirtschaftsdaten sowie Software-Aktualisierungen liegen in der Verantwortung des Verlags und werden nicht neuerlich begutachtet.

Dieses Schulbuch wurde auf Grundlage eines Rahmenlehrplans erstellt; die Auswahl und Gewichtung der Inhalte erfolgen durch die Lehrerinnen und Lehrer.

Schulbuchnummer: 660

Haftungshinweis
Trotz sorgfältiger inhaltlicher Kontrolle können wir für die Inhalte externer Links keine Haftung übernehmen. Für den Inhalt der verlinkten Seiten sind ausschließlich deren Betreiber verantwortlich.

Das Autorenteam und der Verlag bitten, alle Anregungen und Vorschläge, die dieses Schulbuch betreffen, an folgende Adresse zu senden:
Verlag Hölder-Pichler-Tempsky GmbH
Frankgasse 4, 1090 Wien
E-Mail: service@hpt.at

6. Auflage, korrigierter Nachdruck 2025 (6,00)

Druck und Bindung: Brüder Glöckler GmbH, Wöllersdorf
ISBN: 978-3-230-02568-5

202324072
PRINTED IN AUSTRIA

Vorwort

Dieser Teil der Technischen Mechanik vertieft die Festigkeitslehre und behandelt die Kinetik, Kinematik sowie Hydromechanik. Wie im Teil 1 haben wir den Lernstoff schrittweise vom Einfachen zum Schwierigen dargestellt und durch zahlreiche Beispiele aus der Praxis ergänzt. Wenn die grafische Lösung leichter und schneller als die analytische erscheint, haben wir beide Lösungswege zu den Beispielen angegeben.

Bei der Überarbeitung der 4. Auflage wurden Fehler in Texten und Bildern korrigiert und letztere übersichtlicher gestaltet.

Wichtig zur Stofffestigung und Übung sind die Aufgaben, die nach Möglichkeit aus der Praxis entnommen wurden. Die Lösungen im Anhang dienen zur Selbstkontrolle.

Unseren Kollegen und Schülern sind wir ebenso wie der Verlag dankbar für Hinweise und Kritiken zur Weiterentwicklung des Buches.

Hans G. Steger
Johann Sieghart
Erhard Glauninger

Inhaltsverzeichnis

Seite

4 Hydromechanik,

Anhang

Sachwortverzeichnis

1 Festigkeitslehre

Die im 1. Teil ausführlich behandelten Bereiche der Festigkeitslehre werden hier nur wiederholt, wenn es im Sinn einer gesamtheitlichen Darstellung notwendig erscheint.

1.1 Zug- und Druckbeanspruchung

1.1.1 Einfache Zug- und Druckbeanspruchung ohne Berücksichtigung der Eigenlast

Zug- (und Druck-)beanspruchung tritt auf, wenn in der Stabachse wirkende äußere Kräfte einen Stab auseinander ziehen (drücken). Dabei steht die Resultierende der inneren Kräfte senkrecht zur Querschnittsfläche. Wir erhalten sie mit der Schnittmethode, indem wir einen gedachten Schnitt senkrecht zur Stabachse legen und an diese Schnittfläche die inneren Kräfte zur Herstellung des Gleichgewichts setzen. Sehen wir von der Stelle der Krafteinleitung am Bauteil und evtl. Kerben ab, können wir davon ausgehen, dass bei Zug- und Druckbeanspruchung die inneren Kräfte gleichmäßig über den Querschnitt verteilt sind (Prinzip von de St. Venant, Abklingen der örtlichen Spannungen).

Für die einfache Zug- und Druckbeanspruchung im Stab gelten einige Voraussetzungen:

- Die Stabachse ist gerade.
- Im Fall druckbeanspruchter Teile ist die Bauteillänge nicht allzu groß im Verhältnis zum Querschnitt, so dass kein Ausknicken eintreten kann.
- Die Querschnittsfläche entlang der Stabachse ist konstant bzw. ändert sich nur unwesentlich (ca. 1 %).
- Die Stabachse ist Wirkungslinie der Kräfte.

Unter diesen Voraussetzungen rechnen wir mit der einfachen Gleichung

$$\sigma_z = \frac{F_L}{A}. \qquad \text{Gl. (1.1)}$$

σ_z	F_L	A
N/mm²	N	mm²

Diese Spannung σ_z bzw. σ_d muss beim Bemessen von Bauteilen kleiner oder gleich der zulässigen Spannung σ_{zul} sein.

$$\sigma_z = \frac{F_L}{A} \leqq \sigma_{z\,zul} \quad \text{bzw.} \quad \sigma_d = \frac{F_L}{A} \leqq \sigma_{d\,zul} \qquad \text{Gl. (1.2/1.3)}$$

Beispiel 1.1 Gegeben ist eine gestufte zylindrische Stange, die einseitig aufgehängt ist und an der die Kräfte F_1 bis F_3 nach Bild **1.1** a wirken. Zu berechnen ist die jeweilige Zug- bzw. Druckbeanspruchung in den Bereichen *AB*, *BC* und *CD* (Eigenlast vernachlässigbar).

Lösung Die Reaktionskraft an der Einspannstelle *A* ergibt sich aus

$\Sigma F_{iy} = 0{:}\ F_1 + F_2 - F_3 - F_A = 0$ (**1.1** b) →

$F_A = F_{AB} = F_1 + F_2 - F_3 = 20\,\text{kN} + 30\,\text{kN} - 40\,\text{kN} = 10\,\text{kN}.$

Somit ist die Spannung im Bereich von *A* nach *B*

$$\sigma_{AB} = \frac{F_A}{A_A} = \frac{10^4\,\text{N} \cdot 4}{40^2\,\text{mm}^2 \cdot \pi} = \mathbf{7{,}96\ N/mm^2}.$$

Lösung
Fortsetzung

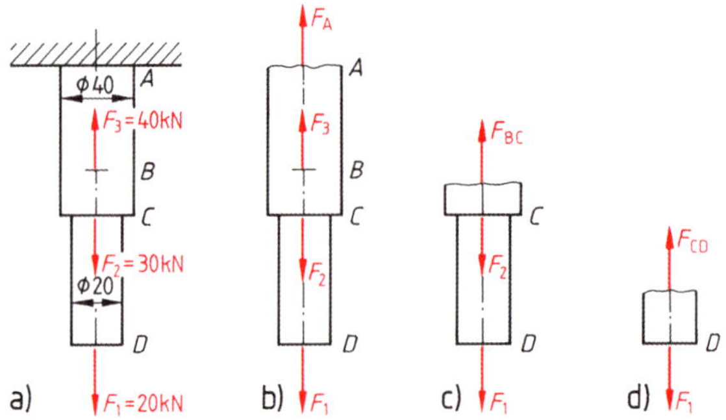

1.1
Zugstab

Für den Bereich zwischen B und C gilt nach Bild **1.1** c

$$\Sigma F_{iy} = 0: F_1 + F_2 - F_{BC} = 0 \rightarrow F_{BC} = F_1 + F_2 = 50\,\text{kN}.$$

$$\sigma_{BC} = \frac{F_{BC}}{A_A} = \frac{50 \cdot 10^3\,\text{N} \cdot 4}{40^2\,\text{mm}^2 \cdot \pi} = \mathbf{39{,}8\,N/mm^2}$$

Für den Bereich zwischen C und D schließlich gilt nach **1.1** d

$$\Sigma F_{iy} = 0: F_1 - F_{CD} = 0 \rightarrow F_{CD} = F_1 = 20\,\text{kN}.$$

$$\sigma_{CD} = \frac{F_{CD}}{A_D} = \frac{20 \cdot 10^3\,\text{N} \cdot 4}{20^2\,\text{mm}^2 \cdot \pi} = \mathbf{63{,}7\,N/mm^2}$$

1.1.2 Hooke'sches Gesetz und Formänderungsarbeit

Hooke'sches Gesetz. Spannungen bis zur Dehngrenze (Proportionalitätsgrenze) R_p haben im Spannungs-Dehnungs-Schaubild einen linearen Verlauf. D. h., die Dehnung ε nimmt proportional der Spannung σ zu.

Diese proportionale Beziehung drückt das Hooke'sche Gesetz aus:

Hooke'sches Gesetz: Die Spannung ist proportional der Dehnung $\sigma = E \cdot \varepsilon$, wobei die Dehnung $\varepsilon = \frac{\Delta l}{l}$ mit l als Ausgangslänge und Δl als Längenänderung definiert wird (**1.2**).

Gl. (1.4/1.5)

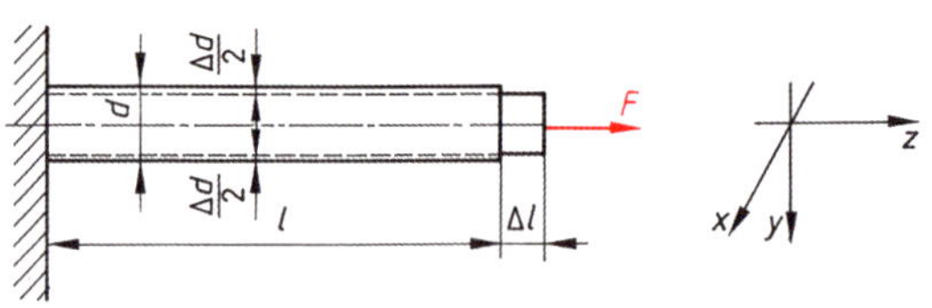

1.2
Zugstab mit Längsdehnung und Querkürzung

Der Elastizitätsmodul $E = \tan \delta = \sigma/\varepsilon$. Der Anstieg der Hooke'schen Geraden im Spannungs-Dehnungs-Schaubild ist ein Maß für die Elastizität eines Werkstoffs. Man kann ihn auch als jene theoretische Größe einer Spannung definieren, die eine Werkstoffverlängerung auf das Doppelte bewirkt.

Poisson'sche Zahl. Die Längsdehnung eines Stabes hat auch eine Verringerung des Querschnitts zur Folge – die Querkürzung $\varepsilon_q = \Delta d/d$. Das Verhältnis Längsdehnung zu Querkürzung ist bei jedem Werkstoff konstant und heißt Poisson'sche Konstante oder Zahl m. Ebenso häufig in Gebrauch ist ihr Kehrwert, die Querzahl μ (**1**.3).

Werkstoff	E in N/mm²	G in N/mm²	μ
Stahl, Stahlguss	2,1 . 10⁵	0,81 . 10⁵	0,30
Grauguss	0,9 . 10⁵	0,40 . 10⁵	
Sphäroguss, Temperguss	1,7 . 10⁵	0,68 . 10⁵	~0,25
Aluminium	0,72 . 10⁵	0,28 . 10⁵	~0,30
Kupfer	1,25 . 10⁵	0,48 . 10⁵	0,35
Bronze	1,15 . 10⁵	0,44 . 10⁵	0,30
Messing	0,8 . 10⁵	0,31 . 10⁵	
Holz (in Faserrichtung)	0,11 . 10⁵	0,055 . 10⁵	

Poisson'sche Zahl $m = \dfrac{\varepsilon}{\varepsilon_q}$ Gl. (1.6) Querzahl $\mu = \dfrac{1}{m}$ (Gl. (1.7)

Ein- und mehrachsiger Spannungszustand

Bei unseren bisherigen Betrachtungen gingen wir davon aus, dass die Beanspruchung nur in einer Achse, meist der z-Achse (Längsachse), auftritt. Entsprechend dieser Beanspruchung in Achsrichtung gibt uns das Hooke'sche Gesetz den Zusammenhang zwischen der auftretenden Spannung in dieser Richtung und der Dehnung ε in dieser Richtung. Nach Poisson wissen wir, dass die Längsdehnung ε eine negative Querdehnung bzw. eine Querkürzung ε_q zur Folge hat.

Was geschieht aber, wenn auf einen Körper von allen Seiten Gas- oder Flüssigkeitsdrücke oder Zugkräfte einwirken, also Spannungen nicht nur in einer Richtung, sondern auch in den beiden anderen Koordinatenrichtungen auftreten? Jede dieser auftretenden (Zug-)Spannungen muss logischerweise eine Verlängerung in ihrer Richtung und eine Querkürzung (negative Dehnung) in den beiden anderen Koordinatenrichtungen zur Folge haben. (Bei unserer Betrachtung setzen wir voraus, dass auf das betreffende Volumenelement nur Zug- oder Druckspannungen, also Normalspannungen und keine Schubspannungen einwirken.)

Spannung in einer Achsrichtung. Bei dem Würfel **1**.4 im gegebenen Koordinatensystem sehen wir, dass nur in z-Richtung eine Spannung σ_z wirkt. Die Spannungen in den beiden anderen Richtungen σ_x und σ_y sind jeweils null. Es ist daher $\varepsilon_z = \sigma_z/E$. Da σ_x und $\sigma_y = 0$ sind, könnte man schließen, dass die Dehnung in x- und y-Richtung ebenso null sein muss. Dies ist jedoch wegen der mit einer Längsdehnung verbundenen Querkürzung nicht der Fall. Die Querzahl $\mu = 1/m$ ist das Verhältnis Querdehnung: Längsdehnung, also

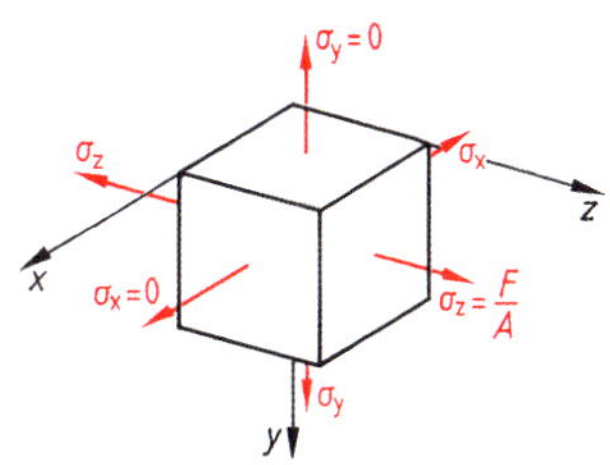

1.4 Volumenelement mit Spannung nur in einer Achsrichtung

$$\mu = -\frac{\varepsilon_y}{\varepsilon_z} = -\frac{\varepsilon_x}{\varepsilon_z}.$$

Weil wir eine Querkürzung haben, ist das Minuszeichen zu setzen.

Da $\varepsilon_z = \sigma_z/E$ ist, wird die Dehnung in y- und x-Richtung

$$\varepsilon_y = \varepsilon_x = -\frac{\mu \cdot \sigma_z}{E}. \qquad \text{Gl. (1.8)}$$

Beispiel 1.2 Gegeben ist ein Zugstab mit $d = 20$ mm und $l = 1$ m. An ihm wirkt eine Kraft $F = 20000$ N. Der Stab besteht aus Stahl ($\mu = 0{,}3$). Berechnen Sie die Längenänderung Δl und die Durchmesseränderung Δd unter der Belastung F (**1.2**).

Lösung

$$A = \frac{d^2 \cdot \pi}{4} = \frac{20^2\,\text{mm}^2 \cdot \pi}{4} = 314\,\text{mm}^2 \qquad \sigma_z = \frac{F}{A} = \frac{20\,000\,\text{N}}{314\,\text{mm}^2} = 63{,}66\,\text{N/mm}^2$$

$$\left.\begin{aligned} \varepsilon_z &= \frac{\Delta l}{l} \\ \sigma_z &= E \cdot \varepsilon_z \end{aligned}\right\} \quad \begin{aligned} &\rightarrow \Delta l = l\,\frac{\sigma_z}{E} = 1000\,\text{mm} \cdot \frac{63{,}66\,\text{N/mm}^2}{2{,}1 \cdot 10^5\,\text{N/mm}^2} = \mathbf{0{,}303\,mm} \\ &\rightarrow \varepsilon_z = \frac{\sigma_z}{E} = \frac{63{,}66\,\text{N/mm}^2}{2{,}1 \cdot 10^5\,\text{N/mm}^2} = 303.10^{-6} \end{aligned}$$

$$\varepsilon_y = \varepsilon_x = -\mu \cdot \varepsilon_z = -0{,}3 \cdot 303 \cdot 10^{-6} = -90{,}94 \cdot 10^{-6}$$

$$\varepsilon_y = \varepsilon_x = \frac{\Delta d}{d} \rightarrow \Delta d = \varepsilon_y \cdot d = -90{,}94 \cdot 10^{-6} \cdot 20\,\text{mm} = \mathbf{-1{,}82 \cdot 10^{-3}\,mm}$$

Die Durchmesseränderung ist etwa 2 Zehnerpotenzen kleiner als die Längenänderung.

Spannungen in allen drei Richtungen (mehrachsiger Spannungszustand).

Wir betrachten einen Würfel mit der Kantenlänge 1 im räumlichen Koordinatensystem (**1.5**). Unter der Einwirkung der drei Spannungen σ_x, σ_y und σ_z verlängert der Würfel seine Kanten von 1 auf $(1 + \varepsilon_x)$ bzw. $(1 + \varepsilon_y)$ bzw. $(1 + \varepsilon_z)$ (**1.6**). Diese Dehnung ε_z z.B. setzt sich zusammen aus der Dehnung σ_z/E (verursacht durch die Spannung in z-Richtung) und der negativen Dehnung (Querkürzung) $-\mu \cdot \sigma_y/E$ (verursacht durch die Spannung in y-Richtung) und der negativen Dehnung (Querkürzung) $-\mu \cdot \sigma_x/E$ (verursacht durch die Spannung in x-Richtung). Dies gilt analog für die Würfeldehnung in y - und x-Richtung.

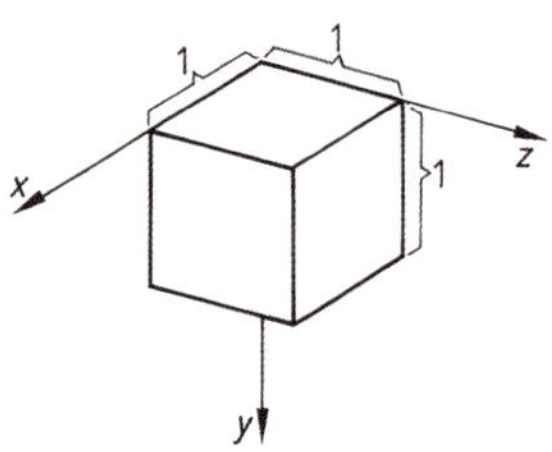

1.5 Volumenelement mit Kantenlänge l

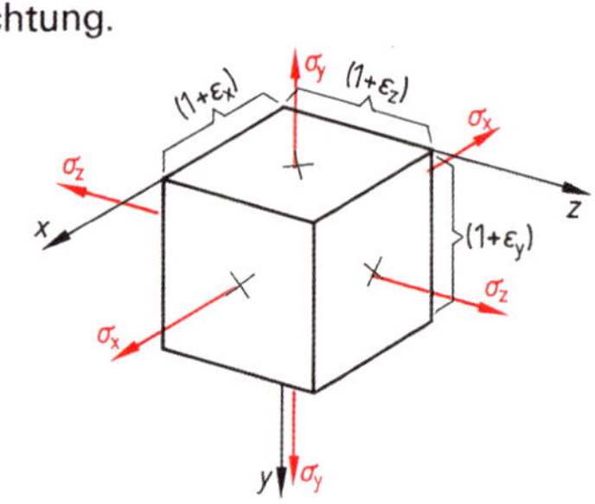

1.6 Volumenelement mit Spannungen in den drei Achsrichtungen

Die Gesamtdehnung setzt sich jeweils zusammen aus der Dehnung in der betrachteten Richtung und der Querkürzung, hervorgerufen durch die Spannungen in den beiden anderen Koordinatenrichtungen. Somit ergibt sich die Dehnung in den drei Koordinatenrichtungen:

$$\varepsilon_z = \frac{\sigma_z}{E} - \frac{\mu \cdot \sigma_y}{E} - \frac{\mu \cdot \sigma_x}{E} \qquad \varepsilon_y = -\frac{\mu \cdot \sigma_z}{E} + \frac{\sigma_y}{E} - \frac{\mu \cdot \sigma_x}{E} \qquad \varepsilon_x = -\frac{\mu \cdot \sigma_z}{E} - \frac{\mu \cdot \sigma_y}{E} + \frac{\sigma_x}{E} \qquad \text{Gl. (1.9)}$$

Beispiel 1.3 Auf einen Flachstahl mit 1 m Länge wirkt von allen Seiten der Druck $p = 2000$ bar. a) Wie groß ist die Längenänderung? b) Wie groß wäre die Längenänderung, wenn die Druckspannung in den beiden anderen Richtungen x und y wegfällt?

Lösung $p = 2000\,\text{bar} = 2000 \cdot 10^5\,\text{N/m}^2 = 2 \cdot 10^2\,\text{N/mm}^2 = \sigma$.

Da es sich um Druckspannungen handelt, sind in Gl. (1.9) σ_z, σ_y und σ_x negative Werte einzusetzen.

a) $$\varepsilon_z = \frac{\sigma_z}{E} - \frac{\mu \cdot \sigma_y}{E} - \frac{\mu \cdot \sigma_x}{E} = \frac{1}{2{,}1 \cdot 10^5}(-200 + 0{,}3 \cdot 200 + 0{,}3 \cdot 200) = -0{,}0003809$$

$$\varepsilon_z = \frac{\Delta l_z}{l_z} \rightarrow \Delta l_z = \varepsilon_z \cdot l_z = -0{,}0003809 \cdot 1000\,\text{mm} = \mathbf{-0{,}381\,mm}$$

b) $$\varepsilon_z = \frac{\Delta l_z}{l_z} = \frac{\sigma_z}{E} \rightarrow \Delta l_z = \frac{\sigma_z}{E}\,l_z = \frac{-200\,\text{N/mm}^2}{2{,}1 \cdot 10^5\,\text{N/mm}^2} \cdot 1000\,\text{mm} = \mathbf{-0{,}952\,mm}$$

Raumdehnung und Volumenänderung

Die meisten Werkstoffe vergrößern ihr Volumen bei Dehnung und verkleinern es bei Stauchung. Nur bei idealen Flüssigkeiten und vollplastischen Werkstoffen gibt es unter Belastung keine Volumenänderung.

Da die Volumenänderung oft interessiert (z.B. beim Einwirken großer hydrostatischer Drücke), verwenden wir analog zu den anderen Dehnungsbegriffen die Bezeichnung Raumdehnung ε_R. Sie ist definiert als Verhältnis der Volumenänderung zum ursprünglichen Volumen V_0.

$$\varepsilon_R = \frac{V - V_0}{V_0} = \frac{V}{V_0} - 1 \qquad \text{Gl. (1.10)}$$

Setzen wir nach Bild **1**.5 das ursprüngliche Volumen $V_0 = 1$, erhalten wir nach Bild **1**.6 und Gl. (1.10)

$$\varepsilon_R = (1 + \varepsilon_z)\,(1 + \varepsilon_y)\,(1 + \varepsilon_x) - 1$$

$$\varepsilon_R = 1 + \varepsilon_z + \varepsilon_y + \varepsilon_x + \varepsilon_z \cdot \varepsilon_x + \varepsilon_y \cdot \varepsilon_x + \varepsilon_y \cdot \varepsilon_z + \varepsilon_z \cdot \varepsilon_y \cdot \varepsilon_x - 1$$

Bei den Dehnungen handelt es sich um kleine Größen. D.h., wir können ohne große Fehler die Glieder 2. Ordnung (nämlich $\varepsilon_z \cdot \varepsilon_x$, $\varepsilon_y \cdot \varepsilon_z$ und $\varepsilon_y \cdot \varepsilon_x$) und das Glied 3. Ordnung ($\varepsilon_z \cdot \varepsilon_y \cdot \varepsilon_x$) vernachlässigen. So ergibt sich:

$$\varepsilon_R = \varepsilon_z + \varepsilon_y + \varepsilon_x \qquad \text{Gl. (1.11)}$$

Wenn wir außerdem aus Gl. (1.9) die Werte für ε_z, ε_y und ε_x einsetzen, bekommen wir für die Raumdehnung

$$\varepsilon_R = \frac{1 - 2\mu}{E}\,(\sigma_z + \sigma_y + \sigma_x)\,. \qquad \text{Gl. (1.12)}$$

Für den Sonderfall, dass $\sigma_z = \sigma_y = \sigma_x = \sigma$ ist, also in allen drei Richtungen gleiche Spannungen auftreten, können wir schreiben:

$$\varepsilon_R = \frac{3(1-2\mu)}{E} \cdot \sigma \qquad \text{Gl. (1.13)}$$

Wirkt von allen Seiten hydrostatischer Druck auf einen Körper ein, setzen wir die Spannung mit negativem Vorzeichen ein (Druckspannung) und für σ den Druck $-p$. Danach erhalten wir die Raumdehnung mit

$$\varepsilon_R = -\frac{3 \cdot p(1-2\mu)}{E}. \qquad \text{Gl. (1.14)}$$

Abschätzung für μ. Betrachten wir die Gl. (1.12), sehen wir, dass bei positiven Spannungen (also Zugspannungen) der Wert ε_R negativ wird, sobald μ größer als 0,5 ist. Es gibt keinen Werkstoff, der bei Zugbeanspruchung sein Volumen verkleinert. μ kann also maximal 0,5 sein. Der untere Grenzwert für μ ist Null. Dies ist der Fall, wenn keine Querkürzung eintritt. μ bewegt sich also zwischen 0 und 0,5. Für Stahl rechnet man häufig mit dem aus Versuchen bestimmten Mittelwert 0,3.

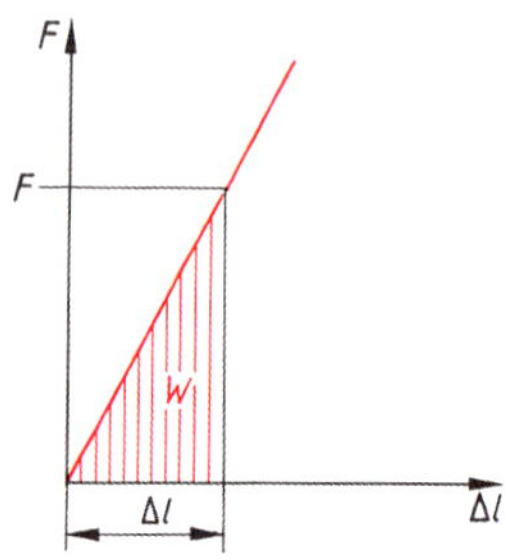

1.7 Kraft-Weg-Schaubild

Formänderungsarbeit bei Zugbeanspruchung. Bringen wir an einem Zugstab eine Last kontinuierlich von Null bis zu einem Maximalwert F auf, erfährt der Stab unter der Beanspruchung eine Längenänderung Δl. Im Kraft-Weg-Diagramm **1.7** stellt sich das Produkt aus Kraft mal Längenänderung als Dreiecksfläche dar. Für die Arbeit können wir schreiben $W = \frac{F \cdot \Delta l}{2}$. Setzen wir für $F = \sigma \cdot A$ und für $\Delta l = l \cdot \varepsilon$, erhalten wir $W = \frac{A \cdot l \cdot \sigma \cdot \varepsilon}{2}$.

Somit ist mit $A \cdot l = V$ dem Volumen des Zugstabs

$$W = V\frac{\sigma \cdot \varepsilon}{2} \quad \text{oder} \quad W = \frac{\sigma^2 \cdot V}{2E} \qquad \text{Gl. (1.15/1.16)}$$

W	V	σ	ε	E
Nmm	mm³	N/mm²	1	N/mm²

Diese Arbeit, die geleistet werden muss, um die Form des Körpers zu verändern (in diesem Fall den Zugstab um Δl zu verlängern), nennt man Formänderungsarbeit.

Spezifische Formänderungsarbeit. Aus Gl. (1.15) erkennen wir, dass die Fläche $\sigma \cdot \varepsilon/2$ im Spannungs-Dehnungs-Diagramm multipliziert mit dem Volumen des gedehnten Körpers die Formänderungsarbeit ergibt. Dividieren wir die Gl. (1.15) bzw. (1.16) durch das Volumen, erhalten wir die spezifische Formänderungsarbeit, nämlich die auf eine Volumeneinheit bezogene Formänderungsarbeit.

$$w = \frac{\sigma \cdot \varepsilon}{2} \quad \text{bzw.} \quad w = \frac{\sigma^2}{2E} \qquad \text{Gl. (1.17/1.18)}$$

w	σ	ε	E
Nmm/mm³	N/mm²	1	N/mm²

Diese Beziehungen für die Formänderungsarbeit bei Zugbeanspruchung gelten nur für den Bereich des Hooke'schen Gesetzes, nämlich bis zum Erreichen der Proportionalitätsgrenze R_p (**1**.8). Geht man darüber hinaus, kann man allgemein schreiben

$$w = \int \sigma \, d\varepsilon \qquad \text{Gl. (1.19)}$$

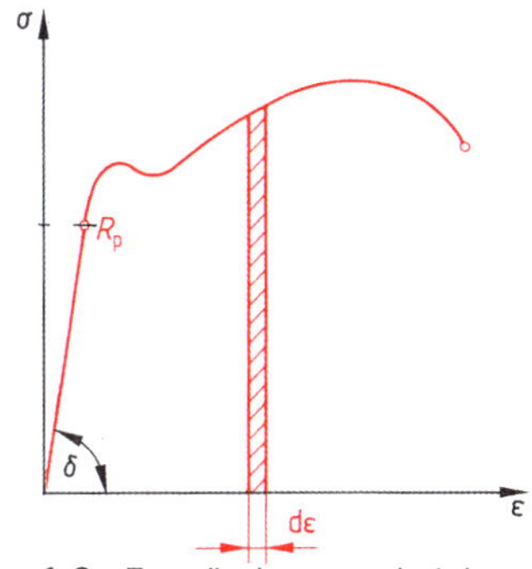

1.8 Formänderungsarbeit im Spannungs-Dehnungs-Schaubild

Aus Bild **1**.8 und aus Gl. (1.16) geht hervor, dass Werkstoffe mit kleinem Elastizitätsmodul, also einem flachen Anstieg der Hooke'schen Geraden, bei Beanspruchung durch gleich hohe Spannung im proportionalen Bereich ein wesentlich größeres Arbeitsvermögen haben als steife Werkstoffe.

Federkonstante. Ein Zugstab kann auch als sehr steife Feder mit kleinem Federweg angesehen werden. Das Verhältnis der aufgebrachten Kraft F zur Verlängerung Δl nennt man Federkonstante oder auch Federrate c.

$$c = \frac{F}{\Delta l} = \frac{F}{l \cdot \varepsilon} = \frac{F \cdot E}{l \cdot \sigma} = \frac{\sigma \cdot A \cdot E}{l \cdot \sigma} = \frac{A \cdot E}{l} \qquad \text{Gl. (1.20)}$$

c	F	l	Δl
N/mm	N	mm	mm

$$c = \frac{A \cdot E}{l} \qquad \text{Gl. (1.21)}$$

A · E ... Dehnsteifigkeit

Eine Feder hat die Fähigkeit, potentielle mechanische Energie aufzunehmen. Die Aufnahme erfolgt über die von der Federkraft geleistete Formänderungsarbeit.

Beispiel 1.4 Der Zugstab eines Wandkrans mit 3 m Länge und 300 mm² Querschnitt wird mit $\sigma = 150\ \text{N/mm}^2$ beansprucht. Zu berechnen ist die spezifische Formänderungsarbeit w.

Lösung

$$\varepsilon = \frac{\sigma}{E} = \frac{150\ \text{N/mm}^2}{2{,}1 \cdot 10^5\ \text{N/mm}^2} \mathrel{\hat=} 0{,}0714\%$$

$$W = \frac{\sigma^2 \cdot V}{2E} = \frac{150^2\ (\text{N/mm}^2)^2 \cdot 300\ \text{mm}^2 \cdot 3000\ \text{mm}}{2 \cdot 2{,}1 \cdot 10^5\ \text{N/mm}^2} = 48\,214\ \text{Nmm} \mathrel{\hat=} 48{,}2\ \text{Nm}$$

$$w = \frac{\sigma \cdot \varepsilon}{2} = \frac{150\ \text{N/mm}^2 \cdot 0{,}000714}{2} = \mathbf{0{,}0536\ Nmm/mm^3}$$

1.1.3 Zugbeanspruchung mit Berücksichtigung der Eigenlast

Um die Zugbeanspruchung eines mit der Eigengewichtskraft F_G und einer Last $F = mg$ belasteten Stahlseils zu berechnen (**1**.9a), stellen wir nach der Schmittmethode an einem kleinen Seilstück das Kräftegleichgewicht her (**1**.9b). An diesem Seilteil wirken nach oben eine Spannung σ und nach unten eine Spannung σ, verändert um $d\sigma$ und die Gewichtskraft dF_G, nämlich die Gewichtskraft des untersuchten Seilteils mit der Länge dy. Das Gleichgewicht lautet:

$$-\sigma \cdot A + (\sigma + d\sigma) A + dF_G = 0$$

$$-\sigma \cdot A + \sigma \cdot A + d\sigma \cdot A + dF_G = 0.$$

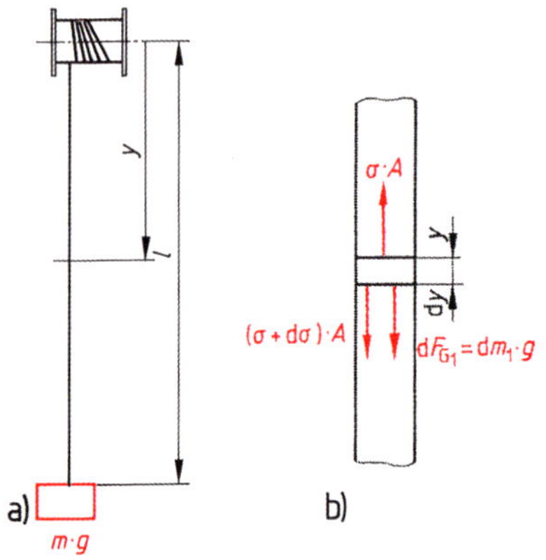

1.9 Auf Zug beanspruchtes Seil (Last + Eigengewicht)

Mit $dF_{G_1} = dm_1 \cdot g = \rho \cdot g \cdot dV = \rho \cdot g \cdot A \cdot dy$ wird

$$d\sigma \cdot A = -\varrho \cdot g \cdot A \cdot dy$$

$$d\sigma = -\varrho \cdot g \cdot dy$$

Integriert folgt

$$\sigma = -\varrho \cdot g \cdot y + C.$$

Mit der Randbedingung für $y = l$ ist

$$\sigma = \frac{m \cdot g}{A}.$$

Damit werden $C = \dfrac{m \cdot g}{A} + \varrho \cdot g \cdot l$

und

$$\sigma = \frac{m \cdot g}{A} + \varrho \cdot g\,(l - y). \qquad \text{Gl. (1.22)}$$

Für das Seilende, also $y = l$, wird $\sigma = m \cdot g/A$. D.h., es wirkt kein Eigengewicht. Für den Seilanfang an der Trommel (also $y = 0$) wird

$$\sigma = \sigma_{max} = \frac{m \cdot g}{A} + \varrho \cdot g \cdot l. \qquad \text{Gl. (1.23)}$$

Wirkt keine Last $m \cdot g$ ($m = 0$), sondern nur das Eigengewicht, gilt für eine beliebige Stelle y des Seiles

$$\sigma = \varrho \cdot g\,(l - y). \qquad \text{Gl. (1.24)}$$

Beispiel 1.5 An einem Stahldraht mit 4 mm ∅ und einer Zugfestigkeit von 500 N/mm² hängt eine Last von 500 kg. Wie lang darf dieser Stahldraht maximal sein, ohne dass er – belastet durch die 500 kg und seine Eigenlast – reißt?

Lösung Gl. (1.23)

$$\sigma = \frac{F}{A} + \varrho \cdot g \cdot l \rightarrow l = \left(R_m - \frac{F}{A}\right)\frac{1}{\varrho \cdot g}$$

$$l = \left(500 \cdot 10^6\ \text{N/m}^2 - \frac{500\ \text{kg} \cdot 9{,}81\ \text{m/s}^2 \cdot 4}{0{,}004^2\ \text{m}^2 \cdot \pi}\right)\frac{1}{7850\ \text{kg/m}^3 \cdot 9{,}81\ \text{m/s}^2} = \mathbf{1424\ m}$$

In den meisten Fällen können wir das Eigengewicht bei Zug- und Druckbeanspruchung von Bauteilen vernachlässigen. Ausnahmen sind z. B. Tiefbohrungen in der Erdölförderung oder Seile von Förderanlagen in Bergwerken bzw. bei der Druckbeanspruchung das Eigengewicht von Staumauern bei Speicherkraftwerken. [Für obiges Seil wäre l ohne Last ($m = 0$ kg) 6495 m.]

1.1.4 Längenänderungen und Verschiebungen

Im Beispiel 1.5 ergab sich eine maximale Länge von 1424 m bis zum Reißen des Drahtes. Bei so großen Längen interessiert fast immer auch die Längenänderung unter Belastung.

Die Zugspannung setzt sich aus zwei Anteilen zusammen, hervorgerufen durch die Belastung F und die Gewichtskraft $\rho \cdot g \cdot l \cdot A$. Das Gleiche gilt beim Berechnen der Längenänderung:

Anteil aus der Belastungskraft

$$\frac{\Delta l_1}{l} = \varepsilon = \frac{\sigma}{E} = \frac{F}{A \cdot E} \rightarrow \Delta l_1 = \frac{F \cdot l}{A \cdot E}$$

Anteil der Gewichtskraft

$$\Delta l_2 = \int_0^l \varepsilon \mathrm{d}y = \int_0^l \frac{\sigma}{E} \mathrm{d}y = \int_0^l \frac{F}{A \cdot E} \mathrm{d}y = \int_0^l \frac{\varrho \cdot g \cdot A \cdot y}{A \cdot E} \mathrm{d}y = \frac{\varrho \cdot g}{E} \int_0^l y \cdot \mathrm{d}y = \frac{\varrho \cdot g \cdot l^2}{2 \cdot E}$$

Zusammen ergibt sich die Gesamtverlängerung

$$\Delta l = \Delta l_1 + \Delta l_2 = \frac{F \cdot l}{A \cdot E} + \frac{\varrho \cdot g \cdot l^2}{2E}.$$

F	l	A	E	ϱ	g	Δl
N	m	m²	N/m²	kg/m³	m/s²	m

Gl. (1.25)

In unserem Beispiel 1.5 beträgt

$$\Delta l = \frac{500\,\text{kg} \cdot 9{,}81\,\text{m/s}^2 \cdot 1424\,\text{m}}{\frac{0{,}004^2\,\text{m}^2 \cdot \pi}{4} \cdot 2{,}1 \cdot 10^5 \cdot 10^6\,\text{N/m}^2} + \frac{7{,}85 \cdot 10^3\,\text{kg/m}^3 \cdot 9{,}81\,\text{m/s}^2 \cdot 1424^2\,\text{m}^2}{2 \cdot 2{,}1 \cdot 10^5 \cdot 10^6\,\text{N/m}^2}$$

$\Delta l = 2{,}646\,\text{m} + 0{,}372\,\text{m} = \mathbf{3{,}018\,m}$.

Betrachten wir nun einen homogenen Stab mit der Länge l und kreisrundem Querschnitt, der mit einer axialen Kraft F zentral belastet wird. Solange wir uns in dem elastischen Bereich der Materialverformung bewegen, gilt das Hooke'sche Gesetz $\sigma = E \cdot \varepsilon$. Es ist also $\varepsilon = \sigma / E = F/A \cdot E$. Wenn wir für ε definitionsgemäß $\Delta l/l$ setzen, erhalten wir für die Längenänderung

$$\Delta l = \frac{F \cdot l}{A \cdot E} \quad \text{bzw.} \quad \Delta l = \varepsilon \cdot l. \qquad \text{Gl. (1.26)}$$

Handelt es sich um einen Stab mit unterschiedlichen Querschnitten (**1**.10) und möglicherweise aus unterschiedlichen Materialien, setzt sich die Gesamtlängenänderung Δl aus den Einzellängenänderungen zusammen.

$$\Delta l = \sum_{i=1}^{n} \frac{F_i \cdot l_i}{A_i \cdot E_i} \qquad \text{Gl. (1.27)}$$

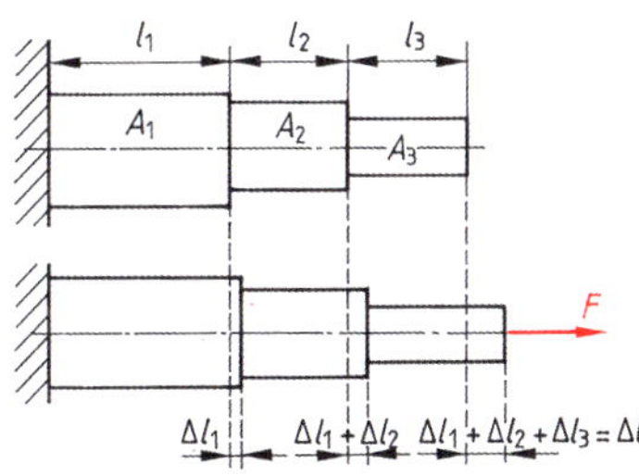

1.10 Längenänderung eines Zugstabs mit unterschiedlichen Querschnitten

Für den Stab **1**.10 heißt das $\Delta l = \frac{F \cdot l_1}{A_1 \cdot E_1} + \frac{F \cdot l_2}{A_2 \cdot E_2} + \frac{F \cdot l_3}{A_3 \cdot E_3}$.

Beispiel 1.6 Der Stab **1**.11 ist mit $F_1 = 100\,kN$, $F_2 = 150\,kN$ und $F_3 = 300\,kN$ belastet. Wie groß ist die Gesamtlängenänderung?

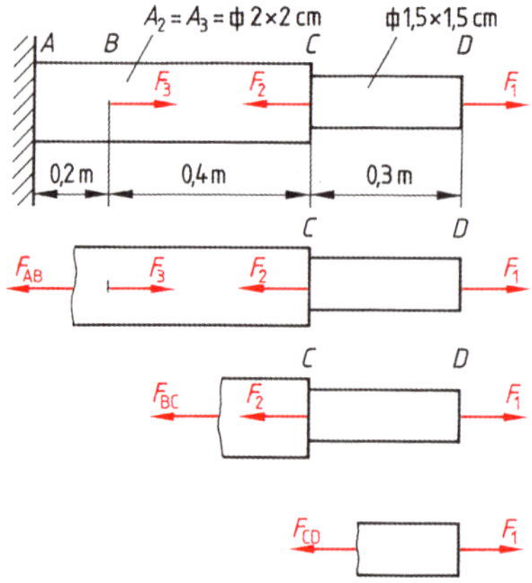

1.11
Längenänderung eines Stabes mit unterschiedlichen Querschnitten unter Zug- und Druckbeanspruchung

Lösung Wir machen den Stab für die drei unterschiedlich belasteten Bereiche *AB*, *BC* und *CD* frei und ermitteln jeweils die inneren Kräfte: $\Sigma F_{iz} = 0$.

Bereich *AB*: $F_1 - F_2 + F_3 - F_{AB} = 0 \rightarrow F_{AB} = F_1 - F_2 + F_3 = 250\,kN$

Bereich *BC*: $F_1 - F_2 - F_{BC} = 0 \rightarrow F_{BC} = F_1 - F_2 = -50\,kN$ (also eine Druckbeanspruchung)

Bereich *CD*: $F_{CD} = F_1 = 100\,kN$.

Nach Gl. (1.27) $\Delta l = \sum \frac{F_i \cdot l_i}{A_i \cdot E_i}$ ist, da es sich um einen Stab aus einem Material handelt, die Längenänderung

$$\Delta l = \frac{1}{E}\left(\frac{F_{AB} \cdot 200\,mm}{A_3} + \frac{F_{BC} \cdot 400\,mm}{A_2} + \frac{F_{CD} \cdot 300\,mm}{A_1}\right)$$

$$\Delta l = \frac{1}{2{,}1 \cdot 10^5\,N/mm^2}\left(\frac{250 \cdot 10^3\,N \cdot 200\,mm}{20\,mm \cdot 20\,mm} + \frac{-50 \cdot 10^3\,N \cdot 400\,mm}{20\,mm \cdot 20\,mm} + \frac{100 \cdot 10^3\,N \cdot 300\,mm}{15\,mm \cdot 15\,mm}\right) = \mathbf{0{,}992\,mm}.$$

Wollen wir die Längenänderung bei einem Stab mit veränderlichem Querschnitt berechnen, betrachten wir in Bild **1**.12 eine Schicht mit der Dicke d*z*. Für d*z* ergibt sich die Dehnung aus dem Verhältnis seiner Längenänderung $\Delta(dz)$ zur Ausgangslänge d*z*. Die Gesamtlängenänderung des Stabes erhalten wir nach entsprechender Integration aller $\Delta(dz)$ von $z = 0$ bis $z = l$, wenn *A* als Funktion von *z* gegeben ist.

$$\varepsilon = \frac{\Delta(dz)}{dz} \rightarrow \Delta(dz) = \varepsilon dz \qquad \Delta(dz) = \frac{F}{A_z \cdot E} dz$$

$$\Delta z = \int_0^z \frac{F}{A_z \cdot E} dz$$

Δz	F	A_z	E
mm	N	mm²	N/mm²

Gl. (1.28)

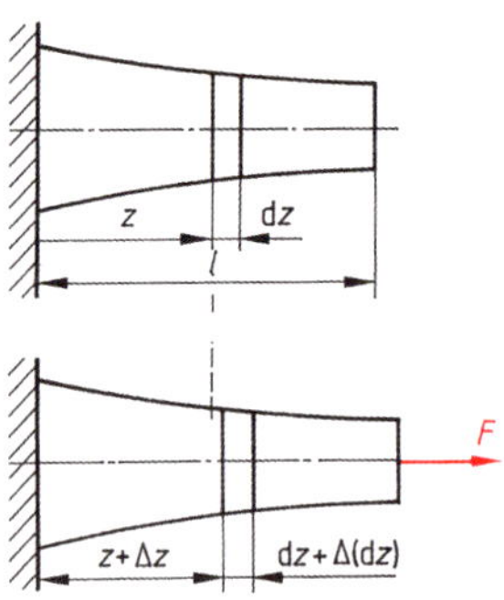

1.12 Stab mit veränderlichem Querschnitt

Ist z. B. F als Funktion von z gegeben (dies ist der Fall bei einem hängenden Stab mit konstanter Querschnittsfläche A), ist die Belastung durch das Eigengewicht $F = \varrho \cdot g \cdot A \cdot z$. Eingesetzt ergibt sich

$$\Delta z = \int_0^l \frac{\varrho \cdot g \cdot A \cdot z}{A \cdot E} \, dz = \frac{\varrho \cdot g}{E} \int_0^l z \cdot dz = \frac{\varrho \cdot g \cdot l^2}{2E}.$$

Im Anschluss an unser Beispiel 1.5 mit der Reißlänge des Stahldrahts haben wir diesen Ausdruck bereits als Δl_2, die Dehnung durch das Eigengewicht, verwendet.

Beispiel 1.7 Für den nach Bild **1**.13 mit $F_1 = 30\,\text{kN}$ und $F_2 = 40\,\text{kN}$ belasteten Stab aus Cu und St sind die Gesamtlängenänderung und die Verschiebung der Verbindungsstelle St/Cu zu berechnen.

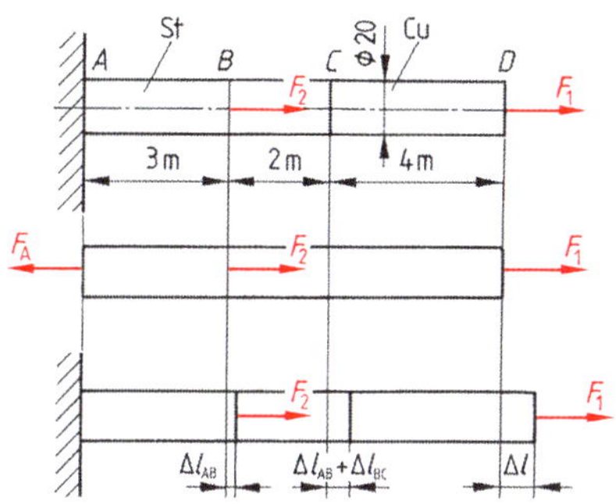

1.13
Verbundstab aus Kupfer und Stahl

Lösung

$$\Sigma F_{iz} = 0{:}\; F_1 + F_2 - F_A = 0 \rightarrow F_A = F_1 + F_2 = 70\,\text{kN}$$

$$A = \frac{20^2\,\text{mm}^2 \cdot \pi}{4} = 314{,}16\,\text{mm}^2$$

$$\Delta l = \sum \frac{F_i \cdot l_i}{A \cdot E_i} \qquad \Delta l = \Delta l_{AB} + \Delta l_{BC} + \Delta l_{CD}$$

$$\Delta l = \frac{F_{AB} \cdot 3 \cdot 10^3}{A \cdot E_{St}} + \frac{F_{BC} \cdot 2 \cdot 10^3}{A \cdot E_{St}} + \frac{F_{CD} \cdot 4 \cdot 10^3}{A \cdot E_{Cu}}$$

$$F_{AB} = F_A = 70\,\text{kN} \qquad F_{BC} = F_{CD} = F_1 = 30\,\text{kN}$$

$$\Delta l = \frac{70 \cdot 10^3\,\text{N} \cdot 3 \cdot 10^3\,\text{mm}}{314{,}16\,\text{mm}^2 \cdot 2{,}1 \cdot 10^5\,\text{N/mm}^2} + \frac{30 \cdot 10^3\,\text{N} \cdot 2 \cdot 10^3\,\text{mm}}{314{,}16\,\text{mm}^2 \cdot 2{,}1 \cdot 10^5\,\text{N/mm}^2}$$

$$+ \frac{30 \cdot 10^3\,\text{N} \cdot 4 \cdot 10^3\,\text{mm}}{314{,}16\,\text{mm}^2 \cdot 1{,}25 \cdot 10^5\,\text{N/mm}^2} = \mathbf{7{,}14\,mm}$$

Die Verschiebung der Verbindungsstelle ist

$\Delta l_{AB} + \Delta l_{BC} = 3{,}18 + 0{,}909 = \mathbf{4{,}09\,mm}$.

Beispiel 1.8 Der horizontal eingespannte Verbundstab **1**.14 wird durch die Axialkräfte F und $F/4$ belastet, die in verschiedenen Querschnitten eingeleitet werden. Die Dehnsteifigkeiten

Beispiel 1.8
Fortsetzung

1.14 Verbundstab

betragen EA_1 bzw. EA_2, die Stablänge l. Gesucht werden die Verschiebung der Punkte B und C sowie jenes Querschnittsverhältnis A_1 zu A_2, das keine Verschiebung des Punktes C ergibt.

Lösung

Bereich AB: $\Sigma F_{iz} = 0$: $-F_{AB} + F - \frac{F}{4} = 0 \rightarrow F_{AB} = \frac{3}{4} F$

Bereich BC: $\Sigma F_{iz} = 0$: $-F_{BC} - \frac{F}{4} = 0 \rightarrow F_{BC} = -\frac{F}{4}$

Längenänderung der beiden Stabteile

$$\Delta l_1 = \frac{F_{AB} \cdot \frac{l}{3}}{E \cdot A_1} = \frac{\frac{3}{4} F \cdot \frac{l}{3}}{E \cdot A_1} = \boldsymbol{\frac{F \cdot l}{4E \cdot A_1}}$$

$$\Delta l_2 = \frac{F_{BC} \cdot \frac{2}{3} l}{E \cdot A_2} = \frac{-\frac{F}{4} \cdot \frac{2}{3} l}{E \cdot A_2} = \boldsymbol{\frac{-F \cdot l}{6E \cdot A_2}}$$

Verschiebung des Punktes C

$$\Delta l_C = \Delta l_1 + \Delta l_2 = \frac{F \cdot l}{4E \cdot A_1} - \frac{F \cdot l}{6E \cdot A_2} = \frac{F \cdot l}{E} \left(\frac{1}{4A_1} - \frac{1}{6A_2} \right).$$

Wenn $\Delta l_c = 0$ werden soll, muss $\left(\frac{1}{4A_1} - \frac{1}{6A_2} \right) = 0$ sein und damit $\boldsymbol{\frac{A_1}{A_2} = \frac{3}{2}}$.

Beispiel 1.9 Für die Aufhängung nach Bild **1.**15a sind bekannt: $F = 100\,\text{kN}$, $A_1 = 50\,\text{mm}^2$, $A_2 = 60\,\text{mm}^2$, $\alpha_1 = 15°$, $\alpha_2 = 30°$, $h = 3\,\text{m}$. Zu berechnen sind die Längenänderung der Stäbe, die vertikale Verschiebung v des Kraftangriffspunkts sowie die Stabkräfte F_1 und F_2. $E_1 = E_2 = 2{,}1 \cdot 10^5\,\text{N/mm}^2$.

Die Winkel α_1 und α_2 verändern sich zwar beim Absenken des Lastangriffspunkts, jedoch nur so geringfügig, dass wir sie als konstant annehmen können.

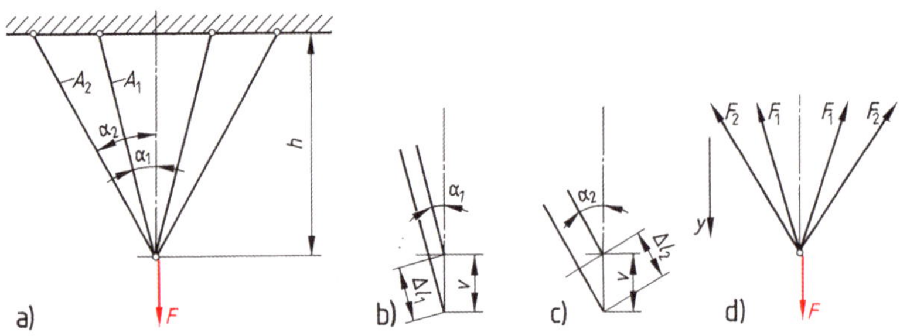

1.15 Vierfachaufhängung

Lösung Statische Gleichgewichtsbedingung

$$\Sigma F_{iy} = 0:\ F - 2\,(F_1 \cdot \cos\alpha_1 + F_2 \cdot \cos\alpha_2) = 0 \qquad ①$$

Stabverlängerung

$$\Delta l_1 = \frac{F_1 \cdot l_1}{E_1 \cdot A_1} \quad \text{und} \quad \Delta l_2 = \frac{F_2 \cdot l_2}{E_2 \cdot A_2} \ ② \quad \text{mit} \quad l_1 = \frac{h}{\cos\alpha_1} \quad \text{und} \quad l_2 = \frac{h}{\cos\alpha_2} \ ③$$

Geometrische Bedingung

$$v \cdot \cos\alpha_1 = \Delta l_1 \quad \text{und} \quad v \cdot \cos\alpha_2 = \Delta l_2 \qquad (\mathbf{1}.15\text{b und c}) \qquad ④$$

② in ① eingesetzt

$$F - 2\left(\frac{\Delta l_1 \cdot E_1 \cdot A_1}{l_1}\cos\alpha_1 + \frac{\Delta l_2 \cdot E_2 \cdot A_2}{l_2}\cos\alpha_2\right) = 0$$

④ eingesetzt

$$F - 2\left(\frac{v \cdot E_1 \cdot A_1}{l_1}\cos^2\alpha_1 + \frac{v \cdot E_2 \cdot A_2}{l_2}\cos^2\alpha_2\right) = 0$$

③ für l_1 und l_2 eingesetzt

$$\frac{F}{2} \cdot h = v\,(E_1 \cdot A_1 \cdot \cos^3\alpha_1 + E_2 \cdot A_2 \cdot \cos^3\alpha_2)$$

$$v = \frac{F \cdot h}{2\,(E_1 \cdot A_1 \cdot \cos^3\alpha_1 + E_2 \cdot A_2 \cdot \cos^3\alpha_2)}$$

$$v = \frac{10^5\,\text{N} \cdot 3000\,\text{mm}}{2 \cdot 2{,}1 \cdot 10^5\,\text{N/mm}^2\,(50\,\text{mm}^2 \cdot \cos^3 15° + 60\,\text{mm}^2 \cdot \cos^3 30°)} = \mathbf{8{,}5\,mm}$$

$$\Delta l_1 = v \cdot \cos\alpha_1 = \mathbf{8{,}21\,mm} \qquad \Delta l_2 = v \cdot \cos\alpha_2 = \mathbf{7{,}36\,mm}$$

$$F_1 = \frac{\Delta l_1}{l_1} E_1 \cdot A_1 = \frac{\Delta l_1}{h}\cos\alpha_1 \cdot E_1 \cdot A_1$$

$$F_1 = \frac{8{,}21\,\text{mm}}{3000\,\text{mm}}\cos\alpha_1 \cdot 2{,}1 \cdot 10^5\,\text{N/mm}^2 \cdot 50\,\text{mm}^2 = \mathbf{27757\,N}$$

$$F_2 = \frac{\Delta l_2}{l_2} E_2 \cdot A_2 = \frac{\Delta l_2}{h}\cos\alpha_2 \cdot E_2 \cdot A_2$$

$$F_2 = \frac{7{,}36\,\text{mm}}{3000\,\text{mm}}\cos 30° \cdot 2{,}1 \cdot 10^5\,\text{N/mm}^2 \cdot 60\,\text{mm}^2 = \mathbf{26775\,N}$$

Kontrollieren wir noch, ob unsere Annahme „α_1 und α_2 bleiben konstant" richtig war, so ergibt sich eine Änderung von $\Delta\alpha_1 = 0{,}04°$ und von $\Delta\alpha_2 = 0{,}07°$ – also wirklich vernachlässigbar.

Beispiel 1.10 Der Aluminiumzylinder **1**.16 mit einer Querschnittsfläche $A_1 = 500\,\text{mm}^2$ ist von einer Stahlhülse mit $A_2 = 400\,\text{mm}^2$ umschlossen. Beide haben eine Länge $l = 60\,\text{mm}$ und

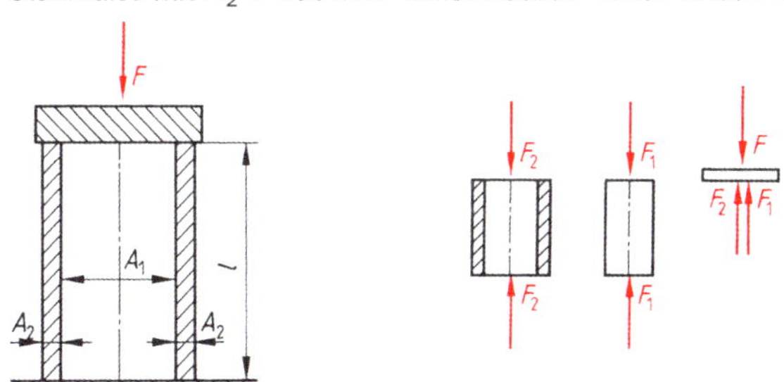

1.16 Druck auf Aluminiumzylinder in Stahlhülse

Beispiel 1.10 Fortsetzung

werden durch eine Kraft $F = 200\,kN$ auf Druck belastet. Zu berechnen sind die Längenänderung unter Druck sowie die Kräfte F_1 und F_2, die vom Aluminiumzylinder bzw. der Stahlbuchse aufgenommen werden.

Die elastische Formänderung der Druckplatte wird vernachlässigt.

Lösung

Am Besten trennen wir das System in Alu-Zylinder, Stahlbuchse und Druckplatte und machen diese Einzelbauteile frei. Wir sehen, dass sich die Kraft F aufteilt in F_1 und F_2.

$$F_1 + F_2 = F$$

Die Längenänderung der Bauteile 1 und 2 muss gleich groß sein.

$$\Delta l_1 = \Delta l_2$$

Nach Gl. (1.26) sind

$$\Delta l_1 = \frac{F_1 \cdot l}{A_1 \cdot E_1} \quad \text{und} \quad \Delta l_2 = \frac{F_2 \cdot l}{A_2 \cdot E_2}.$$

In Δl_1 ersetzen wir F_1 durch $(F - F_2)$ und fügen in die Beziehung $\Delta l_1 = \Delta l_2$ ein.

$$\frac{F \cdot l}{A_1 \cdot E_1} - \frac{F_2 \cdot l}{A_1 \cdot E_1} = \frac{F_2 \cdot l}{A_2 \cdot E_2}.$$

Daraus berechnen wir:

$$F_2 = \frac{F \cdot A_2 E_2}{A_1 E_1 + A_2 E_2} \quad \text{und} \quad F_1 = \frac{F \cdot A_1 E_1}{A_1 E_1 + A_2 E_2}$$

$$F_2 = \frac{200 \cdot 10^3\,N \cdot 400\,mm^2 \cdot 2{,}1 \cdot 10^5\,N/mm^2}{500\,mm^2 \cdot 0{,}72 \cdot 10^5\,N/mm^2 + 400\,mm^2 \cdot 2{,}1 \cdot 10^5\,N/mm^2} = \mathbf{140\,000\,N}$$

$$F_1 = \mathbf{60\,000\,N}$$

$$\Delta l_1 = \frac{F_1 \cdot l}{A_1 \cdot E_1} = \frac{60 \cdot 10^3\,N \cdot 60\,mm}{500\,mm^2 \cdot 0{,}72 \cdot 10^5\,N/mm^2} = \mathbf{0{,}1\,mm}$$

Beispiel 1.11 Das Gestänge **1**.17a ist mit einer Kraft $F = 50000$ N belastet. Der lange senkrechte Stab besteht aus Aluminium und hat eine Querschnittsfläche von 600 mm². Der kurze senkrechte Stab aus Stahl hat eine Querschnittsfläche von 400 mm². Zu berechnen ist die Verschiebung der Punkte *C, D* und *E*. (Die Durchbiegung des horizontalen Balkens ist durch besonders steife Ausbildung so gering, dass sie vernachlässigt werden kann.)

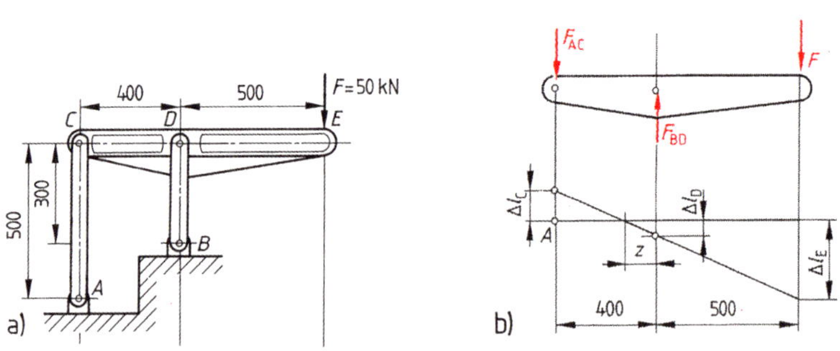

1.17 Gestänge mit Zug- und Druckstab

Lösung Berechnen der Stabkräfte

$\Sigma M_C = 0 \rightarrow F_{BD} \cdot 0{,}4 - F \cdot 0{,}9 = 0 \rightarrow F_{BD} = 112{,}5\,\text{kN}$

$F_{AC} = F_{BD} - F = 112{,}5\,\text{kN} - 50\,\text{kN} = 62{,}5\,\text{kN}$

Der Stab AC wird mit 62,5 kN gezogen, der Stab BD mit 112,5 kN gedrückt.

Längenänderung

$$\Delta l_C = \frac{F_{AC} \cdot 500\,\text{mm}}{A_{Al} \cdot E_{Al}} = \frac{62{,}5 \cdot 10^3\,\text{N} \cdot 500\,\text{mm}}{600\,\text{mm}^2 \cdot 0{,}72 \cdot 10^5\,\text{N/mm}^2} = \mathbf{0{,}723\,mm}$$

$$\Delta l_D = \frac{F_{BD} \cdot 300\,\text{mm}}{A_{St} \cdot E_{St}} = \frac{112{,}5 \cdot 10^3\,\text{N} \cdot 300\,\text{mm}}{400\,\text{mm}^2 \cdot 2{,}1 \cdot 10^5\,\text{N/mm}^2} = \mathbf{0{,}402\,mm}.$$

Die Absenkung des Punktes E erhalten wir mit dem Strahlensatz (**1**.17b).

$$\frac{\Delta l_D}{z} = \frac{\Delta l_C}{400 - z} \rightarrow z = \frac{400 \cdot \Delta l_D}{\Delta l_C + \Delta l_D}$$

$$z = \frac{400\text{mm} \cdot 0{,}402\,\text{mm}}{0{,}723\,\text{mm} + 0{,}402\,\text{mm}} = 142{,}84\,\text{mm}$$

$$\frac{\Delta l_E}{500 + z} = \frac{\Delta l_C}{400 - z} \rightarrow \Delta l_E$$

$$\Delta l_E = \frac{\Delta l_C\,(500 + z)}{400 - z} = \frac{0{,}723\,\text{mm}\,(500\,\text{mm} + 142{,}84\,\text{mm})}{400\,\text{mm} - 142{,}84\,\text{mm}} = \mathbf{1{,}81\,mm}$$

1.1.5 Körper gleicher Zug- und Druckbeanspruchung

Wenn die Kosten der Formgebung eines Bauteils mit einem längs der Stabachse veränderlichem Querschnitt in einem vertretbaren Verhältnis zur damit erreichten Materialeinsparung stehen, sucht man jene Form, bei der der Bauteil über seine ganze Länge in jedem Querschnitt die gleiche Zug- oder Druckspannung aufweist. Damit erreicht man eine optimale Materialausnutzung. Beispiele bieten für die Druckbeanspruchung hohe Schornsteine, Fernsehtürme oder Brückenpfeiler.

Wir wollen für ein solches Bauwerk (**1**.18a), das durch eine Kraft F und sein Eigengewicht belastet ist, diese Form suchen. Nach Bild **1**.18b schneiden wir in gewohnter Weise aus dem Druckstab ein Scheibenelement heraus und stellen an diesem das Kräftegleichgewicht her.

$\Sigma F_{iy} = 0$: $\sigma_0 \cdot A + \mathrm{d}F_G - \sigma_0\,(A + \mathrm{d}A) = 0.$

Mit $\mathrm{d}F_G = \varrho \cdot g \cdot A \cdot \mathrm{d}y \rightarrow \sigma_0 \cdot A + \varrho \cdot g \cdot A \cdot \mathrm{d}y - \sigma_0 \cdot A - \sigma_0 \cdot \mathrm{d}A = 0.$

Nach dem Herausfallen des Ausdrucks $\sigma_0 \cdot A$ ergibt sich die Differentialgleichung

$$\frac{\varrho \cdot g}{\sigma_0} \cdot \mathrm{d}y = \frac{\mathrm{d}A}{A}$$

und integriert

$$\frac{\varrho \cdot g}{\sigma_0} \cdot y = \ln A + \ln C = \ln (A \cdot C).$$

$$A \cdot C = \mathrm{e}^{\frac{\varrho \cdot g}{\sigma_0} \cdot y}$$

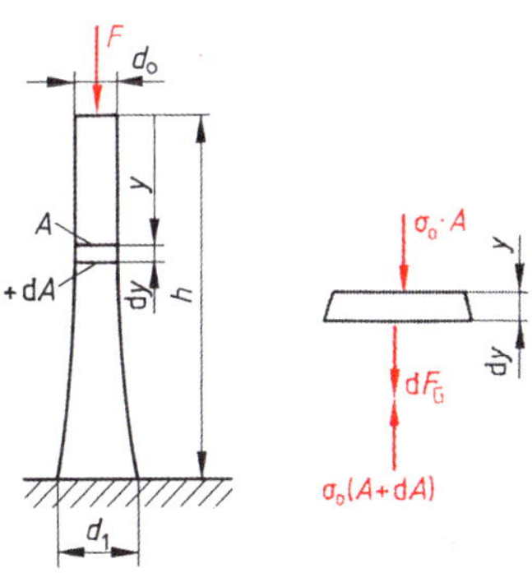

1.18 Betonpfeiler gleicher Druckspannung
a) Lage, b) Massenteilchen

Mit der Randbedingung $y = 0 \rightarrow A = A_0$ wird $C = \frac{1}{A_0}$ und

$$A_{(y)} = A_0 \cdot e^{\frac{\varrho \cdot g}{\sigma_0} \cdot y} \qquad A_{(y)} = \frac{F}{\sigma_0} \cdot e^{\frac{\varrho \cdot g}{\sigma_0} \cdot y} \qquad \text{Gl. (1.29/1.30)}$$

Beispiel 1.12 Der 40 m hohe, kreisrunde Betonpfeiler **1**.18a eines Bauwerks wird mit einer Kraft $F = 10^4$ kN belastet; zulässige Druckspannung für Beton = 1 N/mm², Dichte = $2 \cdot 10^3$ kg/m³.

Wie groß müssen der Durchmesser d_0 am höchsten Punkt des Pfeilers und d_1 am Fuß des Pfeilers bei Einhaltung einer gleichmäßigen zulässigen Spannung σ_{zul} ausgeführt werden?

Lösung

$$A_0 = \frac{F}{\sigma_{zul}} = \frac{10^7\,\text{N}}{1\,\text{N/mm}^2} = 10^7\,\text{mm}^2 = 10\,\text{m}^2$$

$$d_0 = \sqrt{\frac{4 \cdot A_0}{\pi}} = \sqrt{\frac{4 \cdot 10^7\,\text{mm}^2}{\pi}} = 3568\,\text{mm} = \mathbf{3{,}568\,m}$$

$$A_1 = A_0 \cdot e^{\frac{\varrho \cdot g}{\sigma_0} \cdot y} = 10\,\text{m}^2 \cdot e^{2 \cdot 10^3 \frac{\text{kg}}{\text{m}^3} \cdot 9{,}81 \frac{\text{m}}{\text{s}^2} \cdot \frac{1}{10^6\,\text{N/m}^2} \cdot 40\,\text{m}}$$

$$A_1 = 10 \cdot 2{,}19\,\text{m}^2 = 21{,}9\,\text{m}^2 \rightarrow d_1 = \mathbf{5{,}28\,m}.$$

Wollte man einen Druckstab mit konstanter Spannung über die Länge y ohne eine Belastung F ausbilden, sieht man schon beim Einsetzen von F/σ_0 für den Wert A_0 in die Gl. (1.30), dass dies nicht möglich ist. Wird die Druckkraft F = Null gesetzt, wird nach dieser Gleichung jede Querschnittsfläche bis herunter zu $y = h$ gleich Null. Dies ist sicherlich unmöglich. Beweisen können wir es auch, indem wir einer Druckkraft $F = 0$ die Ausgangsfläche A_0 festlegen und dann für das von der Fläche $A_{(y)}$ getragene Gewicht die Gewichtskraft einsetzen.

$$F_{G(y)} = \varrho \cdot g \cdot V_{(y)} = \varrho \cdot g \int_0^y A(y) \cdot dy = \varrho \cdot g \int_0^y A_0 \cdot e^{\frac{\varrho \cdot g}{\sigma_0} \cdot y} dy = A_0 \cdot \sigma_0 \left(e^{\frac{\varrho \cdot g}{\sigma_0} \cdot y} - 1 \right)$$

Die vorhandene Spannung an der Stelle y ist dann

$$\sigma_{(y)} = \frac{F_{G(y)}}{A_{(y)}} = \frac{A_0 \cdot \sigma_0 \left(e^{\frac{\varrho \cdot g}{\sigma_0} \cdot y} - 1 \right)}{A_0 \cdot e^{\frac{\varrho \cdot g}{\sigma_0} \cdot y}} = \sigma_0 \left(1 - e^{-\frac{\varrho \cdot g}{\sigma_0} \cdot y} \right) \neq \text{konstant}.$$

Dieser Ausdruck für $\sigma_{(y)}$ kann für verschiedene y-Werte unter gar keinen Umständen konstant sein. Damit ist bewiesen, dass es einen Druckstab gleicher Beanspruchung für den Fall, dass die Druckkraft $F = 0$ ist (also nur das Eigengewicht wirkt), nicht gibt.

1.1.6 Zugbeanspruchung durch Fliehkraftwirkung

Zugspannung in rotierenden Stäben. Lassen wir einen Stab mit konstantem Querschnitt um eine senkrechte Achse mit der Winkelgeschwindigkeit ω rotieren – dann ist das Eigengewicht ohne Einfluss auf die Zugbeanspruchung durch Fliehkraft –, werden sich die Spannungen σ von dem Maximalwert an der Drehachse (die Masse der gesamten Stablänge ist fliehkraftwirksam) bis zum Wert Null am Ende des Stabes verändern. Wie groß die Spannungen an einer beliebigen Stelle

z des Stabes sind, untersuchen wir wieder, indem wir aus dem rotierenden Stab ein kleines Massenteilchen dm herausschneiden, an ihm sämtliche wirkenden Kräfte ansetzen und so das Gleichgewicht herstellen (**1**.19).

$$\Sigma F_{iz} = 0: -\sigma_{(z)} \cdot A + \sigma_{(z)} \cdot A + d\sigma_{(z)} \cdot A + dm \cdot z \cdot \omega^2 = 0$$

Mit $dm = \rho \cdot A \cdot dz$

$$d\sigma_{(z)} A + \rho \cdot A \cdot dz \cdot z \cdot \omega^2 = 0$$

$d\sigma_{(z)} = -\rho \cdot \omega^2 \, z \cdot dz$ und integriert ergibt sich

$\sigma_{(z)} = -\rho \cdot \omega^2 \cdot \frac{z^2}{2} + C$ mit $z = l$, $\sigma = 0$ folgt $C = \rho \cdot \omega^2 \cdot \frac{l^2}{2}$

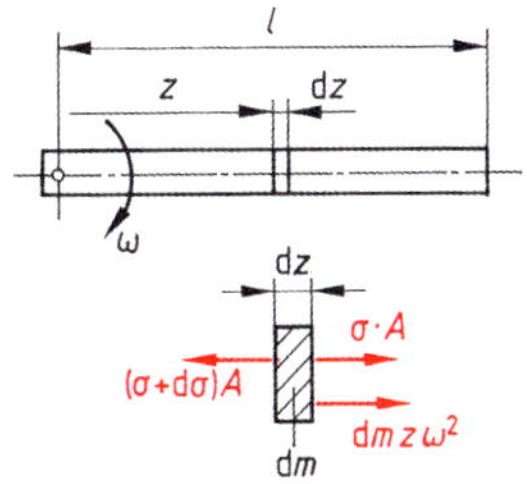

1.19 Rotierender Stab

$$\sigma_{(z)} = \frac{\varrho \cdot \omega^2}{2} \left(l^2 - z^2\right).$$

σ	ϱ	l	z	ω
N/m²	kg/m³	m	m	1/s

Gl. (1.31)

Die Zugbeanspruchung durch Fliehkraftwirkung fällt vor allem dort ins Gewicht, wo hohe Drehzahlen auftreten, z. B. bei den Laufschaufeln von Gas- bzw. Dampfturbinen. Um eine gute Materialausnützung zu erreichen, versuchte man die Turbinenschaufeln so auszulegen, dass sie über ihre ganze Länge möglichst gleichmäßig auf Zug beansprucht werden. Dies ist der Fall, wenn die Querschnittsfläche nach einer Exponentialfunktion verläuft (s. Abschn. 1.1.5).

Zugspannungen in dünnwandigen rotierenden Ringen. Betrachten wir einen zylindrischen Ring, bei dem die Wandstärke s klein ist im Verhältnis zum Ringradius, können wir ohne großen Fehler annehmen, dass die durch Fliehkraft entstehenden Zugspannungen gleichmäßig über den Querschnitt verteilt sind. Solche Fälle treten bei sich rasch drehenden Rädern, Trommeln, Zentrifugen usw. auf. Um die Beanspruchung durch die Fliehkraftwirkung zu untersuchen, betrachten wir wieder ein Massenteilchen dm, das wir aus einer rotierenden Trommelscheibe herausschneiden. Wir setzen die daran wirkenden Kräfte an, einerseits die Fliehkraft dF, andererseits an den beiden Schnittstellen die Kraft $\sigma \cdot A$ (**1**.20).

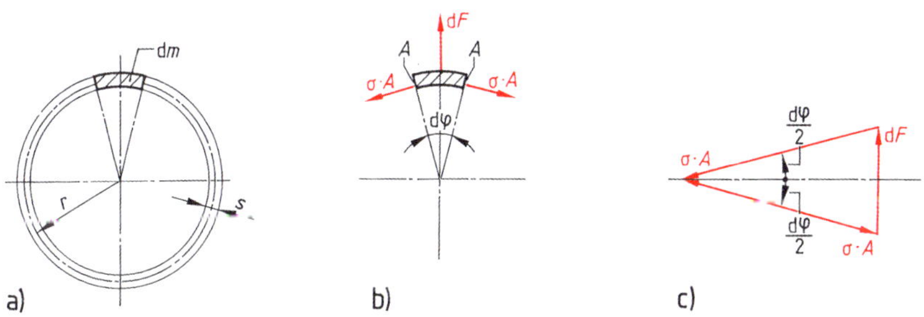

1.20 Spannung durch Fliehkraft in dünnem zylindrischen Ring
a) Ring, b) Massenteilchen, c) Kräfteplan

$$dF = dm \cdot r \cdot \omega^2$$

Mit $dm = \varrho \cdot A \cdot r \cdot d\varphi$ wird $dF = \varrho \cdot A \cdot r^2 \cdot \omega^2 \, d\varphi$.

dF ist aber auch, wie aus dem Krafteck ersichtlich, $2 \cdot \sigma \cdot A \cdot \sin \frac{d\varphi}{2}$. Bei sehr kleinen Winkeln ist $\sin \frac{d\varphi}{2} = \frac{d\varphi}{2}$ und somit $dF = \sigma \cdot A \cdot d\varphi$. So ergibt sich die Gleichgewichtsbedingung

$$\sigma \cdot A \, d\varphi = \varrho A r^2 \omega^2 \, d\varphi.$$

$\sigma = \varrho r^2 \omega^2$	σ	ϱ	r	ω	v	Gl. (1.32)
	N/m²	kg/m³	m	1/s	m/s	

Aus dieser Beziehung sehen wir, dass die Zugspannung in einem dünnen rotierenden Ring unabhängig von seiner Querschnittsfläche ist. Setzen wir noch für $r \cdot \omega = v$, erhalten wir

$$\sigma = \varrho \cdot v^2. \qquad \text{Gl. (1.33)}$$

Dies bedeutet wiederum, dass die Zugspannung σ in diesem Fall linear mit der Dichte des Materials und quadratisch mit der Umfangsgeschwindigkeit des rotierenden Rings zunimmt.

1.1.7 Zug- und Druckbeanspruchung in dünnwandigen Rohren

Zugbeanspruchung durch Innendruck. Bei einer doppelt wirkenden Kolbenmaschine treten durch den im Zylinder wirkenden Druck zwar Zugkräfte in der radialen Richtung auf den dünnwandigen Zylinder auf, doch bleibt er in Längsrichtung spannungsfrei (im Gegensatz zum geschlossenen Behälter **1**.23). Die Annahme der Spannungsfreiheit in Längsrichtung gilt auch für dünnwandige Rohrleitungen mit verhältnismäßig großer Länge. Wenn die Wanddicke gegenüber dem Radius klein ist ($r_a/r_i < 1{,}2$), gilt wiederum die Annahme, dass die Spannungen, die in Umfangsrichtung auftreten, gleichmäßig verteilt sind. Nach Bild **1**.21a betrachten wir ein dünnwandiges Rohr, schneiden aus dem Mantel ein Element heraus (**1**.21b), setzen die wirkenden Kräfte an und stellen das Gleichgewicht her. Es ergibt sich

$$\underbrace{p_i \cdot r_i \cdot d\varphi \cdot l}_{dF} = 2 \cdot \sigma \cdot A \cdot \sin\frac{d\varphi}{2}; \qquad A = s \cdot l \qquad p_i \cdot r_i \cdot d\varphi \cdot l = 2 \cdot \sigma \cdot s \cdot l\,\frac{d\varphi}{2}.$$

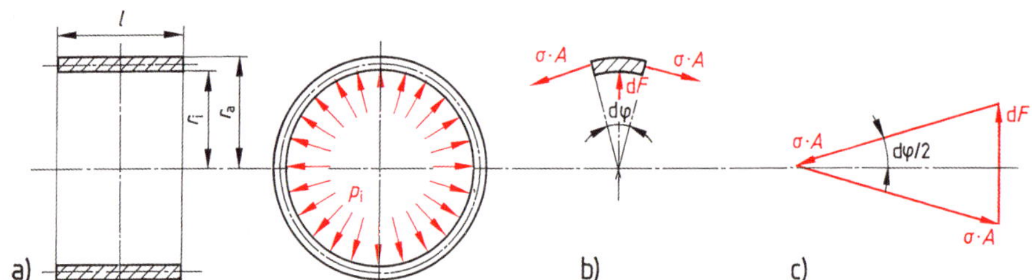

1.21 Tangentialspannungen durch Innendruck in Rohren
a) Rohr, b) Massenteilchen, c) Kräfteplan

$\sigma = \dfrac{p_i \cdot r_i}{s}$	σ	p_i	r_i	s	Gl. (1.34)
	N/mm²	N/mm²	mm	mm	

Die Änderung des Durchmessers ergibt sich: $\sigma = E \cdot \varepsilon = E\,\dfrac{\Delta l}{l} = E\,\dfrac{\Delta U}{U} = E\,\dfrac{\pi \Delta d}{\pi \cdot d} = E\,\dfrac{\Delta d}{d}$

$$\rightarrow \Delta d = \frac{\sigma}{E}\, d \qquad \text{Gl. (1.35)}$$

Beispiel 1.13 Ein Aluminiumrohr mit dem Innenradius von 100 mm und der Wandstärke von 10 mm wird einem Innendruck p_i von 100 bar ausgesetzt.

a) Wie groß ist die Spannung σ im Rohr?
b) Wie groß ist die Änderung des Durchmessers?
c) Wie groß wäre die Durchmesseränderung bei einem Stahlrohr unter der gleichen Druckbeanspruchung?

Lösung

a) $\sigma = \dfrac{p_i \cdot r_i}{s} = \dfrac{100 \cdot 10^5 \cdot 10^{-6}\ \text{N/mm}^2 \cdot 100\ \text{mm}}{10\ \text{mm}} = \mathbf{100\ N/mm^2}$

b) $\Delta d_{AL} = \dfrac{100\ \text{N/mm}^2}{0{,}72 \cdot 10^5\ \text{N/mm}^2}\, 200\ \text{mm} = \mathbf{0{,}27\ mm}$

c) $\Delta d_{St} = \dfrac{100\ \text{N/mm}^2}{2{,}1 \cdot 10^5\ \text{N/mm}^2}\, 200\ \text{mm} = \mathbf{0{,}095\ mm}$

1.1.8 Zug- und Druckbeanspruchung bei geschlossenen Hohlkörpern

Ist ein zylindrisches dünnwandiges Rohr an seinen Enden abgeschlossen und herrscht in seinem Innern der Innendruck p_i, tritt neben der besprochenen Beanspruchung in tangentialer Richtung auch eine Zugbeanspruchung des Rohres in Längsrichtung auf. Wie aus Bild **1**.22 ersichtlich, ergibt sich die Längskraft $F = p_i \cdot r_i^2 \cdot \pi$ und daraus die Längsspannung

$$\sigma_l \doteq \frac{F}{A} = \frac{p_i \cdot r_i^2 \cdot \pi}{2 r_i \cdot \pi \cdot s} = \frac{p_i \cdot r_i}{2s}.$$

$$\sigma_l \doteq \frac{p_i \cdot r_i}{2s} \qquad \text{Gl. (1.36)}$$

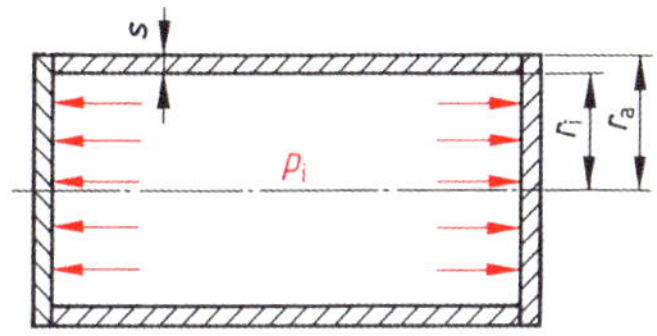

1.22 Längsspannungen in geschlossenen zylindrischen Behältern

Vergleichen wir diesen Ausdruck für die Längsspannung σl mit der vorhin berechneten Spannung (Gl. 1.34) durch radiale Belastung $\sigma = p_i \cdot r_i/s$, sehen wir, dass die Längsspannung halb so groß ist wie die Spannung in tangentialer Richtung. Dies ist auch der Grund, warum ein Rohr oder ein Behälter bei Druckbelastung von innen immer in Längsrichtung und nicht in Querrichtung aufplatzen wird. Die Gl. (1.34) und (1.36) nennt man auch Kesselformeln, weil sie bei der Kesselberechnung angewendet werden.

Kesselberechnung angewendet werden.

Beispiel 1.14 Ein dünnwandiger zylindrischer Stahlkessel wird durch einen Innendruck p_i belastet. Wandstärke s = 10 mm, Radius r = 1 m, Länge des Kessels l = 4 m, σ_{zul} = 150 N/mm² (**1**.23). Wie groß darf der Druck p_i sein, damit die größte Normalspannung die zulässige

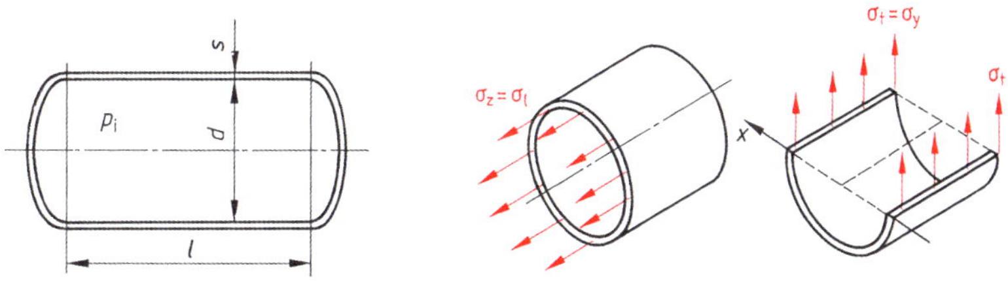

1.23 Zylindrischer Kessel mit Innendruck

Beispiel 1.14 Fortsetzung

Spannung nicht überschreitet? Wie groß sind bei dieser Belastung die Änderung des Durchmessers und der Länge?

Lösung

Nach Gl. (1.34) ist die Spannung in Umfangsrichtung (Tangentialspannung)

$$\sigma = \frac{p_i \cdot r_i}{s}.$$

Daraus ergibt sich

$$p_{i\,zul} = \frac{\sigma_{zul} \cdot s}{r_i} = \frac{150\,N/mm^2 \cdot 10\,mm}{1000\,mm} = 1{,}5\,\frac{N}{mm^2} \mathrel{\hat{=}} \mathbf{15\,bar}.$$

Nach Gl. (1.36) wäre für die Längsrichtung ein Druck von 30 bar zulässig.

In der elementaren Festigkeitslehre vernachlässigen wir den Einfluss der Längsspannung auf die Querdehnung und den Einfluss der Tangentialspannung auf die Längsdehnung und erhalten für die Durchmesseränderung nach Gl. (1.35)

$$\Delta d = d\,\frac{\sigma_{zul}}{E} = 2000\,mm\,\frac{150\,N/mm^2}{2{,}1 \cdot 10^5\,N/mm^2} = \mathbf{1{,}428\,mm}.$$

Die Längenänderung ist nach Gl. (1.4) und (1.5)

$$\Delta l = l \cdot \varepsilon = l\,\frac{\sigma_l}{E} = 4000\,mm\,\frac{75\,N/mm^2}{2{,}1 \cdot 10^5\,N/mm^2} = \mathbf{1{,}43\,mm}.$$

Berücksichtigen wir jedoch die oben angeführten gegenseitigen Einflüsse, müssen wir nach Gl. (1.9) schreiben

$$\varepsilon_z = \varepsilon_l = \frac{\sigma_z}{E} - \frac{\mu\sigma_y}{E} - \frac{\mu\sigma_x}{E} \quad \text{bzw.} \quad \varepsilon_y = \varepsilon_t = -\frac{\mu\sigma_z}{E} + \frac{\sigma_y}{E} - \frac{\mu\sigma_x}{E}.$$

Nach Bild **1**.23 sehen wir, dass in den Schnitten keine Spannungen in x-Richtung auftreten. Der Einfluss der Querkürzung aus Spannungen in x-Richtung fällt darum weg.

Somit wird die Längenänderung aus

$$\varepsilon_z = \varepsilon_l = \frac{\Delta l}{l} = \frac{\sigma_z}{E} - \frac{\mu\sigma_y}{E} \rightarrow \Delta l = l \cdot \frac{1}{E}(\sigma_z - \mu\sigma_y)$$

$$\Delta l = 4000\,mm\,\frac{1}{2{,}1 \cdot 10^5\,N/mm^2}(75\,N/mm^2 - 0{,}3 \cdot 150\,N/mm^2) = \mathbf{0{,}571\,mm}$$

$$\varepsilon_y = \varepsilon_t = \frac{\Delta d}{d} = -\frac{\mu\sigma_z}{E} + \frac{\sigma_y}{E} \rightarrow \Delta d = d\,\frac{1}{E}(\sigma_y - \mu\sigma_z)$$

$$\Delta d = \frac{2000\,mm}{2{,}1 \cdot 10^5\,N/mm^2}(150\,N/mm^2 - 0{,}3 \cdot 75\,N/mm^2) = \mathbf{1{,}21\,mm}$$

Ein Vergleich der Ergebnisse zeigt, dass der Fehler beim Weglassen der Querkürzung durch die andere Spannung in Längsrichtung viel größer ist als der Fehler bei der Änderung des Durchm Der Grund hierfür liegt in der stärkeren Verkürzung in z-Richtung (Längsrichtung), bedingt du doppelt so hohe Spannung σ_t.

Beispiel 1.15 Ein Aluminiumstab von 20 mm Durchmesser und 200 mm Länge wird in einer Spannvorrichtung mit zwei Schrauben M 10 gedrückt. Vom entlasteten Zustand aus werden die Muttern um eine halbe Umdrehung angezogen (**1**.24a)

a) Wie groß ist die Spannung im Aluminiumstab?

b) Wie groß ist die Spannung im glatten Teil (nicht im Gewindebereich) der Stahlschrauben und wie groß sind die Längenänderungen?

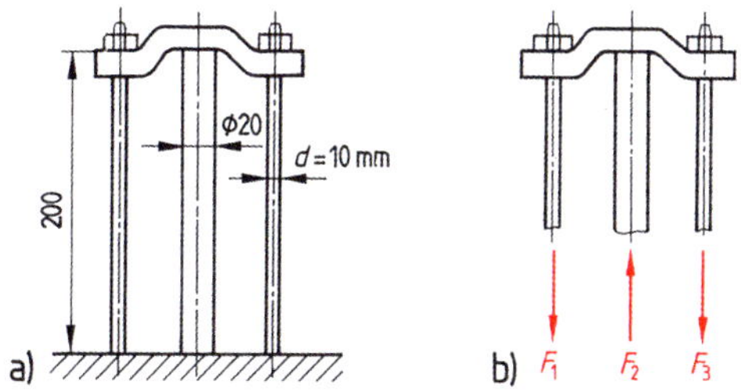

1.24
Spannvorrichtung

Lösung Das metrische Gewinde M10 nach DIN13 hat eine Steigung von 1,5 mm. D.h., bei einer halben Umdrehung wird der Bügel um 0,75 mm gegenüber den Stahlschrauben verschoben. Der Alu-Stab wird gedrückt, die Stahlschrauben dehnen sich gleichzeitig. Das Gleichgewicht der Kräfte $\Sigma F = 0$ (**1**.24b) ergibt

$$-F_1 - F_3 + F_2 = 0 \rightarrow F_2 = F_1 + F_3$$

oder (da aus Symmetriegründen $F_1 = F_3$ ist) $F_2 = 2F_1$.

Die Längenänderung (Verkürzung) Δl des Systems ist 0,75 mm. Sie setzt sich zusammen aus Δl_1 der Stahlschrauben und Δl_2 des Aluminiumstabs.

$$\Delta l = \Delta l_1 + \Delta l_2 = l_1 \cdot \varepsilon_1 + l_2 \cdot \varepsilon_2 = l_1 \cdot \frac{\sigma_1}{E_1} + l_2 \frac{\sigma_2}{E_2} = \left(\frac{F_1 \cdot l_1}{A_1 \cdot E_1} + \frac{F_2 \cdot l_2}{A_2 \cdot E_2}\right)$$

und für $F_2 = 2F_1$ eingesetzt

$$\Delta l = F_1 \left(\frac{l_1}{A_1 \cdot E_1} + \frac{2 \cdot l_2}{A_2 \cdot E_2}\right) \rightarrow F_1 = \frac{\Delta l}{\dfrac{l_1}{A_1 \cdot E_1} + \dfrac{2 \cdot l_2}{A_2 \cdot E_2}}$$

$$F_1 = \frac{0{,}75\,\text{mm}}{\dfrac{200\,\text{mm}}{\dfrac{10^2\,\text{mm}^2 \cdot \pi}{4} \cdot 2{,}1 \cdot 10^5\,\text{N/mm}^2} + \dfrac{2 \cdot 200\,\text{mm}}{\dfrac{20^2\,\text{mm}^2 \cdot \pi}{4} \cdot 0{,}72 \cdot 10^5\,\text{N/mm}^2}} = \mathbf{25159\,N}$$

$$F_2 = 2 \cdot F_1 = 2 \cdot 25159 = \mathbf{50319\,N}$$

$$\sigma_1 = \frac{F_1}{A_1} = \frac{25159\,\text{N}}{\dfrac{10^2\,\text{mm}^2 \cdot \pi}{4}} = \mathbf{320{,}33\,\frac{N}{mm^2}}$$

$$\sigma_2 = -\frac{F_2}{A_2} = \frac{-50318\,\text{N}}{\dfrac{20^2\,\text{mm}^2 \cdot \pi}{4}} = \mathbf{-160{,}17\,\frac{N}{mm^2}}$$

$$\Delta l_1 = \frac{\sigma_1 \cdot l_1}{E_1} = \frac{320{,}33\,\text{N/mm}^2 \cdot 200\,\text{mm}}{2{,}1 \cdot 10^5\,\text{N/mm}^2} = \mathbf{0{,}31\,mm}$$

$$\Delta l_2 = \frac{\sigma_2 \cdot l_2}{\text{E2}} = \frac{-160{,}17\,\text{N/mm}^2 \cdot 200\text{mm}}{0{,}72 \cdot 105\,\text{N/mm}^2} = \mathbf{-0{,}44\,mm}$$

wobei Δl_1, die Dehnung der Stahlschrauben, und Δl_2, die Stauchung des Aluminiumstabs, zusammen 0,75 mm ergeben.

1.2 Wärmespannungen

Körper dehnen sich in der Regel mit zunehmender Temperatur aus und ziehen sich bei Abkühlung zusammen – eine Folge des mehr oder weniger weiten Ausschwingens der Moleküle. Die Ausdehnung erfolgt in drei Richtungen, für jede Richtung ergibt sich eine Längenausdehnung.

Der lineare Wärmeausdehnungskoeffizient α (1/K) entspricht der durchschnittlichen Längenausdehnung eines Stabes bei Erwärmung um 1 K in einem bestimmten Temperaturbereich.

Die Längenzunahme eines Stabes ist $\Delta l = l_0 \cdot \alpha \cdot \vartheta$. Gl. (1.37)
(ϑ = Temperaturänderung)

Die Wärmedehnung ist somit $\varepsilon = \frac{\Delta l}{l_0} = \alpha \cdot \vartheta$. Gl. (1.38)

Man nennt dies das lineare Wärmeausdehnungsgesetz.

Tabelle **1**.25 **Längenausdehnungskoeffizient α in $\frac{1}{°C}$ oder $\frac{1}{K}$ bei 20 °C**

GG	~ $9{,}0 \cdot 10^{-6}$	Zinn	$23{,}0 \cdot 10^{-6}$
Glas	$9{,}0 \cdot 10^{-6}$	Aluminium	$23{,}5 \cdot 10^{-6}$
Stahl	$12{,}0 \cdot 10^{-6}$	Blei	$29{,}2 \cdot 10^{-6}$
Kupfer	$16{,}5 \cdot 10^{-6}$	Zink	$30{,}1 \cdot 10^{-6}$
Messing	$18{,}4 \cdot 10^{-6}$	PVC	$78{,}0 \cdot 10^{-6}$

Beispiel 1.16 Ein U-Stahl 200 nach EN 10279 (DIN 1026) ist bei 0 °C 20 m lang. Wie groß ist die Längenänderung bei einer Temperaturerhöhung auf +30 °C?

Lösung Nach Gl. (1.37) ist $\Delta l = l_0 \cdot \alpha \cdot \vartheta = 20 \cdot 12{,}0 \cdot 10^{-6} \cdot 30 = 0{,}0072$ m ≙ **7,2 mm**.

Wenn Körper durch starres Einspannen an der Längenänderung bei Temperaturerhöhung gehindert werden, treten Zug- oder Druckspannungen auf. Diese Normalspannungen σ_ϑ lassen sich mit Hilfe des Hooke'schen Gesetzes berechnen.

Es gilt $\sigma_\vartheta = E \cdot \varepsilon = E \frac{\Delta l}{l_0}$, für die Wärmedehnung(-kürzung) $\Delta l = l_0 \cdot \alpha \cdot \vartheta$, eingesetzt ergibt

$\sigma_\vartheta = E \cdot \alpha \cdot \vartheta$. Gl. (1.39)

Beispiel 1.17 Wird der U-Stahl des Beispiels 1.16 an der Längenausdehnung gehindert, ergibt sich die Spannung

$\sigma_\vartheta = 2{,}1 \cdot 10^5 \cdot 12 \cdot 10^{-6} \cdot 30 =$ **75,6 N/mm²**

und mit der Querschnittsfläche $A = 32{,}2\ \text{cm}^2$ eine Druckkraft von **$2{,}43 \cdot 10^5$ N**.

Beispiel 1.18 Der abgestufte Stahlzylinder **1**.26 wird von –10 °C auf +50 °C erwärmt. Berechnen Sie die Spannung und die Druckkraft in beiden Zylinderquerschnitten, wenn der Stahlzylinder an der Ausdehnung gehindert wird, sowie die Längenänderungen.

Lösung Temperaturdifferenz $\vartheta = 50 - (-10) = 60$ °C.
Damit ist die Längenänderung ohne Einspannung $\Delta l_\vartheta = \alpha \cdot \vartheta (l_1 + l_2) = 12 \cdot 10^{-6} \cdot 60 \cdot 600 = 0{,}432$ mm.
Aus Gleichgewichtsgründen muss die Druckkraft $F_1 = F_2$ sein, die gesamte Längenänderung $\Delta l = \Delta l_1 + \Delta l_2$.

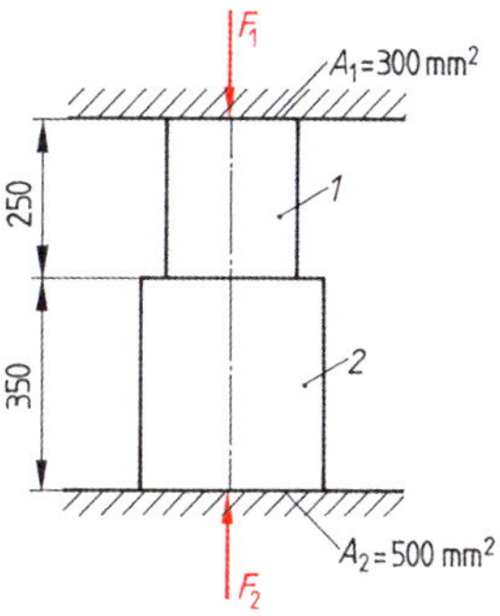

1.26 Abgestufter, eingespannter Stahlzylinder

Mit $\Delta l_1 = \dfrac{\sigma_1 \cdot l_1}{E} = \dfrac{F_1 \cdot l_1}{E \cdot A_1}$

und $\Delta l_2 = \dfrac{F_2 \cdot l_2}{E \cdot A_2}$ ist (da $F_1 = F_2 = F$).

$$F = \frac{\Delta l_\vartheta}{\dfrac{l_1}{E \cdot A_1} + \dfrac{l_2}{E \cdot A_2}}$$

$$F = \frac{0{,}432\,\text{mm}}{\dfrac{250\,\text{mm}}{2{,}1 \cdot 10^5\,\text{N/mm}^2 \cdot 300\,\text{mm}^2} + \dfrac{350\,\text{mm}}{2{,}1 \cdot 10^5\,\text{N/mm}^2 \cdot 500\,\text{mm}^2}} = \mathbf{59165\,N}$$

$$\sigma_1 = \frac{F_1}{A_1} = \frac{59165\,\text{N}}{300\,\text{mm}^2} = \mathbf{197{,}22\,N/mm^2} \qquad \sigma_2 = \frac{F_2}{A_2} = \frac{59165\,\text{N}}{500\,\text{mm}^2} = \mathbf{118{,}33\,N/mm^2}$$

Da jedoch die gesamte Längenänderung Δl verhindert wird, nicht aber die Längenänderungen der beiden verschieden starken Stahlzylinder zueinander, muss man setzen:

$$\varepsilon_1 = \varepsilon_\vartheta - \frac{\sigma_1}{E}$$

$$\varepsilon_\vartheta = \alpha \cdot \vartheta = 12 \cdot 10^{-6}\,\frac{1}{°\text{C}} \cdot 60\,°\text{C} = 0{,}72 \cdot 10^{-3}$$

$$\frac{\sigma_1}{E} = \frac{197{,}21\,\text{N/mm}^2}{2{,}1 \cdot 10^5\,\text{N/mm}^2} = 0{,}939 \cdot 10^{-3}$$

ε_ϑ ist eine Dehnung aufgrund der Temperaturerhöhung, σ_1/E eine Stauchung aufgrund der verhinderten Dehnung (wie vorhin berechnet). Setzen wir den Dehnungsanteil mit +, den Stauchungsanteil mit – an, ergibt sich eine gesamte Dehnung

$$\varepsilon_1 = +0{,}72 \cdot 10^{-3} - 0{,}939 \cdot 10^{-3} = -0{,}219 \cdot 10^{-3},$$

also eine Stauchung des Teils 1 von $-0{,}219 \cdot 10^{-3}$.
Die Dehnung für den 2. Teil des Stahlzylinders setzt sich ähnlich zusammen:

$$\varepsilon_2 = \varepsilon_\vartheta - \frac{\sigma_2}{E} = 0{,}72 \cdot 10^{-3} - \frac{118{,}33\,\text{N/mm}^2}{2{,}1 \cdot 10^5\,\text{N/mm}^2}$$

$$\varepsilon_2 = 0{,}72 \cdot 10^{-3} - 0{,}563 \cdot 10^{-3} = 0{,}1565 \cdot 10^{-3}$$

$$\Delta l_1 = l_1 \cdot \varepsilon_1 = 250\,\text{mm}\,(-0{,}219 \cdot 10^{-3}) = \mathbf{-0{,}0547\,mm}$$

$$\Delta l_2 = l_2 \cdot \varepsilon_2 = 350\,\text{mm} \cdot 0{,}157 \cdot 10^{-3} = \mathbf{0{,}0547\,mm}$$

D.h., der Zylinder *1* wird um 0,0547 mm gestaucht, Zylinder *2* dehnt sich um den gleichen Betrag.

Beispiel 1.19 Zwei Zylinder – einer mit $l_1 = 0{,}5$ m aus Stahl, der andere mit $l_2 = 0{,}3$ m aus Aluminium – sind hintereinander zwischen starren Wänden eingespannt (**1**.27a). Der Stahl wird um 30 °C erwärmt, der Alu-Zylinder behält seine Temperatur bei.

Beispiel 1.19
Fortsetzung

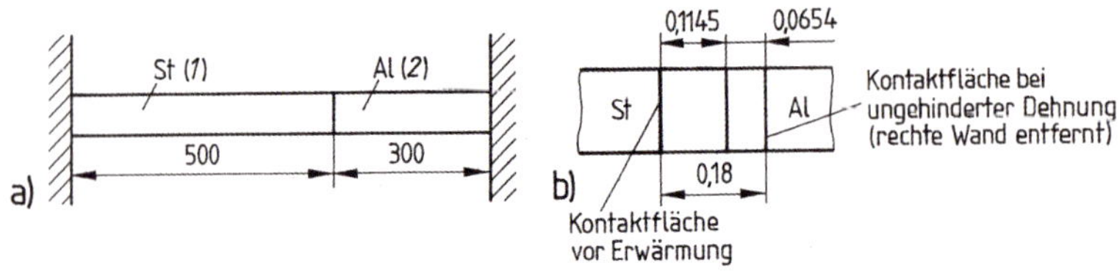

1.27 Verhinderte Wärmedehnung (Stahl- und Aluminiumzylinder)

a) Wie groß ist die Verschiebung der Kontaktfläche, wenn die rechte Wand entfernt wird?
b) Wie groß ist die Spannung im Stab, wenn die Einspannung bleibt?
c) Wie groß ist die Verschiebung der Kontaktfläche, wenn die Stäbe eingespannt bleiben?

$E_1 = 2{,}1 \cdot 10^5\,\text{N/mm}^2$, $E_2 = 0{,}72 \cdot 10^5\,\text{N/mm}^2$, $\alpha_1 = 12{,}0 \cdot 10^{-6}\,1/°\text{C}$

Lösung

a) Ist die rechte Wand entfernt, tritt normale Längsdehnung ein.

$$\Delta l_{1\vartheta} = \alpha_1 \cdot l_1 \cdot \vartheta = 12{,}0 \cdot 10^{-6}\,\frac{1}{°\text{C}} \cdot 500\,\text{mm} \cdot 30\,°\text{C} = \mathbf{0{,}18\,mm}$$

b) Bei starren Wänden entsteht eine Druckkraft, die beide Stäbe drückt und eine Längenänderung insgesamt nicht zulässt.

Das Hooke'sche Gesetz lautet $\sigma = E \cdot \varepsilon$. Wir setzen für $\sigma = \frac{F}{A}$, für $A = \frac{d^2\pi}{4}$, für $\varepsilon = \frac{\Delta l}{l}$ und erhalten (da $F_1 = F_2$ sein muss und $A_1 = A_2$ ist) die Beziehung

$$E_1\,\frac{\Delta l_1}{l_1} = E_2\,\frac{\Delta l_2}{l_2} \rightarrow \Delta l_2 = \frac{E_1}{E_2}\,\frac{l_2}{l_1}\,\Delta l_1 .$$

Andererseits muss die Summe der verhinderten Längenänderungen $\Delta l_1 + \Delta l_2$ gleich $\Delta l_{1\vartheta}$ sein, der Ausdehnung des Stahlstabs ohne Einspannung.
Daraus ist $\Delta l_2 = \Delta l_{1\vartheta} - \Delta l_1$ und nach Einsetzen der Formel für Δl_2 in vorstehende Gleichung

$$\Delta l_1 = \frac{\Delta l_{1\vartheta}}{1 + \frac{l_2}{l_1} \cdot \frac{E_1}{E_2}} = \frac{0{,}18\,\text{mm}}{1 + \frac{300\,\text{mm} \cdot 2{,}1 \cdot 10^5\,\text{N/mm}^2}{500\,\text{mm} \cdot 0{,}72 \cdot 10^5\,\text{N/mm}^2}} = 0{,}0655\,\text{mm}$$

$$\Delta l_2 = \Delta l_{1\vartheta} - \Delta l_1 = 0{,}1145\,\text{mm}$$

$$\sigma_2 = \sigma_1 = E_1 \cdot \varepsilon_1 = E_1\,\frac{\Delta l_1}{l_1} = 2{,}1 \cdot 10^5\,\text{N/mm}^2\,\frac{0{,}0655\,\text{mm}}{500\,\text{mm}} = \mathbf{27{,}49\,N/mm^2}.$$

c) Die Gesamtdehnung des Stahlstabs *1* wäre 0,18 mm. Damit Gleichgewicht herrscht, werden der Stahlstab um 0,0655 mm und der Aluminiumstab um 0,1145 mm zusammengedrückt. D.h., die Kontaktfläche hat sich um **0,1145 mm** nach rechts verschoben (**1**.27b).

Beispiel 1.20 Ein Stahl- und ein Cu-Stab sind zwischen festen Wänden eingespannt (**1**.28a). Die Temperatur wird um $\vartheta = 80\,°\text{C}$ (= 80 K) erhöht.

a) Wie groß wäre die gesamte Längenänderung der beiden Zylinder bei ungehinderter Dehnung?
b) Bei welcher Temperaturerhöhung ϑ_B erfolgt die Berührung?
c) Wie groß ist die Druckkraft F nach der Temperaturerhöhung?
d) Wo liegt zum Zeitpunkt des Berührens beider Stäbe die Kontaktfläche?
e) Wo liegt die Kontaktfläche nach Temperaturerhöhung um 80 °C?

Lösung

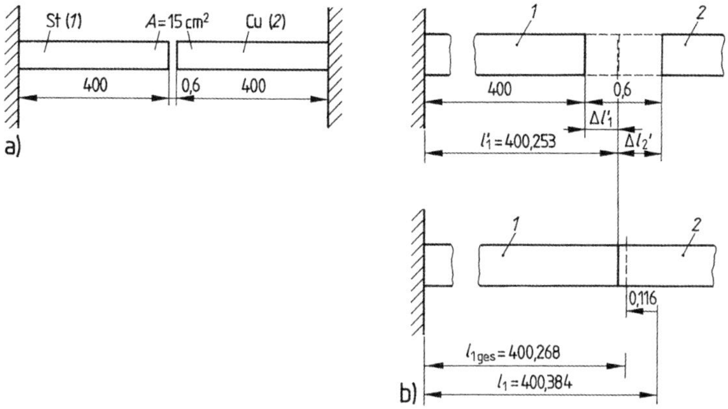

1.28 Verhinderte Wärmedehnung unterschiedlicher Werkstoffe

a) Die gesamte, unbehinderte Längenänderung wäre nach Gl. (1.37) mit $\alpha_1 = 12 \cdot 10^{-6}$ 1/K und $\alpha_2 = 16{,}5 \cdot 10^{-6}$ 1/K aus Tab. **1**.25

$$\Delta l_{ges} = \Delta l_{1\,ges} + \Delta l_{2\,ges} = l \cdot \vartheta\,(\alpha_1 + \alpha_2) = 400\,\text{mm} \cdot 80\,\text{K}\,(12 + 16{,}5) \cdot 10^{-6}\frac{1}{\text{K}}$$
$$= \mathbf{0{,}912\,mm}$$

b) Die Bedingung für den Bereich der unbehinderten Dehnung lautet $\Delta l_1' + \Delta l_2' = 0{,}6$ (**1**.28b) und für $\Delta l_1'$ ($\Delta l_2'$) nach Gl. (1.37) mit ϑ_B

$$l \cdot \alpha_1 \cdot \vartheta_B + l \cdot \alpha_2 \cdot \vartheta_B = 0{,}6 \rightarrow$$

$$\vartheta_B = \frac{0{,}6}{l\,(\alpha_1 + \alpha_2)} = \frac{0{,}6\,\text{mm}}{400\,\text{mm}\,(12 + 16{,}5)\,10^{-6}\frac{1}{\text{K}}} = \mathbf{52{,}63\,K}$$

c) Die Summe der Stabverlängerungen durch die Temperaturerhöhung ϑ muß gleich der Spaltbreite plus den Stabzusammendrückungen sein. Der Ansatz lautet also

$$l_1 \cdot \alpha_1 \cdot \vartheta + l_2 \cdot \alpha_2 \cdot \vartheta = 0{,}6 + \frac{F_1}{A_1 E_1} \cdot l_1\,(1 + \alpha_1 \cdot \vartheta_B) + \frac{F_2}{A_2 E_2} \cdot l_2\,(1 + \alpha_2 \cdot \vartheta_B).$$

Da aber $l_1 = l_2 = l$, $A_1 = A_2 = A$ sind und $F_1 = F_2 = F$ sein muss, vereinfachen wir den Ausdruck auf

$$l \cdot \vartheta\,(\alpha_1 + \alpha_2) - 0{,}6 = F\,\frac{l}{A}\left(\frac{1 + \alpha_1 \cdot \vartheta_B}{E_1} + \frac{1 + \alpha_2 \cdot \vartheta_B}{E_2}\right)$$

und berechnen daraus

$$F = \frac{A}{l} \cdot \frac{l \cdot \vartheta\,(\alpha_1 + \alpha_2) - 0{,}6}{\dfrac{1 + \alpha_1 \cdot \vartheta_B}{E_1} + \dfrac{1 + \alpha_2 \cdot \vartheta_B}{E_2}}$$

$$F = \frac{1500\,\text{mm}^2}{400\,\text{mm}} \cdot \frac{400\,\text{mm} \cdot 80\,\text{K}\,(12 + 16{,}5)\,10^{-6}\frac{1}{\text{K}} - 0{,}6\,\text{mm}}{\dfrac{1 + 12 \cdot 10^{-6}\frac{1}{\text{K}} \cdot 52{,}63\,\text{K}}{2{,}1 \cdot 10^5\,\text{N/mm}^2} + \dfrac{1 + 16{,}5 \cdot 10^{-6}\frac{1}{\text{K}} \cdot 52{,}63\,\text{K}}{1{,}25 \cdot 10^5\,\text{N/mm}^2}} = \mathbf{91\,607\,N}.$$

Lösung Fortsetzung

d) Aus b) berechnen wir $\Delta l_1' = l \cdot \alpha_1 \cdot \vartheta_B = 400\,\text{mm} \cdot 12 \cdot 10^{-6}\frac{1}{\text{K}} \cdot 52{,}63\,\text{K} = 0{,}253\,\text{mm}$.

D.h., der Stab *1* hat zum Berührzeitpunkt ($\vartheta_B = 52{,}63\,°\text{C}$) eine Länge von $l_1' = \mathbf{400{,}253\,mm}$ (**1**.28b).

e) Der Abstand der Kontaktfläche vom linken Einspannrand $l_{1\,\text{ges}}$ setzt sich zusammen aus der gesamten Länge bei unbehinderter Dehnung $l_1 \cdot (1 + \alpha_1 \cdot \vartheta) = l_{1\,\vartheta}$ abzüglich der durch die Kraft F verursachten Zusammendrückung $\dfrac{F \cdot l_1'}{A \cdot E_1}$, wobei $l_1' = l_1\,(1 + \alpha_1 \cdot \vartheta_B)$ ist.

$$l_{1\,\text{ges}} = l_1\,(1 + \alpha_1 \cdot \vartheta) - \frac{F \cdot l_1}{A \cdot E_1}\,(1 + \alpha_1 \cdot \vartheta_B)$$

$$l_{1\,\text{ges}} = 400\,\text{mm}\left(1 + 12 \cdot 10^{-6}\frac{1}{\text{K}} \cdot 80\,\text{K}\right) - \frac{91\,607\,\text{N} \cdot 400\,\text{mm}}{1500\,\text{mm}^2 \cdot 2{,}1 \cdot 10^5\,\text{N/mm}^2}\left(1 + 12 \cdot 10^{-6}\frac{1}{\text{K}} \cdot 52{,}63\,\text{K}\right) = \mathbf{400{,}268\,mm}$$

Aufgaben zu Abschnitt 1.1 und 1.2

1. Für den Druckstab **1**.29 sind die Spannungen σ_{AB}, σ_{BC}, σ_{CD} und σ_{DE} zu berechnen.

$F_1 = 80\,\text{kN}$	$d_1 = 25\,\text{mm}$
$F_2 = 30\,\text{kN}$	$d_2 = 20\,\text{mm}$
$F_3 = 10\,\text{kN}$	$d_3 = 30\,\text{mm}$
$F_4 = 40\,\text{kN}$	

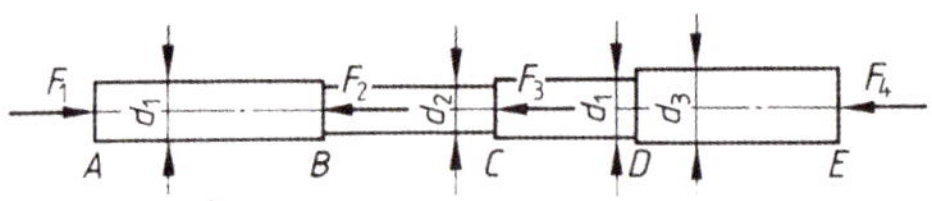

1.29 Druckstab

2. Wie groß muss der allseitige Druck auf einen Flachstab aus Stahl (30 mm x 10 mm x 800mm) sein, damit die Längenänderung $\Delta l = 0{,}5$ mm beträgt?
3. Ein Förderkorb zur Förderung von Kohle wird an einem Seil von 45 mm Durchmesser 800 m in die Tiefe gelassen. Das Gewicht des beladenen Förderkorbs beträgt 30 t. Das Leergewicht ist 5 t. Zu berechnen ist unter Berücksichtigung des Seileigengewichts ($\rho = 7850$ kg/m³) die Seilverlängerung unter dem Gewichtseinfluss a) in unbeladenem Zustand, b) in beladenem Zustand.
4. Für den links eingespannten Zugstab aus Stahl (**1**.30) sollen a) die Einzellängenänderungen Δl_{AB},Δl_{BC},Δl_{CD},Δl_{DE}, b) die Gesamtlängenänderung Δl, c) die Spannungen σ_{AB}, σ_{BC}, σ_{CD} und σ_{DE} sowie d) die Verschiebungen der Querschnitte *B*, *C* und *D* ermittelt werden.

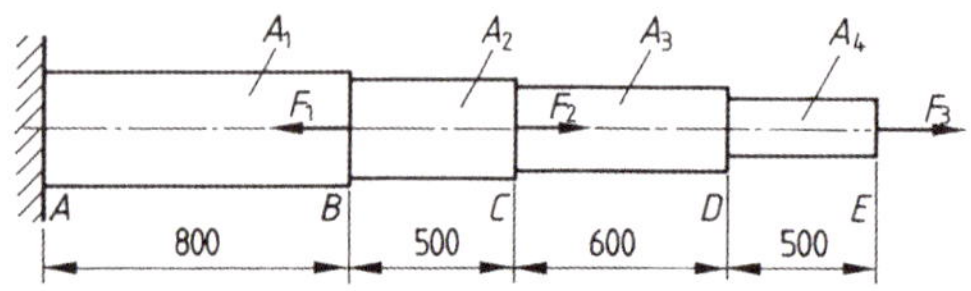

1.30 Längenänderung eines Zug-Druck-Stabs

$F_1 = 60\,\text{kN}$	$A_1 = 600\,\text{mm}^2$
$F_2 = 150\,\text{kN}$	$A_2 = 500\,\text{mm}^2$
$F_3 = 50\,\text{kN}$	$A_3 = 450\,\text{mm}^2$
$E = 2{,}1 \cdot 10^5\,\text{N/mm}^2$	$A_4 = 300\,\text{mm}^2$

5. Berechnen Sie die Werte der Aufgabe 4, wenn $F_1 = 220\,\text{kN}$ beträgt.
6. Berechnen Sie die Gesamtlängenänderung des Stabes nach Bild **1**.30 mit den Werten $F_1 = 120\,\text{kN}$, $F_2 = 130\,\text{kN}$ und $F_3 = 200\,\text{kN}$.
7. Für die Dreifachaufhängung **1**.31 sind die vertikale Verschiebung v des Kraftangriffspunkts und die Stabkräfte F_1 und F_2 zu berechnen. $F = 70\,\text{kN}$, $A_1 = 40\,\text{mm}^2$, $A_2 = 50\,\text{mm}^2$, $\alpha = 15°$, $h = 4\,\text{m}$.

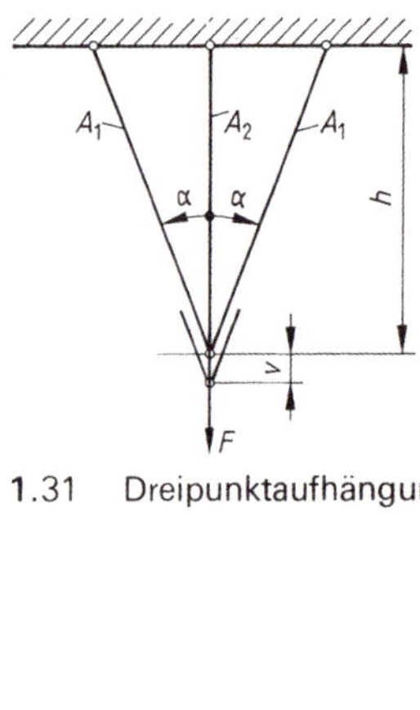

1.31 Dreipunktaufhängung

8. Berechnen Sie zu Aufgabe 7 jenen Winkel α, bei dem sich die Durchsenkung v mit 110% des dort berechneten Wertes ergibt.

9. Berechnen Sie die Drehzahl n, bei der ein rotierender Eisenstab ($\varrho = 7850\,\text{kg/m}^3$) und ein rotierender Stab aus legiertem Aluminium ($\varrho = 2700\,\text{kg/m}^3$) von 1,5 m Länge durch Fliehkraftwirkung zerreißen, wenn die entsprechenden Zugfestigkeitswerte $R_{mFe} = 500\,\text{N/mm}^2$, $R_{mAl} = 350\,\text{N/mm}^2$ betragen.

10. Eine dünnwandige Blechtrommel von 600 mm Außen-∅, 0,5 mm Blechstarke und 400 mm Länge ist mit 2 Liter Wasser gefüllt. Welche maximale Drehzahl ist zulässig, wenn die zulässige Zugspannung in der Blechtrommel, verursacht durch das an die Trommelwand gedrückte Wasser und die Masse der Trommel, $\sigma_{zul} = 80\,\text{N/mm}^2$ beträgt? ($\varrho_{St} = 7850\,\text{kg/m}^3$, $\varrho_{H_2O} = 1000\,\text{kg/m}^3$).

11. Zwei Zylinder aus verschiedenen Werkstoffen haben die Länge l und die Durchmesser d_1 und d_2. Sie werden zwischen Platten durch eine Kraft F gemeinsam auf Druck beansprucht.
$F = 80\,\text{kN}$, $l = 60\,\text{mm}$, $d_1 = 30\,\text{mm}$, $d_2 = 45\,\text{mm}$, $E_1 = 2{,}1 \cdot 10^5\,\text{N/mm}^2$ (Stahl), $E_2 = 1{,}15 \cdot 10^5\,\text{N/mm}^2$ (Bronze).
a) Wie groß sind die Lastanteile F_1 und F_2?
b) Wie groß ist die Stauchung Δl?
c) Wie groß sind die Druckspannungen σ_1 und σ_2?

12. Zwei Zylinder aus verschiedenen Werkstoffen ($E_1 = 2{,}1 \cdot 10^5\,\text{N/mm}^2$, $E_2 = 0{,}8 \cdot 10^5\,\text{N/mm}^2$ mit $l_1 = 40\,\text{mm}$, $l_2 = 60\,\text{mm}$, $d_1 = 30\,\text{mm}$, $d_2 = 45\,\text{mm}$) werden übereinander gestellt und zentrisch durch eine Kraft $F = 50\,\text{kN}$ belastet
a) Wie groß sind σ_1 und σ_2?
b) Wie groß sind die Stauchungen Δl_1 und Δl_2?

13. Ein homogener starrer Balken vom Gewicht G ist an zwei Stahldrahten der Länge l und den Querschnittsflächen A_1 bzw. A_2 aufgehängt. Dann wird die Last F aufgebracht (**1**.32).

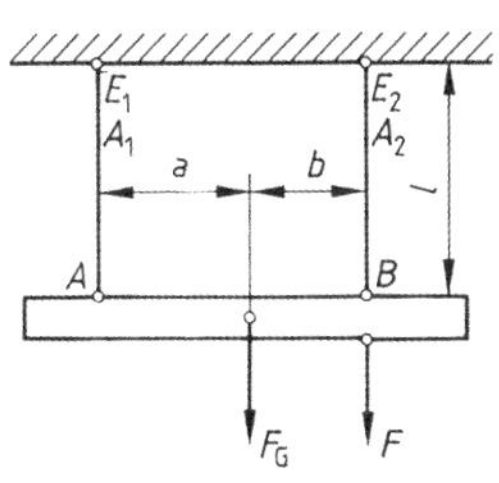

1.32 Aufhängung an Drähten

$G = 500\,\text{kg}$, $l = 3\,\text{m}$, $a = 2\,\text{m}$, $b = 1\,\text{m}$, $F = 1000\,\text{N}$, $A_1 = (4\pi)\,\text{mm}^2$, $A_2 = \left(\frac{9}{4}\pi\right)\text{mm}^2$.
a) Um welchen Winkel neigt sich der Balken?
b) Wie groß sind die Verlängerungen der Drähte?
c) Welche Spannungen herrschen in ihnen?

14. Stabwerk nach Bild **1**.33:
$l = 0{,}5\,\text{m}$, $E_1 = 2{,}1 \cdot 10^5\,\text{N/mm}^2$, $E_2 = 1{,}7 \cdot 10^5\,\text{N/mm}^2$, $A_1 = 500\,\text{mm}^2$, $A_2 = 600\,\text{mm}^2$, $\varphi = 30°$, $F = 300\,\text{kN}$.
Zu bestimmen sind
a) die Stabkräfte F_1 und F_2,
b) das Dehnsteifigkeitsverhältnis $\frac{E_1 A_1}{E_2 A_2}$ für gleiche Stabkräfte bei $\varphi = 45°$

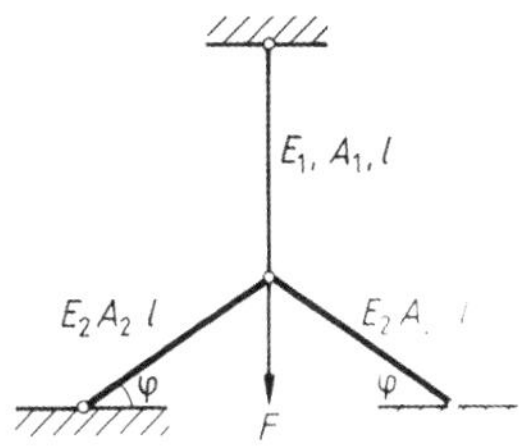

1.33 Symmetrisches Stabwerk

15. Ein starrer Balken (Länge $2a$) ist auf drei elastischen Stäben gelenkig gelagert. Die Dehnsteifigkeiten betragen EA bzw. $2EA$. Die Stablängen l sind gleich. Die Belastung erfolgt durch die Vertikalkraft F (**1**.34).
Ges.: a) Verschiebungen der Stabgelenke am Balken, b) Neigung des Balkens.

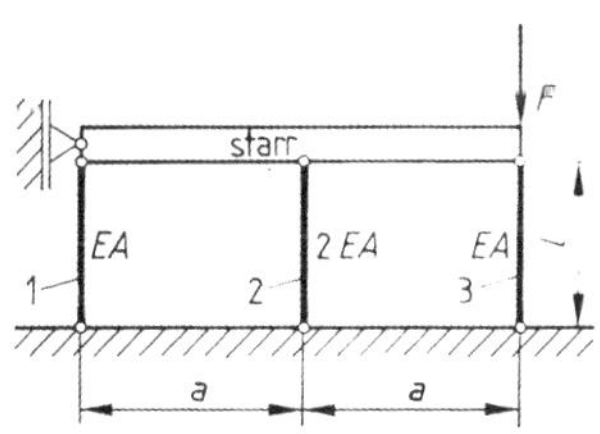

1.34 Gedrückte (gezogene) Stäbe

16. Eine Kranschiene von 20 m Lange und 60 cm² Querschnitt ist einer Temperaturdifferenz von $\vartheta = 60\,°\text{C}$ zwischen Sommer und Winter ausgesetzt.
a) Wie groß ist die Langenanderung?
b) Welche Kraft F tritt auf, wenn diese Längenänderung verhindert wird?

17. Ein gusseiserner Hohlzylinder (1) mit d_a = 180mm und d_i = 140mm und ein Aluminiumzylinder (2) mit d = 140 mm werden mit je einer Länge l = 200 mm zwischen zwei Platten eingespannt und an ihrer Längsdehnung durch eine Erwärmung von ϑ = 80 °C gehindert. Wie groß sind die entstehenden Druckspannungen σ_{GG} und σ_{Al}?

18. Wie groß darf die Temperaturerhöhung in der Aufgabe 17 maximal sein, damit im Aluminium eine zul. Spannung von σ_{Alzul} = 10 N/mm² nicht überschritten wird?

9. In ein Messingglied mit einer inneren Länge l = 80 mm und Querschnitt A_1 = 100 mm² soll ein Stahlstab von 80,1 mm und Querschnitt A_2 = 150 mm² gepasst werden (**1**.35). E_1 = 0,8 · 105 N/mm², E_2 = 2,1 · 105 N/mm².

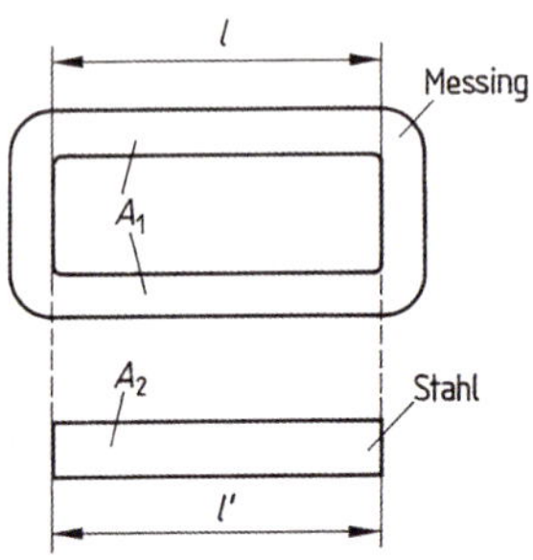

1.35 Kettenglied

a) Um wie viel °C muss der Stahlstab gekühlt werden, damit er genau passt?
b) Um welche Temperatur müsste das Messingglied erwärmt werden, wenn der Stahlstab seine Ausgangstemperatur beibehält?
c) Welche Kraft F wirkt, wenn beide Teile wieder auf Ausgangstemperatur gebracht sind?
d) Welche gemeinsame Länge wird sich einstellen?

20. Zwei Dehnstäbe sind einseitig eingespannt, die freien Stabenden im Ausgangszustand s = 0,2 mm voneinander entfernt (**1**.36).

Bekannt sind:
A_1 = 200 mm², A_2 = 150 mm²,
l_1 = 100 mm, l_2 = 70 mm,
E_1 = 2,1 · 10⁵ N/mm²,
E_2 = 1,25 · 10⁵ N/mm², $\alpha_1 = 12 \cdot 10^{-6}$ 1/K,
$\alpha_2 = 16{,}5 \cdot 10^{-6}$ 1/K.

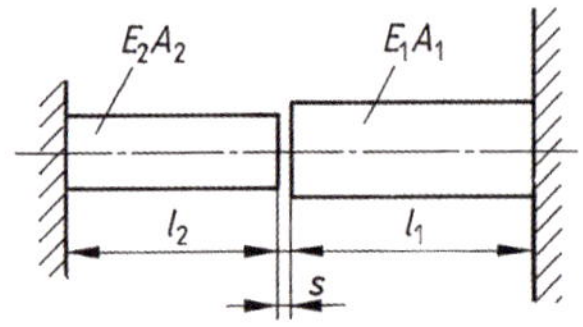

1.36 Freie und verhinderte Wärmedehnung unterschiedlicher Werkstoffe

a) Bei welcher Temperaturerhöhung ϑ_B berühren sich die beiden Stäbe?
b) Welche Druckkraft F entsteht bei einer Temperaturerhöhung über den Wert ϑ_B hinaus auf den Wert ϑ = 110 °C?
c) Welche Länge l_1 stellt sich dann ein?

21. Der Stab **1**.37 wird von 0 °C auf 180 °C erwärmt.

A_1 = 1600 mm²
A_2 = 2000 mm²
E_1 = 1,08 · 10⁵ N/mm²
E_2 = 0,72 · 10⁵ N/mm²

$$\alpha_1 = 17{,}8 \cdot 10^{-6}\ \frac{1}{°C}$$

$$\alpha_2 = 23{,}5 \cdot 10^{-6}\ \frac{1}{°C}$$

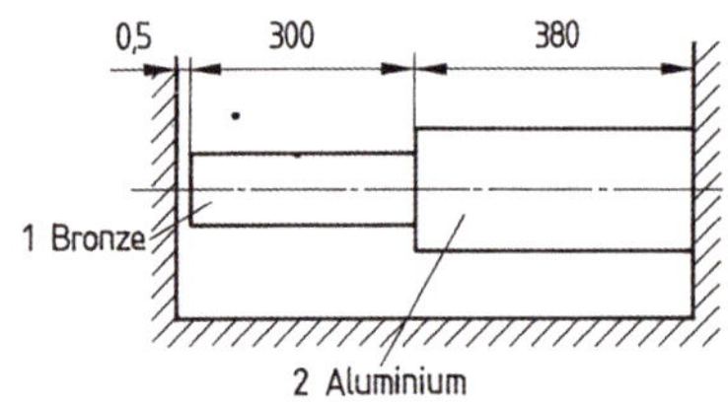

1.37 Freie und verhinderte Wärmedehnung unterschiedlicher Werkstoffe

a) Bei welcher Temperatur t_B berührt der Stab die Wand?
b) Wie groß sind σ_1 und σ_2?

1.3 Biegebeanspruchung

Die Schnittreaktionen (Normalkraft-, Querkraft- und Biegemomentenverlauf) sind uns aus Band 1 bekannt – nicht aber ihre Verteilung auf die Querschnittsfläche. Sie rufen Spannungen (σ, τ) hervor, die im Querschnitt im Gleichgewicht stehen. In diesem Abschnitt wollen wir die Spannungen finden, die in jedem Punkt des Querschnitts eines auf Biegung beanspruchten Bauteils wirken.

In früheren Zeiten wurde das Problem nicht gelöst, wie die Spannungsverteilung z. B. an einem Freiträger mit Rechteckquerschnitt und Einzellast am Ende ist. Nach Galileo Galilei (1564–1642) ist die Spannung über dem Balkenquerschnitt gleich verteilt mit $\sigma = 2M/bh^2$ (**1**.38). Die Bedingung $\Sigma M = 0$

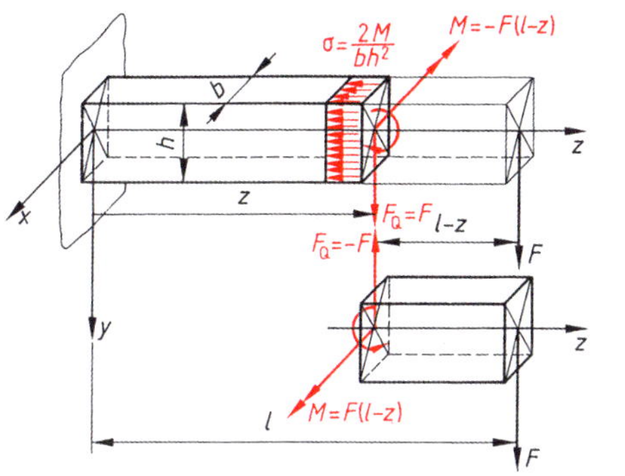

1.38 Spannungsverteilung am Kragträger nach Galilei

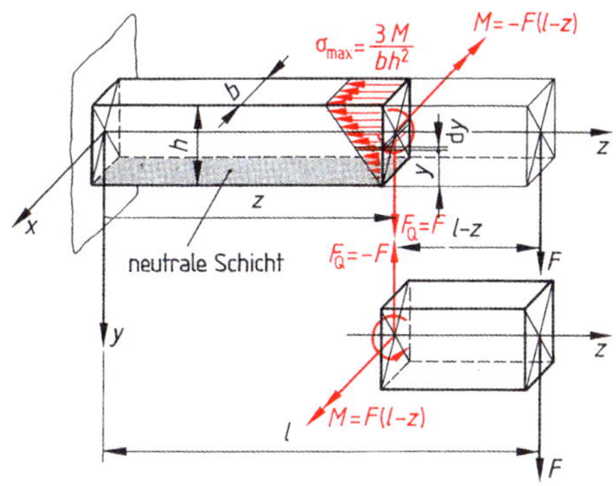

1.39 Spannungsverteilung am Kragträger nach Mariotte und Bernoulli

ist zwar damit erfüllt, jedoch nicht die Gleichgewichtsbedingung $\Sigma F_z = 0$. Edme Mariotte (1620–1684) und Jakob Bernoulli (1664–1705) nahmen analog dem Hooke'schen Gesetz eine dreieckförmige Spannungsverteilung mit der maximalen Spannung $\sigma = 3M/bh^2$ in der oberen Randfaser des Balkens an (**1**.39). Diese Annahme erfüllt die Momenten-Gleichgewichtsbedingung, aber nicht das Kräftegleichgewicht in der z-Richtung. Wie schon bei Galilei wirken über den Balkenquerschnitt keine Druckspannungen, sondern nur Zugspannungen.

Die unter bestimmten Voraussetzungen richtige Lösung (s. Abschn. 1.3.1) beruht auf Arbeiten von Parent (1666–1716), Charles Augustin Coulomb (1736–1806) und Louis Navier (1785–1836). Um auch die Gleichgewichtsbedingung $\Sigma F_z = 0$ zu erfüllen, wurde die Spannungsnulllinie (neutrale Schicht) in die Mitte (Schwerachse) des Balkenquerschnitts gelegt (**1**.40).

Die maximale Biegespannung, die in der Randfaser des Rechteckquerschnitts auftritt, ist $\sigma = 6M/bh^2$. Empirische Untersuchungen an elastischen Werkstoffen bestätigen diesen Zusammenhang.

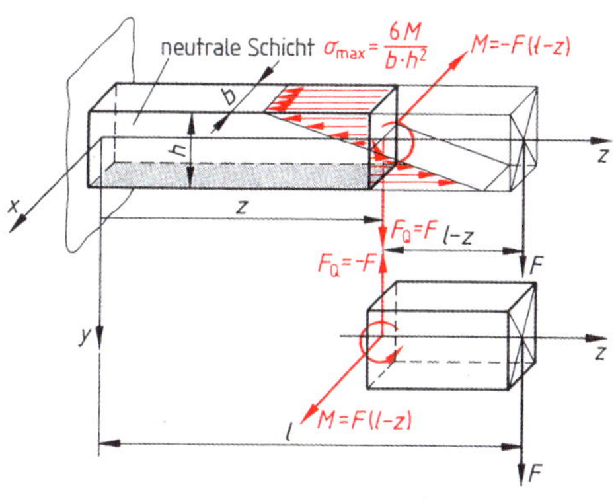

1.40 Spannungsverteilung am Kragträger nach Parent, Coulomb und Navier

Beispiel 1.21 Beweis, dass die Momenten-Gleichgewichtsbedingung bei der Hypothese von Mariotte und Bernoulli erfüllt ist.

Lösung

$$\sigma : y = \sigma_{max} : h \rightarrow \sigma = \frac{\sigma_{max}}{h} y = \frac{3M}{bh^3} y$$

$$\Sigma M = 0 ↻ : -M + \int_0^h \sigma\, by\, dy = 0$$

$$M = b \int_0^h \sigma\, y\, dy = \frac{3M}{bh^3} b \int_0^h y^2\, dy = \frac{3M}{h^3} \left[\frac{y^3}{3}\right]_0^h = M$$

1.3.1 Reine Biegung, Querkraft- und Längskraftbiegung

Biegungsarten

Reine Biegung	**Querkraftbiegung**	**Längskraftbiegung**
gerade Biegung	einfache Biegung	Knickbiegung
schiefe Biegung	schiefe Biegung	Zugbiegung
	Drillbiegung	

Reine Biegung liegt vor, wenn ein Bauteil z. B. durch ein Kräftepaar so beansprucht wird, dass das Biegemoment M_b über die ganze Bauteillänge konstant ist (**1**.41). Dann wirken keine Querkräfte, Längskräfte und Torsionsbeanspruchungen; im Querschnitt treten nur Biegespannungen auf. Fällt der Momentenvektor mit einer Hauptträgheitsachse des Querschnitts zusammen, sprechen wir von reiner gerader Biegung (**1**.42a). Bildet er mit einer Hauptträgheitsachse einen Winkel, ist es eine reine schiefe Biegung (**1**.42b). Die reine Biegung kommt praktisch in der Technik nicht vor – sie hat Modellcharakter.

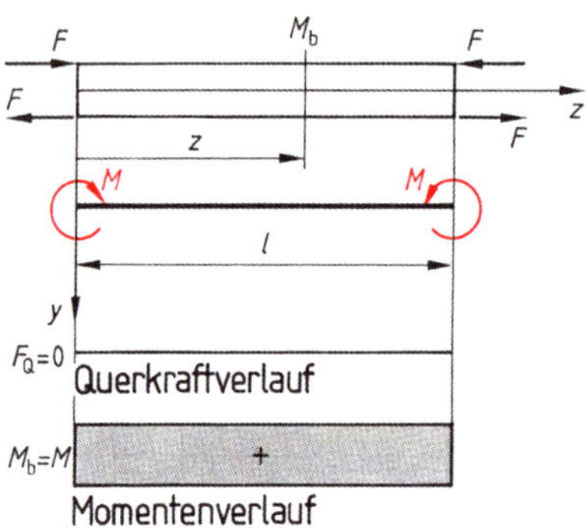

1.41 Reine Biegung

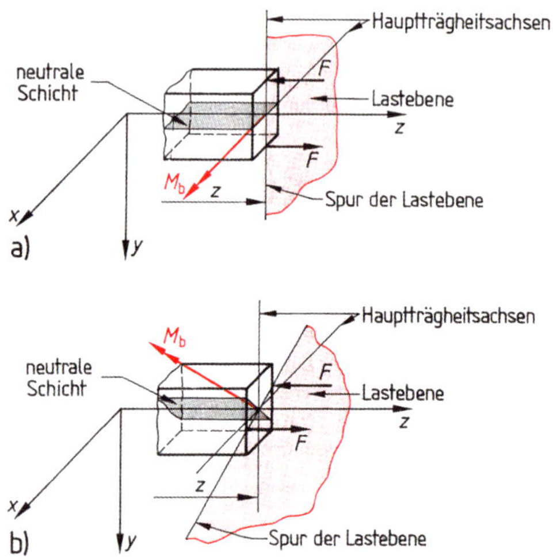

1.42 a) Reine gerade, b) reine schiefe Biegung

Bei der Querkraftbiegung ist der Momentenverlauf längs der Balkenachse nicht konstant; in den Querschnittsflächen treten Querkräfte auf (**1**.43). Die Querkräfte $F_Q = \pm dM/dz \neq 0$ beanspruchen den Träger zusätzlich auf Schub, bei unsymmetrischen Querschnitten auch auf Torsion. Querkraftbiegung ist die häufigste Biegungsart im Maschinenbau (Beispiele: Brückenträger, Laufradachse eines Krans, Werkzeugträger einer Karusselldrehbank).

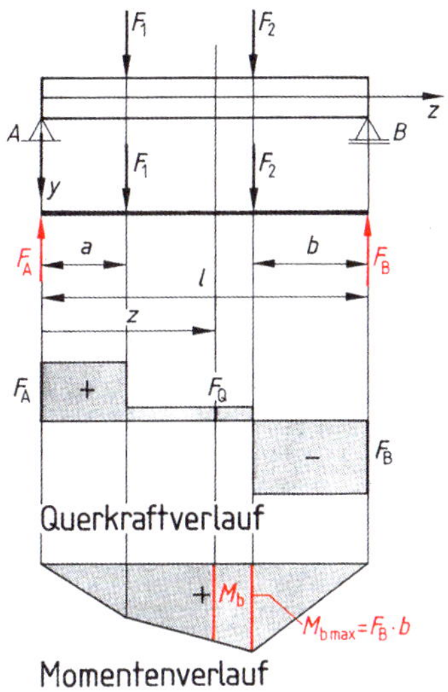

1.43 Querkraftbiegung

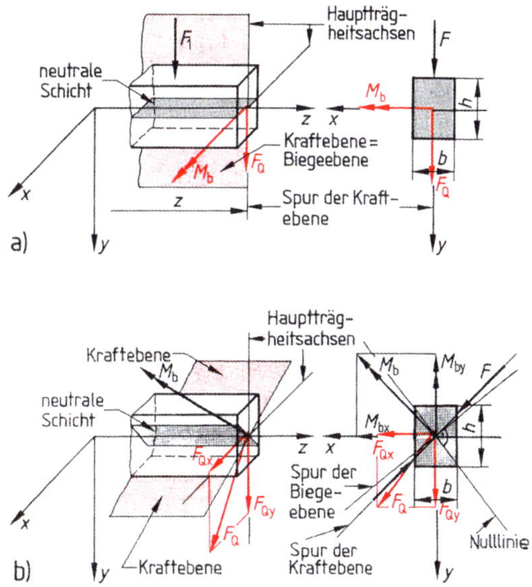

1.44 a) Einfache Biegung, b) schiefe Biegung

Bei der einfachen geraden Biegung, kurz einfache Biegung, liegen die Belastungs- und Reaktionskräfte in einer Ebene (Kraft- oder Lastebene). Ihre Spur liegt in der einen Hauptträgheitsachse, der Momentenvektor dagegen fällt mit der anderen Hauptträgheitsachse des Balkenquerschnitts zusammen (**1**.44a). Ist der Querschnitt symmetrisch zur Biegeebene, kommt es zu keiner Torsionsbeanspruchung – es wirken nur Biege- und Schubspannungen.

Sind die Querschnittsabmessungen im Verhältnis zur Trägerlänge klein, kann die Querkraft vernachlässigt werden. Für die Berechnung genügt dann das Modell der reinen Biegung. Bei gedrungenen, also im Vergleich zum Querschnitt sehr kurzen Bauteilen, kann man die Biegespannungen vernachlässigen und für die Berechnung das Modell der reinen Schubbeanspruchung zugrunde legen. In allen anderen Fällen, besonders bei dünnwandigen Profilträgern, sind jedoch sowohl die Schub- als auch die Biegespannungen beim Dimensionieren des Bauteils zu berücksichtigen (Beanspruchungshypothesen, Vergleichsspannung).

Bei der schiefen Biegung bildet die Spur der Kraftebene mit einer Hauptträgheitsachse des Balkenquerschnitts einen Winkel. Der Momentenvektor fällt somit nicht mit einer Hauptachse zusammen (**1**.44b). Zu einer schiefen Biegung kommt es auch, wenn Kräfte in zwei Ebenen angreifen, deren Spuren parallel zu den beiden Hauptträgheitsachsen des Querschnitts liegen. Dieser besondere Belastungsfall wird als zweiachsige oder Doppelbiegung bezeichnet. Die Kraft- und Biegeebene fallen nicht, wie bei der einfachen Biegung, zusammen (Beispiel: ein durch Seilkräfte in unterschiedlichen Richtungen belasteter Mast nichtkreisförmigen Querschnitts).

Drillbiegung. Geht die Kraftebene bei unsymmetrischem Querschnitt nicht durch den Schubmittelpunkt bzw. bei symmetrischem Querschnitt nicht durch die Trägerlängsachse, wird der Träger zusätzlich auf Torsion beansprucht. Im ersten Fall wird die Torsion durch Querkraft verursacht (**1**.45a), im zweiten durch die exzentrische Belastung (**1**.45b, z.B. Kurbelwelle).

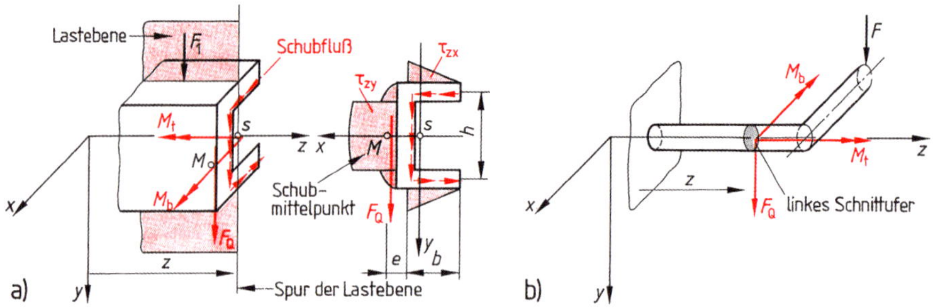

1.45 Drillbiegung a) durch Querkraft, b) durch Drehmoment

Die zusätzlich auftretende Torsionsbeanspruchung bei Drillbiegung durch Querkräfte lässt sich verhindern, wenn man die Lastebene durch den Angriffspunkt der Resultierenden der Schubkräfte, also durch den Schubmittelpunkt *M*, legt.

Um Längskraftbiegung handelt es sich, wenn die Biegung eines Trägers oder Balkens durch die Längskräfte eingeleitet wird. Wird der Träger dabei auf Druck beansprucht, ist es eine Knickbiegung (**1**.46). Wird er in seiner Längsrichtung exzentrisch auf Zug belastet, ist es eine Zugbiegung (**1**.47). Je nach Lage des Angriffspunkts der exzentrischen Zug- oder Druckkraft ergibt sich eine gerade oder eine schiefe Biegung (z. B. exzentrisch belastete Schubstange oder Säule).

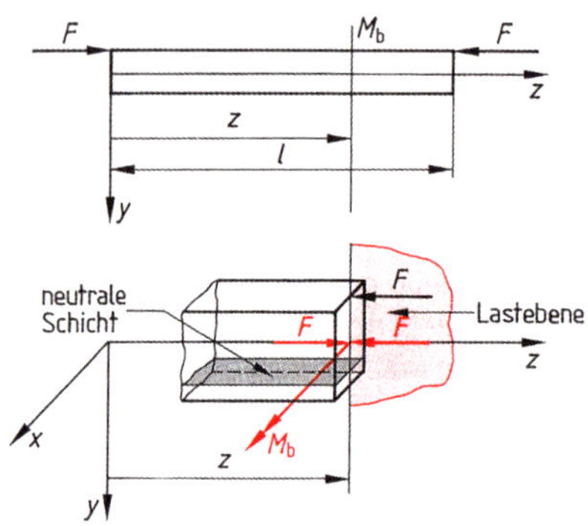

1.46 Knickbiegung

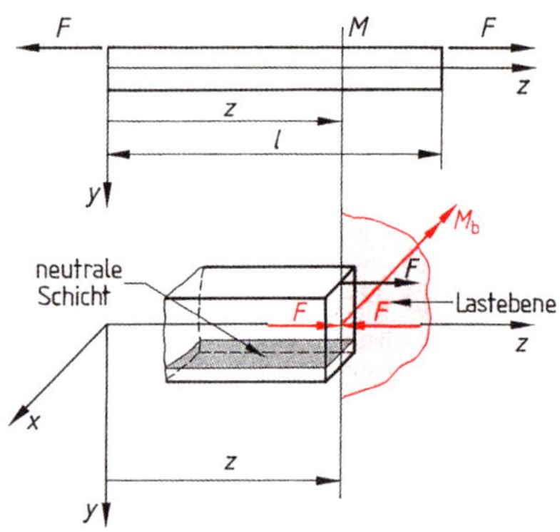

1.47 Zugbiegung

> Balkenbeanspruchung
> - bei reiner Biegung nur durch konstantes Biegemoment,
> - bei Querkraftbiegung zusätzlich auf Schub (und evtl. Torsion),
> - bei Längskraftbiegung zusätzlich auf Druck oder Zug.
>
> Bei gerader (einfacher) Biegung fällt die Spur der Lastebene mit einer Hauptträgheitsachse des Querschnitts zusammen, bei schiefer bildet sie einen Winkel mit ihr.

In der praktischen Festigkeitslehre können die einzelnen Biegungsarten als überlagerte Fälle auftreten. Man löst diese komplizierteren Fälle bei gleichartigen Spannungen nach dem Superpositionsprinzip, bei ungleichartigen Spannungen mit Festigkeitshypothesen (s. Abschn. 1.6). Außerdem unterscheiden wir zwischen Biegung gerader und stark gekrümmter Stäbe.

1.3.2 Flächenmomente

Querschnittsflächen unterscheiden sich durch Flächeninhalt und Form. Ein für die Festigkeitslehre wichtiges Maß ist auch die Verteilung der Fläche (Anordnung der einzelnen Flächenelemente dA), bezogen auf einen Punkt, eine Gerade oder eine Ebene. Wir bezeichnen dieses Maß als polares, axiales (äquatoriales) oder planes Flächenmoment. Somit ist das Flächenmoment eine rein geometrische Größe einer Querschnittsfläche, wobei z. B. der Flächeninhalt nur eine besondere Form des Flächenmoments ist. Wir definieren:

$$\text{Flächenmoment } n\text{-ter Ordnung} = \lim_{\Delta A_i \to 0} \sum_i y_i^n \text{ P } \Delta A_i = \int_A y^n \cdot \mathrm{d}A$$

Der Exponent n gibt die Ordnung des Moments an, y den Wirkabstand des Flächenelements dA vom Bezugsort.

Wir unterscheiden Momente 0., 1. und 2. Ordnung. Momente höherer Ordnung werden in der Mechanik nicht gebraucht.

Das Moment 0. Ordnung ist die Fläche A selbst.

$$\int_A y^0 \cdot \mathrm{d}A = \int_A \mathrm{d}A = A$$

Die Momente 1. Ordnung heißen statische Momente S und sind uns schon aus Band 1 bekannt. In Bezug auf Achsen durch den Schwerpunkt einer Fläche sind sie Null. Sie können aber auch positiv oder negativ sein.

Die Momente 2. Ordnung heißen Flächenträgheitsmomente oder kurz Trägheitsmomente I. Im Bild **1.48** ist z. B. $I_x = \int_A y^2 \cdot \mathrm{d}A$ das axiale Trägheitsmoment einer allgemeinen Fläche zur x-Achse. $I_{xy} = \int_A xy \cdot \mathrm{d}A$ heißt Zentrifugal-, Deviations- oder gemischtes Moment. Während Trägheitsmomente stets positiv sind, kann das Zentrifugalmoment einer Fläche positiv, Null oder negativ sein. Aus dem Vorzeichen können wir auf die Querschnittsaufteilung bezüglich des gewählten Koordinatensystems schließen.

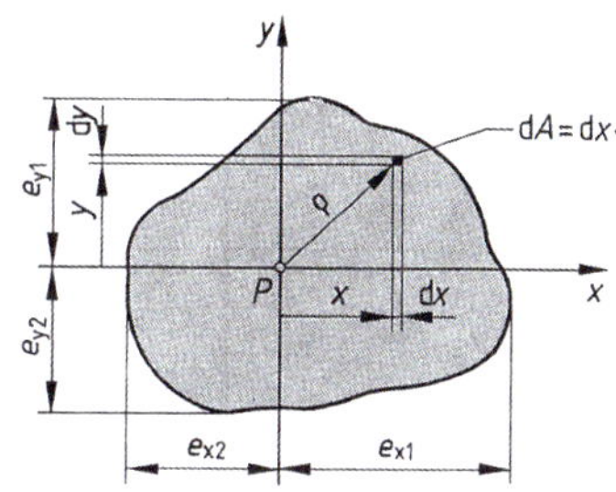

1.48 Flächenmomente einer allgemeinen Fläche

$I_x, I_y, I_p > 0$ $\qquad\qquad I_{xy} \gtreqless 0$

> Das Zentrifugal- oder Deviationsmoment eines Querschnitts, bezogen auf die Symmetrieachsen, ist Null.

Für eine allgemeine Fläche wie in Bild **1.48** gelten somit diese Beziehungen:

Axiales Trägheitsmoment		Zentrifugalmoment	Polares Trägheitsmoment	
$I_x = \int_A y^2 \cdot \mathrm{d}A$	$I_y = \int_A x^2 \cdot \mathrm{d}A$	$I_{xy} = \int_A xy \cdot \mathrm{d}A$	$I_p = \int_A \varrho^2 \cdot \mathrm{d}A$	Gl. (1.40)

Einheit m⁴, cm⁴, mm⁴

Eine Zusammenstellung von den Trägheitsmomenten technisch wichtiger Querschnitte zeigt Tabelle **1**.49.

Tabelle **1**.49 **Trägheits- und Widerstandsmomente ebener Flächen**

Querschnitt	Trägheitsmoment I	Widerstandsmoment W
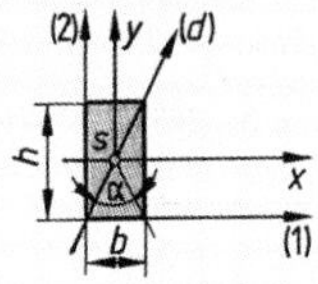 $\alpha = 2 \arctan \frac{b}{h}$ $d = \sqrt{h^2 + b^2}$	$I_x = \frac{bh^3}{12} \quad I_y = \frac{hb^3}{12}$ $I_{(1)} = \frac{bh^3}{3} \quad I_{(2)} = \frac{hb^3}{3}$ $I_{(d)} = \frac{d^4}{48} \sin^3 \alpha$ $I_{pS} = \frac{bh}{12} (b^2 + h^2)$	$W_x = \frac{bh^2}{6} \quad W_y = \frac{hb^2}{6}$
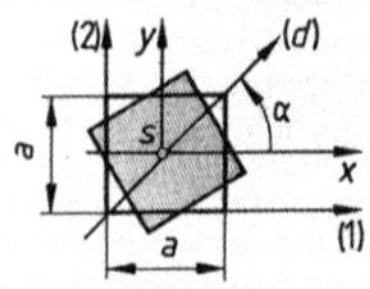	$I_x = I_y = \frac{a^4}{12} \quad I_{(1)} = I_{(2)} = \frac{a^4}{3}$ $I_{pS} = \frac{a^4}{6} \quad i_x = i_y = 0{,}289\,a$	$W_x = W_y = \frac{a^3}{6}$ $W_{x\alpha} = W_{y\alpha} = \frac{a^3}{6 (\sin \alpha + \cos \alpha)}$ für $\left(0 \leqq \alpha \leqq \frac{\pi}{2}\right)$
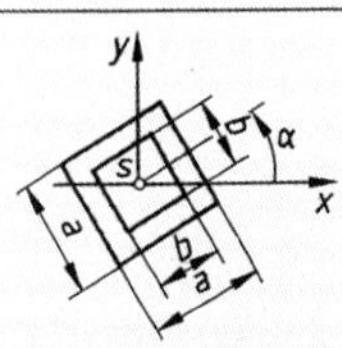	$I_x = I_y = \frac{a^4 - b^4}{12}$	$W_{x\alpha} = W_{y\alpha} = \frac{a^4 - b^4}{6a (\sin \alpha + \cos \alpha)}$ für $\left(0 \leqq \alpha \leqq \frac{\pi}{2}\right)$
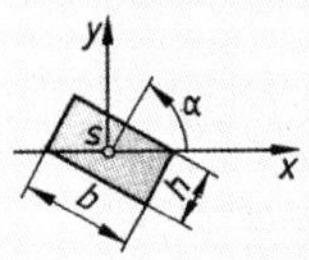	$I_x = \frac{hb^3}{12} \left[\cos^2 \alpha + \left(\frac{h}{b}\right)^2 \sin^2 \alpha \right]$ für $\left(0 \leqq \alpha \leqq \frac{\pi}{2}\right)$	
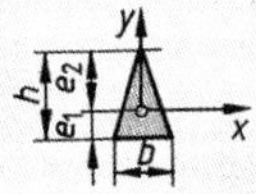	$I_x = \frac{bh^3}{36} \quad I_y = \frac{hb^3}{48}$ $i_x = 0{,}236\,h$	$W_x = \frac{I_x}{e_2} = \frac{bh^2}{24} \quad W_y = 2\frac{I_y}{b} = \frac{hb^2}{24}$ $e_1 = \frac{h}{3} \quad e_2 = \frac{2}{3} h$
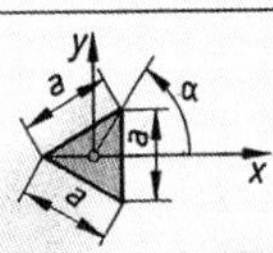	$I_x = I_y = \frac{\sqrt{3}}{96} b^4$	$W_y = \frac{b^3}{32 \sin \alpha}$ für $\left(0 \leqq \alpha \leqq \frac{\pi}{6}\right)$
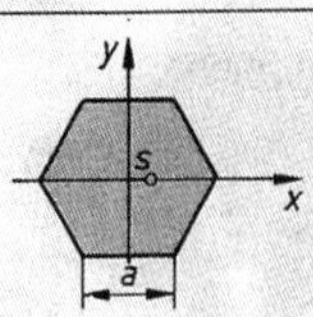	$I_x = I_y = \frac{5}{16} \sqrt{3}\, a^4 = 0{,}541266\,a^4$ $i_x = i_y = 0{,}456\,a$	$W_x = \frac{5}{8} a^3$ $W_y = \frac{5}{16} \sqrt{3}\, a^3 = 0{,}541266\,a^3$

Tabelle **1**.49, Fortsetzung

Querschnitt	Trägheitsmoment I	Widerstandsmoment W
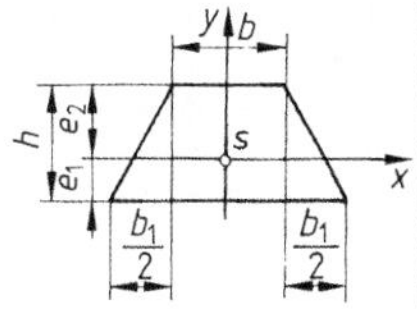	$I_x = \frac{6b^2 + 6b_1 b + b_1^2}{36(2b + b_1)} h^3$	$W_x = \frac{6b^2 + 6b_1 b + b_1^2}{12(3b + 2b_1)} h^2$ mit $e_2 = \frac{1}{3} \frac{3b + 2b_1}{2b + b_1}$
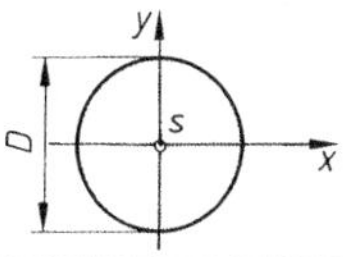	$I_x = I_y = \frac{\pi}{64} D^4 = \frac{\pi}{4} R^4$ $i_x = i_y = \frac{d}{4}$	$W_x = W_y = \frac{\pi}{32} D^3 = \frac{\pi}{4} R^3$
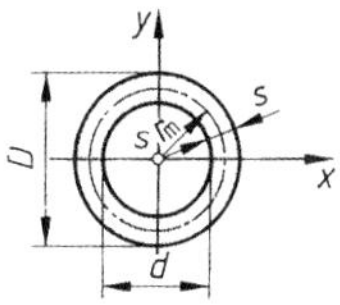	$I_x = I_y = \frac{\pi}{64}(D^4 - d^4)$ $I_x = I_y = \frac{\pi}{4}(R^4 - r^4)$ mit $q = \frac{d}{D}$ $I_x = I_y = \frac{\pi}{64} D^4 (1 - q^4)$ für kleine Wandstärken s: $I_x = I_y = \pi s r_m^3 \left[1 + \left(\frac{s}{2r_m}\right)^2\right]$ $I_x = I_y = \pi s \cdot r_m^3$ für $s \ll r_m$ $i = 0{,}25\sqrt{D^2 + d^2}$	$W_x = W_y = \frac{\pi}{32} \frac{D^4 - d^4}{D}$ $= \frac{\pi}{32} D^3 (1 - q^4)$ $W_x = W_y = \frac{\pi}{4} \frac{R^4 - r^4}{R}$ $W_x = W_y = \pi s r_m^2$ für $s \ll r_m$
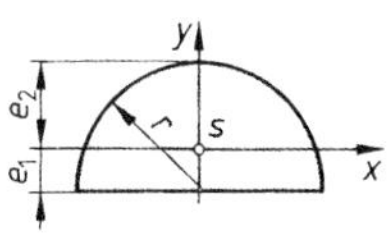	$I_x = 0{,}1097\, r^4$ $I_y = \frac{\pi}{8} r^4$ $i_x = 0{,}132\, d$	$W_x = 0{,}1907\, r^3 \quad W_y = \frac{\pi}{8} r^3$ $e_1 = \frac{4}{3\pi} r$
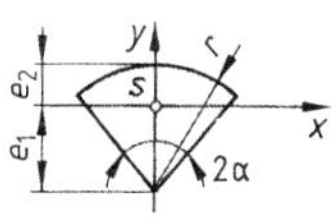	$I_x = \frac{r^4}{4}\left(\alpha + \sin\alpha\cos\alpha - \frac{16}{9} \cdot \frac{\sin^2\alpha}{\alpha}\right)$ $I_y = \frac{r^4}{4}(\alpha - \sin\alpha\cos\alpha)$	$e_1 = \frac{2}{3} r \frac{\sin\alpha}{\alpha}$ $e_2 = \left[1 - \frac{2}{3} \cdot \frac{\sin\alpha}{\alpha}\right] r$
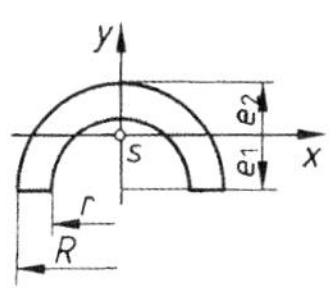	$I_x = 0{,}1098(R^4 - r^4)$ $- 0{,}283 R^2 r^2 \frac{R - r}{R + r}$ $I_y = \pi \frac{R^4 - r^4}{8}$	$W_{x1} = \frac{I_x}{e_1} \quad W_{x2} = \frac{I_x}{e_2}$ $e_1 = \frac{2(D^3 - d^3)}{3\pi(D^2 - d^2)}$ $W_y = \frac{R^4 - r^4}{8R\pi}$

Fortsetzung s. nächste Seite

Tabelle **1**.49, Fortsetzung

Querschnitt	Trägheitsmoment I	Widerstandsmoment W
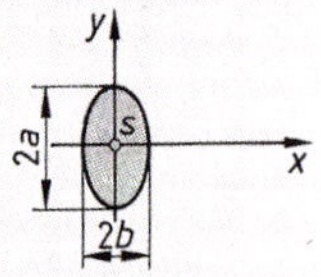	$I_x = \frac{\pi}{4} a^3 b \quad I_y = \frac{\pi}{4} ab^3$ $i_x = \frac{a}{2} \quad i_y = \frac{b}{2}$	$W_x = \frac{\pi}{4} a^2 b \quad W_y = \frac{\pi}{4} ab^2$
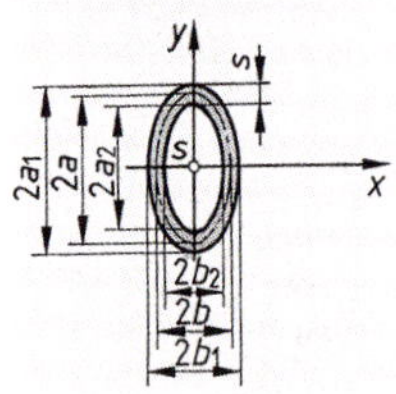	$I_x = \frac{\pi}{4} (a_1^3 b_1 - a_2^3 b_2)$ $I_y = \frac{\pi}{4} (b_1^3 a_1 - b_2^3 a_2)$ für $s \ll a, b$ gilt: $I_x = \frac{\pi}{4} a^2 (a + 3b)\, s$ $I_y = \frac{\pi}{4} b^2 (b + 3a)\, s$	$W_x = \frac{I_x}{a_1}$ $W_y = \frac{I_y}{b_1}$ für $s \ll a, b$ gilt: $W_x = \frac{\pi}{4} a (a + 3b)\, s$ $W_y = \frac{\pi}{4} b (b + 3a)\, s$
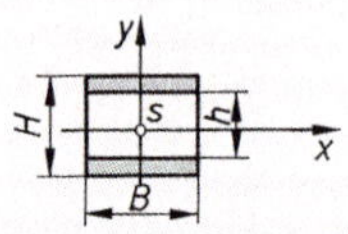	$I_x = \frac{B}{12} (H^3 - h^3)$ $I_y = \frac{B^3}{12} (H - h)$ $i_x = \sqrt{\frac{H^3 - h^3}{12 (H - h)}}$ $i_y = 0{,}289\, B$	$W_x = \frac{B}{6H} (H^3 - h^3)$ $W_y = \frac{B^2}{6} (H - h)$
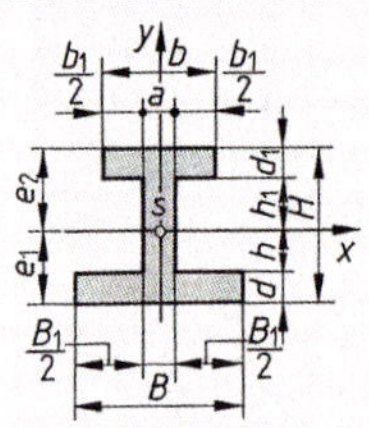	$I_x = \frac{1}{3} (B e_1^3 - B_1 h^3 + b e_2^3 - b_1 h_1^3)$ $e_1 = \frac{1}{2} \frac{aH^2 + B_1 d^2 + b_1 d_1 (2H - d_1)}{aH + B_1 d + b_1 d_1}$	$W_{x1} = \frac{I_x}{e_1} \quad W_{x2} = \frac{I_x}{e_2}$

Zusammenhang zwischen axialem und polarem Trägheitsmoment. Aus Bild **1**.48 folgt $x^2 + y^2 = \varrho^2$. Durch Einsetzen in Gl. (1.40) für I_p ergibt sich:

$$I_p = \int_A \varrho^2 \cdot dA = \int_A (x^2 + y^2)\, dA = \int_A x^2 \cdot dA + \int_A y^2 \cdot dA = I_x + I_y \qquad \text{Gl. (1.41)}$$

Dabei sind x und y die Abstände des Flächenelements dA im kartesischen Koordinatensystem.

Trägheitsradius. Denkt man sich die gesamte Fläche A in einer bestimmten Entfernung i „konzentriert“, so dass $I = i^2 \cdot A$ erfüllt ist, gelten:

$$i_x = \sqrt{\frac{I_x}{A}} \qquad i_y = \sqrt{\frac{I_y}{A}} \qquad i_p = \sqrt{\frac{I_p}{A}} \qquad \text{Gl. (1.42)}$$

i heißt Trägheitsradius der Fläche A. Weil A und I einer gegebenen Fläche und Bezugsgröße (Bezugsort) konstant sind, ist der Trägheitsradius i, bezogen auf die gleiche Bezugsgröße, ebenfalls konstant.

Beispiel 1.22 Bestimmen Sie den Trägheitsradius i_x eines Quadrats mit der Seitenlänge a. Die x-Achse geht durch den Flächenschwerpunkt.

Lösung $$i_x = \sqrt{\frac{I_x}{A}} = \sqrt{\frac{a^4}{12\,a^2}} = \sqrt{\frac{1}{12}}\,a = \mathbf{0{,}288675\,a}$$

Probe $$I_x = i_x^2 A = \frac{1}{12}\,a^2 a^2 = \frac{a^4}{12}$$

1.3.3 Widerstandsmoment

Bei der Biege- und Torsionsbeanspruchung ist die Spannung nicht wie beim Zug oder Druck gleichmäßig über den Querschnitt verteilt. Unter der Voraussetzung, dass das Hooke'sche Gesetz gilt, verteilen sich die inneren Kräfte (Spannungen) vielmehr linear, aber ungleichmäßig über den Querschnitt. Daher können die Schnittreaktionen (Schnittkräfte) nicht einfach durch die Querschnittsfläche dividiert werden, um die Torsions- und Biegespannungen im Bauteil zu ermitteln. Statt dessen müssen wir die entsprechenden Schnittreaktionen durch eine von der Querschnittsform abhängige Größe – das Widerstandsmoment – dividieren.

> Das Widerstandsmoment W einer ebenen Fläche ist der Quotient aus Trägheitsmoment I und Faserabstand e bzw. r.

Da bei Biegung und Torsion die maximalen Spannungen in den äußeren Fasern (Randfasern) eines Querschnitts auftreten, wird der maximale Faserabstand (Randfaserabstand) eingesetzt. Wir erhalten so das kleinste Widerstandsmoment eines Querschnitts. Analog zum Trägheitsmoment unterscheiden wir axiale und polare Widerstandsmomente. Für die im Bild **1**.48 dargestellte allgemeine Querschnittsfläche gilt:

Axiales Widerstandsmoment

für die x-Achse $\quad W_{x1} = \frac{I_x}{|e_{y1}|} \quad W_{x2} = \frac{I_x}{|e_{y2}|}$ Gl. (1.43)

für die y-Achse $\quad W_{y1} = \frac{I_y}{|e_{x1}|} \quad W_{y2} = \frac{I_y}{|e_{x2}|}$ Gl. (1.44)

Polares Widerstandsmoment (nur für Kreisquerschnitt) $\quad W_p = \frac{I_p}{|r|}$ Gl. (1.45)

Einheit m^3, cm^3, mm^3

Bei achsensymmetrischen Flächen ist $W_{x1} = W_{x2} = W_x$ bzw. $W_{y1} = W_{y2} = W_y$. Das polare Widerstandsmoment ist nach Gl. (1.45) nur für den Kreis- und Kreisringquerschnitt sinnvoll. Dabei ist r der Kreisradius, bei Kreisringquerschnitten der äußere Radius.

Bei beliebigen, nicht rotationssymmetrischen Querschnitten kommt es durch Torsionsbeanspruchung zu Verwölbungen der Querschnittsfläche. An Stelle des polaren Widerstandsmoments W_p

und des polaren Trägheitsmoments I_p verwenden wir das Torsionswiderstandsmoment W_t und das Trägheitsmoment I_t. Sie berücksichtigen die Verwölbung der Querschnitte (Theorie der unbehinderten Verwölbung von A. B. de Saint-Vênant, 1797–1886).

Tabelle **1**.50 stellt I_t und W_t technisch wichtiger Querschnitte zusammen.

Tabelle **1**.50 **Torsionsträgheitsmomente und -widerstandsmomente**

Querschnitt	Trägheitsmoment I	Widerstandsmoment W
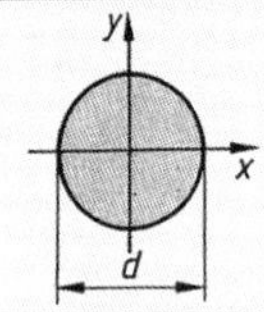 	$I_p = \frac{1}{2}\pi r^4 = \frac{\pi}{32} d^4$ τ_{max} in jedem Punkt des Umfangs	$W_p = \frac{\pi}{2} r^3 = \frac{\pi}{16} d^3$
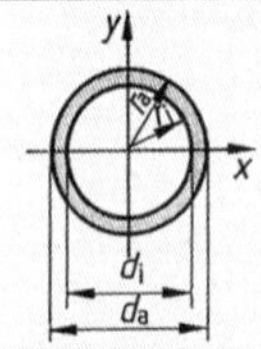 	$I_p = \frac{\pi}{2}(r_a^4 - r_i^4)$ $I_p = \frac{\pi}{32}(d_a^4 - d_i^4)$ τ_{max} in jedem Punkt des äußeren Umfangs	$W_p \cdot \frac{\pi}{2} \frac{r_a^4 - r_i^4}{r_a}$ $W_p = \frac{\pi}{16} \frac{d_a^4 - d_i^4}{d_a}$
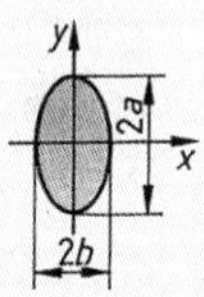 	$I_t = \pi \frac{a^3 b^3}{a^2 + b^2}$ $I_t = \pi \frac{n^3}{n^2+1} b^4$ mit $n = \frac{a}{b} > 1$ $\tau_{max} = \frac{M_t}{W_t}$ in den Endpunkten der kleinen Achse $\tau_t = \frac{\tau_{tmax}}{n}$ in den Endpunkten der großen Achse	$W_t = \frac{\pi}{2} ab^2$ $W_t = \frac{\pi}{2} nb^3$
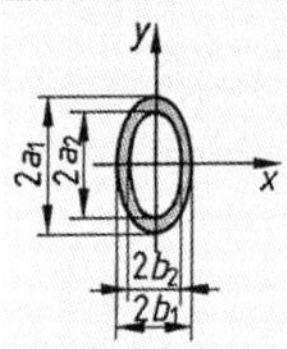 	$\frac{a_1}{b_1} = \frac{a_2}{b_2} = n > 1$ $\frac{a_2}{a_1} = \frac{b_2}{b_1} = \alpha < 1$ $I_t = \pi \frac{n^3}{n^2+1} b_1^4 (1 - \alpha^4)$ τ_{max} in den Endpunkten der kleinen Achse $\tau_t = \frac{\tau_{tmax}}{n}$ in den Endpunkten der großen Achse	$W_t = \frac{\pi}{2} nb_1^3 (1 - \alpha^4)$
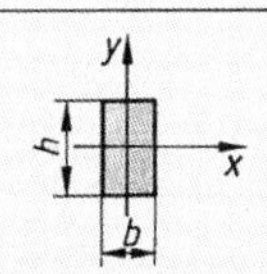 	$I_t = c_2 b^4$ τ_{max} bei $\left(\pm\frac{b}{2}/0\right)$, $\tau_t = c_3 \tau_{max}$ bei $\left(0/\frac{h}{2}\right)$	$W_t = c_1 b^3$

$\frac{h}{b}$	1	1,5	2	3	4	6	8	10
c_1	0,2080	0,3460	0,4930	0,8010	1,1500	1,7890	2,4560	3,1230
c_2	0,1404	0,2936	0,4572	0,7899	1,1232	1,7890	2,4560	3,1230
c_3	1,0	0,8588	0,7952	0,7533	0,7447	0,7426	0,7425	0,7425

Tabelle **1**.50, Fortsetzung

<table>
<tr><th>Querschnitt</th><th colspan="7">Trägheitsmoment I</th><th colspan="1">Widerstandsmoment W</th></tr>
<tr><td>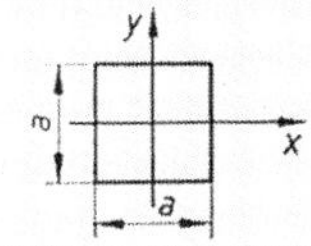</td><td colspan="7">$I_t = 0{,}1404\,a^4 = \dfrac{a^4}{7{,}11}$
τ_{max} in der Mitte der Seiten, $\tau_t = 0$ in den Ecken</td><td>$W_t = 0{,}208\,a^3$</td></tr>
<tr><td>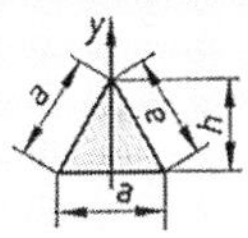</td><td colspan="7">$I_t = \dfrac{h_4}{15\sqrt{3}} = \dfrac{h^4}{25{,}981}$
$I_t = \dfrac{3}{80}\dfrac{a^4}{\sqrt{3}} = \dfrac{a^4}{46{,}188}$
τ_{max} in der Mitte der Seiten, $\tau_t = 0$ in den Ecken</td><td>$W_t = \dfrac{h^3}{7{,}5\sqrt{3}} = \dfrac{h^3}{12{,}99}$
$W_t = \dfrac{2I_t}{h}$</td></tr>
<tr><td>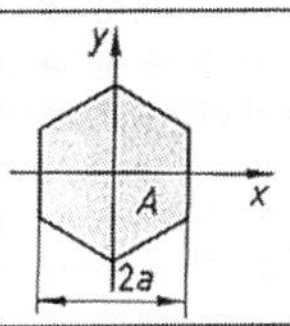</td><td colspan="7">$I_t = 0{,}533\,a^2 \cdot A$
τ_{max} in der Mitte der Seiten</td><td>$W_t = 0{,}436\,aA$</td></tr>
<tr><td>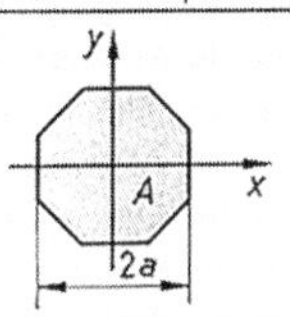</td><td colspan="7">$I_t = 0{,}520\,a^2 \cdot A$
τ_{max} in der Mitte der Seiten</td><td>$W_t = 0{,}447\,a \cdot A$</td></tr>
<tr><td rowspan="3">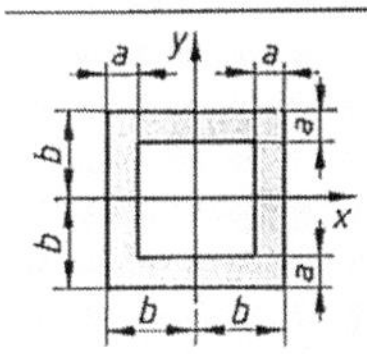</td><td colspan="7">$I_t = 16\,c_1\,b^4$
τ_{max} in der Mitte der äußeren Seite, $\tau_{max} = \dfrac{M_t}{W_t}$</td><td>$W_t = 8\,c_1\,b^3/c_2$</td></tr>
<tr><td>$\dfrac{b}{a}$</td><td>1</td><td>1,5</td><td>2</td><td>2,5</td><td>3</td><td>4</td><td>5</td></tr>
<tr><td>c_1
c_2</td><td>0,1404
0,6753</td><td>0,1364
0,6737</td><td>0,1287
0,6581</td><td>0,1180
0,6360</td><td>0,1076
0,6162</td><td>0,0903
0,5886</td><td>0,0772
0,5713</td></tr>
<tr><td>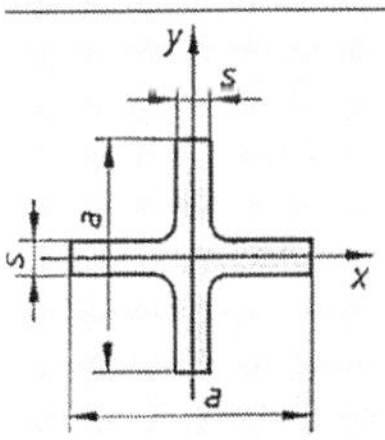</td><td colspan="7">$I_t = \dfrac{1}{3}\,(2a - 0{,}15\,s)\,s^3$
τ_{max} in den Abrundungen, $\tau_{max} = 1{,}16\,\dfrac{M_t}{W_t}$</td><td>$W_t = \dfrac{I_t}{s}$</td></tr>
<tr><td>Bredt'sche Formel
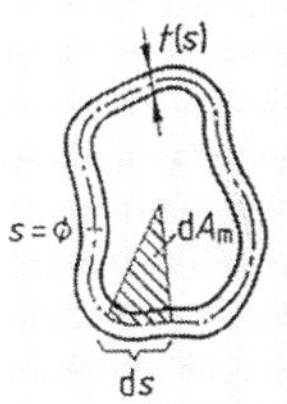</td><td colspan="7">$I_t = \dfrac{4A_m^2}{\oint \dfrac{ds}{t(s)}}$ für $s \ll \sqrt{A_m}$
A_m = mittlere Fläche
s = Umfangskoordinate
$t(s)$ = veränderliche Wanddicke
$\tau_t = \dfrac{M_t}{W_t}$ durchschnittliche Spannung im Ring.</td><td>$W_t = 2A_m \cdot t(s)$</td></tr>
</table>

Beispiel 1.23 Die axialen Trägheits- und Widerstandsmomente der Rechteckfläche **1**.51, bezogen auf die Schwerachsen, sind zu bestimmen.

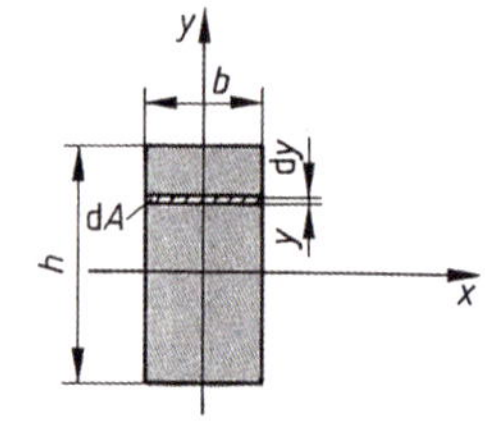

1.51 Rechteckfläche

Lösung

$$dA = b \cdot dy$$

$$I_x = \int_A y^2 \cdot dA = \int_{-h/2}^{+h/2} y^2 \cdot dA$$

Wegen der Symmetrie zur x-Achse gilt weiter:

$$I_x = 2b \int_0^{h/2} y^2 \cdot dy$$

$$I_x = 2b \left[\frac{y^3}{3}\right]_0^{h/2} = \boldsymbol{\frac{bh^3}{12}} \quad \text{und analog} \quad I_y = \boldsymbol{\frac{hb^3}{12}}$$

$$W_x = \frac{I_x}{|e_y|} = \frac{2I_x}{h} = \boldsymbol{\frac{bh^2}{6}} \qquad W_y = \frac{I_y}{|e_x|} = \frac{2I_y}{b} = \boldsymbol{\frac{hb^2}{6}}$$

Beispiel 1.24 Gesucht werden die axialen und polaren Trägheits- und Widerstandsmomente der Kreisfläche **1**.52.

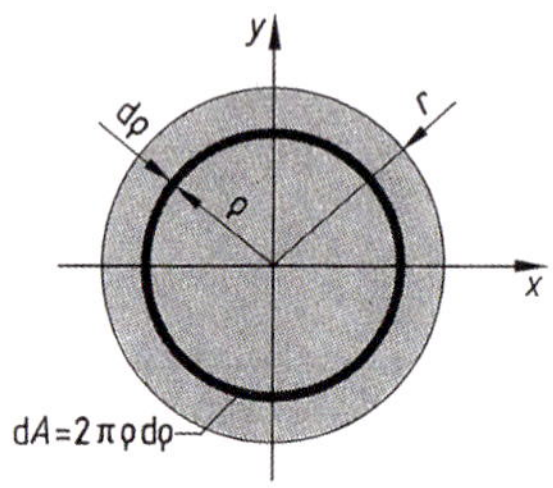

1.52 Kreisfläche

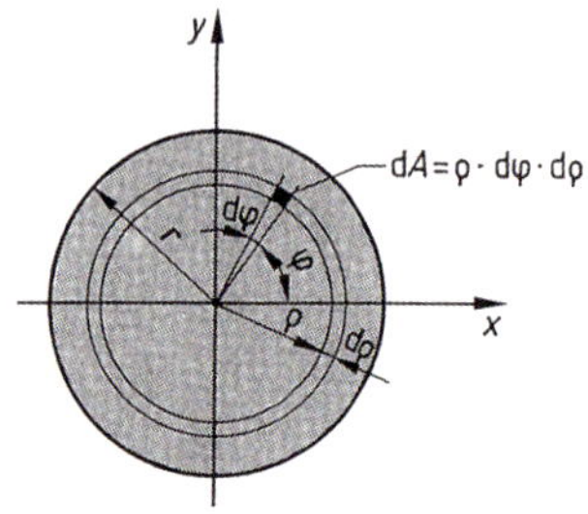

1.53 Momente einer Kreisfläche

Lösung

$$I_p = \int_0^r \varrho^2 \cdot dA$$

Mit $dA = 2\pi\varrho \cdot d\varrho$ folgt

$$I_p = 2\pi \int_0^r \varrho^3 \, d\varrho = \boldsymbol{\frac{\pi r^4}{2}} = \boldsymbol{\frac{\pi \cdot d^4}{32}}.$$

Nach Gl. (1.41) ist das polare Trägheitsmoment gleich der Summe beider äquatorialer Trägheitsmomente. Aus Symmetriegründen gilt $I_x = I_y$. Somit folgt:

$$I_x = I_y = \boldsymbol{\frac{\pi r^4}{4}} = \boldsymbol{\frac{\pi \cdot d^4}{64}}$$

Durch Berechnung nach Bild **1**.53 erhalten wir das gleiche Ergebnis.

$$dA = \varrho \, d\varphi \cdot d\varrho$$

$$I_x = \int_0^r \int_0^{2\pi} \varrho^2 \cdot \sin^2\varphi \cdot dA = \int_0^r \int_0^{2\pi} \varrho^3 \cdot \sin^2\varphi \cdot d\varphi \cdot d\varrho$$

$$I_x = \int_0^r \varrho^3 \left[\frac{1}{2}(\varphi - \sin\varphi \cdot \cos\varphi)\right]_0^{2\pi} d\varrho = \pi \int_0^r \varrho^3 \cdot d\varrho$$

Lösung Fortsetzung

Wegen Symmetrie folgt

$$I_x = I_y = \frac{r^4\pi}{4} = \frac{d^4\pi}{64}$$

$$I_p = I_x + I_y = \frac{r^4\pi}{2} = \frac{d^4\pi}{32}.$$

Die minimalen Widerstandsmomente ergeben sich als Quotient aus Trägheitsmoment und Randfaserabstand.

$$W_x = W_y = \frac{r^3\pi}{4} = \frac{d^3\pi}{32}. \qquad W_p = \frac{r^3\pi}{2} = \frac{d^3\pi}{16}$$

1.3.4 Translation des Koordinatensystems (Steiner'scher Satz)

Um z. B. das Trägheitsmoment einer zusammengesetzten Fläche zu ermitteln, ist es oft notwendig, die Trägheitsmomente der Teilflächen auf eine zur Schwerachse parallele Achse umzurechnen. Dies ist immer dann erforderlich, wenn der Flächenschwerpunkt der Teilfläche nicht auf der Schwerachse der Gesamtfläche liegt.

Im Bild **1**.54 verläuft das rechtwinklige Koordinatensystem $\bar{x}\bar{y}$ durch den Schwerpunkt S des Querschnitts. Parallel dazu liegt das Koordinatensystem xy mit dem Koordinatenursprung P. Gesucht wird das Flächenträgheitsmoment I_x.

Weil $x = \bar{x} + b$ und $y = \bar{y} + a$ sind, folgt:

$$I_x = \int_A y^2 \cdot dA = \int_A (\bar{y}+a)^2 \cdot dA = \int_A (\bar{y}^2 + 2a\bar{y} + a^2)\, dA$$

$$= \int_A \bar{y}^2 \cdot dA + 2a \int_A \bar{y} \cdot dA + a^2 \int_A dA$$

Weil das statische Moment $\int_A \bar{y} \cdot dA$ bezüglich der Schwerachse Null ist, erhalten wir

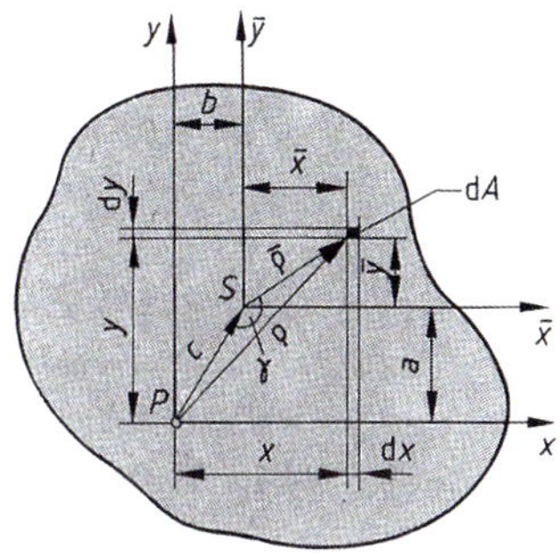

1.54 Translation des Koordinatensystems

$$I_x = \int_A \bar{y}^2 \cdot dA + a^2 \int_A dA = I_{\bar{x}} + a^2 A \qquad \text{und analog}$$

$$I_y = \int_A \bar{x}^2 \cdot dA + b^2 \int_A dA = I_{\bar{y}} + b^2 A. \qquad \text{Gl. (1.46)}$$

Das polare Trägheitsmoment ist $I_p = \int_A \varrho^2 \cdot dA$.

Mit $\varrho^2 = c^2 + \bar{\varrho}^2 - 2c\bar{\varrho} \cdot \cos\gamma$ ergibt sich

$$I_p = \int_A (c^2 + \bar{\varrho}^2 - 2c\bar{\varrho} \cdot \cos\gamma)\, dA = c^2 \int_A dA + \int_A \bar{\varrho}^2 \cdot dA - 2c \cdot \cos\gamma \int_A \bar{\varrho} \cdot dA.$$

Wegen $\int_A \bar{\varrho} \cdot dA = 0$ ist $I_p = \int_A \bar{\varrho}^2 \cdot dA + c^2 \int_A dA$ und schließlich

$$I_p = I_{\bar{p}} + c^2 \cdot A. \qquad \text{Gl. (1.47)}$$

Die Beziehungen in Gl. (1.46 und 1.47) heißen Steiner'sche Sätze nach dem Schweizer Mathematiker Jakob Steiner (1796–1863). Sie dienen zum Umrechnen der Trägheitsmomente, bezogen auf ein Schwerpunkts-Koordinatensystem zu einem dazu parallel verschobenen Koordinatensystem und umgekehrt.

> Die Steiner'schen Sätze gelten nur zwischen Schwerachsen und dazu parallelen Achsen nicht zwischen beliebigen parallelen Achsen, da das statische Moment einer Fläche, bezogen auf eine beliebige Achse, nicht Null ist.
> Da die Fläche A wie auch die Verschiebungsquadrate a^2, b^2 und c^2 immer positiv sind, sind die Trägheitsmomente bezüglich der Schwerachsen Minimalwerte.

Beispiel 1.25 Für die Halbkreisfläche **1**.55 ist mit Hilfe des Steiner'schen Satzes das Trägheitsmoment bezüglich der Schwerachse $\bar{x}$ zu bestimmen.

Lösung

$$I_x = \int_0^r \int_0^\pi \varrho^2 \cdot \sin^2\varphi \cdot dA$$

$dA = \varrho \cdot d\varphi \cdot d\varrho$ einsetzen gibt

$$I_x = \int_0^r \int_0^\pi \varrho^3 \cdot \sin^2\varphi \cdot d\varphi \cdot d\varrho = \int_0^r \varrho^3 \left[\frac{1}{2}(\varphi - \sin\varphi \cdot \cos\varphi)\right]_0^\pi d\varrho$$

$$I_x = \frac{\pi}{2}\int_0^r \varrho^3 \cdot d\varrho = \frac{r^4\pi}{8}.$$

Aus $I_{\bar{x}} = I_x - a^2 A$ folgt

$$I_{\bar{x}} = \frac{r^4\pi}{8} - \left(\frac{4r}{3\pi}\right)^2 \cdot \frac{r^2\pi}{2} = r^4\left(\frac{\pi}{8} - \frac{8}{9\pi}\right) = \mathbf{0{,}109757\, r^4}.$$

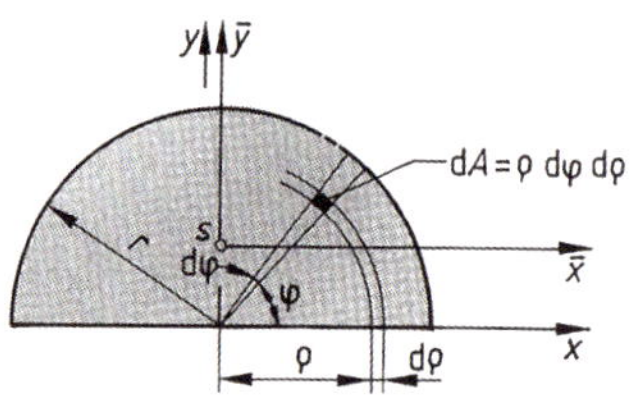

1.55 Halbkreisfläche

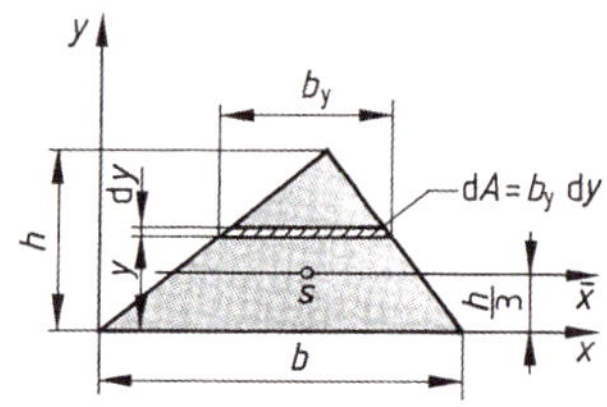

1.56 Dreieckfläche

Beispiel 1.26 Für die Dreiecksfläche **1**.56 ist mit dem Satz von Steiner das Trägheitsmoment bezüglich der x-Achse zu bestimmen.

Lösung

$$(h-y) : b_y = h : b \rightarrow b_y = \frac{b}{h}(h-y) \qquad dA = \frac{b}{h}(h-y)\,dy$$

$$I_x = \int_0^h y^2 \cdot dA = \int_0^h y^2 \frac{b}{h}(h-y)\,dy = \frac{b}{h}\left[h\frac{y^3}{3} - \frac{y^4}{4}\right]_0^h = \mathbf{\frac{bh^3}{12}}$$

$$I_{\bar{x}} = I_x - \left(\frac{h}{3}\right)^2 \cdot \frac{bh}{2} = \frac{bh^3}{12} - \frac{bh^3}{18} = \mathbf{\frac{bh^3}{36}}$$

1.3.5 Trägheits- und Widerstandsmomente zusammengesetzter Flächen

Technische Querschnitte sind oft keine einfachen geometrischen Flächen (Rechtecke, Dreiecke, Kreise usw.), sondern setzen sich aus mehreren einfachen Flächenelementen zu komplizierten Querschnittsformen zusammen. Bei solchen zusammengesetzten Flächen ergibt sich das Gesamt-Flächenträgheitsmoment aus der Summe bzw. Differenz der n Einzelträgheitsmomente unter Berücksichtigung der Steiner'schen Anteile (1.57).

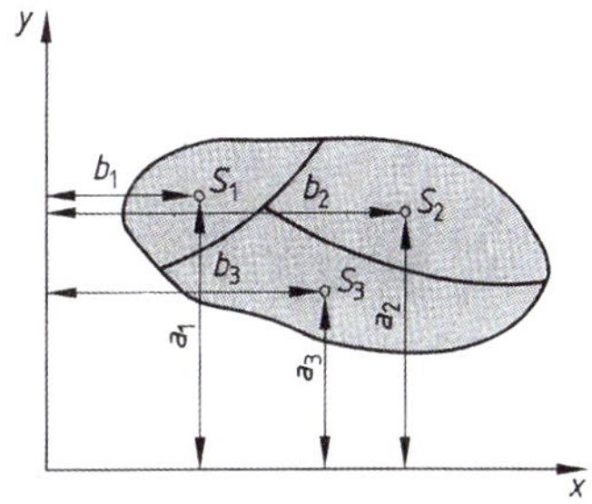

1.57 Trägheitsmoment zusammengesetzter Flächen

$$I_{x\,ges} = \sum_{i=1}^{n} I_{xi} + \sum_{i=1}^{n} a_i^2 A_i \quad I_{y\,ges} = \sum_{i=1}^{n} I_{\bar{y}i} + \sum_{i=1}^{n} b_i^2 A_i \quad I_{p\,ges} = \sum_{i=1}^{n} I_{\bar{p}i} + \sum_{i+1}^{n} c_i^2 A_i \qquad \text{Gl. (1.48)}$$

Querschnittsachsen, für die das Deviationsmoment Null ist, nennen wir Hauptträgheitsachsen oder kurz Hauptachsen.

Das Widerstandsmoment W einer zusammengesetzten Fläche ist

$$W = \frac{\text{Gesamtträgheitsmoment}}{|\,\text{Randfaserabstand}\,|}. \qquad \text{Gl. (1.49)}$$

Widerstandsmomente dürfen weder addiert noch subtrahiert werden.

Beispiel 1.27 Die Trägheitsmomente I_x und I_y der zusammengesetzten Fläche **1**.58 werden gesucht. Außerdem sind die Widerstandsmomente bezüglich der Schwerachsen $\bar{x}$ und $\bar{y}$ zu ermitteln. Geg.: $a = 6\,\text{cm}$, $d = 1{,}8\,\text{cm}$

Lösung Bestimmen des Schwerpunkts

$\Sigma M_0 = 0 \quad : \Sigma x_i A_i = x_s \Sigma A_i$

$\frac{a}{3} \cdot \frac{a^2}{2} - \frac{a}{3} \cdot \frac{d^2\pi}{4} = x_s \left(\frac{a^2}{2} - \frac{d^2\pi}{4}\right)$ ergibt

$x_s = \frac{a}{3}$, was auch ohne Berechnung ersichtlich ist. Wegen Symmetrie gilt

$I_x = I_y = \Sigma I_{xi} + \Sigma a_i^2 A_i$.

Für die Dreiecksfläche ① ohne den Kreisausschnitt folgt

$I_{x1} = \int_0^a y^2 \cdot dA$. Mit $dA = (a - y)\,dy$ ist

$$I_{x1} = \int_0^a y^2 (a - y)\,dy = \left[a \frac{y^3}{3} - \frac{y^4}{4}\right]_0^a = \frac{a^4}{12}.$$

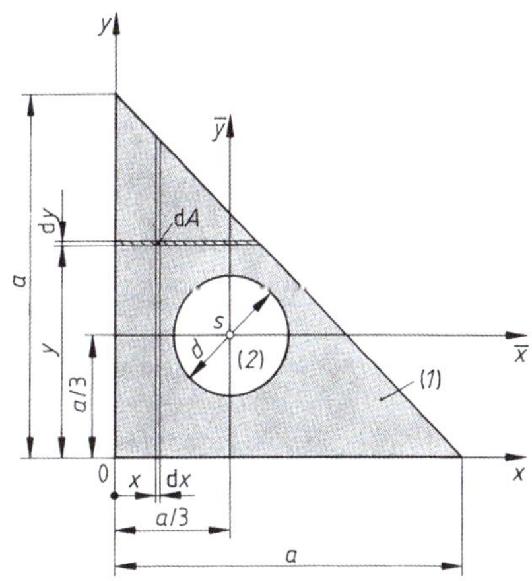

1.58 Dreiecksfläche mit Bohrung

Für die zusammengesetzte Fläche folgt nach Steiner

$$I_x = I_{x1} - \left[I_{x2} + \left(\frac{a}{3}\right)^2 A_2\right] = \frac{a^4}{12} - \left[\frac{d^4\pi}{64} + \left(\frac{a}{3}\right)^2 \cdot \frac{d^2\pi}{4}\right]$$

$$I_x = I_y = \frac{6^4\,\text{cm}^4}{12} - \frac{1{,}8^4\,\text{cm}^4\pi}{64} - \left(\frac{6}{3}\right)^2 \text{cm}^2 \cdot \frac{1{,}8^2\,\text{cm}^2\pi}{4} = \mathbf{97{,}3059\,cm^4}$$

Lösung Fortsetzung

Die Widerstandsmomente sind

$$W_{\bar{x}1} = W_{\bar{y}1} = \frac{3I_{\bar{x}}}{2a} = \frac{3}{2a}\left[I_x - \left(\frac{a}{3}\right)^2 \cdot \left(\frac{a^2}{2} - \frac{d^2\pi}{4}\right)\right]$$

$$W_{\bar{x}1} = W_{\bar{y}1} = \frac{3}{2 \cdot 6\,\text{cm}}\left[97{,}3059\,\text{cm}^4 - \left(\frac{6}{3}\right)^2 \text{cm}^2 \left(\frac{6^2\,\text{cm}^2}{2} - \frac{1{,}8^2\,\text{cm}^2\pi}{4}\right)\right] = \mathbf{8{,}8712\,cm^3}$$

$$W_{\bar{x}2} = W_{\bar{y}2} = \frac{3I_{\bar{x}}}{a} = \mathbf{17{,}742\,cm^3}.$$

Beispiel 1.28 Die Trägheitsmomente I_x und I_y sowie die Widerstandsmomente W_{xA} und W_{yA} der Fläche **1**.59 sind zu bestimmen.

Geg.: $h_1 = 5\,\text{cm}$, $h_2 = 1\,\text{cm}$, $l_1 = 2\,\text{cm}$, $l_2 = 6\,\text{cm}$

Lösung

$$I_x = \Sigma I_{\bar{x}i} + \Sigma a_i^2 A_i = \Sigma I_{\bar{x}i} = \frac{l_1 h_1^3}{12} + \frac{l_2 h_2^3}{12} = \frac{2\,\text{cm} \cdot 5^3\,\text{cm}^3}{12} + \frac{6\,\text{cm} \cdot 1\,\text{cm}^3}{12} = \mathbf{21{,}33\,cm^4}$$

$$W_{xA} = \frac{I_x}{e_y} = \frac{2I_x}{h_1} = \frac{2 \cdot 21{,}333\,\text{cm}^4}{5\,\text{cm}} = \mathbf{8{,}53\,cm^3}$$

$$I_y = \Sigma I_{yi} + \Sigma a_i^2 A_i = \frac{h_1 \cdot l_1^3}{12} + \frac{h_2 \cdot l_2^3}{12} + \left(\frac{l_1 + l_2}{2}\right)^2 \cdot l_2 \cdot h_2$$

$$I_y = \frac{5\,\text{cm} \cdot 2^3\,\text{cm}^3}{12} + \frac{1\,\text{cm} \cdot 6^3\,\text{cm}^3}{12} + \left(\frac{2\,\text{cm} \cdot 6\,\text{cm}}{2}\right)^2 \cdot 6\,\text{cm} \cdot 1\,\text{cm} = \mathbf{117{,}33\,cm^4}$$

$$W_{yA} = \frac{I_y}{e_x} = \frac{2I_y}{l_1} = \frac{2 \cdot 117{,}33\,\text{cm}^4}{2\,\text{cm}} = \mathbf{117{,}33\,cm^3}$$

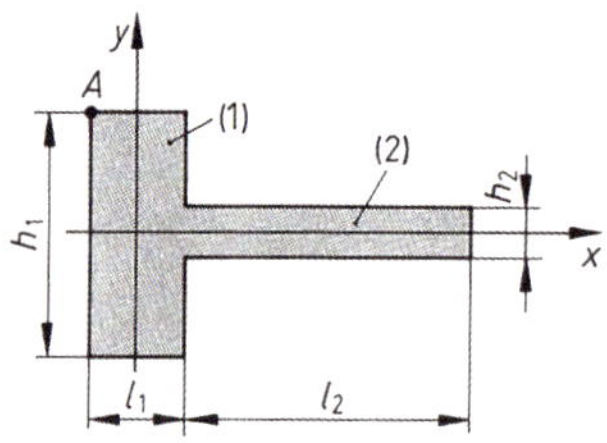

1.59 Spannungsverteilung und Längskraft bei Doppelbiegung

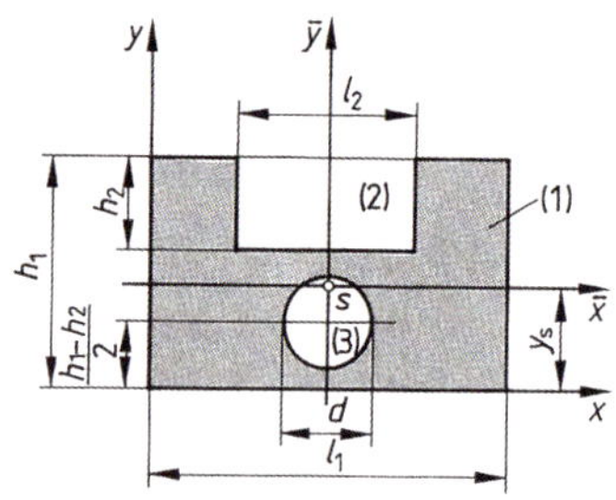

1.60 Fläche mit Kreisausschnitt

Beispiel 1.29 Für die zusammengesetzte Fläche **1**.60 sind zu berechnen I_x, I_y, $I_{\bar{x}}$, $I_{\bar{y}}$, $W_{\bar{x}1}$, $W_{\bar{x}2}$, $W_{\bar{y}}$.
Geg.: $h_1 = 5\,\text{cm}$, $h_2 = 2\,\text{cm}$, $l_1 = 8\,\text{cm}$, $l_2 = 4\,\text{cm}$, $d = 2\,\text{cm}$

Lösung Bestimmung der Schwerpunktlage

$$\Sigma M_0 = 0 \quad : \qquad \Sigma y_i A_i = y_s \Sigma A_i$$

$$l_1 \frac{h_1^2}{2} - l_2 h_2 \left(h_1 - \frac{h_2}{2}\right) - \frac{d^2\pi}{4} \cdot \frac{h_1 - h_2}{2} = \left(h_1 l_1 - \frac{d^2\pi}{4} - h_2 l_2\right) y_s$$

$$y_s = \frac{l_1 \frac{h_1^2}{2} - l_2 h_2 \left(h_1 - \frac{h_2}{2}\right) - \frac{d^2\pi}{4} \cdot \frac{h_1 - h_2}{2}}{h_1 l_1 - \frac{d^2\pi}{4} - h_2 l_2}$$

Lösung Fortsetzung

$$y_s = \frac{8\,\text{cm}\,\frac{5^2\,\text{cm}^2}{2} - 4\,\text{cm}\cdot 2\,\text{cm}\left(5\,\text{cm} - \frac{2\,\text{cm}}{2}\right) - \frac{2^2\,\text{cm}^2\pi}{4}\cdot\frac{5\,\text{cm} - 2\,\text{cm}}{2}}{5\,\text{cm}\cdot 8\,\text{cm} - \frac{2^2\pi}{4} - 2\,\text{cm}\cdot 4\,\text{cm}}$$

$y_s = 2{,}19304\,\text{cm}$

Wegen Symmetrie ist $x_s = \frac{l_1}{2} = 4\,\text{cm}$.

$$I_x = \Sigma I_{\bar{x}i} + \Sigma a_i^2 A_i = \frac{l_1 h_1^3}{12} - \frac{l_2 h_2^3}{12} - \frac{d^4\pi}{64} + \left(\frac{h_1}{2}\right)^2 h_1 l_1 - \left(h_1 - \frac{h_2}{2}\right)^2 \cdot h_2 l_2 - \left(\frac{h_1 - h_2}{2}\right)^2 \cdot \frac{d^2\pi}{4}$$

$$I_x = \frac{8\,\text{cm}\cdot 5^3\,\text{cm}^3}{12} - \frac{4\,\text{cm}\cdot 2^3\,\text{cm}^3}{12} - \frac{2^4\,\text{cm}^4\pi}{64} + \left(\frac{5}{2}\right)^2 \text{cm}^2\cdot 5\,\text{cm}\cdot 8\,\text{cm} - \left(5\,\text{cm} - \frac{2\,\text{cm}}{2}\right)^2 \cdot 2\,\text{cm}\cdot 4\,\text{cm} - \left(\frac{5\,\text{cm} - 2\,\text{cm}}{2}\right)^2 \cdot \frac{2^2\,\text{cm}^2\pi}{4} = \mathbf{194{,}8127\,cm^4}$$

$$I_y = \Sigma I_{\bar{y}i} + \Sigma b_i^2 A_i = \frac{h_1 l_1^3}{12} - \frac{h_2 l_2^3}{12} - \frac{d^4\pi}{64} + \left(\frac{l_1}{2}\right)^2 \cdot h_1 l_1 - \left(\frac{l_1}{2}\right)^2 \cdot h_2 l_2 - \left(\frac{l_1}{2}\right)^2 \cdot \frac{d^2\pi}{4}$$

$$I_y = \frac{5\,\text{cm}\cdot 8^3\,\text{cm}^3}{12} - \frac{2\,\text{cm}\cdot 4^3\,\text{cm}^3}{12} - \frac{2^4\,\text{cm}^4\pi}{64} + \left(\frac{8}{2}\right)^2 \text{cm}^2\cdot 5\,\text{cm}\cdot 8\,\text{cm} - \left(\frac{8}{2}\right)^2 \text{cm}^2\cdot 2\cdot 2 - \left(\frac{8}{2}\right)^2 \text{cm}^2\cdot \frac{2^2\,\text{cm}^2\pi}{4} = \mathbf{663{,}6158\,cm^4}$$

$$A = h_1 l_1 - h_2 l_2 - \frac{d^2\pi}{4} = 5\cdot 8 - 2\cdot 4 - \frac{2^2\pi}{4} = 28{,}8584\,\text{cm}^2$$

$$I_x = I_{\bar{x}} + y_s^2 \cdot A \rightarrow I_{\bar{x}} = I_x - y_s^2 \cdot A$$
$$= 194{,}8127\,\text{cm}^4 - 2{,}19304^2\,\text{cm}^2 \cdot 28{,}8584\,\text{cm}^2 = \mathbf{56{,}0204\,cm^4}$$

$$I_y = I_{\bar{y}} + x_s^2 \cdot A \rightarrow I_{\bar{y}} = I_y - x_s^2 \cdot A$$
$$= 663{,}6158\,\text{cm}^4 - 4^2\,\text{cm}^2 \cdot 28{,}8584\,\text{cm}^2 = \mathbf{201{,}88\,cm^4}$$

$$W_{\bar{x}1} = \frac{I_{\bar{x}}}{e_{y1}} = \frac{I_{\bar{x}}}{(h_1 - y_s)} = \frac{56{,}0204\,\text{cm}^4}{5\,\text{cm} - 2{,}19304\,\text{cm}} = \mathbf{19{,}95767\,cm^3}$$

$$W_{\bar{x}2} = \frac{I_{\bar{x}}}{e_{y2}} = \frac{I_{\bar{x}}}{y_s} = \frac{56{,}0204\,\text{cm}^4}{2{,}19304\,\text{cm}} = \mathbf{25{,}54463\,cm^3}$$

$$W_{\bar{y}} = \frac{I_{\bar{y}}}{e_x} = \frac{2I_{\bar{y}}}{l_1} = \frac{2\cdot 201{,}88\,\text{cm}^4}{8\,\text{cm}} = \mathbf{50{,}47\,cm^3}$$

Lösungstabelle. Analog zur Schwerpunktsbestimmung ist auch beim Bestimmen der Trägheitsmomente zusammengesetzter Flächen eine Rationalisierung des Algorithmus durch Einsatz einer Lösungstabelle möglich.

Beispiel 1.30 Für die zusammengesetzte Querschnittsfläche **1**.61 sind die Trägheitsmomente I_x und I_y mit Hilfe der Lösungstabelle zu berechnen.

Lösung

i	a_i in cm	b_i in cm	A_i in cm²	$a_i^2 \cdot A_i$ in cm⁴	$b_i^2 \cdot A_i$ in cm⁴	$I_{\bar{x}i}$ in cm⁴	$I_{\bar{y}i}$ in cm⁴
1	6	3,775	5,43	195,48	77,381	13,5	17,6
2	2	3,775	30,2	120,8	430,369	40,267	143,456
3	2	3,775	−3,14	−12,56	−44,768	−0,785	−0,785
Summe				303,72	462,981	52,982	160,271

$I_x = \Sigma I_{\bar{x}i} + \Sigma a_i^2 \cdot A_i = 52{,}982 + 303{,}714 = \mathbf{356{,}696\ cm^4}$

$I_y = \Sigma I_{\bar{y}i} + \Sigma b_i^2 \cdot A_i = 160{,}27 + 462{,}981 = \mathbf{623{,}251\ cm^4}$

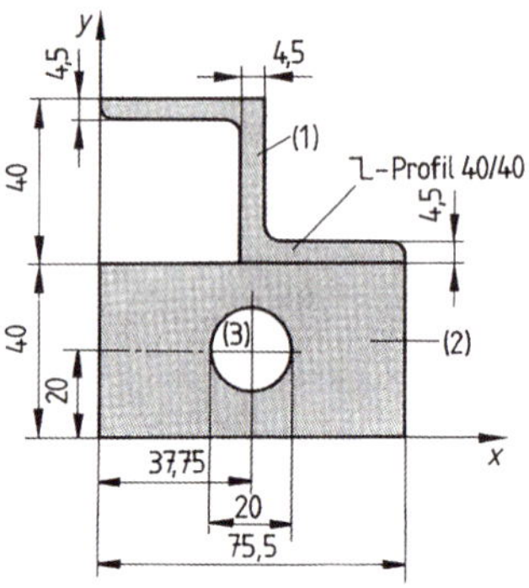

1.61 Allgemeine zusammengesetzte Fläche

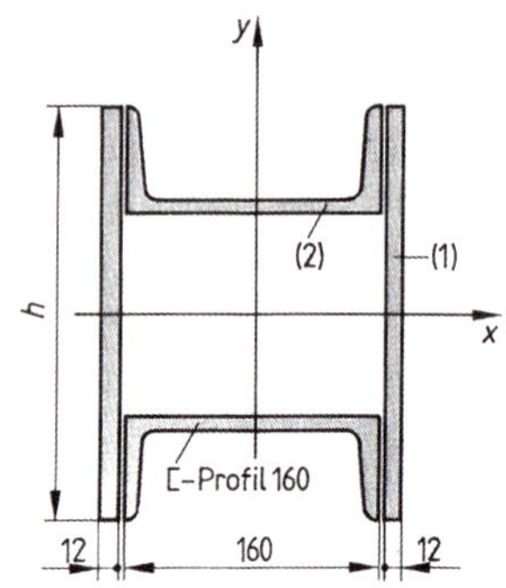

1.62 Profilfläche

Beispiel 1.31 Ein Träger hat den im Bild **1**.62 zusammengesetzten Querschnitt aus genormten Profilstählen und Blechen. Unter Verwendung von Profilstahltabellen ist die Blechhöhe h so zu ermitteln, dass $I_x = I_y$ ist. Außerdem werden die Widerstandsmomente W_x und W_y gesucht.

Lösung

i	a_i in cm	b_i in cm	A_i in cm²	$a_i^2 \cdot A_i$ in cm⁴	$b_i^2 \cdot A_i$ in cm⁴	I_{xi} in cm⁴	I_{yi} in cm⁴
1	0	8,6	$1{,}2 \cdot h$	0	$88{,}752 \cdot h$	$0{,}1 \cdot h^3$	$0{,}144 \cdot h$
2	$0{,}5\,(h-9{,}32)$	0	24	$6\,(h-9{,}32)^2$	0	85,3	925
Summe				$6\,(h-9{,}32)^2$	$88{,}752 \cdot h$	$85{,}3+0{,}1 \cdot h^3$	$925+0{,}144 \cdot h$

$I_x = I_y$

$2\,(\Sigma I_{\bar{x}i} + \Sigma a_i^2 \cdot A_i) = 2\,(\Sigma I_{\bar{y}i} + \Sigma b_i^2 \cdot A_i)$

$(85{,}3 + 0{,}1 \cdot h^3) + 6\,(h - 9{,}32)^2 = 925 + 0{,}144 \cdot h + 88{,}752 \cdot h$

$0{,}1 \cdot h^3 + 6 \cdot h^2 - 200{,}736 \cdot h - 318{,}5256 = 0$

Die Lösung mittels Newton'scher Näherung ergibt $h = \mathbf{25{,}085\ cm}$.

Die Trägheitsmomente sind $I_x = I_y = \mathbf{6310\ cm^4}$

und die Widerstandsmomente

$$W_x = \frac{2 I_x}{h} = \frac{2 \cdot 6310\ \text{cm}^4}{25{,}085\ \text{cm}} = \mathbf{503{,}09\ cm^3} \qquad W_y = \frac{I_y}{e_x} = \frac{6310\ \text{cm}^4}{9{,}2\ \text{cm}} = \mathbf{685{,}87\ cm^3}.$$

1.3.6 Einachsige (gerade) Biegung

Gegeben ist ein Träger mit beliebigem Querschnitt (**1**.63). Die Koordinaten *xy* sind Hauptträgheitsachsen des Querschnitts. Da die Lastebene parallel bzw. durch eine Hauptachse des Querschnitts geht, somit der Momentenvektor (hier M_x) mit einer Hauptachse (hier *x*-Achse) zusammenfällt, herrscht einachsige (gerade) Biegung. Vernachlässigen wir evtl. vorhandene Quer- und Längskräfte und tritt keine Torsion auf, wird der Träger an der Stelle *z* nur durch das Biegemoment M_x belastet (reine Biegung). An der Querschnittsfläche *z* = konstant gelten darum diese Gleichgewichtsbedingungen:

$\Sigma F_z = 0 \qquad \Sigma M_x = 0 \qquad \Sigma M_y = 0.$

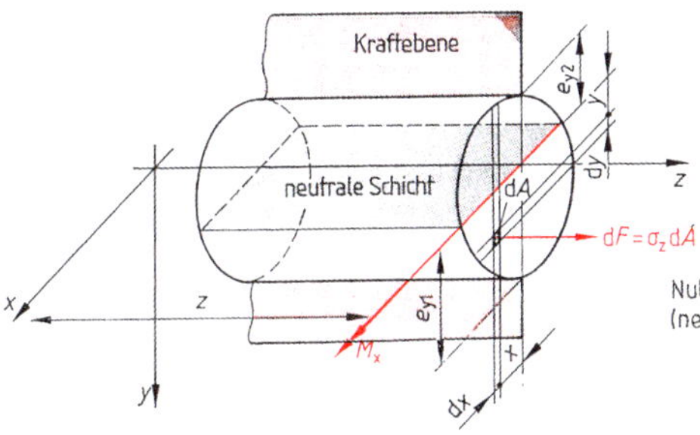

1.63 Einachsige (gerade) Biegung

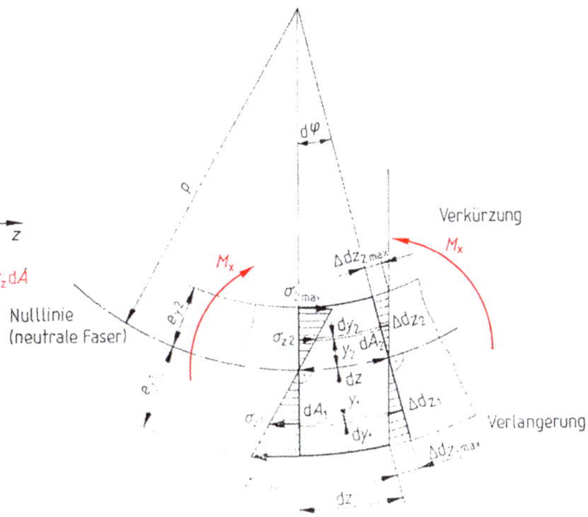

1.64 Verformung eines Trägerabschnitts

Zur Lösung der Aufgabe betrachten wir die Verformung eines Trägerabschnitts mit der Länge d*z* (**1**.64). Dieser infinitesimale Abschnitt verformt sich infolge des konstanten Biegemoments M_x an der Stelle *z* zu einem Kreisbogen, weil entlang d*z* das Biegemoment unverändert bleibt und der Kreis die einzige geometrische Linie mit konstanter Krümmung ist. Versuche an elastischen Modellen bestätigen diese Annahme.

In unserem Fall kommt es zu Zugbeanspruchungen im unteren und zu Druckbeanspruchungen im oberen Querschnittsbereich. Folglich werden die unteren Fasern gedehnt (verlängert), die oberen gestaucht (verkürzt). Die Länge der neutralen Faser (Nulllinie) bleibt konstant (= d*z*).

Unter Voraussetzung des Hooke'schen Gesetzes (Spannung ist proportional Dehnung) und der Bernoulli-Navier'schen Hypothese (die besagt, dass die Querschnitte eben und senkrecht zur Stabachse bleiben) folgt:

$$\sigma_{1\max} : e_{y1} = \sigma_{z1} : y_1 \qquad \sigma_{z1} = \frac{\sigma_{1\max}}{e_{y1}} \cdot y_1 \qquad \sigma_{2\max} : e_{y2} = \sigma_{z2} : y_2 \qquad \sigma_{z2} = \frac{\sigma_{2\max}}{e_{y2}} \cdot y_2$$

Die Gleichgewichtsbedingung $\Sigma F_z = 0$ ergibt $\int_0^{e_{y1}} \sigma_{z1} \cdot dA_1 - \int_0^{e_{y2}} \sigma_{z2} \cdot dA_2 = 0.$

Einsetzen der σ_z-Werte

$$\frac{\sigma_{1\max}}{e_{y1}} \int_0^{e_{y1}} y_1 \cdot dA_1 - \frac{\sigma_{2\max}}{e_{y2}} \int_0^{e_{y2}} y_2 \cdot dA_2 = 0.$$

Nun gilt $\sigma = E \cdot \varepsilon \rightarrow \frac{\sigma}{\varepsilon} = E$.

Weil der Elastizitätsmodul für den Zug- und Druckbereich als gleich angenommen wird, folgt

$$\frac{\sigma_{1max}}{e_{y1}} = \frac{\sigma_{2max}}{e_{y2}} \quad \text{und im Weiteren} \quad \int_0^{e_{y1}} y_1 \cdot dA_1 - \int_0^{e_{y2}} y_2 \cdot dA_2 = \int_A y \cdot dA = 0\,.$$

Dies besagt, dass die neutrale Faser (Nulllinie) durch den Schwerpunkt der Fläche geht, da die Summe der statischen Momente einer Fläche nur auf die Schwerachse bezogen null wird.

Die Gleichgewichtsbedingung $\Sigma M_y = 0$ ergibt $\int_A x \cdot dF = \int_A x\sigma_z \cdot dA = 0$.

Wegen der Proportionalitätsannahme ergibt sich für die konstante Spannung σ_1 im Abstand 1 von der x-Achse

$$\frac{\sigma_z}{y} = \frac{\sigma_1}{1} \rightarrow \sigma_z = y \cdot \sigma_1\,.$$

Durch Einsetzen erhalten wir $\sigma_1 \int_A xy \cdot dA = 0$.

Weil σ_1 ungleich null ist, ist die Beziehung nur dann erfüllt, wenn der zweite Faktor das (Deviationsmoment I_{xy}) null wird. Das heißt, x und y müssen Hauptachsen sein.

Die Gleichgewichtsbedingung $\Sigma M_x = 0$ ergibt:

$$M_x - \int_A y \cdot dF = M_x - \int_A \sigma_z y \cdot dA = 0.$$

Bei betraglich gleichem Abstand $|y_1| = |y_2| = |y|$ gilt für Belastungen im Hooke'schen Bereich $\sigma_{z1} = \sigma_{z2} = \sigma_z$.

Mit $\sigma_z = \frac{\sigma_{1max}}{e_{y1}} y = \frac{\sigma_{2max}}{e_{y2}} y$ folgt

$$M_x = \frac{\sigma_{1max}}{e_{y1}} \underbrace{\int_A y^2\,dA}_{I_x} = \frac{\sigma_{2max}}{e_{y2}} \underbrace{\int_A y^2\,dA}_{I_x}.$$

Wir erhalten die Randfaserspannungen

$$\sigma_{1max} = \frac{M_x}{I_x/e_{y1}} = \frac{M_x}{W_{x1}} \quad \text{größte Zugspannung}$$

$$\sigma_{2max} = \frac{M_x}{I_x/e_{y2}} = \frac{M_x}{W_{x2}} \quad \text{größte Druckspannung.}$$

Ist der Querschnitt zur Biegeachse symmetrisch – d.h., sind e_{y1} und e_{y2} gleich –, erhalten wir

$$\sigma_{max} = \pm\frac{M_x}{I_x/e_y} = \pm\frac{M_x}{W_x}.$$

Bei Belastung in der y-Ebene (Querschnittsbelastung durch das Biegemoment M_y) ergibt sich analog

$$\sigma_{max} = \pm\frac{M_y}{I_y/e_x} = \pm\frac{M_y}{W_y}.$$

Allgemein lautet daher die Biegegrundgleichung für die einachsige (gerade) Biegung:

$$\text{Randfaserspannung} = \frac{\text{Biegemoment}}{\text{Widerstandsmoment}} \text{ für den betreffenden Rand}$$

$$\sigma_{\text{Rand}} = \pm \frac{|M_b|}{I/|e_{\text{Rand}}|} = \pm \frac{|M_b|}{W_{\text{Rand}}} \qquad \text{Gl. (1.50)}$$

Bei symmetrischen Querschnitten sind die Zug- und Druckspannungen betraglich gleich groß. Die im Biegeteil hervorgerufene größte Spannung muss stets kleiner bzw. gleich der für den Werkstoff und Belastungsfall zulässigen Spannung σ_{zul} sein. Dies führt bei einachsiger reiner Biegung zur Forderung

$$|\sigma_{max}| = \frac{|M_{max}|}{W} \leqq \sigma_{zul} \qquad \text{Gl. (1.51)}$$

Diese Gleichung bildet die mathematische Grundlage für die Bemessung des Querschnitts von den auf Biegung beanspruchten Bauteilen.

Bleibt der Querschnitt über die Länge des Biegeteils gleich, brauchen wir nur den gefährdeten Querschnitt zu berechnen, also den Querschnitt, in dem das maximale Biegemoment auftritt.

Grenzen der Biegegrundgleichung. Für die Anwendbarkeit der Biegegrundgleichung müssen folgende Voraussetzungen erfüllt sein bzw. dürfen nur wenig abweichen.

- Die Trägerachse muss gerade sein.
- Der betrachtete Querschnitt darf nicht in der Nähe eines Kraftangriffspunkts oder schroffer Querschnittsübergänge bzw. Kerben liegen.
- Der Elastizitätsmodul für Zug- und Druckbeanspruchung muss gleich groß sein.
- Die Balkenlänge muss im Vergleich zum Balkenquerschnitt groß sein. Bei sehr kurzen Balken sind die auftretenden Schubspannungen nicht mehr vernachlässigbar. Obwohl die Biegegrundgleichung durch die Balkenlänge nicht eingeschränkt wird, wäre eine Balkendimensionierung ohne Berücksichtigung des Querkrafteinflusses falsch.
- Die Abmessungen des Biegeteils müssen so sein, dass das System nicht instabil wird, also nicht durch Beulen, Kippen oder Knicken versagt.
- Die Belastung muss in Richtung einer Hauptachse geschehen. Fällt die Lastebene nicht mit einer Hauptquerschnittsachse zusammen, sind alle Lasten in die Hauptachsenrichtungen zu zerlegen (schiefe Biegung).
- Die Last muss stoßfrei aufgebracht werden (Massenkräfte).
- Die Nulllinie steht senkrecht zu jedem betrachteten Querschnitt. Die Querschnitte selbst bleiben eben, die Biegeachse wird kreisförmig gekrümmt (Bernoulli-Navier'sche Hypothese). Der Querschnitt ist invariabel bzw. verändert sich durch die Durchbiegung nur wenig.
- Für den Werkstoff gilt das Hooke'sche Gesetz.
- Die maximal auftretenden Spannungen bleiben unterhalb der Proportionalitätsgrenze.
- Alle uns aus der Statik bekannten Prämissen.

Streng genommen ist die Biegegrundgleichung nur unter diesen 11 Voraussetzungen gültig. Die Praxis zeigt jedoch, dass Abweichungen zulässig sind, denn sonst wäre dieses mechanische Modell ohne praktischen Wert. Allerdings müssen die dadurch entstehenden Fehler in Grenzen bleiben. Allgemeine Fehleraussagen sind nicht möglich. Zwar lässt sich für den Fall der Querkraftbiegung leicht zeigen, dass die durch Querkräfte hervorgerufenen Schubspannungen meist vernachlässigbar sind, je länger der Biegeträger verglichen zu seinen Querschnittsabmessungen wird (s. Beispiel 1.32). Genaue Fehlerabschätzungen sind jedoch nur an der konkreten Aufgabe selbst, meist mit hohem mathematischen Aufwand bzw. über Versuche möglich.

Beispiel 1.32 Für den mittig durch Einzelkraft belasteten Träger **1**.65 mit Rechteckquerschnitt ist das Verhältnis τ_{max}/σ_{max} für den allgemeinen Fall zu ermitteln.

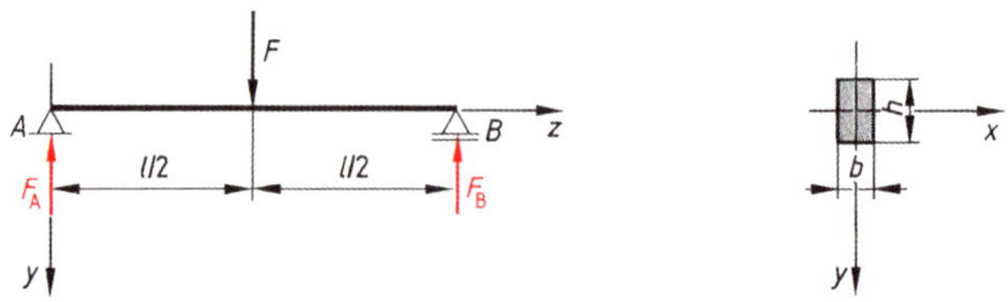

1.65 Mittig belasteter Träger mit Rechteckquerschnitt

Lösung

$$\Sigma F_y = 0\downarrow: \quad F - F_A - F_B = 0 \rightarrow F_A = F_B = \frac{F}{2}$$

$$\Sigma M_A = 0 \circlearrowleft: \quad F_B \cdot l - F \cdot \frac{l}{2} = 0$$

Das maximale Biegemoment ist in der Mitte des Trägers:

$M_{max} = F_A \cdot \frac{l}{2} = \frac{F \cdot l}{4}$. Somit ist die maximale Normalspannung

$$|\sigma_{max}| = \frac{|M_{max}|}{W_x} = \frac{|F| l \cdot 6}{4 \cdot h^2 \cdot b}.$$

Die maximale Schubspannung ist nach Abschnitt 1.4.2 für Rechteckquerschnitte

$|\tau_{max}| = \frac{3}{2}\frac{|F_Q|}{b \cdot h} = \frac{3}{2}\frac{|F|}{2 \cdot b \cdot h}$. Damit folgt

$$\frac{|\tau_{max}|}{|\sigma_{max}|} = \boldsymbol{\frac{h}{2 \cdot l}} \quad \text{bzw.} \quad |\tau_{max}| = \frac{h}{2 \cdot l}\,|\sigma_{max}|.$$

Der Grenzübergang liefert $\lim\limits_{l \to \infty} \frac{h}{2l}\,|\sigma_{max}| = 0$. Dies besagt, dass mit zunehmender Trägerlänge bei konstantem h und σ die Schubspannung immer kleiner und bei unendlich langem Träger Null wird. Praktisch genügt bereits ein Größenunterschied von wenigstens einer Dezimalstelle zwischen Trägerlänge und Querschnittsabmessungen, um die Schubspannungen beim Biegebalken zu vernachlässigen.

Beispiel 1.33 Für den Kragträger **1**.66 ist die Spannungsverteilung an der Einspannstelle infolge der Biegebeanspruchung zu ermitteln und grafisch darzustellen. Das Eigengewicht des Trägers ist vernachlässigbar.

Geg.: $F = 3\,\text{kN}$, $l = 3\,\text{m}$, $a = 10\,\text{cm}$, $b = 2\,\text{cm}$

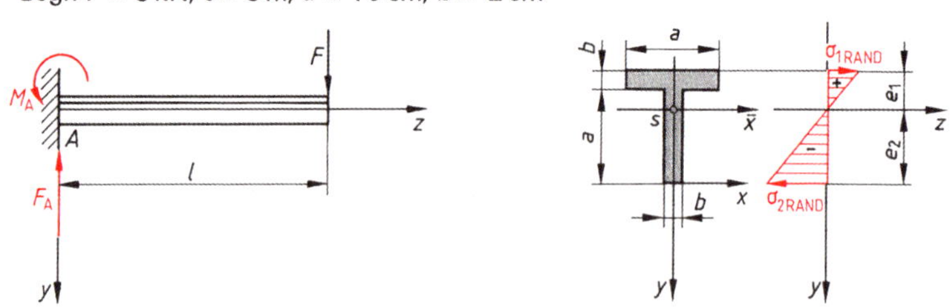

1.66 Kragträger

Lösung Lage des Schwerpunkts: $\Sigma(y_i \cdot A_i) = e_2 \cdot \Sigma A_i$

$$e_2 = \frac{\Sigma(y_i \cdot A_i)}{A_i} = \frac{a \cdot b\left[\frac{a}{2} + \left(a + \frac{b}{2}\right)\right]}{2 \cdot a \cdot b} = \frac{10 \cdot 2\left[\frac{10}{2} + 10 + \frac{2}{2}\right]}{2 \cdot 10 \cdot 2} = 8\text{ cm}$$

$e_1 = 12 - 8 = 4$ cm

Trägheitsmoment

$$I_x = \frac{b \cdot a^3}{12} + \left(\frac{a}{2}\right)^2 \cdot a \cdot b + \frac{a \cdot b^3}{12} + \left(a + \frac{b}{2}\right)^2 \cdot a \cdot b$$

$$I_x = \frac{2\text{ cm} \cdot 10^3\text{ cm}^3}{3} + \frac{10\text{ cm} \cdot 2^3\text{ cm}^3}{12} + \left(10 + \frac{2}{2}\right)^2 \text{cm}^2 \cdot 10\text{ cm} \cdot 2\text{ cm}$$

$= \mathbf{3093{,}33\ cm^4}$

$I_{\bar{x}} = I_x - e_2^2 \cdot 2 \cdot a \cdot b = 3093{,}33\text{ cm}^4 - 8^2\text{ cm}^2 \cdot 2 \cdot 10\text{ cm} \cdot 2\text{ cm} = \mathbf{533{,}33\ cm^4}$

Widerstandsmomente

$$W_{\bar{x}1} = \frac{I_{\bar{x}}}{e_1} = \frac{533{,}33\text{ cm}^4}{4\text{ cm}} = 133{,}33\text{ cm}^3$$

$$W_{\bar{x}2} = \frac{I_{\bar{x}}}{e_2} = \frac{533{,}33\text{ cm}^4}{8\text{ cm}} = 66{,}67\text{ cm}^3$$

Das betragsmäßig größte Biegemoment wirkt im Einspannquerschnitt A.

$\Sigma M_A = 0$ ↺: $M_A - F \cdot l = 0 \rightarrow M_A = F \cdot l$

$M_{max} = M_A = F \cdot l = 3000\text{ N} \cdot 3\text{ m} = 9000\text{ Nm} \mathrel{\widehat{=}} 900\,000\text{ Ncm}$

$$\sigma_{1\,Rand} = \frac{M_{max}}{W_{x1}} = \frac{900\,000\text{ Ncm}}{133{,}33\text{ cm}^3} = 6750\text{ N/cm}^2 \mathrel{\widehat{=}} \mathbf{67{,}5\ N/mm^2\ (Zug)}$$

$$\sigma_{2\,Rand} = \frac{M_{max}}{W_{x2}} = \frac{900\,000\text{ Ncm}}{66{,}66\text{ cm}^3} = 13\,500\text{ N/cm}^2 \mathrel{\widehat{=}} \mathbf{135\ N/mm^2\ (Druck)}$$

Beispiel 1.34 Ein Kastenträger auf zwei Stützen wird wie im Bild **1**.67 durch eine Dreieckslast belastet. Das Trägereigengewicht ist vernachlässigbar. Bestimmen Sie den durch die Biegung hervorgerufenen Momentenverlauf, Ort und Größe des maximalen Moments, den Spannungsverlauf in den Randfasern des Querschnitts σ_R, die maximale Randfaserspannung σ_{Rmax}, den Spannungsverlauf in der Schweißnaht σ_{Schw} und die maximale Schweißnahtspannung $\sigma_{Schw/max}$.

Geg.: $q_l = 9$ kN/m, $l = 3$ m, $H = 14$ cm, $h = 12$ cm, $B = 10$ cm, $b = 8$ cm, $a = 4$ cm

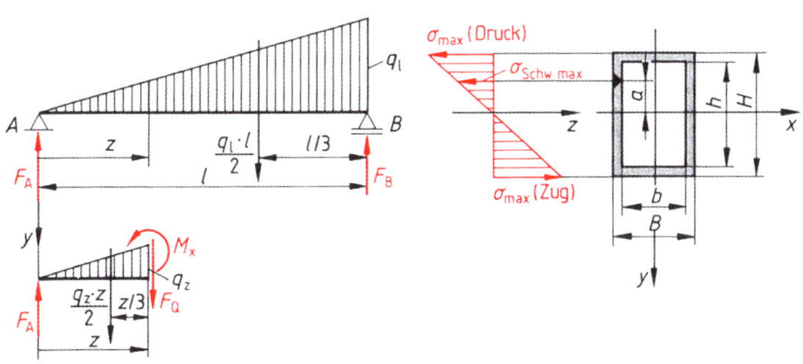

1.67 Kastenträger mit 2 Stützen und Dreieckslast

Lösung

$$\Sigma F_y = 0 \downarrow: \ \frac{q_l \cdot l}{2} - F_A - F_B = 0 \rightarrow F_A = \frac{q_l \cdot l}{6} \ F_B = \frac{q_l \cdot l}{3}$$

$$\Sigma M_A = 0 \circlearrowleft: \ F_B \cdot l - \frac{q_l \cdot l}{2} \cdot \frac{2}{3} \cdot l = 0$$

$$q_z: z = q_l : l \rightarrow q_z = q_l \cdot \frac{z}{l}$$

$$\Sigma M_z = 0 \circlearrowleft: \ M_x - F_A \cdot z + \frac{q_z \cdot z}{2} \cdot \frac{z}{3} = 0$$

$$M_x = \frac{q_l \cdot l}{6} \cdot z - \frac{q_l}{6} \cdot \frac{z^3}{l} = \frac{q_l}{6l} (l^2 \cdot z - z^3)$$

$$M_x = \frac{9000}{6 \cdot 3} (9 \cdot z - z^3) = \mathbf{500\,(9 \cdot z - z^3)\ Nm}$$

Stelle des maximalen Moments

$$\frac{dM_x}{dz} = \frac{q_l}{6l} (l^2 - 3z^2) = 0 \rightarrow z = \frac{l}{\sqrt{3}} = \mathbf{\sqrt{3}\,m}$$

$$M_{max} = \frac{q_l}{6l}\left[l^2 \cdot \frac{l}{\sqrt{3}} - \left(\frac{l}{\sqrt{3}}\right)^3\right] = \frac{q_l \cdot l^2}{9 \cdot \sqrt{3}} = \frac{9 \cdot 10^3\ N/m \cdot 3^2\ m^2}{9 \cdot \sqrt{3}} = \mathbf{5196\ Nm}$$

Widerstandsmoment

$$W_x = \frac{B \cdot H^3 - b \cdot h^3}{6 \cdot H} = \frac{10\,cm \cdot 14^3\,cm^3 - 8\,cm \cdot 12^3\,cm^3}{6 \cdot 14\,cm} = \mathbf{162{,}095\ cm^3}$$

Spannungsverlauf in den Randfasern des Querschnitts

$$\sigma_R = \frac{M_x}{W_x} = \frac{500 \cdot 100\,(9 \cdot z - z^3)}{162{,}096} = \mathbf{308{,}461\,(9 \cdot z - z^3)\ N/cm^2}$$

Maximale Randfaserspannung

$$\sigma_{Rmax} = \frac{M_{max}}{W_x} = \frac{519\,615\ Ncm}{162{,}095\ cm^3} = \mathbf{3205{,}62\ N/cm^2} \quad \text{oder}$$

$$\sigma_{Rmax} = 308{,}461\ [9 \cdot \sqrt{3} - (\sqrt{3})^3] = \mathbf{3205{,}62\ N/cm^2}$$

Spannungsverlauf in der Schweißnaht

$$\sigma_{Schw} : a = \sigma_{Rand} : H/2$$

$$\sigma_{Schw} = \frac{2 \cdot a}{H} \cdot \sigma_{Rand} = \frac{2 \cdot 4\,cm}{14\,cm} \cdot 308{,}461 \cdot (9 \cdot z - z^3)\ N/cm^2$$

$$= \mathbf{176{,}263\,(9 \cdot z - z^3)\ N/cm^2}$$

$$\sigma_{Schw/max} = \frac{2 \cdot a}{H} \cdot \sigma_{Rmax} = \frac{2 \cdot 4\,cm}{14\,cm} \cdot 3205{,}62\ N/cm^2 = \mathbf{1832\ N/cm^2}$$

oder

$$\sigma_{Schw/max} = 176{,}263\ [9\sqrt{3} - (\sqrt{3})^3] = \mathbf{1832\ N/cm^2}$$

Beispiel 1.35 Für den Kragträger **1**.68 ist bei konstantem Rechteckquerschnitt die Höhe h zu ermitteln.

Geg.: $F_1 = 60\,\text{kN}$, $F_2 = 20\,\text{kN}$, $\sigma_{zul} = 20000\,\text{N/cm}^2$, $l = 4\,\text{m}$, $h:b = 2:1$

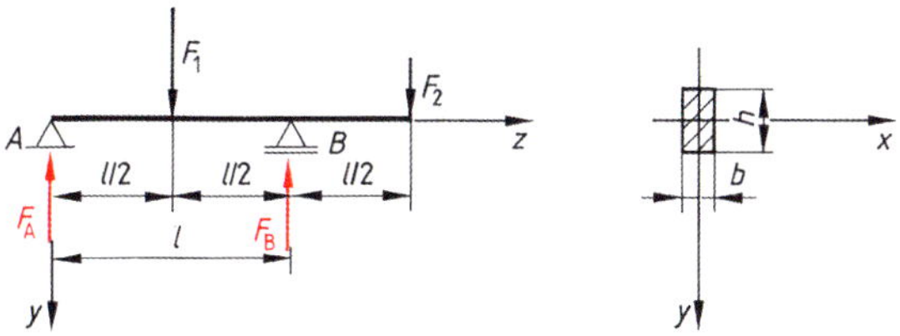

1.68 Kragträger mit konstantem Rechteckquerschnitt und Einzellasten

Lösung Da der Träger über die gesamte Länge gleiches Widerstandsmoment hat, müssen wir zuerst die Stelle des betraglich größten Biegemoments (gefährdeter Querschnitt) finden. Sie kann, wie aus der Statik bekannt, nur an der Stelle des Angriffspunkts von F_1 oder beim Auflager B liegen.

$$\Sigma F_y = 0\downarrow:\ F_1 + F_2 - F_A - F_B = 0$$

$$\Sigma M_A = 0 \circlearrowleft:\ F_B \cdot l - F_1 \cdot l/2 - F_2 \cdot \frac{3}{2}\,l = 0$$

$$F_B = \frac{F_1 + 3F_2}{2} = \frac{60\,\text{kN} + 3 \cdot 20\,\text{kN}}{2} = 60\,\text{kN}$$

$$F_A = F_1 + F_2 - F_B = 20\,\text{kN}$$

Moment an der Schnittstelle 1

$$|M_{x1}| = F_A \cdot l/2 = 20\,\text{kN} \cdot 4\,\text{m}/2 = 40\,\text{kNm}$$

Moment beim Auflager B

$$|M_{xB}| = F_2 \cdot l/2 = 20\,\text{kN} \cdot 4\,\text{m}/2 = 40\,\text{kNm}$$

Da betragsmäßig beide Momente gleich sind, folgt

$$|M_{max}| = |M_{x1}| = |M_{xB}| = 40\,\text{kNm}.$$

Die Momente M_{x1} und M_{xB} unterscheiden sich nur im Vorzeichen. Während M_{x1} positiv ist (an der Stelle 1 werden die oberen Fasern des Querschnitts gedrückt, die unteren gezogen), ist das Moment beim Auflager B negativ gerichtet (die oberen Fasern werden auf Zug, die unteren auf Druck beansprucht). Für die Bemessung des Querschnitts hat das keine Bedeutung.

Aus $|\sigma_{max}| = \dfrac{|M_{max}|}{W_x} \leqq \sigma_{zul}$ folgt $W_x \geqq \dfrac{|M_{max}|}{\sigma_{zul}}$.

Wegen $b:h = 1:2 \rightarrow b = \dfrac{h}{2}$ und $W_x = \dfrac{b \cdot h^2}{6} = \dfrac{h^3}{12}$.

Somit gilt: $\dfrac{h^3}{12} \geqq \dfrac{|M_{max}|}{\sigma_{zul}}$.

Daraus ergibt sich

$$h \geqq +\sqrt[3]{12\,\frac{|M_{max}|}{\sigma_{zul}}} = \sqrt[3]{\frac{12 \cdot 40000 \cdot 100\,\text{Ncm}}{20000\,\text{N/cm}^2}} = \mathbf{13{,}388\,cm}.$$

Gewählt werden $\boldsymbol{h = 14\,\text{cm}}$ $\boldsymbol{b = 7\,\text{cm}}$.

1.3.7 Träger gleicher Biegespannung

Hat ein Träger über seine Länge gleichen Querschnitt, ist das Widerstandsmoment an jeder Schnittstelle gleich groß, und nur im gefährdeten Querschnitt (M_{max}-Stelle) tritt die Höchstspannung σ_{max} auf. In allen anderen Querschnitten ist die vorhandene Spannung kleiner als die zulässige. Dadurch wird der Werkstoff nicht voll ausgenutzt. Um ihn besser zu nutzen, passt man die Trägerquerschnitte, d.h. seine Widerstandsmomente, der Momentenbelastung an.

Beim „Träger gleicher Biegespannung" gilt somit, dass an jeder Schnittstelle die Randfaserspannung gleich der zulässigen Spannung σ_{zul} ist:

$$|\sigma_{zul}| = \frac{|M_{max}|}{W_{max}} = \frac{|M_x|}{W_x} = \text{konst} \qquad \text{Gl. (1.52)}$$

Für das Widerstandsmoment an jeder Schnittstelle gilt:

$$W_x = \frac{|M_x|}{|\sigma_{zul}|} = W_{max} \cdot \frac{|M_x|}{|M_{max}|} \qquad \text{Gl. (1.53)}$$

Diese Gleichung liefert die theoretische Anformung der Querschnitte über die Trägerlänge. In der Praxis kommt es allerdings aus Gründen der Fertigung und/oder der Wirtschaftlichkeit zu Abweichungen. Dennoch bildet das Wissen um die theoretische Form die Voraussetzung für die praktische (tatsächliche) Gestaltung des Biegeteils.

Beispiel 1.36 Der Freiträger **1**.69 mit Einzellast und Rechteckquerschnitt soll als „Träger gleicher Biegespannung" ausgeführt werden, und zwar

a) für Breite b konstant, Höhe h veränderlich,

b) für Höhe h konstant, Breite b veränderlich.

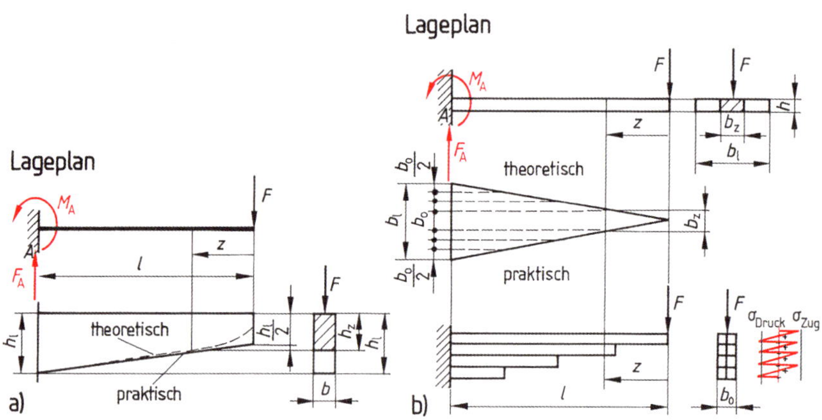

1.69 Träger gleicher Biegespannung

a) Breite konstant, Höhe veränderlich

b) Höhe konstant, Breite veränderlich

Lösung a) $\Sigma M_z = 0$ ↻: $M_x + F \cdot z = 0 \rightarrow M_x = -F \cdot z$

$$|\sigma_{zul}| = \frac{|M_x|}{W_x} = \frac{6 \cdot F \cdot z}{b \cdot h_z^2} \rightarrow h_z = \sqrt{\frac{6 \cdot F}{b \cdot |\sigma_{zul}|} \cdot z}$$

Für $z = l$ ist $h_l = \sqrt{\frac{6 \cdot F \cdot l}{b \cdot |\sigma_{zul}|}}$.

Als Anformungsgleichung erhalten wir

$$\frac{h_z}{h_l} = \sqrt{\frac{z}{l}} \quad \text{bzw.} \quad h_z = \boldsymbol{h_l} \cdot \sqrt{\frac{\boldsymbol{z}}{\boldsymbol{l}}}.$$

Die theoretische Anpassung der Höhe verläuft nach einer quadratischen Parabel. Die praktische Form ist ein Trapez mit $h_l/2$ an der Stelle $z = 0$.

b) $$W_{max} = \frac{|M_{max}|}{|\sigma_{zul}|} \rightarrow \frac{b_l \cdot h^2}{6} = \frac{F \cdot l}{|\sigma_{zul}|} \rightarrow b_l = \frac{6 \cdot F \cdot l}{h^2\,|\sigma_{zul}|}$$

$$W_x = W_{max} \cdot \frac{|M_x|}{|M_{max}|} \rightarrow \frac{b_z \cdot h^2}{6} = \frac{b_l \cdot h^2}{6} \, \frac{F \cdot z}{F \cdot l} \rightarrow \frac{b_z}{b_l} = \frac{z}{l}$$

bzw. $b_z = b_l \cdot \frac{z}{l}$ und durch Einsetzen

$$b_z = \frac{\boldsymbol{6 \cdot F}}{\boldsymbol{h^2\,|\sigma_{zul}|}} \cdot \boldsymbol{z}$$

Die theoretische Anpassung der Breite verläuft linear. Die praktische Ausführung ist die „geschichtete Blattfeder". Bei zu großer Breite b_l an der Einspannstelle kann der Träger in Streifen konstanter Breite $b_0 = b_l/n$ zerlegt und übereinander angeordnet werden. Dabei verändern sich weder das Widerstandsmoment noch die Spannungsverteilung (z. B. Blattfeder einer Lkw-Achse).

Beispiel 1.37 Wie verändert sich die Form eines Freiträgers mit Einzellast und Kreisquerschnitt (**1**.70)?

Lösung $\Sigma M_z = 0$ ↻:

$$M_x + F \cdot z = 0 \rightarrow M_x = -F \cdot z$$

$$|\sigma_{zul}| = \frac{|M_x|}{W_x} = \frac{32 \cdot F \cdot z}{d_z^3 \cdot \pi}.$$

Daraus folgt

$$d_z = \sqrt[3]{\frac{32 \cdot F \cdot z}{\pi\,|\sigma_{zul}|}}.$$

$$W_x = W_{max} \cdot \frac{|M_x|}{|M_{max}|}$$

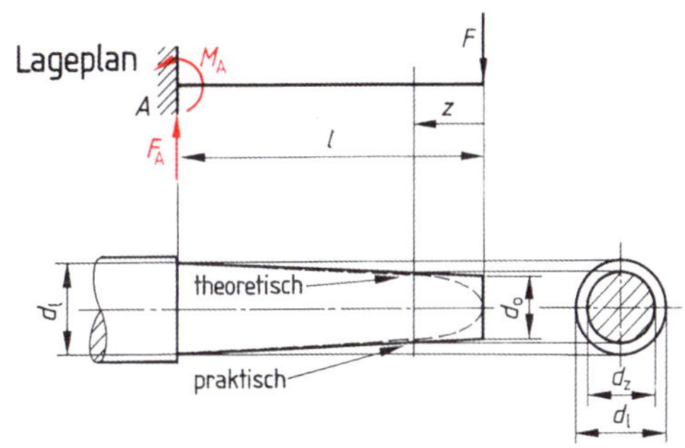

1.70 Freiträger mit Einzellast und Kreisquerschnitt

$$\frac{d_z^3 \cdot \pi}{32} = \frac{d_l^3 \cdot \pi}{32} \cdot \frac{F \cdot z}{F \cdot l} \rightarrow \frac{d_z}{d_l} = \sqrt[3]{\frac{z}{l}} \quad \text{bzw.} \quad d_z = \boldsymbol{d_l} \sqrt[3]{\frac{\boldsymbol{z}}{\boldsymbol{l}}}.$$

Die theoretische Anpassung der Durchmesser verläuft nach einer kubischen Parabel.

Die praktische Anpassung ist ein Kegelstumpf (Achsen und Wellen) mit $d_0 = \frac{2}{3} d_l$, da Abscherung durch F_Q, zusätzlich zur Biegung gegeben ist.

Beispiel 1.38 Wie verändert sich die Höhe h eines Freiträgers mit Rechteckquerschnitt von konstanter Breite b, belastet durch eine Gleich-(Strecken-)last q (**1**.71)?

Lösung

$$\Sigma M_z = 0 ⤸: \quad M_x + \frac{q \cdot z^2}{2} = 0 \rightarrow M_x = -\frac{q \cdot z^2}{2}$$

$$|\sigma_{zul}| = \frac{|M_x|}{W_x} = \frac{3 \cdot q \cdot z^2}{b \cdot h_z^2}. \quad \text{Daraus folgt } h_z = z\sqrt{\frac{3 \cdot q}{b \cdot |\sigma_{zul}|}}.$$

$$W_x = W_{max} \cdot \frac{|M_x|}{|M_{max}|}$$

$$\frac{b \cdot h_z^2}{6} = \frac{b \cdot h_l^2}{6} \frac{6q \cdot z^2}{6q \cdot l^2} \rightarrow h_z = \frac{\boldsymbol{z}}{\boldsymbol{l}} \cdot \boldsymbol{h_1} \ \ldots \text{ Anformungsgleichung}$$

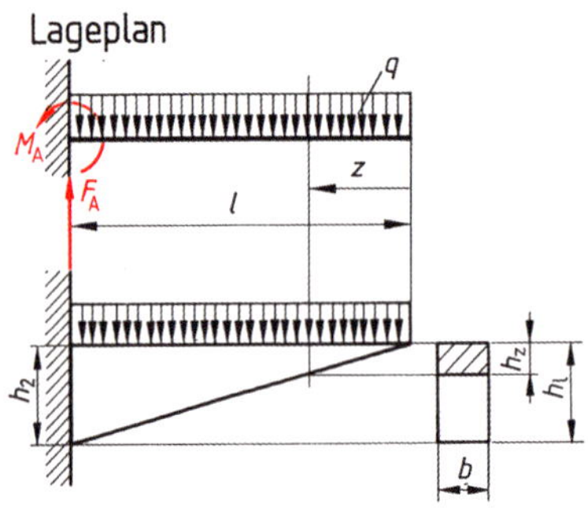

1.71 Freiträger mit Rechteckquerschnitt und Gleichlast

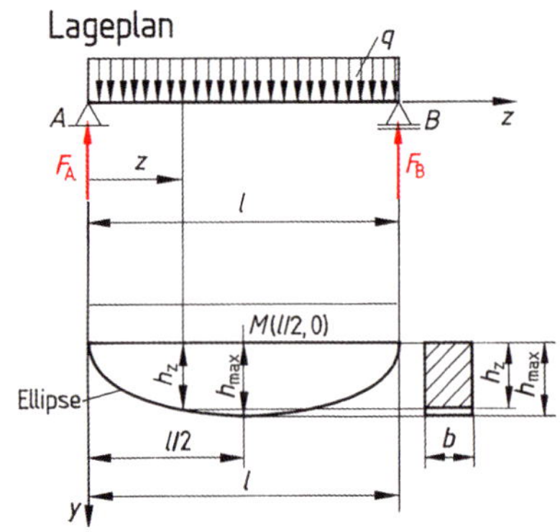

1.72 Träger auf 2 Stützen mit Rechteckquerschnitt und Gleichlast

Beispiel 1.39 Der durch eine Gleichlast belastete Träger auf zwei Stützen mit Rechteckquerschnitt (**1**.72) ist als Träger gleicher Biegefestigkeit auszuführen. Bestimmen Sie den Höhenverlauf bei konstanter Breite b.

Lösung

$$\Sigma F_y = 0 \downarrow: \quad q \cdot l - F_A - F_B = 0$$

$$\Sigma M_A = 0 ⤺: \quad F_B \cdot l - \frac{q \cdot l^2}{2} = 0 \qquad \rightarrow F_A = F_B = \frac{q \cdot l}{2}$$

$$\Sigma M_z = 0 ⤺: \quad M_x - F_A \cdot z + \frac{q \cdot z^2}{2} = 0 \rightarrow M_x = \frac{q}{2}(l \cdot z - z^2)$$

$$|\sigma_{zul}| = \frac{|M_x|}{W_x} = \frac{6 \cdot q}{2 \cdot b \cdot h_z^2}(l \cdot z - z^2) \rightarrow h_z = \sqrt{\frac{\boldsymbol{3q}}{\boldsymbol{b\,|\sigma_{zul}|}}(\boldsymbol{l \cdot z - z^2})}$$

Das maximale Moment ist in der Mitte des Trägers. Aus

$$M_z = \frac{q}{2}(lz - z^2) \text{ folgt für } z = \frac{l}{2} \rightarrow M_{max} = \frac{q \cdot l^2}{8}. \qquad W_x = W_{max} \cdot \frac{|M_x|}{|M_{max}|}$$

$$\frac{b \cdot h_z^2}{6} = \frac{b \cdot h_{max}^2}{6} \frac{8 \cdot q \cdot (l \cdot z - z^2)}{2 \cdot q \cdot l^2} \rightarrow h_z = \frac{\boldsymbol{h_{max}}}{\boldsymbol{l/2}}\sqrt{\boldsymbol{l \cdot z - z^2}}$$

$$\frac{h_z^2}{h_{max}^2} = \frac{l \cdot z - z^2}{(l/2)^2} = -\frac{-(z - l/2)^2 + (l/2)^2}{(l/2)^2} = -\frac{(z - l/2)^2}{(l/2)^2} + 1$$

$$\frac{(z - l/2)^2}{(l/2)^2} + \frac{h_z^2}{h_{max}^2} = 1$$

Das heißt, die theoretische Anformung verläuft nach einer Ellipse, deren Mittelpunkt um $l/2$ auf der z-Achse verschoben ist.

1.3.8 Biegelinie (elastische Linie)

Als Biegelinie bzw. elastische Linie bezeichnen wir die durch Biegebeanspruchung verformte Stabachse (Biegeachse, Nullinie). Der ursprünglich gerade Träger wird durch die Biegung und die dadurch hervorgerufenen Zug- bzw. Druckspannungen gekrümmt.

Um Funktionsbeeinträchtigungen zu vermeiden, ist nicht nur die Dimensionierung des Biegeteil-Querschnitts, sondern auch die Kenntnis seiner Deformation (Durchbiegung) von Bedeutung. Dabei interessieren oft nur Ort und Größe der maximalen Durchbiegung.

Die Ermittlung der Durchbiegung kann analytisch und grafisch erfolgen. Die analytische Bestimmung der Biegelinie behandeln wir in Band 3.

Grafische Bestimmung der Biegelinie nach Mohr. Zwischen Biegelinie und Momentenverlauf eines Trägers besteht eine Analogie. Dazu betrachten wir den Zusammenhang zwischen Belastung und Biegemoment.

Für den z. B. beidseitig gelagerten Träger **1**.73 mit einer in z-Richtung veränderlichen Belastung $q(\zeta)$ gilt

$$\Sigma F_y = 0\downarrow: \quad \int_0^l q(\zeta)\,d\zeta - F_A - F_B = 0$$

$$\Sigma M_A = 0 \circlearrowleft: \quad F_B \cdot l - \int_0^l q(\zeta)\,\zeta\,d\zeta = 0$$

$$F_A = \frac{1}{l}\int_0^l q(\zeta)\cdot(l-\zeta)\,d\zeta \qquad F_B = \frac{1}{l}\int_0^l q(\zeta)\,\zeta\,d\zeta$$

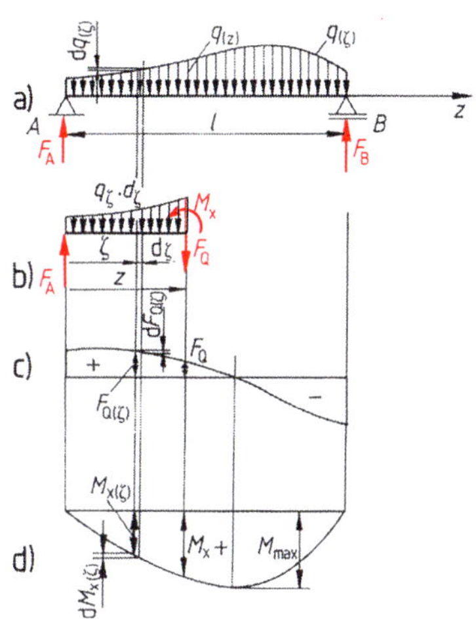

1.73 Beidseitig gelagerter Träger mit allgemeiner Last
a) Lageplan,
b) Trägerabschnitt,
c) F_Q-Linie, d) M-Linie

Stellen wir für den Trägerabschnitt z die Gleichgewichtsbedingung für die Vertikalkräfte auf, erhalten wir die Querkraft F_Q an der Stelle z.

$$\Sigma F_y = 0\downarrow: \quad F_Q - F_A + \int_0^z q(\zeta)\cdot d\zeta = 0 \rightarrow F_Q = F_A - \int_0^z q(\zeta)\,d\zeta$$

Aus der Momenten-Gleichgewichtsbedingung ergibt sich das Biegemoment M_x an der Stelle z.

$$\Sigma M_A = 0 \circlearrowleft: \quad M_x - F_Q \cdot z - \int_0^z q(\zeta)\,\zeta\,d\zeta = 0$$

$$M_x - F_A \cdot z + z\int_0^z q(\zeta)\,d\zeta - \int_0^z q(\zeta)\,\zeta\,d\zeta = 0 \rightarrow$$

$$M_x = F_A \cdot z - \int_0^z q(\zeta)\,(z-\zeta)\,d\zeta$$

Bilden wir die 1. Ableitung des Biegemoments M_x nach dz, erhalten wir wieder die Querkraft F_Q.

$$\frac{dM_x}{dz} = \frac{d}{dz}\left[F_A \cdot z - z\int_0^z q(\zeta)\,d\zeta + \int_0^z q(\zeta)\,\zeta\,d\zeta\right]$$

Unter Anwendung des Hauptsatzes der Integralrechnung

$$F'(x) = \frac{d}{dx}\left[\int_0^x f(t)\,dt\right] = f(x) \qquad \text{wie} \qquad F'(x) = \frac{d}{dx}\left[\int_0^x t\cdot f(t)\,dt\right] = x\cdot f(x)$$

und der Produktregel folgt

$$\frac{dM_x}{dz} = F_A - z \cdot \frac{d}{dz}\left[\int_0^z q(\zeta)\,d\zeta\right] - \int_0^z q(\zeta)\,d\zeta + \frac{d}{dz}\left[\int_0^z q(\zeta)\,\zeta\,d\zeta\right]$$

$$\frac{dM_x}{dz} = F_A - z \cdot q(z) - \int_0^z q(\zeta)\,d\zeta + z \cdot q(z) \quad \text{und schließlich} \quad \frac{dM_x}{dz} = M'_x = F_A - \int_0^z q(\zeta)\,d\zeta = F_Q.$$

Durch nochmalige Ableitung und wiederholte Anwendung des Hauptsatzes der Integralrechnung erhalten wir

$$\frac{\mathbf{d}F_Q}{\mathbf{d}z} = \mathbf{0} - \boldsymbol{q}(\boldsymbol{z}) = -\boldsymbol{q}(\boldsymbol{z}) = \text{negative Belastungsordinate.}$$

Daraus erkennen wir, dass zwischen Belastung, Querkraft und Biegemoment über Differentiation bzw. Integration ein Zusammenhang besteht. Eine ähnliche Beziehung besteht auch für die Krümmung, Neigung und Durchbiegung der Biegelinie. Dieser Zusammenhang wurde von O. Mohr erstmals erkannt. Er hat damit ein dem „Kraft-Seileck" ähnliches Verfahren für die grafische Bestimmung der Biegelinie geschaffen.

Beim Kraft-Seileck-Verfahren ist $M_x = y \cdot H$ mit y als Ordinatenabstand im Seileck und H als Polabstand im Krafteck.

Aus $y = \frac{M_x}{H}$ folgt $y' = \frac{M'_x}{H} = \frac{1}{H} \cdot \frac{dM_x}{dz} = \frac{F_Q}{H}$ als Steigung der Seilkurve

und $y'' = \frac{1}{\varrho} = \frac{F'_Q}{H} = \frac{1}{H}\frac{dF_Q}{dz} = -\frac{q(z)}{H}$ als Krümmung der Seilkurve. Die Krümmung der Biegelinie

in y-Richtung ist $\varkappa = \frac{1}{\varrho} = -\frac{M_x}{E \cdot I_x} = -\frac{M_x/I_x}{E}$. Den Ausdruck $E \cdot I_x$ nennt man Biegesteifigkeit.

Tabelle **1**.74 **Vergleich der Seilkurve (Momentenverlauf) mit der Biegelinie**

Momentenlinie		Biegelinie	
Krümmung	$\varkappa = \frac{1}{\varrho} = -\frac{q(z)}{H}$	Krümmung	$\varkappa = \frac{1}{\varrho} = -\frac{M/I}{E}$
Belastung	q	Ideelle Belastung	M/I
Polabstand	H	Polabstand	E
Biegemoment	$y \cdot H$	Durchbiegung	$y \cdot E$
Querkraft	$F_Q = \frac{dM}{dz}$	Neigung	$y' = \int y''\,dz$

Konstruktion der Biegelinie

- Längenmaßstab m_L [cm/cm] wählen und den Lageplan zeichnen.
- Analytisch oder grafisch (Kraft-Seileck-Verfahren) den Momentenverlauf bestimmen.
- Zeichnen der ideellen Belastungsfläche, indem die ideelle Belastung M/I über den Träger maßstäblich aufgetragen wird.
- Die ideelle Belastungsfläche in Streifen der Länge l_i zerlegen; die ideellen Lasten $\bar{F}_i$ aus den Trapez- bzw. Dreiecksflächen ermitteln und in den Schwerpunkten der Teilflächen eintragen.

  Für Dreiecke gilt $\bar{F}_i = \frac{1}{2}[(M/I)_i \cdot l_i]$, für trapezförmige Flächen $\bar{F}_i = \frac{1}{2}[(M/I)_i + (M/I)_j] \cdot l_i$.

  Einheit der ideellen Kraft $\bar{F}_i$ ist N/cm^2.

- Wahl des ideellen Belastungsmaßstabs $m_{\bar{F}}$ und des Polabstands H für das ideelle Krafteck. Als Polabstand kann aus konstruktiver Sicht nicht der Elastizitätsmodul E gewählt werden, sondern ein wesentlich kleinerer. Die dadurch stärkere Krümmung des ideellen Seilecks wird im Maßstab m_D für die Durchbiegung wieder ausgeglichen.
- Zeichnen des ideellen Kraft- und Seilecks. Das Seileck bildet nun den Tangentenzug der verzerrten Biegelinie. Einzeichnen der Biegelinie in den Tangentenzug.
- Die Durchbiegung ist das Produkt aus dem Ordinatenabstand $\bar{y}$ und aus dem Maßstab für die Durchbiegung.

$$y = \bar{y} \cdot m_D \qquad m_D = m_L \cdot m_{\bar{F}} \cdot \frac{H}{E} \text{ cm/cm}$$

Ort und Größe der maximalen Durchbiegung erhalten wir durch Parallelverschieben der Schlusslinie.

- Die Steigung der Biegelinie (Neigungslinie) ergibt sich aus dem Ordinatenabstand $\bar{y}_Q$ der ideellen Querkraftfläche $\bar{F}_Q$, multipliziert mit dem Steigungsmaßstab m_s.

$$\varphi = \bar{y}_Q \cdot m_S \qquad m_S = m_{\bar{F}} \cdot \frac{1}{E} \text{ rad/cm} \quad \text{oder} \quad m_S = m_{\bar{F}} \cdot \frac{57{,}3}{E} \text{ °/cm.}$$

Beispiel 1.40 Für die abgesetzte Welle soll die, durch die Kraft F, hervorgerufene Durchbiegung ermittelt werden (**1**.75).

Geg.: $F = 100\,\text{kN}$, $l = 0{,}6\,\text{m}$, $l_i = 0{,}15\,\text{m}$ für $i = 1 \ldots 5$,
$E = 2{,}1 \cdot 10^7\,\text{N/cm}^2$, $d_1 = d_5 = 10\,\text{cm}$, $d_2 = 12\,\text{cm}$, $d_3 = 14\,\text{cm}$

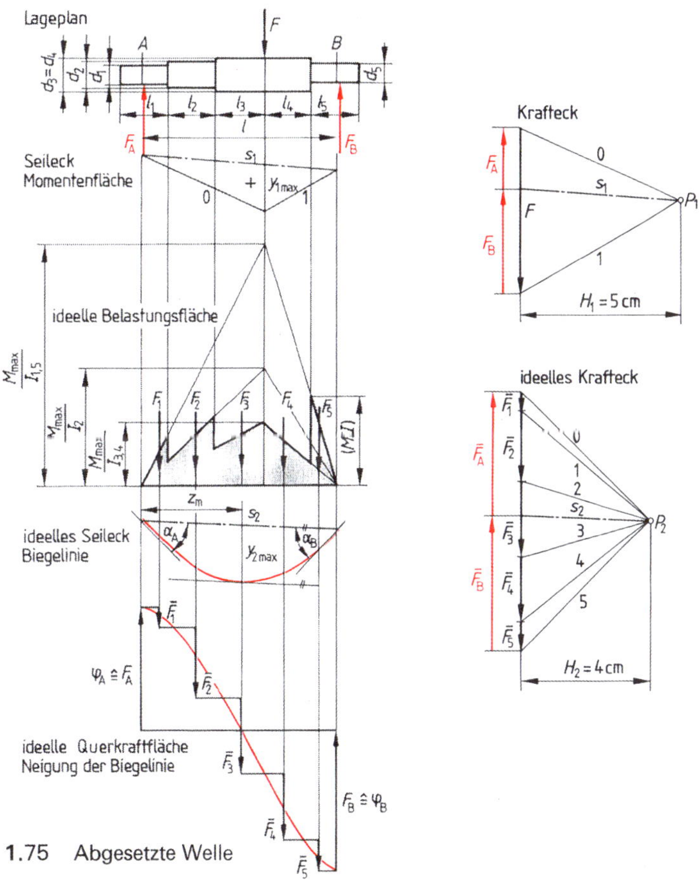

1.75 Abgesetzte Welle

Lösung Maßstab $m_L = 10\,cm/cm$, $m_F = 20\,kN/cm$, $H_1 = 5\,cm$

Momentenmaßstab $m_M = m_L \cdot m_F \cdot H_1 = 10 \cdot 20 \cdot 5 = 1000\,kNcm/cm$

$$m_{M/I} = 400\,\frac{N/cm^3}{cm}, \quad m_{\bar{F}} = 4000\,\frac{N/cm^2}{cm}, \quad H_2 = 4\,cm$$

$$m_D = m_L \cdot m_{\bar{F}} \cdot \frac{H_2}{E} = 10 \cdot 4000 \cdot \frac{4}{2{,}1 \cdot 10^7} = 0{,}007619\,cm/cm$$

$$m_S = m_{\bar{F}} \cdot \frac{57{,}3}{E} = 4000 \cdot \frac{57{,}3}{2{,}1 \cdot 10^7} = 0{,}010914\,°/cm$$

Aus dem Krafteck

$F_A = 1{,}875\,cm \cdot m_F = 1{,}875 \cdot 20 = 37{,}5\,kN$

$F_B = 3{,}125\,cm \cdot m_F = 3{,}125 \cdot 20 = 62{,}5\,kN$

Aus dem Seileck

$y_{1max} = 1{,}406\,cm \rightarrow M_{max} = y_{1max} \cdot m_M = 1{,}406 \cdot 1000 = 1406\,kNcm$

i	$I_i = \frac{d_i^4 \cdot \pi}{64}$ in cm⁴	$\frac{M_{max}}{I_i}$ in N/cm³	l_i in cm	$\left(\frac{M}{I}\right)_i / \left(\frac{M}{I}\right)_j$	$\bar{F}_i$ in N/cm²	$\frac{\bar{F}_i}{m_F}$ in cm
1	490,87	2864,70	7,5	0/573	2148,75	0,54
2	1017,87	1381,55	15,0	275/829	8287,50	2,07
3	1885,74	745,73	15,0	447/746	8947,50	2,24
4	1885,74	745,73	15,0	746/249	7462,50	1,87
5	490,87	2864,70	7,5	955/0	3581,25	0,90

Aus dem ideellen Seileck

$y_{2max} = 1{,}65\,cm \qquad z_m = 3{,}1\,cm$

Maximale Durchbiegung

$y_{max} = y_{2max} \cdot m_D = 1{,}65 \cdot 0{,}007619 =$ **0,01257 cm**. Sie ist $z_m \cdot m_L = 3{,}1 \cdot 10 = 31$ cm vom Auflager A entfernt.

Aus ideeller Querkraftfläche

$\bar{F}_A \mathrel{\hat{=}} 3{,}6\,cm \rightarrow \alpha_A = 3{,}6 \cdot m_s = 0{,}039°$

$\bar{F}_B \mathrel{\hat{=}} 4{,}1\,cm \rightarrow \alpha_B = 4{,}1 \cdot m_s = 0{,}045°$.

Beispiel 1.41 Für den abgesetzten Freiträger **1**.76 sind grafisch die Durchbiegung und Neigung am Trägerende zu bestimmen.

Geg.: $q = 40\,kN/m$, $F_1 = 10\,kN$, $F_2 = 20\,kN$, $E = 2{,}1 \cdot 10^7\,N/cm^2$, $l_1 = l_2 = 1\,m$, $I_1 = 4000\,cm^4$, $I_2 = 3000\,cm^4$

Lösung Maßstab $m_L = 25\,cm/cm$, $m_F = 10\,kN/cm$, $H_1 = 6\,cm$

$$\rightarrow m_M = m_L \cdot m_F \cdot H_1 = 25 \cdot 10 \cdot 6 = 1500\,\frac{kNcm}{cm}$$

$$m_{M/I} = 500\,\frac{N/cm^3}{cm}, \quad m_{\bar{F}} = 20000\,\frac{N/cm^2}{cm}, \quad H_2 = 6\,cm$$

$$\rightarrow m_D = m_L \cdot m_{\bar{F}} \cdot \frac{H_2}{E} = 25 \cdot 20000 \cdot \frac{6}{2{,}1 \cdot 10^7} = 0{,}14285\,\frac{cm}{cm}$$

$$m_S = m_{\bar{F}} \cdot \frac{57{,}3}{E} = 20000 \cdot \frac{57{,}3}{2{,}1 \cdot 10^7} = 0{,}05457\,°/cm.$$

Lösung
Fortsetzung

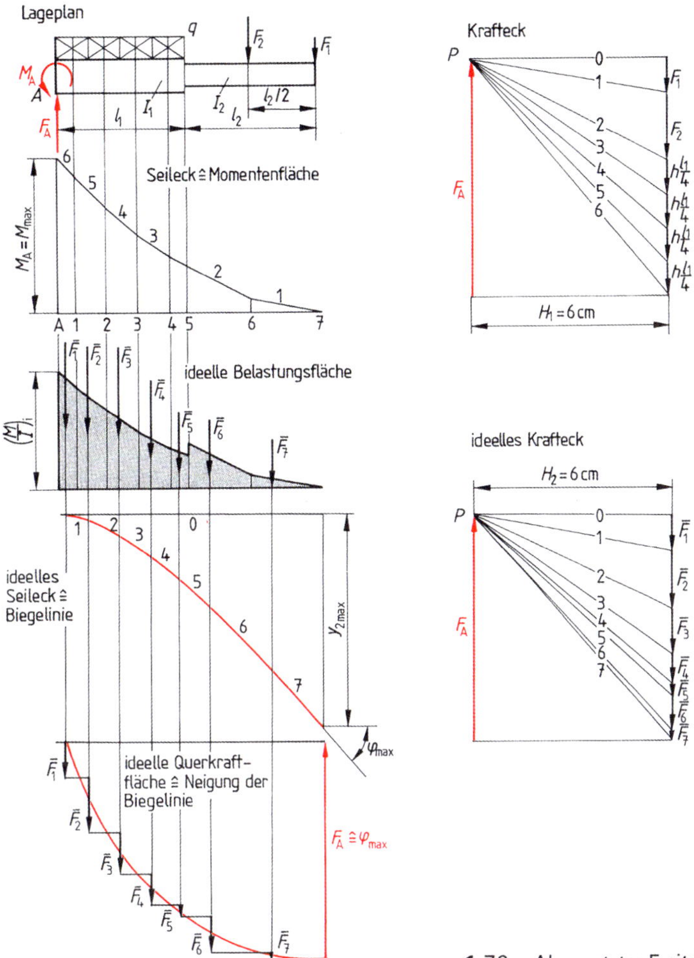

1.76 Abgesetzter Freiträger

Aus dem Seileck (Momentenfläche) entnehmen wir die y_{1i}-Ordinaten, berechnen die Momente M_i für alle $i = A, 1, 2, \ldots 7$ und $\bar{F}_i$ für die ideellen Lasten.

i	y_{1i} in cm	$M_i = y_{1i} \cdot m_M$ in kNcm	$\left(\frac{M}{I}\right)_i$ in N/cm³	$\frac{\left(\frac{M}{I}\right)_i}{m_{M/I}}$ in cm	$\bar{F}_i$ in N/cm²	$\frac{\bar{F}_i}{m_F}$ in cm
A	4,67	7000	1750	3,5	20546,87	1,03
1	4,10	6150	1537,5	3,075	33750,0	1,68
2	3,10	4650	1162,5	2,325	25171,875	1,26
3	2,27	3405	851,25	1,7025	18140,625	0,91
4	1,60	2400	600	1,2	6866,875	0,34
5	1,33	1995	498,7/665	0,997/1,33	20750,0	1,04
6	0,33	495	165	0,33	4125,0	0,21
7	0	0	0	0		

Lösung
Fortsetzung

Dem ideellen Seileck entnehmen wir $y_{2max} = 6{,}28\,cm$

→ maximale Durchbiegung am Trägerende $y_{max} = y_{2max} \cdot m_D$.

$y_{max} = 6{,}28 \cdot 0{,}14285 = \mathbf{0{,}897\,cm}$

Aus der ideellen Querkraftfläche erhalten wir

$\bar{F}_A \triangleq 6{,}4\,cm$

→ Neigung der Biegelinie am Ende des Trägers

$\varphi_{max} = 6{,}4\,cm \cdot m_S$
$\varphi_{max} = 6{,}4 \cdot 0{,}05457 = \mathbf{0{,}3492°}$

1.3.9 Zweiachsige Biegung (schiefe oder Doppelbiegung)

Wie im Abschn. 1.3.1 erklärt, fällt bei schiefer Biegung der Momentenvektor nicht mit einer der beiden Hauptachsen des Querschnitts zusammen. Da die Biegegrundgleichung (1.50) nur für Belastungen in Richtung einer Hauptachse gilt, sind zum Berechnen der Biegespannung und Verformung die Last bzw. der Biegemomentenvektor in Komponenten parallel zu den Hauptachsen des Querschnitts zu zerlegen. Die jeweiligen Komponenten erfüllen dann die Bedingung der einachsigen (geraden) Biegung. Durch entsprechende Überlagerung der aus den Komponenten berechneten Spannungen und Verformungen erhalten wir die resultierende Biegespannung und resultierende Durchbiegung.

Ermitteln der Biegespannung und der Nulllinie. Der unter dem Winkel α zu der x-Richtung wirkende Momentenvektor M_{res} kann in seine Komponenten M_x und M_y zerlegt werden (**1**.77).

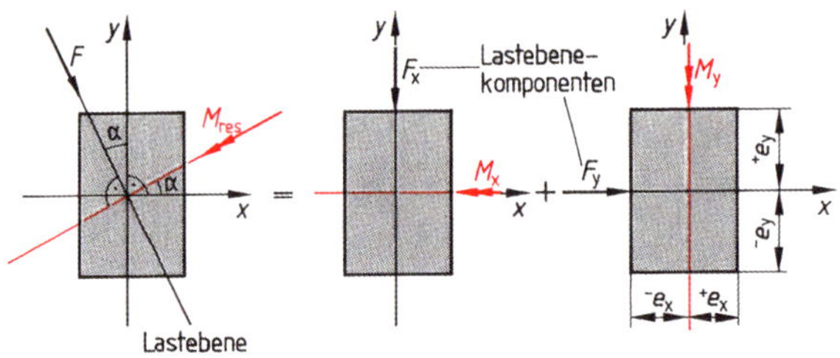

1.77
Zerlegen des Momentenvektors M_{res} in seine Komponenten M_x und M_y

Da x und y Hauptachsen des Querschnitts sind, ist für die jeweilige Komponente die Bedingung „Lastebene muss den Querschnitt in Hauptachse bzw. parallel dazu schneiden" erfüllt. Gelten weiterhin die Einschränkungen, die wir bei der einachsigen (geraden) Biegung gemacht haben (Grenzen der Biegegrundgleichung), berechnen sich nach Gl. (1.50) die Biegespannungen $\sigma_{(x)}$ und $\sigma_{(y)}$ der Teilbeanspruchungen zu

$$\sigma_{(x)} = \pm \frac{|M_x|}{W_x} = \pm \frac{|M_x|}{I_x} |e_y| \qquad \sigma_{(y)} = \pm \frac{|M_y|}{W_y} = \pm \frac{|M_y|}{I_y} |e_x|.$$

Beide Spannungen $\sigma_{(x)}$ und $\sigma_{(y)}$ weisen in Richtung der z-Achse (Trägerachse) und können daher unter Beachtung ihrer Vorzeichen durch algebraische Addition zur resultierenden Biegespannung zusammengefasst werden (**1**.78).

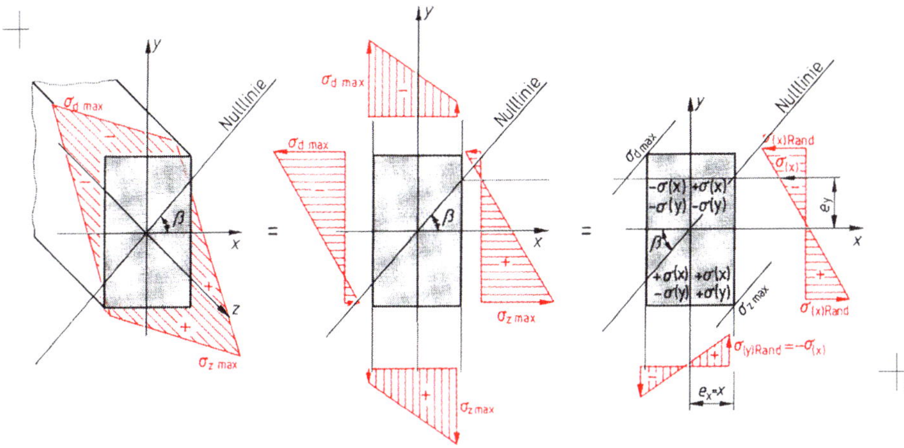

1.78 Algebraische Addition zur resultierenden Biegespannung

$$\sigma_{res} = \sigma_{(x)} + \sigma_{(y)} = \pm \frac{|M_x|}{I_x} |e_y| \pm \frac{|M_y|}{I_y} |e_x| \qquad \text{Gl. (1.54)}$$

Betrachten wir die vier möglichen Richtungen der Momentenvektorpaare M_x und M_y (**1.79**), gilt unter Einbeziehung der Vorzeichen

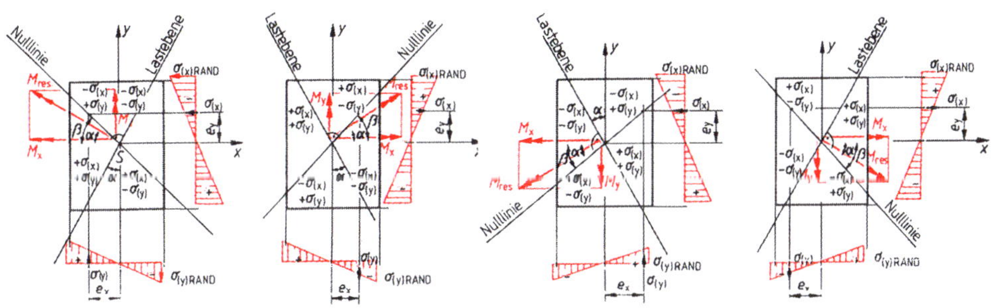

1.79 Die vier möglichen Richtungen des Momentenvektorenpaars M_x und M_y

$$\sigma_{res} = \frac{M_x}{I_x} \cdot e_y - \frac{M_y}{I_y} \cdot e_x . \qquad \text{Gl. (1.55)}$$

Setzen wir σ_{res} gleich null, erhalten wir die mathematische Beziehung für die Nulllinie

$$\frac{M_x}{I_x} e_y - \frac{M_y}{I_y} e_x = 0 \rightarrow \frac{e_y}{e_x} = \frac{y}{x} = \frac{M_y}{M_x} \cdot \frac{I_x}{I_y} .$$

Die Steigung der Nulllinie ist

$$\tan\beta = \frac{M_y}{M_x} \cdot \frac{I_x}{I_y} \qquad \text{Gl. (1.56)}$$

$$\text{bzw. } \tan\beta = \frac{M_{res} \cdot \sin\alpha}{M_{res} \cdot \cos\alpha} \cdot \frac{I_x}{I_y} = \tan\alpha \, \frac{I_x}{I_y},$$

ihre Gleichung

$$y = \frac{M_y}{M_x} \cdot \frac{I_x}{I_y} \cdot x = \tan\alpha \cdot \frac{I_x}{I_y} \cdot x = \tan\beta \cdot x. \qquad \text{Gl. (1.57)}$$

Nur für den Fall, dass $I_x = I_y$ ist (Quadrat, Kreis), fällt die Nulllinie mit dem Momentenvektor zusammen.

Bei zweiachsiger (schiefer) Biegung berechnet sich die Biegespannung durch algebraische Addition der Komponentenspannungen. Die Komponentenspannungen ermitteln wir durch Aufteilen der Lasten in die jeweiligen Hauptachsenrichtungen des Querschnitts.

Beispiel 1.42 Ein Freiträger mit dem im Bild **1**.80 dargestellten Querschnitt wird in x-Richtung durch die Einzellast F und in yz-Ebene durch das Moment M belastet. Beide wirken am Trägerende.
Ges.: a) Spannungsverteilung an der Einspannstelle, b) Gleichung der Nulllinie.
Geg.: $F = 4$ kN, $M = 1$ kNm, $l = 0{,}5$ m, $E = 2{,}1 \cdot 10^7$ N/cm², $B = 50$ mm, $H = 70$ mm, $b = 30$ mm, $h = 50$ mm

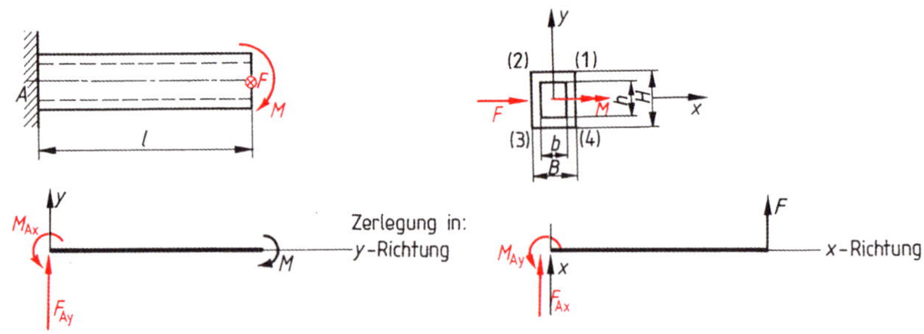

1.80 Freiträger

Lösung a) Ermitteln der Hauptträgheitsmomente

$$I_x = \frac{B \cdot H^3 - b \cdot h^3}{12} = \frac{5 \cdot 7^3 - 3 \cdot 5^3}{12} = 111{,}67\ \text{cm}^4$$

$$I_y = \frac{H \cdot B^3 - h \cdot b^3}{12} = \frac{7 \cdot 5^3 - 5 \cdot 3^3}{12} = 61{,}67\ \text{cm}^4$$

Ermitteln der Widerstandsmomente

$$W_x = \frac{2 \cdot I_x}{H} = \frac{2 \cdot 111{,}67}{7} = 31{,}91\ \text{cm}^3$$

$$W_y = \frac{2 \cdot I_y}{B} = \frac{2 \cdot 61{,}67}{5} = 24{,}67\ \text{cm}^3$$

Lösung Fortsetzung

Bestimmen der Komponentenlasten und -spannungen

***x*-Richtung**

$\Sigma F_x = 0 \downarrow: \quad F - F_{Ax} = 0 \rightarrow F_{Ax} = F$

$\Sigma M_A = 0 \circlearrowleft: \quad F \cdot l - M_{Ay} = 0 \rightarrow M_{Ay} = F \cdot l$

$$\sigma_{(y)max} = \frac{M_{Ay}}{W_y} = \frac{F \cdot l}{W_y} = \frac{4000 \cdot 50}{24{,}67} = 8107{,}01 \text{ N/cm}^2$$

***y*-Richtung**

$\Sigma F_y = 0 \downarrow: \quad F_A = 0$

$\Sigma M_A = 0 \circlearrowleft: \quad M - M_{Ax} = 0 \rightarrow M_{Ax} = M$

$$\sigma_{(x)max} = \frac{M_{Ax}}{W_x} = \frac{M}{W_x} = \frac{1 \cdot 10^3 \cdot 10^2}{31{,}91} = 3133{,}81 \text{ N/cm}^2$$

Den Spannungsverlauf zeigt Bild **1**.81. Die Spannungen in den Eckpunkten sind:

$\sigma_{(1)} = \sigma_{(x)} - \sigma_{(y)} = 3133{,}81 - 8107{,}01 = \mathbf{-4973{,}2\ N/cm^2}$

$\sigma_{(2)} = \sigma_{(x)} + \sigma_{(y)} = 3133{,}81 + 8107{,}01 = \mathbf{11\,240{,}82\ N/cm^2}$

$\sigma_{(3)} = -\sigma_{(x)} + \sigma_{(y)} = -3133{,}81 + 8107{,}01 = \mathbf{4973{,}2\ N/cm^2}$

$\sigma_{(4)} = -\sigma_{(x)} - \sigma_{(y)} = -3133{,}81 - 8107{,}01 = \mathbf{-11\,240{,}82\ N/cm^2}$

Die maximalen Spannungen sind in Punkt 2 (Zug) und Punkt 4 (Druck).

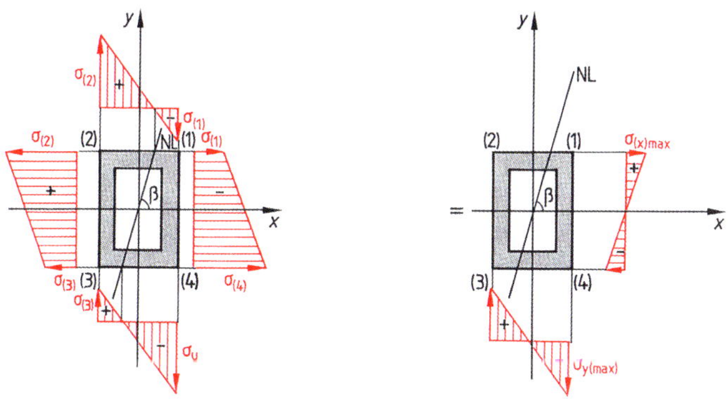

1.81 Spannungsverlauf im Freiträger **1**.80

b) Bestimmen der Nulllinie

$$\tan\beta = \frac{M_y}{M_x} \cdot \frac{I_x}{I_y} = \frac{M_{Ay}}{M_{Ax}} \cdot \frac{I_x}{I_y} = \frac{F \cdot l}{M} \cdot \frac{I_x}{I_y} = \frac{4000 \cdot 50}{1 \cdot 10^5} \cdot \frac{111{,}67}{61{,}67} = 3{,}6215$$

$\rightarrow \beta = 74{,}564°$

Damit ist die Gleichung der Nulllinie $y = \mathbf{3{,}6215 \cdot x}$.

Beispiel 1.43 Ein Träger auf zwei Stützen mit I-Profil EN 10024 (DIN 1025) wird durch eine mittig unter dem Winkel α zur *y*-Achse angreifenden und durch den Schwerpunkt des Querschnitts gehenden Kraft *F* belastet (**1**.82).

Ges.: a) I-Profil bei gegebenen σ_{zul}, b) Gleichung der Nulllinie. Geg.: F = 4kN, α = 10°, $E = 2{,}1 \cdot 10^7$ N/cm², l = 4m, σ_{zul} = 100 N/mm²

Beispiel 1.43
Fortsetzung

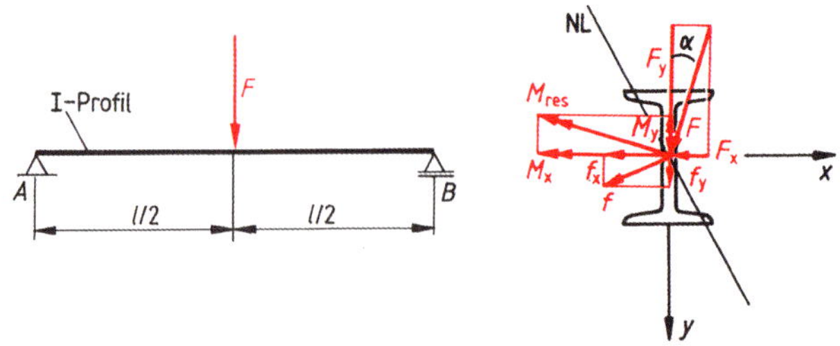

1.82 Träger auf 2 Stützen

Lösung

a) Das maximale Biegemoment tritt in der Mitte des Trägers (Lastangriff) auf.

$$M_{max} = M_{res} = \frac{F}{2} \cdot \frac{l}{2} = \frac{4000 \cdot 4}{4} = 4000\,\text{Nm}$$

$$M_x = M \cdot \cos\alpha = 4000 \cdot \cos 10° = 3939{,}23\,\text{Nm}$$

$$M_y = M \cdot \sin\alpha = 4000 \cdot \sin 10° = 694{,}593\,\text{Nm}$$

Wegen Symmetrie des Querschnitts folgt $\sigma_{dmax} = \sigma_{zmax} \leqq \sigma_{zul}$.

$$\sigma_{max} = \frac{M_x}{W_x} + \frac{M_y}{W_y} \leqq \sigma_{zul} \qquad M_x + \frac{W_x}{W_y} \cdot M_y \leqq W_x \cdot \sigma_{zul} \rightarrow W_{xerf} \geqq \frac{M_x + \frac{W_x}{W_y} \cdot M_y}{\sigma_{zul}}.$$

Für schmale I-Träger ist $6{,}5 \leqq \frac{W_x}{W_y} \leqq 10{,}7$. Wir wählen $\frac{W_x}{W_y} = 8{,}6$. Dann folgt:

$$W_{xerf} \geqq \frac{(3939{,}23 + 8{,}6 \cdot 694{,}59) \cdot 100}{100 \cdot 10^2} = \mathbf{99{,}18\,cm^3}$$

Aus der Profiltabelle für I-Träger EN 10024 (DIN 1025) wird das Profil I-160 gewählt mit $W_x = 117\,\text{cm}^3$, $W_y = 14{,}8\,\text{cm}^3$, $I_x = 935\,\text{cm}^4$ und $I_y = 54{,}7\,\text{cm}^4$.

Kontrolle

$$\sigma_{vorh} = \pm\left(\frac{M_x}{W_x} + \frac{M_y}{W_y}\right) = \pm\left(\frac{393\,923}{117} + \frac{69\,459{,}3}{14{,}8}\right) = 8060{,}06\,\text{N/cm}^2 \leqq \sigma_{zul}.$$

Eine Untersuchung, ob das nächst kleinere I-Profil (I-140) noch zulässig ist, ergibt ein Überschreiten der zulässigen Spannung.

b) Bestimmen der Nulllinie

$$\tan\beta = -\frac{M_y}{M_x} \cdot \frac{I_x}{I_y} = -\frac{69\,459{,}3}{393\,923} \cdot \frac{935}{54{,}7} = -3{,}014 \rightarrow \beta = -71{,}645°.$$

Damit ist die Gleichung der Nulllinie $y = \mathbf{-3{,}014 \cdot x}$.

Aufgaben zu Abschnitt 1.3

1. Beweisen Sie, dass die Momenten-Gleichgewichtsbedingung bei der Galilei'schen Hypothese erfüllt ist.
2. Bestimmen Sie analytisch das Trägheitsmoment I_x des Dreiecks **1**.83.
   Geg.: $g = 29$ cm, h = 13 cm, $g_1 = 22$ cm

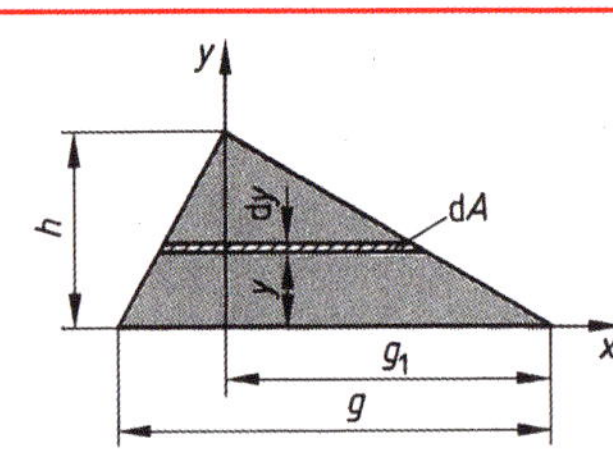

1.83 Dreiecksfläche

3. Bestimmen Sie das Widerstandsmoment W_x der Fläche **1**.84.

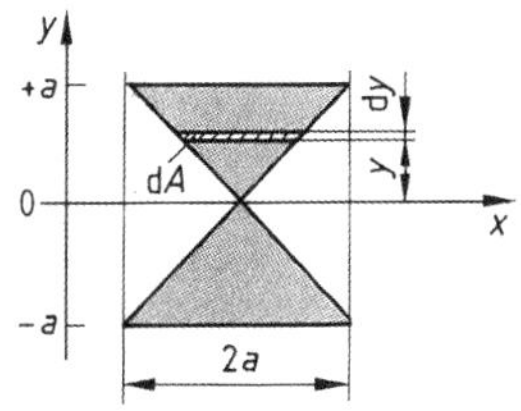

1.84 Profil aus 2 Dreiecken

4. Bestimmen Sie die Höhe h und Breite b eines in einem Kreis mit Radius r eingeschriebenen Rechtecks, so dass das Widerstandsmoment W_x des Rechtecks ein Maximum wird (**1**.85).

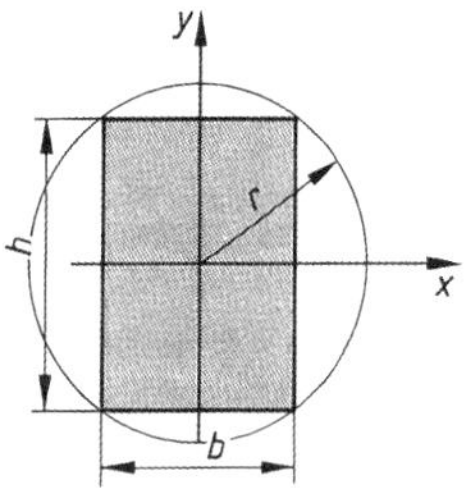

1.85 Optimaler Rechteckquerschnitt

5. Bestimmen Sie die Flächenträgheitsmomente I_x und I_y des im Bild **1**.86 gezeigten Querschnitts.

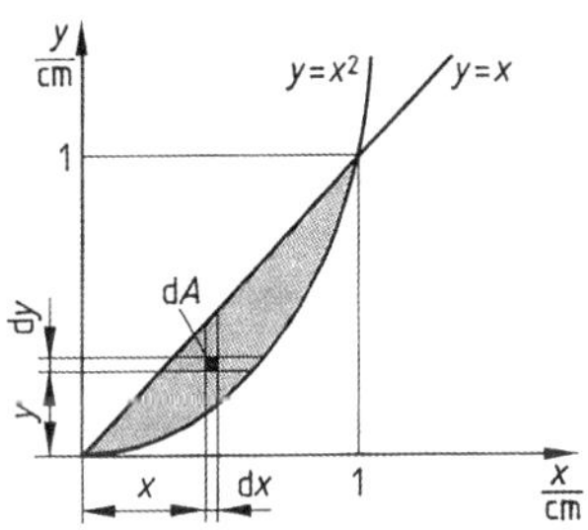

1.86 Bestimmen der Flächenmomente

6. Für das Dreieck **1**.87 werden gesucht: I_x, I_y, $I_{\bar{x}}$, $I_{\bar{y}}$. Geg.: $b = 6$ cm, $h = 3$ cm

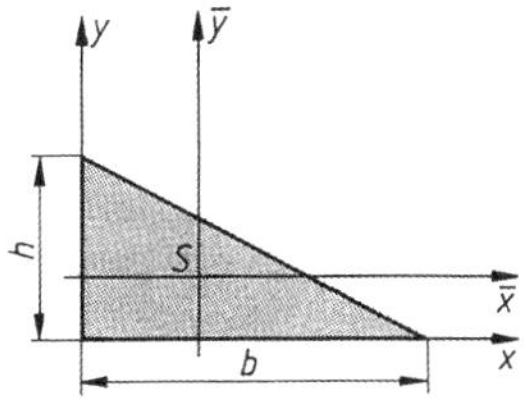

1.87 Dreieck, Hauptachsenbestimmung

7. Der symmetrische Kastenträger **1**.88 wird durch eine gleichmäßig verteilte Streckenlast q und eine Einzellast F am Trägerende beansprucht. Ges.: Ort x_1 und Größe der maximalen Biegespannung σ_{max}.
Geg.: $l = 4$ m, $q = 1$ kN/m, $F = 3$ kN, $H = 16$ cm, $B = 7$ cm, $b = 6$ cm, $h = 10$ cm

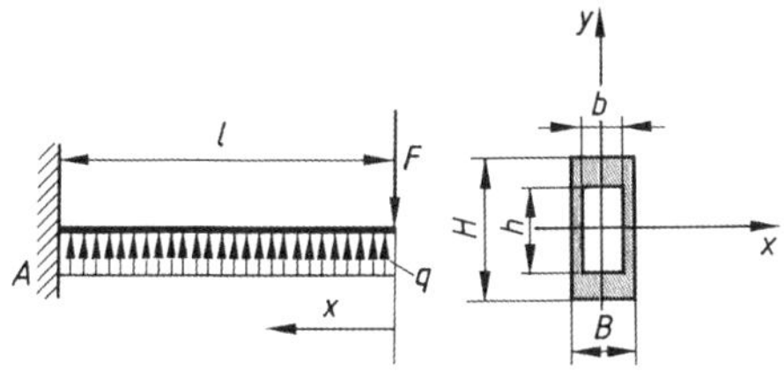

1.88 Freiträger mit Gleich- und Einzellast

8. Für den Träger **1**.89 wird das I-Profil EN 10024 (DIN 1025) (INP-Reihe) für die zulässige Spannung $\sigma_{zul} = 12$ kN/cm² gesucht.

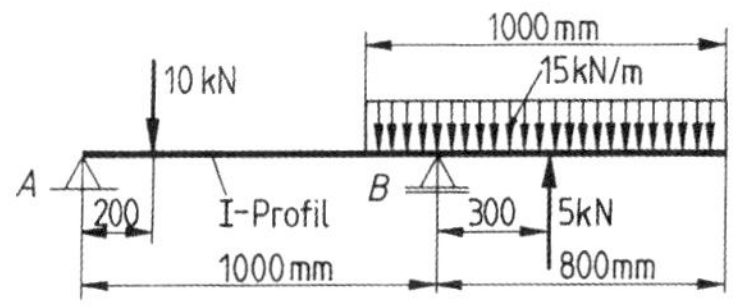

1.89 Kragträger mit Mischlasten

9. Welche gleichmäßig verteilte Last q darf der Träger **1**.90 zusätzlich erhalten, wenn an der Einspannstelle die Biegespannung $\sigma_{zul} = 15$ kN/cm² nicht übersteigen darf? $W_x = 653$ cm³.

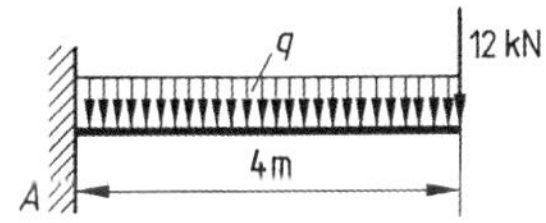

1.90 Einseitig eingespannter Träger mit Gleich- und Einzellast

10. Die Blattbiegefeder **1**.91 ist als Träger gleicher Biegespannung $\sigma_{zul} = 40$ kN/cm² zu berechnen, Die Höhe der einzelnen Blätter beträgt $h = 10$ mm, die Breite $b = 100$ mm. Wie viel Blätter sind erforderlich?

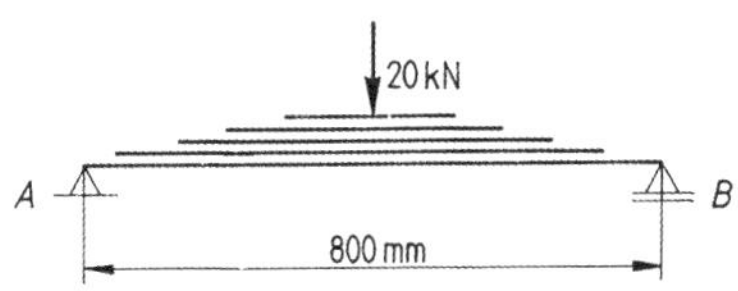

1.91 Blattfeder

11. Wie verändert sich die Breite b eines Freiträgers mit Rechteckquerschnitt von konstanter Höhe h, wenn dieser durch eine Dreieckslast belastet wird und als Träger gleicher Biegefestigkeit auszuführen ist (**1**.92)?

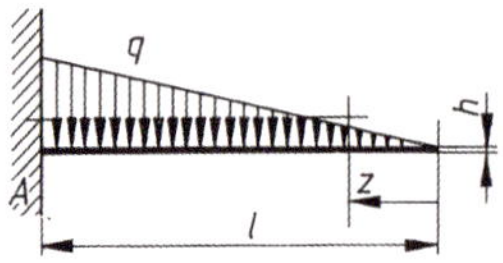

1.92 Freiträger mit Dreieckslast

12. Ein Träger auf zwei Stützen mit quadratischem Querschnitt wird in l-Richtung durch zwei dreiecksförmige Streckenlasten und in x-Richtung mittig durch eine Kraft F belastet (**1**.93).
Geg.: $q = 5$ kN/m, $F = 5$kN, $l = 2$ m, $E = 2{,}1 \cdot 10^7$ N/cm², $a = 20$ cm;
Ges.: a) Maximal auftretende Spannung σ_{max}, b) Gleichung der Nulllinie.

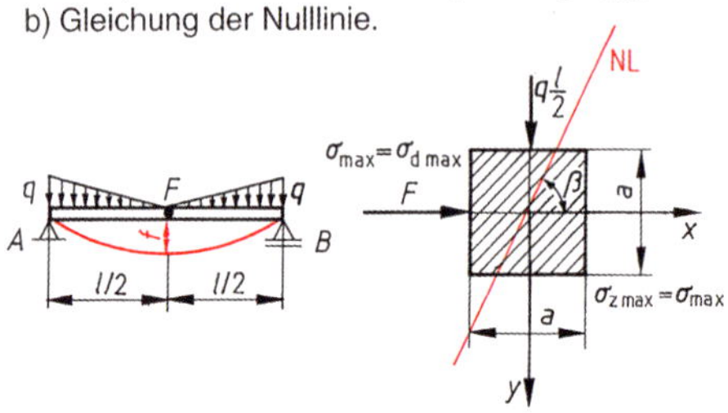

1.93 Träger mit Dreiecks- und Einzellast

13. Ein Verbundträger aus Stahl und einer Aluminiumlegierung wird im Querschnitt durch das Biegemoment $M_x = 10$ kNm belastet (**1**.94).
$E_{Stahl} = 2{,}1 \cdot 10^5$ N/mm²,
$E_{Al\text{-}Legierung} = 0{,}7 \cdot 10^5$ N/mm².
Ges.: Randfaserspannung im Stahl und in der Al-Legierung.
Anmerkung: Die Dehnung ε an der Übergangsstelle Stahl-Alu ist gleich groß.

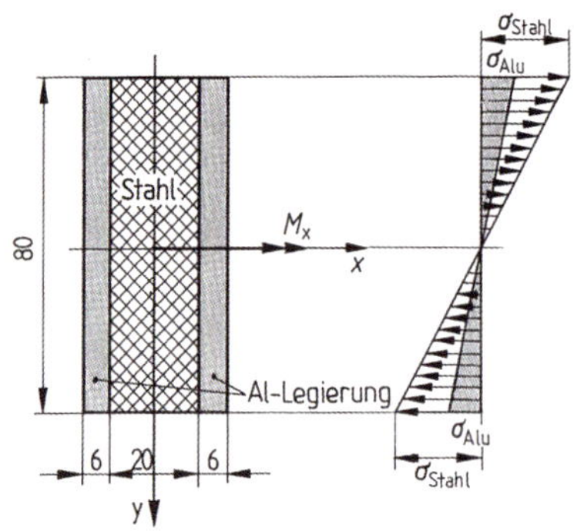

1.94 Verbundträger

14. Im Querschnitt des Verbundträgers **1**.95 wirkt das Biegemoment $M_x = 100$ Nm.
$E_{Aluminium} = 0{,}7 \cdot 10^5$ N/mm²,
$E_{Messing} = 0{,}98 \cdot 10^5$ N/mm²
Ges.: Maximale Spannungen im Aluminium und im Messing.

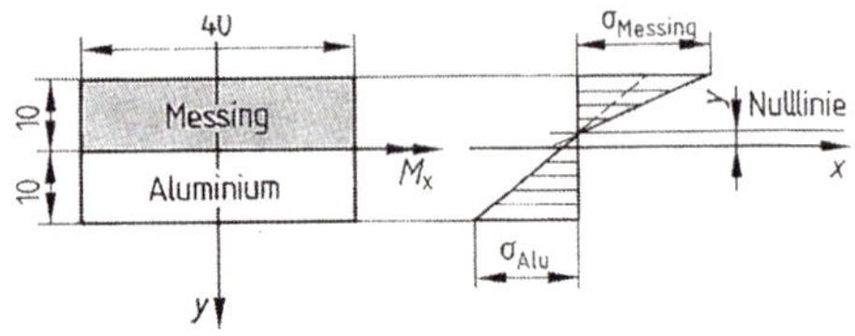

1.95 Verbundwerkstoff

Anmerkung: Wegen des unterschiedlichen E-Moduls der beiden Werkstoffe ist eine einfache Berechnung nach Gl. (1.50) nicht möglich. Wir ändern den Querschnitt entsprechend dem E-Modul-Verhältnis so, dass Gl. (1.50) verwendet werden kann. Dabei kommt es zur Verschiebung der Nulllinie.

15. Der Querschnitt des Trägers **1**.96 besteht aus den Materialien Holz und Stahl, die an den Berührungsflächen fest miteinander verbunden sind (Verbundwerkstoff). Der Querschnitt wird durch das Biegemoment $M_x = 70$ Nm belastet. $E_{Stahl} = 2{,}1 \cdot 10^5$ N/mm², $E_{Holz} = 0{,}1 \cdot 10^5$ N/mm². Ges.: Maximale Spannungen im Holz und Stahl.

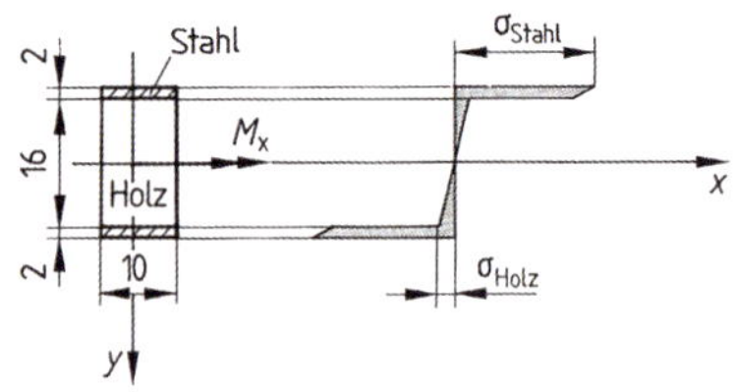

1.96 Querschnitt eines Verbundträgers

16. Ein Träger mit Rechteckquerschnitt wird durch ein über die Trägerlänge konstantes Biegemoment $M = 2000$ Nm belastet.
Breite des Trägers $b = 30$ mm, Höhe $h = 60$ mm und $E = 2{,}1 \cdot 10^5$ N/mm².
a) Ges.: maximale Biegespannung $\sigma_{\square}$, b) wie groß sind die Biegespannungen $\sigma_{\bigcirc}$, wenn statt des rechteckigen Querschnitts ein flächengleicher Kreisquerschnitt gewählt wird?

17. Ein Kranträger mit I-Profil der HEB (IPB)-Reihe nach EN 10034 (DIN 1025) wird durch die Momente $M_x = 40$ kNm und $M_y = 20$ kNm belastet. a) Welches I-Profil ist zu verwenden, wenn $\sigma_{zul} = 200$ N/mm² beträgt?
b) Wie lautet die Gleichung der Nulllinie?

18. Eine 6 m lange Pfette ist als rechteckiger Balken mit $h/b = 2$ ausgeführt. Sie trägt in lotrechter Richtung das Eigengewicht und die Streckenlast, zusammen $q_1 = 6$ kN/m, in horizontaler Richtung die Streckenlast $q_2 = 2$ kN/m.
Ges.: a) Profilabmessungen b und h der Pfette bei $\sigma_{zul} = 10$ N/mm², b) Gleichung der Spannungsnulllinie.

19. Geg.: Hebel aus GD-CuZn37Pb (**1**.97)
$F_y = 1000$ N, $F_x = 500$ N,
$I_y = 1{,}5$ cm⁴, $I_x = 3{,}5$ cm⁴,
$l = 80$ mm, $e = 12$ mm,
$R_{p0,2} = 120$ N/mm², $R_m = 280$ N/mm²
Ges.: a) Gleichung der Nulllinie, b) Spannung an der Stelle (1), c) Sicherheit gegenüber plastischer Verformung und gegen Bruch an der Stelle (1).

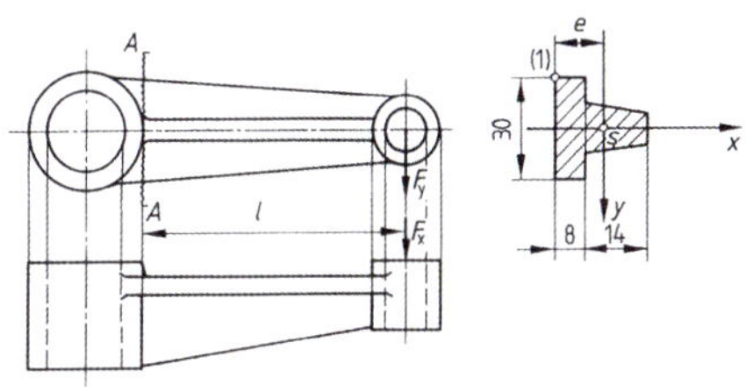

1.97 Hebel aus Druckguss

20. Geg.: Freiträger **1**.98 aus Stahl mit $R_m = 370$ N/mm², Profil [-240, $F = 30$ kN, $l = 3$ m, $\alpha = 60°$, $e = 22{,}3$ mm, $I_x = 3600$ cm⁴, $I_y = 248$ cm⁴
Ges.: a) Gleichung der Nulllinie, b) Spannung an der Stelle (1), c) Sicherheit gegenüber Bruch an der Stelle (1).

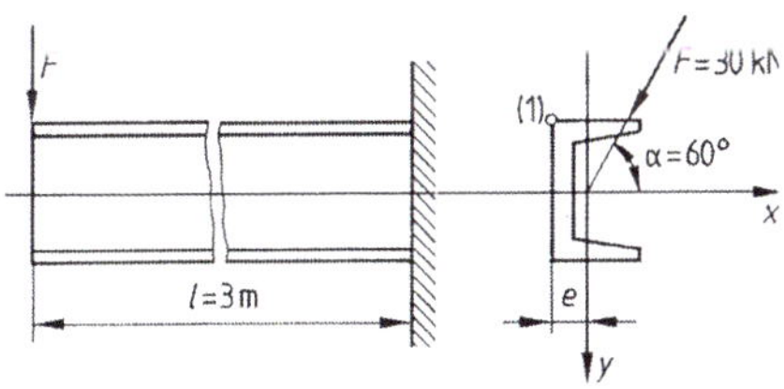

1.98 Freiträger mit Einzellast

21. Die Biegelinie der im Bild **1**.99 dargestellten Welle ist grafisch zu ermitteln. a) Wie groß ist die Durchbiegung an den Lastangriffstellen? b) Wie groß ist die maximale Durchbiegung? c) Wie groß ist der Neigungswinkel der Biegelinie an den beiden Auflagerstellen A und B? $E = 2{,}1 \cdot 10^5$ N/mm², $F_1 = 10$ kN, $F_2 = 6$ kN.

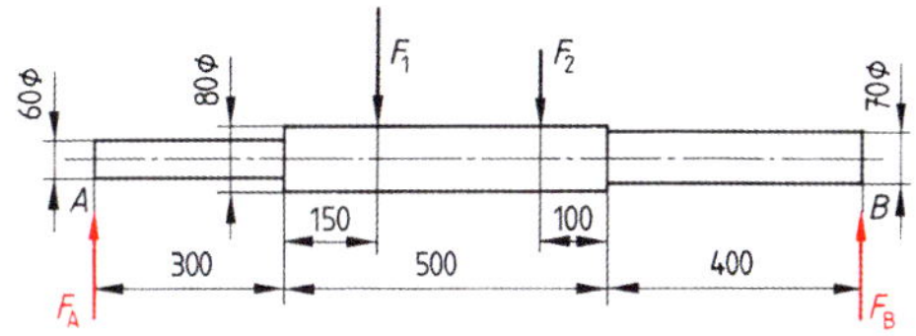

1.99 Abgesetzte Welle mit Einzellasten

22. Ein beiderseits gelagerter Balken wird durch eine sinusförmige Streckenlast

$q_z = q \cdot \sin \frac{\pi \cdot z}{l}$ belastet (**1**.100).

Ges.: maximale Durchbiegung

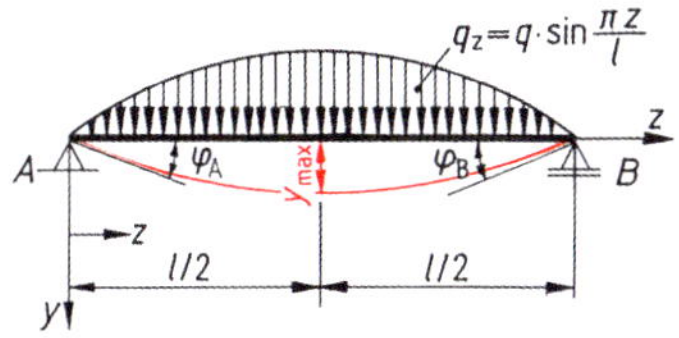

1.100 Träger auf 2 Stützen mit Streckenlast

23. Für einen abgesetzten Träger auf zwei Stützen (**1**.101) sind grafisch a) die Biegelinie, b) die maximale Durchbiegung, c) ihre Lage und die Neigungen in den beiden Auflagern zu bestimmen.
Geg.: $a = 1$ m, $b = 1$ m, $c = 1$ m, $q = 5$ kN/m, $F_1 = 10$ kN, $F_2 = 20$ kN, $E = 2{,}1 \cdot 10^7$ N/cm², $I_1 = 1000$ cm⁴, $I_2 = 3000$ cm⁴, $I_3 = 2000$ cm⁴.

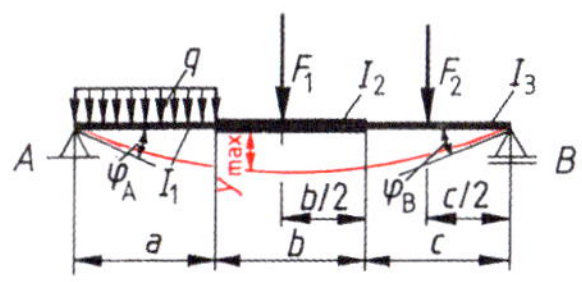

1.101 Abgesetzter Träger mit Gleich- und Einzellasten

24. Ein einseitig eingespannter Träger mit hochstegigem T-Profil wird am freien Ende durch die Kraft F beansprucht (**1**.102). Die Wirkungslinie der Kraft geht durch den Schwerpunkt der Profilfläche und ist um den Winkel $\alpha = 10°$ geneigt. $E = 2{,}1 \cdot 10^7$ N/cm².
Ges.: a) T-Profil bei einer zulässigen Spannung von $\sigma_{zul} = 160$ N/mm², b) Gleichung der Nulllinie.

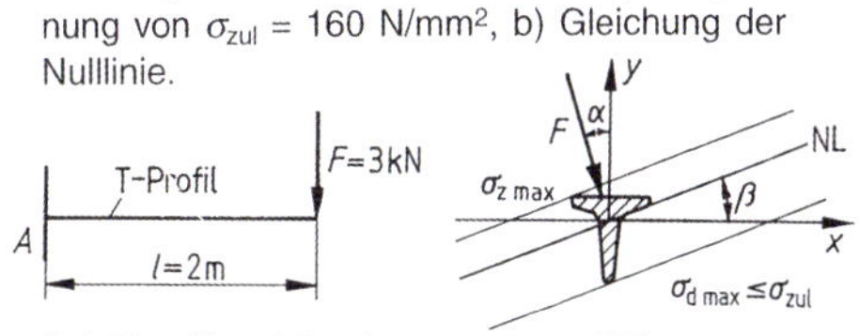

1.102 Einseitig eingespannter Träger

1.4 Schubbeanspruchung

Einfache Abscherung und Schubspannungen. Im Abschnitt 3.5 des 1. Bandes haben wir die einfache Abscherung (Scherung) behandelt. Wir fassen nochmals zusammen, dass Scherbeanspruchung auftritt, wenn zwei gegeneinander gerichtete Kräfte, die genau oder annähernd dieselbe Wirkungslinie haben, einen Bauteil (meist quer zur Stabachse) belasten (**1**.103). Neben den Schubspannungen auftretende Zug-, Druck- oder Biegespannungen werden vernachlässigt, weil sie im Verhältnis gering sind. Unter der vereinfachenden Annahme, dass die Schubspannungen über den Querschnitt des auf Scherung beanspruchten Bauteils gleichmäßig verteilt sind, erhielten wir die Beziehung

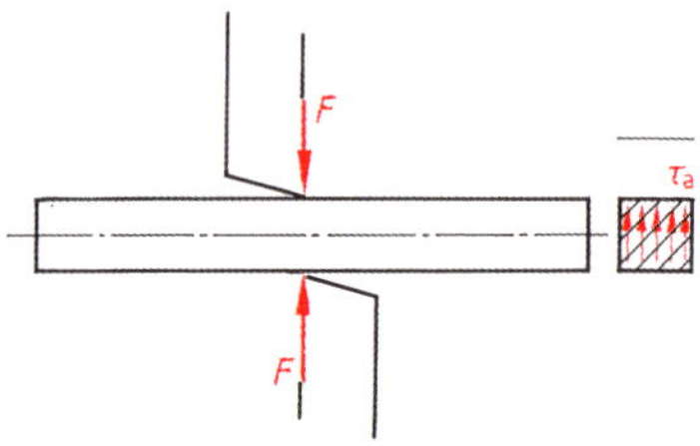

1.103 Abscherung

$$\tau_a = \frac{F}{A_{ges}} \quad \text{bzw.} \quad \tau_a = \frac{F}{n \cdot m \cdot A_{einzel}}.$$

τ_a	F	A
N/mm²	N	mm²

Gl. (1.58/1.59)

n = Anzahl der die Scherkraft aufnehmenden Querschnitte
m = Anzahl der Schrauben, Nieten usw.
A_{ges} = gesamte Scherfläche
A_{einzel} = Querschnitt einer Schraube, Niete usw.

Die Scherfestigkeit τ_{aB} wird in Werkstoffversuchen ermittelt, so dass mit der jeweils erforderlichen Sicherheit ν eine einfache Berechnung von Bauteilen möglich ist.

$$\tau_{azul} = \frac{\tau_{aB}}{\nu} \geqq \tau_a$$

Gl. (1.60)

1.4.1 Schubspannung durch Biegung

Aus Band 1 Abschn. 3.4 wissen wir: Reine Biegung tritt auf, wenn ein Bauteil durch ein Kräftepaar so beansprucht wird, dass das Biegemoment über einen Teil der Bauteillänge konstant ist. Hier wirken keine Querkräfte, Längskräfte oder Torsionsbeanspruchungen – im Querschnitt gibt es nur Biegespannungen.

Schubspannungen in Längsrichtung. Bild **1**.104c zeigt, dass im Balken senkrecht zu der Balkenachse in den Querschnittsflächen Querkräfte auftreten. Sie beanspruchen den Träger zusätzlich auf Schub bzw. bei unsymmetrischen Querschnitten evtl. auch auf Torsion. Wir haben die Querkraft vernachlässigt, wenn die Querschnittsabmessungen im Verhältnis zur Balkenlänge klein sind, bzw. die Biegespannung vernachlässigt, wenn die Baulänge kurz und gedrungen ist. Bei verschiedenen Balkenformen (z. B. dünnwandigen oder offenen Balken) kann man die Schubspannungen durch Biegung nicht vernachlässigen. Deshalb betrachten wir an einem Balken mit zwei Stützen, belastet durch die Kraft F, die Spannungsverhältnisse.

Betrachten wir in Bild **1**.105 die Verformung eines massiven Holzbalkens bzw. eines gebogenen Bretterstapels mit den gleichen Abmessungen unter der Kraft F, sehen wir, dass sich die

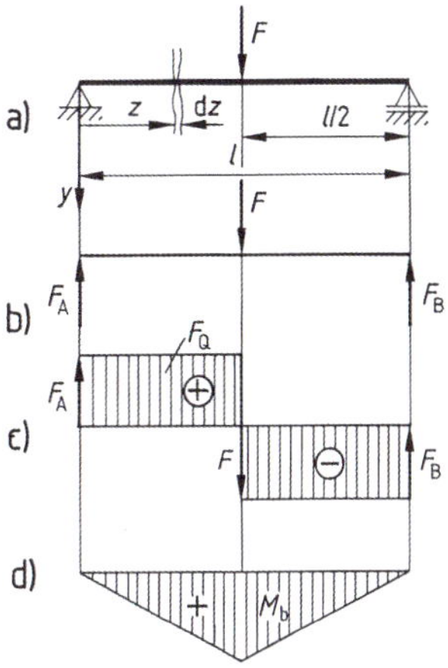

1.104 Balken auf 2 Stützen, Querkraft- und Momentenverlauf

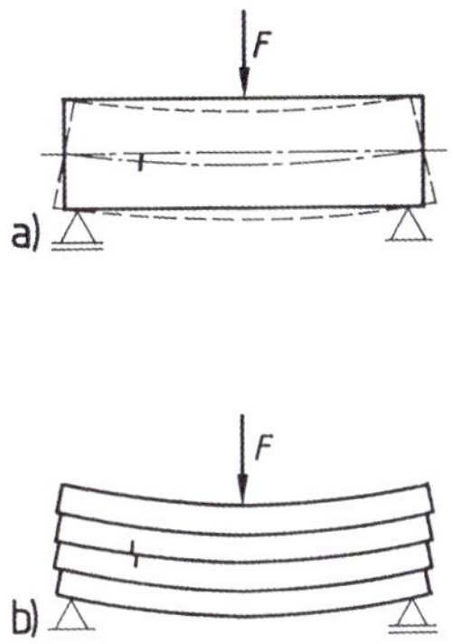

1.105 Verformung
a) eines massiven Holzbalkens
b) eines Bretterstapels

einzelnen Bretter unter Belastung zueinander verschieben. Da dies im massiven Holzbalken nicht möglich ist, werden die offensichtlich in Längsrichtung auftretenden Kräfte durch den Balken aufgenommen. Das heißt aber, dass bei der Biegung des Balkens Schubspannungen $\bar{\tau}$ auch in Längsrichtung auftreten.

Vom Balken **1**.104 schneiden wir einen Teil mit den Abmessungen $h \cdot b \cdot dz$ heraus und tragen daran die Schubspannungen τ ein. Aus diesem Balkenteil wird wieder ein Balkenelement mit den Abmessungen $b \cdot dz \cdot dy$ herausgeschnitten (**1**.106a). Ohne die Schubspannungen $\bar{\tau}$ wäre dieses Balkenelement zwar im Kräftegleichgewicht, jedoch nicht im Momentengleichgewicht. Das heißt, es müssen in Längsrichtung Schubspannungen auftreten. Aus der Gleichgewichtsbedingung $\Sigma M = 0$ erhalten wir

$$-\bar{\tau}\,(b \cdot dz)\,dy + \tau\,(b \cdot dy)\,dz = 0 \rightarrow \tau = \bar{\tau}.$$

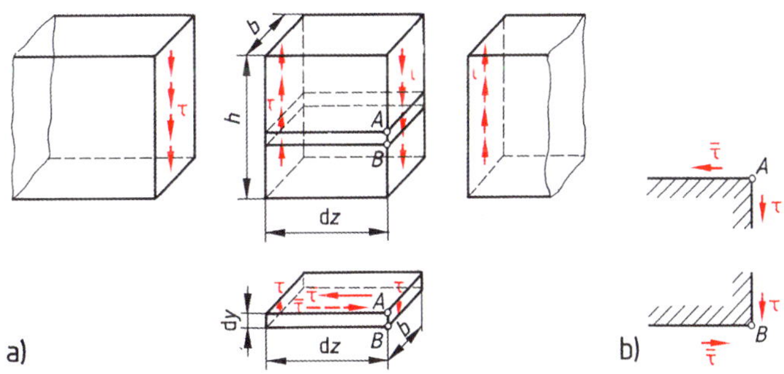

1.106
a) Schubspannungen am Balkenelement
b) paarweises Auftreten von Schubspannungen

Aus $\tau = \bar{\tau}$ folgt der Satz für die zugeordneten Schubspannungen: Schubspannungen treten in zwei aufeinander senkrechten Schnittflächen (Quer- und Längsschnitten) immer paarweise auf. Sie sind gleich groß, senkrecht zur Schnittkante und sind beide entweder zur Schnittkante hin oder von ihr weg gerichtet (**1**.106b).

1.4.2 Verteilung der Schubspannungen

Verhindert man die Verschiebung der lose übereinander gelegten Bretter des Stapels **1**.105b durch Dübel oder Schrauben, wird sich der Stapel ähnlich wie der massive Holzbalken verbiegen (**1**.107). Die in Längsrichtung wirkenden Schubkräfte werden von den Schrauben bzw. durch Reibschluss der Bretter aufgenommen und verhindern eine Verschiebung in Längsrichtung. An den freien Oberflächen des Bretterstapels können keine Schubkräfte aufgenommen werden. Folglich sind dort die Schubspannungen $\tau = 0$. Dies bedeutet, dass eine gleichmäßige Verteilung der Schubspannungen über den Querschnitt nicht möglich ist.

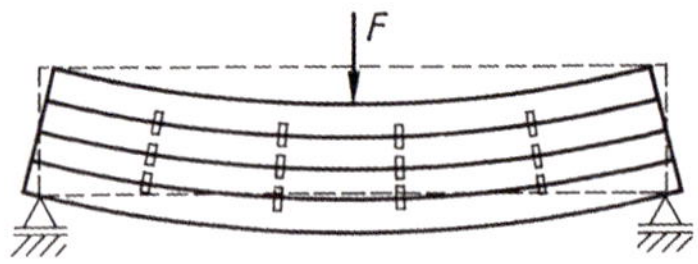

1.107 Bretter, mit Dübeln zum massiven Balken verbunden

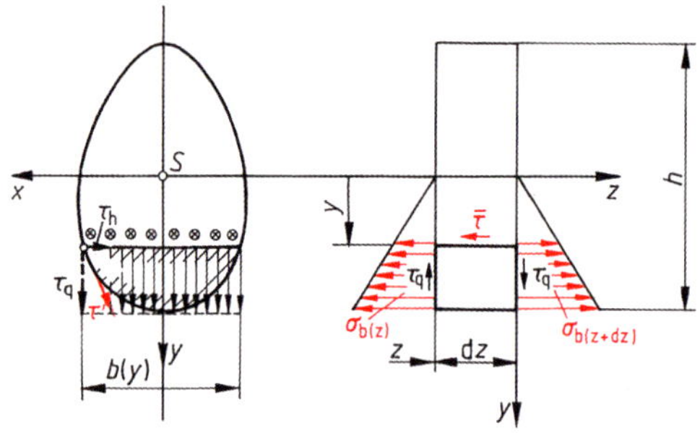

1.108 Verteilung der Schubspannungen in einem beliebigen Querschnitt

Anhand eines Balkens mit beliebigem Querschnitt wollen wir die Schubspannungsverteilung über die Balkenhöhe untersuchen (**1**.108). Damit wir dies ohne Berücksichtigung von Deformationen rein statisch tun können, setzten wir einige vereinfachende Annahmen:

- Es wird eine lineare Normalspannungsverteilung zugrunde gelegt.
- Der Querschnitt hat eine Symmetrieebene (*yz*-Ebene). Die Horizontalkomponenten τ_h der Schubspannungen τ' sind im Gleichgewicht, daher für unsere Betrachtung ohne Bedeutung.
- Die Komponente τ_q der Schubspannung τ' wird über die Breite des Querschnitts konstant angenommen.
- Die Schubspannungen τ' tangieren die Oberfläche. (Sonst hätte τ' eine Komponente senkrecht zum Rand, und damit müsste nach dem Gesetz der zugeordneten Schubspannungen auch eine Schubspannung in der Oberfläche wirken, was unmöglich ist.)

Die Gleichgewichtsbedingungen in *z*-Richtung für das herausgeschnittene Balkenelement d*z* und die Querschnittsfläche unterhalb der Linie $y =$ konstant lautet nach Bild **1**.108

$$\Sigma F_{iz} = 0: \rightarrow \; -\int \sigma_{b\,(z)} \cdot dA - \bar{\tau} \cdot b\,(y) \cdot dz + \int \sigma_{b\,(z+dz)} \cdot dA = 0.$$

Andererseits sind die Biegespannungen

$$\sigma_{b\,(z)} = \frac{M_{b\,(z)}}{I_x} \cdot y \quad \text{und} \quad \sigma_{b\,(z+dz)} = \frac{M_{b\,(z)} + dM_{b\,(z)}}{I_x} \cdot y.$$

Wir setzen $\sigma_{b\,(z)}$ und $\sigma_{b\,(z+dz)}$ in die Gleichgewichtsbedingung ein und bekommen

$$\bar{\tau} \cdot b\,(y) \cdot dz = \int \frac{dM_{b\,(z)}}{I_x} \cdot y \cdot dA.$$

Aus $\dfrac{dM_{b\,(z)}}{dz} = F_{Q\,(z)}$ setzen wir für $dM_{b\,(z)} = F_{Q\,(z)} \cdot dz$ ein und erhalten

$$\bar{\tau} = \frac{F_{Q\,(z)}}{I_x \cdot b\,(y)} \int y \cdot dA.$$

Der Ausdruck $\int y \cdot dA$ ist uns aus Abschn. 1.3.2 als $\Sigma(A_i \cdot y_i)$ als statisches Flächenmoment S_x (Flächenmoment 1. Ordnung) bekannt. Somit wird

$$\bar{\tau} = \tau_q = \frac{F_{Q(z)} \cdot S_x(y)}{I_{x(z)} \cdot b(y)}.$$

$\bar{\tau}$	τ_q	F_Q	I_x	S_x	b
N/mm²	N/mm²	N	mm⁴	mm³	mm

Gl. (1.61)

Beispiel 1.44 Schubspannungsverteilung im Balken **1**.109a mit Rechteckquerschnitt. Das statische Moment der schraffierten Fläche von y bis $h/2$ ist:

$$S_x(y) = \int_y^{h/2} y \cdot dA = b \int_y^{h/2} y \cdot dy = b\left[\frac{h^2}{8} - \frac{y^2}{2}\right] = \frac{bh^2}{8}\left[1 - \left(\frac{y}{h/2}\right)^2\right]$$

$$I_{x(z)} = \frac{bh^3}{12} \qquad A = bh \qquad \bar{\tau} = \tau_q = \frac{3}{2} \cdot \frac{F_{Q(z)}}{A}\left[1 - \left(\frac{y}{h/2}\right)^2\right]$$

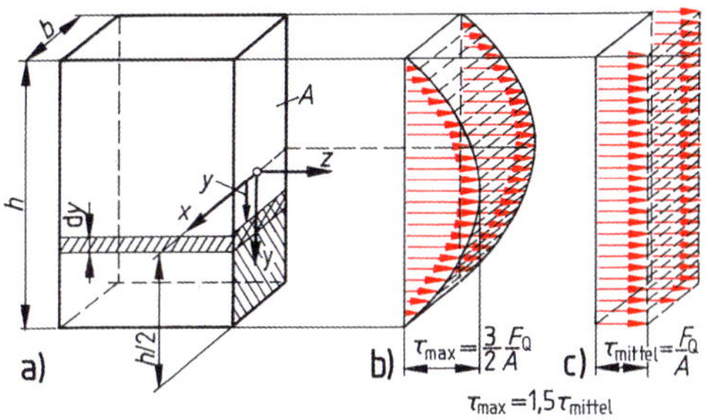

1.109 Schubspannungsverteilung im Rechteckquerschnitt
a) Balkenelement
b) tatsächliche Schubspannungsverteilung
c) mittlere Schubspannung

Für den Bereich der neutralen Faser ($y = 0$) wird $\bar{\tau} = \tau_q = \frac{3}{2} \cdot \frac{F_{Q(z)}}{A}$, wobei der Ausdruck $\frac{F_{Q(z)}}{A} = \tau_{mittel}$ die mittlere Schubspannung im Querschnitt A bedeutet (**1**.109c). Die maximale Schubspannung $\bar{\tau}$ im Rechteckquerschnitt ist also $3/2 \cdot \tau_{mittel}$. An der Oberfläche für $y = h/2$ wird $\bar{\tau} = \tau_q = 0$.

Die Schubspannungsverteilung ist parabelförmig (**1**.109b).

Im nächsten Beispiel lassen wir die Schubspannung $\bar{\tau}$ in Längsrichtung des Balkens weg und betrachten nur mehr τ_q.

Beispiel 1.45 Ein T-Profil nach Bild **1**.110a wird mit einer Querkraft $F_Q = 50$ kN belastet. $h = 50$ mm, $a = 10$ mm, $b = 50$ mm. Zu bestimmen ist die Schubspannungsverteilung über den Querschnitt.

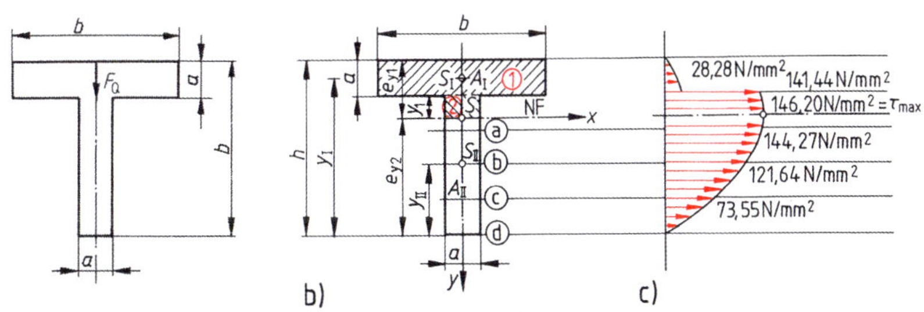

1.110 Schubspannungsverteilung im T-Querschnitt
a) Querschnitt, b) Aufgliederung des Querschnitts, c) Schubspannungsverteilung

Lösung Zuerst werden die Schwerpunktabstände e_{y1} und e_{y2} bestimmt. Dazu teilen wir die Querschnittsfläche in die beiden Rechteckflächen $A_I = b \cdot a = 500\,\text{mm}^2$ und $A_{II} = (h - a)\,a = 400\,\text{mm}^2$.

$$e_{y2} = \frac{y_I \cdot A_I + y_{II} \cdot A_{II}}{A_I + A_{II}} = \frac{45 \cdot 500 + 20 \cdot 400}{500 + 400} = 33{,}\dot{8}\,\text{mm} \qquad e_{y1} = h - e_{y2} = 16{,}\dot{1}\,\text{mm}$$

Bestimmung des statischen Moments $S_{(x)}$

Statisches Moment der Fläche ① bezüglich der NF:

$$S_{x1} = \int_{y_1}^{e_{y1}} y \cdot \mathrm{d}A = b \int_{y_1}^{e_{y1}} y \cdot \mathrm{d}y = b \left.\frac{y^2}{2}\right|_{y_1}^{e_{y1}} = \frac{b}{2}\,(e_{y1}^2 - y_1^2) = \frac{50}{2}\,(16{,}\dot{1}^2 - 6{,}\dot{1}^2) = 5555{,}\dot{5}\,\text{mm}^3$$

Statisches Moment der Fläche ② bezüglich der NF:

$$S_{x2} = \int_0^{y_1} y \cdot \mathrm{d}A = a \int_0^{y_1} y \cdot \mathrm{d}y = \frac{a}{2}\left. y_1^2 \right|_0^{y_1} = \frac{10}{2}\,(e_{y1} - 10)^2 = 186{,}73\,\text{mm}^3$$

Bestimmung des gesamten Trägheitsmoments I_x

$$I_x = \frac{b \cdot a^3}{12} + \left(e_{y1} - \frac{a}{2}\right)^2 b \cdot a + \frac{a\,(h-a)^3}{12} + (e_{y2} - y_{II})^2\,a\,(h-a)$$

$$I_x = \frac{50 \cdot 10^3}{12} + (16{,}\dot{1} - 5)^2 \cdot 50 \cdot 10 + \frac{10\,(50-10)^3}{12}$$
$$+ (33{,}\dot{8} - 20)^2 \cdot 10\,(50 - 10) = 196\,388{,}\dot{8}\,\text{mm}^4$$

Berechnung der Schubspannungen

Stelle $y = 0$ (neutrale Faser)

$$\tau_{NF} = \frac{F_Q\,(S_{x1} + S_{x2})}{I_x \cdot a} = \frac{50 \cdot 10^3\,(5555{,}\dot{5} + 186{,}73)}{196\,388{,}\dot{8} \cdot 10} = \mathbf{146{,}20\,N/mm^2}$$

Stelle $y = (e_{y1} - 10)$ Querschnittsübergang, einmal mit der Stegstärke a, einmal mit der Gurtbreite b:

$$\tau = \frac{F_Q \cdot S_{x1}}{I_x \cdot a} = \frac{50 \cdot 10^3 \cdot 5555{,}\dot{5}}{196\,388{,}\dot{8} \cdot 10} = \mathbf{141{,}44\,N/mm^2} \qquad \text{bzw.}$$

$$\tau = \frac{F_Q \cdot S_{x1}}{I_x \cdot b} = \frac{50 \cdot 10^3 \cdot 5555{,}\dot{5}}{196\,388{,}8 \cdot 50} = \mathbf{28{,}28\,N/mm^2}$$

Stelle ⓐ bis ⓓ

$$S_{xa} = \frac{a}{2}\,[e_{y2}^2 - (e_{y2} - 30)^2] = 5666{,}\dot{6}\,\text{mm}^3$$

$$\rightarrow \tau_a = \frac{F_Q \cdot S_{xa}}{I_x \cdot a} = \frac{50 \cdot 10^3 \cdot 5666{,}\dot{6}}{196\,388{,}\dot{8} \cdot 10} = \mathbf{144{,}27\,N/mm^2}$$

$$S_{xb} = \frac{a}{2}\,[e_{y2}^2 - (e_{y2} - 20)^2] = 4777{,}\dot{7}\,\text{mm}^3 \rightarrow \tau_b = \mathbf{121{,}64\,N/mm^2}$$

$$S_{xc} = \frac{a}{2}\,[e_{y2}^2 - (e_{y2} - 10)^2] = 2888{,}\dot{8}\,\text{mm}^3 \rightarrow \tau_c = \mathbf{73{,}55\,N/mm^2}$$

$$S_{xd} = 0 \rightarrow \tau_d = 0$$

Lösung Fortsetzung

Im Vergleich dazu ergibt die Durchschnittsrechnung über den Gesamtquerschnitt eine (mittlere) Schubspannung

$$\tau_{\text{mittel}} = \frac{F}{A_I + A_{II}} = \frac{50 \cdot 10^3}{500 + 400} = 55{,}\dot{5}\ \text{N/mm}^2.$$

Setzen wir näherungsweise voraus, dass alle Schubspannungen vom Steg aufgenommen werden (was für einfache Berechnungen oft angenommen wird), erhalten wir

$$\tau_{\text{mittel, Steg}} = \frac{F}{A_{II}} = \frac{50 \cdot 10^3}{400} = 125\ \text{N/mm}^2.$$

Dieser Durchschnittswert kommt der tatsächlich im Steg auftretenden maximalen Schubspannung in der neutralen Faser $\tau_{\max} = 146{,}2\ \text{N/mm}^2$ schon relativ nahe.

Beispiel 1.46 Ein aus Brettern zusammengenagelter Balken (**1.**111 a) wird mit einer Querkraft $F_Q = 5000$ N belastet. Nagelabstand $t = 4$ cm. Gesucht: a) Schubkraft je Nagel, b) maximale Schubspannung im Balken.

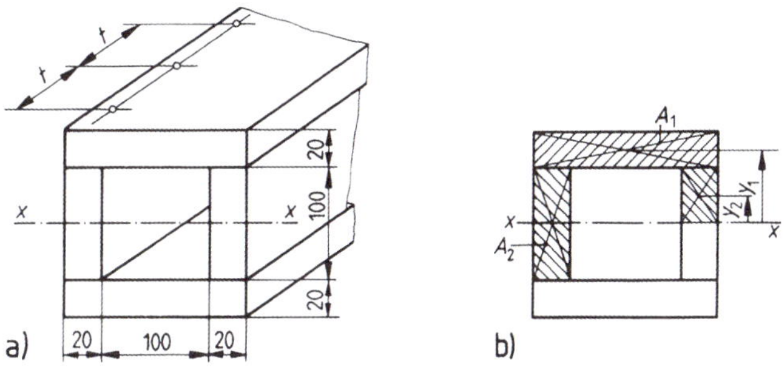

1.111 Aus Brettern genagelter Balken

Lösung

Statische Momente

Statische Momente der Fläche A_1 bezüglich der NF:

$$S_{x1} = A_1 \cdot y_1 = 14 \cdot 2 \cdot 6 = 168\ \text{cm}^3$$

Statisches Moment der halben Querschnittsfläche $A_1 + 2A_2/2$ bezüglich der NF:

$$S_x = S_{x1} + S_{x2} = A_1 \cdot y_1 + 2\,\frac{A_2}{2}\,y_2 = 168 + 2\,\frac{10 \cdot 2}{2}\,2{,}5 = 218\ \text{cm}^3$$

Trägheitsmoment um die *x*-Achse

$$I_x = 2\left[\frac{14 \cdot 2^3}{12} + 14 \cdot 2 \cdot 6^2\right] + 2\left[\frac{2\,(14 - 2 \cdot 2)^3}{12}\right] = 2368\ \text{cm}^4$$

Allgemein ist die Schubspannung in Quer- und in Längsrichtung

$$\tau_q = \tau_L = \frac{F_Q \cdot S_x(y)}{I_x \cdot b(y)}.$$

a) Für die Verbindungsstelle von A_1 und A_2

$$\tau_{1/2} = \frac{5000 \cdot 168}{2368 \cdot 2 \cdot 2} = 88\ \text{N/cm}^2.$$

Ein Nagel hat für 8 cm² Verbindung (Teilung t mal Brettstärke) = 4 cm · 2 cm die Schubspannungen aufzunehmen. Also: 8 · 88 = **704 N**

b) Die größte Schubspannung tritt in der neutralen Faser auf.

$$\tau_{NF} = \frac{5000 \cdot 218}{2368 \cdot 2 \cdot 2} = \mathbf{115{,}1\ N/cm^2}$$

Hinweis: Schubspannungen treten immer paarweise auf (s. S. 79).

Beispiel 1.47 Gegeben ist der Balken **1**.112a, b, gesucht werden der Schubspannungs- und Normalspannungsverlauf im Querschnitt unter Einwirkung der Kräfte F.

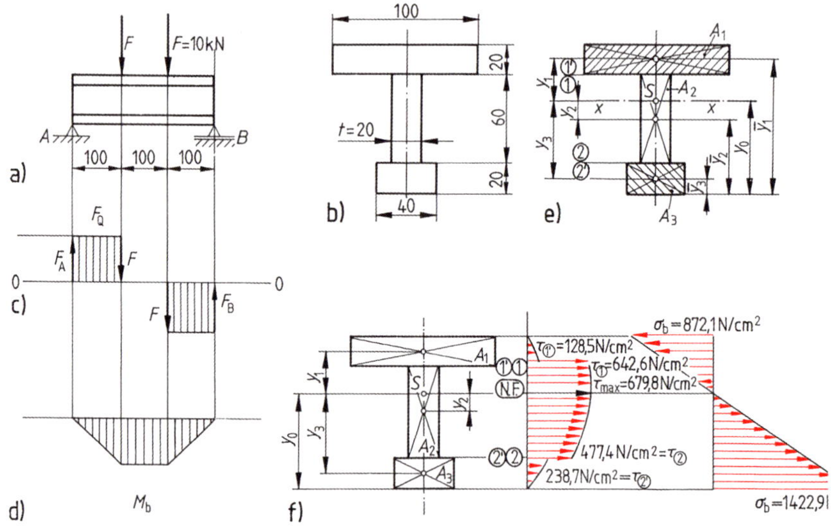

1.112 Schubspannungs- und Normalspannungsverlauf am kurzen, auf Biegung beanspruchten Balken
a) Lageplan, b) Balkenquerschnitt, c) Querkraftverlauf, d) Momentenverlauf, e) Schwerpunktabstände, f) Spannungsverläufe

Lösung

Bestimmen der Querkraft

$$\Sigma F_{iy} = 0: \quad F_A = F_B = F = 10\,\text{kN} \qquad F_Q = F_A = 10\,\text{kN}$$

$$\Sigma M_{(S)} = 0: \quad M_{b\max} = F_A \cdot 10 = 100\,\text{kNcm} = 10^5\,\text{Ncm}$$

Bestimmen des Schwerpunktabstands (1.112c)

$$y_0 = \frac{A_1 \cdot \bar{y}_1 + A_2 \cdot \bar{y}_2 + A_3 \cdot \bar{y}_3}{(A_1 + A_2 + A_3)} = \frac{10 \cdot 2 \cdot 9 + 2 \cdot 6 \cdot 5 + 4 \cdot 2 \cdot 1}{10 \cdot 2 + 2 \cdot 6 + 4 \cdot 2} = 6{,}2\,\text{cm}$$

Bestimmen der statischen Momente (**1**.112e)

$$S_{x1} = A_1 \cdot y_1 = 10 \cdot 2\,(9 - 6{,}2) = 56\,\text{cm}^3$$

$$S_{x3} = A_3 \cdot y_3 = 4 \cdot 2\,(6{,}2 - 1) = 41{,}6\,\text{cm}^3$$

$$S_{xNF} = 56 + (8 - 6{,}2)\,2 \cdot \frac{8 - 6{,}2}{2} = 59{,}24\,\text{cm}^3$$

Bestimmen des Trägheitsmoments

$$I_x = \frac{10 \cdot 2^3}{12} + (9 - 6{,}2)^2 \cdot 10 \cdot 2 + \frac{2 \cdot 6^3}{12} + (6{,}2 - 5)^2 \cdot 2 \cdot 6 + \frac{4 \cdot 2^3}{12} + (6{,}2 - 1)^2 \cdot 4 \cdot 2 = 435{,}73\,\text{cm}^4$$

Lösung Fortsetzung

Schubspannungen

$$\tau_{①} = \frac{F_Q \cdot S_{x1}}{I_x \cdot t} = \frac{10 \cdot 10^3 \cdot 56}{435{,}73 \cdot 2} = \mathbf{642{,}6\ N/cm^2}$$

$$\tau_{②} = \frac{10 \cdot 10^3 \cdot 41{,}6}{435{,}73 \cdot 2} = \mathbf{477{,}4\ N/cm^2}$$

$$\tau_{①'} = \frac{10 \cdot 10^3 \cdot 56}{435{,}73 \cdot 10} = \mathbf{128{,}5\ N/cm^2}$$

$$\tau_{②'} = \frac{10 \cdot 10^3 \cdot 41{,}6}{435{,}73 \cdot 4} = \mathbf{238{,}7\ N/cm^2}$$

$$\tau_{NF} = \frac{10 \cdot 10^3 \cdot 59{,}24}{435{,}73 \cdot 2} = \mathbf{679{,}8\ N/cm^2}$$

gedehnte Faser: $\sigma_b = \frac{M_b}{I_x} y_0 = \frac{10^5}{435{,}73} \cdot 6{,}2 = \mathbf{1422{,}9\ N/cm^2}$

gedrückte Faser: $\sigma_b = \frac{M_b}{I_x} (10 - y_0) = \frac{10^5}{435{,}73} \cdot 3{,}8 = \mathbf{872{,}1\ N/cm^2}$

Am Verlauf der Schubspannungen (**1**.112f) erkennen wir durch die sprunghafte Änderung in den Stellen ① und ①' sowie ② und ②' die Abhängigkeit von der Stegstärke *t* bzw. der Flanschbreite.

1.4.3 Hooke'sches Gesetz für Schubspannungen, Formänderungsarbeit von Schubspannungen

Hooke'sches Gesetz. Der Körper **1**.113 ist fest mit der Unterlage verbunden und wird durch eine Kraft *F* quer zu seiner Längsachse beansprucht. Wie wir aus Abschn. 1.4.1 wissen, werden in dem Körper Schubspannungen auftreten. Da wir ganz allgemein nur den elastischen Bereich der Werkstoffverformung betrachten, werden sich geringe Verschiebungen der Körperquerschnitte zueinander ergeben. Dies heißt, dass der Körper unter Einwirkung von *F* um den Winkel γ in Kraftrichtung verschoben wird. Der Winkel γ heißt Gleit- oder Schubwinkel. Für kleine Winkel ($\tan \gamma = \hat{\gamma}$) gilt, dass die Schubspannung τ proprotional dem Gleitwinkel γ ist.

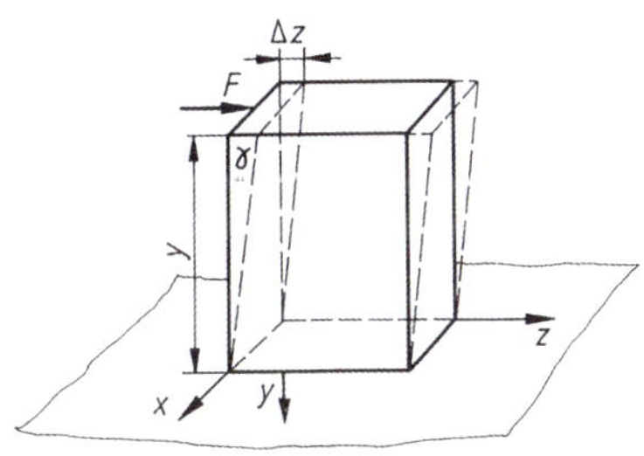

1.113 Schubverformung eines Körpers

Hooke'schen Gesetz für Schubbeanspruchung

$$\tau = G \cdot \hat{\gamma}.$$

τ	G	$\hat{\gamma}$
N/mm²	N/mm²	rad

Gl. (1.62)

Der Proportionalitätsfaktor *G* heißt Gleit- oder Schubmodul. Er ist eine Materialkonstante ähnlich dem Elastizitätsmodul *E* und hat die Einheit einer Spannung.

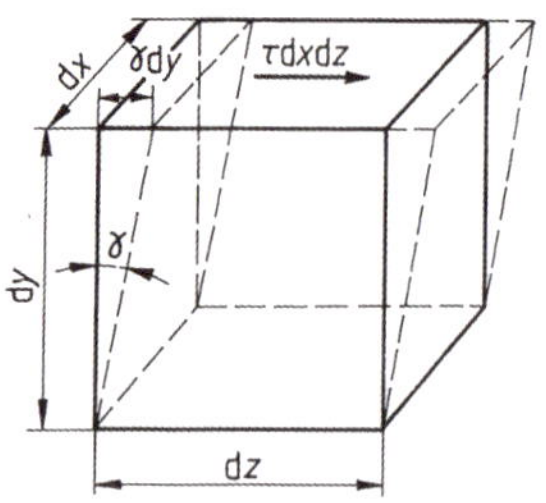

1.114 Formänderungsarbeit bei Schubbeanspruchung

Formänderungsarbeit (**1**.114). An dem Volumenelement ($dz \cdot dx \cdot dy$) ruft die in der Fläche ($dx \cdot dz$) wirkende Schubspannung τ die Schiebung $\hat{\gamma} \cdot dy$ hervor. Damit legt die Kraft $\tau \cdot dx \cdot dz$ den Weg $\hat{\gamma} \cdot dy$ zurück. Für das Volumenelement dV wird somit die Formänderungsarbeit

$$dW = \frac{1}{2} \underbrace{\tau \cdot dx \cdot dz}_{\text{Kraft}} \cdot \underbrace{\hat{\gamma} \cdot dy}_{\text{Weg}} = \frac{1}{2} \tau \cdot \hat{\gamma} \cdot dV \rightarrow W = \frac{1}{2} \tau \cdot \hat{\gamma} \int dV.$$

Für das Volumen V ergibt sich die Formänderungsarbeit

$$W = V \frac{\tau \cdot \hat{\gamma}}{2} = V \frac{G \cdot \hat{\gamma}^2}{2} = V \frac{\tau^2}{2G} \qquad \text{Gl. (1.63)}$$

und analog dazu die spezifische Formänderungsarbeit

$$w = \frac{\tau^2}{2G} \qquad \text{Gl. (1.64)}$$

w	τ	V	G	W
Nmm/mm³	N/mm²	mm³	N/mm²	Nmm

1.4.4 Zusammenhang zwischen den Werkstoffkonstanten *E* und *G*

Der Elastizitätsmodul E, der Schubmodul G und die Querzahl $\mu = 1/m$ ($m = \varepsilon / \varepsilon_q$ = Poisson'sche Zahl) sind für einen Werkstoff konstante Werte. Sind zwei davon bekannt, können wir den dritten berechnen. Ohne Herleitung (Verknüpfung der Zusammenhänge Dehnung und Querkürzung sowie maximale Schubspannung zur Normalspannung) halten wir fest:

$$G = \frac{E}{2(1 + \mu)} \qquad \text{Gl. (1.65)}$$

Für Stahl sind $\mu = 0{,}3$ und $E = 2{,}1 \cdot 10^5$ N/mm². Damit wird der Schubmodul

$G = 0{,}80769 \cdot 10^5 \approx$ **0,81 · 10⁵ N/mm²**.

1.4.5 Schubfluss und Schubmittelpunkt

Die Begriffe Schubfluss und Schubmittelpunkt erklären wir an einem dünnwandigen Balken (**1**.115), der durch eine Kraft F_Q beansprucht wird. F_Q wirke nicht in der Schwerebene. Der Balken habe die Bogenlänge s, die wir beim offenen Querschnitt vom Querschnittsende an messen. Die Wandstärke t (s) kann über den Umfang veränderlich sein. In Achsrichtung (z-Richtung) sei t konstant, allgemein ist t im Verhältnis zur Bogenlänge s klein.
Das im Bild **1**.116 eingezeichnete Balkenelement ($ds \cdot t \cdot dz$) zeichnen wir heraus und bringen an ihm die wirkenden Spannungen an (**1**.117). Das Kräftegleichgewicht in z-Richtung ergibt:

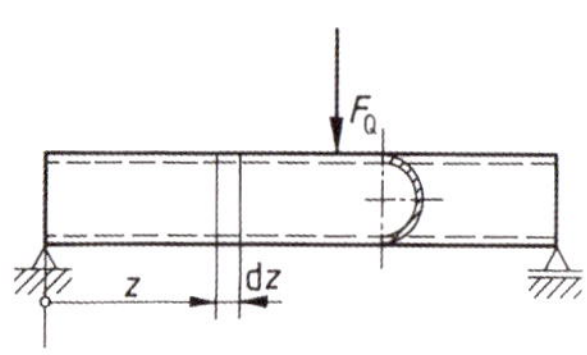

1.115 Balken aus C-Profil

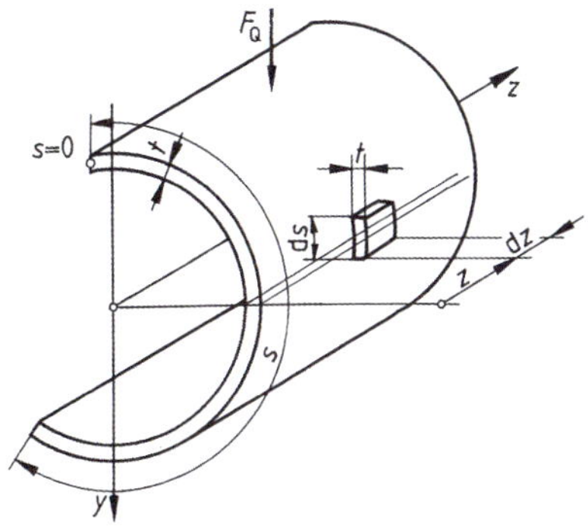

1.116 Offener C-förmiger, dünnwandiger Balken, durch die Querkraft F_Q beansprucht

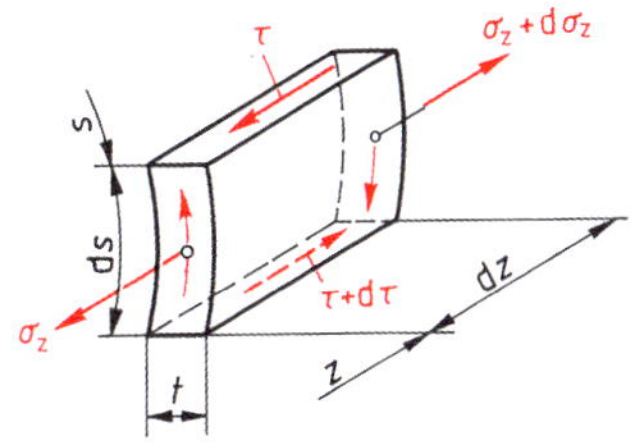

1.117 Spannungen am Balkenelement

$\Sigma F_{iz} = 0$: $F = \sigma \cdot A$ bzw. $\tau \cdot A$

$$-\tau \cdot t \cdot dz + (\tau + d\tau)\, t \cdot dz - \sigma_z \cdot t \cdot ds + (\sigma_z + d\sigma_z)\, t \cdot ds = 0$$

$$d\tau \cdot dz + d\sigma_z \cdot ds = 0$$

$$\frac{d\tau}{ds} + \frac{d\sigma_z}{dz} = 0 \qquad \text{Mit} \quad \sigma_z = \frac{M_b}{I_x}\, y \qquad \text{wird} \qquad \frac{d\tau}{ds} + \frac{dM_b}{dz} \cdot \frac{y}{I_x} = 0 \qquad \text{mit} \qquad \frac{dM_b}{dz} = F_Q.$$

Erweitert mit $t(s)$ folgt:

$$t(s) \cdot d\tau = -\frac{F_Q}{I_x}\, y \cdot t(s) \cdot ds \qquad \text{und weiter} \qquad t(s) \cdot \tau = -\frac{F_Q}{I_x} \underbrace{\int_0^s y \cdot t(s) \cdot ds}_{S_x(s)} + q_0$$

Dabei heißt der Ausdruck $t(s) \cdot \tau$ Schubfluss $q(s)$ während q_0 eine Integrationskonstante darstellt. Weil $t(s)$ variabel ist und der Ausdruck $\int y \cdot t(s) \cdot ds$ das statische Moment um die x-Achse darstellt, ist der

> Schubfluss allgemein $q(s) = -\dfrac{F_Q \cdot S_x(s)}{I_x} + q_0$. Gl. (1.66)

Das Vorzeichen wird durch $S_x(s)$ und F_Q bestimmt. Daraus lässt sich die Richtung der Schubspannung ableiten.

Häufig wird der Schubfluss in der Literatur mit T bezeichnet. Dies vermeiden wir, um Verwechslungen mit dem Torsionsmoment T auszuschließen. Trotzdem ist auch mit q Vorsicht geboten: Es darf nicht mit der Streckenlast q verwechselt werden.

> Das statische Moment $S_x(s)$ ist jeweils das statische Moment in Bezug auf die x-Achse zwischen dem Anfang $s = 0$ und dem betrachteten Querschnittsteil.

Die Integrationskonstante q_0 muss beim hier vorliegenden offenen Querschnitt null sein, da nach dem Satz von den zugeordneten Schubspannungen in den Oberflächen keine Schubspannungen auftreten können.

Schubfluss in einem T-Profil. Da der Schubfluss an den Enden offener Profile gleich null sein muss, ist die Richtung von q_1 und q_2 gegeben. Sie beginnen jeweils vom Ende her mit null (**1**.120a). Im Kreuzungspunkt vereinigen sich die beiden Schubflüsse – die wir wie richtige Flüsse betrachten können – und bilden den Schubfluss q_3. Von ihm wissen wir aus dem vorhin Gesagten, dass er am Stegende wieder null sein muss.

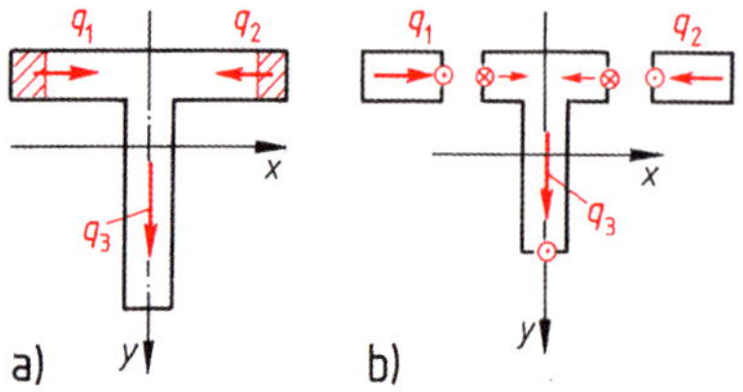

1.118 Schubfluss im T-Profil
a) Verlauf der Schubflüsse, b) Schubfluss in verschiedenen Stellen des T-Profils

Beim T-Profil ist eine durchgehende Integration wegen der Verzweigung nicht möglich. Wir müssen die Schubflüsse q_1 bis q_3 der Reihe nach ermitteln. Soll an einer Stelle des T-Querschnitts der Schubfluss bzw. die Schubspannung z.B. zur Dimensionierung von Schweißnahtverbindungen berechnet werden, teilt man den Querschnitt nach Bild **1**.118b, berechnet daraus mit Gl. (1.66) den Schubfluss und daraus wiederum τ.

Beispiel 1.48 Berechnen Sie den Schubfluss q für ein T-Profil nach Bild **1**.119 mit b = 60 mm, h = 50 mm, t = 6 mm, $F_Q = 10^4$ N.

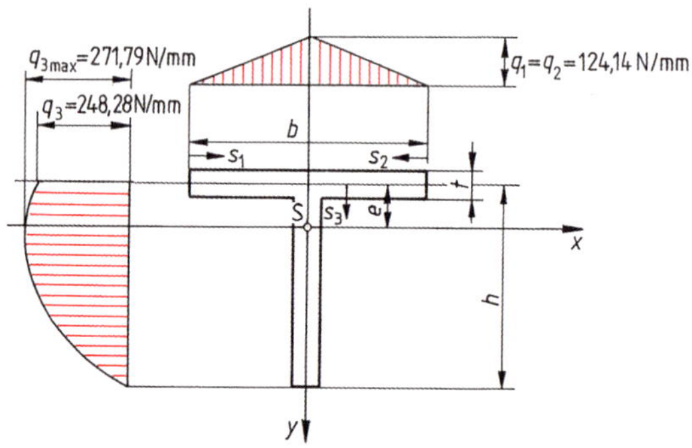

1.119 Schubfluss im T-Profil

Lösung Damit die Ausdrücke in der Rechnung nicht allzu lang werden, rechnen auch wir bei diesem Beispiel, wie im Stahlbau bei dünnwandigen Profilen üblich, mit den Abständen der Mittellinien (z.B. h statt $h - t/2$). Der Fehler – beim Schwerpunktsabstand e erhalten wir den Ausdruck $e = \dfrac{h^2}{2\,(b+h)}$ statt $e = \dfrac{h^2 - t^2/4}{2\,(b+h-t/2)}$ – ist für kleine t gering.

Berechnen des Schwerpunktabstands *e*

$$b \cdot t \cdot e - h \cdot t \left(\frac{h}{2} - e\right) = 0 \rightarrow e = \frac{h^2 \cdot \dfrac{t}{2}}{b \cdot t + h \cdot t} = \frac{h^2}{2\,(b+h)}$$

Trägheitsmoment I_x

$$I_x = \frac{b \cdot t^3}{12} + b \cdot t \cdot e^2 + \frac{t \cdot h^3}{12} + h \cdot t \left(\frac{h}{2} - e\right)^2$$

$$= \frac{b \cdot t^3}{12} + b \cdot t \cdot e^2 + \frac{t \cdot h^3}{12} + \frac{h^3 t}{4} - h^2 t \cdot e + h \cdot t \cdot e^2$$

Wenn $t \ll h$ ist, kann der Ausdruck $b \cdot t^3/12$ vernachlässigt werden.

$$I_x = t\left[\frac{h^3}{3} + (b+h)\,e^2 - h^2 e\right] = \frac{t \cdot h^3}{12}\left(1 + \frac{3b}{b+h}\right)$$

Lösung Fortsetzung

Schubflüsse

Nach Gl. (1.63) sind

$$q_1(s) = -\frac{F_Q}{I_x}\int_0^{s_1} t(-e)\,ds_1 = +\frac{F_Q\cdot t\cdot e\cdot s_1}{I_x}\Bigg|_{s_1=0}^{s_1=b/2} = \frac{\boldsymbol{F_Q\cdot t\cdot e\cdot b}}{\boldsymbol{2I_x}}$$

$$q_2(s) = -\frac{F_Q}{I_x}\int_0^{s_2} t(-e)\,ds_2 = +\frac{F_Q\cdot t\cdot e\cdot s_2}{I_x}\Bigg|_{s_2=0}^{s_2=b/2} = +\frac{\boldsymbol{F_Q\cdot t\cdot e\cdot b}}{\boldsymbol{2I_x}}$$

$$q_3(s) = q_{1\,(s_1=\frac{b}{2})} + q_{2\,(s_2=\frac{b}{2})} - \frac{F_Q}{I_x}\int_0^{e} t\cdot y\cdot ds \quad \text{bzw.}$$

$$q_3(s) = q_{1\,(s_1=\frac{b}{2})} + q_{2\,(s_2=\frac{b}{2})} - \frac{F_Q}{I_x}\,t\left[(y-e)\left(\frac{y+e}{2}-e\right)\right]$$

$$q_3(s) = q_1 + q_2 - \frac{F_Q}{I_x}\cdot\frac{t}{2}(y^2-e^2) = \frac{\boldsymbol{F_Q\cdot t}}{\boldsymbol{2I_x}}\,\boldsymbol{(+2e\cdot b - y^2 + e^2)}.$$

Am unteren Stegende, also an der Stelle $y = h - e$, muss q_3 null sein, weil an der Oberfläche keine Spannungen auftreten können.

$$y = h - e$$

$$q_{3(h-e)} = \frac{F_Q\cdot t}{2I_x}\left[2eb - (h^2 - 2eh + e^2) + e^2\right] = \frac{F_Q\cdot t}{2I_x}(2eb - h^2 + 2eh)$$

$$q_{3(h-e)} = \frac{F_Q\cdot t}{2I_x}\left(\frac{h^2 b}{b+h} - h^2 + \frac{h^3}{b+h}\right) = \frac{F_Q\cdot t\cdot h^2}{2(b+h)I_x}\underbrace{[b-(b+h)+h]}_{0}$$

Im Schwerpunkt muss q ein Maximum sein, weil $\dfrac{dq_3}{dy} = \dfrac{F_Q\cdot t}{2\cdot I_x}(-2y) = 0$ nur dann erfüllt ist, wenn $y = 0$ ist.

$$q_{max} = \frac{F_Q\cdot t}{2I_x}(2eb + e^2) = \frac{F_Q\cdot t}{2I_x}\left(\frac{h^2\cdot b}{b+h} + \frac{h^4}{4(b+h)^2}\right) = \frac{\boldsymbol{F\cdot t\cdot h^2}}{\boldsymbol{8I_x(b+h)}}\left(\boldsymbol{4b + \frac{h^2}{b+h}}\right)$$

$$e = \frac{h^2}{2(b+h)} = \frac{50^2}{2(60+50)} = 11{,}36\,\text{mm}$$

$$I_x = \frac{t\cdot h^3}{12}\left(1 + \frac{3b}{b+h}\right) = \frac{6\cdot 50^3}{12}\left(1 + \frac{3\cdot 60}{60+50}\right) = 164\,772\,\text{mm}^4$$

$$q_{1\,(s=\frac{b}{2})} = \frac{F_Q\cdot t\cdot e\cdot b}{2I_x} = \frac{10^4\cdot 6\cdot 11{,}36\cdot 60}{2\cdot 164\,772} = \mathbf{124{,}14\,N/mm}$$

$$q_{2\,(s=\frac{b}{2})} = \mathbf{124{,}14\,N/mm}$$

$$q_{3max} = \frac{F_Q\cdot t\cdot h^2}{8I_x(b+h)}\left(4b + \frac{h^2}{b+h}\right) = \frac{10^4\cdot 6\cdot 50^2}{8\cdot 164\,772\,(60+50)}\left(4\cdot 60 + \frac{50^2}{60+50}\right)$$

$$q_{3max} = \mathbf{271{,}79\,N/mm}$$

Schubmittelpunkt. Beim Ermitteln der Schubflüsse und -spannungen haben wir die Lage der Querkraft F_Q in Bezug auf die Schwerebene in y-Richtung beliebig angenommen. Dies heißt, dass F_Q irgendwo im Querschnitt parallel zur y-Achse liegt, In diesem allgemeinen Fall wird sich der

Balken nicht nur verbiegen, sondern auch verdrehen. Die Querkraft verursacht also auch ein Torsionsmoment T um die z-Achse. Dies gilt besonders für die hier untersuchten dünnwandigen, offenen Profilquerschnitte. Sie werden durch eine zusätzliche Torsion sehr stark beansprucht. Um dies zu vermeiden, ist jener ausgezeichnete Punkt zu finden, durch den die Wirkungslinie von F_Q gehen muss, damit zusätzlich zu der Biegung keine Querschnittsverdrehung auftritt. Dieser ausgezeichnete Punkt ist der Schubmittelpunkt M.

Dabei gehen wir davon aus, dass die statischen Wirkungen der Schubspannungen und der Querkraft gleich sind. Um diese Bedingung der statischen Äquivalenz zu erfüllen, müssen

– die Resultierende der Schubspannungen gleich der Querkraft und
– die Summe der auf einen beliebigen Punkt bezogenen Momente der Schubspannungen bzw. -flüsse gleich dem auf denselben Punkt bezogenen Moment der Querkraft sein.

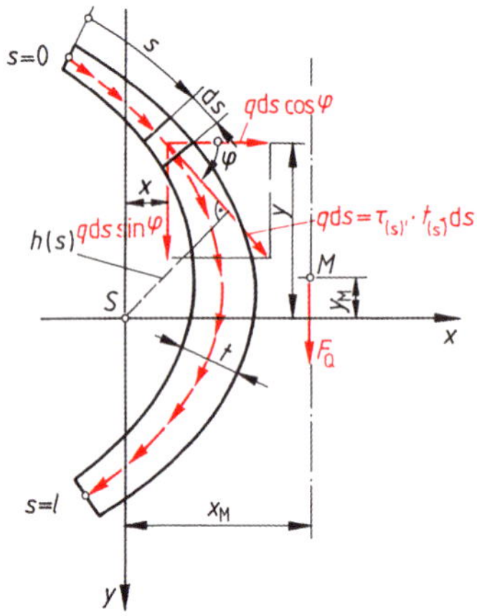

1.120 Schubmittelpunkt

Grundsätzlich können wir zur Lageermittlung des Schubmittelpunkts M jeden Punkt als Momentenbezugspunkt nehmen, jedoch ist zweckmäßigerweise der Nullpunkt des Hauptachsen-Zentralsystems zu bevorzugen.

Bild **1**.120 zeigt einen dünnwandigen offenen Querschnitt mit veränderlicher Stärke t. Den Nullpunkt des $(x, y\text{-})$ Systems wählen wir im Schwerpunkt des Profilquerschnitts. Eine Querkraft F_Q wirke im Abstand x_M vom Schwerpunkt in y-Richtung. Damit die Momentenwirkung der Querkraft gleich der Momentenwirkung aller Schubspannungen bzw. -flüsse ist, muss $F_Q \cdot x_M = \int_0^l q(s) \cdot h(s) \cdot \mathrm{d}s$

oder – zerlegt in die beiden Koordinatenrichtungen x und y

$$F_Q \cdot x_M = \int_0^l [q(s) \cdot y \cdot \cos\varphi \cdot \mathrm{d}s + q(s) \cdot x \cdot \sin\varphi \cdot \mathrm{d}s] \text{ sein.}$$

Setzen wir für $q(s) = \tau(s) \cdot t(s) = \dfrac{F_Q \cdot S_x(s)}{I_x}$ und für $S_x(s) = \int_0^s y \cdot \mathrm{d}A = \int_0^s y \cdot t \cdot \mathrm{d}s$, erhalten wir für den

Abstand des Schubmittelpunkts vom Schwerpunkt in x-Richtung

$$x_M = \frac{1}{I_x}\int_0^l S_x(s) \cdot h(s) \cdot \mathrm{d}s = \frac{1}{I_x}\int_0^l S_x(s) \cdot (y \cdot \cos\varphi + x \cdot \sin\varphi)\,\mathrm{d}s \qquad \text{Gl. (1.67)}$$

und analog dazu für den Abstand des Schubmittelpunkts in y-Richtung

$$y_M = \frac{1}{I_y}\int_0^l S_y(s) \cdot h(s) \cdot \mathrm{d}s = \frac{1}{I_y}\int_0^l S_y(s) \cdot (x \cdot \sin\varphi + y \cdot \cos\varphi)\,\mathrm{d}s \qquad \text{Gl. (1.68)}$$

mit $S_y(s) = \int_0^s x \cdot \mathrm{d}A = \int_0^s x \cdot t \cdot \mathrm{d}s$.

Aus diesen Darlegungen ist ersichtlich, dass die Wirkungslinie einer äußeren Kraft nicht durch den Schwerpunkt, sondern durch den Schubmittelpunkt gehen soll.

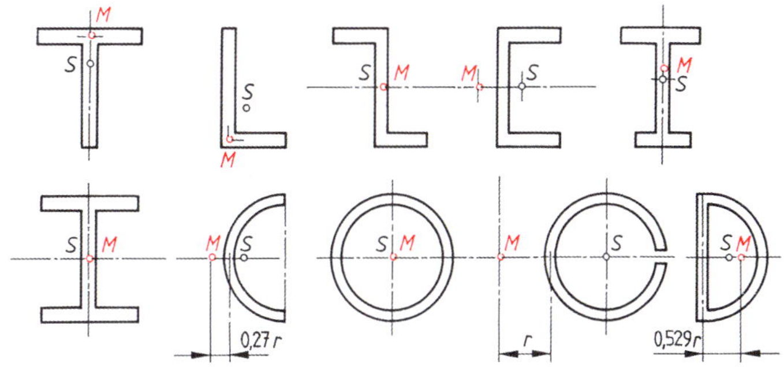

1.121
Lage des Schubmittelpunkts bei einigen Profilen

Ziel des Konstrukteurs ist es also, vor allem im Stahlbau und bei dünnwandigen, unregelmäßigen, oft offenen Profilquerschnitten im Kunststoffbau die Beanspruchung durch den Schubmittelpunkt zu legen. In Bild **1**.121 ist bei einigen typischen dünnwandigen Profilen die Lage des Schubmittelpunkts gezeichnet. Wir können hier ohne Rechnung schon die Regeln anwenden:

- Hat der Querschnitt eine Symmetrieachse, liegt der Schubmittelpunkt auf ihr.
- Hat der Querschnitt zwei Symmetrieachsen, fällt der Schubmittel- mit dem Schwerpunkt zusammen.
- Besteht der Querschnitt aus zwei schmalen Rechtecken (z.B. Winkel- oder T-Profil), liegt der Schubmittelpunkt im Schnittpunkt der Rechteckmittellinien.
- Treffen sich bei einem Querschnitt alle Teilflächen in einem Punkt, liegt dort der Schubmittelpunkt.
- Ist der Querschnitt ein offenes U, C oder ähnliches Profil, liegt der Schubmittelpunkt außerhalb des Profilbereichs, und zwar stets auf jener der offenen Seite abgewandten Profilseite.

Beispiel 1.49 Für den Profilquerschnitt **1**.122 sind die Schubmittelpunkts-Koordinaten x_M und y_M nach der allgemeinen Berechnungsmethode zu ermitteln.

Lösung

Schwerpunktabstand *e*

$$2A_1 \cdot x_1 + A_2 \cdot x_2 = (2A_1 + A_2)\,e$$

$$e = \frac{2A_1 \cdot x_1 + A_2 \cdot x_2}{2A_1 + A_2} = \frac{2 \cdot 6 \cdot 1{,}3 + 8 \cdot 1 \cdot 0{,}5}{2 \cdot 6 \cdot 1 + 8 \cdot 1} = 2\,\text{cm}$$

Trägheitsmoment um die *x*-Achse

$$I_x = 2\left(\frac{6 \cdot 1^3}{12} + 6 \cdot 1 \cdot 4{,}5^2\right) + \frac{1 \cdot 8^3}{12} = 286{,}\dot{6}\,\text{cm}^4$$

Statische Momente um die *x*-Achse

$$S_x(s_1) = 1 \cdot s_1 \cdot 4{,}5 = 4{,}5\,\text{cm}^2 \cdot s_1$$

$$S_x(s_1 = 5{,}5\,\text{cm}) = 24{,}75\,\text{cm}^3$$

$$S_x(s_2) = 24{,}75\,\text{cm}^3 + 1 \cdot s_2\left(4{,}5 - \frac{s_2}{2}\right) = 24{,}75 + 4{,}5 \cdot s_2 - \frac{s_2^2}{2}$$

$$S_x(s_2 = 4{,}5\,\text{cm}) = 34{,}875\,\text{cm}^3$$

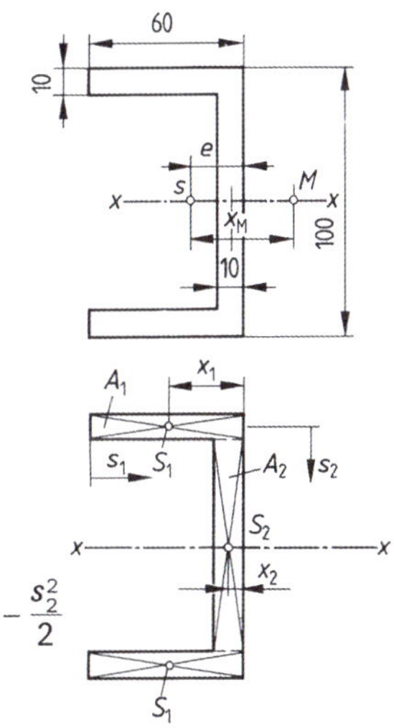

1.122 Schubmittelpunkt beim [-Profil

Schubmittelpunkts-Koordinaten

$$x_M = \frac{2}{I_x}\left[\int_0^{5,5} 4{,}5 \cdot s_1 \cdot ds_1 + \int_0^{4,5}\left(24{,}75 + 4{,}5 \cdot s_2 - \frac{s_2^2}{2}\right)1{,}5\,ds_2\right]$$

$$x_M = \frac{2}{I_x}\left[\left(4{,}5 \cdot 4{,}5 \cdot \frac{s_1^2}{2}\right)\Bigg|_0^{5,5} + \left(24{,}75 \cdot s_2 + 4{,}5 \cdot \frac{s_2^2}{6} - \frac{s_2^3}{6}\right)\Bigg|_0^{4,5} 1{,}5\right] = \mathbf{3{,}62\,cm}$$

Da das C-Profil eine Symmetrieachse hat, ist $y_M = \mathbf{0}$

Aufgaben zu Abschnitt 1.4

1. Das Kantholz **1**.123 mit dem Querschnitt 100 mm × 150 mm ist aus drei Brettern mit Querschnitt 100 mm × 50 mm zusammengeleimt. Berechnen Sie die Schubspannung in den verleimten Flächen, wenn durch Biegebeanspruchung eine Querkraft von $F_Q = 1500$ N wirkt.

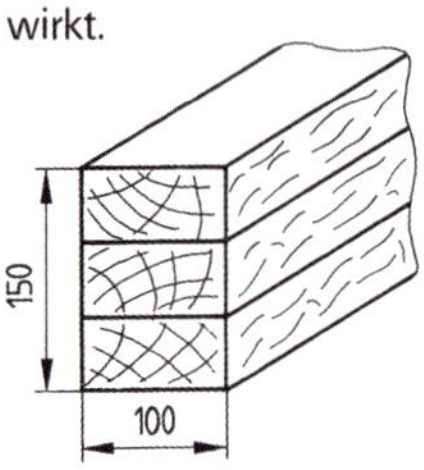

1.123 Kantholz aus Brettern

2. Für das T-Profil **1**.124 ist die maximale Schubspannung bei einer wirkenden Querkraft von $F_Q = 2000$ N zu berechnen.

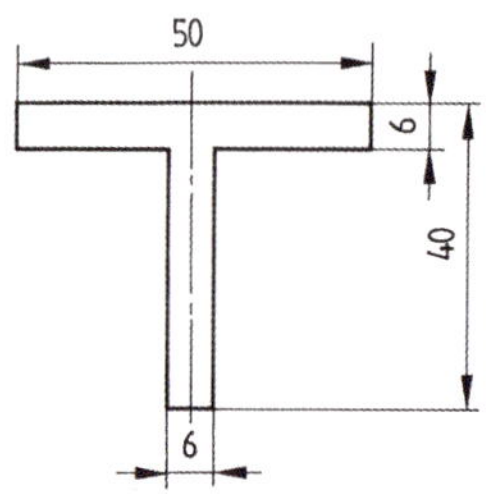

1.124 T-Profil

3. Für den Balken **1**.125 sind die größten Schubspannungen an den Stellen *A*, *B* und *C* zu berechnen. $F = 1{,}5$ kN.

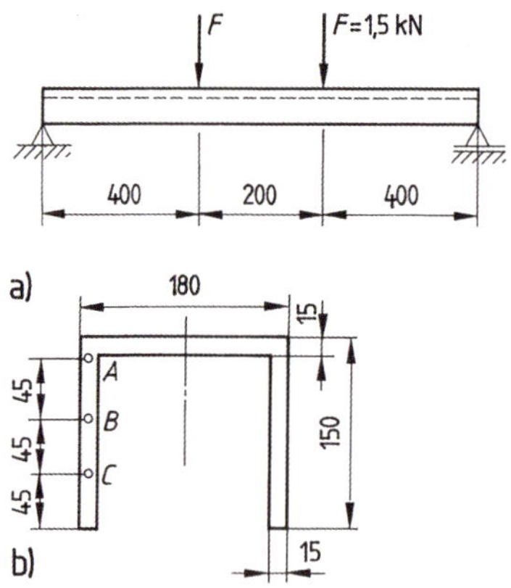

1.125 Balken mit U-Profil

4. Für den I-Träger mit nicht gleichen Gurten **1**.126 ist der Schubmittelpunktsabstand x_M zu berechnen.

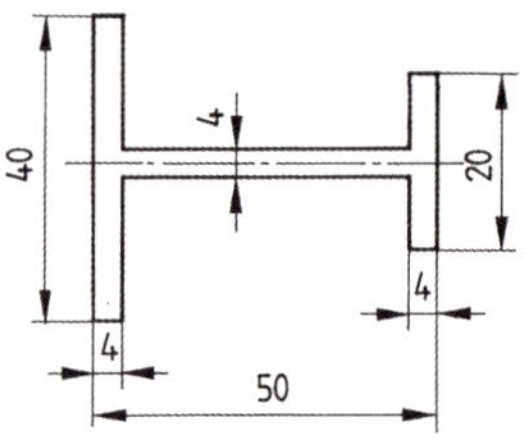

1.126 Unsymmetrischer I-Träger

5. Für das U-Profil **1**.127 ist der Schubmittelpunktsabstand x_M zu berechnen.

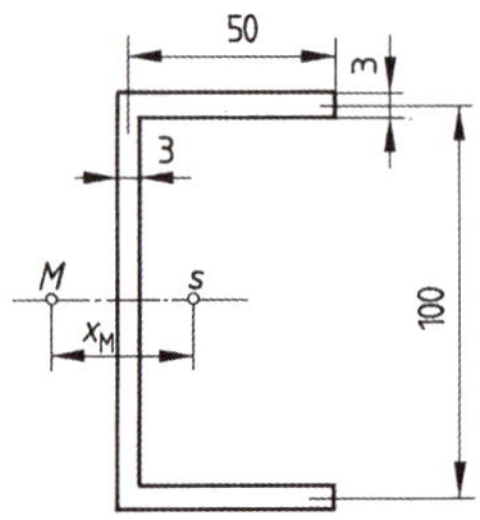

1.127 U-Profil

6. Für den dünnwandigen, offenen Kreisrohrquerschnitt mit konstanter Wandstärke *t* und dem Radius *r* der Profilmittellinie sollen in Abhängigkeit von der Profilöffnung α die Koordinaten des Schubmittelpunkts bestimmt werden (**1**.128).

Hinweis: $\int \sin^2\varphi \, d\varphi = \dfrac{1}{2}\left(\varphi - \dfrac{1}{2}\sin 2\varphi\right)$

$= \dfrac{1}{2}\,(\varphi - \sin\varphi\cos\varphi)$

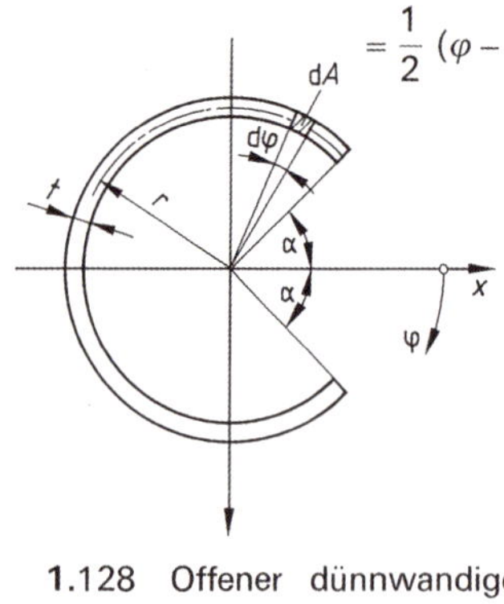

1.128 Offener dünnwandiger, kreisrunder Profilquerschnitt

1.5 Verdrehbeanspruchung (Torsion)

1.5.1 Torsion gerader Stäbe mit gleich bleibendem kreisförmigen Querschnitt

Das Torsionsmoment T entsteht, wenn senkrecht zur Stabachse ein Kräftepaar wirksam wird (**1**.129a). Eine Kraft allein würde den Stab auf Verdrehung und Biegung beanspruchen – zusammengesetzte Beanspruchung. Dargestellt wird ein Dreh- oder Torsionsmoment durch einen gekrümmten Pfeil (**1**.129b) oder einen Momentenvektor (**1**.129c).

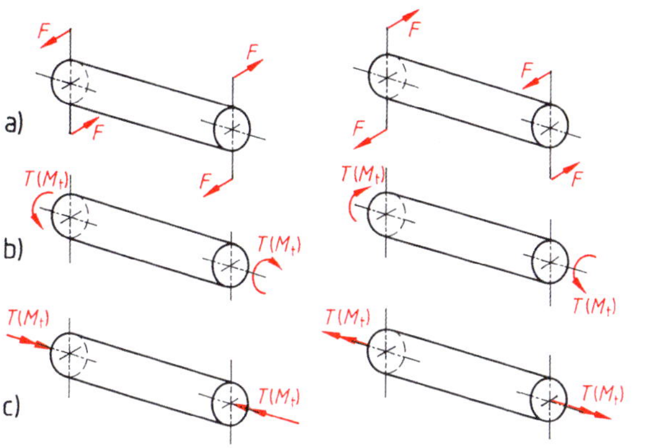

1.129 Darstellung des Torsionsmoments
a) mit Kräftepaar, b) mit Momentenbogen, c) mit Momentenvektor

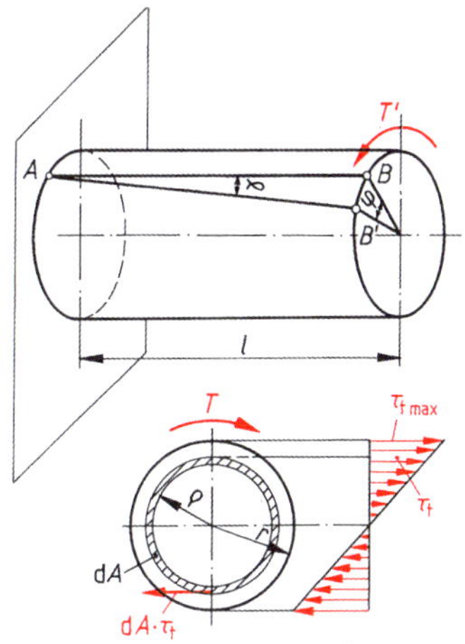

1.130 Verdrehung eines Stabes mit Kreisquerschnitt

Wird ein an einem Ende eingespannter Stab mit kreisrundem Querschnitt durch ein Drehmoment M_t oder Torsionsmoment T' auf Verdrehung beansprucht, verschieben sich die einzelnen Querschnitte zueinander. Eine an der Oberfläche parallel zur Stabachse angebrachte gerade Linie AB wird nach Belastung durch das Drehmoment in eine Schraubenlinie AB' übergehen (**1**.130). Da die inneren Kräfte den äußeren Kräften (Drehmoment) das Gleichgewicht halten, entstehen Spannungen – die Torsionsspannungen τ_t.

Lineare Spannungsverteilung. Aus Bild **1**.130 erkennen wir, dass sich nicht alle Punkte des Kreisquerschnitts durch die Verdrehbeanspruchung gleich weit verschieben. Die stärkste Verdrehung findet an der Stabaußenfläche statt (Punkt B wandert nach B'). Linear mit dem Radius r nehmen die Verdrehungen gegen die Stabmitte hin ab. In der Stabachse ist die Verschiebung null. Das Hooke'sche Gesetz bestätigt diesen Sachverhalt: größte Spannung τ_{tmax} an der Oberfläche, in der Stabachse $\tau_t = 0$.

> Im Gegensatz zur gleichmäßigen Spannungsverteilung bei Zug- und Druckbeanspruchung verteilt sich die Spannung bei Verdrehbeanspruchung linear über den Querschnitt.
>
> Zug- und Druckspannungen wirken senkrecht zur Querschnittsfläche, sind also Normalspannungen. Torsionsspannungen wirken dagegen in der Querschnittsfläche, sind also Schub- bzw. Torsionsschubspannungen.

Für die weitere Betrachtung nehmen wir an, dass die kreisförmigen Querschnitte senkrecht zur Stabachse auch nach der Beanspruchung auf Torsion und Verdrehung eben bleiben und dass die Verformung des Querschnitts von der Stabachse bis zum Außendurchmesser von null bis zu einem Maximum linear zunimmt. Dies gilt nur für kreisförmige Querschnitte, nicht aber für rechteckige oder zusammengesetzte, denn hier tritt eine Verwölbung der Querschnitte ein.

Torsionshauptgleichung. Bei einem kleinen kreisförmigen Flächenteilchen dA mit dem Radius ρ ist das innere Moment $\tau_t \cdot dA \cdot \rho$. Die Summe der inneren Momente muss aus Gleichgewichtsgründen gleich dem äußeren Moment T' sein.

Mit $\frac{\tau_{tmax}}{\tau_t} = \frac{r}{\varrho} \rightarrow \tau_t = \tau_{tmax} \cdot \frac{\varrho}{r}$ wird $T = \int \tau_t \cdot \varrho \cdot dA = \frac{\tau_{tmax}}{r} \underbrace{\int \varrho^2 \cdot dA}_{I_p}.$

Der Ausdruck $\int \rho^2 \cdot dA$ ist nach Band 1, Abschn. 3.6 das polare Flächenmoment 2. Ordnung I_p des Kreisquerschnitts. Mit der Beziehung $W_p = I_p/r$ erhalten wir $\tau_{tmax} = T/W_p$. Da im Allgemeinen nur die maximale Spannung interessiert, kann der Index „max" weggelassen werden. So lautet die

Torsionshauptgleichung $\tau_t = \frac{T}{W_p}$.

τ_t	T	W_p
N/mm²	Nmm	mm³

Gl. (1.69)

Aus der Festigkeitsbedingung, dass die größte Schubspannung τ_t die zulässige Spannung τ_{tzul} nicht überschreiten darf, ergibt sich

$$\frac{T}{W_p} \leqq \tau_{tzul}.$$

Gl. (1.70)

Beispiel 1.50 An dem einseitig eingespannten Balken **1**.131 wirken die drei Torsionsmomente $T_1 = 30$ kNm, $T_2 = 20$ kNm, $T_3 = 10$ kNm in den eingezeichneten Richtungen. Bestimmen Sie den Momentenverlauf dieses Balkens.

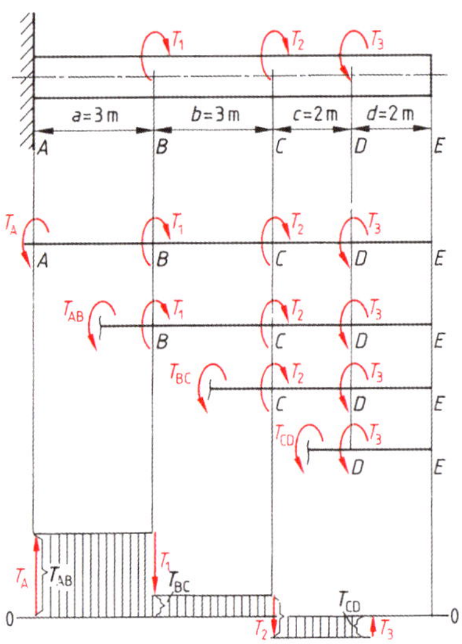

1.131
Einseitig eingespannter Balken mit mehreren angreifenden Torsionsmomenten

Lösung Wir machen den Balken frei und setzen die Gleichgewichtsbedingung für die Momente an.

$\Sigma M = 0$: $T_A - T_1 - T_2 + T_3 = 0 \rightarrow T_A = T_1 + T_2 - T_3 = 30 + 20 - 10 = 40\,\text{kNm}$

Um die Momente in den einzelnen Balkenabschnitten zu erhalten, bedienen wir uns der Schnittmethode.

$T_{AB} = T_1 + T_2 - T_3 = 30\,\text{kNm} + 20\,\text{kNm} - 10\,\text{kNm} = \mathbf{40\,kNm}$

$T_{BC} = T_2 - T_3 = 20\,\text{kNm} - 10\,\text{kNm} = \mathbf{10\,kNm}$

$T_{CD} = -T_3 = \mathbf{-10\,kNm}$.

Beispiel 1.51 Gegeben ist der Balken des Beispiels 1.50 mit den eingeleiteten Torsionsmomenten T_1, T_2 und T_3. Jedoch ist der Balken nicht einseitig frei, sondern beidseitig eingespannt (**1**.132). Gesucht werden die Einspannmomente T_A und T_E sowie die Momente in den einzelnen Stabbereichen.

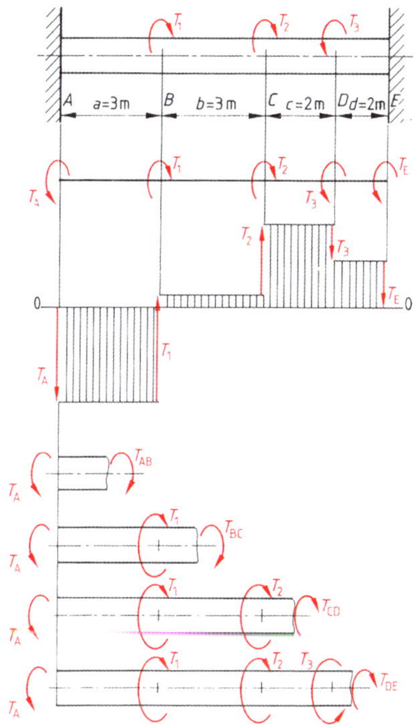

1.132
Beidseitig eingespannter, auf Verdrehung beanspruchter Stab

Lösung In diesem Fall führt die Gleichgewichtsbedingung $\Sigma M = 0$ ($\Sigma T = 0$) nicht zum Ziel, weil die Einspannmomente T_A und T_E unbekannt sind. Wir wissen nicht, welchen Anteil des Drehmoments das Auflager *A* und welchen das Auflager *E* aufnimmt. Um dies zu ermitteln, brauchen wir eine weitere Bedingung. Sie beruht darauf, dass der Verdrehwinkel φ an einer bestimmten Stelle des Balkens gleich groß sein muss – gleichgültig, ob man ihn von der linken oder rechten Seite der Stelle berechnet.

Weil *G* und I_p konstant bleiben, setzen wir für die Stelle *E* unter Verwendung von Gl. (1.71) $\varphi = \dfrac{T \cdot l}{G \cdot I_p} \cdot \dfrac{180}{\pi}$ bzw. $\hat{\varphi} = \dfrac{T \cdot l}{G \cdot I_p}$ unter Weglassung von *G* und I_p an:

$$T_A\,(a + b + c + d) - T_1\,(b + c + d) - T_2\,(c + d) + T_3 \cdot d = 0$$

$$T_A = \frac{T_1\,(b + c + d) + T_2\,(c + d) - T_3 \cdot d}{(a + b + c + d)} = \frac{30 \cdot 7 + 20 \cdot 4 - 10 \cdot 2}{10} = \mathbf{27\,kNm}$$

Lösung Fortsetzung

$T_E = T_1 + T_2 - T_3 - T_A = 30\,\text{kNm} + 20\,\text{kNm} - 10\,\text{kNm} - 27\,\text{kNm} = \mathbf{13\,kNm}$

$T_{AB} = T_A = \mathbf{27\,kNm}$

$T_{BC} = T_{AB} - T_1 = 27\,\text{kNm} - 30\,\text{kNm} = \mathbf{-3\,kNm}$

$T_{CD} = T_{BC} - T_2 = -3\,\text{kNm} - 20\,\text{kNm} = \mathbf{-23\,kNm}$

$T_{DE} = T_{CD} + T_3 = -23\,\text{kNm} + 10\,\text{kNm} = \mathbf{-13\,kNm}$

Beispiel 1.52 Eine Welle aus Stahl mit der zulässigen Spannung $\tau_{tzul} = 150\,\text{N/mm}^2$ soll ein Torsionsmoment $T = 200\,\text{kNm}$ übertragen. Zu berechnen sind

a) der erforderliche Wellendurchmesser, wenn die Welle als Vollwelle ausgeführt wird,

b) der erforderliche Innendurchmesser der Welle, wenn der Außendurchmesser d_a mit 220 mm vorgegeben ist,

c) die Gewichtsersparnis bei der Hohlwellenausführung.

Lösung

$$\tau_t = \frac{T}{W_p} \qquad W_p = \frac{I_p}{d_a/2} \qquad I_{p\bigcirc} = \frac{d^4\pi}{32} \qquad I_{p\circledcirc} = \frac{(d_a^4 - d_i^4)\,\pi}{32}$$

a) W_p und I_p in die Torsionshauptgleichung eingesetzt ergibt

$$\frac{d^3 \cdot \pi}{16} = \frac{T}{\tau_{tzul}}. \text{ Daraus } d_{erf} = \sqrt[3]{\frac{16 \cdot T}{\pi \cdot \tau_{tzul}}} = \sqrt[3]{\frac{16 \cdot 200 \cdot 10^6}{\pi \cdot 150}} \cong \mathbf{190\,mm}.$$

b) Setzen wir I_p für den Kreisringquerschnitt ein, bekommen wir

$$d_{ierf} = \sqrt[4]{d_a^4 - \frac{16 \cdot T \cdot d_a}{\pi \cdot \tau_{tzul}}} = \sqrt[4]{220^4 - \frac{16 \cdot 200 \cdot 10^6 \cdot 220}{\pi \cdot 150}} \cong \mathbf{170\,mm}$$

c) Um die Materialersparnis zu berechnen, vergleichen wir die Querschnittsflächen

$$\frac{(d_a^2 - d_i^2)\,\pi}{4} = 15315\,\text{mm}^2 \quad \text{und} \quad \frac{d^2 \cdot \pi}{4} = 28352\,\text{mm}^2$$

und erhalten bei Hohlwellenausführung eine Material- = Gewichtsersparnis von $\approx$ **46%**.

Paarweises Auftreten von Schubspannungen. Schneidet man aus dem auf Torsion beanspruchten Stab **1**.133a ein Teilchen heraus, müssen an den Schnittstellen die Schubspannungen τ_t angebracht werden (**1**.133b). Damit ist das Volumenteilchen zwar im Kräftegleichgewicht, aber nicht im Momentengleichgewicht. Damit auch Momentengleichgewicht herrscht, müssen Schubspannungen in den Schnittflächen parallel zur Stabachse wirken: $\tau_t \cdot a = \tau_z \cdot a$ (**1**.133c).

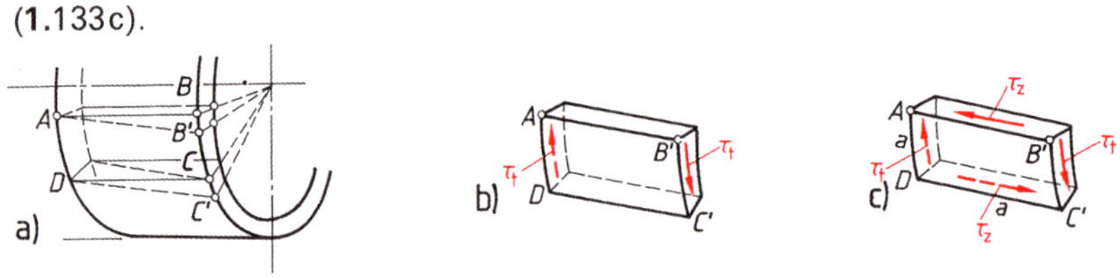

1.133 Paarweises Auftreten von Schubspannungen

a) Verdrehtes Stabelement, b) Schubspannungen quer zur Stabachse, c) Kräfte- und Momentengleichgewicht am Stabelement

> Schubspannungen treten in zwei aufeinander senkrechten Schnittflächen immer paarweise auf. Sie sind gleich groß, sind senkrecht zur Schnittkante und beide entweder zur Schnittkante hin oder von ihr weg gerichtet.

Dass durch Verdrehen eines Stabes auch Schubspannungen in Längsrichtung auftreten, zeigt auch Bild **1**.134. Hier ist ein „Stab“ aus einzelnen Latten zusammengebaut. Zwei benachbarte Latten erhalten Markierungen (**1**.134a). Bei Verdrehung verschieben sich die Markierungen gegeneinander (**1**.134b). Ein nicht aus Latten gefertigter Stab setzt dieser Längsverschiebung zweier benachbarter Flächen Widerstand entgegen – es entstehen die Schubspannungen τ_z.

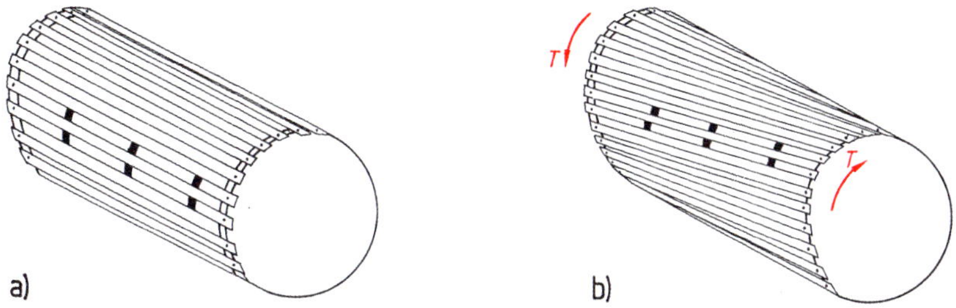

1.134 Aus Latten zusammengesetzter Stab

Schubspannungen und Hooke'sches Gesetz. Da es sich bei den durch Torsion hervorgerufenen Spannungen τ_t um Schubspannungen handelt, gilt wie in Abschn. 1.4.3 das Hooke'sche Gesetz $\tau_t = G \cdot \hat{\gamma}$. Wir erinnern uns an den in Abschn. 1.4.4 erwähnten Zusammenhang zwischen Elastizitätsmodul E und Gleit- oder Schubmodul G.

$$G = \frac{m}{2\,(1+m)} \cdot E \quad \text{bzw. mit der Querzahl} \quad \mu = \frac{1}{\mathrm{m}} \rightarrow G = \frac{E}{2\,(1+\mu)}.$$

Verdrehwinkel φ. Aus Bild **1**.130 erkennt man, dass der Bogen BB' einerseits $\hat{\gamma} \cdot l$, andererseits $\hat{\varphi} \cdot d/2$ ist. Daraus ergibt sich

$$\hat{\varphi} = \frac{\hat{\gamma} \cdot l}{d/2}. \quad \text{Für } \hat{\gamma} = \frac{\tau_t}{G} \text{ eingesetzt erhalten wir } \hat{\varphi} = \frac{\tau_t \cdot l}{G \cdot d/2}.$$

Für $\tau_t = \dfrac{T}{W_p} = \dfrac{T}{\dfrac{I_p}{d/2}}$ aus Gl. (1.69) eingesetzt erhalten wir den Verdrehwinkel $\hat{\varphi} = \dfrac{T \cdot l}{G \cdot I_p}$ bzw.

$$\varphi = \frac{T \cdot l}{G \cdot I_p} \cdot \frac{180}{\pi}.$$

T	l	G	I_p	φ
Nmm	mm	N/mm²	mm⁴	°

Gl. (1.71)

Der Ausdruck $G \cdot I_p$ bezeichnet die Torsionssteifigkeit. Der Verdrehwinkel φ hängt nicht nur vom Torsionsmoment T und der Länge l ab, sondern auch vom Werkstoff, von der Größe und – vor allem – der Form der Querschnittsfläche.

Da der Schubmodul G für alle Stahlarten praktisch gleich groß ist, lässt sich der Verdrehwinkel einer Welle nicht über die Werkstoffgüte beeinflussen.

Beispiel 1.53 Eine Welle mit einem kreisrunden Querschnitt $l = 800$ mm soll ein Torsionsmoment $T = 2 \cdot 10^6$ Nmm übertragen.

$\tau_{tzul} = 55$ N/mm².

a) Wie groß muss der Wellendurchmesser sein?

b) Um welchen Winkel φ verdreht sich die Welle?

Lösung a) Aus Gl. (1.69) ist das erforderliche Widerstandsmoment

$$W_p = \frac{T}{\tau_{tzul}}. \text{ Mit } W_p = \frac{d^3 \cdot \pi}{16} \text{ wird } d = \sqrt[3]{\frac{16 \cdot T}{\pi \cdot \tau_{tzul}}} = \sqrt[3]{\frac{16 \cdot 2 \cdot 10^6}{\pi \cdot 55}} = \mathbf{57{,}0\,mm}.$$

b) Führt man den Wellendurchmesser $d = 60$ mm aus, wird der Verdrehwinkel

$$\varphi = \frac{T \cdot l}{G \cdot I_p} \cdot \frac{180}{\pi} = \frac{T \cdot l \cdot 32 \cdot 180}{G \cdot d^4 \cdot \pi \cdot \pi} = \frac{2 \cdot 10^6 \cdot 800 \cdot 32 \cdot 180}{0{,}81 \cdot 10^5 \cdot 60^4 \cdot \pi^2} = \mathbf{0{,}8895°}$$

bzw. $\varphi = 0{,}8895° \cdot \dfrac{1}{0{,}8} = \mathbf{1{,}111\,°/m}$.

Beispiel 1.54 Der Wellendurchmesser des Beispiels 1.53 ist zu bemessen, wenn der maximal zulässige Verdrehwinkel $\varphi_{zul/m} = 0{,}25$ °/m beträgt.

Lösung Aus der Gleichung für φ ist

$$d = \sqrt[4]{\frac{T \cdot l \cdot 32 \cdot 180}{G \cdot \varphi_{zul} \cdot \pi^2}} = \sqrt[4]{\frac{2 \cdot 10^6 \cdot 800 \cdot 32 \cdot 180}{0{,}81 \cdot 10^5 \cdot 0{,}2 \cdot \pi^2}} = \mathbf{87{,}13\,mm}.$$

Beispiel 1.55 Der Verdrehwinkel der abgesetzten Welle **1**.135 soll berechnet werden.
$l_1 = 100$ mm, $l_2 = 150$ mm, $l_3 = 200$ mm, $d_1 = 55$ mm,
$d_2 = 60$ mm, $d_3 = 65$ mm, $T = 5 \cdot 10^5$ Nmm, $G = 0{,}81 \cdot 10^5$ N/mm².

1.135
Abgesetzte Welle

Lösung Der gesamte Verdrehwinkel setzt sich zusammen aus den einzelnen Verdrehwinkeln: $\hat{\varphi} = \hat{\varphi}_1 + \hat{\varphi}_2 + \hat{\varphi}_3$. In jedem Wellenabschnitt wirkt das Torsionsmoment T.

$$\hat{\varphi} = \frac{T \cdot l_1}{G \cdot I_{p1}} + \frac{T \cdot l_2}{G \cdot I_p^2} + \frac{T \cdot l_3}{G \cdot I_{p3}} = \frac{T}{G}\left(\frac{l_1}{I_{p1}} + \frac{l_2}{I_{p2}} + \frac{l_3}{I_{p3}}\right)$$

$$\text{in °: } \varphi = \frac{T}{G}\left(\frac{l_1}{I_{p1}} + \frac{l_2}{I_{p2}} + \frac{l_3}{I_{p3}}\right)\frac{180}{\pi}$$

$$\varphi = \frac{5 \cdot 10^5 \cdot 180 \cdot 32}{0{,}81 \cdot 10^5 \cdot \pi^2}\left(\frac{100}{55^4} + \frac{150}{60^4} + \frac{200}{65^4}\right) = \mathbf{0{,}121°}$$

1.5.2 Torsion von Stäben mit Kreisringquerschnitt

Hier gelten die gleichen Beziehungen wie beim vollen Kreisquerschnitt. Für das polare Widerstandsmoment W_p bzw. für das polare Flächenmoment 2. Ordnung I_p ist das für den Kreisringquerschnitt einzusetzen. Zur Aufnahme der Schubspannungen steht nur der Kreisring zur Verfügung (**1**.136).

$$I_p = (d_a^4 - d_i^4)\,\frac{\pi}{32} \qquad W_p = \frac{I_p}{d_a/2} = (d_a^4 - d_i^4)\,\frac{\pi}{16 \cdot d_a}.$$

Maximale Schubspannung	$\tau_{tmax} = \frac{T}{I_p} \cdot \frac{d_a}{2}$	Gl. (1.72)
Minimale Schubspannung	$\tau_{tmin} = \frac{T}{I_p} \cdot \frac{d_i}{2}$	Gl. (1.73)

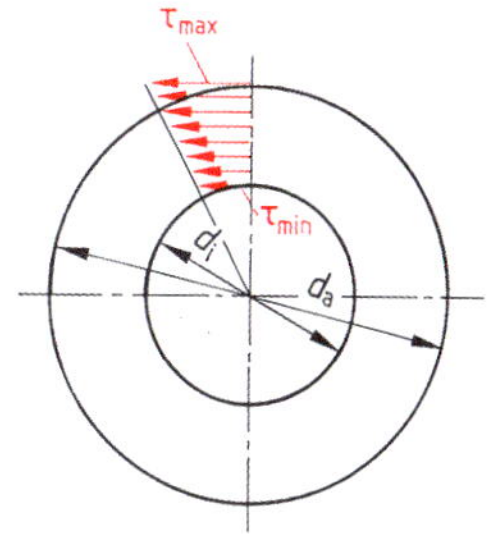

1.136 Torsion beim Kreisringquerschnitt

Für dünnwandige Kreisringquerschnitte kann man mit dem mittleren Durchmesser d_m und der Wandstärke t rechnen.

1.5.3 Torsion geschlossener dünnwandiger Hohlquerschnitte, Bredt'sche Formeln

Außer den Querschnitten Kreis und Kreisring werden im Maschinenbau häufig auch dünnwandige Hohlquerschnitte unterschiedlicher Querschnittsformen verwendet. Durch die vielfältigen Möglichkeiten der Querschnittsgestaltung erreicht man die je nach Verwendungszweck geforderten axialen und polaren Trägheitsmomente bei geringem Materialeinsatz und günstigen Herstellungsbedingungen (z. B. durch Walzen oder Abkanten von Blechen).

Wie sich dünnwandige Hohlquerschnitte bei Verdrehungsbeanspruchung verhalten, untersuchen wir zunächst an einem beliebig geformten Querschnitt mit einer über den Umfang veränderlichen Wandstärke t (**1**.137). Daraus schneiden wir ein Teilchen mit der Länge dz aus und setzen daran die wirkenden Kräfte an (**1**.138). Aus Abschn. 1.5.1 und 1.5.2 wissen wir, dass an diesem Teilchen Schubkräfte sowohl in Längs-(z-)Richtung als auch in Umfangsrichtung auftreten (**1**.139). Da die spannungsaufnehmenden Flächen ($dz \cdot t_1$) und ($dz \cdot t_2$) unterschiedlich groß sind, werden auch die Schubspannungen τ unterschiedlich groß sein. Wir bezeichnen sie mit τ_1, und τ_2. Das Kräftegleichgewicht in z-Richtung ergibt nach Bild **1**.138

$$\Sigma F_{iz} = 0{:}\quad \tau_1 \cdot dz \cdot t_1 = \tau_2 \cdot dz \cdot t_2 \quad \text{bzw.} \quad \tau_1 \cdot t_1 = \tau_2 \cdot t_2 .$$

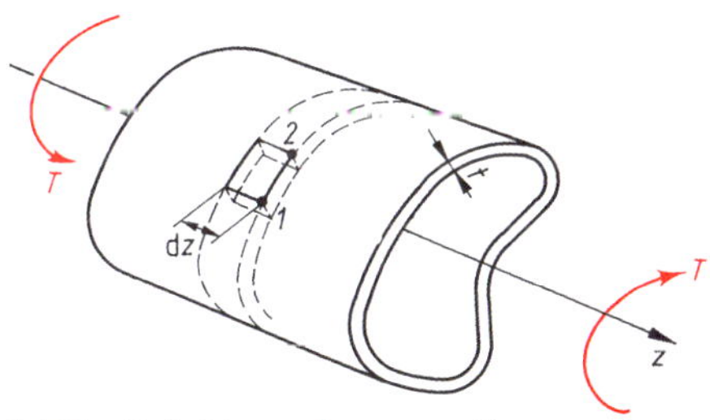

1.137 Beliebig geformter, dünnwandiger, geschlossener Hohlquerschnitt mit veränderlicher Wandstärke t

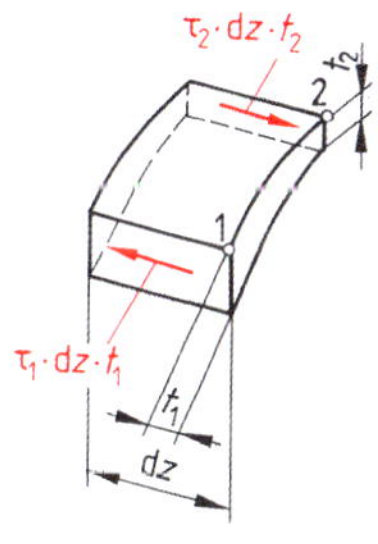

1.138 Kräfte in Längsrichtung

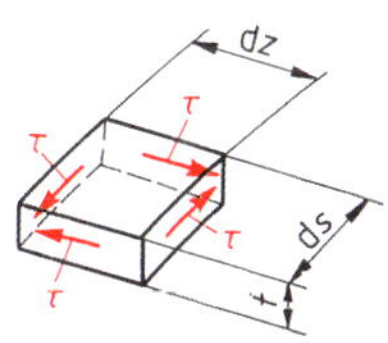

1.139 Paarweises Auftreten von Schubspannungen

Betrachten wir in Bild **1**.139 ein Teilchen $dz \cdot ds \cdot t$, das auch in Umfangsrichtung klein ist, und setzen unter Berücksichtigung des paarweisen Auftretens von Schubspannungen die Spannungen an, ergibt sich aus der Beziehung $\tau \cdot t = \text{konst} = q$, dass der Schubfluss q über den Umfang konstant ist. Dieser Schubfluss ist vorstellbar als die Summe von geschlossenen Kraftlinien und vergleichbar mit der Strömung in einem Fluss, die an Engstellen schneller wird (s. Abschn. 1.4.5).

Die Schubspannung τ ergibt, multipliziert mit dem Flächenelement dA_m, das Kraftelement dF (**1**.140). Multipliziert man dF mit dem Normalabstand ϱ von einem willkürlichen Punkt 0, erhält man das Moment $dM = \varrho \cdot dF = \varrho \cdot q \cdot ds$. Das Produkt $\varrho \cdot ds$ ist aber zweimal die schraffierte Dreiecksfläche dA_m, womit das Moment über den ganzen Umfang $T = \oint dM$ ($\oint$ ist das Integral über den ganzen geschlossenen Umfang) $= \oint \tau_t \cdot t \cdot 2 dA_m = 2q \cdot A_m$ wird.

$$T = 2 \cdot q \cdot A_m \qquad \text{Gl. (1.74)}$$

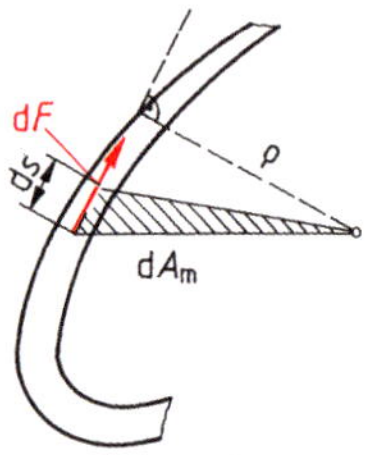

1.140 Durch Schubspannungen verursachtes Moment $dF \cdot \varrho$

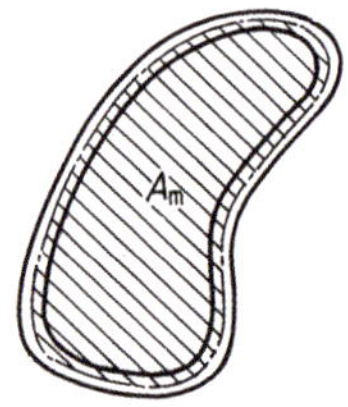

1.141 Mittlere Fläche des dünnwandigen Hohlquerschnitts

A_m ist die mittlere Fläche, die von der Mittellinie des dünnen Wandquerschnitts umschlossen ist (**1**.141). Umgekehrt ist mit $q = \tau_t \cdot t$ die Schubspannung

$$\tau_t = \frac{T}{2 \cdot t \cdot A_m} = \frac{T}{W_t} \qquad \text{Gl. (1.75)}$$

τ_t	T	t	A_m	W_t
N/mm²	Nmm	mm	mm²	mm³

Analog der Torsionshauptgleichung wird der Ausdruck im Nenner als Torsionswiderstandsmoment W_t bezeichnet.

$$W_t = 2 \cdot t \cdot A_m \qquad \text{Gl. (1.76)}$$

Diese Beziehung gilt für beliebig geformte dünnwandige Hohlquerschnitte.

Um den Verdrehwinkel φ des Querschnitts zu berechnen, brauchen wir nach Gl. (1.71) das Torsionsträgheitsmoment I_t.

$$\hat{\varphi} = \frac{T \cdot l}{G \cdot I_t} \qquad \text{Gl. (1.77)}$$

T	l	G	I_t	$\hat{\varphi}$
Nmm	mm	N/mm²	mm⁴	rad

Für den dünnwandigen Kreisringquerschnitt wird mit Gl. (1.76)

$I_t = W_t \cdot r_m = 2 \cdot t \cdot A_m \cdot r_m$ und erweitert mit A_m $\quad I_t = 2 \cdot t \cdot A_m^2 \cdot \frac{r_m}{A_m}$.

Für das A_m im Nenner setzen wir $r_m^2 \cdot \pi$. Für $r_m = s/2\pi$ im Nenner (aus $s = 2r_m \cdot \pi$ der Mittelkreislänge) bleibt das Torsionsträgheitsmoment (oder Drillungswiderstand)

$$I_t = \frac{4 \cdot t \cdot A_m^2}{s}. \qquad \text{Gl. (1.78)}$$

Für einen beliebigen, nichtkreisförmigen Hohlquerschnitt mit veränderlicher Wandstärke $t(s)$ erhalten wir analog zu Gl. (1.78) das Torsionsträgheitsmoment

$$I_t = \frac{4 \cdot A_m^2}{\oint \frac{ds}{t(s)}}$$ 2. Bredt'sche Formel. Gl. (1.79)

Analog dazu ist das Torsionswiderstandsmoment

$$W_t = 2 \cdot t(s) \cdot A_m .$$ Gl. (1.80)

Beispiel 1.56 Für die Rechteckquerschnitte **1**.142 sind die Torsionsschubspannungen in den einzelnen Wandstärken und I_t zu berechnen, wenn ein Torsionsmoment von 5 kNm zu übertragen ist.

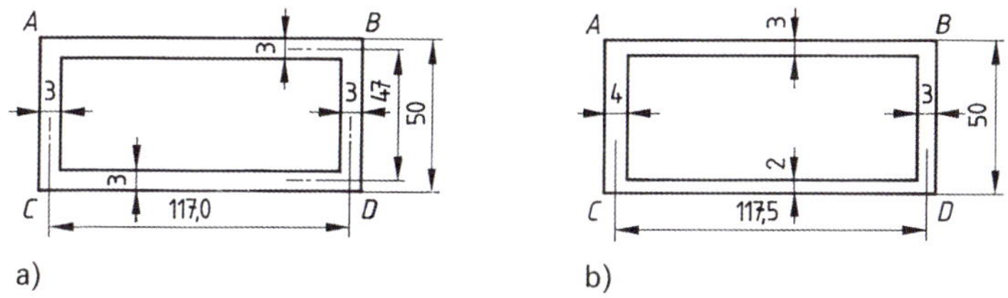

1.142 Rechteck-Hohlprofilquerschnitt
a) mit gleicher, b) mit ungleicher Wandstärke

Lösung Zuerst wird die Fläche A_m für beide Profile gesucht.

$A_{mI} = 117 \cdot 47 = 5499\,\text{mm}^2$ $\quad A_{mII} = 117{,}5 \cdot 47{,}5 = 5581{,}25\,\text{mm}^2$

Für das Profil I mit der konstanten Wandstärke von 3 mm wird nach Gl. (1.75)

$$\tau_I = \frac{T}{2 \cdot t \cdot A_{mI}} = \frac{5 \cdot 10^6\,\text{Nmm}}{2 \cdot 3\,\text{mm} \cdot 5499\,\text{mm}^2} = \mathbf{151{,}5\,N/mm^2}.$$

$$I_{tI} = \frac{4 \cdot t \cdot A_{mI}^2}{s} = \frac{4 \cdot 3\,\text{mm} \cdot 5499^2\,\text{mm}^4}{(2 \cdot 117 + 2 \cdot 47)\,\text{mm}} = \mathbf{110{,}63 \cdot 10^4\,mm^4}$$

Für das Profil II unterscheiden wir drei verschiedene Wandstärken.

$$\tau_{IIAB} = \tau_{IIBD} = \frac{5 \cdot 10^6\,\text{Nmm}}{2 \cdot 3\,\text{mm} \cdot 5581{,}25\,\text{mm}^2} = \mathbf{149{,}3\,N/mm^2}$$

$$\tau_{IIAC} = \frac{5 \cdot 10^6}{2 \cdot 4\,\text{mm} \cdot 5581{,}25\,\text{mm}^2} = \mathbf{112\,N/mm^2}$$

$$\tau_{IICD} = \frac{5 \cdot 10^6\,\text{Nmm}}{2 \cdot 2\,\text{mm} \cdot 5581{,}25\,\text{mm}^2} = \mathbf{224\,N/mm^2}$$

$$I_{tII} = \frac{4 \cdot A_m^2}{\oint \frac{ds}{t(s)}} \qquad \oint \frac{ds}{t(s)} = \int_A^B \frac{ds}{t_1} + \int_B^D \frac{ds}{t_2} + \int_D^C \frac{ds}{t_3} + \int_C^A \frac{ds}{t_4}$$

$$\rightarrow \frac{1}{t_1}\int_A^B ds + \frac{1}{t_2}\int_B^D ds + \frac{1}{t_3}\int_D^C ds + \frac{1}{t_4}\int_C^A ds \qquad \text{Es gilt: } \int ds = s$$

Lösung, Fortsetzung

$$\oint \frac{ds}{t(s)} = \frac{1}{3} \cdot 117{,}5 + \frac{1}{3} \cdot 47{,}5 + \frac{1}{2} \cdot 117{,}5 + \frac{1}{4} \cdot 47{,}5 = 125{,}625$$

$$I_{tII} = \frac{4 \cdot 5581{,}25^2 \text{ mm}^4}{125{,}625} = \mathbf{99{,}19 \cdot 10^4 \text{ mm}^4}$$

Sichtlich steigen die Spannungen in Zonen geringer Wandstärke an ($\tau \cdot t =$ konst).

Beispiel 1.57 Der beidseitig eingespannte Träger **1**.143 wird in der Mitte durch ein Torsionsmoment $T = 2$ kNm beansprucht. Das Profil ist ein Rechteckprofil von 100 mm · 60 mm außen und einer gleichmäßigen Wandstärke von 3 mm. $G = 0{,}81 \cdot 10^5$ N/mm². Wie groß ist der Drehwinkel φ in Trägermitte?

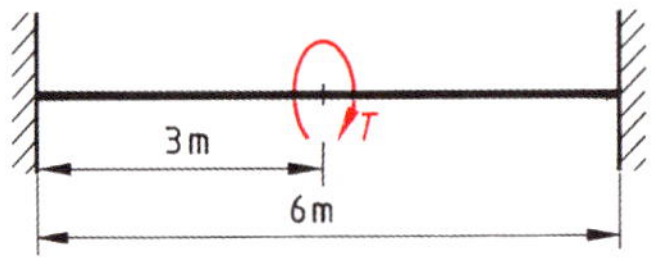

1.143
Beidseitig eingespannter, auf Verdrehung beanspruchter Träger

Lösung Da der beidseitig eingespannte Träger symmetrisch ist und das Torsionsmoment in der Mitte eingeleitet wird, tritt in der rechten und linken Balkenhälfte je das halbe Torsionsmoment $T' = 1$ kNm auf. Nach Gl. (1.78) ist mit $A_m = 97 \cdot 57 = 5529$ mm² und $s = 2 \cdot 97 + 2 \cdot 57 = 308$ mm das Torsionsträgheitsmoment

$$I_t = \frac{4 \cdot t \cdot A_m^2}{s} = \frac{4 \cdot 3 \text{ mm} \cdot (5529 \text{ mm}^2)^2}{308 \text{ mm}} = 11{,}91 \cdot 10^5 \text{ mm}^4.$$

Dann ist nach Gl. (1.77) der Verdrehwinkel

$$\hat{\varphi} = \frac{T' \cdot l}{G \cdot I_t} = \frac{1 \cdot 10^6 \text{ Nmm} \cdot 3000 \text{ mm}}{0{,}81 \cdot 10^5 \text{ N/mm}^2 \cdot 11{,}91 \cdot 10^5 \text{ mm}^4} = 0{,}0311 \text{ rad} \rightarrow \varphi = \mathbf{1{,}78°}.$$

1.5.4 Torsion rechteckiger Vollquerschnitte

Die uns bisher bekannten Gesetzmäßigkeiten bei der Verdrehung von Stäben lassen sich nicht ohne weiteres auf Stäbe mit Rechteckquerschnitt anwenden. Eine genauere Behandlung dieses Themas würde jedoch den Rahmen dieses Buches sprengen. Deshalb werden wir uns darauf beschränken, anhand von Überlegungen und einem Gleichnis die wichtigsten Gesetzmäßigkeiten bei der Verdrehung von Stäben mit Rechteckquerschnitten zu erkennen und für die Anwendung in der Praxis Gebrauchsformeln mit Beiwerten zu setzen.

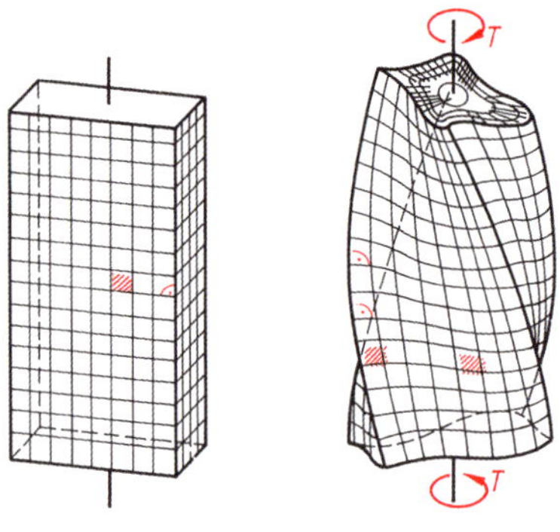

1.144 Verdrehter Rechteckstab

Überziehen wir einen Rechteckstab an der Oberfläche mit einem quadratischen Liniennetz, erkennen wir, dass sich dieses Netz beim Verdrehen des Stabes unterschiedlich verzerrt (**1**.144). An den Stabkanten bleiben die rechten Winkel des Liniennetzes erhalten, gegen die Mitte der Oberflächen werden die Verschiebungen zunehmend stärker. Unter der Voraussetzung, dass auch hier die Spannungen den Dehnungen proportional sind, kann man aus den Verschiebungen schließen, dass an den Kanten die Torsionsschubspannungen null sein müssen und in der Mitte der Oberflächen ihren Größtwert annehmen.

Strömungsgleichnis. Zwischen den Stromlinien einer in einem Behälter rotierenden Flüssigkeit und den Spannungslinien eines auf Verdrehung beanspruchten Querschnitts bestehen mathematische Beziehungen: Spannungen und Geschwindigkeiten entsprechen einander. Nach Bild **1**.145 treten die größten Spannungen, wie schon erwähnt, in den Oberflächenmitten auf. Da es sich um zwei verschieden große Oberflächen handelt, wird die größte Torsionsschubspannung in der Mitte der breiten Oberfläche wirksam werden. Die Spannungen in den Eckpunkten und im Mittelpunkt des Rechteckquerschnitts sind danach Null. Den Verlauf der Schubspannungen zeigt Bild **1**.145.

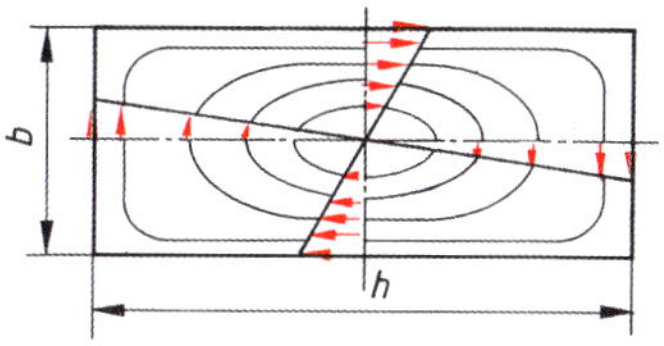

1.145 Torsionsspannungen im Rechteckquerschnitt

Für den praktischen Gebrauch zur Auslegung von Bauteilen benutzen wir diese beiden Gleichungen:

$$\tau_{max} = \frac{T}{\underbrace{c_1 \cdot h \cdot b^2}_{W_t}} \qquad \text{Gl. (1.81)}$$

c_1	τ	T	h	b
1	N/mm²	Nmm	mm	mm

$$\text{Drehwinkel } \hat{\varphi} = \frac{T \cdot l}{\underbrace{c_2 \cdot h \cdot b^3}_{I_t} \cdot G} \qquad \text{Gl. (1.82)}$$

Der Ausdruck $c_2 \cdot h \cdot b^3$ in Gl. (1.82) steht statt des polaren Trägheitsmoments I_p beim Kreisquerschnitt. Man nennt ihn Drillungswiderstand I_t. Der Ausdruck $c_1 \cdot h \cdot b^2$ steht statt des polaren Widerstandsmoments W_t beim Kreisquerschnitt.

Die Beiwerte c_1 und c_2 zeigt Tab. **1**.146 in Abhängigkeit vom Seitenverhältnis h zu b des Rechteckquerschnitts.

Gebräuchlich sind auch Formeln wie $I_t = c_2 b^4$ bzw. $W_t = c_1 b^3$, wobei die Konstanten c_1 und c_2 andere Werte haben, in denen das jeweilige Seitenverhältnis h/b schon berücksichtigt ist (s. Tab. **1**.50).

Tabelle **1**.146 **Beiwerte c_1 und c_2**

$\frac{h}{b}$	c_1	c_2
1,0	0,208	0,141
1,2	0,219	0,166
1,5	0,231	0,196
2,0	0,246	0,229
2,5	0,258	0,249
3,0	0,267	0,263
4,0	0,282	0,281
5,0	0,291	0,291
10,0	0,312	0,312
∞	0,333	0,33

Beispiel 1.58 Zu berechnen sind der Verdrehwinkel φ und die maximale Torsionsschubspannung τ_t von zwei Drehstäben, einer mit quadratischen Querschnitt 40 mm × 40 mm, der andere mit Rechteckquerschnitt 80 mm × 20 mm. Die Stäbe sind 2 m lang, einseitig eingespannt, und es wirkt ein Torsionsmoment von 400 Nm.

Lösung a) quadratischer Querschnitt

Nach Tab. **1**.146 ist $h/b = 1 \rightarrow c_1 = 0{,}208 \quad c_2 = 0{,}141$

Verdrehspannung nach Gl. (1.81)

$$\tau_t = \frac{T}{c_1 \cdot h \cdot b^2} = \frac{400 \cdot 10^3 \text{ Nmm}}{0{,}208 \cdot 40 \text{ mm} \cdot 40^2 \text{ mm}^2} = \mathbf{30{,}05 \text{ N/mm}^2}$$

Lösung Fortsetzung

Verdrehwinkel nach Gl. (1.82)

$$\hat{\varphi} = \frac{T \cdot l}{c_2 \cdot h \cdot b^3 \cdot G} = \frac{400 \cdot 10^3\,\text{Nmm} \cdot 2000\,\text{mm}}{0{,}141 \cdot 40\,\text{mm} \cdot 40^3\,\text{mm}^3 \cdot 0{,}81 \cdot 10^5\,\text{N/mm}^2}$$

$\hat{\varphi} = 0{,}0274\,\text{rad} \mathrel{\hat{=}} \mathbf{1{,}57°}$

b) Rechteckquerschnitt analog

$h/b = 4 \rightarrow c_1 = 0{,}282 \qquad c_2 = 0{,}281$

$$\tau_t = \frac{400 \cdot 10^3\,\text{Nmm}}{0{,}282 \cdot 80\,\text{mm} \cdot 20^2\,\text{mm}^2} = \mathbf{44{,}33\,N/mm^2}$$

$$\hat{\varphi} = \frac{400 \cdot 10^3\,\text{Nmm} \cdot 2000\,\text{mm}}{0{,}281 \cdot 80\,\text{mm} \cdot 20^3\,\text{mm}^3 \cdot 0{,}81 \cdot 10^5\,\text{N/mm}^2} = 0{,}0549\,\text{rad} \mathrel{\hat{=}} \mathbf{3{,}15°}$$

Beispiel 1.59 An drei einseitig eingespannten Stahlstäben **1**.147 ($l = 1$ m) greift das Torsionsmoment $T = 100$ Nm an. Zu berechnen sind jeweils die maximale Torsionsspannung und der Verdrehwinkel φ, wenn

a) der kreisrunde Stab **1**.147a 20 mm Durchmesser hat,

b) der quadratische Stab **1**.147b eine Seitenlänge aufweist, die die gleiche Querschnittsfläche wie der kreisrunde Stab ergibt,

c) der Rechteckstab **1**.147c ein Seitenverhältnis von 2:1 bei ebenfalls gleicher Querschnittsfläche wie der kreisrunde Stab hat.

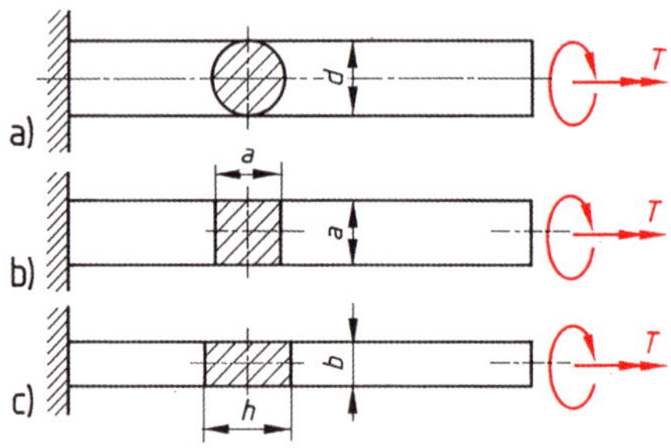

1.147
Einseitig eingespannte, auf Verdrehung beanspruchte Stäbe unterschiedlicher Querschnittsform, aber gleicher Querschnittsfläche

Lösung

a) $A = \frac{d^2 \cdot \pi}{4} = \frac{20^2 \cdot \pi}{4} = 314\,\text{mm}^2$

$$\tau_t = \frac{T}{W_p} = \frac{T}{\frac{d^3 \cdot \pi}{16}} = \frac{16 \cdot 100 \cdot 10^3}{20^3 \cdot \pi} = \mathbf{63{,}66\,N/mm^2}$$

$$\hat{\varphi} = \frac{T \cdot l}{G \cdot I_p} = \frac{T \cdot l}{G \cdot \frac{d^4 \cdot \pi}{32}} = \frac{32 \cdot 100 \cdot 10^3 \cdot 10^3}{0{,}81 \cdot 10^5 \cdot 20^4 \cdot \pi} = \mathbf{0{,}07859\,rad} \rightarrow \varphi = \mathbf{4{,}5°}$$

b) $a = \sqrt{A} = \sqrt{314} = 17{,}72$ mm. Nach Gl. (1.81) ist

$$\tau_{tmax} = \frac{T}{c_1 \cdot h \cdot b^2} = \frac{T}{c_1 \cdot a^3} = \frac{100 \cdot 10^3}{0{,}208 \cdot 17{,}72^3} = \mathbf{86{,}34\,N/mm^2}.$$

$h = b = a$ Für $h/b = 1 \rightarrow$ aus Tab. **1**.146 $c_1 = 0{,}208 \qquad c_2 = 0{,}141$

Nach Gl. (1.82) ist

$$\hat{\varphi} = \frac{T \cdot l}{c_2 \cdot h \cdot b^3 \cdot G} = \frac{100 \cdot 10^3\,\text{Nmm} \cdot 10^3\,\text{mm}}{0{,}141 \cdot 17{,}72^4\,\text{mm}^4 \cdot 0{,}81 \cdot 10^5\,\text{N/mm}^2} = \mathbf{0{,}0888\,rad} \rightarrow \varphi = \mathbf{5{,}1°}$$

Lösung Fortsetzung

c) $\frac{h}{b} = \frac{2}{1} \rightarrow h = 2b \qquad A = b \cdot h = 2b^2 \rightarrow b = \sqrt{\frac{A}{2}} = \sqrt{\frac{314}{2}} = 12{,}52\,\text{mm}$

$h = 25{,}07\,\text{mm}$

Aus Tab. **1**.146 für $h/b = 2 \rightarrow c_1 = 0{,}246 \qquad c_2 = 0{,}229$

$$\tau_{\text{tmax}} = \frac{T}{c_1 \cdot h \cdot b^2} = \frac{100 \cdot 10^3\,\text{Nmm}}{0{,}246 \cdot 25{,}07\,\text{mm} \cdot 12{,}53^2\,\text{mm}^2} = \mathbf{103{,}24\,N/mm^2}$$

$$\hat{\varphi} = \frac{T \cdot l}{c_2 \cdot h \cdot b^3 \cdot G} = \frac{100 \cdot 10^3\,\text{Nmm} \cdot 10^3\,\text{mm}}{0{,}229 \cdot 25{,}07\,\text{mm} \cdot 12{,}53^3\,\text{mm}^3 \cdot 0{,}81 \cdot 10^5\,\text{N/mm}^2}$$

$\hat{\varphi} = \mathbf{0{,}109\,rad} \rightarrow \varphi = \mathbf{6{,}26°}$.

Beispiel 1.60 Zu berechnen sind die maximale Torsionsschubspannung τ_t und der Verdrehwinkel φ eines dünnwandigen ($s = 3\,\text{mm}$), geschlossenen quadratischen Hohlquerschnitts, der in seiner Querschnittsfläche und damit im Gewicht den Stäben des Beispiels 1.59 entspricht (**1**.148).

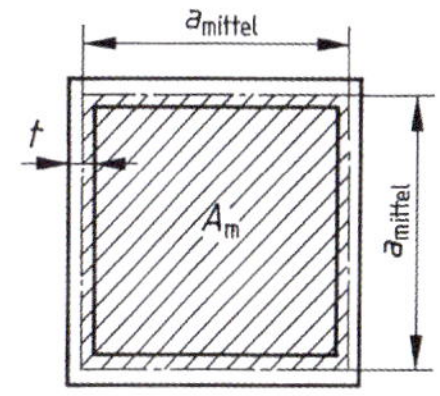

1.148 Dünnwandiger quadratischer Hohlquerschnitt

Lösung

$$A = 4 \cdot a_{\text{mittel}} \cdot t \rightarrow a_{\text{mittel}} = \frac{A}{4 \cdot t} = \frac{314\,\text{mm}^2}{4 \cdot 3\,\text{mm}} = 26{,}18\,\text{mm}$$

$A_m = a_{\text{mittel}}^2 = 26{,}18^2 = 685{,}39\,\text{mm}^2$

Nach Gl. (1.75) ist die Spannung in der Profilwand

$$\tau_t = \frac{T}{2 \cdot t \cdot A_m} = \frac{100 \cdot 10^3\,\text{Nmm}}{2 \cdot 3\,\text{mm} \cdot 685{,}39\,\text{mm}^2} = \mathbf{24{,}32\,N/mm^2}.$$

Nach Gl. (1.79) ist das Torsionsträgheitsmoment

$I_t = \dfrac{4 \cdot A_m^2}{\oint \dfrac{ds}{t(s)}}$ bzw., da die Wandstärke $t = 3\,\text{mm}$ konstant ist, nach Gl. (1.78)

$$I_t = \frac{4 \cdot t \cdot A_m^2}{s} = \frac{4 \cdot t \cdot A_m^2}{4 \cdot a_{\text{mittel}}} = \frac{3\,\text{mm} \cdot 685{,}35^2\,\text{mm}^2}{26{,}18\,\text{mm}} = 53\,830{,}34\,\text{mm}^4.$$

$$\hat{\varphi} = \frac{T \cdot l}{G \cdot I_t} = \frac{100 \cdot 10^3\,\text{Nmm} \cdot 10^3\,\text{mm}}{0{,}81 \cdot 10^5\,\text{N/mm}^2 \cdot 53\,830{,}34\,\text{mm}^4} = \mathbf{0{,}0229\,rad} \rightarrow \varphi = \mathbf{1{,}31°}.$$

Dieses Ergebnis zeigt, wie materialsparend und vor allem verdrehsteif dünnwandige geschlossene Hohlquerschnitte sind. So beträgt hier im Vergleich mit dem runden Vollquerschnitt die Schubspannung nur etwa 38%, der Verdrehwinkel weniger als ein Drittel.

Beispiel 1.61 Für den aus Rechtecken zusammengesetzten Querschnitt **1**.149 sollen bei $l = 800\text{mm}$ und $T = 400$ Nm der Verdrehwinkel φ und die größte auftretende Torsionsschubspannung berechnet werden. Geg.: $h_1 = 50$ mm, $h_2 = 60$ mm, $h3 = 30$ mm, $b_1 = b_2 = 10$ mm, $b_3 = 15$ mm

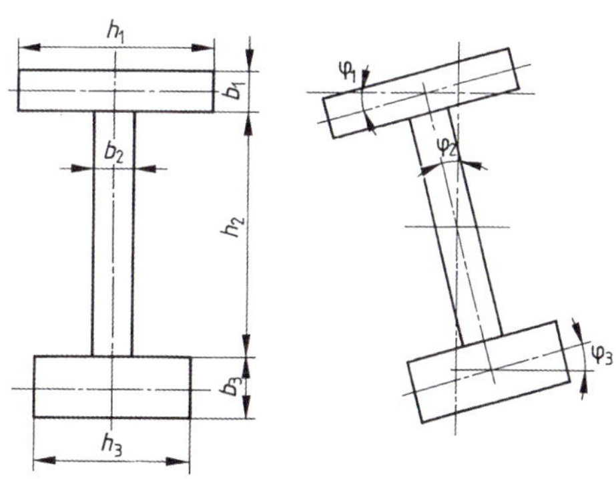

1.149 Verdrehung eines zusammengesetzten Rechteckquerschnitts

Lösung Für die Berechnung dieses Profils wird vereinfachend angenommen, dass sich die drei Teilrechtecke um den gleichen Winkel φ verdrehen, also $\varphi = \varphi_1 = \varphi_2 = \varphi_3$ ist. Statt der Gl. (1.82) müssen wir hier schreiben:

$$\frac{T \cdot l}{\Sigma\,(c_2 \cdot h \cdot b^3)\,G} = \frac{T_1 \cdot l}{c_{21} \cdot h_1 \cdot b_1^3 \cdot G} = \frac{T_2 \cdot l}{c_{22} \cdot h_2 \cdot b_2^3 \cdot G} = \frac{T_3 \cdot l}{c_{23} \cdot h_3 \cdot b_3^3 \cdot G}$$

Aus dieser Beziehung sehen wir, dass

$$T_1 = T\,\frac{c_{21} \cdot h_1 \cdot b_1^3}{\Sigma\,(c_2 \cdot h \cdot b^3)} \qquad T_2 = T\,\frac{c_{22} \cdot h_2 \cdot b_2^3}{\Sigma\,(c_2 \cdot h \cdot b^3)} \qquad T_3 = T\,\frac{c_{23} \cdot h_3 \cdot b_3^3}{\Sigma\,(c_2 \cdot h \cdot b^3)}.$$

Aus Tab. **1**.146 folgt

$$\frac{h_1}{b_1} = 5 \rightarrow \begin{matrix} c_{21} = 0{,}291 \\ c_{11} = 0{,}291 \end{matrix} \quad \frac{h_2}{b_2} = 6 \rightarrow \begin{matrix} c_{22} = 0{,}295 \\ c_{12} = 0{,}295 \end{matrix} \quad \frac{h_3}{b_3} = 2 \rightarrow \begin{matrix} c_{23} = 0{,}229 \\ c_{13} = 0{,}246 \end{matrix}$$

$$\Sigma\,(c_2 \cdot h \cdot b^3) = 0{,}291 \cdot 5\,\text{cm} \cdot 1^3\,\text{cm}^3 + 0{,}295 \cdot 6\,\text{cm} \cdot 1^3\,\text{cm}^3 + 0{,}229 \cdot 3\,\text{cm} \cdot 1{,}5^3\,\text{cm}^3$$
$$= 5{,}543\,\text{cm}^4.$$

$$T_1 = 400\,\text{Nm}\,\frac{0{,}291 \cdot 5\,\text{cm} \cdot 1^3\,\text{cm}^3}{5{,}54\,\text{cm}^4} = 104{,}98\,\text{Nm}$$

$$T_2 = 400\,\text{Nm}\,\frac{0{,}295 \cdot 6\,\text{cm} \cdot 1^3\,\text{cm}^3}{5{,}54\,\text{cm}^4} = 127{,}71\,\text{Nm}$$

$$T_3 = 400\,\text{Nm}\,\frac{0{,}229 \cdot 3\,\text{cm} \cdot 1{,}5^3\,\text{cm}^3}{5{,}54\,\text{cm}^4} = 167{,}3\,\text{Nm}$$

$$\hat{\varphi} = \hat{\varphi}_1 = \hat{\varphi}_2 = \hat{\varphi}_3 = \frac{T_1 \cdot l}{c_{21} \cdot h_1 \cdot b_1^3 \cdot G} = \frac{104{,}98 \cdot 10^3 \cdot 800}{0{,}291 \cdot 50 \cdot 10^3 \cdot 0{,}81 \cdot 10^5}$$
$$= 0{,}07126\,\text{rad} \mathrel{\hat{=}} 4{,}08^\circ$$

Nach Gl. (1.81) sind die entsprechenden Schubspannungen

$$\tau_{t1\,max} = \frac{T_1}{c_{11} \cdot h_1 \cdot b_1^2} = \frac{104{,}98 \cdot 10^2\,\text{Ncm}}{0{,}291 \cdot 5\,\text{cm} \cdot 1^2\,\text{cm}^2} = 7215\,\text{N/cm}^2 \mathrel{\hat{=}} \mathbf{72{,}15\,N/mm^2}$$

$$\tau_{t2\,max} = \frac{127{,}71 \cdot 10^2\,\text{Ncm}}{0{,}295 \cdot 6\,\text{cm} \cdot 1^2\,\text{cm}^2} = 7215\,\text{N/cm}^2 \mathrel{\hat{=}} \mathbf{72{,}15\,N/mm^2}$$

$$\tau_{t3\,max} = \frac{167{,}3 \cdot 10^2\,\text{Ncm}}{0{,}246 \cdot 3\,\text{cm} \cdot 1{,}5^2\,\text{cm}^2} = 10075\,\text{N/cm}^2 \mathrel{\hat{=}} \mathbf{100{,}75\,N/mm^2}.$$

die größte Verdrehspannung tritt **am stärksten Rechteck** auf.

1.5.5 Torsion dünnwandiger offener Querschnitte

Vergleicht man zwei gleiche kreisförmige, dünnwandige Querschnitte, von denen einer als geschlossenes Rundrohr und der andere in Längsrichtung geschlitzt ausgeführt sind, in ihrem Verhalten bei Torsionsbeanspruchung, ergibt sich ein deutlicher Unterschied. (Leicht zu sehen an zwei Strohhalmen.) Das offene Profil kann nur ein erheblich kleineres Moment übertragen und ist somit viel ungünstiger als das geschlossene. Bild **1**.150a zeigt, dass die Torsionsbeanspruchung beim verdrehten geschlossenen Rundrohr ohne Unterbrechung verläuft. Beim geschlitzten Rundrohr **1**.150b ergibt sich jedoch an der Unterbrechungsstelle eine Umkehr der Schubspannungen τ_t und damit eine „Verdichtung".

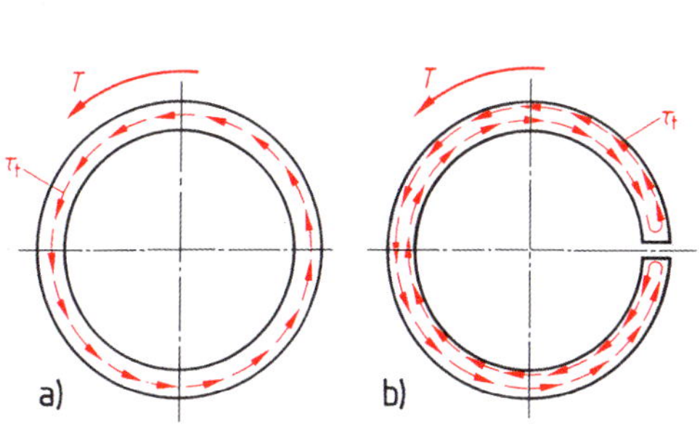

1.150 Spannungsumkehr beim offenen Querschnitt

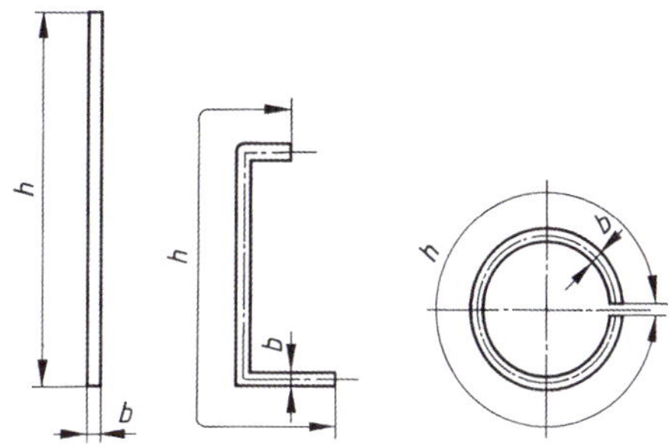

1.151 Dünnwandige offene Querschnitte

Ohne auf eine Theorie näher einzugehen, berechnen wir dünnwandige offene Hohlquerschnitte so auf Verdrehung, als wären sie Rechtecke mit der gestreckten Länge als Höhe (**1**.151).

1.5.6 Federn

Das elastische Werkstoffverhalten benutzt man im Maschinenbau oft dazu, Energie zu speichern und zu einem späteren Zeitpunkt wieder abzugeben. Je nach Anwendungsfall speichert man die Energie über Zug-, Druck-, Biege- oder Verdrehbeanspruchung. Typisch für alle diese Beanspruchungen ist die große Gruppe der Federn. (Weitere charakteristische Aufgaben der Federn sind die Kraftverteilung, Stoßisolierung, Schwingungsdämpfung und Erzeugung einer bestimmten Vorspannkraft sowie das Ausgleichen von Dehnungen.)

Auf Verdrehung beansprucht werden vor allem zwei Federarten: die Stabfedern und die zylindrischen Schraubenfedern.

Stabfedern sind Stäbe mit meist rundem Querschnitt, die sich bei der Aufnahme eines Torsionsmoments verdrehen und – solange sich die Verdrehung im elastischen Bereich abspielt – die aufgenommene Energie durch Rückdrehung wieder abgeben. Berechnet werden die Stabfedern wie jeder andere auf Verdrehung beanspruchte Stab nach den Gl. (1.69) bis (1.73).

Handelt es sich um eine dynamische Beanspruchung (wie bei Torsionsstabfedern im Kraftfahrzeugbau), dimensioniert man nach den Regeln der Dauerfestigkeit (s. Band 1, Abschn. 3.3.2). Je nach Belastungsfall (schwellend oder wechselnd) entnimmt man dem für den betreffenden Werkstoff vorliegenden Dauerfestigkeitsschaubild die Dauerfestigkeitswerte τ_D und berechnet den zulässigen Wert $\tau_{t\,zul}$ unter Berücksichtigung der verschiedenen Beiwerte (Größen-, Oberflächenbeiwert, vor allem Kerbwirkungszahl β_K) und der erforderlichen Sicherheit ν.

Zylindrische Schraubenfedern sind Maschinenelemente aus schraubenförmig gewundenem Stahldraht (**1**.152). Sie können bei Belastung in Richtung Federachse sowohl Druck- als auch Zugkräfte aufnehmen. Bei Druckbelastung spricht man von einer Druckfeder, bei Zugbeanspruchung von einer Zugfeder.

Ein Querschnitt senkrecht zur Drahtachse (Stabachse) nimmt bei Belastung durch eine Kraft F eine Normalkraft, eine Querkraft, ein Drehmoment und ein Biegemoment auf. Normalkraft, Querkraft und Biegemoment sind im Allgemeinen für die Berechnung unwesentlich,

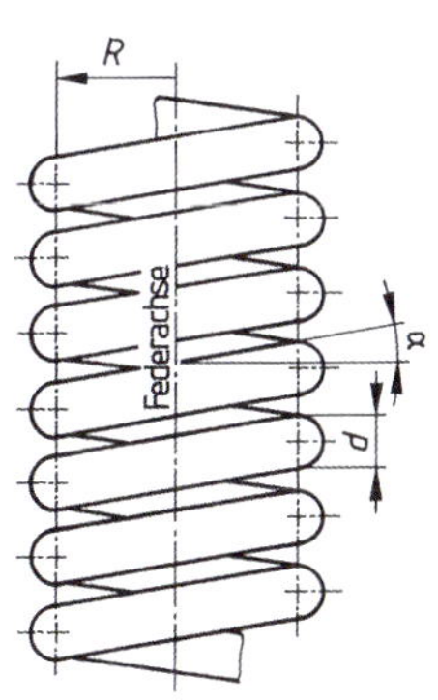

1.152 Zylindrische Schraubenfeder

die Schraubenfeder wird auf Verdrehung berechnet. Voraussetzung dazu ist allerdings, dass die Steigung der Schraubenlinie gering und der Windungsradius R im Verhältnis zum Drahtdurchmesser d sehr groß sind.

Bild **1**.153 zeigt, wie eine Federwindung mit Drahtdurchmesser d und Windungsradius R durch die Kraft F beansprucht wird. Dadurch entsteht für den Querschnitt normal zur Drehachse das Torsionsmoment $F \cdot R$. Es bewirkt eine Verdrehung um den Winkel $\Delta\varphi$. Nach Gl. (1.71) ist dieser Winkel

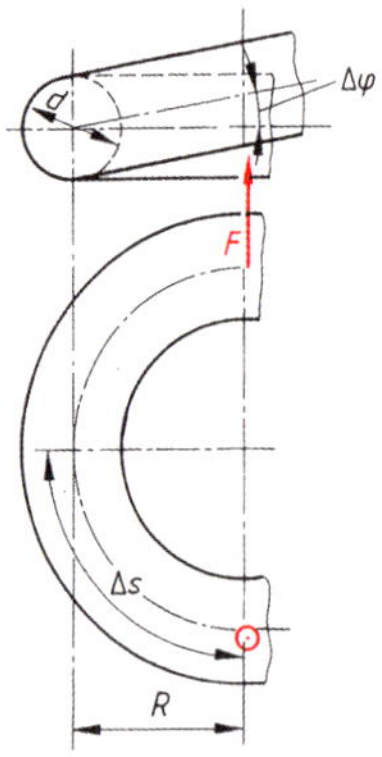

1.153 Verdrehung der Schraubenfeder $\Delta\varphi$ durch Torsionsmoment $F \cdot R$

$\Delta\varphi = \dfrac{T \cdot \Delta s}{G \cdot I_p}$. Andererseits ist $\Delta l = R \cdot \Delta\varphi$.

Setzen wir für $\Delta\varphi = \dfrac{\Delta l}{R}$ ein,

bekommen wir die Längenänderung

$$\Delta l = \frac{T \cdot \Delta s}{G \cdot I_p} R = \frac{32 \cdot F \cdot R^2 \cdot \Delta s}{G \cdot \pi \cdot d^4}.$$

Die Summe aller Längenänderungen Δl ist der Federweg f insgesamt, also von i Windungen. Setzen wir für Δs die gestreckte Federlänge $2 \cdot R \cdot \pi \cdot i$ ein, ergibt sich für die Längenänderung insgesamt

$$f = \frac{64 \cdot F \cdot R^3 \cdot i}{G \cdot d^4}$$ 1. Form der Federgleichung Gl. (1.83)

f	F	R	i	G	d
mm	N	mm	1	N/mm²	mm

Mit der Torsionshauptgleichung bringen wir die Beanspruchung τ_t in die Gleichung für den Federweg f ein.

$$\tau_t = \frac{T}{W_p} \rightarrow \tau_t = \frac{F \cdot R}{\frac{d^3 \cdot \pi}{16}} \rightarrow \tau_t \cdot \pi = \frac{16 \cdot F \cdot R}{d^3}.$$ Eingesetzt in Gl. (1.83):

$$f = \frac{4 \cdot \tau_t \cdot \pi \cdot R^2 \cdot i}{G \cdot d}$$ 2. Form der Federgleichung Gl. (1.84)

Aus diesen beiden Formen der Federgleichung ist zu erkennen, dass die Formänderung f proportional der Federbelastung F bzw. der Beanspruchung τ_t ist. Die Federkennlinie ist daher eine Gerade.

Diese Federgleichungen gelten, wenn das Windungsverhältnis $\zeta = d/2R$ sehr klein ist. Sonst sind die bei Schraubenfedern auftretenden Biegebeanspruchungen nicht vernachlässigbar, sondern werden durch Zusatzfaktoren berücksichtigt. Zur Berechnung gelten diese Zusammenhänge:

$$f = k_2 \frac{64 \cdot F \cdot R^3 \cdot i}{G \cdot d^4} \qquad f = \frac{k_2}{k_1} \cdot \frac{4 \cdot \pi \cdot R^2 \cdot \tau_t \cdot i}{G \cdot d}$$ Gl. (1.85/1.86)

$$k_1 = 1 + \frac{5}{4}\zeta + \frac{7}{8}\zeta^2 \qquad k_2 = 1 - \frac{3}{16}\zeta^2 \qquad \zeta = \frac{d}{2 \cdot R}$$ Gl. (1.87/1.88)

Federgesetz und Formänderungsarbeit. Fassen wir das proportionale Verhalten des Federwegs f zur Federbelastung F in eine mathematische Form, können wir schreiben

$$F = c \cdot f. \qquad \text{Gl. (1.89)}$$

c ist die für eine Feder charakteristische Größe Federkonstante oder Federrate (gleich der Kennliniensteigung im F-f-Diagramm). Setzen wir die Gleichung in Gl. (1.83) ein, bekommen wir für die

$$\text{Federkonstante } c = \frac{G \cdot d^4}{64 \cdot R^3 \cdot i}. \qquad \text{Gl. (1.90)}$$

Arbeit ist allgemein Kraft mal Weg. In unserem Fall sind der Weg = Federweg f und die Kraft F = Belastungskraft der Feder. Da die Federkraft F von Null bis F ansteigt (**1.154**), ergibt sich die

$$\text{Formänderungsarbeit } W = \frac{1}{2} F \cdot f = \frac{1}{2} c \cdot f^2. \qquad \text{Gl. (1.91)}$$

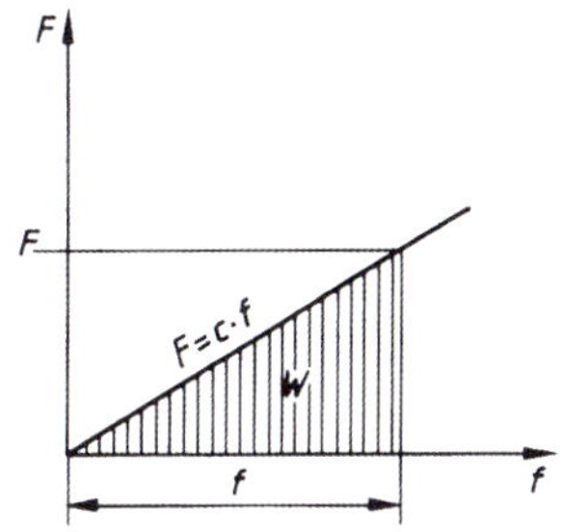

1.154 Formänderungsarbeit der Schraubenfeder

Zugfedern sind an den Enden häufig hakenförmig gebogen, um die Zugkraft in die Feder einleiten zu können. Druckfedern sind meist an den Enden plangeschliffen, damit sich eine ebene Auflage ergibt. Solche abgeflachten Druckfedern tragen an den Endwindungen wenig. Deshalb gibt man zur berechneten Windungszahl i je Federende eine halbe bis dreiviertel Windung hinzu. Dieser Zuschlag zur Windungszahl ist beim Berechnen der kleinsten Federlänge, der Blocklänge, zu berücksichtigen.

Vorgespannte Feder. Um die erforderliche Federspannarbeit auf einem kurzen Weg zu erreichen, spannt man Schraubenfedern oft vor. Dabei vermeidet man die geringe Tragfähigkeit der Feder am Beginn des Federwegs.

Beispiel 1.62 Gegeben ist eine Feder mit einer Federkonstanten $c = 100\,\text{N/cm}$, die unter einer Belastung durch F um den Federweg $f = 5\,\text{cm}$ zusammengedrückt wird. Daraus wird

$F = f \cdot c = 5\,\text{cm} \cdot 100\,\text{N/cm} = \mathbf{500\,N}.$

Die Formänderungsarbeit W_1 erhalten wir nach Bild **1.155**a auf S. 110 zu

$W_1 = \frac{1}{2} F \cdot f = \frac{1}{2} \cdot 500\,\text{N} \cdot 5\,\text{cm} = \mathbf{1250\,Ncm}.$

Wollen wir diese Federarbeit mit einem geringeren Federweg erreichen, spannen wir die Feder z.B. um 3 cm vor. Das Diagramm der vorgespannten Feder zeigt Bild **1**.155b, der unbekannte Federweg ist mit x bezeichnet. W_2 ist die Fläche die die Federarbeit wiedergibt. Sie hat Trapezform und muss gleich der Fläche von W_1 in Bild **1**.155a sein.

Im Allgemeinen ist die Trapezfläche $\frac{a + b}{2} \cdot x$. Dabei ist $a = 3 \cdot \tan \varphi$, $b = (3 + x) \tan \varphi$.

Beispiel 1.62
Fortsetzung

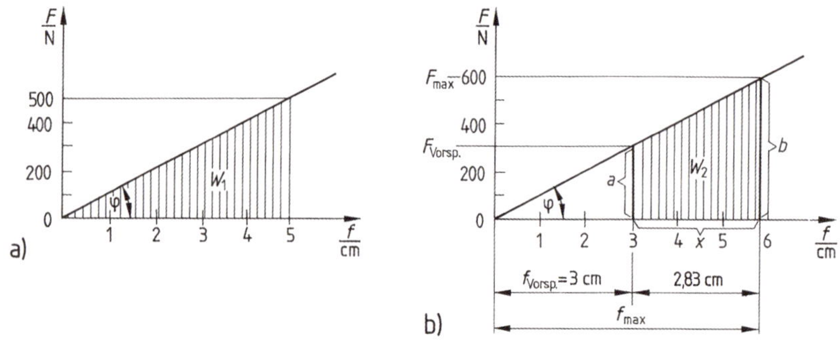

1.155 Feder a) ohne, b) mit Vorspannung

Nehmen wir den in Bild **1.**155a gewählten Maßstab $m_F = 200$ N/cm für die Federkraft, sind $W_1 = 6{,}25\,\text{cm}^2$ und $\tan\varphi = \frac{2{,}5}{5} = 0{,}5$. Setzen wir für $W_1 = W_2 = 6{,}25\,\text{cm}^2$, für W_2 den Ausdruck $\frac{a+b}{2} \cdot x$ sowie für a und b die oben angeführten Beziehungen ein, erhalten wir die Gleichung

$$6{,}25 = [3 \cdot \tan\varphi + (3+x)\tan\varphi]\,\frac{x}{2} \quad \text{bzw. mit } \tan\varphi = 0{,}5$$

$$x^2 + 6x - 25 = 0 \rightarrow x_{1,2} = -\frac{6}{2} \overset{+}{(-)} \sqrt{\left(\frac{6}{2}\right)^2 + 25} \qquad x = \mathbf{2{,}83\,cm}.$$

D.h., bei einer Vorspannung von 3 cm wird die geforderte Federarbeit auf einem Federweg von 2,83 cm erreicht (**1.**155b).

Beispiel 1.63 Gegeben ist eine vorgespannte Ventilfeder mit $F_{max} = 2000$ N, $R = 30$ mm und $f_{max} = 28$ mm. Das Arbeitsvermögen W der Feder soll = 16000 Nmm sein. $\tau_{tzul} = 400\,\text{N/mm}^2$ (**1.**156).

Ges.: a) Drahtdurchmesser d, b) Windungszahl i, c) Federkonstante c, d) Vorspannung F_{vor}, e) ungespannte Federlänge l_{ung} und Länge der vorgespannten Feder l_{vor}.

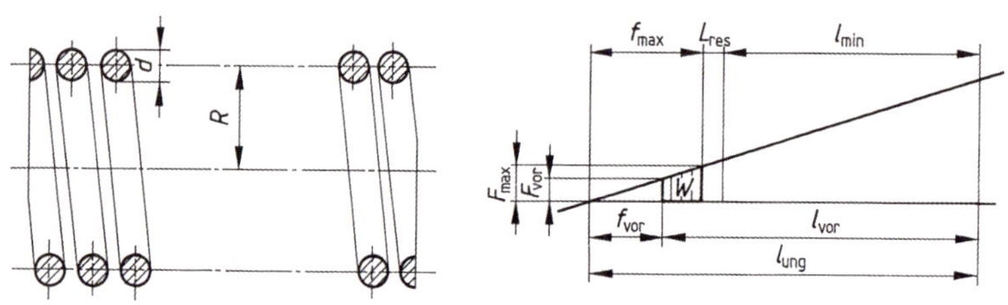

1.156 Ventilfeder mit Federdiagramm

Lösung

a) Drahtdurchmesser *d*

Wir nehmen die beiden Gl. (1.85) und (1.86), setzen sie gleich und erhalten daraus die Beziehung für d. In diesem Ausdruck für d bleibt der Korrekturwert k_1 erhalten, der die in diesem Fall nicht vernachlässigbare Biegebeanspruchung berücksichtigt. Da der Korrekturfaktor jedoch vom Verhältnis Drahtdurchmesser zu Windungsdurchmesser abhängt, der erste aber unbekannt ist, müssen wir die Lösung durch Wiederholung suchen. Wir setzen zunächst $\zeta = 0$, so dass $k_1 = 1$ wird.

Lösung
Fortsetzung

$$\left.\begin{aligned} f &= k_2 \frac{64 \cdot F \cdot R^3 \cdot i}{G \cdot d^4} \\ f &= \frac{k_2}{k_1} \cdot \frac{4 \cdot \pi \cdot R^2 \cdot \tau_t \cdot i}{G \cdot d} \end{aligned}\right\} \rightarrow d = \sqrt[3]{k_1 \frac{16 \cdot F_{max} \cdot R}{\pi \cdot \tau_{tzul}}} \quad \left| \quad \begin{aligned} k_1 &= 1 + \frac{5}{4}\zeta + \frac{7}{8}\zeta^2 \\ \zeta &= \frac{d}{2 \cdot R} \end{aligned}\right.$$

1. Annahme: $\zeta = 0 \rightarrow k_1 = 1 \qquad d = \sqrt[3]{1 \frac{16 \cdot 2000\,\text{N} \cdot 30\,\text{mm}}{\pi \cdot 400\,\text{N/mm}^2}} = 9{,}1415\,\text{mm}$

$$\rightarrow \zeta = \frac{9{,}1415}{60} = 0{,}1524 \rightarrow k_1 = 1 + \frac{5}{4} \cdot 0{,}1524 + \frac{7}{8} \cdot 0{,}1524^2 = 1{,}2107$$

1. Wiederholung: $d = \sqrt[3]{1{,}210 \frac{16 \cdot 2000\,\text{N} \cdot 30\,\text{mm}}{\pi \cdot 400\,\text{N/mm}^2}} = 9{,}7433\,\text{mm}$

$\rightarrow \zeta = 0{,}16238 \qquad k_1 = 1{,}2260$

2. Wiederholung: $d = \sqrt[3]{1{,}22 \frac{16 \cdot 2000\,\text{N} \cdot 30\,\text{mm}}{\pi \cdot 400\,\text{N/mm}^2}} = 9{,}784\,\text{mm}$

$\rightarrow \zeta = 0{,}16306 \qquad k_1 = 1{,}227$

3. Wiederholung: $d = \sqrt[3]{1{,}227 \frac{16 \cdot 2000\,\text{N} \cdot 30\,\text{mm}}{\pi \cdot 400\,\text{N/mm}^2}} = 9{,}786\,\text{mm}$

Der berechnete Drahtdurchmesser pendelt sich ziemlich genau bei 9,8 mm ein, die Feder wird mit d = **9,8 mm** ausgeführt.

$$d = 9{,}8\,\text{mm} \rightarrow \zeta = \frac{9{,}8}{60} = 0{,}1633 \rightarrow k_1 = 1{,}227, \qquad k_2 = 0{,}994$$

b) Windungszahl i

$$f = k_2 \frac{64 \cdot F \cdot R^3 \cdot i}{G \cdot d^4} \rightarrow$$

$$i = \frac{f_{max} \cdot G \cdot d^4}{64 \cdot F_{max} \cdot k_2 \cdot R^3} = \frac{28\,\text{mm} \cdot 0{,}81 \cdot 10^5\,\text{N/mm}^2 \cdot 9{,}8^4\,\text{mm}^4}{64 \cdot 2000\,\text{N} \cdot 0{,}994 \cdot 27000\,\text{mm}^3} = \mathbf{6{,}08}$$

$i = 6$. Je Federende wird eine 3/4 Windung dazugegeben $\rightarrow i = 7{,}5$.

c) Federkonstante c

$$F = c \cdot f \rightarrow c = \frac{F_{max}}{f_{max}} = \frac{2000\,\text{N}}{28\,\text{mm}} = \mathbf{71{,}428\,N/mm}$$

d) Vorspannung F_{vor}

$$W = \frac{1}{2}(F_{max} \cdot f_{max} - F_{vor} \cdot f_{vor}) = \frac{1}{2}(c \cdot f_{max}^2 - c \cdot f_{vor}^2) \rightarrow$$

$$f_{vor} = \sqrt{f_{max}^2 - \frac{2W}{c}} = \sqrt{28^2\,\text{mm}^2 - \frac{2 \cdot 16000\,\text{Nmm}}{71{,}428\,\text{N/mm}}} = 18{,}3\,\text{mm}$$

$F_{vor} = c \cdot f_{vor} = 71{,}428\,\text{N/mm} \cdot 18{,}33\,\text{mm} = \mathbf{1309{,}3\,N}$

e) ungespannte Federlänge l_{ung} und vorgespannte Federlänge l_{vor}

$l_{ung} = d \cdot i + f_{max} + l_{res} \qquad l_{res} = 5\,\text{mm}$

$l_{ung} = 9{,}8\,\text{mm} \cdot 7{,}5 + 28\,\text{mm} + 5\,\text{mm} = \mathbf{106{,}5\,mm}$

$l_{vor} = l_{ung} - f_{vor} = 106{,}5\,\text{mm} - 18{,}3\,\text{mm} = \mathbf{88{,}2\,mm}$

Schraubenfedern mit Rechteckquerschnitt. Neben den zylindrischen Schraubenfedern mit Kreisquerschnitt finden auch vielfach Schraubenfedern mit Rechteckquerschnitt Verwendung (**1**.157). Analog zu den Federgleichungen für den kreisförmigen Drahtquerschnitt ergibt sich hier mit Gl. (1.81) und Gl. (1.82) die

1. Form der Federgleichung

$$f = k_2 \frac{F \cdot R^3 \cdot 2 \cdot \pi \cdot i}{G \cdot I_t} = k_2 \frac{F \cdot R^3 \cdot 2 \cdot \pi \cdot i}{G \cdot c_2 \cdot h \cdot b^3} \qquad \text{Gl. (1.92)}$$

2. Form der Federgleichung

$$f = \frac{k_2}{k_1} \cdot \frac{c_1 \cdot 2 \cdot \pi \cdot \tau_t \cdot R^2 \cdot h \cdot b^3 \cdot i}{G \cdot I_t} = \frac{k_2}{k_1} \cdot \frac{c_1}{c_2} \cdot \frac{2 \cdot \pi \cdot \tau_t \cdot R^2 \cdot i}{G \cdot b} \qquad \text{Gl. (1.93)}$$

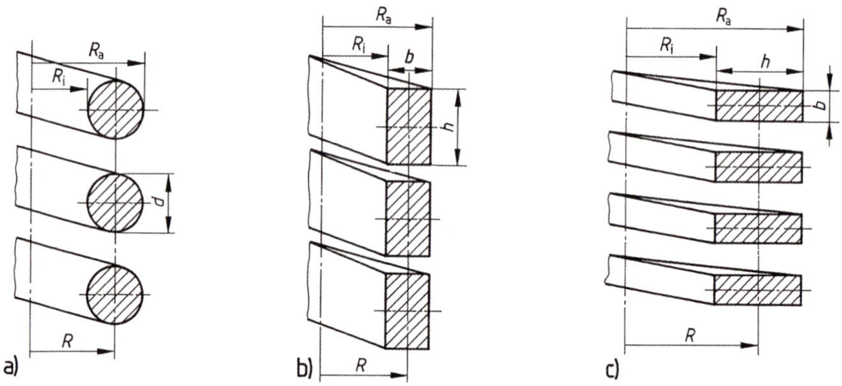

1.157 Bauformen zylindrischer Schraubenfedern
a) Kreisquerschnitt, b) Rechteck hoch gestellt, c) Rechteck flach gestellt

Für den Fall, dass das Windungsverhältnis ζ sehr klein ist, werden die Konstanten k_1 und k_2 annähernd 1, und die Biegebeanspruchung ist somit vernachlässigbar. Für das Windungsverhältnis ζ ist beim Rechteckquerschnitt $\zeta = b/2 \cdot R$ bzw. wie im Bild **1**.157c $\zeta = h/2 \cdot R$ zu setzen. Stets ist in Zahlen der Formel für ζ diejenige Seite des rechteckigen Drahtquerschnitts einzusetzen, die senkrecht zur Federachse steht.

Aufgaben zu Abschnitt 1.5

1. Berechnen Sie für Bild **1**.131 jenes an der Stelle E angreifende Torsionsmoment T_4, das das Einspannmoment T_A doppelt so groß wie T_4 werden lässt. T_1 = 20 kNm, T_2 = 30 kNm, T_3 = 5 kNm; Richtungen von T_1, T_2, T_3 nach Bild. T_4 wirkt gleichsinnig mit T_1 und T_2.
2. Wie groß muss für den Balken **1**.132 T_2 werden, damit $T_A = T_E$ wird?
   T_1 = 30kNm, T_3 = 10 kNm.
3. Eine Stahlwelle mit d = 80 mm wird bei l = 1 m durch ein Torsionsmoment T auf Verdrehung beansprucht.
   a) Wie groß darf T sein, dass der Verdrehwinkel den Wert φ_{zul} = 0,4°/m nicht überschreitet?
   b) Wie groß ist die auftretende maximale Verdrehspannung τ_{tmax}?
4. Ein Stahlrohr mit 280 mm Außendurchmesser wird durch ein Torsionsmoment T = 30 kNm beansprucht. Wie groß muss der Innendurchmesser d_i sein, damit der Verdrehwinkel φ je m Rohrlänge 0,25° nicht überschreitet?
5. Ein Drehmomentschlüssel soll bei einem Torsionsmoment T= 265 Nm einen Verdrehwinkel φ = 20° anzeigen. Wie muss der kreisrunde

Drehstab ($G = 0,81 \cdot 10^5$ N/mm²) dimensioniert werden (Durchmesser d, Länge l), wenn $\tau_{tzul} = 400$ N/mm² beträgt?

6. Eine Welle soll bei einem zulässigen Verdrehwinkel von $\varphi = 0,25°$ je m eine Leistung von 55 kW übertragen ($n = 1400$ min⁻¹). Wie groß sind a) der Durchmesser d, b) τ_t?
7. Berechnen Sie mit den Angaben von Aufgabe 6 d_a, d_i und τ_t, wenn die Welle als Hohlwelle mit einem Verhältnis $d_a/d_i = 1,75$ ausgeführt werden soll.
8. Berechnen Sie mit den Angaben von Beispiel 1.55 (**1**.135) die Längen l_2 und l_3, wenn die Verdrehwinkel φ_1, φ_2, φ_3 gleich groß sein sollen.
9. Die ineinander gesteckten und fest verbundenen Cu-Zylinder ($G = 0,48 \cdot 10^5$ N/mm², $d_a = 50$ mm, $d_i = 40$ mm) und Al-Zylinder ($G = 0,28 \cdot 10^5$ N/mm², $d = 40$ mm) werden durch ein Torsionsmoment $T = 2$ kNm auf Verdrehung beansprucht.
   a) Wie groß ist die maximale Verdrehspannung τ_{tmax} in beiden Zylindern?
   b) Wie groß sind die Verdrehwinkel $\hat{\varphi}_1$ und $\hat{\varphi}_2$ bei einer Länge von $l = 300$ mm?
10. a) Wie groß darf das Torsionsmoment T der Aufgabe 9 höchstens sein, wenn ein Verdrehwinkel $\varphi_{zul} = 0,25°$/m gegeben ist?
    b) Wie groß sind hier die vom Cu-Hohlzylinder und vom Al-Zylinder aufgenommenen Anteile T_1 und T_2 des Torsionsmoments T?
11. Eine zylindrische Hohlwelle aus Stahl mit 3 mm Wandstärke und 400 mm Länge hat an den Enden die Außendurchmesser $D = 60$ mm und $d = 50$ mm. Wie groß ist der Verdrehwinkel φ, wenn ein Torsionsmoment $T = 1,5$ kNm wirkt?
12. Ein dünnwandiges Rechteckprofil 80 x 60 aus Stahl hat an den Längsseiten 2 mm, an den Schmalseiten 4 mm Wandstärke und wird durch ein Torsionsmoment von 4 kNm beansprucht.
    Wie groß sind die Torsionsschubspannungen und der Verdrehwinkel φ in °/m?
    Geg.: $G = 81000$ N/mm², $l = 1$ m
13. Wie groß müsste ein 3 mm starkes quadratisches Hohlprofil ausgeführt werden, damit der Verdrehwinkel gleich jenem von der Aufgabe 12 ist?
    Wie groß ist die Torsionsschubspannung?
14. Ein Stahlstab mit quadratischem Vollquerschnitt (30 mm x 30 mm) soll durch ein Torsionsmoment T so verdreht werden, dass der Verdrehwinkel $\varphi = 0,4°$/m beträgt.
    Wie groß ist die maximale Torsionsschubspannung τ_{tmax}?
15. Eine zylindrische Schraubenfeder aus Stahl mit kreisförmigem Drahtquerschnitt soll bei einem Federweg $f = 80$ mm, einer Federkraft $F = 1,8$ kN und einer zulässigen Torsionsspannung $\tau_{tzul} = 450$ N/mm² dimensioniert werden. $R = 40$ mm.
    Wie groß sind d und i?

1.6 Zusammengesetzte Beanspruchung

Bei den bisherigen Festigkeitsberechnungen wurden die Bauteile nur von einer einzigen Belastungsart beansprucht (z. B. Zug, Druck, Schub, Biegung oder Verdrehung). Oder wir konnten wie bei der Querkraftbiegung die durch die Querkräfte hervorgerufenen Schubspannungen gegenüber den Biegespannungen vernachlässigen. Festigkeitsberechnungen, die nur eine Belastungsart berücksichtigen, gehören zu der einfachen Festigkeitslehre. Wird ein Bauteil gleichzeitig von mehreren Belastungsarten beansprucht bzw. treten durch die Belastung unterschiedliche Spannungsarten im Bauteil auf und ist eine Vernachlässigung nicht mehr zulässig, sprechen wir von zusammengesetzter Beanspruchung. Je nach Art der an einer Schnittfläche auftretenden Spannungen unterscheiden wir dabei

- die Überlagerung gleichartiger Spannungen (Zug, Druck und Biegung sowie Schub- und Verdrehbeanspruchung),
- die Überlagerung ungleichartiger Spannungen (Biegung und Torsion, Schub und Biegung sowie mehrachsige Belastung, z. B. zweiachsiger Zug).

1.6.1 Überlagerung gleichartiger Spannungen

1.6.1.1 Überlagerung von Normalspannungen

Resultierende Spannung. Wirken an einer Schnittfläche nur Normalspannungen, können wir ihre Beträge zur resultierenden Spannung σ_{res} addieren, da die Spannungsvektoren kollinear sind (in eine gemeinsame Linie fallen). Für die an einer Stelle im Bauteilquerschnitt auftretende Zug- oder Druck- und Biegespannung gilt die resultierende Spannung

$\sigma_{res} = \sigma_z \pm \sigma_b$ bzw. $\sigma_{res} = \sigma_d \pm \sigma_b$.

Da sich Zug- und Druckspannungen nur durch die Vorzeichen unterscheiden, gilt allgemein:

$$\sigma_{res} = \sigma \pm \sigma_b = \pm \frac{F}{A} \pm \frac{M_b}{W_b}, \quad \text{wobei } |\sigma_{res}| \leqq \sigma_{zul}. \qquad \text{Gl. (1.94)}$$

Sind F bzw. M_b negativ, sind sie negativ in die Gleichung einzusetzen.

Dabei interessieren uns vor allem jene Stellen des Bauteils, in denen die resultierende Spannung die größten Werte annimmt. Für die Dimensionierung eines Bauteils muss die im Querschnitt auftretende maximale resultierende Spannung kleiner oder darf höchstens gleich der zulässigen Spannung sein. Bei einer Überlagerung von Druck und Biegung ist – besonders bei schlanken Stäben – auch die Stabilität des Bauteils zu prüfen. In diesem Fall liefert Gl. (1.94) nur den Spannungsnachweis.

Verschiebung der Nulllinie bei zusammengesetzter Beanspruchung. Im proportionalen Spannungsbereich des Materials bewirkt die Biegebeanspruchung eine lineare Spannungsverteilung, die durch den Schwerpunkt des Trägerquerschnitts geht. Durch Überlagerung mit der Normalspannung, hervorgerufen durch die Längskraft (Zug oder Druck), verschiebt sich die Lage der Nulllinie.

Die Nulllinie verläuft bei zusammengesetzter Beanspruchung nicht mehr durch den Schwerpunkt des Trägerquerschnitts.

Die Verschiebung der Nulllinie aus dem Schwerpunkt erhalten wir für die Beanspruchung gerade Biegung und Zug aus der Ähnlichkeit der Spannungsdreiecke (**1**.158) zu

$e_y : \sigma_b = -\Delta y : \sigma.$

Da sich die Nulllinie bei diesem Belastungsfall in negativer Richtung verschiebt, gilt

$$\Delta y = -\frac{\sigma}{\sigma_b} \cdot e_y = -\frac{F \cdot W_x}{A \cdot M_x} \cdot e_y = -\frac{F \cdot I_x}{A \cdot M_x}. \quad \text{Mit } \frac{I_x}{A} = i_x^2 \text{ folgt } \quad \Delta y = -\frac{F}{M_x} \cdot i_x^2.$$

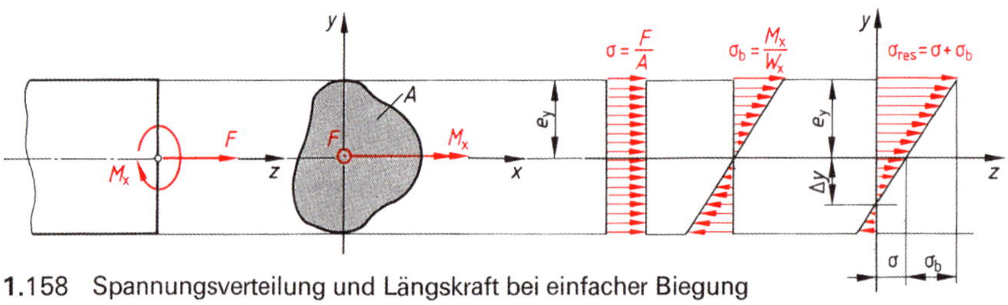

1.158 Spannungsverteilung und Längskraft bei einfacher Biegung

Bei der Biegung des Trägers um die y-Achse vertauschen wir nur den Index x mit y. Bei Druckbeanspruchung wird die Längskraft negativ, der Momentenvektor kann positiv oder negativ gerichtet sein. Daher ist es wichtig, die Längskraft und das Biegemoment-Vorzeichen richtig zu setzen. Allgemein gilt somit für die Verschiebung der Nulllinie bei gerader Biegung und Längskraft

$$\Delta y = -\frac{F}{M} \cdot \frac{I}{A} = -\frac{F}{M} \cdot i^2. \qquad \text{Gl. (1.95)}$$

Für die vier möglichen Fälle erhalten wir:

Zug und M_x positiv $\Delta y = -\frac{F}{M_x} \cdot i_x^2$ Druck und M_x positiv $\Delta y = \frac{F}{M_x} \cdot i_x^2$

Zug und M_x negativ $\Delta y = \frac{F}{M_x} \cdot i_x^2$ Druck und M_x negativ $\Delta y = -\frac{F}{M_x} \cdot i_x^2$

Erfolgt die Biegung um die y-Achse, ist der Index x durch y zu ersetzen.

Verschiebung der Nulllinie bei zweiachsiger Biegung und Längskraft. Bei der Überlagerung einer zweiachsigen Biegung (schiefe oder Doppelbiegung) mit einer Längskraft (Zug oder Druck) kommt es ebenfalls zu einer Verschiebung der Nulllinie. Die Koordinatenabschnitte Δx und Δy erhalten wir, indem wir jene Achsenabschnitte suchen, bei denen die resultierende Spannung σ_{res} = null wird.

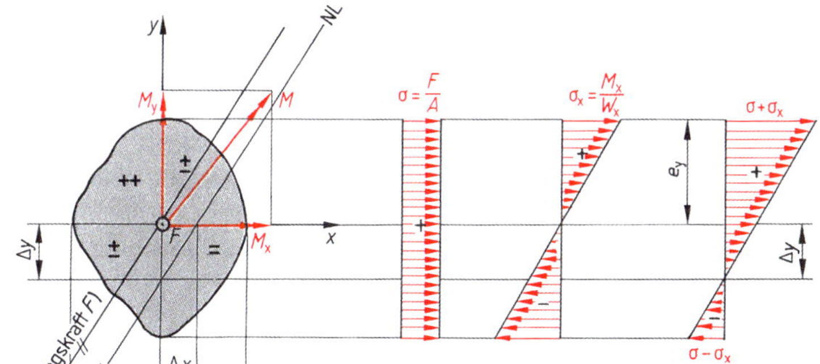
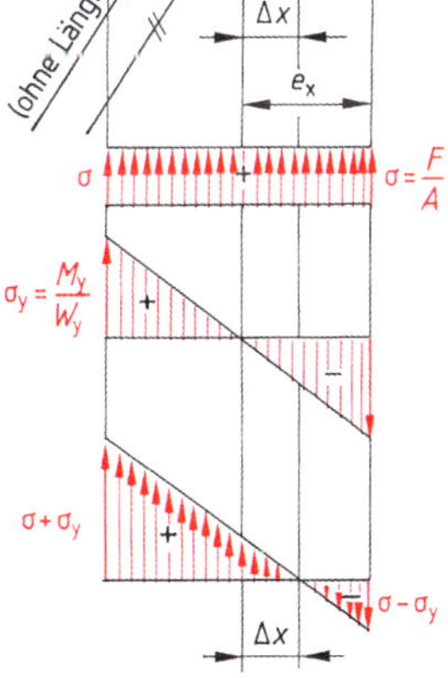

1.159 Spannungsverteilung und Längskraft bei Doppelbiegung

Für den Koordinatenabschnitt Δy folgt aus Bild **1**.159

$$e_y : \sigma_x = -\Delta y : \sigma$$

$$\Delta y = -\frac{\sigma}{\sigma_x} \cdot e_y = -\frac{F \cdot W_x}{A \cdot M_x} \cdot e_y = -\frac{F \cdot I_x}{A \cdot M_x} = -\frac{F}{M_x} \cdot i_x^2 \qquad \text{s. Gl. (1.95)}$$

und für den Koordinatenabschnitt Δx

$$e_x : \sigma_y = \Delta x : \sigma$$

$$\Delta x = \frac{\sigma}{\sigma_y} \cdot e_x = \frac{F \cdot W_y}{A \cdot M_y} \cdot e_x = \frac{F \cdot I_y}{A \cdot M_y} = \frac{F}{M_y} \cdot i_y^2.$$

Die Gleichung der Nulllinie bekommen wir aus der Achsen-Abschnittsform für Gerade.

$$\frac{x}{\Delta x} + \frac{y}{\Delta y} = 1 \qquad y = -\frac{\Delta y}{\Delta x} \cdot x + \Delta y.$$

Durch Einsetzen folgt

$$y = \frac{F \cdot I_x \cdot A \cdot M_y}{A \cdot M_x \cdot F \cdot I_y} \cdot x - \frac{F}{M_x} \cdot \frac{I_x}{A} = \frac{M_y \cdot I_x}{M_x \cdot I_y} \cdot x - \frac{F}{M_x} \cdot \frac{I_x}{A}. \qquad \text{Gl. (1.96)}$$

Ist F negativ (Druck) bzw. sind die Biegemomente M_x und/oder M_y negativ, werden sie auch negativ in die Gleichung eingesetzt. Es ergeben sich 8 mögliche Kombinationen.

Beispiel 1.64 An einem Stab mit Rechteckquerschnitt greift exzentrisch zur Stabachse eine Kraft F an (**1**.160). Das Eigengewicht des Stabes kann vernachlässigt werden. Geg.: $a = 6$ cm, $b = 3$ cm, $e = 1$ cm, Fließgrenze $R_{eH} = 240$ N/mm², $F = 90$ kN.

Ges.: a) Sicherheit ν gegen plastische Verformung, b) Verschiebung Δy der Nulllinie.

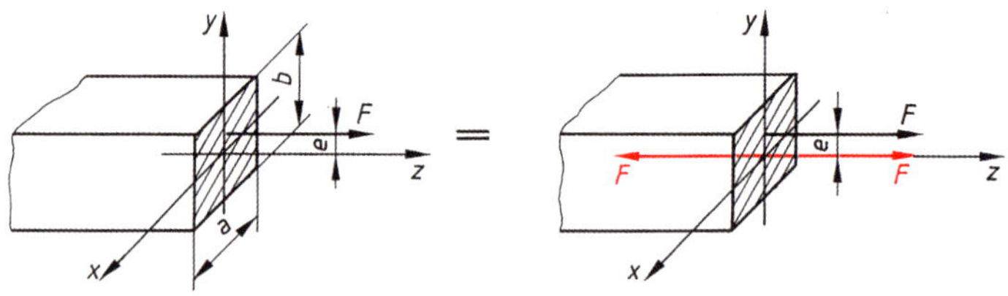

1.160 Exzentrisch belasteter und freigemachter Stab

Lösung Durch Addition und gleichzeitige Subtraktion der Kraft F in die Stabschwerachse wird die exzentrische Belastung durch eine zentrische Zug- und Biegebeanspruchung ersetzt.

a) $$\sigma_{res} = \sigma_z \pm \sigma_b = \frac{F}{a \cdot b} \pm \frac{M_b}{W_x} = \frac{F}{a \cdot b} \pm \frac{6 \cdot F \cdot e}{a \cdot b^2}$$

$$\sigma_{res} = \frac{90000\ \text{N}}{60\ \text{mm} \cdot 30\ \text{mm}} \pm \frac{6 \cdot 90000\ \text{N} \cdot 10\ \text{mm}}{60\ \text{mm} \cdot 30^2\ \text{mm}^2} = 50 \pm 100\ \text{N/mm}^2$$

Die maximale Spannung σ_{max} tritt in der oberen Randfaser des Stabes auf.

$\sigma_{max} = 50 + 100 = 150$ N/mm²

Als Sicherheit ergibt sich somit $\nu = \dfrac{R_{eH}}{\sigma_{max}} = \dfrac{240}{150} = \mathbf{1{,}6}$.

Da die maximale Spannung im Stab nur in der Randfaser auftritt, ist die Sicherheit mit 1,6 gegen plastische Verformung ausreichend, zumal zusätzlich eine „Stützreserve" durch die Innenfasern des Stabquerschnitts gegeben ist.

b) $$\Delta y = -\frac{F}{M_b} \cdot \frac{I_x}{A} = -\frac{F}{F \cdot e} \cdot \frac{a \cdot b^3}{12 \cdot a \cdot b} = -\frac{b^2}{12 \cdot e} = -\frac{30^2}{12 \cdot 10} = \mathbf{-7{,}5\,mm}.$$

Beispiel 1.65 Ein einfach eingespannter HEB (IPB)-Träger mit Profil I-200 wird durch eine schräge Last F am Trägerende nach Bild **1**.161 belastet. $F = 500$ kN, $l = 40$ cm, $\alpha = 30°$.

Ges.: Spannungsverteilung und Nulllinienverschiebung in der Einspannstelle. Die durch die Querkraft hervorgerufene Schubspannung wird vernachlässigt.

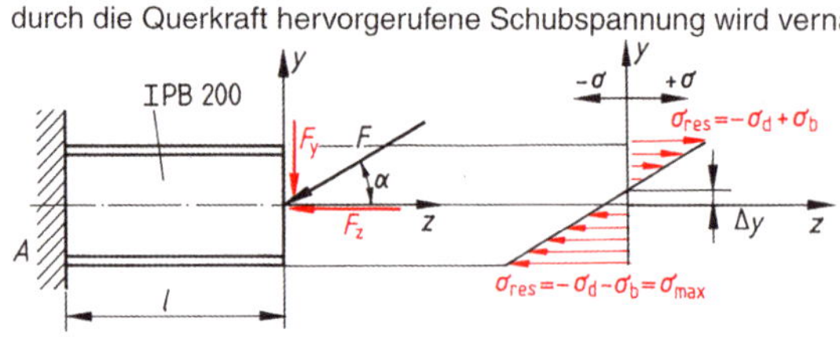

1.161 Einfach eingespannter Träger mit Einzellast am Ende und Spannungsverteilung an der Einspannstelle

Lösung $F_y = F \cdot \sin\alpha = 500 \cdot \sin 30° = 250\,\text{kN}$

$F_z = F \cdot \cos\alpha = 500 \cdot \cos 30° = 433{,}013\,\text{kN}$

$M_A = F_y \cdot l = 250 \cdot 400 = 100\,000\,\text{kNmm}$

$$\sigma_{res} = -\frac{F_z}{A} \pm \frac{M_A}{W_x} = -\frac{433013\,\text{N}}{7810\,\text{mm}^2} \pm \frac{100\,000 \cdot 10^3\,\text{Nmm}}{570\,000\,\text{mm}^3} = -55{,}44 \pm 175{,}44\,\text{N/mm}^2$$

Die maximale Spannung tritt an der Einspannstelle in der unteren Randfaser des Querschnitts auf.

$\sigma_{max} = \mathbf{-230{,}88\,N/mm^2}$.

In der oberen Randfaser an der Einspannstelle ist die Spannung

$\sigma = \mathbf{120{,}0\,N/mm^2}$.

Zwischen diesen Grenzwerten verläuft die Spannungsverteilung linear.

Nulllinienverschiebung:

$$\Delta y = -\frac{F}{M_b} \cdot \frac{I_x}{A} = -\frac{F_z}{M_A} \cdot \frac{I_x}{A} = \frac{433{,}013\,\text{kN}}{100\,000\,\text{kNmm}} \cdot \frac{5700 \cdot 10^4\,\text{mm}^4}{78{,}1 \cdot 10^2\,\text{mm}^2} = \mathbf{31{,}6\,mm}$$

Beispiel 1.66 Berechnen Sie in den Ecken 1 bis 4 die Spannung in der außermittig auf Druck belasteten Säule 1.162. Bestimmen Sie außerdem die Gleichung der Nulllinie.

Geg.: $a_1 = 150\,\text{mm}$, $a_2 = 60\,\text{mm}$, $b_1 = 250\,\text{mm}$, $b_2 = 160\,\text{mm}$, $F = 1000\,\text{kN}$.

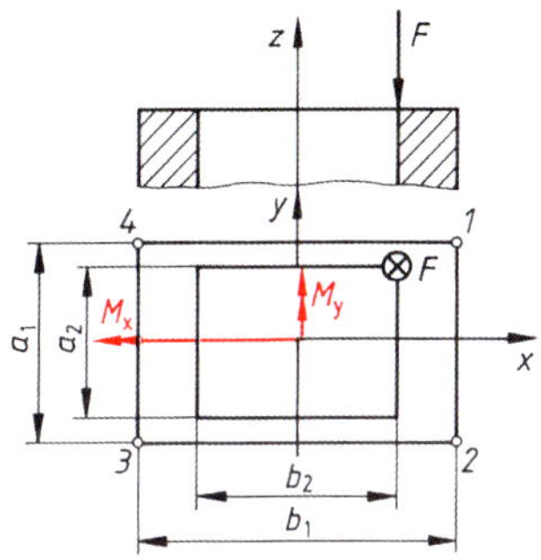

1.162 Außermittig auf Druck belastete Stäbe

Lösung Die resultierenden Spannungen ergeben sich durch Überlagerung einer gleichmäßig verteilten Druckbeanspruchung und einer Doppelbiegung.

$$\sigma_{res} = -\frac{F}{A} \pm \frac{M_x}{W_x} \pm \frac{M_y}{W_y}$$

$$M_x = F \cdot \frac{a_2}{2} = 1\,000\,000 \cdot 30 = 30\,000\,000\,\text{Nmm}$$

$$M_y = F \cdot \frac{b_2}{2} = 1\,000\,000 \cdot 80 = 80\,000\,000\,\text{Nmm}$$

$$I_y = \frac{a_1 \cdot b_1^3}{12} - \frac{a_2 \cdot b_2^3}{12} = \frac{150 \cdot 250^3}{12} - \frac{60 \cdot 160^3}{12} = 174\,832\,500\,\text{mm}^4$$

$$I_x = \frac{b_1 \cdot a_1^3}{12} - \frac{b_2 \cdot a_2^3}{12} = \frac{250 \cdot 150^3}{12} - \frac{160 \cdot 60^3}{12} = 67\,432\,500\,\text{mm}^4$$

$$W_x = \frac{2 \cdot I_x}{a_1} = \frac{2 \cdot 67\,432\,500}{150} = 899\,100\,\text{mm}^3$$

$$W_y = \frac{2 \cdot I_y}{b_1} = \frac{2 \cdot 174\,832\,500}{250} = 1\,398\,660\,\text{mm}^3$$

$$A = a_1 \cdot b_1 - a_2 \cdot b_2 = 150 \cdot 250 - 60 \cdot 160 = 27\,900\,\text{mm}^2$$

$$\sigma_d = \frac{F}{A} = \frac{1\,000\,000}{27\,900} = 35{,}84\,\text{N/mm}^2$$

$$\sigma_{bx} = \frac{M_x}{W_x} = \pm\frac{30\,000\,000}{899\,100} = \pm 33{,}37\,\text{N/mm}^2$$

$$\sigma_{by} = \frac{M_y}{W_y} = \pm\frac{80\,000\,000}{1\,398\,660} = \pm 57{,}20\,\text{N/mm}^2$$

Lösung
Fortsetzung

$$\sigma_{res1} = -\frac{F}{A} - \frac{M_x}{W_x} - \frac{M_y}{W_y} = -35{,}8423 - 33{,}367 - 57{,}1976 = \mathbf{-126{,}4\ N/mm^2}$$

$$\sigma_{res2} = -\frac{F}{A} + \frac{M_x}{W_x} - \frac{M_y}{W_y} = -35{,}8423 + 33{,}367 - 57{,}1976 = \mathbf{-59{,}67\ N/mm^2}$$

$$\sigma_{res3} = -\frac{F}{A} + \frac{M_x}{W_x} + \frac{M_y}{W_y} = -35{,}8423 + 33{,}367 + 57{,}1976 = \mathbf{54{,}72\ N/mm^2}$$

$$\sigma_{res4} = -\frac{F}{A} - \frac{M_x}{W_x} + \frac{M_y}{W_y} = -35{,}8423 - 33{,}367 + 57{,}1976 = \mathbf{-12{,}01\ N/mm^2}$$

Gleichung der Nulllinie

$$y = +\frac{M_y}{M_x} \cdot \frac{I_x}{I_y} \cdot x - \frac{F}{M_x} \cdot \frac{I_x}{A} = -\frac{80\,000\,000}{30\,000\,000} \cdot \frac{67\,432\,500}{174\,832\,500} \cdot x - \frac{1000}{30\,000} \cdot \frac{67\,432\,500}{27\,900}$$

$$y = \mathbf{-1{,}029 \cdot x - 80{,}565\ mm}$$

Beispiel 1.67 Ein warmgewalzter Stahlträger aus Profil [-100 wird an der betrachteten Querschnittsstelle durch die Zugkraft $F = 135\,\text{kN}$ und das Biegemoment $M_b = 2\,\text{kNm}$ beansprucht (**1**.163). Gesucht werden die Spannungen in den Eckpunkten 1 bis 4 und die Gleichung der neutralen Faser. $\alpha = 30°$

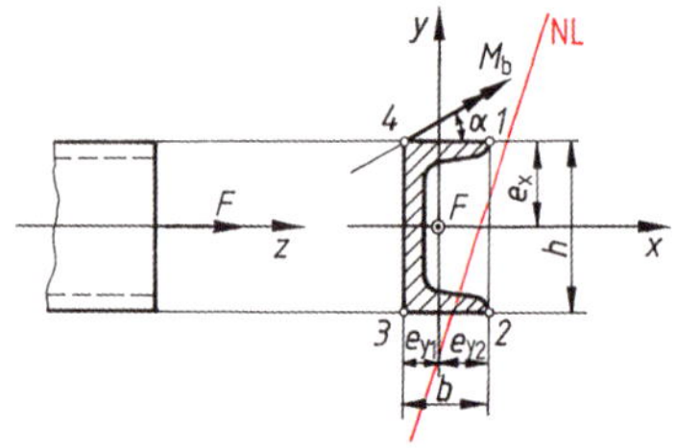

1.163 Durch Zugkraft belastetes [-Profil

Lösung Aus der Profiltabelle entnehmen wir: $I_x = 206\,\text{cm}^4$, $I_y = 29{,}3\,\text{cm}^4$, $A = 13{,}5\,\text{cm}^2$, $e_x = 5\,\text{cm}$, $e_{y1} = 1{,}55\,\text{cm}$, $e_{y2} = 3{,}45\,\text{cm}$.

$$\sigma_z = \frac{F}{A} = \frac{135\,000}{13{,}5} = 10\,000\ \text{N/cm}^2$$

$$M_x = M_b \cdot \cos 30° = 2 \cdot 10^5 \cdot \cos 30° = 173\,205{,}08\ \text{Ncm}$$

$$M_y = M_b \cdot \sin 30° = 2 \cdot 10^5 \cdot \sin 30° = 100\,000\ \text{Ncm}$$

$$\sigma_{bx} = \frac{M_x}{W_x} = \frac{M_x}{I_x} \cdot e_x = \frac{173\,205{,}08}{206} \cdot 5 = 4204\ \text{N/cm}^2$$

$$\sigma_{by1} = \frac{M_y}{W_{y1}} = \frac{M_y}{I_y} \cdot e_{y1} = \frac{100\,000}{29{,}3} \cdot 1{,}55 = 5290{,}1\ \text{N/cm}^2$$

$$\sigma_{by2} = \frac{M_y}{W_{y2}} = \frac{M_y}{I_y} \cdot e_{y2} = \frac{100\,000}{29{,}3} \cdot 3{,}45 = 11\,774{,}74\ \text{N/cm}^2$$

$$\sigma_{res1} = \sigma_z + \sigma_{bx} - \sigma_{by2} = 10\,000 + 4204 - 11\,774{,}74 = \mathbf{2429{,}26\ N/cm^2}$$

$$\sigma_{res2} = \sigma_z - \sigma_{bx} - \sigma_{by2} = 10\,000 - 4204 - 11\,774{,}74 = \mathbf{-5978{,}74\ N/cm^2}$$

$$\sigma_{res3} = \sigma_z - \sigma_{bx} + \sigma_{by1} = 10\,000 - 4204 + 5290{,}1 = \mathbf{11\,086{,}1\ N/cm^2}$$

$$\sigma_{res4} = \sigma_z + \sigma_{bx} + \sigma_{by1} = 10\,000 + 4204 + 5290{,}1 = \mathbf{19494{,}1\ N/cm^2}$$

Gleichung der Nulllinie

$$y = \frac{M_y}{M_x} \cdot \frac{I_x}{I_y} \cdot x - \frac{F}{A} \cdot \frac{I_x}{M_x} = \frac{100\,000}{173\,205{,}08} \cdot \frac{206}{29{,}3} \cdot x - \frac{135\,000}{13{,}5} \cdot \frac{206}{173\,205{,}08}$$

$$y = \mathbf{4{,}059 \cdot x - 11{,}893\ cm}$$

1.6.1.2 Überlagerung von Schubspannungen

Schub- oder Scherspannungen werden durch Querkräfte oder durch Verdreh- bzw. Torsionsmomente hervorgerufen. Schubspannungen τ_Q wirken in der Querschnittsebene in Richtung von F_Q, Torsionsspannungen τ_t wirken tangential, liegen also in der Mantelfläche eines auf Torsion beanspruchten Bauteils.

Schub und Verdrehung. Wird ein Bauteil auf Abscherung und gleichzeitig auf Verdrehung beansprucht, können wir die einzelnen Spannungen, da sie von gleicher Art sind, vektoriell addieren. Für die Dimensionierung des Bauteils sind wieder nur die maximalen Schubspannungen von Interesse. Zu einer Schub- und Torsionsbeanspruchung kommt es z. B. in kurzen Zapfen von Kurbeln und Wellen.

Betrachten wir einen Zapfen, der nach Bild **1**.164 durch die Auflagerkraft F und das Torsionsmoment M_t belastet wird. In der gedachten Schnittstelle, im Abstand z von der Auflagerkraft F entfernt, erhalten wir die Schnittgrößen

Biegemoment $M_x = F \cdot z$, Drehmoment M_t und Querkraft $F_Q = F$.

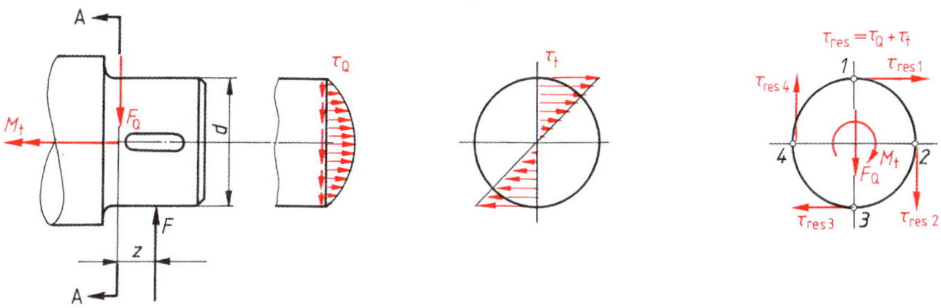

1.164 Auf Torsion und Querkraft belasteter Zapfen mit Spannungsverteilung

Das Biegemoment können wir vernachlässigen, wenn die betrachtete Schnittstelle in der Nähe der Auflagerkraft ist, der Abstand z also sehr klein und im Idealfall Null ist. Für diesen Idealfall ist die Biegebeanspruchung Null, und die mittlere Schubspannung berechnen wir nach der Formel

$$\tau = \frac{F_Q}{A} = \frac{F}{A}\,. \qquad \text{Gl. (1.97)}$$

Die Annahme, dass sich die Schubspannung gleichmäßig über den Querschnitt verteilt, verwirklicht sich nur bei reiner Scherbeanspruchung (wenn die Kräfte in der Schnittfläche wirken). Dies ist in der Praxis nur annähernd richtig, weil auch bei einem auf Abscherung beanspruchten Bauteil (z. B. einem Schnittwerkzeug, **1**.165) durch das Schneidenspiel eine Biegebeanspruchung wirkt. Für einfache Berechnungen reicht meist Gl. (1.97) aus.

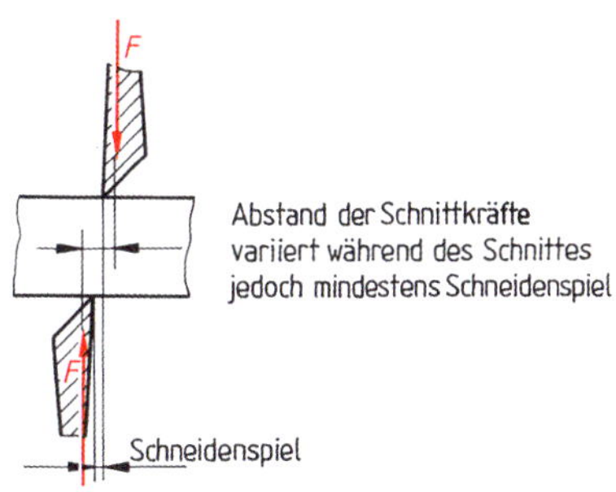

1.165 Schnittwerkzeug, Schneidenspiel

Bei Querkraftbiegung ist die Schubspannungsverteilung infolge der Querkräfte nicht konstant (s. Abschn. 1.4.2). Mit diesen Kenntnissen und der im Abschn. 1.5 behandelten Torsion erhalten wir für den Zapfen **1**.164 die resultierenden Schubspannungen in den Randpunkten *1* bis *4*.

$$\tau_{res1} = \tau_t = \frac{M_t}{W_p} \qquad \tau_{res2} = \tau_t + \tau_Q = \frac{M_t}{W_p} + \frac{4}{3} \cdot \frac{F_Q}{A}$$

$$\tau_{res3} = -\tau_t = -\frac{M_t}{W_p} \qquad \tau_{res4} = -\tau_t + \tau_Q = -\frac{M_t}{W_p} + \frac{4}{3} \cdot \frac{F_Q}{A} \qquad \text{Gl. (1.98)}$$

Die Biegespannung kann im Vergleich zur Schubbeanspruchung wegen der Zapfenkürze vernachlässigt werden.

Setzen wir für das Widerstandsmoment $W_p = d^3\pi/16$ ein, erhalten wir die maximale Spannung (Schubspannung) im Punkt 2 des betrachteten Querschnitts.

$$\tau_{max} = \tau_{res2} = \frac{4}{3A} \cdot \left(\frac{3M_t}{d} + F_Q\right) \qquad \text{Gl. (1.99)}$$

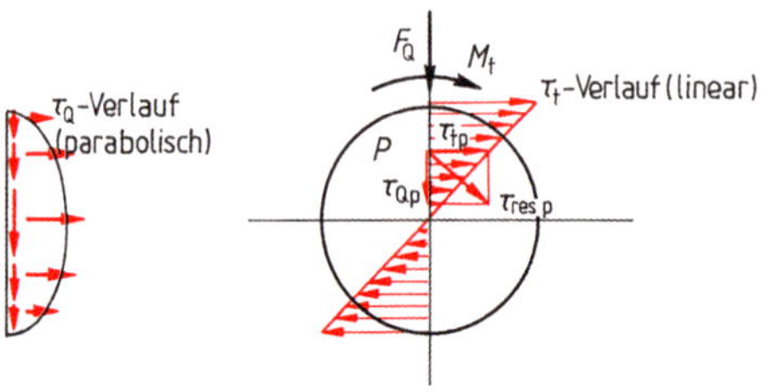

1.166 Resultierende Schubspannung an einer beliebigen Stelle P im Querschnitt

Die gewählten Vorzeichen in Gl. (1.98) entsprechen den in Bild **1.**164 dargestellten Schubspannungsvektoren. Je nach Betrachtung der Schnittstelle (von links oder von rechts) könnten wir auch die Vorzeichen umkehren oder gleich nur ihre Absolutbeträge angeben. Wichtig ist nur, dass im konkreten Belastungsfall die Schubspannungsvektoren richtig, d. h. vorzeichengerecht (vektorgerecht), addiert werden.

Bei nicht kreisförmigen Querschnitten verwölbt sich der Querschnitt. Statt des polaren Widerstandsmoments W_p setzen wir hier den entsprechenden Drillwiderstand W_t ein.

Die resultierende Schubspannung an einer beliebigen Stelle P des Querschnitts **1.**166 erhalten wir durch geometrische Addition von τ_t und τ_Q.

Beispiel 1.68 Ein zylindrischer Zapfen wird durch eine am Umfang angreifende Kraft F belastet (**1.**167). $F = 20\,\text{kN}$, $d = 50\,\text{mm}$. Gesucht werden die resultierenden Spannungen in den Umfangspunkten A bis D der Schnittstelle $S-S$.

Lösung Da die betrachtete Schnittstelle in der Nähe der Angriffsstelle der Kraft F liegt, ist die auftretende Biegebeanspruchung vernachlässigbar klein. Die Umfangskraft F verursacht im Zapfenquerschnitt somit nur Schub- und Torsionsspannungen.

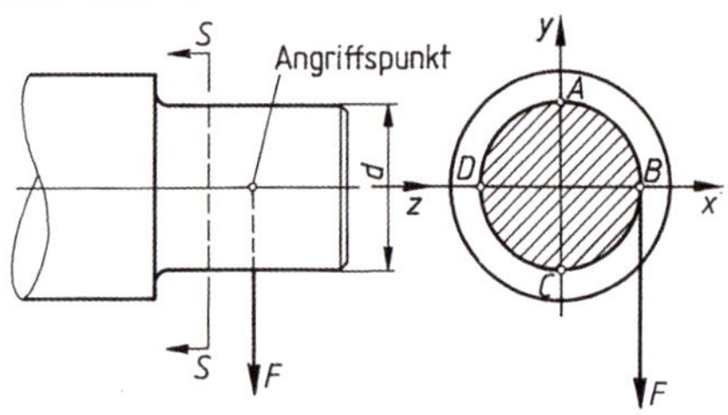

1.167 Durch Umfangskraft belasteter Zapfen

Schubspannung

$$\tau_Q = \frac{4}{3} \cdot \frac{F}{A} = \frac{16}{3} \cdot \frac{F}{d^2 \cdot \pi} = \frac{16}{3} \cdot \frac{20000}{50^2 \cdot \pi} = 13{,}58\ \text{N/mm}^2$$

Torsionsspannung

$$\tau_t = \frac{M_t}{W_p} = \frac{16 \cdot M_t}{d^3 \cdot \pi} = \frac{8 \cdot F}{d^2 \cdot \pi} = \frac{8 \cdot 20000}{50^2 \cdot \pi} = 20{,}37\ \text{N/mm}^2$$

Lösung Fortsetzung

Resultierende Spannung

$\tau_{resA} = \tau_t = \mathbf{20{,}37\ N/mm^2}$

$\tau_{resB} = \tau_t + \tau_Q = \mathbf{33{,}95\ N/mm^2}$

$\tau_{resC} = -\tau_t = \mathbf{-20{,}37\ N/mm^2}$

$\tau_{resD} = -\tau_t + \tau_Q = \mathbf{-6{,}79\ N/mm^2}$

Beispiel 1.69 Ein rechteckiger Zapfen wird wie im Bild **1**.168 durch eine um $a/2$ versetzte Kraft F beansprucht. Die Zapfenlänge sei sehr klein angenommen. $a = 40$ mm, $b = 20$ mm, $F = 15$ kN. Berechnen Sie die resultierenden Spannungen in den Punkten *A* bis *C* der Einspannstelle.

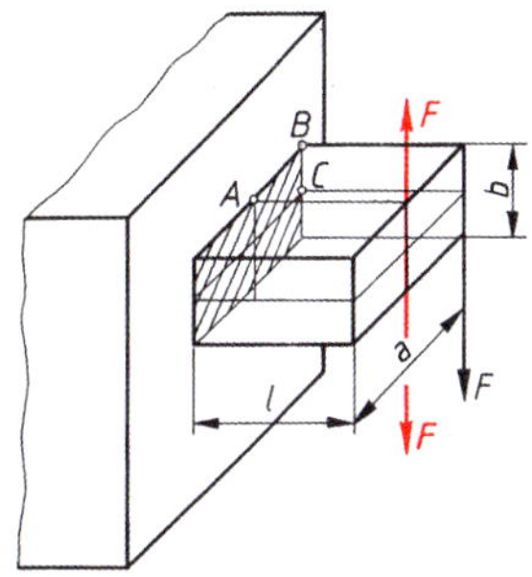

1.168 Rechteckiger Zapfen

Lösung Durch Hinzufügen der beiden Gegenkräfte wird das System frei gemacht. Die betrachtete Schnittstelle wird auf Torsion und Schub beansprucht. Das Biegemoment ist wegen der kurzen Zapfenlänge vernachlässigbar klein.

Der Tabelle **1**.50 entnehmen wir $W_t = c_1 \cdot b^3 = 0{,}493 \cdot 20^3 = 3944\ \text{mm}^3$ und erhalten

$$\tau_{resA} = \tau_Q + \tau_t = 0 + \frac{M_t}{W_t} = \frac{F \cdot a}{2 \cdot W_t} = \frac{15000 \cdot 40}{2 \cdot 3944} = \mathbf{76{,}07\ N/mm^2} = \tau_{tmax}$$

$$\tau_{resB} = \tau_Q + \tau_t = 0 + 0 = \mathbf{0\ N/mm^2}$$

$$\tau_{resC} = \tau_Q + \tau_t = \frac{3}{2} \cdot \frac{F}{a \cdot b} + c_3 \cdot \tau_{max} = \frac{3}{2} \cdot \frac{15000}{40 \cdot 20} + 0{,}7952 \cdot 76{,}065 = \mathbf{88{,}61\ N/mm^2}.$$

Beispiel 1.70 Eine Getriebewelle soll bei der Drehzahl $n = 3000$ U/min eine Leistung von $P = 200$ kW übertragen. An einer bestimmten Querschnittstelle wirken die Querkraft $F_Q = 20$ kN und das Torsionsmoment M_t. Das Biegemoment ist vernachlässigbar klein. Der Wellendurchmesser ist mit $d = 40$ mm gegeben. Gesucht: Lage und Größe der Schubspannungen in den Punkten *1* bis *5* (**1**.169).

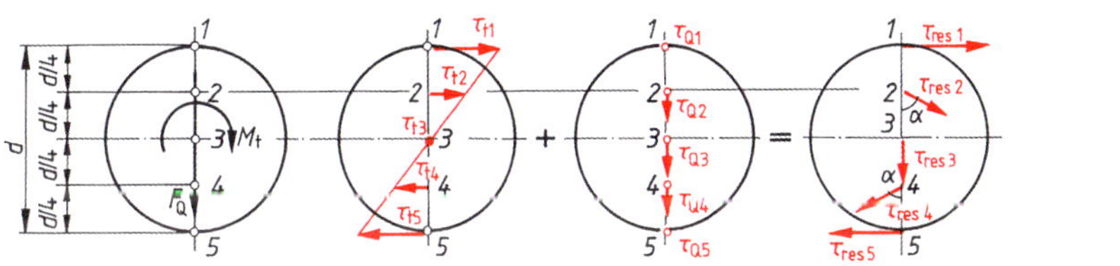

1.169 Durch Querkraft und Torsion beanspruchte Getriebewelle, Spannungsverteilung in den Punkten *1* bis *5*

Lösung Aus Abschn. 1.4.2 erhalten wir die Schubspannungsverteilung τ_{zy}, verursacht durch die Querkraft F_Q,

$$\tau_{zy} = \frac{4}{3} \cdot \frac{F_Q}{A}\left[1 - \left(\frac{y}{r}\right)^2\right]$$

und aus Abschn. 1.5 die Verteilung der Torsionsspannung, hervorgerufen durch das Drehmoment M_t.

$$\tau_t = \frac{M_t}{I_p} \cdot y$$

Mit $M_t = \frac{P}{\omega} = \frac{P \cdot 30}{\pi \cdot n} = \frac{200 \cdot 10^3 \cdot 30}{\pi \cdot 3000} = 636{,}62$ Nm folgt

Lösung Fortsetzung

Punkt 1

$$\tau_t = \frac{M_t}{I_p} \cdot \frac{d}{2} = \frac{16 \cdot M_t}{d^3 \cdot \pi} = \frac{16 \cdot 636{,}62 \cdot 10^3}{40^3 \cdot \pi} = \mathbf{50{,}66\ N/mm^2}$$

$$\tau_Q = \mathbf{0\ N/mm^2}$$

$$\tau_{res1} = \tau_Q + \tau_t = \tau_t = \mathbf{50{,}66\ N/mm^2}$$

Punkt 2

$$\tau_t = \frac{M_t}{I_p} \cdot \frac{d}{4} = \frac{8 \cdot M_t}{d^3 \cdot \pi} = \frac{8 \cdot 636\,620}{40^3 \cdot \pi} = \mathbf{25{,}33\ N/mm^2}$$

$$\tau_Q = \frac{4}{3} \cdot \frac{F_Q}{A}\left[1 - \left(\frac{y}{r}\right)^2\right] = \frac{4}{3} \cdot \frac{F_Q}{r^2 \cdot \pi}\left[1 - \left(\frac{1}{2}\right)^2\right] = \frac{F_Q}{r^2 \cdot \pi}$$

$$\tau_Q = \frac{20\,000}{20^2 \cdot \pi} = \mathbf{15{,}92\ N/mm^2}$$

$$\tau_{res2} = \sqrt{\tau_t^2 + \tau_Q^2} = \sqrt{25{,}33^2 + 15{,}915^2} = \mathbf{29{,}92\ N/mm^2}$$

$$\alpha = \arctan \frac{\tau_t}{\tau_Q} = \arctan \frac{25{,}33}{15{,}915} = \mathbf{57{,}9°}$$

Punkt 3

$$\tau_t = \mathbf{0\ N/mm^2}$$

$$\tau_Q = \tau_{Qmax} = \frac{4}{3} \cdot \frac{F_Q}{r^2 \cdot \pi} = \frac{4}{3} \cdot \frac{20\,000}{20^2 \cdot \pi} = \mathbf{21{,}22\ N/mm^2}$$

$$\tau_{res3} = \tau_t + \tau_Q = \tau_Q = \mathbf{21{,}22\ N/mm^2} \qquad \alpha = \mathbf{0°}$$

Punkt 4

$$\tau_t = \frac{8 \cdot M_t}{d^3 \cdot \pi} = \frac{8 \cdot 636\,620}{40^3 \cdot \pi} = \mathbf{25{,}33\ N/mm^2}$$

$$\tau_Q = \frac{F_Q}{r^2 \cdot \pi} = \frac{20\,000}{20^2 \cdot \pi} = \mathbf{15{,}92\ N/mm^2}$$

$$\tau_{res4} = \sqrt{\tau_t^2 + \tau_Q^2} = \mathbf{29{,}92\ N/mm^2} \qquad \alpha = \mathbf{57{,}9°}$$

Punkt 5 wie Punkt 1

1.6.2 Überlagerung ungleichartiger Spannungen

Eine einfache vektorielle Addition von Spannungen zur resultierenden Spannung wie bei gleichartig beanspruchten Bauteilen ist bei ungleichartiger Belastung nicht möglich, weil Normal- und Schubspannungen unterschiedlich auf die Werkstoffe wirken. Spröde Werkstoffe werden bei ungleichartiger Belastung vorwiegend durch die Normalspannungen zerstört (Trennbruch), duktile (zähe) Werkstoffe versagen vor allem durch die Schubspannung (Schiebungsbruch). Die meisten Werkstoffe werden teils durch Schubbeanspruchung, teils durch die Normalkräfte zerstört (Mischbruch). Aus der Werkstoffprüfung erhalten wir nur Materialkennwerte für einfache Belastungs- und Spannungszustände, vorwiegend für einachsige Spannungszustände einer einzelnen Belastungsart. Werkstoffprüfungen z. B. für mehrachsigen Zug oder Biegung mit gleichzeitiger Torsion, womöglich noch in unterschiedlichen Belastungsfällen (I, II oder III), gibt es nicht.

Vergleichsspannung. Weil in der Schnittstelle ungleichartig beanspruchter Bauteile Spannungen in verschiedenen Richtungen wirken, ist zu klären, welche Einzelspannung bzw. Spannungskombination den maßgeblichen Einfluss auf die Anstrengung, Verformung bzw. Zerstörung des Bauteils hat. Anders ausgedrückt: Wie können wir die unterschiedlichen Spannungen zu einer Vergleichsspannung σ_v zusammenfassen, die als reine (einachsige) Normalspannung ersatzweise wirkend zu denken ist und gleiche Anstrengung des Werkstoffs hervorruft, so dass wir die aus der Werkstoffprüfung gewonnenen Kennwerte für die Dimensionierung ungleichartig belasteter Bauteile verwenden können?

Hierfür wurden schon seit Galilei Festigkeits-, Anstrengungs- oder Bruchhypothesen aufgestellt. Drei davon haben sich als brauchbar erwiesen:

- die Hypothese der größten Normalspannung,
- die Hypothese der größten Schubspannung,
- die Hypothese der größten Gestaltänderungsenergie.

Diese drei Hypothesen ermöglichen es, mehrachsige und ungleichartige Spannungszustände auf eine einachsige Normalspannung (Vergleichsspannung σ_v) umzurechnen (zu reduzieren) und mit den aus der Werkstoffprüfung gewonnenen Kennwerten zu vergleichen.

Welche der drei Hypothesen jeweils anzuwenden ist, hängt vom Werkstoff (zäh oder spröde), von der Belastungs- bzw. Formänderungsgeschwindigkeit (dynamisch oder statisch), der Umgebungstemperatur und der Gestalt des Bauteils ab.

1.6.3 Anstrengungs-, Festigkeits- und Bruchhypothesen

1.6.3.1 Hypothese der größten Normalspannung

Bei dieser Hypothese darf die maximale Normalspannung (Hauptnormalspannung σ_1) die zulässige Spannung σ_{zul} nicht überschreiten. σ_1 ist maßgeblich für das Festigkeitsverhalten des Bauteils. Unter Hauptnormalspannung verstehen wir jene Spannung, deren Vektor in Richtung der Hauptachse verläuft. Das gemischte τ (z. B. τ_{23}) ist dabei Null.

Das heißt: Wenn die größte in einem Punkt vorhandene Normalspannung die Trennfestigkeit R_m des Werkstoffs erreicht, versagt der Bauteil, unabhängig von weiteren im Querschnitt auftretenden Spannungen. Die Hypothese reduziert somit eine ungleichartige bzw. eine mehrachsige Belastung auf eine einachsige Zugbelastung. Alle zusätzlichen Bauteilbelastungen bleiben unberücksichtigt.

Diese älteste Hypothese ist mit den Namen Galilei (1564–1642), Lame (1795–1870), Clapeyron (1799–1864), Rankine (1820–1872) und Maxwell (1831–1879) verbunden. Bestätigt wurde sie durch Versuche nur für spröde Werkstoffe (Grauguss, gehärteter Stahl), bei Bauteilen, deren Verformung z. B. durch räumliche Belastung eingeschränkt ist sowie bei stoßartig belasteten Bauteilen und bei stark eingekerbten Bauteilen oder Kombinationen davon.

Für den räumlichen Spannungszustand, gegeben durch die Hauptnormalspannungen σ_1, σ_2, σ_3 und unter den Bedingungen $\sigma_1 > \sigma_2 > \sigma_3$, folgt

$$\sigma_v = \sigma_1 \leqq \sigma_{zul} \qquad \text{Gl. (1.100)}$$

Für den zweiachsigen Spannungszustand erhalten wir die Vergleichsspannung

$$\sigma_v = \sigma_1 = \frac{\sigma_x + \sigma_y}{2} + \sqrt{\left(\frac{\sigma_x - \sigma_y}{2}\right)^2 + \tau_{xy}^2} \leqq \sigma_{zul} \qquad \text{Gl. (1.101)}$$

und für den einachsigen Spannungszustand mit $\sigma_y = 0$, $\sigma_x = \sigma$ und $\tau_{xy} = \tau$

$$\sigma_v = \sigma_1 = \frac{\sigma}{2} + \sqrt{\left(\frac{\sigma}{2}\right)^2 + \tau^2} \leqq \sigma_{zul}. \qquad \text{Gl. (1.102)}$$

Beispiel 1.71 Ein rechteckiger Kastenträger ist an einem Ende durch eine Schweißnaht in der Wand verankert und wird am freien Ende außermittig durch die Kraft F belastet (**1.**170). $a = 60$ cm, $b = 20$ cm, $t = 1$ cm, $l = 120$ cm, $F = 150$ kN und $R_m = 700$ N/mm². Gesucht wird die Sicherheit gegen Bruch ν_B.

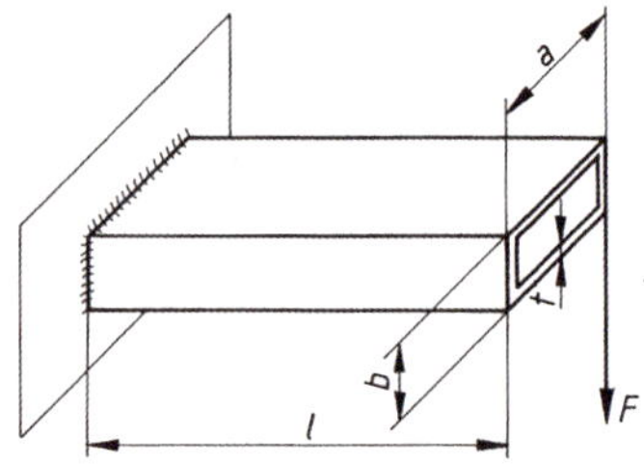

1.170 Außermittig belasteter Kastenträger

Lösung Die maximal auftretenden Spannungen befinden sich in der Einspannstelle, also in der Schweißnaht. Weil in ihr keine plastische Deformation durch die Beanspruchung zu erwarten ist, wählen wir als Berechnungsgrundlage die Hypothese der größten Normalspannung und daher auch R_m als Bezugsspannung.

$$M_b = F \cdot l = 150\,\text{kN} \cdot 1200\,\text{mm} = 180\,000\,\text{kNmm}$$

$$M_t = F \cdot \frac{a}{2} = 150\,\text{kN} \cdot \frac{600\,\text{mm}}{2} = 45\,000\,\text{kNmm}$$

$$I_x = \frac{a \cdot b^3}{12} - \frac{(a - 2t)(b - 2t)^3}{12}$$

$$I_x = \frac{600\,\text{mm} \cdot 200^3\,\text{mm}^3}{12} - \frac{(600\,\text{mm} - 20\,\text{mm})(200\,\text{mm} - 20\,\text{mm})^3}{12}$$

$$I_x = 118\,120\,000\,\text{mm}^4$$

$$W_x = \frac{I_x}{e} = \frac{2 \cdot I_x}{b} = \frac{2 \cdot 118\,120\,000\,\text{mm}^4}{200\,\text{mm}} = 1\,181\,200\,\text{mm}^3.$$

Mit der Bredt'schen Formel aus Abschn. 1.5.3 für geschlossene Profile folgt

$$W_t = 2 \cdot A_m \cdot t = 2 \cdot 590\,\text{mm} \cdot 190\,\text{mm} \cdot 10\,\text{mm} = 2\,242\,000\,\text{mm}^3.$$

$$\sigma = \frac{M_b}{W_b} = \frac{M_b}{W_x} = \frac{180000 \cdot 10^3\,\text{Nmm}}{1\,181\,200\,\text{mm}^3} = 152{,}39\,\text{N/mm}^2$$

$$\tau = \frac{M_t}{W_t} = \frac{45000 \cdot 10^3\,\text{Nmm}}{2\,242\,000\,\text{mm}^3} = 20{,}07\,\text{N/mm}^2$$

$$\sigma_v = \frac{\sigma}{2} + \sqrt{\left(\frac{\sigma}{2}\right)^2 + \tau^2} = \frac{152{,}39\,\text{N/mm}^2}{2} + \sqrt{\left(\frac{152{,}39}{2}\right)^2 (\text{N/mm}^2)^2 + 20{,}07^2\,(\text{N/mm}^2)^2}$$

$$\sigma_v = 154{,}99\,\text{N/mm}^2$$

$$\nu_B = \frac{R_m}{\sigma_v} = \frac{700\,\text{N/mm}^2}{154{,}99\,\text{N/mm}^2} = \mathbf{4{,}52}$$ – die Sicherheit gegen Bruch ist ausreichend.

Beispiel 1.72 Geg.: Kessel aus Gusseisen GG-300, Innendurchmesser d = 800 mm, Wandstärke s = 20 mm. Ges.: maximaler Innendruck p_{max} bei gegebener zulässiger Spannung σ_{zul} = 100 N/mm².

Lösung Da die Wanddicke des Behälters im Vergleich zum Durchmesser sehr klein und die Krümmung der Wand stetig ist, können wir evtl. vorhandene Biegespannungen vernachlässigen. Somit folgt für die Spannung in der Kesselwand

$$\sigma_t = p \cdot \frac{d_m}{2 \cdot s} \quad \text{und} \quad \sigma_l = p \cdot \frac{d_m}{4 \cdot s}.$$

Diese Formeln werden in der Literatur als Kesselformeln bezeichnet. Da σ_t die größte der beiden Hauptnormalspannungen ist, gilt

$$\sigma_v = \sigma_1 = \sigma_t = p \cdot \frac{d_m}{2 \cdot s} \leqq \sigma_{zul} \quad \text{und durch Umformen}$$

$$p_{max} = \frac{2 \cdot s \cdot \sigma_{zul}}{d + s} = \frac{2 \cdot 20\,\text{mm} \cdot 100\,\text{N/mm}^2}{800\,\text{mm} + 20\,\text{mm}} = \mathbf{4{,}88\,N/mm^2 = 48{,}8\,bar}.$$

1.6.3.2 Hypothese der größten Schubspannung

Bei dieser Hypothese wird angenommen, dass die größte Schubspannung τ_{max} Ursache für das Bauteilversagen ist.

Sie ist mit den Namen Coulomb, Guest, Mohr und Tresca verbunden.

σ_1, σ_2 und σ_3 sind die Spannungen in Hauptzentralachsenrichtung, σ_x und σ_y die Spannungen in Richtung des gewählten Koordinatensystems.

Für den dreiachsigen Spannungszustand ist die Vergleichsspannung

$$\sigma_v = 2 \cdot \tau_{max} = \sigma_1 - \sigma_3 \leqq \sigma_{zul}. \qquad \text{Gl. (1.103)}$$

Dabei ist $\sigma_1 > \sigma_2 > \sigma_3$. Die Hauptnormalspannung σ_2 hat keinen Einfluss auf die Bauteilzerstörung. Beim hydrostatischen Spannungszustand erhalten wir in Übereinstimmung mit den Versuchen die Vergleichsspannung $\sigma_v = 0$.

Für den ebenen Spannungszustand mit $\sigma_3 = 0$ und $\sigma_1 > \sigma_2 > 0$ folgt

$$\sigma_v = 2 \cdot \tau_{max} = \sigma_1 \leqq \sigma_{zul} \qquad \text{Gl. (1.104)}$$

und für $\sigma_1 > 0 > \sigma_2$ gilt

$$\sigma_v = 2 \cdot \tau_{max} = \sigma_1 - \sigma_2 \leqq \sigma_{zul}. \qquad \text{Gl. (1.105)}$$

Für den einachsigen Spannungszustand erhalten wir, da $\sigma_3 = \sigma_2 = 0$,

$$\sigma_v = 2 \cdot \tau_{max} = \sigma_1 \leqq \sigma_{zul}. \qquad \text{Gl. (1.106)}$$

Für eine beliebige Lage mit dem Spannungszustand σ_x, σ_y, τ_{xy} und $\sigma_x \cdot \sigma_y < \tau_{xy}^2$ gilt

$$\sigma_v = 2 \cdot \tau_{max} = \sqrt{(\sigma_x - \sigma_y)^2 + 4 \cdot \tau_{xy}^2} \leqq \sigma_{zul} \qquad \text{Gl. (1.107)}$$

und für $\sigma_x = \sigma$, $\sigma_y = 0$, $\tau_{xy} = \tau$ gilt

$$\sigma_v = 2 \cdot \tau_{xy} = \sqrt{\sigma^2 + 4 \cdot \tau^2} \leqq \sigma_{zul}. \qquad \text{Gl. (1.108)}$$

Die Hypothese ist anwendbar bei duktilen (zähen) Werkstoffen mit ausgeprägter Streckgrenze (R_{eH}), wenn also ein Versagen durch Gleitbruch angenommen werden kann. Dies haben Zug- und Druckversuche bei statischer Belastung bestätigt. Für spröde Werkstoffe ist diese Hypothese nur bei der Belastungsart Druck durch Versuche bestätigt.

Beispiel 1.73 Geg.: ebener Spannungszustand, $\sigma_x = 40\,\text{N/mm}^2$, $\sigma_y = -20\,\text{N/mm}^2$, $\tau_{xy} = 30\,\text{N/mm}^2$.
Ges.: Vergleichsspannung σ_v nach der Hypothese der größten Schubspannung.

Lösung $\sigma_v = \sqrt{(\sigma_x - \sigma_y)^2 + 4 \cdot \tau_{xy}^2} = \sqrt{(40+20)^2 + 4 \cdot 30^2} = \mathbf{84{,}85\ N/mm^2}$

Beispiel 1.74 Ein Würfel mit der Seitenlänge $a = 30\,\text{mm}$ wird allseitig räumlich durch die Kraft $F = 90\,\text{kN}$ auf Druck beansprucht.

a) Wie groß ist die Sicherheit gegen Versagen nach der Hypothese der größten Schubspannung? $R_{eH} = 200\,\text{N/mm}^2$.

b) Wie groß ist die Sicherheit gegen Versagen, wenn die Kraft nur mehr „allseitig" eben angreift?

Lösung a) Für den dreiachsigen Spannungszustand gilt

$$\sigma_v = 2 \cdot \tau_{max} = \sigma_1 - \sigma_3 = \frac{F}{a^2} - \frac{F}{a^2} = 0.$$

$$\nu = \frac{R_{eH}}{\sigma_v} = \infty$$

Die Sicherheit ist theoretisch unendlich groß. D.h., der Würfel kann durch eine allseitig räumliche Belastung nicht zerstört werden. Durch die Belastung kommt es nur zu einer Volumenverkleinerung.

b) Für den zweiachsigen Spannungszustand gilt

$$\sigma_v = \sigma_1 = \frac{F}{a^2} = \frac{90000}{30^2} = 100\,\text{N/mm}^2.$$

$$\nu = \frac{R_{eH}}{\sigma_v} = \frac{200}{100} = \mathbf{2.}$$

Trotz kleinerer Belastung hat sich die Sicherheit beträchtlich verringert. Grund: Der Freiheitsgrad für das „Fließen" des Materials wurde erhöht. Zum gleichen Ergebnis kommen wir beim einachsigen Spannungszustand ($\sigma_2 = \sigma_3 = 0$).

1.6.3.3 Hypothese der größten Gestaltänderungsenergie

Bei dieser Hypothese wird angenommen, dass die spezifische Gestaltänderungsenergie maßgebend für die Anstrengung des Werkstoffs ist. Sie unterstellt, dass ein Bauteil nur einen bestimmten, werkstoffabhängigen Maximalwert an Gestaltänderungsenergie aufnehmen (speichern) kann. Wird dieser Grenzwert überschritten, versagt der Bauteil.

Unter Verzicht auf die Herleitung schreiben wir für die Vergleichsspannung:

$$\sigma_v = \sqrt{\frac{1}{2}\left[(\sigma_1 - \sigma_2)^2 + (\sigma_2 - \sigma_3)^2 + (\sigma_3 - \sigma_1)^2\right]} \leqq \sigma_{zul}. \qquad \text{Gl. (1.109)}$$

Aus Gl. (1.109) folgt wiederum analog für den allgemeinen Spannungszustand – gegeben durch die Spannungskomponenten σ_x, σ_y, σ_z, τ_{xy}, τ_{yz} und τ_{zx} – die Vergleichsspannung

$$\sigma_v = \sqrt{\frac{1}{2}\left[(\sigma_x - \sigma_y)^2 + (\sigma_y - \sigma_x)^2 + (\sigma_z - \sigma_x)^2 + 3\,(\tau_{xy}^2 + \tau_{yz}^2 + \tau_{zx}^2)\right]} \leqq \sigma_{zul}. \qquad \text{Gl. (1.110)}$$

Die Gl. (1.109) und (1.110) gelten für den räumlichen Spannungszustand, wenn er durch die Hauptnormalspannungen oder in allgemeiner Form gegeben ist. Beide Gleichungen sind durch Transformation substituierbar.

Für den ebenen Spannungszustand folgt aus Gl. (1.109) mit $\sigma_3 = 0$

$$\sigma_v = \sqrt{\frac{1}{2}\left[(\sigma_1 - \sigma_2)^2 + \sigma_2^2 + \sigma_1^2\right]}.$$

Durch Ausquadrieren und Vereinfachen erhalten wir

$$\sigma_v = \sqrt{\sigma_1^2 - \sigma_1 \cdot \sigma_2 + \sigma_2^2} \leqq \sigma_{zul}. \qquad \text{Gl. (1.111)}$$

Aus Gl. (1.110) mit $\sigma_z = 0$, $\tau_{yz} = 0$ und $\tau_{zx} = 0$ ergibt sich

$$\sigma_v = \sqrt{\frac{1}{2}\left[(\sigma_x - \sigma_y)^2 + \sigma_y^2 + \sigma_x^2\right] + 3 \cdot \tau_{xy}^2}.$$

$$\sigma_v = \sqrt{\sigma_x^2 - \sigma_x \cdot \sigma_y + \sigma_y^2 + 3 \cdot \tau_{xy}^2} = \sigma_{zul}. \qquad \text{Gl. (1.112)}$$

Wir bekommen die Vergleichsspannung für den linearen Spannungszustand bei $\sigma_2 = \sigma_3 = 0$ und $\sigma_1 = \sigma$ mit

$$\sigma_v = \sigma_1 = \sigma \leqq \sigma_{zul} \qquad \text{Gl. (1.113)}$$

und bei $\sigma_y = \sigma_z = \tau_{yz} = \tau_{zx} = 0 \rightarrow \sigma_v = \sqrt{\sigma_x^2 + 3 \cdot \tau_{xy}}$.
Setzen wir $\sigma_x = \sigma$ und $\tau_{xy} = \tau$, folgt allgemein

$$\sigma_v = \sqrt{\sigma^2 + 3 \cdot \tau^2}. \qquad \text{Gl. (1.114)}$$

Nach dieser Hypothese haben alle auftretenden Spannungen Einfluss auf den Bruchvorgang. Sie wird in der Praxis am häufigsten verwendet. Gültig ist sie für zähe Werkstoffe ohne ausgeprägte Streckgrenze (Fließgrenze), also für die meisten Nichteisenmetalle. Sie wird bei statischer und dynamischer Beanspruchung verwendet. Wesentlich ist stets, dass der Bauteil durch vorhergehende plastische Deformation versagt.

1.6.3.4 Vergleich der drei Hypothesen

Die Hypothesen unterscheiden sich in der Berücksichtigung der im Bauteil auftretenden Schubspannungen. Während die Normalspannungshypothese davon ausgeht, dass die Schubspannung keinen Einfluss auf das Bruchverhalten hat, spricht die Hypothese der größten Schubspannung eben der Schubspannung den entscheidenden Anteil am Bruchvorgang zu. Die Hypothese der größten Gestaltänderungsenergie nimmt eine Mittelstellung ein.

> Die Berücksichtigung der Schubspannung ist somit ausschlaggebend dafür, welche Hypothese bei gegebenem Werkstoff, gegebenem Bauteil und gegebener Belastungsart und -form vorzuziehen ist. Eine Hypothese, die allen Werkstoffen und Belastungen gerecht wird, gibt es nicht.

Beispiel 1.75 Vergleichen Sie für eine reine Schubbeanspruchung die Vergleichsspannungen nach der Schubspannungshypothese mit denen der Gestaltänderungshypothese.

Lösung Für reine Schubbeanspruchung gilt $\sigma_1 = \tau$, $\sigma_3 = -\tau$, $\sigma_2 = 0$.

Nach der Schubspannungshypothese ist

$$\sigma_v = \sigma_1 - \sigma_3 = \mathbf{2 \cdot \tau \leqq \sigma_{zul}}.$$

Nach der Hypothese der Gestaltänderungsenergie ist

$$\sigma_v = \sqrt{\frac{1}{2}\left[\sigma_1^2 + \sigma_3^2 + (\sigma_3 - \sigma_1)^2\right]} = \sqrt{\frac{1}{2}\left[\tau^2 + \tau^2 + 4 \cdot \tau^2\right]}$$

$$\sigma_v = \tau\sqrt{3} = \mathbf{1{,}732 \cdot \tau \leqq \sigma_{zul}}.$$

Die Hypothese der größten Schubspannung liefert für diesen Belastungsfall eine höhere Vergleichsspannung. Auch bei den Gleichungen (1.113) und (1.114) für den einachsigen Spannungszustand erkennen wir die größere Vergleichsspannung bei der Schubspannungshypothese. Der Grund liegt in der stärkeren Berücksichtigung der Schubspannungen. Berechnungen nach der Hypothese der größten Schubspannung sind konservativ; sie liefern stets größere Sicherheiten. Torsionsversuche an dünnwandigen Rohren mit Kreisquerschnitt ergeben aber eine höhere Belastbarkeit, zwischen (1,7 bis 1,75) τ. Folglich kommt die Hypothese der Gestaltänderungsenergie der Praxis näher, ist genauer.

Beispiel 1.76 Ein Winkelhebel ist an einem Ende eingespannt, am anderen Ende durch die Kraft F belastet (**1**.171). Wie groß darf nach der Hypothese der größten Gestaltänderungsenergie die Kraft F sein, wenn die zulässige Spannung $\sigma_{zul} = 140\ \text{N/mm}^2$ nicht überschritten werden darf? $a = 0{,}5$ m, $b = 0{,}3$ m, $d = 60$ mm.

Lösung

$$\sigma = \sigma_b = \frac{M_b}{W_b} = \frac{32 \cdot F \cdot a}{d^3 \cdot \pi} \qquad \tau = \frac{M_t}{W_t} = \frac{16 \cdot F \cdot b}{d^3 \cdot \pi}$$

$$\sigma_v^2 = \sigma^2 + 3 \cdot \tau^2 = \left[\frac{32^2 \cdot a^2}{d^6 \cdot \pi^2} + \frac{3 \cdot 16^2 \cdot b^2}{d^6 \cdot \pi^2}\right] F^2$$

$$\sigma_v^2 = \frac{32^2}{d^6 \cdot \pi^2}\left(a^2 + \frac{3}{4} b^2\right) F^2 \leqq \sigma_{zul}^2$$

$$F \leqq \frac{d^3 \cdot \pi}{32}\sqrt{\frac{\sigma_{zul}^2}{a^2 + \frac{3}{4}b^2}} = \frac{d^3 \cdot \pi \cdot \sigma_{zul}}{16} \cdot \frac{1}{\sqrt{4a^2 + 3b^2}}$$

$$F \leqq \frac{60^3 \cdot 140 \cdot \pi}{16} \cdot \frac{1}{\sqrt{4 \cdot 500^2 + 3 \cdot 300^2}} = \mathbf{5269\ N}$$

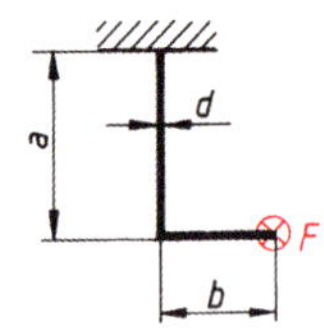

1.171 Belasteter Winkelhebel

Beispiel 1.77 Welche Querschnittsabmessungen muss eine Hohlwelle erhalten, die gleichzeitig das Biegemoment $M_b = 6$ kNm und das Torsionsmoment M_t (= T) = 8 kNm zu übertragen hat?

$D/d = 1{,}2, \; \sigma_{zul} = 180\,\text{N/mm}^2.$

Die Lösung ist a) mit der Hypothese der größten Schubspannung und b) mit der Hypothese der größten Gestaltänderungsenergie durchzuführen.

Lösung a) $\sigma_v = \sqrt{\sigma^2 + 4 \cdot \tau^2}$

$$\sigma = \frac{M_b}{W_b} \quad \tau = \frac{M_t}{W_t} = \frac{M_t}{2 \cdot W_b}, \quad \text{da } W_t = 2 \cdot W_b \text{ ist.}$$

$$\sigma_v = \sqrt{\frac{M_b^2}{W_b^2} + 4\,\frac{M_t^2}{4 \cdot W_b^2}} \leqq \sigma_{zul}$$

$$W_b = \frac{1}{\sigma_{zul}}\,\sqrt{M_b^2 + M_t^2} = \frac{10^6}{180} \cdot \sqrt{6^2 + 8^2} = 55\,555{,}56\,\text{mm}^3$$

$$W_b = \frac{\pi}{32} \cdot \frac{D^4 - d^4}{D}.$$

Mit $D/d = 1{,}2 \rightarrow D = 1{,}2 \cdot d$ folgt

$$W_b = \frac{\pi}{32} \cdot \frac{1{,}2^4 \cdot d^4 - d^4}{1{,}2 \cdot d} = \frac{\pi \cdot 1{,}0736 \cdot d^3}{32 \cdot 1{,}2}$$

$$d = \sqrt[3]{\frac{W_b \cdot 1{,}2 \cdot 32}{\pi \cdot 1{,}0736}} = \sqrt[3]{\frac{55\,555{,}56 \cdot 1{,}2 \cdot 32}{\pi \cdot 0{,}2}} = \mathbf{86\,mm}$$

$D = \mathbf{103\,mm}$

b) $\sigma_v = \sqrt{\sigma^2 + 3 \cdot \tau^2} \leqq \sigma_{zul}$

$$\sigma_v = \sqrt{\frac{M_b^2}{W_b^2} + 3 \cdot \frac{M_t^2}{4 \cdot W_b^2}} \leqq \sigma_{zul}$$

$$W_b = \frac{1}{\sigma_{zul}} \cdot \sqrt{M_b^2 + \frac{3}{4} \cdot M_t^2} = \frac{10^6}{180} \cdot \sqrt{6^2 + \frac{3}{4} \cdot 8^2} = 50\,917{,}5\,\text{mm}^3$$

$$d = \sqrt[3]{\frac{W_b \cdot 1{,}2 \cdot 32}{\pi \cdot 1{,}0736}} = \mathbf{83\,mm} \qquad D = \mathbf{100\,mm}$$

Beispiel 1.78 Angaben wie im Beispiel 1.72, jedoch wird statt des Gusseisens Stahl als Kesselwerkstoff verwendet.

Lösung Da wir annehmen können, dass es beim Versagen zur plastischen Deformation kommt, müssen wir die Schubspannungen berücksichtigen. Für die Berechnung wird die Hypothese der größten Gestaltänderungsenergie gewählt.

$$\sigma_1 = \sigma_t = p \cdot \frac{d_m}{2 \cdot s} \qquad \sigma_2 = \sigma_l = p \cdot \frac{d_m}{4 \cdot s} \qquad \sigma_3 = 0$$

$$\sigma_v = \sqrt{\frac{1}{2}\,[(\sigma_1 - \sigma_2)^2 + (\sigma_2 - \sigma_3)^2 + (\sigma_3 - \sigma_1)^2]} \leqq \sigma_{zul}$$

$$\left(p \cdot \frac{d_m}{2 \cdot s} - p \cdot \frac{d_m}{4 \cdot s}\right)^2 + \left(p \cdot \frac{d_m}{4 \cdot s}\right)^2 + \left(p \cdot \frac{d_m}{2 \cdot s}\right)^2 = 2 \cdot \sigma_{zul}^2$$

$$3\left(\frac{p \cdot d_m}{4 \cdot s}\right)^2 = \sigma_{zul}^2 \rightarrow p_{max} = \frac{\sigma_{zul}}{\sqrt{3}} \cdot \frac{4 \cdot s}{d_m} = \frac{100 \cdot 4 \cdot 20}{\sqrt{3} \cdot 820}$$

$p_{max} = \mathbf{5{,}63\,N/mm^2 = 56{,}3\,bar}$

1.6.3.5 Anstrengungsverhältnis nach Bach

Die oben besprochenen Hypothesen und Gleichungen für die Vergleichsspannung gelten nur, wenn der Werkstoff isotrop ist und wenn für die Normal- und Tangentialspannungen derselbe Belastungsfall I, II oder III vorliegt. Da im Maschinenbau überwiegend Werkstoffe eingesetzt werden, die wegen ihrer Gefügestruktur als quasi isotrop zu bezeichnen sind, wird meist die erste Forderung erfüllt (ausgenommen vom Holz). Die zweite Forderung nach gleicher Belastungsart (also nur ruhende, nur schwellende oder nur wechselnde Belastung für beide Beanspruchungen) liegt nur selten vor. Deshalb ist es nötig, eine Korrekturzahl α_0 als Anstrengungsverhältnis einzuführen, womit wir die Schubspannungen auf den Belastungsfall der Normalspannungen umrechnen.

Das Anstrengungsverhältnis α_0 ist jene Korrekturzahl, die – mit der Schubspannung τ multipliziert – τ auf den Belastungsfall der Normalspannung umrechnet.

In den Gleichungen für die Vergleichsspannung ist bei ungleichem Belastungsfall statt τ das Produkt $\alpha_0 \cdot \tau$ zu setzen.

Nach C. von Bach (1847–1931) lautet die Formel

$$\alpha_0 = \frac{\sigma_{zul}}{\varphi \cdot \tau_{zul}}. \qquad \text{Gl. (1.115)}$$

Wird für die Schub- und Normalspannung die gleiche Sicherheit gewählt, folgt daraus

$$\alpha_0 = \frac{\frac{\sigma_{Grenz}}{\nu}}{\varphi \frac{\tau_{Grenz}}{\nu}} = \frac{\sigma_{Grenz}}{\varphi \cdot \tau_{Grenz}}. \qquad \text{Gl. (1.116)}$$

Der Faktor φ ergibt sich für die jeweilige Festigkeitshypothese aus der Überlegung, dass für gleiche Belastungsfälle das Anstrengungsverhältnis $\alpha_0 = 1$ wird. Bei reiner Schubbeanspruchung, also wenn $\sigma = 0$ ist, folgt für die Vergleichsspannung bei der

- Normalspannungshypothese $\sigma_v = \tau$,
- Schubspannungshypothese $\sigma_v = 2 \cdot \tau$,
- Gestaltänderungshypothese $\sigma_v = \sqrt{3} \cdot \tau$.

Damit ergibt sich für die Normalspannungshypothese $\varphi = 1$, für die Schubspannungshypothese $\varphi = 2$ und für die Gestaltänderungshypothese $\varphi = \sqrt{3} = 1{,}732$.

Genau genommen ist das Anstrengungsverhältnis nicht nur vom Werkstoff und Belastungsfall, sondern auch von der Gestalt (Kerben) des Bauteils abhängig.

Beispiel 1.79 Ein Stab aus Vergütungsstahl 50CrMo4 nach EN 10028 (DIN 17200) mit kreisförmigem Querschnitt wird durch eine Normalkraft F und ein Torsionsmoment M_t belastet. Wie groß ist nach der Hypothese der größten Gestaltänderungsenergie das Anstrengungsverhältnis α_0, wenn

a) die Normalkraft wechselnd, die Torsion ruhend,
b) die Normalkraft ruhend, die Torsion wechselnd,
c) die Normalkraft schwellend, die Torsion ruhend,
d) die Normalkraft ruhend, die Torsion schwellend erfolgen?

Lösung Aus dem Dauerfestigkeitsschaubild für den Stahl 50 CrMo4 erhalten wir die Grenzspannungen

$R_{p0,2} = \sigma_F = 900\ \text{N/mm}^2 \qquad \tau_F = 630\ \text{N/mm}^2$

$\sigma_{Sch} = 860\ \text{N/mm}^2 \qquad \tau_{Sch} = 630\ \text{N/mm}^2$

$\sigma_w = 500\ \text{N/mm}^2 \qquad \tau_w = 370\ \text{N/mm}^2.$

Mit $\varphi = \sqrt{3}$ folgt:

a) $\alpha_0 = \dfrac{\sigma_w}{\sqrt{3} \cdot \tau_F} = \dfrac{500}{\sqrt{3} \cdot 630} = \mathbf{0{,}458}$

b) $\alpha_0 = \dfrac{\sigma_F}{\sqrt{3} \cdot \tau_w} = \dfrac{900}{\sqrt{3} \cdot 370} = \mathbf{1{,}404}$

c) $\alpha_0 = \dfrac{\sigma_{Sch}}{\sqrt{3} \cdot \tau_F} = \dfrac{860}{\sqrt{3} \cdot 630} = \mathbf{0{,}788}$

d) $\alpha_0 = \dfrac{\sigma_F}{\sqrt{3} \cdot \tau_{Sch}} = \dfrac{900}{\sqrt{3} \cdot 630} = \mathbf{0{,}825}$

Im Fall a), c) und d) geht die durch die Torsion hervorgerufene Schubspannung abgeschwächt, im Fall b) dagegen verstärkt in die Vergleichsspannung ein.

Beispiel 1.80 Eine Dehnschraube aus E 335 (St 590) wird beim Anziehen gleichzeitig mit $\sigma = 100$ N/mm_2 auf Zug und mit $\tau = 60\ \text{N/mm}^2$ auf Verdrehung beansprucht. Wie groß ist die Sicherheit gegen plastische Verformung nach der Gestaltänderungshypothese?

Lösung Die Schraube wird erst während der letzten Phase des Anziehens gleichzeitig mit σ und τ beansprucht. Der Belastungsfall für beide Beanspruchungsarten ist ruhend. Somit folgt $\alpha_0 = 1$.

$\sigma_v = \sqrt{\sigma^2 + 3\,(\alpha_0 \cdot \tau)^2} = \sqrt{100^2 + 3 \cdot 60^2} = 144{,}22\ \text{N/mm}^2.$

Aus dem Dauerfestigkeitsschaubild folgt $\sigma_F = R_{p0,2} = 340\ \text{N/mm}^2$.

$\nu = \dfrac{\sigma_F}{\sigma_v} = \dfrac{340}{144{,}22} = \mathbf{2{,}4}$

Beispiel 1.81 Ein einseitig eingespannter Stab aus GG-260 mit Kreisquerschnitt $d = 80$ mm wird durch eine Druckkraft $F = 200$ kN und durch ein Drehmoment $M_t = 3000$ Nm belastet. Die Belastung durch die Normalkraft ist ruhend, die durch Torsion wechselnd. $\sigma_B = R_m = 260\ \text{N/mm}^2$, $\tau_w = 90\ \text{N/mm}^2$. Gesucht wird die Sicherheit gegen Versagen.

Lösung Weil angenommen werden kann, dass der Bauteil ohne plastische Verformung bricht, wird mit der Hypothese der größten Normalspannung gerechnet.

$$\sigma = \frac{F}{A} = \frac{4 \cdot F}{d^2 \cdot \pi} = \frac{4 \cdot 200000}{80^2 \cdot \pi} = 39{,}79\ \text{N/mm}^2$$

$$\tau = \frac{M_t}{W_t} = \frac{16 \cdot M_t}{d^3 \cdot \pi} = \frac{16 \cdot 3000000}{80^3 \cdot \pi} = 29{,}84\ \text{N/mm}^2$$

$$\alpha_0 = \frac{\sigma_{Grenz}}{\varphi \cdot \tau_{Grenz}} = \frac{260}{1 \cdot 90} = 2{,}889 \qquad \sigma_v = \sigma_1 = \frac{\sigma}{2} + \sqrt{\left(\frac{\sigma}{2}\right)^2 + (\alpha_0 \cdot \tau)^2}$$

$$\sigma_v = \frac{39{,}7887}{2} + \sqrt{\left(\frac{39{,}7887}{2}\right)^2 + (2{,}889 \cdot 29{,}84)^2} = 108{,}37\ \text{N/mm}^2$$

$$\nu = \frac{R_m}{\sigma_v} = \frac{260}{108{,}367} = \mathbf{2{,}4}$$

Beispiel 1.82 Eine Welle aus Vergütungsstahl 41 Cr4 wird durch die Einzelkraft F schwellend und durch das Drehmoment $M_t = 10$ kNm wechselnd belastet (**1**.172). $a = 0{,}4$ m, $d = 120$ mm, $l = 1{,}2$ m.

Gesucht wird die Einzelkraft F, wenn $\sigma_{zul} = 100$ N/mm² nicht überschritten werden darf.

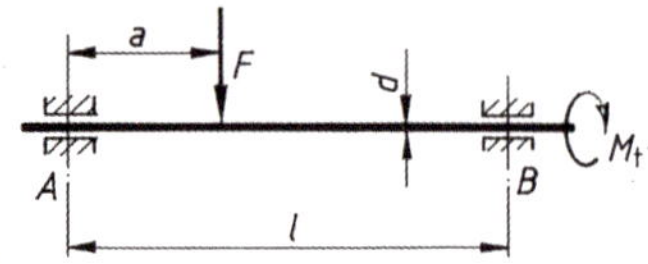

1.172 Welle

Lösung Da die Welle dynamisch beansprucht wird und als Werkstoff Vergütungsstahl vorliegt, wird die Vergleichsspannung nach der Gestaltänderungshypothese ermittelt.

$$\Sigma M_A = 0 \circlearrowleft: \quad F \cdot a - F_B \cdot l = 0 \rightarrow F_B = F\frac{a}{l}$$

$$M_{bmax} = F_B\,(l-a) = F\frac{a}{l}\,(l-a) = F\,\frac{0{,}4}{1{,}2}\,(1200-400) = 266{,}67 \cdot F \text{ Nmm}$$

Aus dem Dauerfestigkeitsschaubild für den Vergütungsstahl 41 Cr4 folgt

$\sigma_{bSch} = 830$ N/mm²

$\tau_w = 330$ N/mm².

$$\alpha_0 = \frac{\sigma_{bSch}}{\varphi \cdot \tau_w} = \frac{830}{\sqrt{3} \cdot 330} = 1{,}452$$

$$\sigma_v = \sqrt{\left(\frac{M_b}{W_b}\right)^2 + 3\left(\alpha_0\,\frac{M_t}{W_t}\right)^2} \leqslant \sigma_{zul}.$$

Mit $W_t = 2 \cdot W_b$ folgt

$$\sigma_{zul}\,W_b = \sqrt{M_b^2 + \frac{3}{4}\,(\alpha_0 \cdot M_t)^2}.$$

$$M_b^2 + \frac{3}{4}\,(\alpha_0 \cdot \mathrm{M}_t)^2 - \sigma_{zul}^2\,W_b^2 = 0$$

$$(266{,}67 \cdot F)^2 + \frac{3}{4}\,(1{,}452 \cdot 10000000)^2 - 100^2\left(\frac{120^3 \cdot \pi}{32}\right)^2 = 0$$

$$(266{,}67 \cdot F)^2 + 1{,}5812 \cdot 10^{14} - 2{,}87797 \cdot 10^{14} = 0$$

$$F = \sqrt{\frac{1{,}296742 \cdot 10^{14}}{266{,}67^2}} = \mathbf{42702\ N}$$

Beispiel 1.83 Ein einseitig eingespannter Stab mit Kreisquerschnitt wird nach Bild **1**.173 belastet. Die Kraft F beansprucht den Stab ruhend, das Torsionsmoment wechselnd.

$l = 800$ mm, $d = 160$ mm, $M_t = 20$ kNm, $F = 60$ kN.

Gesucht werden die Vergleichsspannungen in den Punkten A und B nach der Hypothese der größten Schubspannung.

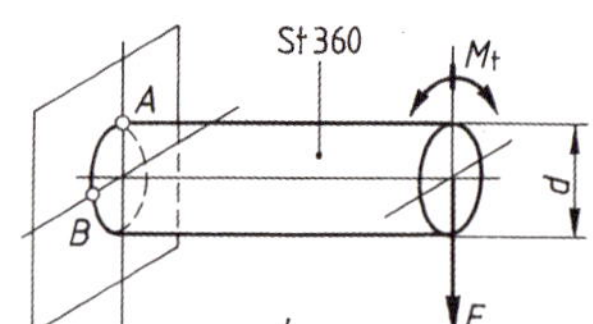

1.173 Einseitig eingespannter Stab

Lösung Dem Dauerfestigkeitsschaubild für S 235 (St360) entnehmen wir $\sigma_F = 330$ N/mm² und $\tau_w = 140$ N/mm².

$$\alpha_0 = \frac{\sigma_{Grenz}}{\varphi \cdot \tau_{Grenz}} = \frac{\sigma_F}{\varphi \cdot \tau_w} = \frac{330}{2 \cdot 140} = \mathbf{1{,}1786}$$

$M_b = F \cdot l = 60 \cdot 800 = 48000$ kNmm

$M_t = 20000$ kNmm

Lösung Fortsetzung

Punkt A

$$\sigma = \sigma_b = \frac{M_b}{W_b} = \frac{32 \cdot M_b}{d^3 \cdot \pi} = \frac{32 \cdot 48000000}{160^3 \cdot \pi} = 119{,}366 \text{ N/mm}^2$$

$$\tau = \tau_Q + \tau_t = \tau_t = \frac{M_t}{W_t} = \frac{16 \cdot M_t}{d^3 \cdot \pi} = \frac{16 \cdot 20000000}{160^3 \cdot \pi} = 24{,}87 \text{ N/mm}^2$$

$$\sigma_v = \sqrt{\sigma^2 + 4\,(\alpha_0 \cdot \tau)^2} = \sqrt{119{,}366^2 + 4\,(1{,}1786 \cdot 24{,}868)^2} = \mathbf{132{,}98\ N/mm^2}$$

Punkt B

$$\sigma = \sigma_b = 0$$

$$\tau = \tau_Q + \tau_t = \frac{4}{3} \cdot \frac{F_Q}{A} + \frac{M_t}{W_t} = \frac{4}{3} \cdot \frac{4 \cdot F}{d^2 \cdot \pi} + \frac{M_t}{W_t}$$

$$\tau = \frac{16}{3} \cdot \frac{60000}{160^2 \cdot \pi} + 24{,}868 = 28{,}85 \text{ N/mm}^2$$

$$\sigma_v = \sqrt{\sigma^2 + 4\,(\alpha_0 \cdot \tau)^2} = 2 \cdot \alpha_0 \cdot \tau = 2 \cdot 1{,}1786 \cdot 28{,}8468 = \mathbf{68\ N/mm^2}$$

Beispiel 1.84 Ein zylindrischer Stahlbehälter wird durch einen Innendruck p_i belastet. Mit Dehnmessstreifen werden die Hauptdehnungen in Richtung zur Längsachse ε_1 und in Umfangsrichtung ε_2 gemessen. Der Behälter ist als dünnwandiger Behälter zu betrachten. Geg.: $\varepsilon_1 = 60 \cdot 10^{-5}$, $\varepsilon_2 = 20 \cdot 10^{-5}$, $E = 2{,}15 \cdot 10^5$ N/mm², $\mu = 0{,}3$, $R_{eH} = 300$ N/mm².

Wie groß ist nach der Hypothese der größten Gestaltänderungsenergie die Sicherheit ν gegen plastische Verformung?

Lösung Aus $\varepsilon_1 = \frac{1}{E}\,(\sigma_1 - \mu \cdot \sigma_2)$ $\quad \varepsilon_2 = \frac{1}{E}\,(\sigma_2 - \mu \cdot \sigma_1)$ folgen

$$\sigma_1 = \frac{E}{1-\mu^2}\,(\varepsilon_1 + \mu \cdot \varepsilon_2) \qquad \sigma_2 = \frac{E}{1-\mu^2}\,(\varepsilon_2 + \mu \cdot \varepsilon_1).$$

$$\sigma_1 = \frac{2{,}15 \cdot 10^5}{1 - 0{,}3^2}\,(60 \cdot 10^{-5} + 0{,}3 \cdot 20 \cdot 10^{-5}) = 155{,}93 \text{ N/mm}^2$$

$$\sigma_2 = \frac{2{,}15 \cdot 10^5}{1 - 0{,}3^2}\,(20 \cdot 10^{-5} + 0{,}3 \cdot 60 \cdot 10^{-5}) = 89{,}78 \text{ N/mm}^2$$

$$\sigma_v = \sqrt{\sigma_1^2 - \sigma_1 \cdot \sigma_2 + \sigma_2^2} = \sqrt{155{,}934^2 - 89{,}78 \cdot 155{,}934 + 89{,}78^2} = 135{,}56 \text{ N/mm}^2$$

$$\nu = \frac{R_{eH}}{\sigma_v} = \frac{300}{135{,}56} = \mathbf{2{,}2}$$

Aufgaben zu Abschnitt 1.6

1. Ein einseitig eingespannter Rundstab ist am freien Ende durch die Kraft F exzentrisch belastet (**1**.174). Geg.: F = 200 kN, d = 200 mm, l = 400 mm. Ges.: In den Punkten 1 bis 5 sind die Vergleichsspannungen nach der Hypothese der größten Gestaltänderungsenergie zu ermitteln.
2. Eine Welle aus E 335 (St 590, St 60) ist durch das Biegemoment M_b und Drehmoment M_t belastet. M_b = 20 kNm, M_t = 10 kNm, σ_{bw} = 300 N/mm², τ_{Sch} = 230 N/mm², R_{eH} = 340 N/mm².

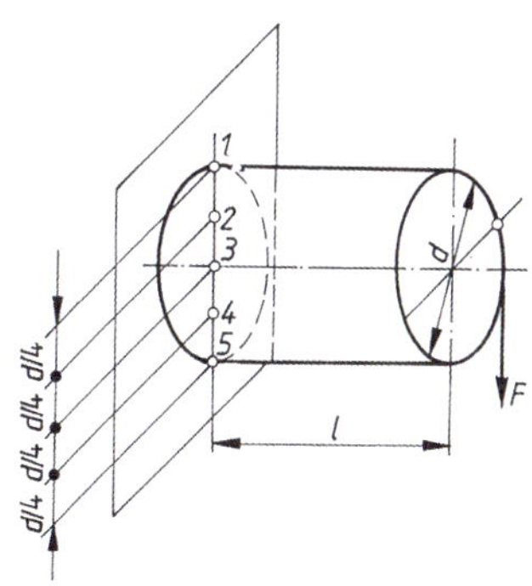

1.174 Einseitig eingespannter Rundstahl

Wie groß ist der Wellendurchmesser d zu wählen, wenn eine Sicherheit $\nu = 2$ gegen plastische Verformung gefordert und die Hypothese der größten Gestaltänderungsenergie zugrunde gelegt werden?

3. Das einseitig eingespannte Rohr **1**.175 wird durch die Kraft F belastet. $d_a = 205$ mm, $d_i = 195$ mm, $F = 200$ kN. Ermitteln Sie die Spannungen in den Punkten 1 bis 4.

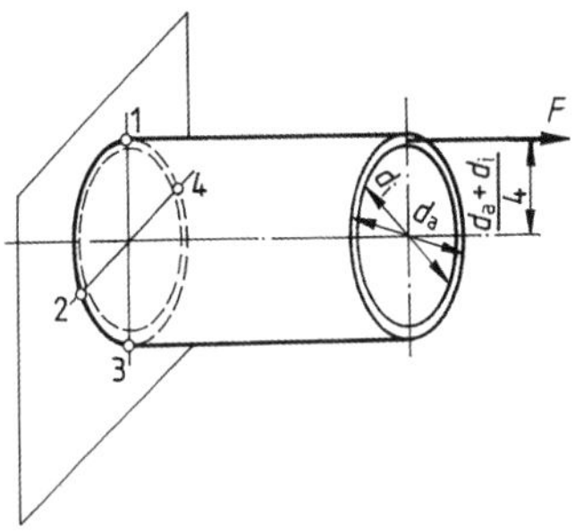

1.175 Exzentrisch belastetes Rohr

4. Ein dünnwandiger Kastenträger wird auf Torsion und gleichzeitig auf Zug belastet (**1**.176). Die Zugkraft wirkt ruhend, die Torsion wirkt schwellend. $M_t = 500$ kNm, $F = 1000$ kN, $a = 300$ mm, $s = 20$ mm, $R_{eH} = \sigma_F = 240$ N/mm², $\tau_{Sch} = 170$ N/mm².
Gesucht wird die Sicherheit ν a) nach der Gestaltänderungshypothese, b) nach der Schubspannungshypothese.

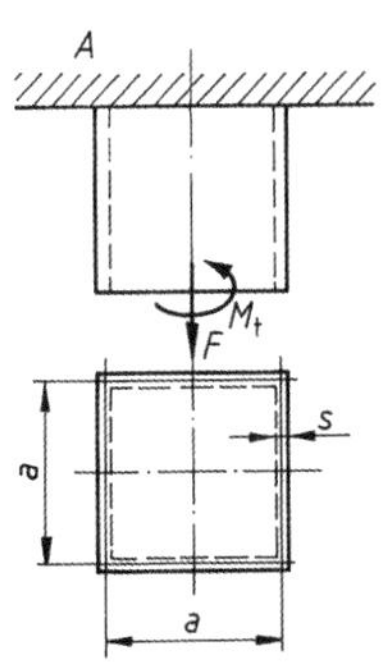

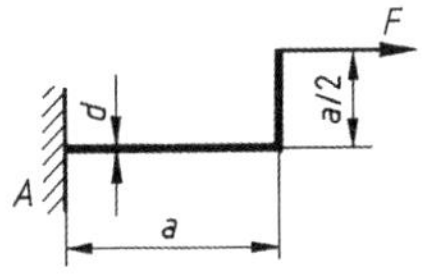

1.176 Dünnwandiges Kastenprofil **1**.177 Winkelhebel

5. Ein Winkelhebel mit Kreisprofil wird durch die Kraft F belastet (**1**.177). F = 100kN, a = 300 mm, d = 80 mm. Gesucht werden a) die maximale Spannung, b) die Gleichung der Nulllinie.

6. Eine zu einem Viertelkreis gebogene Stange mit Kreisquerschnitt wird durch die ruhenden Kräfte F_1 und F_2 am freien Ende belastet (**1**.178). $F_1 = 5$ kN, $F_2 = 2{,}5$ kN, $r = 500$ mm, $d = 60$ mm.
Berechnen Sie die Vergleichsspannung σ_v nach der Gestaltänderungshypothese.

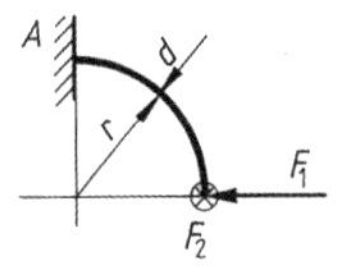

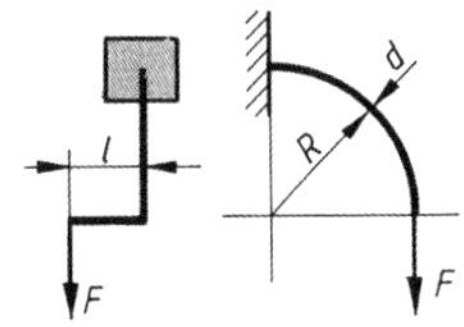

1.178 Viertelkreisbogen **1**.179 Viertelkreisträger

7. Für den im Bild **1**.179 skizzierten Träger mit Kreisquerschnitt ist die maximale Kraft F mit Hilfe der Gestaltänderungshypothese zu ermitteln. $R = 600$ mm, $l = 300$, $d = 60$ mm, $\sigma_{zul} = 200$ N/mm².

8. Der Winkelhebel **1**.180 ist an einem Ende eingespannt, am anderen durch die Kraft F belastet. Wie groß kann die Kraft F sein, wenn die zulässige Spannung $\sigma_{zul} = 180$ N/mm² nicht überschritten werden darf? Ermitteln Sie F a) mit der Schubspannungshypothese, b) mit der Hypothese der größten Gestaltänderungsenergie. Geg.: $a = 400$ mm, $b = 150$ mm, $d = 80$ mm.

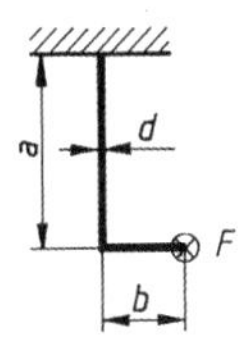

1.180 Winkelhebel

9. Eine Schraube wird durch Anziehen mit σ = 100 N/mm² auf Zug und gleichzeitig mit τ = 60 N/mm² auf Verdrehung beansprucht. R_{eH} = 240 N/mm². Wie groß ist die Sicherheit gegen plastische Verformung nach der Hypothese der größten Gestaltänderungsenergie?

10. Welche Querschnittsabmessungen muss eine Hohlwelle erhalten, die gleichzeitig das Biegemoment $M_b = 60 \cdot 10^4$ Nmm und das Torsionsmoment Mt = 100 · 10⁴ Nmm zu übertragen hat? Rechnen Sie nach der Gestaltänderungshypothese.
Geg.: $D/d = 1{,}2$, $\sigma_{zul} = 80$ N/mm², $\sigma_{bw} = 300$ N/mm$_2$, $\sigma_{bF} = 470$ N/mm², $\tau_w = 210$ N/mm², $\tau_F = 230$ N/mm².

11. Eine Getriebewelle wird durch eine Einzelkraft $F = 100\,kN$ und durch ein Drehmoment beansprucht (**1**.181). F wirkt ruhend, das Drehmoment schwellend. Die Drehzahl der Welle ist $n = 1200\,U/min$. $a = 600\,mm$, $l = 1500\,mm$, $d = 150\,mm$, $\sigma_{zul} = 200\,N/mm^2$, Werkstoff: Vergütungsstahl 41 Cr4 V mit $\sigma_{bw} = 570\,N/mm^2$, $\tau_{Sch} = 500\,N/mm^2$. Ermitteln Sie die maximale Leistung nach der Hypothese der größten Gestaltänderungsenergie.

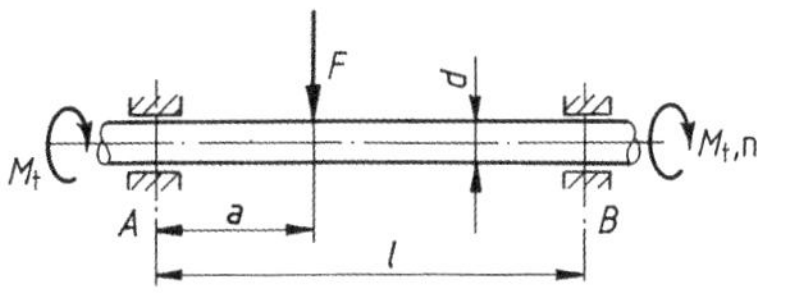

1.181 Getriebewelle

12. Ein Grubenventilator wird durch eine Riemenscheibe angetrieben (**1**.182). Eigengewicht der Riemenscheibe $F_G = 20\,kN$, Riemenspannkräfte $F_1 = 30\,kN$, $F_2 = 12\,kN$, Durchmesser der Riemenscheibe $D = 3\,m$. $\sigma_{zul} = 120\,N/mm^2$, $\sigma_{bw} = 300\,N/mm^2$, $\tau_{Sch} = 230\,N/mm^2$ und $l = 1000\,mm$.
Berechnen Sie den Wellendurchmesser d nach der Hypothese der größten Gestaltänderungsenergie.

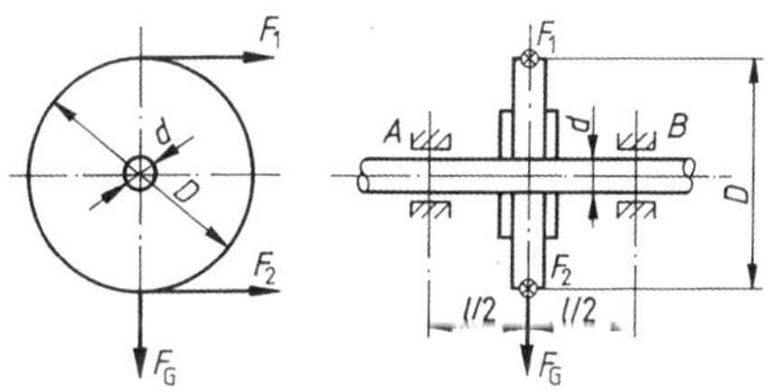

1.182 Grubenventilator

13. Ein Druckstab mit quadratischem Querschnitt wird durch eine ruhende Druckkraft $F = 10$ kN und ein wechselndes Drehmoment $M_t = 80$ kNmm belastet. Wie groß muss die Seitenlänge a des quadratischen Querschnitts gewählt werden, damit ein zulässiger Spannungswert von $\sigma_{zul} = 120\,N/mm^2$ nicht überschritten wird? Verwenden Sie die Gestaltänderungshypothese. $\sigma_{dF} = 310\,N/mm^2$, $\tau_w = 140\,N/mm^2$.

14. Geg.: Haspelrad mit $F = 2$ kN, $D = 1000$ mm, a = 500 mm, $\sigma_{bw} = 190\,N/mm^2$, $\tau_F = 150\,N/mm^2$, $\sigma_{zul} = 60\,N/mm^2$ (**1**.183). Ermitteln Sie den Wellendurchmesser d nach der Hypothese der größten Gestaltänderungsenergie.

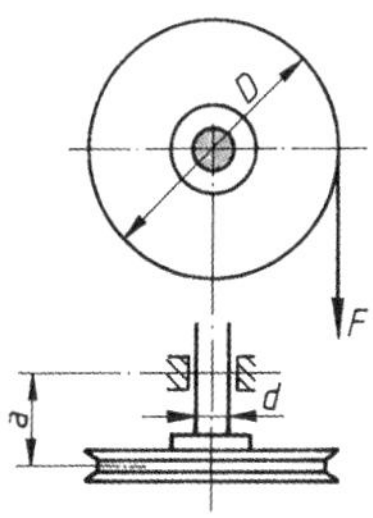

1.183 Haspelrad

15. Geg.: Kettenradwelle einer Winde **1**.184 mit $F_1 = 100\,kN$, $\sigma_{bw} = 200\,N/mm^2$, $\tau_{Sch} = 170\,N/mm^2$, $\sigma_{zul} = 80\,N/mm^2$. Gesucht wird der Wellendurchmesser mit Hilfe der Gestaltänderungshypothese.

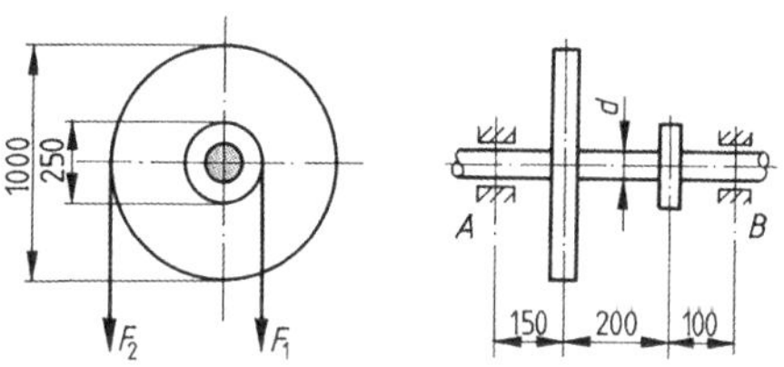

1.184 Kettenradwelle einer Winde

1.7 Mohr'scher Spannungskreis

Ein beliebig beanspruchter Bauteil befindet sich nur dann im Gleichgewicht, wenn die vektorielle Summe der äußeren Kräfte und Momente (Aktions- und Reaktionsgrößen) gleich Null ist. Durch diese Belastung werden im Bauteil innere Kräfte hervorgerufen, die vom Werkstoff getragen werden und seinen Zusammenhalt bewirken. In der Festigkeitslehre interessieren wir uns für diese inneren Reaktionen bzw. Spannungen. Zu diesem Zweck denken wir uns den Bauteil an der uns interessierenden Stelle geschnitten und ermitteln die Schnittreaktionen (**1**.185). Die resultierende Schnittkraft F_{res} lässt sich in ihre zur Schnittfläche normale und tangentiale Komponente zerlegen.

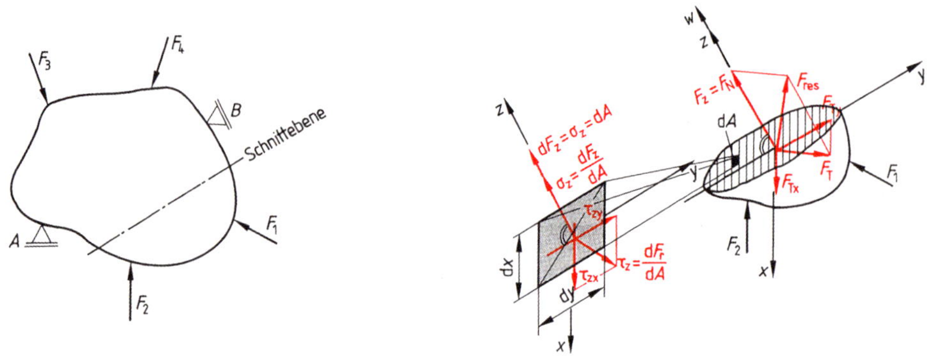

1.185 Schnitt durch einen Bauteil und Schnittreaktionen

Für die Normalkraft gilt $F_N = \int_A \sigma \cdot dA$, für die Tangentialkraft $F_T = \int_A \tau \cdot dA$.

Ist uns die Verteilung der Normal- und Tangentialkräfte in der Schnittfläche bekannt, können wir in jedem Punkt die Normalspannung $\sigma = dF_N/dA$ und die Tangentialspannung (Schubspannung) $\tau = dF_T/dA$ angeben. Dabei erhalten wir drei Spannungskomponenten: eine Normalspannung und zwei senkrecht zueinander stehende Tangentialspannungen.

Spannungszustand. Es lassen sich durch jeden Punkt eines Körpers in unendlich vielen Richtungen Schnitte legen, in denen jeweils verschiedene Normal- und Schubspannungen auftreten. Um die Spannungen in einem Bauteil vollkommen zu beschreiben, müssen alle Spannungen angegeben werden, die am Elementarwürfel (Einheitswürfel) in einem Punkt angreifen.

> Die Gesamtheit aller Spannungen an einem Punkt ist sein Spannungszustand.

Tritt am freigemachten Elementarwürfel eines belasteten Bauteils nur eine Normalspannung (z. B. in der x-Richtung) auf, sprechen wir von einem einachsigen (linearen) Spannungszustand (**1**.186a). Wird der Elementarwürfel in zwei Achsrichtungen belastet, wirken also Spannungen in einer Ebene (z. B. x, z-Ebene), liegt ein zweiachsiger (ebener) Spannungszustand vor (Beispiel: Blech, **1**.186b). Beim dreiachsigen (räumlichen Spannungszustand treten folglich Spannungen in allen drei Achsrichtungen auf (Beispiel: Kurbelgehäuse **1**.186c).

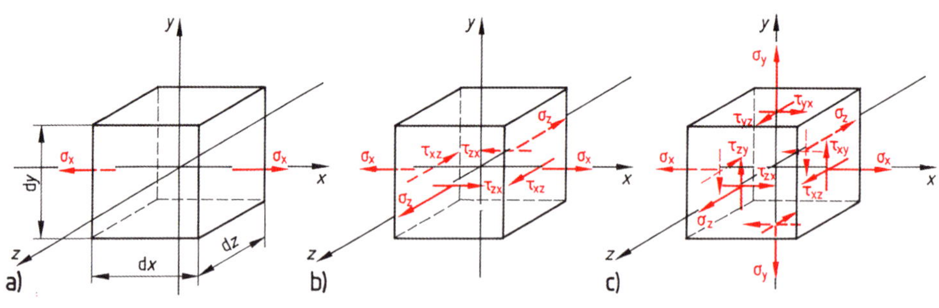

1.186 Spannungszustände
a) einachsig, b) zweiachsig, c) dreiachsig

Satz von der Gleichheit zugeordneter Schubspannungen. Die an einem Elementarwürfel angreifenden Normal- und Schubkräfte sind das Produkt aus Spannung und Elementarfläche, an der die Spannung wirkt. Für die Gleichgewichtsbedingungen des Elementarwürfels folgt daraus ein Gleichungssystem von 6 Gleichungen (entsprechend den 6 Freiheitsgraden des starren Körpers):

$$\sum_i dF_{xi} = 0: \qquad \sum_i dF_{yi} = 0: \qquad \sum_i dF_{zi} = 0:$$

$$\sum_i dM_{xi} = 0: \qquad \sum_i dM_{yi} = 0: \qquad \sum_i dM_{zi} = 0:$$

Aus $\sum_i dF_{xi} = 0$ folgt

$$\sigma_x dy dz + \tau_{zx} dx dy - \tau_{zx} dx dy - \sigma_x dy dz + \tau_{yx} dx dz - \tau_{yx} dx dz = 0$$

Dies besagt, dass die translatorischen Kräfte in Richtung der x-Achse im Gleichgewicht stehen. Analog gilt dies auch für die y- und z-Richtung. Wir untersuchen nun die Momentenbedingung

$$\sum_i dM_{xi} = 0 \circlearrowleft:$$

$\tau_{zy} dx dy dz - \tau_{yz} dx dy dz = 0$. Daraus folgt $\boldsymbol{\tau_{yz} = \tau_{zy}}$.

Bilden wir den Momentenansatz um die y- bzw. z-Achse, erhalten wir die entsprechenden Bedingungen

$\boldsymbol{\tau_{xy} = \tau_{yx}}$ und $\boldsymbol{\tau_{xz} = \tau_{zx}}$.

Also sind die Schubspannungen in senkrecht aufeinander stehenden Schnitten gleich groß und wie im Bild **1**.186 gerichtet.

> Schubspannungen treten stets paarweise auf und sind entweder zur Schnittkante hin oder von ihr weg gerichtet. Sie können nie in einer Ebene allein auftreten.

Der räumliche Spannungszustand ist daher nicht durch 9, sondern durch die 6 Komponenten σ_x, σ_y, σ_z, τ_{xy}, τ_{xz} und τ_{yz} vollständig beschrieben. Für die vollständige Angabe des ebenen Spannungszustands genügen dagegen 3 Komponenten – z. B. σ_x, σ_y und τ_{xy}.

In dem nach Chr. O. Mohr benannten Mohr'schen Spannungskreis werden für den jeweiligen Spannungszustand die Normal- und Tangentialspannungen in allen Schnittrichtungen dargestellt. Dabei interessieren uns vor allem Lage und Größe der maximalen Spannungen.

1.7.1 Einachsiger (linearer) Spannungszustand

Ein einachsiger Spannungszustand ist gegeben, wenn z. B. ein Stab in seiner Längsrichtung auf Zug oder Druck beansprucht wird. Ist die Spannung über den Stabquerschnitt gleichmäßig verteilt, wirkt an jedem Flächenelement die gleiche Normalspannung. Schneiden wir nun den Stab unter dem Winkel φ zur xz-Ebene, wirken am linken Stabteil die Kraft F_x und die Schnittreaktionen F_t und F_n. Am Elementarprisma wirken die Kräfte dF_x, dF_t und dF_n bzw. die Spannungen σ_x, τ_φ und σ_φ (**1**.187).

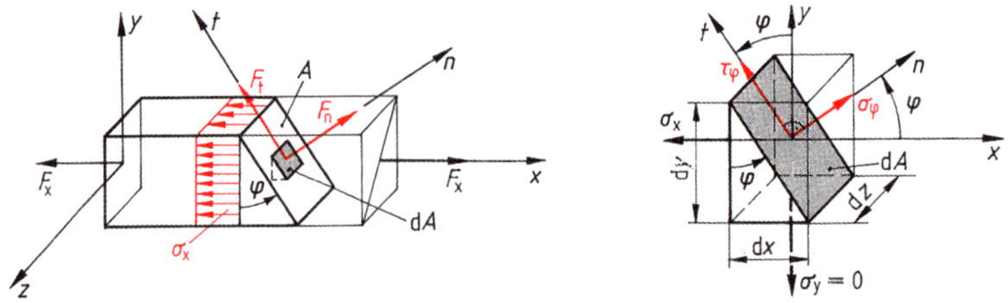

1.187 Zugbeanspruchter Stab mit schrägem Schnitt und Elementarprisma

Stellen wir am freigemachten Elementarprisma die Gleichgewichtsbedingungen auf, erhalten wir

$$\Sigma dF_{ni} = \sigma_\varphi \cdot dA - \sigma_x \cdot dA \cdot \cos\varphi \cdot \cos\varphi = 0$$

$$\Sigma dF_{ti} = \tau_\varphi \cdot dA + \sigma_x \cdot dA \cdot \cos\varphi \cdot \sin\varphi = 0 \quad \text{und im Weiteren}$$

$$\sigma_\varphi = \frac{dF_n}{dA} = \sigma_x \cdot \cos^2\varphi$$

$$\tau_\varphi = \frac{dF_t}{dA} = -\sigma_x \cdot \sin\varphi \cdot \cos\varphi .$$

Aus den Produktformeln der trigonometrischen Funktionen $\sin 2\varphi = 2 \cdot \sin\varphi \cdot \cos\varphi$ und $\cos^2\varphi = \frac{1}{2}(1 + \cos 2\varphi)$ folgt:

$$\sigma_\varphi = \frac{1}{2}\,\sigma_x\,(1 + \cos 2\varphi) \qquad \tau_\varphi = -\frac{1}{2}\,\sigma_x \sin 2\varphi \qquad \text{Gl. (1.117)}$$

Die Gleichung des Mohr'schen Spannungskreises für den linearen Spannungszustand erhalten wir durch Quadrieren und Addieren:

$$\left.\begin{aligned}\left(\sigma_\varphi - \frac{\sigma_x}{2}\right)^2 &= \left(\frac{\sigma_x}{2} \cdot \cos 2\varphi\right)^2 \\ (\tau_\varphi)^2 &= \left(\frac{\sigma_x}{2} \sin 2\varphi\right)^2\end{aligned}\right\} +$$

$$\left(\sigma_\varphi - \frac{\sigma_x}{2}\right)^2 + \tau_\varphi{}^2 = \left(\frac{\sigma_x}{2}\right)^2 \qquad \text{Gl. (1.118)}$$

Die Konstruktion des Mohr'schen Spannungskreises zeigt Bild **1**.188. Die Spannungen werden entsprechend ihrem Vorzeichen in ein σ, τ-Koordinatensystem eingetragen. Für den einachsigen Spannungszustand ergibt sich je nach Beanspruchung (Zug, Druck) ein um $\pm\sigma_x/2$ auf der σ-Achse verschobener Kreis mit dem Radius $\sigma_x/2$. Aus Gl. (1.117) erhalten wir die maximale Schubspannung in den Ebenen, die um ± 45° geneigt sind.

$$\tau_{max} = \tau_{\varphi \pm 45°} = \pm\frac{\sigma_x}{2} = \tau_{I,II}$$

Die Extremwerte der Normalspannungen treten in den Ebenen $\varphi = 0°$ und $\varphi = 90°$ auf. Hier sind die Schubspannungen $\tau_{1,2}$ = null.

$$\sigma_{max} = \sigma_{\varphi = 0°} = \sigma_x = \sigma_1$$

$$\sigma_{min} = \sigma_{\varphi = 90°} = 0 = \sigma_2 .$$

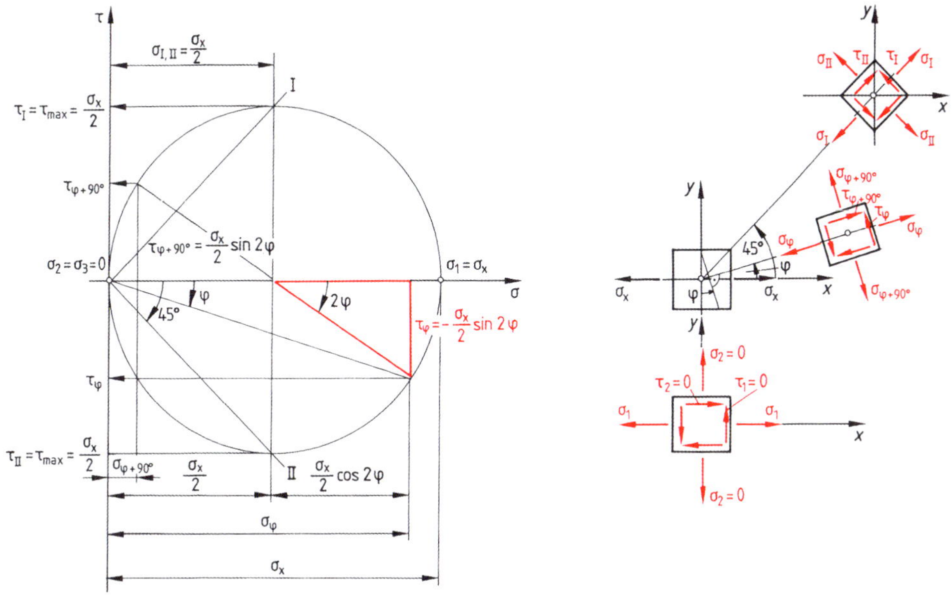

1.188 Konstruktion des Mohr'schen Spannungskreises für den linearen Spannungszustand

Hauptnormal- und Hauptschubspannungen. Die maximalen und minimalen Normalspannungen heißen Hauptnormalspannungen oder kurz Hauptspannungen σ_1 und σ_2, die maximalen Schubspannungen sind die Hauptschubspannungen $\tau_{I,II}$. Die Schnittebenen (Schnittrichtungen), in denen keine Schubspannungen auftreten, sind die Hauptschnitte. In unserem theoretischen Beispiel ist $\sigma_x = \sigma_1$ also Hauptspannung, während die Schubspannung $\tau_{1,2} = 0$ ist.

> Schubspannungsfreie Schnittrichtungen heißen Hauptschnitte. Die zugehörigen Normalspannungen sind die Hauptspannungen. Sie sind Extremwerte.

Beispiel 1.85 Ein Quader wird durch eine Kraft $F = 20\,\text{kN}$ auf Druck beansprucht (1.189). Die Kantenlänge des Quaders ist 4 cm. Gesucht werden a) analytisch, b) grafisch die Spannungen in einem um den Winkel $\varphi = 30°$ geneigten Schnitt sowie Ort und Größe der Hauptschub- und Hauptnormalspannungen.

Lösung

a) $\sigma_y = -\frac{F}{A} = -\frac{20\,000\,\text{N}}{4^2\,\text{cm}^2} = \mathbf{-\,1250\,N/cm^2}$

$$\sigma_\varphi = \frac{\sigma_y}{2}(1 + \cos 2\varphi) = -\frac{1250\,\text{N/cm}^2}{2} \cdot [1 + \cos(2 \cdot 30)] = \mathbf{-937{,}5\,N/cm^2}$$

$$\tau_\varphi = -\frac{\sigma_y}{2} \sin 2\varphi = +\frac{1250\,\text{N/cm}^2}{2} \sin(2 \cdot 30)$$

$$\tau_\varphi = \mathbf{+541{,}266\,N/cm^2}.$$

Die Hauptspannungen treten bei den Schnitten $\varphi_1 = \mathbf{0°}$ und $\varphi_2 = \mathbf{90°}$ auf. Ihre Größen sind $\sigma_1 = \sigma_y = \mathbf{-1250\,N/cm^2}$ und $\sigma_2 = 0 \cdot \tau_{1,2} = \mathbf{0}$.

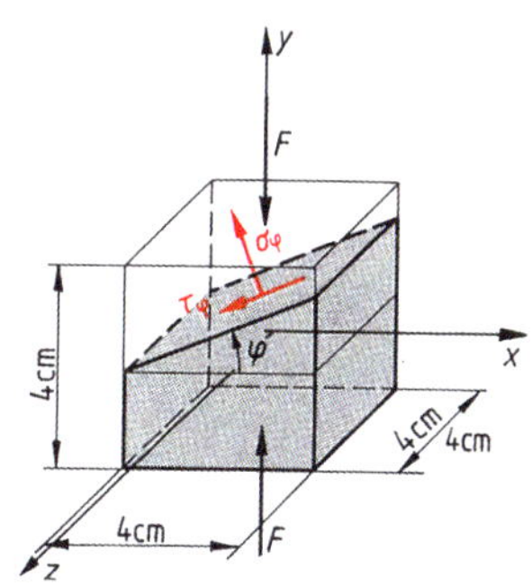

1.189 Druckbeanspruchter Quader

Lösung Fortsetzung

Die Hauptschubspannungen treten in den Schnitten $\varphi_I = 45°$ und $\varphi_{II} = 135°$ auf. Ihre Größen sind $\tau_{I,II} = \pm\frac{1}{2}\sigma_y = \pm$**625 N/cm²**. Die in diesen Schnitten auftretenden Normalspannungen sind $\sigma_{I,II} = -\frac{1}{2}\sigma_y =$ **−625 N/cm²**.

b) Bild **1**.190 Maßstab $m_\sigma = m_\tau = 200\,\frac{\text{N/cm}^2}{\text{cm}}$

$\sigma_{30°} \mathrel{\hat{=}} -4{,}7\text{ cm} \mathrel{\hat{=}}$ **−940 N/cm²**

$\tau_{30°} \mathrel{\hat{=}} +2{,}7\text{ cm} \mathrel{\hat{=}}$ **+540 N/cm²**

$\tau_{I,II} \mathrel{\hat{=}} \pm 3{,}1\text{ cm} \mathrel{\hat{=}}$ **±620 N/cm²**

$\sigma_{I,II} \mathrel{\hat{=}} -3{,}1\text{ cm} \mathrel{\hat{=}}$ **−620 N/cm²**

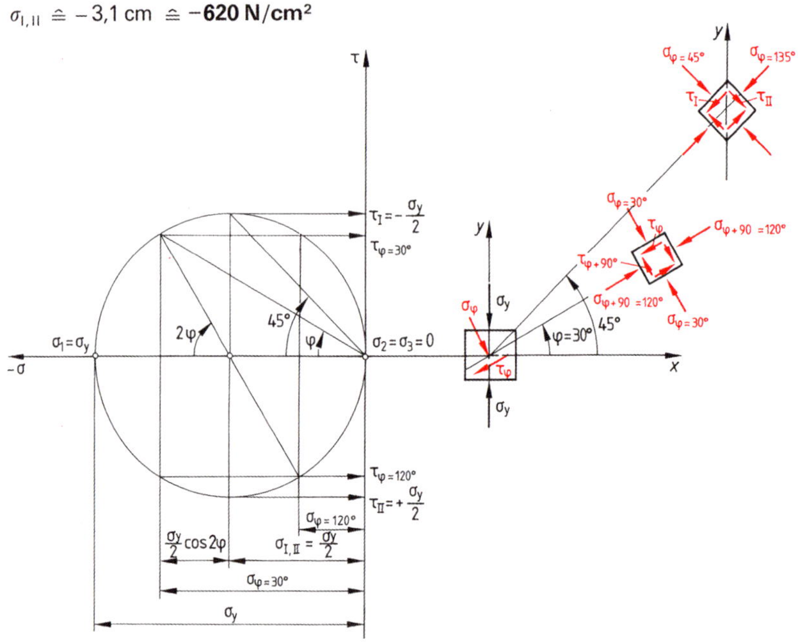

1.190 Grafische Lösung

Beispiel 1.86 Zwei Stäbe mit dem Querschnitt 4 × 7 cm werden schräg unter dem Winkel $\varphi = 30°$ zusammengeklebt (**1**.191). Die zulässigen Spannungen der Klebeverbindung sind $\sigma_{zul} = 10\text{ N/cm}^2$ und $\tau_{zul} = 8\text{ N/cm}^2$.

Gesucht: a) Maximale Kraft F. b) Unter welchem Winkel φ müsste die Verklebung ausgeführt werden, um die größtmögliche Belastbarkeit zu erreichen? Wie groß ist dann die maximale Kraft?

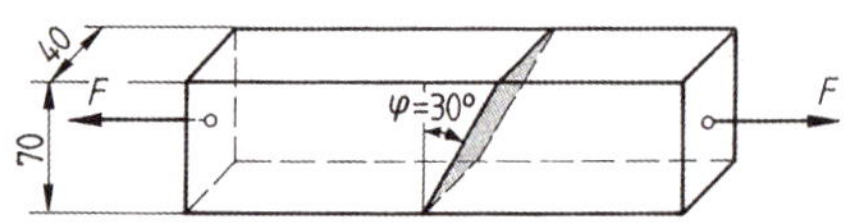

1.191 Zwei schräg zusammengeklebte Stäbe

Lösung

a) $\Sigma F_n = 0$: $\quad F \cdot \cos 30° - \sigma_{zul} \cdot \dfrac{4 \cdot 7}{\cos 30°} = 0$

$\Sigma F_t = 0$: $\quad F \cdot \sin 30° - \tau_{zul} \cdot \dfrac{4 \cdot 7}{\cos 30°} = 0$

Lösung Fortsetzung

$$F = \sigma_{zul} \frac{4 \cdot 7}{\cos^2 30°} = \frac{10 \cdot 4 \cdot 7}{\cos^2 30°} = 373{,}33\,\text{N}$$

$$F = \tau_{zul} \frac{4 \cdot 7}{\sin 30° \cdot \cos 30°} = \frac{8 \cdot 4 \cdot 7}{\sin 30° \cdot \cos 30°} = 517{,}3\,\text{N}.$$

Die Kraft wird durch die Normalspannung begrenzt. Also: F_{max} = **373 N.**

b) Die maximale Kraft ist gegeben, wenn die zulässigen Normal- und Schubspannungen voll ausgenutzt werden, also wenn

$$\frac{\sigma_{zul}}{\cos^2 \varphi} = \frac{\tau_{zul}}{\sin \varphi \cdot \cos \varphi}$$ ist. Daraus folgt

$$\frac{\sin \varphi}{\cos \varphi} = \tan \varphi = \frac{\tau_{zul}}{\sigma_{zul}} = \frac{8}{10} = 0{,}8$$

und mit φ = **38,6598°** die maximale Kraft F_{max} = **459 N**.

Beispiel 1.87 Der Kragträger **1**.192 wird an seinem freien Ende durch die Kraft $F = 2\,\text{kN}$ belastet. Ermitteln Sie Lage und Größe der im Punkt P auftretenden Hauptnormal- und Hauptschubspannungen, und zwar a) analytisch, b) grafisch nach Mohr.

Lösung a) Im Punkt P wirken das Biegemoment $M_b = F \cdot l = 2 \cdot 0{,}8 = 1{,}6$ kNm und die Querkraft $F_Q = F = 2$ kN. Nach Abschnitt 1.4.2 ist die Schubspannung am Elementarwürfel in P gleich null. Es liegt daher ein einachsiger Spannungszustand vor.

$$\sigma_x = \frac{M_b}{W_b} = \frac{160000\,\text{Ncm}}{3740\,\text{cm}^3} = \mathbf{42{,}8\,N/cm^2}$$

$$\sigma_{max} = \sigma_x = \sigma_1 = \mathbf{42{,}8\,N/cm^2}$$

$$\sigma_{min} = \sigma_y = \sigma_2 = \mathbf{0}$$

$$\tau_{1,2} = \mathbf{0}$$

$$\tau_{max} = \tau_{I,II} = \tau_{45°,135°} = \frac{\sigma_x}{2} = \pm\mathbf{21{,}4\,N/cm^2}$$

$$\sigma_{I,II} = \frac{\sigma_x}{2} = \mathbf{21{,}5\,N/cm^2}$$

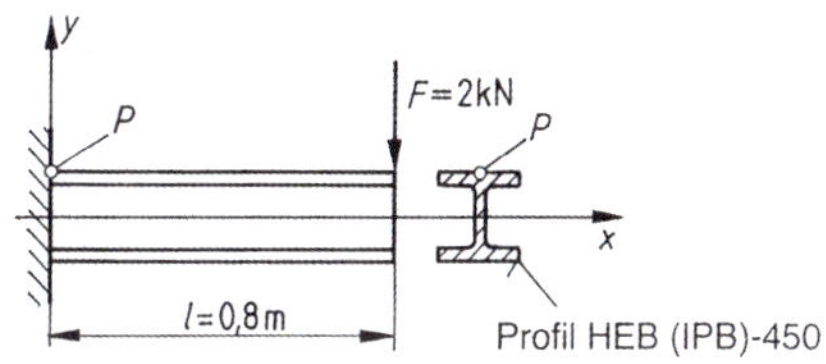

1.192 Kragträger

b) Bild **1**.193 Maßstab $m_\sigma = m_\tau = 10\,\frac{\text{N/cm}^2}{\text{cm}}$

$$\tau_{max} = \tau_{I,II} = \pm 2{,}15\,\text{cm} = \pm\mathbf{21{,}5\,N/cm^2}$$

$$\sigma_{I,II} = 2{,}15\,\text{cm} = \mathbf{21{,}5\,N/cm^2}$$

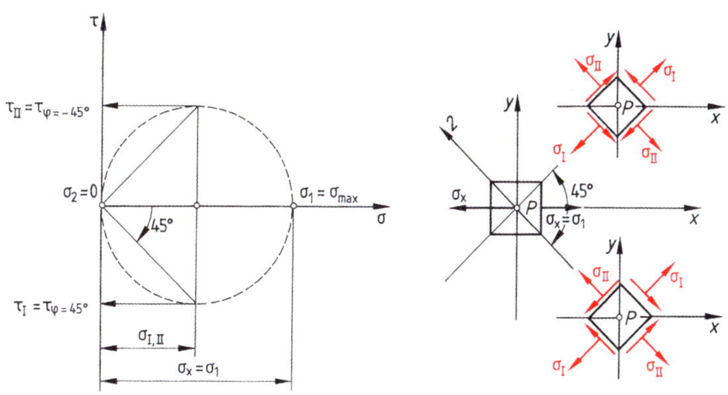

1.193 Lösung mit Mohr'schem Spannungskreis

1.7.2 Zweiachsiger (ebener) Spannungszustand

Wird ein Bauteil durch Kräfte beansprucht, die in einer Ebene liegen, tritt ein ebener Spannungszustand auf. Im Bild **1**.194 liegen alle angreifenden Kräfte in der *yz*-Ebene, es gibt keine Kraftkomponenten in Richtung der *x*-Achse. Daher treten an keiner Stelle *P* im Bauteil Spannungen in *x*-Richtung auf. Am Elementarwürfel wirken nur die Spannungskomponenten σ_y, σ_z und τ_{yz}.

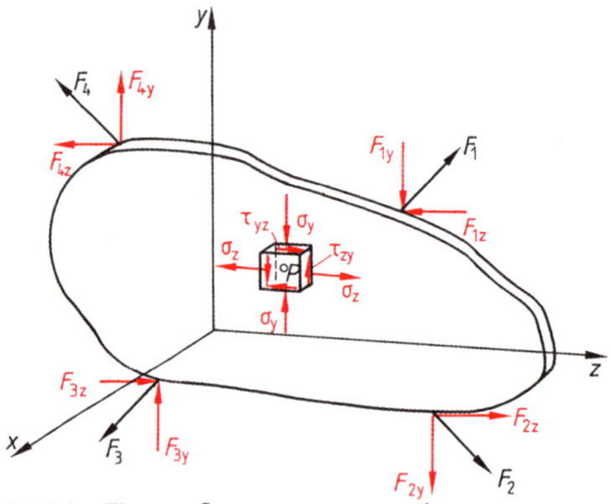

1.194 Ebener Spannungszustand

Beim ebenen Spannungszustand sind die Schnittflächen parallel zu einer Ebene spannungsfrei.

Für die Indizierung der Spannungskomponenten wählen wir, wie schon aus Bild **1**.186 ersichtlich, folgende Regel:

Der Normalspannungsindex ist identisch mit dem Index der Flächennormalen, also der Normalen jener Fläche, an der die Normalspannung angreift. (So wirkt z. B. die Spannung σ_x in Richtung der *x*-Achse.) Der Richtungssinn ist positiv bei Zug- und negativ bei Druckbeanspruchung.

Die Schubspannungen werden durch zwei Indizes gekennzeichnet: Der erste nennt die Flächennormale, in der die Schubspannung wirkt, der zweite gibt die Achsrichtung der Schubspannung an. (So liegt z. B. die Schubspannung τ_{yz} in der *xz*-Ebene und zeigt in Richtung der *z*-Achse.)

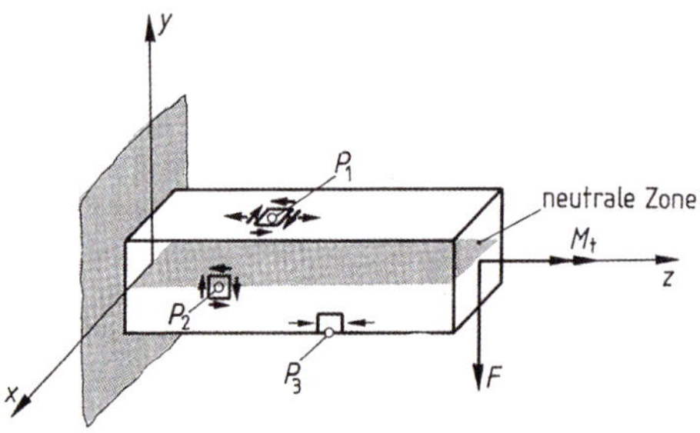

1.195 Auf Biegung und Torsion beanspruchter Kragträger

Zweiachsige Spannungszustände treten in dünnen Blechen oder Scheiben auf, wenn die Lastebene in der Blechmitte und parallel zur Blechoberfläche liegt. Außerdem kommt es zu zweiachsigen Spannungszuständen an der Oberfläche eines belasteten Bauteils, wenn die betrachtete Stelle ausreichend weit von den Orten der Krafteinleitung entfernt ist (**1**.195). Nach der Theorie von A. B. de Saint-Venant (1797–1886) nimmt nämlich der Einfluss der Krafteinleitung verhältnismäßig rasch ab, so dass sie meist vernachlässigt werden kann.

Rotation des Koordinatensystems. An der Stelle *P* eines beanspruchten Bauteils sind die Spannungskomponenten σ_x, σ_y und τ_{xy} am Elementarwürfel gegeben. Somit wird Punkt *P* einem zweiachsigen Spannungszustand unterworfen. Um über die gesamten hier auftretenden Spannungen Auskunft zu geben und die Frage nach Lage und Größe der maximalen Normal- und Schubspannungen zu beantworten, bestimmen wir die Spannungskomponenten σ_ξ, σ_η und $\tau_{\xi\eta}$ in einem um den Winkel φ zur *z*-Achse gedrehten Koordinatensystem $\xi\eta$ als Funktion des Drehwinkels φ und der Spannungskomponenten im *xy*-Koordinatensystem (**1**.196).

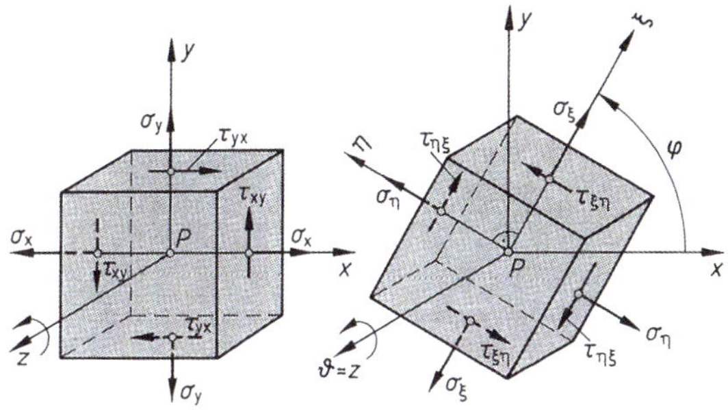

1.196 Rotation des Koordinatensystems

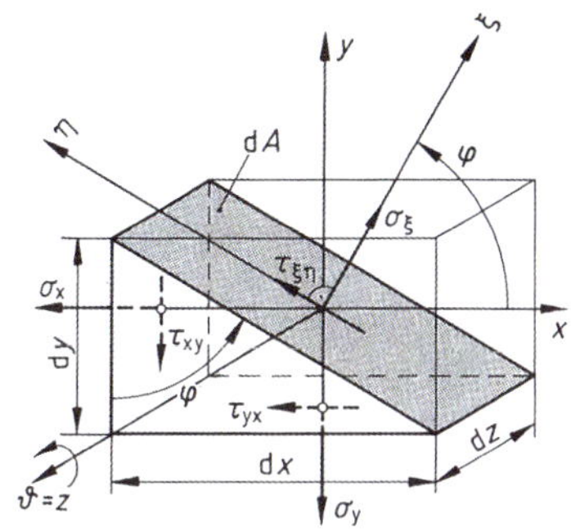

1.197 Elementarprisma unter zweiachsigem Spannungszustand

Wie beim linearen Spannungszustand schneiden wir den Elementarquader mit den Kantenlängen dx, dy und dz unter dem Winkel φ zur yz-Ebene und teilen ihn dadurch in zwei Elementarprismen (**1**.197). Für das untere Elementarprisma erhalten wir diese Gleichgewichtsbedingungen:

$$\Sigma dF_\xi = 0\colon\ \sigma_\xi \cdot dA - \sigma_x \cdot dA \cos\varphi \cdot \cos\varphi - \sigma_y \cdot dA \cdot \sin\varphi \cdot \sin\varphi - \tau_{yx} \cdot dA \cdot \sin\varphi \cdot \cos\varphi - \tau_{xy} \cdot dA \cdot \cos\varphi \cdot \sin\varphi = 0$$

$$\Sigma dF_\eta = 0\colon\ \tau_{\xi\eta} \cdot dA + \sigma_x \cdot dA \cdot \cos\varphi \cdot \sin\varphi - \sigma_y \cdot dA \cdot \sin\varphi \cdot \cos\varphi + \tau_{yx} \cdot dA \cdot \sin\varphi \cdot \sin\varphi - \tau_{xy} \cdot dA \cdot \cos\varphi \cdot \cos\varphi = 0.$$

Lösen wir das Gleichungssystem unter Berücksichtigung des Satzes einander zugeordneter Schubspannungen $\tau_{xy} = \tau_{yx}$ auf, folgt:

$$\sigma_\xi = \sigma_x \cdot \cos^2\varphi + \sigma_y \cdot \sin^2\varphi + 2\,\tau_{xy} \cdot \sin\varphi \cdot \cos\varphi$$

$$\tau_{\xi\eta} = -(\sigma_x - \sigma_y)\sin\varphi \cdot \cos\varphi + \tau_{xy}(\cos^2\varphi - \sin^2\varphi).$$

Ersetzen wir $\cos^2\varphi$, $\sin^2\varphi$, $2\sin\varphi \cdot \cos\varphi$ und $(\cos^2\varphi - \sin^2\varphi)$ durch trigonometrische Beziehungen

$$\cos^2\varphi = \frac{1}{2}(1 + \cos 2\varphi) \qquad \sin^2\varphi = \frac{1}{2}(1 - \cos 2\varphi)$$

$$\sin 2\varphi = 2\sin\varphi \cdot \cos\varphi \qquad \cos 2\varphi = \cos^2\varphi - \sin^2\varphi,$$

erhalten wir

$$\sigma_\xi = \frac{\sigma_x}{2}(1 + \cos 2\varphi) + \frac{\sigma_y}{2}(1 - \cos 2\varphi) + \tau_{xy} \cdot \sin 2\varphi$$

$$\tau_{\xi\eta} = -\frac{(\sigma_x - \sigma_y)}{2}\sin 2\varphi + \tau_{xy} \cdot \cos 2\varphi \qquad \text{und schließlich}$$

$$\sigma_\xi = \frac{\sigma_x + \sigma_y}{2} + \frac{\sigma_x - \sigma_y}{2}\cos 2\varphi + \tau_{xy} \cdot \sin 2\varphi$$

$$\sigma_\eta = \frac{\sigma_x + \sigma_y}{2} - \frac{\sigma_x - \sigma_y}{2}\cos 2\varphi - \tau_{xy} \cdot \sin 2\varphi \qquad \text{Gl. (1.119)}$$

$$\tau_{\xi\eta} = -\frac{\sigma_x - \sigma_y}{2}\sin 2\varphi + \tau_{xy} \cdot \cos 2\varphi.$$

Die Beziehung für σ_η erhielten wir aus der Gleichung für σ_ξ, in die wir an Stelle des Winkels φ den Winkel $\varphi + 90°$ einsetzten und berücksichtigten, dass $\cos 2(\varphi + 90) = -\cos 2\varphi$ sowie $\sin 2(\varphi + 90) = -\sin 2\varphi$ sind.

Die Gleichung des Mohr'schen Spannungskreises für den ebenen Spannungszustand ergibt sich durch Quadrieren der Gleichungen für σ_ξ und $\tau_{\xi\eta}$ sowie Addieren.

$$\left(\sigma_\xi - \frac{\sigma_x + \sigma_y}{2}\right)^2 = \left[\frac{\sigma_x - \sigma_y}{2}\cos 2\varphi + \tau_{xy} \cdot \sin 2\varphi\right]^2$$

$$\tau_{\xi\eta}^2 = \left[-\frac{\sigma_x - \sigma_y}{2}\sin 2\varphi + \tau_{xy} \cdot \cos 2\varphi\right]^2$$

$$\left.\begin{array}{l} \left(\frac{\sigma_x - \sigma_y}{2}\right)^2 \cos^2 2\varphi + 2\left(\frac{\sigma_x - \sigma_y}{2}\right)\tau_{xy} \sin 2\varphi \cos 2\varphi + \tau_{xy}^2 \sin^2 \varphi 2 \\ \left(\frac{\sigma_x - \sigma_y}{2}\right)^2 \sin^2 2\varphi - 2\left(\frac{\sigma_x - \sigma_y}{2}\right)^2 \tau_{xy} \sin 2\varphi \cos 2\varphi + \tau_{xy}^2 \cos^2 2\varphi \end{array}\right\} +$$

$$\left(\sigma_\xi - \frac{\sigma_x + \sigma_y}{2}\right)^2 + \tau_{\xi\eta}^2 = \left(\frac{\sigma_x - \sigma_y}{2}\right)^2 + \tau_{xy}^2 \qquad \text{Gl. (1.120)}$$

Die Gleichung (1.120) stellt einen um $\frac{\sigma_x + \sigma_y}{2}$ auf der σ-Achse verschobenen Kreis mit dem Radius $\sqrt{\left(\frac{\sigma_x - \sigma_y}{2}\right)^2 + \tau_{xy}^2}$ dar.

Die Konstruktion des Mohr'schen Spannungskreises für den ebenen Spannungszustand zeigt Bild **1**.198. Die Spannungen werden wie beim einachsigen Spannungszustand in das σ, τ-Koordinatensystem eingetragen, die Zugspannungen in positiver, die Druckspannungen in negativer Richtung, die Schubspannungen je nach dem Drehsinn, den sie dem Elementarwürfel geben: Wird der Elementarwürfel durch die Schubspannung im Uhrzeigersinn gedreht, tragen wir sie nach oben (**1**.198a), bei Drehung im Gegenuhrzeigersinn dagegen nach unten ein (**1**.198b). Der Winkel φ ist der Winkel der Schnittebenennormalen mit der *x*-Achse. Positive Winkel werden im Gegenuhrzeigersinn, negative im Uhrzeigersinn eingetragen.

Aus den Gleichungen (1.119) sind die maximalen Normal- und Schubspannungen sowie ihre Richtung bestimmbar. Durch partielle Differentiation der Gleichungen für die Normalspannungen σ_ξ und σ_η erhalten wir jene Drehwinkel, bei denen die Normalspannungen ihre Extremwerte annehmen.

Aus $\frac{\partial \sigma_\xi}{\partial \varphi} = 0$ folgt

$$-2\,\frac{\sigma_x - \sigma_y}{2}\sin 2\varphi + 2\tau_{xy}\cos 2\varphi = 0.$$

$$\tan 2\varphi_0 = \frac{2\tau_{xy}}{\sigma_x - \sigma_y} \quad \text{bzw.} \quad \varphi_0 = \frac{1}{2}\arctan\frac{2\tau_{xy}}{\sigma_x - \sigma_y} \qquad \text{Gl. (1.121)}$$

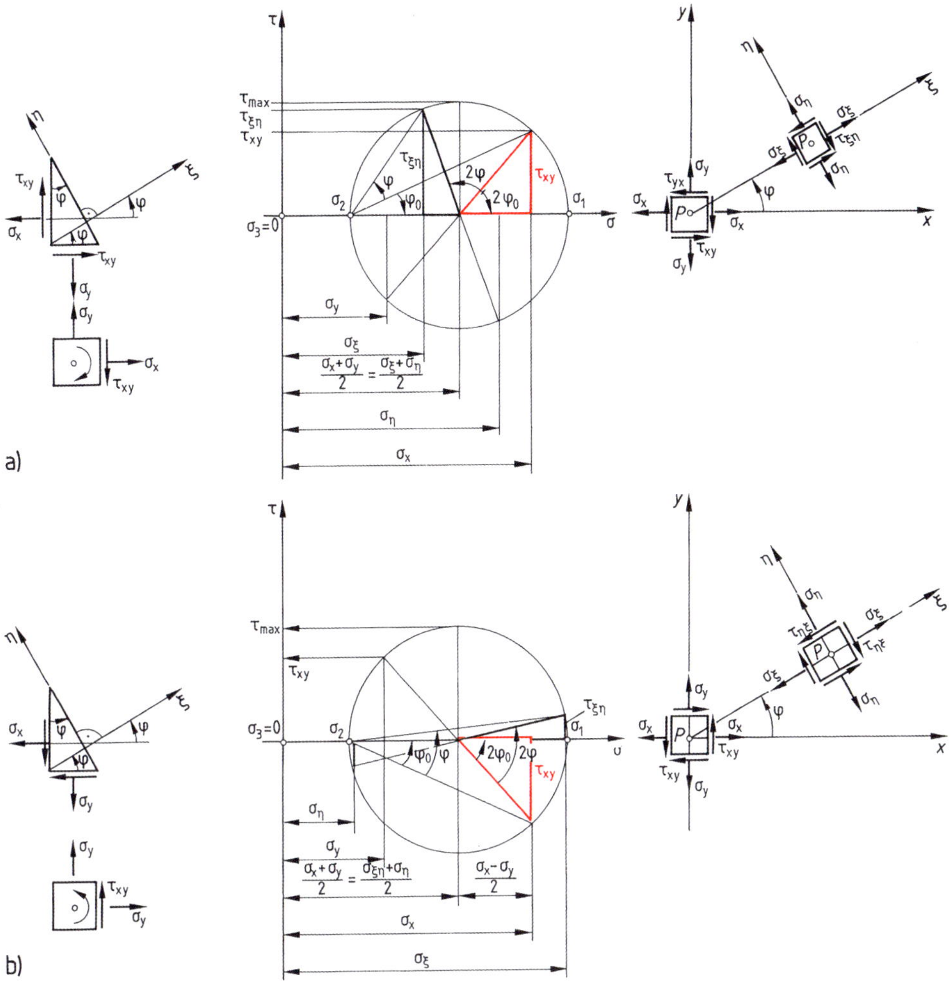

1.198 Konstruktion des Mohr'schen Spannungskreises für den ebenen Spannungszustand
a) Schubspannung τ_{xy} dreht im Uhrzeigersinn, b) im Gegen-Uhrzeigersinn

Hauptnormal- und Hauptschubspannung. Da die Tangensfunktion periodisch alle 180° gleiche Werte annimmt, ergeben sich Extremwerte in zwei aufeinander senkrecht stehenden Ebenen, also bei $\varphi = \varphi_0$ und $\varphi = \varphi_0 + 90°$. Die Hauptspannung $\sigma_{1,2}$ bekommen wir, wenn wir die Gleichung der Tangentialspannung $\tau_{\xi\eta} = 0$ setzen. Die Ebenen, in denen die Schubspannungen ihre Extremwerte annehmen, bekommen wir durch die Bedingung $\dfrac{\partial \tau_{\xi\eta}}{\partial \varphi} = 0$.

$$-2\,\frac{\sigma_x - \sigma_y}{2}\cos 2\varphi - 2\tau_{xy}\sin 2\varphi = 0$$

$$\tan 2\varphi_l = -\frac{\sigma_x - \sigma_y}{2\tau_{xy}} \quad \text{bzw.} \quad \varphi_l = \frac{1}{2}\arctan\frac{\sigma_y - \sigma_x}{2\tau_{xy}} \qquad \text{Gl. (1.122)}$$

Auch hier ergeben sich zwei aufeinander senkrecht stehende Ebenen I und II, in denen die Schubspannungen ihren Maximalwert erreichen – nämlich bei $\varphi = \varphi_I$ und bei $\varphi = \varphi_I + 90°$ (Hauptschubspannungen). Aus $\tan 2\varphi_0 = -\dfrac{1}{\tan 2\varphi_I} = -\cot 2\varphi_I$ folgt, dass die Ebenen, in denen die Hauptnormal- und Hauptschubspannungen auftreten, einen Winkel von 45° einschließen.

Die Lagen der Hauptebenen erhalten wir auch aus dem Mohr'schen Spannungskreis. Bild **1**.199a zeigt die Lage und Größe der Hauptnormal- und Hauptschubspannungen am Elementarwürfel, wenn die Schubspannungen τ_{xy} den Würfel im Uhrzeigersinn dreht, Bild **1**.199b bei Drehung im Gegenuhrzeigersinn.

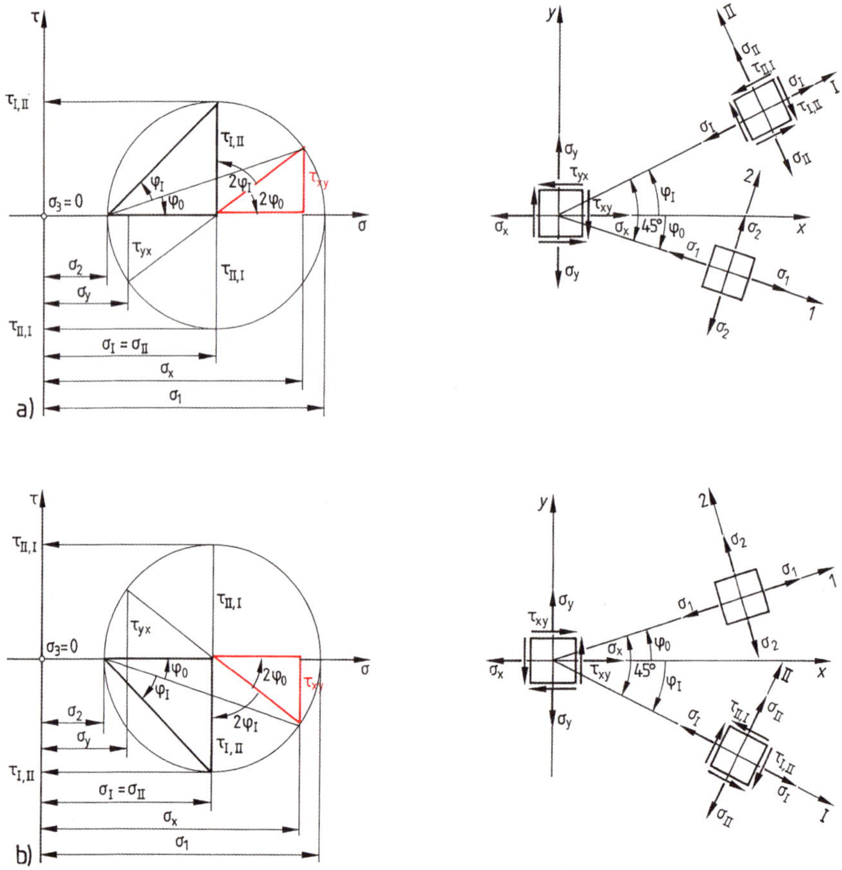

1.199 Lage der Hauptebenen beim ebenen Spannungszustand
a) Schubspannung τ_{xy} dreht im Uhrzeigersinn, b) im Gegen-Uhrzeigersinn

Beispiel 1.88 Für den ebenen Spannungszustand $\sigma_x = 80\,\text{N/mm}^2$, $\sigma_y = 20\,\text{N/mm}^2$ und $\tau_{xy} = -26\,\text{N/mm}^2$ sind Lage und Größe der Hauptnormal- und Hauptschubspannungen zu ermitteln. Ferner sind die Spannungen am Elementarwürfel zu bestimmen, der um $\varphi = 30°$ im Gegenuhrzeigersinn gedreht ist. Die Aufgabe ist a) analytisch, b) grafisch nach Mohr zu lösen.

Lösung a) $\varphi_0 = \frac{1}{2} \arctan \frac{2\tau_{xy}}{\sigma_x - \sigma_y} = \frac{1}{2} \arctan \frac{-2 \cdot 26}{80 - 20} = \mathbf{-20{,}46°}$

$$\sigma_1 = \frac{\sigma_x + \sigma_y}{2} + \frac{\sigma_x - \sigma_y}{2} \cos 2\varphi_0 + \tau_{xy} \cdot \sin 2\varphi_0$$

$$\sigma_1 = \frac{80 + 20}{2} + \frac{80 - 20}{2} \cos(-40{,}9) - 26 \cdot \sin(-40{,}9) = \mathbf{89{,}7\ N/mm^2}$$

$$\sigma_2 = \frac{\sigma_x + \sigma_y}{2} - \frac{\sigma_x - \sigma_y}{2} \cos 2\varphi_0 - \tau_{xy} \cdot \sin 2\varphi_0 = \mathbf{10{,}3\ N/mm^2}$$

$$\tau_{1,2} = -\frac{\sigma_x - \sigma_y}{2} \sin 2\varphi_0 + \tau_{xy} \cdot \cos 2\varphi_0 = \mathbf{0}$$

$$\varphi_I = \frac{1}{2} \arctan \frac{\sigma_y - \sigma_x}{2\tau_{xy}} = \frac{1}{2} \arctan \frac{20 - 80}{-2 \cdot 26} = \mathbf{24{,}54°}$$

Setzen wir in die Gleichungen (1.119) φ_I an Stelle von φ, erhalten wir

$\sigma_I = \sigma_{II} = \mathbf{50\ N/mm^2}$ und $\tau_{I,II} = \mathbf{-39{,}7\ N/mm^2}$.

Für das im Gegenuhrzeigersinn gedrehte Koordinatensystem $\xi\eta$ ergeben sich die entsprechenden Spannungen durch Einsetzen von $\varphi = 30°$ in die Gleichungen (1.119).

$\sigma_\xi = \mathbf{42{,}48\ N/mm^2}$ $\sigma_\eta = \mathbf{57{,}52\ N/mm^2}$ $\tau_{\xi\eta} = \mathbf{-38{,}98\ N/mm^2}$

b) (1.200) Maßstab $m_\sigma = m_\tau = 10 \frac{N/mm^2}{cm}$

$\varphi_0 = \mathbf{-20{,}5°}$ $\sigma_1 \mathrel{\hat{=}} 9\ cm \mathrel{\hat{=}} \mathbf{90\ N/mm^2}$ $\sigma_2 \mathrel{\hat{=}} 1\ cm \mathrel{\hat{=}} \mathbf{10\ N/mm^2}$

$\varphi_I = \mathbf{24{,}5°}$ $\sigma_{I,II} \mathrel{\hat{=}} 5\ cm \mathrel{\hat{=}} \mathbf{50\ N/mm^2}$ $\tau_{I,II} \mathrel{\hat{=}} -4\ cm \mathrel{\hat{=}} \mathbf{-40\ N/mm^2}$

$\sigma_\xi \mathrel{\hat{=}} 4{,}25\ cm \mathrel{\hat{=}} \mathbf{42{,}5\ N/mm^2}$

$\sigma_\eta \mathrel{\hat{=}} 5{,}75\ cm \mathrel{\hat{=}} \mathbf{57{,}5\ N/mm^2}$

$\tau_{\xi\eta} \mathrel{\hat{=}} -3{,}9\ cm \mathrel{\hat{=}} \mathbf{-39\ N/mm^2}$

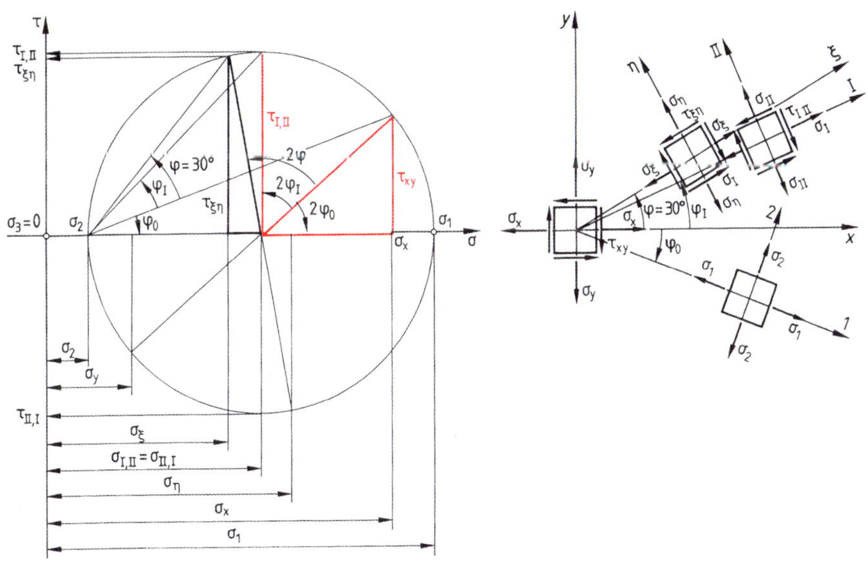

1.200 Grafische Lösung des Beispiels 1.88

Beispiel 1.89 Für den ebenen Spannungszustand des Beispiels 1.88 sind die Spannungen am Elementarwürfel zu bestimmen, der um $\varphi = 30°$ im Uhrzeigersinn gedreht ist. Die Aufgabe ist wieder a) analytisch und b) grafisch nach Mohr zu lösen.

Lösung

a) $$\sigma_\xi = \frac{\sigma_x + \sigma_y}{2} + \frac{\sigma_x - \sigma_y}{2} \cos 2\varphi + \tau_{xy} \cdot \sin 2\varphi$$

$$\sigma_\xi = \frac{80 + 20}{2} + \frac{80 - 20}{2} \cos 2\,(-30) - 26 \cdot \sin 2\,(-30) = \mathbf{87{,}52\ N/mm^2}$$

$$\sigma_\eta = \frac{\sigma_x + \sigma_y}{2} - \frac{\sigma_x - \sigma_y}{2} \cos 2\varphi - \tau_{xy} \cdot \sin 2\varphi$$

$$\sigma_\eta = \frac{80 + 20}{2} - \frac{80 - 20}{2} \cos(-60) - 26 \cdot \sin(-69) = \mathbf{12{,}48\ N/mm^2}$$

$$\tau_{\xi\eta} = -\frac{\sigma_x - \sigma_y}{2} \sin 2\varphi + \tau_{xy} \cdot \cos 2\varphi$$

$$\tau_{\xi\eta} = -\frac{80 - 20}{2} \sin(-60) - 26 \cdot \cos(-60) = \mathbf{12{,}98\ N/mm^2}$$

b) Bild **1**.201: Maßstab $m_\sigma = m_\tau = 10\ \frac{N/mm^2}{cm}$

$\sigma_\xi \triangleq 8{,}75\ cm \triangleq$ **87,5 N/mm²**

$\sigma_\eta \triangleq 1{,}25\ cm \triangleq$ **12,5 N/mm²**

$\tau_{\xi\eta} \triangleq 1{,}3\ cm \triangleq$ **13 N/mm²**

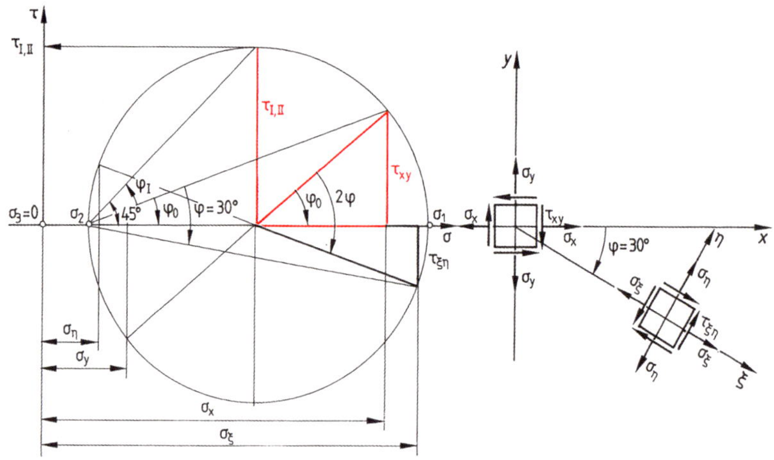

1.201 Grafische Lösung des Beispiels 1.89

Beispiel 1.90 Gegeben ist der ebene Spannungszustand mit $\sigma_x = 60\ N/mm^2$, $\sigma_y = -30\ N/mm^2$ und $\tau_{xy} = 20\ N/mm^2$. Gesucht werden a) analytisch, b) grafisch nach Mohr φ_0, φ_I, σ_1, σ_2, $\tau_{1,2}$, σ_I, σ_{II}, $\tau_{I,II}$

Lösung a) $\varphi_0 = \frac{1}{2} \arctan \frac{2\tau_{xy}}{\sigma_x - \sigma_y} = \frac{1}{2} \arctan \frac{2 \cdot 20}{60 + 30} = \mathbf{12°}$

$$\sigma_1 = \frac{\sigma_x + \sigma_y}{2} + \frac{\sigma_x - \sigma_y}{2} \cos 2\varphi_0 + \tau_{xy} \cdot \sin 2\varphi_0 = \mathbf{64{,}24\ N/mm^2}$$

$$\sigma_2 = \frac{\sigma_x + \sigma_y}{2} - \frac{\sigma_x - \sigma_y}{2} \cos 2\varphi_0 - \tau_{xy} \cdot \sin 2\varphi_0 = \mathbf{-34{,}24\ N/mm^2}$$

$$\tau_{1,2} = -\frac{\sigma_x - \sigma_y}{2} \sin 2\varphi_0 + \tau_{xy} \cdot \cos 2\varphi_0 = \mathbf{0}$$

$$\varphi_I = \frac{1}{2} \arctan \frac{\sigma_y - \sigma_x}{2\tau_{xy}} = \frac{1}{2} \arctan \frac{-30 - 60}{2 \cdot 20} = \mathbf{-33°}$$

Setzen wir wieder in die Gl. (1.119) die entsprechenden Werte ein, erhalten wir

$\sigma_I = \sigma_{II} = \mathbf{15\ N/mm^2}$ und $\tau_{I,II} = \mathbf{49{,}24\ N/mm^2}$.

b) (**1**.202) Maßstab $m_\sigma = m_\tau = 10\ \frac{N/mm^2}{cm}$

$\varphi_0 = \mathbf{12°}$

$\sigma_1 \mathrel{\hat{=}} 6{,}45\ cm \mathrel{\hat{=}} \mathbf{64{,}5\ N/mm^2}$

$\sigma_2 \mathrel{\hat{=}} -3{,}45\ cm \mathrel{\hat{=}} \mathbf{-34{,}5\ N/mm^2}$ $\tau_{1,2} = \mathbf{0\ N/mm^2}$

$\varphi_I = \mathbf{-33°}$ $\sigma_I = \sigma_{II} = \mathbf{15\ N/mm^2}$

$\tau_{I,II} \mathrel{\hat{=}} \mathbf{4{,}95\ cm} \mathrel{\hat{=}} \mathbf{49{,}5\ N/mm^2}$

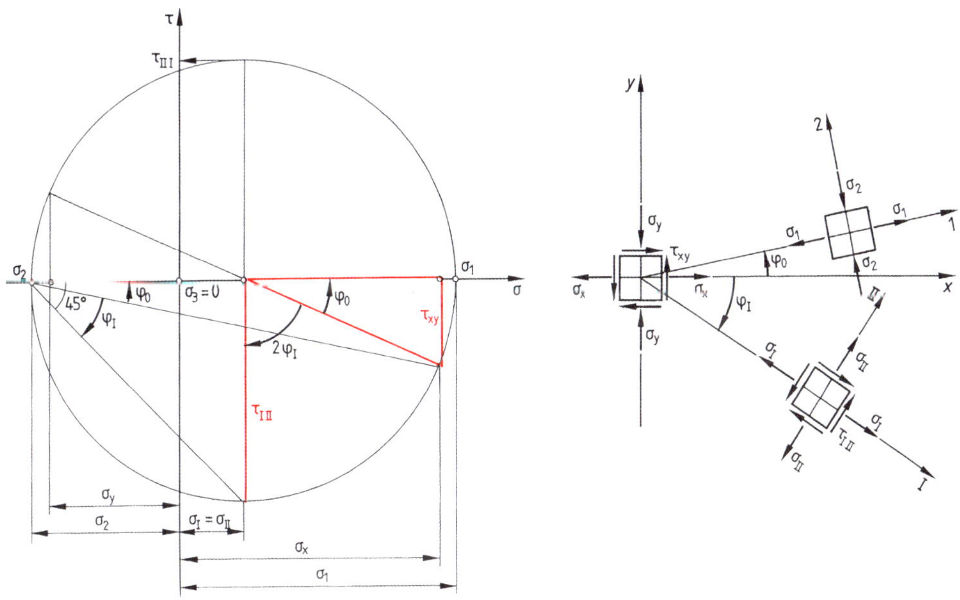

1.202 Grafische Lösung des Beispiels 1.90

Beispiel 1.91 Geg.: $\sigma_x = 0\ N/mm^2$, $\sigma_y = -100\ N/mm^2$, $\tau_{xy} = 40\ N/mm^2$
Ermitteln Sie grafisch nach Mohr die Spannungen am Elementarwürfel, der um $\varphi = 120°$ im Gegenuhrzeigersinn zum gegebenen gedreht ist.

Lösung (**1**.203) Maßstab $m_\sigma = m_\tau = 10 \dfrac{N/mm^2}{cm}$

$\sigma_\xi \mathrel{\hat=} -10{,}964\ cm \mathrel{\hat=} \mathbf{-109{,}64\ N/mm^2}$

$\sigma_\eta \mathrel{\hat=} 0{,}964\ cm \mathrel{\hat=} \mathbf{9{,}64\ N/mm^2}$

$\tau_{\xi\eta} \mathrel{\hat=} 2{,}33\ cm \mathrel{\hat=} \mathbf{23{,}3\ N/mm^2}$

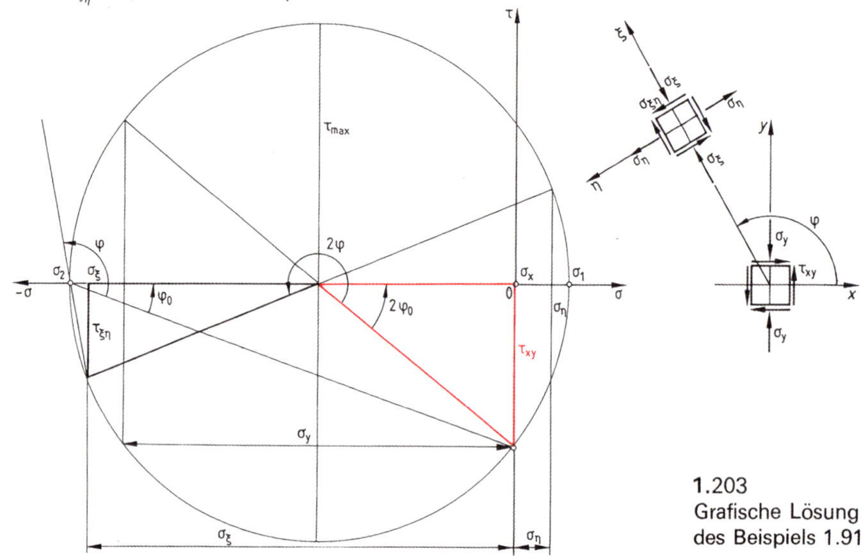

1.203 Grafische Lösung des Beispiels 1.91

Beispiel 1.92 Am Elementarwürfel treten nur reine Schubspannungen auf. Geg.: $\tau_{xy} = -30\ N/mm^2$, ges.: grafisch nach Mohr die Normalhauptspannungen und ihre Richtungen.

Lösung (**1**.204) Maßstab $m_\sigma = m_\tau = 6 \dfrac{N/mm^2}{cm}$

$\varphi_0 = \mathbf{-45°}$

$\sigma_1 \mathrel{\hat=} 5\ cm \mathrel{\hat=} \mathbf{30\ N/mm^2}$

$\sigma_2 \mathrel{\hat=} -5\ cm \mathrel{\hat=} \mathbf{-30\ N/mm^2}$

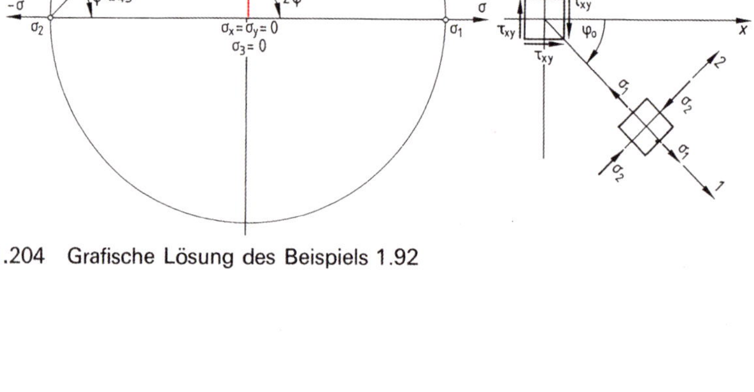

1.204 Grafische Lösung des Beispiels 1.92

Beispiel 1.93 Für den zweiachsigen Spannungszustand **1**.205 sind a) analytisch und b) grafisch die Spannungen in der Schnittebene (gegeben durch den Richtungswinkel $\alpha = 60°$) zu bestimmen.
Geg.: $\sigma_x = -30\ \text{N/mm}^2$, $\sigma_y = -60\ \text{N/mm}^2$, $\tau_{xy} = 0\ \text{N/mm}^2$

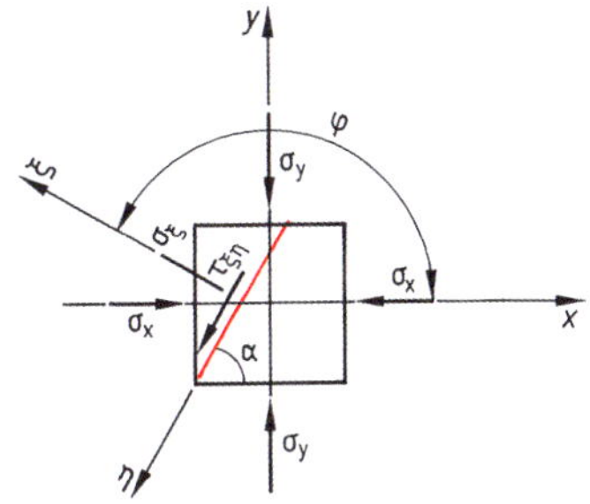

1.205 Zweiachsiger Spannungszustand

Lösung a) Da $\tau_{xy} = 0$ ist, sind σ_x und σ_y Hauptnormalspannungen. Somit sind $\varphi_0 = 0°$, $\sigma_1 = -30\ \text{N/mm}^2$ und $\sigma_2 = -60\ \text{N/mm}^2$. Die Schnittebenennormale hat zur x-Achse den Winkel von $\varphi = 150°$.

$$\sigma_\xi = \frac{\sigma_x + \sigma_y}{2} + \frac{\sigma_x - \sigma_y}{2} \cos 2\varphi + \tau_{xy} \cdot \sin 2\varphi$$

$$\sigma_\xi = \frac{-30 - 60}{2} + \frac{-30 + 60}{2} \cos 2 \cdot 150 = \mathbf{-37{,}5\ N/mm^2}$$

$$\sigma_\eta = \frac{\sigma_x + \sigma_y}{2} - \frac{\sigma_x - \sigma_y}{2} \cos 2\varphi - \tau_{xy} \cdot \sin 2\varphi$$

$$\sigma_\eta = \frac{-30 - 60}{2} - \frac{-30 + 60}{2} \cos 2 \cdot 150 = \mathbf{-52{,}5\ N/mm^2}$$

$$\tau_{\xi\eta} = -\frac{\sigma_x - \sigma_y}{2} \sin 2\varphi + \tau_{xy} \cdot \cos 2\varphi = -\frac{-30 + 60}{2} \sin 2 \cdot 150 = \mathbf{12{,}99\ N/mm^2}$$

b) Maßstab $m_\sigma = m_\tau = 10 \frac{\text{N/mm}^2}{\text{cm}}$, Mohr'scher Kreis **1**.206

$\sigma_\xi \mathrel{\hat{=}} -3{,}75\ \text{cm} \mathrel{\hat{=}} \mathbf{-37{,}5\ N/mm^2}$

$\sigma_\eta \mathrel{\hat{=}} -5{,}25\ \text{cm} \mathrel{\hat{=}} \mathbf{-52{,}5\ N/mm^2}$

$\tau_{\xi\eta} \mathrel{\hat{=}} 1{,}3\ \text{cm} \qquad \mathrel{\hat{=}} \mathbf{13\ N/mm^2}$

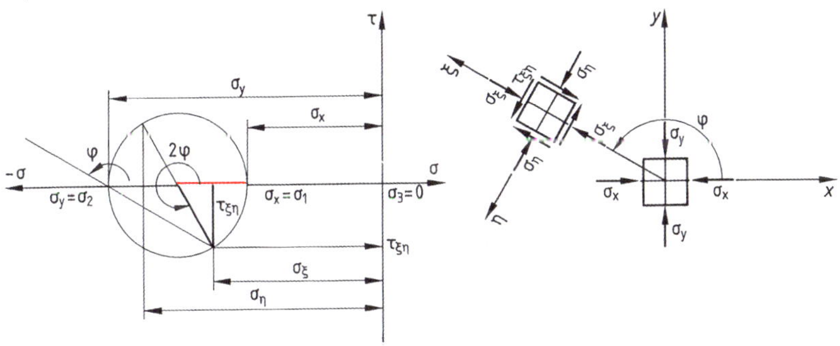

1.206 Grafische Lösung des Beispiels 1.93

Hauptnormal- und Haupttangentialspannungen, Invarianzbedingung

Hauptnormalspannung. Ersetzen wir die Winkelfunktionen in Gl. (1.119) durch die trigonometrischen Beziehungen

$$\sin 2\varphi = \frac{\tan 2\varphi}{\sqrt{1 + \tan^2 2\varphi}} \qquad \cos 2\varphi = \frac{1}{\sqrt{1 + \tan^2 2\varphi}}$$

und setzen die uns aus dem Mohr'schen Kreis bekannte Gl. (1.121)

$\tan 2\varphi_0 = \frac{2\tau_{xy}}{\sigma_x - \sigma_y}$ ein, erhalten wir:

$$\sigma_{1,2} = \frac{\sigma_x + \sigma_y}{2} \pm \sqrt{\left(\frac{\sigma_x - \sigma_y}{2}\right)^2 + \tau_{xy}^2} \qquad \text{Gl. (1.123)}$$

Diese Gleichung ist auch direkt aus dem Mohr'schen Spannungskreis zu ersehen.

Haupttangentialspannung. Die Gleichung für die Haupttangentialspannung ist analog herzuleiten.

Aus $\quad \tau_{\mathrm{I,II}} = -\frac{\sigma_x - \sigma_y}{2} \sin 2\varphi_{\mathrm{I}} + \tau_{xy} \cdot \cos 2\varphi_{\mathrm{I}} \quad$ folgt

$$\tau_{\mathrm{I,II}} = -\frac{\sigma_x - \sigma_y}{2} \frac{\tan 2\varphi_{\mathrm{I}}}{\sqrt{1 + \tan^2 2\varphi_{\mathrm{I}}}} + \tau_{xy} \frac{1}{\sqrt{1 + \tan^2 2\varphi_{\mathrm{I}}}}.$$

$$\tau_{\mathrm{I,II}} = \frac{-(\sigma_x - \sigma_y)\left[-\dfrac{\sigma_x - \sigma_y}{2\tau_{xy}}\right] + 2\tau_{xy}}{2 \cdot \sqrt{1 + \left(-\dfrac{\sigma_x - \sigma_y}{2\tau_{xy}}\right)^2}} = \frac{\dfrac{(\sigma_x - \sigma_y)^2 + 4\tau_{xy}^2}{2\tau_{xy}}}{2 \cdot \sqrt{\dfrac{4\tau_{xy}^2 + (\sigma_x - \sigma_y)^2}{4\tau_{xy}^2}}}$$

Durch Kürzen erhalten wir schließlich die von φ_{I} befreite Gleichung der Haupttangentialspannungen $\tau_{\mathrm{I,II}}$.

$$\tau_{\mathrm{I,II}} = \pm \sqrt{\left(\frac{\sigma_x - \sigma_y}{2}\right)^2 + \tau_{xy}^2} = \pm \frac{\sigma_1 - \sigma_2}{2} \qquad \text{Gl. (1.124)}$$

Auch diese Beziehung ist aus dem Mohr'schen Spannungskreis direkt abzulesen.

Die Invarianzbedingung folgt unmittelbar aus Gl. (1.123).

$$\sigma_1 + \sigma_2 = \sigma_x + \sigma_y = \sigma_\xi + \sigma_\eta \qquad \text{Gl. (1.125)}$$

Diese Beziehung besagt, dass die Summe der Normalspannungen in senkrecht aufeinander stehenden Schnitten konstant bleibt.

Der Satz zugeordneter Schubspannungen gilt auch für die Hauptschubspannungen, wie unmittelbar aus Gl. (1.124) hervorgeht:

$\tau_{\mathrm{I,II}} = \tau_{\mathrm{II,I}}$.

Beispiel 1.94 Eine rechteckige Platte mit den Seitenlängen $a = 200$ mm, $b = 400$ mm und der Dicke $s = 20$ mm wird gleichzeitig durch die Kräfte $F_1 = 200$ kN und $F_2 = 160$ kN belastet (**1**.207).

Berechnen Sie die Spannungen in der gezeigten Diagonalebene a) analytisch, b) grafisch.

Lösung a) $\sigma_x = \sigma_1 = \frac{F_1}{a \cdot s} = \frac{200\,000}{200 \cdot 20} = 50\ \text{N/mm}^2$

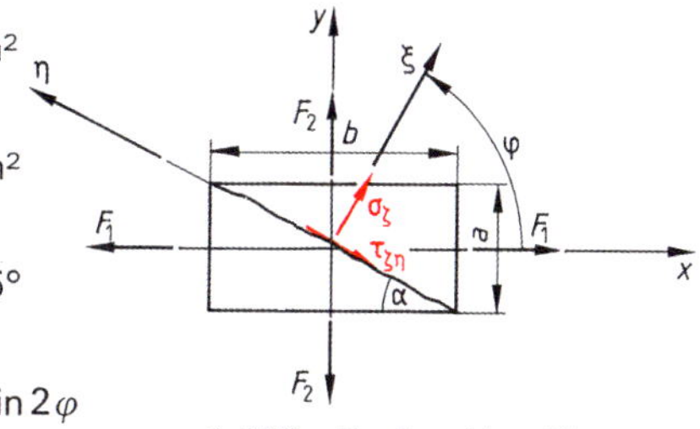

1.207 Rechteckige Platte

$$\sigma_y = \sigma_2 = \frac{F_2}{b \cdot s} = \frac{160\,000}{400 \cdot 20} = 20\ \text{N/mm}^2$$

$$\varphi = 90 - \alpha = 90 - \arctan\frac{a}{b} = 63{,}435°$$

$$\sigma_\xi = \frac{\sigma_x + \sigma_y}{2} + \frac{\sigma_x - \sigma_y}{2}\cos 2\varphi + \tau_{xy} \cdot \sin 2\varphi$$

$$\sigma_\xi = \frac{50 + 20}{2} + \frac{50 - 20}{2}\cos 2 \cdot 63{,}435 = \mathbf{26\ N/mm^2}$$

$$\sigma_\eta = \frac{\sigma_x + \sigma_y}{2} - \frac{\sigma_x - \sigma_y}{2}\cos 2\varphi - \tau_{xy} \cdot \sin 2\varphi$$

$$\sigma_\eta = \frac{50 + 20}{2} - \frac{50 - 20}{2}\cos 2 \cdot 63{,}435 = \mathbf{44\ N/mm^2}$$

$$\tau_{\xi\eta} = -\frac{\sigma_x - \sigma_y}{2}\sin 2\varphi + \tau_{xy} \cdot \cos 2\varphi = -\frac{50 - 20}{2}\sin 2 \cdot 63{,}435 = \mathbf{-12\ N/mm^2}$$

b) Lösung nach Mohr (**1**.208) Maßstab: $m_\sigma = m_\tau = 5\,\frac{\text{N/mm}^2}{\text{cm}}$

$\sigma_\xi \mathrel{\hat=} 5{,}2\ \text{cm} \mathrel{\hat=} \mathbf{26\ N/mm^2}$
$\sigma_\eta \mathrel{\hat=} 8{,}8\ \text{cm} \mathrel{\hat=} \mathbf{44\ N/mm^2}$
$\tau_{\xi\eta} \mathrel{\hat=} -2{,}3\ \text{cm} \mathrel{\hat=} \mathbf{-12\ N/mm^2}$

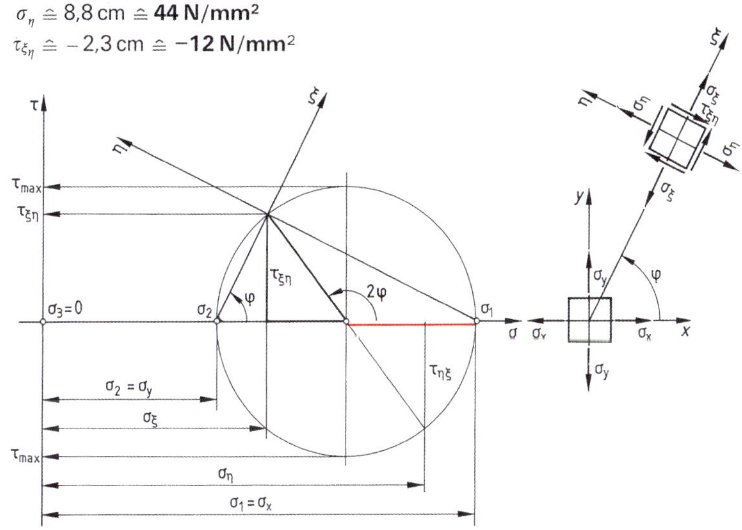

1.208 Grafische Lösung des Beispiels 1.94

Beispiel 1.95 Ein einfach eingespannter Stab mit dem Durchmesser d = 50 mm wird am freien Ende durch die Kraft F = 10 kN und das Torsionsmoment M_t = 5 kNm belastet (**1**.209).

a) Bestimmen Sie rechnerisch die Normal- und Schubspannungen im Punkt P, der vom freien Ende a = 300 mm entfernt ist.

b) Zeichnen Sie für den Spannungszustand des Punktes P den Mohr'schen Spannungskreis und ermitteln Sie daraus Lage und Größen der Hauptnormal- und Hauptschubspannungen.

Beispiel 1.95
Fortsetzung

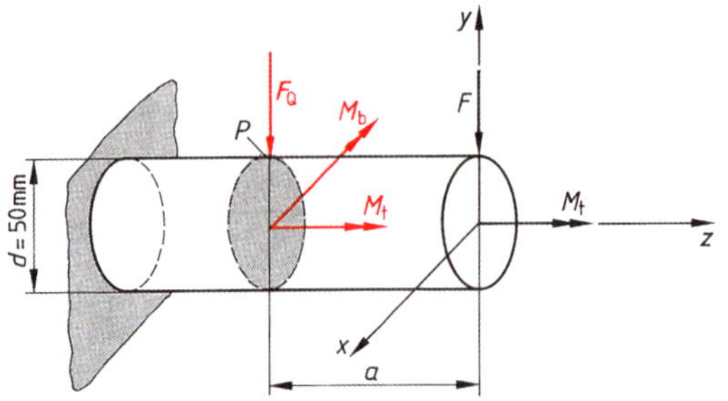

1.209
Einfach eingespannter Stab

Lösung

a) Im Stabquerschnitt an der Stelle P wirken das Biegemoment M_b, das Torsionsmoment M_t und die Querkraft $F_Q = F$. Da die Querkraft in P keine Schubspannung verursacht (Abschn. 1.4.2), folgt:

$$\sigma_z = \frac{M_b}{W_x} = \frac{32 \cdot F \cdot a}{\pi \cdot d^3} = \frac{32 \cdot 10000 \cdot 300}{\pi \cdot 50^3} = \mathbf{244{,}46\ N/mm^2}$$

$$\tau_{xz} = \tau_{zx} = \frac{M_t}{W_p} = \frac{16 \cdot M_t}{\pi \cdot d^3} = \frac{16 \cdot 5000000}{\pi \cdot 50^3} = \mathbf{203{,}72\ N/mm^2}$$

b) Mohr'scher Spannungskreis (**1**.210), Maßstab: $m_\sigma = m_\tau = 40\ \frac{\text{N/mm}^2}{\text{cm}}$

$\varphi_0 = -29{,}5°$ $\qquad \varphi_I = 15{,}5°$

$\sigma_1 \mathrel{\hat=} 9\ \text{cm} \mathrel{\hat=} \mathbf{360\ N/mm^2}$ $\qquad \sigma_2 \mathrel{\hat=} -2{,}9\ \text{cm} \mathrel{\hat=} \mathbf{-116\ N/mm^2}$

$\sigma_I = \sigma_{II} \mathrel{\hat=} 3{,}05\ \text{cm} \mathrel{\hat=} \mathbf{122\ N/mm^2}$

$\tau_{I,II} \mathrel{\hat=} 5{,}94\ \text{cm} \mathrel{\hat=} \mathbf{237{,}6\ N/mm^2}$

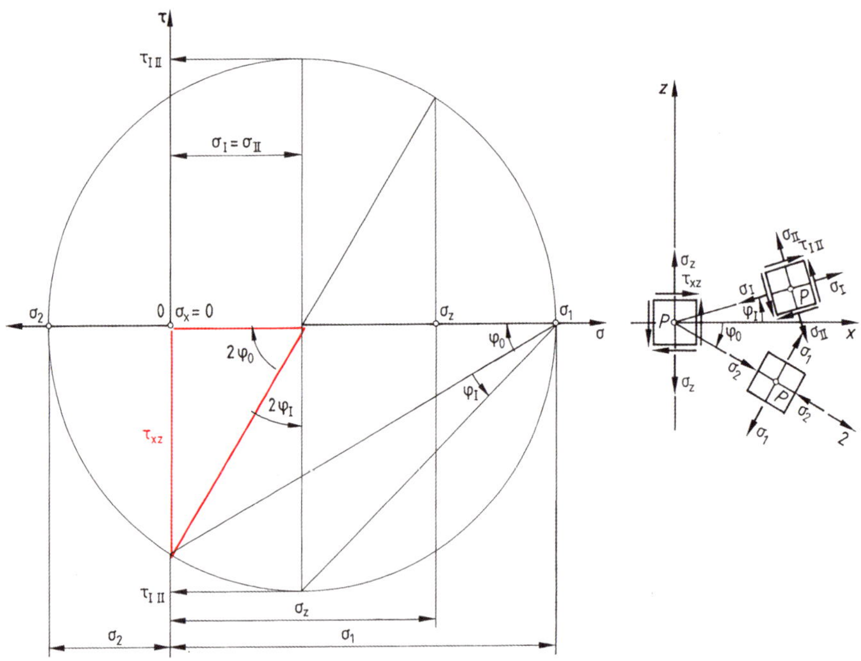

1.210 Grafische Lösung des Beispiels 1.95

Beispiel 1.96 Ein Spiralnahtrohr mit dem Außendurchmesser $d = 500\,\text{mm}$ und einer Blechstärke $s = 10\,\text{mm}$ wird durch ein Torsionsmoment $M_t = 100\,\text{kNm}$ beansprucht (**1**.211). Die Neigung der Schweißnaht zur Rohrlängsrichtung beträgt $\alpha = 70°$.

Ges.: a) die Spannungen in der Schweißnaht sowie b) Lage und Größe der Hauptnormalspannungen nach Mohr.

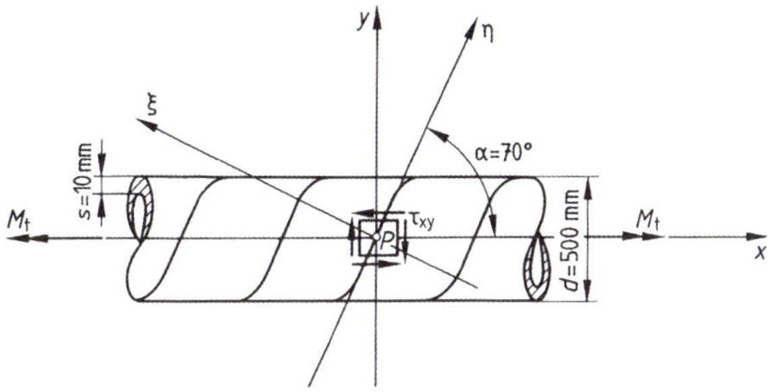

1.211 Spiralnahtrohr

Lösung a) $W_p = \frac{\pi}{16} \cdot \frac{d_a^4 - d_i^4}{d_a} = \frac{\pi}{16} \cdot \frac{500^4 - 480^4}{500} = 3697591{,}72\,\text{mm}^3$

$$\tau_{xy} = -\frac{M_t}{W_p} = -\frac{100000000}{3697591{,}72} = \mathbf{-27{,}05\,N/mm^2}$$

b) Mohr'scher Spannungskreis (**1**.212), Maßstab: $m_\sigma = m_\tau = 5\,\frac{\text{N/mm}^2}{\text{cm}}$

$\sigma_\xi \mathrel{\hat{=}} 3{,}5\,\text{cm} \mathrel{\hat{=}} \mathbf{17{,}5\,N/mm^2}$ $\quad\sigma_\eta \mathrel{\hat{=}} -3{,}5\,\text{cm} \mathrel{\hat{=}} \mathbf{-17{,}5\,N/mm^2}$

$\tau_{\xi\eta} \mathrel{\hat{=}} -4{,}2\,\text{cm} \mathrel{\hat{=}} \mathbf{-21\,N/mm^2}$ $\quad\varphi_0 = \mathbf{-45°}$

$\sigma_1 \mathrel{\hat{=}} 5{,}4\,\text{cm} \mathrel{\hat{=}} \mathbf{27\,N/mm^2}$ $\quad\sigma_2 \mathrel{\hat{=}} -5{,}4\,\text{cm} \mathrel{\hat{=}} \mathbf{-27\,N/mm^2}$

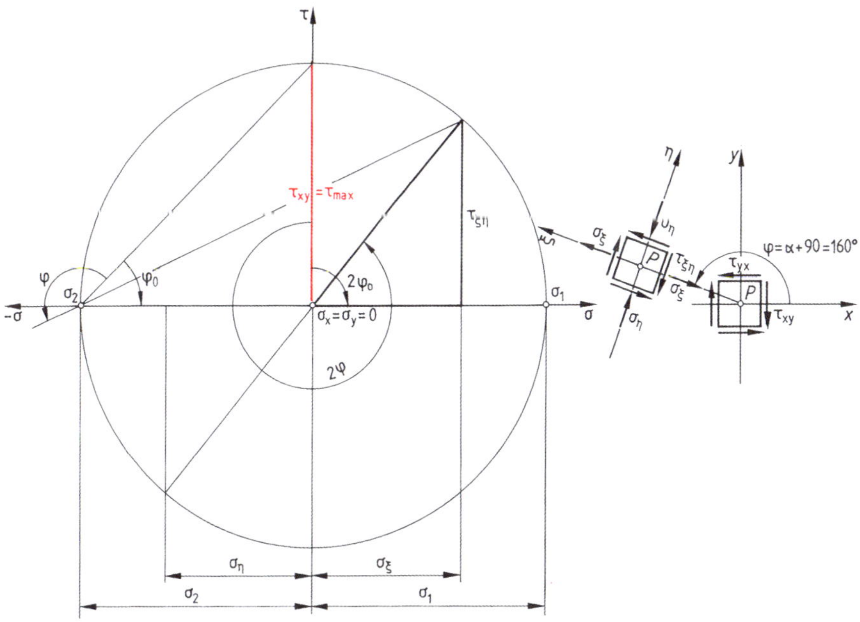

1.212 Grafische Lösung des Beispiels 1.96

Beispiel 1.97 Ein Stab mit quadratischem Querschnitt wird in seiner Längsrichtung durch die Kraft $F = 20\,kN$ auf Druck und gleichzeitig durch das Drehmoment $M_t = 50\,Nm$ auf Torsion beansprucht (**1**.213). $a = 20\,mm$.

Ermitteln Sie

a) die Spannungen am Elementarwürfel im Punkt P,

b) Lage und Größe der Hauptschubspannungen und Hauptnormalspannungen nach Mohr.

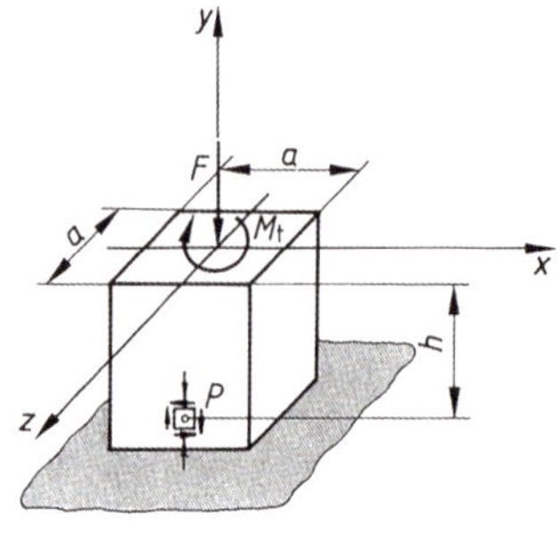

1.213 Auf Druck und Torsion beanspruchter Stab

Lösung

a) $\sigma_y = -\dfrac{F}{a^2} = -\dfrac{20000}{20^2} = \mathbf{-50\,N/mm^2}$ $\qquad \sigma_x = \mathbf{0\,N/mm^2}$

$$\tau_{xy} = -\frac{M_t}{W_t} = -\frac{M_t}{0{,}208 \cdot 20^3} = -\frac{50000}{0{,}208 \cdot 20^3} = \mathbf{-30{,}05\,N/mm^2}$$

b) (**1**.214) Maßstab: $m_\sigma = m_\tau = 10\,\dfrac{N/mm^2}{cm}$

$\varphi_0 = \mathbf{-25{,}1°}$ $\qquad \sigma_1 \mathrel{\hat=} 1{,}4\,cm \mathrel{\hat=} \mathbf{14\,N/mm^2}$

$\sigma_2 \mathrel{\hat=} -6{,}4\,cm \mathrel{\hat=} \mathbf{-64\,N/mm^2}$

$\varphi_1 = \mathbf{19{,}9°}$ $\qquad \tau_{I,II} \mathrel{\hat=} -3{,}9\,cm \mathrel{\hat=} \mathbf{-39\,N/mm^2}$

$\sigma_I = \sigma_{II} \mathrel{\hat=} 2{,}5\,cm \mathrel{\hat=} \mathbf{25\,N/mm^2}$

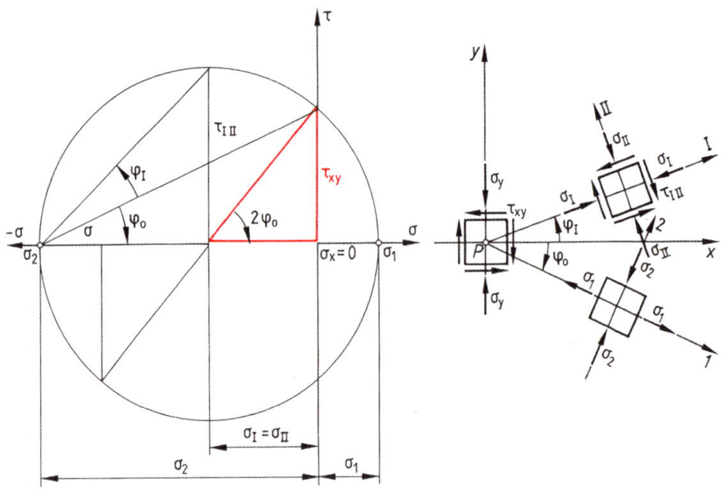

1.214 Grafische Lösung des Beispiels 1.97

1.7.3 Dreiachsiger (räumlicher) Spannungszustand

Treten an der Stelle P eines Bauteils alle sechs Spannungskomponenten σ_x, σ_y, σ_z, τ_{xy}, τ_{xz} und τ_{yz} auf, unterliegt der Punkt P einem räumlichen Spannungszustand. Während wir beim linearen Spannungszustand *eine* schubspannungsfreie Ebene und beim ebenen Spannungszustand *zwei* hatten, gibt es beim räumlichen Spannungszustand drei senkrecht zueinander stehende Schnittflächen (Hauptschnittflächen), die schubspannungsfrei sind. An einem durch die Hauptschnittflächen begrenzten Elementarwürfel wirken nur die Normalhauptspannungen σ_1, σ_2 und σ_3.

Eine allgemeine Betrachtung des räumlichen Spannungszustands würde hier zu weit führen.

Aufgaben zu Abschnitt 1.7

1. Ein einfach eingespannter Träger aus I-Profil (I-100) wird an seinem freien Ende durch die Einzelkraft $F = 34{,}2$ kN belastet (**1**.215). Wie groß sind die Hauptnormal- und Hauptschubspannung in Punkt P?

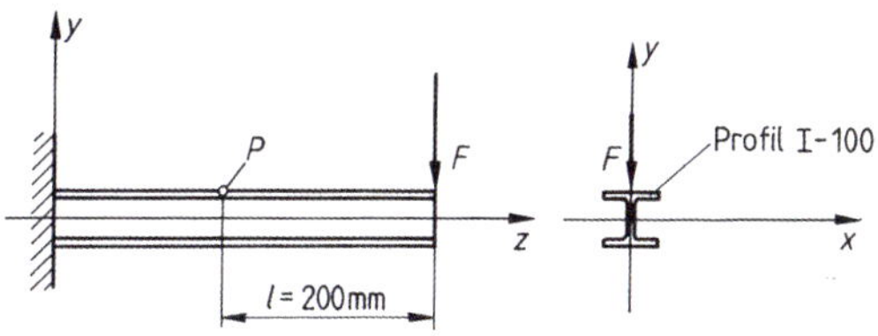

1.215 Einfach eingespannter Träger aus I-Profil

2. Bestimmen Sie die Hauptnormal- und Hauptschubspannungen in einer Kugel, die 10000 m tief ins Meer versenkt wurde (hydrostatischer Spannungszustand). $\varrho_{\text{Wasser}} = 1{,}05$ kg/dm^3
3. Ein dünnwandiger zylindrischer Kessel von $D_m = 1$ m Durchmesser und $s = 10$ mm Blechstärke steht unter einem Innendruck von $p_ü = 200$ N/cm^2. In das Kesselblech ist ein quadratischer Flicken von $l = 200$ mm Kantenlänge stumpf eingeschweißt (**1**.216). Eine Kante des Flickens liegt unter 30° zur Kessellängsachse. Gesucht werden σ und τ in der Schweißnaht I und II.

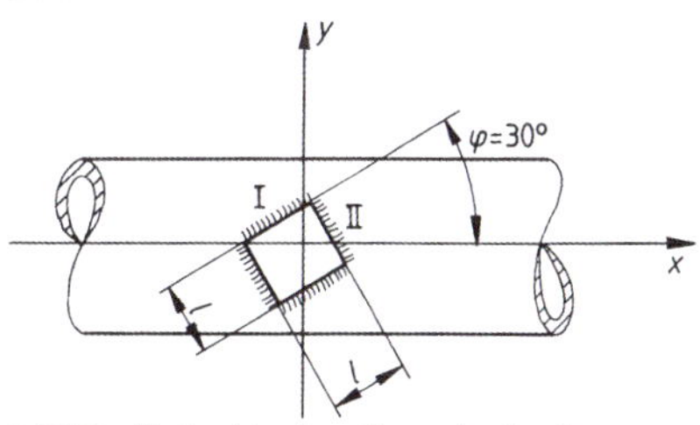

1.216 Zylindrischer Kessel mit eingeschweißtem Flicken

4. Angaben wie in Aufgabe 3, doch tritt an Stelle des zylindrischen Kessels ein kugelförmiger Kessel mit 1 m Durchmesser (**1**.217). Ermitteln Sie σ und τ in der Schweißnaht I und II.

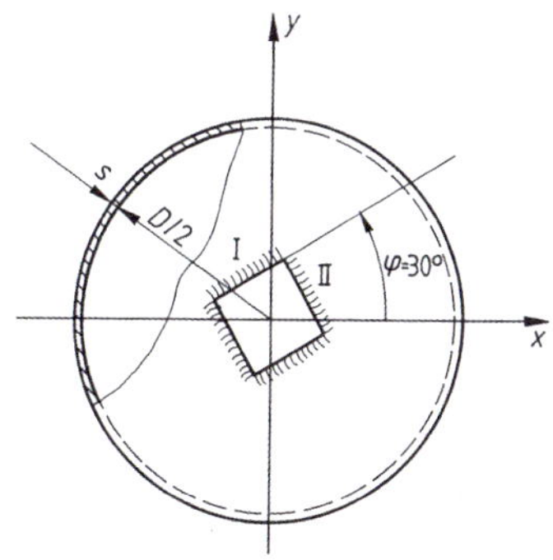

1.217 Kugelförmiger Kessel mit eingeschweißtem Flicken

5. Ein Stab mit quadratischem Querschnitt wird an einem Ende durch die Kraft $F = 200$ kN belastet, am anderen Ende ist er eingespannt (**1**.218). Unter Vernachlässigung des Stabeigengewichts sind für die Stelle P die Lage und Größe der Hauptnormal- und Hauptschubspannungen zu suchen.

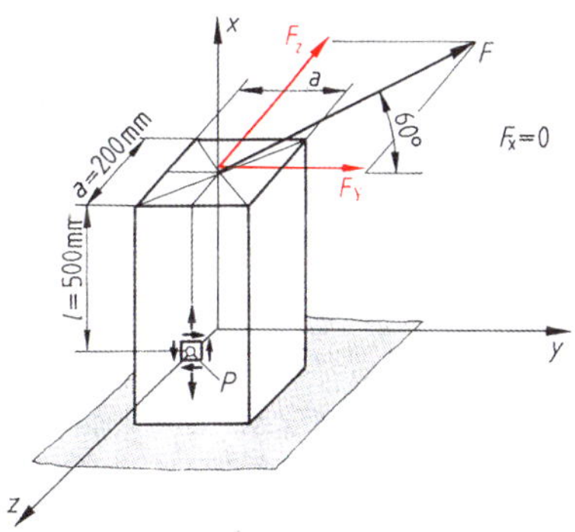

1.218 Einfach eingespannter Stab mit quadratischem Querschnitt

6. Geg.: Ebener Spannungszustand $\sigma_x = 50$ N/mm^2, $\sigma_y = -20$ N/mm^2, $\tau_{xy} = 30$ N/mm^2
Ges.: Lage und Größe der Hauptnormal- und der Hauptschubspannungen analytisch

1.8 Knickung

1.8.1 Grundbegriffe und Belastungsfälle (Einspannfälle)

Ein Stab, den eine zentrisch in Achslängsrichtung angreifende Kraft F belastet, wird nur auf Druck beansprucht. Lange Stäbe knicken seitlich aus, noch bevor die Druckspannung σ_d die Proportionalitätsgrenze σ_{dP} (R_p) erreicht hat (**1**.219).

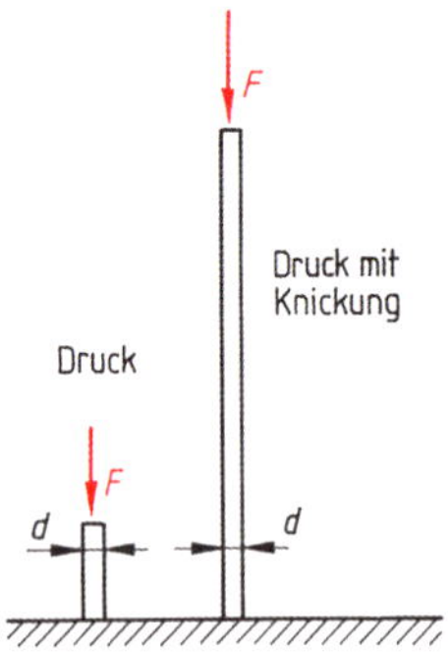

1.219 Knickung

Knickkraft, Knickspannung. Die Tragfähigkeit des Stabes kann also nicht bis zur maximal möglichen Druckspannung ausgenutzt werden. Mit steigender Kraft F wird das Gleichgewicht zwischen inneren und äußeren Kräften labil. Damit wird die Beanspruchung vom Festigkeitsproblem zum Stabilitätsproblem. Die Kraft, die zum Erreichen des Knickzustands erforderlich ist, nennt man Knickkraft F_K. Der Quotient von Knickkraft F_K durch Stabquerschnitt A heißt Knickspannung σ_K.

Knickspannung $\sigma_K = \dfrac{F_K}{A}$

F_K	σ_K	A
N	N/mm²	mm²

Gl. (1.126)

Knicksicherheit. Knickkraft und damit Knickspannung dürfen bei einem Bauteil nicht erreicht werden. Dies berücksichtigt man beim Dimensionieren von Bauteilen durch eine entsprechende Sicherheit – die Knicksicherheit ν_K.

Knicksicherheit $\nu_K = \dfrac{F_K}{F}$ Gl. (1.127)

Mit der Knickspannung $\sigma_K = F_K/A$ und der vorhandenen Druckspannung $\sigma_{dvorh} = F/A$ erhalten wir nach Einsetzen in die Gl. (1.127).

$$\nu_K = \frac{\sigma_K}{\sigma_{dvorh}}$$ Gl. (1.128)

Euler'sche Knickkraft. Für den elastischen Bereich des Werkstoffs, also den Gültigkeitsbereich des Hooke'schen Gesetzes, entwickelte der Schweizer Mathematiker Leonhard Euler (1707–1783) bei Stäben mit gleich bleibendem Querschnitt die Gleichung

$$F_K = \frac{\pi^2 \cdot E \cdot I_{min}}{s^2}$$

E = Elastizitätsmodul in N/mm²
I_{min} = kleinstes axiales Flächenmoment 2. Ordnung in mm⁴ Gl. (1.129)
s = freie Knicklänge in mm

Beim Erreichen dieser Kraft wird das Gleichgewicht instabil, der Stab hat die Grenze der im elastischen Bereich möglichen Belastung erreicht und knickt aus.

Grundbelastungsfälle. Von großer Bedeutung für die Größe der Knickkraft F_K eines Stabes ist die Art der Einspannung bzw. Lagerung (**1**.220). Es liegt nahe, dass ein beidseitig eingespannter Stab bei gleicher Länge und gleichem Querschnitt höher auf Knickung belastet werden kann als z. B. ein beidseitig gelenkig gelagerter. Je fester die Stabenden eingespannt sind, desto höher wird die mögliche Belastung sein.

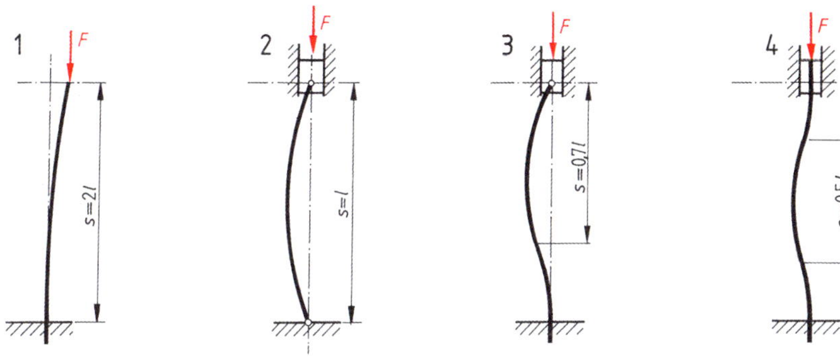

1.220 Grundbelastungsfälle

Mit dem Begriff der freien Knicklänge s kann man für die vier Grundbelastungsfälle einheitlich schreiben:

$$F_K = \frac{\pi^2 \cdot E \cdot I_{min}}{s^2}$$

F_K	I_{min}	E	s
N	mm⁴	N/mm²	mm

Gl. (1.130)

Die vier Grundbelastungsfälle zeigt Bild **1**.220 wobei s jeweils den Abstand zwischen den Wendepunkten der Biegelinie darstellt.

Belastungsfall 1 $s = 2 \cdot l$ einseitig eingespannt, ein Ende frei

Belastungsfall 2 $s = l$ beidseitig gelenkig geführt

Belastungsfall 3 $s = 0{,}7 \cdot l$ einseitig eingespannt, eine Seite gelenkig geführt

Belastungsfall 4 $s = 0{,}5 \cdot l$ beidseitig eingespannt

Im allgemeinen Maschinenbau ist der Belastungsfall 2 wohl am häufigsten. Zu beachten ist jedoch, dass in verschiedenen Knickebenen eines Bauteils unter Umständen unterschiedliche Einspann- bzw. Führungsverhältnisse vorliegen (z. B. Pleuel einer Kolbenmaschine).

1.8.2 Elastische Knickung (Euler)

Setzen wir für F_K in die Gleichung $F \cdot \nu_K$ und für das kleinste Flächenmoment 2. Grades I_{min} das zur Dimensionierung erforderliche I_{erf} ein, erhalten wir für den praktischen Gebrauch die Formel

$$I_{erf} = \frac{\nu_K \cdot F \cdot s^2}{E \cdot \pi^2}.$$

$\nu_K = 3$ bis 7 im allgemeinen Maschinenbau
$\nu_K \leqq 1{,}5$ in Sonderfällen (z. B. Pleuelstangen)

Gl. (1.131)

Trägheitsradius und Schlankheitsgrad. Zur einfacheren Betrachtung von Knickfällen führen wir zwei zusätzliche Größen ein: den Trägheitsradius i und den Schlankheitsgrad λ (griech.

lambda). Setzt man das axiale Flächenmoment 2. Ordnung $I = i^2 \cdot A$, ist der Trägheitsradius eines Querschnitts

$$i = \sqrt{\frac{I}{A}} \qquad \text{Gl. (1.132)}$$

i	I	A
mm	mm^4	mm^2

Mit dem Schlankheitsgrad $\lambda = \frac{\text{freie Knicklänge}}{\text{Trägheitsradius}} = \frac{s}{i}$ und mit Gl. (1.126) $\sigma_K = \frac{F_K}{A}$ erhält die Euler'sche Knickgleichung $F_K = \frac{\pi^2 \cdot E \cdot I_{min}}{s^2}$ die einfache Form

$$\sigma_K = \frac{\pi^2 \cdot E}{\lambda^2}. \qquad \text{Gl. (1.133)}$$

Diese Formel zeigt, dass die Knickspannung σ_K in einem Bauteil nur vom Elastizitätsmodul E des Werkstoffs und vom Schlankheitsgrad abhängt.

Da der E-Modul für verschiedene Stähle weitgehend gleich ist und im Schlankheitsgrad die Eigenschaften des Werkstoffs nicht vorkommen, hat es keinen Sinn, zur Erreichung einer höheren Knickfestigkeit einen Stahl mit höherer Bruchfestigkeit einzusetzen.

Die Euler'sche Gleichung gilt nur für den Bereich unterhalb der Proportionalitätsgrenze eines Werkstoffs. Deshalb ergibt sich, wenn man für $\sigma_K = \sigma_{dP}$ setzt, der

$$\text{Grenzschlankheitsgrad } \lambda_0 = \pi \sqrt{\frac{E}{\sigma_{dP}}} \qquad \text{Gl. (1.134)}$$

Nur mit einem Schlankheitsgrad $\lambda > \lambda_0$ darf die Euler'sche Gleichung angewendet werden.

Tragen wir beispielsweise für den Werkstoff S 235 JRG2 (St360C) die Knickspannung $\sigma_K = \frac{\pi^2 \cdot E}{\lambda^2}$ über dem Schlankheitsgrad λ auf, erhalten wir mit $E = 2{,}1 \cdot 10^5$ N/mm² die Euler-Hyperbel **1**.221. Mit $\sigma_{dP} = 190$ N/mm² für S 235 JRG2 bzw. St 360C ergibt sich der Grenzschlankheitsgrad $\lambda_0 = 10^5$. Mit $\sigma_{dP} = 260$ N/mm² für E 295 (St 490) wird $\lambda_0 = 89$. Rechnen wir ein Beispiel durch!

Beispiel 1.98 Die Druckstange einer hydraulischen Presse soll einen kreisförmigen Querschnitt haben. Die maximale Druckkraft beträgt $F = 200$ kN, die Sicherheit gegen Knicken $\nu_K = 6$, die freie Knicklänge $s = l = 2000$ mm. Werkstoff E 295 (St 490). Welchen Durchmesser muss die Stange haben?

Lösung In diesem Fall gilt $s = l = 2000$ mm. Die maximale Knickkraft, für die die Druckstange zu bemessen ist, ergibt sich als

$$F_K = \nu_K \cdot F = 6 \cdot 200\,\text{kN} = 1200\,\text{kN}.$$

Das erforderliche Trägheitsmoment ist nach Gl. (1.131)

$$I_{erf} = \frac{\nu_K \cdot F \cdot s^2}{E \cdot \pi^2} = \frac{6 \cdot 200 \cdot 10^3 \cdot \text{N} \cdot 2000^2\,\text{mm}^2}{2{,}1 \cdot 10^5\,\text{N/mm}^2 \cdot \pi^2} = 2{,}3 \cdot 10^6\,\text{mm}^4.$$

Mit $I = \frac{d^4 \cdot \pi}{64}$ wird $d_{erf} = \sqrt[4]{\frac{64 \cdot I_{erf}}{\pi}} = 82{,}9$ mm. Gewählt $d =$ **85 mm.**

Kontrolle Schlankheitsgrad $\lambda = \frac{s}{i} = \frac{s}{\sqrt{\frac{I}{A}}} = \frac{s}{\sqrt{\frac{d^4 \cdot \pi}{64} \frac{4}{d^2 \cdot \pi}}} = \frac{4s}{d} = \frac{4 \cdot 2000}{85} = 94$

(Trägheitsradius des Vollkreises $i = d/4 = r/2$)
Da $\lambda = 94 > \lambda_0 = 89$, ist die Rechnung nach Euler zulässig und Knickung im elastischen Bereich gegeben.

1.8.3 Unelastische Knickung (Tetmajer)

Ist der Schlankheitsgrad λ eines Stabes kleiner als der Grenzschlankheitsgrad λ_0, wird beim Ausknicken des Stabes mit σ_K die Proportionalitätsgrenze σ_{dP} überschritten. Damit ist die Gültigkeit der Euler-Gleichung nicht mehr gegeben. Wir befinden uns im Bereich der unelastischen Knickung. Auf einem Teil des Querschnitts tritt hier plastische Verformung auf.

Hierzu haben einige Forscher Versuche und Überlegungen angestellt. Am bekanntesten und im Maschinenbau am häufigsten verwendet wird die von dem ungarisch-österreichischen Ingenieur Ludwig von Tetmajer (1850–1905) entwickelte Gleichung

$$\sigma_K = a - b\lambda. \qquad \text{Gl. (1.135)}$$

Die Werte liegen ziemlich genau auf einer Geraden vom Punkt λ_0 auf der Euler-Hyperbel zum Punkt σ_d (Druckfestigkeit) für $\lambda = 0$ (**1**.221). Für Grauguss wird aufgrund der Versuchsergebnisse ein parabelähnlicher Verlauf angenommen. Die Formel hierfür lautet:

$$\sigma_K = a - b\lambda + c\lambda^2. \qquad \text{Gl. (1.136)}$$

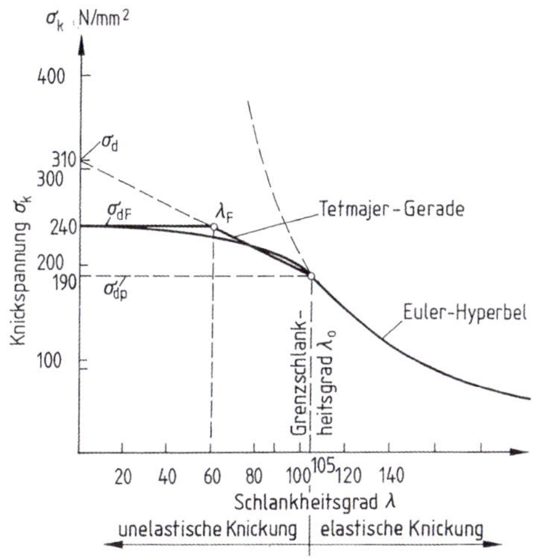

1.221 Knickspannung (Euler-Hyperbel und Tetmajer-Gerade)

Wie aus Bild **1**.221 ersichtlich ist, liegt die Fließgrenze σ_{dF} (auch Quetschgrenze genannt) für S 235 JRG2 (St 360 C) bei 240 N/mm². Von dieser Obergrenze wird die Tetmajer-Gerade in λ_F geschnitten. Das entspricht einem Schlankheitsgrad von 60. Das heißt: bei $\lambda < 60$ gilt nicht mehr die Tetmajer-Gleichung, sondern der Stab wird auf Druck berechnet. Da eine Beanspruchung über die Quetschgrenze σ_{dF} hinaus nicht interessiert, endete der Tetmajer-Bereich praktisch im Punkt λ_{dF}.

Die Berechnung der erforderlichen Querschnittsabmessungen ist mit den Tetmajer-Gleichungen nicht möglich. Wir müssen deshalb zunächst mit Euler rechnen.

Ist $\lambda < \lambda_0$, ermitteln wir die Knickspannung σ_K nach Tetmajer, berechnen aus dem Verhältnis der Knickspannung zur vorhandenen Druckspannung die vorhandene Sicherheit $\nu_K = \sigma_K/\sigma_{dvorh}$ und vergleichen sie mit der geforderten Knicksicherheit.

Ist $\nu_K > \nu_{erf}$, haben wir die Aufgabe erfüllt.

Ist $\nu_K < \nu_{erf}$, wiederholen wir die Rechnung nach Tetmajer mit größeren Abmessungen, bis ν_K der geforderten Sicherheit entspricht.

Beispiel 1.99 Hydraulische Presse wie im Beispiel 1.98. Maximale Druckkraft $F = 200$ kN, $\nu_K = 6$, Werkstoff E 295 (St 490), freie Knicklänge $s = l = 1500$ mm. Welcher Durchmesser ist zu wählen?

Lösung Nach Euler ergibt sich

$$I_{erf} = \frac{\nu_K \cdot F \cdot s^2}{E \cdot \pi^2} = \frac{6 \cdot 200 \cdot 10^3 \cdot 1500^2}{2{,}1 \cdot 10^5 \cdot \pi^2} = 1{,}3 \cdot 10^6\,\text{mm}^4$$

$$d_{erf} = \sqrt[4]{\frac{64 \cdot I_{erf}}{\pi}} = \sqrt[4]{\frac{64 \cdot 1{,}3 \cdot 10^6}{\pi}} = 71{,}8\,\text{mm} \qquad \text{Gewählt } d = \mathbf{75\,mm}$$

Kontrolle Schlankheitsgrad $\lambda = \frac{s}{i} = \frac{4 \cdot s}{d} = \frac{4 \cdot 1500}{75} = 80$

Weil $\lambda_{vorh} = 80 < \lambda_0 = 89$, ist die Rechnung nach Euler unzulässig, und es muss nach Tetmajer gerechnet werden. $\sigma_K = a - b\lambda$ nach Tab. **1**.222 für E 295 (St 490) sind

$$a = 335\,\text{N/mm}^2 \text{ und } b = 0{,}62\,\text{N/mm}^2.$$

$$\sigma_K = 335 - 0{,}62 \cdot 80 = 285{,}4\,\text{N/mm}^2$$

$$\sigma_{vorh} = \frac{F}{A} = \frac{200 \cdot 10^3}{\frac{75^2 \cdot \pi}{4}} = 45{,}3\,\text{N/mm}^2$$

$$\nu_K = \frac{\sigma_K}{\sigma_{vorh}} = \frac{285{,}4}{45{,}3} = 6{,}3 > 6, \text{ also } d = 75\,\text{mm richtig.}$$

Tabelle **1**.222 **Grenzschlankheitsgrad λ_0 für Knickung nach Euler und Werte *a, b* nach Tetmajer**

Werkstoff	Grenzschlankheitsgrad λ_0	Elastizitätsmodul E in N/mm²	Tetmajer-Werte a in N/mm²	b in N/mm²
S 235 JRG 2 (St 360)	105	$2{,}1 \cdot 10^5$	310	1,14
E 295 (St 490)	89	$2{,}1 \cdot 10^5$	335	0,62
Grauguss	80	$\sim 0{,}9 \cdot 10^5$	$\sigma_K = 776 - 12\lambda + 0{,}053\lambda^2$	
Nadelholz	100	$1{,}0 \cdot 10^4$	29,3	0,194

Beispiel 1.100 Die Druckstange der hydraulischen Presse ist für $s = 1300$ mm auszulegen. Es ergeben sich $I_{erf} = 9{,}78 \cdot 10^5$ mm⁴ und $d_{erf} = 66{,}8$ mm.
Mit dem gewählten Durchmesser $d = 70$ mm wird $\lambda = 74{,}3$. Darum ist die Rechnung nach Tetmajer notwendig.

Lösung

$$\sigma_K = 335 - 0{,}62 \cdot 74{,}3 = 288{,}9\,\text{N/mm}^2$$

$$\sigma_{vorh} = \frac{F}{A} = \frac{200 \cdot 10^3}{\frac{70^2 \cdot \pi}{4}} = 51{,}97\,\text{N/mm}^2$$

$$\nu_K = \frac{288{,}9}{51{,}9} = 5{,}56 < 6, \text{ also neu gewählt } d = 75\,\text{mm.}$$

$$\lambda = 69{,}3$$

$$\sigma_K = 292\,\text{N/mm}^2$$

$$\sigma_{vorh} = 45{,}3\,\text{N/mm}^2$$

$$\nu_K = 6{,}4 > 6, \text{ also } d = 75\,\text{mm richtig}$$

Beispiel 1.101 Ein Winkelstahl L50 x 5 aus St 37 wird bei einer freien Knicklänge $s = 0{,}95$ m auf Druck beansprucht (1.223).

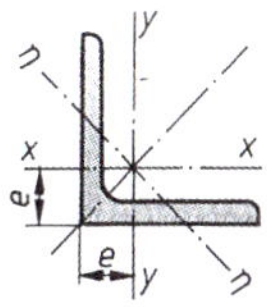

1.223 Gleichschenkliger Winkel

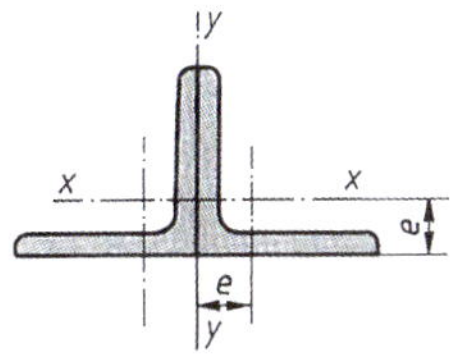

1.224 Verschweißte Winkel

a) Wie groß ist die größtmögliche Kraft bei $\nu_K = 6$?
b) Welche Beanspruchung ist zulässig bei zwei Winkelstählen 50 x 5, die mit den Schenkeln aneinandergelegt und miteinander verschweißt sind (1.224)?
c) Welchen ungleichschenkligen Winkel nach EN 10056 (DIN 1029) wählt man für die unter a) berechnete Beanspruchung?
d) Welche höchstzulässige Kraft ergibt sich, wenn zwei ungleichschenklige Winkel mit ihren langen Schenkeln aneinandergelegt und verschweißt werden?
e) Wie lautet in beiden Fällen das Tragfähigkeitsverhältnis Doppelwinkelstahl zu Einzelwinkelstahl?

Lösung a) Höchstzulässige Kraft $F = \dfrac{F_K}{\nu_K} = \dfrac{\pi^2 \cdot E \cdot I_{min}}{\nu_K \cdot s^2}$

$$F = \frac{\pi^2 \cdot 2{,}1 \cdot 10^5\ \mathrm{N/mm^2} \cdot 4{,}59 \cdot 10^4\ \mathrm{mm^4}}{6 \cdot 950^2\ (\mathrm{mm})^2} = 17\,568\ \mathrm{N}$$

Mit $I_{min} = I_\eta = 4{,}59\ \mathrm{cm^4}$ (s. Band 1, Anhang Tab. 8), $i_{min} = 0{,}98$ cm, $A = 4{,}8\ \mathrm{cm^2}$

$I_x = I_y = 11{,}0\ \mathrm{cm^4}$, $e = 1{,}4$ cm

ist $\lambda = \dfrac{s}{i} = \dfrac{95}{0{,}98} = 96{,}9$, also unelastische Knickung ($\lambda_0 = 105$).

Für S 235 JRG2 (St 360) gilt nach Tab. **1**.222 $\sigma_K = a - b\lambda$ mit $a = 310\ \mathrm{N/mm^2}$ und $b = 1{,}14\ \mathrm{N/mm^2}$

$\sigma_K = 310 - 1{,}14 \cdot 96{,}9 = 199{,}5\ \mathrm{N/mm^2}$

$$\sigma_K = \frac{F_K}{A} = \frac{F \cdot \nu_K}{A}, \quad \text{daraus} \quad F_{max} = \frac{\sigma_K \cdot A}{\nu_K} = \frac{199{,}5 \cdot 4{,}8 \cdot 10^2}{6} = \mathbf{15959\ N}$$

b) $I_{xges} = 2 \cdot 11{,}0\ \mathrm{cm^4} = 22\ \mathrm{cm^4} = I_{min}$

$I_{yges} = 2\,[11\ \mathrm{cm^4} + 4{,}8\ \mathrm{cm^2}\,(1{,}4\ \mathrm{cm})^2] = 40{,}8\ \mathrm{cm^4}$

Trägheitsradius $i_{min} = \sqrt{\dfrac{I_{xges}}{2 \cdot A}} = \sqrt{\dfrac{22}{2 \cdot 4{,}8}} = 1{,}51$ cm

Schlankheitsgrad $\lambda = \dfrac{s}{i} = \dfrac{95}{1{,}51} = 62{,}9 < \lambda_0 = 105$,

daher Berechnung nach Tetmajer erforderlich. Es wird

$\sigma_K = a - b\lambda = 310 - 1{,}14 \cdot 62{,}9 = 238{,}3\ \mathrm{N/mm^2}$.

Mit $\nu_K = 6$ und $\sigma_K = 238{,}3\ \mathrm{N/mm^2}$ wird die maximal zulässige Kraft

$$F_{max} = \frac{\sigma_K \cdot 2 \cdot A}{\nu_K} = \frac{238{,}3 \cdot 2 \cdot 4{,}8 \cdot 10^2}{6} = \mathbf{38\,127\ N.}$$

Lösung Fortsetzung

c) Das geringste Trägheitsmoment hat der ungleichschenklige L um die Achse η (**1**.225a). Wir wählen L 60 x 40 x 7 EN 10056 (DIN 1029) mit

$I_x = 23{,}0\,\text{cm}^4$, $I_y = 8{,}07\,\text{cm}^4$,
$I_\eta = 4{,}73\,\text{cm}^4$.
$A = 6{,}55\,\text{cm}^2$, $e_x = 2{,}04\,\text{cm}$,
$e_y = 1{,}05\,\text{cm}$, $i_\eta = 0{,}85\,\text{cm}$

$$\lambda = \frac{s}{i_{min}} = \frac{95}{0{,}85} = 111{,}8 > \lambda_0$$

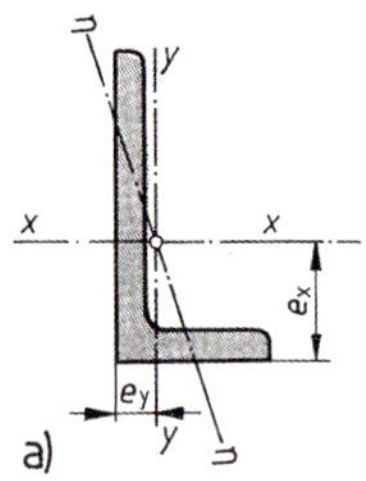

1.225a Ungleichschenkliger Winkel

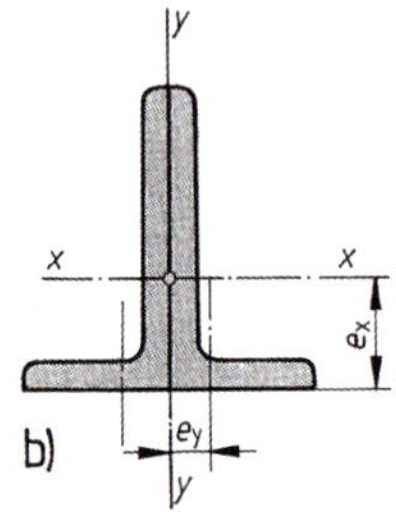

1.225b Ungleichschenklige Winkel, verschweißt

Es handelt sich um eine elastische Knickung. Die maximal übertragbare Kraft ist nach Euler (Gl. 1.130)

$$F = \frac{\pi^2 \cdot 2{,}1 \cdot 10^5 \cdot 4{,}73 \cdot 10^4}{6 \cdot 950^2} = 18104\,\text{N}.$$

Mit 18104 N maximal zulässiger Kraft liegen wir über den in a) berechneten 15959 N.

Da wir den Winkel 60 × 40 × 7 angenommen haben, ist zu prüfen, ob nicht auch der nächstkleinere ungleichschenklige Winkel (60 × 40 × 6) ausreicht. Es ergibt sich bei Einsetzen für $I = 4{,}12 \cdot 10^4\,\text{mm}^4$ (statt $4{,}73 \cdot 10^4\,\text{mm}^4$) ein F_{max} von 15769 N – damit reicht dieser Winkel nicht aus.

d) Nach Bild **1**.225b werden $I_x = 2 \cdot 23 = 46\,\text{cm}^4$ und $I_y = 2\,[8{,}07 + 6{,}55 \cdot 1{,}05^2] = 30{,}58\,\text{cm}^4$. Damit ist

$$i_{min} = \sqrt{\frac{I_y}{2 \cdot A}} = \sqrt{\frac{30{,}58}{2 \cdot 6{,}55}} = 1{,}53\,\text{cm};\ \lambda = \frac{95}{1{,}53} = 62.$$

Daher Berechnung nach Tetmajer:

$\sigma_K = 310 - 1{,}14 \cdot 62 = 239{,}3\,\text{N/mm}^2$, und analog b) wird $F_{max} = \mathbf{52251\,N}$.

e) gleichschenkliger L $\dfrac{38127\,\text{N}}{15959\,\text{N}} = \mathbf{2{,}39}$ ungleichschenkliger L $\dfrac{52251\,\text{N}}{18104\,\text{N}} = \mathbf{2{,}88}$

Die Verwendung von ungleichschenkligen Einzelwinkeln ist sehr ungünstig, da $i_{min} = i_\eta$ im Verhältnis zum Profilquerschnitt gering ist. Der Winkel L50 x 5 wiegt 3,77 kg/m, der Winkel L60 x 40 x 7 bereits 5,14 kg/m. Da Profilstäbe ähnlicher Dimension etwa den gleichen Kilopreis haben, wäre der ungleichschenklige Winkel um 35 % teurer.

Beispiel 1.102 Eine Druckstütze aus zwei U-Profilen EN 10279 (DIN 1026) ist mit Verbindungsblechen zu einem steifen Stab zusammengesetzt. Die Lagerung ist beidseitig gelenkig, die Länge der Stütze $l = 3{,}5$ m, die zu übertragende Kraft $F = 90$ kN (**1**.226).

a) Welches Profil ist bei einer Knicksicherheit $\nu_K = 3$ zu wählen, wenn der Abstand a so gewählt ist, dass die Flächenmomente 2. Ordnung für die x- und y-Achse gleich groß sind?

b) Wie groß ist a?

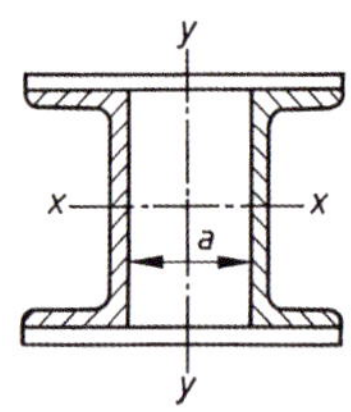

1.226 Druckstütze

Lösung

a) Nach Gl. (1.131) ist $I_{erf} = \dfrac{\nu_K \cdot F \cdot s^2}{E \cdot \pi^2} = \dfrac{3 \cdot 90 \cdot 10^3 \cdot 3500^2}{2{,}1 \cdot 10^5 \cdot \pi^2} = 159{,}6 \cdot 10^4\,\text{mm}^4$.

Es muss sein I_x je Profil $\geqq \dfrac{159{,}6}{2}\,\text{cm}^4 = 79{,}8\,\text{cm}^4$.

Lösung Fortsetzung

Dies trifft zu für U 80 mit $I_x = 106\,\text{cm}^4$, $A = 11\,\text{cm}^2$, $i_x = 3{,}1\,\text{cm}$, $I_y = 19{,}4\,\text{cm}^4$, $e_y = 1{,}45\,\text{cm}$.

$$\lambda = \frac{s}{i_{min}} = \frac{350}{3{,}1} = 112{,}9 > \lambda_0 = 105, \text{ daher elastische Knickung}$$

b) Mit dem Abstand *a* zwischen den beiden U-Profilen wird

$$I_{yges} = 2 \cdot I_y + 2\,A\left(\frac{a}{2} + e_y\right)^2 \text{ und muss außerdem } 2 \cdot I_x \text{ sein.}$$

$$2 \cdot 106 = 2 \cdot 19{,}4 + 2\,A\left(\frac{a^2}{4} + 1{,}45\,a + 1{,}45^2\right)$$

$$a^2 + 5{,}8\,a - 23{,}08 = 0$$

$$a_{1,2} = -2{,}9 \pm \sqrt{8{,}41 + 23{,}08}$$

$$a = \mathbf{2{,}71\,cm}$$

Beispiel 1.103 In einer Verbrennungskraftmaschine mit untenliegender Nockenwelle wird das Ventil über eine Stösselstange und Kipphebel betätigt (**1**.227). Die freie Knicklänge *l* der Stoßstange ist aus konstruktiven Gründen mit 350 mm gegeben. Die Kraft in der Stoßstange zur Überwindung der Ventilfederkraft sei 1500 N. Als Werkstoff kommt 1 C 35 nach EN 10083 (DIN 17200, ÖNORM M 3161) in Betracht.

Zu bestimmen ist der erforderliche Stangendurchmesser. Außerdem soll überlegt werden, ob eine Ausführung als Rohr mit dem gleichen Werkstoff sinnvoll ist, um die bewegten Massen klein zu halten. Rohraußendurchmesser $d_a = 12$ mm, $\nu_K = 5$, $\sigma_{dp} = 325\,\text{N/mm}^2$.

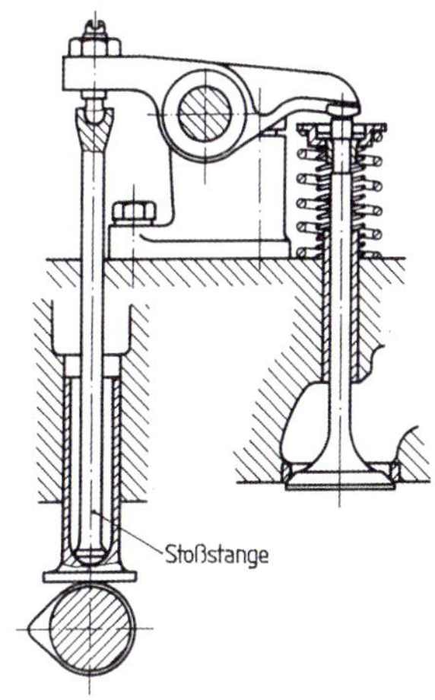

1.227 Ventiltrieb

Lösung

Für 1 C 35 sind Rm = 620 N/mm² und $R_{p0,2}$ = 420 N/mm². $l = s = 350$ mm (Belastungsfall 2), $E = 2{,}1 \cdot 10^5\,\text{N/mm}^2$

$$I_{erf} = \frac{\nu_K \cdot F \cdot s^2}{E \cdot \pi^2} = \frac{5 \cdot 1500 \cdot 350^2}{2{,}1 \cdot 10^5 \cdot \pi^2} = 443\,\text{mm}^4$$

$$d_{erf} = \sqrt[4]{\frac{64 \cdot I_{erf}}{\pi}} = \sqrt[4]{\frac{64 \cdot 443}{\pi}} = 9{,}8 \approx 10\,\text{mm}$$

Trägheitsradius $i = \sqrt{\frac{I}{A}} = \sqrt{\frac{d^4 \cdot \pi}{64} \cdot \frac{4}{d^2 \cdot \pi}} = \frac{d}{4} = \frac{10}{4} = 2{,}5\,\text{mm}$

Schlankheitsgrad $\lambda = \frac{s}{i} = \frac{350}{2{,}5} = 140$

Trägheitsmoment der Rohrausführung $I = \frac{(d_a^4 - d_i^4)\,\pi}{64}$

$$d_{ierf} = \sqrt[4]{d_a^4 - \frac{64\,I_{erf}}{\pi}} = \sqrt[4]{12^4 - \frac{64 \cdot 443}{\pi}} = \mathbf{10{,}4\,mm}$$

Mit einem ausgeführten Innendurchmesser von 10,4 mm sind $I = 443\,\text{mm}^4$, $A = 28{,}15\,\text{mm}^2$ und damit $i = 3{,}97$ mm und $\lambda \approx 88$.

Mit σ_{dp} 325 N/mm² wird der Grenzschlankheitsgrad

$$\lambda_0 = \pi\sqrt{\frac{E}{\sigma_{dp}}} = \pi\sqrt{\frac{2{,}1 \cdot 10^5}{325}} \approx 80.$$

Die Dimensionierung nach Euler ist also zulässig.

Das Gewicht der vollen Stange ist mit 215 g gegenüber 77 g der Rohrausführung bei gleicher Knicksicherheit annähernd dreimal größer.

1.8.4 Omegaverfahren (ω-Verfahren)

Die Forderung der Praxis, die Knickberechnung zu vereinfachen, führte zum ω-Verfahren. In Deutschland ist es für den Kran-, Brücken- und den Stahlbau vorgeschrieben (DIN 4114), in Österreich für den Stahlbau in ÖNORM B 4600 als „Stabilitätsnachweis" festgelegt (**1**.228, **1**.229).

Beim Omegaverfahren wird der Druckspannungsnachweis mit der ω-fachen Last durchgeführt. Es muss sein

$$\frac{\omega \cdot F}{A} \leqq \sigma_{dzul} \quad \text{mit} \quad \omega(\lambda) = \frac{\sigma_{dzul}}{\sigma_{Kzul}}. \qquad \text{Gl. (1.137)}$$

Die Omegawerte der Werkstoffe sind so angesetzt, dass die Knicksicherheit ν_K zwischen 1,5 (Tetmajer-Bereich) und 2,5 (Euler-Bereich) liegt. Das Verfahren ist anzuwenden für Stäbe mit Schlankheitsgraden von $\lambda = 20$ bis maximal $\lambda = 250$. Für einzelne Anwendungsbereiche sind jedoch geringere maximale Schlankheitsgrade vorgeschrieben:

– für Brückenbauten $\lambda_{max} = 150$,
– für Einzelstäbe in zusammengesetzten Knickstäben $\lambda_{max} = 50$.

Für die Stäbe mit $\lambda < 20$ ist kein Knicknachweis erforderlich ($\omega = 1$); sie werden auf Druck gerechnet.

Tabelle **1**.228 **Knickzahlen x.1 nach DIN 4114**
St 33 und St 37 (σ_{dzul} = 140 N/mm²) (S 185 und S 235 JRG2 nach EN 10027)

λ	0	1	2	3	4	5	6	7	8	9
20	1,04	1,04	1,04	1,05	1,05	1,06	1,06	1,07	1,07	1,08
30	1,08	1,09	1,09	1,10	1,10	1,11	1,11	1,12	1,13	1,13
40	1,14	1,14	1,15	1,16	1,16	1,17	1,18	1,19	1,19	1,20
50	1,21	1,22	1,23	1,23	1,24	1,25	1,26	1,27	1,28	1,29
60	1,30	1,31	1,32	1,33	1,34	1,35	1,36	1,37	1,39	1,40
70	1,41	1,42	1,44	1,45	1,46	1,48	1,49	1,50	1,52	1,53
80	1,55	1,56	1,58	1,59	1,61	1,62	1,64	1,66	1,68	1,69
90	1,71	1,73	1,74	1,76	1,78	1,80	1,82	1,84	1,86	1,88
100	1,90	1,92	1,94	1,96	1,98	2,00	2,02	2,05	2,07	2,09
110	2,11	2,14	2,16	2,18	2,21	2,23	2,27	2,31	2,35	2,39
120	2,43	2,47	2,51	2,55	2,60	2,64	2,68	2,72	2,77	2,81
130	2,85	2,90	2,94	2,99	3,03	3,08	3,12	3,17	3,22	3,26
140	3,31	3,36	3,41	3,45	3,50	3,55	3,60	3,65	3,70	3,75
150	3,80	3,85	3,90	3,95	4,00	4,06	4,11	4,16	4,22	4,27
160	4,32	4,38	4,43	4,49	4,54	4,60	4,65	4,71	4,77	4,82
170	4,88	4,94	5,00	5,05	5,11	5,17	5,23	5,29	5,35	5,41
180	5,47	5,53	5,59	5,66	5,72	5,78	5,84	5,91	5,97	6,03
190	6,10	6,16	6,23	6,29	6,36	6,42	6,49	6,55	6,62	6,69
200	6,75	6,82	6,89	6,96	7,03	7,10	7,17	7,24	7,31	7,38
210	7,45	7,52	7,59	7,66	7,73	7,81	7,88	7,95	8,03	8,10
220	8,17	8,25	8,32	8,40	8,47	8,55	8,63	8,70	8,78	8,86
230	8,93	9,01	9,09	9,17	9,25	9,33	9,41	9,49	9,57	9,65

Tabelle 1.229 **Zulässige Druckspannungen σ_{Kzul} in N/mm² bei Knickgefahr nach ÖNORM B 4600 T4**
S 235 JRG2 (St 360 B, St 37S), S 235 JO (St 360 C, St 37 T), S 235 J2G3 (St 360 D, St 37TK), St 360 CE (St 37 TE)

λ	0	1	2	3	4	5	6	7	8	9	λ
0 bis 19	145										0 bis 19
20	138	137	137	136	136	136	135	135	134	134	20
30	134	133	133	132	132	131	131	130	130	130	30
40	129	129	128	128	127	126	126	125	125	124	40
50	124	123	123	122	121	121	120	120	119	118	50
60	118	117	116	116	115	114	114	113	112	111	60
70	111	110	109	108	108	107	106	105	104	103	70
80	103	102	101	100	99	98	97	96	95	94	80
90	93	93	92	91	90	88	87	86	85	84	90
100	83	82	81	80	79	78	76	75	74	73	100
110	71	70	69	68	67	65	64	63	62	61	110
120	60	59	58	57	56	55	54	54	53	52	120
130	51	50	50	49	48	47	47	46	45	45	130
140	44	44	43	42	42	41	41	40	39	39	140
150	38	38	37	37	36	36	36	35	35	34	150
160	34	33	33	33	32	32	31	31	31	30	160
170	30	30	29	29	29	28	28	28	27	27	170
180	27	26	26	26	26	25	25	25	24	24	180
190	24	24	23	23	23	23	23	22	22	22	190
200	22	21	21	21	21	21	20	20	20	20	200
210	20	19	19	19	19	19	19	18	18	18	210
220	18	18	18	17	17	17	17	17	17	16	220
230	16	16	16	16	16	16	16	15	15	15	230
240	15	15	15	15	15	14	14	14	14	14	240
250	14										250

Gebrauchsgleichungen. Mit dem Omegaverfahren ist eine direkte Dimensionierung der Stäbe nicht möglich. Deshalb werden Gebrauchsgleichungen verwendet.

Gebrauchsgleichungen zur Stabdimensionierung

– für den elastischen Bereich $I_{erf} = 0{,}12\,F \cdot s^2$ Gl. (1.138)

– für den unelastischen Bereich

$$A_{erf} \approx \frac{F}{14} + 0{,}577\,k \cdot s^2 \quad \text{für S 235 JRG2, Lastfall H} \qquad \text{Gl. (1.139)}$$

$$A_{erf} \approx \frac{F}{21} + 0{,}718\,k \cdot s^2 \quad \text{für S 355 JO, Lastfall H, HZ} \qquad \text{Gl. (1.140)}$$

Dabei ist der Profilbeiwert $k = \frac{A^2}{I} = \frac{A}{i^2}$

F	s	A_{erf}	I_{erf}
kN	m	cm²	cm⁴

Für den Profilbeiwert k sind Durchschnittswerte aus Profiltafeln zu entnehmen, z. B.

I $k = 9$ bis 12
IPB $k = 3$ bis 6
U $k = 6$ bis 9
L $k = 5$ bis 8.

In der ÖNORM 84600 sind nicht die ω-Werte, sondern direkt die Werte für zulässige Druckspannungen σ_{Kzul} bei Knickgefahr angegeben, so dass in Abhängigkeit vom Schlankheitsgrad direkt auf Druck bemessen wird. Der Zusammenhang mit dem Omegaverfahren ist durch die Beziehung $\sigma_{Kzul} = \sigma_{dzul}/\omega$ gegeben.

Beispiel 1.104 Eine beidseitig eingespannte Stahlstütze aus S 235JRG2 (St 360 B) (l = 3 m) soll eine Druckkraft F = 65 kN aufnehmen und als U-Stahl nach DIN 1026 dimensioniert werden (**1**.230).

Lösung Freie Knicklänge nach Belastungsfall 4 $\rightarrow s = 0{,}5 \cdot l = 0{,}5 \cdot 300\,\text{cm} = 150\,\text{cm}$

Gewählt U 65 $\rightarrow i_y = 1{,}25\,\text{cm},\ A = 9{,}03\,\text{cm}^2$

Schlankheitsgrad $\lambda = \dfrac{s}{i_y} = \dfrac{150}{1{,}25} = 120 \rightarrow \omega = 2{,}43$

$$\frac{\omega F}{A} = \frac{2{,}43 \cdot 65 \cdot 10^3}{9{,}03 \cdot 10^2} = 174{,}9\,\text{N/mm}^2 > \sigma_{dzul} = 140\,\text{N/mm}^2 \text{ für St37.}$$

Daher neu gewählt U 80 mit $A = 11{,}0\,\text{cm}^2$, $i_y = 1{,}33\,\text{cm}$

$$\lambda = \frac{150}{1{,}33} = 113 \rightarrow \omega = 2{,}18$$

$$\frac{\omega F}{A} = \frac{2{,}18 \cdot 65 \cdot 10^3}{11{,}0 \cdot 10^2} = 128{,}8\,\text{N/mm}^2 < \sigma_{dzul}.$$

Die Stahlstütze ist also mit **U 80** richtig bemessen.

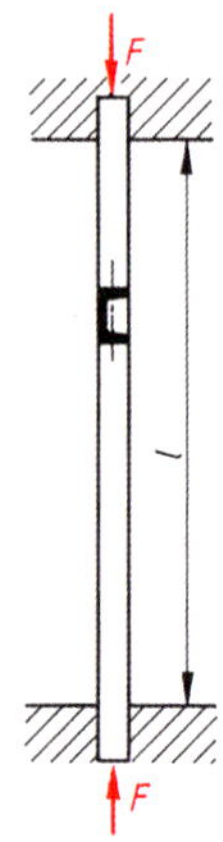

1.230 Stahlstütze

Eine Vordimensionierung mit der Gebrauchsformel hätte U 80 ergeben:

$I_{erf} = 0{,}12\,F \cdot s^2 = 0{,}12 \cdot 65\,\text{kN}\ (0{,}5 \cdot 3)^2\,\text{m}^2 = 17{,}55\,\text{cm}^4$

I_y für U 80 ist 19,4 cm^4

Nach ÖNORM B 4600 ergibt sich mit $\sigma_K = \dfrac{F}{A} = \dfrac{65 \cdot 10^3}{11 \cdot 10^2} = 59{,}1\,\text{N/mm}^2$ die vorhandene Druckspannung und aus Tab. **1**.229 mit $\lambda = 113$ eine zulässige Druckspannung bei Knickgefahr mit $\sigma_{Kzul} = 68\,\text{N/mm}^2$.

Beispiel 1.105 Eine Gebäudestütze von 3 m Länge ($s = l$) wird durch eine axiale Druckkraft von 400 kN belastest. Die Stütze soll als I-Stahl entweder a) als warmgewalzter Träger nach EN 10024 (DIN 1025 T1) oder b) als warmgewalzter breiter HEB (IPB)-Träger nach EN 10034 (DIN 1025 T2) ausgeführt werden.

Die Vordimensionierung nach der Gebrauchsformel Gl. (1.138) für den elastischen Bereich wird aufgestellt mit

$I_{erf} = 0{,}12\,F \cdot s^2 = 0{,}12 \cdot 400 \cdot 3^2 = 432\,\text{cm}^4.$

Ist diese Vordimensionierung richtig?

Lösung a) Gewählt I 300 mit $A = 69\,\text{cm}^2$, $I_y = 451\,\text{cm}^4$, $i_y = 2{,}56\,\text{cm}$

$$\lambda = \frac{s}{i} = \frac{300}{2{,}56} \sim 117 > \lambda_0 = 105, \text{ daher elastische Knickung.}$$

Berechnung nach DIN 4114 ($\omega = 2{,}31$ aus Tab. **1**.228)

$$\sigma_K = \frac{\omega F}{A} = \frac{2{,}31 \cdot 400 \cdot 10^3}{69 \cdot 10^2} = 133{,}9\,\text{N/mm}^2 < \sigma_{dzul} = 140\,\text{N/mm}^2$$

bzw. nach ÖNORM B 4600 T4 (Tab. **1**.229)

zul σ_K (für $\lambda = 117$) = 63 N/mm^2

$$\sigma_{vorh} = \frac{F}{A} = \frac{400 \cdot 10^3}{69 \cdot 10^2} = 57{,}97\,\text{N/mm}^2$$ – Vordimensionierung war **richtig**.

Lösung
Fortsetzung

b) Gewählt HEB (IPB) 160 mit $A = 43\ cm^2$, $I_y = 550\ cm^4$, $i = 3{,}58\ cm$

$$\lambda = \frac{s}{i} = \frac{300}{3{,}58} \sim 84 < \lambda_0,\ \text{daher unelastische Knickung.}$$

$$A_{erf} = \frac{F}{14} + 0{,}577 \cdot k \cdot s^2\ (\text{Gl. } 1.139)$$

$$A_{erf} = \frac{400}{14} + 0{,}577 \cdot 3{,}5 \cdot 3^2 = 46{,}7\ cm^2\ (k \sim 3{,}5),\ \text{daher gewählt IPB 160 mit}$$

$$A = 54{,}3\ cm^2,\ I_y = 889\ cm^4,\ i_y = 4{,}05\ cm.$$

$$\lambda = \frac{s}{i} = \frac{300}{4{,}05} = 74 \rightarrow \omega = 1{,}46\ (\text{aus Tab. } \mathbf{1}.228).$$

Berechnung nach DIN 4114

$$\sigma_K = \frac{\omega F}{A} = \frac{1{,}46 \cdot 400 \cdot 10^3}{54{,}3 \cdot 10^2} = 107{,}5\ N/mm^2 < \sigma_{dzul} = 140\ N/mm^2$$

bzw. nach ÖNORM B 4600 T4

zul σ_K (für $\lambda = 74$) $= 108\ N/mm^2$

$$\sigma_{vorh} = \frac{F}{A} = \frac{400 \cdot 10^3}{54{,}3 \cdot 10^2} = 73{,}7\ N/mm^2.$$

Auch hier liegt die vorhandene Spannung unter der zulässigen – die Vordimensionierung war ebenfalls richtig. Bei einem Vergleich der Laufmetergewichte sieht man hier den Vorteil der IPB-Reihe (I 300 → 54,2 kg/lfm, HEB (IPB) 160 = 42,6 kg/lfm).

Aufgaben zu Abschnitt 1.8

1. Eine Druckstange aus E 295 (St490) mit $s = l = 2000$ mm wird durch eine Kraft $\underline{F} = 200$ kN in Achsrichtung belastet und soll bei einer Sicherheit von $\nu = 2{,}5$ als Hohlstange mit dem Durchmesserverhältnis $d_a/d_i = 1{,}25$ ausgelegt werden. Wie groß sind da und d_i? (da auf 10 mm runden.)
2. Die Schubstange einer Kolbenpumpe besteht aus E 295 (St490). Sie hat eine Schubkraft von 20 kN bei freier Knicklänge $s = 400$ mm und einer Sicherheit gegen Knicken von $\nu_K = 4$ aufzunehmen.
   a) Wie groß ist der Durchmesser d der Schubstange auszuführen?
   b) Wie groß muss der Schubstangenquerschnitt bei Ausführung als Rechteckquerschnitt mit einem Seitenverhältnis $h/b = 2$ sein?
3. Die senkrechte Stütze eines Hallenkrans mit einer Länge von $l = 3{,}5$ m ist im Fundament einbetoniert und ist oben in ihrem Lager am Bauwerk gelenkig fixiert. Sie wird senkrecht belastet durch $F = 500$ kN und soll als HEB (IPB)-Profil nach EN 10034 (DIN 1025 T2) ausgeführt werden.
   Welcher Träger ist bei einem Nachweis der Knicksicherheit nach ÖNORM B 4600 T4 zu wählen?
4. Ein Stab von $s = l = 1{,}6$ m wird durch eine axiale Druckkraft von 250 kN belastet und soll als hochstegiger T-Stahl nach EN 10055 (DIN 1024) ausgeführt werden. Zu dimensiomeren ist er nach dem ω-Verfahren bzw. nach ÖNORM B4600 Teil 4.
5. Mit den Angaben nach Beispiel 1.102 soll die Druckstütze aus zwei steif miteinander verbundenen I-Trägern nach EN 10024 (DIN 1025 T1) so ausgelegt werden, dass $I_x = I_y$ ist. Wie groß ist der Mittenabstand a der beiden Träger?
6. Ein Dreibein aus Rundrohren S 235 JRG2 (St360B) mit 100 mm Außendurchmesser, 4 mm Wandstärke und 4 m Holmlänge wird so aufgestellt, dass die 3 Stützpunkte am Boden ein gleichseitiges Dreieck mit 2,5 m Seitenlänge bilden. Welche Last kann ruhend aufgebracht werden, wenn eine Sicherheit gegen Ausknicken von $\nu_K = 8$ verlangt ist?

2 Kinematik

Die Kinematik beschreibt die Bewegungsvorgänge. Fragen nach der Ursache und/oder Wirkung einer Bewegung sind nicht ihre Aufgabe. Die Kinematik ist somit nur eine reine Bewegungsgeometrie. Sie stellt mit Hilfe der Mathematik einen Bewegungsablauf in Zeit und Raum dar.

2.1 Relativität, Arten, Formen und Größen der Bewegung, Superpositionsgesetz

Bewegung setzt voraus, dass zwei Körper ihre gegenseitige Lage verändern. Aussagen über einen Bewegungsablauf eines Körpers oder Massenpunktes können daher nur relativ sein. Das heißt, der Bewegungsablauf kann nur im Bezug auf ein anderes, meist als ruhend definiertes Bezugssystem betrachtet werden. Aussagen über die Bewegung eines Körpers allein sind sinnlos.

> Eine absolute Bewegung im Raum gibt es nicht.

Die Wahl des als ruhend erklärten Bezugssystems wird durch die kinematische Zweckmäßigkeit festgelegt. Für Bewegungsabläufe auf der Erde ist es üblich, die Erde als ruhend zu definieren, obwohl wir wissen, dass auch sie sich bewegt. Den Ingenieur interessiert z. B. nur die Bewegung des Kolbens relativ zum Zylinder; daher wird er den Zylinderblock als Bezugssystem betrachten.

Bewegungsarten. Jede Bewegung eines Körpers im Raum lässt sich leicht in wenige und einfache Bewegungsformen einordnen bzw. aufteilen. Die Lageänderung eines Körpers können wir als Überlagerung von nur zwei Bewegungsformen auffassen: eine Translation (Parallelbewegung) und eine Rotation (Drehung). (Später werden wir sehen, dass sich jede allgemeine Bewegung als eine Summe infinitesimaler Drehungen darstellen lässt.) Bild **2**.1 zeigt eine allgemeine Bewegung eines Körpers aus der Lage *ABC* in die Lage $A_2B_2C_2$ durch Überlagerung einer Translation und Rotation. Die allgemeine Bewegung wird zerlegt in den translatorischen Anteil *ABC* nach $A_1B_1C_1$ und anschließend in die Drehung um den Punkt C_1.

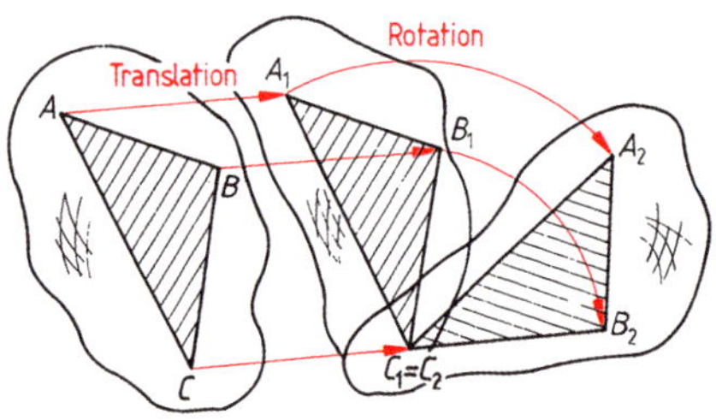

2.1 Allgemeine Bewegung eines Körpers durch Überlagerung einer Translation und Rotation

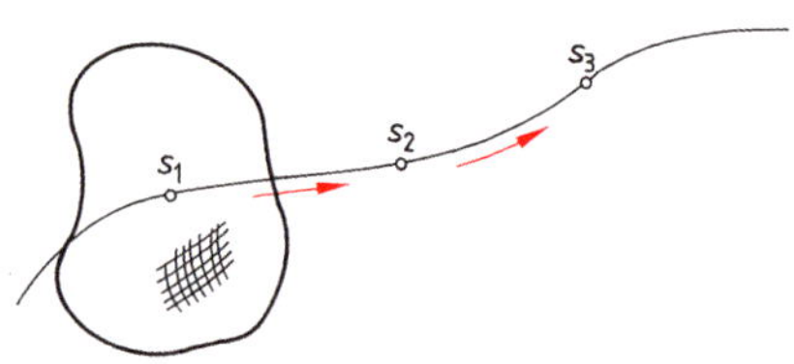

2.2 Ersatz eines Körpers durch seinen Massenmittelpunkt bei Translation

Bei der Translation behält der Körper seine räumliche Orientierung bei. Alle Punkte des Körpers haben zu jedem Zeitpunkt den gleichen Bewegungszustand. Daraus folgt: Für die Beschreibung der fortschreitenden Bewegung eines Körpers genügt es, die Bewegung eines einzelnen

Körperpunkts zu beschreiben. Üblicherweise wird dazu der Schwerpunkt des Körpers verwendet (**2**.2).

> Ein Körper vollführt eine Translation (fortschreitende Bewegung), wenn alle seine Punkte kongruente (geradlinige oder gekrümmte) Bahnen beschreiben (**2**.3).

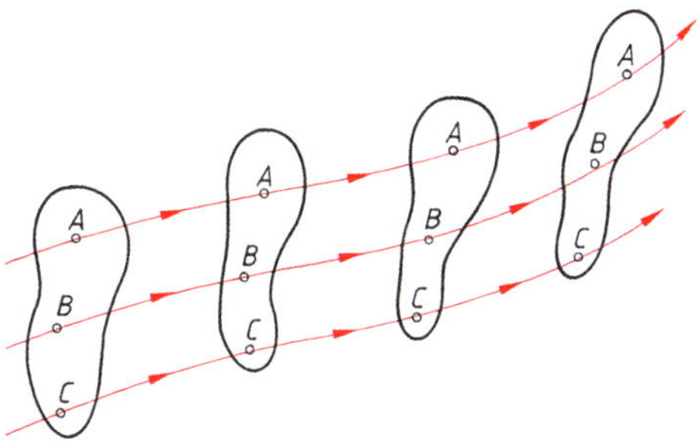

2.3 Reine Translation

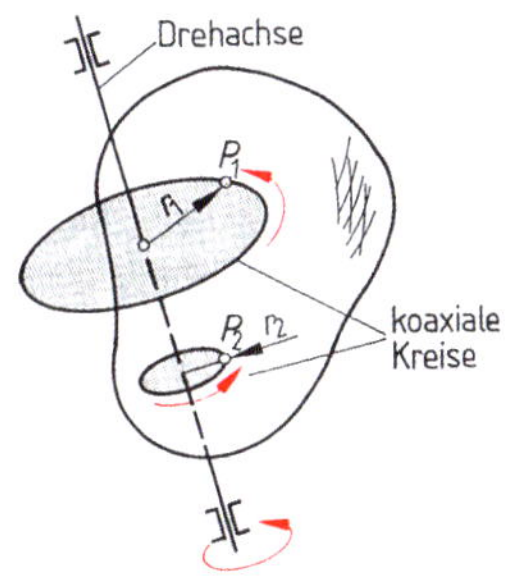

2.4 Reine Rotation

Bei der Rotation beschreiben alle Punkte des Körpers koaxiale Kreise, deren Ebenen senkrecht auf der ortsfesten Drehachse stehen und deren Mittelpunkte in der Drehachse liegen (**2**.4).

> Ein Körper vollführt eine Rotation (Drehbewegung), wenn alle seine Punkte Kreisbahnen um die innerhalb oder außerhalb des Körpers gelegene Drehachse beschreiben.

Bewegungsformen. Im allgemeinen Fall ist die Bahn des Punktes eine beliebig gekrümmte Kurve im Raum. Wir sprechen dann von einer krummlinigen Bewegung. Sonderfälle sind die geradlinige Bewegung, die Kreisbewegung und die Schwingung. In vielen Fällen ist die Bewegungsbahn festgelegt bzw. vorgegeben (Straße, Schiene, Führung eines Maschinenteils). Oft ist aber die Bahn erst durch Messen oder Berechnen zu ermitteln (z. B. Satellitenbahn, Bahn eines Wurfgeschosses, Bahnen der Planeten).

Weitere Kriterien der Bewegung sind die Geschwindigkeit und die Beschleunigung des Körpers oder des Massenpunkts. Im allgemeinen Fall ändern sich beide, und wir erhalten eine ungleichförmige Bewegung. Bleibt die Geschwindigkeit konstant, liegt eine gleichförmige Bewegung vor. Ist die Beschleunigung konstant, heißt die Bewegung gleichförmig beschleunigt.

Superpositionsgesetz. Für die mathematische Erfassung einer Bewegung, die sich aus mehreren unabhängigen Teilbewegungen zusammensetzt, gilt das Superpositions- oder Überlagerungsgesetz.

> Zwei oder mehrere voneinander unabhängige Bewegungsvorgänge, die gleichzeitig stattfinden, können getrennt untersucht werden, ohne dass sich am Endergebnis etwas ändert.

Wesentlich ist, dass sich die gleichzeitig ablaufenden Teilbewegungen des Körpers oder des Massenpunkts gegenseitig nicht beeinflussen, also voneinander unabhängig sind. Die Teilbewegungen können einzeln betrachtet werden und sind auch in ihrer Reihenfolge vertauschbar. So lässt sich z. B. der waagerechte Wurf in die Teilvorgänge freier Fall und gleichförmig-waagerechte Bewegung zerlegen und betrachten.

Kinematische Größen. Länge (Weglänge) und Zeit bilden die Grundgrößen der Kinematik. Ihre Einheiten sind das Meter und die Sekunde. Aufgrund unserer Erfahrung erscheinen uns diese Größe absolut, d. h. eine bestimmte Länge oder eine bestimmte Zeitspanne sind – abgesehen von Messungenauigkeiten – immer gleich. Bei Vorgängen, die mit sehr großer Geschwindigkeit ablaufen, wies Albert Einstein (1879–1955) nach, dass die Länge und damit der Raum wie auch die Zeit keine absoluten Größen sind, sondern von der Geschwindigkeit des Bezugssystems (Beobachtungssystem) abhängen. Da sich der Maschinenbauingenieur vorwiegend mit Systemen beschäftigt, die relativ zum Bezugssystem kleine Geschwindigkeiten (im Vergleich zur Lichtgeschwindigkeit) erreichen, behandeln wir die Länge und Zeit weiterhin wie absolute Größen.

Die Geschwindigkeit ist der Quotient aus der Ortsveränderung (Wegstrecke) Δs und der für diese Änderung nötigen Zeitspanne Δt.

$$v_m = \frac{\Delta s}{\Delta t} = \frac{s_2 - s_1}{t_2 - t_1}$$

s	t	v
m	s	m/s

Gl. (2.1)

Die Geschwindigkeit ist somit eine abgeleitete kinemafische Größe. Gl. (2.1) besagt, dass ein Körper mit der durchschnittlichen Geschwindigkeit vm im Zeitintervall $\Delta t = t_2 - t_1$ den Weg $\Delta s = s_2 - s_1$ zurücklegt. Die momentane Geschwindigkeit eines Körpers oder Massenpunkts erhalten wir durch Bildung des Grenzübergangs:

$$v = \lim_{\Delta t \to 0} \frac{\Delta s}{\Delta t} = \frac{ds}{dt} = \dot{s} \qquad \text{Gl. (2.2)}$$

v gibt die jeweilige Momentangeschwindigkeit eines Körpers oder Punkts an.

Die Beschleunigung ist der Quotient aus der Geschwindigkeitsänderung Δv und der für diese Änderung nötigen Zeitspanne Δt.

$$a_m = \frac{\Delta v}{\Delta t} = \frac{v_2 - v_1}{t_2 - t_1}$$

v	t	a
m/s	s	m/s²

Gl. (2.3)

Im Zeitintervall $\Delta t = t_2 - t_1$ hat sich die Geschwindigkeit des Körpers von v_1 nach v_2, also um den Betrag Δv geändert. Gl. (2.3) gibt wieder nur die durchschnittliche bzw. mittlere Beschleunigung an. Die Momentanbeschleunigung erhalten wir durch Bildung des Grenzübergangs:

$$a = \lim_{\Delta t \to 0} \frac{\Delta v}{\Delta t} = \frac{dv}{dt} = \dot{v} \qquad \text{Gl. (2.4)}$$

Aus $v = \frac{ds}{dt}$ folgt $a = \frac{dv}{dt} = \frac{d^2 s}{dt^2} = \ddot{s}$. Gl. (2.5)

Die momentane Bahnbeschleunigung a ist die erste Ableitung der Bahngeschwindigkeit v oder die zweite Ableitung des Weges nach der Zeit. (Ein Punkt über dem Formelzeichen kennzeichnet in der Technik die 1. Ableitung, zwei Punkte bedeuten entsprechend die 2. Ableitung nach der Zeit.)

Die Beschleunigung ist ebenfalls eine aus Länge und Zeit abgeleitete kinematische Größe.

2.2 Kinematik des Punktes

Um die Bewegung eines komplexen mechanischen Systems zu beschreiben, ist es notwendig, die Bewegung jedes Einzelteils (genauer jedes Punktes) des Systems zu kennen. So führen z. B. die verschiedenen Teile eines PKWs wie Kolben, Kurbelstange, Pleuel, Karosserie und Reifen unterschiedliche Bewegungen aus. Sehr oft interessieren wir uns aber nur für die Bewegung eines Einzelteils, etwa des Kolbens gegenüber dem Zylinder oder für die Bewegung des Fahrzeugs gegenüber der Straße. Für all diese Fälle genügt es, die Bewegung eines einzelnen Punktes (z. B. des Kolbens bzw. der Autokarosserie) zu kennen, um die gesamte Relativbewegung beschreiben zu können. Gewöhnlich zieht man den Massenmittelpunkt, den Schwerpunkt des Teiles oder des gesamten Systems, für die kinematische Betrachtung heran. Weil die Bewegung eines Punktes die Basis für die Beschreibung der Bewegung auch eines komplexen Systems bildet, wollen wir mit der Kinematik des Punktes beginnen.

2.2.1 Freiheitsgrade eines Punktes im Raum

Zur Beschreibung von Bewegungsvorgängen im Raum wird zweckmäßigerweise ein dreiachsiges rechtwinkliges Koordinatensystem als Bezugssystem zugrundegelegt. In manchen Fällen ist die Darstellung der Bewegung in Polarkoordinaten statt im kartesischen Koordinatensystem rechentechnisch vorteilhafter.

Bild **2**.5 zeigt die Darstellung eines Punktes im kartesischen Koordinatensystem und im Polarkoordinatendarstellung. Die Lage eines Punktes P im Raum ist durch die Koordinaten (x, y, z) oder durch die Polarkoordinaten (r, α, β) eindeutig festgelegt.

Seine Bewegung ist bekannt, wenn für jeden Zeitpunkt der Ortsvektor $\vec{r}$ oder die drei Koordinatenvektoren $\vec{x}, \vec{y}, \vec{z}$ angegeben werden können. Für die ebene Kinematik reduzieren sich die Bestimmungsstücke auf zwei, bei der eindimensionalen Kinematik auf einen Lageparameter. Die Anzahl der Lageparameter, die erforderlich sind, um die Lage eines Punktes im Bezugssystem festzuhalten, nennen wir Freiheitsgrade des Punktes. Ein Punkt hat daher einen Freiheitsgrad, wenn er gezwungen wird, sich auf einer vorgegebenen Raumkurve zu bewegen. Er hat zwei Freiheitsgrade, wenn er sich in der Ebene bewegt, und drei Freiheitsgrade, wenn er sich frei im Raum bewegen kann. Für einen Punkt existiert nur die translatorische Bewegungsform – eine Rotation ist sinnlos.

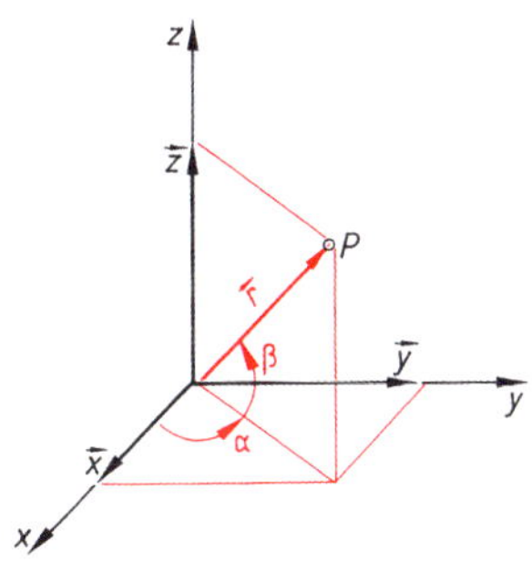

2.5 Darstellung eines Punktes im kartesischen und im Polarkoordinatensystem

2.2.2 Eindimensionale Kinematik (geradlinige Bewegung) eines Punktes

Unter einer eindimensionalen Bewegung verstehen wir streng genommen nur die geradlinige Bewegung, denn jede krummlinige Bewegung ist eine Bewegung in der Ebene oder im Raum. So ist z. B. die Bewegung eines Kraftfahrzeugs entlang einer Straße eine krummlinige Bewegung. Interessieren wir uns aber nur für die Bewegung des Fahrzeugs entlang eines Straßenabschnitts (Strecke), können wir diese Bewegung mit ausreichender Genauigkeit als eindimensionale bzw. geradlinige Bewegung auffassen.

Kinematische Diagramme. Der Bewegungsablauf eines Punktes *P*, der sich entlang einer vorgegebenen Bahn (Weg) bewegt, ist durch die Anfangsbedingung (Lage des Punktes *P* zu Beginn des Bewegungsablaufs) und gegebener zeitlicher Abhängigkeit der Ortskoordinate s vollständig beschrieben. Diese Abhängigkeit lässt sich beschreiben durch die Gleichung $s = f(t)$, durch eine Tabelle mit den zugeordneten s- und t-Werten oder grafisch durch das s, t-Diagramm (Weg-Zeit-Diagramm, besser Ort-Zeit-Diagramm). Aus der Ort-Zeit-Beziehung können wir durch analytische und/oder grafische Differentiation die Geschwindigkeits-Zeit-Beziehung und weiter die Beschleunigungs-Zeit-Beziehung ermitteln. Durch Integration können wir umgekehrt aus der Beschleunigungs-Zeit-Beziehung die Geschwindigkeits-Zeit-Beziehung und die Ort-Zeit-Beziehung bestimmen. Im weiteren Verlauf werden wir diese Beziehung kurz als s, t-, v, t- und a, t-Funktion oder – Diagramm bezeichnen – je nachdem, ob sie analytisch oder grafisch vorliegen. Durch Eliminieren der Zeit t ergeben sich aus den s, t-, v, t- und a, t-Funktionen die Geschwindigkeits-Ort-Funktion $v(s)$, die Beschleunigungs-Ort-Funktion $a(s)$ und die Beschleunigungs-Geschwindigkeits-Funktion $a(v)$.

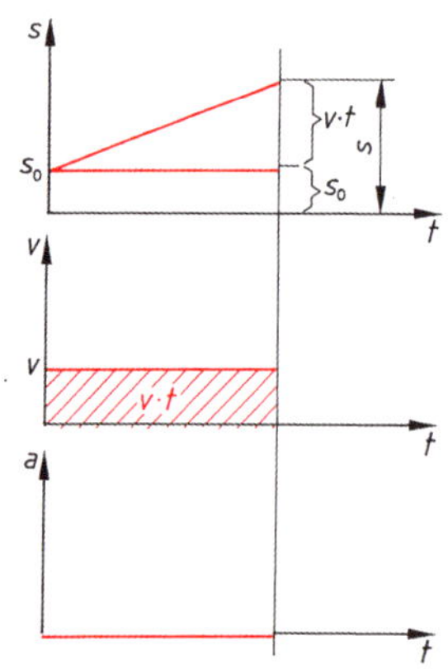

2.6 s, t-, v, t- und a, t-Diagramm der gleichförmigen Bewegung

Gleichförmige Bewegung. Die Bewegung ist gleichförmig, wenn sich der Punkt mit konstanter Geschwindigkeit bewegt (v = konstant). Voraussetzung ist, dass die Bahnkurve eine Gerade oder zumindest nicht zu stark gekrümmt ist.

Aus v = konst folgt durch Differentiation $a = \frac{dv}{dt} = 0$ und durch Integration $s = s_0 + \int_{t_1}^{t_2} v\,dt = s_0 + v(t_2 - t_1)$. Für $t_1 = 0$ und $t_2 = t$ gilt das

> Weg-Zeit-Gesetz der gleichförmigen Bewegung
>
> $s = s_0 + v \cdot t$. Gl. (2.6)

Der Weg s ergibt sich aus der Summe des zurückgelegten Weges s_0 vor der Zeitzählung und dem mit konstanter Geschwindigkeit v im Zeitabschnitt t zurückgelegten Weg. Die kinematischen Diagramme $s(t)$, $v(t)$ und $a(t)$ für die gleichförmige Bewegung zeigt Bild **2.6**.

Beispiel 2.1 Ein Fahrzeug fährt mit der Geschwindigkeit $v_1 = 90$ km/h von *A* in Richtung *B*. Gleichzeitig fährt ein anderes Fahrzeug mit $v_2 = 30$ km/h von *B* nach *A*. Die Entfernung $\overline{AB} = s$ beträgt 200 km. Ges.: Treffpunkt und Treffzeit beider Fahrzeuge.

Lösung Die Zeitdauer bis zum Treffen ist für beide Fahrzeuge gleich groß.

$$\left.\begin{aligned} s_1 &= v_1 t \\ s_2 &= v_2 t \end{aligned}\right\} \rightarrow s_2 = s_1 \frac{v_2}{v_1}$$

Wegen $s_1 + s_2 = s$ folgt $s_1 = s - s_2 \Rightarrow s_1 = s - s_1 \frac{v_2}{v_1}$

Lösung Fortsetzung

Ausmultiplizieren und Isolieren von s_1

$$s_1 = \frac{s \cdot v_1}{v_1 + v_2} = \frac{200\,\text{km} \cdot 90\,\text{km/h}}{90\,\text{km/h} + 30\,\text{km/h}} = \mathbf{150\,km}$$

$$s_2 = s - s_1 = 200\,\text{km} - 150\,\text{km} = \mathbf{50\,km}$$

$$t = \frac{s_1}{v_1} = \frac{s_2}{v_2} = \frac{150\,\text{km}}{90\,\text{km/h}} = \mathbf{1{,}67\,h}$$

Beispiel 2.2 In dem Augenblick, in dem sich ein Fahrzeug 600 m vor der nächsten Verkehrsampel befindet, schaltet diese auf Grün. Die Grünphase dauert 40 Sekunden. Wie groß muss die Geschwindigkeit des Fahrzeugs im Durchschnitt mindestens sein, damit es die Grünphase noch erreicht?

Lösung

$$s = v \cdot t \rightarrow v = \frac{s}{t} = \frac{600\,\text{m}}{40\,\text{s}} = 15\,\text{m/s}$$

$$v = 15 \cdot 3{,}6 = \mathbf{54\,km/h}$$

Beispiel 2.3 Ein Pkw hat die Geschwindigkeit $v_1 = 100\,\text{km/h}$, ein nachfolgender Pkw überholt mit $v_2 = 120\,\text{km/h}$. Der erste Pkw ist 4 m, der zweite 6 m lang. Wie groß sind der Überholweg und die dafür nötige Zeit t, wenn das Überholmanöver 20 m hinter dem ersten Fahrzeug beginnt und 30 m vor ihm beendet ist?

Lösung Die Zeitdauer für die Überholung ist die gleiche, wenn das erste Fahrzeug stillsteht und sich das zweite mit der Differenzgeschwindigkeit $\Delta v = v_2 - v_1$ bewegt. Fahrzeug 1 ist Bezugssystem.

$$t = \frac{\Delta s}{\Delta v} = \frac{20 + 4 + 30 + 6}{120 - 100} \cdot \frac{3600\,\text{ms}}{1000\,\text{m}} = \mathbf{10{,}8\,s}$$

$$s_1 = v_1 \cdot t = \frac{100\,\text{m}}{3{,}6\,\text{s}} \cdot 10{,}8\,\text{s} = 300\,\text{m}$$

$$s_2 = v_2 \cdot t = \frac{120\,\text{m}}{3{,}6\,\text{s}} \cdot 10{,}8\,\text{s} = \mathbf{360\,m} \quad \text{oder}$$

$$s_2 = s_1 + \Delta s = 300\,\text{m} + 60\,\text{m} = \mathbf{360\,m}$$

Gleichförmig beschleunigte Bewegung. Ist die Beschleunigung a = konstant, heißt die Bewegung gleichförmig beschleunigt.

$v = v_0 + \int_{t_1}^{t_2} a \cdot \mathrm{d}t = v_0 + a\,(t_2 - t_1)$. Mit $t_1 = 0$ und $t_2 = t$ folgt das

Geschwindigkeits-Zeit-Gesetz $v = v_0 + a \cdot t$.	Gl. (2.7)

Durch Integration

$$s = s_0 + \int_{t_1}^{t_2} v \cdot \mathrm{d}t = s_0 + \int_{t_1}^{t_2} (v_0 + at)\,\mathrm{d}t$$

und mit $t_1 = 0$, $t_2 = t$ ergibt sich das

Ort-(Weg-)Zeit-Gesetz $s = s_0 + v_0 t + \frac{a}{2} t^2$.	Gl. (2.8)

Ist die Beschleunigung negativ, heißt die Bewegung gleichförmig verzögert, und in beiden Gleichungen ist die Beschleunigung a negativ einzusetzen. Die kinematischen Diagramme $s\,(t)$, $v\,(t)$ und $a\,(t)$ für die gleichförmig beschleunigte Bewegung zeigt Bild **2**.7, für die gleichförmig verzögerte Bewegung Bild **2**.8.

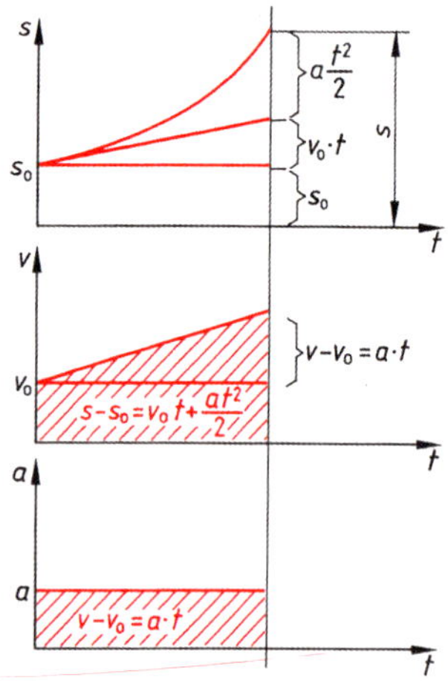

2.7 s, t-, v, t- und a, t-Diagramm der gleichförmig beschleunigten Bewegung

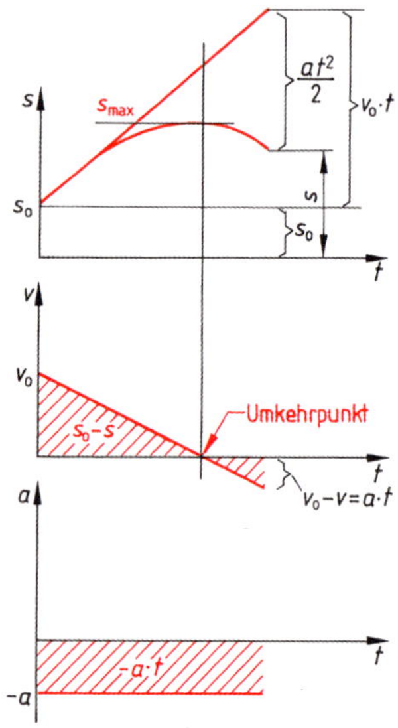

2.8 s, t-, v, t- und a, t-Diagramm der gleichförmig verzögerten Bewegung

Beispiel 2.4 Ein Fahrzeug setzt sich mit der konstanten Beschleunigung $a = 0{,}4\,\text{m/s}^2$ in Bewegung. Welche Zeit t_1 braucht es für das Passieren des ersten Meters, in welcher Zeit t_2 durchfährt es den zehnten Meter, und wie groß ist die Fahrgeschwindigkeit v am Ende des zehnten Meters?

Lösung

$$v = v_0 + a \cdot t$$

$$s = s_0 + v_0 t + \frac{a}{2} t^2$$

Da $v_0 = 0$ und $s_0 = 0$ sind, gelten $v = a \cdot t$ und $s = \frac{a}{2} t^2$. Damit folgt

$$t_1 = \sqrt{\frac{2 \cdot s}{a}} = \sqrt{\frac{2 \cdot 1\,\text{m}}{0{,}4\,\text{m/s}^2}} = \mathbf{2{,}2\,s}$$

$$t_2 = \sqrt{\frac{2 \cdot s_{10}}{a}} - \sqrt{\frac{2 \cdot s_9}{a}} = \sqrt{\frac{2 \cdot 10\,\text{m}}{0{,}4\,\text{m/s}^2}} - \sqrt{\frac{2 \cdot 9\,\text{m}}{0{,}4\,\text{m/s}^2}} = \mathbf{0{,}4\,s}.$$

Die Fahrgeschwindigkeit am Ende des 10. Meters beträgt

$$v = a \cdot t = a\sqrt{\frac{2 \cdot s_{10}}{a}} = \sqrt{2 \cdot s_{10} \cdot a} = \sqrt{2 \cdot 10\,\text{m} \cdot 0{,}4\,\text{m/s}^2} = \mathbf{2{,}83\,m/s}.$$

Beispiel 2.5 Eine Kugel wird mit der Anfangsgeschwindigkeit $v_0 = 20\,\text{m/s}$ senkrecht nach oben geworfen (s e n k r e c h t e r W u r f a u f w ä r t s).
Ges.: Wurfhöhe h, Steigzeit t_s, Wurfzeit t_w.

Lösung Unter der Voraussetzung, dass die Erdbeschleunigung g konstant ist, können wir die Bewegung als gleichmäßig verzögerte Bewegung ansehen. Die Geschwindigkeit der Kugel nimmt mit g stetig ab und wird im Gipfelpunkt Null.

Aus $v = v_0 - g \cdot t = 0$ folgt

$$v_0 = g \cdot t \rightarrow t = t_s = \frac{v_0}{g} = \frac{20\,\text{m/s}}{9{,}81\,\text{m/s}^2} = \mathbf{2{,}04\,s}$$

$$s = h = v_0 t - \frac{g}{2} t^2 = \frac{v_0^2}{2g} = \frac{20^2\,(\text{m/s})^2}{2 \cdot 9{,}81\,\text{m/s}^2} = \mathbf{20{,}387\,m}.$$

Aus $s = v_0 t - \frac{g}{2} t^2$ folgt für $s = 0$ die Wurfzeit t_w

$$v_0 t_w - \frac{g}{2} t_w^2 = 0$$

$$t_w = \frac{2 v_0}{g} = \frac{2 \cdot 20\,\text{m/s}}{9{,}81\,\text{m/s}^2} = \mathbf{4{,}08\,s}.$$

Die Wurfzeit t_w ist gleich der doppelten Steigzeit t_s. Daraus folgt: Die Steigzeit ist gleich der Fallzeit. Die Auftreffgeschwindigkeit ist betraglich gleich der Abwurfgeschwindigkeit; ihre Richtung hat sich umgekehrt.

Beispiel 2.6 Von einem 50 m hohen Turm wird ein Stein fallen gelassen (freier Fall). Ges.: Fallzeit t und Auftreffgeschwindigkeit v unter Vernachlässigung des Luftwiderstands.

Lösung

$$s = \frac{g}{2} t^2 \rightarrow t = \sqrt{\frac{2s}{g}}$$

$$v = g \cdot t = g \sqrt{\frac{2s}{g}} = \sqrt{2sg} = \sqrt{2 \cdot 50\,\text{m} \cdot 9{,}81\,\text{m/s}^2} = \mathbf{31{,}32\,m/s}$$

$$t = \frac{v}{g} = \frac{\sqrt{2sg}}{g} = \sqrt{\frac{2 \cdot s}{g}} = \sqrt{\frac{2 \cdot 50\,\text{m}}{9{,}81\,\text{m/s}^2}} = \mathbf{3{,}2\,s}$$

Beispiel 2.7 Ein Fahrstuhl bewegt sich mit einer Geschwindigkeit $v_0 = 5$ m/s aufwärts. Plötzlich reißt das Seil, und die Fangvorrichtung tritt in Tätigkeit. Sie spricht $t_1 = 0{,}1$ Sekunden nach dem Bruch an und setzt den Korb nach weiteren 0,2 s still.
Ges.: a) Größe und Richtung der Korbgeschwindigkeit beim Ansprechen der Fangvorrichtung, b) Gesamtweg bis zum Stillstand.

Lösung Zuerst wird untersucht, wann die Fangvorrichtung tätig wird – ob in der Aufwärtsbewegung, während des freien Falls oder beim Umkehrpunkt.

Aus $v = v_0 - g \cdot t = 0$ folgt $t = \frac{v_0}{g} = \frac{5}{9{,}81} = 0{,}51$ s.

Wegen $t > t_1$ spricht die Fangvorrichtung noch während der Aufwärtsbewegung an. Der Bewegungsablauf wird im v,t-Diagramm **2.9** skizziert. Daraus lassen sich leicht die Fragen beantworten.

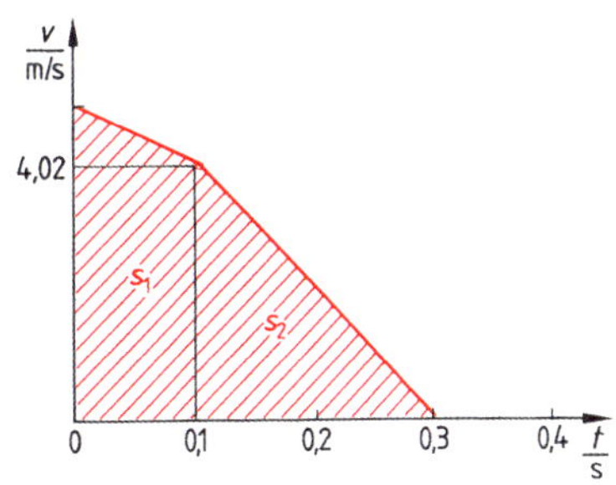

2.9 v,t-Diagramm des Beispiels 2.7

a) $v = v_0 - g \cdot t_1 = 5\,\text{m/s} - 9{,}81\,\text{m/s}^2 \cdot 0{,}1\,\text{s} = \mathbf{4{,}02\,m/s}$ **aufwärts**

b) $s = s_1 + s_2 = v \cdot t_1 + \frac{v_0 - v}{2} t_1 + \frac{v \cdot \Delta t}{2}$

$$s = \frac{1}{2}\,[v_0 t_1 + v\,(t_1 + \Delta t)]$$

$$s = \frac{1}{2}\,[5\,\text{m/s} \cdot 0{,}1\,\text{s} + 4{,}02\,\text{m/s}\,(0{,}1\,\text{s} + 0{,}2\,\text{s})]$$

$s = \mathbf{0{,}853\,m}$

Eine ungleichförmige Bewegung ist gegeben, wenn auch die Beschleunigung eine Funktion der Zeit, also nicht mehr konstant oder Null ist. Aus $a = f(t)$ folgt das

Geschwindigkeits-Zeit-Gesetz

$$v = v_0 + \int_{t_1}^{t_2} a \cdot dt = v_0 + \int_{t_1}^{t_2} f(t)\, dt \qquad \text{Gl. (2.9)}$$

und durch nochmalige Integration das

Ort(Weg)-Zeit-Gesetz

$$s = s_0 + \int_{t_1}^{t_2} v \cdot dt = s_0 + \int_{t_1}^{t_2} \left[v_0 + \int_{t_1}^{t_2} f(t)\, dt \right] dt. \qquad \text{Gl. (2.10)}$$

Die analytische Behandlung setzt wiederum voraus, dass die Gesetze $s(t)$, $v(t)$ und $a(t)$ differenzierbare bzw. integrierbare Funktionen sind.

Beispiel 2.8 Ein Teilchen bewegt sich mit einer Beschleunigung $a = 3\sqrt{v}$. Nach 3 Sekunden betragen sein zurückgelegter Weg $s = 12\,\text{m}$ und seine Geschwindigkeit $v = 9\,\text{m/s}$. Ges.: $s(t)$, $v(t)$, $a(t)$ sowie s, v und a des Teilchens nach 2 Sekunden.

Lösung

$$a = \frac{dv}{dt} = 3\sqrt{v} \rightarrow 3\,dt = \frac{dv}{\sqrt{v}}$$

$$3\int dt + C = \int \frac{dv}{\sqrt{v}} \rightarrow 3t + C = 2\sqrt{v}.$$

Randbedingung: Für $t = 3\,\text{s}$ ist $v = 9\,\text{m/s}$.

$3 \cdot 3 + C = 2\sqrt{9} = 6 \rightarrow C = -3.$ Somit ist

$$3 \cdot (t-1) = 2\sqrt{v} \rightarrow v = \frac{9}{4}t^2 - \frac{18}{4}t + \frac{9}{4} = \mathbf{\frac{9}{4}(t-1)^2\,m/s}.$$

Mit $v = \frac{9}{4}(t-1)^2$ folgt aus $a = 3\sqrt{v}$ $\;a = \mathbf{4{,}5\,(t-1)\,m/s^2}$.

$$v = \frac{ds}{dt} \rightarrow ds = v\,dt \rightarrow \int ds = \int v \cdot dt + C$$

$$s = \int \left[\frac{9}{4}t^2 - \frac{18}{4}t + \frac{9}{4} \right] dt + C = \frac{3}{4}t^3 - \frac{9}{4}t^2 + \frac{9}{4}t + C$$

Randbedingung: Für $t = 3\,\text{s}$ ist $s = 12\,\text{m}$,

$12 = \frac{3}{4}27 - \frac{9}{4}9 + \frac{9}{4}3 + C \rightarrow C = \frac{21}{4}.$ Somit ist

$$s = \mathbf{\frac{3}{4}t^3 - \frac{9}{4}t^2 + \frac{9}{4}t + \frac{21}{4}\,m}.$$

Die kinematischen Größen s, v und a des Teilchens nach 2 Sekunden sind:

$$s = \frac{3}{4}2^3 - \frac{9}{4}2^2 + \frac{9}{4}2 + \frac{21}{4} = \frac{27}{4} = \mathbf{6{,}75\,m}$$

$$v = \frac{9}{4}2^2 - \frac{18}{4}2 + \frac{9}{4} = \frac{9}{4} = \mathbf{2{,}25\,m/s}$$

$$a = 4{,}5\,(t-1) = 4{,}5\,(2-1) = \mathbf{4{,}5\,m/s^2}$$

Beispiel 2.9 Die Beschleunigung eines Punktes ist $a = 6t - 4\,\text{m/s}^2$. Zur Zeit $t = 0$ ist $s = -6$ m, zur Zeit $t = 2$ s ist $s = 10$ m. Ges.: $s(t)$ und $v(t)$

Lösung

$$a = \frac{dv}{dt} \rightarrow v = \int a \cdot dt + C_1 = \int (6t - 4)\,dt + C_1$$

$$v = 6\frac{t^2}{2} - 4t + C_1$$

$$v = \frac{ds}{dt} \rightarrow s = \int v \cdot dt + C_2 = \int (3t^2 - 4t + C_1)\,dt + C_2$$

$$s = t^3 - 2t^2 + C_1 t + C_2$$

Randbedingungen: Für $t = 0$ ist $s = -6\,\text{m} \rightarrow C_2 = -6\,\text{m}$, für $t = 2$ ist $s = 10$ m.

$s = 2^3 - 2 \cdot 2^2 + C_1 \cdot 2 - 6 \rightarrow C_1 = 8\,\text{m/s}$. Somit erhalten wir

$$s = \mathbf{t^3 - 2t^2 + 8t - 6\,m} \qquad v = \mathbf{3t^2 - 4t + 8\,m/s.}$$

Beispiel 2.10 Ein Punkt bewegt sich entlang einer geraden Bahn mit der zeitlich veränderlichen Geschwindigkeit $v = 3t^2 - 6t + 24\,\text{m/s}$. Zur Zeit $t = 0$ ist $s = 0$ m.
Ges.: $s(t)$ und $a(t)$ sowie s, v und a nach 2 Sekunden.

Lösung

$$a = \frac{dv}{dt} = 6t - 6 = \mathbf{6(t-1)\,m/s^2}$$

$$v = \frac{ds}{dt} \rightarrow \int ds = \int v \cdot dt + C$$

$$s = \int (3t^3 - 6t + 24)\,dt + C = t^3 - 3t^2 + 24t + C$$

Anfangsbedingung: Für $t = 0$ ist $s = 0 \rightarrow C = 0$.

$$s = t^3 - 3t^2 + 24t = \mathbf{t(t^2 - 3t + 24)\,m}$$

$$s_2 = 8 - 3 \cdot 4 + 24 \cdot 2 = \mathbf{44\,m}$$

$$v_2 = 3 \cdot 4 - 6 \cdot 2 + 24 = \mathbf{24\,m/s}$$

$$a_2 = 6(2-1) = \mathbf{6\,m/s^2}$$

Aufgaben zu Abschnitt 2.2.2

1. Ein Zug 1 fährt um 10 Uhr von A nach B (Entfernung $\overline{AB}$ 100 km). In den ersten 15 Minuten beträgt seine Geschwindigkeit 40 km/h, anschließend 60 km/h. Um 10.10 Uhr fährt vom Bahnhof B ein Zug 2 nach A, die ersten 10 Minuten mit 30 km/h, anschließend mit 60 km/h. Um welche Zeit und in welcher Entfernung vom Bahnhof A treffen sich die Züge? Die Beschleunigungsvorgänge werden vernachlässigt.
2. Wann muss der Zug 2 des Beispiels 1 wegfahren, wenn sich die beiden Züge bei sonst gleichen Bedingungen in der Mitte zwischen beiden Bahnhöfen begegnen sollen? Um welche Zeit treffen sie sich dann?
3. Ein Kraftwagen fährt mit der Geschwindigkeit $v_1 = 80$ km/h von A nach B, Entfernung $\overline{AB}$ 100 km. Um wie viel später muss ein zweiter Kraftwagen mit der konstanten Geschwindigkeit $v_2 = 40$ km/h in C abfahren, wenn beide gleichzeitig in B ankommen sollen? Entfernung $\overline{CB}$ = 40 km.
4. Ein Stein wird senkrecht nach oben geworfen und schlägt nach 7,6 s wieder auf. Wie groß sind die Steighöhe und die Anfangsgeschwindigkeit des Steins?
5. Zwei Kugeln fallen im freien Fall nacheinander mit dem Zeitunterschied Δt von einem Turm. Wie ändert sich der Abstand Δs zwischen den beiden Kugeln mit der Zeit, wenn der Luftwiderstand vernachlässigt und die Erdbeschleunigung g als konstant angenommen wird?
6. Das Seil eines abwärts fahrenden Förderkorbs reißt 30 m über dem Schachtgrund. Durch das Versagen der Fangvorrichtung fällt er frei weiter und schlägt 2 Sekunden nach dem

Bruch auf dem Boden auf. Ges.: a) Fahrgeschwindigkeit v_0 vor dem Seilbruch, b) Aufschlaggeschwindigkeit v des Förderkorbs.

7. Eine Spule zum Induktionshärten ist so über ein Abschreckbad aufgehängt, dass frei durchfallende Werkstücke beim Durchfallen auf die Härtetemperatur gebracht und im Abschreckbad sofort gehärtet werden. Die Spule hat eine Höhe von 8 cm, und das Werkstück soll während des freien Falls 0,05 Sekunden innerhalb der Spule sein. Berechnen Sie die Höhe h über der Oberkante der Spule, aus der die Werkstücke fallen gelassen werden müssen.

8. Von einem Turm mit der Höhe h wird ein Stein mit der Anfangsgeschwindigkeit $v_1 = 10\,\text{m/s}$ senkrecht nach oben geworfen. Ein zweiter Stein wird zur selben Zeit vom Fuß des Turms mit der Anfangsgeschwindigkeit $v_2 = 15\,\text{m/s}$ ebenfalls senkrecht nach oben geworfen. Beide Steine treffen gleichzeitig am Boden auf. Wie hoch ist der Turm?

9. Ein Stein fällt aus der Höhe $h = 40\,\text{m}$ lotrecht zur Erde. Gleichzeitig wird ein zweiter Stein mit $v_0 = 20\,\text{m/s}$ lotrecht hoch geworfen. Wann und wo treffen sich die Steine?

10. Ein Punkt bewegt sich entlang einer geraden Bahn entsprechend der Gleichung $s = 3t^3 + t - 5\,\text{m}$. Wie groß sind der zurückgelegte Weg, die Geschwindigkeit und Beschleunigung des Punktes nach $t = 2\,\text{s}$?

11. Die Beschleunigung eines Punktes auf einer geraden Bahn beträgt $a = 6t - 12\,\text{m/s}^2$. Zur Zeit $t = 0\,\text{s}$ ist $s = -10\,\text{m}$, zur Zeit $t = 4\,\text{s}$ ist $s = 14\,\text{m}$. Ges.: s, t-Funktion.

12. Ein Pkw erreicht aus dem Stand in der Zeit $t = 20\,\text{s}$ die Geschwindigkeit $v = 90\,\text{km/h}$. Ges.: a) Mittlere Beschleunigung a_m, b) Weg s während der Beschleunigungsphase.

13. Ein Massenpunkt führt eine geradlinige Bewegung so aus, dass seine Beschleunigung mit der Zeit gleichförmig anwächst und während der ersten 20 Sekunden der Bewegung von Null auf den Wert 6 m/s² steigt. Wie groß ist die Geschwindigkeit des Massenpunkts nach Ablauf von 20 s, und welche Strecke legt er in dieser Zeit zurück, wenn er sich zur Zeit $t =$ 0 s in Ruhe befand?

14. Ein Zug fährt mit der Geschwindigkeit von 108 km/h. Durch eine Bremsung kann er innerhalb von 3 min zum Halten gebracht werden. Ges.: Entfernung s von der Bahnstation, wo die Bremsen betätigt werden müssen, vorausgesetzt die Bremsung erfolgt gleichmäßig verzögert.

2.2.3 Zweidimensionale (ebene) Bewegung eines Punktes im rechtwinkligen Koordinatensystem

Im vorangegangenen Abschnitt haben wir uns für die Bahn des Punktes nicht interessiert. Sie wurde als eine Gerade festgelegt. Wenn sie gekrümmt war, haben wir die Bahn selbst als Bezugssystem betrachtet. Ändern wir das Bezugssystem, wird sich die Bahnkurve eines Punktes bei der Betrachtung von verschiedenen Bezugssystemen aus unterschiedlich darstellen. So beschreibt z. B. der Punkt am Umfang eines Rades von der Radachse aus betrachtet einen Kreis und von der Straße aus eine gespitzte (gemeine) Zykloide. Die Wahl des Bezugssystems ist daher von großer Bedeutung. Für die ebene Bewegung eines Punktes reduziert sich das im Bild **2.**5 dargestellte räumliche Bezugssystem um eine Koordinate. Es bleibt nur mehr das x, y-Koordinatensystem, das in den meisten Fällen als erdfest gedacht wird.

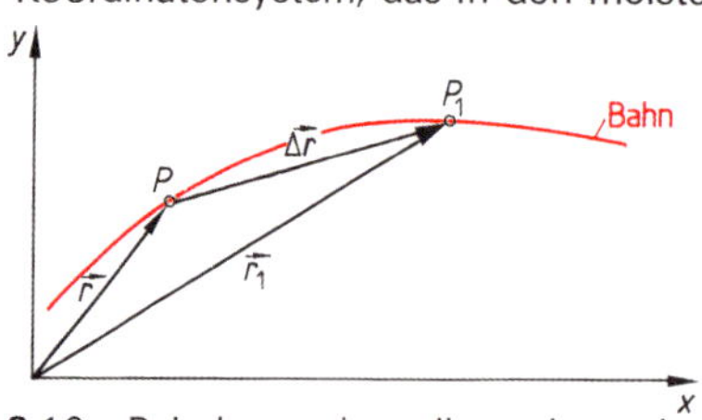

2.10 Bahnkurve einer allgemeinen ebenen Bewegung eines Punktes

Die Lage des Punktes in der Ebene kann zu einem bestimmten Zeitpunkt t_i durch den vom Koordinatenursprung aus gezogenen Ortsvektor $\vec{r}_i$ oder durch die beiden Koordinatenabstände x_i, y_i angegeben werden. Bewegt sich ein Punkt auf einer in der Ebene gekrümmten Bahn (**2.**10), ist seine Bewegung gegeben, wenn der Ortsvektor $\vec{r}$ bzw. seine Komponenten $\vec{x}$ und $\vec{y}$ in Abhängigkeit von der Zeit gegeben sind, wenn also $\vec{r}(t)$ oder die ebenfalls zeitlich veränderlichen Komponenten $\vec{x}(t)$ und $\vec{y}(t)$ bekannt sind. Die Komponenten des Ortsvektors sind an die Koordinatenachsen gebunden. Daher genügt für die Beschreibung der ebenen Bewegung eines Punktes die Parameterbeziehungen

$$x = x(t) \qquad y = y(t). \qquad \text{Gl. (2.11)}$$

Die Division der Wegänderung $\Delta\vec{r}$ durch Δt liefert die mittlere Geschwindigkeit

$$\frac{\Delta\vec{r}}{\Delta t} = \frac{\Delta\vec{x}}{\Delta t} + \frac{\Delta\vec{y}}{\Delta t},$$

und durch Bildung des Grenzübergangs $\Delta t \to 0$ folgt

$$\lim_{\Delta t \to 0} \frac{\Delta\vec{r}}{\Delta t} = \frac{d\vec{r}}{dt} = \vec{v}.$$

Für die Geschwindigkeitskomponenten entsprechend

$$\lim_{\Delta t \to 0} \frac{\Delta\vec{x}}{\Delta t} = \frac{d\vec{x}}{dt} = \vec{v}_x \qquad \lim_{\Delta t \to 0} \frac{\Delta\vec{y}}{\Delta t} = \frac{d\vec{y}}{dt} = \vec{v}_y.$$

Wegen der Unabhängigkeit der Bewegung in x- und y-Richtung gilt

$$\vec{v} = \vec{v}_x + \vec{v}_y.$$

Beim Grenzübergang $\Delta t \to 0$ wandert P_1 nach P, so dass aus der Sekante $\Delta\vec{r}$ die Tangente an die Bahnkurve in P wird. Der Geschwindigkeitsvektor tangiert somit immer die Bahnkurve (**2**.11).

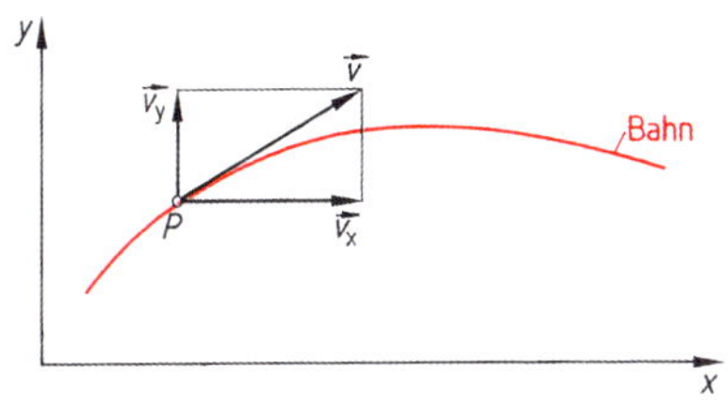

2.11 Geschwindigkeit eines Punktes an der Stelle P

Da die Lage von $\vec{v}_x$ und $\vec{v}_y$ durch die Wahl des Bezugssystems bekannt ist, genügt für die Beschreibung der Geschwindigkeit eines Punktes entlang einer in der Ebene gekrümmten Bahn die Parameterbeziehung

$$v_x = \dot{x}(t) = \dot{x} \qquad v_y = \dot{y}(t) = \dot{y} \qquad \text{Gl. (2.12)}$$

Im Allgemeinen ist der Geschwindigkeitsvektor ebenfalls eine Funktion der Zeit. D. h., er ändert mit der Zeit seinen Betrag und/oder seine Richtung (**2**.12). Fassen wir die Geschwindigkeitsvektoren $\vec{v}$, $\vec{v}_1$ in ein Diagramm (Geschwindigkeitsplan) zusammen (**2**.13), erhalten wir grafisch die

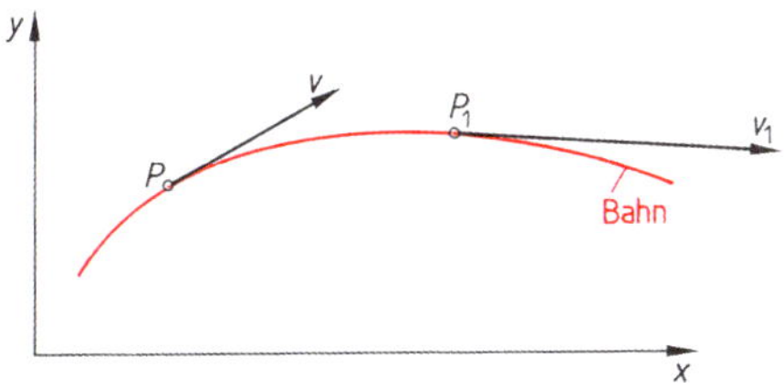

2.12 Unterschiedliche Geschwindigkeiten eines Punktes entlang einer Bahn im Zeitintervall Δt

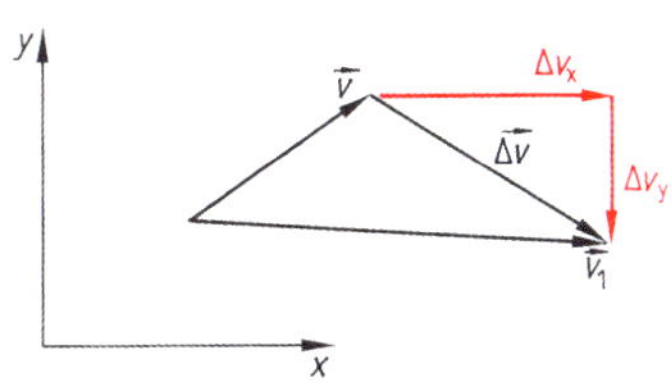

2.13 Geschwindigkeitsplan

Geschwindigkeitsänderung $\Delta\vec{v}$ sowie ihre Komponenten $\Delta\vec{v}_x$ und $\Delta\vec{v}_y$. Nach Division durch Δt und Grenzübergang ergibt sich

$\lim\limits_{\Delta t \to 0} \frac{\Delta\vec{v}}{\Delta t} = \vec{a}$ und für die Komponenten $\lim\limits_{\Delta t \to 0} \frac{\Delta\vec{v}_x}{\Delta t} = \vec{a}_x \qquad \lim\limits_{\Delta t \to 0} \frac{\Delta\vec{v}_y}{\Delta t} = \vec{a}_y.$

Die Beschleunigungskomponenten können, da Unabhängigkeit vorausgesetzt wird, vektoriell addiert werden.

$\vec{a} = \vec{a}_x + \vec{a}_y.$

Da die Lage der Koordinaten gegeben ist, gilt auch hier wieder

$$a_x = \frac{dv_x}{dt} = \dot{v}_x = \frac{d^2x}{dt^2} = \ddot{x}(t) = \ddot{x}$$

$$a_y = \frac{dv_y}{dt} = \dot{v}_y = \frac{d^2y}{dt^2} = \ddot{y}(t) = \ddot{y}.$$

Gl. (2.13)

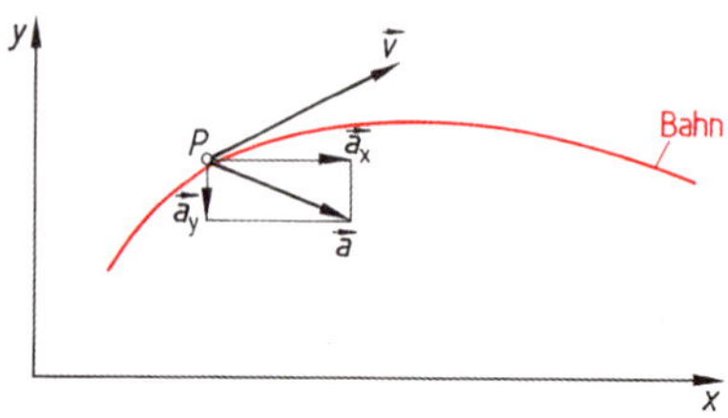

2.14 Momentane Geschwindigkeit und Beschleunigung eines Punktes an der Stelle P

Der Beschleunigungsvektor liegt gewöhnlich nicht tangential an der Bahnkurve (**2.14**).

Tragen wir in das $v_x v_y$-Koordinatensystem die Geschwindigkeiten ein, erhalten wir die Ortskurve des Geschwindigkeitsvektors bzw. den Hodografen der Geschwindigkeit; analog in ein $a_x a_y$-Koordinatensystem den Hodografen der Beschleunigung.

Beispiel 2.11 Die Bewegung eines Punktes wird durch folgende Gleichungen beschrieben: $v_x = 10\,t + 5$ m/s und $v_y = 3\,t^2 - 10$ m/s. Weiter ist bekannt, dass zur Zeit $t = 0$ $x = 5$ m und $y = -10$ m betragen. Ges.: Weg, Geschwindigkeit und Beschleunigung nach $t = 3$ s.

Lösung

$$v_x = \frac{dx}{dt} = 10t + 5 \rightarrow x = \int v_x \cdot dt = 5t^2 + 5t + C_1$$

$$v_y = \frac{dy}{dt} = 3t^2 - 10 \rightarrow y = \int v_y \cdot dt = t^3 - 10t + C_2$$

Anfangsbedingung: Für $t = 0 \rightarrow x = 5 \rightarrow C_1 = 5 \rightarrow y = -10 \rightarrow C_2 = -10$

Damit erhalten wir die Weg-Zeit-Beziehung

$x = 5\,(t^2 + t + 1)$ $\qquad x(3) = 5\,(3^2 + 3 + 1) = \mathbf{65\,m}$

$y = t^3 - 10t - 10$ $\qquad y(3) = 3^3 - 10 \cdot 3 - 10 = \mathbf{-13\,m}$

$v_x(3) = 10 \cdot 3 + 5 = \mathbf{35\,m/s}$

$v_y(3) = 3 \cdot 3^2 - 10 = \mathbf{17\,m/s}$

$a_x = \frac{dv_x}{dt} = 10$ $\qquad a_x(3) = \mathbf{10\,m/s^2}$

$a_y = \frac{dv_y}{dt} = 6t$ $\qquad a_y(3) = 6 \cdot 3 = \mathbf{18\,m/s^2}$

Beispiel 2.12 Horizontaler Wurf. Ein Stein wird von der Höhe h über der Erdoberfläche mit der Geschwindigkeit v_0 in horizontaler Richtung abgeschleudert (**2**.15). Ges.:

a) Beschleunigungs-, Geschwindigkeits- und Bahnkomponenten in Abhängigkeit von der Zeit,

b) Wurfdauer, Wurfweite (horizontale Entfernung zwischen Abwurf und Auftreffstelle)

c) Zeichnung des Geschwindigkeitshodografen für $v_0 = 10\,\text{m/s}$ und $h = 20\,\text{m}$.

Der Luftwiderstand kann vernachlässigt werden.

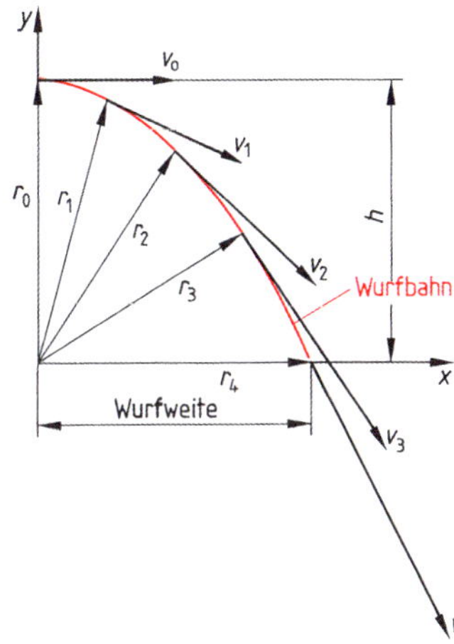

2.15 Wurfbahn beim horizontalen Wurf

Lösung Der horizontale Wurf kann als Überlagerung von zwei Bewegungen aufgefasst werden, und zwar einer gleichförmigen Bewegung in horizontaler Richtung (x-Richtung) und einer gleichförmig beschleunigten Bewegung (freier Fall) in lotrechter Richtung (y-Richtung). Daraus folgt:

a) $v_x = \boldsymbol{v_0} \quad \rightarrow \quad a_x = \dfrac{dv_x}{dt} = \boldsymbol{0}$

$v_y = -\boldsymbol{gt} \qquad a_y = \dfrac{dv_y}{dt} = -\boldsymbol{g}$

Aus $v_x = \dfrac{dx}{dt}$ folgt $dx = v_x \cdot dt \rightarrow x = \boldsymbol{v_0 t}$.

Aus $v_y = \dfrac{dy}{dt}$ folgt $dy = v_y \cdot dt \rightarrow y = -g\int t \cdot dt = -g\,\dfrac{t^2}{2} + C$.

Anfangsbedingung: Für $t = 0 \rightarrow y = h \rightarrow C = h \rightarrow y = \boldsymbol{h - g\,\dfrac{t^2}{2}}$.

Aus $x = v_0 t \rightarrow t = \dfrac{x}{v_0}$ und $t^2 = \left(\dfrac{x}{v_0}\right)^2$

$$y = h - \frac{g}{2}\left(\frac{x}{v_0}\right)^2 = \boldsymbol{h - \frac{g}{2\,v_0^2} \cdot x^2} \quad \text{(Wurfparabel)}$$

b) Für $y = 0 \rightarrow h - \dfrac{g}{2}\,t^2 = 0$

$$t_w = \sqrt{\frac{\boldsymbol{2h}}{\boldsymbol{g}}} \quad \text{(Wurfzeit)}$$

$$x = v_0 t \rightarrow x_w = \boldsymbol{v_0 t = v_0}\sqrt{\frac{\boldsymbol{2h}}{\boldsymbol{g}}} \quad \text{(Wurfweite)}$$

c) (**2**.16) Maßstab: $m_s \mathrel{\hat{=}} 5\,\dfrac{\text{m}}{\text{cm}_z}$, $m_v \mathrel{\hat{=}} 5\,\dfrac{\text{m/s}}{\text{cm}_z}$.

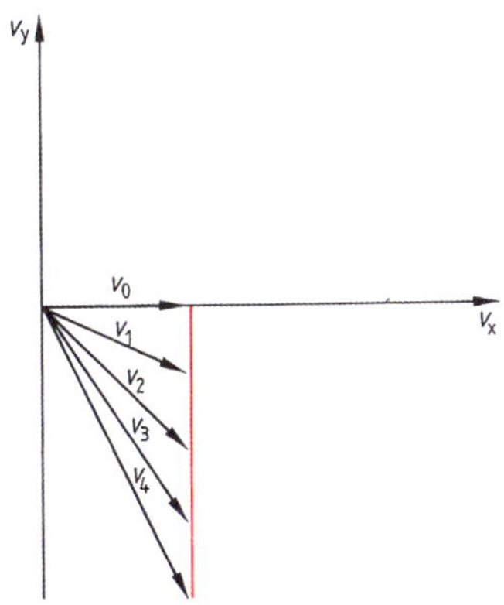

2.16 Hodograf der Geschwindigkeiten beim horizontalen Wurf

Beispiel 2.13 Schiefer Wurf. Ein Körper wird unter einem Winkel α zur Horizontalen mit der Anfangsgeschwindigkeit v_0 geworfen (**2**.17). Unter Vernachlässigung des Luftwiderstands sind zu bestimmen:

a) Beschleunigungs-, Geschwindigkeits- und Bahnkomponenten in Abhängigkeit von der Zeit,

b) Wurfweite, maximale Wurfhöhe, Wurfzeit und Steigzeit,

c) Zeichnung des Geschwindigkeitshodografen und des Beschleunigungshodografen $\alpha = 30°$, $v_0 = 20\,\text{m/s}$.

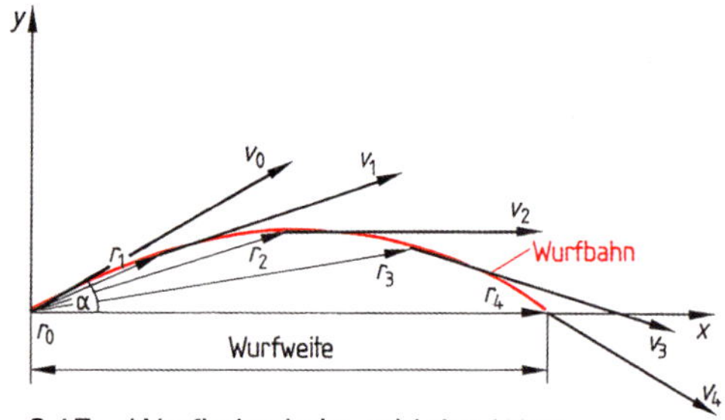

2.17 Wurfbahn beim schiefen Wurf

Lösung a) Die Bewegung wird wieder in die x- und die y-Komponente zerlegt. In x-Richtung bewegt sich der Körper mit konstanter Geschwindigkeit $v_x = v_0 \cdot \cos\alpha$. In y-Richtung entspricht die Bewegung einem senkrechten Wurf nach oben mit der Anfangsgeschwindigkeit $v_y = v_0 \cdot \sin\alpha$.

$$v_x = v_0 \cdot \cos\alpha \quad \rightarrow \quad a_x = \mathbf{0}$$
$$v_y = v_0 \cdot \sin\alpha - gt \qquad a_y = -\mathbf{g}$$

$$v_x = \frac{dx}{dt} \rightarrow x = \int_0^t v_x\,dt = \boldsymbol{v_0 t \cdot \cos\alpha} \qquad v_y = \frac{dy}{dt} \rightarrow y = \int_0^t v_y\,dt = \boldsymbol{v_0 t \cdot \sin\alpha - g\,\frac{t^2}{2}}$$

Aus $x = v_0 t \cdot \cos\alpha$ folgt $t = \dfrac{x}{v_0 \cdot \cos\alpha}$.

In y eingesetzt

$$y = v_0\,\frac{x}{v_0 \cdot \cos\alpha}\sin\alpha - \frac{g}{2}\,\frac{x^2}{v_0^2 \cdot \cos^2\alpha}$$

$$y = \boldsymbol{x \cdot \tan\alpha - \frac{g}{2v_0^2 \cdot \cos^2\alpha}\,x^2} \quad \text{Wurfbahn (Wurfparabel)}$$

b) Die maximale Höhe erreicht der Körper an der Stelle x, indem wir die erste Ableitung der Wurfbahn = Null setzen.

$$y' = \frac{dy}{dx} = \tan\alpha - \frac{g}{v_0^2 \cdot \cos^2\alpha}\,x = 0$$

$$x = \frac{v_0^2 \cdot \cos^2\alpha \cdot \sin\alpha}{g \cdot \cos\alpha} = \frac{v_0^2}{g}\sin\alpha \cdot \cos\alpha = \frac{v_0^2}{2g}\sin 2\alpha$$

$$h_{max} = y_{max} = \frac{v_0^2}{g}\sin\alpha \cdot \cos\alpha \cdot \tan\alpha - \frac{g}{2v_0^2\cos^2\alpha} \cdot \frac{v_0^4}{g^2} \cdot \sin^2\alpha \cdot \cos^2\alpha$$

$$h_{max} = \frac{v_0^2}{g}\sin^2\alpha - \frac{v_0^2}{2g}\sin^2\alpha = \boldsymbol{\frac{v_0^2}{2g}\sin^2\alpha} \quad \text{(maximale Wurfhöhe).}$$

Aus Symmetriegründen folgt für die Wurfweite

$$x_w = 2 \cdot x = 2\,\frac{v_0^2}{g}\sin\alpha \cdot \cos\alpha \rightarrow x_w = \boldsymbol{\frac{v_0^2}{g}\sin 2\alpha} \quad \text{(Wurfweite).}$$

Lösung Fortsetzung

Bei gegebener Anfangsgeschwindigkeit v_0 erhalten wir die maximale Wurfweite, wenn $\sin 2\alpha = 1$ ist. Daraus folgt der optimale Abwurfwinkel $2\alpha = 90°$ und $\alpha = 45°$. Dabei erreicht die Wurfweite folgenden Wert:

$x_{w,\,max} = \frac{v_0^2}{g}$ (maximale Wurfweite bei gegebener Anfangsgeschwindigkeit v_0).

Für $y = 0$ folgt aus $v_0 t \sin\alpha - g\frac{t^2}{2} = 0$.

$\frac{gt}{2} = v_0 \cdot \sin\alpha \rightarrow t_w = \frac{\mathbf{2 v_0 \cdot \sin\alpha}}{\mathbf{g}}$ (gesamte Wurfdauer)

Der Körper erreicht seine größte Höhe, wenn $v_y = 0$ wird. Daraus folgt

$v_y = v_0 \cdot \sin\alpha - gt = 0$

$t_s = \frac{\mathbf{v_0 \cdot \sin\alpha}}{\mathbf{g}}$ (Steigzeit).

Die Wurfweite x_w hätten wir auch erhalten durch Einsetzen von t_w in die x-Komponente der Wurfbahn.

$x_w = v_0 \cdot t_w \cdot \cos\alpha = v_0 \frac{2v_0 \cdot \sin\alpha}{g} \cos\alpha$

$x_w = \frac{\mathbf{v_0^2}}{\mathbf{g}} \mathbf{\sin 2\alpha}$ (Wurfweite)

c) (**2**.18) Maßstab:

$m_s = 5\frac{m}{cm_z},\ m_v = 5\frac{m/s}{cm_z},\ m_a = 5\frac{m/s^2}{cm}$

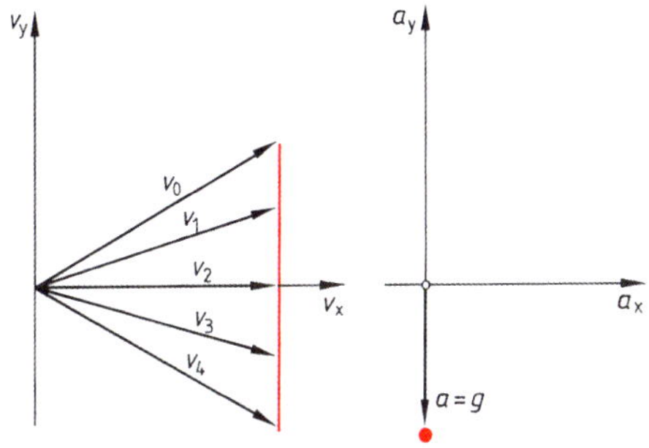

2.18 Hodograf der Geschwindigkeit und Beschleunigung beim schiefen Wurf

2.2.4 Ebene Kinematik eines Punktes im Polarkoordinatensystem

Für manche Aufgaben ist es zweckmäßiger, die kinematischen Größen Weg, Geschwindigkeit und Beschleunigung nicht in rechtwinklige Koordinaten, sondern in die Polarkoordinaten r und φ zu zerlegen (**2**.19).

Während des Zeitintervalls Δt bewegt sich der Punkt von P nach P_1. Dabei haben sich der Winkel um den Betrag $\Delta\varphi$ und der Polstrahl um den Betrag Δr geändert. So erhalten wir die

Radialgeschwindigkeit

$$v_r = \lim_{\Delta t \to 0} \frac{\Delta r}{\Delta t} = \frac{dr}{dt} = \dot{r} \qquad \text{Gl. (2.14)}$$

und die Umfangsgeschwindigkeit

$$v_\varphi = \lim_{\Delta t \to 0} \frac{r\Delta\varphi}{\Delta t} = r\frac{d\varphi}{dt} = r\dot{\varphi} = r\omega. \qquad \text{Gl. (2.15)}$$

$\omega = \dot{\varphi}$ heißt Winkelgeschwindigkeit, ihre Einheit ist s^{-1}.

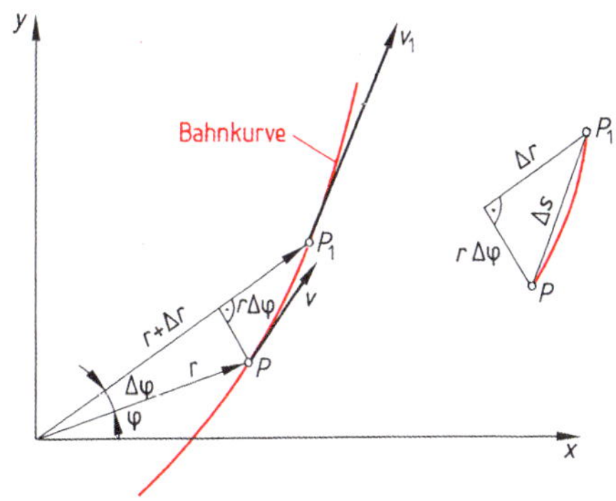

2.19 Ebene Bewegung eines Punktes in Polarkoordinaten

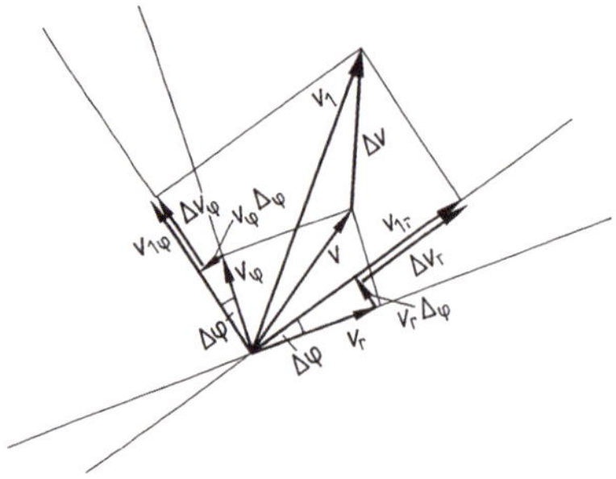

2.20 Geschwindigkeitsplan

Zeichnen wir die Geschwindigkeiten in einen Geschwindigkeitsplan zusammen (**2**.20) und zerlegen sie in ihre radialen und tangentialen Komponenten, erkennen wir, dass sich die Änderung Δv aus vier Geschwindigkeitskomponenten zusammensetzt: aus zwei radialen Komponenten Δv_r und $v_\varphi\,\Delta\varphi$ sowie den Komponenten $v_r\Delta_\varphi$ und Δv_φ in Umfangsrichtung. Diese Änderungen erfolgen simultan während des Zeitintervalls Δt. Dividieren wir durch Δt und führen den Grenzübergang durch, erhalten wir für die radiale Richtung die Radialbeschleunigung a_r.

$$a_r = \lim_{\Delta t \to 0}\left(\frac{\Delta v_r}{\Delta t} - \frac{v_\varphi \cdot \Delta\varphi}{\Delta t}\right) = \frac{dv_r}{dt} - v_\varphi\frac{d\varphi}{dt} = \ddot{r} - r\dot{\varphi}\dot{\varphi} = \ddot{r} - r\omega^2$$

Radialbeschleunigung $a_r = \ddot{r} - r\omega^2$	Gl. (2.16)

Für die Umfangsrichtung erhalten wir die Umfangsbeschleunigung a_φ zu:

$$a_\varphi = \lim_{\Delta t \to 0}\left[\left(\frac{\Delta v_\varphi}{\Delta t}\right) + v_r\left(\frac{\Delta\varphi}{\Delta t}\right)\right] = \frac{dv_\varphi}{dt} + v_r\frac{d\varphi}{dt} = \frac{d(r\dot{\varphi})}{dt} + v_r\frac{d\varphi}{dt}$$

$$a_\varphi = r\frac{d\dot{\varphi}}{dt} + \dot{\varphi}\frac{dr}{dt} + v_r\frac{d\varphi}{dt} = r\ddot{\varphi} + \dot{r}\dot{\varphi} + v_r\dot{\varphi} = r\ddot{\varphi} + \dot{r}\dot{\varphi} + \dot{r}\dot{\varphi}$$

Umfangsbeschleunigung $a_\varphi = r\alpha + 2\dot{r}\dot{\varphi}$ $\alpha = \ddot{\varphi}$ heißt Winkelbeschleunigung, ihre Einheit ist s^{-2}.	Gl. (2.17)

Der Anteil $2\dot{r}\dot{\varphi} = 2v_r\omega$ der Umfangsbeschleunigung heißt nach dem französischen Mathematiker und Physiker G. Coriolis (1792–1843)

Coriolisbeschleunigung $a_{cor} = 2v_r\omega = 2\dot{r}\dot{\varphi}$.	Gl. (2.18)

Die Gesamtbeschleunigung eines Körpers ist die vektorielle Summe der Umfangs- und Radialbeschleunigung.

$\vec{a} = \vec{a}_r + \vec{a}_\varphi$	Gl. (2.19)

Beispiel 2.14 Eine Kurbel dreht sich mit konstanter Winkelgeschwindigkeit $\omega = 2s^{-1}$. Auf ihr bewegt sich eine Hülse mit der konstanten Radialgeschwindigkeit $v_r = 0{,}5$ m/s (**2**.21). Zur Zeit $t = 0$ befindet sich die Kurbel bei $\varphi = 0$, die Hülse bei $r_0 = 0{,}2$ m.

Ges.: r, φ, v_φ, a_r und a_φ nach $t = 2$ Sekunden.

Lösung

$\omega = \frac{d\varphi}{dt} \rightarrow d\varphi = \omega \cdot dt \rightarrow \varphi = \omega t + C$

Anfangsbedingung:
Für $t = 0 \rightarrow \varphi = 0 \rightarrow C = 0$

$\varphi = \omega \cdot t = 2 \cdot 2 = \mathbf{4\ rad}$

$v_r = \dot{r} = \frac{dr}{dt} \rightarrow dr = v_r dt \rightarrow r$

$r = r_0 + v_r t = 0{,}2 + 0{,}5 \cdot 2 = \mathbf{1{,}2\ m}$

$v_\varphi = r\omega = (r_0 + v_r t)\,\omega = 1{,}2 \cdot 2$

$v_\varphi = \mathbf{2{,}4\ m/s}$

$a_r = \ddot{r} - r\omega^2 = -r\omega^2 = -1{,}2 \cdot 2^2$

$a_r = \mathbf{-4{,}8\ m/s^2}$

$a_\varphi = r\ddot{\varphi} + 2\dot{r}\dot{\varphi} = 0 + 2v_r\omega = a_c$

$a_\varphi = 2 \cdot 0{,}5 \cdot 2 = \mathbf{2\ m/s^2}$

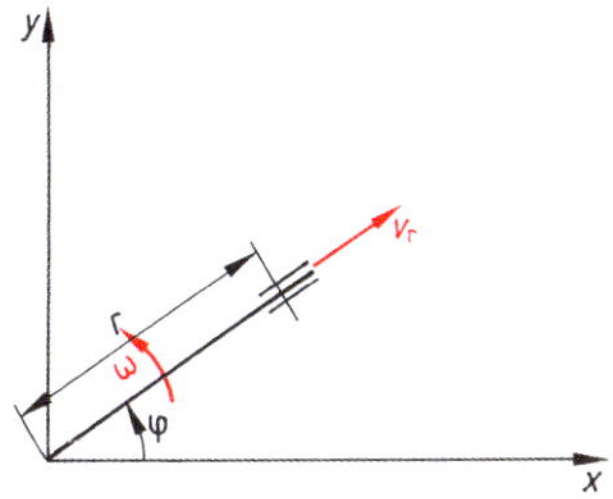

2.21 Eine Hülse bewegt sich relativ zu einer sich drehenden Kurbel

Beispiel 2.15 Die Bewegung eines Punktes in Polarkoordinaten ist gegeben durch $r = 2t$ m und $\varphi = 0{,}2 \cdot t$ rad. Ges.:

a) Lage, Geschwindigkeit und Beschleunigung des Punktes nach $t = 5$ s,

b) Zeichnung des Vektorbilds für die Lage, Geschwindigkeit und Beschleunigung.

Lösung

a) Lage

$r = 2 \cdot t = 2 \cdot 5 = \mathbf{10\ m}$

$\varphi = 0{,}2 \cdot t = 0{,}2 \cdot 5 = \mathbf{1\ rad} \mathrel{\hat{=}} \mathbf{57{,}3°}$

Geschwindigkeit

$v_r = \dot{r} = \mathbf{2\ m/s}$

$v_\varphi = r \cdot \dot{\varphi} = 2 \cdot t \cdot 0{,}2 = 0{,}4t = 0{,}4 \cdot 5 = \mathbf{2\ m/s}$

$v = \sqrt{v_r^2 + v_\varphi^2} = \sqrt{2^2 + 2^2} = \mathbf{2{,}8\ m/s}$

Beschleunigung

$a_r = \ddot{r} - r \cdot \dot{\varphi}^2 = 0 - 2 \cdot t \cdot 0{,}2^2 = -0{,}08t = -0{,}08 \cdot 5 = \mathbf{-0{,}4\ m/s^2}$

$a_\varphi = r \cdot \alpha + 2v_r\omega = 0 + 2 \cdot 2 \cdot 0{,}2 = \mathbf{0{,}8\ m/s^2}$

$a = \sqrt{a_r^2 + a_\varphi^2} = \sqrt{0{,}4^2 + 0{,}8^2} = \mathbf{0{,}89\ m/s^2}$

b) Maßstab: $m_r = \frac{2\ m}{cm_z}$, $m_v = \frac{1\ m/s}{cm_z}$,

$m_a = \frac{0{,}2\ m/s^2}{cm_z}$

Vektorielle Darstellung (**2**.22). Wenn auch die Winkelgeschwindigkeit $\omega = \dot{\varphi}$ mit 0,2 s^{-1} konstant und $\alpha = \ddot{\varphi} = 0$ sind, muss trotzdem eine Beschleunigung in Umfangsrichtung vorhanden sein. Die Begründung für diese Beschleunigung (Coriolis-Beschleunigung) $a_{cor} = 2v_r\omega = 0{,}8$ m/s² liegt in der Tatsache, dass sich der Punkt radial nach außen bewegt, wodurch er größere Bogenlängen zurückzulegen hat.

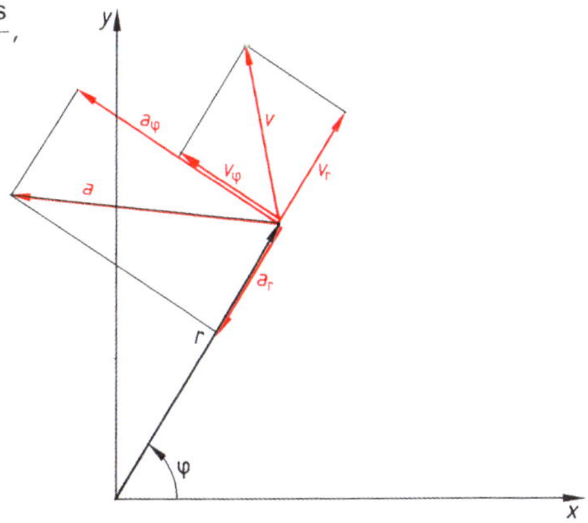

2.22 Orts-, Geschwindigkeits- und Beschleunigungsvektoren zur Zeit $t = 5$ s

2.2.5 Bewegung auf kreisförmiger Bahn

Die kreisförmige Bewegung kann als Sonderfall der allgemeinen ebenen Bewegung angesehen werden. Da der Betrag des Ortsvektors $\vec{r}$ konstant bleibt, ergibt sich für die Radialgeschwindigkeit nach Gl. (2.14) $v_r = \dot{r} = 0$.

Die Umfangs- oder Bahngeschwindigkeit folgt aus Gl. (2.15) zu

$$v = r \cdot \dot{\varphi} = r \cdot \omega \qquad \text{Gl. (2.20)}$$

Die Radial-, Normal- oder Zentripetalbeschleunigung aus Gl. (2.16) zu

$$a_n = r \cdot \omega^2 = v \cdot \omega = \frac{v^2}{r} \qquad \text{Gl. (2.21)}$$

die Umfangs-, Bahn- oder Tangentialbeschleunigung aus Gl. (2.17) zu

$$a_t = r \cdot \alpha = r \cdot \dot{\omega} = r \cdot \ddot{\varphi}. \qquad \text{Gl. (2.22)}$$

Diese Gleichungen lassen sich auch direkt herleiten. Aus Bild **2.**23 folgen

$\vec{v}_1 = \vec{v} + \Delta\vec{v}$ und $\Delta\vec{v} = \Delta\vec{v}_n + \Delta\vec{v}_t$.

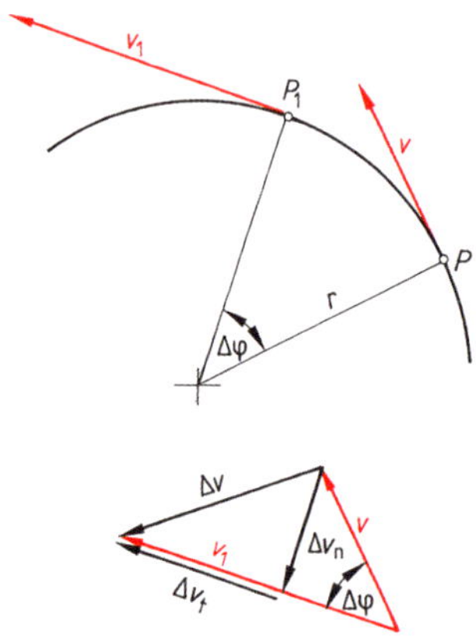

2.23 Beschleunigte Bewegung eines Punktes am Kreis

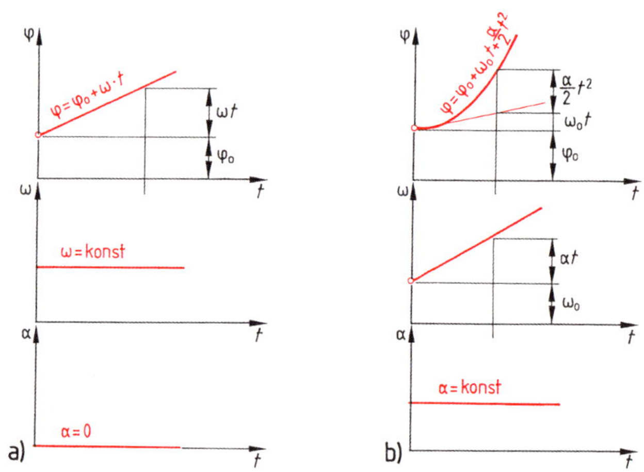

2.24 a) Gleichförmige Drehbewegung, b) gleichförmig beschleunigte Drehbewegung

Daraus ergeben sich die entsprechenden momentanen Beschleunigungen

$$a_n = \lim_{\Delta t \to 0} \frac{\Delta v_n}{\Delta t} = v \cdot \lim_{\Delta t \to 0} \frac{\Delta\varphi}{\Delta t} = v \cdot \omega \qquad \text{Gl. (2.23)}$$

$$a_t = \lim_{\Delta t \to 0} \frac{\Delta v_t}{\Delta t} = r \cdot \lim_{\Delta t \to 0} \frac{\Delta\omega}{\Delta t} = r \cdot \frac{d\omega}{dt} = r \cdot \dot{\omega} = r \cdot \alpha. \qquad \text{Gl. (2.24)}$$

Auch bei der Kreisbewegung kann man wieder die gleichförmige (ω = konst), die gleichförmig beschleunigte (α = konst) und die ungleichförmige Kreis- oder Drehbewegung unterscheiden (**2.**24). Die vorwiegend in Polarkoordinaten beschriebene Kreisbewegung lässt sich auch in kartesischen Koordinaten beschreiben.

Beispiel 2.16 Ein Massenpunkt vollführt eine Bewegung auf einem Kreis mit dem Radius $r = 0{,}2$ m und der konstanten Winkelbeschleunigung $\alpha = 4\,\text{s}^{-2}$.

Ges.:

a) Winkelgeschwindigkeit nach 6 Sekunden,

b) Anzahl der Umdrehungen während der 6 Sekunden,

c) Tangential- und Normalbeschleunigung am Ende der 6 Sekunden.

Lösung

a) $\omega = \alpha \cdot t = 4 \cdot 6 = \mathbf{24\,s^{-1}}$

b) $\varphi = \dfrac{\omega \cdot t}{2} = \dfrac{24 \cdot 6}{2} = 72\,\text{rad}$

$u = \dfrac{\varphi}{2\pi} = \dfrac{72}{2\pi} = \mathbf{11{,}5\ Umdrehungen}$

c) $a_t = r \cdot \alpha = 0{,}2\,\text{m} \cdot 4\,\text{s}^{-2} = \mathbf{0{,}8\,m/s^2}$

$a_n = r \cdot \omega^2 = 0{,}2\,\text{m} \cdot 24^2\,\text{s}^{-2} = \mathbf{115{,}2\,m/s^2}$

Beispiel 2.17 Ein Rad dreht sich mit der Umdrehungszahl $n = 2000\,1/\text{min}$. Durch einen Bremsvorgang wird es gleichförmig verzögert und kommt nach $t = 40$ s zum Stillstand.
Ges.: Anzahl der Umdrehungen u während des Abbremsvorgangs.

Lösung

$$\omega = \omega_0 + \alpha \cdot t = 0 \rightarrow \alpha = -\frac{\omega_0}{t} = -\frac{\pi \cdot n}{30t} = -\frac{\pi \cdot 2000}{30 \cdot 40} = -5{,}236\,\text{s}^{-2}$$

$$\varphi = \varphi_0 + \omega_0 t + \frac{1}{2}\alpha t^2 = 0 + \frac{\pi \cdot n}{30} \cdot t + \frac{1}{2}\alpha t^2$$

$$\varphi = \frac{\pi \cdot 2000}{30}\,\frac{1}{\text{s}} \cdot 40\,\text{s} - \frac{1}{2} \cdot 5{,}236\,\frac{1}{\text{s}^2} \cdot 40^2\,\text{s}^2 = 4188{,}79\,\text{rad}$$

$$u = \frac{\varphi}{2\pi} = \frac{4188{,}79}{2\pi} = \mathbf{666{,}7\ Umdrehungen}$$

Beispiel 2.18 Ein Massenpunkt beginnt sich um eine feste Achse mit der Winkelbeschleunigung $\alpha = 0{,}06\ 1/\text{s}^2$ zu drehen. In welcher Zeit t bildet die Gesamtbeschleunigung des Massenpunkts mit der Tangentialbeschleunigung einen Winkel von 80°?

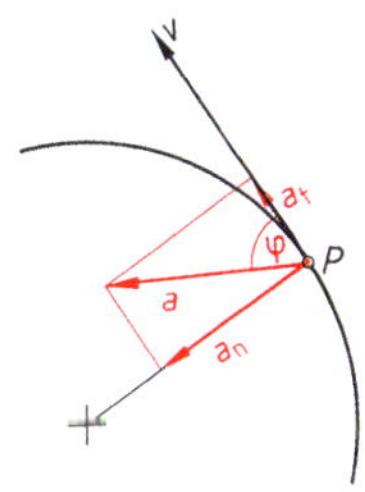

2.25 zu Beispiel 2.18

Lösung (**2**.25)

$$\tan\varphi = \frac{a_n}{a_t} = \frac{r \cdot \omega^2}{r \cdot \alpha} = \frac{\omega^2}{\alpha}$$

Für α = konstant $\rightarrow \omega = \alpha \cdot t$

$$\tan\varphi = \frac{\alpha^2 \cdot t^2}{\alpha} = \alpha \cdot t^2 \rightarrow t = \sqrt{\frac{\tan\varphi}{\alpha}} = \sqrt{\frac{\tan 80^\circ}{0{,}06}} = \mathbf{9{,}7\,s}$$

Beispiel 2.19 Ein Schwungrad mit $D = 2$ m läuft in $t_1 = 20$ s gleichförmig beschleunigt auf die Drehzahl $n = 300\,1/\text{min}$. Ab $t_2 = 100$ s wird es gleichförmig verzögert und erreicht nach $u_3 = 200$ Umdrehungen den Stillstand. Zwischen t_1 und t_2 ist die Bewegung gleichförmig.
Ges.:

a) Anzahl der Umdrehungen u_1 während des Anlaufvorgangs,

b) Anzahl der Umdrehungen u während des gesamten Bewegungsablaufs,

c) gesamte Laufzeit t,

d) Verzögerung α_3,

e) Weg s eines beliebigen Umfangpunkts während der gesamten Laufzeit in Meter.

Lösung a) $\varphi_1 = \frac{\omega \cdot t_1}{2} = \frac{\pi \cdot n}{30} \cdot \frac{t_1}{2} = \frac{\pi \cdot 300 \cdot 20}{30 \cdot 2} = 314{,}159\,\text{rad}$

$$u_1 = \frac{\varphi_1}{2\pi} = \frac{314{,}159}{2\pi} = \mathbf{50\ Umdrehungen}$$

b) $\varphi_2 = \frac{\pi \cdot n}{30}(t_2 - t_1) = \frac{\pi \cdot 300}{30}(100 - 20) = 2513{,}27\,\text{rad}$

$$u_2 = \frac{\varphi_2}{2\pi} = \frac{2513{,}27}{2\pi} = 400\ \text{Umdrehungen}$$

$$u = u_1 + u_2 + u_3 = 50 + 400 + 200 = \mathbf{650\ Umdrehungen}$$

c) $\varphi_3 = 2 \cdot \pi \cdot u_3 = \frac{\pi \cdot n}{30} \frac{(t - t_2)}{2}$

$$\rightarrow t = \frac{120\,u_3}{n} + t_2 = \frac{120 \cdot 200}{300} + 100 = \mathbf{180\,s}$$

d) $\alpha_3 = \frac{\Delta\omega}{\Delta t} = \frac{\pi \cdot n}{30\,(t - t_2)} = \frac{\pi \cdot 300}{30\,(180 - 100)} = \mathbf{0{,}393\ s^{-2}}$

e) $s = D \cdot \pi \cdot u = 2 \cdot \pi \cdot 650 = \mathbf{4084{,}07\ m}$

Beispiel 2.20 Ein Punkt bewegt sich auf einer Kreisbahn mit Radius $r = 9\,\text{m}$ entsprechend der Ort-Zeit-Funktion $s = 3t^3 - 9\,\text{m}$ (**2**.26).

Ges.: x, y, v_x, v_y, a_x und a_y nach $t = 1{,}8$ s.

Anfangsbedingungen: Für $t = 0$ sind $x = 9$ m und $y = 0$.

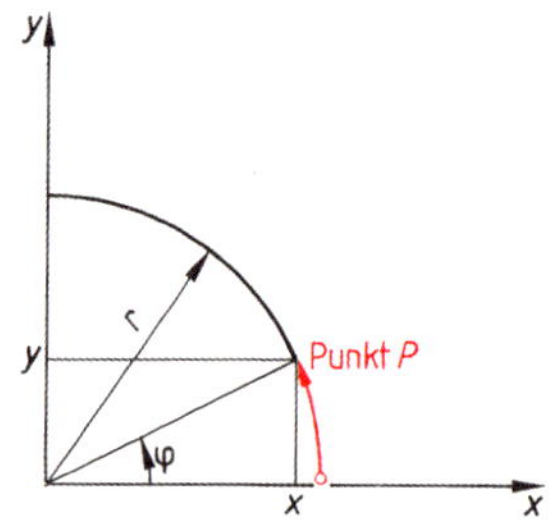

2.26 Beschleunigte Bewegung eines Punktes auf einer Kreisbahn

Lösung

$$\mathrm{d}s = r \cdot \mathrm{d}\varphi \rightarrow \frac{\mathrm{d}s}{\mathrm{d}t} = r\,\frac{\mathrm{d}\varphi}{\mathrm{d}t} \rightarrow \omega = \frac{\mathrm{d}\varphi}{\mathrm{d}t} = \frac{1}{r}\,\frac{\mathrm{d}s}{\mathrm{d}t}$$

$$\frac{\mathrm{d}s}{\mathrm{d}t} = 9t^2 \rightarrow \omega = \frac{1}{r} \cdot \frac{\mathrm{d}s}{\mathrm{d}t} = \frac{1}{9}\,9t^2 = t^2\,\frac{1}{\mathrm{s}}$$

$$\alpha = \frac{\mathrm{d}^2\varphi}{\mathrm{d}t^2} = \frac{\mathrm{d}\omega}{\mathrm{d}t} = 2t\,\mathrm{s}^{-2}$$

$$s = r \cdot \varphi \rightarrow \varphi = \frac{s}{r} = \frac{3t^3 - 9}{9} = \frac{t^3}{3} - 1\,\text{rad}$$

Wegkomponenten

$$x = r \cdot \cos\varphi = r \cdot \cos\left(\frac{t^3}{3} - 1\right) = 9 \cdot \cos\left(\frac{1{,}8^3}{3} - 1\right) = \mathbf{5{,}28\ m}$$

$$y = r \cdot \sin\varphi = r \cdot \sin\left(\frac{t^3}{3} - 1\right) = 9 \cdot \sin\left(\frac{1{,}8^3}{3} - 1\right) = \mathbf{7{,}29\ m}$$

Geschwindigkeitskomponenten

$$v_x = \frac{\mathrm{d}x}{\mathrm{d}t} = -r \cdot \sin\varphi\,\frac{\mathrm{d}\varphi}{\mathrm{d}t} = -r \cdot t^2 \cdot \sin\left(\frac{t^3}{3} - 1\right) = -9 \cdot 1{,}8^2 \sin\left(\frac{1{,}8^3}{3} - 1\right)$$

$$v_x = \mathbf{-23{,}617\ m/s}$$

$$v_y = \frac{\mathrm{d}y}{\mathrm{d}t} = r \cdot \cos\varphi\,\frac{\mathrm{d}\varphi}{\mathrm{d}t} = r \cdot t^2 \cdot \cos\left(\frac{t^3}{3} - 1\right) = 9 \cdot 1{,}8^2 \cdot \cos\left(\frac{1{,}8^3}{3} - 1\right) = \mathbf{17{,}1\ m/s}$$

Lösung Fortsetzung

Beschleunigungskomponenten

$$a_x = \frac{dv_x}{dt} = -r \cdot \cos\varphi \left(\frac{d\varphi}{dt}\right)^2 - r \cdot \sin\varphi \, \frac{d^2\varphi}{dt^2}$$

$$a_x = -r \cdot t \left[t^3 \cdot \cos\left(\frac{t^3}{3} - 1\right) + 2 \cdot \sin\left(\frac{t^3}{3} - 1\right)\right]$$

$$a_x = -9 \cdot 1{,}8 \left[1{,}8^3 \cdot \cos\left(\frac{1{,}8^3}{3} - 1\right) + 2 \cdot \sin\left(\frac{1{,}8^3}{3} - 1\right)\right] = \mathbf{-81{,}66\ m/s^2}$$

$$a_y = \frac{dv_y}{dt} = -r \cdot \sin\varphi \left(\frac{d\varphi}{dt}\right)^2 + r \cdot \cos\varphi \, \frac{d^2\varphi}{dt^2}$$

$$a_y = r \cdot t \left[2 \cdot \cos\left(\frac{t^3}{3} - 1\right) - t^3 \cdot \sin\left(\frac{t^3}{3} - 1\right)\right]$$

$$a_y = 9 \cdot 1{,}8 \left[2 \cdot \cos\left(\frac{1{,}8^3}{3} - 1\right) - 1{,}8^3 \cdot \sin\left(\frac{1{,}8^3}{3} - 1\right)\right] = \mathbf{-\,57{,}51\ m/s^2}$$

Beispiel 2.21 Zwei Massenpunkte P_1 und P_2 beginnen sich gleichzeitig vom Ort A aus mit der Umfangsgeschwindigkeit $v_0 = 2$ m/s entlang der Kreisbahn mit dem Radius $r = 2$ m nach B zu bewegen. P_1 bewegt sich gleichförmig beschleunigt, P_2 gleichförmig verzögert. Beide treffen gleichzeitig in B ein (**2**.27). Die Eintreffgeschwindigkeit von P_2 am Ort B ist null.
Ges.:

a) Zeit $t = t_1 = t_2$ für die Bewegung von A nach B,

b) die Beträge der Beschleunigungen beider Massenpunkte a_1 und a_2.

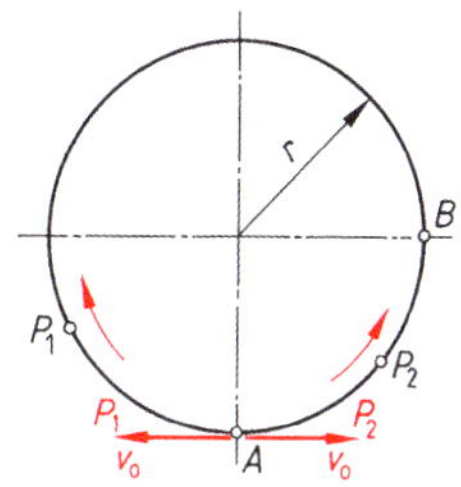

2.27 zu Beispiel 2.21

Lösung

a) $\varphi_2 = \frac{\pi}{2} = \frac{\omega_0 \cdot t}{2} = \frac{v_0 \cdot t}{2r} \rightarrow t = \frac{\pi \cdot r}{v_0} = \frac{\pi \cdot 2}{2} = \boldsymbol{\pi}\ \mathbf{s}$

b) $s_2(t) = v_0 t + \frac{a_2}{2} t^2 = \frac{r \cdot \pi}{2} \rightarrow \frac{a_2}{2} t^2 = \frac{r \cdot \pi}{2} - v_0 t$

$$a_2 = \frac{1}{t}\left(\frac{r \cdot \pi}{t} - 2 \cdot v_0\right) = \frac{1}{\pi}\left(\frac{2 \cdot \pi}{\pi} - 2 \cdot 2\right) = -\frac{2}{\pi} = \mathbf{-0{,}64\ m/s^2}$$

$$s_1(t) = v_0 t + \frac{a_1}{2} t^2 = \frac{3}{2} r \cdot \pi$$

$$\rightarrow a_1 = \frac{1}{t}\left(\frac{3r \cdot \pi}{t} - 2v_0\right) = \frac{1}{\pi}\left(\frac{3 \cdot 2 \cdot \pi}{\pi} - 2 \cdot 2\right) = \frac{2}{\pi} = \mathbf{+0{,}64\ m/s^2}$$

Aufgaben zu Abschnitt 2.2.3 bis 2.2.5

1. Die Bewegung eines Punktes wird durch diese Gleichungen beschrieben: $v_x = 10 \cdot t + 5$ m/s, $v_y = 3\,(t^2 - 10)$ m/s.
   Anfangsbedingungen: Für $t = 0$ sind $x = 5$ m und $y = 30$ m.
   Ges.: x, y, v_x, v_y, a_x und a_y nach $t = 3$ s.
2. Eine Kugel wird unter einem Winkel $\alpha = 60°$ gegen die Horizontale mit der Anfangsgeschwindigkeit $v_0 = 60$ m/s schräg nach oben geschleudert (**2**.28). In einer Entfernung $s = 200$ m von der Abschussstelle befindet sich eine um den Winkel $\beta = 45°$ gegen die Horizontale geneigte Wand.

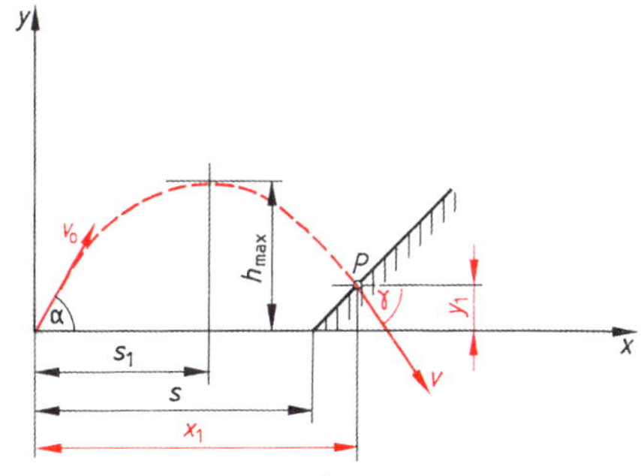

2.28 Schiefer Wurf nach oben

Ges.:

a) Wurfdauer t,
b) die Stelle, an der die Kugel die Wand trifft $P(x_1/y_1)$,
c) Aufprallgeschwindigkeit v und Auftreffwinkel γ zur Horizontalen.

3. Ein Zug bewegt sich mit einer Geschwindigkeit von 80 km/h. Regentropfen, die bei Stillstand senkrecht herabfallen, hinterlassen bei Fahrt auf den Fensterscheiben Spuren, die um 60° von der Senkrechten abweichen. Mit welcher Geschwindigkeit fallen die Tropfen?

4. Die Bewegung eines Punktes wird durch folgende Gleichungen beschrieben:
$x = 5t^2 + 2t + 2m$, $y = t^3 - 10t - 5$ m.
Ges.: x, y, v_x, v_y, a_x und a_y nach $t = 2$ s.

5. Ein 3 m langer Stab rotiert um eine vertikale Achse mit der konstanten Winkelgeschwindigkeit $\omega = 1{,}5\,s^{-1}$ (**2.**29). Auf dem Stab bewegt sich eine Masse mit der zeitlich veränderlichen Radialgeschwindigkeit $v_r = 0{,}1\,t^2$ m/s. Zur Zeit $t = 0$ befindet sich die Masse bei $r_0 = 1$ m. Ges.: r, v_r, v_φ, a_r und a_φ nach $t = 3$ Sekunden.

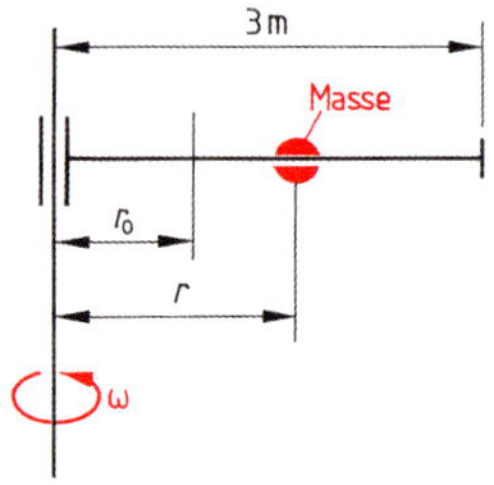

2.29 Rotierender Stab mit Masse

6. Ein Punkt bewegt sich entlang einer Bahn mit der zeitlich veränderlichen Winkelgeschwindigkeit $\omega = 0{,}2t^3 + 2t^2 + t\,s^{-1}$ und der veränderlichen Radialgeschwindigkeit $v_r = 0{,}1\,t^2 + t$ m/s. Zur Zeit $t = 0$ befindet sich der Punkt bei $r_0 = 1$ m und $\varphi_0 = 0°$.
Ges.: r, φ, u, v_r, v_φ, a_r und a_φ nach $t = 2$ Sekunden.

7. Ein Punkt bewegt sich entlang einer Mantellinie eines Kegels. Zur Zeit $t = 0$ befindet er sich an der Spitze des Kegels. Seine Geschwindigkeit entlang der Mantellinie ist konstant $v = 3$ m/s. Der Kegel rotiert ebenfalls mit konstanter Winkelgeschwindigkeit $\omega = 2\,s^{-1}$ um seine Achse. Er hat einen Spitzenwinkel von $\alpha = 60°$. Wie groß ist die absolute Beschleunigung des Punktes nach $t = 1{,}732$ Sekunden?

8. Eine Kugel wird von einem Turm $h = 50$ m unter dem Winkel $\alpha = 30°$ gegen die Horizontale mit der Anfangsgeschwindigkeit $v_0 = 20$ m/s schräg nach unten geworfen und trifft im Punkt B auf den festen Boden. Von dort prallt die Kugel mit 80% ihrer Auftreffgeschwindigkeit zurück und trifft in einer Entfernung $s = 90$ m auf eine vertikale Wand (**2.**30). Auftreffwinkel = Rückprallwinkel.
Ges.:
a) Gesamte Wurfzeit t,
b) Stelle, an der die Kugel die Wand trifft $P(90/y)$,
c) Auftreffgeschwindigkeit v der Kugel auf der Wand,
d) unter welchem Winkel β trifft die Kugel die Wand?

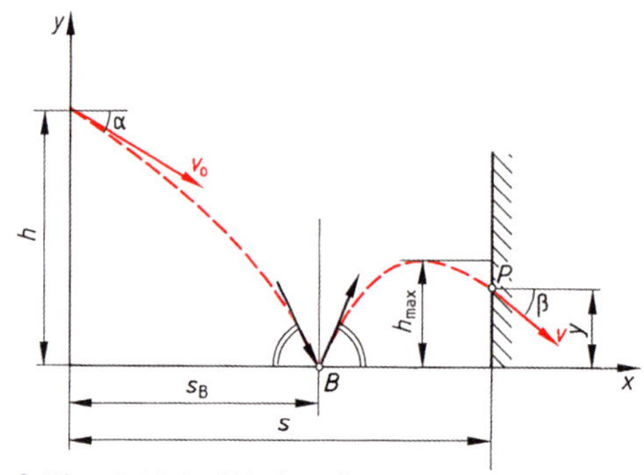

2.30 Schiefer Wurf nach unten

9. Beim Anlauf eines Motors wurde die Winkelbeschleunigungs-Zeitkurve gemessen. Sie wird näherungsweise durch die Gleichung $\ddot{\varphi} = \alpha = \alpha_0 \cos(\pi/2 \cdot t/t_1)$ beschrieben. Die volle Drehzahl $n = 3000$ 1/min wird nach $t_1 = 2$ s erreicht. Wie groß ist α_0, und nach wie viel Umdrehungen u wird die Enddrehzahl n erreicht?

10. Das Laufrad einer Dampfturbine hat einen Durchmesser von 2 m und eine Drehzahl von 1500 1/min. Nach Abstellen der Dampfzufuhr wird die Turbine in 2 Minuten auf $n_2 = 700$ 1/min abgebremst. Anschließend läuft sie in 20 Minuten gleichförmig verzögert bis zum Stillstand aus. Ges.:
a) Winkelverzögerung während des Abbremsvorgangs α_1,
b) Winkelverzögerung während des freien Auslaufvorgangs α_2,
c) Anzahl der Umdrehungen u während des gesamten Abstellvorgangs,
d) Anzahl der Umdrehungen während der letzten Minute des Auslaufvorgangs u_1,
e) Weg s eines Umfangspunkts während des Abstellvorgangs in m.

11. Ein Rad erreicht beim Anfahren mit konstanter Winkelbeschleunigung α_1 im Uhrzeigersinn in der Zeit t_1 die Drehzahl n_1 = 2400 1/min nach u_1 = 20 Umdrehungen. Die Drehzahl n_1 bleibt für die Dauer von $t_2 - t_1$ = 5 s konstant; anschließend wird das Rad mit α_3 = – 40 s^{-2} (also im Gegenuhrzeigersinn) beschleunigt. Dauer der Beschleunigung $t_3 - t_2$ = 10 s. Dann lässt man das Rad auslaufen. Dabei macht es u_4 = 100 Umdrehungen. Ges.:
    a) Winkelbeschleunigung α_1,
    b) Beschleunigungsdauer t_1,
    c) Dauer des Auslaufvorgangs $(t_4 - t_3)$,
    d) gesamte Bewegungsdauer t_4,
    e) Wie viel Umdrehungen macht das Rad im Uhrzeigersinn (u_R)?
    f) Wie viel Umdrehungen macht das Rad im Gegenuhrzeigersinn (u_L)?
    g) Wann beginnt sich das Rad im Gegenuhrzeigersinn zu drehen (t)?
12. Ein Fahrzeug durchfährt eine Kurve mit der konstanten Geschwindigkeit v = 140 km/h. Dabei erhält es eine Normalbeschleunigung von a_n = 7 m/s². Wie groß ist der Krümmungsradius r der Kurve?
13. Auszuführen ist eine Bohrung von d = 36 mm. Optimale Schnittgeschwindigkeit v = 120 m/min. Welche Drehzahl soll an der Bohrmaschine eingestellt werden?

2.3 Ebene Kinematik des starren Körpers

Um die Bewegung eines festen Körpers angeben zu können, ist es notwendig, die Lage jedes Körperpunkts in Zeit und Raum zu kennen. Dies sind für einen bestimmten Zeitpunkt unendlich viele Koordinatenangaben. Somit würde die Anzahl der Freiheitsgrade unendlich groß. Beschränken wir uns aber auf den ideal starren Körper, vernachlässigen wir also die Verformungen des festen Körpers, brauchen wir nur die Lage von drei Punkten des Körpers zu kennen, da sich die weiteren Punkte wegen ihrer starren Bindung während des Bewegungsablaufs nicht ändern. Es genügen daher die Angaben von sechs Lagekoordinaten, um den starren Körper im Raum festzulegen. Die Anzahl der Freiheitsgrade verringert sich somit auf sechs – drei für die Translation, drei für die Rotation.

Wenn sich alle Körperpunkte in parallelen Ebenen bewegen, vollführt der starre Körper eine ebene Bewegung. Dann verringern sich die Freiheitsgrade auf drei – zwei für die Translation, einen für die Rotation, da der gesamte Bewegungsablauf des Körpers durch den Bewegungsablauf einer einzelnen Scheibe des Körpers bestimmt ist. (Solche Bewegungen treten vorwiegend im Maschinenbau auf, z. B. bei der Hobelmaschine, Stoßmaschine, Kolbenpumpe, Verbrennungskraftmaschine.) Wegen der Starrheit der Scheibe bleiben die geometrischen Beziehungen aller Punkte der Scheibe auch während des Bewegungsablaufs erhalten. Somit lässt sich die Bahn jedes weiteren Punktes bei Kenntnis der Bewegung einer Scheibenstrecke z. B. durch Zirkelschläge mit den Radien r_1 und r_2 eindeutig bestimmten (**2**.31). Die ebene Bewegung einer starren Scheibe können wir also auf die Bewegung zweier beliebiger Punkte der Scheibe zurückführen.

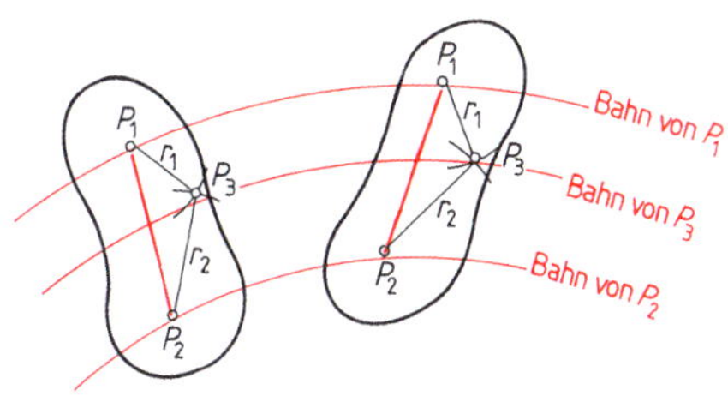

2.31 Zwei Lagen einer Scheibe

> Die ebene Bewegung eines ideal starren Körpers ist durch die ebene Bewegung einer seiner Scheiben und diese wiederum durch die Bewegung einer Strecke eindeutig bestimmt.

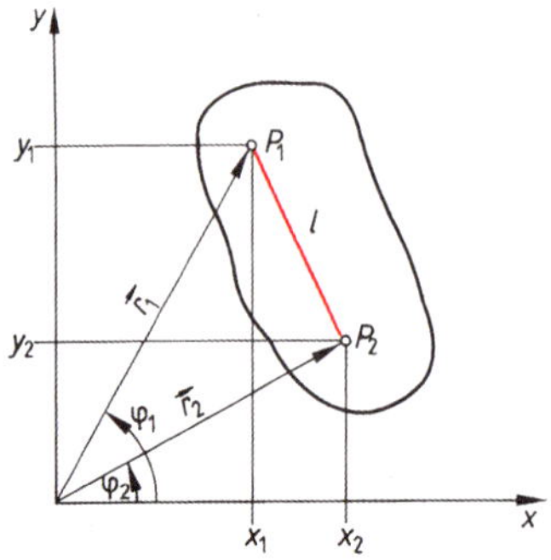

2.32 Lagekoordinaten einer Scheibe

Betrachten wir die Lage eines starren Körpers zur Zeit t in Bild **2.**32. Unter der Voraussetzung einer ebenen Bewegung ist die Lage des Körpers durch die Lage einer seiner Scheiben und diese Scheibe wiederum durch die Strecke $\overline{P_1P_2} = l$ festgelegt. Um die Lage der Strecke in der Ebene zu bestimmen, sind entweder die beiden Ortsvektoren $\vec{r}_1\,(r_1, \varphi_1)$ und $\vec{r}_2\,(r_2, \varphi_2)$ oder die vier Koordinatenabschnitte x_1, y_1 für den Punkt P_1 und x_2, y_2 für P_2 anzugeben. Der Abstand l der beiden Punkte ist wegen der Starrheit des Körpers (Scheibe) konstant. Folglich besteht noch die Beziehung

$$(y_1 - y_2)^2 + (x_2 - x_1)^2 = l^2 = \text{konstant}.$$

Somit ist die ebene Bewegung des ideal starren Körpers durch die Kenntnis von nur drei Lagekoordinaten zu jedem Zeitpunkt bestimmt. Das System – ebene Bewegung eines starren Körpers – hat daher drei Freiheitsgrade.

2.3.1 Momentan- oder Geschwindigkeitspol

Momentanpol. Jede Lageänderung eines starren Körpers bei der ebenen Bewegung kann als Drehung um einen zum Zeitpunkt t in Ruhe befindlichen Pol aufgefasst werden. Betrachten wir dazu in Bild **2.** 33 die Lagen der Strecke $\overline{P_1P_2}$ zum Zeitpunkt t und $\overline{P_1'P_2'}$ zum Zeitpunkt $t + \Delta t$. Der Schnittpunkt P der beiden Mittelsenkrechten auf $\overline{P_1P_1'}$ und $\overline{P_2P_2'}$ ist der gedachte Drehpunkt, der die ebene Bewegung auf eine Drehbewegung zurückführt. Die Scheibe P_1PP_2 wird im Zeitintervall Δt um den Winkel $\Delta\varphi$ in die Lage $P_1'PP_2'$ gedreht. Beim Grenzübergang $\Delta t \to 0$ nähert sich die l'-Lage der Scheibe $P_1'PP_2'$ der l-Lage. Im Grenzfall nehmen die Sekanten $\overline{P_1P_1'}$ und $\overline{P_2P_2'}$ die Richtungen der Bahntangenten und ihre Mittelsenkrechten die Richtungen der Bahnnormalen in P_1 und P_2 an. Der Schnittpunkt der Bahnnormalen wird im Grenzfall als Momentanpol M bezeichnet. Der augenblickliche (momentane) Bewegungszustand der Strecke l ist somit eine reine Drehbewegung um den Momentan- oder Geschwindigkeitspol M. Es gilt:

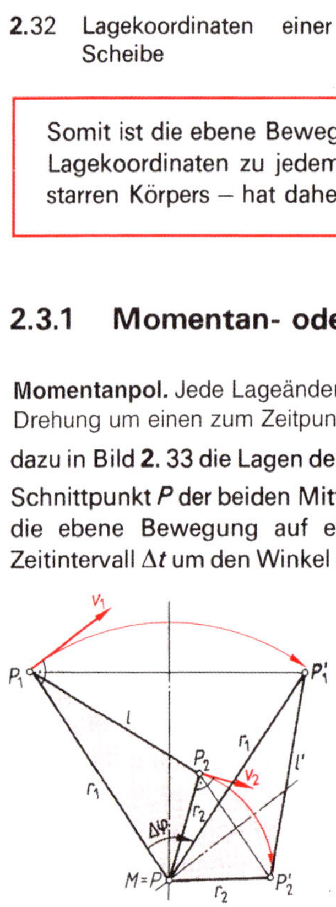

2.33 Allgemeine Bewegung einer Scheibe, dargestellt als Drehung um den Pol P

$$v_1 = \lim_{\Delta t \to 0} r_1 \frac{\Delta\varphi}{\Delta t} = r_1 \lim_{\Delta t \to 0} \frac{\Delta\varphi}{\Delta t} = r_1 \cdot \omega$$

$$v_2 = \lim_{\Delta t \to 0} r_2 \frac{\Delta\varphi}{\Delta t} = r_2 \lim_{\Delta t \to 0} \frac{\Delta\varphi}{\Delta t} = r_2 \cdot \omega$$ Daraus folgt:

$$v_1 : v_2 = r_1 : r_2 = \overline{P_1M} : \overline{P_2M} \qquad \text{Gl. (2.25)}$$

Die ebene Bewegung eines starren Körpers kann in jedem Augenblick als eine reine Rotation um den Momentan- oder Geschwindigkeitspol aufgefasst werden.

Rastpol- und Gangpolbahn. Während des Bewegungsablaufs ändert der Momentanpol gewöhnlich seine Lage. Der geometrische Ort aller Punkte, die in der ruhenden Ebene Momentanpole sind, waren oder werden, heißt Rastpolbahn, in der bewegten Ebene Gangpolbahn. Somit kann man die ebene Bewegung eines starren Körpers auch als ein Abrollen beider Polbahnen auffassen. Ihr Berührungspunkt ist zum jeweiligen Zeitpunkt der Momentanpol M (**2**.34).

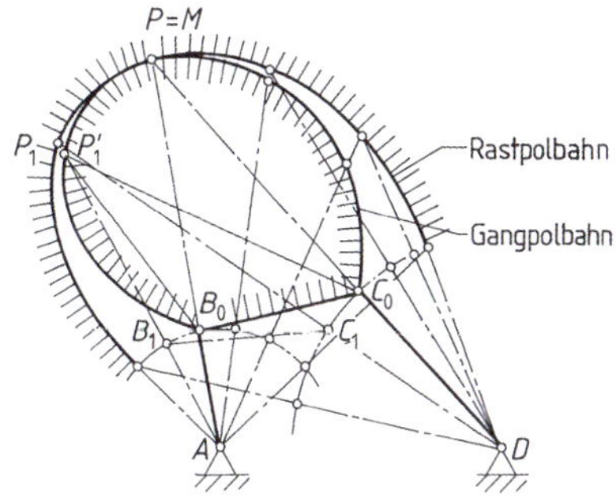

2.34 Teil der Rast- und Gangpolbahn einer Doppelschwinge

Die Geschwindigkeit eines beliebigen Punktes P in der bewegten Ebene ist somit immer

$v = \omega \cdot \overline{PM}$ Gl. (2.26)

mit ω als momentane Winkelgeschwindigkeit der bewegten Ebene um den Momentan- bzw. Geschwindigkeitspol. Wie wir aus Gl. (2.25) und Bild **2**.35 erkennen, besteht Proportionalität zwischen der Geschwindigkeit der Punkte im bewegten System und ihren Abständen zum Momentanpol.

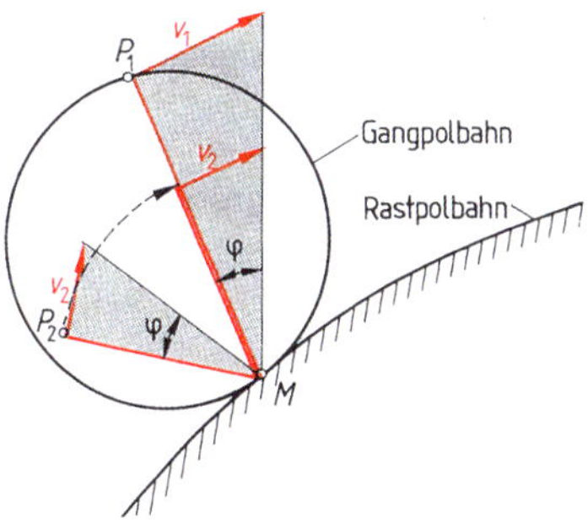

2.35 Geschwindigkeitsverteilung von Punkten in der bewegten Ebene

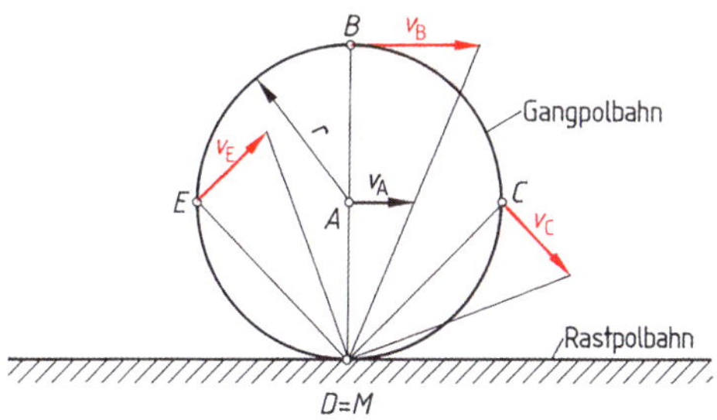

2.36 Rad auf der Ebene

Beispiel 2.22 Ein Rad mit $d = 0{,}8\,\text{m}$ rollt auf einer horizontalen Ebene (**2**.36). Die Geschwindigkeit seiner Achse ist $v_A = 4\,\text{m/s}$. Ges.: Betragsmäßige Geschwindigkeiten der Punkte B, C, D und E.

Lösung

$$\tan\varphi = \frac{2 \cdot v_A}{d} = \frac{2 \cdot 4}{0{,}8} = 10$$

$$v_B = d \cdot \tan\varphi = 2 \cdot v_A = 2 \cdot 4 = \mathbf{8\,m/s}$$

$$v_C = \overline{DC} \cdot \tan\varphi = \sqrt{2}\, v_A = 4 \cdot \sqrt{2} = \mathbf{5{,}7\,m/s}$$

$$v_D = \mathbf{0\,m/s}$$

$$v_E = \overline{DE} \cdot \tan\varphi = v_A \cdot \sqrt{2} = 4 \cdot \sqrt{2} = \mathbf{5{,}7\,m/s}$$

Die Geschwindigkeiten von E und C sind zwar betraglich gleich groß, ihre Richtungen aber unterschiedlich.

Beispiel 2.23 Eine homogene Stange der Länge $l = 6\,\text{m}$ gleitet in der x, y-Ebene, wobei sich ihre Endpunkte A und B entlang der x- und y-Achse bewegen (**2**.37). Im gezeigten Augenblick sind $\varphi = 60°$ und die Geschwindigkeit des Endpunkts B $v_B = 2\,\text{m/s}$.

Ges.: v_A und Winkelgeschwindigkeit ω der Stange.

Lösung

$$v_A : v_B = \overline{AM} : \overline{BM}$$

$$\rightarrow v_A = v_B \frac{\overline{AM}}{\overline{BM}} = v_B \frac{l \cdot \cos\varphi}{l \cdot \sin\varphi} = \frac{v_B}{\tan\varphi} = \frac{2}{\tan 60} = \mathbf{1{,}15\,m/s}$$

$$\omega = \frac{v_A}{\overline{AM}} = \frac{v_B}{\overline{BM}} = \frac{2}{l \cdot \sin\varphi} = \frac{2}{6 \cdot \sin 60} = \mathbf{0{,}38\,s^{-1}}$$

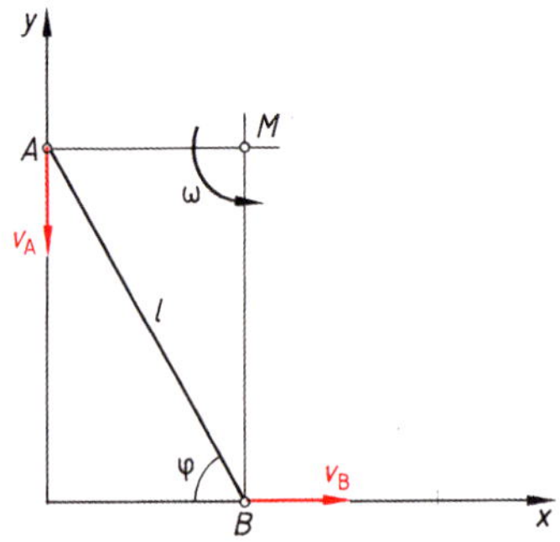

2.37 Stab in x, y-Ebene

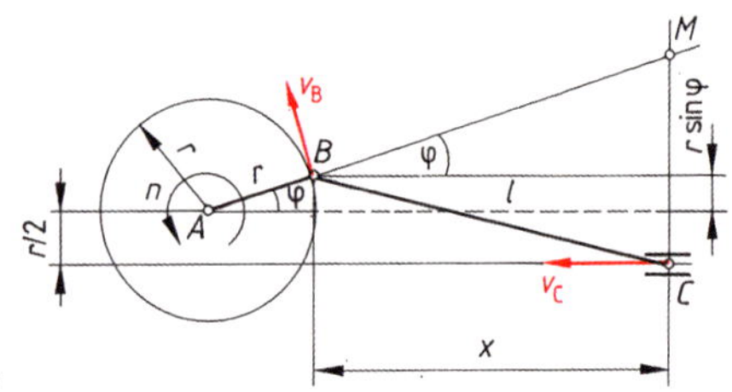

2.38 Geschränktes Schubkurbelgetriebe

Beispiel 2.24 Für das geschränkte Schubkurbelgetriebe **2**.38 sind die Kurbelzapfengeschwindigkeit v_B und die Kolbengeschwindigkeit v_C zu ermitteln.

Geg.: $r = 0{,}12\,\text{m}$, $l = 0{,}4\,\text{m}$, $\varphi = 20°$, $n = 2000\,1/\text{min}$

Lösung

$$v_B = r \cdot \omega = r \cdot \frac{\pi \cdot n}{30} = 0{,}12\,\frac{\pi \cdot 2000}{30} = \mathbf{25{,}13\,m/s}$$

Aus der Geometrie folgt:

$$x = \sqrt{l^2 - \left(\frac{r}{2} + r\sin\varphi\right)^2}$$

$$\overline{BM} = \frac{x}{\cos\varphi}$$

$$\overline{BM} = \frac{1}{\cos\varphi}\sqrt{-r^2\left(\sin^2\varphi + \sin\varphi + \frac{1}{4}\right) + l^2} = 0{,}41\,\text{m}$$

$$\overline{CM} = x\tan\varphi + \frac{r}{2} + r\sin\varphi$$

$$\overline{CM} = \tan\varphi\sqrt{-r^2\left(\sin^2\varphi + \sin\varphi + \frac{1}{4}\right) + l^2} + r\left(\sin\varphi + \frac{1}{2}\right) = 0{,}24\,\text{m}$$

$$v_C = v_B \frac{\overline{CM}}{\overline{BM}} = 25{,}1327\,\frac{0{,}241909}{0{,}411866} = \mathbf{14{,}76\,m/s}$$

2.3.2 Geschwindigkeitssatz von Euler

Eine allgemeine ebene Bewegung können wir als Überlagerung einer Translation und einer Rotation auffassen (**2**.39). Da bei der Translation alle Punkte kongruente Bahnen beschreiben, haben sie auch gleiche Geschwindigkeiten. Überlagern wir der Translation eine Rotation um den als ruhend gedachten Bezugspunkt A, erhöht sich die Geschwindigkeit des Punktes B gegenüber A durch die zusätzliche Drehgeschwindigkeit $\vec{v_{BA}} = \overline{AB} \cdot \vec{\omega}$. $\vec{v_{BA}}$ steht senkrecht auf dem Ortsvektor $\overline{AB}$ und zeigt im Sinne von $\vec{\omega}$. $\vec{v_{BA}}$ heißt v_B um A (**2**.40).

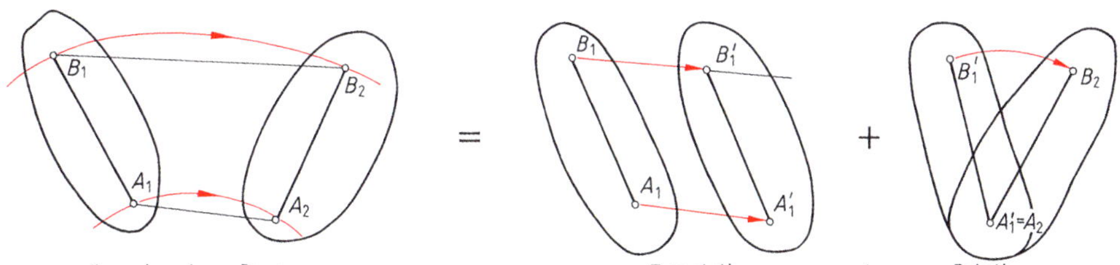

2.39 Zerlegung einer allgemeinen ebenen Bewegung in eine Translation und eine Rotation

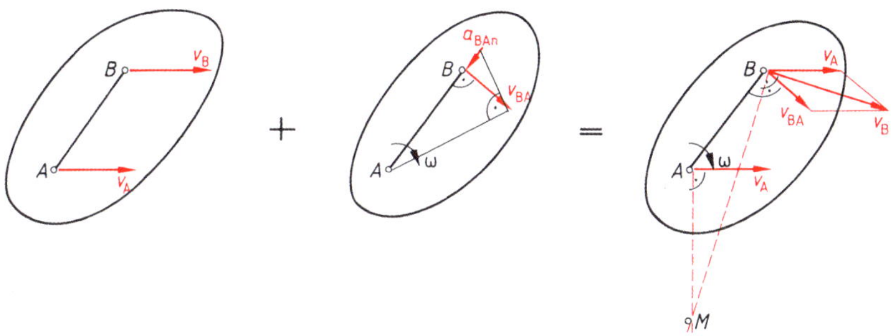

2.40 Geschwindigkeitszustand einer Scheibe

> Geschwindigkeitssatz von Euler: Die Geschwindigkeit eines Punktes B einer Scheibe ergibt sich durch vektorielle Addition der Geschwindigkeit des Punktes A und der Geschwindigkeit des Punktes B um den als ruhend gedachten Bezugspunkt A.
>
> $\vec{v_B} = \vec{v_A} + \vec{v_{BA}} = \vec{v_A} + \overline{AB} \cdot \vec{\omega}$ Gl. (2.27)

Beispiel 2.25 Für das Gelenkviereck **2**.41 ist in der gezeichneten Kurbelstellung die Geschwindigkeit des Punktes C der Koppelstange $\overline{BC}$ zu berechnen. Die Kurbelschwinge befindet sich gerade in der Umkehrlage, und zwar in der Strecklage.
Geg.: $r = 0{,}2\,\text{m}$, $l = 0{,}6\,\text{m}$, $\omega_A = 10\,\text{s}^{-1}$; ges.: v_{CB} und v_C.

Beispiel 2.25
Fortsetzung

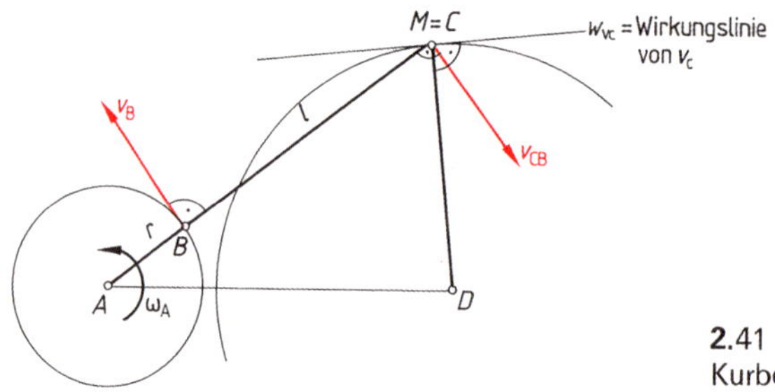

2.41
Kurbelschwinge in Umkehrlage

Lösung $v_B = r \cdot \omega_A = 0{,}2 \cdot 10 = 2\,\text{m/s}$

Da sich die beiden Normalen auf der Wirkungslinie von v_B und v_C im Punkt C der Koppel mit der Wirkungslinie von $\vec{v_C}$ selbst schneiden, ist C Momentanpol und somit $\vec{v_C} = \mathbf{0\,m/s}$.

Aus $\vec{v_C} = \vec{v_B} + \vec{v_{CB}} = 0$ folgt $v_{CB} = -v_B = \mathbf{-2\,m/s}$.

Beispiel 2.26 Die Kurbelwelle des Kurbeltriebs **2.**42 rotiert im Uhrzeigersinn mit der konstanten Winkelgeschwindigkeit $\omega_{BA} = 80\,\text{s}^{-1}$. Pleuellänge $l = \overline{BD} = 300\,\text{mm}$, Kurbelradius $r = \overline{AB} = 60\,\text{mm}$. Ges.: Winkelgeschwindigkeit des Pleuels ω_{DB} und Kolbengeschwindigkeit v_D in gezeigter Lage. $\varphi = 60°$

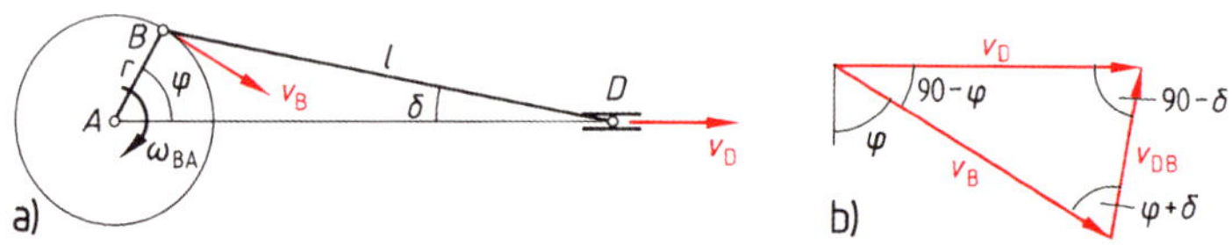

2.42 Kurbeltrieb a) Lageplan, b) Geschwindigkeitsplan

Lösung $v_B = r \cdot \omega_{BA} = 0{,}06 \cdot 80 = 4{,}8\,\text{m/s}$

Aus dem Lageplan **2.**42a folgt:

$\sin\delta : \sin\varphi = r : l$ (Sinussatz)

$$\rightarrow \delta = \arcsin\left(\frac{r}{l}\sin\varphi\right) = \arcsin\left(\frac{60}{300}\sin 60\right) = 9{,}9742°$$

$$\rightarrow 90 - \delta = 80{,}0258°$$

Aus dem Geschwindigkeitsdreieck **2.**42b folgt:

$v_{DB} : v_B = \sin(90 - \varphi) : \sin(90 - \delta) \qquad \sin(90 - \alpha) = \cos\alpha$

$$v_{DB} = v_B \cdot \frac{\cos\varphi}{\cos\delta} = 4{,}8 \cdot \frac{\cos 60}{\cos 9{,}9742} = 2{,}437\,\text{m/s}$$

$$\omega_{DB} = \frac{v_{DB}}{l} = \frac{2{,}437}{0{,}3} = \mathbf{8{,}123\ \ 1/s}$$

$$\vec{v_D} = \vec{v_B} + \vec{v_{DB}}$$

Der Betrag von $\vec{v_D}$ kann mit Hilfe des Sinussatzes berechnet werden.

$v_D : v_B = \sin(\varphi + \delta) : \sin(90 - \delta)$

$$v_D = v_B\,\frac{\sin(\varphi + \delta)}{\sin(90 - \delta)} = 4{,}8\,\frac{\sin(60 + 9{,}9742)}{\sin(90 - 9{,}9742)} = \mathbf{4{,}579\,m/s}$$

Beispiel 2.27 Für das Hebelsystem **2**.43 ist die Geschwindigkeit des Punktes D zu bestimmen.

Geg.: $\overline{AB} = 2\,\text{m}$, $\overline{DB} = 1\,\text{m}$, $\omega_{BA} = 50\,\text{s}^{-1}$, $\omega_{DB} = 100\,\text{s}^{-1}$, $\varphi = 60°$; ges.: v_D für die skizzierte Lage.

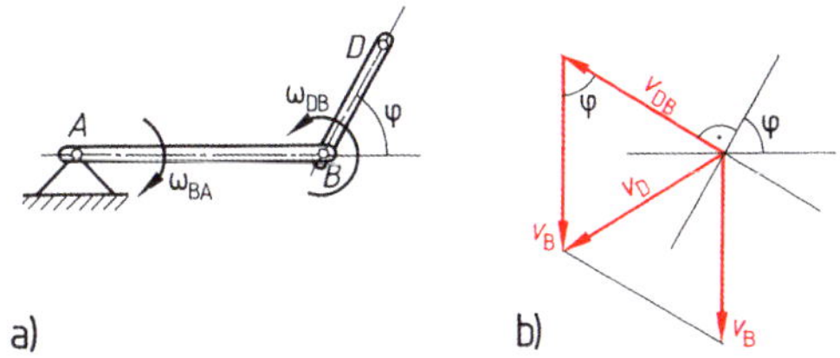

2.43 Hebelsystem
a) Lageplan
b) Geschwindigkeitsplan

Lösung

$$\vec{v_D} = \vec{v_B} + \overline{DB} \cdot \vec{\omega_{DB}}$$

$$\vec{v_B} = \vec{v_A} + \vec{v_{BA}} \rightarrow v_B = 0 + \overline{AB} \cdot \omega_{BA} = 2 \cdot 50 = 100\,\text{m/s}$$

$$\vec{v_D} = \vec{v_B} + \vec{v_{DB}}$$

$$v_{DB} = \overline{DB} \cdot \omega_{DB} = 1 \cdot 100 = 100\,\text{m/s}.$$

Aus dem Geschwindigkeitsdreieck **2**.43b erhalten wir mit Hilfe des Kosinussatzes

$$v_D = \sqrt{v_B^2 + v_{DB}^2 - 2 \cdot v_B \cdot v_{DB} \cdot \cos\varphi}$$

$$v_D = \sqrt{100^2 + 100^2 - 2 \cdot 100 \cdot 100 \cdot \cos 60°} = \mathbf{100\,m/s}.$$

2.3.3 Beschleunigungssatz von Euler

Analog dem Geschwindigkeitssatz können wir auch für den Beschleunigungszustand einer Scheibe die Bewegung als Überlagerung von Translation (Schiebung) und Rotation (Drehung) auffassen (**2**.44). Die Beschleunigung des Punktes B erhalten wir durch vektorielle Addition der translatorischen Beschleunigung des Punktes A $\vec{a_A}$ und der Beschleunigung $\vec{a_{BA}}$, hervorgerufen durch die beschleunigte Rotation des Punktes B um A.

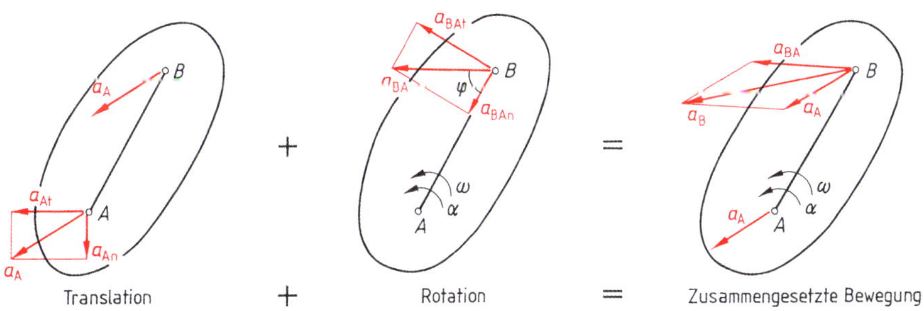

2.44 Beschleunigungszustand einer Scheibe

$$\vec{a_B} = \vec{a_A} + \vec{a_{BA}} \qquad \text{Gl. (2.28)}$$

Die Beschleunigung des Punktes A $\vec{a_A}$ setzt sich im Allgemeinen wieder aus einem Tangential- und einem Normalbeschleunigungsanteil zusammen.

$\overrightarrow{a_A} = \overrightarrow{a_{An}} + \overrightarrow{a_{At}}$ Gl. (2.29)

Für den Fall geradliniger Translation ist der Normalbeschleunigungsanteil $\overrightarrow{a_{An}} = 0$.

Auch die beschleunigte Rotationsbewegung des Punktes B um A, hervorgerufen durch die Beschleunigung $\overrightarrow{a_{BA}}$, kann in einen Tangential- und Normalbeschleunigungsanteil zerlegt werden.

$\overrightarrow{a_{BA}} = \overrightarrow{a_{BAn}} + \overrightarrow{a_{BAt}}$ Gl. (2.30)

Da beide Vektoren $\overrightarrow{a_{BAn}}$ und $\overrightarrow{a_{BAt}}$ im rechten Winkel zueinander stehen, erhalten wir den Betrag von $\overrightarrow{a_{BA}}$.

$a_{BA} = \sqrt{a_{BAn}^2 + a_{BAt}^2}$ Gl. (2.31)

Mit $a_{BAn} = \overline{AB} \cdot \omega^2$ Gl. (2.32) und $a_{BAt} = \overline{AB} \cdot \alpha$ Gl. (2.33)

folgt $a_{BA} = \overline{AB} \cdot \sqrt{\alpha^2 + \omega^4}$ Gl. (2.34)

Die Richtungen der einzelnen Beschleunigungen können wir dem Beschleunigungsplan entnehmen.

Beschleunigungssatz von Euler: Die Beschleunigung des Punktes B einer Scheibe ergibt sich durch vektorielle Addition der Beschleunigung von Punkt A und der Beschleunigung von Punkt B um den als ruhend gedachten Bezugspunkt A.

Beispiel 2.28 Ein Rad mit $d = 0{,}8$ m rollt auf einer horizontalen Ebene (**2.**45). Die Geschwindigkeit und Beschleunigung seiner Achse sind $v_A = 4$ m/s und $a_A = 20$ m/s². Ges.: Beschleunigung des Punktes B.

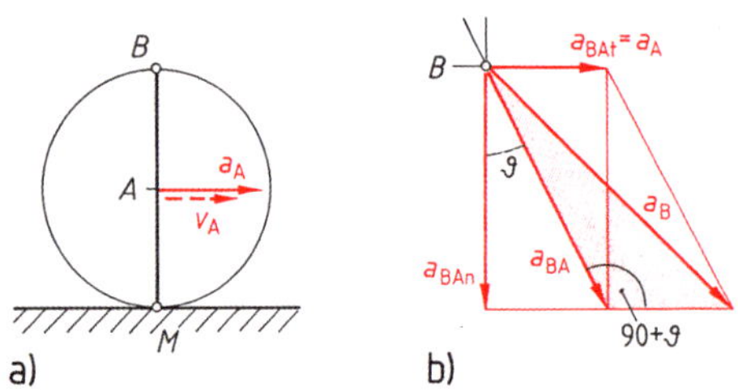

2.45 Rad auf horizontaler Bahn
a) Lageplan, b) Beschleunigungsplan

Lösung

$$\omega = \frac{2v_A}{d} = \frac{2 \cdot 4\,\text{m/s}}{0{,}8\,\text{m}} = 10\,\text{s}^{-1}$$

$$\alpha = \frac{2a_A}{d} = \frac{2 \cdot 20\,\text{m/s}^2}{0{,}8\,\text{m}} = 50\,\text{s}^{-2}$$

$$a_{BA} = \overline{AB}\,\sqrt{\alpha^2 + \omega^4} = 0{,}4\,\sqrt{50^2\left(\frac{1}{\text{s}^2}\right)^2 + 10^4\,\frac{1}{\text{s}^4}} = 44{,}72\,\text{m/s}^2$$

$$\vartheta = \arctan\frac{a_{BAt}}{a_{BAn}} = \arctan\frac{\alpha}{\omega^2} = \arctan\frac{50}{10^2} = 26{,}56°.$$

Aus dem Beschleunigungsplan **2.**45b folgt mit Hilfe des Kosinussatzes

$$a_B = \sqrt{a_A^2 + a_{BA}^2 - 2 \cdot a_A \cdot a_{BA} \cdot \cos(90 + \vartheta)}$$

$$a_B = \sqrt{20^2 + 44{,}72^2 - 2 \cdot 20 \cdot 44{,}72 \cdot \cos(90 + 26{,}565)} = \mathbf{56{,}57\,m/s^2}.$$

Beispiel 2.29 Für das Gelenkviereck ist in der gezeichneten Kurbelstellung **2.**46 die Beschleunigung des Punktes C der Koppel $\overline{BC}$ zu bestimmen.

Geg.: $\beta = 30°$, $\overline{BC} = 0{,}4\,\text{m}$, $a_B = 5\,\text{m/s}^2$, $\alpha_{CB} = 5\,\text{s}^{-2}$, $\omega_{CB} = 1\,\text{s}^{-1}$.

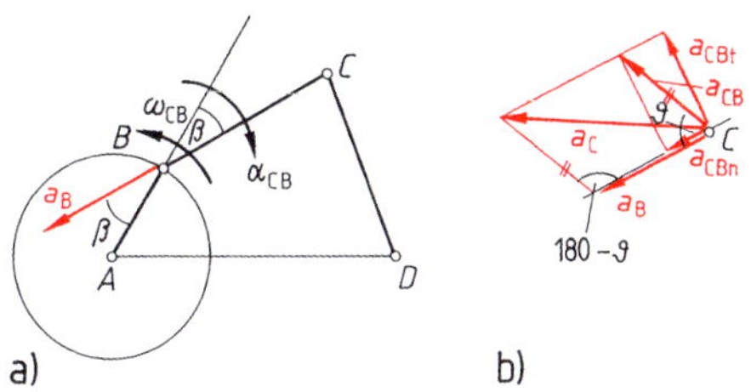

2.46
Gelenkviereck
a) Lageplan
b) Beschleunigungsplan

Lösung

$$a_{CBn} = \overline{CB} \cdot \omega_{CB}^2 = 0{,}4 \cdot 1^2 = 0{,}4\,\text{m/s}^2$$

$$a_{CBt} = \overline{CB} \cdot \alpha_{CB} = 0{,}4 \cdot 5 = 2\,\text{m/s}^2$$

$$a_{CB} = \sqrt{a_{CBn}^2 + a_{CBt}^2} = \sqrt{0{,}4^2\,(\text{m/s}^2)^2 + 2^2\,(\text{m/s}^2)^2} = 2{,}04\,\text{m/s}^2$$

$$\vartheta = \arctan \frac{a_{CBt}}{a_{CBn}} = \arctan \frac{2\,\text{m/s}^4}{0{,}4\,\text{m/s}^4} = 78{,}69°$$

Aus dem Beschleunigungsplan **2.**46b folgt mittels Kosinussatz

$$a_C = \sqrt{a_B^2 + a_{CB}^2 - 2 \cdot a_B \cdot a_{CB} \cdot \cos(180 - \vartheta)}$$

$$a_C = \sqrt{5^2\,(\text{m/s}^2)^2 + 2{,}04^2\,(\text{m/s}^2)^2 - 2 \cdot 5\,\text{m/s}^2 \cdot 2{,}04\,\text{m/s}^2 \cos(180 - 78{,}69)}$$

$$= \mathbf{5{,}76\,m/s^2}.$$

2.3.4 Beschleunigungspol

Analog dem Momentanpol M, um den die allgemeine ebene Bewegung eines Körpers als Drehbewegung aufgefasst werden kann und dadurch der Geschwindigkeitszustand jedes weiteren Körperpunkts leicht bestimmbar wird, gibt es den Beschleunigungspol, der den Beschleunigungszustand des Körpers (Scheibe) im Augenblick der Bewegung auf eine um G beschleunigte Drehbewegung zurückführt. Wie der Momentanpol ist auch der Beschleunigungspol nicht ortsfest, sondern vom Betrachtungszeitpunkt abhängig. Entsprechend dem Momentan- oder Geschwindigkeitspol M hat auch der Beschleunigungspol G im Augenblick der Betrachtung keine Beschleunigung.

Aus dem Beschleunigungssatz von Euler (Gl. 2.28) folgt für die Beschleunigung eines beliebigen Scheibenpunkts A

$$\vec{a_A} = \vec{a_G} + \vec{a_{AG}}.$$

Wegen $\vec{a_G} = 0$ ist $\vec{a_A} = \vec{a_{AG}}$. Ihre Beträge sind aufgrund von $a_{AGn} = \overline{AG} \cdot \omega^2$ und $a_{AGt} = \overline{AG} \cdot \alpha$

$$a_A = a_{AG} = \sqrt{a_{AGn}^2 + a_{AGt}^2} = \overline{AG}\,\sqrt{\alpha^2 + \omega^4}.$$

Im Augenblick der Betrachtung sind ω und α konstant. Deshalb sind vom Beschleunigungspol G aus die Beschleunigungen aller Scheibenpunkte proportional ihren Abständen zum Beschleuni-

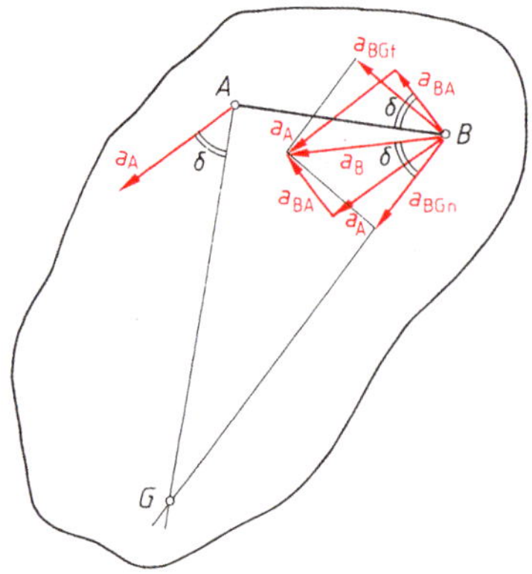

2.47 Bestimmung des Beschleunigungspols

gungspol G. Da

$$\delta = \arctan \frac{a_{AGt}}{a_{AGn}} = \arctan \frac{\alpha}{\omega^2} = \text{konst},$$

sind die Richtungen zum Polstrahl gleich ϑ (**2.**47).

Von praktischer Bedeutung sind Momentan- und Beschleunigungspol vor allem in der grafischen Kinematik, da dort der trigonometrische Rechenaufwand wegfällt. Gewöhnlich sind Momentan- und Beschleunigungspol unterschiedliche Punkte der Scheibe. Eine Ausnahme bildet die Drehung eines Körpers um eine ortsfeste Achse. Hier ist die Achse Momentan- und Beschleunigungspol zugleich.

Beispiel 2.30 Der Punkt A eines Körpers bewegt sich horizontal mit der Beschleunigung $a_A = 20\,m/s^2$. Ein zweiter Punkt B des Körpers, $\overline{AB} = 2\,m$ von A entfernt, bewegt sich vertikal mit der Beschleunigung $a_B = 10\,m/s^2$, $\varphi = 60°$ (**2.**48).

Ges.: a_C des Punktes C, der sich genau in der Mitte der Verbindungsstrecke AB befindet.

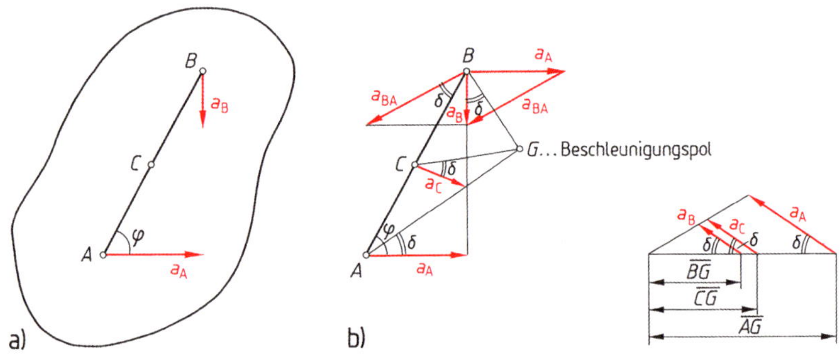

2.48 zu Beispiel 2.30 a) Lageplan, b) Beschleunigungsplan

Lösung

$$a_{BA} = \sqrt{a_A^2 + a_B^2} = \sqrt{20^2\,(m/s^2)^2 + 10^2\,(m/s^2)^2} = 22{,}36\,m/s^2$$

$$\delta = \arctan \frac{a_A}{a_B} - 30° = \arctan \frac{20}{10} - 30 = 33{,}4°$$

$$\overline{BG} = \overline{AB} \cdot \frac{\sin(\varphi - \delta)}{\sin 90°} = 2 \cdot \frac{\sin(60 - 33{,}435)}{\sin 90°} = 0{,}894\,m$$

$$\overline{CG} = \sqrt{\overline{CB}^2 + \overline{BG}^2 - 2 \cdot \overline{CB} \cdot \overline{BG} \cdot \cos(30 + \delta)}$$

$$\overline{CG} = \sqrt{1^2\,(m/s^2)^2 + 0{,}894^2\,(m/s^2)^2 - 2 \cdot 1\,m/s^2 \cdot 0{,}894\,m/s^2 \cdot \cos(30 + 33{,}435)}$$
$$= 1\,m$$

$$\overline{BG} : a_B = \overline{CG} : a_C$$

$$a_C = a_B \frac{\overline{CG}}{\overline{BG}} = 10\,m/s^2 \frac{1}{0{,}894} = \mathbf{11{,}18\,m/s^2}$$

2.3.5 Kinematik der Relativbewegung

Von einer Relativbewegung sprechen wir, wenn sich ein Körper in einem System bewegt, das sich selbst gegenüber einem als ruhend definierten Bezugssystem bewegt. Die Bewegung des bewegten Systems gegenüber dem als ruhend gedachten Bezugssystem heißt Führungsbewegung, die Bewegung des Körpers im bewegten System Relativbewegung, die auf das ruhende System bezogene Körperbewegung ist die Absolutbewegung.

Geschwindigkeitsbeziehung. Hat ein Körper zum bewegten Bezugssystem die Relativgeschwindigkeit $\vec{v}_{rel}$, das bewegte System wiederum zum ruhenden System die Führungsgeschwindigkeit $\vec{v}_F$, gilt entsprechend Bild **2**.49

$$\vec{v}_{abs} = \vec{v}_{rel} + \vec{v}_F. \qquad \text{Gl. (2.35)}$$

Die absolute Geschwindigkeit eines Körpers berechnet sich durch vektorielle Addition aus Relativgeschwindigkeit und Führungsgeschwindigkeit.

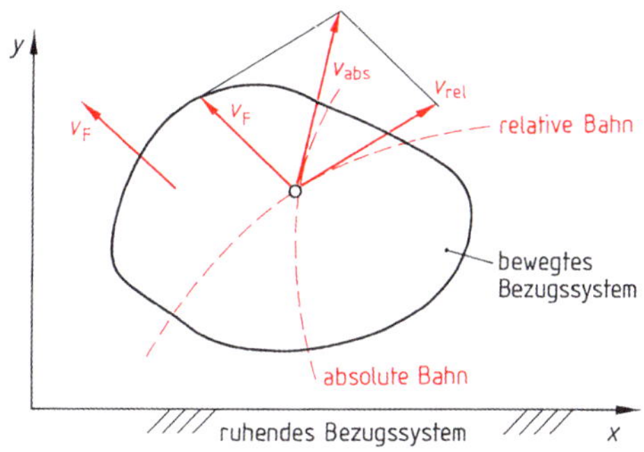

2.49 Geschwindigkeitsbeziehung bei Relativbewegung

Beispiel 2.31 Die Strömungsgeschwindigkeit eines Flusses beträgt $v_F = 2$ m/s. Auf ihm bewegt sich ein Boot relativ zum Wasser mit der Geschwindigkeit $v_{rel} = 3$ m/s. Die Geschwindigkeiten werden als konstant angenommen. Die Breite des Flusses ist $\overline{AB} = 200$ m, die Entfernung $\overline{BC} = 20$ m (**2**.50) Ges.:

a) Welchen Vorhaltewinkel φ muss der Bootsfahrer einhalten, wenn er von A aus C erreichen will? b) Wie groß ist seine Absolutgeschwindigkeit v_{abs}? c) Wie groß ist die Fahrzeit t?

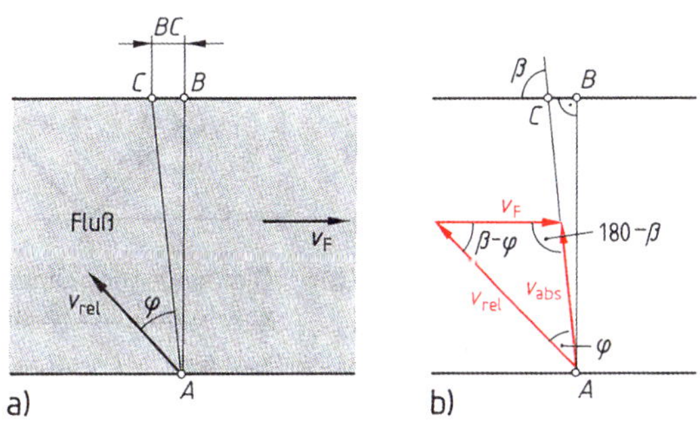

2.50 Flussüberquerung
a) Lageplan
b) Geschwindigkeitsplan

Lösung

a) $$\beta = \arctan\left(\frac{\overline{AB}}{\overline{BC}}\right) = \arctan\left(\frac{200}{20}\right) = 84{,}29°$$

Aus dem Geschwindigkeitsplan folgt mittels Sinussatz

$$\varphi = \arcsin\left(\frac{v_F}{v_{rel}} \cdot \sin(180 - \beta)\right) = \arcsin\left(\frac{2}{3}\sin 95{,}71°\right) = \mathbf{41{,}56°}$$

b) $$v_{abs} = v_{rel}\frac{\sin(\beta - \varphi)}{\sin(180 - \beta)} = 3 \cdot \frac{\sin(84{,}29 - 41{,}56)}{\sin 95{,}71°} = \mathbf{2{,}0\,m/s}$$

c) $$t = \frac{\overline{AC}}{v_{abs}} = \frac{\sqrt{\overline{AB}^2 + \overline{BC}^2}}{v_{abs}} = \frac{\sqrt{200^2 + 20^2}}{2{,}0459} = \mathbf{98{,}2\,s}$$

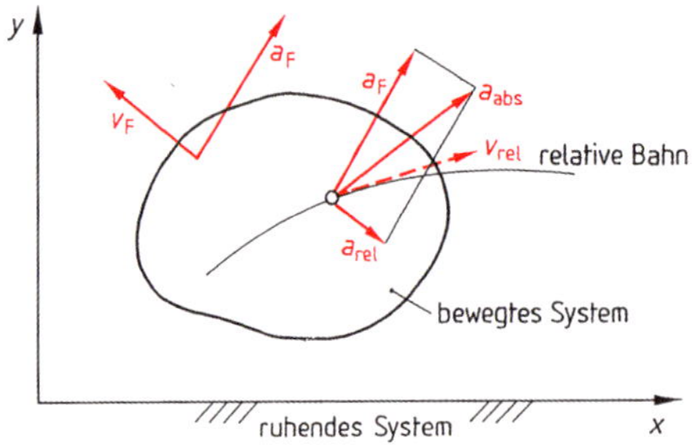

2.51 Absolute Beschleunigung eines Körpers bei translatorischer Führungsbewegung

Beschleunigungsbeziehung. Eine zur Geschwindigkeitsbeziehung analoge Form für die Beschleunigungen erhalten wir, wenn das bewegte System keine Rotation (Drehung) ausführt, sich also nur translatorisch bewegt (**2.**51). Dann gilt

$$\overrightarrow{a_{abs}} = \overrightarrow{a_{rel}} + \overrightarrow{a_F}. \qquad \text{Gl. (2.36)}$$

Bei translatorischer Führungsbewegung berechnet sich die absolute Beschleunigung eines Körpers durch vektorielle Addition aus Relativbeschleunigung und Führungsbeschleunigung.

Coriolisbeschleunigung. Ist die Führungsbewegung eine Rotation mit der Führungswinkelgeschwindigkeit $\overrightarrow{\omega_F}$, kommt noch ein Beschleunigungsvektor hinzu, der senkrecht auf $\overrightarrow{v_{rel}}$ steht und im Sinne von $\overrightarrow{\omega_F}$ dreht. Der Grund liegt darin, dass bei der Rotation im Unterschied zur Translation in jedem Augenblick alle Punkte des bewegten Systems verschiedene Geschwindigkeiten haben – ausgenommen jene Punkte des bewegten Systems, die von der Drehachse gleichen Abstand haben. Zusätzlich wird der Vektor der Relativgeschwindigkeit $\overrightarrow{v_{rel}}$ gedreht. Dieser zusätzliche Beschleunigungsvektor heißt Coriolisbeschleunigung $\overrightarrow{a_{cor}}$ (s. Abschn. 2.24).

Aufgaben zu Abschnitt 2.3

1. Eine Stange $\overline{AB}$ bewegt sich so, dass der Punkt *A* entlang der *y*-Achse, der Punkt *B* entlang der *x*-Achse gleitet. Die Geschwindigkeit des Punktes *A* ist $v_A = 7$ m/s. Für die im Bild **2.**52 gezeigte Lage wird die Geschwindigkeit des Punktes *C* gesucht.

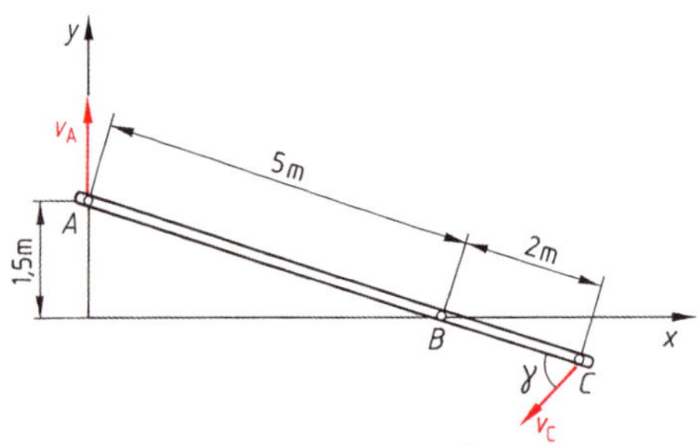

2.52 Gleitbewegung einer Stange

2. Das Viereck *ABCD* bewegt sich so, dass der Punkt *A* entlang der *x*-Achse, der Punkt *B* entlang der *y*-Achse gleitet (**2.**53). Im Augenblick der Betrachtung hat Punkt *A* die Geschwindigkeit $v_A = 7$ m/s.
Ges.: Geschwindigkeit von *E* für die gezeigte Lage.

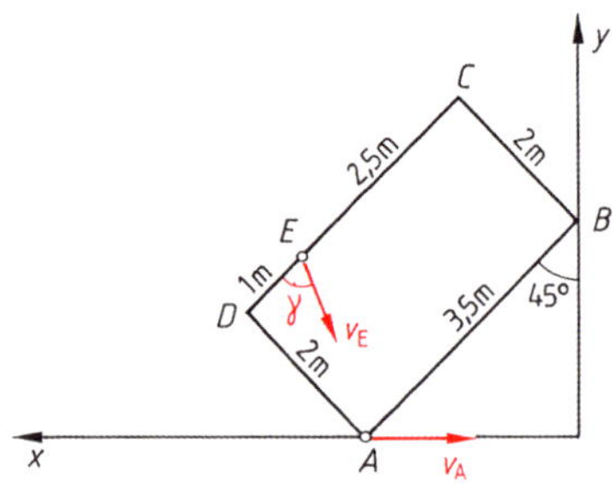

2.53 Gleitbewegung eines Rechtecks im *x*, *y*-Koordinatensystem

3. Die Kurbelwelle des Kurbeltriebs **2.**54 rotiert im Uhrzeigersinn mit der Winkelgeschwindigkeit $\omega_{BA} = 80\,\text{s}^{-1}$. Für die gezeigte Lage sind die Kolbengeschwindigkeit und die Kolbenbeschleunigung zu bestimmen.
Geg.: $r = \overline{AB} = 0{,}04$ m, $l = \overline{BC} = 0{,}2$ m, $\varphi = 40°$.

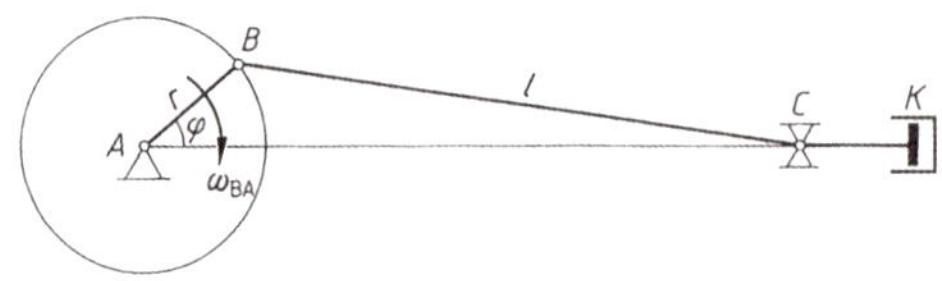

2.54 Kurbelgetriebe

4. Die Kurbel $\overline{ED}$ der Kurbelschwinge **2**.55 dreht sich im Uhrzeigersinn mit der momentanen Winkelgeschwindigkeit $\omega_{DE} = 20\,s^{-1}$.
Die Einzellängen der Kurbelschwinge betragen: $\overline{DE} = 0{,}15\,m$, $\overline{BD} = 0{,}3\,m$, $\overline{AB} = 0{,}2\,m$. Für die gezeichnete Lage sind die Geschwindigkeiten der Punkte B und D (v_B, v_D) und die Winkelgeschwindigkeiten der Stäbe $\overline{AB}$ und $\overline{BD}$ (ω_{BA}, ω_{BD}) zu ermitteln.

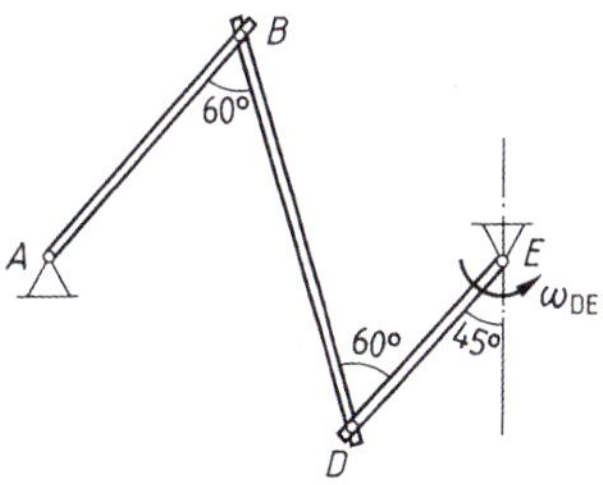

2.55 Kurbelschwinge

5. Geg.: Gleitstein mit Schwungmassen (**2**.56), $r = 2\,m$, $\omega = 2\,s^{-1}$, $\alpha = 4\,s^{-2}$, $\varphi = 45°$, $a_B = 2\,m/s^2$
Ges.: Beschleunigung der Masse A (a_A).

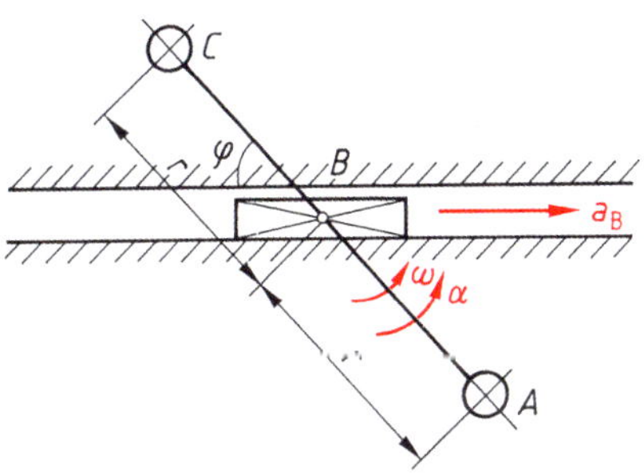

2.56 Gleitstein mit Schwungmassen

6. Geg.: Rotierende Scheiben. Kreisscheibe 1 rotiert mit der Winkelgeschwindigkeit $\omega_1 = 5\,s^{-1}$ im Uhrzeigersinn. Die Kreisscheibe 2, die in B auf der Scheibe 1 montiert ist, dreht sich momentan mit $\omega_2 = 6\,s^{-1}$ und $\alpha_2 = 7\,s^{-2}$ im Gegenuhrzeigersinn.
Entfernung $AB = 1{,}5\,m$, die Radien der Scheiben sind $r = 1\,m$, $R = 3\,m$.
Ges.: Für die im Bild **2**.57 gezeichnete Lage wird die Beschleunigung des Punktes C, bezogen auf den Drehpunkt A, gesucht.

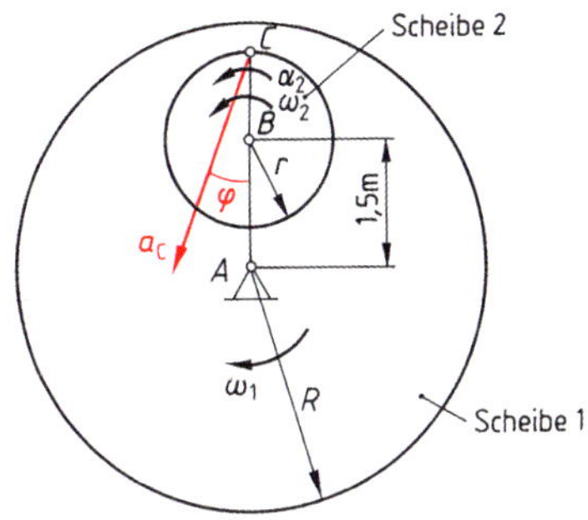

2.57 Rotierende Kreisscheiben

7. Geg.: Zwei Reibräder **2**.58 mit $r_1 = 3\,m$, $r_2 = 2\,m$, $a_{Ax} = 27\,m/s^2$, $a_{Ay} = 21\,m/s^2$.
Im Punkt C tritt kein Gleiten auf!
Ges.: Beschleunigung des Punktes B, bezogen auf den Punkt A (a_{BA}).

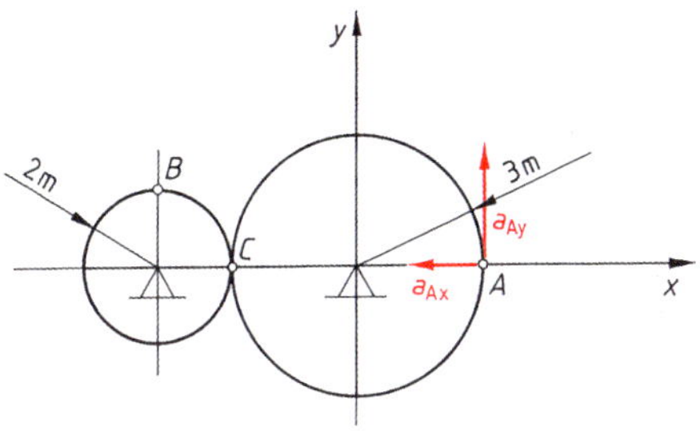

2.58 Zwei Reibräder

8. Ein Rad, auf dem ein Rohr befestigt ist, dreht sich im Gegenuhrzeigersinn mit konstanter Winkelgeschwindigkeit $\omega = 300\,s^{-1}$. Raddurchmesser $d = 5\,m$, Rohrlänge $l = 1{,}2\,m$. Aus dem Rohr tritt eine Kugel mit einer relativen Austrittsgeschwindigkeit $v_{rel} = 1000\,m/s$ aus (**2**.59).
Ges.: Absolute Austrittsgeschwindigkeit der Kugel v_{abs} und φ.

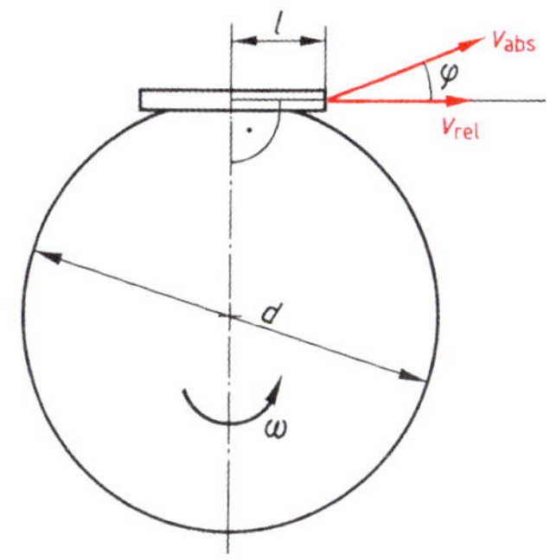

2.59 Abschussrohr auf einer rotierenden Scheibe

9. Ein Kraftfahrzeug fährt mit einer absoluten Geschwindigkeit von 60 km/h nach Süden. Ein Beobachter befindet sich 100 m östlich dieser Bewegungsrichtung. Wie groß ist die Winkelgeschwindigkeit relativ zum Beobachter, wenn sich das Kraftfahrzeug a) gerade westlich vom Beobachter und b) gerade 100 m südlich befindet? (**2**.60)

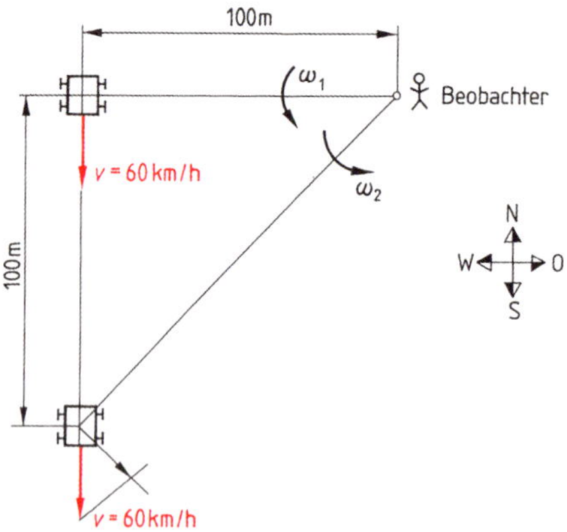

2.60 Beobachtung eines Kraftfahrzeugs

10. Der Punkt A einer Scheibe bewegt sich vertikal nach oben mit der Beschleunigung $a_A = 10$ m/s². Ein zweiter Punkt B der Scheibe, $\overline{AB} = 2$ m von A entfernt, bewegt sich momentan horizontal nach rechts mit der Beschleunigung $a_B = 5$ m/s² (**2**.61).

Ges.: Momentane Beschleunigung des Punktes C a_C, der sich auf der Geraden AB befindet und von B 2 m entfernt liegt.

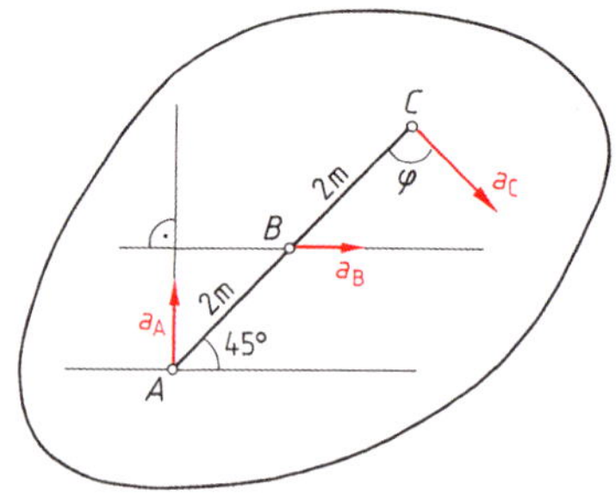

2.61 Allgemein beschleunigte Bewegung einer Scheibe

2.4 Grafische Behandlung kinematischer Größen

2.4.1 Grundlagen

In den voranstehenden Abschnitten wurden die kinematischen Größen erläutert und mathematisch hergeleitet. Wie uns bekannt, lassen sich alle Probleme der Mechanik auch grafisch lösen. Bei komplizierten Abläufen ist dieser Lösungsweg vorteilhaft, weil er das Ergebnis schneller liefert.

Getriebe. In fast allen Maschinen liegen die Verbindungsgelenke der einzelnen Bauteile in einer Ebene oder in zueinander parallelen Ebenen, so dass die Bahnkurven aller Punkte der Einzelteile in parallelen Ebenen liegen. Die Abstände der einzelnen Verbindungsstellen (Gelenkpunkte) sind unveränderlich. Man kann deshalb die gesamte Bauteilvernetzung abstrahieren und die einzelnen Gelenke mit geradlinigen Verbindungen versehen (**2**.62). Die Abstraktion nennt man Getriebe. Ein Getriebe besteht also aus G l i e d e r n und ihren Verbindungen (G e l e n k e n). Die Glieder sind die einzelnen Bauteile des Aggregats, die Gelenke sind z. B. Zapfen und Lager. Durch die Verbindung der Bauteile haben die Glieder nicht alle möglichen Freiheitsgrade. Es ist zu berücksichtigen, dass beim Getriebe als Sonderform eines Mechanismus ein bestimmtes Glied das treibende ist. (Unter Mechanismus versteht man eine zwangsweise geschlossene kinematische Kette, bei der ein Glied feststeht, z. B. das Fundament.)
Für die Getriebelehre gibt es zwei Betrachtungsweisen: Die Analyse und die Synthese.

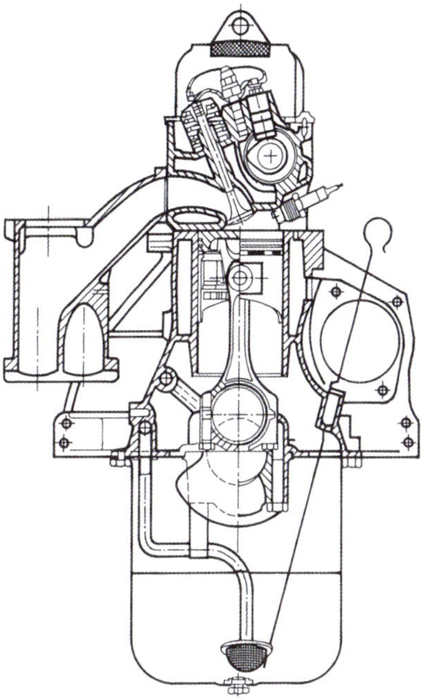

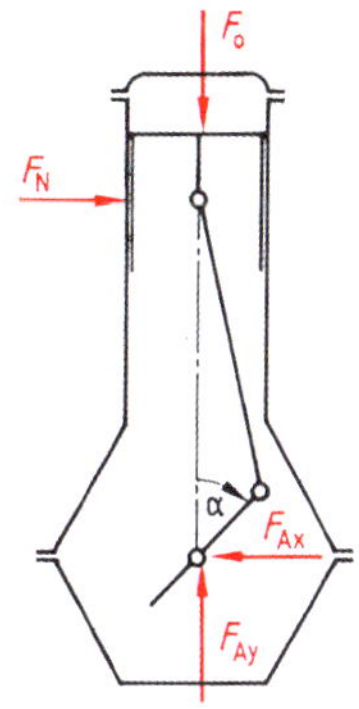

2.62 Triebwerk einer Verbrennungskraftmaschine

Bei der Analyse ist ein Getriebe gegeben. Gesucht werden z. B. die Bahn eines bestimmten Punktes, seine Geschwindigkeit oder Beschleunigung, um letztlich die wirkenden Kräfte berechnen zu können (Abschn. 3), z. B. für das vorhandene Triebwerk eines Motors.

Bei der Synthese ist der Bewegungsablauf einzelner Glieder vorgegeben. Gesucht wird die Konstruktion des Getriebes, evtl. mit Ermittlung der Geschwindigkeiten, Beschleunigung einzelner Punkt usw. Beispiel: konstruktive Lösung des Scheibenwischergetriebes eines Busses. Zu lösen ist hier die Frage, wie das entsprechende Getriebe aussehen muss, damit eine möglichst große Fläche der Frontscheibe vom Regenwasser befreit wird.

Getriebeeinteilung. Getriebe können nach verschiedenen Gesichtspunkten eingeteilt werden:

- nach der Verbindung der Glieder in Kurbel- bzw. Koppelgetriebe, Einkurven- und Zweikurvengetriebe,
- nach der Bewegung, die erzeugt werden kann, in Kurbel-, Kurven-, Räder-, Rollen-, Sperr-, Schalt-, Schraubengetriebe.

Vorhanden sind stets eine Antriebsstelle sowie eine oder mehrere Abtriebsstellen. Theoretisch sind auch mehrere Antriebsstellen möglich, jedoch wollen wir diese hier nicht behandeln. Wie viele Glieder eines Getriebes voneinander abhängig angetrieben werden können, ist durch den Freiheitsgrad bestimmt.

$$F = 3(n-1) - 2g \qquad \text{Gl. (2.37)}$$

F = Freiheitsgrad
g = Anzahl der Gelenke
n = Anzahl der Glieder

Beispiel 2.32 Gegeben sind die Getriebe **2.**63 und **2.**64. Gesucht wird der jeweilige Freiheitsgrad.

Lösung (**2.**63) $g = 4$, $n = 4$

$F = 3(4-1) - 2.4 = \mathbf{1}$

(**2.**64) $n = 5$, $g = 5$

$F = 3(5-1) - 2.5 = \mathbf{2}$

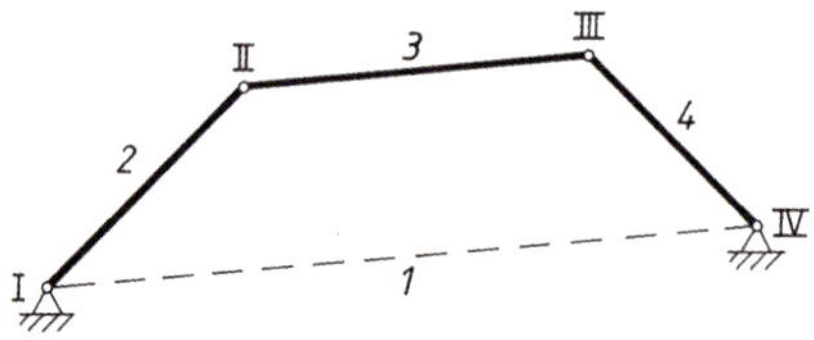

2.63 Getriebe

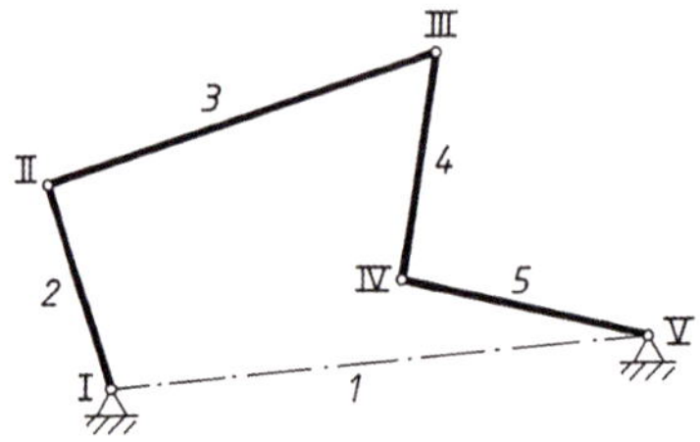

2.64 Getriebe

Wir wollen in diesem Abschnitt die Bahnkurven, Geschwindigkeiten und Beschleunigungen auf grafischem Weg finden. Dazu gibt es im gesamten Maschinenbau Anwendungsbeispiele, etwa den Kurbeltrieb eines Motors oder eines Kompressors, die Zahnform von Zahnrädern oder die Erzeugung bestimmter Bewegungen in der Fertigungsautomation, in der Medizin (z. B. Kniegelenk) oder bei Geradführungen (Zeichenmaschine, Lampe).

2.4.2 Bewegungsarten

Bei der fortschreitenden Bewegung (Translation) behält der Körper, ohne sich zu drehen, seine räumliche Richtung bei. Eine betrachtete Körperkante bleibt bei der Translation immer parallel zu ihrer Ausgangslage. Alle Körperpunkte beschreiben kongruente Bahnen und befinden sich zur selben Zeit im gleichen Bewegungszustand. D. h., um die Bewegung des ganzen Körpers zu beschreiben, genügen die Bewegungsgesetze für einen Körperpunkt. Hierzu wird meist der Schwerpunkt verwendet (**2.**65, s. a. Bild **2.**2 und **2.**3).

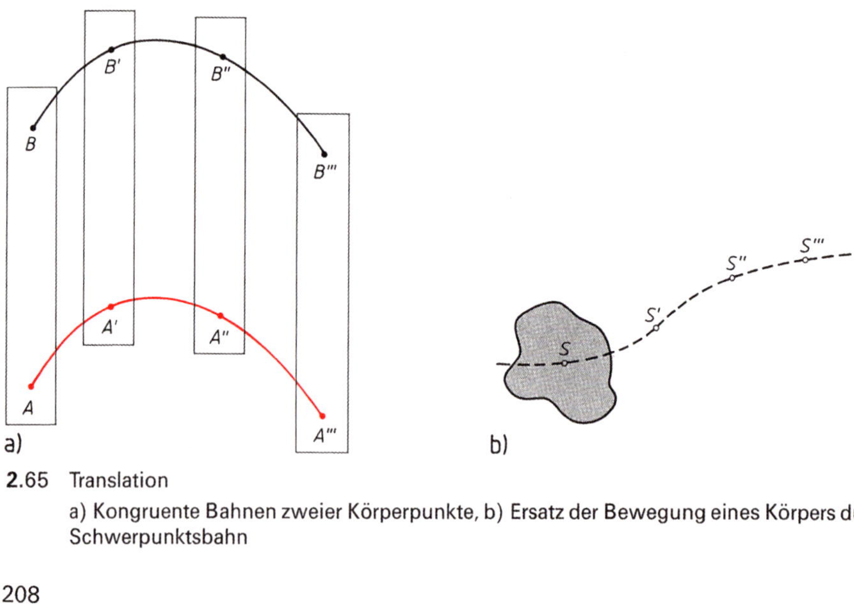

2.65 Translation

a) Kongruente Bahnen zweier Körperpunkte, b) Ersatz der Bewegung eines Körpers durch seine Schwerpunktsbahn

Bei der Drehbewegung (Rotation) beschreiben die einzelnen Körperpunkte Kreisbahnen, deren Ebene normal auf der ortsfesten Drehachse stehen und deren Mittelpunkte in der Drehachse liegen (koaxiale Kreise; **2**.66; s. a. Bild **2**.4).

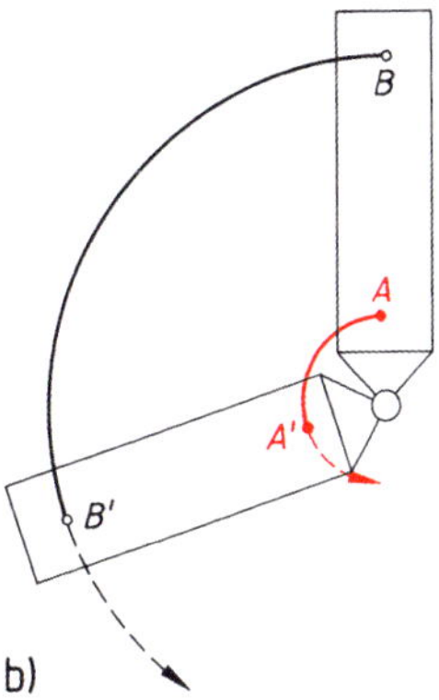

2.66 Räumliche Rotation

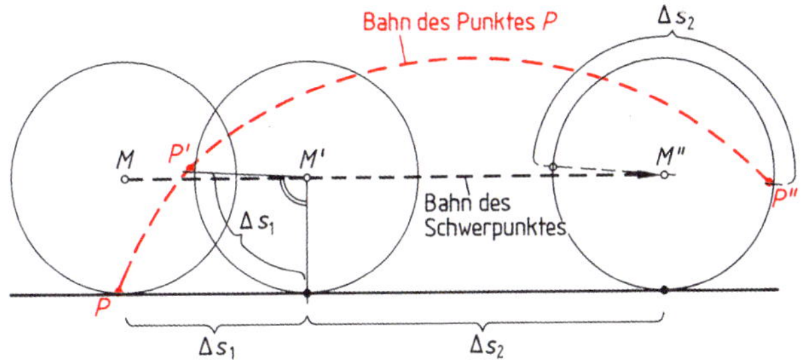

2.67 Allgemeine Bewegung

Die allgemeine Bewegung ist eine Überlagerung von Translation und Rotation. Wie bei der Translation und Rotation gilt, dass alle Punkte des Körpers infolge ihrer starren Lage zueinander als Scheibe aufgefasst werden können (**2**.67).

2.4.3 Bahnkurven

Unter der Bahnkurve eines Getriebepunkts versteht man jene Linie, die er auf einer festen Unterlage während seiner Bewegung beschreibt. Für die Darstellung der Bahnkurve stehen uns zwei Konstruktionen zur Verfügung: die Zirkelkonstruktion und die Pauspapierkonstruktion.

Bei der Zirkelkonstruktion werden das Gelenkviereck in seiner Grundstellung gezeichnet, das angetriebene Glied in fortschreitender Position eingezeichnet und die übrigen Positionen der anderen Glieder mit Hilfe des Zirkels festgelegt.

Beispiel 2.33 Gegeben ist das Gelenkviereck **2**.68 a mit der Kurbel D_1A, $\overline{D_1D_2} = 6$ cm, $\overline{D_1A} = 3$ cm, $\overline{D_2B} = 4$ cm, $\overline{AB} = 6$ cm, $\overline{AP} = 4$ cm. Gesucht wird die Bahn des Koppelpunkts P.

Die einzelnen Glieder werden als Kurbel ($\overline{D_1A}$), Schwinge ($\overline{D_2B}$) und Koppel ($\overline{AB}$) bezeichnet. D_1 und D_2 sind Drehpunkte.

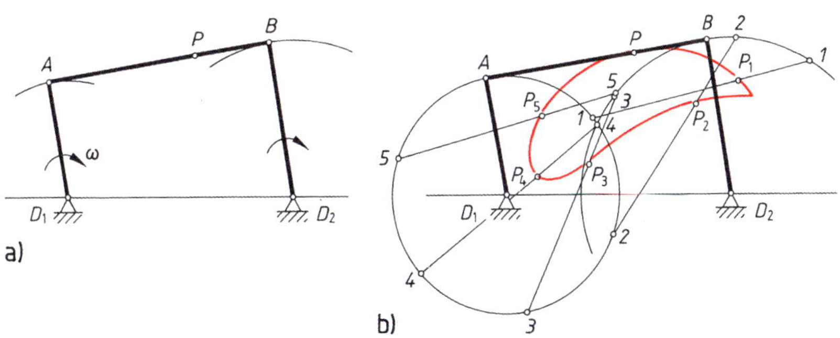

2.68 Gelenkviereck
a) Ausgangslage, b) Koppelkurve des Punktes P

Lösung (**2**.68 b) A bewegt sich auf einer Kreisbahn, z. B. nach 1. AB wird von 1 auf dem zweiten Kreis abgeschlagen, der Punkt P in seiner neuen Lage markiert. Die Verbindung aller so gefundenen P-Punkte nennt man K o p p e l k u r v e.

Bei der Pauspapierkonstruktion wird die Koppel auf Pauspapier gezeichnet und auf den Kreisbahnen verschoben. Der Koppelpunkt wird durch Striche oder Zirkelmarkierungen auf der Unterlage fixiert.

Beispiel 2.34 Gegeben ist das Gelenkviereck **2**.69 a mit
$\overline{D_1D_2} = 4$ cm, $\overline{D_1A} = 3{,}2$ cm, $\overline{D_2B} = 3{,}8$ cm, $\overline{AB} = 4$ cm, $\overline{AC_1} = 6$ cm, $\overline{BC_1} = 4{,}4$ cm, $\overline{AC_2} = 6$ cm, $\overline{BC_2} = 2{,}8$ cm. Gesucht werden die Koppelkurven von C_1 und C_2.

Lösung (**2**.69 b und c)

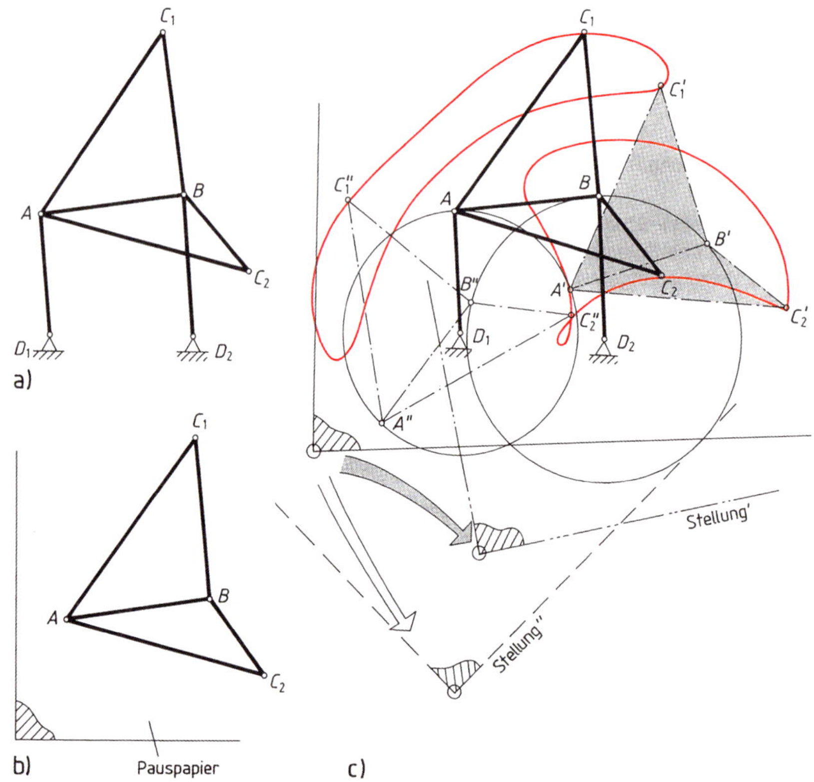

2.69 Gelenkviereck
a) Ausgangslage, b) Bahnkonstruktion der Koppelkurven, c) Pauspapier

Beide Beispiele behandeln Getriebe mit einem Freiheitsgrad. Lösungen für ein Getriebe mit starren Gliedern und zwei Freiheitsgraden setzen voraus, dass die Kurbelstellungen in Abhängigkeit von der Zeit gegeben sein müssen.

Beispiel 2.35 Gegeben ist ein Getriebe mit zwei Freiheitsgraden (**2**.70 a).
$\overline{D_1D_2} = 6$ m, $\overline{D_1A} = 3$ m, $\overline{D_2B} = 1{,}6$ m, $\overline{AC} = 7$ m, $\overline{BC} = 5{,}8$ m, $\alpha = 60°$, gleiches ω beider Kurbeln ($\omega_1 = \omega_2$), $m_L = 1$ m/cm$_z$. Gesucht wird die Koppelkurve des Punktes C.

Beispiel 2.35
Fortsetzung

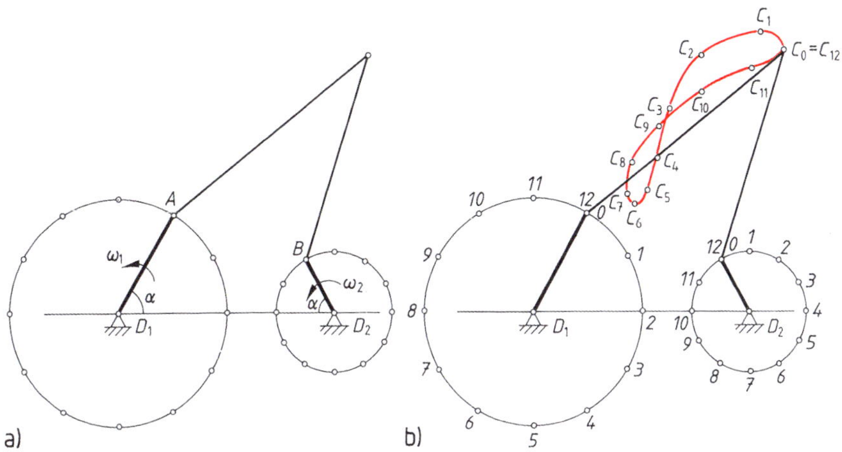

2.70 a) Getriebe mit zwei Freiheitsgraden, b) Koppelkurve des Punktes C

Lösung (**2.70** b) Infolge der bekannten Abstandsgrößen $\overline{AC}$ und $\overline{BC}$ kann in Verbindung mit der jeweiligen Stellung von A und B der Punkt C (C_0 bis C_{12}) konstruiert werden. Die Kreise der Kurbeln D_1A und D_2B wird man dabei zweckmäßigerweise in gleiche Teile (z. B. 12) unterteilen.

2.4.4 Bahngeschwindigkeit

Die Geschwindigkeit ist definiert als Wegänderung je Zeitänderung ($v = \Delta s/\Delta t$). Die Momentangeschwindigkeit eines Bahnpunkts ist damit gleich der momentanen Wegänderung je Zeitänderung. Die Geschwindigkeit kann also aus dem Weg-Zeit-Diagramm grafisch ermittelt werden.

Beispiel 2.36 Vom Beispiel 2.35 ist auf grafischem Weg die Geschwindigkeits-Zeit-Linie zu ermitteln, wenn die Zeit zwischen zwei Punkten jeweils 0,5 s beträgt.

Lösung (**2.71** a und b) Vor Beginn der Zeichnung werden Maßstäbe gewählt, und zwar für den Weg $m_L = m_s = 1$ m/cm$_z$, für die Zeit $m_t = 0{,}5$ s/cm$_z$, Polabstand $p = 2$ cm$_z$. Nach

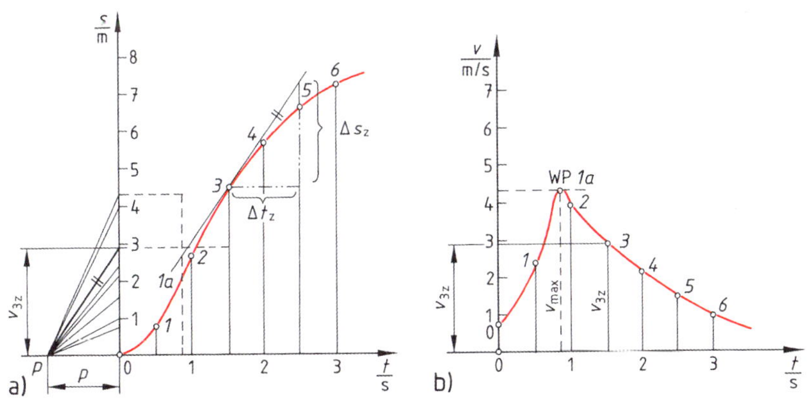

2.71 Geschwindigkeits-Zeit-Linie
a) Bahnkurve, b) v, t-Linie

Lösung, Fortsetzung

Bild **2.**70 b werden folgende Wegabschnitte aus der Koppelkurve gemessen (Abstände von C_o aus, z. B. mittels Schnur im Bogen):

Punkt	1	2	3	4	5	6	
Ges. Weg in m	0,8	2,7	4,5	5,7	6,7	7,3	usw.

Diese Werte werden über der Zeitachse aufgetragen. Auf der Zeitachse wählen wir einen beliebigen Pol P (der Polabstand soll mit Rücksicht auf den Geschwindigkeitsmaßstab günstig erfolgen) und zeichnen durch ihn parallel zu den Tangenten in den einzelnen Punkten eine Gerade. Durch die Schnittpunkte dieser Geraden mit der Ordinate legen wir jeweils eine Horizontale und schneiden sie mit der Lotrechten der zugehörigen Abszissenwerte. Die so gewonnenen Punkte sind die Geschwindigkeiten. Günstig ist es, ein eigenes Diagramm, getrennt vom Weg-Zeit-Diagramm, zu zeichnen (**2.**71 b).

Mathematisch ergibt sich der Zusammenhang aus folgenden Überlegungen:

$$\frac{\Delta s_z}{\Delta t_z} = \frac{v_{3z}}{p} \qquad \begin{aligned}\Delta s &= \mathrm{m_L} \cdot \Delta s_z\\ \Delta t &= \mathrm{m_t} \cdot \Delta t_z\end{aligned} \qquad v_3 = \mathrm{m_v} \cdot v_{3z} \qquad \frac{\Delta s_3}{\mathrm{m_L}} \cdot \frac{\mathrm{m_t}}{\Delta t_3} = \frac{v_3}{\mathrm{m_v} \cdot p}$$

Da $\dfrac{\Delta s_3}{\Delta t_3} = v_3$ (s. Gl. 2.1), ist der Geschwindigkeitsmaßstab dabei nicht frei wählbar, sondern ergibt sich mit

$$\mathrm{m_v} = \frac{\mathrm{m_L}}{p \cdot \mathrm{m_t}}. \qquad \text{Gl. (2.38)}$$

v_{max} im Punkt 1 a; $v_{max} = 4{,}3\ \mathrm{cm_z} \cdot \dfrac{1\ \mathrm{m/s}}{\mathrm{cm_z}} = 4{,}3\ \mathrm{m/s}$, denn

$$\mathrm{m_v} = \frac{1\ \mathrm{m/cm_z}}{2\ \mathrm{cm_z} \cdot 0{,}5\ \mathrm{s/cm_z}} = \frac{1\ \mathrm{m/s}}{\mathrm{cm_z}}$$

Beispiel 2.37 Gegeben ist das Gelenkviereck aus Beispiel 2.33, jedoch befindet sich zusätzlich an der Koppel der Punkt S. Er ist von der Mitte der Koppel 1,5 cm nach innen entfernt (**2.**72 a). Die Kurbel D_1A dreht sich um 30°/s. Gesucht werden die Koppelkurve von S, das s, t- und v, t-Diagramm sowie v_{max}. Hinweis: Konstruktionspunkte alle 30°.

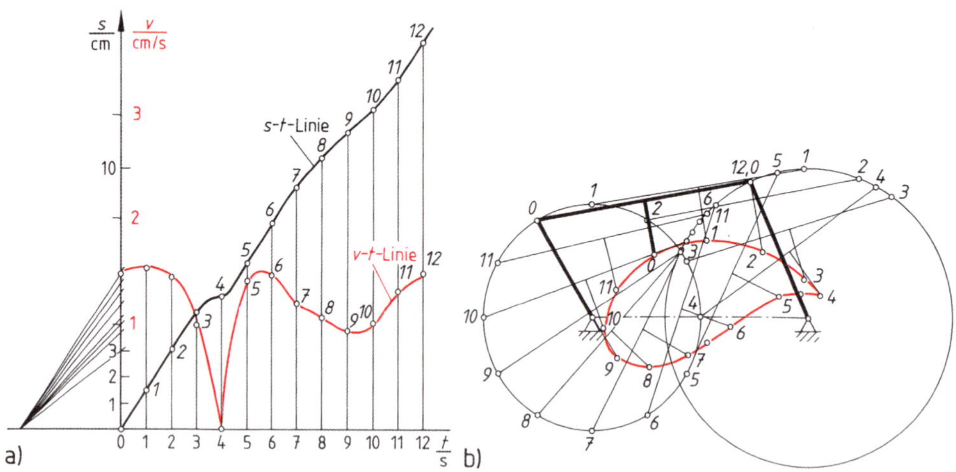

2.72 a) Koppelkurve, b) s, t- und v, t-Linie

Lösung (**2**.72b)

$$m_L = \frac{1\ \text{cm}}{\text{cm}_z};\ m_t = \frac{1\ \text{s}}{\text{cm}_z};\ m_v = \frac{m_L}{p \cdot m_t} = \frac{1\ \text{cm}}{\text{cm}_z \cdot 4\ \text{cm}_z \cdot 1\ \text{s}}\ \text{cm}_z = \frac{0{,}25\ \text{cm/s}}{\text{cm}_z}$$

$$v_{max} = 6{,}2\ \text{cm}_z \cdot 0{,}25\ \frac{\text{cm/s}}{\text{cm}_z} = \mathbf{1{,}55\ cm/s}$$ (tritt im Punkt 1 auf)

Geschwindigkeitssatz von Euler. Wir haben im Abschn. 2.3.2 festgestellt, dass jede allgemeine ebene Bewegung als Zusammensetzung zwischen Drehung und Schiebung aufgefasst werden kann. Daraus ergibt sich der Satz von Euler (Bilder **2**.39 und **2**.40). Nun soll sich der Punkt A auf einer beliebigen Bahn von A_1 nach A_2 bewegen und dabei der Punkt B der Scheibe von B_1 nach B_2 gelangen. Wir zerlegen dazu die Bewegung von B_1 nach B_2 in die Schiebung von B_1 nach B'_1 und in die Drehung des Punktes um die ortsfeste Achse A_2 von B'_1 nach B_1. Dabei ergeben sich $v_A = \Delta s_A/\Delta t$ als Schiebegeschwindigkeit und $v_{BA} = AB \cdot \omega$ als Drehgeschwindigkeit. Damit gilt für einen momentanen Augenblick

$$\vec{v}_B = \vec{v}_A + \vec{v}_{BA}.$$ s. Gl. (2.27)

Dies ergibt den Satz von Euler: Die Geschwindigkeit des Punktes B ist gleich der vektoriellen Summe aus Bahngeschwindigkeit v_A und Drehgeschwindigkeit des Punktes B um A (v_{BA}).

Grafisches Integrieren. Oben haben wir aus dem Weg-Zeit-Diagramm die Geschwindigkeits-Zeit-Kurve grafisch ermittelt. Diesen Vorgang können wir auch umkehren, nämlich aus der gegebenen Geschwindigkeits-Zeit-Kurve die Weg-Zeit-Kurve ermitteln.

Beispiel 2.38 Gegeben ist als Geschwindigkeits-Zeit-Linie eine Kosinuslinie (**2**.73a). Gesucht wird die Weg-Zeit-Linie. Der Weg zur Zeit $t = 0$ soll mit 0 angenommen werden.

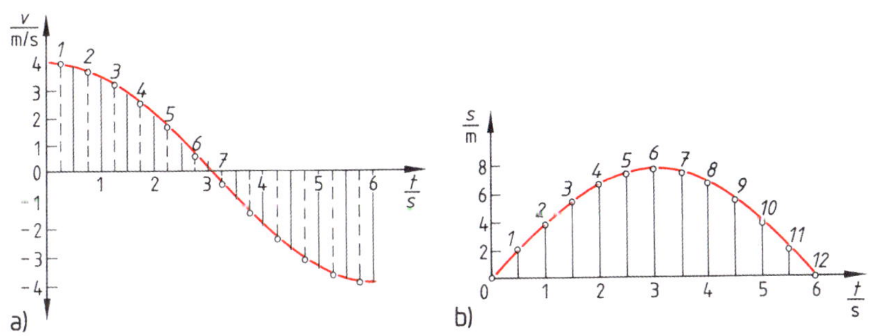

2.73 a) Geschwindigkeits-Zeit-Linie, b) Weg-Zeit-Linie

Lösung Die Lösung wäre mit Hilfe des Seileckverfahrens als grafisches Integrieren zu finden. Wir wollen hier eine kombinierte rechnerisch-grafische Methode anwenden.

Wir wählen Maßstäbe für die Geschwindigkeit und die Zeit. Der Wegmaßstab für das Ergebnis-Diagramm **2**.73b ist nicht frei wählbar, sondern ergibt sich aus

$$m_L = m_s = m_v \cdot m_t,\quad m_v = \frac{1\ \text{m/s}}{\text{cm}_z},\quad m_t = \frac{0{,}5\ \text{s}}{\text{cm}_z},\quad m_L = \frac{0{,}5\ \text{m}}{\text{cm}_z^2}.$$

Die gesamte Fläche unter der Kurve wird in Streifen aufgeteilt und hiervon der Flächeninhalt berechnet. So ergibt sich die zugehörige Wegänderung.

Lösung,
Fortsetzung

Punkt	1	2	3	4	5	6	7	8	9	10	11	12
Δt	0,50	0,50	0,50	0,50	0,50	0,50	0,50	0,50	0,50	0,50	0,50	0,50
v	3,96	3,69	3,17	2,43	1,53	0,52	−0,52	−1,53	−2,43	−3,17	−3,69	−3,96
Δs_i	1,98	1,84	1,58	1,21	0,76	0,26	−0,26	−0,76	−1,21	−1,58	−1,84	−1,98
$s = \Sigma\Delta s_i$	1,98	3,83	5,41	6,63	7,39	7,65	7,39	6,63	5,41	3,83	1,98	0

2.4.5 Bahnbeschleunigung

Beschleunigung ist die Geschwindigkeitsänderung je Zeitänderung. Die Momentanbeschleunigung eines Bahnpunkts ist gleich der momentanen Geschwindigkeitsänderung je Zeitänderung. Die Beschleunigung ist wie die Geschwindigkeit ein Vektor. Beschleunigungen können daher vektoriell addiert werden.

$$\vec{a} = \frac{\Delta\vec{v}}{\Delta t}$$

War die Richtung des Geschwindigkeitsvektors stets die der Bahntangenten, so kennen wir bei der Beschleunigung verschiedene Beschleunigungsarten: Tangential-, Normal- und Coriolisbeschleunigung.

Tangentialbeschleunigung. Ein Punkt P bewegt sich am Kreisumfang. Durch die Beschleunigung a ändert sich seine Bahngeschwindigkeit (**2**.74).

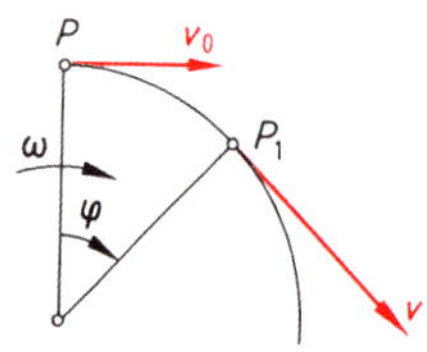

2.74 Veränderliche Bahngeschwindigkeit

$v = v_o + a_t \cdot t$ $\quad v_o$ = Geschwindigkeit zur Zeit $t = 0$
a_t = Tangentialbeschleunigung

Für $a \neq 0$ ändert sich aber auch die Winkelgeschwindigkeit ω. Dividiert man die Gleichung durch r, ergibt sich

$\frac{v}{r} = \frac{v_o}{r} + \frac{a_t}{r} \cdot t$. Da $v = r \cdot \omega$, folgt $\frac{r \cdot \omega}{r} = \frac{r \cdot \omega_o}{r} + \frac{a_t}{r} \cdot t$.

Die Winkelbeschleunigung (Tangentialbeschleunigung am Einheitskreis) ist dann

$$\omega = \omega_o + \frac{a_t}{r} \cdot t.$$

Die Tangentialbeschleunigung eines beliebigen Bahnpunkts ist gleich dem Produkt aus Winkelbeschleunigung und Radius.

$$a_t = r \cdot \alpha.$$

Für den Sonderfall der geradlinigen Bewegung ergibt sich

$r = \infty$, $\alpha = 0$ und damit $v = v_o + a \cdot t$.

Normalbeschleunigung. Bewegt sich ein Punkt gleichförmig auf einer Kreisbahn, ändert sich ständig die Richtung der Geschwindigkeit (**2**.75). Ein Massenpunkt kann aber seine Richtung nur dann ändern, wenn auf ihn eine nicht in Bewegungsrichtung liegende Beschleunigung wirkt. Entsprechend Bild **2**.76 gilt

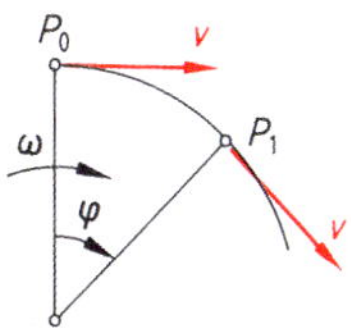

2.75 Kreisbewegung

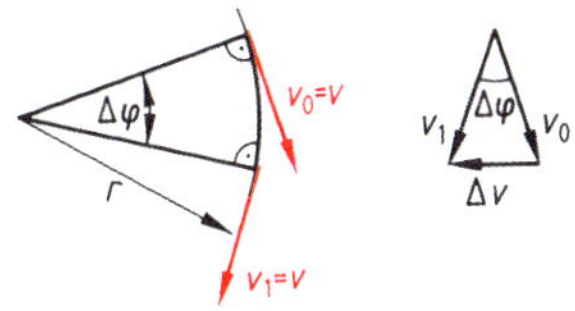

2.76

$$\vec{v}_1 = \vec{v} = \vec{v}_0 + \Delta\vec{v},$$

$$\sin\frac{\Delta\varphi}{2} \cong \frac{\Delta\varphi}{2} = \frac{\Delta v}{2v} \qquad \frac{\Delta v}{\Delta t} = \frac{\Delta\varphi}{\Delta t}\cdot v$$

$$a_n = \omega \cdot v = r\omega^2 = \frac{v^2}{r}$$

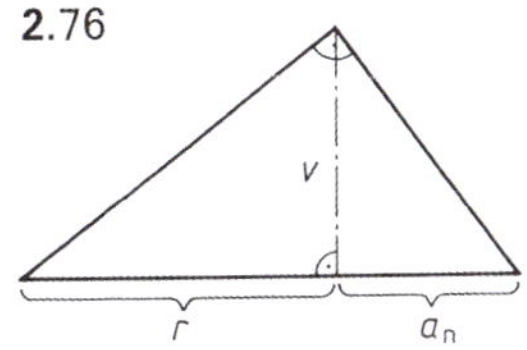

2.77 Grafische Konstruktion der Normalbeschleunigung

Die Normalbeschleunigung $a_n = r\omega^2 = v^2/r$ steht normal auf die Umfangsgeschwindigkeit v und ist zum Kreismittelpunkt hin gerichtet.

Aus der Ähnlichkeitsbetrachtung (Höhensatz) folgt eine einfache grafische Konstruktion (**2**.77).

$h^2 = p \cdot q \qquad \leftarrow v^2 = r \cdot a_n$

Beispiel 2.39 Gegeben ist die Kurbel **2**.78. Geschwindigkeit des Punktes A, $v_A = 8$ m/s, $r = 4$ m. Gesucht werden die Normalbeschleunigung a_n und die Winkelgeschwindigkeit ω.

$$m_L = \frac{0{,}67\text{ m}}{\text{cm}_z}, \quad m_v = \frac{2{,}67\text{ m/s}}{\text{cm}_z}$$

Den Beschleunigungsmaßstab erhalten wir analog zu m_v (s. Herleitung der Gl. 2.38) mit

$$\rightarrow m_a = \frac{m_v^2}{m_L}\text{ (Gl. 2.39)} = \frac{2{,}67^2}{0{,}67} = \frac{10{,}64\text{ m/s}^2}{\text{cm}_z}.$$

$$m_\omega = \frac{m_v}{m_L} = \frac{2{,}67}{0{,}67} = \frac{4\text{ s}^{-1}}{\text{cm}_z}$$

Lösung (**2**.78)

$a_n = 1{,}5\text{ cm}_z \cdot 10{,}64 = \mathbf{16\ m/s^2}$

$\omega = 0{,}5\text{ cm}_z \cdot 4 = \mathbf{2\ s^{-1}}$

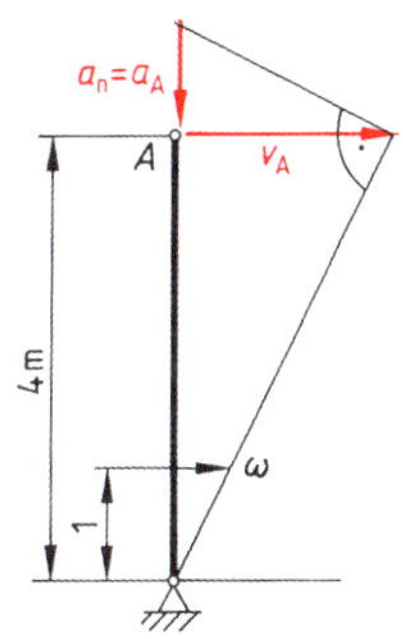

2.78 Normalbeschleunigung und Winkelgeschwindigkeit einer Kurbel

Die Coriolisbeschleunigung tritt, wie wir bereits wissen, nur bei zwangsweise geführten Systemen auf (s. Abschn. 2.3.5). Z. B. gleitet die Masse m in der drehbaren Führung von innen nach außen (**2**.79a). Wie ersichtlich, muss die Umfangsgeschwindigkeit erhöht werden. Dies

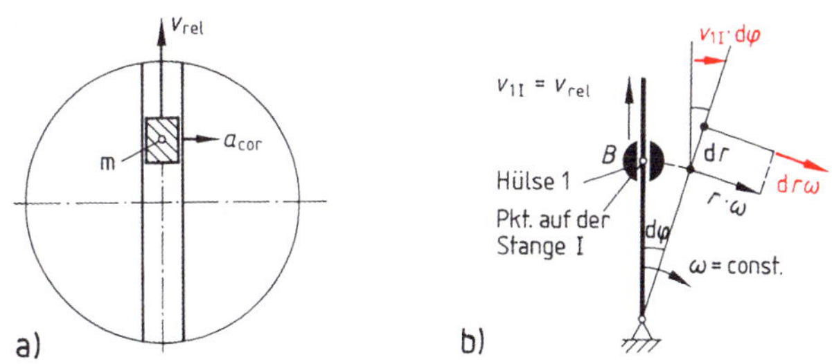

2.79
a) Geführtes System
b) auftretende Geschwindigkeitsarten, Coriolisbeschleunigung

kann nur durch eine von der Führung aufzubringende Beschleunigung geschehen. Sie wirkt bei Vergrößerung des Radius in Bewegungsrichtung und ist

$a_{cor} = \omega_F \cdot 2\, v_{rel}$	v_{rel} = Relativgeschwindigkeit ω_F = Winkelgeschwindigkeit der Führung	s. Gl. (2.18)

Bild **2**.79b entnehmen wir, dass sich die Coriolisbeschleunigung zusammensetzt aus:

$v_{1\mathrm{I}} \cdot \dfrac{d\varphi}{dt}$ = Schwenkung von $v_{1\mathrm{I}}$ in die neue Richtung und

$\dfrac{dr}{dt} \cdot \omega$ = Vergrößerung der Umfangsgeschwindigkeit infolge Zunahme des Radius.

Da $\dfrac{d\varphi}{dt} = \omega$ und $\dfrac{dr}{dt} = v_{1\mathrm{I}}$ sind, ergibt sich

$$a_{cor} = v_{1\mathrm{I}} \cdot \frac{d\varphi}{dt} + \frac{dr}{dt} \cdot \omega = v_{1\mathrm{I}} \cdot \omega + v_{1\mathrm{I}} \cdot \omega = 2 v_{1\mathrm{I}} \cdot \omega = 2 v_{rel} \cdot \omega.$$

$v_{1\mathrm{I}}$ ist die relative Geschwindigkeit an der Stelle 1,I im Betrachtungsaugenblick. Sie wird als v_{rel} bezeichnet.

Beispiel 2.40 Eine Hülse gleitet wie in Bild **2**.80 nach außen, wobei das bogenförmige Stangenstück um den Punkt D mit ω = konstant rotiert. Zu bestimmen sind grafisch die Größe und Richtung der Coriolisbeschleunigung.

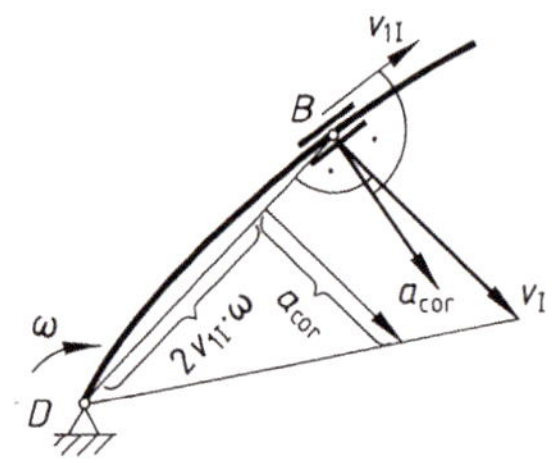

2.80 Coriolisbeschleunigung einer Hülse

Lösung Punkt 1 der Hülse B und Punkt I der Stange sind in der gezeichneten Stellung identisch. Nach Auftragen von ω am Einheitsradius 1 kann man aufgrund des Strahlensatzes die Geschwindigkeit des Punktes I in Bezug auf D ermitteln. Die relative Gleitgeschwindigkeit ist richtungsmäßig tangential auf die Bahnkurve aufzutragen. Senkrecht auf diese Richtung zeichnen wir die Richtung der Coriolisbeschleunigung ein. Ihre Größe finden wir, indem wir mit Hilfe des Strahlensatzes auf der Verbindung zwischen D und B die Größe $2 \cdot v_{rel} \cdot \omega$ auftragen. Die Coriolisbeschleunigung steht immer senkrecht auf der relativen Geschwindigkeit des Gleitstücks. Ihre Richtung finden wir, indem wir – wenn die Gleitung nach außen erfolgt – die Richtung von v_{rel} im Uhrzeigersinn drehen. Entsprechendes gilt umgekehrt für die Gleitung nach innen.

Beschleunigungssatz von Euler. Wir haben schon festgestellt, dass die Beschleunigungen als Vektoren geometrisch addiert werden können. Die resultierende Beschleunigung ist also die vektorielle Summe aller bei einem einzelnen System auftretenden Einzelbeschleunigungen, bezogen jeweils auf den einzelnen Punkt. Die gleichen Überlegungen wie bei der Darstellung des Geschwindigkeitssummenvektors für die allgemeine Bewegung gelten auch für die Beschleunigung. Dargestellt ist in Bild **2**.81 die geometrische Addition zweier Tangential-, einer Normal- und einer Coriolisbeschleunigung zur resultierenden Beschleunigung a_{res}.

Die Beschleunigung eines Punktes B ist gleich der vektoriellen Summe aus der Beschleunigung des Punktes A und der Beschleunigung der Drehung von B gegenüber A (**2**.82). Dies ist der Beschleunigungssatz von Euler (s. Abschn. 2.3.3).

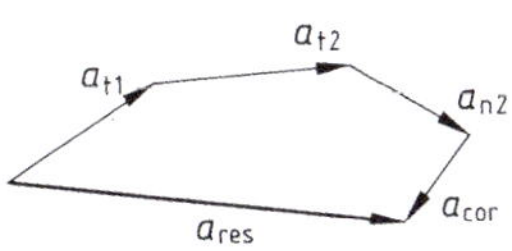

2.81 Resultierende Beschleunigung

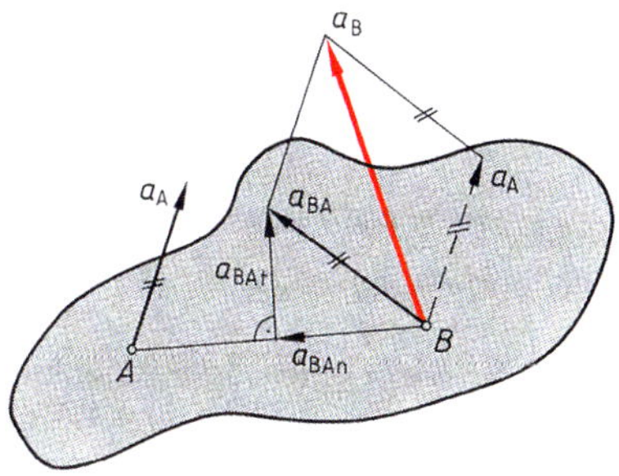

2.82 Beschleunigungssatz von Euler

> $a_B = a_A + a_{BA}$ s. Gl. (2.28f.)
> wobei
> $a_B = a_{Bn} + a_{Bt}$ und $a_{BA} = a_{BAn} + a_{BAt}$

Beispiel 2.41 Gegeben ist das Gelenkviereck **2.83** a mit $\omega = \text{konst} = 1{,}5\ \text{s}^{-1}$, $\overline{D_1D_2} = 8$ m, $\overline{D_1A} = \overline{AB} = \overline{D_2B} = 4$ m, $\alpha = 60°$. Gesucht werden die Beschleunigung des Punktes B und ihre Komponenten.

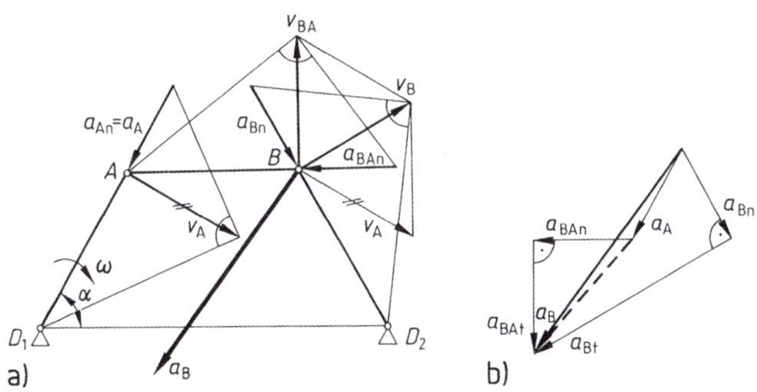

2.83 Gelenkviereck mit b) Beschleunigungsplan

Lösung Nach Wahl der Maßstäbe für den Weg und die Geschwindigkeit ergibt sich der Maßstab für die Beschleunigung.

$$m_L = \frac{1\ \text{m}}{\text{cm}_z} \qquad m_v = \frac{2\ \text{m/s}}{\text{cm}_z} \rightarrow m_a = \frac{m_v^2}{m_L} = \frac{4\ \text{m/s}^2}{\text{cm}_z}$$

Nun wird die Geschwindigkeit des Punktes berechnet: $v_A = r \cdot \omega = 4.1{,}5 = 6$ m/s. Aus der grafischen Konstruktion **2.83** a folgen $v_B = 6$ m/s, $v_{BA} = 6$ m/s ($v_B = v_A + v_{BA}$).

$$a_{An} = a_A = 2{,}3\ \text{cm}_z \cdot \frac{4\ \text{m/s}^2}{1\ \text{cm}_z} = 9{,}2\ \text{m/s}^2$$

Nach Euler folgt v_B aus v_A und damit a_{BAn} und a_{Bn}.

Alle Beschleunigungen werden in den Beschleunigungsplan **2.83** b eingetragen.

$a_{BAn} = 2{,}3.4 =$ **9,2 m/s²**

$a_{Bn} = 2{,}3.4 =$ **9,2 m/s²**

Lösung, Fortsetzung

Da für a_{Bt} und a_{BAt} die Richtungen bekannt sind (wenn auch nicht der Betrag der Vektoren), können wir hier durch Anfügen ihrer Richtungen und Schneiden im Beschleunigungsplan die Vektoren der beiden Komponenten ermitteln.

$$\vec{a}_A + \vec{a}_{BAt} + \vec{a}_{BAn} = \vec{a}_B$$

$$\vec{a}_{Bn} + \vec{a}_{Bt} = \vec{a}_B \qquad \vec{a}_B = 5{,}7.4 = \mathbf{22{,}8\,m/s^2}$$

Beispiel 2.42 Gegeben ist der Schubkurbeltrieb **2.**84 a mit den Abmessungen $\overline{D_1D_2} = 8$ m, $\overline{D_1C} = 4{,}5$ m, $\overline{D_2B} = 2{,}7$ m, $\omega_1 = 1{,}4\ \text{s}^{-1}$, $\alpha = 76°$.

Gesucht werden die Gesamtbeschleunigung des Punktes B und ihre Komponenten.

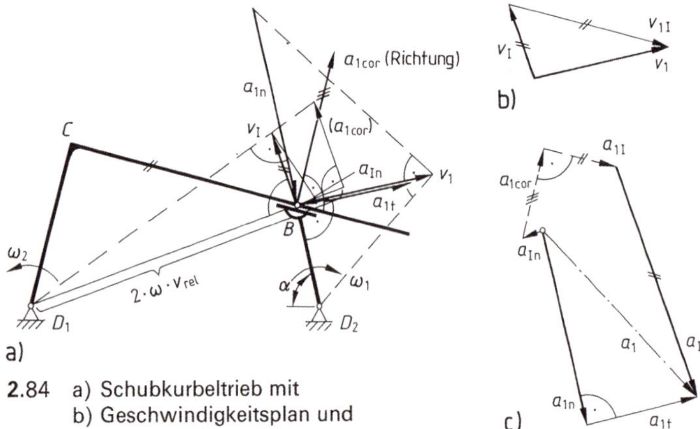

2.84 a) Schubkurbeltrieb mit
b) Geschwindigkeitsplan und
c) Beschleunigungsplan

Lösung Nach Wahl der Maßstäbe ergibt sich die Gesamtbeschleunigung als geometrische Addition der Führungsbeschleunigung des Stangenpunkts I plus relative Gleitbeschleunigung der Hülse gegenüber der Stange $a_{1\mathrm{I}}$ und Coriolisbeschleunigung der Hülse B $a_{1\mathrm{cor}}$. Wir brauchen dazu auch den Geschwindigkeitsplan (**2.**84 b).

$$\vec{a}_1 = \vec{a}_{1n} + \vec{a}_{1t} = \vec{a}_{\mathrm{I}n} + \vec{a}_{\mathrm{I}t} + \vec{a}_{1\mathrm{I}} + \vec{a}_{1\mathrm{cor}}$$

Wenn in der letzten Gleichung 3 Beschleunigungen bekannt sind, lassen sich die übrigen bereits, wie im letzten Beispiel gezeigt, konstruieren. Die Richtung der fehlenden Beschleunigungen sind ja bekannt (**2.**84 c).

Manchmal ist es zweckmäßig, aus dem Geschwindigkeits-Zeit-Verlauf die Beschleunigungs-Zeit-Linie zu ermitteln. Dabei gehen wir vor wie bei der Ableitung der Geschwindigkeits-Zeit-Linie aus der Weg-Zeit-Linie. Es ergibt sich wegen der Formelverwandtschaft:

$$a = \frac{\Delta v}{\Delta t} \quad : \quad v = \frac{\Delta s}{\Delta t}$$

$$m_a = \frac{m_v}{\bar{p} \cdot m_t} \qquad \text{Gl. (2.40)}$$

D.h., die Steigung der Tangente ist ein Maß für die Beschleunigung **2.**85).
(v, t-Kurve des Beispiels 2.36 liefert hier die gezeichnete a, t-Linie.)

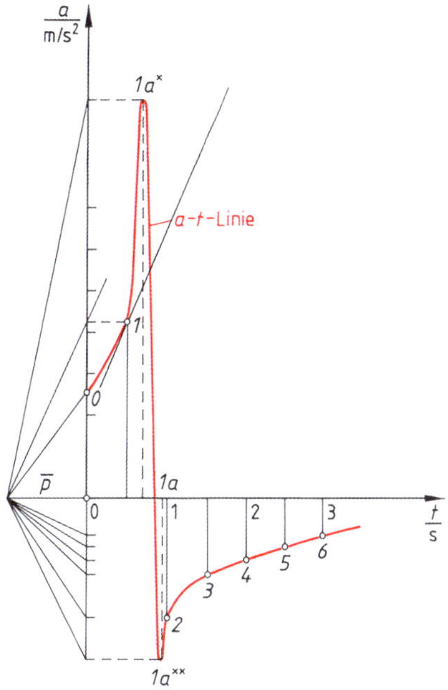

2.85 a,t-Linie

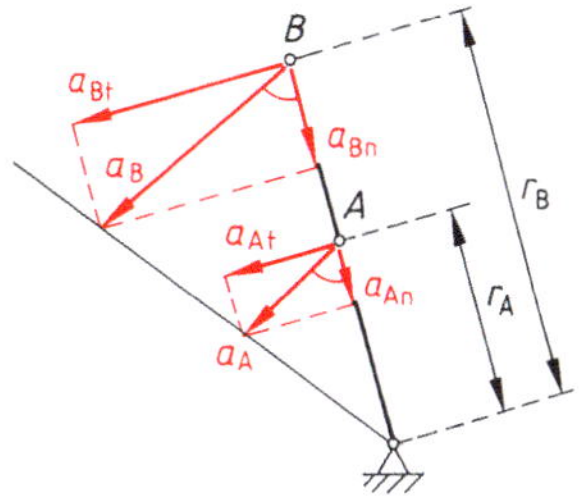

2.86 Beschleunigung eines weiteren Punktes am gemeinsamen Strahl

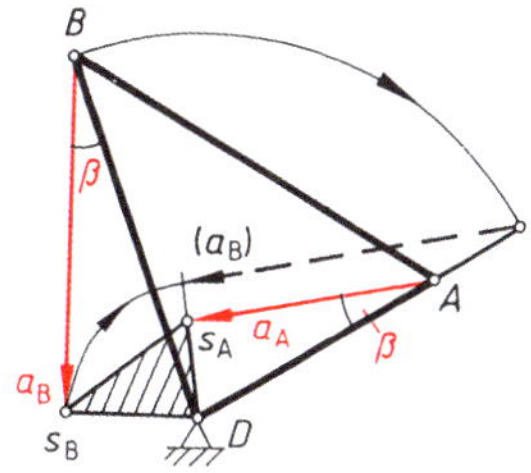

2.87 Beschleunigung von zwei Punkten einer Scheibe

Auch hier ist der umgekehrte Weg möglich. D.h., es kann aus der Beschleunigungs-Zeit-Linie die Geschwindigkeits-Zeit-Linie ermittelt werden. Wegen der Formelverwandtschaft führt auch hier der gleiche Vorgang wie im Abschn. 2.4.4 zum Ziel.

Bei der Beschleunigungsermittlung eines weiteren Punktes am gemeinsamen Strahl (z. B. ein Glied des Getriebes) ergibt sich, dass die Beschleunigungen von Punkten am selben radialen Strahl gleichgerichtet und direkt proportional sind (**2**.86). Die Beschleunigungen können auch in ihre Tangential- und Normalkomponente zerlegt werden. Diese sind wiederum zugeordnet proportional.

Beschleunigung von zwei beliebigen Punkten einer Scheibe (eines Systems, **2**.87): Man ermittelt mit Hilfe des Strahlensatzes die Beschleunigung des Punktes B (der Winkel β muss gleich groß sein). Damit ergibt sich als Erkenntnis: $\Delta S'_{\mathrm{A}}S_{\mathrm{B}}D$ entsteht aus ΔABD durch Drehung (proportionale Tangentialbeschleunigung) und anschließende Stauchung (proportionale Normalbeschleunigung): Das System Dreieck ABD ist daher ähnlich dem über den Beschleunigungsspitzen errichteten Dreieck $S_{\mathrm{A}}S_{\mathrm{B}}D$ (**2**.88a).

Bei einer Beschleunigung von drei Systempunkten ergibt sich nach Bild **2**.88b: Ist der Punkt D nicht in Ruhe, sondern wird er ebenfalls beschleunigt, muss allen Beschleunigungen

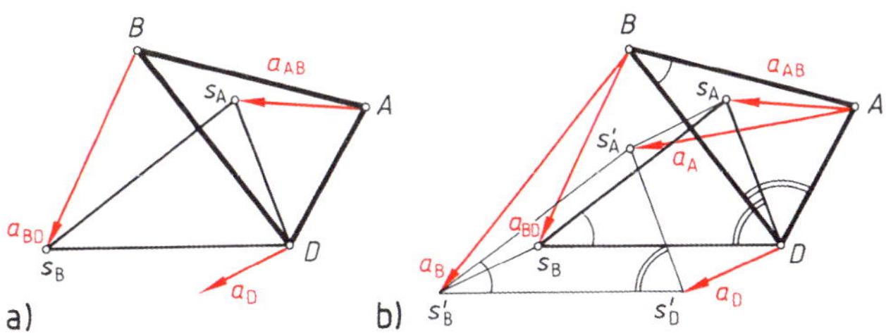

2.88
Beschleunigung von
a) zwei beliebigen Punkten einer Scheibe
b) drei Systempunkten einer Scheibe

a_D vektoriell überlagert und addiert werden. Das Dreieck DS_AS_B wird also parallel verschoben und bleibt in seiner Größe gleich. Dies führt zum

> **Satz von Burmester:** Kennt man nur von einem Punkt des Systems die Beschleunigung (und evtl. ihre Komponenten), kann man für jeden anderen Punkt des Systems dessen Beschleunigung ermitteln.
>
> Oder auch: Das Dreieck über den Beschleunigungsspitzen dreier Systempunkte ist ähnlich dem Dreieck aus den Verbindungslinien der Systempunkte selbst.

Ist die Beschleunigung von zwei Systempunkten bekannt, kann damit die Beschleunigung eines dritten Systempunkts ermittelt werden.

Beispiel 2.43 Gegeben ist ein Gelenkviereck mit $\overline{D_1D_2} = 5$ m, $\overline{AD_1} = 2$ m, $\overline{BD_2} = 2{,}5$ m, $\overline{AC} = 2{,}5$ m, $\overline{BC} = 1{,}5$ m. Gesucht wird die Beschleunigung des Punktes C.

Lösung (**2**.89)

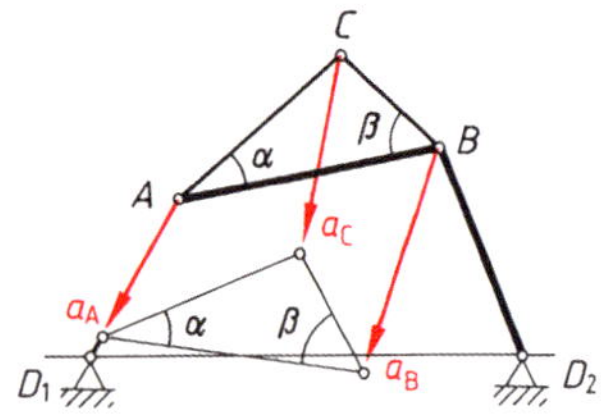

2.89

Aufgaben zu Abschnitt 2.4

1. Geg.: Ungleichförmige Bewegung. Zur Zeit $t = 0$ s ist $v = 0$ m/s, zur Zeit $t = 6$ s ist $v = 0$ m/s, zur Zeit $t = 3$ s ist $v = 6$ m/s. Dazwischen folgt v der Funktion: $v = 6 \sin(\omega t)$ m/s.

   Ges.: $s = f(t)$ durch zeichnerisches Integrieren.

2. Geg.: Ungleichförmige Bewegung. Zur Zeit $t = 0$ s ist $v = 0$ m/s, zur Zeit $t = 6$ s ist $v = 0$ m/s, zur Zeit $t = 3$ s ist $v = 6$ m/s. Dazwischen folgt v der Funktion: $v = 3 \sin(\omega t)$ m/s.

   Ges.: $a = f(t)$ durch zeichnerische Differentiation.

3. Ungleichförmige Bewegung. Im Zeitintervall $0 \leq t \leq 8$ s folgt v der Funktion: $v = \sqrt{t(8-t)}$ m/s.

   Ges.: $a = f(t)$ durch grafische Differentiation.

4. Geg.: Ungleichförmige Bewegung. Im Zeitintervall $0 \leq t \leq 8$ s folgt v der Funktion: $v = 4 - \sqrt{t(8-t)}$ m/s.

   Ges.: $a = f(t)$ durch grafische Differentiation.

5. Eine Stange AB bewegt sich so, dass der Punkt A entlang der y-Achse und der Punkt B entlang der x-Achse gleiten.

   Ges.: Geschwindigkeit von C für die gezeigte Lage.

   $v_A = 7$ m/s (entsprechend **2**.90)

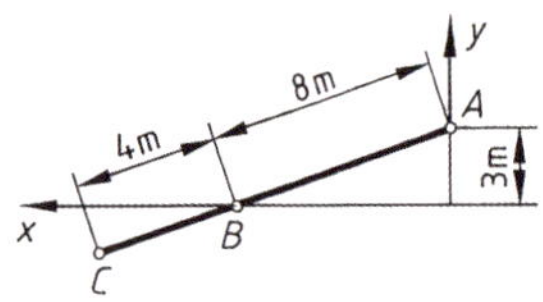

2.90

6. Geg.: das Getriebe **2**.91 mit $\omega = 2\,s^{-1}$, $\alpha = 4\,s^{-2}$.

   Ges.: a_A für die gezeichnete Lage.

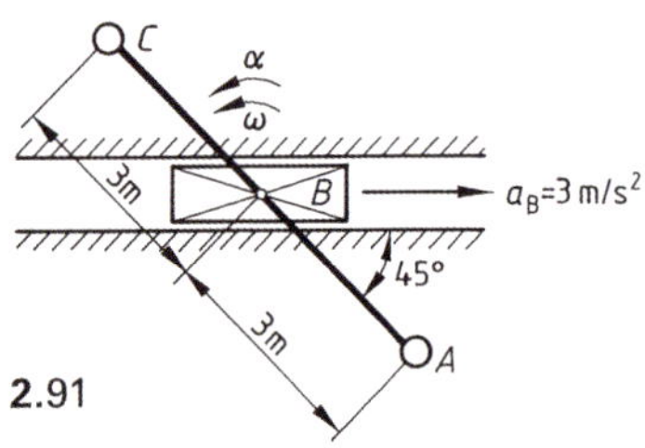

2.91

7. Geg.: Winkel **2**.92, ges.: v_{AB}.

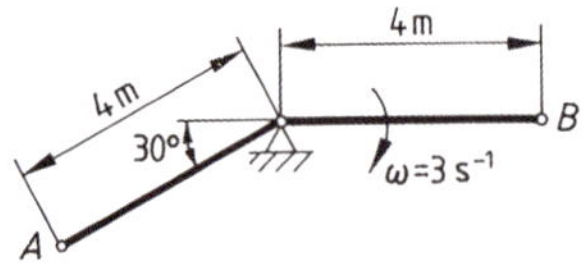

2.92

8. Geg.: Die Kulisse **2**.93, ges.: Winkelbeschleunigung und Winkelgeschwindigkeit des Verbindungsstücks *AB*.

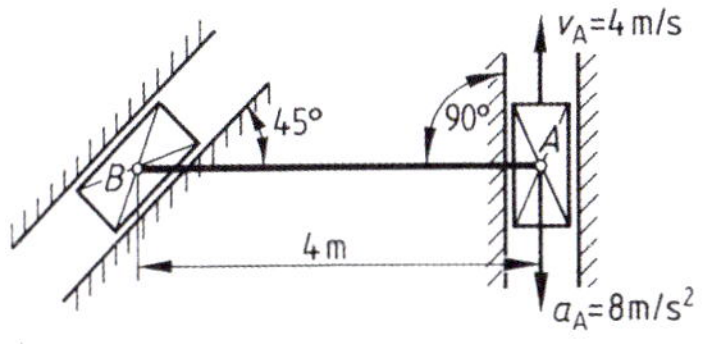

2.93

9. Geg.: Der Kniehebel **2**.94. Ges.: Beschleunigung des Punktes *B* und Winkelbeschleunigung der Stange *AB* für die gezeigte Stellung.

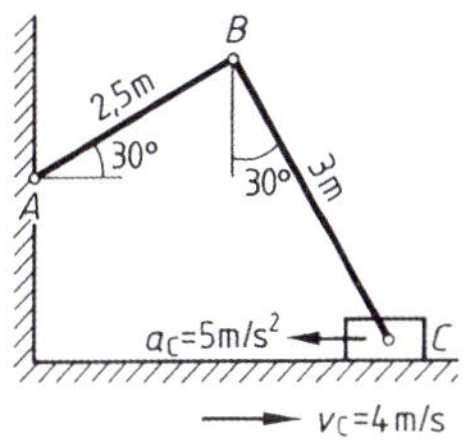

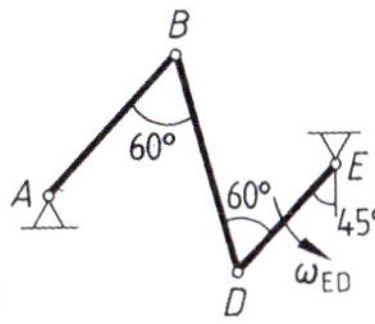

2.94 **2**.95

10. Die Kurbel *ED* der Kurbelschwinge **2**.95 dreht sich mit der momentanen Winkelgeschwindigkeit $\omega_{ED} = 20\ s^{-1}$. Die Längen betragen: $l_{AB} = 25$ cm, $l_{BD} = 35$ cm, $l_{DE} = 25$ cm. Für die skizzierte Lage sind die Geschwindigkeiten der Punkte *B* und *D* sowie die Winkelgeschwindigkeiten der Stäbe *AB* und *BD* zu bestimmen.

11. Auf einer Stange, die mit der Winkelgeschwindigkeit ω um eine vertikale Achse rotiert und mit der Horizontalen einen Winkel von $\alpha = 40°$ bildet, sitzt ein Gleitstück der Masse m (**2**.96). In welchem Bereich ist das Gleitstück im Gleichgewicht, wenn die Reibung zwischen Stange und Gleitstück $\mu = 0{,}25$ beträgt?

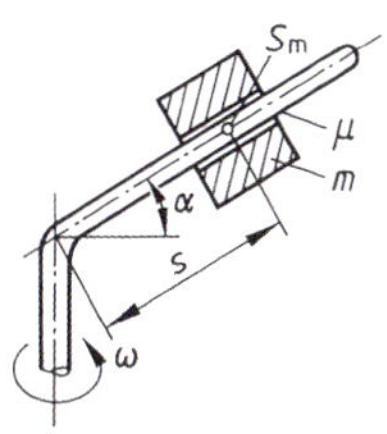

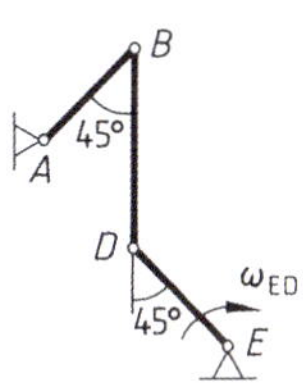

2.96 **2**.97

12. Die Kurbel *ED* der Kurbelschwinge **2**.97 dreht sich im Uhrzeigersinn mit der momentanen Winkelgeschwindigkeit $\omega = 12\ s^{-1}$. Die Längen betragen: $l_{AB} = 25$ cm, $l_{BD} = 35$ cm, $l_{DE} = 25$ cm. Für die skizzierte Lage sind die Geschwindigkeiten der beiden Punkte *B* und *D* sowie die Winkelgeschwindigkeiten der Stäbe *AB* und *BD* zu bestimmen.

13. Geg.: Der Kurbeltrieb **2**.98, ges.: Winkelbeschleunigung der Stange *AB* für die gezeigte Stellung.

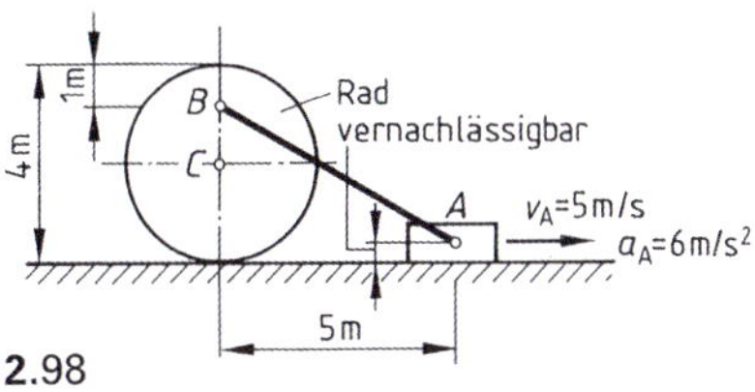

2.98

14. Geg.: Das Getriebe **2**.99, ges.: Geschwindigkeit von *A* und *B* sowie die Beschleunigung von *A*.

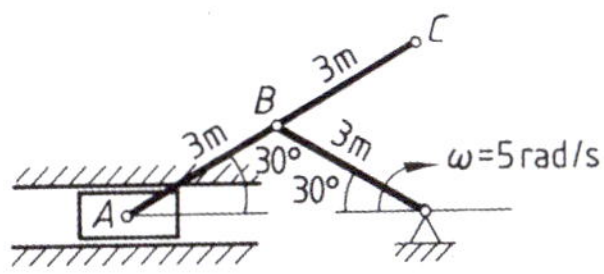

2.99

15. Geg.: Die Stange 0*A* rotiert mit 2ω um Drehpunkt 0, die Stange *AB* rotiert mit $\omega = 10\ s^{-1}$ um Drehpunkt *A* (**2**.100); ges.: v_A, v_B, a_A und a_B für die gezeigte Lage.

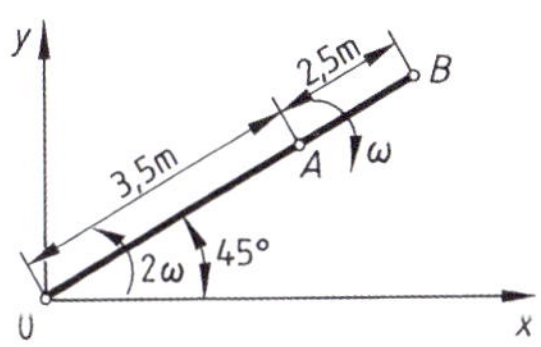

2.100

16. Das Viereck *ABCD* bewegt sich so, dass der Punkt *B* entlang der *y*-Achse nd der Punkt *A* entlang der *x*-Achse gleiten (**2**.101). Ges.: Geschwindigkeit von *E* für die gezeichnete Lage.

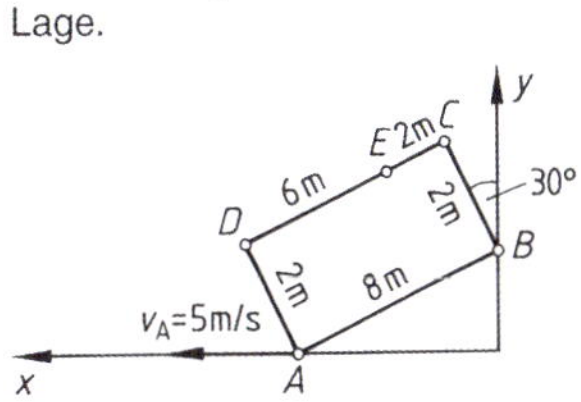

2.101

3 Kinetik

Die Kinetik ist die Lehre von den Wechselbeziehungen zwischen den auf einen Körper wirkenden Kräften und den sich daraus ergebenden Bewegungen. Voraussetzung für die nachfolgenden Betrachtungen ist, dass der Körper frei beweglich ist. Trifft dies nicht zu, sondern ist der Körper geführt, üben die Führungen Zwangs- oder Führungskräfte auf ihn aus. In diesem Fall ist der Körper freizumachen, d. h., man denkt sich die Führungen entfernt und durch äußere Kräfte ersetzt. Die Führungskräfte bilden zusammen mit den Beschleunigungskräften das System der äußeren Kräfte.

Massenpunkt. Wir wollen vorerst die Kinetik des Massenpunkts behandeln. Bei der Translation führen alle Punkte eines Körpers die gleiche Bewegung aus und können daher durch einen einzigen Punkt – den Massenpunkt (in der Regel der Schwerpunkt) – ersetzt werden (**3**.1).

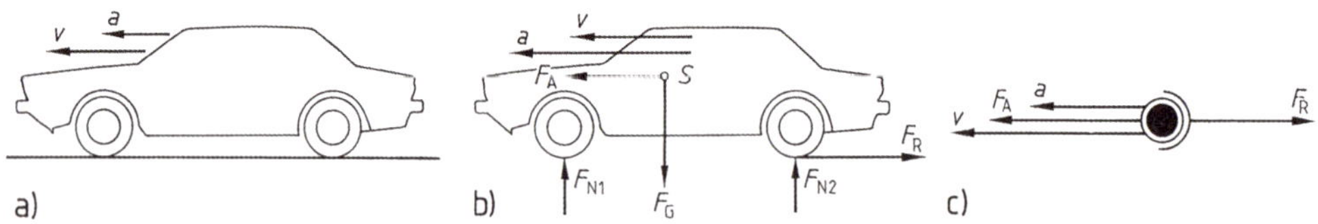

3.1 Kinetik des Massenpunkts
a) Lageplan, b) Lageplan, Körper kräftefrei gemacht, c) Körper durch Massenpunkt ersetzt

Aus Erfahrung wissen wir, dass jeder Körper im Zustand der Ruhe oder gleichförmigen Bewegung verharrt, solange keine resultierende äußere Kraft und/oder kein resultierendes Moment auf ihn einwirken. Fährt man z. B. in einem Pkw mit konstanter Geschwindigkeit, verharrt der Mensch entspannt im Sitz. Bremst man stark, bewegt er sich infolge seiner Massenträgheit noch weiter nach vorn, während das Fahrzeug bereits verzögert wird. Ist der Pkw zum Stehen gekommen, fallen wir in den Sitz zurück, weil die Bremskraft nicht mehr wirkt und die Trägheitskraft gewissermaßen im Überschuss vorhanden ist. Dieselbe Krafteinwirkung in entgegengesetzter Richtung entsteht beim Beschleunigen. Hierbei werden wir nicht wie beim Bremsen in Richtung Windschutzscheibe bewegt, sondern gegen den Sitz gedrückt.

Die Eigenschaft eines Körpers, sich Änderungen seines Bewegungszustands zu widersetzen, heißt Beharrungsvermögen oder Trägheit. Das Maß für die Trägheit des Körpers ist bei translatorischer Bewegung der Betrag seiner Masse m, bei Rotation der Betrag seines Massenträgheitsmoments I.

3.1 Grundgesetz der Dynamik, Prinzip von d'Alembert

Grundgesetz der Dynamik. Aus dem Newton'schen Trägheitsaxiom folgt: Wirkt auf einen frei beweglichen, starren Körper die äußere Kraft F, ändert sich sein Bewegungszustand. D. h., seine Geschwindigkeit ändert die Richtung und/oder den Betrag. Dieses dynamische Grundgesetz hat ebenfalls Newton formuliert:

Kraft = Masse · Beschleunigung $\quad \vec{F} = m \cdot \vec{a}$ Gl. (3.1)

Herleitung: $F \cdot dt = d(mv)$. Für m = konst folgt $F = m \frac{dv}{dt} = m \cdot a$.

Da der Kraftvektor proportional dem Beschleunigungsvektor ist, haben Kraft und Beschleunigung stets die gleiche Richtung. Der Bewegungsablauf ist von der Zuordnung der Kraft- und Geschwindigkeitsrichtung abhängig. Dabei beobachten wir drei Möglichkeiten:

- **Kraft- und Geschwindigkeitsvektor haben dauernd die gleiche Richtung** (**3**.2). Die Bewegung ist geradlinig und beschleunigt. Ist die Kraft konstant, ist es auch die Beschleunigung. Ist die Kraft nicht konstant, sondern ändert sich während des Weges, ist auch die Beschleunigung nicht konstant. Im ersten Fall sprechen wir von einer gleichförmigen beschleunigten translatorischen Bewegung, im zweiten Fall von einer ungleichförmigen beschleunigten translatorischen Bewegung.
- **Kraft- und Geschwindigkeitsvektor haben dauernd entgegengesetzte Richtung** (**3**.3). Die Bewegung ist geradlinig und verzögert. Hier sind die beiden Fälle der gleichförmigen verzögerten bzw. ungleichförmigen verzögerten translatorischen Bewegung möglich.
- **Die Wirkungslinien des Kraft- und Geschwindigkeitsvektors schließen einen Winkel ein** (**3**.4). Die Bahn des Massenpunkts ist gekrümmt, und zwar nach jener Seite, nach der die Kraft wirkt. Hier handelt es sich um eine allgemeine beschleunigte bzw. verzögerte Bewegung.

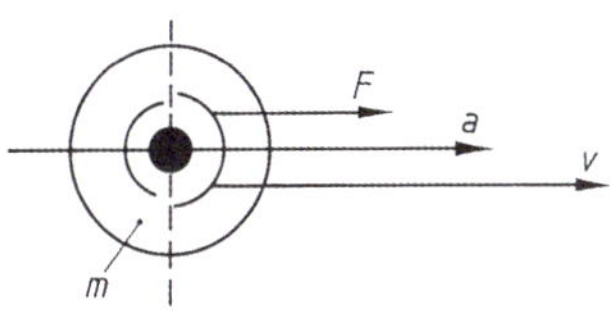

3.2 Kraft- und Geschwindigkeitsvektor sind gleichgerichtet

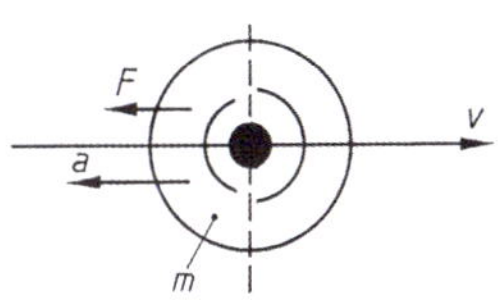

3.3 Kraft- und Geschwindigkeitsvektor sind entgegengesetzt gerichtet

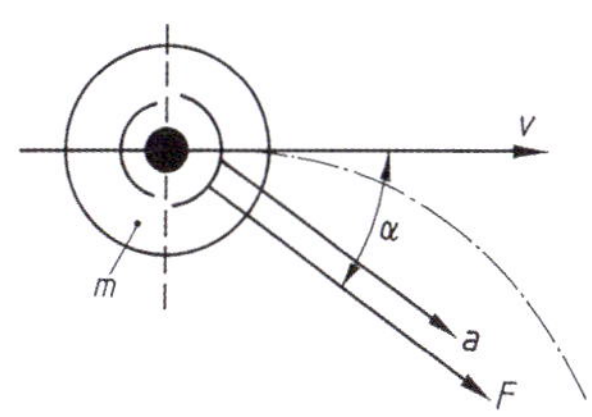

3.4 Kraft- und Geschwindigkeitsvektor schließen mit ihren Wirkungslinien einen beliebigen Winkel α ein

> Kraft- und Beschleunigungsvektor haben stets die gleiche Richtung. Der Kraftvektor muss aber nicht die gleiche Richtung wie der Geschwindigkeitsvektor haben. Die Geschwindigkeit fällt richtungsmäßig stets mit der Tangente an die Bahnkurve zusammen.

Erweitertes dynamisches Grundgesetz. Wirken auf einen Körper mehrere äußere Kräfte $\vec{F}_1$, $\vec{F}_2 \ldots \vec{F}_i \ldots \vec{F}_n$, kann man sie zu einer resultierenden Kraft $\vec{F}_R$ zusammenfassen. Dann gilt das Grundgesetz der Dynamik in erweiterter Form:

$$\vec{F}_R = \sum_{i=1}^{n} \vec{F}_i = m \cdot \vec{a} \qquad \text{Gl. (3.2)}$$

Im Sonderfall $F_R = 0$ befinden sich die äußeren Kräfte (einschließlich der freigemachten Führungskräfte) im statischen Gleichgewicht. Die Beschleunigung ist Null; d. h., der Körper behält nach dem Trägheitsgesetz den Bewegungszustand bei. Der Lösungsweg solcher Aufgaben entspricht den Lösungsschritten beim statischen Gleichgewicht der Ruhe.

Wir sehen also, dass die Aufgabenstellung der Kinetik darin besteht, für einen vorgeschriebenen Bewegungsablauf die erforderlichen äußeren Kräfte zu bestimmen oder bei gegebenen äußeren Kräften den Bewegungsablauf festzulegen.

Grundsätzlich gilt:

> Kräfte in Bewegungsrichtung erhalten ein positives, Kräfte gegen die Bewegungsrichtung dagegen ein negatives Vorzeichen.

Äußere Kräfte, die im statischen Gleichgewicht stehen, haben keine dynamische Wirkung. Sie können, soweit es den Bewegungsablauf betrifft, weggelassen werden.

Beispiel 3.1 **Geradlinige Bewegung auf horizontaler Bahn.** Ein Pkw hat einschließlich Fahrer die Masse m = 860 kg. Er soll auf horizontaler Bahn in der Zeit t = 5 s auf die Geschwindigkeit v = 40 km/h gleichförmig beschleunigt werden. Die Fahrwiderstandszahl ist μ_F = 0,025. Wie groß muss die Antriebskraft F_A sein?

Lösung Entsprechend Bild **3**.1 zeichnen wir einen Lageplan des Fahrzeugs, Kräfte freigemacht (**3**.5a) und ersetzen dann den Pkw durch einen Massenpunkt (**3**.5b). Es fällt sofort auf, dass die lotrechten Kräfte im statischen Gleichgewicht stehen und daher keine dynamische Wirkung haben.

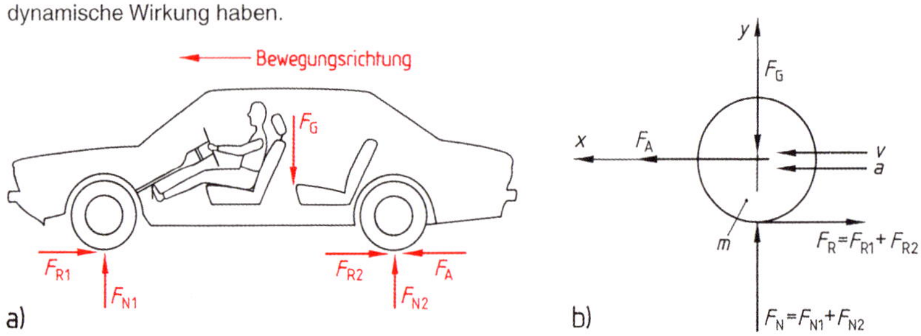

3.5 Geradlinige Bewegung auf horizontaler Bahn
a) Lageplan, b) Ersatz durch Massenpunkt

In den Massenpunkt legen wir ein Koordinatensystem, dessen positive x-Achse zweckmäßig in Bewegungsrichtung verläuft. Der Beschleunigungsvektor hat hier die gleiche Richtung wie der Geschwindigkeitsvektor, weil es sich um eine beschleunigte Bewegung handelt.

$$\Sigma F_{ix} = m \cdot a = F_A - F_R$$

$$F_A = m \cdot a + F_R = m \frac{\Delta v}{\Delta t} + \mu_F \cdot F_N$$

Maßgeblich sind die Geschwindigkeits- und Zeitänderungen

$$\Delta v = v - v_0$$

$$\Delta t = t - t_0$$

Da zu Beginn der Zeitzählung $v_0 = 0$ und $t_0 = 0$ sind, folgt:

$$F_A = m \frac{v}{t} + \mu_F \cdot F_G = m \frac{v}{t} + m \cdot g \cdot \mu_F = m \left(\frac{v}{t} + g \cdot \mu_F \right)$$

$$F_A = 860\,\text{kg} \left(\frac{40\,\text{m/s}}{3{,}6 \cdot 5\,\text{s}} + 9{,}81\,\frac{\text{m}}{\text{s}^2} \cdot 0{,}025 \right) = \mathbf{2122\,N}$$

Beispiel 3.2 **Geradlinige Bewegung auf vertikaler Bahn.** Am Lastseil eines Hebezeugs hängt eine Last $m = 2500\,\text{kg}$, die mit einer Beschleunigung $a = 1{,}8\,\text{m/s}^2$ angehoben werden soll (**3**.6a). Wie groß ist die Hubkraft F_H unter Vernachlässigung der Seil- und Lagerreibung?

Lösung Wir ersetzen das System durch einen Massenpunkt (**3**.6b) und erhalten

$F_R = m \cdot a$ oder $\Sigma F_i = m \cdot a$ $\quad F_S = F_H$.

$F_S - m \cdot g = m \cdot a$

$F_H = F_S = m\,(g + a) = 2500\,\text{kg}\;(9{,}81\,\text{m/s}^2 + 1{,}8\,\text{m/s}^2) = \mathbf{29025\,N}$

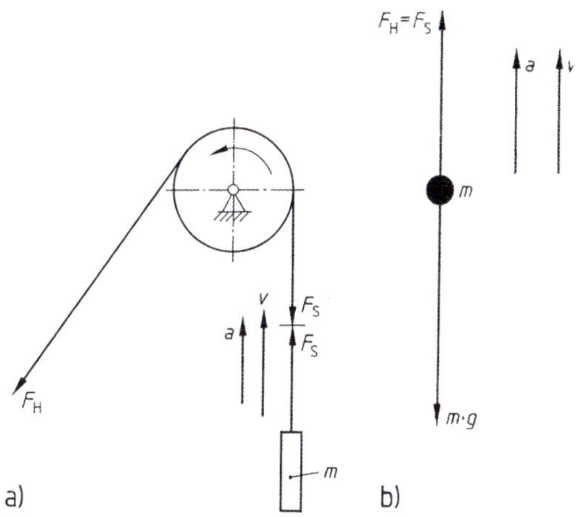

3.6 Geradlinige Bewegung auf vertikaler Bahn
a) Last am Seil des Hebezeugs,
b) Ersatz durch Massenpunkt

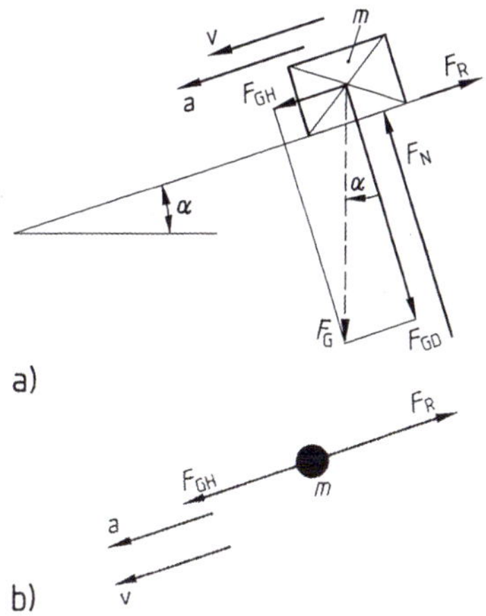

3.7 Beschleunigte Bewegung auf schiefer Ebene
a) Lageplan,
b) Massenpunkt

Beispiel 3.3 **Beschleunigte Bewegung auf schiefer Ebene.** Auf einer schiefen Ebene mit dem Neigungswinkel α gleitet ein Körper mit der Masse m beschleunigt abwärts (**3**.7a). Wie groß ist seine Beschleunigung a?

Lösung Deutlich ist, dass die Kräfte normal zur schiefen Ebene im statischen Gleichgewicht stehen und daher keine dynamische Wirkung haben. Die Kräfte parallel zur schiefen Ebene ergeben sich nach Bild **3**.7b.

$F_{GH} - F_R = m \cdot a$ $\qquad F_{GH} = m \cdot g \cdot \sin\alpha$

$F_N = m \cdot g \cdot \cos\alpha$

$F_R = \mu \cdot F_N = \mu \cdot m \cdot g \cdot \cos\alpha$

$m \cdot g \cdot \sin\alpha - \mu \cdot m \cdot g \cdot \cos\alpha = m \cdot a$

$\mathbf{a = g\,(\sin\alpha - \mu \cdot \cos\alpha)}$

Erkenntnis: Die Beschleunigung ist unabhängig von der Masse des Körpers.

Beispiel 3.4 **Beschleunigte Bewegung auf schiefer Ebene mit Berücksichtigung des Rollwiderstands.** Ein Straßenbahnwagen mit der Masse $m = 12\,000\,\text{kg}$ fährt auf einer Straße mit der Neigung von 5‰ ab- oder aufwärts an. Die Antriebskraft F_A beträgt 12000 N, die Fahrwiderstandszahl $\mu_F = 0{,}015$ (**3**.8a). Wie groß ist die Anfahrtstrecke s auf- und abwärts, auf der die Straßenbahn aus der Ruhelage die Geschwindigkeit von 30 km/h erreicht?

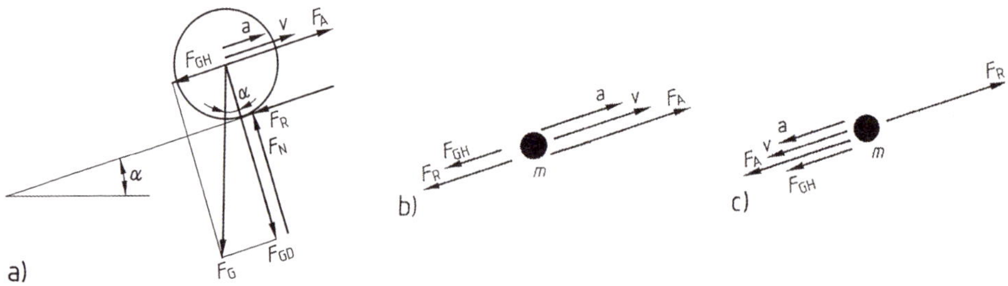

3.8 Beschleunigte Bewegung auf schiefer Ebene mit Rollwiderstand
a) Lageplan, b) Massenpunkt bei Aufwärtsbewegung, c) bei Abwärtsbewegung

Lösung $F_N - F_{GD} = 0$

aufwärts (**3**.8b)

$F_A - F_R - F_{GH} = m \cdot a$

$$a = \frac{F_A - m \cdot g\,(\mu_F \cdot \cos\alpha + \sin\alpha)}{m}$$

$F_R = \mu_F \cdot F_N$

$F_N = F_{GD} = m \cdot g \cdot \cos\alpha$

$F_{GH} = m \cdot g \cdot \sin\alpha$

$\tan\alpha = 0{,}005, \quad \alpha = 0{,}29°$

$$a = \frac{12000\,\text{N} - 12000\,\text{kg} \cdot 9{,}81\,\text{m/s}^2\,(0{,}015 \cdot \cos\alpha + \sin\alpha)}{12000\,\text{kg}} = 0{,}8\,\text{m/s}^2$$

$$s = \frac{v^2}{2a} = \left(\frac{30}{3{,}6}\right)^2 \left(\frac{\text{m}}{\text{s}}\right)^2 \cdot \frac{1}{2 \cdot 0{,}8\,\text{m/s}^2} = \mathbf{43{,}4\,m}$$

abwärts (**3**.8c)

$F_A + F_{GH} - F_R = m \cdot a$

$$a = \frac{F_A + m \cdot g\,(\sin\alpha - \mu_F \cdot \cos\alpha)}{m}$$

$$a = \frac{12000\,\text{N} + 12000\,\text{kg} \cdot 9{,}81\,\text{m/s}^2\,(\sin 0{,}29 - 0{,}015 \cdot \cos 0{,}29)}{12000\,\text{kg}} = 0{,}9\,\text{m/s}^2$$

$$s = \frac{v^2}{2a} = \left(\frac{30}{3{,}6}\right)^2 \left(\frac{\text{m}}{\text{s}}\right)^2 \cdot \frac{1}{2 \cdot 0{,}9\,\text{m/s}^2} = \mathbf{38{,}6\,m}$$

Der Satz von d'Alembert (1717–1783) folgt durch Umformen unmittelbar aus dem Grundgesetz der Dynamik (Gl. 3.2):

> An einem beschleunigten Massenpunkt besteht zwischen den äußeren Kräften und der Massenkraft dynamisches Gleichgewicht. Oder: Die Summe aller am Massenpunkt angreifenden Kräfte, einschließlich der Trägheitskraft, ist gleich null.
>
> $\Sigma\vec{F}_i = m \cdot \vec{a} \rightarrow \qquad \Sigma\vec{F}_i + (-m \cdot \vec{a}) = 0$ Gl. (3.3)

Hierdurch werden Probleme der Dynamik auf statische zurückgeführt. d'Alembert und Newton sollen daher beim Lösen von Aufgaben nicht gleichzeitig verwendet werden, um grobe Fehler zu vermeiden.

$\vec{F}_i$ sind die äußeren Kräfte, $(-m \cdot \vec{a})$ die Trägheits- oder Massenkräfte. Die letzten haben ein negatives Vorzeichen, sind also stets der Beschleunigungsrichtung entgegengesetzt.

Berücksichtigen wir im kräftefrei gemachten Lageplan die Trägheitskraft, können wir also mit den aus der Statik bekannten Gleichungen jedes Problem der Kinetik lösen.

Der Satz von d'Alembert gilt für die Ebene wie auch für den Raum. Dabei ergeben sich im kartesischen Koordinatensystem für das Grundgesetz der Dynamik bei Translation die drei skalaren Gleichungen

$\Sigma F_{ix} + (-m \cdot \ddot{x}) = 0 \qquad \Sigma F_{iy} + (-m \cdot \ddot{y}) = 0 \qquad \Sigma F_{iz} + (-m \cdot \ddot{z}) = 0$

und im natürlichen Koordinatensystem die beiden Gleichungen

$\Sigma F_{it} + (-m \cdot a_t) = 0 \qquad \Sigma F_{in} + (-m \cdot a_n) = 0.$

Beispiel 3.5 Die Laufkatze des Werkstattkrans **3**.9 fährt mit der Beschleunigung a an. Am Lastseil hängt die Last m, die beim Anfahren zurückbleibt. Gesucht werden die Größe des Ausschlagswinkels α und die Seilkraft F_S.

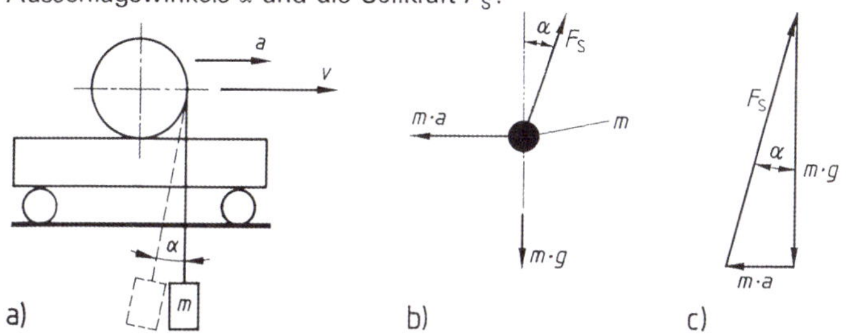

3.9 Laufkatze

a) Lageplan, b) Massenpunkt, c) Krafteck

Lösung Aus dem Krafteck ergibt sich $\tan\alpha = \dfrac{m \cdot a}{m \cdot g} = \dfrac{\boldsymbol{a}}{\boldsymbol{g}}$

oder $\quad m \cdot a - F_s \cdot \sin\alpha = 0, \quad F_s \cdot \cos\alpha = m \cdot g \rightarrow F_s = \dfrac{m \cdot g}{\cos\alpha}$

$$m \cdot a - m \cdot g \frac{\sin\alpha}{\cos\alpha} = 0 \rightarrow a = g \cdot \frac{\sin\alpha}{\cos\alpha} \rightarrow \tan\alpha = \frac{a}{g}. \qquad \text{Seilkraft } F_s = \frac{\boldsymbol{m \cdot a}}{\boldsymbol{\sin\alpha}}$$

Erkenntnis: Der Ausschlagwinkel α ist unabhängig von der Masse m.

Rotation des Massenpunkts. Bewegt sich ein Massenpunkt auf kreisförmiger Bahn, muss an ihm zur Erzeugung der Zentripetalbeschleunigung an eine ständig zum Bahnmittelpunkt gerichtete Kraft wirken – die Zentripetalkraft (= Normalkraft) F_N (**3**.10). Sie ist eine Führungskraft, wird also durch eine Führung des Körpers (des Massenpunkts) erzwungen, z. B. durch einen zu dem Bahnmittelpunkt gespannten Faden. Hört die Führung des Massenpunkts auf, wird die Zentripetalkraft $F_N = 0$ und der Massenpunkt bewegt sich mit der augenblicklichen Bahngeschwindigkeit geradlinig weiter. Die der Zentripetalkraft entgegenwirkende Massenkraft ist die Zentrifugal- oder Fliehkraft F_C. Sie ist stets nach außen gegen die Führung gerichtet.

Um die Bahn- oder Tangentialbeschleunigung zu erzeugen, muss am Massenpunkt eine Kraft in Richtung der Bahntangente wirken – die Tangentialkraft F_T.

Die Fliehkraft F_C und die Tangentialkraft F_T berechnet man nach dem Satz von d'Alembert. ω bezeichnet dabei die Winkelgeschwindigkeit, α die Winkelbeschleunigung.

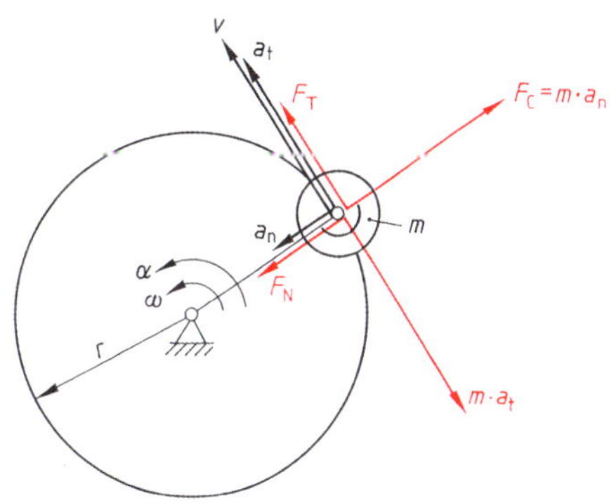

3.10 Kräfte der Kreisbewegung

$F_N - F_C = 0$	$F_C = F_N = m \cdot a_n = m \cdot r \cdot \omega^2 = m\dfrac{v^2}{r}$	Gl. (3.4)
$F_T - m \cdot a_t = 0$	$F_T = m \cdot a_t = m \cdot r \cdot \alpha$	Gl. (3.5)

Beispiel 3.6 Eine Kugel mit $m = 4$ kg wird an einem Seil von der Länge $r = 1{,}2$ m mit der konstanten Drehzahl $n = 100\,1/\text{min}$ auf horizontaler Kreisbahn herumgeschleudert. Wie groß ist die am Seil wirkende Kraft F_S?

Lösung

$$F_S - F_C = 0$$

$$F_S = F_C = m \cdot r \cdot \omega^2 \qquad \omega = \frac{n \cdot \pi}{30}$$

$$F_S = 4\,\text{kg} \cdot 1{,}2\,\text{m} \left(\frac{100 \cdot \pi}{30}\right)^2 \frac{1}{s^2} = \mathbf{526\,N}$$

Beispiel 3.7 Ein Pkw durchfährt eine Kurve mit dem Radius $r = 30$ m. Die Reibzahl für die Seitenführungskräfte (Reibkraft an den Reifen) ist $\mu = 0{,}7$. Wie groß darf die maximale Geschwindigkeit des Fahrzeugs sein, ohne dass es seitlich wegrutscht?

Lösung Die maximale Geschwindigkeit ist erreicht, wenn zwischen der Fliehkraft F_C und der Seitenführungskraft Gleichgewicht herrscht. Also:

$$F_R - F_C = 0 \qquad m \cdot g \cdot \mu - F_C = 0$$

$$F_C = m \cdot g \cdot \mu = m \cdot r \cdot \omega^2 = m\,\frac{v^2}{r} \qquad g \cdot \mu = \frac{v^2}{r}$$

$$v_{max} = \sqrt{r \cdot g \cdot \mu} = \sqrt{30\,\text{m} \cdot 9{,}81\,\text{m/s}^2 \cdot 0{,}7}$$

$$v_{max} = 14{,}35\,\text{m/s} \mathrel{\hat{=}} \mathbf{51{,}7\,km/h}$$

Beispiel 3.8 Ein Bob durchfährt mit 120 km/h, eine Kurve mit $r = 300$ m (**3**.11). Wie groß muss der Überhöhungswinkel α in der Kurve sein damit der Bob nicht aus der Kurve herausgetragen wird?

Lösung

$$\tan\alpha = \frac{F_C}{m \cdot g} = \frac{m \cdot r \cdot \omega^2}{m \cdot g} = \frac{v^2}{r \cdot g}$$

$$\tan\alpha = \left(\frac{120}{3{,}6}\right)^2 \left(\frac{\text{m}}{\text{s}}\right)^2 \cdot \frac{1}{300\,\text{m} \cdot 9{,}81\,\text{m/s}^2} = 0{,}378$$

$$\alpha_{min} = \mathbf{21°}$$

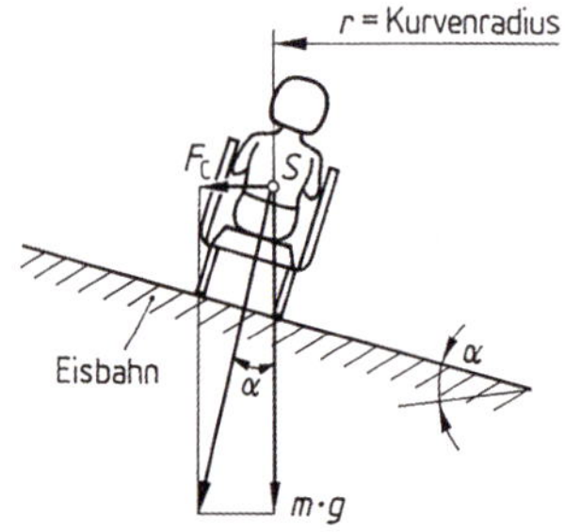

3.11 Kurvenüberhöhung für eine Bobbahn

3.2 Drehung um eine ortsfeste Achse

Im Gegensatz zur fortschreitenden Bewegung haben die einzelnen Massenteilchen des Körpers bei Drehung nach Betrag und Richtung verschieden große Beschleunigungen. Jedes Teilchen für sich gehorcht jedoch dem Newton'schen Grundgesetz.

3.2.1 Grundgesetz für die Drehbewegung

Wir lassen auf einen starren Körper ein äußeres Drehmoment M wirken, das ihn in beschleunigte Drehbewegung um die ortsfeste Drehachse 0 versetzt. Dabei bewegt sich ein Massenteilchen mit der Masse dm beschleunigt auf einer Kreisbahn (**3**.12). Wirksam sind

die Zentripetalbeschleunigung $a_n = r \cdot \omega^2$ und
die Tangentialbeschleunigung $a_t = r \cdot \alpha$.

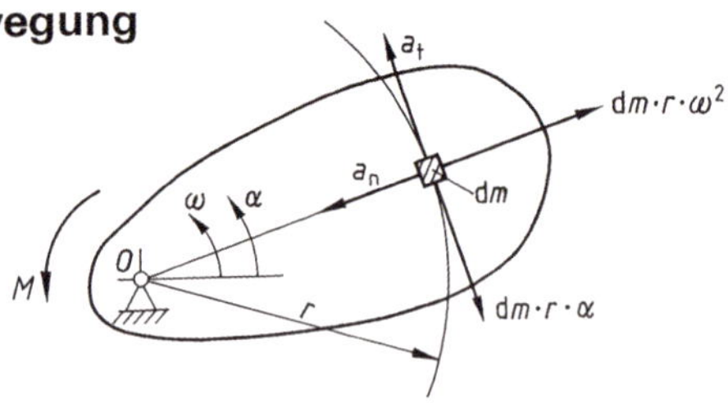

3.12 Kräfte und Beschleunigungen an einem Massenteilchen

In entgegengesetzter Richtung zu a_n und a_t wirken die Massenträgheitskräfte, nämlich

die Flieh- oder Zentrifugalkraft $\mathrm{d}m \cdot a_n = \mathrm{d}m \cdot r \cdot \omega^2$ und
die tangentiale Trägheitskraft $\mathrm{d}m \cdot a_t = \mathrm{d}m \cdot r \cdot \alpha$.

Die Zentrifugalkraft übt in Bezug auf die Drehachse kein Drehmoment aus, weil ihre Wirkungslinie durch die Drehachse hindurchgeht. Das Drehmoment der Tangentialkraft lautet $\mathrm{d}M_T = r \cdot r \cdot \alpha \cdot dm$. Nach dem Newton'schen Grundgesetz muss das äußere (Teil-) Drehmoment dM mit dem Moment der Massenkraft in dynamischem Gleichgewicht stehen. So ergibt sich $\mathrm{d}M = r^2 \cdot \alpha \cdot dm$. Mittels Integration erhält man das gesamte wirkende Drehmoment mit $M = \int \mathrm{d}M = \alpha \int r^2 \cdot dm$.

Dieses Integral ist ersichtlich nur von der Geometrie und der Massenverteilung des Körpers abhängig. Man nennt es Massenträgheitsmoment I bezüglich der Drehachse.

Massenträgheitsmoment $I = \int r^2 \cdot \mathrm{d}m$ Gl. (3.6)

Damit können wir das Grundgesetz der Dynamik für die Drehbewegung definieren:

Das resultierende Moment aller äußeren Kräfte um die Drehachse ist gleich dem Produkt aus dem Massenträgheitsmoment I bezüglich derselben Drehachse und der Winkelbeschleunigung α.

$\vec{M} = I \cdot \vec{\alpha}$ Gl. (3.7)

Das Grundgesetz der Dynamik lässt sich für die Drehbewegung auch aus dem Trägheitsaxiom von Newton für die Translation direkt ableiten:

$$\vec{F} \cdot \mathrm{d}t = \mathrm{d}(m \cdot v) \qquad | \cdot r$$

$$F \cdot r \cdot \mathrm{d}t = r \cdot \mathrm{d}(m \cdot v)$$

$$F \cdot r = r \frac{\mathrm{d}(m \cdot v)}{\mathrm{d}t} \qquad \text{Und für } m = \text{konst}$$

$$M = m \cdot r \frac{\mathrm{d}v}{\mathrm{d}t} \qquad v = r \cdot \omega \quad \rightarrow \mathrm{d}v = r \cdot d\omega$$

$$M = m \cdot r^2 \frac{\mathrm{d}\omega}{\mathrm{d}t} \qquad \frac{\mathrm{d}\omega}{\mathrm{d}t} = \alpha \quad m \cdot r^2 = I$$

$$M = I \cdot \alpha$$

3.2.2 Massenträgheitsmoment

Das Massenträgheitsmoment I ist ein Maß für den Widerstand, den ein Körper Änderungen seines Drehbewegungszustands entgegensetzt. Seine Einheit ist kgm². Wie sich aus der Definition Gl. (3.6) ergibt, ist das Massenträgheitsmoment abhängig

- von der Körperform,
- von der Lage der Drehachse,
- von der Dichte des Werkstoffs.

Bestimmen lässt es sich auf verschiedene Weise.

Für geometrisch einfache, homogene Körper berechnet man I mit Hilfe der Integralrechnung oder der Tabellen (**3**.13).

Tabelle **3**.13 **Massenträgheitsmomente einiger Körper**

Körper	Skizze	Massenträgheitsmoment
1. Zylinder	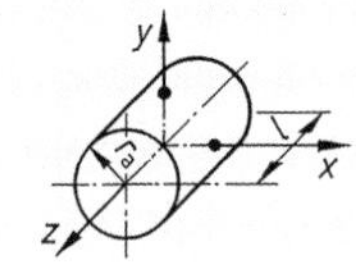	$I_x = I_y = m\,(r_a^2/4 + \ell^2/12)$ $I_z = \quad m\,r_a^2/2$
2. dickwandiger Hohlzylinder	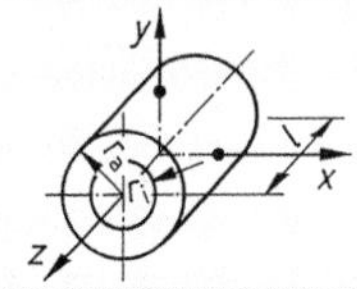	$I_x = I_y = m\,[(r_a^2 + r_i^2)/4 + \ell^2/12]$ $I_z = \quad m\,(r_a^2 + r_i^2)/2$
3. dünne Kreisscheibe	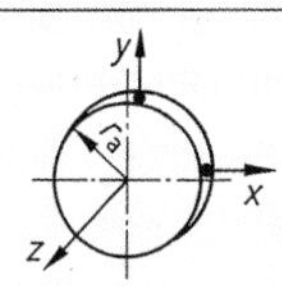	$I_x = I_y = m\,r_a^2/4$ $I_z = \quad m\,r_a^2/2$
4. dünner Kreisring	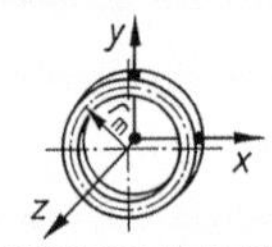	$I_x = I_y = m\,r_m^2/2$ $I_z = \quad m\,r_m^2$
5. Kreiskegel	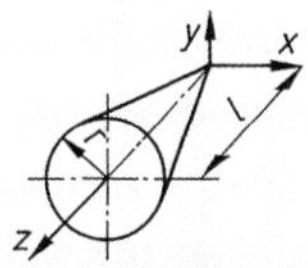	$I_x = I_y = (3/5)\,m\,(r^2/4 + \ell^2)$ $I_z = \quad (3/10)\,m\,r^2$
6. Quader	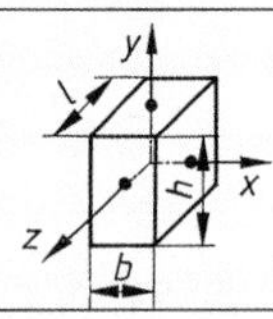	$I_x = m\,(h^2 + \ell^2)/12$ $I_y = m\,(b^2 + \ell^2)/12$ $I_z = m\,(b^2 + h^2)/12$
7. dünne Rechteckplatte	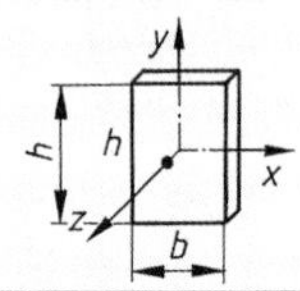	$I_x = m\,h^2/12$ $I_y = m\,b^2/12$ $I_z = m\,(h^2 + b^2)/12$
8. dünner Stab	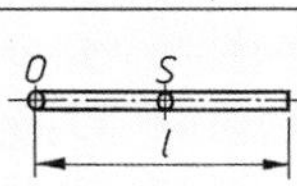	$I_s = m\,\ell^2/12$ $I_0 = m\,\ell^2/3$
9. Kugel	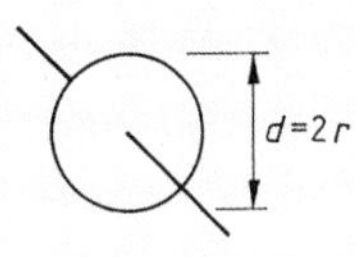	$I = (2/5)\,m\,r^2 = (1/10)\,m\,d^2$ $I = (1/60)\,\varrho\pi\,d^5 = (8/15)\,\varrho\pi\,r^5$
10. Hohlkugel	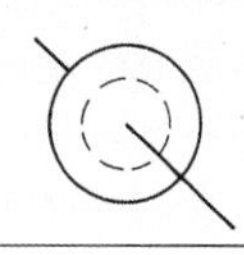	$I = \frac{2}{5}\frac{r_a^5 - r_i^5}{r_a^3 - r_i^3}\,m = \frac{8}{15}\,\varrho \cdot \pi\,(r_a^5 - r_i^5)$

Für vielgestaltige homogene Körper, die sich in einfache geometrische Körper zerlegen lassen, ist das Massenträgheitsmoment für die einzelnen einfachen Teilkörper zu berechnen. Anschließend setzt man die Teilträgheitsmomente zum Gesamtträgheitsmoment zusammen. Wie bei den axialen Trägheitsmomenten in der Festigkeitslehre ist dabei der Verschiebesatz von Steiner zu berücksichtigen (s. weiter unten). Wichtig für Konstruktionen ist, dass die an der Peripherie, also von der Drehachse am weitesten entfernte Masse den größten Einfluss auf das Gesamtmassenträgheitsmoment hat. Die der Drehachse näher gelegenen Massenteilchen haben nur ganz geringen Einfluss, selbst wenn sie einen hohen Anteil an der Gesamtmasse des Körpers ausmachen (z. B. ausgenützt bei der Gestaltung von Schwungscheiben).

Für inhomogene Körper und vielgestaltige homogene Körper, die sich nicht in einfache geometrische Körper zerlegen lassen, ermittelt man I experimentell durch Brems- oder Schwingversuche – entweder mit dem betreffenden Körper selbst oder mit einem maßstäblichen Modell.

Für zu den Schwerachsen parallelen Achsen wird das Massenträgheitsmoment mit Hilfe des Satzes von Steiner ermittelt. Nach Bild **3**.14 ergibt sich dieser geometrische Zusammenhang:

$I_z = \int r^2 \cdot \mathrm{d}m$
$r^2 = x^2 + y^2 = (x_s + \xi)^2 + (y_s + \eta)^2$
$r^2 = (x_s^2 + y_s^2) + (\xi^2 + \eta^2) + 2x_s\xi + 2y_s\eta$
$r^2 = e^2 + \rho^2 + 2x_s\xi + 2y_s\eta$
$I_z = \int(e^2 + \rho^2 + 2x_s\xi + 2y_s\eta)\,\mathrm{d}m$
$I_z = e^2\int \mathrm{d}m + \int\rho^2 \cdot \mathrm{d}m + 2x_s\int\xi \cdot \mathrm{d}m + 2y_s\int\eta \cdot \mathrm{d}m$
$I_z = e^2 \cdot m + I_s + 0 + 0$

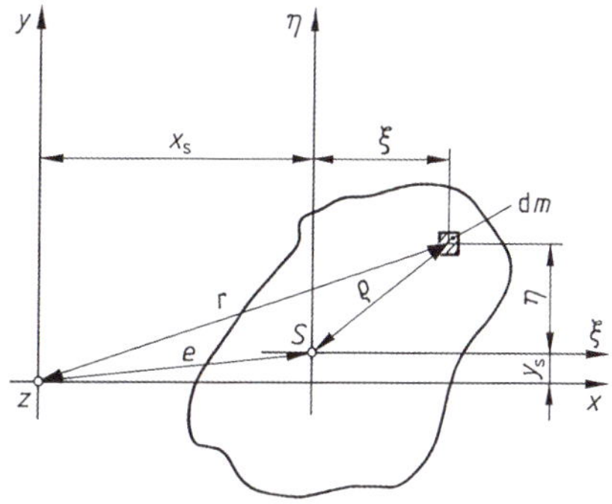

3.14 Trägheitsmoment um Parallelachsen
ξ, η: Koordinatenachsen durch den Schwerpunkt S
x, y: beliebige zu ξ, η parallele Achsen

Das erste Integral ergibt die Masse, das zweite ist das Massenträgheitsmoment um den Körperschwerpunkt, die beiden letzten Integrale sind die statischen Massenmomente um die Schwerpunktachse und daher gleich Null.

So ergibt sich der Satz von Steiner.

> Satz von Steiner: Das Massenträgheitsmoment I um eine beliebige Achse z ist gleich dem Massenträgheitsmoment I_S um eine zur z-Achse parallele Achse durch den Schwerpunkt S, vermehrt um das Produkt aus der Masse m des Körpers und dem Quadrat des Achsenabstands.
>
> $I_z = I_s + m \cdot e^2$ Gl. (3.8)

Daraus ergibt sich, dass Massenträgheitsmomente um Schwerachsen Minimalwerte gegenüber den Trägheitsmomenten um die zu ihnen parallelen Achsen sind.

Da sowohl die Masse (= Skalar) als auch das Quadrat des Abstands eines Massenteilchens von der Schwerpunktachse positiv sind, ist auch das Massenträgheitsmoment stets positiv.

Beispiel 3.9 Wir wollen das für den dünnen Stab in Tab. **3**.13 angeführte Massenträgheitsmoment ermitteln.

Lösung Entsprechend Bild **3**.15 gilt für den Drehpunkt 0

$$I_0 = I_x = I_y = \int z^2 \cdot \mathrm{d}m \qquad \mathrm{d}m = \frac{m}{l}\,\mathrm{d}z$$

$$I_0 = \int_0^l z^2 \frac{m}{l}\,\mathrm{d}z = \frac{m}{l} \cdot \frac{z^3}{3}\bigg|_0^l = \frac{m}{l} \cdot \frac{l^3}{3} = \mathbf{\frac{m \cdot l^2}{3}}.$$

Mit Hilfe des Satzes von Steiner erhalten wir das Massenträgheitsmoment für den Schwerpunkt I_s.

$$I_0 = I_s + me^2$$

$$I_s = I_0 - m\left(\frac{l}{2}\right)^2 = \frac{m \cdot l^2}{3} - \frac{m \cdot l^2}{4} = \mathbf{\frac{m \cdot l^2}{12}}$$

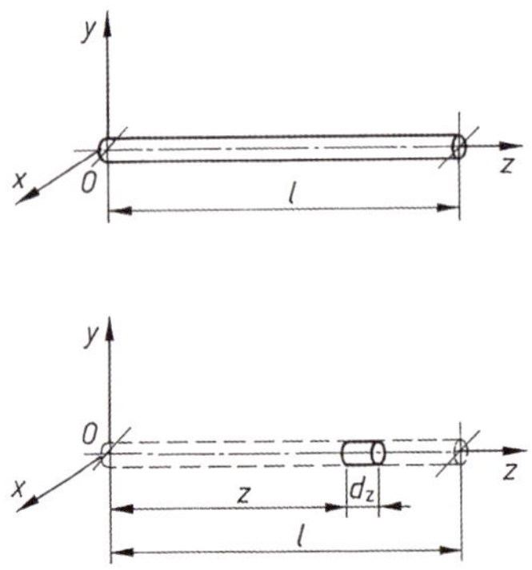

3.15 Massenträgheitsmoment eines dünnen Stabes

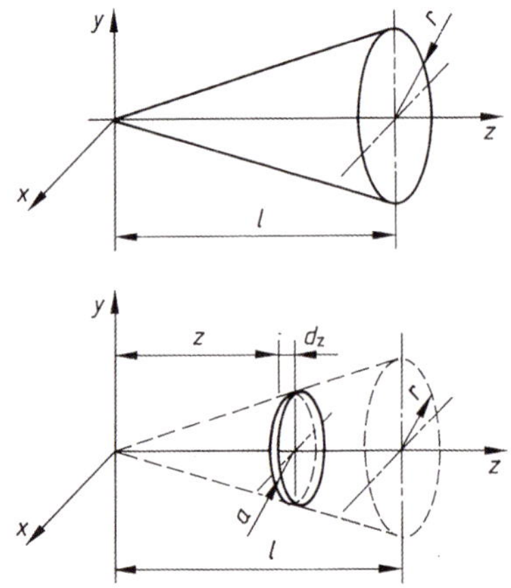

3.16 Massenträgheitsmoment eines Kegels

Beispiel 3.10 Gesucht wird das Massenträgheitsmoment des Kegels **3**.16 in Bezug auf seine *z*-Achse.

$$\frac{a}{z} = \frac{r}{l} \rightarrow a = z \cdot \frac{r}{l}$$

Lösung

$$\mathrm{d}I_z = \frac{1}{2}\,a^2 \cdot \mathrm{d}m = \frac{1}{2}\left(r\frac{z}{l}\right)^2 \left(\varrho \cdot \pi \frac{r^2}{l^2} \cdot z^2 \cdot \mathrm{d}z\right) = \frac{1}{2}\,\varrho \cdot \pi \frac{r^4}{l^4} \cdot z^4 \cdot \mathrm{d}z$$

Durch Integration erhalten wir

$$I_z = \int_0^l \mathrm{d}I_z = \int_0^l \frac{1}{2}\,\varrho \cdot \pi \frac{r^4}{l^4} z^4 \cdot \mathrm{d}z = \frac{1}{2}\,\varrho \cdot \pi \frac{r^4}{l^4} \cdot \frac{z^5}{5}\bigg|_0^l$$

$$I_z = \frac{1}{2}\,\varrho \cdot \pi \frac{r^4}{l^4} \cdot \frac{l^5}{5} = \frac{1}{10}\,\varrho \cdot \pi \cdot r^4 l.$$

Aus $m = \frac{1}{3}\,\varrho \cdot \pi \cdot r^2 l$ folgt $I_z = \mathbf{\frac{3}{10}\, m \cdot r^2}$.

Beispiel 3.11 Auf einer horizontalen Ebene rollt eine Walze mit $D = 0{,}6$ m, $m = 120$ kg und $I_s = 8{,}2$ kgm^2 (**3**.17). An der Walze greift die Zugkraft $F_Z = 300$ N an. Berechnen Sie die Schwerpunktbeschleunigung a_s und den Haftreibwiderstand F_R.

Lösung Nach dem Grundgesetz der Dynamik ergibt sich

für die Translation

① $F_Z - F_R = m \cdot a_S$

= Schwerpunktsatz

für die Rotation

② $F_R \cdot \frac{D}{2} = I_s \cdot \alpha$

= Momentensatz.

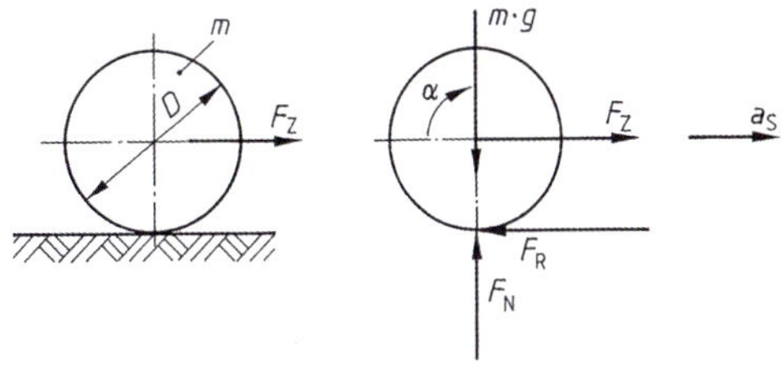

3.17 Walze auf horizontaler Bahn

---

aus ①: $F_R = F_Z - m \cdot a_s$ $\qquad a_s = r \cdot \alpha = \frac{D}{2} \cdot \alpha$

aus ②: $F_R = I_s \frac{4}{D^2} a_s$ $\qquad \alpha = \frac{2a_s}{D}$

$$F_Z - m \cdot a_s = I_s \frac{4}{D^2} a_s$$

$$a_s \left(m + \frac{4I_s}{D^2}\right) = F_Z \qquad a_s = \frac{F_Z}{m + \frac{4I_s}{D^2}} = \frac{300\,\text{N}}{120\,\text{kg} + \frac{4 \cdot 8{,}2\,\text{kgm}^2}{0{,}36\,\text{m}^2}} = \mathbf{1{,}4\,m/s^2}$$

$$F_R = F_Z \left(1 - \frac{m}{m + \frac{4I_s}{D^2}}\right) = \frac{m + \frac{4I_s}{D^2} - m}{m + \frac{4I_s}{D^2}} F_Z$$

$$F_R = \frac{4I_s}{m \cdot D^2 + 4I_s} F_Z = \frac{4 \cdot 8{,}2\,\text{kgm}^2}{120\,\text{kg} \cdot 0{,}36\,\text{m}^2 + 4 \cdot 8{,}2\,\text{kgm}^2} \cdot 300\,\text{N} = \mathbf{130\,N}$$

Beispiel 3.12 Um eine zylindrische Scheibe ist ein Seil geschlungen, dessen freies Ende befestigt ist (**3**.18). Die Scheibe mit $m = 50\,\text{kg}$, $I_s = 1\,\text{kgm}^2$ und $r = 0{,}2\,\text{m}$ wird aus der Ruhelage freigegeben. Ermitteln Sie die Beschleunigung a und die Seilkraft F_S.

Lösung Schwerpunktsatz ①: $m \cdot g - F_S = m \cdot a$

Momentensatz ②: $F_S \cdot r = I_s \cdot \alpha \qquad \alpha = \frac{a}{r}$

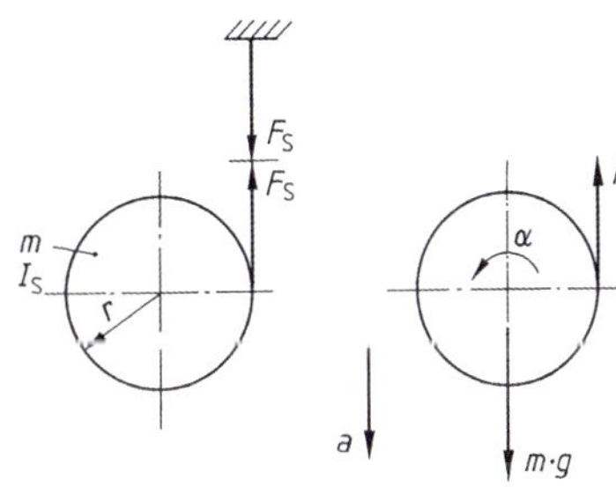

3.18 Scheibe in vertikaler Bewegung

$F_S = \frac{I_s}{r^2} a \qquad m \cdot g - m \cdot a = \frac{I_s}{r^2} a$

$F_S = m \cdot g - m \cdot a \qquad a\left(m + \frac{I_s}{r^2}\right) = m \cdot g$

$$a = \frac{m \cdot g}{m + \frac{I_s}{r^2}} = \frac{m \cdot r^2 \cdot g}{m \cdot r^2 + I_s}$$

$$a = \frac{50\,\text{kg} \cdot 0{,}04\,\text{m}^2}{50\,\text{kg} \cdot 0{,}04\,\text{m}^2 + 1\,\text{kgm}^2} \cdot 9{,}81\,\text{m/s}^2 = \mathbf{6{,}54\,m/s^2}$$

$$F_S = m\,(g - a) = 50\,\text{kg}\,(9{,}81\,\text{m/s}^2 - 6{,}54\,\text{m/s}^2) = \mathbf{164\,N}$$

Beispiel 3.13 Gegeben ist eine Stufenscheibe mit $m_1 = 62\,\text{kg}$ und $I_s = 2{,}6\,\text{kgm}^2$ (**3**.19). Um den kleineren Radius $r = 0{,}1\,\text{m}$ der Scheibe ist ein Seil geschlungen, dessen freies Ende befestigt ist. Um den größeren Radius $R = 0{,}3\,\text{m}$ ist ebenfalls ein Seil geschlungen, an dessen freiem Ende eine Masse $m = 40\,\text{kg}$ befestigt ist. Berechnen Sie nach d'Alembert

a) die Beschleunigung a_0 der Masse,

b) die (translatorische) Beschleunigung a_1 der Scheibe,

c) die Seilkräfte F_{S1} und F_{S2},

d) die Geschwindigkeit der Masse m nach 1 s.

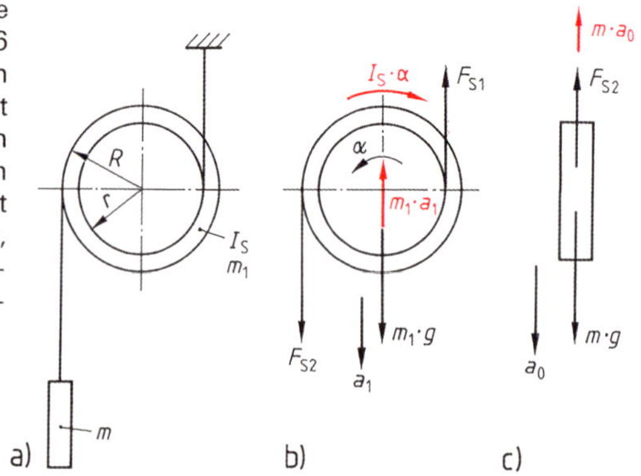

3.19 Stufenscheibe mit Masse in vertikaler Bewegung

a) Lageplan, b) System I: Stufenscheibe, c) System II: Einzelmasse

Lösung Abgeleitet vom Grundgesetz der Dynamik können beim Berechnen nach d'Alembert der „modifizierte" Schwerpunkt- und Momentensatz angeschrieben werden.

Wir tragen in den freigemachten Körper die Trägheitskraft $m_1 a_1$ bzw. $m a_0$ entgegen den Beschleunigungsrichtungen und das Trägheitsmoment $I_s \alpha$ entgegen der Winkelbeschleunigungsrichtung ein (**3**.19b und c). Damit sind wir in der Wahl der positiven Achsen- bzw. Drehrichtung frei. Es gelten die uns bekannten Ansatzregeln der Statik.

System I: Stufenscheibe

① Schwerpunktsatz: $m_1 \cdot g + F_{S2} - F_{S1} - m_1 \cdot a_1 = 0 \qquad a_1 = \alpha \cdot r$

② Momentensatz: $F_{S1} \cdot r + F_{S2} \cdot R - I_s \cdot \alpha = 0$

Da sich während des Absenkens der Einzelmasse auch der Schwerpunkt der Stufenscheibe nach unten bewegt, überlagern sich die Beschleunigungen. Die Einzelmasse wird daher mit $a_0 = a_1 + R \cdot \alpha$ beschleunigt.

System II: Einzelmasse

③ Schwerpunktsatz: $m \cdot g - F_{S2} - m \cdot a_0 = 0 \qquad a_0 = \alpha\,(r + R)$

---

① $F_{S1} = F_{S2} + m_1 \cdot g - m_1 \cdot a_0 \dfrac{r}{r+R} \qquad \alpha = \dfrac{a_0}{r+R}$

② $F_{S1} = \dfrac{I_s}{r} \cdot \dfrac{a_0}{r+R} - F_{S2} \dfrac{R}{r} \qquad a_1 = a_0 \dfrac{r}{r+R}$

$$F_{S2} + m_1 \cdot g - m_1 \cdot a_0 \frac{r}{r+R} = \frac{I_s}{r} \cdot \frac{a_0}{r+R} - F_{S2} \frac{R}{r}$$

③ $F_{S2} = m \cdot g - m \cdot a_0$

$$m \cdot g - m \cdot a_0 + m_1 \cdot g - m_1 \cdot a_0 \frac{r}{r+R} = \frac{I_s}{r\,(r+R)}\, a_0 - (m \cdot g - m \cdot a_0) \frac{R}{r}$$

$$m \cdot g - m \cdot a_0 + m_1 \cdot g - m_1 \cdot a_0 \frac{r}{r+R} = \frac{I_s}{r\,(r+R)}\, a_0 - m \cdot g \frac{R}{r} + m \cdot a_0 \frac{R}{r}$$

$$m \cdot g + m_1 \cdot g + m \cdot g \frac{R}{r} = a_0 \left(\frac{I_s}{r\,(r+R)} + m \frac{R}{r} + m_1 \frac{r}{r+R} + m \right)$$

Lösung
Fortsetzung

$$a_0 = \frac{\left(m + m_1 + m\frac{R}{r}\right)g}{\frac{I_s}{r(r+R)} + m\frac{R}{r} + m + m_1\frac{r}{r+R}} \cdot \frac{r(r+R)}{r(r+R)}$$

$$a_0 = \frac{(m \cdot r + m_1 \cdot r + m \cdot R)(r+R)\,g}{I_s + m \cdot R(r+R) + m \cdot r(r+R) + m_1 \cdot r^2}$$

$$a_0 = \frac{[m(r+R)^2 + m_1 \cdot r(r+R)]\,g}{I_s + m(r+R)^2 + m_1 \cdot r^2}$$

a) $a_0 = \frac{(40\,\text{kg} \cdot 0{,}16\,\text{m}^2 + 62\,\text{kg} \cdot 0{,}1\,\text{m} \cdot 0{,}4\,\text{m})\,9{,}81\,\text{m/s}^2}{2{,}6\,\text{kgm}^2 + 40\,\text{kg} \cdot 0{,}16\,\text{m}^2 + 62\,\text{kg} \cdot 0{,}01\,\text{m}^2} = \mathbf{9{,}06\,m/s^2}$

b) $a_1 = a_0 \frac{r}{R+r} = 9{,}055\,\text{m/s}^2\,\frac{0{,}1\,\text{m}}{0{,}4\,\text{m}} = \mathbf{2{,}26\,m/s^2}$

c) $F_{S2} = (g - a_0)\,m = 40\,\text{kg}\,(9{,}81\,\text{m/s}^2 - 9{,}055\,\text{m/s}^2) = \mathbf{30\,N}$

$F_{S1} = m(g - a_0) + m_1(g - a_1)$

$F_{S1} = 40\,\text{kg}\,(9{,}81\,\text{m/s}^2 - 9{,}055\,\text{m/s}^2) + 62\,\text{kg}\,(9{,}81\,\text{m/s}^2 - 2{,}26\,\text{m/s}^2) = \mathbf{498\,N}$

d) $v = a_0 \cdot t$

Nach 1 Sekunde $v = 9{,}06\,\text{m/s}^2 \cdot 1\,\text{s} = \mathbf{9{,}06\,m/s}$

Beispiel 3.14 Der Förderkorb eines Bergwerks mit der Masse m_1 wird nach Bild **3.**20 auf einer schiefen Ebene hinaufgezogen. Außer m_1 seien noch gegeben m_2, I_1, I_2, R, r, ε, μ und a_0. Ermitteln Sie nach d'Alembert die Kraft F an der Treibrolle sowie die Seilkräfte F_{S1}, F_{S2} und F_{S3}.

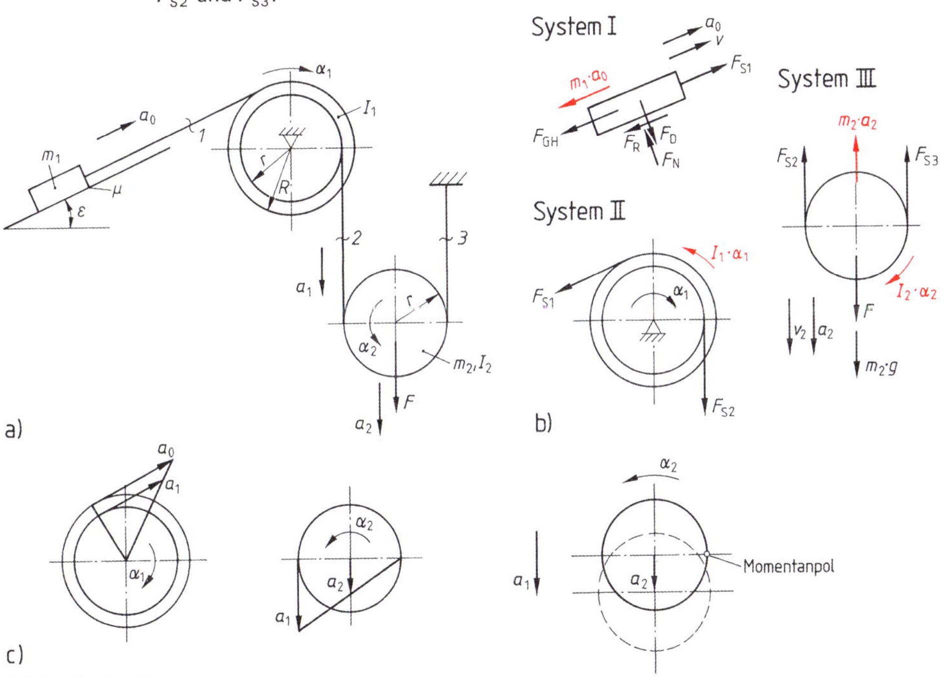

3.20 Treibrollenzug
a) Lageplan, b) kräftefrei gemachte Einzelsysteme, c) Lage und Größe der Beschleunigungen

Lösung **System I**

Schwerpunktsatz: $F_{S1} - F_N \cdot \mu - m_1 \cdot a_0 - m_1 \cdot g \cdot \sin\varepsilon = 0$

$F_R = F_N \cdot \mu = m_1 \cdot g \cdot \cos\varepsilon \cdot \mu$

$F_{GH} = m_1 \cdot g \cdot \sin\varepsilon$

System II

Momentensatz: $F_{S1} \cdot R - F_{S2} \cdot r + I_1 \cdot \alpha_1 = 0$

System III

Schwerpunktsatz: $F_{S2} + F_{S3} - m_2 \cdot g + a_2 \cdot m_2 - F = 0$

Momentensatz: $-F_{S2} \cdot r + F_{S3} \cdot r - I_2 \cdot \alpha_2 = 0$

$$a_0 = \alpha_1 \cdot R$$

$$a_1 = \alpha_1 \cdot r = 2r \cdot \alpha_2 \rightarrow \alpha_2 = \frac{\alpha_1}{2}$$

$$a_2 = \alpha_2 \cdot r$$

$$a_2 = \frac{\alpha_1}{2} r = \frac{a_0}{2R} r$$

$$F_{S1} = m_1 \cdot g \cdot \cos\varepsilon \cdot \mu + m_1 \cdot a_0 + m_1 \cdot g \cdot \sin\varepsilon = \boldsymbol{m_1 (g \cdot \cos\varepsilon \cdot \mu + a_0 + g \cdot \sin\varepsilon)}$$

$$F_{S2} = \frac{1}{r}\left(F_{S1} \cdot R + I_1 \frac{a_0}{R}\right)$$

$$F_{S2} = \frac{1}{r}\underbrace{\left[m_1 \cdot R\,(g \cdot \mu \cdot \cos\varepsilon + g \cdot \sin\varepsilon + a_0) + I_1 \frac{a_0}{R}\right]}_{A}$$

$$F_{S3} = \frac{1}{r}(I_2 \cdot \alpha_2 + F_{S2} \cdot r) = \frac{1}{r}\underbrace{\left[I_2 \frac{a_0}{2R} + m_1 \cdot R\,(g \cdot \mu \cdot \cos\varepsilon + g \cdot \sin\varepsilon + a_0) + I_1 \frac{a_0}{R}\right]}_{B}$$

$$F = \boldsymbol{m_2} \cdot a_2 - \boldsymbol{m_2 \cdot g} + \frac{1}{r}(A) + \frac{1}{r}(B)$$

Beispiel 3.15 Eine Masse $m_0 = 500$ kg wird nach Bild **3.**21 heruntergelassen. Gegeben sind außerdem $m_1 = 100$ kg, $m_2 = 80$ kg, $m_3 = 50$ kg, $R = 200$ mm, $r = 180$ mm. Gesucht werden a_0, F_{S1} bis F_{S4}.

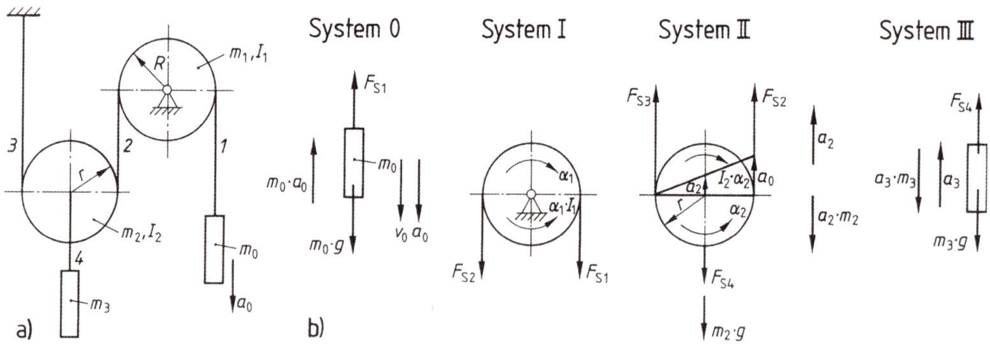

3.21 Flaschenzug

a) Lageplan, b) kräftefrei gemacht Einzelsysteme

Lösung

System 0

Schwerpunktsatz: $-m_0 \cdot a_0 - F_{S1} + m_0 \cdot g = 0$ ①

$a_0 = R \cdot \alpha_1$

$a_2 = a_3 = \frac{a_0}{2} = \frac{R \cdot \alpha_1}{2}$

System I

Momentensatz: $I_1 \cdot \alpha_1 + F_{S2} \cdot R - F_{S1} \cdot R = 0$ ②

$a_2 = r \cdot \alpha_2$

System II

Schwerpunktsatz: $-F_{S4} - m_2 \cdot g + F_{S3} + F_{S2} - m_2 \cdot a_2 = 0$ ③

Momentensatz: $-I_2 \cdot \alpha_2 - F_{S3} \cdot r + F_{S2} \cdot r = 0$ ④

$I_1 = \frac{m_1}{2} R^2$

System III

Schwerpunktsatz: $-m_3 \cdot g - m_3 \cdot a_3 + F_{S4} = 0$ ⑤

$I_2 = \frac{m_2}{2} r^2$

---

aus ① $F_{S1} = m_0 \cdot g - m_0 \cdot a_0$ aus ② $F_{S2} = (-I_1 \cdot \alpha_1 + F_{S1} \cdot R)\,\frac{1}{R}$

$$F_{S2} = \left(-\frac{m_1}{2} \cdot R^2 \frac{a_0}{R} + m_0 \cdot g \cdot R - m_0 \cdot a_0 \cdot R\right)\frac{1}{R}$$

② $F_{S2} = m_0 \cdot g - m_0 \cdot a_0 - \frac{m_1}{2} a_0$

aus ⑤ $F_{S4} = m_3 \cdot g + m_3 \cdot a_3 = m_3 \cdot g + m_3 \frac{a_0}{2}$

aus ④ $F_{S3} = \left(-r^2 \frac{m_2}{2} \cdot \frac{a_0}{2r} + m_0 \cdot g \cdot r - m_0 \cdot a_0 \cdot r - \frac{m_1}{2} a_0 \cdot r\right)\frac{1}{r}$

$$F_{S3} = -\frac{m_2}{4} a_0 + m_0 \cdot g - a_0 \cdot m_0 - \frac{m_1}{2} a_0$$

in ③ $0 = -m_3 \cdot g - m_3 \frac{a_0}{2} - m_2 \cdot g - \frac{m_2}{4} a_0 + m_0 \cdot g - m_0 \cdot a_0 - \frac{m_1}{2} a_0$

$$+ m_0 \cdot g - m_0 \cdot a_0 - \frac{m_1}{2} a_0 - m_2 \frac{a_0}{2}$$

$$-\frac{m_3}{2} a_0 - \frac{m_2}{4} a_0 - m_0 \cdot a_0 - \frac{m_1}{2} a_0 - m_0 \cdot a_0 - \frac{m_1}{2} a_0 - \frac{m_2}{2} a_0 =$$

$$= m_3 \cdot g + m_2 \cdot g - m_0 \cdot g - m_0 \cdot g$$

$$a_0 = \left(-\frac{m_3}{2} - \frac{m_2}{4} - 2m_0 - m_1 - \frac{m_2}{2}\right) - g\,(m_3 + m_2 - 2m_0)$$

$$a_0 = \frac{g\,(m_3 + m_2 - 2m_0)}{\left(-\frac{m_3}{2} - \frac{m_2}{4} - 2m_0 - m_1 - \frac{m_2}{2}\right)}$$

$$a_0 = \frac{9{,}81\ \text{m/s}^2\ (50\ \text{kg} + 80\ \text{kg} - 2 \cdot 500\ \text{kg})}{-25\ \text{kg} - 20\ \text{kg} - 2 \cdot 500\ \text{kg} - 100\ \text{kg} - 40\ \text{kg}} = \mathbf{7{,}2\ m/s^2}$$

Mit Hilfe von a_0 können wir nun die Seilkräfte berechnen.

$F_{S1} = 500\ \text{kg}\ (9{,}81\ \text{m/s}^2 - 7{,}2\ \text{m/s}^2) =$ **1305 N**

$F_{S2} = 500\ \text{kg}\ (9{,}81\ \text{m/s}^2 - 7{,}2\ \text{m/s}^2) - 50\ \text{kg} \cdot 7{,}2\ \text{m/s}^2 =$ **945 N**

$F_{S3} = -20\ \text{kg} \cdot 7{,}2\ \text{m/s}^2 + 500\ \text{kg} \cdot 9{,}81\ \text{m/s}^2 - 500\ \text{kg} \cdot 7{,}2\ \text{m/s}^2 - 50\ \text{kg} \cdot 7{,}2\ \text{m/s}^2$

$F_{S3} =$ **801 N**

$F_{S4} = 50\ \text{kg}\left(9{,}81\ \text{m/s}^2 + \frac{7{,}2\ \text{m/s}^2}{2}\right) =$ **671 N**

3.2.3 Reduzierte Masse, Trägheitsradius, reduziertes Massenträgheitsmoment, reduziertes Drehmoment

Reduzierte Masse. Unter Reduktion versteht man die Zurückführung mechanischer Systeme auf gleichwertige einfachere Systeme. Bei der reduzierten Masse denkt man sich dazu einen rotierenden Körper durch eine punktförmige Masse in einem frei gewählten Abstand r_0 von der Drehachse ersetzt (**3**.22). Dieses Ersatzsystem ist gleichwertig, wenn das Massenträgheitsmoment der Punktmasse gleich dem Massenträgheitsmoment des Körpers ist.

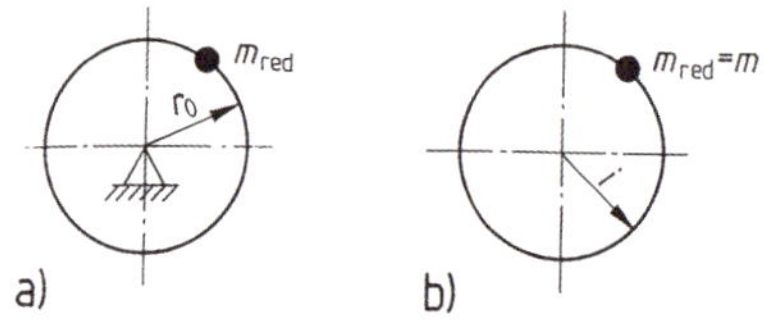

3.22 Bildung der reduzierten Masse
a) Reduktion auf einen beliebigen Radius,
b) Trägheitsradius

$$I = m_{red} \cdot r_0^2 \qquad m_{red} = \frac{I}{r_0^2} \qquad \text{Gl. (3.9)}$$

Bei vielen Problemen ist es vorteilhaft, den Körper durch die Punktmasse m_{red} zu ersetzen. Besonders gilt dies für Triebwerke und Getriebe, wobei sich an einer Welle der Antriebsmotor befindet und die Dimensionierung so zu erfolgen hat, dass der Motor nicht nur den stationären Betrieb aufrechterhält, sondern auch die Beschleunigung des gesamten Systems vornehmen kann.

Trägheitsradius. Die reduzierte Masse m_{red} kann man an eine beliebige Stelle setzen. Im bestimmten Abstand i wird dann $m_{red} = m$, also gleich der wirklichen Masse des drehenden Körpers. Diesen Abstand i nennt man Trägheitsradius.

$$I = m_{red} \cdot r_0^2 = m \cdot i^2 \rightarrow i = \sqrt{\frac{I}{m}} \qquad \text{Gl. (3.10)}$$

Beispiel 3.16 Am freien Ende eines um eine Seiltrommel mit $r = 0{,}2$ m gewickelten Seiles hängt eine Last von $m = 30$ kg (**3**.23). Das Massenträgheitsmoment der hohlzylindrischen Seiltrommel beträgt $I = 5{,}4$ kgm². Die Last wird aus der Ruhelage freigegeben und dreht beim Senken die Seiltrommel mit. Wie groß ist die Beschleunigung a der Last, und welche Geschwindigkeit v hat sie nach 2 m Fall erreicht?

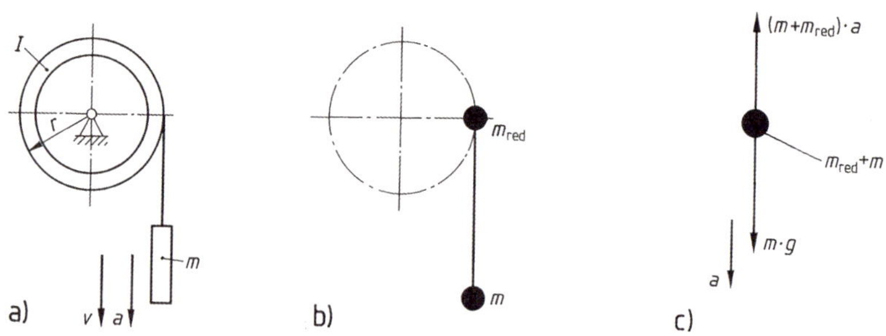

3.23 Seiltrommel eines Krans
a) Lageplan, b) Überführung der Trommel in eine reduzierte Masse,
c) Massenpunkt

1. Lösung **mit Hilfe der auf den Umfang reduzierten Trommelmasse.** Nach dem Satz von d'Alembert besteht an einem beschleunigten Massenpunkt zwischen den äußeren Kräften und der Massenkraft dynamisches Gleichgewicht. D.h.:

$$m \cdot g - (m + m_{red})\, a = 0$$

$$(m + m_{red})\, a = m \cdot g$$

$$a = \frac{m}{(m + m_{red})}\, g \qquad m_{red} = \frac{I}{r^2}$$

$$a = \frac{m}{m + \frac{I}{r^2}}\, g = \frac{30\,\text{kg}}{30\,\text{kg} + \frac{5{,}4\,\text{kgm}^2}{0{,}2^2\,\text{m}^2}}\, 9{,}81\,\text{m/s}^2 = \mathbf{1{,}784\,m/s^2}$$

$$v = \sqrt{2a \cdot s} = \sqrt{2 \cdot 1{,}784\,\text{m/s}^2 \cdot 2\,\text{m}} = \mathbf{2{,}67\,m/s}$$

2. Lösung **durch Freimachen der Einzelsysteme** (Schnitt durch das Lastseil, **3**.24)

$$① \; F_S \cdot r - I \cdot \alpha = 0 \qquad \alpha = \frac{\omega}{t} = \frac{v}{r \cdot t} = \frac{a}{r}$$

$$② \; m \cdot g - m \cdot a - F_S = 0$$

$$\text{aus ① } F_S = I\,\frac{\alpha}{r} = I\,\frac{a}{r^2}$$

$$\text{aus ② } F_S = m \cdot g - m \cdot a$$

$$\frac{I}{r^2} \cdot a = m \cdot g - m \cdot a$$

$$a \cdot \left(\frac{I}{r^2} + m\right) = m \cdot g$$

$$a = \frac{m \cdot g}{m + \frac{I}{r^2}} = \frac{30\,\text{kg} \cdot 9{,}81\,\text{m/s}^2}{30\,\text{kg} + \frac{5{,}4\,\text{kgm}^2}{0{,}2^2\,\text{m}^2}} = \mathbf{1{,}784\,m/s^2}$$

$$F_S = m\,(g - a) = 30\,\text{kg}\,(9{,}81\,\text{m/s}^2 - 1{,}784\,\text{m/s}^2) = 241\,\text{N}$$

$$v = \sqrt{2a \cdot s} = \sqrt{2 \cdot 1{,}784\,\text{m/s}^2 \cdot 2m} = \mathbf{2{,}67\,m/s}$$

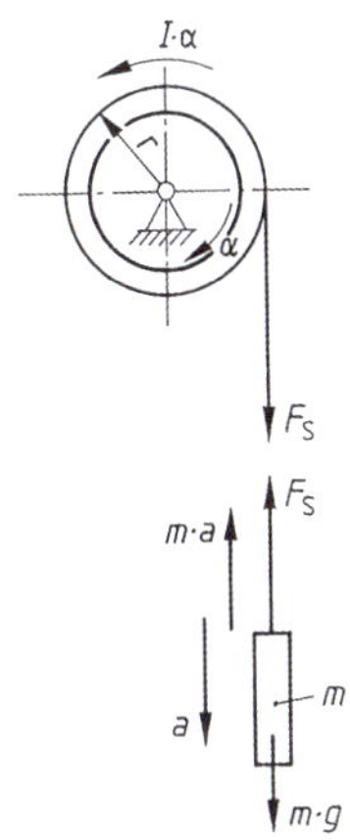

3.24 Lösung nach d'Alembert

Bei der Trennung in Einzelsysteme erhält man also auch die Größe der Seilkraft. Wenn diese nicht berechnet werden soll, ist die Lösung mit der reduzierten Masse kürzer.

Beschleunigte Drehbewegung in Triebwerken. Sind in einem Triebwerk mehrere Wellen z. B. durch Zahnräder gekoppelt, sind ihre Winkelbeschleunigungen entsprechend den Übersetzungsverhältnissen verschieden groß. Um das Grundgesetz der Dynamik anwenden zu können, müssen alle Massenträgheitsmomente und Drehmomente jedoch auf eine Welle bezogen werden.

Beispiel 3.17 Die Triebwerksmassen auf den Wellen 1 und 2 im Bild **3**.25 haben die Massenträgheitsmomente I_1 und I_2. Sie sind durch ein Zugmittel gekoppelt. r_1 und r_2 = Scheibenradien, n_1 und n_2 = Drehzahlen. Gesucht werden das Gesamtmassenträgheits- und Drehmoment, bezogen auf die Welle 1.

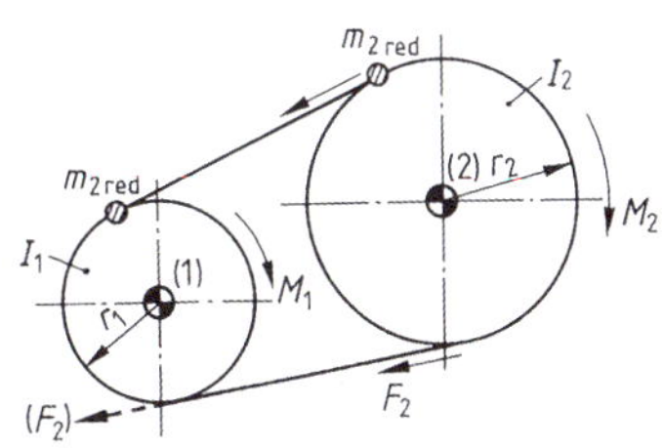

3.25 Triebwerk

Lösung **Reduziertes Massenträgheitsmoment.** Die Masse m_2 wird auf den Umfang der Scheibe 2 reduziert. Dann denkt man sich die reduzierte Masse entlang des Zugmittels (Riemen) auf den Umfang der Scheibe 1 verschoben. Scheibe 1 ist dabei die treibende, Scheibe 2 wird getrieben.

$$m_{2\,\text{red}} = \frac{I_2}{r_2^2}$$

$$I_{1\,\text{ges}} = I_1 + I_{2,1} \qquad I_{2,1} = m_{2\,\text{red}} \cdot r_1^2 = I_2 \left(\frac{r_1}{r_2}\right)^2$$

$$I_{1\,\text{ges}} = I_1 + I_2 \left(\frac{r_1}{r_2}\right)^2 \qquad \frac{r_1}{r_2} = \frac{n_2}{n_1} = \frac{1}{i}$$

i = Übersetzungsverhältnis, also Drehzahl der treibenden Scheibe : Drehzahl der getriebenen Scheibe

$I_{2,1}$ = Trägheitsmoment der Welle 2, bezogen auf die Welle 1

$$I_{1\,\text{ges}} = \boldsymbol{I_1} + \frac{\boldsymbol{I_2}}{\boldsymbol{i^2}} \qquad \frac{I_2}{i^2} = \boldsymbol{I_{2,1}} \qquad I_{1\,\text{ges}} = \boldsymbol{I_1} + \boldsymbol{I_{2,1}}$$

Das Massenträgheitsmoment einer Triebwerkswelle wird auf eine andere Triebwerkswelle reduziert, indem man es durch das Quadrat der Übersetzung dividiert.

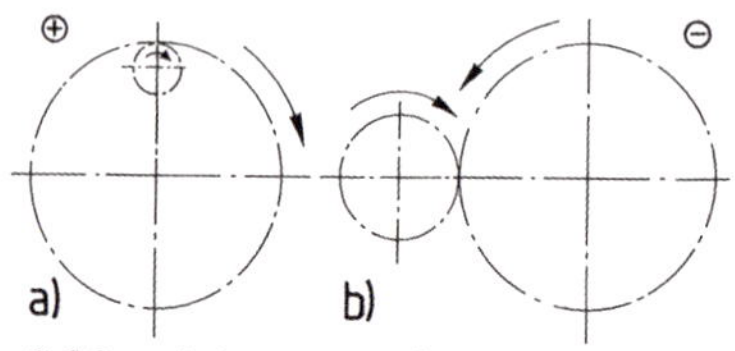

3.26 a) Innenverzahnung, b) Außenverzahnung

Ist die Welle 2 noch mit einer Welle 3 gekoppelt, deren Massenträgheitsmoment I_3 ist, reduziert sich dieses

auf die Welle 2 als $I_{3,2} = \dfrac{I_3}{i_{2,3}^2}$ und

auf die Welle 1 als $I_{3,1} = \dfrac{I_{3,2}}{i_{1,2}^2} = \dfrac{I_3}{i_{1,2}^2 \cdot i_{2,3}^2} = \dfrac{\boldsymbol{I_3}}{\boldsymbol{i_{ges}^2}}$

Reduziertes Drehmoment. Auf den Wellen 1 und 2 wirken die Drehmomente M_1 und $M_2 \cdot M_2 = F_2 \cdot r_2$, wobei die Umfangskraft $F_2 = M_2/r_2$ an beiden Scheiben gleich groß sein muss. F_2 kann längs des Zugmittels zur Scheibe 1 verschoben und das von ihr ausgeübte Drehmoment $F_2 \cdot r_1$ mit dem Drehmoment M_1 vereinigt werden. Unter Berücksichtigung des Richtungssinns ergibt sich

$$M_{1\,\text{ges}} = M_1 \pm F_2 \cdot r_1 = M_1 \pm M_2 \frac{r_1}{r_2} = \boldsymbol{M_1} \pm \boldsymbol{M_{2,1}}.$$

Dabei ist $M_{2,1} = M_2/i$ (+ steht für die Innen-, – für die Außenverzahnung, **3.**26).

Das an einer Triebwerkswelle wirkende Drehmoment wird auf eine andere Triebwerkswelle reduziert, indem man es durch das Übersetzungsverhältnis dividiert.

Ist die Welle 2 noch mit einer Welle 3 gekoppelt, an der M_3 wirksam ist, reduziert sich dieses Moment

auf die Welle 2 als $M_{3,2} = \dfrac{M_3}{i_{2,3}}$ und

auf die Welle 1 als $M_{3,1} = \dfrac{M_{3,2}}{i_{1,2}} = \dfrac{M_3}{i_{1,2} \cdot i_{2,3}} = \dfrac{\boldsymbol{M_3}}{\boldsymbol{i_{ges}}}$.

Beispiel 3.18 Am Lastseil eines elektrisch betriebenen Hubwerks mit zweistufigem Zahnradgetriebe hängt die Last m. Sie soll auf einem Hubweg h aus der Ruhe auf die Geschwindigkeit v beschleunigt werden (**3**.27a).

Geg.: $m = 150\,\text{kg}$, $h = 0{,}8\,\text{m}$, $v = 1{,}2\,\text{m/s}$, $i_{1,2} = i_{2,3} = 4$, $I_1 = 0{,}15\,\text{kgm}^2$, $I_2 = 4{,}2\,\text{kgm}^2$, $I_3 = 9{,}5\,\text{kgm}^2$, $d = 0{,}4\,\text{m}$. Seilmasse und -reibung werden vernachlässigt.

An der Welle 1 wirkt als äußeres Moment das Motordrehmoment M_1, an der Welle 2 als inneres Moment das Drehmoment M_2, an der Welle 3 als äußeres Moment das Lastdrehmoment M_3. Berechnen Sie das erforderliche Antriebs-(M_1) bzw. Motordrehmoment (M_{Mot}); $\eta = 0{,}8$.

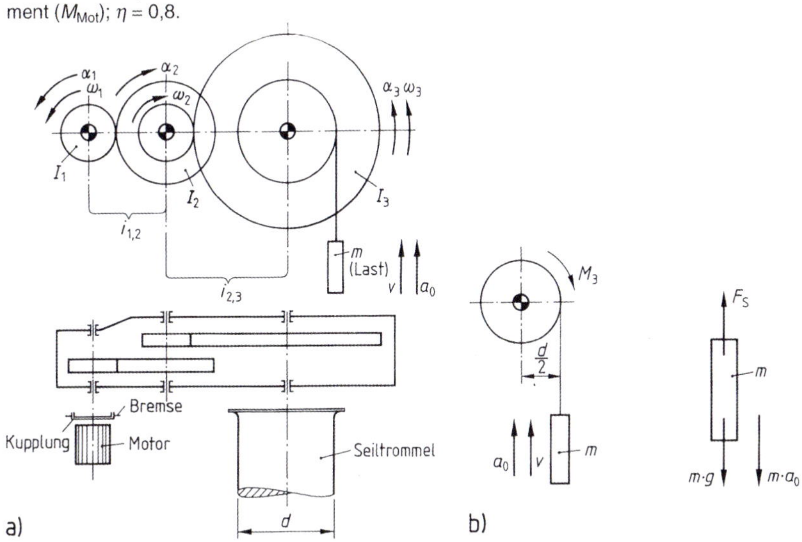

3.27 Hubwerk
a) Lageplan, b) mechanische Ersatzsysteme

Lösung (**3**.27b) Das vom Antriebsmotor zu liefernde Moment M_1 besteht aus dem reduzierten Moment der Last $M_{3,1}$ und dem Beschleunigungsmoment aller rotierenden Teile (Zahnräder, Wellen, Seiltrommel usw.) M_1^*. Die Trägheitskraft der Masse m ist über die Seilkraft im Lastmoment M_3 und damit letztlich im reduzierten Moment $M_{3,1}$ berücksichtigt.

$$M_1 = M_1^* + M_{3,1} \qquad M_1^* = I_{1\,ges} \cdot \alpha_1$$

$$I_{1\,ges} = I_1 + I_{2,1} + I_{3,1} = I_1 + I_2 \frac{1}{(i_{1,2})^2} + I_3 \frac{1}{(i_{1,2})^2\,(i_{2,3})^2}$$

$$\alpha_1 = \alpha_3 \cdot i_{ges} \qquad i_{ges} = (i_{1,2}) \cdot (i_{2,3})$$

$$\alpha_3 = \frac{a_0}{r} \qquad a_0 = \frac{v^2}{2h}$$

$$\alpha_3 = \frac{v^2}{2hr} \qquad 2r = d$$

$$\alpha_3 = \frac{v^2}{hd}$$

$$\alpha_1 = \frac{v^2}{hd} \cdot i_{1,2} \cdot i_{2,3}$$

$$M_1^* = \left(I_1 + I_2 \frac{1}{(i_{1,2})^2} + I_3 \frac{1}{(i_{1,2})^2\,(i_{2,3})^2}\right) \frac{v^2}{hd} \cdot i_{1,2} \cdot i_{2,3}$$

Lösung
Fortsetzung

$$M_{3,1} = M_3 \frac{1}{i_{1,2} \cdot i_{2,3}} \qquad M_3 = \frac{d}{2} F_S$$

$$F_S - m \cdot g - m \cdot a_0 = 0$$

$$F_S = m\,(g + a_0) = m\left(g + \frac{v^2}{2h}\right)$$

$$M_3 = \frac{d}{2} m\left(g + \frac{v^2}{2h}\right)$$

$$M_{3,1} = \frac{d}{2} m\left(g + \frac{v^2}{2h}\right) \frac{1}{i_{1,2} \cdot i_{2,3}}$$

$$M_1 = \left(I_1 + I_2 \frac{1}{(i_{1,2})^2} + I_3 \frac{1}{(i_{1,2})^2\,(i_{2,3})^2}\right) \frac{v^2}{dh} \cdot i_{1,2} \cdot i_{2,3} + \frac{d}{2} \cdot m\left(g + \frac{v^2}{2h}\right) \frac{1}{i_{1,2} \cdot i_{2,3}}$$

$$M_1 = \left(0{,}15\,\text{kgm}^2 + 4{,}2\,\text{kgm}^2 \cdot \frac{1}{16} + 9{,}5\,\text{kgm}^2 \cdot \frac{1}{256}\right) \frac{1{,}44\,(\text{m/s})^2}{0{,}4\,\text{m} \cdot 0{,}8\,\text{m}} \cdot 16$$

$$+ 0{,}2\,\text{m} \cdot 150\,\text{kg}\left(9{,}81\,\text{m/s}^2 + \frac{1{,}44\,(\text{m/s})^2}{1{,}6\,\text{m}}\right) \frac{1}{16} = \mathbf{52{,}5\,Nm}$$

$$M_{Mot} = \frac{M_1}{\eta} = \frac{52{,}5}{0{,}8} = 65{,}6\,\text{Nm}$$

$$(P_{Mot} = M_{Mot} \cdot \omega_1)$$

Aufgaben zu Abschnitt 3.1 und 3.2

1. Zwei Massen A und B ($m_B = 2m_A$) werden in einer Entfernung s auf einer schiefen Ebene mit Neigungswinkel $\alpha = 30°$ festgehalten (**3**.28). Der Gleitreibkoeffizient unter der Masse A ist $\mu_A = 0{,}3$, unter der Masse B $\mu_B = 0{,}5$. Eine Sekunde, nachdem die Masse A losgelassen wurde, wird die Masse B losgelassen. Nach einer Gleitzeit der Masse B von $t = 7$ s wird B von A eingeholt. Berechnen sie die ursprüngliche Entfernung s der beiden Massen.

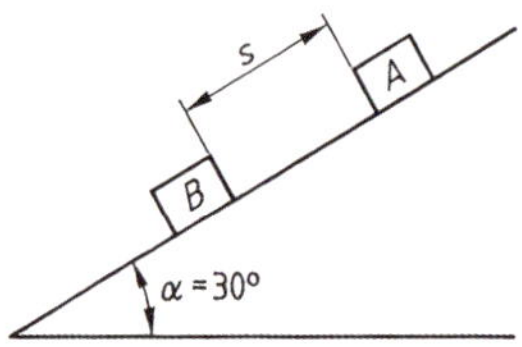

3.28

2. Ein Zylinder mit Radius r befindet sich auf einer Ebene, die einer konstanten Beschleunigung a unterworfen ist (**3**.29). Gesucht wird die Beschleunigung a_0 des Zylinders unter der Annahme einer reinen Rollbewegung.

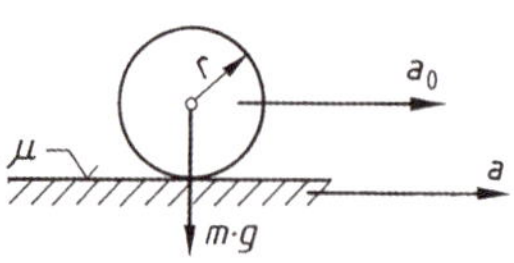

3.29

3. Die Scheibe **3**.30 wird von einem Seil mit konstanter Kraft $F = 130$ N unter 45° gezogen. Die Masse der Scheibe beträgt $m = 35$ kg, der Radius $r = 0{,}25$ m und der Trägheitsradius $i = 0{,}4$ m. Berechnen Sie nach d'Alembert
   a) den kleinsten Reibkoeffizienten μ, wenn kein Gleiten auftreten soll,
   b) v und ω nach $t = 3$ s, wenn für $t = 0$ s das System in Ruhe ist,
   c) die Reibzahl μ_1, bei der sich die Scheibe ohne Drehung bewegt.

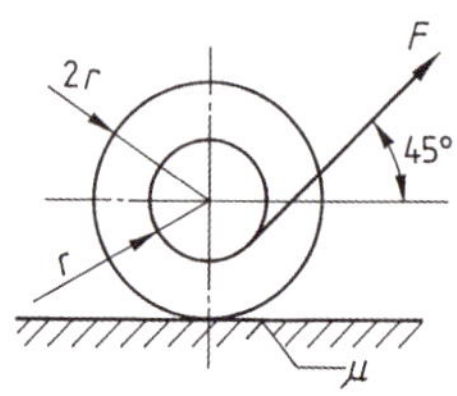

3.30

4. Ein Körper mit der Masse $m_1 = 2500$ kg ruht auf einer schrägen Ebene ($\alpha = 30°$) und ist durch ein Seil mit einer Seiltrommel ($I = 135$ kgm²) verbunden (**3**.31). Die Gleitreibzahl ist

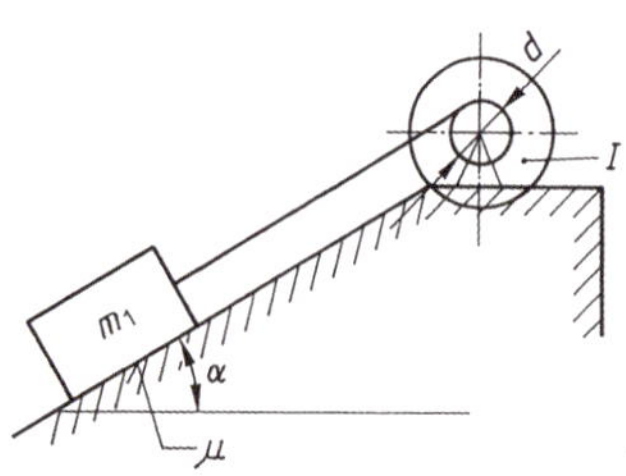

3.31

$\mu = 0{,}2$, der Trommeldurchmesser $d = 0{,}3$ m. Bestimmen Sie unter Vernachlässigung der Reibung in den Seiltrommellagern

a) die Beschleunigung a der Masse m_1, wenn sich das System aus der Ruhe in Bewegung setzt,

b) die Seilkraft F_S nach dem Satz von d'Alembert.

5. Für das System **3**.32 wird die Beschleunigung der größten Masse gesucht. Die Rollenträgheitsmomente und die Lagerreibung sind zu vernachlässigen. $m = 50$ kg

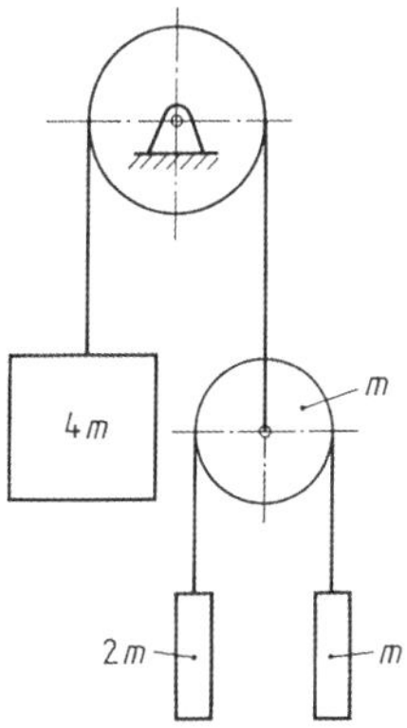

3.32

6. Für das System **3**.33 ist nach d'Alembert die Beschleunigung der Masse m_3 zu ermitteln. $m_1 = 120$ kg, $m_2 = 60$ kg, $m_3 = 80$ kg, $\mu = 0{,}2$.

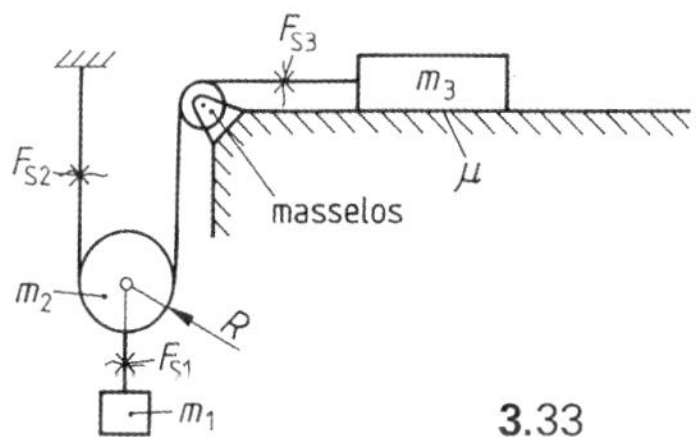

3.33

7. Die Seiltrommel **3**.34 wird mit $n_0 = 110$ 1/min angetrieben. Zur Zeit $t = 0$ wird der Antrieb abgeschaltet. $r_1 = 250$ mm, $r_2 = 500$ mm, $I = 6$ kgm². Berechnen sie mit Hilfe von d'Alembert die Seilkräfte und den Weg s_1, bis die Masse m_1 ihre höchste Lage erreicht hat.

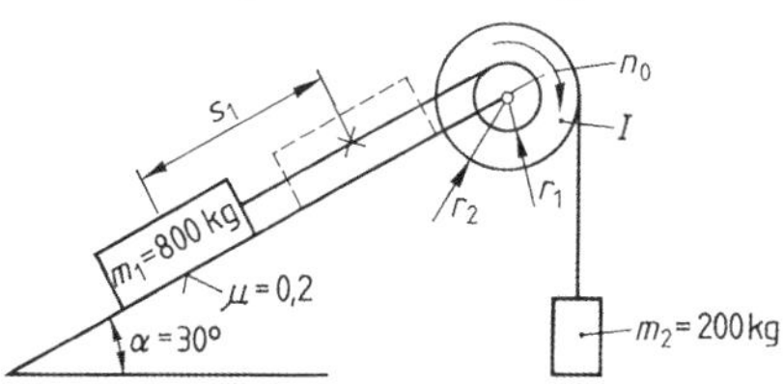

3.34

8. Eine Schleudertrommel wird mittels Elektromotor und Riemen angetrieben (**3**.35). Gegeben: Motorleistung $P = 5{,}76$ kW, $d_1 = 12$ cm, $I_1 = 0{,}11$ kgm², $d_2 = 40$ cm, $I_2 = 16$ kgm². Der Motor dreht sich mit 1420 1/min, die Reibung ist zu vernachlässigen. Berechnen Sie

a) das Gesamt-Massenträgheitsmoment, reduziert auf die Motorwelle,

b) die Winkelbeschleunigungen von Motor- und Trommelwelle,

c) die Anzahl der Trommelumdrehungen beim Anfahren.

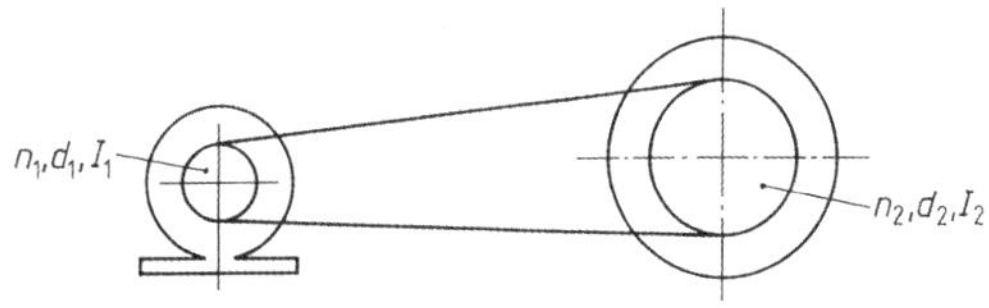

3.35

9. Die Welle 1 des Getriebes **3**.36 soll in $t = 15$ s von $n = 2500$ 1/min gleichförmig bis zum Stillstand verzögert werden. $I_1 = 10$ kgm², $I_2 = 8$ kgm², $n_1/n_2 = 2/3$. Berechnen Sie das Drehmoment M und den maximalen Leistungsbedarf P.

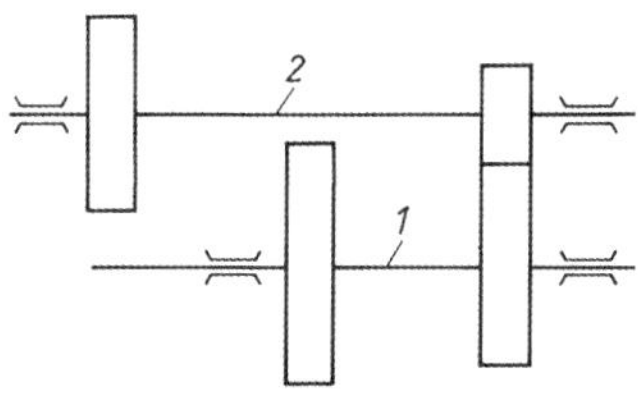

3.36

10. Bei dem Hubwerk **3**.37 treibt ein Elektromotor die Seiltrommel von 200 mm Durchmesser über ein zweistufiges Rädervorgelege an. Das Fördergut hat 300 kg Masse. Die gleichförmige Hubgeschwindigkeit ist bei $n_3 = 20$ 1/min

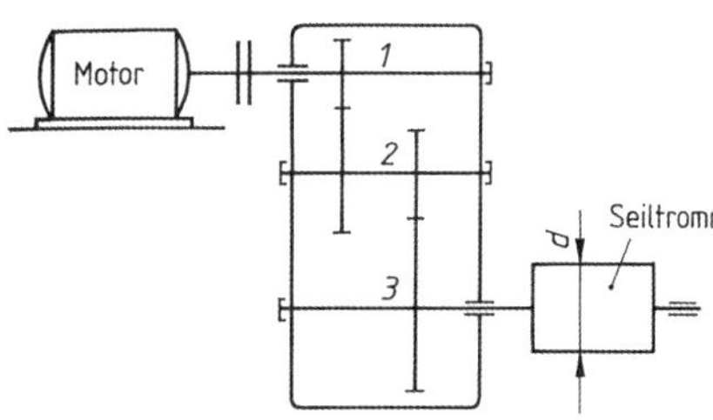

3.37

erreicht. Die Leistung des E-Motors beträgt 4 kW. I_1 = 1,25 kgm², I_2 = 0,8 kgm², I_3 = 12,5 kgm², n_1 = 1500 1/min, n_2 = 300 1/min, n_3 = 20 1/min. Gesamtwirkungsgrad des Getriebes = 80 %. Berechnen Sie

a) die Beschleunigung, mit der das Fördergut angehoben wird, wenn das Anfahren mit dem 1,2-fachen Nennmoment des Motors erfolgt,

b) die Anfahrzeit,

c) die Hubstrecke bis zum Erreichen der gleichförmigen Hubgeschwindigkeit,

d) die Beschleunigung, mit der das hochgehobene Gut wieder sinkt, wenn es das gesamte Getriebe einschließlich des stromlosen Motorläufers durchzieht.

11. In welcher Höhe h muss eine Billardkugel gestoßen werden, dass zwischen Billardtisch und Kugel die Reibungskraft F_R = 0 wird (**3**.38)? Die Wirkungslinie der Stoßkraft (Lage des Billard-Queue) verläuft parallel zum Tisch.

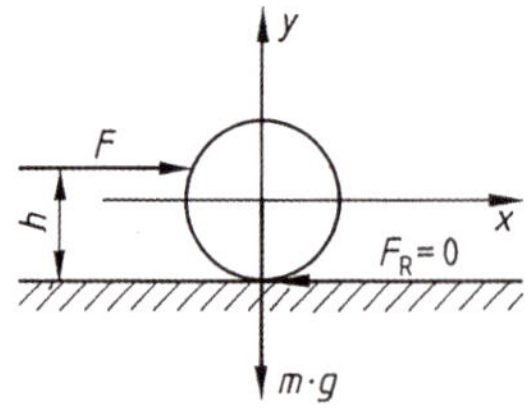

3.38

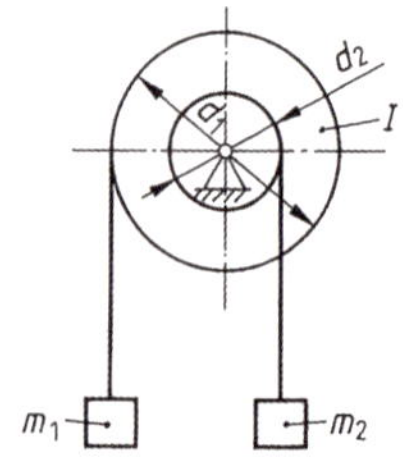

3.39

12. Das Massenträgheitsmoment der Seilscheibe **3**.39 ist $I = 7\,\text{kgm}^2$, $m_1 = 150\,\text{kg}$, $m_2 = 300\,\text{kg}$, $d_1 = 0{,}6\,\text{m}$, $d_2 = 0{,}2\,\text{m}$.
Berechnen Sie unter Vernachlässigung der Reibung
a) die Winkelbeschleunigung der Scheibe,
b) ihre Winkelgeschwindigkeit ω_1 und die Drehzahl n_1 nach $t = 7\,\text{s}$ (Bewegung aus der Ruhelage) mit dem Satz von d'Alembert.

3.3 Arbeit, Energie, Leistung

Im vorhergehenden Abschnitt haben wir gesehen, dass kinetische Probleme mit Hilfe der Newton'schen Axiome bzw. des Prinzips von d'Alembert gelöst werden können. Hinzu kommt die Möglichkeit, sie mit dem Arbeits- und Energiesatz oder dem Impuls- bzw. Drallsatz zu lösen. Je nach Aufgabenstellung finden wir die Lösungen rascher mit der einen oder anderen Methode.

3.3.1 Arbeit

Geradlinige Bewegung. An einem Körper wirkt die Kraft F, deren Wirkungslinie mit der Bewegungsrichtung ständig den Winkel α einschließt (**3**.40). Der Körper wird über die Strecke $s_2 - s_1$ bewegt. Dabei wird Arbeit verrichtet.

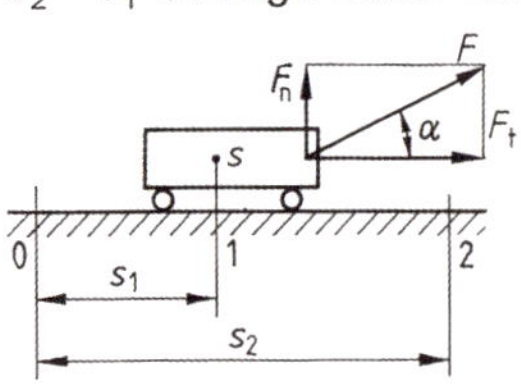

3.40 Geradlinige Bewegung, Kraft greift unter einem Winkel α an

Die Kraft F können wir in zwei Komponenten zerlegen, wobei offensichtlich für die Körperbewegung nur die Kraftkomponente F_t von Bedeutung ist. Die auf die gerade, ebene Bahn normal stehende Kraftkomponente F_N hat keinen Einfluss, solange der Körper nicht von der Bahn abgehoben wird und die Reibung vernachlässigt wird.

Die Arbeit, die eine konstante Kraft auf einer geraden Bahn verrichtet, ist so definiert:

Die mechanische Arbeit W der Kraft F ist gleich dem Produkt aus der in Wegrichtung wirkenden Kraftkomponenten F_t und der Wegstrecke $s_2 - s_1$ (Arbeit = Kraft · Weg).

$$W = F_t\,(s_2 - s_1)$$

Grenzfälle

$\alpha = 0$	$\cos\alpha = 1$	$W = F(s_2 - s_1)$	Die gesamte Kraft verrichtet die Arbeit.
$\alpha = \frac{\pi}{2}$	$\cos\alpha = 0$	$W = 0$	Die Kraft verrichtet keine Arbeit.
$\alpha = \pi$	$\cos\alpha = -1$	$W = -F(s_2 - s_1)$	Die gegen die Bewegung gerichtete Kraft (z.B. Bremskraft) verrichtet eine negative, also der Bewegung entgegengesetzte Arbeit.

Einheit der Arbeit kann sowohl 1 Newtonmeter (Nm) als auch 1 Joule (J) oder 1 Wattsekunde (Ws) sein.

Weil Kraft und Weg gerichtete Größen sind, können wir die Arbeit auch als Vektorgleichung schreiben: $W = \vec{F} \cdot \Delta\vec{s}$. Ihre Umformung in skalare Größen ergibt

$$\vec{F} = \begin{Bmatrix} F_t \\ F_n \end{Bmatrix} = \begin{Bmatrix} F \cdot \cos\alpha \\ F \cdot \sin\alpha \end{Bmatrix} \qquad W = F \cdot \cos\alpha \cdot \Delta s = F_t \cdot \Delta s.$$

Für den beschriebenen Fall lässt sich ein Kraft-Weg-Diagramm erstellen. Da die Kraft stets konstant sein soll und unter gleich bleibendem Winkel α auf den Körper wirkt, ergibt sich die Arbeit als rechteckige Fläche im Diagramm (**3**.41). Ändert man die Kraftgröße oder den Winkel α während der Bewegung von s_1 nach s_2, stellt sich die Arbeit wiederum als Fläche unter der entsprechenden Funktionskurve dar (**3**.42). Dies bedeutet, dass wir die Arbeit stets durch Integration finden können.

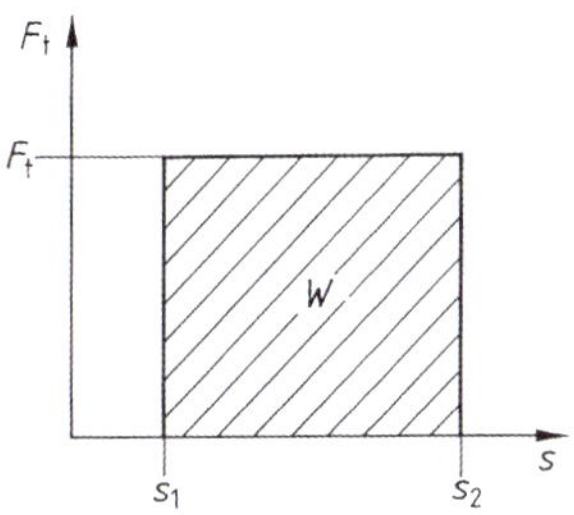

3.41 Kraft-Weg-Diagramm für F_t = konst (α = konst)

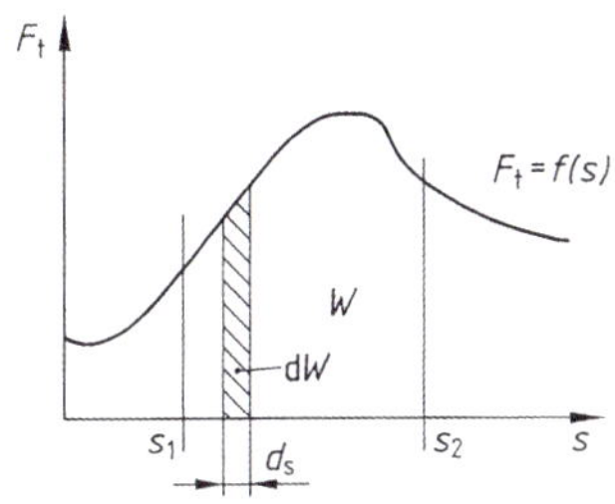

3.42 Kraft-Weg-Diagramm für $F \neq$ konst, $F_t \neq$ konst

Auf der Wegstrecke ds beträgt die Teilarbeit $dW = F_t \cdot ds$ Gl. (3.11)

Für die Gesamtarbeit ergibt sich $W = \int_{s_1}^{s_2} dW = \int_{s_1}^{s_2} F_t \cdot ds$ Gl. (3.12)

Ist die Kraft-Weg-Funktion nur durch ein Schaubild und nicht als mathematische Funktion gegeben, kann man die verrichtete Arbeit auch durch Planimetrieren der Fläche ermitteln.

Krummlinige Bewegung. Wenn sich der Körper auf einer in der Ebene liegenden gekrümmten Bahn bewegt, verläuft die für die Arbeit wesentliche Kraftkomponente in Richtung der Bahntangente: $F_{ti} = F_i \cdot \cos\alpha_i$ (**3**.43). Mit Hilfe dieser Kraftkomponente lässt sich die Arbeit wie bei der geradlinigen Bewegung ermitteln.

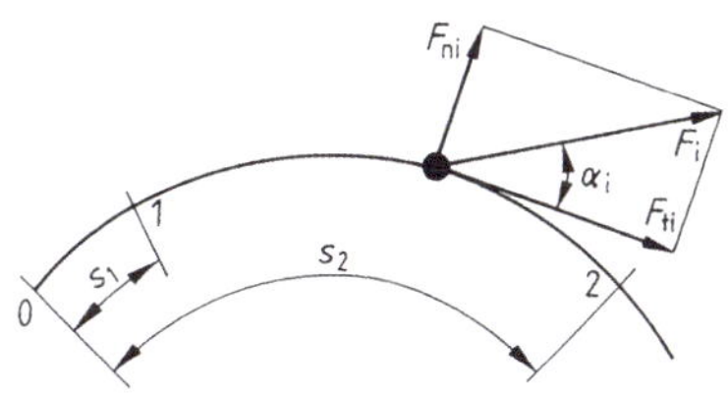

3.43 Krummlinige Bewegung

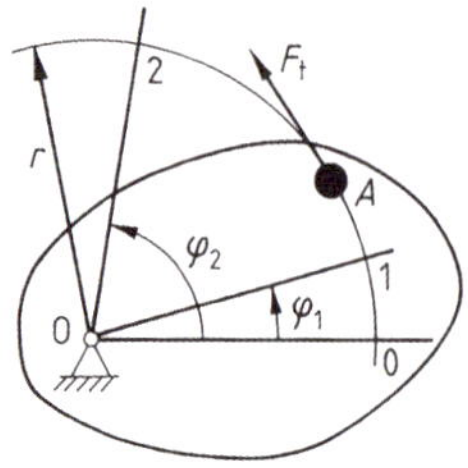

3.44 Drehbewegung um ortsfeste Achse

Räumlich gekrümmte Bewegung. Wie wir gesehen haben, ist für die Arbeit stets das Wegintegral über die Bahnkomponente der Kraft zu bilden. Dies gilt auch für die räumliche Bahnkurve.

Drehbewegung. Auf einen um die ortsfeste Achse 0 drehbar gelagerten Körper (**3**.44) wirkt über dem Drehwinkel $\varphi_2 - \varphi_1$ das konstante Drehmoment M. Dieses Drehmoment M kann durch eine ständig an einem Kreis mit dem Radius r wirkenden Tangentialkraft F_t erzeugt werden. Während der Drehung beschreibt der Angriffspunkt A der Kraft F_t den Weg $s_2 - s_1 = r(\hat{\varphi}_2 - \hat{\varphi}_1)$. Damit beträgt die mechanische Arbeit

$$W = F_t \cdot r(\hat{\varphi}_2 - \hat{\varphi}_1) \qquad \text{Gl. (3.13)}$$

bzw. unter Berücksichtigung von $F_t \cdot r = M$

$$W = M(\hat{\varphi}_2 - \hat{\varphi}_1). \qquad \text{Gl. (3.14)}$$

Ist das Drehmoment mit dem Drehwinkel φ veränderlich, ist die Arbeit

$$W = \int_{\hat{\varphi}_1}^{\hat{\varphi}_2} M \cdot d\hat{\varphi}. \qquad \text{Gl. (3.15)}$$

Das Moment muss als Funktion des Drehwinkels $M = f(\varphi)$ oder als Schaubild gegeben sein (**3**.45).

Meist greifen an einem bewegten Körper mehrere Kräfte gleichzeitig an. Wir unterscheiden verschiedene Arten von Arbeit:

- Reibarbeit,
- Hubarbeit,
- Federspannarbeit,
- Beschleunigungsarbeit.

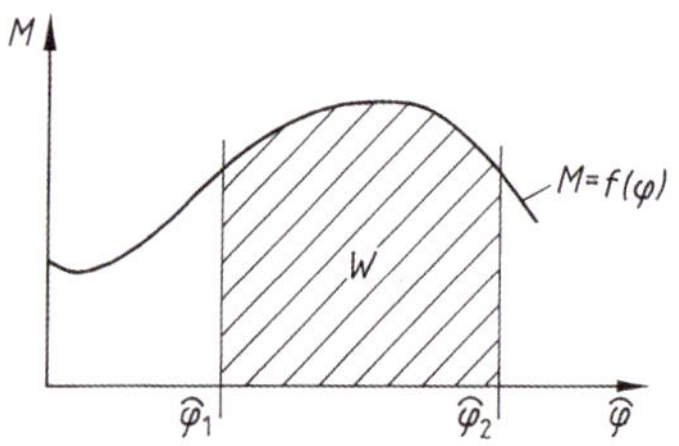

3.45 M-$\hat{\varphi}$-Diagramm

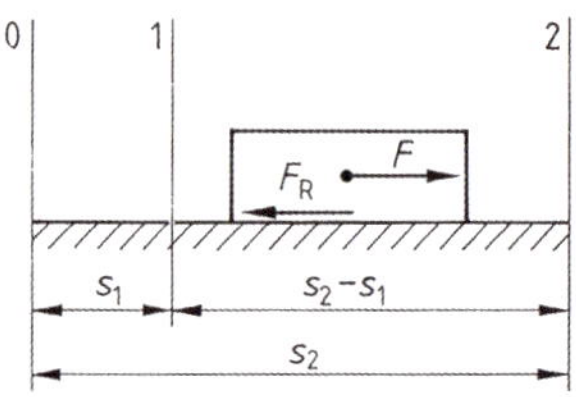

3.46 Geradlinige ebene Bewegung

Reibarbeit ist die Arbeit zur Überwindung der Reibkraft. Ein Körper bewegt sich gleichförmig auf horizontaler Bahn, die Zugkraft F wirkt in Bewegungsrichtung (**3**.46). Zwischen F und F_R besteht statisches Gleichgewicht, d.h., die Zugkraft verrichtet gerade die zur Überwindung der Reibung erforderliche Arbeit.

$$F = F_R \rightarrow W = F_R(s_2 - s_1) = \mu \cdot F_N(s_2 - s_1).$$

Bei gleichförmiger Drehbewegung eines im Drehzapfen gelagerten Körpers hat das Antriebsmoment M den gleichen Betrag wie das Zapfenreibmoment M_R.

$$M = M_R \rightarrow W = M_R(\hat{\varphi}_2 - \hat{\varphi}_1) = F_R \cdot r(\hat{\varphi}_2 - \hat{\varphi}_1) = \mu \cdot F_N \cdot r(\hat{\varphi}_2 - \hat{\varphi}_1).$$

Wenn Reibung in anderem Zusammenhang auftritt ist analog vorzugehen.

Hubarbeit ist die Arbeit zur Überwindung der Gewichtskraft. Ein Körper mit der Gewichtskraft F_G wird gleichförmig und reibungsfrei auf einer beliebig gekrümmten Bahn um den Höhenunterschied $h_2 - h_1$ gehoben (**3**.47). Dazu ist an jeder Stelle der Bahn eine bestimmte Tangentialkraft F_t erforderlich, die mit der Hangabtriebskraft F_{GH} im statischen Gleichgewicht steht.

$$F_t = F_{GH} \rightarrow dW = F_t \cdot ds = F_{GH} \cdot ds = F_G \cdot \sin\alpha \cdot ds$$
$$dW = m \cdot g \cdot ds \cdot \sin\alpha = m \cdot g \cdot dh.$$

Die Gesamtarbeit über den Hub erhalten wir durch Integration.

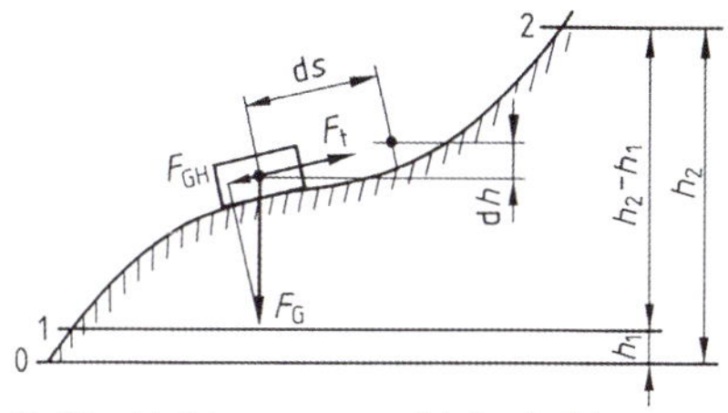

3.47 Hubbewegung (Hubarbeit)

$$W = \int_{h_1}^{h_2} dW = \int_{h_1}^{h_2} m \cdot g \cdot dh = m \cdot g \int_{h_1}^{h_2} dh \rightarrow W = m \cdot g\,(h_2 - h_1) \qquad \text{Gl. (3.16)}$$

Erkenntnis: Die Hubarbeit ist unabhängig von der Form des Weges.

Federspannarbeit ist die Arbeit zur Überwindung der Federkraft F. Für die Kraft F, die zum Spannen einer Feder erforderlich ist, gilt im linear elastischen (Hooke'schen) Bereich, dass diese proportional dem Federweg ist.

F = Federkonstante · Weg $\qquad F = c \cdot s \qquad c$ ... N/m $\qquad$ Gl. (3.17)

Den Zusammenhang zwischen Kraft und Weg zeigt das Kraft-Weg-Diagramm **3**.48. Für uns wichtige Federtypen sind Schrauben-, Biege- oder Drehstabfedern.

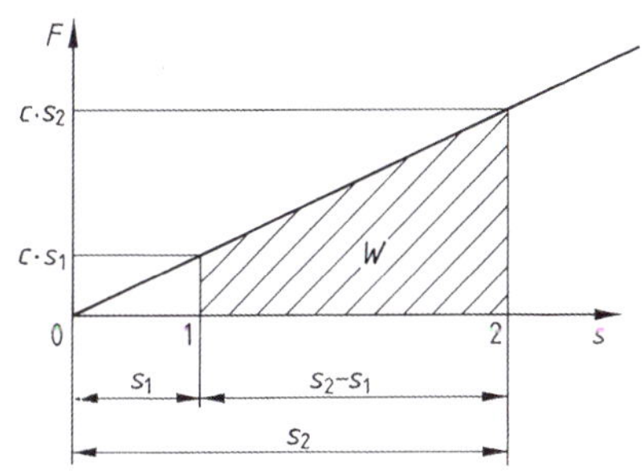

3.48 Kraft-Weg-Diagramm einer Feder

Auch bei zylindrischen Schraubenfedern mit linearer Charakteristik ist die Federspannkraft immer entgegengesetzt zur Federrückstellkraft. Die Arbeit W, die die Kraft F beim Federspannen verrichtet, entspricht der Fläche unter der Federkennlinie. War die Feder schon vorgespannt, erhalten wir eine Trapezfläche.

$$W = \frac{1}{2} F \cdot s = \frac{1}{2} c \cdot s^2 \quad \text{bei nicht vorgespannter Feder} \qquad \text{Gl. (3.18)}$$

$$W = \frac{1}{2}\,(c \cdot s_1 + c \cdot s_2)\,(s_2 - s_1) = \frac{1}{2}\,c\,(s_2^2 - s_1^2) \quad \text{bei vorgespannter Feder} \qquad \text{Gl. (3.19)}$$

Diese Gleichungen gelten für Zug-, Druck- und Biegefedern.

Beispiel 3.19 Am Auslauf einer Paketsortieranlage befindet sich ein gefederter Puffer (**3**.49). Seine Feder ist 120 mm vorgespannt, $c = 18\,\text{kN/m}$. Welche Arbeit wird in der Feder gespeichert, wenn sie nach Auftreffen eines Pakets um (weitere) 35 mm zusammengedrückt wird?

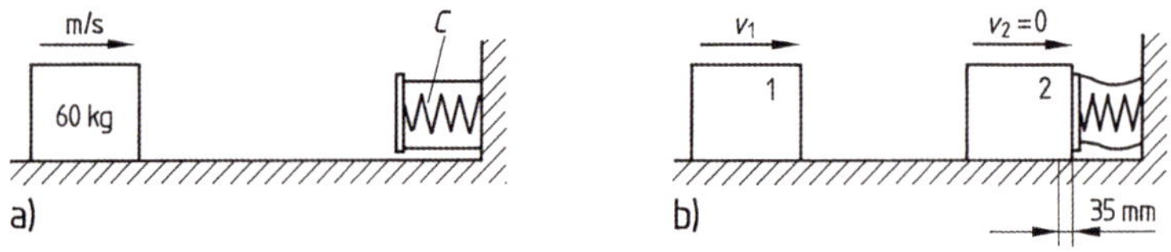

3.49 Paketauslaufstrecke

a) vor Aufprall, b) maximale Stauchung des gefederten Puffers

Lösung

$$W = \frac{1}{2}\,c\,(s_2^2 - s_1^2)$$

$$W = \frac{1}{2} \cdot 18 \cdot 10^3\,\text{N/m}\,(0{,}155^2\,\text{m}^2 - 0{,}120^2\,\text{m}^2) = \mathbf{86{,}6\,Nm} = \mathbf{86{,}6\,J}$$

Die geradlinige Charakteristik muss aber nicht vorhanden sein: Es gibt auch Federn, die sich progressiv (z. B. Gummipuffer) oder degressiv verhalten. Außerdem erzielt man annähernd eine progressive Charakteristik durch zwei lineare Federpakete, wenn das zweite Paket erst ab einer bestimmten Belastung einsetzt (**3**.50, Anwendung z. B. beim Blattfedernpaket der Hinterachsen schwerer Lkw).

Letztlich können alle im Abschnitt Statik behandelten Träger als Biegefedern aufgefasst werden. Durch Belastung kommt es zu einer Durchbiegung von Wellen und von Trägern. Es besteht Gleichgewicht zwischen den äußeren Kräften und den inneren Rückstellkräften.

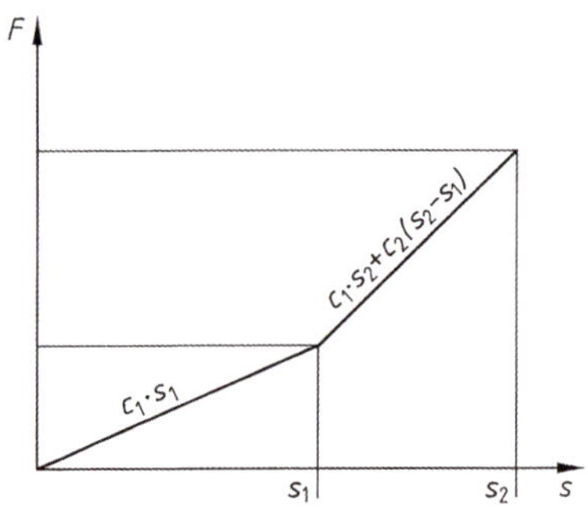

3.50 Kraft-Weg-Diagramm zweier überlagerter Federn (angenähert progressives Verhalten)

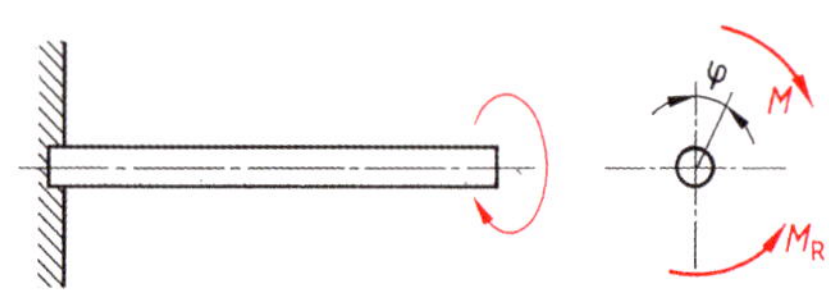

3.51 Drehstabfeder

Drehstabfedern (**3**.51). Um einen einseitig eingespannten Drehfederstab um den Winkel φ zu verdrillen, ist ein bestimmtes Drehmoment erforderlich. So erhalten wir analog zum Obigen das

Drehfedergesetz $M = c_d \cdot \varphi$. cd = Drehfederkonstante, Nm/rad	Gl. (3.20)

Das Drehmoment M ist stets entgegengesetzt gleich dem Rückstellmoment der Drehfeder. Die zum Verdrillen von φ_1 auf φ_2 nötige Drehfeder-Spannarbeit ergibt sich mit

$$W = \int_{\hat{\varphi}_1}^{\hat{\varphi}_2} M \cdot d\varphi = \int_{\hat{\varphi}_1}^{\hat{\varphi}_2} c_d \cdot \hat{\varphi} \cdot d\varphi$$

$$= \frac{1}{2} c_d (\hat{\varphi}_2^2 - \hat{\varphi}_1^2). \qquad \text{Gl. (3.21)}$$

Beim Verdrillen aus dem ungespannten Zustand vereinfacht sich diese Formel auf

$$W = \frac{1}{2} c_d \cdot \hat{\varphi}^2. \qquad \text{Gl. (3.22)}$$

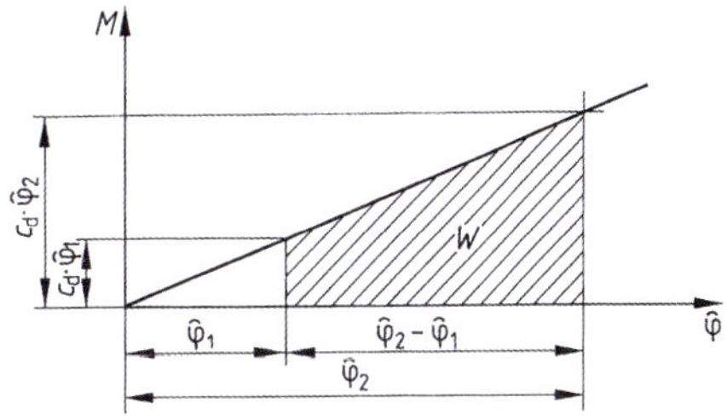

3.52 M-$\hat{\varphi}$-Diagramm

Den Zusammenhang zwischen Moment und Verdrehwinkel stellt das Diagramm **3.52** dar.

Beispiel 3.20 Die Vorderräder eines Pkw sind in ihrer Aufhängung mit einer Drehstabfeder verbunden. Wie groß ist die in der Feder gespeicherte Arbeit, wenn sich das linke Rad gegenüber dem rechten infolge Fahrbahnunebenheiten so viel höher befindet, dass die Feder um 16° gedreht wird? $c_d = 110$ kNm/rad

Lösung $W = \frac{1}{2} c_d \cdot \hat{\varphi}^2 = \frac{1}{2} \cdot 110\,\text{kNm/rad} \cdot 0{,}28^2\,\text{rad}^2 = \mathbf{4{,}29\,kNm = 4{,}29\,kJ}$

Beschleunigungsarbeit ist die Arbeit zur Überwindung der Trägheitskraft. Ein Körper mit der Masse m wird durch eine Einzelkraft F_t (also ohne gleich große Gegenkraft) beschleunigt (**3.53**). Dadurch ändert sich auf der Wegstrecke $s_2 - s_1$ seine Geschwindigkeit von v_1 auf v_2. Unter Berücksichtigung des Newton'schen Grundgesetzes der Dynamik erhalten wir für die Beschleunigungsarbeit

$$F_t = m \cdot a_t = m \frac{dv}{dt}.$$

$$W = \int_{s_1}^{s_2} F_t \cdot ds = \int_{s_1}^{s_2} m \frac{dv}{dt} ds.$$

Da $\frac{ds}{dt} = v$, ergibt sich weiter

$$W = m \int_{v_1}^{v_2} v \cdot dv = m \frac{1}{2} v^2 \Big|_{v_1}^{v_2}.$$

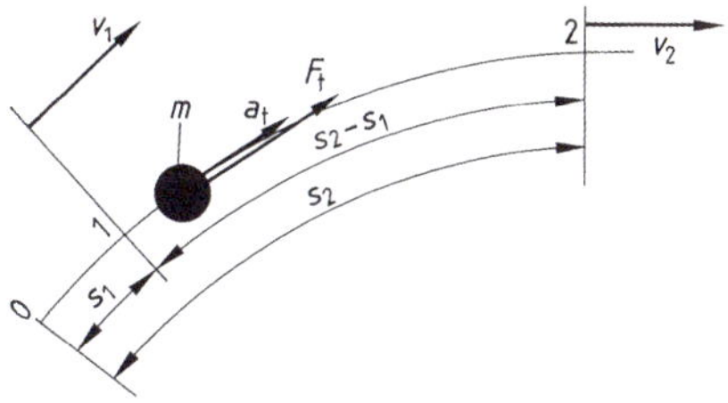

3.53 Beschleunigte Bewegung

$$W = \frac{1}{2} m (v_2^2 - v_1^2) \qquad \text{Gl. (3.23)}$$

Erkenntnis: Die Beschleunigungsarbeit W ist unabhängig von der Bahnform und vom Bewegungsablauf zwischen den Wegstrecken s_1 und s_2.

Beginnt die Beschleunigung aus dem Ruhestand, ist $v_1 = 0$, und mit $v = v_2$ folgt

$$W = \frac{1}{2} m \cdot v^2. \qquad \text{Gl. (3.24)}$$

Analog ergibt sich für einen um einen Punkt des Körpers drehbar gelagerten Körper mit dem Massenträgheitsmoment I die Drehbeschleunigungsarbeit mit

$$W = \frac{1}{2} I (\omega_2^2 - \omega_1^2) \qquad \text{Gl. (3.25)}$$

und bei Beschleunigung aus der Ruhelage $W = \frac{1}{2} I \cdot \omega^2$. Gl. (3.26)

Beispiel 3.21 Ein Eisenbahnzug mit der Masse $m = 450\,\text{t}$ erhöht auf einer Steigung von $8\,^0/_{00}$ längs eines Weges $s = 1{,}8\,\text{km}$ seine Geschwindigkeit von 30 auf 55 km/h (**3**.54). $\mu_F = 0{,}005$.
Gesucht werden a) die Reibungsarbeit W_1, b) die Hubarbeit W_2, c) die Beschleunigungsarbeit W_3, d) die Gesamtarbeit W_{ges}.

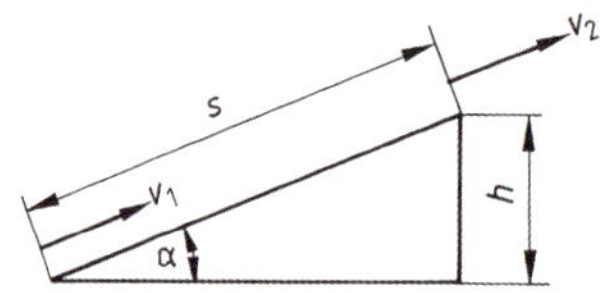

3.54 Eisenbahnstrecke

Lösung

a) $W_1 = m \cdot g \cdot s \cdot \mu_F$

$W_1 = 450000\,\text{kg} \cdot 9{,}81\,\text{m/s}^2 \cdot 1800\,\text{m} \cdot 0{,}005 = 39730500\,\text{J} \mathrel{\hat{=}} \mathbf{39730{,}5\,kJ}$

b) $W_2 = m \cdot g \cdot h = m \cdot g \cdot s \cdot \sin\alpha$

Weil der Winkel α sehr klein ist, kann $\sin\alpha$ annähernd $\tan\alpha$ gesetzt werden; also $\sin\alpha \cong \tan\alpha$.

$W_2 = m \cdot g \cdot s \cdot \tan\alpha$

$W_2 = 450000\,\text{kg} \cdot 9{,}81\,\text{m/s}^2 \cdot 1800\,\text{m} \cdot 0{,}008 = 63568800\,\text{J} \mathrel{\hat{=}} \mathbf{63568{,}8\,kJ}$

c) $W_3 = m \frac{1}{2} (v_2^2 - v_1^2)$

$$W_3 = \frac{1}{2}\, 450000\,\text{kg} \cdot \frac{1}{3{,}6^2}\,(55^2 - 30^2) \left(\frac{\text{m}}{\text{s}}\right)^2 = 36892361\,\text{J} \mathrel{\hat{=}} \mathbf{36892{,}4\,kJ}$$

d) $W_{ges} = W_1 + W_2 + W_3 = \mathbf{140191{,}7\,kJ}$

3.3.2 Potentielle und kinetische Energie

Ein Körper hat mechanische Energie, wenn er Arbeit verrichten kann. Diese Fähigkeit erlangt der Körper erst dadurch, dass an ihm selbst Arbeit verrichtet wird oder wurde, er z. B. gehoben, beschleunigt oder elastisch verformt wurde. Die dazu aufgewendete Arbeit speichert der Körper. Energie ist mithin Arbeitsvermögen. Deshalb sind auch die Einheiten von Energie und Arbeit gleich (Nm, J, Ws).

Energie ist Arbeitsvermögen. Arbeit ist ein Vorgang, Energie ein Zustand.

Wie es verschiedene Formen der Arbeit gibt, unterscheidet man auch mehrere Arten der Energie, z. B. die mechanische Energie, die Wärmeenergie, die elektrische, magnetische und chemische Energie sowie Atomenergie. Die mechanische Energie tritt auf

- als Energie der Ruhe = potentielle Energie (Energie der Lage oder der Feder: Höhen- bzw. elastische Formänderungsenergie),
- als Energie der Bewegung = kinetische Energie (Bewegungsenergie).

Die potentielle Energie der Lage ist jene Energie, die ein Körper aufgrund seiner Lage in Bezug auf eine um die Höhe h tiefer oder höher gelegene Bezugsebene hat. Um ihn von der Bezugsebene auf die nunmehr eingenommene Lage anzuheben- oder abzusenken, war die Hubarbeit $W = \pm m \cdot a \cdot h$ erforderlich. Grundsätzlich gilt die Aussage für jedes Schwerefeld. Wir beschränken uns auf jenes der Erde.

$$E_{pot} = W = m \cdot g \cdot h \qquad \text{Gl. (3.27)}$$

Die Energie der Lage kann positiv oder negativ sein, weil die Bezugsebene beliebig gewählt werden kann.

Potentielle Energie der Feder oder der elastischen Formänderung. Wenn eine Feder durch Entspannen wieder ihre ursprüngliche Lage einnimmt, verrichtet sie Arbeit, Formänderungsarbeit. Offensichtlich hat also die Feder Energie gespeichert, besitzt eine potentielle Energie. Diese ist bei den Federarten unterschiedlich.

Biegefeder (Zug-, Druckfeder) $\quad E_{pot} = \frac{1}{2} \cdot c \cdot s^2 \qquad$ Gl. (3.28)

Torsionsfeder $\quad E_{pot} = \frac{1}{2} \cdot c_d \cdot \hat{\varphi}^2 \qquad$ Gl. (3.29)

Die kinetische Energie ist eine Bewegungsenergie (Wucht). Wird z.B. ein Pkw aus der Bewegung abrupt zum Stillstand abgebremst, wirkt die Trägheitskraft und schleudert einen nicht angegurteten Fahrer gegen die Windschutzscheibe. Im Bewegungszustand des Körpers ist also Arbeitsvermögen gespeichert. Je nachdem, ob eine fortschreitende (translatorische) Bewegung vorliegt oder eine Drehbewegung um eine ortsfeste Achse (rotatorische Bewegung), ergibt sich die kinetische Energie mit

$E_{kin} = \frac{1}{2} m \cdot v^2$ bzw. $E_{kin} = \frac{1}{2} I \cdot \omega^2$. $\qquad$ Gl. (3.30)

translatorische Bewegung $\qquad$ rotatorische Bewegung

Da die allgemeine ebene Bewegung in eine translatorische und eine rotatorische zerlegt werden kann, erhalten wir für sie die kinetische Energie allgemein:

$$E_{kin} = \frac{1}{2} m \cdot v^2 + \frac{1}{2} I \cdot \omega^2 \qquad \text{Gl. (3.31)}$$

allgemeine ebene Bewegung

Die Bedeutung des Zusammenwirkens von Arbeit und Energie im Bewegungsablauf liegt für die Kinetik im Arbeitssatz und im Energiesatz.

3.3.3 Arbeits- und Energie(erhaltungs)satz

Beide Sätze helfen bei der Lösung kinetischer Aufgaben.

> Arbeitssatz: Die während der Körperbewegung von allen äußeren Kräften und Momenten am Körper verrichtete Gesamtarbeit (Summe aller Teilarbeiten) ist gleich der Änderung der kinetischen und potentiellen Energie des Körpers.

Dieser Satz wird zweckmäßig angewendet, wenn die äußeren Kräfte als Funktion des Weges bekannt sind oder die Geschwindigkeit eines Massenpunkts in Abhängigkeit vom zurückgelegten Weg gesucht wird.

> Energie(erhaltungs)satz: In einem reibungsfrei bewegten mechanischen System ist die Summe der kinetischen und potentiellen Energie zu jedem Zeitpunkt konstant.
> $E_{pot} + E_{kin} = \text{konst}$

Durch Reibung wird ein Teil der mechanischen Energie in eine andere Energieform umgesetzt (vor allem in Wärme). Dies bedeutet einen Verlust an mechanischer Energie für das betrachtete System. Der Energiesatz in obiger Form ist somit nur für die mechanische Energie formuliert, doch lässt er sich grundsätzlich auch für andere Energieformen anwenden.

Berücksichtigt man die auftretende Reibung, erhält man den allgemeinen Energie(erhaltungs)satz der Mechanik.

> Die mechanische Energie ist am Ende eines Bewegungsvorgangs gleich der mechanischen Energie zu Beginn, vermindert um die auf dem Weg verrichtete Reibarbeit.
> $E_E = E_A - W_R$

Beispiel 3.22 Ein Eisenbahnwaggon mit der Masse $m = 2\,\text{t}$ rollt auf horizontaler Bahn mit der Geschwindigkeit $v_0 = 5\,\text{km/h}$ gegen eine gefederte Prellvorrichtung mit der Federkonstanten $c = 1000\,\text{N/cm}$. Die Reibkraft ist zu vernachlässigen. Zu berechnen ist die größte Federstauchung s_{max}.

Lösung Aus Gl. (3.28) und Gl. (3.30) erhalten wir:

$$E_{pot} = E_{kin}$$

$$\frac{1}{2} c \cdot s_{max}^2 = \frac{1}{2} m \cdot v_0^2 \qquad s_{max} = \sqrt{\frac{m \cdot v_0^2}{c}} = \sqrt{\frac{2000\,\text{kg} \cdot \left(\frac{5}{3{,}6}\right)^2 \left(\frac{\text{m}}{\text{s}}\right)^2}{100000\,\text{N/m}}} = \mathbf{0{,}196\,m}$$

Beispiel 3.23 Ein Wagen ($m = 500\,\text{kg}$) rollt reibungsfrei aus der Ruhelage eine schiefe Ebene herab, die tangential in eine Kreisbahn mit $r = 5\,\text{m}$ einläuft (Todesschleife im Zirkus, **3**.55).

a) Von welcher Höhe hmin oberhalb vom Punkt *D* muss die Bewegung mindestens beginnen, damit sich der Wagen nicht in *D* von der Kreisbahn löst?

b) Wie groß sind die Kräfte auf die Bahnkonstruktion an den Stellen *B*, *C* und *D*, wenn $h = r$ gewählt wird?

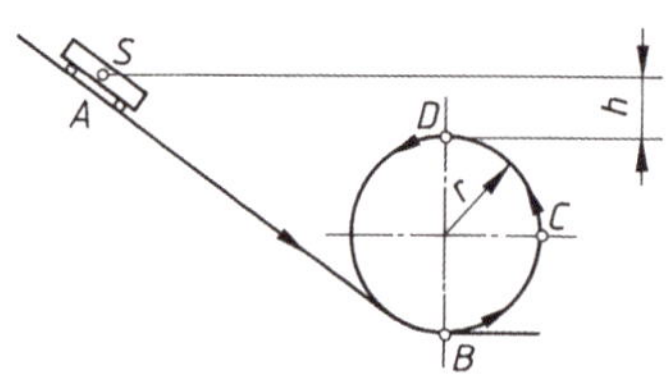

3.55 Todesschleife

Lösung a) ① $E_A = E_E$ | $v = r \cdot \omega$

$E_{potA} + E_{kinA} = E_{potE} + E_{kinE}$ | E_A = Energie am Anfang

$m \cdot g \cdot h_{min} + 0 = 0 + \frac{m}{2} v^2$ | E_E = Energie am Ende der Betrachtung

② $\Sigma F = 0$: $F_C - F_G = 0$

$m \cdot r \cdot \omega^2 = m \cdot g \rightarrow \omega^2 = \frac{g}{r}$ | Fliehkraft = Schwerkraft

---

$$m \cdot g \cdot h_{min} = \frac{m}{2} r^2 \cdot \omega^2$$

$$m \cdot g \cdot h_{min} = \frac{m}{2} \cdot r^2 \frac{g}{r}$$

$$h_{min} = \frac{r}{2} = \frac{5\,\text{m}}{2} = \mathbf{2{,}5\,m}$$

b) An der Stelle B wirken die Fliehkraft und die Gewichtskraft lotrecht nach unten. Die Normalkraft beträgt daher

$$F_{NB} = m \cdot r \cdot \omega^2 + mg.$$

ω^2 erhalten wir an der Stelle B, da $h = 3r$ ist:

$$m \cdot g \cdot 3r = \frac{m}{2} \cdot r^2 \cdot \omega^2 \rightarrow \omega^2 = \frac{6g}{r}$$

$$F_{NB} = m\,(6g + g) = 7\,mg = 7 \cdot 500\,\text{kg} \cdot 9{,}81\,\text{m/s}^2 = \mathbf{34335\,N}$$

Für die Stelle C folgt, dass die Fliehkraft gleich der Normalkraft ist. (Die Gewichtskraft wirkt normal dazu, liefert deshalb keinen Anteil.)

$$F_{NC} = m \cdot r \cdot \omega^2$$

$$m \cdot g \cdot 2r = \frac{m}{2} \cdot r^2 \cdot \omega^2 \rightarrow \omega^2 = \frac{4g}{r}$$

$$F_{NC} = 4 \cdot m \cdot g = 4 \cdot 500\,\text{kg} \cdot 9{,}81\,\text{m/s}^2 = \mathbf{19620\,N}$$

An der Stelle D wirkten die Gewichtskraft entgegengesetzt gerichtet zur Fliehkraft. Die Differenz ist die auf die Bahnkonstruktion wirkende Kraft.

$$F_{ND} = m \cdot r \cdot \omega^2 - m \cdot g$$

$$m \cdot g \cdot r = \frac{m}{2} \cdot r^2 \cdot \omega^2 \rightarrow \omega^2 = \frac{2g}{r}$$

$$F_{ND} = 2m \cdot g - m \cdot g = m \cdot g = 500\,\text{kg} \cdot 9{,}81\,\text{m/s}^2 = \mathbf{4905\,N}$$

Beispiel 3.24 Eine Scheibe mit der Masse m und dem Radius r rollt aus der Ruhelage eine schiefe Ebene mit dem Neigungswinkel ε herab (**3**.56).

Geg.: $m = 100\,\text{kg}$, $r = 0{,}5\,\text{m}$, $s = 80\,\text{m}$, $\varepsilon = 20°$.

Berechnen Sie die Schwerpunktsgeschwindigkeit v_s am Ende der Rollstrecke s (Reibung vorerst vernachlässigt).

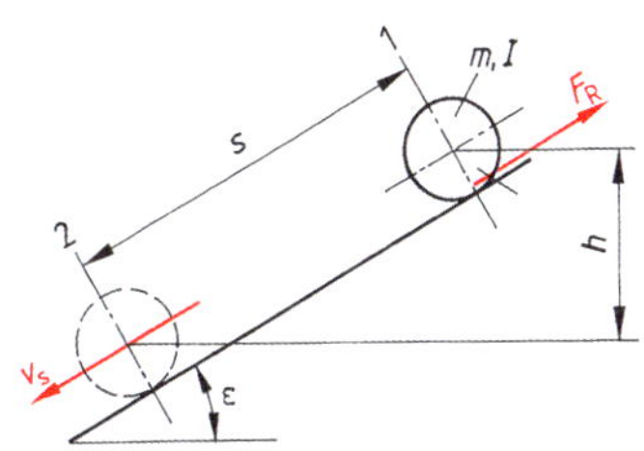

3.56 Walze auf der schiefen Ebene

Lösung Aus dem Energieerhaltungssatz ergibt sich

$$E_{pot} = E_{kin,trans.} + E_{kin,rot}$$

$$m \cdot g \cdot h = \frac{1}{2} m \cdot v_s^2 + \frac{1}{2} I \cdot \omega^2. \qquad \omega = \frac{v_s}{r}$$

$$m \cdot g \cdot h = \frac{m}{2} \cdot v_s^2 + \frac{1}{2} \cdot \frac{I}{r^2} \cdot v_s^2 = v_s^2 \left(\frac{m}{2} + \frac{I}{r^2} \cdot \frac{1}{2}\right)$$

$$2m \cdot g \cdot h = v_s^2 \left(m + \frac{I}{r^2}\right)$$

$$v_s = \sqrt{\frac{2m \cdot g \cdot h}{m + \frac{I}{r^2}}} \qquad h = s \cdot \sin\varepsilon$$

$$I = \frac{m}{2} \cdot r^2 = 50\,\text{kg} \cdot 0{,}5^2\,\text{m}^2 = 12{,}5\,\text{kgm}^2$$

$$v_s = \sqrt{\frac{2m \cdot g \cdot s \cdot \sin\varepsilon}{m + \frac{I}{r^2}}} = \sqrt{\frac{2 \cdot 100\,\text{kg} \cdot 9{,}81\,\text{m/s}^2 \cdot 80\,\text{m} \cdot \sin 20°}{100\,\text{kg} + \frac{12{,}5}{0{,}5^2}\frac{\text{kgm}^2}{\text{m}^2}}} = \mathbf{18{,}9\,m/s}$$

Beispiel 3.25 Es gelten die Bedingungen aus Beispiel 3.24, doch ist der Rollwiderstand F_R zu berücksichtigen (**3**.57).

$f = 0{,}05\,\text{cm}$

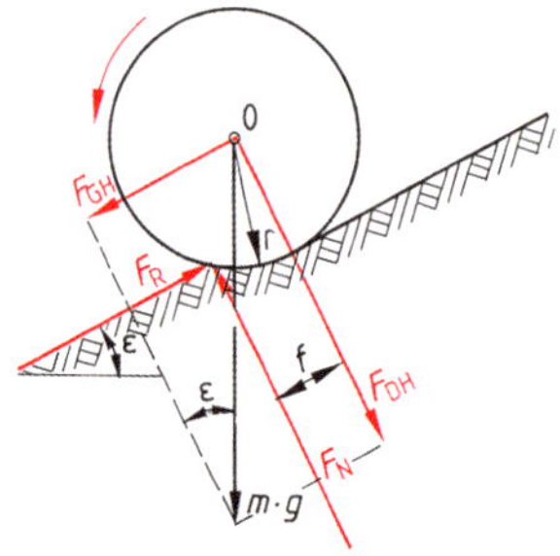

3.57 Scheibe auf der schiefen Ebene mit Rollwiderstand

Lösung a) Der allgemeine Energieerhaltungssatz besagt: $E_E = E_A - W_R$, wobei sich die Energie am Ende des Bewegungsvorgangs aus der kinetischen Energie der Translation und der Rotation zusammensetzt. Am Bewegungsanfang haben wir bei diesem Beispiel nur die potentielle Energie der Lage. Die Reibungsarbeit ergibt sich aus $F_R \cdot s$.

$$\frac{m}{2} \cdot v_s^2 + \frac{I}{2} \cdot \omega^2 = m \cdot g \cdot h - F_R \cdot s$$

F_R erhalten wir aus der statischen Gleichgewichtsbedingung

$$F_R \cdot r - F_N \cdot f = 0. \qquad F_N = m \cdot g \cdot \cos\varepsilon$$

$$F_R = F_N \frac{f}{r} = m \cdot g \frac{f}{r} \cdot \cos\varepsilon.$$

Eingesetzt in die Energiegleichung und umgeformt folgt:

$$m \cdot g \cdot s \cdot \sin\varepsilon = \frac{m}{2} v_s^2 + \frac{I}{2} \cdot \frac{v_s^2}{r^2} + m \cdot g \frac{f}{r} \cos\varepsilon \cdot s$$

$$m \cdot g \cdot s \left(\sin\varepsilon - \frac{f}{r} \cos\varepsilon\right) = \frac{m}{2} v_s^2 + \frac{I}{2r^2} v_s^2 = \frac{1}{2} v_s^2 \left(m + \frac{I}{r^2}\right)$$

$$v_s = \sqrt{\frac{m \cdot g \cdot s \left(\sin\varepsilon - \frac{f}{r} \cos\varepsilon\right) \cdot 2}{m + \frac{I}{r^2}}}$$

$$v_s = \sqrt{\frac{100 \cdot 9{,}81 \cdot 80 \left(\sin 20° - \frac{0{,}0005}{0{,}5} \cdot \cos 20°\right) \cdot 2}{100 + \frac{12{,}5}{0{,}5^2}}} = \mathbf{18{,}9\,m/s}$$

Wir erkennen, dass sich die Reibarbeit (bei Stahl auf Stahl) nicht merkbar auswirkt.

Lösung Fortsetzung

b) Durch Anwendung des dynamischen Grundgesetzes der Drehbewegung lässt sich Fortsetzung F_R ebenfalls bestimmen.

$$F_R \cdot r - F_N \cdot f = I \cdot \alpha$$

$$F_R = F_N \frac{f}{r} + \frac{I}{r} \alpha \qquad \alpha = \frac{a_0}{r}$$

$$F_R = F_N \frac{f}{r} + \frac{I}{r^2} a_0 \qquad v_s = \sqrt{2a_0 \cdot s} \rightarrow v_s^2 = 2a_0 \cdot s \rightarrow a_0 = \frac{v_s^2}{2s}$$

$$F_R \cdot s = F_N \frac{f}{r} s + \frac{1}{2} \cdot \frac{I}{r^2} v_s^2 \qquad F_N = m \cdot g \cdot \cos\varepsilon$$

$$m \cdot g \cdot h = \frac{m}{2} v_s^2 + m \cdot g \cdot \cos\varepsilon \frac{f}{r} s + \frac{1}{2} \cdot \frac{I}{r^2} \cdot v_s^2 \qquad h = s \cdot \sin\varepsilon$$

$$m \cdot g \cdot s \left(\sin\varepsilon - \frac{f}{r} \cos\varepsilon \right) = \frac{1}{2} v_s^2 \left(m + \frac{I}{r^2} \right)$$

$$v_s = \sqrt{\frac{2m \cdot g \cdot s \left(\sin\varepsilon - \frac{f}{r} \cos\varepsilon \right)}{m + \frac{I}{r^2}}} = \mathbf{18{,}9\,m/s}$$

Beispiel 3.26 Gegeben ist der Flaschenzug **3**.58. Die Masse m_1 sinkt aus der Ruhelage herab. $m_1 = 300\,\text{kg}$, $m_2 = 120\,\text{kg}$, $I_1 = 21\,\text{kgm}^2$, $I_2 = 18\,\text{kgm}^2$, $r = 0{,}3\,\text{m}$, $R = 0{,}35\,\text{m}$, $s = 4\,\text{m}$. Gesucht werden die Sinkgeschwindigkeit v und die Beschleunigung a nach der Sinkstrecke s.

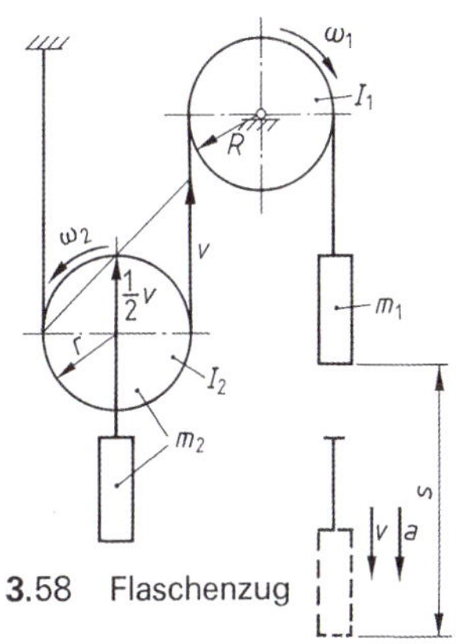

3.58 Flaschenzug

Lösung Legen wir das Bezugsniveau in die Lage der Masse m_1 nach der Fallstrecke, lautet $E_A = m_1 \cdot g \cdot s$. Eine weitere Energie ist am Anfang nicht vorhanden. Am Ende der Betrachtung hat sich die potentielle Energie der Masse m_2 geändert, und zusätzlich sind die kinetischen Energien der translatorischen Bewegung der Massen und die rotatorische Bewegung der beiden Scheiben vorhanden.

$$E_E = E_A$$

$$m_1 \cdot g \cdot s = m_2 \cdot g \frac{1}{2} \cdot s + \frac{1}{2} m_1 \cdot v^2 + \frac{1}{2} m_2 \left(\frac{v}{2} \right)^2 + \frac{1}{2} I_1 \cdot \omega_1^2 + \frac{1}{2} I_2 \cdot \omega_2^2.$$

Die Geschwindigkeit des Schwerpunkts der Masse 2 ist, wie wir dem Geschwindigkeitsplan entnehmen können, halb so groß wie jene der Masse 1. Damit ist auch die Hubhöhe $s/2$.

$$\omega_1 = \frac{v}{R} \qquad \omega_2 = \frac{v}{2r}$$

$$m_1 \cdot g \cdot s - \frac{1}{2} m_2 \cdot g \cdot s = \frac{1}{2} m_1 \cdot v^2 + \frac{1}{8} m_2 \cdot v^2 + \frac{1}{2} \cdot \frac{I_1}{R^2} v^2 + \frac{1}{8} \cdot \frac{I_2}{r^2} v^2$$

$$\frac{1}{2} s \,(2m_1 \cdot g - m_2 \cdot g) = \frac{1}{8} v^2 \left(4m_1 + m_2 + 4 \frac{I_1}{R^2} + \frac{I_2}{r^2} \right)$$

$$v = \sqrt{\frac{\frac{1}{2} s \,(2m_1 \cdot g - m_2 \cdot g)}{\frac{1}{8} \left(4m_1 + m_2 + 4 \frac{I_1}{R^2} + \frac{I_2}{r^2} \right)}} = \sqrt{\frac{4s \,(2m_1 \cdot g - m_2 \cdot g)}{4m_1 + m_2 + 4 \frac{I_1}{R^2} + \frac{I_2}{r^2}}}$$

Lösung Fortsetzung

$$v = \sqrt{\frac{4 \cdot 4\,\text{m}\,(2 \cdot 300\,\text{kg} \cdot 9{,}81\,\text{m/s}^2 - 120\,\text{kg} \cdot 9{,}81\,\text{m/s}^2)}{4 \cdot 300\,\text{kg} + 120\,\text{kg} + 4\,\dfrac{21}{0{,}35^2}\,\dfrac{\text{kgm}^2}{\text{m}^2} + \dfrac{18}{0{,}3^2}\,\dfrac{\text{kgm}^2}{\text{m}^2}}} = \mathbf{5{,}84\,m/s}$$

$$a = \frac{v^2}{2s} = \frac{5{,}84^2\,(\text{m/s})^2}{2 \cdot 4\,\text{m}} = \mathbf{4{,}27\,m/s^2}$$

Beispiel 3.27 Eine mit der Geschwindigkeit v sinkende Last m an einer Seiltrommel wird mittels Backenbremse auf dem Sinkweg h zum Stillstand gebracht (**3**.59). Gegeben sind I, v, μ, h, R, r, l, b, m. Wie groß ist die am Bremshebel wirkende Kraft F?

Lösung Arbeitssatz: $m \cdot g \cdot h + \frac{1}{2} m \cdot v^2 + \frac{1}{2} I \cdot \omega^2 = + M_B \cdot \hat{\varphi}$

Die Bremsarbeit muss größer sein als die Arbeit zum Festhalten der Last weil m von der Anfangsgeschwindigkeit v auf die Endgeschwindigkeit $v = 0$ abgebremst werden soll.

$$\omega = \frac{v}{r}$$

$$M_B = F_U \cdot R = \mu \cdot F_N \cdot R \qquad F \cdot l = F_N \cdot b, \quad F_N = \frac{F \cdot l}{b}$$

$$M_B = \mu\,\frac{F \cdot l}{b}\,R$$

$h = r \cdot \hat{\varphi} \rightarrow \hat{\varphi} = \dfrac{h}{r}$ eingesetzt in den Arbeitssatz folgt:

$$\frac{1}{2} m \cdot v^2 + \frac{1}{2} I \frac{v^2}{r^2} = \mu\,\frac{F \cdot l}{b}\,R\,\frac{h}{r} - m \cdot g \cdot h$$

$$\mu\,\frac{F \cdot l}{b}\,R\,\frac{h}{r} = \frac{1}{2} m \cdot v^2 + m \cdot g \cdot h + \frac{1}{2} I \frac{v^2}{r^2}$$

$$F = \frac{\boldsymbol{r}}{\boldsymbol{R}} \cdot \frac{\boldsymbol{b}}{\boldsymbol{l}} \cdot \frac{\mathbf{1}}{\boldsymbol{\mu}} \left(\boldsymbol{m}\,\frac{\boldsymbol{v}^2}{\mathbf{2}\boldsymbol{h}} + \boldsymbol{m} \cdot \boldsymbol{g} + \frac{\boldsymbol{I}}{\boldsymbol{r}^2} \cdot \frac{\boldsymbol{v}^2}{\mathbf{2}\boldsymbol{h}} \right)$$

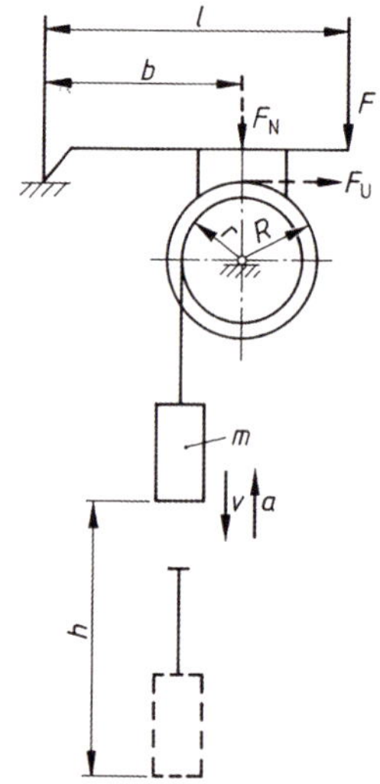

3.59 Seiltrommel mit Backenbremse

Beispiel 3.28 Gegeben ist nach Bild **3**.60 ein Triebwerk mit m_1 und m_2, I_1 und I_2, r, R, ε, μ, v, s. Gesucht wird F.

Lösung Arbeitssatz:

$$F \cdot h + m_2 \cdot g \cdot h - F_H \cdot s - F_R \cdot s = \frac{1}{2} m_1 \cdot v^2 + \frac{1}{2} I_1 \omega_1^2 + \frac{1}{2} I_2 \cdot \omega_2^2 + \frac{1}{2} m_2 \cdot v_2^2$$

$$2h = \hat{\varphi} \cdot R \qquad \hat{\varphi} = \frac{s}{r}$$

$$h = \frac{1}{2}\,s\,\frac{R}{r}$$

$$\omega_1 = \frac{v}{r} \qquad \omega_2 = \frac{v_2}{r} \qquad v_2' = \omega_1 \cdot R = \frac{v}{r} R$$

$$v_2 = \frac{1}{2} v_2' = v\,\frac{R}{2r}$$

$$\omega_2 = \frac{v_2}{r} = v\,\frac{R}{2r^2}$$

$$F_H = m_1 \cdot g \cdot \sin\varepsilon \qquad F_R = m_1 \cdot g \cdot \mu \cdot \cos\varepsilon$$

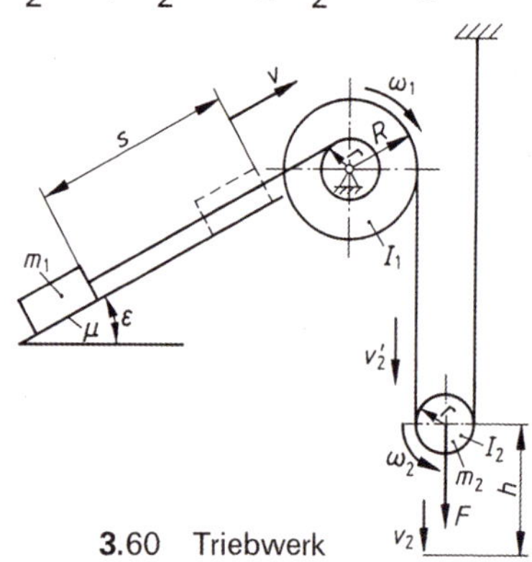

3.60 Triebwerk

Lösung
Fortsetzung

$$F \cdot s \frac{R}{2r} + m_2 \cdot g \cdot s \frac{R}{2r} - m_1 \cdot g \cdot s (\sin\varepsilon + \mu \cdot \cos\varepsilon)$$

$$= \frac{1}{2} m_1 \cdot v^2 + \frac{1}{2} I_1 \frac{v^2}{r^2} + \frac{1}{2} I_2 \cdot v^2 \frac{R^2}{r^4} + \frac{1}{8} m_2 v^2 \frac{R^2}{r^2}$$

$$F \cdot s \frac{R}{2r} = m_1 \cdot g \cdot s (\sin\varepsilon + \mu \cdot \cos\varepsilon) - m_2 \cdot g \cdot s \frac{R}{2r} + \frac{1}{2} \cdot m_1 \cdot v^2$$

$$+ \frac{1}{2} \cdot I_1 \frac{v^2}{r^2} + \frac{1}{8} \cdot I_2 \cdot v^2 \frac{R^2}{r^4} + \frac{1}{8} \cdot m_2 v^2 \frac{R^2}{r^2}$$

$$F = m_1 \cdot g \cdot \frac{2r}{R} (\sin\varepsilon + \mu \cdot \cos\varepsilon) - m_2 \cdot g$$

$$+ \frac{v^2}{2s} \left(m_1 + \frac{I_1}{r^2} + \frac{I_2 R^2}{4r^4} + \frac{1}{4} \cdot m_2 \frac{R^2}{r^2} \right) 2 \cdot \frac{r}{R}$$

$$F = g \cdot \left[m_1 \cdot \frac{r}{R} \cdot 2 \cdot (\sin\varepsilon + \mu \cdot \cos\varepsilon) - m_2 \right]$$

$$+ \frac{v^2}{2s} \cdot \left(m_1 + \frac{I_1}{r^2} + \frac{I_2 R^2}{4 \cdot r^4} + \frac{m_2 R^2}{4 \cdot r^2} \right) \cdot 2 \cdot \frac{r}{R}$$

Einheiten-probe

$$N = \frac{m}{s^2} \left[\text{kg} \frac{\text{m}}{\text{m}} - \text{kg} \right] + \frac{m^2}{s^2 \cdot \text{m}} \cdot \left(\text{kg} + \frac{\text{kg}\,\text{m}^2}{\text{m}^2} + \frac{\text{kg}\,\text{m}^2 \cdot \text{m}^2}{\text{m}^4} + \frac{\text{kg} \cdot \text{m}^2}{\text{m}^2} \right) \cdot \frac{\text{m}}{\text{m}}$$

$$N = \text{kg} \frac{\text{m}}{\text{s}^2}$$

3.3.4 Leistung und Wirkungsgrad

Leistung. Die bisher behandelten Gleichungen für Arbeits- und Energieformen lassen die Zeit unberücksichtigt. Die Anstrengung zur Verrichtung einer Arbeit kann jedoch je nach Zeitaufwand sehr unterschiedlich sein. Erledigen wir eine Arbeit sehr rasch, müssen wir uns erheblich mehr anstrengen als bei längerer Zeitdauer. Auch zur Charakterisierung einer Maschine oder technischen Anlage braucht man ein Maß für die zeitlich bedingte Anstrengung. Diesen Begriff nennt man die Leistung P. Sie ist eine skalare Größe. Ihre Einheiten sind W, Nm/s oder J/s.

Die Leistung ist der Quotient aus der verrichteten Arbeit W und der dazu nötigen Zeit t: $P = W/t$. Dieser Satz gilt jedoch nur für die mittlere Leistung.

Die Leistung in einem bestimmten Augenblick ist gleich dem Produkt aus der in Wegrichtung wirkenden Kraftkomponente und der Geschwindigkeit ihres Angriffspunkts.

$$P = \frac{dW}{dt} = F_t \frac{ds}{dt} = F_t \cdot v \qquad \text{Gl. (3.32)}$$

Diese Definition gilt für die translatorische Bewegung. Für die Leistung bei einer Drehbewegung erhalten wir entsprechend:

Die Leistung einer Kraft in einem bestimmten Augenblick ist gleich dem Produkt aus dem die Rotation hervorrufenden Moment und der augenblicklichen Winkelgeschwindigkeit.

$$P = \dot{E} = \frac{\dot{m} \cdot v^2}{2} = \frac{dW}{dt} = F_t \cdot r \frac{d\hat{\varphi}}{dt} = F_t \cdot r \cdot \omega = M \cdot \omega \text{ oder } P = \dot{m} \cdot g \cdot h \qquad \text{Gl. (3.33)}$$

Wirkungsgrad. Die bei allen Maschinen, Lagern und Führungen usw. auftretenden Reibkräfte verursachen Reibarbeit und damit Verluste an mechanischer Energie. Das in einer Maschine gespeicherte Arbeitsvermögen oder die in technischen Apparaten gespeicherte Energie sind also niemals voll auszunutzen.

Beispiel 3.29 Die im Kraftstoff enthaltene Energie lässt sich nicht voll in Bewegungsenergie für das Kraftfahrzeug umsetzen. Abgesehen von den chemischen, thermischen und strömungstechnischen Verlusten im Motor, summieren sich auf dem Weg vom Kolben bis zu den Reifen viele kleine Energieverluste durch Reibung. Der Luftwiderstand sorgt für weitere Abschwächung der Energieumsetzung.

Das tatsächlich in Energie umgesetzte Arbeitsvermögen erfasst man mit dem Wirkungsgrad η. Er ist das Verhältnis der Nutzarbeit W_N zur aufgewendeten Arbeit W_A bzw. der Nutzleistung P_N zur aufgewendeten Leistung P_A.

$$\text{Wirkungsgrad} = \frac{\text{Nutzarbeit}}{\text{Arbeits- bzw. Energieaufwand}} = \frac{\text{Nutzleistung}}{\text{aufgewendete Leistung}}$$

$$\eta = \frac{W_N}{W_A} = \frac{P_N}{P_A}$$

Der Wirkungsgrad ist also immer kleiner als 1.

Der Wirkungsgrad muss nicht über den gesamten Betriebsbereich der Maschine konstant bleiben, sondern kann – und das ist häufig der Fall – von der Belastung abhängen.

Gesamtwirkungsgrad. Sind mehrere Aggregate hintereinander geschaltet, ergibt sich der Gesamtwirkungsgrad aus dem Produkt der Teilwirkungsgrade: $\eta_{ges} = \eta_1 \cdot \eta_2 \cdot \eta_3 \dots \eta_i$.

Beispiel 3.30 Der gesamte mechanische Wirkungsgrad eines Kraftfahrzeugs setzt sich zusammen aus den mechanischen Teilwirkungsgraden des Motors, des Getriebes und des Differentials sowie dem Übertragungswirkungsgrad (Schlupf) zwischen Reifen und Fahrbahn.

Aufgaben zu Abschnitt 3.3

1. Geg.: $m_1 = 200$ kg, $m_2 = 100$ kg, $r_1 = 0{,}5$ m, $r_2 = 0{,}3$ m (**3**.61).
   Ges.: a) Beschleunigung der Masse m_1 mittels Energiesatz und b) Seilkraft F_S.

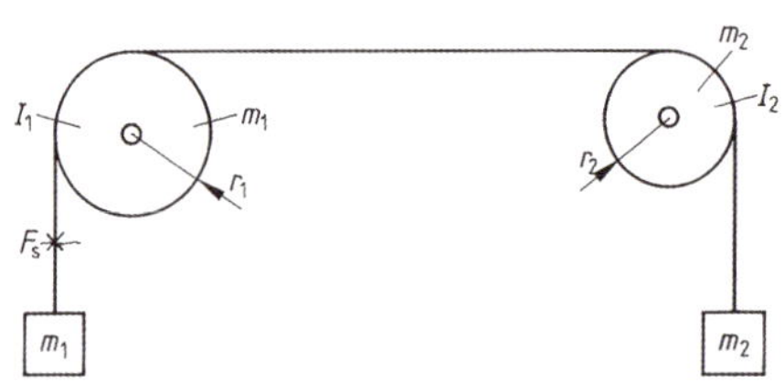

3.61

2. Lösen Sie Aufgabe 7 zu Abschnitt 3.1 und 3.2 mit Hilfe des Energieerhaltungssatzes.
3. Die Rolltreppe in einem Kaufhaus soll 5000 Personen je Stunde befördern. Je Person wird eine Durchschnittsmasse von 80 kg angenommen. Eine Überladung von 100% (Waren, Kinder, Geräte usw.) soll möglich sein. Die Transportgeschwindigkeit beträgt 0,4 m/s, $\alpha = 40°$, $l = 10$ m, $d_K = 200$ mm.
   Berechnen Sie
   a) die Antriebsleistung bei einem Gesamtwirkungsgrad von 80%, b) die Antriebskraft am Kettenrad.
4. Aus einem Bunker wird Kohle zur Mühle eines Kraftwerks gefördert. Die Geschwindigkeit des Förderbands ist 1,2 m/s, umschaltbar auf 1,8 m/s. Die Kohle wird auf eine Höhe von 12 m über eine Länge von 30 m gefördert. Der Wirkungsgrad des Antriebs ist 0,6. Zu transportieren sind 400 Tonnen in der Stunde.
   a) Wie groß ist die Antriebsleistung?
   b) Hat die eingestellte Geschwindigkeit Einfluss auf die Antriebsleistung?

5. Ein Personenaufzug entsprechend **3**.62 wird mit einem E-Motor $P = 50$ kW angetrieben. Wie groß sind die Beschleunigung und die erreichte Geschwindigkeit nach einer Fahrstrecke von 6 m?

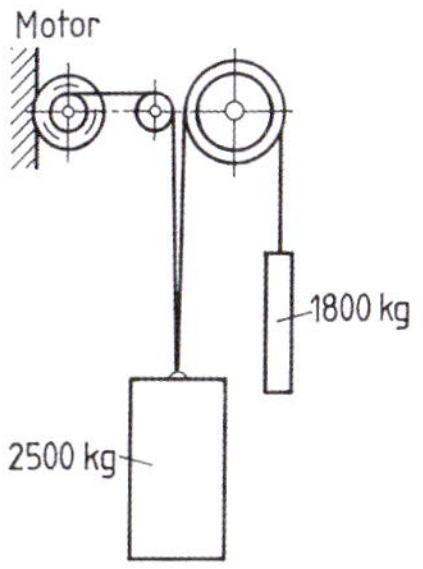

3.62

6. Ein Pkw mit der Masse $m_1 = 1350$ kg zieht einen Wohnwagen mit $m_2 = 980$ kg. Das Gespann fährt maximal 120 km/h. Die Bremskräfte betragen am Pkw 4000 N, am Wohnwagen 4800 N.
   a) Welche horizontale Kraft ist an der Anhängerkupplung wirksam?
   b) Auf welcher Strecke kommt das Gespann nach Bremsung zum Stillstand?
   c) Wie groß war für b) die Bremsverzögerung?
7. Für das System **3**.63 sind mittels Energiesatz zu berechnen:
   a) der Bewegungszustand von m_A, nachdem das Gewicht m_B einen Weg von $h = 1$ m zurückgelegt hat,
   b) die Seilkraft F_S.

Geg.: $m_A = 20$ kg, $m_B = 30$ kg, $R = 20$ cm, $r = 10$ cm, $i = 15$ cm, $\mu = 0{,}4$. Hebelarm der Rollreibung $f = 0{,}08$ cm.

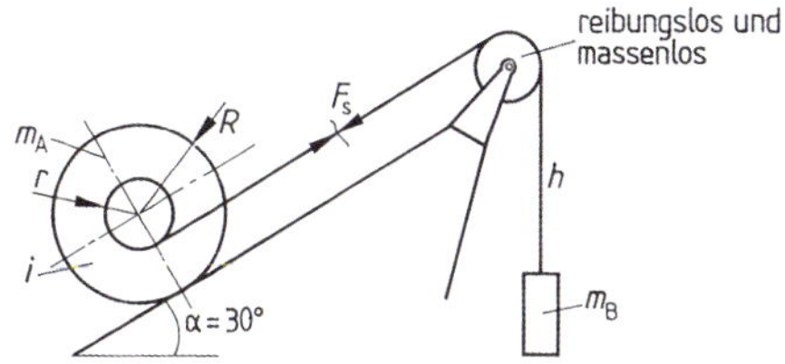

3.63

8. Die Seiltrommel **3**.64 wird
   a) mit $n_0 = 60$ 1/min,
   b) mit $n_0 = 90$ 1/min angetrieben. Bei $t = 0$ wird der Antrieb abgeschaltet. Gesucht wird der Weg s_1, bis die Masse m_1 ihre höchste Lage erreicht hat. $r_1 = 300$ mm, $r_2 = 500$ mm, $I = 12$ kgm².

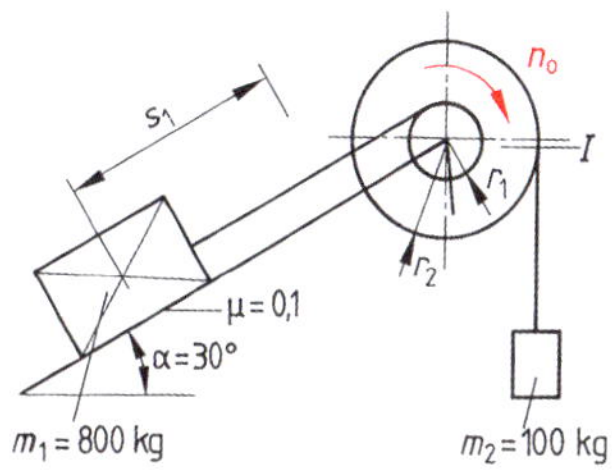

3.64

3.4 Impuls (Bewegungsgröße) und Impulssatz

Wenn wir einen Wasserschlauch zum Rasensprengen auslegen und den Wasserhahn aufdrehen, bleibt der Schlauch bei geringem Wasseraustritt (v ist klein) ruhig liegen. Bei größerer Wassermenge (v ist groß) jedoch beginnt er „herumzutanzen". Offensichtlich wirkt das austretende Wasser auf den Schlauch (Impuls). Diese Wirkung wird bei geringer Wassermenge durch die Reibung zwischen Schlauch und Wiese kompensiert.

Der Impuls *p* ist die Bewegungsgröße eines Massenpunkts. Er ist das Produkt aus seiner Masse und seiner Geschwindigkeit.

$$\vec{p} = m \cdot \vec{v} \qquad \text{Gl. (3.34)}$$

Impulssatz. Der Impuls ist ein mit der Geschwindigkeit v gleichgerichteter Vektor. Aus dem Grundgesetz der Dynamik folgt der Impulssatz

$$\vec{F} = m \cdot \vec{a} = m \frac{d\vec{v}}{dt} \qquad d\vec{p} = m \cdot d\vec{v} \qquad \frac{d\vec{p}}{dt} = \vec{F} \rightarrow d\vec{p} = \vec{F} \cdot dt \rightarrow \int_{p_1}^{p_2} d\vec{p} = \int_{t_1}^{t_2} \vec{F} \cdot dt,$$

wobei $F = f(t)$ ist.

In Worten: Während der Zeitspanne $t_2 - t_1$ bewegt sich ein Massenpunkt unter der Wirkung einer nach Betrag und Richtung veränderlichen Kraft F auf seiner Bahn von Punkt 1 nach Punkt 2, wobei sich der Impuls von p_1 auf p_2 ändert.

Der Impulssatz kann als Integral des dynamischen Grundgesetzes erklärt werden:

$$\int F \cdot dt = \int_{v_1}^{v_2} m \cdot dv = m(v_2 - v_1) \qquad \text{(für } m = \text{konst)}.$$

Impulssatz: Die zeitliche Änderung der Bewegungsgröße eines Massenpunkts ist gleich der äußeren Kraft.

$$\vec{F} = \frac{d\vec{p}}{dt} \qquad \text{Gl. (3.35)}$$

Wirken mehrere äußere Kräfte $F_1, F_2 \ldots F_i \ldots F_n$, gilt $F_R = \Sigma F_i$. Dann ist

$$\vec{F}_R = \frac{d\vec{p}}{dt}. \qquad \text{Gl. (3.36)}$$

Weil der Impulssatz auch bei Bewegungen mit veränderlicher Masse (z. B. Rakete) gilt, ist er universeller als der Satz von d'Alembert.

Antriebssatz. $\int_{t_1}^{t_2} F \cdot dt$ ist das Zeitintegral der Kraft und wird Antrieb genannt. Der Antrieb der Kraft ist also ein Vektor, der durch geometrische Addition der Teilvektoren $F \cdot dt$ ermittelt werden kann (**3**.65). In dieser geänderten Form ergibt sich der Satz vom Antrieb.

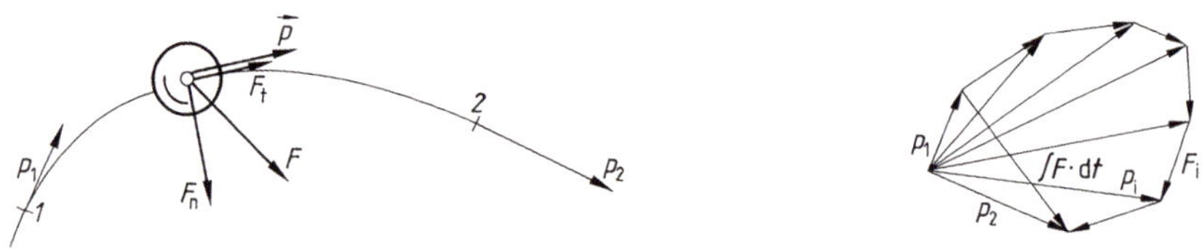

3.65 Antriebssatz

Satz vom Antrieb: Die Änderung des Impulses innerhalb einer bestimmten Zeitspanne ist gleich dem Antrieb der wirkenden Kraft während der gleichen Zeitspanne.

Einheit des Antriebs (Impulses) ist Ns.

Auch hier ist die Tangentialkomponente F_t von Bedeutung. Sie ändert den Betrag des Impulses. Die Normalkomponente F_n ändert nur die Richtung des Impulses.

$$p_2 - p_1 = \int_{t_1}^{t_2} F \cdot dt.$$

Das Integral ist lösbar und der Antrieb kann berechnet werden, wenn $F = f(t)$ bekannt ist. Für $F = \text{konst}$ gilt

$$\int_{t_1}^{t_2} F \cdot dt = F \int_{t_1}^{t_2} dt = F(t_2 - t_1)\,.$$

$$p_2 - p_1 = F(t_2 - t_1) \qquad \text{Gl. (3.37)}$$

Gesamtimpuls. Wenn sich mehrere Massenpunkte (Massenpunkthaufen) $m_1, m_2 \dots m_i \dots m_n$ mit den Geschwindigkeiten $v_1, v_2 \dots v_i \dots v_n$ bewegen und mit Kräften aufeinander wirken, ergibt sich der Gesamtimpuls aus der Summe der Einzelimpulse.

$$\vec{p}_{ges} = \sum_{i=1}^{n} \vec{p}_i = \sum_{i=1}^{n} (m_i \cdot \vec{v}_i) \qquad \text{Gl. (3.38)}$$

Äußere Kräfte verursachen also immer eine Änderung des Gesamtimpulses.

$$\frac{d\vec{p}_{ges}}{dt} = \vec{F}_R \qquad \text{Gl. (3.39)}$$

Die zeitliche Änderung des Gesamtimpulses eines Systems von Massenpunkten ist gleich der Resultierenden aller auf das System einwirkenden äußeren Kräfte.

Wir erkennen, dass es gleichgültig ist, ob sämtliche äußeren Kräfte an einem Massenpunkt angreifen oder auf alle Massenpunkte verteilt sind.

Beispiel 3.31 Die nicht befestigte Ladung auf einem Lkw darf beim Abbremsen nicht verrutschen. Wie lang muss die Bremszeit mindestens sein, wenn die Ausgangsgeschwindigkeit 70 km/h beträgt? Wie groß ist die Verzögerung a? Die Reibzahl zwischen Ladung und Pritsche ist 0,6.

Lösung $m \cdot \Delta v = F \cdot \Delta t \qquad F \leqslant F_R = \mu_0 \cdot m \cdot g$

$$\Delta t = \frac{\Delta v}{\mu_0 \cdot g} = \frac{70\ \text{km/h}}{3{,}6\ \frac{\text{km/h}}{\text{m/s}} \cdot 0{,}6 \cdot 9{,}81\ \frac{\text{m}}{\text{s}^2}} = \mathbf{3{,}3\ s}$$

$$a = \frac{v}{t} = \frac{70\ \text{km/h}}{3{,}6\ \frac{\text{km/h}}{\text{m/s}} \cdot 3{,}3\ \text{s}} = 5{,}9\ \text{m/s}^2$$

entspricht einer starken Betriebsbremsung. Die Ladung ist daher aus Sicherheitsgründen zu befestigen.

3.5 Drall (Impulsmoment) und Drallsatz

Drall. Tritt an Stelle der translatorischen Bewegung eine Drehbewegung, wird das vom Impuls herrührende Moment als Drehimpuls, Impulsmoment oder Drall B bezeichnet. Der Drall eines um eine ortsfeste Achse rotierenden Körpers ist mithin das Produkt aus dem Massenträgheitsmoment um die Drehachse und der Winkelgeschwindigkeit.

$$\vec{M} = I \cdot \vec{\alpha} = I\,\frac{d\vec{\omega}}{dt} \qquad \vec{M} = \frac{d\vec{B}}{dt}$$

$$d\vec{B} = I \cdot d\vec{\omega} \qquad \vec{B} = I \cdot \vec{\omega}$$

Der Drallsatz ergibt sich damit in Analogie zum Impulssatz.

Drallsatz: Die zeitliche Änderung des Drehimpulses B eines rotierenden Körpers ist gleich dem äußeren Drehmoment.

$$\vec{M} = \frac{d\vec{B}}{dt} \qquad \text{Gl. (3.40)}$$

Wirken mehrere äußere Momente $M_1, M_2 \ldots M_i \ldots M_n$, ist

$$\vec{M}_R = \frac{d\vec{B}}{dt}. \qquad \text{Gl. (3.41)}$$

Gesamtdrall. Daraus können wir den Gesamtdrall eines Massenpunkthaufens in Bezug auf den Massenmittelpunkt nach der Zeit ableiten. Er ist gleich der Summe der einzelnen äußeren Momente in Bezug auf diesen Massenmittelpunkt. Als Sonderfall ergibt sich für $M =$ konst:

$$\int_{B_1}^{B_2} dB = \int_{t_1}^{t_2} M\,dt = M \int_{t_1}^{t_2} dt = M(t_2 - t_1)$$

$$B_2 - B_1 = M(t_2 - t_1) \qquad \text{Gl. (3.42)}$$

Beispiel 3.32 Geg. sind nach Bild **3**.66 m, I und R eines Zylinders, der aus der Ruhelage fallen gelassen wird, sowie t. Ges.: v

Lösung

① Impulssatz: $m \cdot \Delta v = F \cdot \Delta t$

① $m \cdot v = (m \cdot g - F_S)\,t$

② Drallsatz: $I \cdot \Delta\omega = M \cdot \Delta t$

② $I \cdot \omega = F_S \cdot R \cdot t$

Für den Zylinder gilt:

$$I = \frac{1}{2} m \cdot R^2 \qquad \omega = \frac{v}{R}$$

In ② eingesetzt: $\frac{1}{2} m \cdot R^2 \frac{v}{R} = F_S \cdot R \cdot t$

$$\frac{1}{2} m \cdot R \cdot v = F_S \cdot R \cdot t$$

$$\frac{1}{2} m \cdot v = F_S \cdot t$$

In ① eingesetzt:

$$m \cdot v = m \cdot g \cdot t - \frac{1}{2} m \cdot v$$

$$\frac{3}{2} m \cdot v = m \cdot g \cdot t$$

$$\mathbf{v = \frac{2}{3} g \cdot t}$$

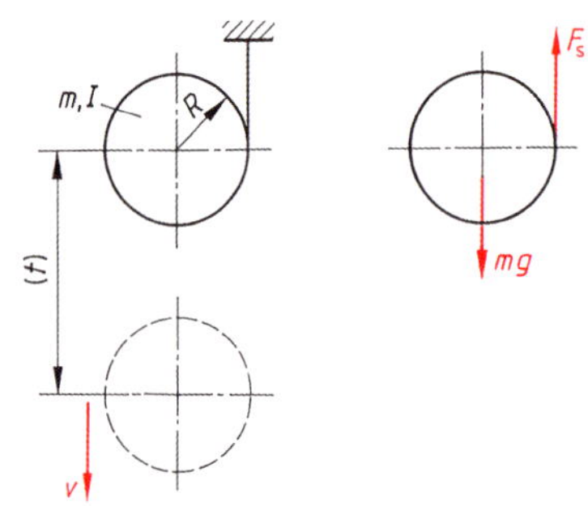

3.66 Beispiel 3.32

Lösung Fortsetzung

Zum Vergleich lösen wir das Beispiel auch nach dem Satz von d'Alembert:

$$a = \frac{m \cdot R^2}{m \cdot R^2 + I_s} g \qquad I_s = \frac{1}{2} m \cdot R^2$$

$$a = \frac{m \cdot R^2 \cdot g}{m \cdot R^2 + \frac{1}{2} m \cdot R^2} = \frac{2m \cdot R^2}{3m \cdot R^2} g = \frac{2}{3} g$$

$$v = v_0 + a \cdot t = a \cdot t = \mathbf{\frac{2}{3} g \cdot t}$$

Beispiel 3.33 Von der Treibscheibenwinde **3.**67 sind gegeben $m, I, R, \mu, \varepsilon, \beta, t$ und v. Gesucht werden m_1, M, F_{S1} und F_{S2}.

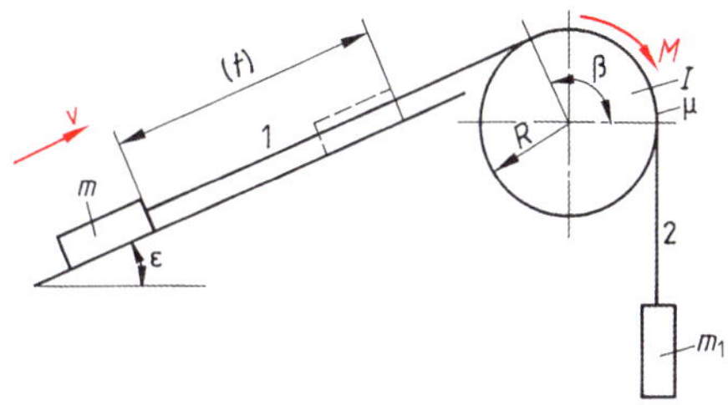

3.67 Treibscheibenwinde

Lösung

① Impulssatz:

$$m \cdot v = (F_{S1} - F_{GH} - \mu F_N)\, t$$

② Drallsatz:

$$I \cdot \omega = (F_{S2} \cdot R - F_{S1} \cdot R + M)\, t$$

③ Impulssatz:

$$m_1 \cdot v = (m_1 \cdot g - F_{S2})\, t$$

④ Eytelwein'sche Gleichung für Seilreibung:

$$F_{S1} = F_{S2} \cdot e^{\mu\beta}$$

---

aus ① $F_{S1} = m \dfrac{v}{t} + F_{GH} + F_N \cdot \mu \qquad F_{GH} = m \cdot g \cdot \sin\varepsilon$

$$F_N = m \cdot g \cdot \cos\varepsilon$$

$$F_{S1} = \mathbf{m \frac{v}{t} + m \cdot g\,(\sin\varepsilon + \mu \cdot \cos\varepsilon)}$$

aus ④ $F_{S2} = \left[\mathbf{m \dfrac{v}{t} + m \cdot g(\sin\varepsilon + \mu \cdot \cos\varepsilon)}\right] \mathbf{e^{-\mu\beta}}$

aus ③ $m_1 \cdot v = m_1 \cdot g \cdot t - F_{S2} \cdot t$

$$F_{S2} \cdot t = m_1\,(g \cdot t - v)$$

$$F_{S2} = m_1 \left(g - \frac{v}{t}\right)$$

$$m_1 = \frac{\mathbf{m \frac{v}{t} + m \cdot g\,(\sin\varepsilon + \mu \cdot \cos\varepsilon)}}{\mathbf{\left(g - \frac{v}{t}\right) e^{\mu\beta}}}$$

aus ② $M = I \dfrac{\omega}{t} + (F_{S1} - F_{S2})\, R \qquad \omega = \dfrac{v}{R}$

$$M = I \frac{\mathbf{v}}{\mathbf{R \cdot t}} + \left[\mathbf{m \frac{v}{t} + m \cdot g\,(\sin\varepsilon + \mu \cdot \cos\varepsilon)}\right] \left(\mathbf{1 - \frac{1}{e^{\mu\beta}}}\right) \mathbf{R}$$

Beispiel 3.34 Zur Zeit $t = 0$ bewegt sich die Masse $m_A = m$ mit der Geschwindigkeit $v = 42{,}23$ m/s nach unten (**3**.68). Nach welcher Zeit bewegt sie sich mit der gleichen Geschwindigkeit nach oben? ($m_B = 3$ m)

Lösung

$$\Sigma M \cdot t = I \Delta\omega \qquad \frac{v}{r} = \omega = \frac{v_B}{2r} \rightarrow v_B = 2v$$

$$(3m \cdot g \cdot 2r - m \cdot g \cdot r)\, t = m \cdot r^2 \cdot \Delta\omega + 3m\,(2r)^2 \cdot \Delta\omega + 2I\omega$$
$$= m \cdot 2v \cdot r + 6\,m \cdot 2v \cdot 2r + 2I\omega$$

$$(3m \cdot g \cdot 2r - m \cdot g \cdot r)\, t = 26\,m \cdot v \cdot r + 2I\omega$$

$$(3m \cdot g \cdot 2r - m \cdot g \cdot r)\, t = 26\,m \cdot v \cdot r + 2 \cdot 2 \cdot m\,\frac{9}{4} \cdot r^2 \cdot \frac{v}{r}$$

$$5m \cdot g \cdot r \cdot t = 35\,m \cdot v \cdot r$$

$$t = 7\,\frac{v}{g} = 7\,\frac{42{,}23\text{ m/s}}{9{,}81\text{ m/s}^2} = \mathbf{30{,}13\,s}$$

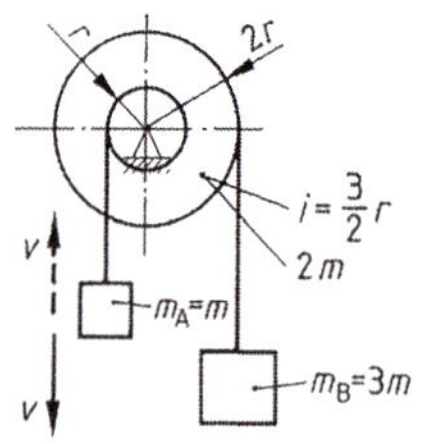

3.68 Beispiel 3.34

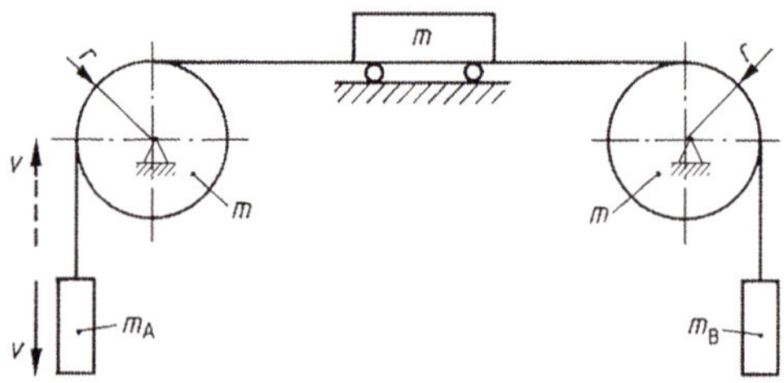

3.69 Beispiel 3.35

Beispiel 3.35 Nach Bild **3**.69 bewegt sich die Masse m_A mit der Geschwindigkeit $v = 28{,}56$ m/s abwärts. Nach welcher Zeit bewegt sie sich mit gleicher Geschwindigkeit aufwärts? $m_A = m$, $m_B = 3m$

Lösung

$$\Sigma F \cdot t = m \cdot \Delta v \qquad I = \frac{m \cdot r^2}{2} \qquad m_{\text{red}} = \frac{I}{r^2} = \frac{m}{2}$$

$$(3m \cdot g - m \cdot g)\, t = m \cdot 2v + m \cdot 2v + 3m \cdot 2v + 2\left(\frac{m}{2}\,2v\right)$$

$$2m \cdot g \cdot t = 12\,m \cdot v$$

$$t = 6\,\frac{v}{g} = 6\,\frac{28{,}56\text{ m/s}}{9{,}81\text{ m/s}^2} = \mathbf{17{,}47\,s}$$

Beispiel 3.36 Die beiden Massen m_A und m_B in Bild **3**.70 sind über eine masselos angenommene Doppelrolle durch ein Seil verbunden. m_A bewegt sich zur Zeit $t = 0$ mit $v_0 = 2$ m/s nach unten. Nach welcher Zeit hat das System die doppelte Geschwindigkeit erreicht? Wie groß sind die Seilkräfte?

$m_A = 45$ kg, $m_B = 30$ kg, $\mu = 0{,}15$, $\alpha = 30°$, $\beta = 60°$

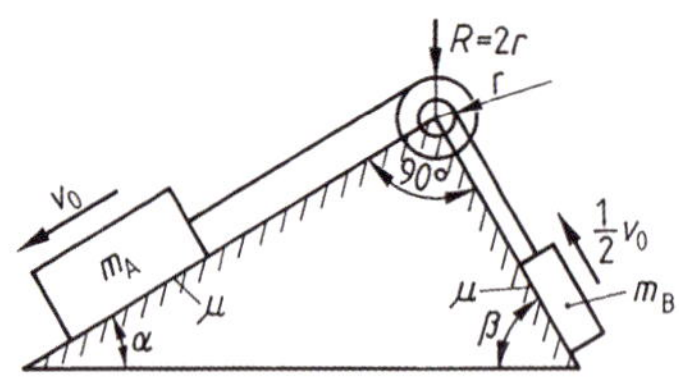

3.70 Beispiel 3.36

Lösung

$$\Sigma F \cdot t = m_A \cdot \Delta v = 2m_A \cdot v_0 - m_A \cdot v_0 \text{ (Impulssatz für Masse } m_A\text{)}$$

$$m_A \cdot g \cdot \sin 30° \cdot t - F_S \cdot t - F_R \cdot t = m_A \cdot v_0$$

$$F_{RA} = \mu \cdot F_{NA} = \mu \cdot m_A \cdot g \cdot \cos 30° = 0{,}15 \cdot 45\text{ kg} \cdot 9{,}81\text{ m/s}^2 \cdot \cos 30° = 57{,}35\text{ N}$$

Lösung Fortsetzung

$$\Sigma F \cdot t = m_B \cdot \Delta v = 2m_B \frac{1}{2} v_0 - m_B \frac{1}{2} v_0 \quad \text{(Impulssatz für Masse } m_B\text{)}$$

$$2F_S \cdot t - F_{RB} \cdot t - m_B \cdot g \cdot \sin 60° \cdot t = \frac{1}{2} m_B \cdot v_0$$

$$F_{RB} = m_B \cdot g \cdot \cos 60° \cdot \mu = 30\,\text{kg} \cdot 9{,}81 \cdot \frac{\text{m}}{\text{s}^2} \cos 60° \cdot 0{,}15 = 22{,}07\,\text{N}$$

$$m_A \cdot g \cdot t\,(\sin 30° - \mu \cdot \cos 30°) - F_S \cdot t = m_A \cdot v_0$$

$$-m_B \cdot g \cdot t\,(\sin 60° + \mu \cdot \cos 60°) + 2F_S \cdot t = \frac{1}{2} m_B \cdot v_0$$

$$2m_A \cdot g \cdot t\,(\sin 30° - \mu \cdot \cos 30°) - m_B \cdot g \cdot t\,(\sin 60° + \mu \cdot \cos 60°) = v_0 \left(2m_A + \frac{1}{2} m_B\right)$$

$$t = \frac{v_0}{g} \left(2m_A + \frac{1}{2} m_B\right) \frac{1}{5{,}078} = \mathbf{4{,}22\,s}$$

$$F_S = m_A \cdot g \cdot \sin 30° - F_{RA} - m_A \frac{v_0}{t} = 220{,}73 - 57{,}35 - 21{,}33 = \mathbf{142\,N}$$

Aufgaben zu Abschnitt 3.4 und 3.5

1. Das Taktsystem **3**.71 einer Abfüllanlage besteht aus zwei gleichen Massen m und der Seiltrommel mit der Masse $2m$ und dem Trägheitsradius $i = 1{,}5r$. Zur Zeit $t = 0$ bewegt sich die Masse m_A mit der Geschwindigkeit $v = 19{,}62$ m/s nach links. In das reibungslos angenommene System wird von außen nicht eingegriffen. Nach welcher Zeit bewegt sich die Masse m_A mit der gleichen Geschwindigkeit nach rechts?

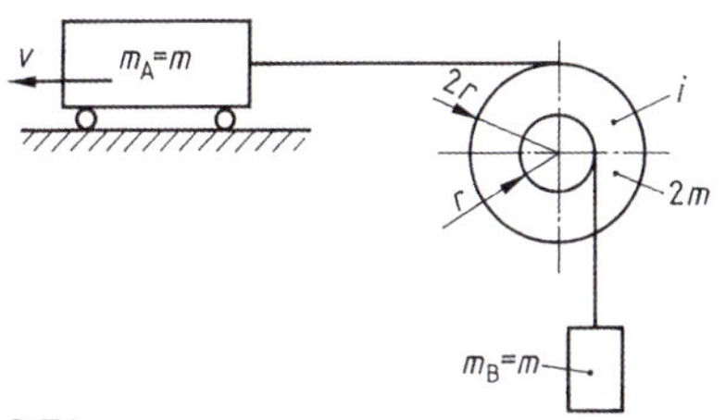

3.71

2. Eine Scheibe wird wie in Bild **3**.72 von einem Seil mit konstanter Kraft $F = 100$ N unter 45° gezogen. Scheibenmasse $m = 20$ kg, Trägheitsradius $i = 0{,}4$ m, $r = 0{,}25$ m. (s. a. Beispiel 3 zu Abschn. 3.1.)

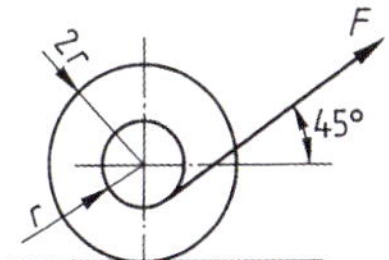

3.72

a) Wie groß ist der kleinste Reibkoeffizient μ, wenn kein Gleiten auftreten soll?
b) Berechnen Sie v und ω nach $t = 3$ s, wenn bei $t = 0$ das System in Ruhe ist.
c) Bei welcher Reibzahl μ_1 bewegt sich die Scheibe ohne Drehung?

3. Das System **3**.73 besteht aus zwei zylindrischen Scheiben, die mit einem Seil verbunden sind. Zur Zeit $t = 0$ ist das System in Ruhe. Die Reibung ist vernachlässigbar klein. $r_A = r_B = r = 0{,}5$ m, $m_A = m_B = m = 500$ kg. Gesucht werden nach dem Impulssatz

a) ω_A und ω_B nach $t = 10$ s, b) v_B nach $t = 20$ s,
c) die Seilkraft F_S.

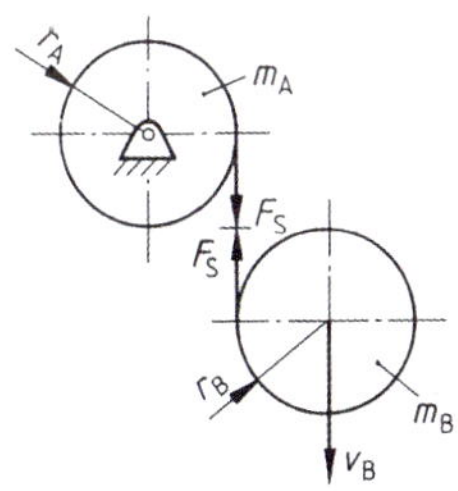

3.73

4. Auf der Rutsche eines Paketverladesystems gleiten zwei Massen (Pakete) herab. Der Neigungswinkel beträgt 30°. Vorerst sind sie in Berührung und in Ruhe. Die Reibzahl zwischen der tiefer liegenden Masse $m_1 = 12$ kg und der Unterlage ist $\mu_1 = 0{,}08$, zwischen $m_2 = 15$ kg und der Unterlage $\mu_2 = 0{,}06$.

a) Wie groß ist die zwischen den Massen wirkende Kraft, wenn sie aus der Ruhelage losgelassen werden und sich 3 s auf der schiefen Ebene abwärts bewegt haben?
b) Wie groß ist dann ihre Geschwindigkeit?
c) Welchen Weg haben sie zurückgelegt?

5. Im Antriebssystem einer Druckwalze **3.**74 mit zwei zylindrischen Scheiben befindet sich die Scheibe A in der gestrichelten Position und rotiert gegen den Uhrzeigersinn mit $\omega = 100$ 1/s. Scheibe B ist zunächst in Ruhe. Scheibe A wird mit der vertikalen Kraft $F_N = 20$ N auf die Scheibe B gedrückt. Der Reibkoeffizient an der Berührungsstelle ist $\mu = 0{,}2$, $m_A = 10$ kg, $m_B = 20$ kg, $2r_A = r_B = 20$ cm. Berechnen Sie
a) die Zeit bis zu dem Augenblick, in dem beide Scheiben ohne zu gleiten aufeinander abrollen,
b) die Winkelgeschwindigkeit nach der unter a) berechneten Zeit.

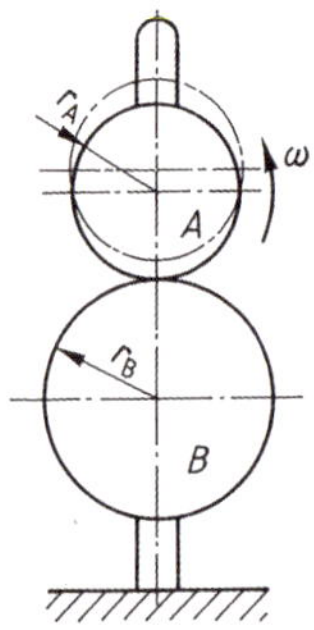

3.74

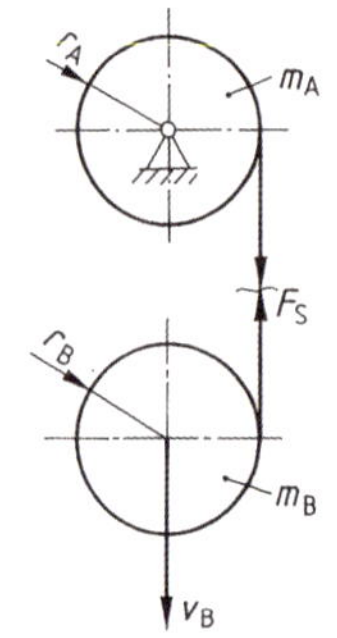

3.75

6. Zwei Seilscheiben nach Bild **3.**75 sind mit einem Seil verbunden. Zur Zeit $t = 0$ ist das System in Ruhe. Die Reibung ist zu vernachlässigen. $r_A = r_B = 0{,}7$ m, $m_A = m_B = 600$ kg
Ges.: a) ω_A und ω_B nach 10 s, b) v_B nach 20 s, c) Seilkraft F_S.

3.6 Stoß

Von einem Stoß sprechen wir, wenn sich zwei Körper beim Aufeinandertreffen für sehr kurze Zeit berühren. Die dabei auftretenden Stoßkräfte sind nach dem Newton'schen Reaktionsaxiom gleich groß, aber entgegengesetzt gerichtet. Sie ändern den Bewegungszustand beider Körper (**3.**76). Die Stoßkräfte stehen senkrecht auf der bei der Berührung für beide Körper gemeinsamen Tangentialebene in den Berührungspunkten A_1 und A_2.

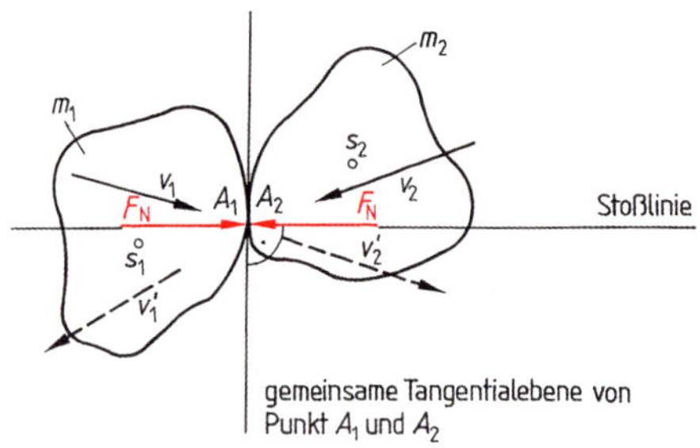

3.76 Stoß zweier Körper
v_1, v_2 Einlaufgeschwindigkeitsvektoren
v_1', v_2' Auslaufgeschwindigkeitsvektoren

> Stoßvorgänge sind sehr kurzzeitig, die auftretenden Stoßkräfte meist sehr groß. Die stoßenden Körper bilden ein geschlossenes System. Stoßvorgänge lassen sich deshalb mit Hilfe des Impulssatzes und des Energieerhaltungssatzes berechnen.

3.6.1 Grundbegriffe

Stoßlinie. Die Normale auf die gemeinsame Tangentialebene (Berührebene) der Körper heißt Stoßlinie. Bei Vernachlässigung der Reibung an der Stoßstelle fällt die Wirkungslinie der Stoßkräfte mit der Stoßlinie zusammen. Unterschiedlich ist die Lage der Körperschwerpunkte und der Geschwindigkeitsvektoren zur Stoßlinie.

- Beim zentralen Stoß liegen die Körperschwerpunkte S_1 und S_2 auf der Stoßlinie, beim exzentrischen nicht (**3**.77 und **3**.78).
- Beim geraden Stoß verlaufen die Geschwindigkeitsvektoren parallel bzw. in der Stoßlinie, beim schiefen Stoß nicht (**3**.79 und **3**.80).

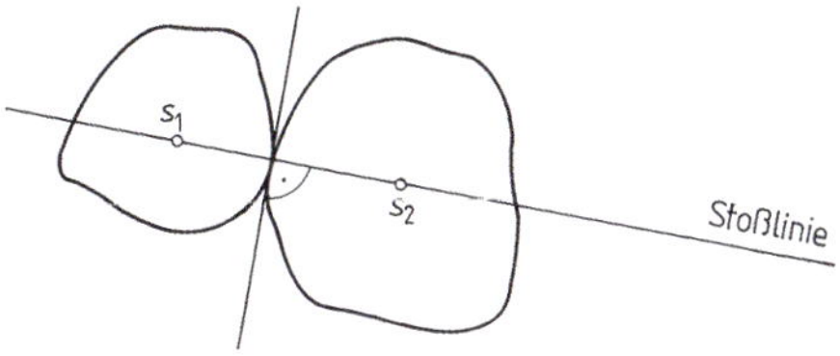

3.77 Zentraler Stoß

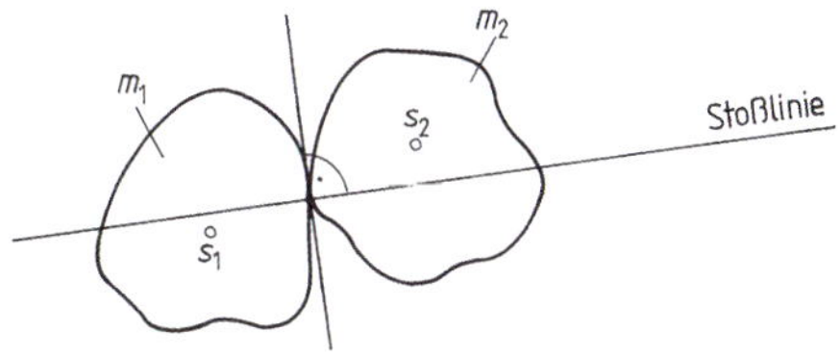

3.78 Exzentrischer Stoß

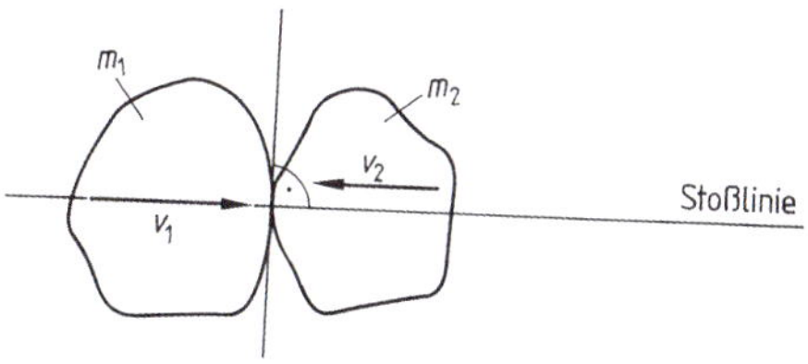

3.79 Gerader Stoß

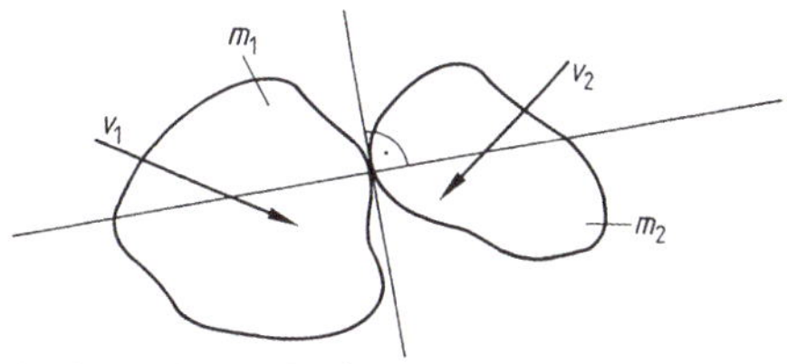

3.80 Schiefer Stoß

Je nach Lage der Körperschwerpunkte und Richtung der Geschwindigkeitsvektoren ergeben sich Kombinationen aus diesen Stoßarten.

Verformung. Beim Stoß verformen sich die Körper. Deshalb unterscheiden wir je nach dem Elastizitätsverhalten der Körper den elastischen, plastischen und wirklichen Stoß.

- **Beim elastischen Stoß** deformieren sich die Körper bis zu einem Maximum und gewinnen dann ihre Form zurück. Beispiele bieten annähernd Glaskugeln und Billardkugeln aus Elfenbein, Tennisbälle, Waggonpuffer in gefederter Ausführung.
- **Beim plastischen Stoß** machen die Körper die Formänderung nicht wieder rückgängig. Als Beispiele könnte man Säcke mit Sand, Mehl oder feinkörnigem Gut nennen.
- **Wirklicher Stoß.** Tatsächlich sind Körper weder vollkommen elastisch noch vollkommen plastisch. In den meisten Fällen handelt es sich daher um einen wirklichen (realen) Stoß.

Bei richtiger Anwendung des Energieerhaltungssatzes ist im Ansatz die Deformations- und Reibarbeit mit zu berücksichtigen. In der Regel werden sie jedoch nicht oder nur ungenügend erfasst. Deshalb benutzt man zum Berechnen der Stoßvorgänge oft den Impulssatz. Für ihn sind bekanntlich die Vorgänge zwischen zwei Betrachtungszuständen ohne Bedeutung, es zählen nur Anfangs- und Endzustand.

3.6.2 Gerader zentraler Stoß

Hier liegen Körperschwerpunkte und Geschwindigkeitsvektoren auf bzw. parallel zur Stoßlinie. Zwar stellt der Impulssatz eine Vektorgleichung dar, doch können wir in diesem Fall mit skalaren Größen rechnen, weil wir eine Achse des Koordinatensystems in die Stoßlinie legen können. Die Richtung der Geschwindigkeitsvektoren ändert sich nach dem Stoß (wenn überhaupt) nur um 180°. Eine Auslaufrichtung (Drehung) zwischen 0 und 180° ist bei dieser Stoßart nicht möglich.

Ein gerader zentraler Stoß kann keine Drehbewegung einleiten.

3.6.2.1 Grundgleichungen

Betrachten wir den Stoßvorgang anhand von zwei Kugeln mit den Massen m_1 und m_2. Wir zerlegen dazu den Stoß in zwei Abschnitte: die Deformation und die Restitution (Wiederherstellung).

Nach Bild **3**.81 ergibt sich $\Sigma\vec{p}_{i,\,vor} = \Sigma\vec{p}_{i,\,nach}$.

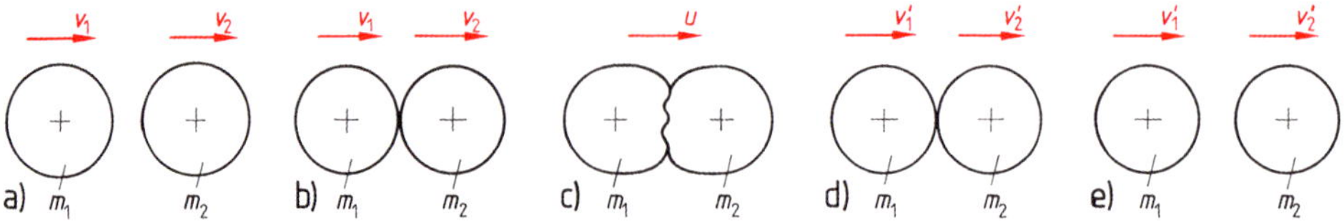

3.81 Gerader zentraler Stoß

a) Massen vor der Berührung; $v_1 > v_2$, b) Massen berühren sich erstmalig, c) maximale Deformation ist erreicht, d) Massen berühren sich letztmalig, e) Massen haben sich voneinander gelöst; $v_2' > v_1'$

$$m_1 \cdot v_1 + m_2 \cdot v_2 = m_1 \cdot v_1' + m_2 \cdot v_2' \qquad \text{Gl. (3.43)}$$

In dieser Weise können wir den Impulssatz anschreiben, weil wir wissen, dass es sich um ein geschlossenes System handelt und keine äußeren Kräfte während des Stoßvorgangs auf die Körper einwirken. In Gl. (3.43) hat jedes Glied ein positives Vorzeichen, wenn die Geschwindigkeiten vor und nach dem Stoß in gleicher Richtung verlaufen. Sonst erhält der entsprechende Summand ein negatives Vorzeichen. Damit überhaupt ein Stoß entsteht, muss v_1 größer als v_2 sein.

Die Stoßkraft F_N wächst von Null bis F_{Nmax}. Dann hat die Deformation ihren Größtwert erreicht. Dabei wird der Körper 1 ständig verzögert und Körper 2 ständig beschleunigt, bis beide einen Augenblick lang die gemeinsame Geschwindigkeit u haben. Auch u können wir mit dem Impulssatz ermitteln. Der Gesamtimpuls am Beginn und am Ende des ersten Stoßabschnitts muss gleich groß sein, so dass wir schreiben können:

$$m_1 \cdot v_1 + m_2 \cdot v_2 = (m_1 + m_2)\, u \qquad \text{Gl. (3.44)}$$

$$u = \frac{m_1 \cdot v_1 + m_2 \cdot v_2}{m_1 + m_2} \qquad \text{Gl. (3.45)}$$

Sind die Geschwindigkeiten v_1 und v_2 entgegengesetzt gerichtet, ist eine negativ einzusetzen. Wird dann die gemeinsame Geschwindigkeit u positiv, stimmt ihre Richtung mit jener Geschwindigkeit überein, deren Vorzeichen wir positiv gewählt haben. Wird u negativ, stimmt ihre Richtung mit der Geschwindigkeit des anderen Körpers überein.

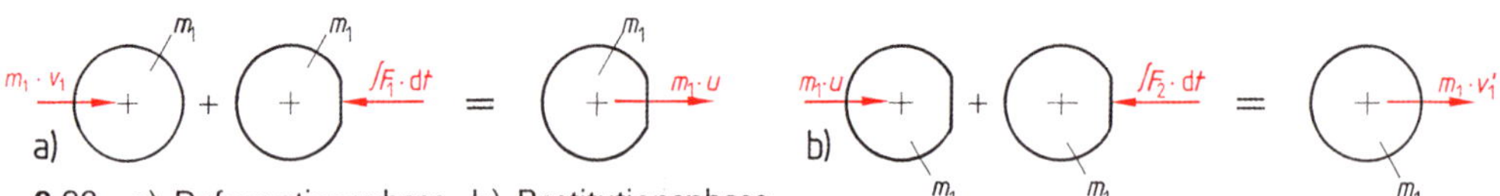

3.82 a) Deformationsphase, b) Restitutionsphase

Stoßzahl. Bild **3**.82 zeigt die Deformations- und Restitutionsphase. Üblicherweise ist $\int F_2 \cdot dt$ kleiner als $\int F_1 \cdot dt$. Dividieren wir die beiden, erhalten wir den Stoßkoeffizienten bzw. die

Stoßzahl $k = \frac{\int F_2 \cdot dt}{\int F_1 \cdot dt}$. Gl. (3.46)

Da wir schreiben können $m \frac{dv}{dt} = F$, $\int m\,dv = \int F\,dt$ und

$m_1 \cdot v_1 - \int F_1 \cdot dt = m_1 \cdot u$ sowie $m_1 \cdot u - \int F_2 \cdot dt = m_1 \cdot v_1'$, Gl. (3.47/3.48)

ist die Stoßzahl auch als Verhältnis der Geschwindigkeitsänderung im zweiten Stoßabschnitt zur Geschwindigkeitsänderung im ersten Stoßabschnitt zu definieren. Wir erhalten deshalb

für Körper 1: $k = \frac{u - v_1'}{v_1 - u}$ und für Körper 2: $k = \frac{v_2' - u}{u - v_2}$. Gl. (3.49/3.50)

Durch Umformen ergeben sich, wenn k bekannt ist, die Geschwindigkeiten der beiden Körper nach dem Stoß.

$v_1' = (1 + k)\,u - k \cdot v_1$ Gl. (3.51) $v_2' = (1 + k)\,u - k \cdot v_2$ Gl. (3.52)

Die Berechnung des realen Stoßes führt uns (da $0 \leqq k \leqq 1$ gilt) über die Grenzwerte $k = 0$ zum plastischen Stoß und bei $k = 1$ zum elastischen Stoß.

Tabelle **3**.83 zeigt einige Richtwerte für charakteristische Stoßzahlen. Da der Bereich für eine Kollision Pkw/Pkw groß ist, löst man dieses Problem besser grafisch (s. Beispiel 3.51).

Tabelle **3**.83 **Ausgewählte Stoßzahlen**

Werkstoff	k
Stahl	0,56
Elfenbein	0,89
Glas	0,94
Holz	0,5
Pkw/Pkw	0,2 bis 0,8

3.6.2.2 Elastischer Stoß ($k = 1$)

Hier gilt, dass die gesamte Formänderungsarbeit am Ende des ersten Stoßabschnitts als potentielle Energie in den Körpern gespeichert ist und im zweiten Stoßabschnitt wieder restlos in kinetische Energie zurückverwandelt wird. Es gilt:

$W = E_0 - E_1$ E_0 = kinetische Energie zu Beginn, E_1 = am Ende des 1. Stoßabschnitts

$$W = \frac{1}{2} m_1 \cdot v_1^2 + \frac{1}{2} m_2 \cdot v_2^2 - \frac{1}{2} (m_1 + m_2)\,u^2$$

Aus Gl. (3.45) folgt $u^2 = \frac{m_1^2 \cdot v_1^2 + 2 m_1 \cdot m_2 \cdot v_1 \cdot v_2 + m_2^2 \cdot v_2^2}{(m_1 + m_2)^2}$.

$$W = \frac{1}{2} m_1 \cdot v_1^2 + \frac{1}{2} m_2 \cdot v_2^2 - (m_1 + m_2) \cdot \frac{m_1^2 \cdot v_1^2 + 2 m_1 \cdot m_2 \cdot v_1 \cdot v_2 + m_2^2 \cdot v_2^2}{2\,(m_1 + m_2)^2}$$

$$W = \frac{m_1 \cdot m_2}{2\,(m_1 + m_2)} (v_1^2 + v_2^2 - 2 v_1 \cdot v_2)$$

Formänderungsenergie des 1. Stoßabschnitts

$$W = \frac{m_1 \cdot m_2}{2\,(m_1 + m_2)} (v_1 - v_2)^2$$ Gl. (3.53)

- **Als Sonderfälle** sind noch anzusprechen

– $\boldsymbol{m_1 = m_2}$ Aus Gl. (3.45) folgt $u = \frac{v_1 + v_2}{2}$. In Gl. (3.51) bzw. (3.52) eingesetzt erhalten wir $v_1' = v_2$ und $v_2' = v_1$. Die Körper tauschen ihre Geschwindigkeiten aus.

– $\boldsymbol{m_2 = \infty}$ (z.B. feste Wände) Hier liefern Gl. (3.45) $u = 0$, Gl. (3.51) bzw. (3.52) $v_1' = -v_1$ und $v_2' = 0$. Oder wir bilden den Grenzübergang, indem wir Zähler und Nenner so oft nach einer Variablen differenzieren, bis sich eine bestimmte Form ergibt. Wir bilden die Ableitung nach m_2.

Aus Gl. (3.51) und (3.45) ergibt sich

$$v_1' = \frac{m_1 \cdot v_1 - m_2 \cdot v_1 + 2m_2 \cdot v_2}{m_1 + m_2} \rightarrow v_1' = \frac{0 - v_1 + 2v_2}{1}.$$

Für $v_2 = 0$ folgt $v_1' = -v_1$.

Kontrolle: $$v_2' = \frac{m_2 \cdot v_2 - m_1 \cdot v_2 + 2m_1 \cdot v_1}{m_1 + m_2} \rightarrow v_2' = \frac{v_2 - 0 + 0}{1}$$

Für $v_2 = 0$ folgt $v_2' = 0$.

Der Körper prallt also mit der gleichen Geschwindigkeit zurück, mit der er aufgetroffen ist.

Der elastische Stoß zeigt die Zusammengehörigkeit von Impuls- und Energieerhaltungssatz. Aus Gl. (3.43) und (3.49/3.50) folgen:

$$m_1 (v_1 - v_1') = m_2 (v_2' - v_2) \qquad v_1 + v_1' = v_2 + v_2'$$

Multiplizieren wir diese beiden Gleichungen, bekommen wir

$$m_1 (v_1 - v_1') (v_1 + v_1') = m_2 (v_2' - v_2) (v_2 + v_2')$$

und bei weiterer Multiplikation mit 1/2

$$\frac{1}{2} m_1 \cdot v_1^2 + \frac{1}{2} m_2 \cdot v_2^2 = \frac{1}{2} m_1 \cdot v_1'^2 + \frac{1}{2} m_2 \cdot v_2'^2.$$

Dies bedeutet, dass die kinetische Energie der Körper erhalten geblieben ist – allerdings nur beim elastischen Stoß. Beim realen Stoß bleibt die Gesamtenergie zwar ebenfalls erhalten, doch geht hier ein Teil der mechanischen Energie infolge Reibung in Wärmeenergie über.

Beispiel 3.37 Eine Kugel mit 6 kg Masse und 8 m/s Geschwindigkeit holt eine andere Kugel mit der Masse 14 kg ein und stößt mit ihr zentrisch zusammen. In diesem als elastisch zu betrachtenden Stoßvorgang kommt die kleinere Kugel zur Ruhe.

a) Wie groß war die Geschwindigkeit der schwereren Kugel vor dem Stoß?

b) Wie groß ist die Geschwindigkeit der schwereren Kugel nach dem Stoß?

Lösung

a) $m_1 \cdot v_1 + m_2 \cdot v_2 = (m_1 + m_2)\, u$

$$m_1 \cdot v_1 + m_2 \cdot v_2 = m_1 \cdot v_1' + m_2 \cdot v_2' \qquad v_1' = 0 \rightarrow v_2' = \frac{m_1 \cdot v_1 + m_2 \cdot v_2}{m_2}$$

$$m_1 \cdot v_1^2 + m_2 \cdot v_2^2 = m_1 \cdot v_1'^2 + m_2 \cdot v_2'^2$$

$$v_1' = 0 \rightarrow m_1 \cdot v_1^2 + m_2 \cdot v_2^2 = m_2 \frac{(m_1 \cdot v_1 + m_2 \cdot v_2)^2}{m_2^2}$$

$$m_1 \cdot v_1^2 (m_2 - m_1) = 2m_1 \cdot m_2 \cdot v_1 \cdot v_2$$

$$v_2 = \frac{v_1 (m_2 - m_1)}{2m_2} = \frac{8\,\text{m/s}\,(14\,\text{kg} - 6\,\text{kg})}{2 \cdot 14\,\text{kg}} = \mathbf{2{,}29\,m/s}$$

b) $$v_2' = \frac{6\,\text{kg} \cdot 8\,\text{m/s} + 14\,\text{kg} \cdot 2{,}29\,\text{m/s}}{14\,\text{kg}} = \mathbf{5{,}71\,m/s}$$

Beispiel 3.38 Ein Eisenbahnwaggon mit $m_1 = 10000\,\mathrm{kg}$ und $v_1 = 2\,\mathrm{m/s}$ fährt beim Rangieren auf einen anderen Waggon mit $m_2 = 15000\,\mathrm{kg}$ und gleichgerichteter Geschwindigkeit $v_2 = 1{,}2\,\mathrm{m/s}$ auf. Jeder Waggon hat zwei Pufferfedern mit einer Federkonstanten von je $c = 30\,\mathrm{kN/cm}$. Zu berechnen sind die gemeinsame Geschwindigkeit u, die Geschwindigkeit v_1' und v_2' nach dem Stoß sowie die maximale Verkürzung jeder Feder f_{max} während des Stoßvorgangs.

Lösung Nach Gl. (3.45)

$$u = \frac{m_1 \cdot v_1 + m_2 \cdot v_2}{m_1 + m_2} = \frac{10 \cdot 10^3 \cdot 2 + 15 \cdot 10^3 \cdot 1{,}2}{10 \cdot 10^3 + 15 \cdot 10^3} = \mathbf{1{,}52\,m/s}$$

aus Gl. (3.49) $(k = 1)$: $v_1' = 2u - v_1 = 3{,}04 - 2 = \mathbf{1{,}04\,m/s}$

aus Gl. (3.50) $(k = 1)$: $v_2' = 2u - v_2 = 3{,}04 - 1{,}2 = \mathbf{1{,}84\,m/s}$

aus Gl. (3.53): $\frac{1}{2} \cdot \frac{m_1 \cdot m_2}{m_1 + m_2} (v_1 - v_2)^2 = 4 \cdot \frac{1}{2} \cdot c \cdot f_{max}^2$

$$f_{max} = \frac{v_1 - v_2}{2} \sqrt{\frac{m_1 \cdot m_2}{(m_1 + m_2)\, c}} = \frac{0{,}8}{2} \sqrt{\frac{10 \cdot 15 \cdot 10^6\,\mathrm{kg}}{25 \cdot 10^3\,\mathrm{kg} \cdot 3 \cdot 10^6\,\mathrm{N/m}}} = \mathbf{0{,}018\,m}$$

3.6.2.3 Plastischer Stoß ($k = 0$)

Hier ist der gesamte Stoßvorgang mit dem ersten Stoßabschnitt beendet. Beide Körper bewegen sich vereinigt mit der gleichen gemeinsamen Geschwindigkeit u weiter. Somit gilt:

$v_1' = u \qquad v_2' = u$

Kontrolle aus Gl. (3.49): $k = \frac{u - v_1'}{v_1 - u} \rightarrow v_1' = u$

aus Gl. (3.50): $k = \frac{v_2' - u}{u - v_2} \rightarrow v_2' = u$

Die aufgewendete Formänderungsarbeit W wird in Wärme umgewandelt und geht dem System als mechanische Energie verloren. Die praktische Anwendung des plastischen Stoßes ist beim Schmiedevorgang annähernd gegeben. Wenn auch hier wie praktisch überall in der Technik in Wahrheit ein realer Stoß vorliegt, können doch aus der Überlegung des plastischen Stoßes heraus – das Werkstück ist ja nach dem Schlag des Schmiedehammers deformiert – Überlegungen hinsichtlich der Maschinen- und Werkzeuggestaltung vorgenommen werden. Wir wollen den Körper 1, nämlich den Schmiedehammer (auch Bär genannt), mit der Geschwindigkeit v_1 auf das Werkstück (Körper 2), das sich in Ruhe befindet ($v_2 = 0$), einwirken lassen.

Die Formänderungsarbeit ergibt sich damit nach Gl. (3.53):

$$W = \frac{1}{2} \frac{m_1 \cdot m_2}{m_1 + m_2} (v_1 - v_2)^2 \qquad v_2 = 0 \rightarrow W = \frac{1}{2} \frac{m_1 \cdot m_2}{m_1 + m_2} \cdot v_1^2.$$

Beim Schmiedevorgang besteht die Forderung, einen möglichst hohen Betrag der kinetischen Energie des Hammers in Formänderungsarbeit umzusetzen. Diese Forderung kann durch eine Art Wirkungsgrad ausgedrückt werden.

$$\eta = \frac{\text{genutzte Arbeit}}{\text{aufgewendete Arbeit}} = \frac{\frac{1}{2} \cdot \frac{m_1 \cdot m_2}{m_1 + m_2} \cdot v_1^2}{\frac{1}{2} m_1 \cdot v_1^2} = \frac{m_2}{m_1 + m_2}$$

etwas umgeformt:

$$\eta = \frac{1}{1 + \frac{m_1}{m_2}} \qquad \text{Gl. (3.54)}$$

Man erkennt, dass η nur vom Massenverhältnis m_1/m_2 abhängig ist und dass η umso größer wird, je kleiner das Massenverhältnis wird. Dies heißt, je größer m_2 im Vergleich zu m_1 ist. In der Praxis wird daher das Werkstück mit einem möglichst schweren Amboss (Maschinentisch und, Fundament) verbunden. (Ein wirtschaftliches Optimum ergibt sich bei $m_1/m_2 = 1/30$.)

Beispiel 3.39 Der Bär eines Fallhammers fällt aus 2 m Höhe auf das Schmiedestück herab. Das Schmiedestück ist mit dem Werkzeugunterteil und dem Maschinentisch verbunden, alle Teile wiegen zusammen 10000 kg. Der Bär selbst mit dem Werkzeugoberteil hat ein Gewicht von 1200 kg (**3**.84).

Gesucht sind

a) die Geschwindigkeit des Bären unmittelbar vor Auftreffen auf das Werkstück,
b) Nutzarbeit, Verlustarbeit und Wirkungsgrad des Schmiedevorgangs.

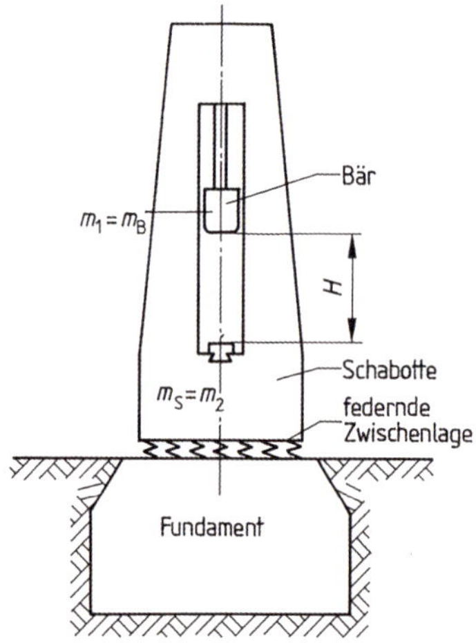

3.84 Schmiedehammer

Lösung

a) $m_1 \cdot g \cdot h = \frac{1}{2} m_1 \cdot v_1^2$

$$v_1 = \sqrt{g \cdot h \cdot 2} = \sqrt{9{,}81 \cdot 2 \cdot 2} = \mathbf{6{,}26\ m/s}$$

b) $W_N = \frac{1}{2} \frac{m_1 \cdot m_2}{m_1 + m_2} (v_1 - v_2)^2$

Für $v_2 = 0$:

$$W_N = \frac{1}{2} \frac{1200\,\text{kg} \cdot 10000\,\text{kg}}{11200\,\text{kg}} \cdot 6{,}26^2\,(\text{m/s})^2 = \mathbf{21021\ Nm}$$

Verlustarbeit (W_V) = aufgewendete Arbeit – Nutzarbeit (W_N)

$$W_V = \frac{1}{2} m_1 \cdot v_1^2 - \frac{1}{2} \frac{m_1 \cdot m_2}{m_1 + m_2} \cdot v_1^2$$

$$W_V = \frac{m_1^2 \cdot v_1^2}{2\,(m_1 + m_2)} = \frac{1200^2\,\text{kg}^2 \cdot 6{,}26^2\,(\text{m/s})^2}{2 \cdot 11200\,\text{kg}} = \mathbf{2522\ Nm}$$

$$\eta = \frac{1}{1 + \frac{m_1}{m_2}} = \frac{1}{1 + \frac{1200\,\text{kg}}{10000\,\text{kg}}} = \mathbf{0{,}893}$$

Kontrolle: $\eta = \frac{W_N}{W_N + W_V} = \frac{21021\ \text{Nm}}{21021\ \text{Nm} + 2522\ \text{Nm}} = 0{,}893$

Probe W_N = aufgewendete Arbeit $\cdot\ \eta$

$$W_N = \frac{1}{2} m_1 \cdot v_1^2 \cdot \eta = \frac{1}{2} \cdot 1200\,\text{kg} \cdot 6{,}26^2\,(\text{m/s})^2 \cdot 0{,}893 = 21024\ \text{Nm}$$

Beispiel 3.40 Ein Bär einer Ramme mit einer Gewichtskraft von 40 kN soll bei 1,6 m Fallhöhe einen Pfahl von 20 kN in den Boden rammen (Treiben von Spundwänden als Vorbereitungsarbeit beim U-Bahn-Bau). Wie groß ist der erzielte Wirkungsgrad des Rammstoßes, wenn – bedingt durch das Aufsetzen einer Schlaghaube auf den Pfahl – mit einem vollkommen unelastischen Stoß gerechnet werden kann? Wie groß ist der maximal auf den Pfahl wirkende Widerstand, wenn beim letzten Schlag noch 1,5 cm Anzug erreicht werden?

Lösung $m_1 \cdot v_1 + m_2 \cdot v_2 = (m_1 + m_2) \cdot u.$ Für $v_2 = 0$:

$$u = \frac{m_1 \cdot v_1}{m_1 + m_2} = \frac{40 \cdot 10^3\,\text{N} \cdot 5{,}6\,\text{m/s} \cdot 9{,}81\,\text{m/s}^2}{9{,}81\,\text{m/s}^2\,(40 + 20) \cdot 10^3\,\text{N}} = 3{,}73\,\text{m/s}$$

$$v_1 = \sqrt{2gh} = \sqrt{2 \cdot 9{,}81\,\text{m/s}^2 \cdot 1{,}6\,\text{m}} = 5{,}6\,\text{m/s}$$

$$W_1 = m_1 gh = 40\,\text{kN} \cdot 1{,}6\,\text{m} = 64\,\text{kNm}$$

$$W_2 = \frac{1}{2} \cdot \frac{m_1 \cdot m_2}{m_1 + m_2} v_1^2 = \frac{1}{2} \cdot \frac{40\,\text{kN} \cdot 20\,\text{kN}}{60\,\text{kN} \cdot 9{,}81\,\text{m/s}^2} \cdot 5{,}6^2\,(\text{m/s})^2 = 21{,}31\,\text{kNm}$$

$$\eta = \frac{W_1 - W_2}{W_1} = \frac{64 - 21{,}31}{64} = \mathbf{0{,}667} \quad \text{oder} \quad \eta = \frac{1}{1 + \frac{m_2}{m_1}} = \frac{1}{1 + \frac{20}{40}} = \mathbf{0{,}667}$$

$$W_2 = F_R \cdot s \rightarrow F_R = \frac{W_2}{s} \qquad F_R = \frac{21{,}31\,\text{kNm}}{0{,}015\,\text{m}} = \mathbf{1421\,kN}$$

3.6.2.4 Wirklicher Stoß

Für die Formänderung beider Körper ist eine bestimmte Arbeit W_v erforderlich. Sie wird also der kinetischen Energie entnommen.

Formänderungsarbeit des I. Stoßabschnitts:

$$W_I = \frac{1}{2} \cdot \frac{m_1 \cdot m_2}{m_1 + m_2} (v_1 - v_2)^2 \text{ nach Gl. (3.53)}$$

Anteil der kinetischen Energie, der im II. Stoßabschnitt aus der Formänderung kommt:

$$W_{II} = \frac{1}{2} \cdot \frac{m_1 \cdot m_2}{m_1 + m_2} (v'_2 - v'_1)^2 \text{ entsprechend Gl. (3.53)} \qquad \text{Gl. (3.55)}$$

Formänderungsarbeit, die nach dem Stoß als Deformation sichtbar zurückbleibt (z. B. gesenkgeschmiedetes Werkstück):

$$W_v = W_I - W_{II} = \frac{1}{2} \cdot \frac{m_1 \cdot m_2}{m_1 + m_2} [(v_1 - v_2)^2 - (v'_2 - v'_1)^2]$$

$$W_v = \frac{1}{2} \cdot \frac{m_1 \cdot m_2}{m_1 + m_2} \{(v_1 - v_2)^2 - [(1 + k)\,u - k \cdot v_2 - (1 + k)\,u + k \cdot v_1]^2\}$$

Bleibende Formänderungsarbeit = Verlustarbeit

$$W_v = \frac{1}{2} \cdot \frac{m_1 \cdot m_2}{m_1 + m_2} (v_1 - v_2)^2 (1 - k^2) \qquad \text{Gl. (3.56)}$$

Beispiel 3.41 Zwei Pkw gleicher Bauart sind auf einem Parkplatz wie im Bild **3.**85 ohne Abstand abgestellt. Der Gang ist jeweils eingelegt, die Handbremsen sind angezogen. Das Fahrzeug A, gleiches Modell wie die geparkten Fahrzeuge, stößt nach der Bremsung mit einer Restgeschwindigkeit von 2,5 m/s gegen das Fahrzeug B, dieses in der Folge gegen das Fahrzeug C. Die Stoßzahl k sei für sämtliche Stoßvorgänge 0,7. Wie groß sind die Geschwindigkeiten der Fahrzeuge nach der Kollision? Wie groß ist die Formänderungsarbeit, die sich als Schadensbild nach der Kollision darstellt?

$m_A = m_B = m_C = 860\,\text{kg}$

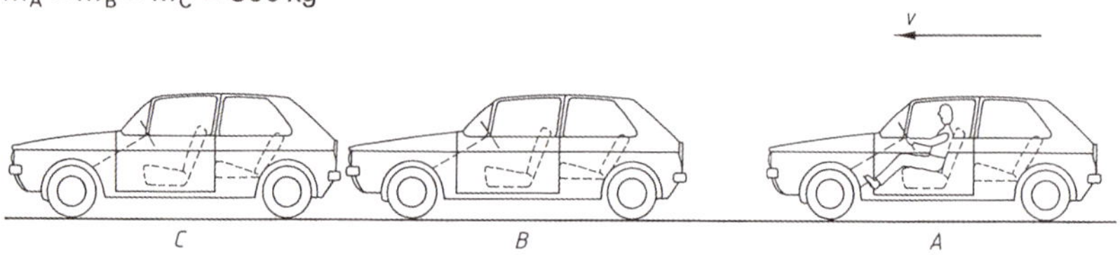

3.85 Mehrfacher Stoßvorgang

Lösung **Stoß zwischen den Fahrzeugen A und B**

Gl. (3.45) $u_{AB} = \dfrac{m_A \cdot v_A + m_B \cdot v_B}{m_A + m_B}$

Da $v_B = 0$: $u_{AB} = \dfrac{v_A}{2} = \dfrac{2{,}5}{2} = 1{,}25\,\text{m/s}$

Gl. (3.51) $v'_A = (1+k)\,u_{AB} - k \cdot v_A = 1{,}7 \cdot 1{,}25\,\text{m/s} - 0{,}7 \cdot 2{,}5\,\text{m/s} = \mathbf{0{,}38\,m/s}$

Gl. (3.52) $v^*_B = (1+k)\,u_{AB} - k \cdot v_B = 1{,}7 \cdot 1{,}25\,\text{m/s} = 2{,}13\,\text{m/s}$

Stoß zwischen den Fahrzeugen B und C

$$u_{BC} = \frac{m_B \cdot v^*_B + m_C \cdot v_C}{m_B + m_C}$$

Da $v_C = 0$: $u_{BC} = \dfrac{v^*_B}{2} = 1{,}063\,\text{m/s}$

$v'_B = (1+k)\,u_{BC} - k \cdot v^*_B = 1{,}7 \cdot 1{,}063\,\text{m/s} - 0{,}7 \cdot 2{,}13\,\text{m/s} = \mathbf{0{,}32\,m/s}$

$v'_C = (1+k)\,u_{BC} - k \cdot v_C = 1{,}7 \cdot 1{,}063\,\text{m/s} = \mathbf{1{,}81\,m/s}$

Gl. (3.56) $W_{AB} = \dfrac{1}{2}\,\dfrac{m_A \cdot m_B}{m_A + m_B}\,(v_A - v_B)^2\,(1 - k^2)$

$$W_{AB} = \frac{1}{4} \cdot 860\,\text{kg}\,(2{,}5 - 0)^2\,(\text{m/s})^2\,(1 - 0{,}7^2) = \mathbf{685{,}3\,Nm}$$

$$W_{BC} = \frac{1}{2}\,\frac{m_B \cdot m_C}{m_B + m_C}\,(v^*_B - v_C)^2\,(1 - k^2)$$

$$W_{BC} = \frac{1}{4} \cdot 860\,\text{kg}\,(2{,}13 - 0)^2\,(\text{m/s})^2\,(1 - 0{,}7^2) = \mathbf{495{,}1\,Nm}$$

Beispiel 3.42 Zwei Kugeln wie in Bild **3.**86, aus verschiedenen Materialien, mit den Massen $m_1 = 40\,\text{g}$ und $m_2 = 18\,\text{g}$ stoßen mit den beiden Geschwindigkeiten $v_1 = 1{,}7\,\text{m/s}$ und $v_2 = 3{,}4\,\text{m/s}$ gegeneinander. Ihre Bewegung auf einer horizontalen Ebene sei als reibungs-

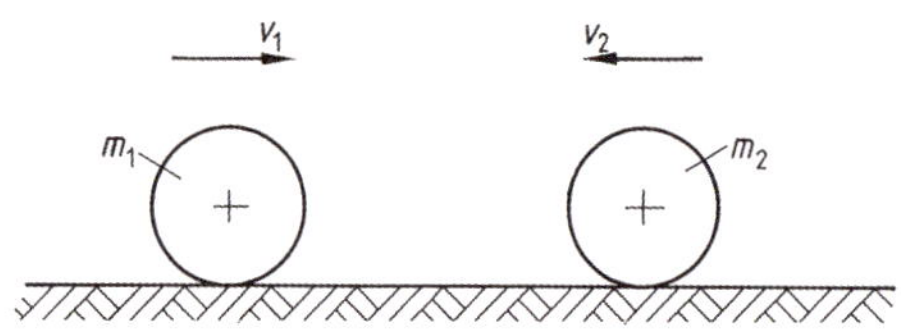

3.86 Gerader zentraler Stoß zweier Kugeln

Beispiel 3.42 Fortsetzung

los angenommen. Die Stoßzahl beträgt 0,8. Wie groß sind die Geschwindigkeiten der beiden Kugeln nach dem Stoß? Wie groß ist die Verlustarbeit durch den Stoß?

Lösung

$v'_1 = (1+k)\cdot u - k\cdot v_1$

$v'_2 = (1+k)\cdot u + k\cdot v_2$ (v_2 ist entgegengesetzt zu v_1 gerichtet)

$$u = \frac{m_1 v_1 - m_2 v_2}{m_1 + m_2} = \frac{40\,\text{g}\cdot 1{,}7\,\text{m/s} - 18\,\text{g}\cdot 3{,}4\,\text{m/s}}{40\,\text{g} + 18\,\text{g}} = 0{,}117\,\text{m/s}$$

$v'_1 = (1+0{,}8)\cdot 0{,}117\,\text{m/s} - 0{,}8\cdot 1{,}7\,\text{m/s} = \mathbf{-1{,}15\,m/s}$

$v'_2 = (1+0{,}8)\cdot 0{,}117\,\text{m/s} + 0{,}8\cdot 3{,}4\,\text{m/s} = \mathbf{2{,}93\,m/s}$

$$W_V = \frac{1}{2}\,\frac{m_1\cdot m_2}{m_1 + m_2}\,(v_1+v_2)^2\,(1-k^2)$$

$$W_V = \frac{1}{2}\,\frac{40\,\text{g}\,10^{-3}\cdot 18\,\text{g}\,10^{-3}}{58\,\text{g}\,10^{-3}}\,(1{,}7\,\text{m/s}+3{,}4\,\text{m/s})^2\,(1-0{,}8^2) = \mathbf{58\cdot 10^{-3}\,Nm}$$

Beispiel 3.43 Eine Kugel rollt mit der Geschwindigkeit $v_1 = 1{,}6$ m/s gegen eine glatte Wand. Kugeldurchmesser $d = 25$ cm, Stoßzahl $k = 0{,}6$, Reibzahl für Kugelunterlage $\mu = 0{,}1$.

Gesucht

a) Geschwindigkeit v'_1 und Winkelgeschwindigkeit ω'_1 unmittelbar nach dem Stoß.
b) Geschwindigkeit v''_1 und Winkelgeschwindigkeit ω''_1 nach der Zeit Δt, in der die Kugel auf der Unterlage gleitet.

Lösung

a) $k = \dfrac{u - v'_1}{v_1 - u}$

Für $u = 0$: $k = -\dfrac{v'_1}{v_1} \rightarrow v'_1 = -k\cdot v_1 = -0{,}6\cdot 1{,}6 = \mathbf{-0{,}96\,m/s}$.

Da der Stoß zentrisch erfolgt, bleibt der Drehimpuls erhalten.

$$\omega'_1 = \omega_1 = \frac{v_1}{r} = \frac{1{,}6}{0{,}125} = \mathbf{12{,}8\,s^{-1}}$$

b) Mit Hilfe des Drallsatzes erhalten wir:

$I\cdot\omega'_1 - mg\cdot\mu\cdot\Delta t\cdot r = -I\cdot\omega''_1 \qquad I = \frac{2}{5}\cdot mr^2$ für Kugel

$mv'_1 - mg\cdot\mu\cdot\Delta t = m\cdot v''_1 \qquad v''_1 = \frac{d}{2}\cdot\omega''_1$

$$\frac{2}{5}\cdot\frac{d}{2}\cdot\omega'_1 - v'_1 = -\frac{2}{5}\cdot v''_1 - v''_1 \rightarrow v''_1 = \frac{5}{7}\cdot v'_1 - \frac{2}{7}\cdot\frac{d}{2}\cdot\omega'_1 = \mathbf{-1{,}14\,m/s}$$

$$\omega''_1 = \frac{v''_1\cdot 2}{d} = \frac{0{,}229\cdot 2}{0{,}25} = \mathbf{-9{,}14\,s^{-1}}$$

Beispiel 3.44 Zwei im gleichen Sinn rotierende Kurvenscheiben, deren Trägheitsmomente sich wie 2:1 verhalten, stoßen im Abstand a von beiden Drehachsen entfernt wie im Bild **3**.87 zusammen. Stoßzahl $k = 0{,}7$, $\omega_A = 10\,\text{s}^{-1}$, $\omega_B = 20\,\text{s}^{-1}$.

Berechnen Sie die Winkelgeschwindigkeiten beider Massen (Größe und Richtung) unmittelbar nach dem Stoß.

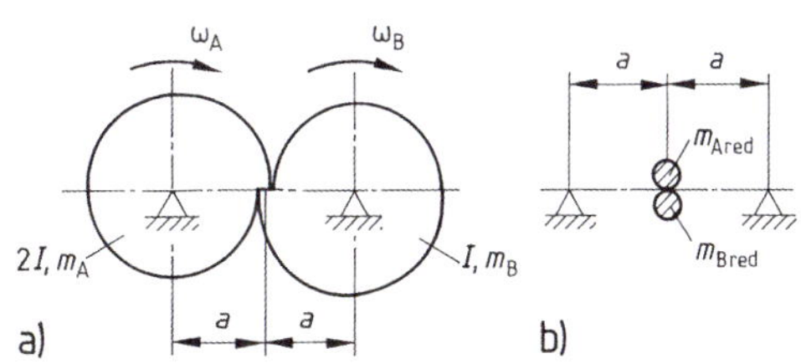

3.87 Kurvenscheiben mit gleicher Drehrichtung
a) Lage, b) Massenreduktion

Lösung Reduzieren wir die Massen an die Berührstelle, liegt ein zentraler Stoß vor.

nach **3**.87b: $$u = \frac{m_{A\,red} \cdot v_A + m_{B\,red} \cdot v_B}{m_{A\,red} + m_{B\,red}} = \frac{\frac{I}{a^2}(2v_A + v_B)}{\frac{I}{a^2}(2+1)} = \frac{a}{3}(2\omega_A + \omega_B)$$

$$v'_A = \omega'_A \cdot a = u(1+k) - k \cdot v_A = \frac{a}{3}(2\omega_A + \omega_B)(1+k) - k \cdot a \cdot \omega_A \qquad |:a$$

$$\omega'_A = \frac{1+k}{3}(2\omega_A + \omega_B) - k \cdot \omega_A = \frac{1+0{,}7}{3}(-20+20) - 0{,}7(-10) = \mathbf{7\,s^{-1}}$$

$$v'_B = \omega'_B \cdot a = u(1+k) - k \cdot v_B \qquad |:a$$

$$\omega'_B = \frac{1+k}{3}(2\omega_A + \omega_B) - k \cdot \omega_B = \frac{1+0{,}7}{3}(-20+20) - 0{,}7 \cdot 20 = \mathbf{-14\,s^{-1}}$$

Beide Kurvenscheiben kehren ihre Drehrichtung um.

Beispiel 3.45 Wir wollen den Schmiedevorgang mit einer Stoßzahl $k = 0{,}5$ betrachten. Der Bär eines Fallhammers wiegt 1200 kg, seine Schabotte (Amboss) 25000 kg. Der Bär trifft mit einer Geschwindigkeit von 7 m/s auf das Werkstück. Berechnen Sie den Schlagwirkungsgrad.

Lösung Unter Benutzung der Gl. (3.56) ergibt sich:

$$\eta = \frac{\frac{1}{2}\frac{m_1 \cdot m_2}{m_1 + m_2}(v_1 - v_2)^2(1-k^2)}{\frac{1}{2}m_1 \cdot v_1^2}.$$

Für $v_2 = 0$:

$$\eta = (1-k)^2 \frac{m_2}{m_1 + m_2} = \frac{1}{1 + \frac{m_1}{m_2}}(1-k^2) = \frac{1}{1 + \frac{1200}{25000}}(1 - 0{,}5^2) = \mathbf{0{,}72}$$

3.6.3 Schiefer zentraler Stoß

Erinnern wir uns: Hier liegen zwar die Schwerpunkte auf der Stoßlinie, doch die Geschwindigkeitsvektoren haben eine andere Richtung (**3**.88).

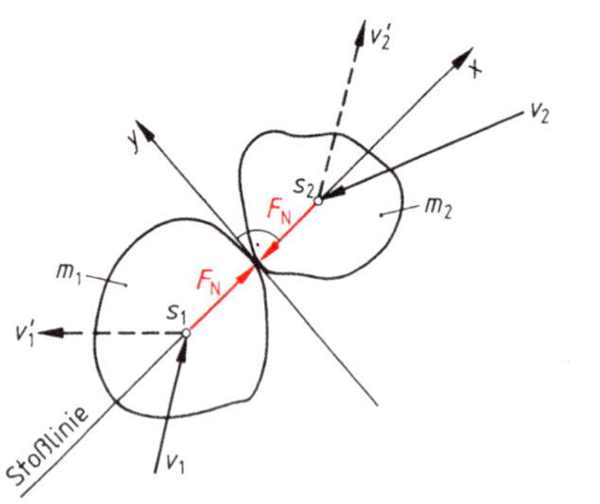

3.88 Schiefer zentraler Stoß

Da wir die Stoßgesetze in Richtung der Stoßlinie aufgrund der vorhergehenden Abschnitte schon kennen, ist es zweckmäßig, unser x, y-Koordinatensystem in den Stoßpunkt so zu legen, dass die x-Richtung mit der Stoßlinie zusammenfällt und normal darauf, also in der Tangentialebene der Stoßberührungsstelle, die y-Achse angebracht wird. Die Stoßkraft und damit der Impuls $F \cdot \Delta t$ können nur in Richtung der Stoßlinie auftreten. Die y-Komponenten der einzelnen Geschwindigkeitsvektoren bleiben also vor und nach dem Stoß gleich groß.

$$v_{1y} = v'_{1y} \qquad v_{2y} = v'_{2y} \qquad \text{Gl. (3.57; 3.58)}$$

Für die x-Richtung gilt der Impulserhaltungssatz

$$m_1 \cdot v_{1x} + m_2 \cdot v_{2x} = m_1 \cdot v'_{1x} + m_2 \cdot v'_{2x} \qquad \text{Gl. (3.59)}$$

und weiter unter Berücksichtigung der Stoßzahl k

$$v'_{2x} - v'_{1x} = k\,(v_{1x} - v_{2x})\,. \qquad \text{Gl. (3.60)}$$

Wir haben damit 4 Gleichungen, so dass wir bei Kenntnis des Einlaufimpulses die Komponenten der Auslaufgeschwindigkeiten und damit der Geschwindigkeiten selbst ermitteln können.

Durch Einsetzen der Stoßzahl $k = 1$ erhalten wir den Fall des elastischen Stoßes und durch Verwendung von $k = 0$ den Fall des vollkommen plastischen Stoßes.

Die bisher beschriebene Situation bedingt jeweils die völlig freie Bewegung der einzelnen stoßenden Körper. Es wäre aber auch denkbar, dass aufgrund der konstruktiven Lösung ein Körper sowohl beim Einlauf als auch beim Auslauf nach dem Stoß eine vorgegebene Richtung hat, die nicht frei wählbar ist. Auch hier gelten die gleichen Stoßgesetze wie bisher, nämlich in Richtung der Stoßlinie, jedoch bleiben zwangsläufig die Tangentialkomponenten der Geschwindigkeit nicht konstant ($v_{1y} \neq v'_{1y}$). Dies galt nur für den frei beweglichen Körper.

Betrachten wir z. B. entsprechend Bild **3**.89 eine Situation, bei der ein Körper (den wir durch seinen Massenschwerpunkt darstellen wollen) frei beweglich, der andere Körper jedoch aufgrund einer Führung richtungsmäßig gebunden ist. Hier ergeben sich drei unbekannte Größen. Zum Einen die beiden Komponenten der Auslaufgeschwindigkeit des frei beweglichen Körpers und zum Anderen die Größe der Auslaufgeschwindigkeit des geführten Körpers. Die Richtung ist bedingungsgemäß bekannt.

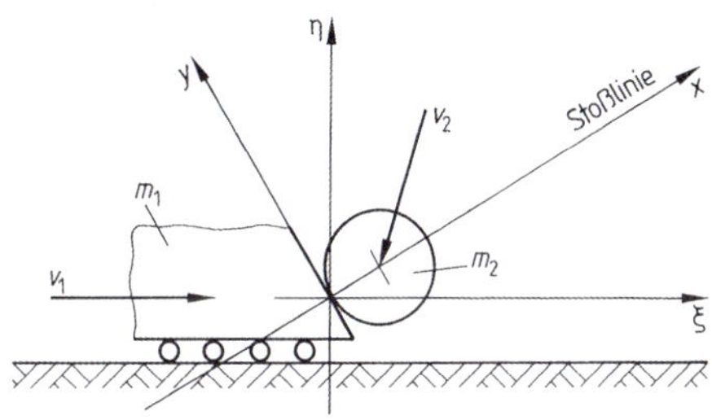

3.89 Stoß mit einem geführten Körper

Wir können hier schreiben:

$$k = \frac{u - v'_{1x}}{v_{1x} - u} = \frac{v'_{2x} - u}{u - v_{2x}}$$

$$v'_{2x} - u = k \cdot u - k \cdot v_{2x} \qquad u = \frac{v'_{2x} + k \cdot v_{2x}}{1 + k}$$

$$u - v'_{1x} = k\,(v_{1x} - u)$$

$$v_{2y} = v'_{2y} \qquad \text{Gl. (3.61)}$$

$$m_1 \cdot v_1 + m_2 \cdot v_2 = m_1 \cdot v'_1 + m_2 \cdot v'_2 \qquad \text{Gl. (3.62)}$$

$$v'_{2x} - v'_{1x} = k\,(v_{1x} - v_{2x}) \qquad \text{Gl. (3.63)}$$

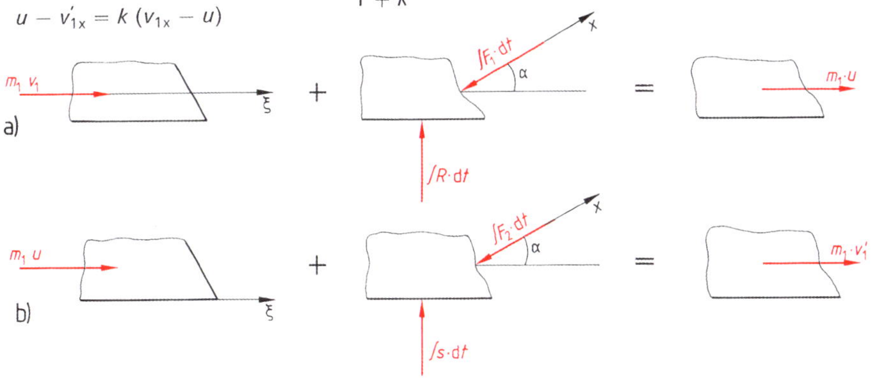

3.90 a) Deformationsphase, b) Restitutionsphase

Der Impulserhaltungssatz gilt also sowohl in ξ – als auch in x-Richtung. k kann wiederum zwischen 0 und 1 liegen. Um zu Gl. (3.63) zu gelangen, brauchen wir den Stoß nur zu unterteilen in eine Periode der Deformation und eine der Restitution. Entsprechend dem Bild **3**.90 ergibt sich in ξ-Richtung:

$$m_1 \cdot v_1 - \int F_1 \cdot \mathrm{d}t \cdot \cos\alpha = m_1 \cdot u \qquad \text{Gl. (3.64)}$$

$$m_1 \cdot u - \int F_2 \cdot \mathrm{d}t \cdot \cos\alpha = m_1 \cdot v_1' \qquad \text{Gl. (3.65)}$$

Hier darf nicht übersehen werden, dass $\int F_1 \cdot \mathrm{d}t$ auch einen Impuls auf die Unterlage weitergibt. Neben der gemeinsamen Geschwindigkeit unmittelbar bei Erreichen der maximalen Deformation erhalten wir auch die übrigen schon bekannten Gleichungen. Wenn wir von der Definitionsgleichung für die Stoßzahl Gl. (3.46) ausgehen und alle Geschwindigkeiten mit $\cos\alpha$ multiplizieren, folgt:

$$k = \frac{u_x - v_{1x}'}{v_{1x} - u_x} \qquad \text{Gl. (3.66)}$$

Beispiel 3.46 In einer Fertigungsstraße wird ein in Ruhe befindlicher Taktgeber $m_A = 50$ g durch eine senkrecht herabfallende Kugel ($m_B = 20\,g$, $v_B = 4$ m/s) ausgelöst (**3**.91 a). $\alpha = 30°$, $k = 0{,}7$

a) Wie groß sind die Geschwindigkeiten der Kugel und des Taktgebers nach dem Auftreffen der Kugel?

b) Unter welchem Winkel prallt die Kugel ab?

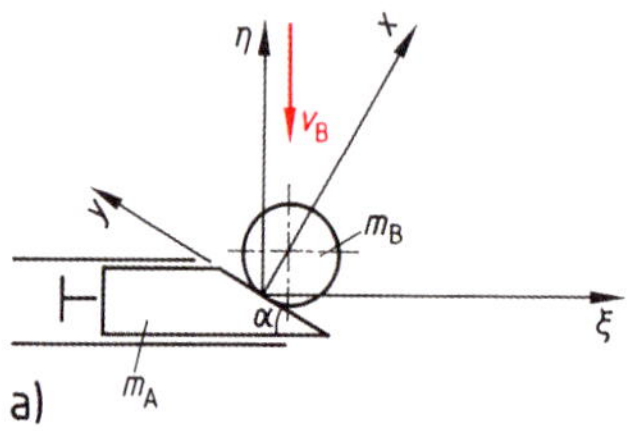

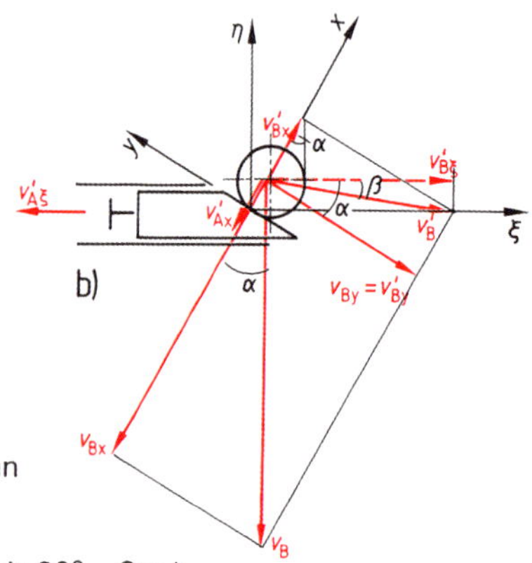

3.91 Taktgeber in einer Fertigungsstraße
a) Lageplan, b) Geschwindigkeitsplan

Lösung Nach Gl. (3.61): $v_{By} = v'_{By} = v_B \cdot \sin\alpha = 4 \cdot \sin 30° = 2$ m/s

nach Gl. (3.63): $v'_{Bx} - v'_{Ax} = k \cdot (v_{Ax} - v_{Bx})$

$$v'_{Bx} - v'_{Ax} = k\,(0 - v_B \cdot \cos 30°) \quad (\mathbf{3}.91\,\mathrm{b})$$

$$v'_{Ax} = k v_B \cdot \cos 30° + v'_{Bx} = v'_A \cdot \sin 30°$$

nach Gl. (3.62): $m_A \cdot v_A + m_B \cdot v_{B\zeta} = m_A \cdot v'_A + m_B \cdot v'_{B\zeta}$

$$0 + 0 = m_A \cdot v'_A + m_B\,(v'_{Bx} \cdot \sin 30° + v'_{By} \cdot \cos 30°) \quad (\mathbf{3}.91\,\mathrm{b})$$

$$\rightarrow m_A \cdot v'_A = m_A \cdot k \cdot v_B \frac{\cos 30°}{\sin 30°} + m_A \cdot v'_{Bx} \frac{1}{\sin 30°}$$

$$m_A \cdot v'_A = -m_B \cdot v'_{Bx} \cdot \sin 30° - m_B \cdot v'_{By} \cdot \cos 30°$$

$$v'_{Bx} = \frac{-m_B \cdot v'_{By} \cdot \cos 30° - m_A \cdot v'_A}{m_B \cdot \sin 30°} \quad \text{Für} \quad v'_A \text{ eingesetzt:}$$

$$v'_A = \frac{k \cdot v_B \cdot \cos 30° + v'_{Bx}}{\sin 30°}$$

Lösung
Fortsetzung

$$v'_{Bx} = \frac{-m_B \cdot v'_{By} \cdot \cos 30° - m_A \cdot k \cdot v_B \dfrac{\cos 30°}{\sin 30°}}{\dfrac{m_A}{\sin 30°} + m_B \cdot \sin 30°}$$

$$v'_{Bx} = \frac{-20 \cdot 2 \cdot \cos 30° - 50 \cdot 0{,}7 \cdot 4 \dfrac{\cos 30°}{\sin 30°}}{\dfrac{50}{\sin 30°} + 20 \cdot \sin 30°} = -2{,}62 \text{ m/s}$$

$v'_B = \mathbf{3{,}22\ m/s}$

$v'_{Ax} = \mathbf{-\,0{,}1\ m/s}$ $\quad (v'_A = -0{,}19 \text{ m/s})$

$$\beta = \alpha + \arctan \frac{v'_{Bx}}{v'_{By}} = \mathbf{81°}$$

3.6.4 Gerader exzentrischer Stoß

Dieser Stoßtyp kann auf den geraden zentralen Stoß zurückgeführt werden, indem man den exzentrisch getroffenen Körper durch seine auf die Stoßstelle reduzierte Masse ersetzt (**3**.92). Wir wollen dies am Beispiel eines in einem Punkt drehbar gelagerten, stabförmigen Körpers erläutern.

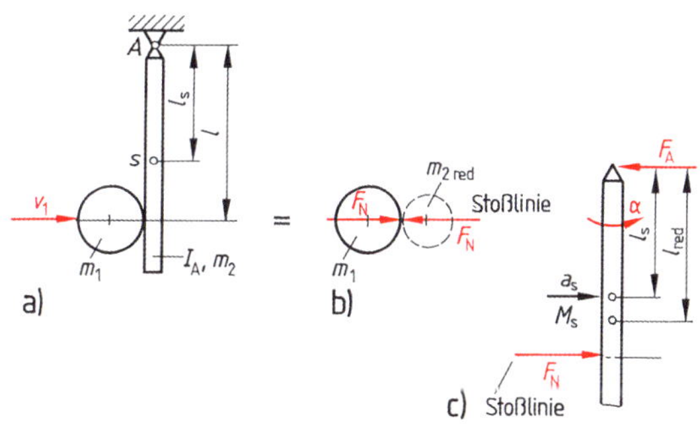

3.92
Gerader exzentrischer Stoß
a) Situation (Lageplan)
b) Ersatzsystem
c) kräftefrei gemachter Stab

Den stoßenden Körper wollen wir durch eine Massenkugel darstellen, der Geschwindigkeitsvektor hat die Richtung der Stoßlinie. Der Schwerpunkt des Körpers mit der Masse m_1 liegt auf der Stoßlinie, der Körper m_2 hat einen Schwerpunkt außerhalb der Stoßlinie. Da die Verbindungslinie der beiden Schwerpunkte nicht mit der Stoßlinie zusammenfällt oder parallel zu ihr ist, ergibt sich der exzentrische Stoßtyp. Die Stoßstelle befindet sich im Abstand l vom Drehpunkt A, das Massenträgheitsmoment I_A des stabförmigen Körpers bezüglich des Drehpunkts sei bekannt, Mit den uns schon bekannten Ansätzen aus Abschn. 3.2.2 können wir besonders die Reaktionskraft im Drehpunkt berechnen.

S-Satz: $\Sigma F_i = 0$: $F_N - F_A = m_2 \cdot a_s = m_2 \cdot l_s \cdot \alpha$ $\qquad \dfrac{F_N - F_A}{m_2 \cdot l_s \cdot \alpha} = \dfrac{F_N \cdot l}{I_A \cdot \alpha}$

M-Satz: $\Sigma M_{(A)} = 0$: $F_N \cdot l - I_A \cdot \alpha = 0$ $\qquad F_A = F_N \left(1 - \dfrac{m_2 \cdot l_s \cdot l}{I_A}\right)$

Man erkennt, dass die Größe der Reaktionskraft F_A von l, d. h. von der Lage der Stoßstelle abhängig ist. Es muss daher eine Größe l geben, für die die Reaktionskraft 0 wird. Wir wollen sie l_{red} benennen.

$$F_A = 0 \rightarrow l = l_{red} \qquad 0 = 1 - \frac{m_2 \cdot l_s}{I_A} \cdot l_{red}$$

$$l_{red} = \frac{I_A}{m_2 \cdot l_s}$$ l_{red} ... Lage des Stoßmittelpunkts im Bezug auf A Gl. (3.67)

Bei einem Stoß gegen einen drehbar gelagerten stabförmigen Körper bleibt die Drehachse reaktionsfrei, wenn der Körper im Stoßmittelpunkt senkrecht zur Stabachse getroffen wird. Diese Erkenntnis wird bei Schlagwerkzeugen und Stößen ausgesetzten, drehbar gelagerten Maschinenteilen (z. B. Kipphebel) genutzt, um Prellschläge zu vermeiden.

Beispiel 3.47 Gegeben ist der Stab **3.**93 mit $l = 800\,\text{mm}$, $a = 100\,\text{mm}$, $m = 3\,\text{kg}$. Zu berechnen ist die Lage des Stoßmittelpunkts l_{red}.

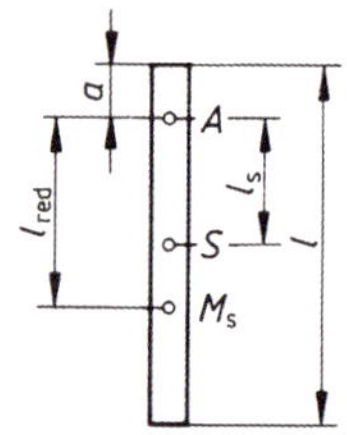

3.93 Stoßmittelpunkt eines drehbar gelagerten Stabes

Lösung

$$l_{red} = \frac{I_A}{m\,(l_s - a)}$$

$$I_A = I_S + m\,l_S^2 = \frac{1}{12}\,m \cdot l^2 + m\left(\frac{l}{2} - a\right)^2$$

$$I_A = \frac{1}{12} \cdot 3\,\text{kg} \cdot 0{,}8^2\,\text{m}^2 + 3\,\text{kg}\,(0{,}4\,\text{m} - 0{,}1\,\text{m})^2 = 0{,}43\,\text{kgm}^2$$

$$l_{red} = \frac{0{,}43\,\text{kgm}^2}{3\,\text{kg} \cdot (0{,}4\,\text{m} - 0{,}1\,\text{m})} = \mathbf{0{,}478\,m}$$

Beispiel 3.48 Gegeben ist der Stoßvorgang **3.**94. D.h., eine Stahlkugel mit der Masse m_1 und der Geschwindigkeit v_1 stößt senkrecht gegen eine Stahlstange mit der Masse m_2 und der augenblicklichen Winkelgeschwindigkeit ω_2.

$m_1 = 3\,\text{kg}$, $m_2 = 8\,\text{kg}$, $v_1 = 5\,\text{m/s}$, $\omega_2 = 8\,\text{s}^{-1}$, $l = 0{,}8\,\text{m}$,
$l^* = 0{,}5\,\text{m}$, $a = 0{,}05\,\text{m}$, $k = 0{,}56$

a) Um welchen Winkel φ wird die Stahlstange nach dem Stoß zurückgeschleudert?

b) In welchem Abstand l_{red} müsste die Stange getroffen werden, damit die Drehachse reaktionsfrei bleibt?

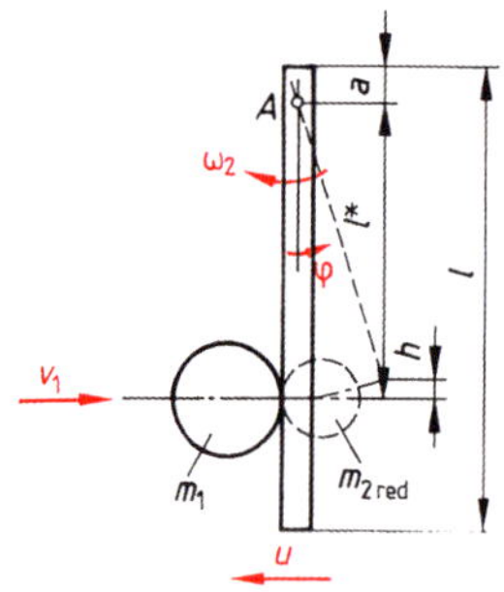

3.94 Stoßvorgang zwischen Kugel und drehendem Stab

Lösung

a) $v_1' = (1 + k)\,u - k \cdot v_1$

$$v_1' = 1{,}56\,(-0{,}87\,\text{m/s}) - 0{,}56 \cdot 5\,\text{m/s} = -\,4{,}16\,\text{m/s}$$

$$v_2' = 1{,}56\,(-0{,}87\,\text{m/s}) - 0{,}56\,(-4\,\text{m/s}) = 0{,}883\,\text{m/s}$$

$$m_{2\,red} \cdot g \cdot h = \frac{1}{2}\,m_{2\,red} \cdot v_2'^2$$

$$h = \frac{v_2'^2}{2g} = l^* - l^* \cos\varphi$$

$$\cos\varphi = 1 - \frac{v_2'^2}{2gl^*} = 1 - \frac{0{,}883^2\,(\text{m/s})^2}{2 \cdot 9{,}81\,\text{m/s}^2 \cdot 0{,}5\,\text{m}} = 0{,}9205$$

$$\varphi = \mathbf{23°}$$

$$m_{2\,red} = \frac{I_A}{l^{*2}} = \frac{1{,}41\,\text{kgm}^2}{0{,}5^2\,\text{m}^2} = 5{,}63\,\text{kg}$$

$$I_A = \frac{1}{12} \cdot m_2 l^2 + m_2\left(\frac{l}{2} - a\right)^2$$

$$I_A = \frac{1}{12} \cdot 8\,\text{kg} \cdot 0{,}64\,\text{m}^2 + 8\,\text{kg}\,(0{,}4\,\text{m} - 0{,}05\,\text{m})^2 = 1{,}41\,\text{kgm}^2$$

Lösung Fortsetzung

$$u = \frac{m_1 \cdot v_1 + m_{2\text{red}} \cdot v_2}{m_1 + m_{2\text{red}}} = \frac{3\,\text{kg} \cdot 5\,\text{m/s} + 5{,}63\,\text{kg}\,(-4)\,\text{m/s}}{8{,}63\,\text{kg}} = -0{,}87\,\text{m/s}$$

$$v_2 = \omega_2 \cdot l^* = 8\ 1/\text{s} \cdot 0{,}5\,\text{m} = 4\,\text{m/s}$$

b) $$l_{\text{red}} = \frac{I_A}{m_2\left(\frac{l}{2} - a\right)} = \frac{1{,}41\,\text{kgm}^2}{8\,\text{kg}\,(0{,}4\,\text{m} - 0{,}05\,\text{m})} = \mathbf{0{,}504\,m}$$

Beispiel 3.49 Entsprechend Bild **3**.95 fällt ein Schlaghammer aus der horizontalen Lage gegen eine in Ruhe befindliche Walze. $d_1 = 1000$ mm, $d_2 = 350$ mm, $l_1 = 200$ mm, $l_2 = 350$ mm, $a = 50$ mm, $l^* = 400$ mm, $m_3 = 300$ kg, $k = 0{,}6$, $\varrho = 7{,}85\,\text{kg/dm}^3$.
Wie weit läuft die Walze bei einem Rollreibfaktor von $\mu = 0{,}03$?

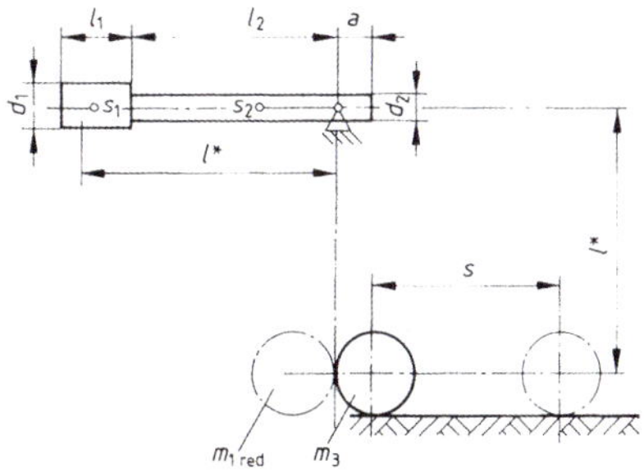

3.95 Schlaghammer

Lösung

$$m_1 = \frac{d_1^2\pi}{4} \cdot l_1 \cdot \varrho = \frac{1^2\,\text{m}^2\,\pi}{4} \cdot 0{,}2\,\text{m} \cdot 7{,}85 \cdot 10^3\,\text{kg/m}^3 = 1{,}233 \cdot 10^3\,\text{kg}$$

$$m_2 = \frac{d_2^2\pi}{4}(l_2 + a)\varrho = \frac{0{,}35^2\,\text{m}^2\,\pi}{4}(0{,}35\,\text{m} + 0{,}05\,\text{m}) \cdot 7{,}85 \cdot 10^3\,\text{kg/m}^3 = 0{,}302 \cdot 10^3\,\text{kg}$$

$$I_A = I_{1A} + I_{2A} = \frac{1}{12} \cdot m_1 \cdot l_1^2 + \left(l_2 + \frac{l_1}{2}\right)^2 \cdot m_1 + \frac{1}{12} m_2 (l_2 + a)^2 + \left(\frac{l_2 + a}{2} - a\right)^2 m_2$$

$$I_A = \frac{1}{12} \cdot 1{,}233 \cdot 10^3 \cdot 0{,}2^2 + (0{,}35 + 0{,}1)^2 \cdot 1{,}233 \cdot 10^3 + \frac{1}{12} \cdot 0{,}302$$

$$\cdot 10^3\,(0{,}35 + 0{,}05)^2 + \left(\frac{0{,}35 + 0{,}05}{2} - 0{,}05\right)^2 \cdot 0{,}302 \cdot 10^3 = 264{,}6\,\text{kgm}^2$$

$$m_{1\,\text{red}} = \frac{I_A}{l^{*2}} = \frac{264{,}6\,\text{kgm}^2}{0{,}4^2\,\text{m}^2} = 1{,}654 \cdot 10^3\,\text{kg}$$

$E_{\text{kin}} = E_{\text{pot}}$ also $\frac{m_{1\text{red}} \cdot v_1^2}{2} = (m_1 + m_2) \cdot g \cdot h$

$$h = \frac{h_1 \cdot m_1 + h_2 \cdot m_2}{m_1 + m_2}$$

wobei $h_1 = l_2 + \frac{l_1}{2} = 450$ mm und $h_2 = \frac{l_2 + a}{2} - a = 150$ mm sind.

$h = 390{,}98$ mm

$$v_1 = \sqrt{\frac{2\,(m_1 + m_2) \cdot g \cdot h}{m_{1\text{red}}}} = \sqrt{\frac{2 \cdot (1{,}233 + 0{,}302) \cdot 10^3 \cdot 9{,}81 \cdot 0{,}39098}{1{,}654 \cdot 10^3}} = 2{,}67\,\text{m/s}$$

$$v_3' = (1 + k) \cdot u - k \cdot v_3 = 1{,}6 \cdot 2{,}26 = 3{,}62\,\text{m/s}$$

$$u = \frac{m_{1\text{red}} \cdot v_1 + m_3 \cdot v_3}{m_{1\text{red}} + m_3} = \frac{1{,}654 \cdot 10^3 \cdot 2{,}67}{1{,}654 \cdot 10^3 + 300} = 2{,}26$$

$$\frac{m_3 \cdot v_3'^2}{2} = m_3 \cdot g \cdot \mu \cdot s$$

$$s = \frac{v_3^2}{2g \cdot \mu} = \frac{3{,}62^2}{2 \cdot 9{,}81 \cdot 0{,}03} = \mathbf{22{,}3\,m}$$

3.6.5 Schiefer exzentrischer Stoß

Diese Stoßart ist der allgemeinste Stoßvorgang. Grundsätzlich könnten wir hier durch Einführen eines Koordinatensystems und Zerlegen der einzelnen Geschwindigkeits- und Impulsgrößen in Richtung unserer Koordinatenachsen auch rein analytisch eine Lösung finden. Dabei würden wir jedoch bis zu 10 Gleichungen mit 10 Unbekannten und eine sehr aufwändige mathematische Lösung erhalten. Wir wählen deshalb die grafische Lösung.

Der Impuls ist bekanntlich ein Vektor, die Impulsgleichung also eine Vektorgleichung. Dies machen wir uns zunutze. Wir können in einem Impulsplan die jeweils bekannten Impulse größen- und richtungsmäßig eintragen und die (beiden) unbekannten Impulsgrößen durch Schneiden im Impulsplan finden. Möglich ist, dass die Größe und die Richtung eines Vektors oder die beiden Richtungen bekannt sind, aber nicht die Größe.

Beispiel 3.50 Zwei Körper stoßen wie im Bild **3**.96 gegeneinander. Durch den Stoß werden sie entsprechend den Richtungen 1′ und 2′ abgelenkt und entfernen sich nach dem Stoß in den eingezeichneten Richtungen. Diese Richtungen sind die Tangenten an die Bahnkurve nach dem Stoß. Gesucht wird die Größe der Auslaufgeschwindigkeiten.

$m_1 = 800\,\text{kg}$, $m_2 = 1000\,\text{kg}$, $v_1 = 8\,\text{m/s}$, $v_2 = 6\,\text{m/s}$

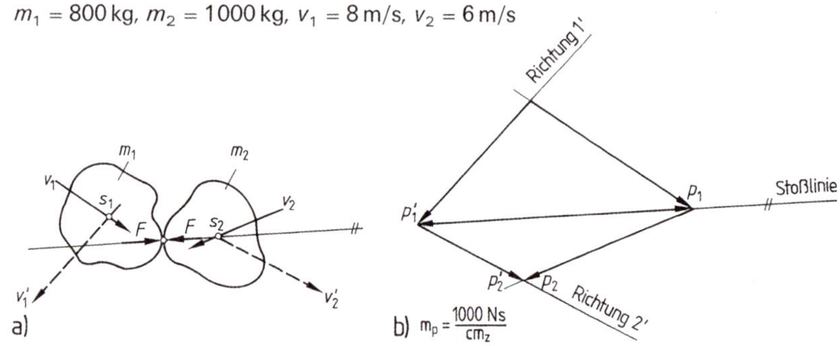

3.96 Schiefer exzentrischer Stoß
a) Lageplan mit der aus b) ermittelten Stoßlinie, b) Impulsdiagramm

Lösung Da die Größe $F \cdot \Delta t$ für beide Körper gleich groß sein muss, kann sie bei der grafischen Darstellung durch Ausbalancieren gefunden werden. Gleichzeitig schneidet man dabei die Impulsvektoren für die Auslaufrichtung in ihrer tatsächlichen Größe ab. Die Richtung ist ja aus der Angabe her bekannt.

$$p_1 = m_1 \cdot v_1 = 800\,\text{kg} \cdot 8\,\text{m/s} = 6400\,\text{Ns}$$
$$p_2 = m_2 \cdot v_2 = 1000\,\text{kg} \cdot 6\,\text{m/s} = 6000\,\text{Ns}$$

Aus dem Impulsdiagramm ergibt sich

$$p_1' = 5600\,\text{Ns} \rightarrow v_1' = \frac{p_1'}{m_1} = \frac{5600\,\text{Ns}}{800\,\text{kg}} = \mathbf{7\,m/s}$$

$$p_2' = 4000\,\text{Ns} \rightarrow v_2' = \frac{p_2'}{m_2} = \frac{4000\,\text{Ns}}{1000\,\text{kg}} = \mathbf{4\,m/s.}$$

$F \cdot \Delta t$ liefert die Richtung der Stoßlinie. Die Stoßlinie geht nicht durch S_1. D.h., der Körper 1 erhält nach dem Stoß eine Rotation (hier im Uhrzeigersinn drehend).

Beispiel 3.51 Zwei Pkw stoßen entsprechend Bild **3**.97 zusammen. Ihre Einlaufrichtung ist bekannt. Aufgrund ihrer Endlage lassen sich auch die Größe und die Auslaufrichtung nach dem Stoß bestimmen. Gesucht wird die Geschwindigkeit vor dem Zusammenstoß.

$m_1 = 1330\,\text{kg}$, $m_2 = 830\,\text{kg}$, $v_1' = 6{,}9\,\text{m/s}$, $v_2' = 6{,}85\,\text{m/s}$

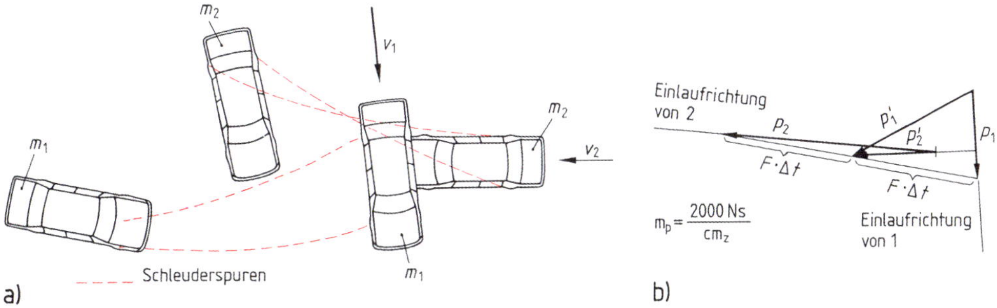

3.97 Zusammenstoß zwischen zwei Pkw
a) Endlagen der Pkw und Kollisionsposition, b) Impulsdiagramm

Lösung Wir zeichnen wiederum grafisch die Impulspläne. Durch Ausbalancieren des Stoßes ($F \cdot \Delta t$) erhalten wir hier die Einlaufimpulse. Durch Dividieren von p durch m ergeben sich die Einlaufgeschwindigkeiten. Dieses Verfahren wurde für die Rekonstruktion von Verkehrsunfällen erstmals von Alfred Slibar (TU Wien) eingeführt. Man nennt daher den Impulsplan Balance-Diagramm nach Slibar.

$$p_1' = m_1 \cdot v_1' = 1330\,\text{kg} \cdot 6{,}9\,\text{m/s} = 9177\,\text{Ns}$$

$$p_2' = m_2 \cdot v_2' = 830\,\text{kg} \cdot 6{,}85\,\text{m/s} = 5686\,\text{Ns}$$

Aus dem Impulsdiagramm:

$$p_1 = 5500\,\text{Ns} \rightarrow v_1' = \frac{p_1}{m_1} = \frac{5500\,\text{Ns}}{1330\,\text{kg}} = 4{,}1\,\text{m/s} \mathrel{\hat{=}} \mathbf{14{,}9\,km/h}$$

$$p_2 = 14300\,\text{Ns} \rightarrow v_2' = \frac{p_2}{m_2} = \frac{14300\,\text{Ns}}{830\,\text{kg}} = 17{,}2\,\text{m/s} \mathrel{\hat{=}} \mathbf{62\,km/h}$$

Aufgaben zu Abschnitt 3.6

1. Zwei Billardkugeln mit gleicher Masse und Durchmesser stoßen zusammen (**3.**98).
$k = 0{,}9$, $m = 0{,}2\,\text{kg}$,
$v_1 = 14{,}14\,\text{m/s}$, $v_2 = 20\,\text{m/s}$.
Ges.: Geschwindigkeiten v_1' und v_2' nach dem Stoß sowie Energieverlust durch den Stoß W_v.

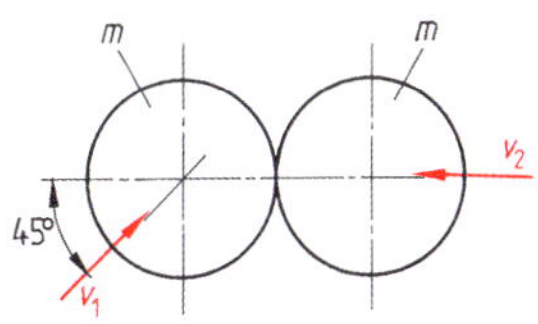

3.98 Stoß zweier Kugeln (Massenpunkte)

2. Zwei glatte Kugeln verschiedener Massen stoßen zusammen (**3.**99).
$k = 0{,}7$, $m_2 = 3\,m_1$, $v_1 = 10\,\text{m/s}$, $v_2 = 20\,\text{m/s}$.
Ges.: v_1', v_2', α_1', α_2'.

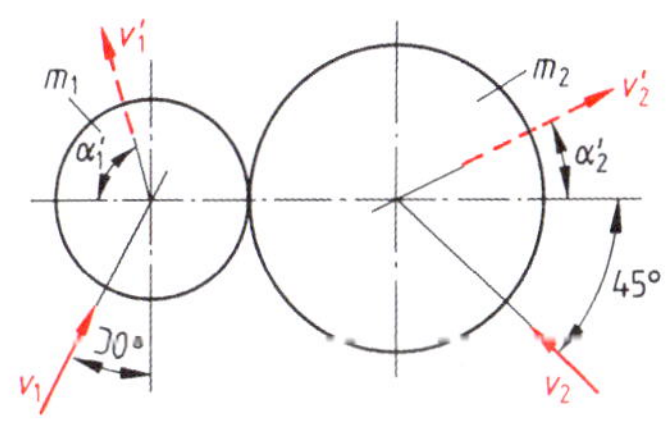

3.99 Stoß zweier Kugeln (Massenpunkte)

3. Eine Elfenbeinkugel stößt mit $v_1 = 1{,}2\,\text{m/s}$ auf eine gleichartige ruhende Kugel ($k = 0{,}9$) unter einem Winkel $\alpha = 50°$, $m_1 = m_2 = m$ (**3.**100). Ges.: Geschwindigkeiten v_1' und v_2' nach dem Stoß in Betrag und Richtung.

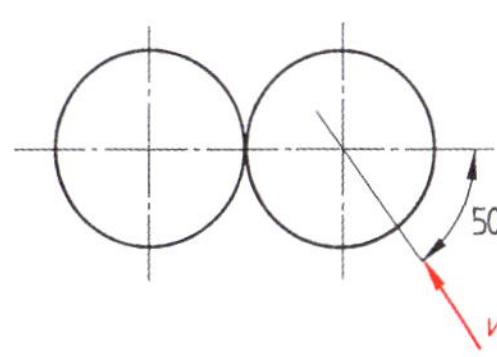

3.100 Stoß zweier Kugeln (Massenpunkte)

4. Zwei glatte Kugeln verschiedener Massen stoßen zusammen (**3**.101). Stoßzahl $k = 0{,}7$. Ges.: Größe und Richtung der Geschwindigkeiten beider Kugeln nach dem Stoß, Energieverlust durch den Stoßvorgang.

$m_B = 2\,m_A$, $v_A = 10\,\text{m/s}$, $v_B = 12\,\text{m/s}$, $m_A = 10\,\text{kg}$

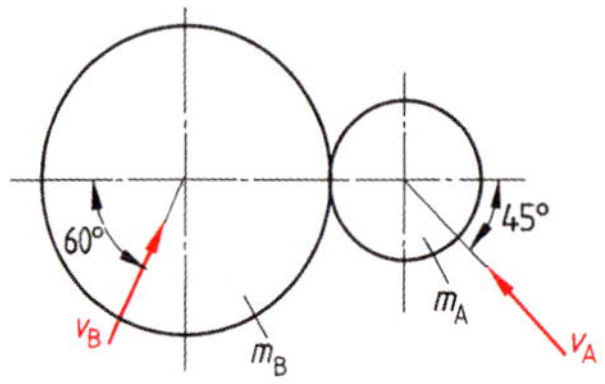

3.101 Stoß zweier Kugeln (Massenpunkte)

5. Zwei glatte Kugeln verschiedener Massen stoßen zusammen (**3**.102).
$k = 0{,}8$, $m_2 = 2\,m_1$, $v_1 = 10\,\text{m/s}$, $v_2 = 15\,\text{m/s}$.
Ges.: v'_1, v'_2, α'_1, α'_2.

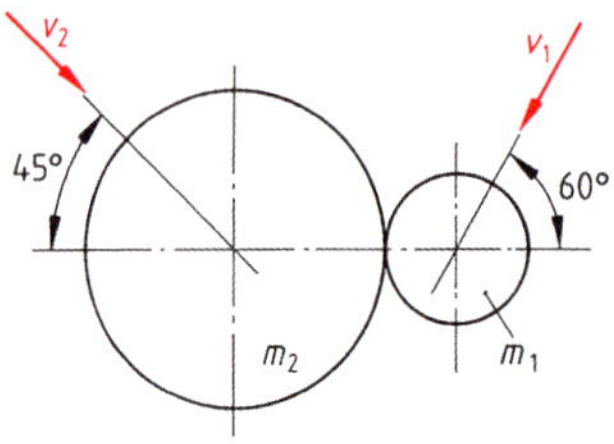

3.102 Stoß zweier Kugeln (Massenpunkte)

6. Eine Stahlkugel (k-Zahl $= 0{,}56$) stößt mit $v_1 = 2$ m/s auf eine gleiche Kugel, die sich mit $v_2 = 1$ m/s bewegt (**3**.103). $\alpha_1 = 60°$, $m_1 = m_2 = m$.

Ges.: Geschwindigkeiten v'_1 und v'_2 nach dem Stoß in Betrag und Richtung.

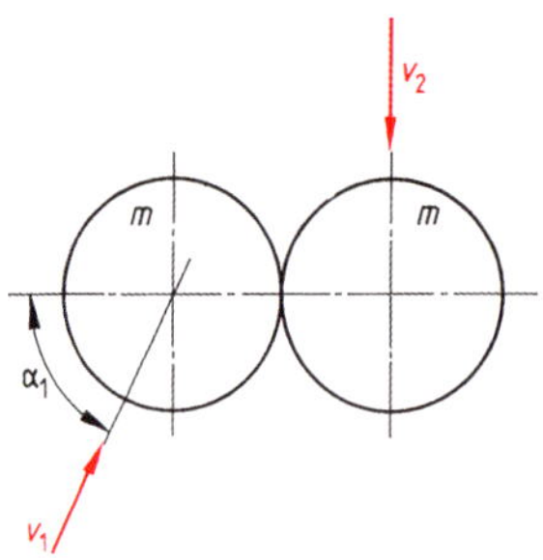

3.103 Stoß zweier Kugeln (Massenpunkte)

7. Die Stoßstange eines Pkw ist so konstruiert, dass kein Schaden am Pkw auftritt, wenn seine Geschwindigkeit beim Anprall gegen eine Mauer 13 km/h nicht überschreitet (**3**.104).

a) Wie groß ist die von der Stoßstange aufgenommene Arbeit, wenn ein plastischer Stoß unterstellt wird?

b) Wie groß kann die Geschwindigkeit eines frontal entgegenkommenden Pkw gleicher Masse ($m_A = m_B = m = 1300$ kg) sein, wenn an beiden Pkw keine Beschädigungen (ausgenommen ihre vorderen Stoßstangen) bei der Kollision auftreten?

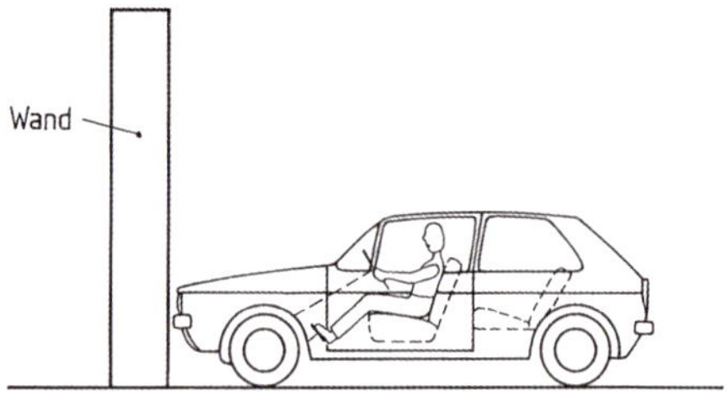

3.104 Aufprall eines Pkw gegen Mauer

8. Die Masse $m_B = 50$ kg befindet sich in Ruhe. Eine Kugel mit der Masse $m_A = 10$ kg wird aus einer Höhe $h = 2{,}0$ m fallen gelassen und trifft auf die Masse B, wenn die Kugel ihren tiefsten Punkt erreicht hat. Reibkoeffizient zwischen der Masse B und ihrer Unterlage ist $\mu = 0{,}2$. Stoßzahl $k = 0{,}6$ (**3**.105).

Ges.: Weg s und Zeit t, bis die Masse B wiederum zum Stillstand kommt.

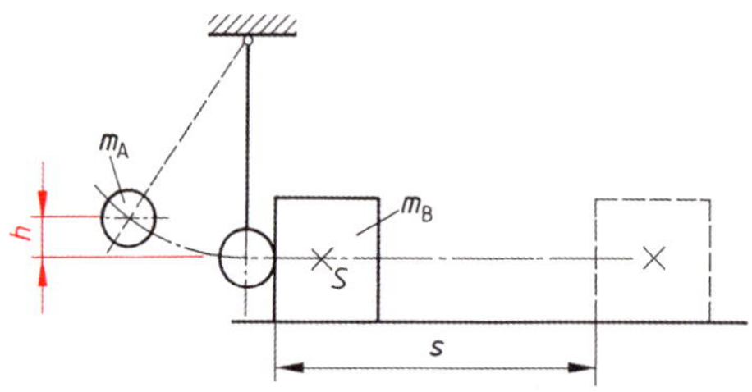

3.105 Pendelschlag gegen ruhende Masse

9. Ein Stab mit konstantem Querschnitt und der Masse $m_1 = 3{,}6$ kg ist an seinem Ende als Pendel aufgehängt. Er wird um den Winkel $\alpha = 60°$ ausgelenkt und dann sich selbst überlassen. Beim Zurückschwingen trifft der Stab in seiner vertikalen Lage einen Klotz mit der Masse $m_2 = 8$ kg, der auf einer horizontalen Unterlage ruht (**3**.106).

Ges.: Um welchen Winkel schwingt der Pendelstab zurück? Um welche Strecke s verschiebt sich der Klotz nach dem Stoß?
$k = 0{,}6$; $\mu = 0{,}1$. Lagerreibung und Luftwiderstand werden vernachlässigt.

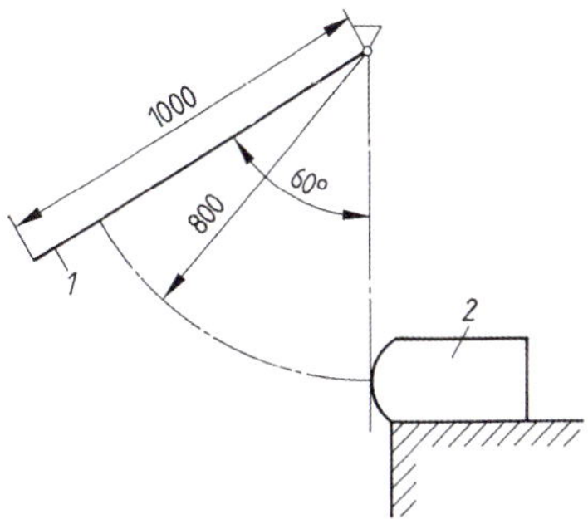

3.106 Stoß eines Stabpendels gegen einen ruhenden Körper

10. Zwei identische Kugeln sind an Fäden verschiedener Länge aufgehängt. Kugel A wird aus der gestrichelten Lage fallen gelassen und stößt gegen die Kugel B (**3**.107). Nach dem Stoß schwingt die Kugel B um denselben Winkel nach links. $l_A = 40\,m$, $l_B = 10\,m$.
    Ges.: Stoßzahl k.

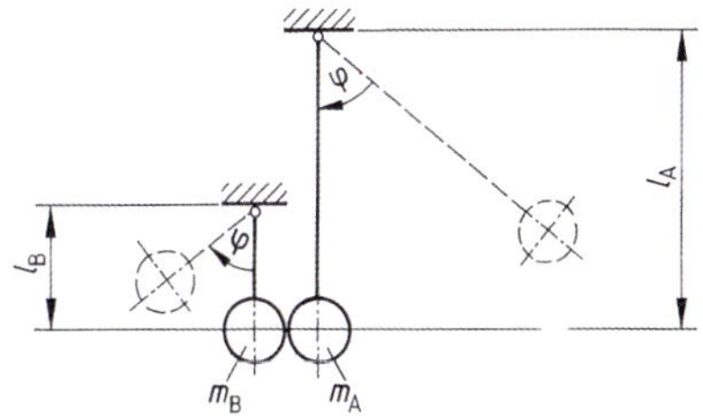

3.107 Schlagwirkung zweier Pendel mit ungleicher Fadenlänge

11. Die Masse eines Hammers ohne Stiel beträgt $m_1 = 200$ g, die Masse des Stiels $m_2 = 70$ g. Der Stiel hat einen konstanten Querschnitt. An welcher Stelle a muss der Stiel angefasst werden, damit die Hand beim Schlag keinen Prellschlag erfährt? (**3**.108).

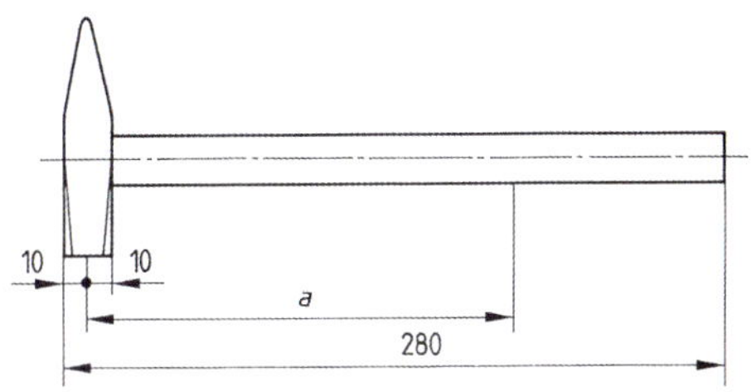

3.108 Stoßmittelpunkt eines Hammers

4 Hydromechanik (Mechanik der Flüssigkeiten)

4.1 Definition und Eigenschaften einer Flüssigkeit

Reale Stoffe treten bei unterschiedlichen Temperaturen und Drücken im festen, flüssigen oder gasförmigen Zustand auf. Diese stofflichen Zustände (Aggregatzustände) lassen sich als Übergänge vom ideal festen zum ideal gasförmigen auffassen. Reale Stoffe befinden sich immer zwischen diesen beiden extremen Grenzzuständen. Der flüssige Aggregatzustand liegt etwa in der Mitte zwischen beiden Idealzuständen.

Eigenschaften. Wird einem festen Körper Wärme zugeführt, steigt seine Temperatur, die Teilchen vergrößern ihre Schwingweite, ihr Abstand zur Ruhelage wird größer, es kommt zur Ausdehnung (Volumenzunahme) des Körpers. Bei weiterer Energiezufuhr beginnen sie sich nach der Schwerkraft zu orientieren. Wir deuten dies als den Beginn des Schmelzens. Im flüssigen Aggregatzustand befinden sich die thermisch bedingte, ungeordnete Bewegung und der geordnete Bindungszustand in einem dynamischen Gleichgewicht. Die interatomaren (intermolekularen) Bindungskräfte bewirken, dass die Teilchen im Mittel noch verhältnismäßig eng beieinander liegen, sich aber leicht gegeneinander verschieben lassen. Eine Flüssigkeit gibt scherenden Beanspruchungen fast unbegrenzt nach. Sie ist leicht verformbar, somit nicht form-, aber nahezu volumenbeständig. D. h., ihr Volumen ändert sich kaum durch Belastung. Verglichen mit Gasen, zeigen Flüssigkeiten einen hohen Widerstand gegenüber Druckkräften. Zugkräfte kann eine Flüssigkeit nicht aufnehmen. In einem Gefäß (Behälter) nimmt die Flüssigkeit die Gestalt, nicht aber das Volumen des Gefäßes an. Bild **4**.1 zeigt einen realen Stoff (Körper) in den drei Aggregatzuständen.

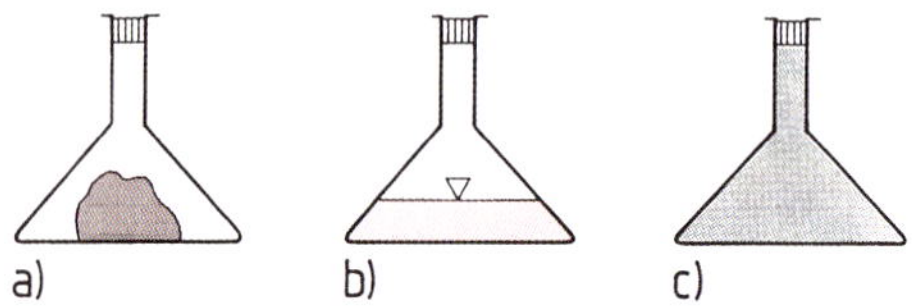

4.1 Aggregatzustände eines Stoffes
a) fest, b) flüssig, c) gasförmig

4.1.1 Dichte, spezifisches Volumen einer Flüssigkeit

Die Dichte ϱ ist ein Maß für die Verteilung der Teilchenmassen (Molekül- bzw. Atommassen) im verfügbaren Raum (Volumen). Wir ermitteln die Dichte durch den Quotienten aus der Masse m und dem Volumen V der Flüssigkeit.

$$\varrho = \frac{m}{V} \qquad \text{Gl. (4.1)}$$

ϱ ist die Masse in kg von 1 m^3 einer Flüssigkeit oder eines Stoffes.

Die Idealzustände sind Grenzzustände. Der ideal feste (ideal starre) Körper zeigt keinerlei Verformung, auch wenn noch so große Kräfte auf ihn einwirken. Im ideal gasförmigen Zustand füllt das (ideale) Gas jeden Raum (Volumen) vollständig aus. D.h., ohne Krafteinwirkung ist seine Verformung unendlich groß. Beide Zustände sind Modellzustände, die praktisch nicht vorkommen, auf denen jedoch viele Modellgesetze der Mechanik basieren. So sind der ideal starre Körper in der Statik und das ideale Gas in der Thermodynamik Bezugs- bzw. Modellmedium. Die Abweichungen gegenüber den realen Medien (Stoffen) sind meist vernachlässigbar klein. So kommen wir mit wenigen Gesetzen aus, die für (fast) alle Stoffe und Zustände hinreichend genau sind.

Spezifisches Volumen v. Der Reziprokwert der Dichte heißt spezifisches Volumen.

$$v = \frac{1}{\varrho} = \frac{V}{m}$$ Gl. (4.2)

Das spezifische Volumen eines Stoffes ist der Raumbedarf in m^3 von 1 kg des Stoffes.

Wegen der räumlichen Ausdehnung der Stoffe bei Wärmezufuhr bzw. -abfuhr ist die Dichte abhängig von der Temperatur, daneben auch vom herrschenden Druck und der Art des Stoffes (Anomalie).

Bei Flüssigkeiten ist eine durch nicht zu große Drücke hervorgerufene Volumenänderung vernachlässigbar, bei Gasen nicht. Die Dichte einer Flüssigkeit ist somit im Wesentlichen abhängig von der herrschenden Temperatur und der Art der Flüssigkeit (**4**.2).

Tabelle **4**.2 **Dichte von Flüssigkeiten bei 0° C und 1 bar in kg/m^3**

Äther	714
Petroleum	800
Äthylalkohol	810
Benzol	879
Tuluol	895
Wasser	999,8
Meereswasser	1 030
Schwefelkohlenstoff	1 295
Quecksilber	13595

Die räumliche Ausdehnung einer Flüssigkeit ist:

$$\Delta V = V_0 \cdot \beta \cdot \Delta t$$ Gl. (4.3)

β = Volumen- oder Raumausdehnungskoeffizient 1/grd
Δt = Temperaturänderung
V_0 = Bezugsvolumen (Anfangsvolumen)

Wegen $V = V_0 + \Delta V \rightarrow V = V_0 (1 + \beta \cdot \Delta t)$.

Für die Dichte gilt $\varrho = \frac{m}{V} = \frac{m}{V_0 (1 + \beta \cdot \Delta t)}$, und mit der Bezugsdichte $\varrho_0 = \frac{m}{V_0}$ folgt

$$\varrho = \frac{\varrho_0}{1 + \beta \cdot \Delta t}.$$ Gl. (4.4)

Gl. (4.4) ergibt die Dichte ϱ in Abhängigkeit von der Temperatur nur für die dem Linearitätsgesetz gehorchenden Flüssigkeiten. Bei Flüssigkeiten mit unregelmäßiger Ausdehnung (z. B. Wasser: größte Dichte bei 4° C – Dichteanomalie) berechnen wir die Dichte bzw. das spezifische Volumen mittels Dichtetabellen oder Kurven (**4**.3 auf S. 288).

Ausdehnungskoeffizienten. Kann bei der Ausdehnung von Flüssigkeiten in Gefäßen die Gefäßausdehnung nicht vernachlässigt werden, müssen wir mit dem scheinbaren Raumausdehnungskoeffizienten β' rechnen.

$$\beta' = \beta - 3\alpha$$ Gl. (4.5)

3α ist der Raumausdehnungskoeffizient des Gefäßes. Tabelle **4**.4 zeigt für einige Flüssigkeiten den durchschnittlichen Raumausdehnungskoeffizient, Tabelle **4**.5 für einige feste Stoffe den mittleren Längenausdehnungskoeffizient α.

Tabelle **4.3** **Dichte, dynamische und kinematische Viskosität von Wasser bei unterschiedlicher Temperatur**

Temperatur in °C	Dichte ϱ in kg/m³	dynamische Viskosität η in 10^6 Ns/m²	kinematische Viskosität ν in 10^6 m²/s
0	999,8	1,78	1,78
2	999,9	1,65	1,65
4	1000,0	1,56	1,56
6	999,9	1,46	1,46
8	999,8	1,35	1,35
10	999,7	1,30	1,30
12	999,4	1,22	1,22
14	999,2	1,14	1,14
16	998,9	1,08	1,08
18	998,5	1,02	1,02
20	998,2	1,00	1,00
30	995,7	0,80	0,80
40	992,2	0,65	0,66
50	988,0	0,56	0,57
60	983,2	0,47	0,48
70	977,8	0,40	0,41
80	971,8	0,35	0,36
90	965,3	0,31	0,32
100	958,4	0,28	0,29

Tabelle **4.4** **Durchschnittlicher Volumen- oder Raumausdehnungskoeffizient β einiger Flüssigkeiten in grd^{-1}**

Wasser	$18 \cdot 10^{-5}$
Quecksilber	$18{,}2 \cdot 10^{-5}$
Glycerin	$50 \cdot 10^{-5}$
Benzol	$106 \cdot 10^{-5}$
Äthylalkohol	$110 \cdot 10^{-5}$

Tabelle **4.5** **Durchschnittlicher Längenausdehnungskoeffizient α einiger Werkstoffe in m/m grd**

Invarstahl	$0{,}9 \cdot 10^{-6}$	Stahl	$12 \cdot 10^{-6}$
Wolfram	$4{,}5 \cdot 10^{-6}$	Kupfer	$16{,}2 \cdot 10^{-6}$
Glas	$10 \cdot 10^{-6}$	Aluminium	$23{,}8 \cdot 10^{-6}$
Titan	$10{,}8 \cdot 10^{-6}$	Zink	$29{,}8 \cdot 10^{-6}$

Beispiel 4.1 Ein Zinkgefäß mit 2 Liter Inhalt wird von 10 °C auf 80 °C erwärmt. Der mittlere Längenausdehnungskoeffizient für Zink ist nach Tab. **4**.5 $\alpha_{Zn} > 29{,}8 \cdot 10^{-6}$ m/m grd. Ges.: Volumenzunahme ΔV

Lösung $\Delta V = V_0 \cdot 3\alpha_{Zn} \cdot \Delta t = 2\,dm^3 \cdot 3 \cdot 29{,}8 \cdot 10^{-6}\,m/m\,grd \cdot 70\,grd = 0{,}0125\,dm^3 = \mathbf{12{,}5\,cm^3}$

Beispiel 4.2 Wie groß ist die Dichte von Äthylalkohol bei −30 °C und bei +30 °C, wenn es bei 0 °C die Dichte $\varrho_0 = 810\,kg/m^3$ hat? Der durchschnittliche Raumausdehnungskoeffizient von Äthylalkohol ist $\beta = 110 \cdot 10^{-5}\,grd^{-1}$ (Tab. **4**.4).

Lösung $m = V_t \cdot \varrho_t = V_0 \cdot \varrho_0 \rightarrow \varrho_t = \frac{V_0}{V_t}\varrho_0$

Mit $V_t = V_0(1 + \beta \cdot t)$ ergibt sich $\varrho_t = \frac{\varrho_0}{1 + \beta \cdot t}$.

$$\varrho_{-30} = \frac{\varrho_0}{1 - \beta \cdot t} = \frac{810\,kg/m^3}{1 - 110 \cdot 10^{-5}\frac{1}{grd} \cdot 30\,grd} = \mathbf{837{,}64\,kg/m^3}$$

$$\varrho_{30} = \frac{\varrho_0}{1 + \beta \cdot t} = \frac{810\,kg/m^3}{1 + 110 \cdot 10^{-5}\frac{1}{grd} \cdot 30\,grd} = \mathbf{784{,}12\,kg/m^3}$$

Beispiel 4.3 Ein mit Benzol angefülltes Glasgefäß hat bei 10 °C das Gewicht $F_{G1} = 3$ N. Das Gewicht des leeren Glasgefäßes ist $F_{G2} = 2$ N. Das Glasgefäß wird auf 70 °C erwärmt, dabei fließt ein Teil des Benzols aus. Wie viel Benzol verbleiben im Gefäß? (Ausdehnungskoeffizienten s. Tab. **4**.4 und **4**.5)

Lösung Das aus dem Glasgefäß ausgeflossene Benzol ergibt sich zu

$$\Delta V = \Delta V_{Benzol} - \Delta V_{Glas} = \Delta V_{70}$$

$$\Delta V_{70} = V_{10} \cdot \Delta t \; (\beta_{Benzol} - 3\alpha_{Glas}).$$

Mit $V_{10} = \dfrac{F_{G1} - F_{G2}}{\varrho_{10} \cdot g}$ folgt

$$\Delta V_{70} = \frac{F_{G1} - F_{G2}}{\varrho_{10} \cdot g} \Delta t \; (\beta_{Benzol} - 3\alpha_{Glas}).$$

Das ausgeflossene Volumen Benzol bei 10 °C ist

$$\Delta V_{10} = \Delta V_{70} \, (1 - \beta_{Benzol} \cdot \Delta t),$$

das ausgeflossene Benzolgewicht $\Delta F_G = \Delta V_{10} \cdot \varrho_{10} \cdot g$. Das im Glasgefäß verbleibende Benzol ist somit

$$F_G = F_{G1} - F_{G2} - \Delta F_G$$

$$F_G = F_{G1} - F_{G2} - \frac{F_{G1} - F_{G2}}{\varrho_{10} \cdot g} \Delta t \, (\beta_{Benzol} - 3\alpha_{Glas}) \cdot (1 - \beta_{Benzol} \Delta t) \, \varrho_{10} \cdot g$$

$$F_G = F_{G1} - F_{G2} \, [1 - \Delta t \, (\beta_{Benzol} - 3\alpha_{Glas}) \, (1 - \beta_{Benzol} \Delta t)]$$

$$F_G = (3 - 2) \left[1 - 60\,\text{grd} \left(106 \cdot 10^{-5} \frac{1}{\text{grd}} - 30 \cdot 10^{-6} \frac{\text{m}}{\text{m}\,\text{grd}} \right) \right.$$

$$\left. \cdot \left(1 - 106 \cdot 10^{-5} \frac{1}{\text{grd}} \cdot 60\,\text{grd} \right) \right] = \mathbf{0{,}94\,N}.$$

4.1.2 Kompressibilität einer Flüssigkeit

Unter Kompressibilität verstehen wir die Zusammendrückbarkeit der Stoffe. Sie ist bei Flüssigkeiten gegenüber festen Körpern etwa 100-mal größer, verglichen mit Gasen aber vernachlässigbar. In den meisten praktischen Fällen wird daher die Flüssigkeit als inkompressibel angenommen. Ausnahmen bilden Druckstöße in Rohrleitungen und die Hochdruckhydraulik (Dieseleinspritzleitungen).

Komprimieren wir eine Flüssigkeit, zeigt sich, dass die relative Volumenänderung $\Delta V/V$ proportional der Druckänderung Δp ist.

$$\frac{\Delta V}{V} \sim \Delta p.$$

Kompressibilitätskoeffizient. Durch Einführen eines Proportionalitätsfaktors k_m erhalten wir die Beziehung

$$\frac{\Delta V}{V} = k_m \cdot \Delta p. \qquad \text{Gl. (4.6)}$$

k_m ist der mittlere Kompressibilitätskoeffizient. Er ist abhängig vom Druck, von der Temperatur und der Viskosität der Flüssigkeit. Mit steigender Temperatur nimmt er zu, mit zunehmendem Druck ab.

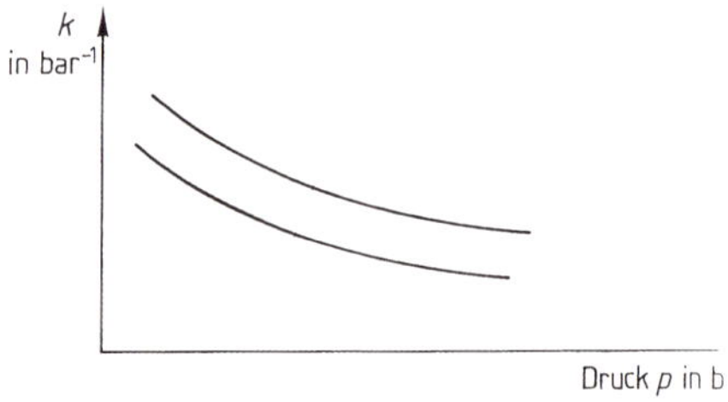

4.6 Kompressibilitätskoeffizient in Abhängigkeit vom Druck p und von der Temperatur T

Tabelle **4.7** **Kompressibilitätskoeffizient *k*** verschiedener Flüssigkeiten in bar^{-1}

Flüssigkeit	$10^{-6}\,bar^{-1}$
Wasser (1 bis 25 bar) 10 °C	49
Wasser (400 bis 500 bar) 10 °C	42
Quecksilber	3,9
Glyzerin	21,6
Äthylalkohol	112
Hydrauliköl	40 bis 80
dagegen Stahl	0,467

(**4.**6). Außerdem hängt der Kompressibilitätskoeffizient von der Art der thermischen Zustandsänderung (isotherm bzw. isentrop) ab.

Den augenblicklichen (momentanen) Kompressibilitätskoeffizienten erhalten wir durch Bildung des Grenzübergangs.

Kompressibilitätskoeffizient $k = -\frac{1}{V} \cdot \frac{dV}{dp}$

in bar^{-1}, Pa^{-1}, cm^2/N Gl. (4.7)

Der Differentialquotient dV/dp ist negativ, weil das Volumen mit wachsendem Druck abnimmt. Durch das Minuszeichen wird der Kompressibilitätskoeffizient positiv.

Tabelle **4.**7 zeigt für einige Flüssigkeiten den isothermen Kompressibilitätskoeffizienten. Den isentropen Kompressibilitätskoeffizienten erhalten wir in etwa durch Multiplizieren des isothermen mit dem Faktor 0,87.

Der Kompressionsmodul *E* (Volumenelastizität) ist der reziproke Wert von k.

Kompressionsmodul $E = \frac{1}{k} = \frac{-dp}{dV/V}$ in bar, Pa, N/cm^2 Gl. (4.8)

E ist das Verhältnis der Druckänderung zur Änderung des Volumens, bezogen auf die Volumeneinheit.

Beispiel 4.4 Spindelöl wird von $p_0 = 1$ bar auf 201 bar komprimiert. Der mittlere Kompressibilitätskoeffizient k_m des Spindelöls ist $62{,}3\;10^{-6}\,bar^{-1}$ bei isothermer Verdichtung und 20 °C.

Ges.: Volumenabnahme ΔV in Prozent während der Kompression.

Lösung

$$k = -\frac{1}{V} \cdot \frac{dV}{dp} \rightarrow k_m \int_{p_0}^{p} dp = -\int_{V_0}^{V} \frac{dV}{V}$$

$$k_m (p - p_0) = -\ln V \Big|_{V_0}^{V} = -(\ln V - \ln V_0) = -\ln \frac{V}{V_0}$$

$$V = V_0 e^{-k_m (p - p_0)} \rightarrow \Delta V = V_0 [1 - e^{-k_m (p - p_0)}]$$

$$\Delta V = \frac{\Delta V}{V_0} 100 = [1 - e^{-k_m (p - p_0)}] \cdot 100$$

$$\Delta V = [1 - e^{-62{,}3 \cdot 10^{-6} (201 - 1)}] \cdot 100 = \mathbf{1{,}24\ \%}$$

Beispiel 4.5 10 Liter Zedernöl werden bei 25 °C komprimiert. $\Delta p = 4 \cdot 10^7$ Pa. Der Kompressionsmodul für Zedernöl beträgt bei 25 °C $E = 17361{,}1$ bar. Wie groß ist die Volumenabnahme ΔV?

Lösung

$$E = -\frac{dp}{dV/V} \rightarrow \int_{\Delta p} dp = -E \int_{V_0}^{V} \frac{dV}{V}$$

$$\Delta p = -E \cdot \ln \frac{V}{V_0} \rightarrow V = V_0\, e^{-\frac{\Delta p}{E}}$$

$$\Delta V = V_0 - V = V_0 \left(1 - e^{-\frac{\Delta p}{E}}\right)$$

$$\Delta V = 10 \left(1 - e^{\frac{-400}{17361{,}1}}\right) = 0{,}22776\ l = 0{,}00022776\ \mathrm{m^3} = \mathbf{227{,}76\ cm^3}$$

Beispiel 4.6 1 m³ Wasser bei $p_0 = 1$ bar und $t = 30$ °C wurde isotherm auf 101 bar komprimiert. Dabei verringerte sich das Volumen auf 0,996 m³. Ges.: Mittlerer Kompressibilitätskoeffizient k_m und Kompressionsmodul E des Wassers bei 30 °C.

Lösung

$$k = -\frac{1}{V} \cdot \frac{dV}{dp} \rightarrow -k \int_{p_0}^{p} dp = \int_{V_0}^{V} \frac{dV}{V}$$

$$k = -k_m (p - p_0) = \ln \frac{V}{V_0} \rightarrow k_m = -\frac{1}{p - p_0} \ln \frac{V}{V_0} = -\frac{1}{101 - 1} \ln \frac{0{,}996}{1}$$

$$= \mathbf{40{,}1 \cdot 10^{-6}\ bar^{-1}}$$

$$E = \frac{1}{k_m} = \mathbf{24949{,}97\ bar}$$

4.1.3 Oberflächenspannung und Kapillarität

Oberflächenspannung. Im Innern einer Flüssigkeit herrscht Gleichgewicht der Molekularkräfte, d. h. die Molekularkräfte heben sich gegenseitig auf, da jedes Flüssigkeitsmolekül von seinen ringsum liegenden Nachbarmolekülen mit den gleichen Molekularkräften (Kohäsionskräften) angezogen wird. Ein Molekül an der Oberfläche einer Flüssigkeit erfährt durch die verbleibenden, ins Innere gerichteten Kohäsionskräfte eine einseitige, in die Flüssigkeit gerichtete resultierende Anziehungskraft. Diese Resultierende bewirkt, dass jedes Oberflächenmolekül an die Flüssigkeit gebunden wird und die Oberfläche der Flüssigkeit gleichzeitig möglichst klein wird, im Idealfall die Gestalt einer Kugel annimmt. Die Oberflächenmoleküle umspannen die Flüssigkeit wie eine elastische Haut. Man spricht deshalb von der Oberflächenspannung (**4**.8). Zu bemerken ist dabei, dass die Molekularkräfte ins Innere der Flüssigkeit und nicht in der Oberfläche (tangential) wirken.

(In einem dünnwandigen Druckbehälter wirken die Spannungen tangential, also in Längs- und Umfangsrichtung des Behälters.)

Um ein Molekül aus dem Inneren einer Flüssigkeit nach außen, d.h. an die Oberfläche zu bringen, ist Arbeit gegen die nach innen gerichteten Molekularkräfte zu verrichten. Diese Arbeit wird als potentielle Energie (Oberflächenenergie) in der nun vergrößerten Oberfläche gespeichert. Den Quotienten aus der Energiezunahme und der Oberflächenvergrößerung definieren wir als Oberflächenspannung (spezifische Oberflächenenergie).

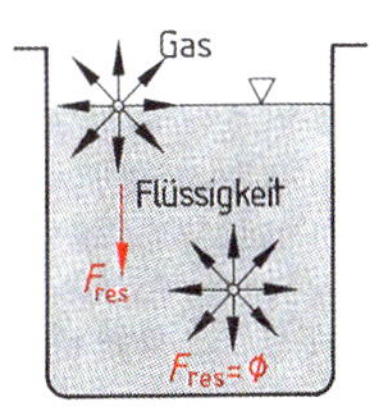

4.8 Wirkung der Molekularkräfte in und an der Oberfläche der Flüssigkeit auf ein Flüssigkeitsmolekül

$$\text{Oberflächenspannung } \sigma = \frac{dW}{dA} \quad \text{in J/m}^2 \text{ bzw. N/m} \qquad \text{Gl. (4.9)}$$

Die experimentelle Bestimmung erfolgt mit der Bügelmethode oder der Steighöhenmethode.

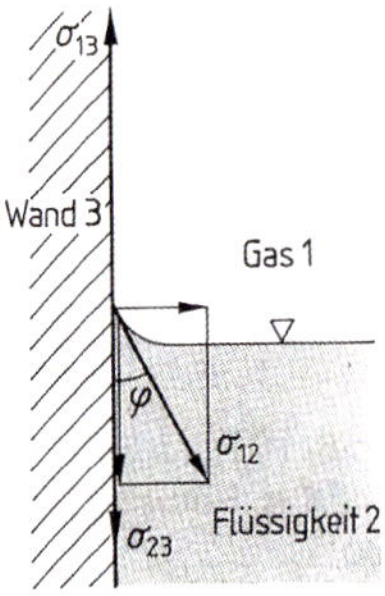

4.9 Oberflächenform einer Flüssigkeit, die an eine Wand grenzt und sie benetzt

Benetzungswinkel. Grenzt eine Flüssigkeit an einen oder an mehrere feste, flüssige oder gasförmige Stoffe, wird ihre Gestalt durch die Resultierende aus den Adhäsionskräften (den Bindungskräften zwischen den Molekülen der verschiedenen Stoffe) und den Kohäsionskräften (den Bindungskräften der Flüssigkeitsmoleküle) bestimmt. So wird z. B. ein fester Körper von der Flüssigkeit benetzt, wenn die Adhäsionskraft zwischen dem festen Körper und der Flüssigkeit größer ist als die Kohäsionskraft zwischen den Flüssigkeitsmolekülen (**4**.9). Die horizontale Spannungskomponente $\sigma_{12} \cdot \sin \varphi$ muss von der Wand getragen werden, die Spannungskomponenten in vertikaler Richtung gleichen sich aus. Der Gleichgewichtszustand ist gegeben durch:

$$\sigma_{13} - \sigma_{23} - \sigma_{12} \cdot \cos \varphi = 0$$

$$\cos \varphi = \frac{\sigma_{13} - \sigma_{23}}{\sigma_{12}} \qquad \text{Gl. (4.10)}$$

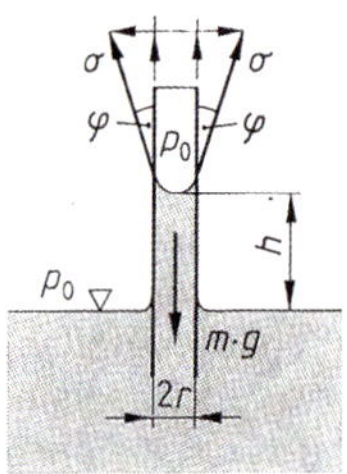

4.10 Steighöhe in einer Kapillare

φ heißt Benetzungs- oder Randwinkel. Wir sagen, die Flüssigkeit benetzt die Wand, wenn $0 \leqq \varphi < \pi/2$ ist. Sie benetzt die Wand nicht, wenn $\pi/2 < \varphi \leqq \pi$ ist. Im Grenzfall $\varphi = 0$, sprechen wir von vollständiger Benetzung.

In einer Kapillare steigt z. B. die Flüssigkeit bis zur Steighöhe h an. Bei h sind die Kohäsions- und Adhäsionskräfte mit der Schwerkraft (Gewichtskraft) der Flüssigkeitssäule im Gleichgewicht (**4**.10). Setzen wir in die Gleichgewichtsbedingungen ein, folgt:

$$\Sigma F = 0 \uparrow: \; 2r \cdot \pi \cdot \sigma \cdot \cos \varphi - mg = 0$$
$$2r \cdot \pi \cdot \sigma \cdot \cos \varphi - r^2 \cdot \pi \cdot h \cdot \varrho \cdot g = 0$$

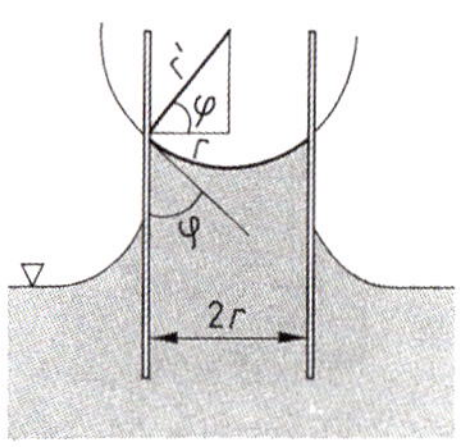

4.11 Sphärische Oberfläche (Meniskus) in einer Kapillare

Steighöhe in einer Kapillare mit Radius r

$$h = \frac{2\sigma}{r \cdot \varrho \cdot g} \cos \varphi \qquad \text{Gl. (4.11)}$$

Setzen wir statt des Kapillarradius r den Krümmungsradius des Meniskus r' ein, gilt wegen $r' = r/\cos \varphi$ entsprechend Bild **4**.11

$$h = \frac{2\sigma}{r' \cdot \varrho \cdot g}. \qquad \text{Gl. (4.12)}$$

Der in der Kapillare herrschende Unterdruck Δp ist

$$\Delta p = h \cdot \varrho \cdot g = \frac{2\sigma}{r} \cos\varphi = \frac{2\sigma}{r'}. \qquad \text{Gl. (4.13)}$$

Abschließend können wir sagen: Benetzt die Flüssigkeit die Oberfläche, gibt es in der Kapillare eine Hebung (Aszension), bei nichtbenetzender Flüssigkeit eine Senkung (Depression, **4**.12). Die Kapillardepression nichtbenetzender Flüssigkeiten (z.B. Quecksilber in einer Glasröhre) lässt sich ebenfalls mit den Gl. (4.11) bis (4.13) berechnen. Tabelle **4**.13 zeigt einige Oberflächenspannungen von Flüssigkeiten.

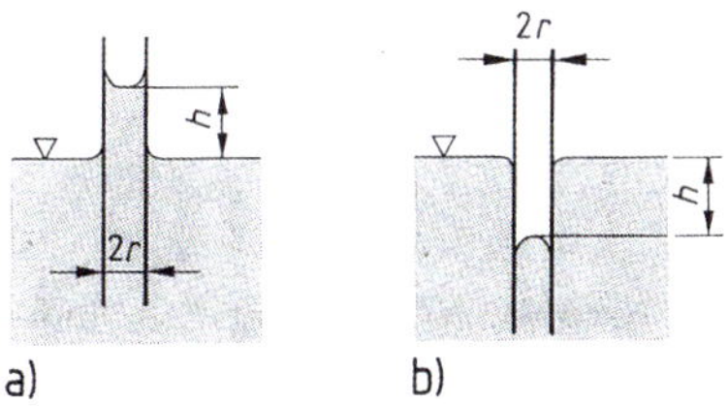

4.12 a) Kapillare Hebung (Aszension), b) kapillare Senkung (Depression)

Tabelle **4**.13 **Oberflächenspannungen**

Flüssigkeit	Oberflächenspannung σ in N/m bei 20°C
Alkohol gegen Wasser	0,002
Speiseöl gegen Wasser	0,02
Spiritus gegen Luft	0,022
Alkohol gegen Luft	0,025
Terpentin gegen Luft	0,027
Benzol gegen Luft	0,028
Speiseöl gegen Luft	0,028
Wasser gegen Luft	0,073
Quecksilber gegen Luft	0,48

Beispiel 4.7 Bei der Bügelmethode **4**.14 wurde mit Hilfe einer Federwaage eine Kraft $F = 0{,}1$ N gemessen. Die Länge des auf dem Bügel quergespannten Drahtes ist $l_D = 15$ mm, die Masse des Bügels $m = 0{,}01$ kg.
Ges.: Oberflächenspannung σ der Flüssigkeit.

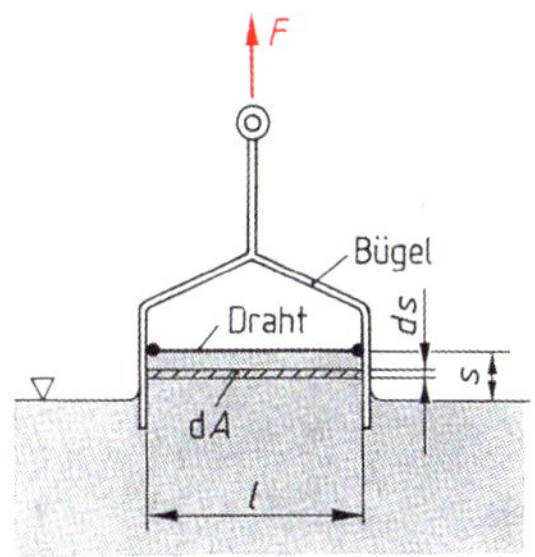

4.14 Bügelmethode

Lösung

$$\sigma = \frac{dW}{dA} = \frac{F \cdot ds}{l \cdot ds} = \frac{(F - mg)\,ds}{l \cdot ds}$$

Die Randlänge ist $l = 2l_D$, weil hier zwei Oberflächen (Vorder- und Rückseite des Drahtes) gebildet werden. Daraus folgt:

$$\sigma = \frac{F - mg}{2l_D} = \frac{0{,}1\,\text{N} - 0{,}01\,\text{kg} \cdot 9{,}81\,\text{m/s}^2}{2 \cdot 0{,}015\,\text{m}} = \mathbf{0{,}063}\,\text{N/m}$$

Beispiel 4.8 Wie groß ist der Druck p innerhalb eines idealen Wassertropfens, wenn seine Oberflächenspannung $\sigma = 0{,}073$ N/m und der Durchmesser des Wassertropfens 1 mm betragen?

Lösung Der Überdruck im Inneren eines kugelförmigen Wassertropfens sei Δp. Bei Verringerung der Tropfenoberfläche um dA gegen den Überdruck Δp muss Arbeit verrichtet werden, die gleich der Abnahme der Oberflächenenergie $dW = \sigma \cdot dA$ ist. Daraus folgt:

$$dW = \sigma \cdot dA = F \cdot dr = \Delta p \cdot A \cdot dr$$

$$\Delta p = \frac{\sigma \cdot dA}{A \cdot dr}$$

Mit der Kugeloberfläche $A = 4r^2 \cdot \pi$ erhalten wir $dA = 8r \cdot \pi \cdot dr$. Durch Einsetzen wird

Lösung Fortsetzung

$$\Delta p = \frac{\sigma \cdot 8r \cdot \mathrm{d}r \cdot \pi}{4r^2 \cdot \pi \cdot \mathrm{d}r} = \frac{2\sigma}{r} = \frac{4\sigma}{d}.$$

$$p = p_0 + \Delta p = p_0 + \frac{4\sigma}{d} = p_0 + \frac{4 \cdot 0{,}073\ \mathrm{N/m}}{0{,}001\ \mathrm{m}} = \mathbf{p_0 + 292\ N/m^2}$$

Beispiel 4.9 Wie hoch steigt das Wasser in einer Kapillare von 0,2 mm Innendurchmesser, wenn die Oberflächenspannung $\sigma = 0{,}07$ N/m und der Benetzungswinkel $\varphi = 30°$ betragen?

Lösung

$$h = \frac{2\sigma}{r \cdot \varrho \cdot g} \cos\varphi = \frac{2 \cdot 0{,}07\ \mathrm{N/m} \cdot 2 \cdot \cos 30°}{0{,}0002\ \mathrm{m} \cdot 1000\ \mathrm{kg/m^3} \cdot 9{,}81\ \mathrm{m/s^2}} = \mathbf{0{,}1236\ m \mathrel{\hat{=}} 12{,}36\ cm}$$

Beispiel 4.10 Wie hoch wäre die Steighöhe des Wasser in der Kapillare des Beispiels 4.9 bei vollkommener Benetzung?

Lösung

$$h = \frac{2\sigma}{r \cdot \varrho \cdot g} = \frac{2 \cdot 0{,}07\ \mathrm{N/m} \cdot 2}{0{,}002\ \mathrm{m} \cdot 1000\ \mathrm{kg/m^3} \cdot 9{,}81\ \mathrm{m/s^2}} = \mathbf{0{,}1427\ m = 14{,}27\ cm}$$

4.1.4 Viskosität (innere Reibung)

Wird eine Flüssigkeit z.B. durch ein Rohr gepumpt, kommt es zur Ausbildung von hohlzylindrischen Flüssigkeitsschichten mit unterschiedlichen Geschwindigkeiten. An der Rohrwand bildet sich eine relativ zum Rohr ruhende, fest am Rohr anhaftende Flüssigkeitsschicht (Haft- oder Grenzschicht) aus. Zur Mitte des Rohres nehmen die Geschwindigkeiten der Schichten zu. Ihre maximale Geschwindigkeit haben sie in der Rohrmitte. So bildet sich zwischen den Flüssigkeitsschichten von der Rohrmitte zur Rohrwand ein Geschwindigkeitsgefälle aus. Die einzelnen Schichten gleiten mit unterschiedlichen Geschwindigkeiten aufeinander ab. Kommt es dabei zu keiner Vermischung, bezeichnen wir die Strömung als laminare oder Schichtströmung (**4**.15a). Andernfalls heißt die Strömung turbulente oder Wirbelströmung (**4**.15b). Dabei ist

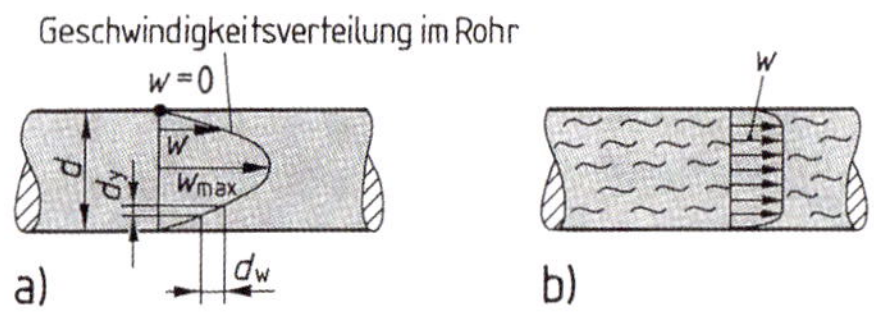

4.15 Strömungsarten
a) laminare, b) turbulente Strömung

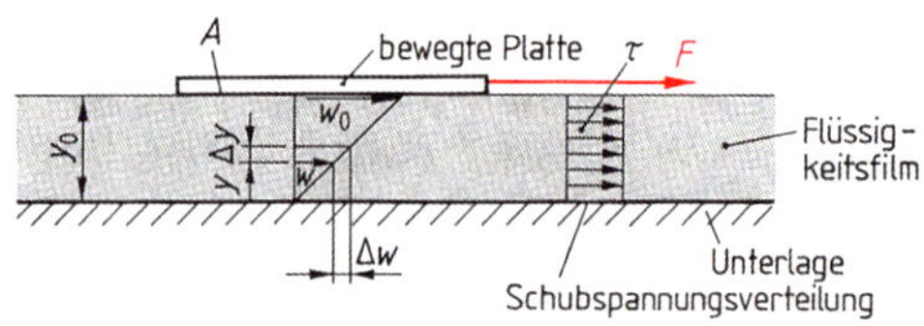

4.16 Bewegung einer Platte auf Flüssigkeitsfilm

das Geschwindigkeitsgefälle im Allgemeinen nicht linear, sondern gehorcht einem Potenzgesetz. Beim Abgleiten der Flüssigkeitsschichten aufeinander tritt Reibung zwischen ihnen auf, die als Zähigkeit oder Viskosität deutbar ist. Sie ist temperatur- und druckabhängig. Die Viskosität nimmt mit steigender Temperatur ab, mit steigendem Druck zu. In den technischen Anwendungen kann meist die Druckabhängigkeit vernachlässigt werden.

Betrachten wir eine auf einem Flüssigkeitsfilm liegende Platte mit der Berührungsfläche A, die durch eine äußere Kraft F mit der Geschwindigkeit w_0 parallel zur ruhenden Unterlage bewegt wird (**4**.16). Da die Dicke des Flüssigkeitsfilms y_0 sehr klein ist, kann die Geschwindigkeitsverteilung zwischen bewegter Platte und Unterlage als linear angenommen werden. Versuche zeigen, dass die Kraft F proportional dem Geschwindigkeitsgefälle und der Berührungsfläche A ist. Es gilt:

$$F \sim A\,\frac{\Delta w}{\Delta y}.$$

Durch Einführen eines Proportionalitätsfaktors, der die charakteristische stoffliche Eigenart der Flüssigkeit berücksichtigt, folgt:

$$F = \eta \cdot A \frac{\Delta w}{\Delta y} \qquad \text{Gl. (4.14)}$$

$$\tau = \frac{F}{A} = \eta \frac{\Delta w}{\Delta y} \qquad \text{Gl. (4.15)}$$

η heißt dynamische Zähigkeit oder Viskosität. Ihre Einheit ist Pa · s, Ns/m^2 oder kg/m · s. Zu Ehren von L. Poiseuille (1799–1869) ist als inkohärente Einheit von η auch 0,1 Ns/m^2 = 1 Poise (sprich Poase) in Verwendung (s. Tab. **4**.3).

Allgemein, somit auch bei nichtlinearem Geschwindigkeitsgefälle, gilt

$$\tau = \eta \frac{\mathrm{d}w}{\mathrm{d}y} \quad \text{bzw.}$$

$$\eta = \frac{\tau}{\mathrm{d}w/\mathrm{d}y}. \qquad \text{Gl. (4.16)}$$

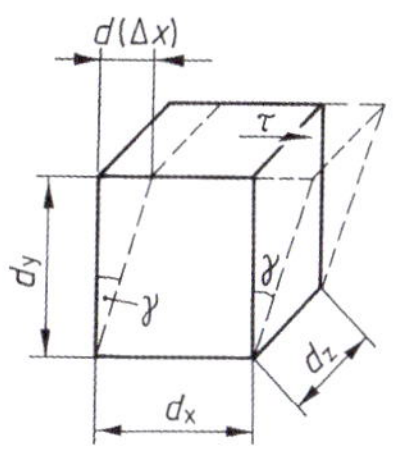

4.17 Verformung eines Elementarwürfels durch Schubbeanspruchung

Ein auf Schub beanspruchter Körper folgt bei Belastung im Hooke'schen Bereich der Beziehung $\tau = \gamma \cdot G$ mit $\gamma = \frac{\mathrm{d}\,(\Delta x)}{\mathrm{d}y}$ entsprechend Bild **4**.17. Die augenblickliche Änderungsgeschwindigkeit des Scherwinkels (Schiebung) ist

$$\dot{\gamma} = \frac{\mathrm{d}\gamma}{\mathrm{d}t} = \frac{\mathrm{d}}{\mathrm{d}t}\left(\frac{\mathrm{d}\Delta x}{\mathrm{d}y}\right) = \frac{1}{\mathrm{d}y} \cdot \frac{\mathrm{d}}{\mathrm{d}t}\,(d\Delta x) = \frac{\mathrm{d}w}{\mathrm{d}y}.$$

Somit folgt aus Gl. (4.16) das

Fließgesetz, eine dem Hooke'schen Gesetz für Schubspannung analoge Beziehung.

$$\eta = \frac{\tau}{\dot{\gamma}} \quad \text{bzw.} \quad \tau = \eta \cdot \dot{\gamma} \qquad \text{Gl. (4.17)}$$

Die Messung der Viskosität erfolgt in Viskosimetern (Couette-Viskosimeter, Drehkegel-Viskosimeter, Höppler-Viskosimeter).

Kinematische Viskosität. In der allgemeinen Strömungsmechanik wird oft auch die kinematische Viskosität ν verwendet, ein nach J.C. Maxwell (1831–1879) definierter Quotient aus dynamischer Viskosität η und Dichte ϱ der Flüssigkeit (s. Tab. **4**.3).

$$\nu = \frac{\eta}{\varrho} \quad \text{in} \quad \frac{\text{Pa} \cdot \text{s}}{\text{kg}}\,\text{m}^3 = \text{m}^2/\text{s} \qquad \text{Gl. (4.18)}$$

Ältere Einheiten sind das Stoke (1 Stoke = 1 cm²/s = 100 Zentistokes) und das Englergrad °E. Die Umrechnung von °E in m²/s erfolgt angenähert durch die Beziehung

$$10^6 \nu = °E \cdot 7{,}6 \left(1 - \frac{1}{°E^3}\right) \qquad m^2/s.$$

Bei Werten über 7 °E genügt die einfachere Form: $10^6 \nu = 7{,}6 \cdot °E \qquad m^2/s$.

Zum Messen der kinematischen Viskosität dienen Engler-Viskosimeter oder Saybolt-Viskosimeter. Gebraucht wird die kinematische Viskosität z. B. für die Berechnung der Reynold'schen Zahl (s. Abschn. 4.5.6).

Viskositätsverhalten der Flüssigkeiten. Entsprechend ihrem Fließverhalten werden die Flüssigkeiten in newtonsche und nichtnewtonsche eingeteilt.

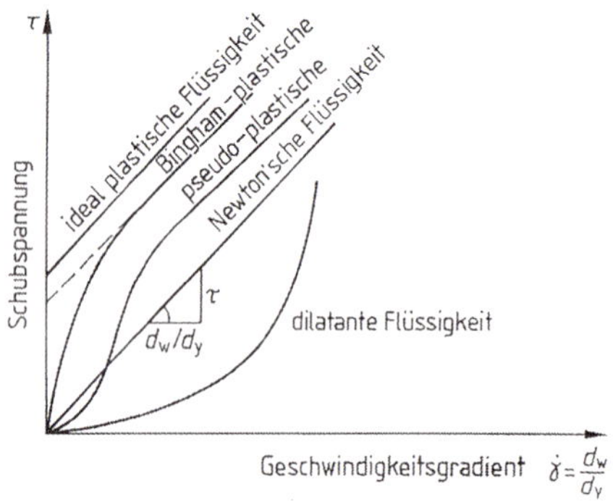

4.18 Fließkurven (Viskositätskurven) verschiedener Flüssigkeiten

Bei newtonschen Flüssigkeiten ist das Fließgesetz linear (Gleichung 4.17), d.h. die Schubspannung τ ist proportional der Änderungsgeschwindigkeit des Scherungswinkels $\dot{\gamma} = dw/dy$. Die dynamische Viskosität η ist konstant, unabhängig z.B. von der Strömungsgeschwindigkeit. Solch ein Fließverhalten zeigen Wasser, Alkohol, dünne Öle, Äther.

Bei den nichtnewtonschen Flüssigkeiten ist die Fließkurve keine Gerade. Je nach Form unterscheiden wir ideal-plastische, Bingham-plastische, pseudo-plastische und dilatante Flüssigkeiten (**4**.18). Beispiele für nichtnewtonsche Flüssigkeiten sind Schmierstoffe, Emulsionen, Suspensionen, Öle mit polymeren Zusätzen und Pasten.

Suprafluidität. Analog zur Supraleitfähigkeit zeigen Stoffe unter bestimmten Bedingungen Suprafluidität. Sie lassen sich fast widerstandslos durch Rohrleitungen pumpen, strömen widerstandslos durch Kapillare und üben auf einen umströmten Körper keine Kraft aus. Selbst Niveauunterschiede werden durch Kriechen über die Gefäßwand ausgeglichen (**4**.19). Beispiel einer Supraflüssigkeit ist Helium unterhalb 2,18 K. Die dynamische Viskosität sinkt praktisch auf Null.

Beispiel 4.11 Eine Platte wird über eine 5 mm dicke Ölschicht mit der Geschwindigkeit $w = 0{,}5$ m/s gezogen. Das Öl hat eine dynamische Viskosität $\eta = 0{,}1$ Pa · s und eine Dichte $\rho = 990$ kg/m³. Es sei angenommen, dass sich zwischen Unterlage und Platte ein lineares Geschwindigkeitsprofil ausbildet.

Ges.: Geschwindigkeitsgradient $\dot{\gamma}$, Schubspannungsverteilung τ in der Ölschicht und kinematische Viskosität ν des Öls.

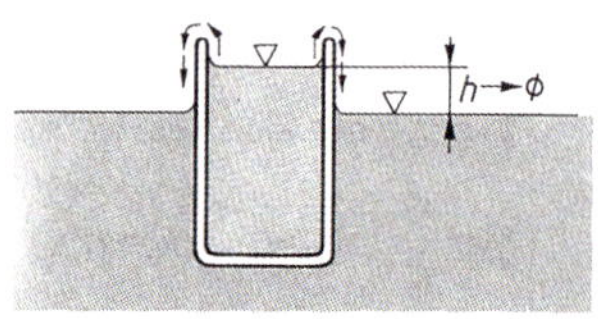

4.19 Niveauausgleich bei Supraflüssigkeit durch Kriechen

Lösung Da lineare Geschwindigkeitsverteilung angenommen wurde, sind der Geschwindigkeitsgradient $\dot{\gamma}$ und die Schubspannungsverteilung konstant.

$$\dot{\gamma} = \frac{dw}{dy} = \frac{\Delta w}{\Delta y} = \frac{w}{y} = \frac{0{,}5}{0{,}005} = \mathbf{100} \quad \mathbf{1/s}$$

$$\tau = \eta \cdot \dot{\gamma} = 0{,}1 \text{ Ns/m}^2 \cdot 100 \quad 1/\text{s} = \mathbf{10\ N/m^2}$$

$$\nu = \frac{\eta}{\varrho} = \frac{0{,}1 \text{ kg/ms}}{990 \text{ kg/m}^3} = \mathbf{0{,}000101\ m^2/s}$$

Beispiel 4.12 Gegeben ist das Couette-Visikometer **4**.20. Der Spalt zwischen den zwei konzentrischen Kreiszylindern ist mit einer Flüssigkeit gefüllt. Der innere Zylinder ist fix, führt also keine Bewegung aus. Der äußere Zylinder wird mit $n = 90$ U/min angetrieben, wofür ein Drehmoment $M = 9{,}12 \cdot 10^{-4}$ Nm erforderlich ist. Die Dichte der Flüssigkeit ist $\varrho = 960\,\text{kg/m}^3$. Abmessungen der Zylinder: $d_1 = 4$ cm, $d_2 = 4{,}4$ cm, $h = 10$ cm.

Ges.: Dynamische und kinematische Viskosität der Flüssigkeit.

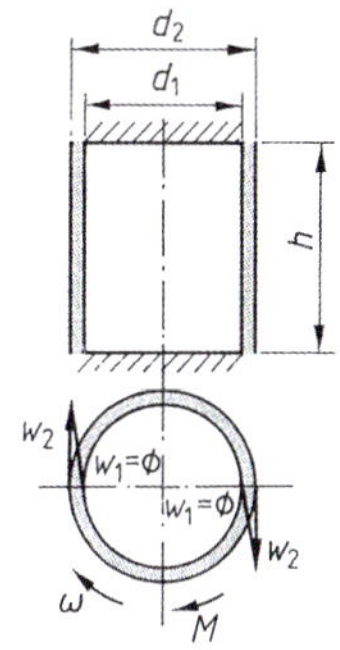

4.20 Couette-Rotationsviskosimeter

Lösung

$$\tau = \eta \frac{dw}{dy}$$

Mit $dr = dy$ folgt $\dfrac{\tau}{\eta} = \dfrac{dw}{dr}$. ①

$$M = \tau \cdot A \cdot r = 2r^2 \cdot \pi \cdot h \cdot \tau \rightarrow \tau = \frac{M}{2r^2 \cdot \pi \cdot h}$$ ②

Gleichung ② in ① einsetzen:

$$\frac{M}{2r^2 \cdot \pi \cdot h \cdot \eta} = \frac{dw}{dr}$$ Separieren der Variablen und integrieren

$$\frac{M}{2\pi \cdot h \cdot \eta} \int_{r_1}^{r_2} \frac{1}{r^2}\, dr = \int_{w_1}^{w_2} dw$$

$$-\frac{M}{2\pi \cdot \mathrm{h} \cdot \eta}\left[\frac{1}{r_2} - \frac{1}{r_1}\right] = w_2 \rightarrow \eta = \frac{M}{2\pi \cdot h \cdot w_2}\left[\frac{1}{r_1} - \frac{1}{r_2}\right]$$

$$w_2 = \frac{d_2}{2}\,\omega = \frac{d_2}{2} \cdot \frac{\pi \cdot n}{30} = \frac{0{,}04 \cdot \pi \cdot 90}{2 \cdot 30} = \mathbf{0{,}18\,m/s}$$

$$\eta = \frac{M}{2 \cdot \pi \cdot h \cdot w_2}\left[\frac{1}{r_1} - \frac{1}{r_2}\right] = \frac{9{,}12 \cdot 10^{-4}}{2 \cdot \pi \cdot 0{,}1 \cdot 0{,}18}\left[\frac{1}{0{,}02} - \frac{1}{0{,}022}\right]$$

$\eta = \mathbf{0{,}035\ Pa \cdot s = 0{,}035\ kg/ms}$

$$\nu = \frac{\eta}{\varrho} = \frac{0{,}035\,\text{kg/ms}}{960\,\text{kg/m}^3} = \mathbf{36{,}5 \cdot 10^{-6}\,m^2/s}$$

Beispiel 4.13 Zwischen zwei parallelen Wänden befindet sich ein Hydrauliköl mit der kinematischen Viskosität $\nu = 2 \cdot 10^{-4}$ m²/s und einer Dichte von 930 kg/m². Der Abstand der beiden in Ruhe befindlichen Wände beträgt $y = 2$ cm.

a) Welche Kraft F ist erforderlich, um eine dünne Platte mit der Fläche $A = 20$ dm², 0,5 cm von einer der beiden Wänden entfernt, mit einer Geschwindigkeit von $w = 0{,}2$ m/s zu ziehen (**4**.21)? Das Geschwindigkeitsprofil ist linear angenommen.

b) Wo müsste sich die Platte befinden, damit die Kraft F ihr Minimum hat? Wie groß ist F in dieser Lage?

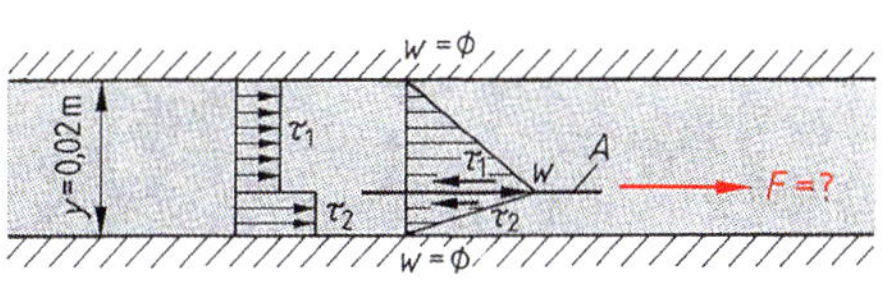

4.21 Bewegte Platte in einer Flüssigkeit

Lösung a) $\tau = \eta \frac{dw}{dy}$ $F = A \cdot \tau = \eta \cdot A \frac{dw}{dy} = \nu \cdot \varrho \cdot A \left[\frac{w}{\Delta y_1} + \frac{w}{\Delta y_2}\right]$

$$F = 2 \cdot 10^{-4}\,m^2/s \cdot 930\,kg/m^3 \cdot 0{,}2\,m^2 \left[\frac{0{,}2\,m/s}{0{,}005\,m} + \frac{0{,}2\,m/s}{0{,}015\,m}\right] = \mathbf{1{,}98\,N}$$

b) $u = \frac{w}{y} + \frac{w}{0{,}2 - y}$

$$\frac{du}{dy} = -wy^{-2} + w\,(0{,}02 - y)^{-2} = 0 \rightarrow \frac{1}{y^2} = \frac{1}{(0{,}02 - y)^2} \rightarrow$$

$y = 0{,}01$ m, d.h. **in der Mitte** der beiden Wände.

$$F = 2\nu \cdot \varrho \cdot A \frac{w}{y} = 2 \cdot 2 \cdot 10^{-4}\,m^2/s \cdot 930\,kg/m^3 \cdot 0{,}2\,m \cdot \frac{0{,}2\,m/s}{0{,}01\,m} = \mathbf{1{,}49\,N}$$

Aufgaben zu Abschnitt 4.1

1. Ein Thermometer ist mit Wasser gefüllt. Die Abhängigkeit des Wasservolumens im Temperaturbereich 0 bis 10 °C ist durch folgende Beziehung gegeben: $V = V_0\,(1 + 6{,}1 \cdot 10^{-5} \cdot t - 7{,}72 \cdot 10^{-6} \cdot t^2)$ mit V_0 Wasservolumen bei 0 °C. Für welche Temperaturen zeigt das Thermometer im Bereich 0 bis 10 °C die gleichen Werte, ist also das Wasservolumen gleich groß?
2. Wie groß ist die Dichte von Quecksilber bei 0 °C und 100 °C, wenn es bei 10 °C die Dichte von 13570 kg/m³ hat? Der durchschnittliche Raumausdehnungskoeffizient von Quecksilber ist $182 \cdot 10^{-6}\,grd^{-1}$.
3. In einem hydraulischen System wird der Druck von $p_0 = 1$ bar auf $p = 101$ bar bei konstanter Temperatur $t = 20$ °C erhöht. Der mittlere Kompressibilitätskoeffizient des Hydrauliköls ist $k_m = 55 \cdot 10^{-6}\,bar^{-1}$. Ges.: Volumenabnahme ΔV in Prozent während der Kompression.
4. 140 l Wasser werden von $p_0 = 35$ bar auf $p = 240$ bar komprimiert. Dabei verringert sich das Volumen auf $V = 138{,}6$ l. Ges.: Mittlerer Kompressibilitätskoeffizient k_m und Kompressionsmodul E des Wassers bei der Versuchstemperatur T.
5. Ein an einem dünnen Faden aufgehängter Drahtring mit der Masse $m = 0{,}005$ kg und dem Durchmesser $d = 10$ cm wird flach aus dem Wasser gezogen (**4**.22). Oberflächenspannung des Wassers $\sigma = 0{,}0741$ N/m, der Benetzungswinkel sei 20°. Ges.: Kraft F im Moment des Abreißens.
6. Wie groß darf maximal die Masse m einer kreisrunden Scheibe sein, wenn diese auf der Wasseroberfläche liegt? Scheibendurchmesser $d = 2$ cm, Oberflächenspannung des Wassers $\sigma = 0{,}07$ N/m.
7. Wie groß ist der Überdruck in einer Seifenblase von 5 cm und in einer Seifenblase von 10 cm Durchmesser? Die Oberflächenspannung der Seifenlösung gegen Luft ist 0,03 N/m.
8. Wie groß ist die Kapillardepression von Quecksilber in einer vollkommen benetzten Kapillare von 0,2 mm Durchmesser? Oberflächenspannung des Quecksilbers $\sigma = 0{,}5$ N/m, Dichte des Quecksilbers $\varrho = 13570$ kg/m³.
9. Eine Flüssigkeit mit der dynamischen Viskosität von $\eta = 548 \cdot 10^{-6}$ Pa · s und der Dichte $\varrho = 988$ kg/m³ zeigt eine parabolische Geschwindigkeitsverteilung (**4**.23). Dicke der Flüssigkeitsschicht $y = 25$ cm. Ges.: Geschwindigkeit und Schubspannungen an den Stellen A, B und C. Die Schicht $\overline{CD}$ bewegt sich mit $w = 1$ m/s.

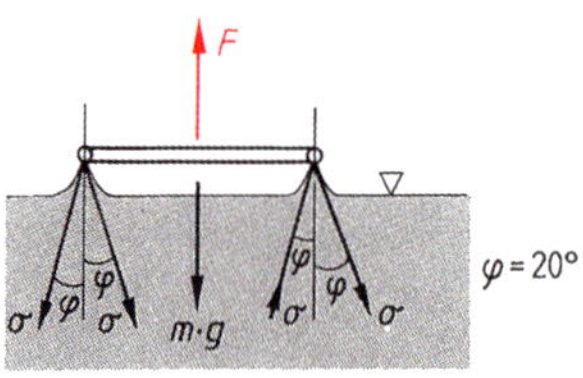

4.22 Herausheben eines Drahtrings aus dem Wasser

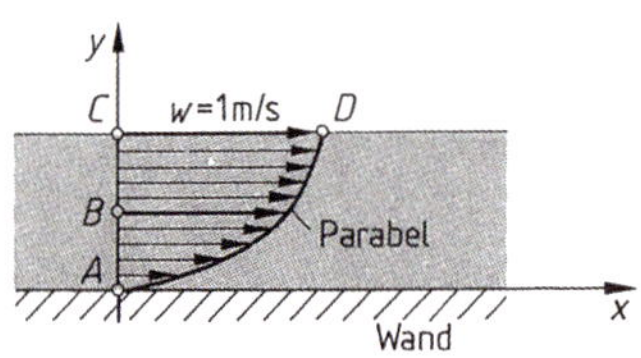

4.23 Flüssigkeitsströmung mit parabelförmigen Geschwindigkeitsprofil

10. Gegeben ist ein Rotationsviskometer. Durchmesser des Innenzylinders $d_1 = 3$ cm, des Außenzylinders $d_2 = 3{,}5$ cm, Zylinderhöhe $h = 8$ cm. Gesucht werden die dynamische und kinematische Viskosität der Flüssigkeit, die sich zwischen den Zylindern, also im Zylinderspalt befindet, wenn der innere Zylinder mit $n = 80$ U/min angetrieben wird und dabei ein Drehmoment von $M = 1{,}86 \cdot 10^{-6}$ erforderlich ist. Der äußere Zylinder ist fix, bleibt also während der Messung in Ruhe. Die Dichte der Flüssigkeit ist $\varrho = 950\,\text{kg/m}^3$.

11. Zwischen zwei parallelen Ebenen befindet sich Öl mit der kinematischen Viskosität $\nu = 10^{-4}\,\text{m}^2/\text{s}$ und der Dichte $\varrho = 920\,\text{kg/m}^3$. Der Abstand der beiden ruhenden Ebenen ist 4 cm.
    a) Welche Kraft F ist erforderlich, um eine dünne Platte mit der Fläche $A = 0{,}1\,\text{m}^2$, die sich 1 cm von einer der beiden Ebenen entfernt befindet, mit einer Geschwindigkeit $w = 0{,}1$ m/s durch die ruhende Flüssigkeit zu ziehen? Das Geschwindigkeitsprofil kann linear angenommen werden.
    b) Wo hat die Kraft F ihr Minimum, und wie groß ist sie?

12. Wie groß sind die dynamische und kinematische Viskosität eines Öls, wenn mit dem Engler-Viskosimeter 2,7 °E gemessen wurde? Die Dichte der Flüssigkeit ist $\varrho = 960\,\text{kg/m}^3$.

4.2 Statik der Flüssigkeiten (Hydrostatik)

Die Statik der Flüssigkeiten befasst sich mit den Kräften in und auf ruhende oder sehr langsam bewegte Flüssigkeiten. Wie wir aus Abschn. 4.1 wissen, können Flüssigkeiten im Gegensatz zu festen Körpern nur Druckkräfte, jedoch praktisch keine Schubkräfte oder gar Zugkräfte übertragen.

4.2.1 Hydrostatischer Druck, Schweredruck, Druckfortpflanzungsgesetz

Hydrostatischer Druck. Da die Flüssigkeit keine Scherkräfte aufnehmen kann, steht die Oberfläche einer Flüssigkeit stets in jedem Punkt normal zur angreifenden Kraft. Der hydrostatische Druck ist die auf die Flächeneinheit bezogene Normalkraft (**4**.24).

$$p = \frac{F_N}{A} \quad \text{in N/m}^2 \mathrel{\hat=} 1\,\text{Pa},\ 1\,\text{bar} \mathrel{\hat=} 10^5\,\text{Pa} \qquad \text{Gl. (4.19)}$$

Erzeugt wird der hydrostatische Druck entweder von Kräften, die von außen auf die Flüssigkeit wirken (z. B. durch Kolbenkräfte = Kolbendruck) und/oder durch die Gewichtskraft der Flüssigkeit selbst (Schweredruck). In technischen Einrichtungen wie z. B. einer hydraulischen Presse kann der Schweredruck wegen der geringen Flüssigkeitshöhen gegenüber dem Kolbendruck vernachlässigt werden.

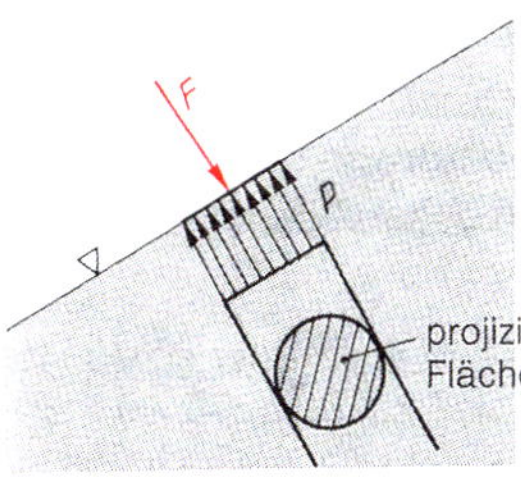

4.24 Hydrostatischer Druck

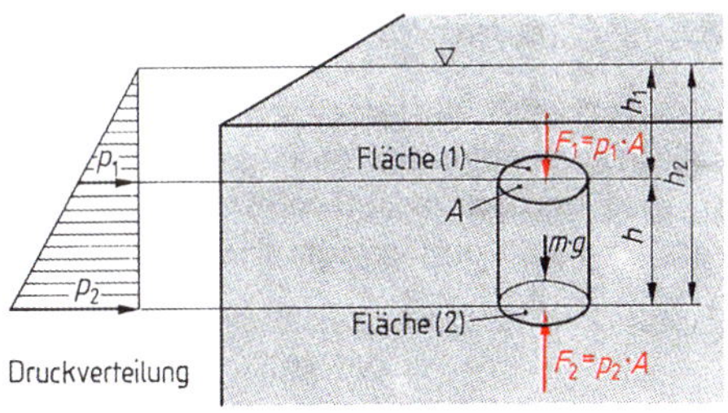

4.25 Schweredruck

Schweredruck. Betrachten wir eine zylindrische Flüssigkeitssäule innerhalb eines mit Flüssigkeit gefüllten Behälters, ohne den auf der Oberfläche wirkenden Druck zu berücksichtigen (**4**.25), folgt entsprechend der Gleichgewichtsbedingung:

$$\Sigma F_y = 0\uparrow: \quad F_2 - mg - F_1 = 0$$
$$p_2 \cdot A - \varrho \cdot g \cdot h \cdot A - p_1 \cdot A = 0$$
$$\underline{p_2 = p_1 + \varrho \cdot g \cdot h}$$

Liegt die Fläche 1 der gedachten Flüssigkeitssäule in der Oberfläche der Flüssigkeit, sind $p_1 = 0$ und $p_2 = p$ der Schweredruck. Wir erhalten

$$p = \varrho \cdot g \cdot h. \qquad \text{Gl. (4.20)}$$

Unter Annahme der Inkompressibilität ist die Dichte ϱ der Flüssigkeit überall gleich. Kann auch die Erdbeschleunigung konstant angenommen werden, ist die Druckverteilung in Abhängigkeit von der Tiefe linear.

In Punkten gleicher Tiefe h herrscht gleicher Druck.

Hydrostatisches Grundgesetz. Da meist zusätzlich auf die Flüssigkeitsoberfläche bereits ein Druck p_a wirkt (Atmosphärendruck, Kolbendruck), erhalten wir den gesamten hydrostatischen Druck (Gesamtdruck) in der Tiefe h durch Überlagerung der beiden.

Hydrostatisches Grundgesetz $p = p_a + \varrho \cdot g \cdot h$ Gl. (4.21)

Hydrostatisches Paradoxon. In horizontaler Richtung sind die Schwerkraftkomponenten gleich null. Ist h die gesamte Tiefe der Flüssigkeit im Behälter, ist der hydrostatische Druck gleich dem Bodendruck. Der Bodendruck ist bei konstantem p_a und gegebener Flüssigkeit nur von der Tiefe h abhängig, gleich welche Form das Gefäß hat (**4**.26). Dies wird als hydrostatisches Paradoxon bezeichnet.

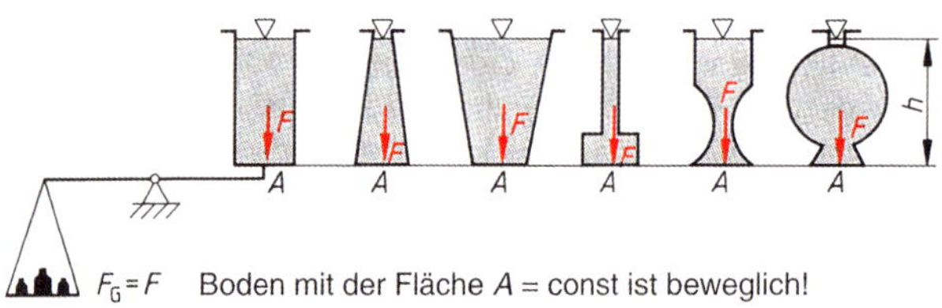

4.26
Hydrostatisches Paradoxon

Druckfortpflanzungsgesetz von B. Pascal (1623–1662). Der Druck, der an irgendeiner Stelle in einer abgesperrten Flüssigkeit wirkt, pflanzt sich nach allen Richtungen hin gleichmäßig fort. Kann die Schwerkraft vernachlässigt werden, ist der Druck in einem abgeschlossenen System in jedem Punkt und in jeder Richtung gleich groß.

Beweis Wir betrachten die Kräfte, die auf einem Elementarkörper innerhalb einer gegebenen Flüssigkeit angreifen (**4**.27). Die Kräfte in z-Richtung sind gleich groß und entgegengesetzt gerichtet, heben sich daher auf. Für die Gleichgewichtsbedingungen in x- und y-Richtung gilt:

Beweis Fortsetzung

$\Sigma F_x = 0 \rightarrow: \; dF_2 - dF_3 \cdot \sin\alpha = 0$
$\Sigma F_y = 0 \uparrow: \; dF_1 - dF_3 \cdot \cos\alpha = 0$

$p_2 \cdot dy \cdot dz - p_3 \cdot dz \cdot ds \cdot \sin\alpha = 0$
$p_1 \cdot dx \cdot dz - p_3 \cdot dz \cdot ds \cdot \cos\alpha = 0$

Mit $dy = ds \cdot \sin\alpha$ und $dx = ds \cdot \cos\alpha$ folgt:

$p_2 \cdot dy \cdot dz - p_3 \cdot dy \cdot dz = 0 \rightarrow p_2 = p_3$
$p_1 \cdot dx \cdot dz - p_3 \cdot dx \cdot dz = 0 \rightarrow p_1 = p_3$

und schließlich ist $\boldsymbol{p_1 = p_2 = p_3}$.

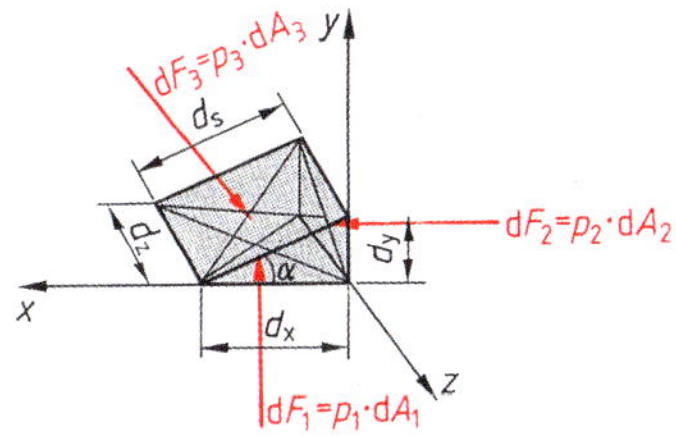

4.27 Kräfte wirken auf ein Flüssigkeitselement

Der Druck ist somit in allen Richtungen gleich groß. Form und Größe des Gefäßes haben auf die Druckfortpflanzung keinen Einfluss.

Beispiel 4.14 Der Presskolben einer hydraulischen Presse hat d_2 = 600 mm Durchmesser der Antriebskolbendurchmesser ist d_1 = 40 mm, der hydraulische Wirkungsgrad mit $\eta = 0{,}8$ angegeben.

a) Wie groß ist die Last F_2, wenn die Triebkraft 2 kN beträgt? b) Wie groß ist das Hubverhältnis der Kolben?

Lösung a) Nach Pascal gilt $p = \frac{F_1}{A_1} = \frac{F_2}{A_2} \rightarrow F_2 = F_1 \cdot \frac{A_2}{A_1}$.

$$F_2 = F_1 \frac{d_2^2}{d_1^2} = 2\,\text{kN}\,\frac{600^2\,\text{mm}^2}{40^2\,\text{mm}^2} = 450\,\text{kN}$$

Wegen des Wirkungsgrads verringert sich die Last zu

$F_2 \cdot \eta = 450\,\text{kN} \cdot 0{,}8 = \mathbf{360\,kN}$.

b) $F_1 \cdot s_1 = F_2 \cdot s_2 \rightarrow \frac{s_2}{s_1} = \frac{F_1}{F_2} = \left(\frac{d_1}{d_2}\right)^2 = \left(\frac{40\,\text{mm}}{600\,\text{mm}}\right)^2 = \mathbf{0{,}00444}$

Beispiel 4.15 Gegeben ist der Behälter mit Wasser **4.**28. Atmosphärendruck $p_a = 0{,}99$ bar, Dichte des Wassers $\varrho = 995\,\text{kg/m}^3$, Wassertemperatur $t = 40\,°\text{C}$, Wasserhöhen $h_1 = 2{,}5$ m und $h_2 = 5$ m. Gesucht sind die Drücke an den Stellen *B* und *C*, also p_B und p_C. Beginnt das Wasser in *D* zu verdampfen, wenn bei $t = 40\,°\text{C}$ der Dampfdruck $p_t = 0{,}079$ bar ist?

Lösung $p_B = p_a + \varrho \cdot g \cdot h_2 = 0{,}99 + 995 \cdot 9{,}81 \cdot 5 \cdot 10^{-5} = \mathbf{1{,}48\,bar}$

$p_C = p_a - \varrho \cdot g \cdot h_1 = 0{,}99 - 995 \cdot 9{,}81 \cdot 2{,}5 \cdot 10^{-5} = \mathbf{0{,}75\,bar}$

$p_C > p_t$, also noch **keine Verdampfung**

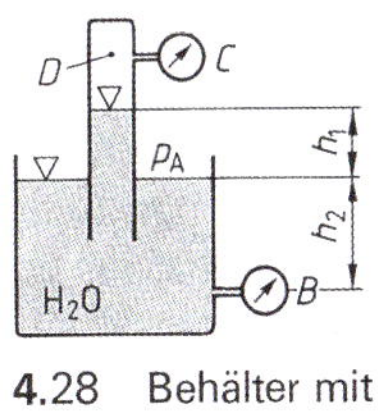

4.28 Behälter mit Wasser

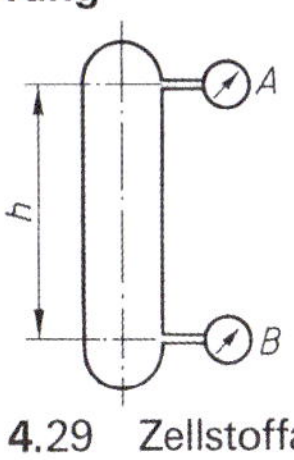

4.29 Zellstoffautoklav

Beispiel 4.16 Gegeben sei der Zellstoffautoklav **4.**29. Am oberen Manometer wird ein Druck von $p_A = 7$ bar, am unteren ein Druck von $p_B = 7{,}8$ bar gemessen. Der Höhenunterschied der beiden Manometer beträgt 6 m. Berechnen Sie die Dichte des Autoklaveninhalts.

Lösung $p_B = p_A + \varrho \cdot g \cdot h \rightarrow \varrho = \frac{p_B - p_A}{g \cdot h} = \frac{7{,}8 - 7}{9{,}81\,\text{m/s}^2 \cdot 6\,\text{m}}\,10^5\,\text{N/m}^2 = \mathbf{1359{,}16\,kg/m^3}$

Beispiel 4.17 Das kommunizierende Gefäß **4.30** ist mit zwei nichtmischbaren Flüssigkeiten gefüllt (Dichten $\varrho_1 = 920$ kg/m³, $\varrho_2 = 1010$ kg/m³). Wie groß ist der Abstand der beiden Flüssigkeitsspiegel in den einzelnen Schenkeln von der gemeinsamen Trennungslinie, wenn die Spiegelhöhendifferenz $\Delta h = 0{,}15$ m beträgt?

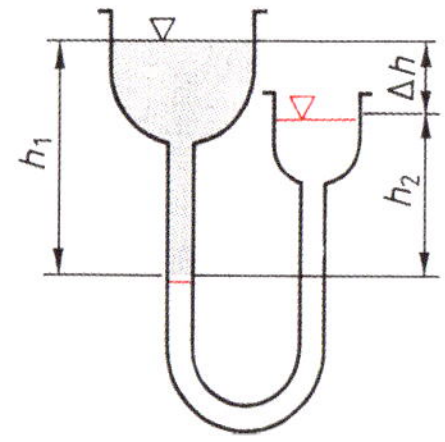

4.30 Zwei miteinander verbundene Gefäße

Lösung Für den Gleichgewichtszustand beider Flüssigkeitssäulen, bezogen auf die gemeinsame Trennungslinie, gilt:

$$p_A + \varrho_1 \cdot g \cdot h_1 = p_A + \varrho_2 \cdot g \cdot h_2$$

$$\varrho_1 \cdot h_1 = \varrho_2 \cdot h_2$$

Weiter gilt: $h_1 = h_2 + \Delta h$. Somit folgt $\varrho_1 (h_2 + \Delta h) = \varrho_2 \cdot h_2$

$$\rightarrow h_2 = \frac{\varrho_1}{\varrho_2 - \varrho_1} \Delta h = \frac{920\,\text{kg/m}^3}{1010\,\text{kg/m}^3 - 920\,\text{kg/m}^3} \cdot 0{,}15\,\text{m} = \mathbf{1{,}53\,m}$$

$$h_1 = h_2 + \Delta h = 1{,}533\,\text{m} + 0{,}15\,\text{m} = \mathbf{1{,}68\,m}.$$

4.2.2 Hydrostatische Kräfte gegen Wandungen

In diesem Abschnitt befassen wir uns mit den Kräften gegen die Gefäßwände infolge des Innendrucks p. Dabei unterscheiden wir die Kräfte, die vom Gefäßdeckel oder Gefäßboden aufgenommen werden müssen, und die Kräfte, die gegen die Gefäßwand wirken.

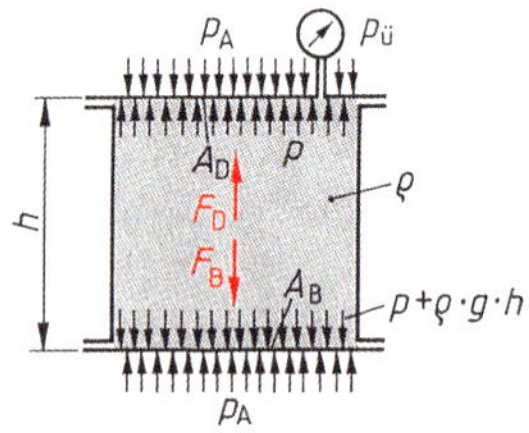

4.31 Deckel- und Boden druckkraft

Bodendruckkraft, Deckeldruckkraft. In einem verschlossenen Gefäß nach Bild **4.31** herrscht der Überdruck $p_ü$. Der auf den Gefäßdeckel von innen ausgeübte absolute Druck ist $p_D = p_A + p_ü$. Können wir den Schweredruck nicht vernachlässigen, ergibt sich der Bodendruck zu $p_B = p_A + p_ü + \varrho \cdot g \cdot h$. Für die Belastung des Deckels wie auch des Bodens können wir jeweils den Atmosphärendruck abziehen, da das Gefäß außenseitig mit p_A belastet wird und somit jenen Teil kompensiert. Die auf die Deckelfläche A_D wirkende Druckkraft erhalten wir zu

Deckelkraft auf ebenen Deckel $F_D = p_ü \cdot A_D$	Gl. (4.22)

und die auf dem Gefäßboden entsprechend zu

Bodendruckkraft bei ebenem Boden $F_B = (p_ü + \varrho \cdot g \cdot h)\, A_B$.	Gl. (4.23)

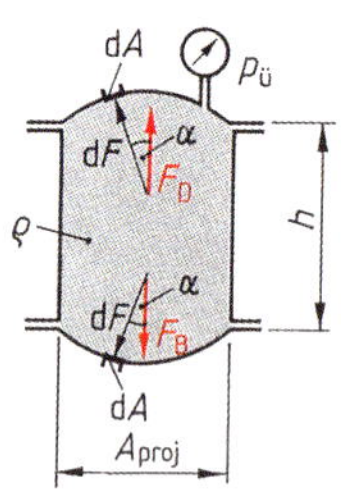

4.32 Deckel- und Bodendruckkraft gegen gewölbte Flächen

Bei den gekrümmten Deckel- oder Bodenflächen **4.32** können wir, da die Wölbung meist relativ klein ist, den Schweredruckunterschied im Bereich des Deckels wie des Bodens praktisch vernachlässigen. Entsprechend Bild **4.32** erhalten wir für das Flächenelement dA die Kraft

$dF = p_ü \cdot dA$ für den Deckel und

$dF = (p_ü + \varrho \cdot g \cdot h)\, dA$ für den Boden. Für die y-Komponenten folgt

$dF_y = p_ü \cdot dA \cdot \cos\alpha$ für den Deckel und

$dF_y = (p_ü + \varrho \cdot g \cdot h)\, dA \cdot \cos\alpha$ für den Boden.

Die x-Komponenten heben sich gegenseitig auf. Die Kräfte erhalten wir durch Integration:

Deckeldruckkraft $F_D = p_ü \int_A dA \cdot \cos\alpha = p_ü \cdot A_{proj}$ Gl. (4.24)

Bodendruckkraft $F_B = (p_ü + \varrho \cdot g \cdot h) \int_A dA \cdot \cos\alpha = (p_ü + \varrho \cdot g \cdot h)\, A_{proj}$ Gl. (4.25)

Die Druckkräfte gegen eine gewölbte Fläche erhalten wir durch Bildung des Produkts aus Druck und der in Kraftrichtung projizierten Fläche.

Beispiel 4.18 In einem Gefäß befindet sich Quecksilber mit einer Höhe $h = 0{,}6$ m (**4**.33). Im Luftraum oberhalb des Quecksilbers herrscht der Überdruck $p_ü = 2$ bar. Der Durchmesser des Behälters ist $d = 0{,}06$ m. Ges.: Deckel- und Bodendruckkraft.

Lösung

$$F_D = p_ü \cdot A_D = p_ü \frac{d^2 \cdot \pi}{4} = 2 \cdot 10^5 \cdot \frac{0{,}06^2 \cdot \pi}{4} = \mathbf{565{,}49\ N}$$

$$F_B = (p_ü + \varrho \cdot g \cdot h)\, A_B$$

$$F_B = (2 \cdot 10^5 + 13{,}6 \cdot 10^3 \cdot 9{,}81 \cdot 0{,}6)\, \frac{0{,}06^2 \cdot \pi}{4} = \mathbf{791{,}82\ N}$$

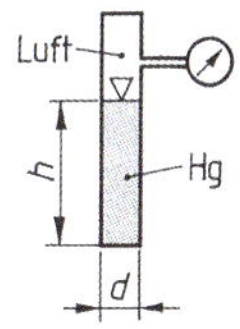

4.33 Quecksilberbehälter

Beispiel 4.19 In der Seitenwand des geschlossenen zylindrischen Gefäßes Bild **4**.34, das mit Benzol gefüllt ist, befindet sich ein Steigrohr. Die Dichte des Benzols ist $\varrho = 878{,}6$ kg/m³. Wie groß sind die Deckel- und Bodendruckkraft, wenn im Steigrohr eine Höhe $h = 2$ m über dem Benzolspiegel gemessen wird? Durchmesser des Gefäßes ist $d = 0{,}5$ m.

Lösung

$$F_D = p_ü \cdot A_{proj} = \varrho \cdot g \cdot h \, \frac{d^2 \cdot \pi}{4}$$

$$F_D = 878{,}6 \cdot 9{,}81 \cdot 2\, \frac{0{,}5^2 \cdot \pi}{4} = \mathbf{3385\ N}$$

$$F_B = (p_ü + \varrho \cdot g \cdot y)\, A_{proj} = \varrho \cdot g \cdot (h + y)\, \frac{d^2 \cdot \pi}{4}$$

$$F_B = F_D + \varrho \cdot g \cdot y\, \frac{d^2 \cdot \pi}{4}$$

$$F_B = 3385\ \text{N} + 878{,}6\ \text{kg/m}^3 \cdot 9{,}81\ \text{m/s}^2 \cdot y\ \text{m}\, \frac{0{,}5^2\ \text{m}^2 \cdot \pi}{4}$$

$$F_D = \mathbf{3385 + 1692 \cdot y \quad N}$$

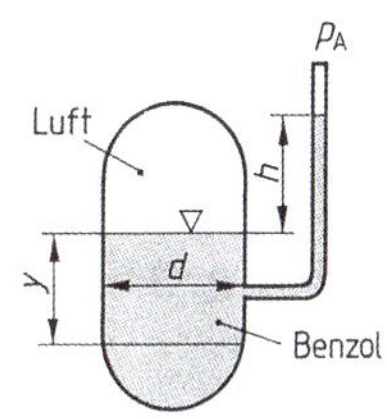

4.34 Benzolbehälter

Beispiel 4.20 In einem zylindrischen Kessel herrscht der Überdruck $p_ü$. Die Wandstärke des Kessels sei s, die Länge l, sein Durchmesser d. $d \gg s$, d.h. es handelt sich um einen dünnwandigen Kessel (**4**.35a). Die zulässige Spannung ist mit σ_{zul} gegeben, der Schweredruck kann vernachlässigt werden. Ges.: Wandstärke des Kessels allgemein.

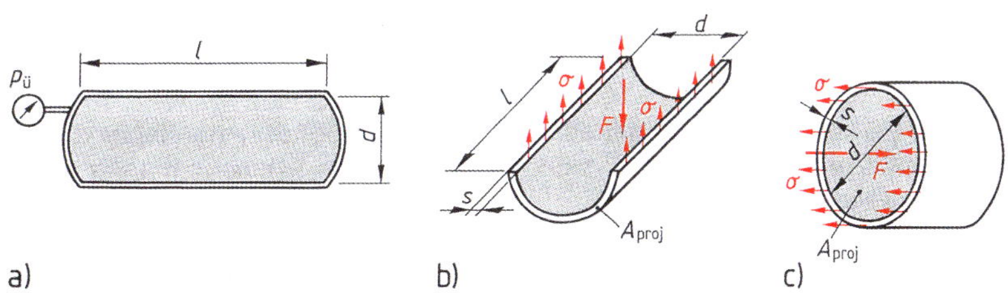

4.35 a) Zylindrischer Kessel mit Überdruck, b) Spannungen in Umfangsrichtung des Kessels, c) Spannungen in Längsrichtung des Kessels

Lösung **Spannung in Kesselumfangsrichtung**

Die Projektion der gewölbten Kesselwand ist nach Bild **4.**35b $A_{proj} = d \cdot l$ und damit die Kraft $F = p_{ü} \cdot d \cdot l$. Diese Kraft wirkt im Querschnitt $A = 2 \cdot l \cdot s$. Daraus folgt

$$\sigma = \frac{F}{A} = \frac{p_{ü} \cdot d \cdot l}{2 \cdot l \cdot s} = \frac{p_{ü} \cdot d}{2 \cdot s}.$$

Spannung in Kessellängsrichtung

Die Projektion der gewölbten Kesselwand ist nach Bild **4.**35c $A_{proj} = \frac{d^2 \cdot \pi}{4}$ und damit die Kraft $F = p_{ü} \frac{d^2 \cdot \pi}{4}$. Diese Kraft wirkt im Querschnitt $A = d \cdot \pi \cdot s$. Daraus folgt

$$\sigma = \frac{F}{A} = \frac{p_{ü} \cdot d^2 \cdot \pi}{4 \cdot d \cdot \pi \cdot s} = \frac{p_{ü} \cdot d}{4 \cdot s}.$$

Das heißt, der Kessel wird in Umfangsrichtung doppelt so stark belastet. Daraus folgt für die Dimensionierung der Wandstärke

$$\boldsymbol{s = \frac{p_{ü} \cdot d}{2\sigma_{zul}}}.$$

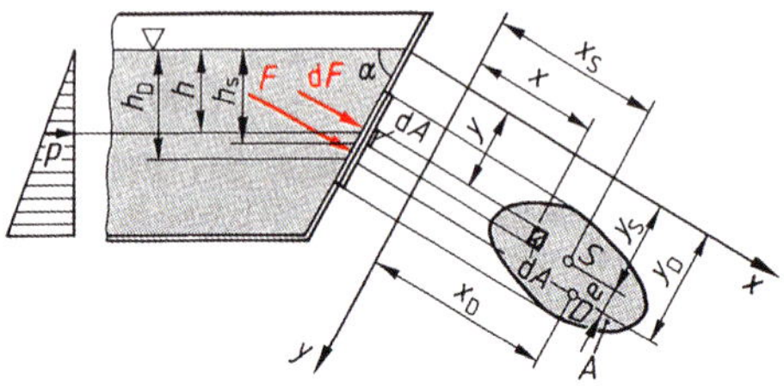

4.36 Seitendruckkraft und Druckmittelpunkt

Seitendruckkraft und Druckmittelpunkt ebener Wände. Gegeben sei nach Bild **4.**36 ein offener Behälter, dessen Seitenwand unter dem Winkel α zum Flüssigkeitsspiegel geneigt ist. Gesucht werden der Betrag und Angriffspunkt der Kraft F gegen die Fläche A in der Seitenwand, verursacht durch den hydrostatischen Druck.

Auf das Flächenelement dA wirkt die infinitesimale Kraft $dF = p \cdot dA = \varrho \cdot g \cdot h \cdot dA$. Wegen $h = y \cdot \sin\alpha$ wird $dF = \varrho \cdot g \cdot y \cdot \sin\alpha \cdot dA$.

Durch Integrieren über die Fläche A erhalten wir:

$$F = \int dF = \varrho \cdot g \cdot \sin\alpha \underbrace{\int y \cdot dA}_{y_s A} = \varrho \cdot g \cdot \sin\alpha \cdot y_s \cdot A.$$

Mit $y_s \cdot \sin\alpha = h_s$ folgt

$$F = \varrho \cdot g \cdot h_s \cdot A = p_s \cdot A. \qquad \text{Gl. (4.26)}$$

Die Seitendruckkraft F auf der ebenen Fläche A ist gleich dem hydrostatischen Druck im Schwerpunkt der Fläche mal der Fläche.

Der Betrag der Seitendruckkraft F ist unabhängig von der Neigung der Fläche. Vom absoluten Druck ist der Atmosphärendruck p_A abzuziehen, da die Fläche außenseitig durch diesen belastet wird. Rechnet man jedoch mit Überdrücken, kann der Abzug unterbleiben.

Da der hydrostatische Druck mit der Tiefe zunimmt, liegt der Angriffspunkt der Seitendruckkraft (Druckmittelpunkt D) um den Abstand e tiefer als der Schwerpunkt der Fläche. Mit Hilfe des Momentensatzes erhalten wir

$$\Sigma M_x = 0: \; y_D \cdot F - \int y \cdot dF = 0.$$

$$y_D \cdot \varrho \cdot g \cdot \sin\alpha \cdot y_s \cdot A = \varrho \cdot g \cdot \sin\alpha \underbrace{\int y^2 \cdot dA}_{I_x}$$

$$y_D = \frac{I_x}{y_s \cdot A} = \frac{I_x}{S_x} \qquad \text{Gl. (4.27)}$$

Wegen $e = y_D - y_s = \frac{I_x}{S_x} - y_s$ und mit Hilfe des Steiner'schen Satzes folgt:

$$e = \frac{I_s + y_s^2 \cdot A}{y_s \cdot A} - y_s = \frac{I_s}{y_s A} \rightarrow e = \frac{I_s}{S_x} \qquad \text{Gl. (4.28)}$$

Die x-Koordinate des Druckmittelpunkts D erhalten wir durch den Momentenansatz um die y-Achse zu

$\Sigma M_y = 0{:}\ x_D \cdot F - \int x \cdot \mathrm{d}F = 0.$

$x_D \cdot \varrho \cdot g \cdot \sin\alpha \cdot y_s \cdot A = \varrho \cdot g \cdot \sin\alpha \underbrace{\int xy \cdot \mathrm{d}A}_{I_{xy}}$

$$x_D = \frac{I_{xy}}{y_s \cdot A} = \frac{I_{xy}}{S_x} \qquad \text{Gl. (4.29)}$$

Ist die Fläche A bezüglich der Schwerachse y_s symmetrisch, liegt der Druckmittelpunkt D auf dieser Schwerachse, da $x_D = x_s$ ist.

Beweis $\quad x_D = \frac{I_{xy}}{S_x} = \frac{I_{xs,\,ys} + x_s \cdot y_s \cdot A}{S_x} = \frac{0 + x_s \cdot y_s A}{y_s \cdot A} = x_s$

Beispiel 4.21 In der vertikalen Seitenwand eines Wasserbehälters befindet sich eine kreisrunde Öffnung von $d = 500$ mm Durchmesser (**4**.37). Die Drehachse der Verschlussklappe liegt a = 300 mm über dem Öffnungsmittelpunkt. Das Belastungsgewicht F_G ist b = 450 mm von der Drehachse entfernt. Die Klappe soll sich selbsttätig öffnen, sobald der Wasserstand die Höhe h = 2m über dem Mittelpunkt der Öffnung überschreitet. Welches Belastungsgewicht F_G ist erforderlich?

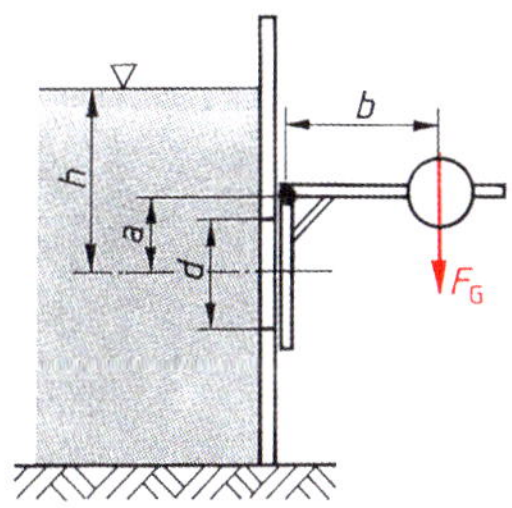

4.37 Wasserbehälter mit Klappwehr

Lösung Für den Grenzfall $h = 2$ m gilt

$\Sigma M = 0{:}\ F\,(a + e) - F_G \cdot b = 0 \rightarrow F_G = \frac{(a + e)}{b} F.$

$$F_G = \frac{\left(a + \frac{I_s}{S_x}\right)}{b} \varrho \cdot g \cdot h \cdot A = \frac{\left(a + \frac{d^2}{16\,y_s}\right)}{b} \varrho \cdot g \cdot h \frac{d^2 \cdot \pi}{4}$$

Mit $y_s = h$ folgt $F_G = \frac{(a + d^2/16\,h)}{b} \varrho \cdot g \cdot h \frac{d^2 \cdot \pi}{4}.$

$$F_G = \frac{(0{,}3\,\text{m} + 0{,}5^2\,\text{m}^2/16 \cdot 2\,\text{m})}{0{,}45\,\text{m}} 1000\,\text{kg/m}^3 \cdot 9{,}81\,\text{m/s} \cdot 2\,\text{m} \frac{0{,}5^2\text{m}^2 \cdot \pi}{4} = \mathbf{2635\ N}$$

Beispiel 4.22 In dem Tank **4**.38 befinden sich Öl und Wasser. Die Breite der Tankseitenwand ist konstant mit $b = 3\,\text{m}$. Weiter sind gegeben: $h_1 = 4\,\text{m}$, $h_2 = 1\,\text{m}$, $\varrho_1 = 950\,\text{kg/m}^3$, $\varrho_2 = 1050\,\text{kg/m}^3$. Ges.: Angriffspunkt und Betrag der Seitendruckkraft F.

Lösung

$$\mathrm{d}F_1 = p_1 \cdot \mathrm{d}A = \varrho_1 \cdot g \cdot b \cdot y_1 \cdot \mathrm{d}y_1 \rightarrow$$

$$F_1 = \varrho_1 \cdot g \cdot b \int_0^{h_1} y_1 \cdot \mathrm{d}y_1 = \varrho_1 \cdot g \cdot b \, \frac{h_1^2}{2}$$

$$\mathrm{d}F_2 = p_2 \cdot \mathrm{d}A = (\varrho_1 \cdot h_1 + \varrho_2 \cdot y_2)\, g \cdot b \cdot \mathrm{d}y_2 \rightarrow$$

$$F_2 = g \cdot b \int_0^{h_2} (\varrho_1 \cdot h_1 + \varrho_2 \cdot y_2)\, \mathrm{d}y_2$$

$$F_2 = g \cdot b \left[\varrho_1 \cdot h_1 \cdot h_2 + \varrho_2 \, \frac{h_2^2}{2} \right] \qquad F = F_1 + F_2 \rightarrow$$

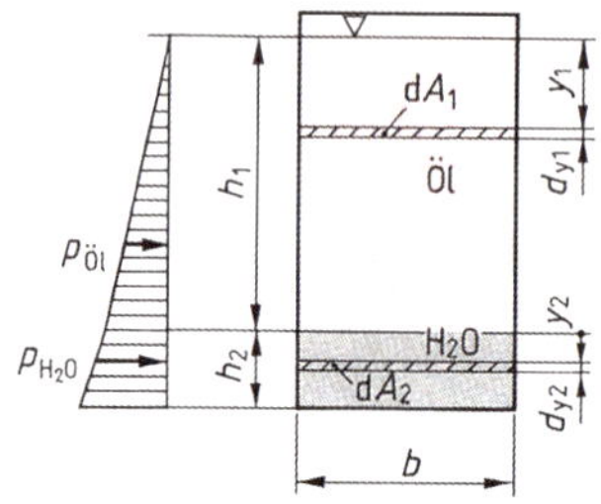

4.38 Öl-Wasser-Tank

$$F = g \cdot b \left[\varrho_1 \, \frac{h_1^2}{2} + \varrho_2 \, \frac{h_2^2}{2} + \varrho_1 \cdot h_1 \cdot h_2 \right]$$

$$F = 9{,}81 \cdot 3 \left[950 \, \frac{4^2}{2} + 1050 \, \frac{1^2}{2} + 950 \cdot 4 \cdot 1 \right] = \mathbf{350953\,N}$$

$$\Sigma M = 0\colon \; y_D \cdot F - \int y \cdot \mathrm{d}F = 0$$

$$y_D \cdot F = \varrho_1 \cdot g \cdot b \int_0^{h_1} y_1^2 \cdot \mathrm{d}y_1 + g \cdot b \int_0^{h_2} [(\varrho_1 \cdot h_1 + \varrho_2 \cdot y_2) \underbrace{(h_1 + y_2)}_{y}]\, \mathrm{d}y_2$$

$$y_D \cdot F = g \cdot b \left[\varrho_1 \int_0^{h_1} y_1^2 \cdot \mathrm{d}y_1 + \int_0^{h_2} (\varrho_1 \cdot h_1^2 + \varrho_2 \cdot h_1 \cdot y_2 + \varrho_1 h_1 y_2 + \varrho_2 \cdot y_2^2)\, \mathrm{d}y_2 \right]$$

$$y_D \cdot F = g \cdot b \left[\varrho_1 \, \frac{h_1^3}{3} + \varrho_1 \cdot h_2 \cdot h_1^2 + \varrho_2 \cdot h_1 \, \frac{h_2^2}{2} + \varrho_1 \cdot h_1 \, \frac{h_2^2}{2} + \varrho_2 \, \frac{h_2^3}{3} \right]$$

$$y_D = \frac{g \cdot b}{F} \left[\frac{1}{3} (\varrho_1 \cdot h_1^3 + \varrho_2 \cdot h_2^3) + \frac{h_1 \cdot h_2^2}{2} (\varrho_1 + \varrho_2) + \varrho_1 \cdot h_1^2 \cdot h_2 \right]$$

$$y_D = \frac{9{,}81\,\text{m/s}^2 \cdot 3\,\text{m}}{350953\,\text{N}} \left[\frac{1}{3} (950\,\text{kg/m}^3 \cdot 4^3\,\text{m}^3 + 1050\,\text{kg/m}^3 \cdot 1^3\,\text{m}^3) \right.$$

$$\left. + \frac{4\,\text{m} \cdot 1^2\,\text{m}^2}{2} (950\,\text{kg/m}^3 + 1050\,\text{kg/m}^3) + 950\,\text{kg/m}^3 \cdot 4^2\,\text{m}^2 \cdot 1 \right] = \mathbf{3{,}34\,m}$$

Beispiel 4.23 Zu ermitteln sind Größe und Angriffspunkt der Seitendruckkraft auf die vertikale Dreiecksfläche **4**.39. Geg.: $b = 3\,\text{m}$, $h = 4\,\text{m}$, $\varrho = 1010\,\text{kg/m}^3$.

Lösung

$$\mathrm{d}F = p \cdot \mathrm{d}A = \varrho \cdot g \cdot y \cdot x \cdot \mathrm{d}y$$

Aus $h : b = (h - y) : x \rightarrow x = \frac{b}{h}(h - y)$. Somit ist

$$\mathrm{d}F = \varrho \cdot g \cdot y \cdot \frac{b}{h} (h - y) \cdot \mathrm{d}y$$

$$F = \varrho \cdot g \, \frac{b}{h} \int_0^{h} y (h - y)\, \mathrm{d}y = \varrho \cdot g \quad \frac{\;-\;}{6}$$

$$F = 1010 \cdot 9{,}81 \cdot 3 \cdot \frac{4^2}{6} = \mathbf{79265\,N}$$

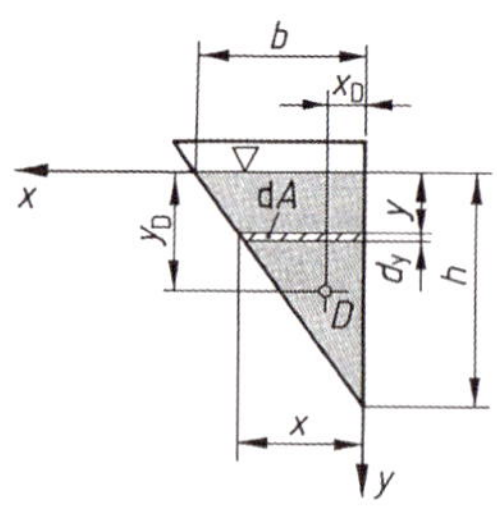

4.39 Tank mit dreieckförmiger Wand

Lösung Fortsetzung

$$\Sigma M_x = 0: y_D \cdot F - \int dM_x = 0 \rightarrow y_D \cdot F = \int y \cdot dF$$

$$y_D \cdot F = \varrho \cdot g \cdot \frac{b}{h} \int_0^h y^2 (h - y)\, dy = \varrho \cdot g \cdot \frac{b}{h} \left[h \frac{y_3}{3} - \frac{y^4}{4} \right]_0^h$$

$$y_D \cdot \varrho \cdot g \cdot b \frac{h^2}{6} = \varrho \cdot g \cdot \frac{b}{h} \cdot \frac{h^4}{12} \rightarrow y_D = \frac{h}{2} = \frac{4}{2} = \mathbf{2\,m}$$

$$\Sigma M_y = 0: \; x_D \cdot F - \int dM_y = 0 \rightarrow x_D \cdot F = \int \frac{x}{2}\, dF$$

$$x_D \cdot F = \int \frac{x}{2}\, \varrho \cdot g \cdot y \frac{b}{h} (h - y)\, dy = \varrho \cdot g \int \frac{b}{2h} (h - y) \cdot \frac{b}{h} (h - y)\, y \cdot dy$$

$$x_D \cdot F = \frac{1}{2}\, \varrho \cdot g \left(\frac{b}{h}\right)^2 \int_0^h (h - y)^2 \cdot y \cdot dy$$

$$x_D \cdot F = \frac{1}{2}\, \varrho \cdot g \left(\frac{b}{h}\right)^2 \int_0^h (h^2 y - 2h \cdot y^2 + y^3)\, dy = \frac{1}{24}\, \varrho \cdot g \cdot b^2 \cdot h^2$$

$$x_D \cdot \varrho \cdot g \cdot b \frac{h^2}{6} = \frac{1}{24}\, \varrho \cdot g \cdot b^2 \cdot h^2 \rightarrow x_D = \frac{b}{4} = \frac{3}{4} = \mathbf{0{,}75\,m}$$

Seitendruckkraft und Druckmittelpunkt bei Druck auf gewölbte Wände. Die Seitendruckkraft und den Druckmittelpunkt infolge des hydrostatischen Überdrucks gegen gewölbte (gekrümmte) Wände erhalten wir in analoger Weise wie bei den Druckkräften gegen ebene Wände. Entsprechend Bild **4.**40a sind die Komponenten der auf die Elementarfläche dA wirkenden Druckkraft $dF = p \cdot dA$ mit $p = \varrho \cdot g \cdot z$ gleich

$$dF_x = \varrho \cdot g \cdot z \cdot dA_x \qquad dF_y = \varrho \cdot g \cdot z \cdot dA_y \qquad dF_z = \varrho \cdot g \cdot z \cdot dA_z\,.$$

Dabei sind dA_x, dA_y und dA_z jeweils die in die Koordinatenachsen x, y und z projizierte Elementarfläche dA. Durch Integration erhalten wir die Komponenten der Seitendruckkraft.

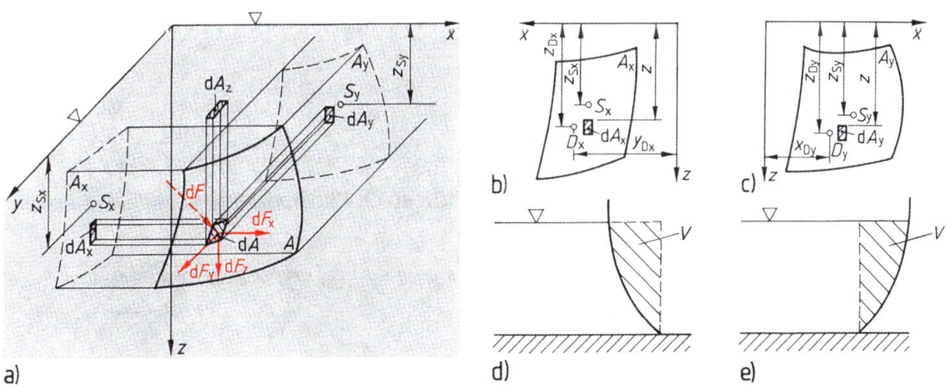

4.40 a) Druckkräfte gegen gekrümmte Wände, b) Projektion der Fläche A auf die yz-Ebene $\rightarrow A_x$ bzw. dA_x, c) auf die xz-Ebene $\rightarrow A_y$ bzw. dA_y, d u. e) Belastungsvolumen bei gewölbter Wand für die Kraftrichtung z

$$F_x = \varrho \cdot g \cdot \underbrace{\int z \cdot dA_x}_{z_{Sx} \cdot A_x} \rightarrow F_x = \varrho \cdot g \cdot z_{Sx} \cdot A_x \qquad \text{Gl. (4.30)}$$

$$F_y = \varrho \cdot g \cdot \underbrace{\int z \cdot dA_y}_{z_{Sy} \cdot A_y} \rightarrow F_y = \varrho \cdot g \cdot z_{Sy} \cdot A_y \qquad \text{Gl. (4.31)}$$

$$F_z = \varrho \cdot g \cdot \underbrace{\int z \cdot dA_z}_{\int dV = V} \rightarrow F_z = \varrho \cdot g \cdot V \qquad \text{Gl. (4.32)}$$

V = Volumen der Flüssigkeit oberhalb der Fläche A (**4**.40d und e)

Hierbei sind wieder die Flächen A_x, A_y und A_z die Projektionen der Fläche A in die entsprechenden Koordinatenrichtungen und z_{Sx} wie z_{Sy} die Schwerpunktskoordinaten der Flächen A_x und A_y in Richtung von z. Die Kräfte F_x, F_y und F_z gehen im Allgemeinen nicht durch einen gemeinsamen Punkt, können daher auch nicht zu einer resultierenden Kraft zusammengefasst werden. F_x und F_y sind horizontale Kräfte, F_z ist die Gewichtskraft des über der gedrückten Fläche A ruhenden Volumens V der Flüssigkeit. Bei symmetrischen Flächen (etwa Kugel- oder Zylinderflächen) genügt je nach Lage z. B. nur die Projektion auf die yz-Ebene. Da F_x und F_z in einer beiden gemeinsamen Ebene liegen, lassen sie sich mittels Satz des Pythagoras zu einer Resultierenden zusammenfassen.

Die Koordinaten der Druckmittelpunkte z_{Dx}, y_{Dx}, z_{Dy} und x_{Dy} erhalten wir wieder aus dem Momentenansatz. Für den Druckmittelpunkt D_x bilden wir die Momente um die y- und die z-Achse entsprechend Bild **4**.40b.

$$\Sigma M_y = 0\colon\; z_{Dx} \cdot F_x = \int_{A_x} z \cdot dF_x \qquad z_{Dx} \cdot \varrho \cdot g \cdot z_{Sx} \cdot A_x = \varrho \cdot g \underbrace{\int_{A_x} z^2 \, dA_x}_{I_y}$$

$$z_{Dx} = \frac{I_y}{z_{Sx} \cdot A_x} = \frac{I_y}{S_y} \qquad \text{Gl. (4.33)}$$

$$\Sigma M_z = 0\colon\; y_{Dx} \cdot F_x = \int_{A_x} y \cdot dF_x \qquad y_{Dx} \cdot \varrho \cdot g \cdot z_{Sx} \cdot A_x = \varrho \cdot g \underbrace{\int_{A_x} y \cdot z \cdot dA_x}_{I_{yz}}$$

$$y_{Dx} = \frac{I_{yz}}{z_{Sx} \cdot A_x} = \frac{I_{yz}}{S_y} \qquad \text{Gl. (4.34)}$$

Die Koordinaten von D_y erhalten wir nach Bild **4**.40c durch Bilden der Momente um die x- und z-Achse.

$$\Sigma M_x = 0\colon\; z_{Dy} \cdot F_y = \int_{A_y} z \cdot dF_y \qquad s_{Dy} \cdot \varrho \cdot g \cdot z_{Sy} \cdot A_y = \varrho \cdot g \cdot \underbrace{\int_{A_y} z^2 \, dA_y}_{I_x}$$

$$z_{Dy} = \frac{I_x}{z_{Sy} \cdot A_y} = \frac{I_x}{S_x} \qquad \text{Gl. (4.35)}$$

$$\Sigma M_z = 0{:}\; x_{Dy} \cdot F_y = \int_{A_y} x \cdot dF_y \qquad x_{Dy} \cdot \varrho \cdot g \cdot z_{Sy} \cdot A_y = \varrho \cdot g \underbrace{\int_{A_y} xz \cdot dA_y}_{I_{xz}}$$

$$x_{Dy} = \frac{I_{xz}}{z_{Sy} \cdot A_y} = \frac{I_{xz}}{S_x} \qquad \text{Gl. (4.36)}$$

D_z, also der Angriffspunkt von F_z, ist identisch mit dem Schwerpunkt des Flüssigkeitsvolumens oberhalb der gedrückten Fläche A.

Beispiel 4.24 Ein Zylinder, dessen Eigengewicht $F_G = 30\,\text{kN}$ und Durchmesser $d = 2\,\text{m}$ betragen, liegt am Boden eines Behälters mit gleicher Länge $l = 2\,\text{m}$ (**4.41**). In den verbleibenden Raumteilen werden links Wasser bis zur Höhe $h_1 = d/4$ und rechts Öl bis zur Höhe $h_2 = d/2$ eingefüllt. $\varrho_{Wasser} = \varrho_1 = 1050\,\text{kg/m}^3$, $\varrho_{Öl} = \varrho_2 = 850\,\text{kg/m}^3$.
Ges.: Reaktionskraft F_B in B am Boden des Behälters.

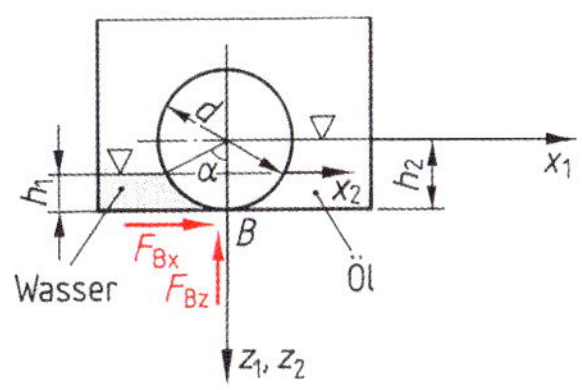

4.41 Zylinder am Boden eines Behälters

Lösung

$$\Sigma F_x = 0 \rightarrow{:}\; F_{x1} - F_{x2} + F_{Bx} = 0$$

$$\varrho_1 \cdot g \int_{A_{x1}} z_1 \cdot dA_{x1} - \varrho_2 \cdot g \int_{A_{x2}} z_2 \cdot dA_{x2} + F_{Bx} = 0$$

$$\varrho_1 \cdot g \cdot l \int_0^{h_1} z_1 \cdot dz_1 - \varrho_2 \cdot g \cdot l \int_0^{h_2} z_2 \cdot dz_2 + F_{Bx} = 0$$

$$\varrho_1 \cdot g \cdot l\,\frac{h_1^2}{2} - \varrho_2 \cdot g \cdot l\,\frac{h_2^2}{2} + F_{Bx} = 0$$

$$\rightarrow F_{Bx} = \frac{g \cdot l}{2}\,(\varrho_2 \cdot h_2^2 - \varrho_1 h_1^2) = \frac{g \cdot l \cdot d^2}{8}\left(\varrho_2 - \frac{\varrho_1}{4}\right)$$

$$F_{Bx} = \frac{1}{8} \cdot 9{,}81\,\text{m/s}^2 \cdot 2\,\text{m} \cdot 2^2\,\text{m}^2 \left(850\,\text{kg/m}^3 - \frac{1050\,\text{kg/m}^3}{4}\right) = 5763\,\text{N}$$

$$\Sigma F_z = 0 \downarrow{:}\; -F_{z1} - F_{z2} + F_G - F_{Bz} = 0$$

$$-\varrho_1 \cdot g \int_{A_{z1}} z_1 \cdot dA_{z1} - \varrho_2 \cdot g \int_{A_{z2}} z_2 \cdot dA_{z2} + F_G - F_{Bz} = 0$$

$$\rightarrow F_{Bz} = F_G - \varrho_1 \cdot g \cdot V_1 - \varrho_2 \cdot g \cdot V_2$$

$V_1 = A_1 \cdot l$ $\quad A_1$ erhalten wir aus dem Kreissektor vermindert um die Dreiecksfläche

$$\alpha = \arccos\left[\frac{\frac{d}{4}}{\frac{d}{2}}\right] = \arccos\left(\frac{1}{2}\right) = 60°$$

$$V_1 = \left[\left(\frac{d}{2}\right)^2 \pi \cdot \frac{60}{360} - \frac{1}{2}\,\frac{d}{4}\sqrt{\left(\frac{d}{2}\right)^2 - \left(\frac{d}{4}\right)^2}\,\right] \cdot l \rightarrow$$

$$V_1 = d^2 \cdot l\left(\frac{\pi}{24} - \frac{\sqrt{3}}{32}\right) = 2^2 \cdot 2 \cdot \left(\frac{\pi}{24} - \frac{\sqrt{3}}{32}\right) = 0{,}614185\,\text{m}^3$$

$$V_2 = A_2 \cdot l = \left(\frac{d}{2}\right)^2 \cdot \pi \cdot \frac{1}{4} \cdot l = \frac{1}{16}\,d^2 \cdot \pi \cdot l = \frac{1}{16}\,2^2 \cdot \pi \cdot 2 = 1{,}5708\,\text{m}^3$$

$$F_{Bz} = F_G - \varrho_1 \cdot g \cdot V_1 - \varrho_2 \cdot g \cdot V_2 = 30000\,\text{N} - 1050\,\text{kg/m}^3 \cdot 9{,}81\,\text{m/s}^2 \cdot 0{,}614185\,\text{m}^3 - 850\,\text{kg/m}^3 \cdot 9{,}81\,\text{m/s} \cdot 1{,}5708\,\text{m}^3 = 10576\,\text{N}$$

$$F_B = \sqrt{F_{Bx}^2 + F_{Bz}^2} = \mathbf{12044\,N}$$

Beispiel 4.25 Ein Loch im Boden eines Behälters vom Durchmesser $d_1 = 0{,}6$ m wird durch eine Kugel mit dem Durchmesser $d_2 = 0{,}8$ m verschlossen (**4**.42). Mit welcher Kraft F wird die Kugel auf die Öffnung des Behälters gepresst, wenn der Behälter mit Wasser gefüllt ist? $h = 6$ m, $\rho = 1000$ kg/m³

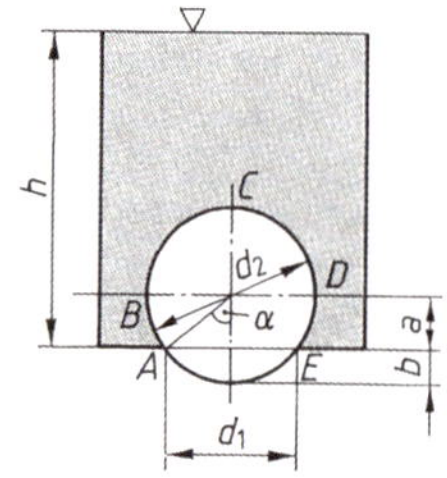

4.42 Durch Kugel verschlossener Behälter

Lösung Die Kraft F erhalten wir aus der Gewichtskraft des Wasservolumens über BCD, vermindert um die Gewichtskraft des Wassers über $AB - DE$.

$$F = \varrho \cdot g\,(V_1 - V_2) \qquad \alpha = \arcsin\,(d_1/d_2) = 48{,}59°$$

$$a = \frac{d_2}{2}\cos(\alpha) = \frac{0{,}8}{2} \cdot \cos(48{,}59) = 0{,}264575\,\text{m}$$

$$b = \frac{d_2}{2} - a = \frac{0{,}8}{2} - 0{,}264575 = 0{,}1354249\,\text{m}$$

$$V_1 = \frac{d_2^2 \cdot \pi}{4}(h-a) - \frac{1}{2} \cdot \frac{4}{3}\pi\left(\frac{d_2}{2}\right)^3 = \frac{0{,}8^2 \cdot \pi}{4}(6 - 0{,}264575) - \frac{2}{3}\pi\left(\frac{0{,}8}{2}\right)^3$$

$$V_1 = 2{,}7489\,\text{m}^3$$

$$V_2 = (d_2^2 - d_1^2)\,\frac{\pi}{4}\,(h-a) + \frac{1}{2} \cdot \frac{4}{3}\pi\left(\frac{d_2}{2}\right)^3 - \frac{d_1^2 \cdot \pi}{4}\,a - \frac{\pi \cdot b^2}{3}\left(3\,\frac{d_2}{2} - b\right)$$

$$V_2 = (0{,}8^2 - 0{,}6^2)\,\frac{\pi}{4}\,(6 - 0{,}264575) + \frac{2}{3}\pi\left(\frac{0{,}8}{2}\right)^3 - \frac{0{,}6^2\,\pi}{4} \cdot 0{,}264575$$

$$-\frac{\pi}{3}\,0{,}1354249^2\left(3\,\frac{0{,}8}{2} - 0{,}1354249\right) = 1{,}3\,\text{m}^3$$

$$F = \varrho \cdot g\,(V_1 - V_2) = 1000\,\text{kg/m}^3 \cdot 9{,}81\,\text{m/s}^2\,(2{,}7489\,\text{m}^3 - 1{,}3\,\text{m}^3)\,10^{-3} = \mathbf{14{,}2\,kN}$$

Beispiel 4.26 Für die parabolische Staumauer aus Beton **4**.43 sind die resultierende Kraft F, ihr Angriffspunkt und ihre Richtung aufgrund des hydrostatischen Drucks je Meter Staubreite zu ermitteln. Geg.: $h = 16$ m, $a = 4$ m, $\varrho = 1000$ kg/m³

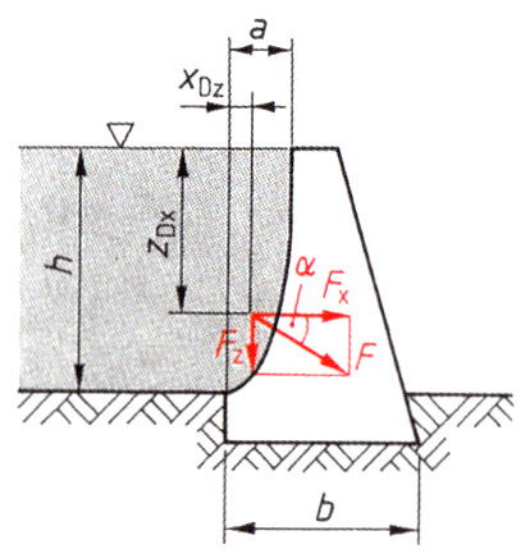

4.43 Staumauer

Lösung

$$F_x = \varrho \cdot g\,\frac{h^2}{2}\,c = 1000 \cdot 9{,}81\,\frac{16^2}{2}\,1 = 1\,255\,680\,\text{N}$$

$$z_{Dx} = \frac{I_x}{z_{Sx} \cdot A_x} = \frac{b \cdot h^3 \cdot 2}{3h \cdot h \cdot b} = \frac{2}{3}\,h = \frac{2}{3}\,16 = 10{,}667\,\text{m}$$

$$F_z = \varrho \cdot g \cdot V = \varrho \cdot g \cdot c \cdot A = \varrho \cdot g \cdot c \cdot \left(a \cdot h - \int_0^a x^2 \cdot \mathrm{d}x\right) = \varrho \cdot g \cdot c\left(a \cdot h - \frac{a^3}{3}\right)$$

$$F_z = 1000 \cdot 9{,}81 \cdot 1\left(4 \cdot 16 - \frac{4^3}{3}\right) = 418\,560\,\text{N}$$

$$A \cdot x_{Dz} = \int_0^a x\,(h - x^2)\,\mathrm{d}x = \frac{a^2}{2}\left(h - \frac{a^2}{2}\right)$$

$$x_{Dz} = \frac{\frac{a^2}{2}\left(h - \frac{a^2}{2}\right)}{a\left(h - \frac{a^2}{3}\right)} = \frac{a}{2} \cdot \frac{h - \frac{a^2}{2}}{h - \frac{a^2}{3}} = \frac{4\,\text{m}}{2} \cdot \frac{16\,\text{m} - \frac{4^2\,\text{m}^2}{2}}{16\,\text{m} - \frac{4^2\,\text{m}^2}{3}} = \mathbf{1{,}5\,m}$$

$$F = \sqrt{F_x^2 + F_z^2} = \mathbf{1\,323\,603\,N} \qquad \alpha = \arctan\frac{F_z}{F_x} = \mathbf{18{,}44°}$$

Aufgaben zu Abschnitt 4.2

1. An einem vollständig gefüllten Flüssigkeitsbehälter sind zwei Zylinder mit reibungsfrei verschieblichen Kolben angeschlossen. Auf den kleinen Kolben wirkt die Kraft F_1 (**4**.44).
Geg.: $F_1 = 1900$ N, $s_1 = 30$ mm, $d_1 = 60$ mm, $d_2 = 100$ mm
Ges.: Hydrostatischer Druck p im Behälter, Kolbenkraft F_2 und Kolbenhub s_2

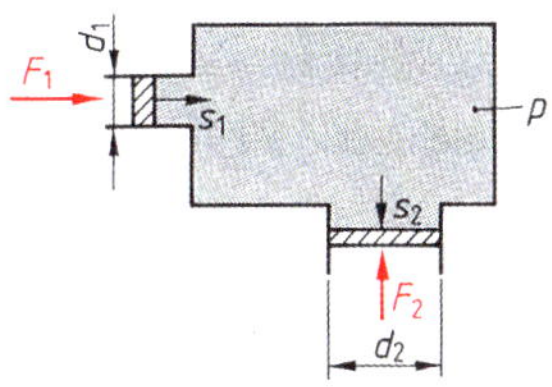

4.44 Hydraulische Übersetzung

2. Der Druckluftkessel **4**.45 soll auf Dichtheit geprüft werden. Dazu wird er mit Wasser auf 50 bar Überdruck abgedrückt.
Geg.: $d = 500$ mm, $s = 10$ mm, $l = 2000$ mm.
Ges.: a) Spannungen σ_1 und σ_2 in der Kesselwand. b) Bei welchem Innendruck reißt der Kessel, wenn die Zugfestigkeit des Werkstoffs $R_m = 650$ N/mm² beträgt und die Normalspannungshypothese zugrunde gelegt werden kann?
(Hinweis: Verwenden Sie die sogenannten Kesselformeln von S. 303)

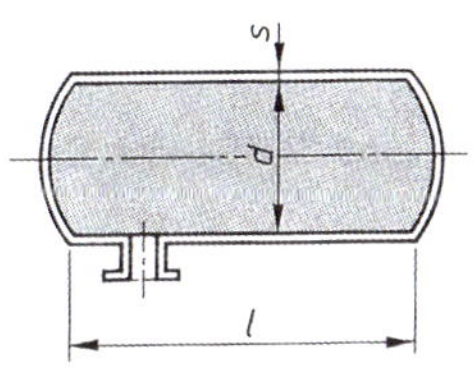

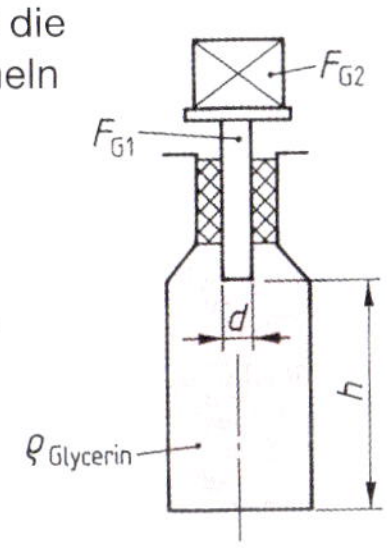

4.45 Druckluftkessel

4.46 Mit Glycerin gefülltes Gefäß

3. Ein mit Glycerin gefülltes Gefäß ist durch einen Kolben mit dem Durchmesser $d = 60$ mm verschlossen. Der Kolben hat ein Eigengewicht $F_{G1} = 30$ N und ist zusätzlich durch ein Gewicht $F_{G2} = 100$ N belastet (**4**.46). Die Höhe zwischen Gefäß und Kolbenboden beträgt $h = 2$ m, der Atmosphärendruck $p_A = 1{,}013$ bar. $\varrho_{Glycerin} = 1270$ kg/m³.
Ges.: Überdruck und absoluter Druck am Gefäßboden und Kolbenboden.

4. Ein offenes U-Rohr ist mit Wasser und Öl entsprechend Bild **4**.47 gefüllt. $\varrho_{Wasser} = 1000$ kg/m³
Ges.: a) Dichte des Öls, b) Höhe der Wassersäule über der Trennfläche, wenn statt des Öls das gleiche Volumen Glycerin mit einer Dichte von $\varrho = 1270$ kg/m² verwendet wird.

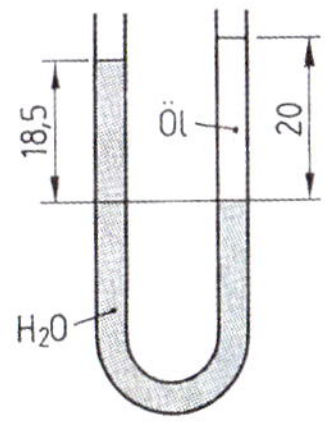

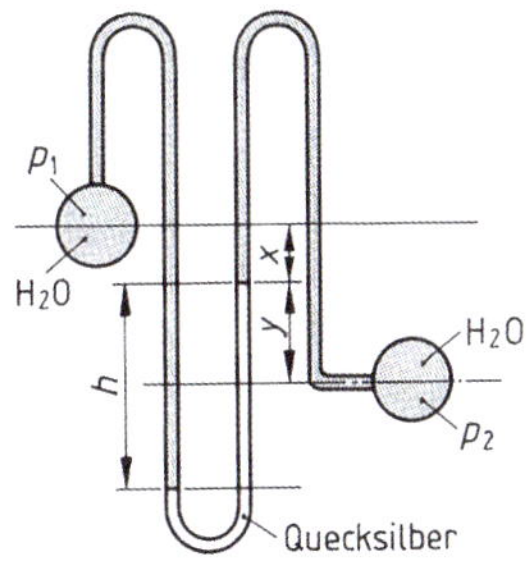

4.47 Kommunizierendes Gefäß

4.48 U-Rohrmanometer

5. Zwei mit Wasser der Dichte ϱ_W gefüllte Becher sind entsprechend Bild **4**.48 über ein U-Rohrmanometer verbunden. Die Dichte der Manometerflüssigkeit ist ϱ_M.
Ges.: Druckdifferenz $p_1 - p_2 = \Delta p$ in Abhängigkeit vom Manometerausschlag Δh.

6. In einem Gefäß steht Wasser $\varrho = 1020$ kg/m³ bis zur Höhe $h = 3$ m. In einer senkrechten Seitenwand ist eine Öffnung vom Radius $r = 0{,}3$ m angebracht, deren Mittelpunkt in der Höhe $h_1 = 0{,}5$ m über dem Boden liegt. Die Öffnung ist mit einem Deckel verschlossen.
Ges.: Kraft F auf dem Deckel.

7. Wie groß muss die Kraft F sein, die zum Hochstellen einer unter Wassereinwirkung stehenden Faschine notwendig ist (**4**.49)? Das Gewicht der Faschine ist $F_G = 3$ kN, ihre Breite $b = 3$ m, die Wassertiefe $h = 2{,}5$ m, der Reibungskoeffizient der Faschine gegen ihr Lager ist $\mu = 0{,}3$.

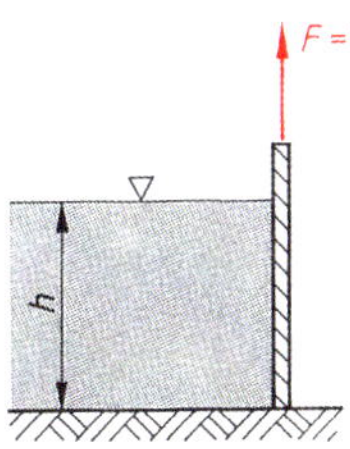

4.49 Belastung einer Faschine

8. Gegeben ist ein kommunizierendes Gefäß mit drei nichtmischbaren Flüssigkeiten (**4**.50). $\varrho_1 = 1350\,\text{kg/m}^3$, $\varrho_2 = 970\,\text{kg/m}^3$, $\varrho_3 = 856\,\text{kg/m}^3$, $h_2 = 400\,\text{mm}$, $h_3 = 200\,\text{mm}$. Ges.: h_1.

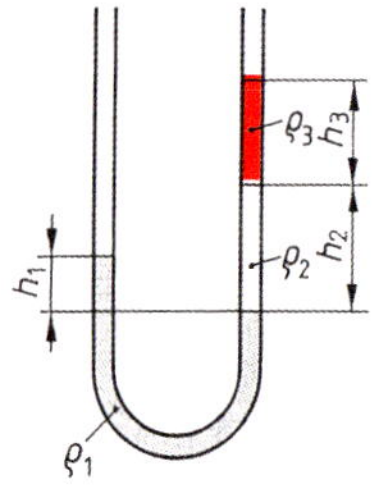

4.50 Verbundenes Gefäß

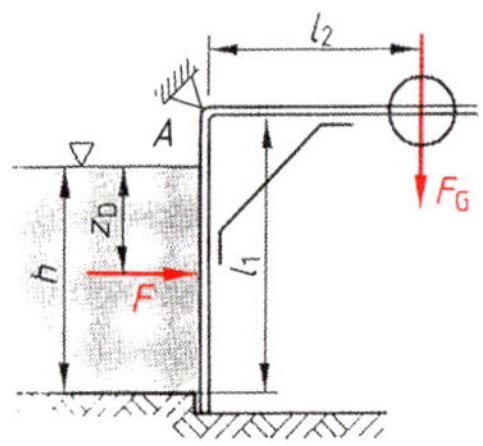

4.51 Klappwehr

9. Geg.: Klappwehr **4**.51 mit $l_1 = 1{,}5$ m, $l_2 = 1{,}2$ m, $b = 2$ m, $\rho = 1000$ kg/m³. Wie groß muss das Gewicht F_G sein, damit ein Wasserstand von $h = 1{,}2$ m nicht überschritten wird?

10. Gesucht werden Größe und Angriffspunkt der Seitendruckkraft auf die vertikale Dreiecksfläche **4**.52.
$\varrho = 1000\,\text{kg/m}^3$, $b = 4\,\text{m}$, $h = 3\,\text{m}$

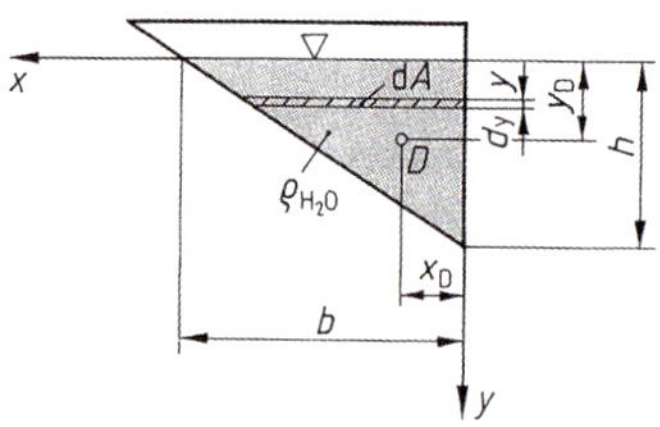

4.52 Seitendruckkraft auf vertikale Dreiecksfläche

11. In dem Tank **4**.53 befinden sich Öl und Wasser. Die Seitenwand des Tanks ist konstant $b = 2\,\text{m}$ breit. Geg.: $h_1 = 3\,\text{m}$, $h_2 = 2\,\text{m}$, $\varrho_1 = 800\,\text{kg/m}^3$, $\varrho_2 = 1000\,\text{kg/m}^3$.
Ges.: Seitendruckkraft F und ihr Angriffspunkt.

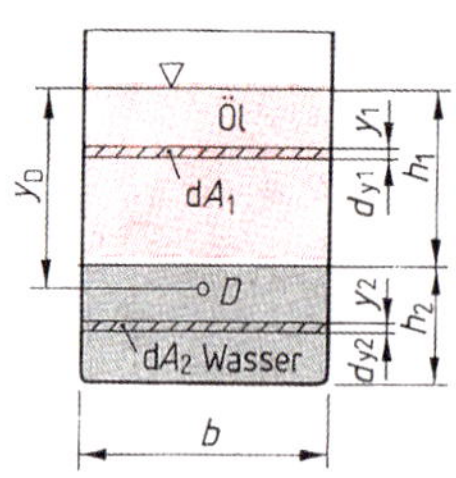

4.53 Öl-Wasser-Tank

12. Geg. Wehr mit rechteckiger Öffnung **4**.54. $\varrho = 1000\,\text{kg/m}^3$, $l_1 = 0{,}5\,\text{m}$, $l_2 = 1{,}2\,\text{m}$, $l_3 = 1{,}3\,\text{m}$, $h = 0{,}7\,\text{m}$, $b = 0{,}4\,\text{m}$.
Ges.: Gewicht F_G, wenn die Klappe bei einer Wasserhöhe $H = 3\,\text{m}$ öffnen soll.

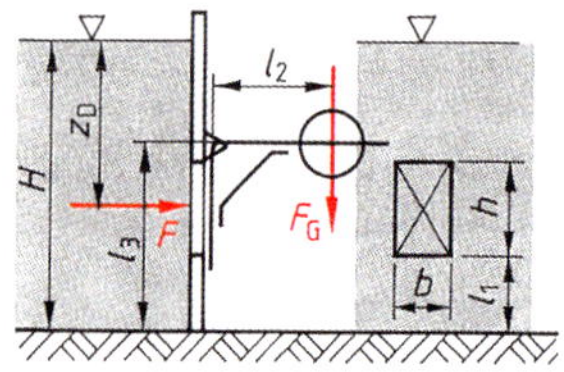

4.54 Wehr mit rechteckiger Öffnung

13. Geg.: Wassertank **4**.55. $\varrho_{H_2O} = 998\,\text{kg/m}^3$, Druck am Manometer $p_M = 3\,\text{bar}$.
Ges.: Angriffspunkt und Größe der Seitendruckkraft F gegen den rechteckigen Deckel mit $b = 1\,\text{m}$ und $h = 2\,\text{m}$. Wasserhöhe $H = 6\,\text{m}$.

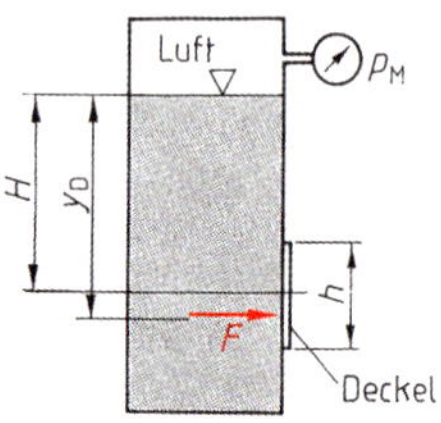

4.55 Geschlossener Wassertank

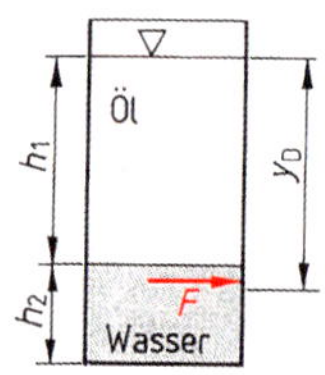

4.56 Offener Behälter

14. Geg.: Offener Behälter **4**.56, Breite konstant $b = 3\,\text{m}$, $h_1 = 4\,\text{m}$, $h_2 = 2\,\text{m}$, $\varrho_{Öl} = 780\,\text{kg/m}^3$, $\varrho_{H_2O} = 999{,}2\,\text{kg/m}^3$.
Ges.: Angriffspunkt und Größe der Seitendruckkraft F.

15. Wie groß muss der Abstand zwischen Schwer- und Drehachse y sein, damit die im Bild **4**.57 dargestellte Reckklappe beim Wasserstand von $H = 8$ m automatisch öffnet? $h = 2$ m, $a = 1{,}5$ m, $b = 1{,}5$m.

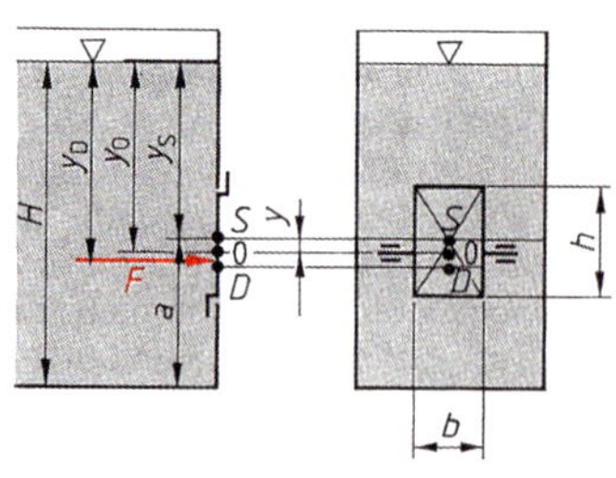

4.57 Behälter mit rechteckiger Klappe

16. Ein Wehrkörper hat die Form eines Viertelkreises mit Radius $r = 5\,\text{m}$ und Breite $b = 16\,\text{m}$ (**4**.58). $\varrho = 1000\,\text{kg/m}^3$
Ges.: Reaktionskraft im Drehpunkt M

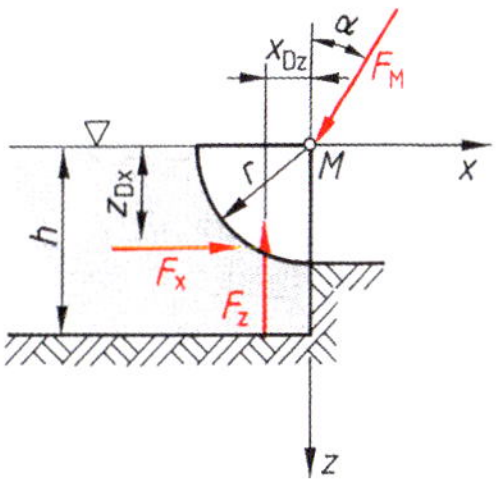

4.58 Wehrkörper

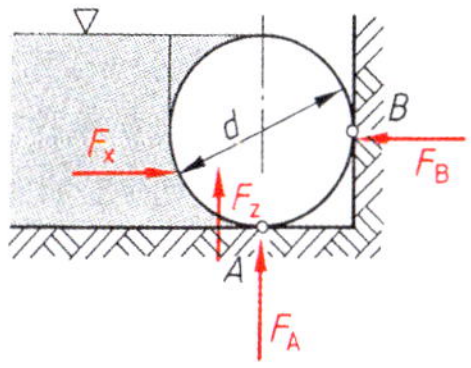

4.59 Vollzylinder im Wasserbecken

17. Ein 10 m langer Vollzylinder mit $d = 4\,\text{m}$ Durchmesser und einem Eigengewicht $F_G = 10000\,\text{kN}$ ist wie im Bild **4**.59 in einem Wasserbecken gelagert. $\varrho = 1000\,\text{kg/m}^3$. Wie groß sind die Reaktionskräfte in A und B der Berührungsstellen zwischen Zylinder und Becken?

18. Die Seitenwand eines Wasserbeckens wird durch eine gelenkig gelagerte Stütze BC gehalten (**4**.60). $a = 1{,}5\,\text{m}$, $\varrho = 1000\,\text{kg/m}^3$, $b = 6\,\text{m}$. Wie groß ist die Stützkraft F_S in der Stange BC? $\alpha = 60°$

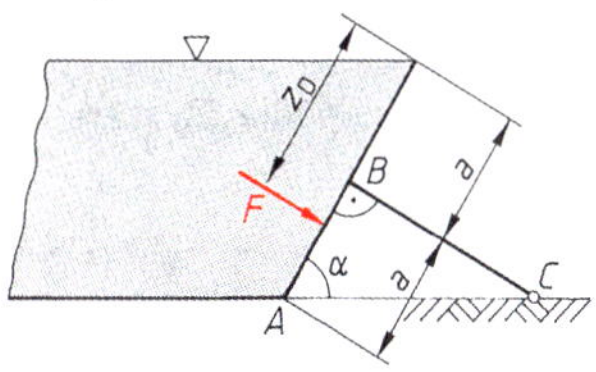

4.60 Gestützte Seitenwand eines Wasserbeckens

19. Geg.: Staumauer aus Beton **4**.61.
$\varrho_{Beton} = 2400\,\text{kg/m}^3$, $a = 3\,\text{m}$, $h = 9\,\text{m}$, $t = 2\,\text{m}$, $b = 7\,\text{m}$, $\varrho_{Wasser} = 1000\,\text{kg/m}^3$.
Ges.: Für 1 m Staubreite die resultierende Druckkraft F und die Standsicherheit ν der Staumauer.

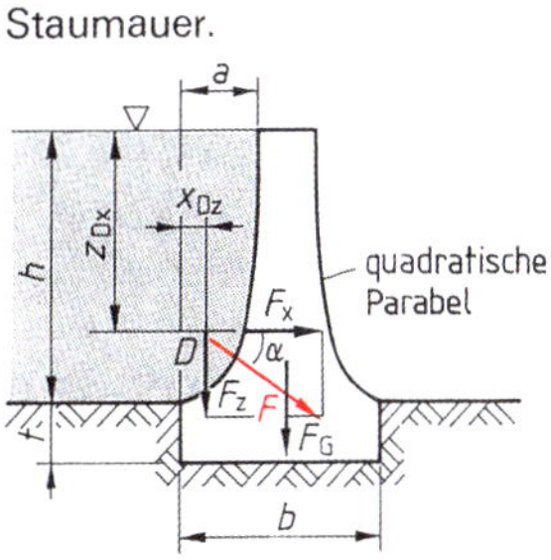

4.61 Staumauer

20. Der Wehrkörper eines Sektorwehrs hat die Querschnittsform eines Kreissektors (**4**.62). Er ist in der Zylinderachse M der Bodenschwelle gelagert. Gegeben: $r = 4\,\text{m}$, $b = 10\,\text{m}$, $\varphi = 45°$, $\varrho = 1000\,\text{kg/m}^3$. Gesucht wird die resultierende Druckkraft gegen den Wehrkörper nach Größe und Richtung.

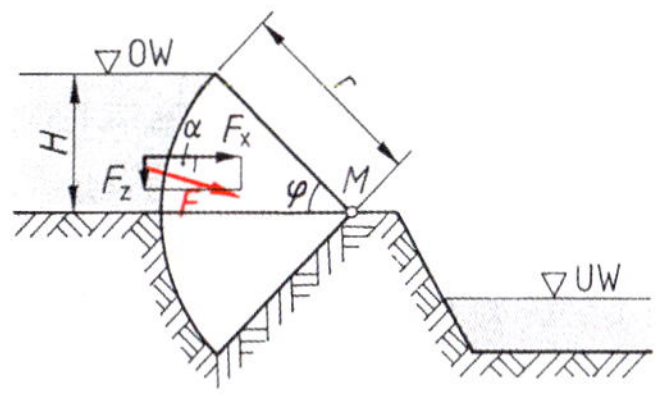

4.62 Sektorwehr

21. Die im Bild **4**.63 dargestellte Klappe ist durch die durch den Schwerpunkt gehende Drehachse gelagert. Dadurch wird die Klappe infolge des Wasserdrucks stets geschlossen gehalten. Wie groß ist das zum Öffnen erforderliche Drehmoment, und wie ändert es sich mit dem Wasserstand?

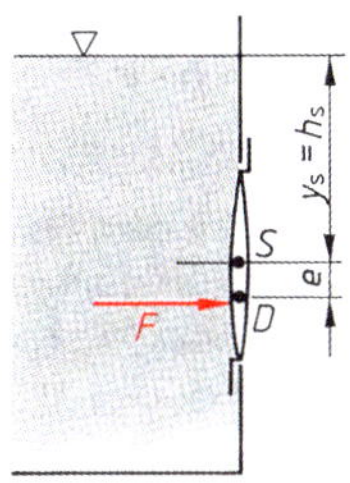

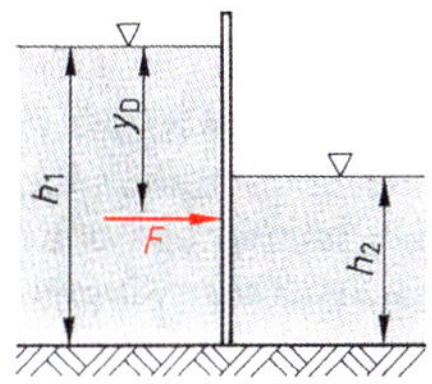

4.63 Abschlussklappe 4.64 Schleusentor

22. Für das Schleusentor **4**.64 sind Größe und Richtung sowie Lage der resultierenden Seitendruckkraft zu bestimmen. $\varrho = 1000\,\text{kg/m}^3$, $h_1 = 3\,\text{m}$, $h_2 = 1{,}5\,\text{m}$, $b = 3\,\text{m}$

23. In einem durch eine Zwischenwand geteilten Gefäß befinden sich zwei verschiedene Flüssigkeiten mit $\varrho_1 = 800\,\text{kg/m}^3$, $\varrho_2 = 1200\,\text{kg/m}^3$ (**4**.65). $h_1 = 3\,\text{m}$, $h_2 = 2\,\text{m}$, $b = 2\,\text{m}$. Berechnen Sie Größe und Angriffspunkt der resultierenden Druckkraft auf die Trennwand.

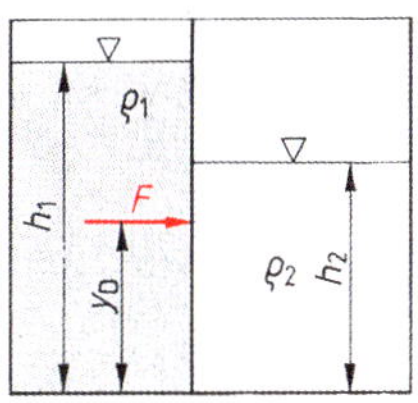

4.65 Durch Trennwand geteiltes Gefäß

4.3 Auftrieb und Stabilität von Körpern in Flüssigkeiten

4.3.1 Auftrieb

Wird ein Körper vollständig in eine Flüssigkeit getaucht, wirken auf seine Begrenzungsflächen Kräfte, die dem jeweils bestehenden hydrostatischen Druck zuzuschreiben sind. Die Kräfte auf die Seitenflächen kompensieren sich, so dass für die Herleitung des Auftriebs nur die vertikalen, also auf Grund- und Bodenflächen des Körpers wirkenden Kräfte betrachtet werden müssen.

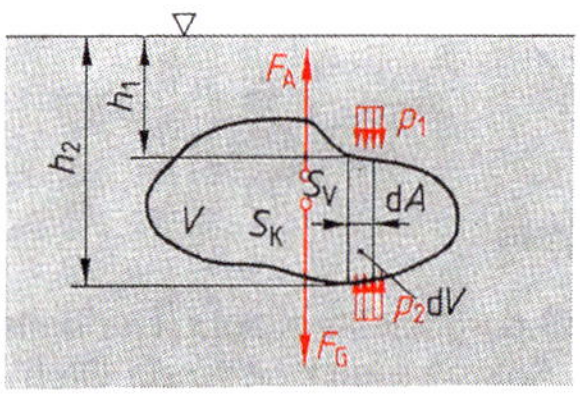

4.66 Auftrieb

Auf das infinitesimal kleine Prisma **4**.66 wirken in vertikaler Richtung die Kräfte

$dF_1 = p_1 \cdot dA = \varrho \cdot g \cdot h_1 \cdot dA$ auf die Oberseite des Körpers,

$dF_2 = p_2 \cdot dA = \varrho \cdot g \cdot h_2 \cdot dA$ auf die Unterseite des Körpers.

Am Volumenelement dV wirkt daher die differentiell kleine Auftriebskraft

$$dF_A = dF_2 - dF_1 = \varrho \cdot g \underbrace{(h_2 - h_1)\, dA}_{dV}. \qquad dF_A = \varrho \cdot g \cdot dV$$

Durch Integration über das gesamte Körpervolumen erhalten wir die auf den Körper wirkende Auftriebskraft.

$$F_A = \int dF_A = \varrho \cdot g \cdot \int dV = \varrho \cdot g \cdot V \qquad \text{Gl. (4.37)}$$

Der Auftrieb ist betragsmäßig gleich dem Gewicht der verdrängten Flüssigkeit (archimedisches Prinzip). Angriffspunkt von F_A ist der Schwerpunkt des verdrängten Flüssigkeitsvolumens V. Bei homogenen und völlig eingetauchten Körpern ist der Verdrängungsschwerpunkt S_V identisch mit dem Körperschwerpunkt S_K.

Der Auftrieb hängt somit nur vom Volumen (von der Wasserverdrängung) des eingetauchten Körpers ab, nicht von seinem Gewicht.

Je nach dem Eigengewicht F_G des Körpers können drei Fälle eintreten:

- $F_G > F_A$: Der Körper sinkt.
- $F_G = F_A$: Der Körper schwebt in der Flüssigkeit.
- $F_G < F_A$: Der Körper schwimmt, d.h. ein Teil seines Volumens ragt aus der Flüssigkeit heraus.

Beispiel 4.27 Eine Hohlkugel aus Messing mit der Dichte $\varrho_M = 8500\,\text{kg/m}^3$, dem Durchmesser $d = 0{,}2\,\text{m}$ und der Wanddicke $s = 4\,\text{mm}$ wird ins Wasser mit der Dichte $\varrho_W = 1000\,\text{kg/m}^3$ gelegt. Frage: Schwimmt die Kugel oder sinkt sie?

Lösung

$$F_G = \varrho_M \cdot g \left[\frac{4}{3}\pi\left(\frac{d}{2}\right)^3 - \frac{4}{3}\pi\left(\frac{d-2s}{2}\right)^3\right]$$

$$F_G = \varrho_M \cdot g \frac{\pi}{6}[d^3 - (d-2s)^3] = 8500 \cdot 9{,}81 \cdot \frac{\pi}{6}[0{,}2^3 - (0{,}2 - 2 \cdot 0{,}004)^3] = 40{,}3\,\text{N}$$

$$F_A = \varrho_W \cdot g \frac{4}{3}\pi\left(\frac{d}{2}\right)^3 = 1000\,\text{kg/m}^3 \cdot 9{,}81\,\text{m/s}^2 \cdot \frac{\pi}{6}\,0{,}2^3\,\text{m}^3 = 41{,}1\,\text{N}$$

$F_A > F_G$ – **die Messingkugel schwimmt.**

Beispiel 4.28 Ein Aräometer hat die Gestalt eines Glasrohrs, das im unteren Ende in eine mit schwerer Substanz gefüllte Kugel übergeht (**4**.67). $d_1 = 20$ mm, $d_2 = 30$ mm, die Gesamtmasse des Aräometers beträgt $m = 0{,}05$ kg. Wie groß ist die Dichte der Flüssigkeit, in die das Aräometer bis in die Tiefe $h = 0{,}15$ m eindringt?

Lösung

$$F_A = F_G$$

$$\left[\frac{4}{3}\pi\left(\frac{d_2}{2}\right)^3 + \frac{d_1^2\pi}{4}\cdot h\right]\varrho\cdot g = m\cdot g \qquad \frac{\pi}{2}\left[\frac{1}{3}d_2^3 + \frac{1}{2}d_1^2\cdot h\right]\varrho = m \rightarrow$$

$$\varrho = \frac{2m}{\pi\left(\frac{1}{3}\cdot d_2^3 + \frac{1}{2}\cdot d_1^2 h\right)} = \frac{2\cdot 0{,}05\,\text{kg}}{\pi\left(\frac{1}{3}\cdot 0{,}03^3\,\text{m}^3 + \frac{1}{2}0{,}02^2\,\text{m}^2\cdot 0{,}15\,\text{m}\right)} = \mathbf{816{,}18\,kg/m^3}$$

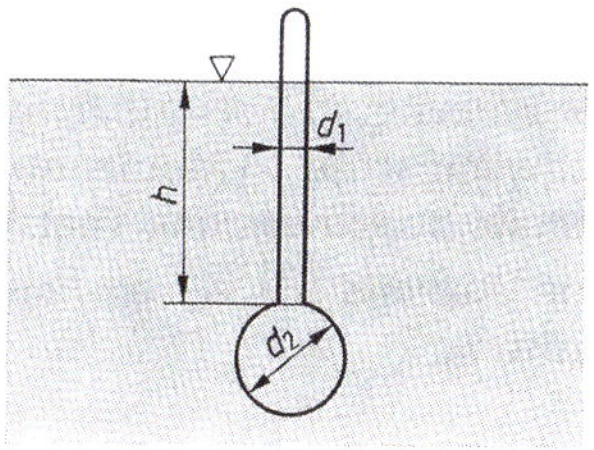

4.67 Aräometer

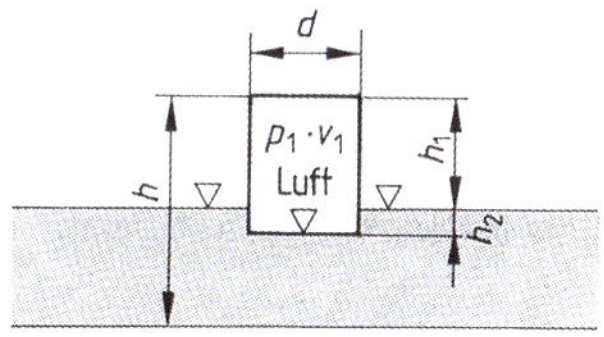

4.68 Behälter im Wasser

Beispiel 4.29 Ein zylindrischer Behälter schwimmt wie im Bild **4**.68 dargestellt. $d = 0{,}5$ m, $h = 2$ m, $h_1 = 1$ m, $h_2 = 0{,}2$ m, $\varrho = 1000$ kg/m³. Wie groß ist das Gewicht des Behälters, wenn seine Wandstärke vernachlässigbar ist?

Lösung

$$F_G = \frac{d^2\cdot\pi}{4}h_2\cdot\varrho\cdot g = \frac{0{,}5^2\cdot\pi}{4}\cdot 0{,}2\cdot 1000\cdot 9{,}81 = \mathbf{385{,}24\,N}$$

4.3.2 Stabilität

Befindet sich ein Körper in einer Flüssigkeit, wirken auf ihn die Gewichtskraft F_G und die Auftriebskraft F_A. Je nach Lage der Wirkungslinie beider Kräfte bzw. ihrer Angriffspunkte, Körperschwerpunkt S_K und Verdrängungsschwerpunkt S_V, befindet sich der Körper in stabiler, labiler oder indifferenter Gleichgewichtslage.

Stabilität untergetauchter Körper. Ein in einer Flüssigkeit völlig eingetauchter Körper dreht sich immer in die Lage, dass sein Körperschwerpunkt lotrecht unterhalb des Verdrängungsschwerpunkts zu liegen kommt (**4**.69a). Wir sagen, der Körper befindet sich in stabiler Lage, weil er nach einer Auslenkung wieder in die ursprüngliche Lage zurückdreht. Dieses Zurückdrehen (Aufrichten) erfolgt durch das Moment $M = F_A \cdot a = F_G \cdot a$ (**4**.69b). Ist SK oberhalb von S_V, befindet sich der Körper im labilen Gleichgewichtszustand, da ihn eine, wenn noch so kleine Auslenkung durch das Moment $M = F_A \cdot a = F_G \cdot a$ noch weiter aus dieser Lage dreht (**4**.69d). Fallen S_V und S_K zusammen, sprechen wir von indifferenter Gleichgewichtslage (**4**.69e).

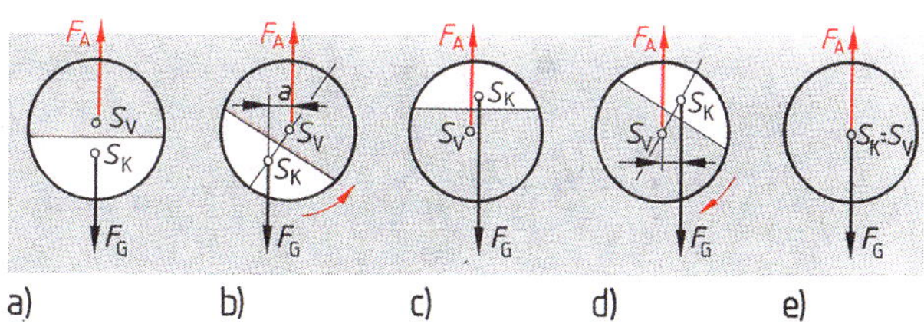

4.69
Gleichgewichtslagen untergetauchter Körper
a) stabil, b) aufrichtendes Moment, c) labil,
d) abdrehendes Moment,
e) indifferent

Stabilität schwimmender Körper. Ein schwimmender Körper kann auch dann im stabilen Gleichgewicht sein, wenn der Körperschwerpunkt oberhalb des Verdrängungsschwerpunkts liegt. Drehen wir einen schwimmenden Körper um den Winkel φ aus seiner stabilen Gleichgewichtslage (**4.**70), verlagert sich der Verdrängungsschwerpunkt S_V nach S'_V, weil sich das keilförmige Wasservolumen V^* auf die andere Seite der Schwimmachse verlagert und so die Gestalt des verdrängten Flüssigkeitsvolumens (Deplacement) ändert. Dabei befindet sich der Schwimmkörper noch im stabilen Zustand, wenn das Moment $M = F_A \cdot h \cdot \sin\varphi$ entgegen der Auslenkrichtung wirkt, also der Schwimmkörper sich wieder aufzurichten versucht. Dies ist gegeben, wenn der Schnittpunkt der Wirkungslinie der Auftriebskraft F_A mit der Schwimmachse (Metazentrum M_z) über dem Körperschwerpunkt liegt. Wir bezeichnen den Abstand $\overline{S_K M_z}$ als metazentrische Höhe h.

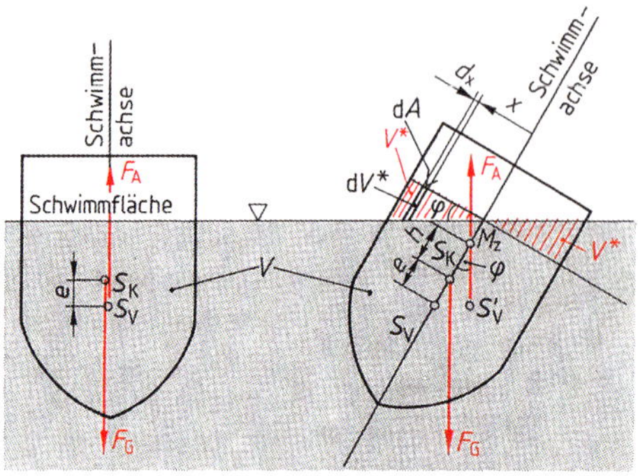

4.70 Stabilität eines schwimmenden Körpers

Betrachten wir die durch die Auslenkung geänderten Momente anhand von Bild **4.**70, so folgt daraus:

$$F_A (h+e)\sin\varphi = g\int x \cdot \varrho \cdot dV^* = g\int x \cdot \varrho \cdot \underbrace{l \cdot dx}_{dA} \cdot x \cdot \tan\varphi$$

mit l = Länge des schwimmenden Körpers

$$V \cdot \varrho \cdot g\,(h+e)\sin\varphi = \varrho \cdot g \cdot \tan\varphi \underbrace{\int x^2 \cdot dA}_{I}$$

Für kleine Auslenkungen $\varphi < 12°$ können wir $\sin\varphi = \tan\varphi$ setzen. $\rightarrow V(h+e) = I \rightarrow$

$$h = \frac{I}{V} - e \qquad V \text{ Volumen der verdrängten Flüssigkeit} \qquad \text{Gl. (4.38)}$$

Es gilt $h > 0$ Schwimmlage stabil,
$h = 0$ Schwimmlage indifferent,
$h < 0$ Schwimmlage instabil.

Beispiel 4.30 Ein Holzkegel mit der Dichte $\varrho_H = 750\,kg/m^3$ und mit den Abmessungen $r = 6\,cm$ und $H = 12\,cm$ schwimmt mit der Spitze nach unten im Wasser mit der Dichte $\varrho_W = 1000\,kg/m^3$ (**4.**71). In welcher Gleichgewichtslage befindet sich der Kegel?

Lösung t = Tiefgang, r_1 = Radius der Schwimmfläche

$$\varrho_H \cdot g \cdot V_{Kegel} = \varrho_W \cdot g \cdot V_{Deplacement}$$

$$\varrho_H \cdot r^2 \cdot \pi \frac{H}{3} = \varrho_W \cdot r_1^2 \cdot \pi \frac{t}{3}$$

$$r_1 : t = r : H \rightarrow r_1 = \frac{t}{H} r$$

$$\varrho_H \cdot r^2 \cdot \pi \frac{H}{3} = \varrho_W \frac{t^2}{H^2} \cdot r^2 \cdot \pi \frac{t}{3} \rightarrow t^3 = H^3 \frac{\varrho_H}{\varrho_W} \rightarrow$$

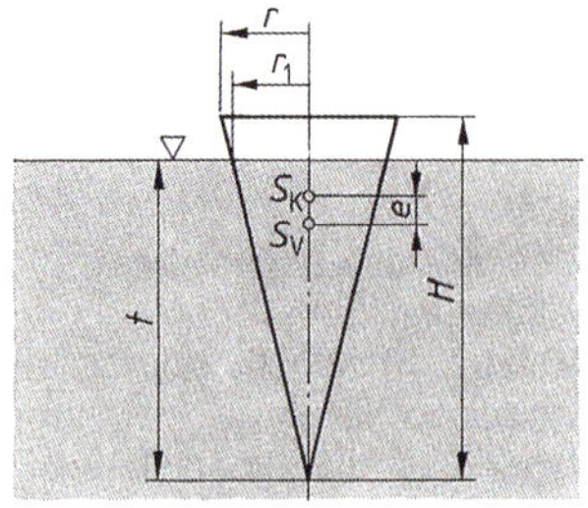

4.71 Holzkegel

Lösung
Fortsetzung

$$t = H\sqrt[3]{\frac{\varrho_H}{\varrho_W}} = 12\,\text{cm}\sqrt[3]{\frac{750\,\text{kg/m}^3}{1000\,\text{kg/m}^3}} = \mathbf{10{,}9\,cm}$$

$$h = \frac{I}{V} - e = \frac{\pi \cdot r_1^4 \cdot 3}{4 r_1^2 \cdot \pi \cdot t} - \frac{3}{4}(H-t)$$

$$h = \frac{3}{4} \cdot \frac{r_1^2}{t} - \frac{3}{4}(H-t) = \frac{3}{4}(r_1^2 - H + t)$$

$$h = \frac{3}{4}\left(\frac{t^2 \cdot r^2}{H^2 \cdot t} - H + t\right) = \frac{3}{4}\left(\frac{t \cdot r^2}{H^2} - H + t\right)$$

$$h = \frac{3}{4}\left(\frac{10{,}9\,\text{cm} \cdot 6^2\,\text{cm}^2}{12^2\,\text{cm}^2} - 12\,\text{cm} + 10{,}9\,\text{cm}\right) = 1{,}2\,\text{cm} > 0$$

→ Der Holzkegel befindet sich **im stabilen Gleichgewicht.**

Beispiel 4.31 Bei welchem Tiefgang t schwimmt ein gleichseitiger Zylinder ($d = H$) im indifferenten Gleichgewicht (**4**.72)?

Lösung Indifferentes Gleichgewicht herrscht, wenn die metazentrische Höhe $h = 0$ wird. Für $h = 0$ gilt $I/V = e$.

Aufgrund der Geometrie gilt $e: \frac{d}{2} = (H-t) : d \rightarrow e = \frac{1}{2}(H-t) \rightarrow$

$$\frac{\pi \cdot d^4 \cdot 4}{64 \cdot \pi \cdot d^2 \cdot t} = \frac{H-t}{2} = \frac{d-t}{2}.$$

$$\frac{d^2}{16t} = \frac{d-t}{2} \rightarrow t^2 - d \cdot t + \frac{1}{8}d^2 = 0 \rightarrow$$

$$t_{12} = d\left(\frac{1}{2} \pm \frac{1}{\sqrt{8}}\right) \rightarrow t_1 = \mathbf{0{,}8535\,d} \quad t_2 = \mathbf{0{,}1464\,d}$$

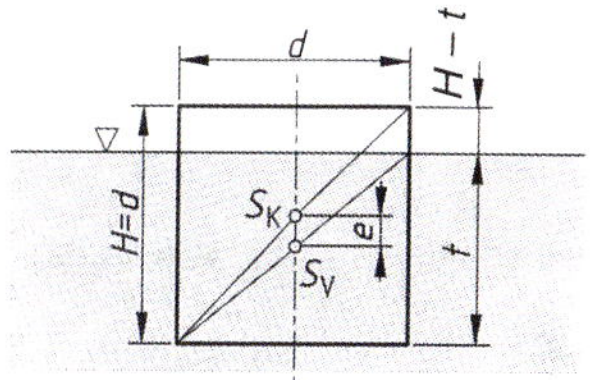

4.72 Gleichseitiger Zylinder

4.4 Translation und Rotation von Flüssigkeiten

Auf eine relativ zu dem Bezugssystem Erde in Ruhe befindliche Flüssigkeit wirkt nur die Schwerkraft (Gewichtskraft). Die freie Oberfläche der Flüssigkeit stellt sich normal zu der Gewichtskraft $m \cdot g$ ein, bildet daher im Idealfall eine kugelförmige Fläche. Dies ist sichtbar bei Meeresoberflächen bzw. der Oberfläche großer Seen. Wegen der meist geringen Krümmung und den relativ kleinen Abmessungen kann die freie Oberfläche von Flüssigkeiten in einem Behälter als eine ebene Fläche aufgefasst werden (**4**.73a).

Wird der Behälter beschleunigt, wirkt neben der Schwerkraft $m \cdot g$ auch die durch Translation und/oder Rotation hervorgerufene Beschleunigungskraft $m \cdot a$. Die freie Oberfläche stellt sich

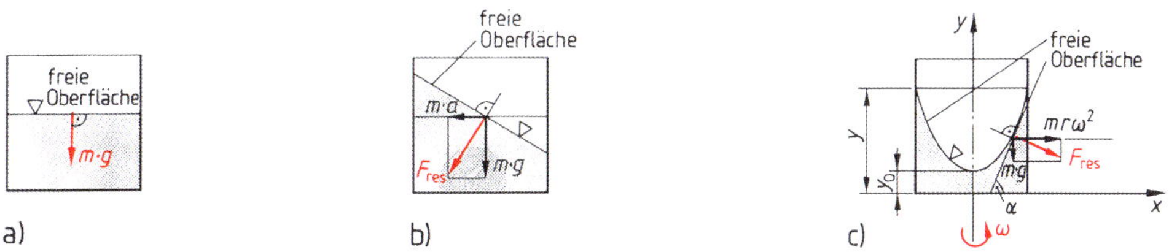

4.73 Translation und Rotation von Flüssigkeiten

normal zur Resultierenden aus Schwerkraft und Beschleunigungskraft ein (**4**.73b, c). Da bei der Rotation die Beschleunigung und damit die Beschleunigungskraft mit der Entfernung von der Drehachse zunimmt, ist die Neigung der freien Oberfläche in jedem Punkt unterschiedlich. In Punkten gleicher Entfernung von der Drehachse ist die Neigung gleich.

Beispiel 4.32 Ein rechteckiger Behälter mit l = 7 m, b = 3 m und h = 2 m ist bis zur Hälfte mit Wasser gefüllt (**4**.74). ρ = 1000 kg/m³. Berechnen Sie a) die maximale Beschleunigung a, ohne dass Wasser aus dem Behälter austritt, b) die Neigung des Wasserspiegels; c) den hydrostatischen Druck an den Stellen A und B. Atmosphärendruck p_0 = 1 bar.

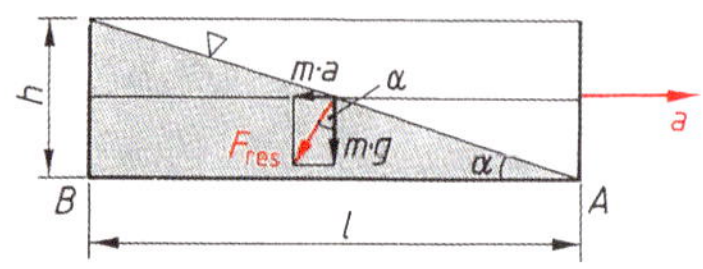

4.74 Reine Translation

Lösung a) Die Wasserspiegelneigung erhalten wir aus

$$\tan\alpha = \frac{m \cdot a}{m \cdot g} = \frac{a}{g} \rightarrow \qquad \boxed{\alpha = \arctan\frac{a}{g}.} \qquad \text{Gl. (4.39)}$$

Gl. (4.39) gibt den Neigungswinkel der freien Oberfläche zur Horizontalen. Er ist unabhängig von der Art der Flüssigkeit.

Da die Wasserspiegelneigung maximal $\alpha = \arctan h/l$ betragen darf, folgt

$$\arctan\frac{h}{l} = \arctan\frac{a}{g} \qquad a = g\frac{h}{l} = 9{,}81 \cdot \frac{2}{7} = \mathbf{2{,}803\,m/s^2}.$$

b) $\alpha = \arctan\frac{a}{g} = \arctan\frac{2{,}803}{9{,}81} = 0{,}2783 \mathrel{\hat=} \mathbf{15{,}95°}$

c) $p_A = p_0 = \mathbf{1\ bar}$

$p_B = p_0 + \varrho \cdot g \cdot h = 1\,\text{bar} + 1000\,\text{kg/m}^3 \cdot 9{,}81\,\text{m/s}^2 \cdot 2\,\text{m} \cdot 10^{-5} = \mathbf{1{,}2\,bar}$

Beispiel 4.33 Ein U-Rohr wird zur Beschleunigungsmessung eines Fahrzeugs verwendet. Dazu wird das U-Rohr im Fahrzeug montiert. Beim Beschleunigen des Fahrzeugs misst man eine Höhendifferenz von h = 0,2 m (**4**.75). l = 0,4 m. Wie groß ist die Beschleunigung a des Fahrzeugs?

Lösung Die Flüssigkeit verhält sich genauso wie in einem Tankwagen.

$$\tan\alpha = \frac{h}{l} = \frac{a}{g} \qquad \rightarrow a = g\frac{h}{l} = 9{,}81\,\text{m/s}^2\,\frac{0{,}2\,\text{m}}{0{,}4\,\text{m}} = \mathbf{4{,}91\,m/s^2}$$

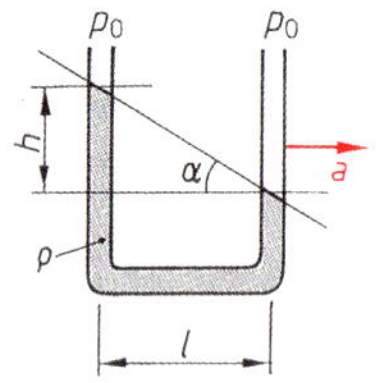

4.75 U-Rohr

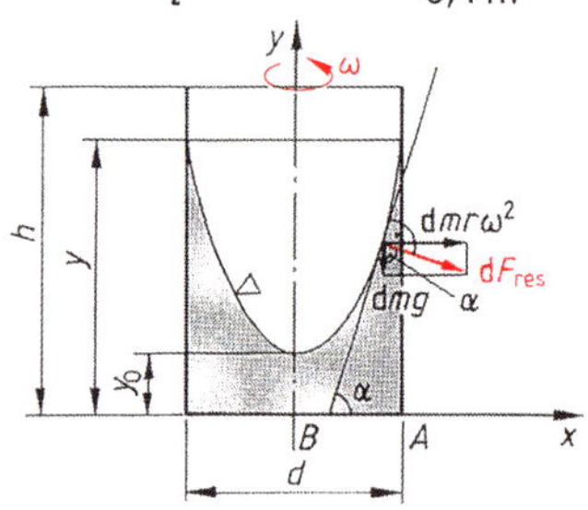

4.76 Reine Rotation

Beispiel 4.34 Ein zylindrisches Gefäß ist bis zur Hälfte mit Wasser gefüllt und rotiert mit der Winkelgeschwindigkeit ω (**4**.76). Wie groß darf die Winkelgeschwindigkeit maximal werden, ohne dass Wasser die Gefäßwand übersteigt? Wie groß ist dann der hydrostatische Druck in A und B?

Geg.: p_0 = 1012 mbar, h = 3 m, ρ = 1000 kg/m³, d = 2 m

Lösung $\tan\alpha = \frac{y}{x} = \frac{dy}{dr} = \frac{dm \cdot r\omega^2}{dm \cdot g} \rightarrow \frac{dy}{dr} = \frac{r \cdot \omega^2}{g}$

Durch Trennen der Variablen und Integrieren erhalten wir

$$\int dy = \frac{\omega^2}{g} \int r \cdot dr \qquad y = \frac{\omega^2}{g} \cdot \frac{r^2}{2} + C.$$

Randbedingung: Für $r = 0 \rightarrow y = y_0 \rightarrow C = y_0$

$$\rightarrow \text{Rotationskurve } y = \frac{\omega^2}{2g} r^2 + y_0 \qquad \text{Gl. (4.40)}$$

Nach Gl. (4.40) ist die freie Oberfläche ein quadratisches Rotationsparaboloid. Sie ist unabhängig von der Art der Flüssigkeit. Da der Inhalt eines Rotationsparaboloids gleich dem halben Inhalt des ihn umschriebenen Zylinders ist, gilt

$$\frac{1}{2} \cdot \frac{d^2 \cdot \pi}{4} (h - y_0) = \frac{d^2 \cdot \pi}{4} \cdot \frac{h}{2} \rightarrow y_0 = 0.$$

Aus Gleichung 4.40 erhalten wir

$$\omega = \frac{2}{d} \sqrt{2 \cdot g \cdot h} = \frac{2}{2\,\text{m}} \sqrt{2 \cdot 9{,}81\,\text{m/s}^2 \cdot 3\,\text{m}} = \mathbf{7{,}672\,s^{-1}}.$$

$p_A = p_0 + \varrho \cdot g \cdot h = 1012\,\text{mbar} + 1000\,\text{kg/m}^3 \cdot 9{,}81\,\text{m/s}^2 \cdot 3 \cdot 10^{-2} = \mathbf{1306{,}3\,mbar}$

$p_B = p_0 + \varrho \cdot g \cdot y_0 = p_0 = \mathbf{1012\,mbar}.$

Anmerkung: Dieser Effekt wird bei der Wäscheschleuder (mit lotrechter Achse) genutzt: Die Entwässerungslöcher liegen im Bodenaußendurchmesser.

Aufgaben zu Abschnitt 4.3 und 4.4

1. Wie tief sinkt ein zylindrischer Balken ($d = 2$ m, $l = 5$ m, Dichte $\varrho_B = 415\,\text{kg/m}^3$) im Wasser mit der Dichte $\varrho_W = 1000\,\text{kg/m}^3$ (**4**.77)?

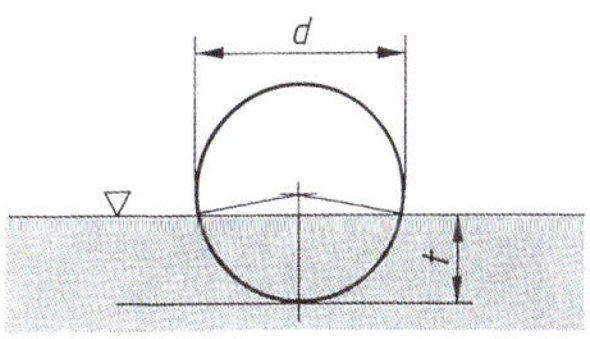

4.77 Zylindrischer Balken

2. Ein plattenförmiger Eisberg ragt 8 m hoch aus dem Wasser. Wie tief steckt er noch unter Wasser?
$\varrho_{Eis} = 920\,\text{kg/m}^3$, $\varrho_{Wasser} = 1020\,\text{kg/m}^3$

3. Ein Behälter, zur Hälfte mit Wasser gefüllt, steht auf einer Waage. Legt man einen Stein in den Behälter, zeigt die Waage einen um das Gewicht des Steines größeren Wert an. Was zeigt die Waage an, wenn wir den Stein an einem dünnen Faden ins Wasser hängen, wobei der gesamte Stein im Wasser eintaucht?

4. Welche Kraft F muss zum Heben eines unter Wasser liegenden Steines aufgewendet werden, dessen Dichte $\rho_{Stein} = 2800\,\text{kg/m}^3$ beträgt und der in Luft ein Gewicht von 200 N hat? Dichte des Wasser $\rho = 1000\,\text{kg/m}^3$

5. Bei welchem Tiefgang befindet sich ein Würfel mit der Seitenlänge a im indifferenten Gleichgewichtszustand?

6. Ein quadratisches Prisma mit $a = 1$ m und $l = 2$ m befindet sich in Längsrichtung lotrecht 1,5 m tief im Wasser. In welchem Gleichgewichtszustand befindet sich das Prisma?

7. Ein Prisma der Dichte $\varrho_{Prisma} = 860\,\text{kg/m}^3$ mit $a = 16$ cm, $b = 14$ cm und $c = 30$ cm schwimmt im Salzwasser mit der Dichte $\varrho_{Wasser} = 1050\,\text{kg/m}^3$. Untersuchen Sie für die drei Lagen im Bild **4**.78 die Stabilitätsverhältnisse.

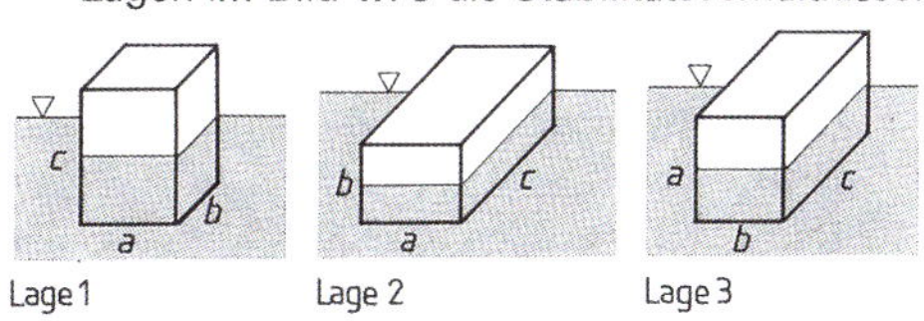

4.78 Schwimmlagen eines Prismas

8. Um welchen Winkel weicht der Flüssigkeitsspiegel in einem Tankwagen von der Horizontalen ab, wenn dieser mit einer Verzögerung von $a = 7\ \mathrm{m/s^2}$ gebremst wird?

9. Unter welchem Winkel α muss die Beschleunigung $a = 3 \cdot g$ auf das Gefäß **4**.79 einwirken, damit sich der Wasserspiegel lotrecht einstellt?

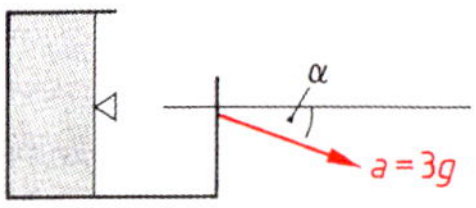

4.79 Translation eines Behälters

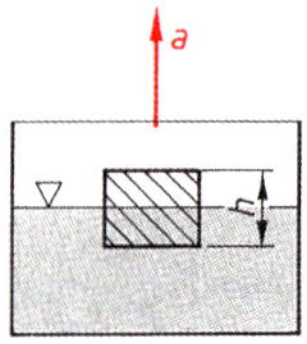

4.80 Beschleunigung eines Behälters

10. Ein Körper mit der Dichte $\varrho_{\text{Körper}} = 500\ \mathrm{kg/m^3}$ schwimmt in einem mit Wasser gefüllten Behälter. Wasserdichte $\varrho_W = 1000\ \mathrm{kg/m^3}$. Der Wasserbehälter wird mitsamt dem darin schwimmenden Körper lotrecht nach oben beschleunigt (**4**.80). Die Beschleunigung beträgt $a = 5\ \mathrm{m/s^2}$. Wie weit ragt der Körper während der Beschleunigungsphase aus dem Wasser?

11. Ein U-Rohr wird um einen der beiden Schenkel mit der Drehzahl $n = 120\ \mathrm{U/min}$ gedreht. Das U-Rohrende bei D ist geschlossen. Die Flüssigkeit im U-Rohr hat eine Dichte $\varrho = 1000\ \mathrm{kg/m^3}$. Wie groß ist der Druck an den Stellen A, B, C und D (**4**.81). Der Atmosphärendruck beträgt $p_0 = 1$ bar.

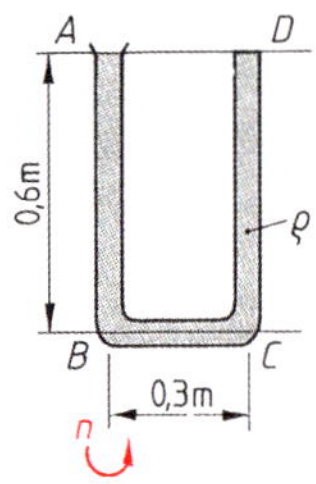

4.81 Rotation eines U-Rohres

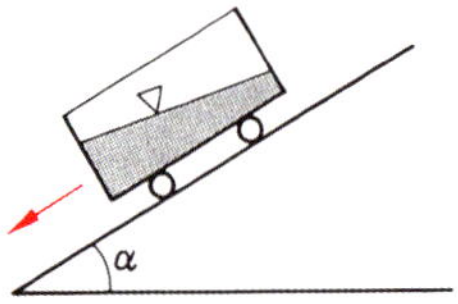

4.82 Bewegung auf schiefer Ebene

12. Ein Tankwagen rollt auf einer schiefen Ebene, dessen Neigung $\alpha = 20°$ beträgt, bergab. Welche Neigung hat die freie Oberfläche der Flüssigkeit im Tankwagen (**4**.82)? Reibung und Luftwiderstand sind vernachlässigbar klein.

13. Das oben geschlossene zylindrische Gefäß **4**.83 ist bis zu einer Höhe von zwei Meter mit Wasser gefüllt. Im verbleibenden Luftraum herrscht ein Druck von $p = 20$ mWS. Ges.: a) x_2 und y_0 bei einer Winkelgeschwindigkeit von $\omega = 8\ s^{-1}$. b) Wie groß ist der Bodendruck an den Stellen A und B?

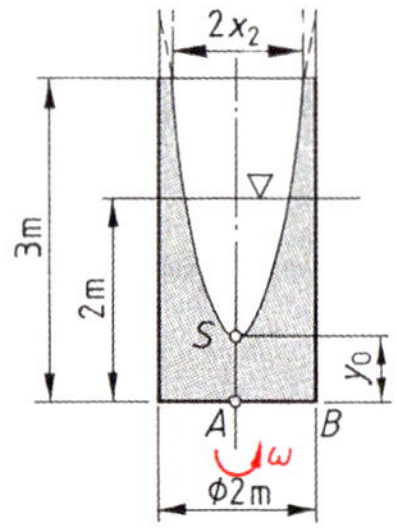

4.83 Rotation in einem geschlossenen Behälter

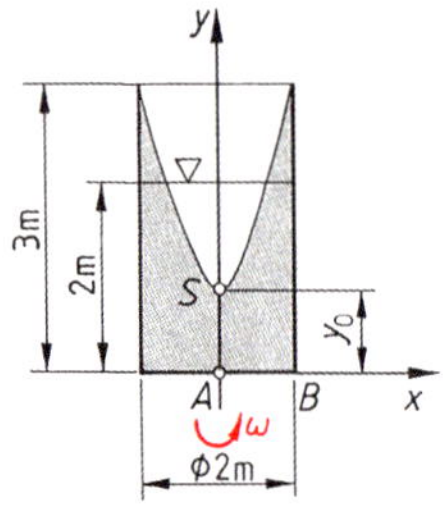

4.84 Rotation in einem offenen Behälter

14. Das oben offene zylindrische Gefäß **4**.84 ist bis zu einer Höhe $h = 2$ m mit Wasser gefüllt.
a) Wie groß ist die Winkelgeschwindigkeit ω, wenn das Wasser gerade den oberen Gefäßrand erreichen soll?
b) Wie groß ist der Atmosphärenüberdruck am Gefäßboden an den Stellen A und B bei der Winkelgeschwindigkeit $\omega = 6{,}264\ \mathrm{s^{-1}}$?
c) Wie groß muss die Winkelgeschwindigkeit sein, damit gerade so viel Wasser verspritzt wird, dass der Scheitelpunkt S des Paraboloids in A liegt?
d) Wie viel $\mathrm{m^3}$ Wasser verbleiben dann noch im Gefäß?

15. Ein abgeschlossener zylindrischer Tank mit einer Höhe $h = 2$ m und einem Durchmesser $d = 1{,}4$ m ist bis zu einer Höhe $h_1 = 1{,}4$ m mit Wasser gefüllt (**4**.85).
Wie groß ist die Fläche des Bodens, die nicht mit Wasser bedeckt ist, wenn der Tank mit der Winkelgeschwindigkeit $\omega = 20\ \mathrm{s^{-1}}$ um seine Mittelachse gedreht wird?

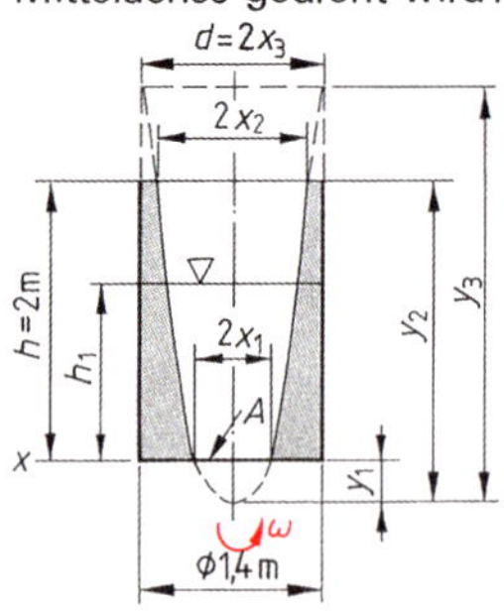

4.85 Rotation einer Flüssigkeit im geschlossenen Behälter

4.5 Dynamik der Flüssigkeiten (Hydrodynamik)

Die Hydrodynamik befasst sich mit der Bestimmung von Druck- und Geschwindigkeitsgrößen in strömenden Flüssigkeiten und den sich daraus ergebenden Durchflussmengen und Druckkräften. Im Allgemeinen ist dies ein mehrdimensionales Problem. Da wir jedoch hauptsächlich die Bewegungen von Flüssigkeiten in technischen Anlagen (z. B. in Rohrleitungen, Kanälen, Wasserkraftmaschinen) untersuchen, können wir in den meisten Fällen mit einer eindimensionalen Betrachtung auskommen. (Eindimensional heißt, dass wir die meistgesuchten Größen Druck und Geschwindigkeit als Funktion von z. B. der Rohrlänge l zu bestimmen haben.)

Wie wir aus Abschnitt 4.1 wissen, tritt bei strömenden Flüssigkeiten Reibung sowohl zwischen den einzelnen Flüssigkeitsteilchen auf als auch zwischen der Flüssigkeit und den sie umgebenden Wänden. Eine theoretische Betrachtung der Strömungsverhältnisse unter Berücksichtigung beider Reibungsarten ist zu kompliziert. Deshalb gehen wir im Allgemeinen folgenden Weg: Es wird die Strömung mit den Gesetzen der Mechanik so berechnet, als ob keine Reibung vorhanden wäre, und korrigiert, wenn die theoretischen Werte der Wirklichkeit nicht entsprechen, mit meist experimentell gefundenen hydraulischen Beiwerten.

4.5.1 Grundbegriffe

Stationäre und instationäre Strömung. Je nachdem, ob an einem bestimmten Punkt der Strömung die Geschwindigkeit nach Größe und Richtung zeitunabhängig ist oder sich in Abhängigkeit von der Zeit ändert, spricht man von einer stationären bzw. instationären Strömung.

Eine Stromlinie ist jene Linie, die in einem bestimmten Zeitpunkt an jeder Stelle von den Geschwindigkeitsvektoren tangiert wird. Bei einer stationären Strömung – d. h., wenn die Strömung über der Zeit gleich bleibt – ist die Stromlinie eine gleich bleibende, ortsfeste Raumkurve. Bei instationären Strömungen verändern sich die Stromlinien mit der Zeit.

Bahnlinie. Bei stationären Strömungen sind Strom- zugleich Bahnlinien von einzelnen Flüssigkeitsteilchen. Bei instationärer Strömung muss man zwischen Bahn- und Stromlinie unterscheiden.

Stromröhre. Bei stationärer Strömung bilden alle Stromlinien, die in einen geschlossenen Querschnitt eintreten, im weiteren Verlauf eine Röhre, die Stromröhre. Ähnlich einem Rohr aus festem Material dringt aus dieser Stromröhre keine Flüssigkeit aus oder ein (**4**.86).

Untersucht man aus dieser Stromröhre einen infinitesimalen Teil mit dem Querschnitt dA, kann man p und v als konstant über den Querschnitt voraussetzen. Dieser kleine Teil einer Stromröhre heißt Stromfaden. Die gesamte strömende Flüssigkeit kann in einzelne Stromfäden geteilt werden.

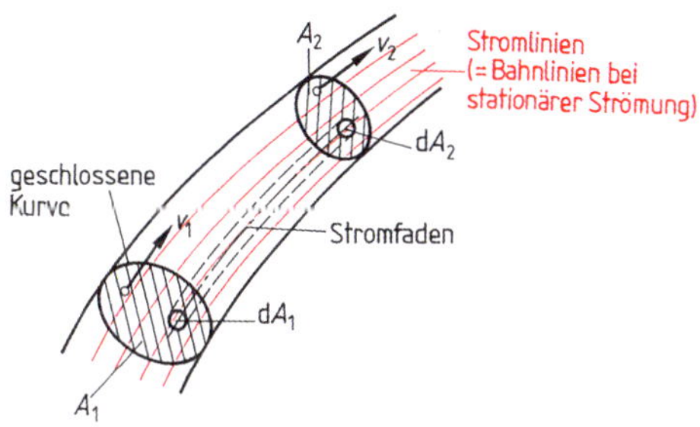

4.86 Stromröhre

Bei Strömung von idealer Flüssigkeit durch ein Rohr sind p und v über den Gesamtrohrquerschnitt A annähernd konstant, d. h., die gesamte Rohrströmung kann als einziger Stromfaden angesehen werden und die Rohrwand bildet die Stromröhre.

Bahnlinien und Stromlinien kann man sichtbar machen, indem man ein Flüssigkeitsteilchen durch Zugabe von Farbstoff von den anderen Flüssigkeitsteilchen heraushebt. Fotografiert man dieses markierte Flüssigkeitsteilchen mit einer langen Belichtungszeit, erhält man die Bahnlinie, die das Teilchen während dieser Belichtungszeit zurücklegt (ähnlich den Scheinwerfern fahrender Autos bei Nachtaufnahmen). Will man Stromlinien darstellen, muss man viele Flüssigkeitsteilchen markieren und mit einer Belichtungszeit fotografieren, während der diese Teilchen nur eine kurze Wegstrecke zurücklegen. Es entstehen lauter kurze Striche am Bild von allen markierten Flüssigkeitsteilchen. In dieses Bild lassen sich leicht Stromlinien einzeichnen.

4.5.2 Kontinuitätsgleichung

Wir betrachten eine Stromröhre oder auch ein Rohr mit verschiedenen Querschnitten (**4**.87), worin Flüssigkeit strömt, die die Stromröhre bzw. das Rohr vollständig ausfüllt. Gehen wir davon aus, dass in diese Stromröhre dieselbe Masse ein- und ausströmt, muss die Flüssigkeitsmasse im Querschnitt A_1 gleich der der Flüssigkeitsmasse sein, die durch den Querschnitt A_2 strömt. Diese Erkenntnis führt zur Kontinuitätsgleichung.

$$A_1 \cdot v_1 \cdot \varrho_1 = A_2 \cdot v_2 \cdot \varrho_2 = \dot{m} = \text{konst} \qquad \text{Gl. (4.41)}$$

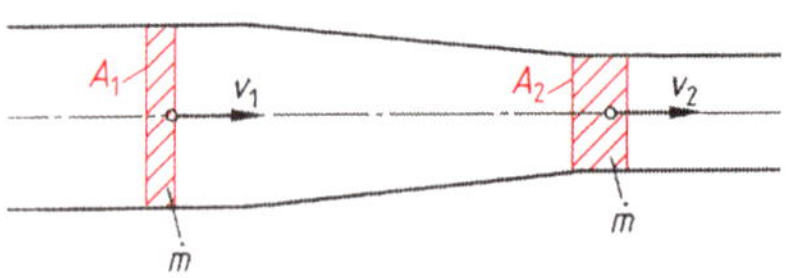

4.87 Kontinuität

Bei Flüssigkeiten ist die Dichte ρ fast immer als konstant anzusehen (häufig auch bei Gasen), so dass ρ_1 gleich ρ_2 wird und die Kontinuitätsgleichung diese einfache Form annimmt:

$$A \cdot v = \text{konst} = \dot{V} \qquad \text{Gl. (4.42)}$$

A_1, A_2 Querschnitt der Stromröhre an den Stellen 1 und 2 in m^2
v_1, v_2 Geschwindigkeit der Flüssigkeit an den Stellen 1 und 2 in m/s
ϱ_1, ϱ_2 Dichte der Flüssigkeit an den Stellen 1 und 2 in kg/m^3
$\dot{m}$ Massenstrom in kg/s
$\dot{V}$ Volumenstrom in m^3/s

Kontinuitätsgleichung: Der Massenstrom im Querschnitt 1 muss gleich sein dem Massenstrom im Querschnitt 2 bzw. gleich dem Massenstrom in jedem beliebigen Querschnitt der Stromröhre.

Bei Flüssigkeiten mit gleich bleibender Dichte muss der Volumenstrom im Querschnitt 1 gleich dem Volumenstrom im Querschnitt 2 bzw. gleich dem Volumenstrom an jeder beliebigen Stelle der Stromröhre sein.

4.5.3 Gleichung von Bernoulli für stationäre Strömung

Energiegleichung. Für den stationären Fall, dass sich nämlich die Geschwindigkeit der Flüssigkeit mit der Zeit an einem bestimmten Ort nicht ändert, wenden wir den Energiesatz der Mechanik an. Er besagt, dass für die Masseneinheit längs einer Stromröhre die Gesamtenergie (Druckenergie + potentielle Energie + kinetische Energie) konstant bleiben muss, da während des Strömungsvorgangs keine Energie von außen zugeführt oder nach außen abgeführt wird.

Betrachten wir im Bild **4**.88 die Masse *m*, die sich von der Stelle 1 zur Stelle 2 bewegt. Die entsprechenden Drücke sind p_1 und p_2, die Geschwindigkeiten v_1 und v_2, die geodätischen Höhen z_1 und z_2 in Bezug auf eine beliebig wählbare Bezugshöhe N–N. Wenn der Masse m während der Strömung von 1 nach 2 weder Energie zugeführt noch entzogen wird, ergibt sich die von dem Schweizer Mathematiker Daniel Bernoulli (1700–1782) aufgestellte

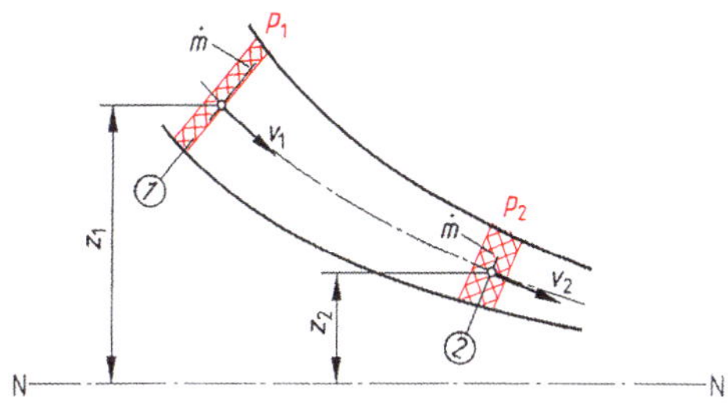

4.88 Energiebilanz im Rohr

Energiegleichung

$$\underbrace{p_1 \cdot V}_{\text{Druck-energie}} + \underbrace{mgz_1}_{\text{Lage-energie}} + \underbrace{\frac{mv_1^2}{2}}_{\text{kinetische Energie}} = p_2 V + mgz_2 + \frac{mv_2^2}{2} = pV + mgz + \frac{mv^2}{2} = \text{konst}$$

Gl. (4.43)

Setzt man für *V* gleich m/ρ und bezieht die entsprechenden Teilenergien auf die Masse $m = 1$ kg, bekommt man nach Division der Gleichung durch die Erdbeschleunigung *g* die Form

$$\underbrace{\frac{p_1}{\varrho \cdot g}}_{\text{Druckhöhe}} + \underbrace{z_1}_{\text{geodätische Höhe}} + \underbrace{\frac{v_1^2}{2g}}_{\text{Geschwindigkeitshöhe}} = \frac{p_2}{\varrho \cdot g} + z_2 + \frac{v_2^2}{2g} = \frac{p}{\varrho \cdot g} + z + \frac{v^2}{2g} = \text{konst}$$

Gl. (4.44)

Diese Form der Energiegleichung mit den Energieanteilen Druckhöhe, geodätische Höhe und Geschwindigkeitshöhe ist in der Hydromechanik üblich.

Bild **4**.89 zeigt, dass sich während des Strömens der Masse *m* von der Stelle 1 nach 2 die einzelnen Energieanteile ändern. Wegen der Querschnittsverkleinerung wird die Geschwindigkeit größer und der Anteil der geodätischen Höhe geringer. Ob sich der Druckanteil von 1 nach 2 verringert oder vergrößert, hängt davon ab, wie sich der Querschnitt verändert und die geodätische Höhe verringert.

In der Energiegleichung haben alle Glieder die Bedeutung von Höhen.

- **Die Druckhöhe** $p/\rho g$ ist jene Höhe einer Flüssigkeitssäule mit der Dichte ρ, die auf dem Bezugsniveau den hydrostatischen Druck *p* ausübt.
- **Die geodätische Höhe** *z* oder Ortshöhe liegt über dem Bezugsniveau.
- **Die Geschwindigkeitshöhe** $v^2/2g$ ist jene Höhe, aus der die Masse herabfallen müsste, um die Geschwindigkeit v zu erreichen.

Auch die Summe dieser Teilenergien ist als Höhe, nämlich als Gesamthöhe *H* anzusehen.

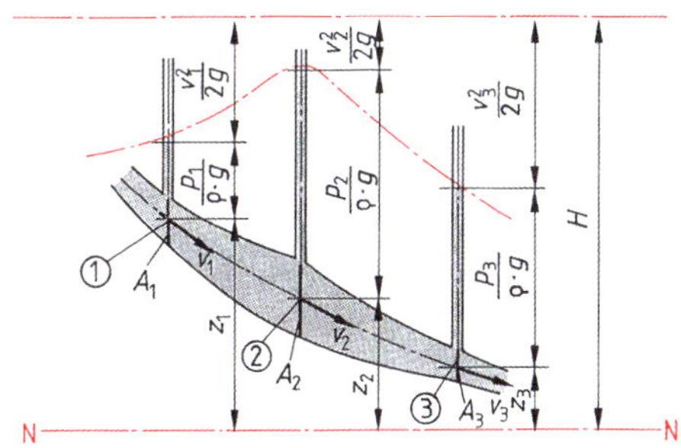

4.89 Bernoulli'sche Höhen

Piezometerlinie. Den Zusammenhang zwischen den drei Höhen bei stationärer Strömung verdeutlicht die Anordnung **4**.89. An einem Rohr, dessen Querschnitt sich von 1 nach 2 erweitert und von dort nach 3 wieder verengt, werden senkrechte Röhrchen angebracht. Die Ortshöhen an den Stellen 1, 2 und 3 sind z_1, z_2 und z_3. Geht man davon aus, dass die Gesamtenergie H an allen drei Stellen konstant sein muss, bleibt nach Abzug der Ortshöhen von H jener Betrag übrig, der sich auf Druckhöhe und Geschwindigkeitshöhe aufteilt. Weil es sich um eine inkompressible Flüssigkeit handelt, gilt die Kontinuitätsgleichung in der Form $A \cdot v =$ konst.

Da der Rohrquerschnitt an der Stelle 1 kleiner ist als an 2 und an 3 kleiner ist als an 1, ist v_1 größer als v_2, v_3 wiederum größer als v_1. Somit sind die Geschwindigkeitshöhen $v^2/2g$ nur vom Querschnitt abhängig. Der noch übrig bleibende Anteil $p/\rho g$ ist jene Druckhöhe, die die Flüssigkeit hochsteigen muss, um die Druckänderung infolge der kinetischen Energieumwandlung auszugleichen. Sie steigt an den untersuchten Stellen des Rohres auf diese Druckhöhe an, die sich aus der potentiellen Energie und Druckenergie addiert. Die Verbindungslinie dieser Ordinate nennt man Drucklinie oder Piezometerlinie. Sie zeigt uns den Gesamtdruck im Rohr an den einzelnen Stellen (genau gesagt: den Gesamtüberdruck im Rohr gegenüber dem Druck außerhalb des Rohres).

4.5.4 Anwendung der Gleichung von Bernoulli

Staudruck. Beim Auftreffen einer waagerechten Strömung auf ein festes Hindernis 2 ist die Geschwindigkeit der Flüssigkeit $v_2 = 0$ (**4**.90). Dieser Punkt heißt Staupunkt. Stellen wir für die Strömung zwischen den Punkten 1 (freie Strömung) und 2 (Staupunkt) die Gleichung von Bernoulli auf, ergibt sich, wenn wir die Bezugshöhe durch den Staupunkt legen, d. h. $z_1 = z_2 = 0$.

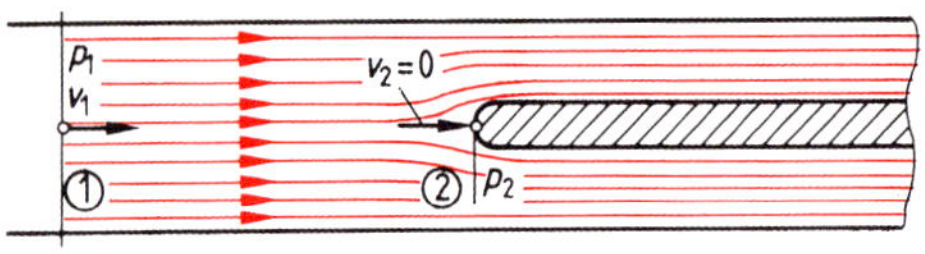

4.90 Staudruck

$$\frac{p_1}{\varrho \cdot g} + 0 + \frac{v_1^2}{2g} = \frac{p_2}{\varrho \cdot g} + 0 + \frac{v_2^2}{2g}$$

und daraus der Gesamtdruck

$$p_2 = p_1 + v_1^2 \frac{\varrho}{2}. \qquad \text{Gl. (4.45)}$$

Der Gesamtdruck an der Stelle 2 setzt sich also zusammen aus dem statischen Druck p_1 und dem Staudruck $v_1^2\,\varrho/2$. D. h., der Druckanteil der Strömung hat sich in 2 gegenüber 1 um den Anteil $v_1^2\,\varrho/2$ erhöht – um die in Druckenergie umgewandelte Geschwindigkeitsenergie, weil $v_2 = 0$ ist.

Der Staudruck, lässt sich auf einfache Weise zum Messen der Strömungsgeschwindigkeit in offenen Gerinnen anwenden. Ein hakenförmig gebogenes Rohr (Pitotrohr) wird gemäß Bild **4**.91 in die Strömung gehalten. Im Punkt 2 ist die Geschwindigkeit $v_2 = 0$. Es lautet die Gleichung von Bernoulli:

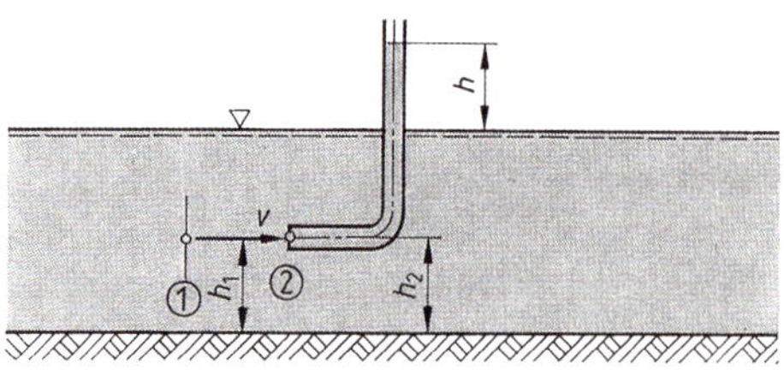

4.91 Pitotrohr

$$\frac{p_1}{\varrho \cdot g} + h_1 + \frac{v_1^2}{2g} = \frac{p_2}{\varrho \cdot g} + h_2 + \frac{v_2^2}{2g}$$

Da $h_1 = h_2$ und $v_2 = 0$ sind, wird

$$p_2 = p_1 + \frac{\varrho}{2}\, v_1^2, \text{ daraus } v_1^2 = \frac{(p_2 - p_1)}{\varrho} \cdot 2 \text{ und mit } \frac{p}{\varrho \cdot g} = h$$

$v_1^2 = 2gh$ bzw.

$$v_1 = \sqrt{2gh}\,. \qquad \text{Gl. (4.46)}$$

Um die Strömungsgeschwindigkeit in einer Rohrleitung zu messen, in der gegenüber dem Außendruck ein Überdruck herrscht, ist zusätzlich zum Hakenrohr ein senkrechtes Rohr nach Bild **4**.92 anzubringen. Damit misst man die Höhendifferenz $(h_2 - h_1) = v^2/2g$ und erhält die Strömungsgeschwindigkeit

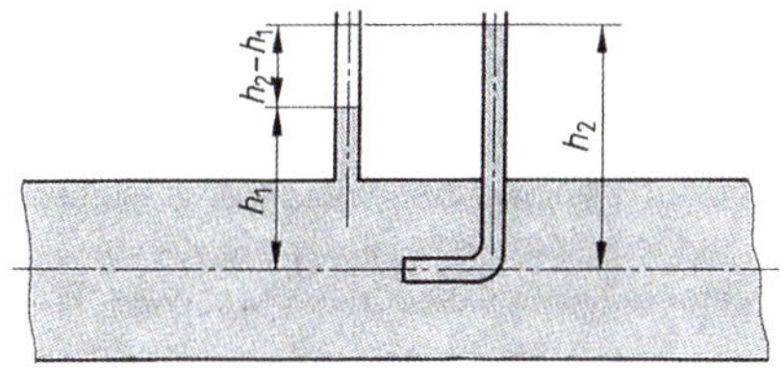

4.92 Geschwindigkeitsmessung im Rohr

$$v = \sqrt{2g\,(h_2 - h_1)}\,. \qquad \text{Gl. (4.47)}$$

Beispiel 4.35 In einem von Wasser durchströmten Rohr werden mit der Anordnung nach Bild **4**.92 die Höhen $h_1 = 0{,}4\,\text{m}$ und $h_2 = 0{,}75\,\text{m}$ gemessen. Wie groß ist die Strömungsgeschwindigkeit?

Lösung $v = \sqrt{2g\,(h_2 - h_1)} = \sqrt{2 \cdot 9{,}81\,\text{m/s}^2\,(0{,}75\,\text{m} - 0{,}4\,\text{m})} = \mathbf{2{,}62\,m/s}$

Das Prandtl'sche Staurohr (Ludwig Prandtl, 1875–1953) fasst Pitotrohr und Piezometer zusammen (**4**.93). Es misst mit dem Hakenrohr den Gesamtdruck p_2 und mit dem umgebenden Mantel den statischen Druck p_1. Die Differenz beider Drücke ergibt unter Berücksichtigung einer Konstanten C (die die Verluste im Gerät ausgleicht und durch Eichung zu bestimmen ist) die Geschwindigkeitshöhe. Somit ist die Strömungsgeschwindigkeit

$$v = C\,\sqrt{2g \cdot \Delta h}\,.$$

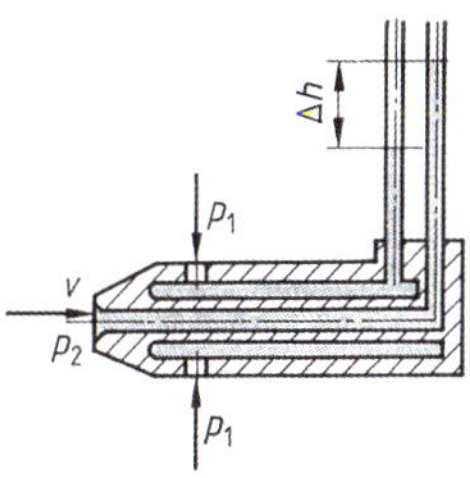

4.93 Prandtl'sches Staurohr

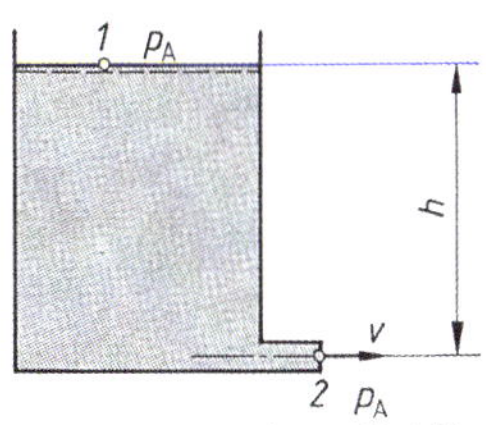

4.94 Ausfluss aus einem Behälter

Ausflussgesetz von Torricelli. Aus einem Behälter nach Bild **4**.94, in dem der Flüssigkeitsspiegel durch Zufluss konstant bleibt oder die Absinkgeschwindigkeit äußerst gering ist, soll die Ausflussgeschwindigkeit an der Stelle 2 bestimmt werden. Auch hier wendet man die Gleichung von Bernoulli an.

$$\frac{p_1}{\varrho \cdot g} + h + \frac{v_1^2}{2g} = \frac{p_2}{\varrho \cdot g} + 0 + \frac{v_2^2}{2g}$$

Weil an den Stellen 1 (am Flüssigkeitsspiegel) und 2 (unmittelbar nach Strahlaustritt) Atmosphärendruck herrscht, sind die Drücke p_1 und p_2 gleich groß. Da die Geschwindigkeit v_1 Null oder annähernd Null ist, wird $v_2^2 = 2gh \rightarrow$

$$v_2 = \sqrt{2gh}. \qquad \text{Gl. (4.48)}$$

Die Ausflussgeschwindigkeit hängt also nur von der Differenzhöhe h zwischen dem Flüssigkeitsspiegel und der Ausflussöffnung ab. Sie ist genauso groß, wie wenn die Flüssigkeitsteilchen von der Höhe h frei herabfielen.

Um von dieser theoretischen Geschwindigkeit auf praktisch erzielbare Werte zu kommen, müssen wir die Gestaltung der Düse, die Zähigkeit der Flüssigkeit und besonders den Übergang vom Behälter in die Ausflussdüse durch verschiedene Beiwerte berücksichtigen.

Venturirohr (4.95). Während das Prandtl'sche Staurohr in der Hauptsache zur Geschwindigkeitsmessung in Gasen und hier besonders bei Flugzeugen dient, wird das Venturirohr zum Messen von Strömungsgeschwindigkeiten in Flüssigkeiten verwendet. Da die Ortshöhen der Punkte 1 und 2 gleich sind, können sie im Ansatz von Bernoulli
von vornherein weggelassen werden. So erhalten wir

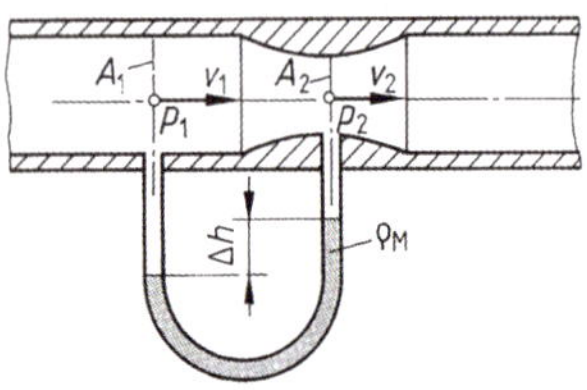

4.95 Venturirohr

$$\frac{p_1}{\varrho \cdot g} + \frac{v_1^2}{2g} = \frac{p_2}{\varrho \cdot g} + \frac{v_2^2}{2g}$$ und die Druckdifferenz

$$\Delta p = p_2 - p_1 = \frac{\varrho}{2}\,(v_1^2 - v_2^2).$$

Bezeichnen wir die Dichte der Flüssigkeit im gekrümmten Messrohr mit ρ_M, wird mit $\Delta p = (\rho_M - \rho)\, g \cdot h$ und mit $v_1 \cdot A_1 = v_2 \cdot A_2$ die Strömungsgeschwindigkeit des Mediums

$$v_1 = \sqrt{\frac{2 \cdot g \cdot \Delta h \left(\frac{\varrho_M}{\varrho} - 1\right)}{\left[\left(\frac{A_1}{A_2}\right)^2 - 1\right]}}. \qquad \text{Gl. (4.49)}$$

Ausströmung aus einer Düse (4.96). In einer Rohrleitung, in der Überdruck herrscht, soll die Ausströmgeschwindigkeit (verlustlos) aus einer Düse mit bekanntem Querschnitt bestimmt werden. Auch hier wird die Gleichung von Bernoulli zwischen der Stelle 1 in der Rohrleitung und der Stelle 2 an der Düse aufgestellt.

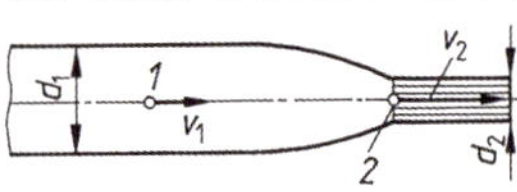

4.96 Ausströmen aus einer Düse

$$\frac{p_1}{\varrho \cdot g} + \frac{v_1^2}{2g} = \frac{p_2}{\varrho \cdot g} + \frac{v_2^2}{2g} \qquad \underbrace{(p_1 - p_2)}_{\Delta p} = \frac{\varrho}{2}\,(v_2^2 - v_1^2)$$

Daraus erhalten wir mit der Kontinuitätsbeziehung $v_1 A_1 = v_2 \cdot A_2 \rightarrow$

$$v_1 = v_2 \left(\frac{d_2}{d_1}\right)^2$$ die Ausströmgeschwindigkeit aus der Düse

$$v_2 = \sqrt{\frac{2\,\Delta p}{\varrho\left[1 - \left(\frac{d_2}{d_1}\right)^4\right]}}. \qquad \text{Gl. (4.50)}$$

Beispiel 4.36 In einem Gartenschlauch mit $d_1 = 25$ mm Innendurchmesser strömt Wasser bei einem Überdruck von 3,5 bar. Der lichte Durchmesser der Spritzdüse ist $d_2 = 10$ mm. Wie groß sind die Geschwindigkeiten v_1 und v_2 sowie die Ausflussmenge $\dot{V}$?

Lösung Nach Gl. (4.50) ist $v_2 = \sqrt{\dfrac{2\,\Delta p}{\varrho\left[1-\left(\dfrac{d_2}{d_1}\right)^4\right]}}$

$$= \sqrt{\frac{2\cdot 3{,}5\cdot 10^5\ \text{N/m}^2}{1000\ \dfrac{\text{kg}}{\text{m}^3}\left[1-\left(\dfrac{0{,}01\ \text{m}}{0{,}025\ \text{m}}\right)^4\right]}} = \mathbf{26{,}8\ m/s}.$$

Aus der Kontinuitätsgleichung $v_1 \cdot A_1 = v_2 \cdot A_2$ wird

$$v_1 = v_2\left(\frac{d_2}{d_1}\right)^2 = 26{,}8\ \text{m/s}\left(\frac{0{,}01\ \text{m}}{0{,}025\ \text{m}}\right)^2 = \mathbf{4{,}29\ m/s.}$$

$$\dot{V} = v_2\cdot A_2 = v_1\cdot A_1 = 4{,}29\ \text{m/s}\ \frac{(0{,}025\ \text{m})^2\cdot\pi}{4} = \mathbf{0{,}002\ m^3/s}$$

Beispiel 4.37 Aus dem Wasserbehälter **4**.97 fließt Wasser durch eine horizontale Rohrleitung mit verschiedenen Durchmessern ins Freie. Der Wasserspiegel im Behälter wird durch stetigen Zufluss auf einem gleich bleibenden Stand von $H = 10$ m über der Rohrleitungs-Mittellinie gehalten. Die Rohrdurchmesser sind $d_1 = 0{,}15$ m, $d_2 = 0{,}25$ m, $d_3 = 0{,}2$ m, $d_4 = 0{,}11$ m, $d_5 = 0{,}18$ m, $d_6 = 0{,}12$ m. (Um die Beziehung zwischen Geschwindigkeitshöhe und Druckhöhe deutlich zu machen, sind die Rohrleitungsdurchmesser im Bild übertrieben dargestellt).

Gesucht werden die Ausflussmenge $\dot{V}$, Ausflussgeschwindigkeit aus der Düse $v_a = v_6$, die Geschwindigkeiten v_1 bis v_5 in den verschiedenen Stellen des Rohres sowie die Piezometerlinie.

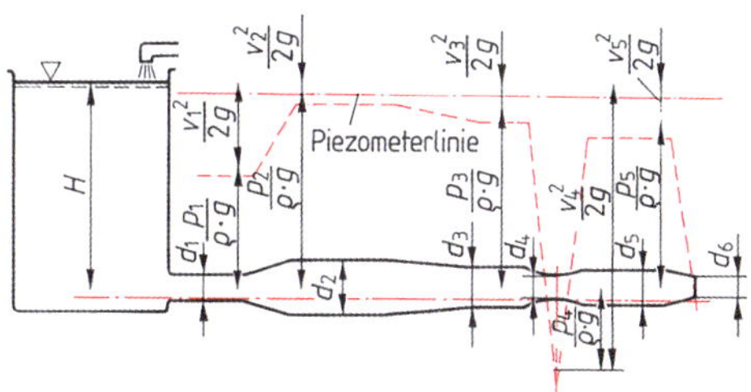

4.97
Anteil von Geschwindigkeitshöhe und Druckhöhe in Abhängigkeit vom Rohrdurchmesser

Lösung Unter Anwendung des Ausflussgesetzes von Torricelli Gl. (4.48) erhalten wir

$$v_a = v_6 = \sqrt{2gH} = \sqrt{2\cdot 9{,}81\ \text{m/s}^2\cdot 10\ \text{m}} = \mathbf{14\ m/s.}$$

Dies ist die theoretische Ausflussgeschwindigkeit, da Reibungsfreiheit vorausgesetzt wird.

Unter Verwendung der Kontinuitätsgleichung ergibt sich

$$v_1 = v_a\cdot\frac{A_a}{A_1} = v_a\,\frac{d_6^2}{d_1^2} = 14\ \text{m/s}\left(\frac{0{,}12\ \text{m}}{0{,}15\ \text{m}}\right)^2 = \mathbf{8{,}96\ m/s}.$$

Analog werden $v_2 = \mathbf{3{,}23\ m/s}$, $v_3 = \mathbf{5{,}04\ m/s}$, $v_4 = \mathbf{16{,}67\ m/s}$, $v_5 = \mathbf{6{,}22\ m/s.}$

Mit Anwendung der Gl. (4.44) von Bernoulli

$$\frac{p}{\varrho\cdot g} + z + \frac{v^2}{2g} = H \text{ wird für } z = 0 \rightarrow p = H\cdot\varrho\cdot g - \frac{\varrho}{2}\cdot v^2 \rightarrow$$

Lösung Fortsetzung

$$p_1 = 10\,\text{m} \cdot 1000\,\text{kg/m}^3 \cdot 9{,}81\,\text{m/s}^2 - \frac{1000}{2}\,\text{kg/m}^3\,(8{,}96\,\text{m/s})^2$$

$$p_1 = 57959\,\text{N/m}^2 \mathrel{\hat=} 0{,}58\,\text{bar}$$

bzw. die Druckhöhe

$$\frac{p}{\varrho \cdot g} = H - \frac{v^2}{2g} \quad \rightarrow \quad \frac{p_1}{\varrho \cdot g} = 10\,\text{m} - \frac{(8{,}96\,\text{m/s})^2}{2 \cdot 9{,}81\,\text{m/s}^2} = \mathbf{5{,}91\,m}$$

Analog werden $\frac{p_2}{\varrho \cdot g} = \mathbf{9{,}47\,m}$, $\frac{p_3}{\varrho \cdot g} = \mathbf{8{,}7\,m}$, $\frac{p_4}{\varrho \cdot g} = \mathbf{-4{,}16\,m}$

$\frac{p_5}{\varrho \cdot g} = \mathbf{8{,}03\,m}$, $\frac{p_6}{\varrho \cdot g} = \mathbf{0}$.

Die ausfließende Wassermenge ist $\dot{V} = A_6 \cdot v_6 = \frac{(0{,}12\,\text{m})^2 \cdot \pi}{4} \cdot 14\,\text{m/s} = \mathbf{0{,}158\,m^3/s}$.

Tragen wir die einzelnen Druckhöhen maßstäblich über den Rohrdurchmessern auf, erhalten wir die Piezometerlinie. Man sieht deutlich, dass sich der zur Verfügung stehende Gesamtdruck H je nach Rohrdurchmesser und damit unterschiedlicher Strömungsgeschwindigkeit im Rohr auf die zwei Energieanteile Geschwindigkeitshöhe und Druckhöhe aufteilt. Je kleiner der Rohrdurchmesser, desto größer wird die Strömungsgeschwindigkeit und damit der Energieanteil der vom statischen Druck im Behälter in Geschwindigkeit umgewandelt wurde.

An der Engstelle d_4 wird die Geschwindigkeit v_4 größer als die Austrittsgeschwindigkeit v_6. Um v_4 zu erreichen, muss mehr als die zur Verfügung stehende Höhe H in Geschwindigkeitshöhe umgewandelt werden. Der über H hinausgehende Anteil wird dem Luftdruck entnommen, so dass in dieser Engstelle ein Unterdruck herrscht. Daher auch der negative Wert von (– 4,16 m) für $p_4/\rho \cdot g$.

Beispiel 4.38 Aus einem Behälter fließt Wasser reibungsfrei durch eine Rohrleitung, an deren Ende eine Düse angebracht ist, ins Freie (**4**.98). $H = 12$ m, $h_1 = 2$ m, $h_3 = 3$ m, Rohrdurchmesser $d = 6$ cm und $d_a = d_2 = 5$ cm. An der Stelle 3 ist ein Wasserhahn angebracht.

a) Wird an der Stelle 3, wenn der Wasserhahn geöffnet wird, Wasser austreten oder Luft angesaugt werden ?

b) An welcher Stelle muss der Wasserhahn eingebaut werden, damit beim Öffnen weder Wasser austritt noch Luft aus der Atmosphäre in die Rohrleitung eindringt?

c) Es ist die Piezometerlinie zu zeichnen.

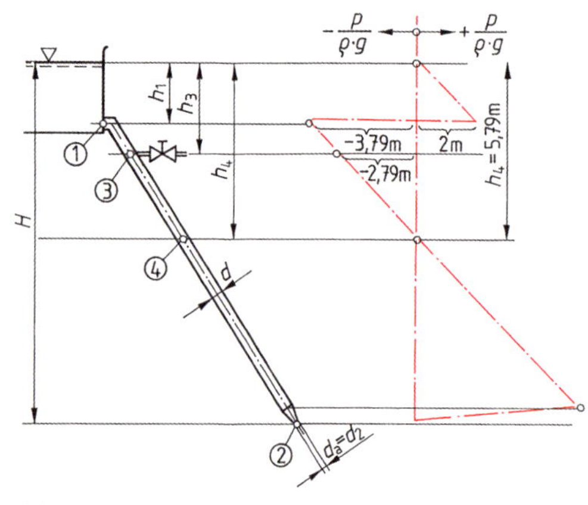

4.98 Ausfluss aus einem Behälter, Druckverhältnisse

Lösung Berechnen der Ausflussgeschwindigkeit nach Gl. (4.48):

$$v_a = v_2 = \sqrt{2gH} = \sqrt{2 \cdot 9{,}81\,\text{m/s}^2 \cdot 12\,\text{m}} = 15{,}34\,\text{m/s}.$$

Berechnen der Strömungsgeschwindigkeit im Rohr mit der Kontinuitätsgleichung:

$$v_1 = v_3 = v_4 = v; \quad v \cdot A = v_a \cdot A_a$$

$$\rightarrow v = v_a \left(\frac{d_a}{d}\right)^2 = 15{,}34\,\text{m/s} \left(\frac{0{,}05\,\text{m}}{0{,}06\,\text{m}}\right)^2 = 10{,}65\,\text{m/s}$$

Lösung Fortsetzung

a) Berechnen der Druckhöhe an der Stelle 3 mit der Gleichung von Bernoulli:

$$\frac{p_3}{\varrho \cdot g} + (H - h_3) + \frac{v_3^2}{2g} = H \to \frac{p_3}{\varrho \cdot g}$$

$$\frac{p_3}{\varrho \cdot g} = h_3 - \frac{v_3^2}{2g} = 3\,\text{m} - \frac{(10{,}65\,\text{m/s})^2}{2 \cdot 9{,}81\,\text{m/s}^2} = -2{,}79\,\text{m}$$

$$p_3 = -2{,}79\,\varrho \cdot \text{g} = -27341\,\text{N/m}^2 = -0{,}27\,\text{bar}$$

$\frac{p_3}{\varrho \cdot g}$ bzw. p_3 ist negativ, d.h., es herrscht an der Stelle 3 Unterdruck gegenüber der Atmosphäre, **Luft wird angesaugt.**

b) Die Stelle h_4, an der weder Wasser austritt noch Luft angesaugt wird, findet man durch Nullsetzen von $p_4/\rho\, g$. D.h., es muss an dieser Stelle genau Atmosphärendruck herrschen.

$$0 = h_4 - \frac{v_4^2}{2g} \to h_4 = \frac{v_4^2}{2g} = \frac{(10{,}65\,\text{m/s})^2}{2 \cdot 9{,}81\,\text{m/s}^2} = \mathbf{5{,}79\,m}$$

c) Um die Piezometerlinie zeichnen zu können, brauchen wir noch die Werte von 1, dem Einlauf in das Rohr.

$$\frac{p_1}{\varrho \cdot g} = h_1 - \frac{v_1^2}{2g} = 2\,\text{m} - \frac{(10{,}65\,\text{m/s})^2}{2 \cdot 9{,}81\,\text{m/s}^2} = \mathbf{-3{,}79\,m}$$

4.5.5 Gleichung von Bernoulli für stationäre Strömung unter Berücksichtigung von zu- oder abgeführter Arbeit

Bisher haben wir unsere Betrachtungen von strömenden Flüssigkeiten durchwegs ohne Energiezu- und -abfuhr durchgeführt. Bei wirklichen Flüssigkeiten tritt jedoch, bedingt durch die Zähigkeit, innere Reibung in der Flüssigkeit und Reibung an den Oberflächen von Rohrleitungen und Gerinnen auf. Diese Reibungsverluste sind in der Gleichung von Bernoulli als Verlustglied anzusetzen.

Außerdem wird der Flüssigkeit häufig auf ihrem Weg Energie zugeführt (z.B. durch eine eingebaute Pumpe) oder Energie entzogen (Turbine). Auch dies ist in der Gleichung von Bernoulli durch ein Energieglied zu berücksichtigen.

Wir betrachten im Bild **4**.99 die Strömung einer Flüssigkeit in einem Rohr vom Punkt 1 nach Punkt 2. Das Rohr hat zuerst ein gerades Stück, dann eine Verengung, wiederum ein gerades Stück, zwei Krümmer an den Stellen *d* und *e* und dazwischen eine Niveauänderung. Von *f* nach *g* erweitert sich das Rohr wieder, um in Punkt 2 wiederum denselben Durchmesser wie in 1 zu haben.

Die Gesamtenergie in Punkt 1 ist $h_{1\,\text{ges}}$, bestehend aus den drei Energieanteilen, ausgedrückt durch die Höhengleichung

$$\frac{p_1}{\varrho \cdot g} + z_1 + \frac{v_1^2}{2g} = h_{1\,\text{ges}}.$$

Während der Strömung von 1 nach 2 ändern sich die Energieanteile wie folgt:

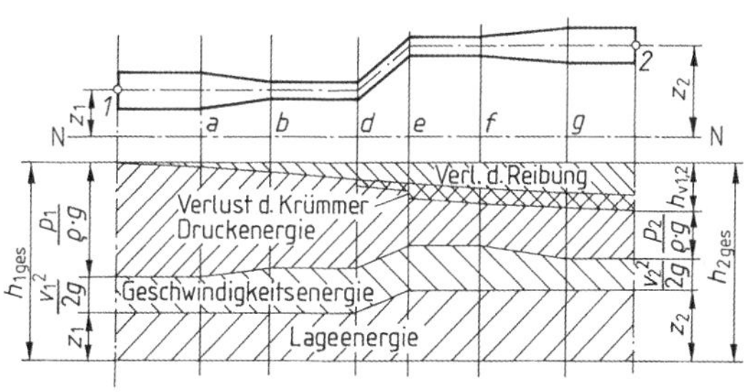

4.99 Rohrströmung mit Verlusten

Die Lagenergie bleibt von 1 bis *d* konstant, vermehrt sich von *d* auf *e* und bleibt dann wieder bis zum Punkt 2 konstant. Die Geschwindigkeitsenergie $v_1^2/2g$ bleibt konstant von 1 bis *a*, erhöht sich durch die Rohrverengung bis *b*, bleibt dann wiederum konstant bis *f* und verringert sich durch die Rohrerweiterung wieder auf das Maß $v_2^2/2g$.

Da die Lageenergie, durch die geänderte Höhe von z_1 auf z_2 gegeben ist und die Geschwindigkeitsenergie bei gleichem Rohrdurchmesser an 1 und 2 gleich groß sein muss, kann ein allfälliger Reibungsverlust nur auf Kosten des dritten Energieanteils, nämlich der Druckenergie gehen. Ohne im Augenblick näher darauf einzugehen, stellen wir fest: Der Reibungsverlust wird von 1 bis *d* mehr oder weniger kontinuierlich ansteigen. Durch Einbauten von Krümmern in *d* und *e* ergeben sich über die normale Rohrreibung hinausgehende Verluste infolge Richtungsänderung und Verwirbelung des Flüssigkeitsstroms. Der gesamte Verlust wird als Verlusthöhe $h_{v1,2}$ dargestellt und geht, da weder Energie zu- noch abgeführt wurde, auf Kosten der Druckenergie. In Punkt 2 muss die Summe der vier Energieanteile $h_{2\,ges}$ gleich groß sein wie $h_{1\,ges}$. Die Energiegleichung lautet dann:

$$\frac{p_1}{\varrho \cdot g} + z_1 + \frac{v_1^2}{2g} = \frac{p_2}{\varrho \cdot g} + z_2 + \frac{v_2^2}{2g} + h_{v1,2} \qquad \text{Gl. (4.51)}$$

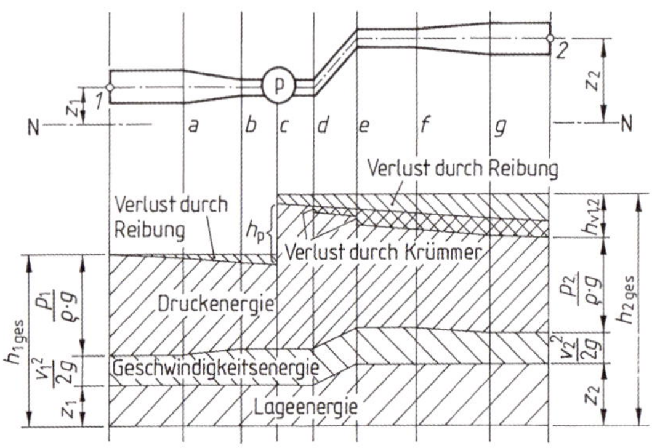

4.100 Rohrströmung mit Verlusten und Energiezufuhr

In Bild **4.**100 ist in die gleiche Rohrleitung an der Stelle *c* eine Pumpe P eingebaut, die der Flüssigkeit zusätzlich die Energie h_P zuführt. Der Verlauf der Energieanteile in der Rohrleitung entspricht der vorherigen Betrachtung, nur in Punkt *c* wird der Flüssigkeit Druckenergie zugeführt. Das kommt in einem erhöhten Anteil $p_2/\varrho \cdot g$ bzw. erhöhten Gesamtenergieanteil $h_{2\,ges}$ zum Ausdruck. Die Energiegleichung lautet dann:

$$\frac{p_1}{\varrho \cdot g} + z_1 + \frac{v_1^2}{2g} + h_P = \frac{p_2}{\varrho \cdot g} + z_2 + \frac{v_2^2}{2g} + h_{v1,2}\,. \qquad \text{Gl. (4.52)}$$

4.5.6 Ähnlichkeitsgesetz von Reynolds

Vor dem Bau großer technischer Anlagen mit Strömungsvorgängen führt man in der Regel Versuche im verkleinerten Modell durch und überträgt die Ergebnisse dann auf die Großausführung. Beim Bau von großen Wasserturbinen ist es z. B. heute üblich, dass der Hersteller bestimmte Wirkungsgrade garantieren muss. Der Nachweis dieses Wirkungsgrads wird häufig am Modell geliefert und mit bestimmten Ähnlichkeitsgesetzen auf die Großausführung umgelegt.

Es gibt in der Technik eine Reihe von Ähnlichkeitsgesetzen, z.B. die statische Ähnlichkeit, dynamische Ähnlichkeit und thermische Ähnlichkeit. Für uns sind hier drei Arten von Kräften maßgebend: Druck-, Reibungs- und Trägheitskräfte. Es reicht darum nicht aus, nur das Modell maßstäblich zu verkleinern, um bei der Strömung ähnliche Stromlinien zu erhalten. Damit bei der von uns betrachteten stationären Strömung im Modell ähnliche Stromlinien (Bahnlinien) entstehen, müssen sowohl die Druckkräfte als auch die Zähigkeitskräfte bei Modell und Großausführung berücksichtigt werden.

Zur Untersuchung der Ähnlichkeitsbedingungen betrachten wir die Strömungen in zwei geometrisch ähnlichen Rohrleitungen (**4.**101). Wir wählen für Modell und Original je eine charakteristische Längeneinheit (in diesem Fall die Durchmesser D_1 und D_2) und eine charakteristische örtliche Geschwindigkeit (w_1 und w_2) und betrachten an den entsprechenden Stellen die Massenteilchen m_1 und m_2.

Wenn die durch die Rohrleitungen strömenden Medien die Dichten ϱ_1 und ϱ_2 und die dynamischen Zähigkeiten η_1 und η_2 haben, werden alle wichtigen Größen auf die Basisgrößen D, w, ϱ und η zurückgeführt. Es verhalten sich

alle Längen $\frac{L_1}{L_2}$ wie $\frac{D_1}{D_2}$,

alle Flächen $\frac{A_1}{A_2}$ wie $\frac{D_1}{D_2}$,

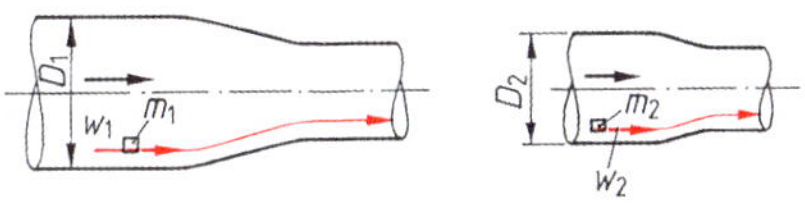

4.101 Ähnliche Strömungen

alle Beschleunigungen

$$\frac{a_1}{a_2} \text{ wie } \frac{\frac{w_1}{t_1}}{\frac{w_2}{t_2}} = \frac{w_1 t_2}{w_2 t_1} = \frac{w_1}{w_2} \cdot \frac{\frac{D_2}{w_2}}{\frac{D_1}{w_1}} = \frac{w_1^2 \cdot D_2}{w_2^2 \cdot D_1} \left(\text{mit der Zeit } t = \frac{\text{Länge}}{\text{Geschwindigkeit}}\right)$$

alle Massen $\frac{m_1}{m_2}$ wie $\frac{\varrho_1 D_1^3}{\varrho_2 D_2^3}$ (mit $m = \varrho \cdot V = \text{konst} \cdot \varrho \cdot D^3$).

Auf die strömende Flüssigkeit wirken drei Kräfte: die Druckkraft F, die Reibkraft F_R und die Trägheitskraft F_T. Soll in den beiden Strömungen Ähnlichkeit vorhanden sein, muss an beliebiger, aber zwischen 1 und 2 ähnlich gelegener Stelle das Verhältnis dieser drei Kräfte gleich sein. Dies bedeutet, dass die Kraftecke geometrisch ähnlich sein müssen.

Wenn Ähnlichkeit bei zwei von diesen drei Kräften zwischen der Strömung 1 und 2 gegeben ist, ist auch das Verhältnis der dritten Kraft entsprechend. So genügt es, wenn wir zwei von diesen drei Kräften, nämlich die Reibkraft F_R und die Trägheitskraft F_T, vergleichen.

Ansatz für Trägheits- und Reibkräfte

$\frac{F_{T1}}{F_{T2}} = \frac{m_1 \cdot a_1}{m_2 \cdot a_2}$. Mit Gl. (4.14) bzw. Gl. (4.15) wird $\frac{F_{R1}}{F_{R2}} = \frac{\eta_1 \cdot A_1 \cdot w_1 \cdot y_2}{\eta_2 \cdot A_2 \cdot w_2 \cdot y_1}$.

Unter Ausnutzung der oben gebildeten Verhältnisbeziehungen schreiben wir:

$$\left.\begin{array}{l} \dfrac{F_{T1}}{F_{T2}} = \underbrace{\dfrac{\varrho_1 \cdot D_1^3}{\varrho_2 \cdot D_2^3}}_{m} \cdot \underbrace{\dfrac{w_1^2 \cdot D_2}{w_2^2 \cdot D_1}}_{a} = \dfrac{\varrho_1 \cdot D_1^2 \cdot w_1^2}{\varrho_2 \cdot D_2^2 \cdot w_2^2} \\ \\ \dfrac{F_{R1}}{F_{R2}} = \dfrac{\eta_1 \cdot D_1^2 \cdot w_1 \cdot D_2}{\eta_2 \cdot D_2^2 \cdot w_2 \cdot D_1} = \dfrac{\eta_1 \cdot D_1 \cdot w_1}{\eta_2 \cdot D_2 \cdot w_2} \end{array}\right\} = \text{gleichsetzen}$$

$\frac{\varrho_1 \cdot D_1 \cdot w_1}{\eta_1} = \frac{\varrho_2 \cdot D_2 \cdot w_2}{\eta_2}$. Mit $\frac{\eta}{\varrho} = \nu$ nach Gl. (4.18) wird $\boldsymbol{\frac{D_1 \cdot w_1}{\nu_1} = \frac{D_2 \cdot w_2}{\nu_2}}$.

Die so erhaltene Bedingung besagt, dass Ähnlichkeit in den Strömungen 1 und 2 herrscht, wenn die Ausdrücke $D \cdot w/\nu$ gleich groß sind. Hier ist nochmals zu erwähnen, dass D für eine charakteristische Länge der betrachteten Strömung steht (z. B. D der Rohrdurchmesser bei einem kreisrunden Rohr oder die Länge L oder Breite B eines Schiffes), dass für w eine charakteristische Geschwindigkeit (z. B. die örtliche Geschwindigkeit v oder die mittlere Strömungsgeschwindigkeit v_m) an korrespondierender Stelle stehen.

Der Ausdruck $D \cdot w/\nu$ ist dimensionslos und wird nach dem englischen Physiker Osborne Reynolds (1842–1912) Reynoldszahl genannt. Für den in der Technik häufigen Fall einer Strömung in kreisrunden Rohren wird üblicherweise die Reynolds-Zahl nach dieser Formel gebildet:

$$Re = \frac{v_m \cdot d}{\nu}$$

v_m	d	ν
m/s	m	m²/s

Gl. (4.53)

Tabelle **4**.102 **Wandrauigkeiten verschiedener Rohrarten**

Werkstoff und Rohrart	Zustand der Rohre	k in mm
Neue gezogene und gepresste Rohre aus Cu, Ms, Bronze, Al, andere Leichtmetalle, Glas, neue nahtlose Stahlrohre, gewalzt oder gezogen	technisch glatt mit Walzhaut gebeizt bei engen Rohren	0,001 bis 0,0015 Kunststoff 0,02 bis 0,06 0,03 bis 0,04 bis 0,1
neue längsgeschweißte Stahlrohre	mit Walzhaut	0,04 bis 0,1
neue Stahlrohre mit Überzug	Metallspritzüberzug tauchverzinkt handelsüblich verzinkt bitumiert zementiert galvanisiert	0,08 bis 0,09 0,07 bis 0,1 0,1 bis 0,16 ~0,05 ~0,18 ~0,008
gebrauchte Stahlrohre	gleichmäßige Rostnarben leichte Verkrustung mittlere Verkrustung starke Verkrustung	~0,15 0,15 bis 0,4 ~1,5 2,0 bis 4,0
Gussrohre, neue Leitungen mit Flansch oder Muffenverbindung	inwändig bitumiert neu angerostet verkrustet	0,12 0,25 bis 1 1,0 bis 1,5 1,5 bis 3
Betonrohre neu	handelsüblicher Glattstrich handelsüblich mittelglatt handelsüblich rau	0,3 bis 0,8 1,0 bis 2,0 2,0 bis 3,0
Betonrohre nach mehrjährigem Betrieb mit Wasser		0,2 bis 0,3

Damit das Reynolds'sche Ähnlichkeitsgesetz gilt, also mechanische Ähnlichkeit zwischen den Strömungen besteht, muss über die geometrische Ähnlichkeit der Körperkonturen hinaus auch eine Ähnlichkeit in den Rauigkeiten der Oberflächen vorhanden sein. Man definiert hier die Wandrauigkeit k und stellt das Verhältnis Wandrauigkeit k zu charakteristischem Längenmaß d oder umgekehrt d zu k her (**4**.102 auf S. 332).

k Wandrauigkeit
k/d relative Rohrrauigkeit
d/k reziproke relative Rohrrauigkeit

4.5.7 Strömungsarten: Laminare und turbulente Strömung

Um die im vorigen Abschnitt besprochenen Reibungsverluste auch quantitativ erfassen zu können, müssen wir die möglichen Strömungsformen kennen. Nach dem Erscheinungsbild der Strömung unterscheidet man die laminare Strömung oder Schichtströmung und die turbulente Strömung oder Wirbelströmung.

> Die Unterscheidung dieser beiden Strömungsformen ist wichtig, da sich das Reibungsverhalten beim Übergang von der einen auf die andere Strömungsform sprunghaft ändert.

Laminare Rohrströmung (Schichtströmung). Aus Abschnitt 4.1.4 wissen wir, dass sich bei Strömungen durch ein Rohr ein Geschwindigkeitsgefälle von der Rohrmitte zur Rohrwand ausbildet. Die Flüssigkeitsschichten gleiten mit unterschiedlichen Geschwindigkeiten aneinander vorbei. Wenn es bei diesem Vorbeigleiten zu keiner Querströmung, (senkrecht zur Rohrachse) kommt, sprechen wir von einer laminaren oder Schichtströmung.

Um die Ausbildung der Strömung über den Rohrquerschnitt und die Durchflussmenge zu untersuchen, betrachten wir nach Bild **4**.103 ein Flüssigkeitsteilchen und setzen daran das Kräftegleichgewicht in Strömungsrichtung an.

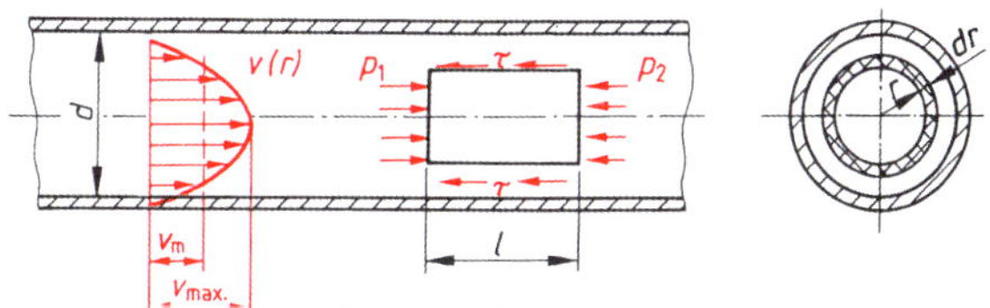

4.103 Laminare Rohrströmung

$$\Sigma F_{ix} = 0\colon\ (p_1 - p_2)\ r^2\pi - \tau \cdot 2\,r\pi \cdot l = 0 \qquad F \sim A \cdot \frac{\Delta v}{\Delta r};\ \tau = \frac{F}{A}$$

Mit Gl. (4.15) $\tau = -\eta\,\dfrac{dv}{dr}$ ergibt sich $\Delta p \cdot r + \eta \cdot 2l\,\dfrac{dv}{dr} = 0$

und daraus $dv = -\dfrac{\Delta p}{2\eta l}\,r\,dr$ und nach Integration $v = -\dfrac{\Delta p}{4\eta l}\,r^2 + C.$

Mit der Randbedingung für $r = \dfrac{d}{2}$ ist $v = 0$, wird die Konstante $C = \dfrac{\Delta p}{4\eta l}\left(\dfrac{d}{2}\right)^2$ und somit

> $$v = \frac{\Delta p}{4\eta l}\left(\frac{d^2}{4} - r^2\right) \qquad \text{Gl. (4.54)}$$
>
> Die Geschwindigkeitsverteilung über dem Rohrquerschnitt ist also parabolisch.

Zum Berechnen des Durchflussvolumens verwenden wir den Ansatz $d\dot{V} = v(r)\,2\,r \cdot \pi \cdot dr$.

$$\dot{V} = \int_{r=0}^{r=\frac{d}{2}} v(r) \cdot 2r \cdot \pi \cdot dr = \int_{r=0}^{r=\frac{d}{2}} \frac{\Delta p \cdot \pi}{2\eta \cdot l}\left(\frac{d^2}{4}r - r^3\right) dr$$

Integriert ergibt sich das Gesetz von Hagen-Poiseuille (Gotthilf Hagen, dt. Wasserbauingenieur, 1797–1884; Jean Louis Poiseuille, frz. Arzt, 1799–1869).

Gesetz von Hagen und Poiseuille

$$\dot{V} = \frac{\Delta p \cdot \pi \cdot d^4}{128\eta \cdot l} \qquad \text{Gl. (4.55)}$$

Bei gegebener Druckdifferenz und Rohrlänge wächst der Volumenstrom mit der 4. Potenz des Rohrdurchmessers (Rohrradius) an.

Im Allgemeinen interessieren jedoch die mittlere Geschwindigkeit der Rohrströmung

$$v_m = \frac{\dot{V}}{A} = \frac{\Delta p \cdot d^2}{32\eta \cdot l} \qquad \text{Gl. (4.56)}$$

und der Druckverlust in einem Rohrstück mit Durchmesser d und Länge l

$$\Delta p = \frac{32\,v_m \cdot \eta \cdot l}{d^2}. \qquad \text{Gl. (4.57)}$$

Der Druckverlust Δp nimmt also bei laminarer Rohrströmung linear mit der Geschwindigkeit zu. Die maximale Strömungsgeschwindigkeit v_{max} stellt sich in der Rohrachse ein. Setzen wir in Gl. (4.54) $r = 0$, wird

$$v_{max} = \frac{\Delta p}{4\eta \cdot l}\,\frac{d^2}{4}. \qquad \text{Gl. (4.58)}$$

Ein Vergleich der maximalen Strömungsgeschwindigkeit nach Gl. (4.58) mit der mittleren Strömungsgeschwindigkeit nach Gl. (4.56) zeigt:

$$v_m = \frac{1}{2}\,v_{max} \qquad \text{Gl. (4.59)}$$

Turbulente Rohrströmung. Im Unterschied zur paraboloidförmigen Geschwindigkeitsverteilung der laminaren Rohrströmung ist hier die Geschwindigkeit bei geringer Abnahme zur Wand hin eher gleichmäßig über den Rohrquerschnitt verteilt (**4.**104). Die maximale Geschwindigkeit bei turbulenter Strömung beträgt etwa 1,2 · v_m. Vor allem in einer sehr dünnen laminaren Grenzschicht δ_0, in der die Strömungsgeschwindigkeit sehr schnell auf Null abfällt, entstehen Reibungsverluste nach dem Hagen-Poiseuille'schen Gesetz. Im gesamten turbulenten Bereich – und das ist der überwiegende Teil der ausgebildeten Strömung – ist ein theoretischer Zusammenhang zwischen Strömungsgeschwindigkeit, Druckverlust, Zähigkeit der Flüssigkeit und Rohrdurchmesser nicht ohne Weiteres anzugeben.

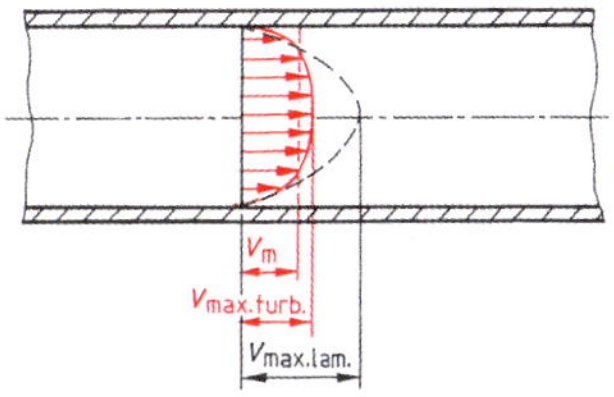

4.104 Turbulente und laminare Strömung im kreisrunden Rohr

4.5.8 Druckverlust, Ermitteln der Rohrreibzahl für kreisrunde Rohre

Um den Druckabfall bzw. die Verlusthöhe in geraden Rohrleitungen zu berechnen, wurde die Rohrreibzahl λ eingeführt.

Druckverlust $\Delta p = \lambda \frac{l}{d} \varrho \frac{v_m^2}{2}$ Gl. (4.60)

Verlusthöhe $h_r = \lambda \frac{l}{d} \cdot \frac{v_m^2}{2g}$ Gl. (4.61)

Δp	h_r	l	d	ϱ	λ	v_m
N/m²	m	m	m	kg/m³	1	m/s

Für den laminaren Bereich der stationären Strömungen erhalten wir die Rohrreibzahl λ, indem wir

$\Delta p = \frac{32\, v_m \cdot \eta \cdot l}{d^2}$ (Gl. 4.57) gleichsetzen mit $\Delta p = \lambda \frac{l}{d} \varrho \frac{v_m^2}{2}$ (Gl. 4.60).

Dies ergibt unter Einbeziehung von $Re = \frac{v_m \cdot d}{\nu}$ (Gl. 4.53), wobei $\nu = \frac{\eta}{\varrho}$ (s. Gl. 4.18).

$$\lambda = \frac{64}{Re} \qquad \text{Gl. (4.62)}$$

Diese Beziehung zeigt, dass bei laminarer Strömung die Rohrreibzahl und damit der Reibwiderstand an den Wänden nur von der Reynoldszahl abhängt und von der Wandrauigkeit völlig unabhängig ist (s. **4**.106).

Turbulenter Bereich der stationären Rohrströmung. Bei einer Reynoldszahl >2320 (kritische Reynoldszahl Re_{kr} für Wasser) geht im Allgemeinen die laminare in turbulente Strömung über. (Unter Laborbedingungen kann bis Re = 10000 ein laminarer Zustand herrschen. Durch eine kleine Störung, z. B. eine Erschütterung, schlägt die Strömung sofort in den turbulenten Zustand um.) Außer den Größen Strömungsgeschwindigkeit vm, Durchmesser d und kinematischer Zähigkeit ν, die sich in der Reynoldszahl niederschlagen, beeinflusst bei turbulenter Strömung die Rauigkeit der Wand wesentlich die Rohrreibung. Aus Versuchen wissen wir, dass sich Rohre mit geringer Rauigkeit und bei kleiner Reynoldszahl technisch oder hydraulisch glatt verhalten. Wir unterscheiden daher zur Bestimmung der Rohrreibzahl drei Bereiche (**4**.105): Hydraulisch glatte und raue Rohre sowie Rohre im Übergangsbereich.

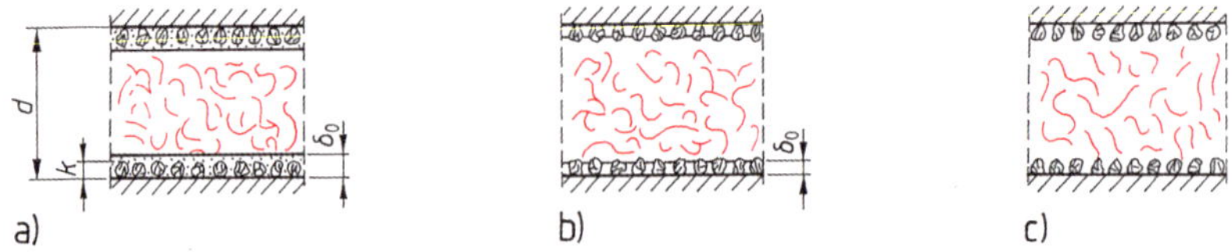

4.105 Rohrbereiche a) hydraulisch glatt, b) Übergang, c) rau

Hydraulisch glatte Rohre (2320 < *Re* < 65 *d/k*). Dieser Fall ist gegeben, wenn die laminare Grenzschicht mit der Stärke δ_0 die Wandrauigkeit *k* zudeckt. Dann ist $\lambda = f(Re)$.

Für den Bereich $2320 \leqq Re \leqq 10^5$ gilt die

Formel von Blasius $\lambda = \dfrac{0{,}316}{\sqrt[4]{Re}}$. Gl. (4.63)

Für den Bereich $10^5 < Re < 10^8$ gilt die

Formel von Nikuradse $\lambda = 0{,}0032 + \dfrac{0{,}221}{Re^{0{,}237}}$. Gl. (4.64)

Für den gesamten Bereich der hydraulisch glatten Rohre gilt die

Formel von Prandtl und Kârmân $\lambda = \dfrac{1}{\left[2\lg\left(Re\sqrt{\dfrac{\lambda}{2{,}51}}\right)\right]^2}$. Gl. (4.65)

(Theodore v. Kârmân, ungar. Physiker, 1881–1963) In dieser Formel ist λ implizit vorhanden, daher die Benutzung aufwändig. Deshalb verwendet man oft die Näherungsformel

$\lambda = \dfrac{0{,}309}{\left[\lg\left(\dfrac{Re}{7}\right)\right]^2}$. Gl. (4.66)

Rohre im Übergangsgebiet $\left(65\,\dfrac{d}{k} < Re < 1300\,\dfrac{d}{k}\right)$. Für diesen Bereich ist λ eine Funktion von *Re* und *d*/*k*. Eine gute Näherung ist die

Formel von Colebrook $\lambda = \dfrac{1}{\left[2\lg\left(\dfrac{2{,}51}{Re\sqrt{\lambda}} + \dfrac{0{,}27}{d/k}\right)\right]^2}$. Gl. (4.67)

Hydraulisch raue Rohre $\left(Re > 1300\,\dfrac{d}{k}\right)$. Hier ist $\lambda = f(d/k)$. Bei hydraulisch rauen Rohren ragen sämtliche Wanderhebungen aus der laminaren Grenzschicht heraus, so dass die Energieverluste nur durch die starken Wirbel, die von diesen Rauigkeiten ausgehen, verursacht werden. Für diesen Bereich gilt die

Formel von Prandtl und Nikuradse $\lambda = \dfrac{1}{\left[2\lg\left(3{,}71\,\dfrac{d}{k}\right)\right]^2}$. Gl. (4.68)

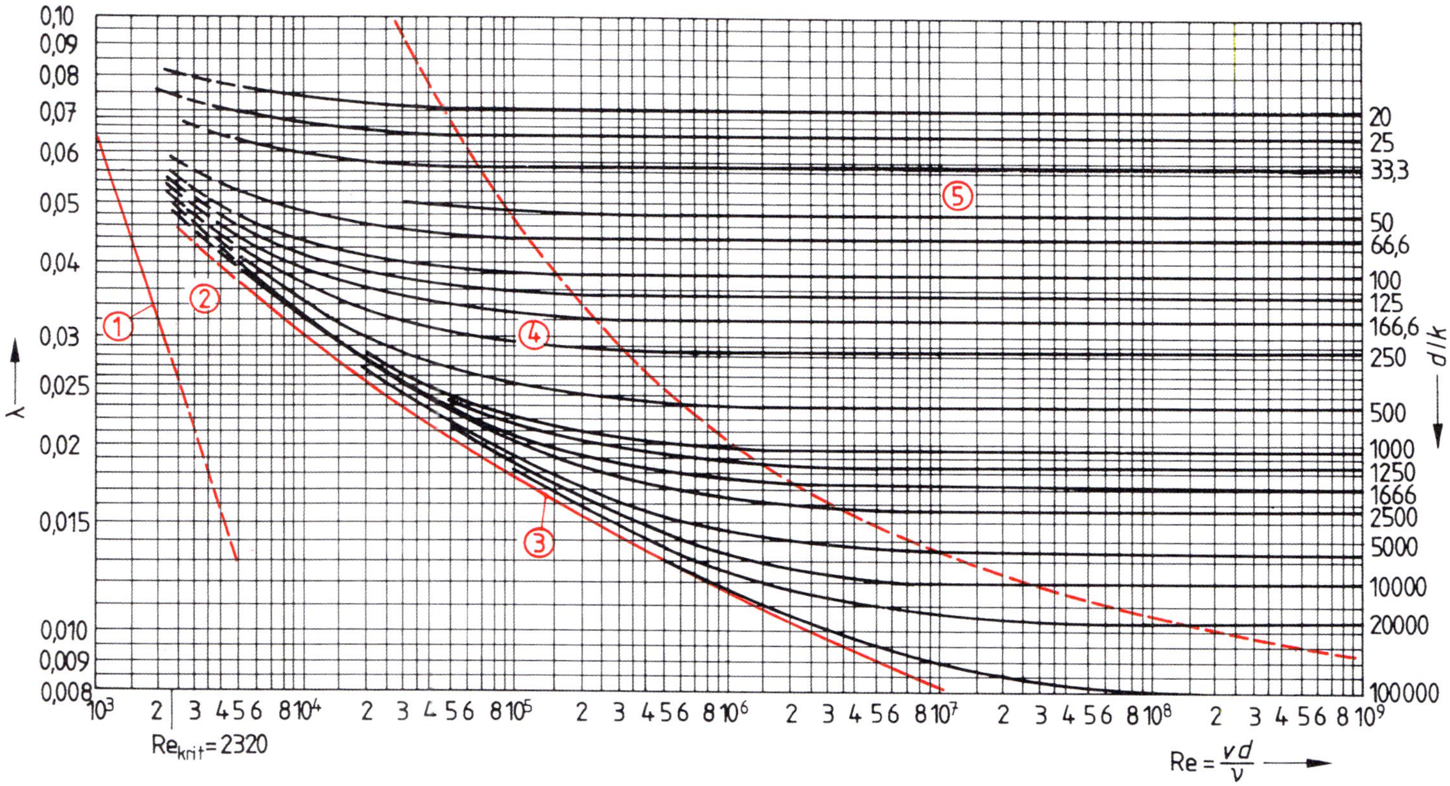

① laminar $\lambda = 64/Re$ Gl. (4.62)

② laminar-turbulenter Übergangsbereich

③ turbulent (hydraulisch glattes Rohr) Gl. (4.65)

④ Übergangsbereich glatt-rau Gl. (4.67)

⑤ voll ausgebildete Rauigkeitsströmung Gl. (4.68)

4.106 Rohrreibungszahl λ nach Prandtl-Colebrook

Alle diese Formeln sind teilweise umständlich zu benutzen, vor allem weil bei einigen λ nur in impliziter Form vorkommt. Deshalb wird häufig das Diagramm von Prandtl-Colebrook verwendet (**4**.106). Es stellt diese Formeln grafisch dar, so dass man die Rohrreibzahl als Funktion von *Re* und der reziproken relativen Wandrauigkeit *d/k* ablesen kann.

Mit dieser so gefundenen oder rechnerisch ermittelten Rohrreibzahl λ lassen sich der Druckverlust oder die Verlusthöhe nach Gl. (4.60) und (4.61) ermitteln und im Ansatz von Bernoulli berücksichtigen.

Beispiel 4.39 Durch zwei horizontale Rohrleitungen aus nahtlosem Stahlrohr (Wandrauigkeit k = 0,03 mm) mit einem Innendurchmesser von d = 100 mm und einer Länge von l = 250 m strömt einmal Wasser mit 40°C (ρ = 992 kg/m³, $v = 0{,}66 \cdot 10^{-6}$ m²/s) und einmal Hydrauliköl SAE 20 mit 40°C (ρ = 850 kg/m³, $v = 50 \cdot 10^{-6}$ m²/s) mit 0,5 m/s mittlerer Strömungsgeschwindigkeit v_m. Zu berechnen sind

a) die kritische Strömungsgeschwindigkeit v_{krit} (Umschlag von laminar auf turbulent),

b) die Rohrreibzahlen λ sowie die Druckverluste Δp bzw. die Verlusthöhen hr.

Lösung a) $Re_{krit} = 2320$

Es ist $Re = \frac{v_m \cdot d}{\nu} \rightarrow v_m$.

$$v_{m\,krit\,H_2O} = \frac{\nu_{H_2O} \cdot Re_{krit}}{d} = \frac{0{,}66 \cdot 10^{-6}\,\text{m}^2/\text{s} \cdot 2320}{0{,}1\,\text{m}} = \mathbf{0{,}02\,m/s}$$

$$v_{m\,krit\,Öl} = \frac{\nu_{Öl} \cdot Re_{krit}}{d} = \frac{50 \cdot 10^{-6}\,\text{m}^2/\text{s} \cdot 2320}{0{,}1\,\text{m}} = \mathbf{1{,}16\,m/s}$$

Die tatsächliche Strömungsgeschwindigkeit ist $v_m = 0{,}5$ m/s. D.h., im Rohr, das von Wasser durchströmt ist, bildet sich eine turbulente, in dem von Öl durchströmten Rohr dagegen eine laminare Strömung aus.

b) **Öl → laminare Rohrströmung**

$$Re = \frac{v_m \cdot d}{\nu} = \frac{0{,}5\,\text{m/s} \cdot 0{,}1\,\text{m}}{50 \cdot 10^{-6}\,\text{m}^2/\text{s}} = 1000$$

Es gilt Gl. (4.62) $\lambda = \frac{64}{Re} = \frac{64}{1000} = \mathbf{0{,}064.}$

Damit ist die Verlusthöhe

$$h_r = \lambda \frac{l}{d}\frac{v_m^2}{2g} = 0{,}064 \cdot \frac{250\,\text{m}}{0{,}1\,\text{m}} \cdot \frac{0{,}5^2\,(\text{m/s})^2}{2 \cdot 9{,}81\,\text{m/s}^2} = \mathbf{2{,}04\,m}$$

bzw. die Druckdifferenz

$$\Delta p = \lambda \frac{l}{d}\,\varrho\,\frac{v_m^2}{2} = 0{,}064\,\frac{250\,\text{m}}{0{,}1\,\text{m}} \cdot 850\,\text{kg/m}^3 \cdot \frac{0{,}5^2\,(\text{m/s})^2}{2} = 17000\,\text{N/m}^2 = \mathbf{0{,}17\,bar.}$$

Wasser → turbulente Rohrströmung

$$Re = \frac{v_m \cdot d}{\nu} = \frac{0{,}5\,\text{m/s} \cdot 0{,}1\,\text{m}}{0{,}66 \cdot 10^{-6}\,\text{m}^2/\text{s}} = 75758$$

$$\frac{d}{k} = \frac{100\,\text{mm}}{0{,}03\,\text{mm}} = 3333$$

Zuerst ist festzustellen, ob hydraulisch glatte oder raue Rohre vorliegen oder ob es sich um den Übergangsbereich handelt.

Die *Re*-Zahl ist mit 75758 kleiner als 10^5, und 65 d/k ist mit 216667 größer als *Re*. Daher gilt die Formel für hydraulisch glatte Rohre Gl. (4.63).

Lösung
Fortsetzung

$$\lambda = \frac{0{,}316}{\sqrt[4]{75758}} = \mathbf{0{,}019}$$

$$h_r = \lambda \cdot \frac{l}{d} \cdot \frac{v_m^2}{2g} = 0{,}019 \cdot \frac{250\,\text{m}}{0{,}1\,\text{m}} \cdot \frac{0{,}5^2\,(\text{m/s})^2}{2 \cdot 9{,}81\,\text{m/s}^2} = \mathbf{0{,}605\,m}$$

$$\Delta p = \lambda \cdot \frac{l}{d} \cdot \varrho \cdot \frac{v_m^2}{2} = 0{,}019\,\frac{250\,\text{m}}{0{,}1\,\text{m}} \cdot 992\,\text{kg/m}^3 \cdot \frac{0{,}5^2\,(\text{m/s})^2}{2}$$

$$\Delta p = 5890\,\text{N/m}^2 \mathrel{\hat=} \mathbf{0{,}059\,bar}$$

Beispiel 4.40 Die Umwälzpumpe einer Warmwasserheizung pumpt 7 m³ Heißwasser ($t = 80$ °C, $\varrho = 972$ kg/m³, $\nu = 0{,}37 \cdot 10^{-6}$ m²/s) in der Stunde durch ein 80 m langes Rohrsystem mit einem Innendurchmesser von $d = 40$ mm. Es soll unter Vernachlässigung der Krümmer- und Heizkörperwiderstände der Druckverlust für zwei Betriebszustände berechnet werden: für neue glatte Stahlrohre mit $k = 0{,}07$ mm Wandrauigkeit und für stark verkrustete Stahlrohre mit $k = 2$ mm Wandrauigkeit.

Lösung Zuerst ist festzustellen, um welche Strömungsart es sich handelt, und bei Turbulenz um welchen Bereich. Daher berechnen wir zuerst die Strömungsgeschwindigkeit v, die Reynoldszahl Re und die relative reziproke Wandrauigkeit d/k.

$$v = \frac{\dot V}{A} = \frac{\dot V \cdot 4}{d^2 \cdot \pi} = \frac{7 \cdot 4}{3600 \cdot 0{,}04^2 \cdot \pi} = 1{,}547\,\text{m/s}$$

$$Re = \frac{v \cdot d}{\nu} = \frac{1{,}547 \cdot 0{,}04}{0{,}37 \cdot 10^{-6}} = 167280\,.$$

Es handelt sich also um eine turbulente Rohrströmung. Um den Bereich (hydraulisch glatt- Übergang – hydraulisch rau) zu finden, berechnen wir für beide Wandrauigkeiten die Ausdrücke 65 d/k und 1300 d/k.

Neue Rohre $65\,d/k = 65\,\frac{40}{0{,}07} = 37143;\ 1300\,d/k = 742857$

verkrustete Rohre $65\,d/k = 65\,\frac{40}{2} = 1300;\ 1300\,d/k = 26000.$

Neue Rohre. Da $37143 < Re = 167280 < 742857$, ist nach Colebrook zu berechnen (Gl. 4.67).

$$\lambda = \frac{1}{\left[2\lg\left(\dfrac{2{,}51}{Re \cdot \sqrt{\lambda}} + \dfrac{0{,}27}{d/k}\right)\right]^2}$$

Weil λ in dieser Gleichung in impliziter Form vorhanden ist, entnehmen wir für $Re = 167280$ und $d/k = 40/0{,}07 = 571$ im Diagramm den Wert $\lambda = 0{,}023$. Dies setzen wir in die rechte Seite der obigen Formel ein, erhalten 0,0237 und rechnen mit $\lambda = 0{,}024$ weiter.

$$h_r = \lambda \cdot \frac{l}{d} \cdot \frac{v^2}{2g} = 0{,}024 \cdot \frac{80}{0{,}04} \cdot \frac{1{,}547^2}{2 \cdot 9{,}81} = 5{,}85\,\text{m}$$

$$\Delta p = h_r \cdot \varrho \cdot g = 55853\,\text{N/m}^2 \mathrel{\hat=} \mathbf{0{,}56\,bar}$$

Verkrustete Rohre. Da $Re > 1300\,d/k$ ist, gilt die Formel von Prandtl Gl. (4.68).

$$\lambda = \frac{1}{\left[2\lg\left(3{,}71 \cdot \dfrac{d}{k}\right)\right]^2} = \frac{1}{\left[2\lg\left(3{,}71 \cdot \dfrac{40}{2}\right)\right]^2} = 0{,}0715$$

(oder aus dem Diagramm für $Re = 167280$ und $d/k = 20$)

Lösung Fortsetzung

$$h_r = \lambda \frac{l}{d} \frac{v^2}{2g} = 0{,}0715 \cdot \frac{80}{0{,}04} \cdot \frac{1{,}547^2}{2 \cdot 9{,}81} = 17{,}43\,\text{m}$$

$\Delta p = 166305\ \text{N/m}^2 \mathrel{\hat{=}} \mathbf{1{,}66\ bar}$

Der Durchflusswiderstand ist also durch starke Verkrustungen wie Kalkablagerungen auf das Dreifache gestiegen. Eine allfällige Durchmesserverringerung ist extra zu berücksichtigen.

4.5.9 Berücksichtigung der Widerstandsbeiwerte für Rohrleitungseinbauten

Um den Druckverlust bzw. die Verlusthöhe durch Einbauten von Hähnen, Krümmern, Abzweigungen, Verengungen und Erweiterungen zu berücksichtigen, wurden Widerstandsbeiwerte empirisch ermittelt, die ähnlich wie die Rohrreibzahl in der Bernoulli-Gleichung zu verwenden sind.

Druckverlust $\Delta p = \zeta \cdot \varrho \dfrac{v_m^2}{2}$ Gl. (4.69)

Verlusthöhe $h_r = \zeta \dfrac{v_m^2}{2g}$ Gl. (4.70)

Im Folgenden sind für einige wichtige technische Anwendungen die entsprechenden Verlustbeiwerte angeführt. Sie enthalten den Druckverlust vor dem Einbauteil, im Einbauteil (wie Ventil, Krümmer) und nach dem Einbauteil (Änderung der Strömung auf einer Länge vom zehnfachen bis auf den dreißigfachen Rohrdurchmesser).

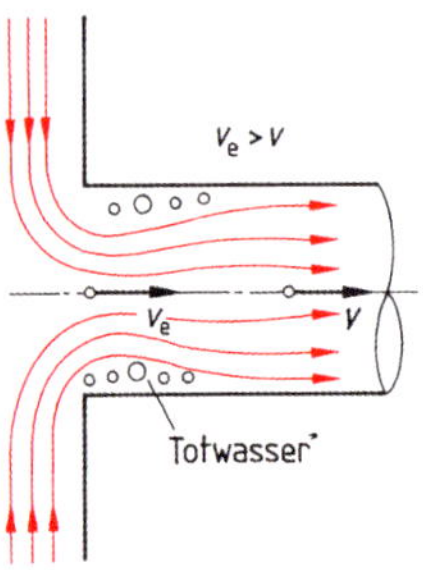

4.107 Strömung am Rohreintritt

Eintrittsverlust. Strömt aus einem Behälter mit ruhender Flüssigkeit durch ein Abflussrohr Flüssigkeit aus, entsteht am Übergang vom Behälter in das Abflussrohr ein Verlust. Bei scharfkantiger Ausbildung des Rohreintritts kann die Flüssigkeit die 90°-Richtungsänderung nicht genau vollziehen, so dass unmittelbar nach dem Eintritt eine Strahleinschnürung auftritt, die Wirbelverluste zur Folge hat (**4**.107).

Kreiskrümmer. Bei Krümmern stellt sich infolge der Fliehkraftwirkung beim Umlenken der Flüssigkeit eine ungleiche Druckverteilung im Rohrquerschnitt ein und somit auch nach Bernoulli eine ungleiche Geschwindigkeitsverteilung über dem Rohrquerschnitt. Der Druck wird außen, die Geschwindigkeit an der Innenseite der Krümmers größer sein. Die Folgen davon sind Reibverluste und bei entsprechend starker Umlenkung die Ausbildung eines Totwassers an der Innenseite des Krümmers. Ferner kommt es zu einem Drall, da die Flüssigkeitsteilchen ihre Geschwindigkeiten beizubehalten versuchen. Außen wäre der Weg ja länger als innen. Dieser Situation begegnet man durch Ausweichen der Flüssigkeitsteilchen in Umfangsrichtung. Nachgeschaltete „Gleichrichter-Leitflächen" beseitigen den Drall.

Segmentkrümmer und Kniestücke kommen bei geschweißten Rohrkonstruktionen vor. Die Verluste verhalten sich ähnlich wie beim Kreiskrümmer, jedoch gibt es durch die Unstetigkeiten an den verschweißten Stellen zusätzliche Verluste.

Entsprechende Verlustbeiwerte für diese drei Krümmerarten sind in Abhängigkeit von Krümmungsradius bzw. Rohrdurchmesser bzw. vom Umlenkwinkel δ oder dessen Komplementärwinkel φ für glatte und raue Rohre angegeben (Tab. **4**.108 auf S. 341).

Tabelle **4**.108 **Widerstandsbeiwerte**

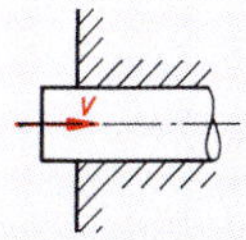

hineinragendes Rohr $\zeta_e = 1$ bis 3

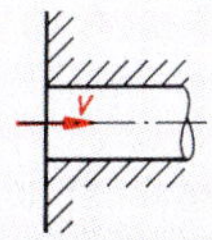

scharfkantiges Rohr $\zeta_e = 0{,}5$

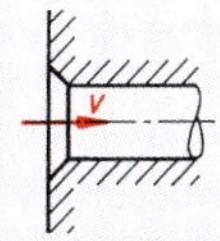

gebrochene Eintrittskante $\zeta_e = 0{,}25$

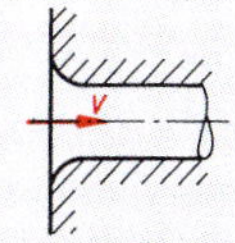

gerundete Eintrittskante $\zeta_e = 0{,}05 - 0{,}1$

Kreiskrümmer

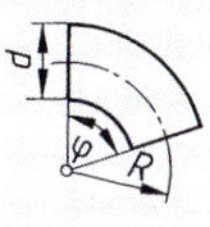

$\varphi = 90°$

R/d		1	2	4	6	10
$\zeta_{90°}$	glatt	0,22	0,14	0,11	0,09	0,10
	rauh	0,51	0,30	0,23	0,18	0,20

für $\varphi \neq 90°$: $\zeta = k\zeta_{90°}$

φ	30°	60°	120°	150°	180°
k	0,4	0,7	1,25	1,5	1,7

Segmentkrümmer

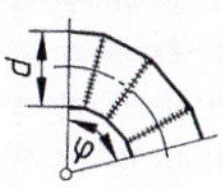

φ	30°	45°	60°	90°
ζ	0,10	0,15	0,20	0,25

Kniestücke

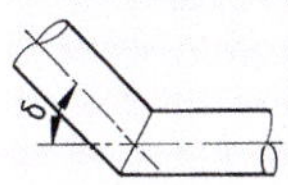

δ		22,5°	30°	45°	60°	90°
ζ	glatt	0,07	0,11	0,24	0,47	1,13
	rauh	0,11	0,17	0,32	0,68	1,27

mit Rechteckquerschnitt:

δ	30°	45°	60°	75°	90°
ζ	0,15	0,52	1,08	1,48	1,60

unstetige Erweiterung $\zeta_e = \left(\frac{A_2}{A_1} - 1\right)^2$

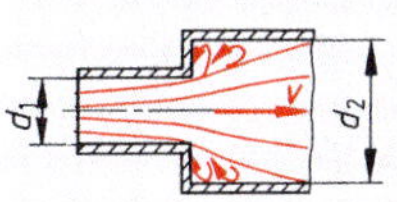

unstetige Verengung

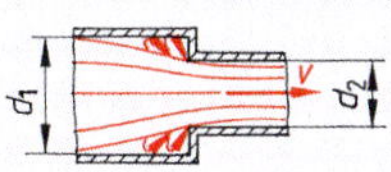

A_2/A_1	0,2	0,5	0,8	1,0
ζ	0,45	0,3	0,13	0

stetige Erweiterung

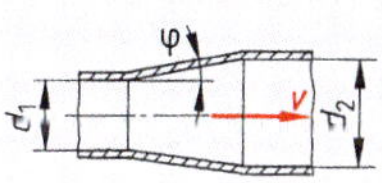

φ \ $\frac{d_2}{d_1}$	1,2	1,4	1,6	1,8	2,0
4°	0	0,1	0,4	0,7	1,3
6°	0	0,2	0,6	1,2	2,0
8°	0	0,3	0,8	1,7	2,7
10°	0,1	0,4	1,1	2,2	3,5

stetige Verengung $\zeta_e = 0{,}05$

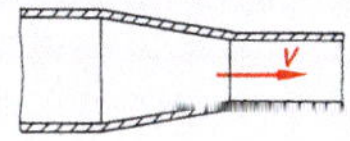

Abzweigung

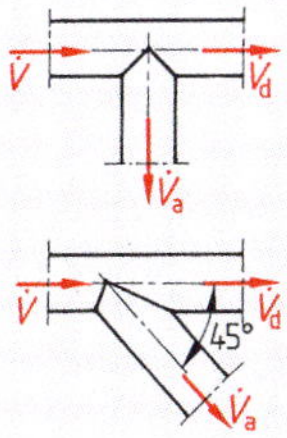

$\frac{\dot V_a}{\dot V}$	90° ζ_a	ζ_d	45° ζ_a	ζ_d
0	0,95	0,04	0,90	0,04
0,2	0,88	−0,08	0,68	−0,06
0,4	0,89	−0,05	0,50	−0,04
0,6	0,95	0,07	0,38	0,07
0,8	1,10	0,21	0,35	0,20
1,0	1,28	0,35	0,48	0,33

Vereinigung

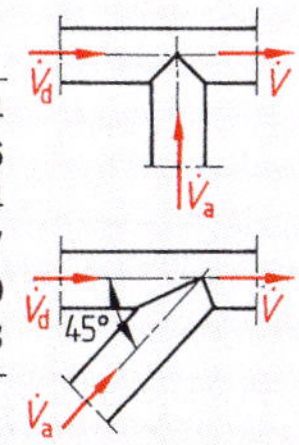

$\frac{\dot V_a}{\dot V}$	90° ζ_a	ζ_d	45° ζ_a	ζ_d
0	−1,2	0,04	−0,92	0,04
0,2	−0,4	0,17	−0,38	0,17
0,4	0,08	0,30	0,00	0,19
0,6	0,47	0,41	0,22	0,09
0,8	0,72	0,51	0,37	−0,17
1,0	0,91	0,60	0,37	0,54

Unstetige Erweiterung. Durch die plötzliche Erweiterung wird die Flüssigkeit stark verzögert. Im Bereich der plötzlichen Querschnittserweiterung kann die Flüssigkeit der Rohrwandung nicht folgen; es treten Wirbel und Stoßverluste auf. Erst nach einer Strecke vom Sechs- bis Zehnfachen des Durchmessers d_2 ist die Strömung wieder im Normalzustand.

Unstetige Verengung. Hier handelt es sich praktisch um den Fall des Rohreinlaufs, nur mit dem Unterschied, dass die Flüssigkeit an der Stelle 1 bereits die Geschwindigkeit v_1 hat.

Stetige Verengung. Bei dieser Form der Querschnittsänderung ist der Verlust sehr gering.

Stetige Erweiterung (Diffusor). Hier hängt der Verlustbeiwert sehr stark vom Erweiterungswinkel ab. Günstig sind hier Werte von 4 bis 6°.

Rohrverzweigungen und Rohrvereinigungen. Durch Verzweigung und Vereinigung von Flüssigkeitsströmen erleiden beide Teilströme Verluste. In Abhängigkeit vom Verzweigungswinkel und den beiden Volumenströmen sind die mittleren Verlustbeiwerte für beide Teilströme angegeben. Es bedeuten $\dot{V}$ = gesamter Volumendurchfluss, $\dot{V}_d$ = durchgehender Volumenstrom, $\dot{V}_a$ = abzweigender Volumenstrom. Die entsprechenden Verlusthöhen h_v werden mit der Geschwindigkeit v des gesamten Volumenstroms berechnet.

Verlustbeiwerte für Absperrorgane. Die Verlustbeiwerte für Ventile schwanken je nach Bauart sehr stark. Sie sind abhängig von der Stärke der Flüssigkeitsumlenkung beim Durchströmen des Ventils. Für ein Freiflussventil ist mit $\zeta = 0{,}6$ als günstigsten Wert zu rechnen, für ein DIN-Ventil mit einem Verlustbeiwert von $\zeta = 4$ bis 4,3. Eine weitere Abhängigkeit der Verlustbeiwerte bei Ventilen, Schiebern, Hähnen und Drosselklappen ist durch die Öffnungsstellung gegeben. Bei nicht ganz geöffneten Ventilen erhöhen sich die angegebenen Werte. Anhaltswerte für Verlustbeiwerte bei offenen Schiebern sind 0,05 bis 0,3, beim Saugkorb mit Fußventil $\zeta = 4{;}5$.

Beispiel 4.41 Gegeben ist der Wasserbehälter **4**.109, aus dem bei gleich bleibendem Wasserspiegel durch eine sich verengende Rohrleitung mit zwei Krümmern und einer Verengung am Ende Wasser ausströmt.

$H = 13\,\text{m}$, $d_1 = 60\,\text{mm}$,
$d_2 = 50\,\text{mm}$, $d_a = 30\,\text{mm}$,
$l_1 = 20\,\text{m}$,
$l_2 = 30\,\text{m}$, $\nu = 1{,}01 \cdot 10^{-6}\,\text{m}^2/\text{s}$,
$k_1 = 0{,}1\,\text{mm}$, $k_2 = 0{,}2\,\text{mm}$.

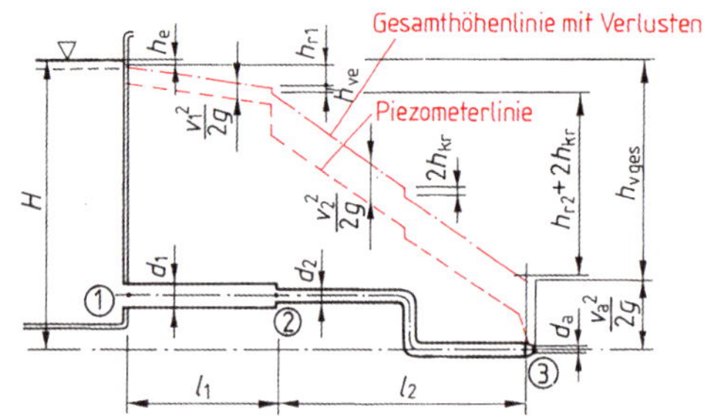

4.109 Rohrströmung mit Verlusten

Zu bestimmen sind die Strömungsgeschwindigkeiten und die Piezometerlinie a) ohne Berücksichtigung von Verlusten, b) mit Berücksichtigung von Verlusten.

Lösung a) Ohne Reibung gilt Gl. (4.48). Die gesamte Höhe H wird in Geschwindigkeit umgewandelt, so dass die Ausflussgeschwindigkeit berechnet werden kann.

$$v_a = \sqrt{2gH} = \sqrt{2 \cdot 9{,}81\,\text{m/s}^2 \cdot 13\,\text{m}} = \mathbf{15{,}97\,m/s}$$

$$\dot{V} = v_a \cdot A_a = 15{,}97\,\text{m/s} \cdot \frac{0{,}03^2\,\text{m}^2 \cdot \pi}{4} = 0{,}01129\,\text{m}^3/\text{s}$$

Aus Gründen der Kontinuität ist $v_a \cdot A_a = v_1 \cdot A_1 = v_2 \cdot A_2$. Daraus

$$v_2 = v_a \left(\frac{d_a}{d_2}\right)^2 = 15{,}97 \left(\frac{0{,}03}{0{,}05}\right)^2 = \mathbf{5{,}75\,m/s}$$

$$v_1 = v_a \left(\frac{d_a}{d_1}\right)^2 = 15{,}97 \left(\frac{0{,}03}{0{,}06}\right)^2 = \mathbf{3{,}99\,m/s}$$

Lösung Fortsetzung

b) Die zur Verfügung stehende Höhe H wird zum Teil in Geschwindigkeitsenergie und zum Teil in Reibungsenergie umgewandelt. Der Ansatz von Bernoulli zwischen Stelle 0 und 3 lautet:

$$\frac{p_A}{\varrho \cdot g} + H + \frac{v_0^2}{2g} = \frac{p_A}{\varrho \cdot g} + 0 + \frac{v_a^2}{2g} + h_{v\,ges}$$

Die Druckglieder heben sich auf, da an beiden Stellen praktisch der gleiche Luftdruck p_A herrscht. Das Glied $v_0^2/2g$ fällt weg, da an der Stelle 0 die Geschwindigkeit 0 ist. Das Höhenglied ist an der Stelle 3 = 0, da wir die Bezugshöhe zweckmäßigerweise durch die Stelle 3 legen. Es bleibt daher

$$H = \frac{v_a^2}{2g} + h_{v\,ges}.$$

Daraus ist bei Kenntnis der Verluste $h_{v\,ges}$ die Ausströmgeschwindigkeit v_a zu berechnen.

Die Widerstandsbeiwerte für Einlauf, Krümmer und Verengung sind gegeben, die Rohrreibzahlen λ_1 und λ_2 abhängig von Re und möglicherweise von d/k. Da jedoch die Geschwindigkeiten im Rohr wiederum von den auftretenden Verlusten und damit von λ_1 und λ_2 abhängen, muss zuerst eine Annahme getroffen werden.

1. Annahme: $v_1 = 1{,}8\,\text{m/s}$

Daher $v_2 = v_1 \left(\frac{d_1}{d_2}\right)^2 = 1{,}8 \left(\frac{0{,}06}{0{,}05}\right)^2 = 2{,}592\,\text{m/s}$

$$v_a = v_1 \left(\frac{d_1}{d_a}\right)^2 = 1{,}8 \left(\frac{0{,}06}{0{,}03}\right)^2 = 7{,}2\,\text{m/s}$$

Damit werden $Re_1 = \frac{v_1 \cdot d_1}{\nu} = \frac{1{,}8 \cdot 0{,}06}{1{,}01 \cdot 10^{-6}} = 106931$

$$Re_2 = \frac{v_2 \cdot d_2}{\nu} = \frac{2{,}592 \cdot 0{,}05}{1{,}01 \cdot 10^{-6}} = 128317.$$

Weil Re_1 und $Re_2 > Re_{krit} = 2320$, ist turbulente Rohrströmung gegeben.

Da $65\,\frac{d_1}{k_1} = 39000 < Re_1 < 1300\,\frac{d_1}{k_1} = 780000$ und

$$65\,\frac{d_2}{k_2} = 16250 < Re_2 < 1300\,\frac{d_2}{k_2} = 325000,$$

befinden wir uns im Übergangsgebiet zwischen hydraulisch glatten und hydraulisch rauen Rohren. Es gilt

$$\lambda = \frac{1}{\left[2 \lg \left(\frac{2{,}51}{Re\sqrt{\lambda}} + \frac{0{,}27}{d/k}\right)\right]^2}$$

Da λ in der Gleichung implizit vorkommt, muss es angenommen oder aus dem Diagramm 4.106 entnommen werden. (Meist genügt es ohnehin, das Prandtl-Colebrook-Diagramm zu benutzen und die Rohrreibzahlen nicht extra zu berechnen.)

Für $\frac{d_1}{k_1} = \frac{60}{0{,}1} = 600$, $\frac{d_2}{k_2} = \frac{50}{0{,}2} = 250$; $Re_1 = 106931$ und $Re_2 = 128317$ entnehmen wir dem Diagramm $\lambda_1 = 0{,}024$ und $\lambda_2 = 0{,}029$. Mit dieser Annahme wird die Gesamtverlusthöhe

Lösung
Fortsetzung

$$h_{vges} = \frac{v_1^2}{2g}\left(\zeta_e + \lambda_1 \frac{l_1}{d_1}\right) + \frac{v_2^2}{2g}\left(\zeta_{ve} + \lambda_2 \frac{l_2}{d_2} + 2\zeta_{kr}\right) + \frac{v_a^2}{2g}\zeta_{eng}$$

$$h_{vges} = \frac{1{,}8^2}{2g}\left(0{,}5 + 0{,}024 \frac{20}{0{,}06}\right) + \frac{2{,}592^2}{2g}\left(0{,}2 + 0{,}029 \frac{30}{0{,}05} + 2 \cdot 0{,}2\right)$$

$$+ \frac{7{,}2^2}{2g} \cdot 0{,}05 = 7{,}699\,\text{m}.$$

Eingesetzt in die Gleichung von Bernoulli wird

$v_a = \sqrt{(H - h_{vges})\,2g} = \sqrt{(13 - 7{,}699)\,2g} = 10{,}19\,\text{m/s}$

und damit $v_1 = 2{,}55\,\text{m/s}$.

Dies stimmt mit unserer Annahme $v_1 = 1{,}8\,\text{m/s}$ noch nicht überein. Wir treffen so lange neue und bessere Annahmen, bis die berechnete Geschwindigkeit v_1 mit der angenommenen übereinstimmt.

Letzte Annahme: $v_1 = 2{,}02\,\text{m/s}$

Daher $v_2 = 2{,}9088\,\text{m/s}$ und $v_a = 8{,}08\,\text{m/s}$

$$Re_1 = \frac{v_1 \cdot d_1}{\nu} = \frac{2{,}02 \cdot 0{,}06}{1{,}01 \cdot 10^{-6}} = 120000;\; Re_2 = \frac{v_2 \cdot d_2}{\nu} = \frac{2{,}9088 \cdot 0{,}05}{1{,}01 \cdot 10^{-6}} = 144000.$$

Auch mit diesen Reynoldszahlen befinden wir uns im Übergangsbereich zwischen hydraulisch glatt und hydraulisch rau der turbulenten Rohrströmung.

Aus dem Diagramm (bzw. Gl. 4.67) sind $\lambda_1 = 0{,}024$ und $\lambda_2 = 0{,}029$.

$$h_{vges} = \frac{2{,}02^2}{2g}\left(0{,}5 + 0{,}024 \frac{20}{0{,}06}\right) + \frac{2{,}9088^2}{2g}\left(0{,}2 + 0{,}029 \frac{30}{0{,}05} + 2 \cdot 0{,}2\right)$$

$$+ \frac{8{,}08^2}{2g} \cdot 0{,}05 = 9{,}696\,\text{m}$$

$v_a = \sqrt{(13 - 9{,}696)\,2g} = \mathbf{8{,}05\,m/s}$

$v_1 = \mathbf{2{,}01\,m/s},\; v_2 = \mathbf{2{,}898\,m/s}.$

Da die berechneten Strömungsgeschwindigkeiten in den Rohren ($v_1 = 2{,}01$ m/s) mit den angenommenen ($v_1 = 2{,}02$ m/s) gut übereinstimmen, ist die Rechnung beendet. Damit wird das wirkliche Ausflussvolumen

$$\dot{V} = v_1 \cdot A_1 = 2{,}02 \frac{0{,}06^2 \cdot \pi}{4} = 0{,}00571\,\text{m}^3/\text{s} = 5{,}71\,\text{l/s}.$$

Zum Zeichnen der Piezometerlinie brauchen wir noch einige Punkte.

$$h_e = \zeta_e \frac{v_1^2}{2g} = 0{,}5 \frac{2{,}02^2}{2g} = 0{,}104\,\text{m}$$

$$h_{r1} = \lambda_1 \frac{l_1}{d_1} \cdot \frac{v_1^2}{2g} = 0{,}024 \frac{20}{0{,}06} \cdot \frac{2{,}02^2}{2g} = 1{,}664\,\text{m}$$

$$h_{ve} = \zeta_{ve} \frac{v_2^2}{2g} = 0{,}2 \frac{2{,}9088^2}{2g} = 0{,}086\,\text{m}$$

$$2h_{Kr} = 2\zeta_{Kr} \frac{v_2^2}{2g} = 2 \cdot 0{,}2 \frac{2{,}9088^2}{2g} = 0{,}173\,\text{m}$$

$$h_{r2} = \lambda_2 \frac{l_2}{d_2} \cdot \frac{v_2^2}{2g} = 0{,}029 \frac{30}{0{,}05} \cdot \frac{2{,}9088^2}{2g} = 7{,}504\,\text{m}$$

$$h_{eng} = \zeta_{eng} \frac{v_a^2}{2g} = 0{,}05 \frac{8{,}05^2}{2g} = \mathbf{0{,}165\,m}$$

$$\frac{v_a^2}{2g} = \frac{8{,}05^2}{2g} = \mathbf{3{,}303\,m}$$

Beispiel 4.42 In der Pipeline **4.110** wird Öl ($\varrho = 910\,kg/m^3$, $\nu = 5 \cdot 10^{-5}\,m^2/s$) gefördert. $\dot{V} = 0{,}5\,m^3/s$, an den Stellen 1 und 2 werden die Drücke $p_1 = 5$ bar und $p_2 = 2$ bar gemessen. Rohrdurchmesser d = 750 mm, Leitungslänge $l = 8{,}2$ km, Höhenunterschied $h_2 = 50$ m, Pumpenantriebsleitung $P_P = 250$ kW, Gesamtwirkungsgrad der Pumpe $\eta_P = 0{,}7$.

Wie groß ist der Reibungsverlust im Rohr, und welche Innenrauhigkeit weist das Rohr ungefähr auf?

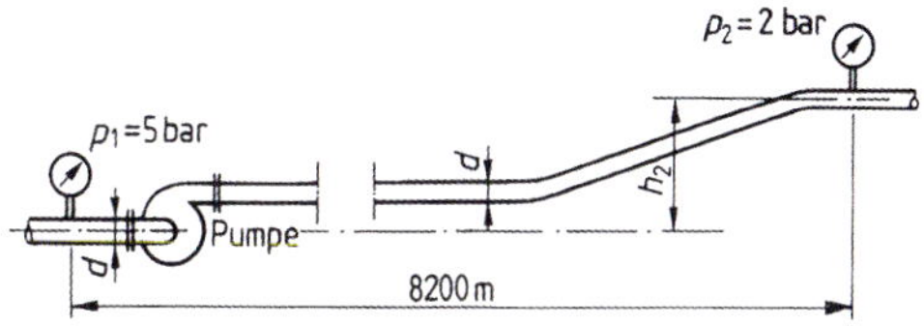

4.110 Ölförderung in einer Pipeline

Lösung Ansatz von Bernoulli zwischen 1 und 2 unter Berücksichtigung der Pumpenleistung P_P:

$$\frac{p_1}{\varrho \cdot g} + h_1 + \frac{v_1^2}{2g} + H_P - h_v = \frac{p_2}{\varrho \cdot g} + h_2 + \frac{v_2^2}{2g}$$

$h_1 = 0$; $v_1 = v_2 \rightarrow$ daher $h_v = \dfrac{p_1 - p_2}{\varrho \cdot g} + H_P - h_2$, worin die Pumpenleistung

$$P_P[W] = \frac{\dot{V}[m^3/s] \cdot \varrho\,[kg/m^3] \cdot g\,[m/s^2] \cdot H_P[m]}{\eta_P} \quad \text{und daraus } H_P = \frac{P_P \cdot \eta_P}{\dot{V} \cdot \varrho \cdot g} \text{ sind.}$$

$$h_v = \frac{(5-2)\,10^5}{910 \cdot 9{,}81} + \frac{250 \cdot 10^3 \cdot 0{,}7}{0{,}5 \cdot 910 \cdot 9{,}81} - 50 = \mathbf{22{,}81\ m}$$

h_v ist andererseits $\dfrac{v^2}{2g}\,\lambda\,\dfrac{l}{d}$, womit λ zu berechnen ist.

$$\lambda = \frac{h_v \cdot 2g \cdot d}{v^2 \cdot l} = \frac{22{,}81 \cdot 2 \cdot 9{,}81 \cdot 0{,}75}{1{,}13^2 \cdot 8200} = 0{,}032$$

$$\dot{V} = v\,\frac{d^2\pi}{4} \rightarrow v = \frac{4\,\dot{V}}{d^2 \cdot \pi} = \frac{4 \cdot 0{,}5}{0{,}75^2 \cdot \pi} = 1{,}1317\,m/s$$

$$Re = \frac{v \cdot d}{\nu} = \frac{1{,}13 \cdot 0{,}75}{5 \cdot 10^{-5}} = 16976.$$

Für $\lambda = 0{,}032$ und $Re \sim 17000$ ergibt sich aus dem Diagramm $\dfrac{d}{k} \sim 350$ und daraus

$$k = \frac{d}{350} = \frac{750}{350} = \mathbf{2{,}1\ mm.}$$

Beispiel 4.43 Die Druckrohrleitung eines Wasserkraftwerks besteht aus geschweißten Rohren mit einer Wandrauigkeit $k = 1$ mm (**4.111**). Durch sie fließt das Wasser eines Stausees mit 10 °C ($\rho = 1000\,kg/m^3$, $v = 1{,}31 \cdot 10^{-6}\,m^2/s$). Die entsprechenden Widerstandsbeiwerte sind für den Einlauf $\zeta_e = 0{,}4$; für einen Krümmer $\zeta_{kr} = 0{,}2$; für die Verengung von d_1 auf d_2 und die Verengung der Düse $\zeta_{ve} = 0{,}05$. Der Wirkungsgrad der Turbine ist $\eta_T = 0{,}91$, die gesamte Fallhöhe $H_{geo} = 300$ m.

$d_1 = 0{,}5$ m, $d_2 = 0.4$ m, $d_a = 0{,}1$ m, $l_1 = 200$ m, $l^2 = 400$ m.

Wie groß sind die Ausflussgeschwindigkeit v_a aus der Düse und die Turbinenleistung?

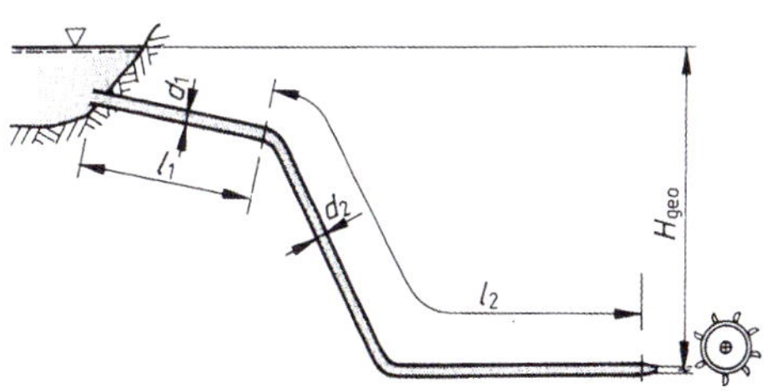

4.111 Druckrohrleitung eines Speicherkraftwerks

Lösung Ansatz von Bernoulli zwischen Wasserspiegel und Düse: $v_0 = 0$.

$$\frac{p_A}{\varrho \cdot g} + H_{geo} + \frac{v_0^2}{2g} = \frac{p_A}{\varrho \cdot g} + 0 + \frac{v_a^2}{2g} + h_{vges} \rightarrow H_{geo} - h_{vges} = \frac{v_a^2}{2g}$$

Jene Energie, die an der Düse zum Antrieb der Turbine zur Verfügung steht, ist das Nutz- oder Nettogefälle H_n ($H_n = H_{geo} - h_{vges} = v_a^2/2g$) – nämlich das Gesamtgefälle H_{geo} abzüglich der gesamten Verluste h_{vges}. Dieses Nettogefälle ist an der Düse ausschließlich in Form von Geschwindigkeitshöhe ($v_a^2/2g$) vorhanden. Die Gesamtverluste sind

$$h_{vges} = \left(\zeta_e + \lambda_1 \frac{l_1}{d_1}\right) \frac{v_1^2}{2g} + \left(2\zeta_{Kr} + \zeta_{ve} + \lambda_2 \frac{l_2}{d_2}\right) \frac{v_2^2}{2g} + \zeta_{ve} \frac{v_a^2}{2g}.$$

Aus der Kontinuität ergeben sich

$$v_1 = v_a \left(\frac{d_a}{d_1}\right)^2 \quad \text{und} \quad v_2 = v_a \left(\frac{d_a}{d_2}\right)^2 \quad \text{und eingesetzt}$$

$$h_{vges} = \left[\left(\zeta_e + \lambda_1 \frac{l_1}{d_1}\right)\left(\frac{d_a}{d_1}\right)^4 + \left(2\zeta_{Kr} + \zeta_{ve} + \lambda_2 \frac{l_2}{d_2}\right)\left(\frac{d_a}{d_2}\right)^4 + \zeta_{ve}\right] \frac{v_a^2}{2g}.$$

Unter der Voraussetzung, dass es sich um hydraulisch raue Rohre handelt, entnehmen wir dem Diagramm **4**.106 für $d_1/k = 500/1 = 500 \rightarrow \lambda_1 = 0{,}023$ und für $d_2/k = 400/1 = 400 \rightarrow \lambda_2 = 0{,}025$.

$$h_{vges} = \left[\left(0{,}4 + 0{,}023 \frac{200}{0{,}5}\right)\left(\frac{0{,}1}{0{,}5}\right)^4 + \left(2 \cdot 0{,}2 + 0{,}05 + 0{,}025 \frac{400}{0{,}4}\right) \cdot \left(\frac{0{,}1}{0{,}4}\right)^4 + 0{,}05\right] \frac{v_a^2}{2g}$$

$$h_{vges} = 0{,}16477 \frac{v_a^2}{2g}$$

$$H_{geo} = \frac{v_a^2}{2g} + h_{vges} = (1 + 0{,}16477) \frac{v_a^2}{2g} \rightarrow v_a = \sqrt{\frac{2gH_{geo}}{1{,}16477}} = \mathbf{71{,}09\,m/s}$$

$$v_1 = v_a \left(\frac{d_a}{d_1}\right)^2 = 71{,}087 \left(\frac{0{,}1}{0{,}5}\right)^2 = 2{,}84\,\text{m/s};$$

$$Re_1 = \frac{v_1 d_1}{\nu} = \frac{2{,}84 \cdot 0{,}5}{1{,}31 \cdot 10^{-6}} = 1\,083\,969 \rightarrow \lambda_1 \text{ aus } \mathbf{4}.106$$

$$v_2 = v_a \left(\frac{d_a}{d_2}\right)^2 = 71{,}087 \left(\frac{0{,}1}{0{,}4}\right)^2 = 4{,}44\,\text{m/s};$$

$$Re_2 = \frac{v_2 d_2}{\nu} = \frac{4{,}44 \cdot 0{,}4}{1{,}31 \cdot 10^{-6}} = 1\,356\,621 \rightarrow \lambda_2 \text{ aus } \mathbf{4}.106$$

Durchflussvolumen

$$\dot{V} = v_a \frac{d_a^2 \pi}{4} = 71{,}087 \frac{0{,}1^2 \cdot \pi}{4} = 0{,}5583\,\text{m}^3/\text{s} \mathrel{\hat{=}} 558{,}3\,\text{l/s}$$

Turbinenleistung

$$P_T = \dot{V} \cdot \varrho \cdot g \cdot H_n \cdot \eta_T = 0{,}5583 \cdot 1000 \cdot 9{,}81 \cdot \frac{71{,}087^2}{2 \cdot 9{,}81} \cdot 0{,}91$$

$$P_T = 1\,283\,688\,\text{W} \mathrel{\hat{=}} \mathbf{1284\,kW}.$$

4.5.10 Ermitteln der Rohrreibzahl für nicht kreisrunde Querschnitte

Es gelten sämtliche Gleichungen und Formeln für den kreisrunden Querschnitt, wenn man für den Durchmesser d den hydraulischen Durchmesser d_{hydr} einsetzt.

$$d_{hydr} = 4a \qquad \text{Gl. (4.71)}$$

$$a = \frac{A}{U} \qquad \text{Gl. (4.72)}$$

A = lichter Querschnitt des Rohres
U = lichter Umfang des Rohres

Beispiel 4.44 Quadratisches Rohr (**4**.112)

$$a = \frac{A}{U} = \frac{s^2}{4s} = \frac{1}{4}s \qquad d_{hydr} = 4a = s$$

Beispiel 4.45 Rechteckiges Rohr (**4**.113), z. B. $h = 2b$

$$a = \frac{A}{U} = \frac{b \cdot h}{2(b+h)} \qquad d_{hydr} = 4a = \frac{2b \cdot h}{b+h}$$

$$h = 2b \rightarrow \qquad d_{hydr} = \frac{4b^2}{3b} = \frac{4}{3}b$$

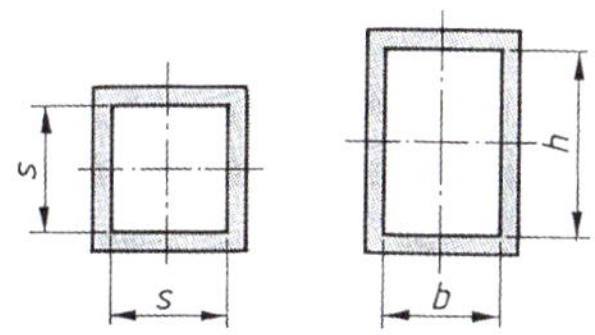

4.112 Quadratisches Rohr

4.113 Rechteckiges Rohr

Beispiel 4.46 Elliptisches Rohr (**4**.114)

$$d_{hydr} = 4\frac{A}{U} \qquad A = ab \cdot \pi$$

$$U = (a+b)\,\pi\left[1 + \frac{1}{4}\left(\frac{a-b}{a+b}\right)^2 + \frac{1}{64}\left(\frac{a-b}{a+b}\right)^4\right]$$

$$d_{hydr} = \frac{4a \cdot b \cdot \pi}{(a+b)\,\pi\left[1 + \frac{1}{4}\left(\frac{a-b}{a+b}\right)^2 + \frac{1}{64}\left(\frac{a-b}{a+b}\right)^4\right]}$$

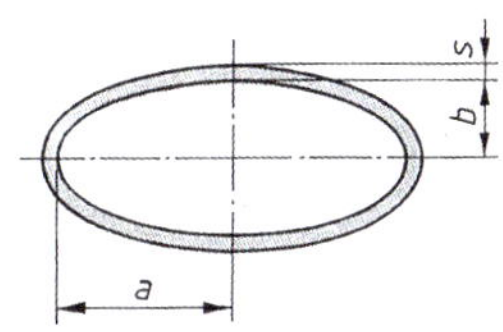

4.114 Elliptisches Rohr

4.5.11 Kraftwirkung strömender inkompressibler Flüssigkeiten

Werden strömende Flüssigkeiten z. B. durch eine Rohrwand umgelenkt, üben sie auf diese Wand eine Kraft aus und umgekehrt. Nach dem dynamischen Grundgesetz von Newton, dass die resultierende Kraft F_R, die auf einen Körper wirkt, gleich der Änderung des Impulsvektors $p = m \cdot v$ ist, muss bei allgemeiner Richtungs- und Geschwindigkeitsänderung einer Strömung eine resultierende Kraft F_R auftreten.

Um dies zu untersuchen und die Größe und Richtung der auftretenden Kräfte zu bestimmen, betrachten wir einen abgegrenzten Flüssigkeitsbereich in Form eines gekrümmten Rohrstücks, das sich vom Querschnitt A_1 auf den Querschnitt A_2 verjüngt (**4**.115).

Das zwischen den Stellen 1 und 2 befindliche Flüssigkeitsvolumen nennen wir das Kontrollvolumen. Wenn das Rohr horizontal liegt und wir die Gewichtskräfte vernachlässigen, brauchen wir das Kräftegleichgewicht nur in zwei Richtungen, nämlich in x- und y-Richtung aufzustellen.

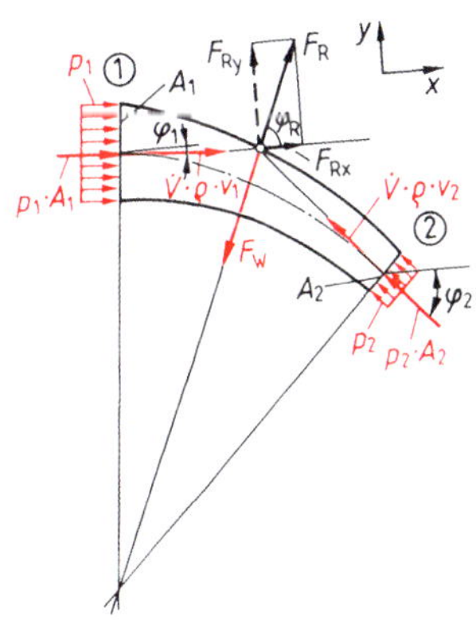

4.115 Kraftwirkung umgelenkter Flüssigkeiten auf die Rohrwand

Auf dieses Kontrollvolumen wirken drei Kräfte:

- eine Kraft F, die sich aus der Änderung des Impulses ergibt;
- die Kraft, die aus den unterschiedlichen statischen Drücken bzw. der Produkte $p_1 \cdot A_1$ und $p_2 \cdot A_2$ resultiert;
- die von den gekrümmten Rohrwänden auf das Kontrollvolumen der Flüssigkeit ausgeübte Kraft als resultierende Wandkraft F_W.

Das Kräftegleichgewicht in x- und y-Richtung ergibt:

$$\Sigma F_{ix} = 0: \quad -F_{Wx} + p_1 A_1 \cdot \cos\varphi_1 - p_2 \cdot A_2 \cdot \cos\varphi_2 + \dot{V} \cdot \varrho\,(v_1 \cdot \cos\varphi_1 - v_2 \cdot \cos\varphi_2) = 0$$

$$\Sigma F_{iy} = 0: \quad \underbrace{-F_{Wy}}_{\text{Wandkraft}} \underbrace{- p_1 A_1 \cdot \sin\varphi_1 + p_2 A_2 \cdot \sin\varphi_2}_{\text{Kraft aus der Differenz der statischen Drücke}} \underbrace{- \dot{V} \varrho\,(v_1 \cdot \sin\varphi_1 - v_2 \cdot \sin\varphi_2)}_{\text{Kraft aus der Impulsänderung}} = 0$$

Nach dem Wechselwirkungsgesetz ist die von der Flüssigkeit auf die Wand ausgeübte Kraft F_{Rx} entgegengesetzt der Wandkraft F_{Wx}.

$F_{Wx} = F_{Rx} \qquad F_{Wy} = F_{Ry}$.

Für die Kraftwirkung einer umgelenkten Flüssigkeit auf eine Rohrwand können wir schreiben:

$$F_{Rx} = p_1 A_1 \cdot \cos\varphi_1 - p_2 A_2 \cdot \cos\varphi_2 + \dot{V} \cdot \varrho\,(v_1 \cdot \cos\varphi_1 - v_2 \cdot \cos\varphi_2) \qquad \text{Gl. (4.73)}$$

$$F_{Ry} = p_2 A_2 \cdot \sin\varphi_2 - p_1 A_1 \cdot \sin\varphi_1 - \dot{V} \cdot \varrho\,(v_1 \cdot \sin\varphi_1 - v_2 \cdot \sin\varphi_2) \qquad \text{Gl. (4.74)}$$

$$F_R = \sqrt{F_{Rx}^2 + F_{Ry}^2} \qquad \text{Gl. (4.75)}$$

Der Neigungswinkel der resultierenden Flüssigkeitskraft gegen die x-Richtung ist

$$\tan\varphi_R = \frac{F_{Ry}}{F_{Rx}}. \qquad \text{Gl. (4.76)}$$

Beispiel 4.47 Durch einen horizontal liegenden Rohrkrümmer **4**.116 mit kreisförmigem Querschnitt, dessen Durchmesser sich von d_1 auf d_2 verändert, strömt Wasser. Folgende Daten sind bekannt: $\varrho = 1000\,\text{kg/m}^3$, $v_1 = 5\,\text{m/s}$, $d_1 = 50\,\text{mm}$, $d_2 = 30\,\text{mm}$, $p_1 = 3\,\text{bar}$. Die Richtungsänderung durch den Krümmer ist 90°.

Unter Vernachlässigung der Reibung und des Eigengewichts der strömenden Flüssigkeit sind Größe und Richtung der von der Flüssigkeit auf die Rohrwand ausgeübten resultierenden Kraft F_R zu ermitteln.

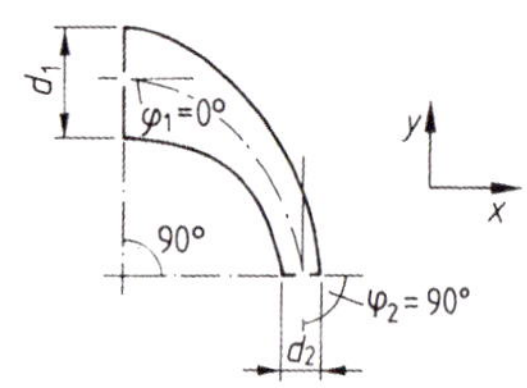

4.116 Kräfte auf einem 90°-Krümmer

Lösung Um nach Gl. (4.73) und (4.74) die Kraftkomponenten F_{Rx} und F_{Ry} berechnen zu können, fehlen v_2, p_2 und $\dot{V}$. v_2 erhalten wir aus der Kontinuitätsbedingung.

$$v_1 \cdot A_1 = v_2 \cdot A_2 \rightarrow v_2 = v_1 \left(\frac{d_1}{d_2}\right)^2 = 5\,\frac{50^2}{30^2} = 13{,}89\,\text{m/s}$$

$$\dot{V} = v_1 \cdot A_1 = 5\,\frac{0{,}05^2 \cdot \pi}{4} = 0{,}0098174\,\text{m}^3/\text{s}.$$

Um p_2 zu bekommen, setzen wir die Gleichung von Bernoulli zwischen 1 und 2 an.

$$\frac{p_1}{\varrho \cdot g} + \frac{v_1^2}{2g} = \frac{p_2}{\varrho \cdot g} + \frac{v_2^2}{2g} \rightarrow p_2 = p_1 + \frac{\varrho}{2}\,(v_1^2 - v_2^2)$$

$$p_2 = 3 \cdot 10^5\,\text{N/m}^2 + \frac{1000\,\text{kg/m}^3}{2}\,(5^2\,(\text{m/s})^2 - 13{,}88^2\,(\text{m/s})^2)$$

$$p_2 = 2{,}16 \cdot 10^5\,\text{N/m}^2 \mathrel{\hat{=}} 2{,}16\,\text{bar}$$

Lösung
Fortsetzung

$$F_{Rx} = p_1 \cdot A_1 \cdot \cos\varphi_1 - p_2 \cdot A_2 \cdot \cos\varphi_2 + \dot{V} \cdot \varrho\,(v_1 \cdot \cos\varphi_1 - v_2 \cdot \cos\varphi_2)$$

$$F_{Rx} = 3 \cdot 10^5\,\text{N/m}^2 \cdot \frac{0{,}05^2\,\text{m}^2 \cdot \pi}{4} \cdot 1$$

$$- 2{,}16 \cdot 10^5\,\text{N/m}^2\,\frac{0{,}03^2\,\text{m}^2 \cdot \pi}{4} \cdot 0 + 0{,}0098174\,\text{m}^3/\text{s}$$

$$\cdot\,1000\,\text{kg/m}^3\,(5\,\text{m/s} \cdot 1 - 13{,}89\,\text{m/s} \cdot 0) = 638{,}13\,\text{N}$$

$$F_{Ry} = p_2 \cdot A_2 \cdot \sin\varphi_2 - p_1 \cdot A_1 \cdot \sin\varphi_1 - \dot{V} \cdot \varrho\,(v_1 \cdot \sin\varphi_1 - v_2 \cdot \sin\varphi_2)$$

$$F_{Ry} = 2{,}16 \cdot 10^5\,\text{N/m}^2\,\frac{0{,}03^2\text{m}^2 \cdot \pi}{4} \cdot 1 - 3 \cdot 10^5\,\text{N/m}^2\,\frac{0{,}05^2\text{m}^2 \cdot \pi}{4} \cdot 0 - 0{,}0098174\,\text{m}^3/\text{s}$$

$$\cdot\,1000\,\text{kg/m}^3\,(5\,\text{m/s} \cdot 0 - 13{,}89\,\text{m/s} \cdot 1) = 289{,}04\,\text{N}$$

$$F_R = \sqrt{F_{Rx}^2 + F_{Ry}^2} = \sqrt{638{,}13^2 + 289{,}04^2}$$

$$F_R = \mathbf{700\,N}$$

$$\tan\varphi = \frac{F_{Ry}}{F_{Rx}} = \frac{289{,}04\,\text{N}}{638{,}13\,\text{N}} = 0{,}4529 \rightarrow \varphi = \mathbf{24{,}36°}$$

Beispiel 4.48 Durch einen horizontalen Rohrkrümmer mit dem lichten Durchmesser $d = 200$ mm fließt eine Wassermenge $\dot{V} = 0{,}08\,\text{m}^3/\text{s}$ und wird durch diesen Rohrkrümmer um 90° umgelenkt (**4**.117). Der Überdruck in der Rohrleitung gegenüber dem Luftdruck ist $p = 3$ bar. Zu berechnen ist die Reaktionskraft F_R, die auf die Flanschverbindung Rohrkrümmer – Rohrleitung wirkt.

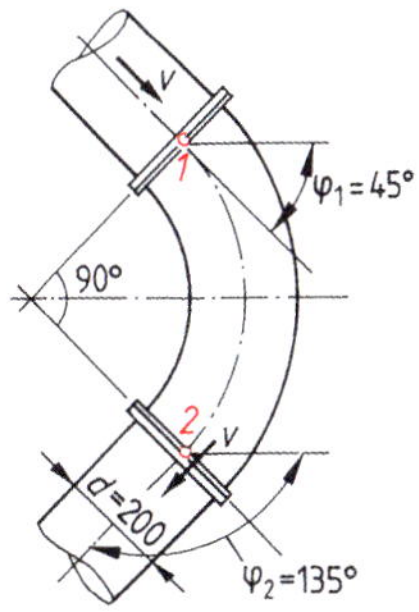

4.117 Symmetrischer 90°-Krümmer

Lösung

Der Druck p ist, da die Reibungsverluste vernachlässigt werden, an den Stellen 1 und 2 gleich groß. Winkel $\varphi_1 = 45°$, $\varphi_2 = 135°$. Aus Symmetriegründen wird in diesem Rohrkrümmer keine Reaktionskraft in y-Richtung auftreten ($F_{Ry} = 0$), so dass nur die x-Komponente berechnet werden muss ($F_{Rx} = F_R$).

$$\dot{V} = A \cdot v \rightarrow v = \frac{\dot{V}}{A} = \frac{\dot{V}}{\frac{d^2 \cdot \pi}{4}} = \frac{0{,}08 \cdot 4}{0{,}2^2 \cdot \pi} = 2{,}55\,\text{m/s}$$

$$F_R = p \cdot A\,(\cos\varphi_1 - \cos\varphi_2) + \dot{V} \cdot \varrho \cdot v\,(\cos\varphi_1 - \cos\varphi_2)$$

$$F_R = 3 \cdot 10^5\,\frac{0{,}2^2 \cdot \pi}{4}\,(\cos 45° - \cos 135°) + 0{,}08 \cdot 1000 \cdot 2{,}55\,(\cos 45° - \cos 135°)$$

$$F_R = \mathbf{13617\,N}$$

Stoßdruckkraft gegen Wände. Trifft ein Wasserstrahl gegen eine feststehende Wand und wird dort umgelenkt, gelten grundsätzlich die für die Kräfte auf Rohrkrümmer aufgestellten Gleichungen (4.73) und (4.74). Sie vereinfachen sich jedoch, da das Druckglied wegfällt. Im Innern des Strahls herrscht überall der gleiche Druck, nämlich der Luftdruck. D. h., die auf die Wand wirkende Kraft entsteht aus einer Änderung der Bewegungsgröße ($\dot{m} \cdot v$).

Strahl auf eine feste ebene Wand, senkrecht zur Strahlrichtung (**4**.118). Trifft ein Wasserstrahl vom Durchmesser d mit der Geschwindigkeit v auf eine feste ebene Wand, tritt an der Wand eine Umlenkung um 90° symmetrisch nach allen Seiten auf. Eine Kraftkomponente in y-Richtung wird nicht auftreten, da sich die Einzelkräfte aus Symmetriegründen gegenseitig aufheben. Die Kraftkomponente in x-Richtung ist dann mit $\varphi_1 = 0°$ und $\varphi_2 = 90°$ gleich F_R.

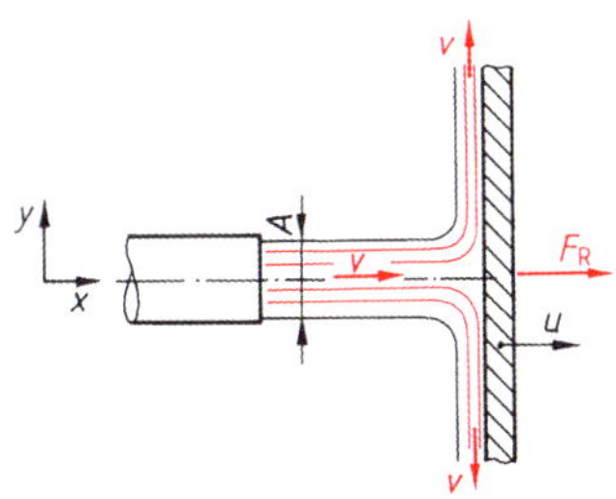

4.118 Strahl auf eine senkrechte ebene Wand

$$F_R = \dot{V} \cdot \varrho \cdot v. \quad \text{Gl. (4.77)}$$

Bewegt sich die senkrechte Wand mit der Geschwindigkeit u in x-Richtung, wird

$$F_R = \dot{V} \cdot \varrho\,(v - u). \quad \text{Gl. (4.78)}$$

Dieser Fall der sich bewegenden Wand, auf die ein Wasserstrahl trifft, ist beim Wasserrad bzw. bei der Freistrahlturbine gegeben. Abgesehen davon, dass die sich bewegende Wand, nämlich die Turbinenschaufel, nicht eben ist, wird es ein bestimmtes Verhältnis der Geschwindigkeiten v des Wasserstrahls und u der Turbinenschaufel geben, bei dem die maximale Leistung erzielt werden kann. Die Leistung allgemein ist Stoßdruckkraft mal Plattengeschwindigkeit u. So wird $P = F_R \cdot u = \dot{V} \cdot \rho\,(v - u)$ u. Das Maximum dieser Leistung ist gegeben, wenn wir die erste Ableitung der Funktion bilden, also die Leistung nach der Geschwindigkeit u ableiten und 0 setzen:

$$\frac{dP}{du} = 0; \quad \frac{dP}{du} = \dot{V} \cdot \varrho\,(v - 2u) = 0 \rightarrow u = \frac{v}{2}.$$

D.h., die Leistung wird ein Maximum sein, wenn die Geschwindigkeit des Turbinenrads halb so groß ist wie die Strahlgeschwindigkeit v. Durch Einsetzen von $u = v/2$ ergibt sich die maximale Turbinenleistung

$$P_{max} = \dot{V} \cdot \varrho\,\frac{v^2}{4}. \quad \text{Gl. (4.79)}$$

Strahl auf eine feste ebene Wand, die mit der Strahlachse den Winkel φ einschließt. Trifft ein Flüssigkeitsstrahl auf eine zur Strahlachse geneigte ebene Platte nach Bild **4**.119, wird er umgelenkt, und es werden sich die Flüssigkeitsmengen $\dot{V}_1$ und $\dot{V}_2$ einstellen. Da bei unserer Stoßbetrachtung Reibungsfreiheit vorausgesetzt ist, kann die schräge ebene Platte nur eine Strahldruckkraft aufnehmen, die senkrecht zur Platte wirkt. Das heißt wiederum, dass der Gesamtimpuls des auftretenden Flüssigkeitsstrahls in zwei Richtungen zerlegt wird: einmal senkrecht zur Platte, wo er die von uns gesuchte Strahldruckkraft F_R verursacht; zum Anderen parallel zur Platte, die wegen der Reibungsfreiheit keine Kraft aufnehmen kann, so dass der Impulsanteil bestehen bleibt. Dieser Impulsanteil, der im Kräfteparallelogramm unseres Bildes mit F_T bezeichnet ist, bleibt somit bestehen und kann sich als Produkt von Masse mal Geschwindigkeit bei gleich bleibender Geschwindigkeit $v_1 = v_2 = v$ nur in einer unterschiedlichen Aufteilung der Massen in die beiden Richtungen 1 und 2 niederschlagen. Wir schreiben daher:

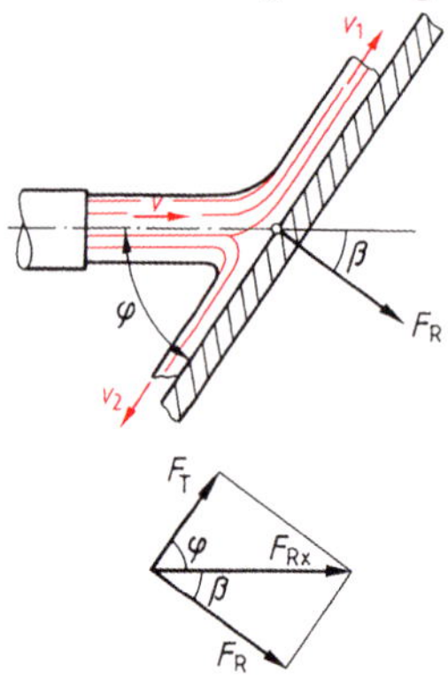

4.119 Strahl auf eine schiefe ebene Wand

$$F_{Rx} = \dot{V} \cdot \varrho \cdot v; \quad F_R = F_{Rx} \cdot \cos\beta = F_{Rx} \cdot \sin\varphi$$

$$F_R = \dot{V} \cdot \varrho \cdot v \cdot \cos\beta = \dot{V} \cdot \varrho \cdot v \cdot \sin\varphi \quad \text{Gl. (4.80)}$$

$$F_T = \dot{V} \cdot \varrho \cdot v \cdot \sin\beta.$$

Um zu den abströmenden Flüssigkeitsmengen $\dot{V}_1$ und $\dot{V}_2$ in Abhängigkeit von β zu kommen, setzen wir F_T gleich der Impulsdifferenz der Teilmengen.

$\dot{V} \cdot \varrho \cdot v \cdot \sin\beta = \dot{V}_1 \cdot \varrho \cdot v_1 - \dot{V}_2 \cdot \varrho \cdot v_2$.

Mit $v = v_1 = v_2$ wird daraus $\dot{V} \cdot \sin\beta = \dot{V}_1 - \dot{V}_2$.

Da $\dot{V}_1 + \dot{V}_2 = \dot{V}$ ist, erhalten wir mit $\dot{V}_1 = \dot{V} - \dot{V}_2$ $\quad \dot{V}\sin\beta = (\dot{V} - \dot{V}_2) - \dot{V}_2$ bzw. die Teilmengen

$$\dot{V}_2 = \frac{\dot{V}}{2}(1 - \sin\beta) \qquad \text{Gl. (4.81)}$$

$$\dot{V}_1 = \frac{\dot{V}}{2}(1 + \sin\beta)\,. \qquad \text{Gl. (4.82)}$$

Stellen wir die Platte senkrecht, werden $\beta = 0°$ und damit $\sin\beta = 0$, damit $\dot{V}_2$ und $\dot{V}_1$ jeweils $\dot{V}/2$. Legen wir die Platte ganz um ($\beta = 90°$, Strahlrichtung ist parallel zur Platte), werden nach den hergeleiteten Gleichungen die Teilmenge $\dot{V}_2$ = Null und die Teilmenge $\dot{V}_1 = \dot{V}$, nämlich der Gesamtmenge des Flüssigkeitsstrahls.

Trifft der Flüssigkeitsstrahl auf eine schiefe Wand so auf, dass er nur nach einer Richtung umgelenkt wird (**4**.120), erhalten wir die Komponenten der Strahldruckkraft F_{Rx} und F_{Ry}, indem wir in die Gl. (4.73) und (4.74) für die Winkel $\varphi_1 = 0$ und $\varphi_2 = \varphi$ einsetzen.

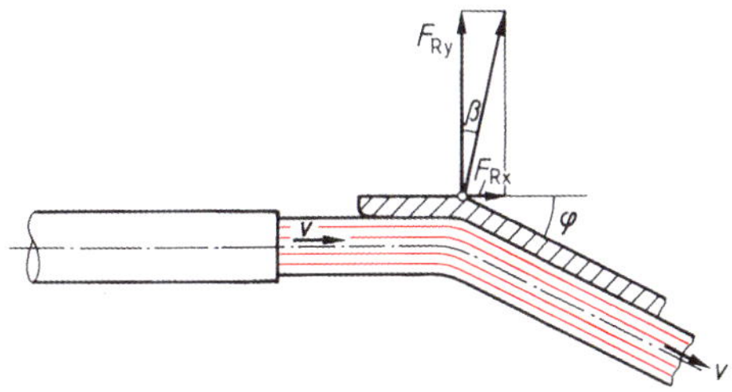

4.120 Einseitig umgelenkter Strahl auf eine schiefe ebene Wand

$$F_{Rx} = \dot{V} \cdot \varrho \cdot v\,(1 - \cos\varphi) \qquad \text{Gl. (4.83)}$$

$$F_{Ry} = \dot{V} \cdot \varrho \cdot v \cdot \sin\varphi \qquad \text{Gl. (4.84)}$$

Die resultierende Strahldruckkraft erhalten wir:

$$F_R = \sqrt{F_{Rx}^2 + F_{Ry}^2} = \dot{V} \cdot \varrho \cdot v\sqrt{(1 - \cos\varphi)^2 + \sin^2\varphi} = \dot{V} \cdot \varrho \cdot v\sqrt{2\,(1 - \cos\varphi)}\,.$$

Mit $(1 - \cos\varphi)/2 = \sin^2(\varphi/2)$ erhalten wir

$$F_R = 2\,\dot{V} \cdot \varrho \cdot v \cdot \sin\frac{\varphi}{2}\,. \qquad \text{Gl. (4.85)}$$

Die Richtung von F_R bestimmen wir durch Einsetzen in

$$\tan\beta = \frac{F_{Rx}}{F_{Ry}} = \frac{1 - \cos\varphi}{\sin\varphi} = \frac{2 \cdot \sin^2\frac{\varphi}{2}}{2 \cdot \sin\frac{\varphi}{2}\cos\frac{\varphi}{2}} = \frac{\sin\frac{\varphi}{2}}{\cos\frac{\varphi}{2}} = \tan\frac{\varphi}{2}\,. \qquad \text{D.h.}$$

$$\beta = \frac{\varphi}{2}$$

Stoßdruckkraft bei der Peltonturbine (Freistrahlturbine, **4**.121). Die Peltonturbine wird bei großen Fallhöhen und relativ geringen Wassermengen eingesetzt. Die potentielle Energie des Wassers in höher gelegenen Staubecken wird in der Druckrohrleitung zum Teil in Geschwindigkeitsenergie und zum Teil in Druckenergie umgewandelt. In der Düse wird die Energie vollständig in Geschwindigkeitsenergie umgewandelt. (Der Druck im Strahl ist beim Austritt gleich dem Außendruck p_A.) Der Strahl trifft auf becherförmige Schaufeln, die am Laufradumfang angeordnet sind. Die zweckmäßigerweise symmetrisch gebauten Becherschaufeln lenken den Strahl um annähernd 180° um. Dabei gibt er seine kinetische Energie an die Laufschaufel ab. Trifft der Strahl auf die Schaufel, wirkt eine Stoßdruckkraft $F_{Rx} = \dot{V} \cdot \varrho \cdot v\,(1 - \cos\varphi)$.

Mit $\varphi = (180 - \beta)$ wird $F_{Rx} = \dot{V} \cdot \varrho \cdot v\,(1 + \cos\beta)$.

Da das Laufrad nicht stillsteht, sondern sich die Schaufel mit der Geschwindigkeit u bewegt, gilt für die tatsächliche Stoßdruckkraft auf die bewegte Schaufel

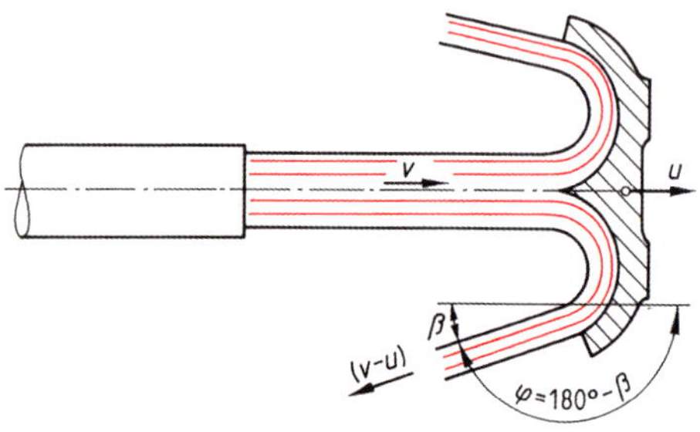

4.121 Strahlumlenkung im Becher eines Peltonrads

$$F_{Rx} = \dot{V} \cdot \varrho\,(v - u)\;(1 + \cos\beta). \qquad \text{Gl. (4.86)}$$

Um die Energieverluste gering zu halten, soll der Schneidenwinkel, der den Wasserstrahl teilt, möglichst klein gehalten werden (zwischen 7° und 15°). Der Winkel β wird in der Praxis zwischen 4° und 8° ausgeführt. Eine vollständige 180°-Umlenkung des Strahls ist nicht möglich, da sonst der Strahl auf den folgenden Schaufelrücken aufprallen würde.

Beispiel 4.49 Von einer Peltonturbine sind bekannt: Nutzfallhöhe H_n = 215 m, Laufraddurchmesser D = 0,6 m, Strahldurchmesser d = 7 cm, Drehzahl des Laufrads n = 1000 U/min, Schaufelaustrittswinkel $\beta = 6°$.

Zu berechnen sind die Strahldruckkraft F_{Rx} und die Leistung dieser Peltonturbine, wenn man von Düsen- und anderen Verlusten absieht. Wie groß wäre die Leistung, wenn die Drehzahl des Laufrads nicht genau 1000 U/min sein müsste, sondern so gestaltet werden könnte, dass sie der halben Strahlgeschwindigkeit v entspricht?

Lösung Theoretische Ausflussgeschwindigkeit

$$v = \sqrt{2gH} = \sqrt{2g \cdot 215} = 64{,}95\,\text{m/s}$$

Durchflussvolumen

$$\dot{V} = A \cdot v = \frac{d^2 \cdot \pi}{4}\,v = \frac{0{,}07^2 \cdot \pi}{4} \cdot 64{,}95 = 0{,}2499\,\text{m}^3/\text{s}$$

Umfangsgeschwindigkeit

$$u = D \cdot \pi \cdot n = 0{,}6 \cdot \pi\,\frac{1000}{60} = 31{,}41$$

Strahlstoßkraft

$$F_{Rx} = \dot{V} \cdot \varrho\,(v - u)\;(1 + \cos\beta)$$

$$F_{Rx} = 0{,}2499 \cdot 1000\,(64{,}95 - 31{,}41)\;(1 + \cos 6°) = \mathbf{16717\,N}$$

Turbinenleistung

$$P_T = F_{Rx} \cdot u = 16717 \cdot 31{,}41 = 525181\,\text{W} \cong \mathbf{525\,kW}$$

Könnte die Laufraddrehzahl so gehalten werden, dass $u = v/2$ = 32,47 m/s, wäre die Turbinenleistung P_T = 16191 · 32,47 = 525740 W, also **etwas größer.**

Aufgaben zu Abschnitt 4.5

1. In dem von Wasser durchströmten kreisrunden, horizontalen Rohr **4.**122 wird an der Stelle 1 die Höhe $h_1 = 0{,}5$ m gemessen. Wie hoch ist h_2 an der Stelle 2? $v_1 = 3$ m/s, $d_1 = 60$ mm, $d_2 = 100$ mm.

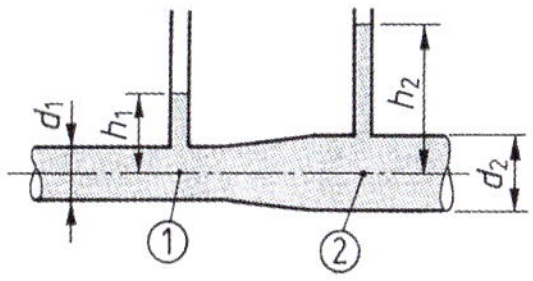

4.122 Statische Drücke

2. Welche Höhe h_2 wird sich in dem von Wasser durchflossenen Rohr **4.**92 einstellen, wenn $h_1 = 0{,}70$ m und $v = 2$ m/s betragen?

3. Ein Pitotrohr zeigt bei einer Messung in einem Fluss den Wert 0,15 m an (**4.**123). Wie groß ist die Fließgeschwindigkeit v?

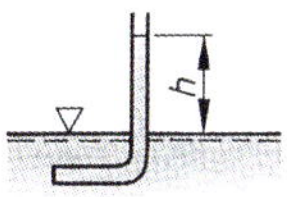

4.123 Messung mit Pitotrohr

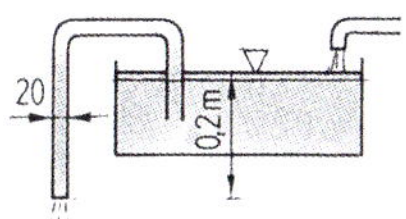

4.124 Ausfluss aus einem Behälter

4. Berechnen Sie verlustfrei die Ausströmungsgeschwindigkeit und das Durchflussvolumen beim Ausfluss aus dem Behälter nach Bild **4.**124.

5. Aus einer Düse mit dem Innendurchmesser $d_2 = 30$ mm strömt verlustfrei Wasser $\rho = 1000$ kg/m³ mit einer Geschwindigkeit $v_2 = 15$ m/s aus. Wie groß ist der Überdruck gegen Atmosphäre in der davor liegenden Rohrleitung mit dcm Innondurohmoccor $d_1 = 60$ mm?

6. In dem wasserdurchströmten Rohr **4.**95 wird eine Differenzhöhe $\Delta h = 0{,}005$ m gemessen. Bekannt sind außerdem: $A_1 = 800$ mm², $v_1 = 0{,}7$ m/s, $p_1 = 1$ bar, $\varrho_M = 13600$ kg/m³, $\varrho_{H_2O} = 1000$ kg/m³. Wie groß sind A_2 und p_2?

7. Aus dem Wasserbehälter **4.**125 strömt Wasser $\varrho = 1000$ kg/m³ durch eine Rohrleitung mit verschiedenen Durchmessern reibungsfrei aus.
Geg.: $H = 20$ m, $h_1 = 5$ m, $h_2 = 7$ m, $h_3 = 14$ m, $h_4 = 19{,}5$ m, $d_1 = 30$ mm, $d_2 = 40$ mm, $d_3 = 25$ mm, $d_a = d_5 = 15$ mm.
Ges.: a) Ausströmungsgeschwindigkeit v_a und die Piezometerlinie, b) Überdruckhöhen $p/\varrho g$ an den Stellen 1 bis 5.

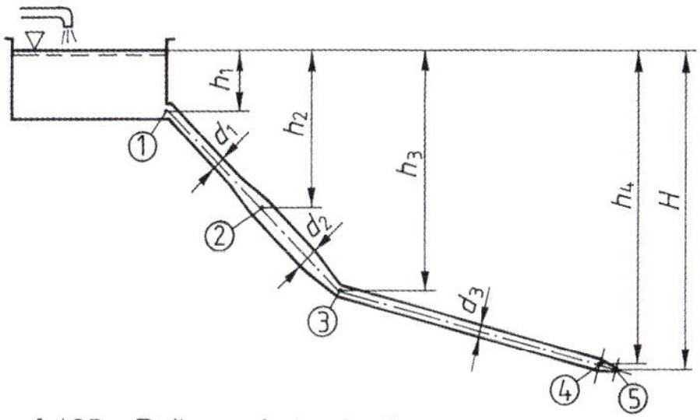

4.125 Reibungsfreier Ausfluss

8. Aus einem Druckbehälter, in dem der Überdruck $p_{1ü} = 4$ bar gegen Atmosphäre herrscht, fließt Wasser $\varrho = 925$ kg/m³ in einen Behälter mit dem Überdruck $p_{2ü} = 1{,}5$ bar. Die Höhendifferenz h der beiden Flüssigkeitsspiegel ist 8 m, einmal nach oben und einmal nach unten. Welche Geschwindigkeiten werden sich bei Reibungsfreiheit einstellen?

9. Aus dem Behälter **4.**126 fließt Wasser mit $\rho = 1000$ kg/m³ durch eine Rohrleitung ins Freie. $H = 4$ m, $d = 30$ mm, $p_A = 1$ bar. Wie groß muss h sein, damit am tiefsten Punkt der Rohrleitung ein Absolutdruck von 1,6 bar herrscht?

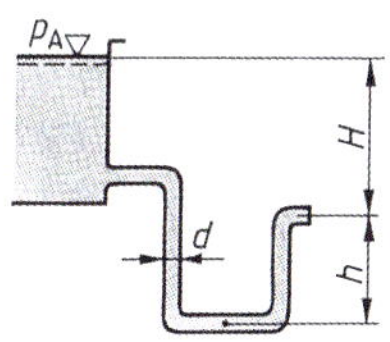

4.126 Ausfluss ohne Reibung

10. Das Ablassrohr ($d = 50$ mm) eines Dampfkessels liegt 3,5 m unter dem Wasserspiegel. Im Kessel herrscht ein Überdruck gegen Atmosphäre von $p_ü = 3$ bar, $\rho = 925$ kg/m³. Wie groß ist die Ausflussmenge in m³/s?

11. Durch ein Rohr ($d = 200$ mm) soll Heißwasser mit 80 °C ($\nu_1 = 0{,}37 \cdot 10^{-6}$ m²/s) und einer Geschwindigkeit $v_1 = 1{,}3$ m/s fließen. Versuche über das Strömungsverhalten von Einbauten können nur in einer Rohrleitung von 300 mm Durchmesser und mit Wasser von 10 °C ($\nu_2 = 1{,}31 \cdot 10^{-6}$ m²/s) durchgeführt werden. Welche Strömungsgeschwindigkeit muss das Wasser in der Versuchsausführung haben, damit ähnliche Strömungsverhältnisse vorliegen?

12. Aus dem Behälter **4**.127 strömt Wasser durch eine Rohrleitung mit zwei Krümmern aus neuen Stahlrohren (k = 0,18 mm, ζ_{Kr} = 0,1). Geg.: d = 180 mm, H = 55 m, l = 90 m, ζ_e = 0,25, ν = 1,01 · 10^{-6} m²/s. Nach jahrelanger Benutzung und Verkrustung betragen die Werte k = 1,5 mm und ζ_{Kr} = 0,2.
Wie groß sind die Durchflussmengen $\dot{V}_{neu}$ und $\dot{V}_{alt}$?

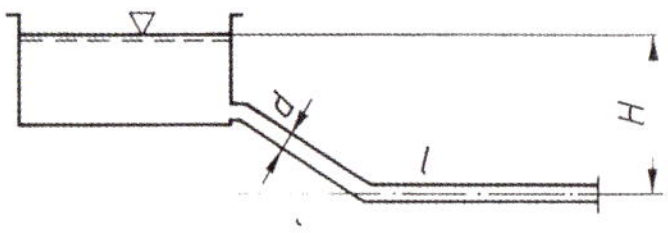

4.127 Ausfluss mit Reibung

13. Die Druckrohrleitung der Freistrahlturbine **4**.128 hat folgende Daten:
d_1 = 0,6 m, d_2 = 0,4 m, d_3 = 0,16 m,
l_1 = 100 m, l_2 = 200 m, H = 270 m,
k = 1,5 mm, ζ_e = 0,15, ζ_{Kr} = 0,3,
ζ_{ve} = 0,05, ζ_D = 0,05.
Wirkungsgrad der Turbine η_T = 91%.
Wie groß ist die Nutzleistung der Turbine?

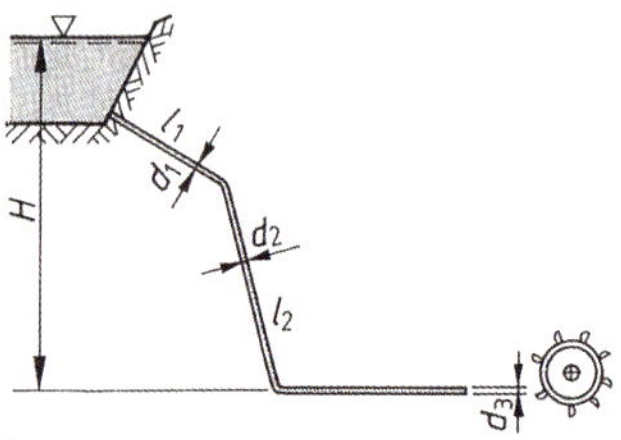

4.128 Druckrohrleitung einer Freistrahlturbine

14. Von der Pumpenanlage **4**.129 sind bekannt: Fördermenge $\dot{V}$ = 0,03 m³/s, Rohrleitungsdurchmesser d = 0,15 m, Rohrrauigkeit k = 0,9 mm, Saughöhe H_s = 5 m, Druckhöhe H_d = 40 m, Länge der Saugleitung l_s = 15 m, Länge der Druckleitung l_d = 250 m, Zähigkeit des Mediums ν = 1,01 · 10^{-6} m²/s, Widerstandsbeiwerte für Ventil ζ_V = 2,5, für Krümmer ζ_{Kr} = 0,3, für Fußventil ζ_{FV} = 4,2.
Wie groß ist die erforderliche Antriebsleistung der Pumpe bei η_P = 83%?

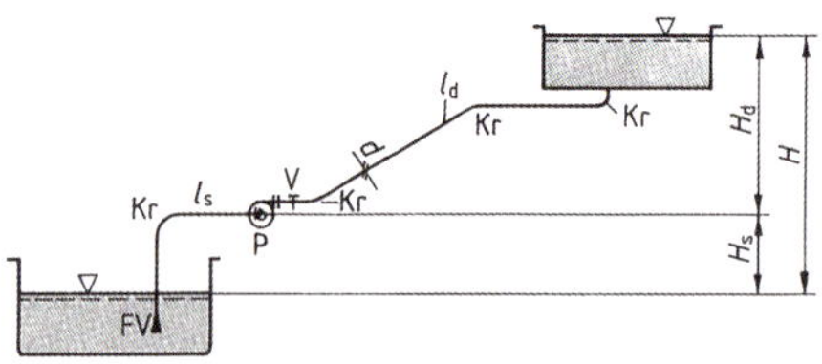

4.129 Antriebsleistung der Pumpe

15. Aus einem offenen Behälter fließt Flüssigkeit reibungslos durch ein Rohr ins Freie (**4**.130). Die Spiegelhöhe bleibt durch Zufluss konstant. h_1 =10 m, h_2 = 5 m, d_1 =100 mm, d_3 = 80 mm, ρ = 1000 kg/m³.
Wie groß sind die Ausströmgeschwindigkeit v_3 und die Überdruckhöhe $p_1/\rho g$ im Rohreinlauf?

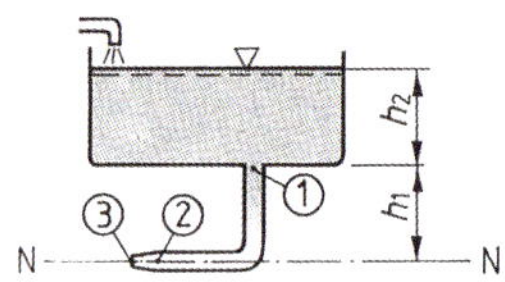

4.130 Reibungsfreier Ausfluss

16. Die beweglich aufgestellte Platte **4**.131 wird beidseitig von einem Wasserstrahl getroffen. d_1 = 80 mm, d_2 = 50 mm, d_3 = 80 mm, $\dot{V}_3$ = 0,05 m³/s, φ = 30°.
Wie groß muss $p_{1ü}$ vor der Düse sein, damit die Platte im Gleichgewicht steht?

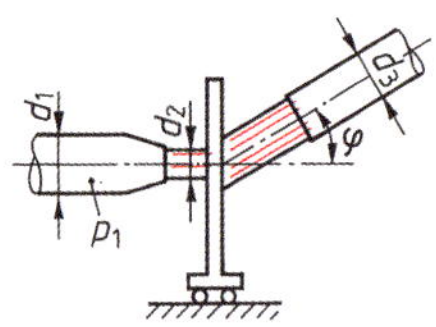

4.131 Stoßdruckkraft von Wasserstrahlen

17. Durch einen horizontalen Rohrkrümmer mit einem lichten Durchmesser d = 300 mm fließt die Wassermenge $\dot{V}$ = 0,15 m³/s, Dichte ϱ = 1000 kg/m³. Im Krümmer erfolgt eine Umlenkung um 45°, es herrscht ein Überdruck gegenüber der Atmosphäre von $p_ü$ = 4 bar. Wie groß ist die Kraft F_R auf den Krümmer?

18. Ein Wasserstrahl ϱ = 1000 kg/m³ tritt aus einer Düse mit 30 mm lichtem Durchmesser mit einer Geschwindigkeit v = 18 m/s aus und trifft senkrecht auf eine Wand. Wie groß ist die Stoßdruckkraft?

19. Der Wasserstrahl der Aufgabe 18 trifft auf eine schräge Wand (φ = 30° gegen die Strahlachse).
Wie groß ist die Stoßdruckkraft senkrecht auf die Platte?

Anhang

Lösungen zu den Aufgaben

Abschnitt 1.1 und 1.2

1. $\sigma_{AB} = 162{,}97\ \text{N/mm}^2$
   $\sigma_{BC} = 159{,}15\ \text{N/mm}^2$
   $\sigma_{CD} = 81{,}48\ \text{N/mm}^2$
   $\sigma_{DE} = 56{,}59\ \text{N/mm}^2$
2. $\sigma = 328{,}12\ \text{N/mm}^2$
3. a) $\Delta l = 822{,}3$ mm b) $\Delta l = 234{,}8$ mm
4. a) $\Delta l_{AB} = 0{,}888$ mm $\Delta l_{BC} = 0{,}952$ mm
   $\Delta l_{CD} = 0{,}317$ mm $\Delta l_{DE} = 0{,}396$ mm
   b) $\Delta l = 2{,}55$ mm
   c) $\sigma_{AB} = 233{,}3\ \text{N/mm}^2$ $\sigma_{BC} = 400\ \text{N/mm}^2$
   $\sigma_{CD} = 111{,}1\ \text{N/mm}^2$ $\sigma_{DE} = 166{,}7\ \text{N/mm}^2$
   d) $\Delta l_B = 0{,}889$ mm $\Delta l_C = 1{,}841$ mm
   $\Delta l_D = 2{,}159$ mm $\Delta l_E = 2{,}56$ mm
5. a) $\Delta l_{AB} = -0{,}127$ mm $\Delta l_{BC} = 0{,}952$ mm
   $\Delta l_{CD} = 0{,}317$ mm $\Delta l_{DE} = 0{,}396$ mm
   b) $\Delta l = 1{,}54$ mm
   c) $\sigma_{AB} = -33{,}3\ \text{N/mm}^2$ $\sigma_{BC} = 400\ \text{N/mm}^2$
   $\sigma_{CD} = 111{,}1\ \text{N/mm}^2$ $\sigma_{DE} = 166{,}7\ \text{N/mm}^2$
   d) $\Delta l_B = -0{,}127$ mm $\Delta l_C = 0{,}825$ mm
   $\Delta l_D = 1{,}143$ mm $\Delta l_E = 1{,}54$ mm
6. $\Delta l_{ges} = 5{,}761$ mm
7. $F_1 = 21\,397$ N $F_2 = 28\,666$ N $v = 10{,}92$ mm
8. $\alpha = 24°$
9. $n_{Fe} = 2272$ U/min $n_{Al} = 3241$ U/min
10. $n_{max} = 2485$ U/min
11. a) $F_1 = 35\,840$ N $F_2 = 44\,160$ N
    b) $\Delta l = 0{,}0145$ mm
    c) $\sigma_1 = 50{,}7\ \text{N/mm}^2$ $\sigma_2 = 27{,}8\ \text{N/mm}^2$
12. a) $\sigma_1 = 70{,}7\ \text{N/mm}^2$ $\sigma_2 = 31{,}4\ \text{N/mm}^2$
    b) $\Delta l_1 = 0{,}0135$ mm $\Delta l_2 = 0{,}0236$ mm
13. a) $\varphi = 0{,}129°$
    b) $\Delta l_1 = 1{,}859$ mm $\Delta l_2 = 8{,}629$ mm
    c) $\sigma_1 = 130\ \text{N/mm}^2$ $\sigma_2 = 604\ \text{N/mm}^2$
14. a) $F_1 = 201\,923$ N $F_2 = 98\,077$ N
    b) $\dfrac{1}{\sqrt{2}}$
15. a) $\Delta l_1 = -\dfrac{F \cdot l}{4E \cdot A}$ $\Delta l_2 = \dfrac{F \cdot l}{4E \cdot A}$
    $\Delta l_3 = \dfrac{3}{4} \cdot \dfrac{E \cdot l}{E \cdot A}$
    b) $\tan\varphi = \dfrac{1}{2a} \cdot \dfrac{F \cdot l}{E \cdot A}$
16. a) $\Delta l = 14{,}4$ mm b) $F = 907\,200$ N
17. $\sigma_{GG} = 64{,}8\ \text{N/mm}^2$ $\sigma_{Al} = 135{,}4\ \text{N/mm}^2$
18. $\vartheta_{max} = 5{,}91\ °\text{C}$
19. a) $\vartheta = 104{,}04\ °\text{C}$
    b) $\Delta t = 67{,}93\ °\text{C}$
    c) $F = 7973$ N
    d) $l_g = 80{,}0797$ mm
20. a) $\vartheta_B = 84{,}93\ °\text{C}$ b) $F = 9797$ N
    c) $l_1 = 100{,}109$ mm
21. a) $\vartheta_B = t_B = 35{,}04\ °\text{C}$
    b) $\sigma_1 = 295{,}3\ \text{N/mm}^2$ $\sigma_2 = 236{,}2\ \text{N/mm}^2$

Abschnitt 1.3

2. $I_x = \dfrac{g \cdot h^3}{12} = 5309{,}42\ \text{cm}^4$
3. $W_x = a^3$
4. $h = r\sqrt{8/3}$ $b = r\sqrt{4/3}$
5. $I_x = 1/28\ \text{cm}^4$ $I_y = 1/20\ \text{cm}^4$
6. $I_x = 13{,}5\ \text{cm}^4$ $I_y = 54\ \text{cm}^4$
   $I_{\bar{x}} = 4{,}5\ \text{cm}^4$ $I_{\bar{y}} = 18\ \text{cm}^4$
7. $x_1 = 3$ m $\sigma_{max} = 1905{,}4\ \text{N/cm}^2$
8. Profil I-100
9. $q = 6243{,}75$ N/m
10. 6 Blätter
11. $b_z = \dfrac{q}{l \cdot h^2 \cdot \sigma_{zul}} z^3$ $b_z = \left(\dfrac{z}{l}\right)^3 b_l$
12. a) $\sigma_{max} = 6437{,}5\ \text{N/cm}^2$ b) $y = -3x$
13. $\sigma_{St} = 390{,}6\ \text{N/mm}^2$ $\sigma_{Al} = 130{,}2\ \text{N/mm}^2$
14. $\sigma_{Mess} = 40{,}96\ \text{N/mm}^2$ $\sigma_{Al} = 34{,}57\ \text{N/mm}^2$
15. $\sigma_{Holz} = 7{,}8\ \text{N/mm}^2$ $\sigma_{St} = 204{,}93\ \text{N/mm}^2$
16. a) $\sigma_{\square} = 120\ \text{N/mm}^2$ b) $\sigma_{\bigcirc} = 200{,}53\ \text{N/mm}^2$
17. a) IPB-200 b) $y = 1{,}425\,x$

18. a) $b = 19$ cm $\quad h = 38$ cm
b) $y = 1{,}33\,x$

19. a) $y = 1{,}167\,x \quad$ b) $\sigma_1 = 66{,}3$ N/mm²
c) $\nu_F = 1{,}81 \quad \nu_B = 4{,}22$

20. a) $y = 8{,}38\,x \quad$ b) $\sigma_1 = -144{,}83$ N/mm²
c) $\nu_B = 2{,}55$

21. **1.**99 L

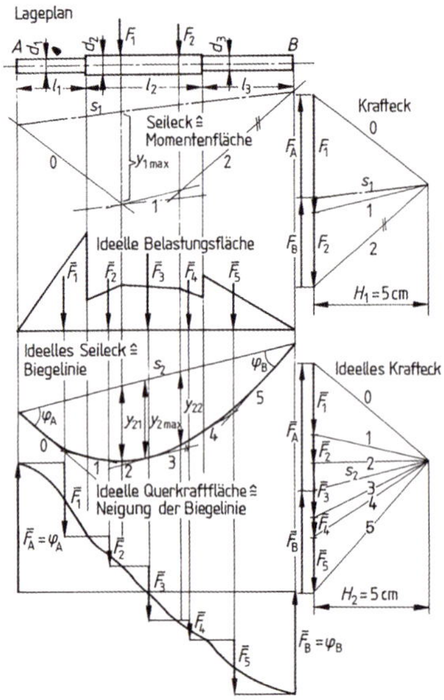

a) $m_L = 10$ cm/cm, $\quad m_F = 2$ kN/cm,
$H_1 \;= 5$ cm, $\quad m_M = m_L \cdot m_F \cdot H_1 = 10 \cdot 2 \cdot 5$
$= 100$ kNcm/cm, $H_2 = 5$ cm

$$m_{M/I} = 1000\,\frac{\text{N/cm}^3}{\text{cm}},\quad m_{\bar F} = 2000\,\frac{\text{N/cm}^2}{\text{cm}}$$

$$m_D = m_L \cdot m_{\bar F} \cdot H_2/E$$
$$= 10 \cdot 20000 \cdot 5/2{,}1 \cdot 10^7 = 0{,}0476 \text{ cm/cm}$$

$$m_S = m_{\bar F} \cdot 57{,}3/E = 20000\,\frac{57{,}3}{2{,}1 \cdot 10^7}$$
$$= 0{,}05457\,°/\text{cm}$$

$y_1 = 1{,}5$ mm $\quad y_2 = 1{,}47$ mm
b) $y_{max} = 1{,}6$ mm
c) $\varphi_A = 0{,}3° \quad \varphi_B = 0{,}235°$

22. $$y = \frac{q \cdot l^4}{\pi^4 \cdot E \cdot I} \sin \frac{\pi \cdot z}{l}$$

23. **1.**101 L

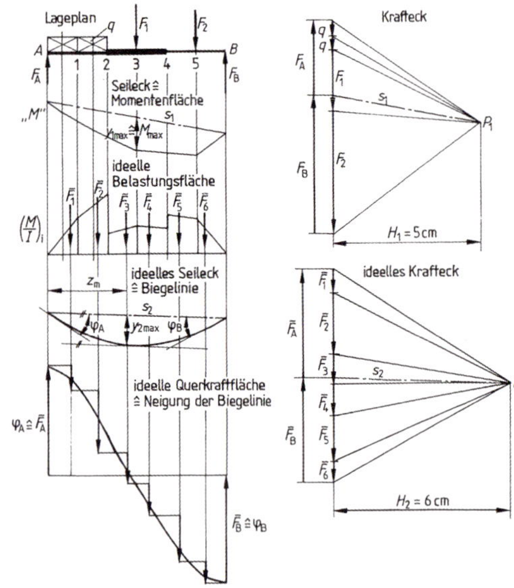

a) $m_L \;= 50$ cm/cm, $m_F = 5$ kN/cm,
$H_1 \;= 5$ cm
$m_M = m_L \cdot m_F \cdot H_1 = 50 \cdot 5 \cdot 5$
$\;= 1250$ kNcm/cm
$H_2 \;= 6$ cm, $m_{M/I} = 500$ N/cm³/cm,
$m_{\bar F} \;= 20000$ Ncm²/cm

$$m_D = m_L \cdot m_{\bar F} \cdot H_2/E = 50 \cdot 20000\,\frac{6}{2{,}1 \cdot 10^7}$$
$$= 0{,}2857 \text{ cm/cm}$$

$$m_S = m_{\bar F}\,\frac{57{,}3}{E} = 20000\,\frac{57{,}3}{2{,}1 \cdot 10^7}$$
$$= 0{,}05457\,°/\text{cm}$$

b) $y_{max} = y_{2max} \cdot m_D = 1 \cdot 0{,}2857 = 0{,}2857$ cm
c) $\varphi_A = \bar F_A \cdot m_S = 3{,}6 \cdot 0{,}05457 = 0{,}196°$
$\varphi_B = \bar F_B \cdot m_S = 3{,}4 \cdot 0{,}05457 = 0{,}185°$
Größte Durchbiegung $z_m = 1{,}3$ m vom Auflager A entfernt

24. a) Profil T-120 $\quad$ b) $y = 0{,}36256\,x$

Abschnitt 1.4

1. $\tau = 13{,}3$ N/cm²
2. $\tau_{max} = 12{,}1$ N/mm²
3. $\tau_{A1} = 6{,}6$ N/cm² $\quad \tau_B = 46{,}3$ N/cm²
$\tau_{A2} = 39{,}7$ N/cm² $\quad \tau_C = 33{,}1$ N/cm²
$\tau_{NF} = \tau_{max} = 46{,}6$ N/cm²
4. $x_M = 13{,}26$ mm
5. $x_M = 31{,}21$ mm
6. $$x_M = -2r\,\frac{(\pi - \alpha)\cos\alpha + \sin\alpha}{(\pi - \alpha) + \sin\alpha\cos\alpha}$$

Abschnitt 1.5

1. $T_4 = 45\,\text{kNm}$
2. $T_2 = 90\,\text{kNm}$
3. a) $T = 2{,}27 \cdot 10^3\,\text{Nm}$
   b) $\tau_{t\max} = 22{,}6\,\text{N/mm}^2$
4. $d_i = 269{,}6\,\text{mm}$
5. $d = 15\,\text{mm}$ $l = 530\,\text{mm}$
6. a) $d_{erf} = 57{,}3\,\text{mm}$ b) $\tau_t = 10{,}1\,\text{N/mm}^2$
7. $d_a = 59\,\text{mm}$ $d_i = 33{,}7\,\text{mm}$
   $\tau_{t\max} = 10{,}4\,\text{N/mm}^2$
8. $l_2 = 141{,}6\,\text{mm}$ $l_3 = 195{,}1\,\text{mm}$
9. a) $\tau_{1\max} = 98{,}3\,\text{N/mm}^2$ $\tau_{2\max} = 45{,}8\,\text{N/mm}^2$
   b) $\hat{\varphi}_1 = \hat{\varphi}_2 = 0{,}02456\,\text{rad}$
10. a) $T_{\max} \mathrel{\hat{=}} 106{,}6\,\text{Nm}$
    b) $T_1 = 75{,}9\,\text{Nm}$, $T_2 = 30{,}7\,\text{Nm}$
11. $\varphi = 0{,}644°$
12. $\tau_{tL} = 226{,}8\,\text{N/mm}^2$ $\tau_{tS} = 113{,}4\,\text{N/mm}^2$
    $\varphi = 3{,}822°$
13. $a = 65{,}72\,\text{mm}$ $\tau_t = 169{,}5\,\text{N/mm}^2$
14. $\tau_{t\max} = 11{,}5\,\text{N/mm}^2$
15. $d = 9{,}8\,\text{mm}$ $i = 8 + 1{,}5$ Wdg.

Abschnitt 1.6

1. $\sigma_{v1} = \sigma_{v5} = 104{,}2\,\text{N/mm}^2$
   $\sigma_{v2} = \sigma_{v4} = 53{,}3\,\text{N/mm}^2$
   $\sigma_{v3} = \tau_{Q\max} = 8{,}49\,\text{N/mm}^2$
2. $d = 108\,\text{mm}$
3. $\sigma_1 = 194{,}1\,\text{N/mm}^2$
   $\sigma_2 = \sigma_4 = 63{,}7\,\text{N/mm}^2$
   $\sigma_3 = -66{,}7\,\text{N/mm}^2$
4. a) $\nu = 1{,}1974$ b) $\nu = 1{,}1974$
5. a) $\sigma_{\max} = 318{,}3\,\text{N/mm}^2$
   b) $y = -2{,}666\,\text{mm}$
6. $\sigma_v = 144\,\text{N/mm}^2$
7. $F = 6487\,\text{N}$
8. a) $F = 21179\,\text{N}$ b) $F = 21513\,\text{N}$
9. $\nu = 1{,}66$
10. $D = 60{,}2\,\text{mm}$ $d = 50{,}1\,\text{mm}$
11. $P = 12265{,}82\,\text{kW}$
12. $d = 121{,}4\,\text{mm}$
13. $a = 19{,}25\,\text{mm}$
14. $d = 58{,}57\,\text{mm}$
15. $d = 112{,}97\,\text{mm}$

Abschnitt 1.7

1. $\sigma_z = \sigma_1 = 200\,\text{N/mm}^2$ $\tau_{\max} = 100\,\text{N/mm}^2$
   In P einachsiger Spannungszustand
2. $\sigma_1 = \sigma_2 = \sigma_3 = \sigma_\varphi = 103\,\text{N/mm}^2$
   $\tau_{\max} = \tau_H = \tau_\varphi = 0\,\text{N/mm}^2$
3. $\sigma_I = 87{,}5\,\text{N/mm}^2$ $\sigma_{II} = 62{,}5\,\text{N/mm}^2$
   $\tau_I = -21{,}65\,\text{N/mm}^2$ $\tau_{II} = 21{,}65\,\text{N/mm}^2$
4. Allseitiger ebener Spannungszustand
   $\sigma_I = \sigma_{II} = 50\,\text{N/mm}^2$ $\tau_I = \tau_{II} = \tau_\varphi = 0\,\text{N/mm}^2$
5. $\varphi_0 = 3{,}3°$ $\varphi_I = 41{,}7°$
   $\sigma_1 = 65{,}17\,\text{N/mm}^2$ $\sigma_2 = -0{,}22\,\text{N/mm}^2$
   $\tau_{I,II} = \pm 32{,}69\,\text{N/mm}^2$
6. $\varphi_0 = 20{,}3°$ $\varphi_I = -24{,}7°$
   $\sigma_1 = +61{,}1\,\text{N/mm}^2$ $\sigma_2 = -31{,}1\,\text{N/mm}^2$
   $\tau_{I,II} = \pm 46{,}1\,\text{N/mm}^2$

Abschnitt 1.8

1. $d_a = 80\,\text{mm}$ $d_i = 64\,\text{mm}$
2. a) $d = 20\,\text{mm}$ (aufgerundet)
   b) $h = 20\,\text{mm}$, $b = 10\,\text{mm}$ (s.o.)
3. IPB 160
4. T 120
5. $a = 7{,}7\,\text{cm}$
6. $F_{zul} = 63070\,\text{N}$

Abschnitt 2.2.2

1. Begegnung um 11 Uhr, 55 km von A entfernt
2. Zug 2 muss auch um 10 Uhr abfahren, damit sich die Züge um 10.55 Uhr auf halbem Weg treffen.
3. 15 min später
4. $v_0 = 37{,}3\,\text{m/s}$ $h = 70{,}828\,\text{m}$
5. $\Delta s = g/2\,(2t + \Delta t)\,\Delta t$
6. a) $v_0 = 5{,}19\,\text{m/s}$ b) $v = 24{,}8\,\text{m/s}$
7. $h = 93{,}5\,\text{mm}$
8. $h = 15{,}29\,\text{m}$
9. $t = 2\,\text{s}$ $h = 20{,}38\,\text{m}$
10. $s = 21\,\text{m}$ $v = 37\,\text{m/s}$ $a = 36\,\text{m/s}^2$
11. $s = t^3 - 6t^2 + 14t - 10$
12. a) $a_m = 1{,}25\,\text{m/s}^2$ b) $s = 250\,\text{m}$
13. $v = 60\,\text{m/s}$ $s = 400\,\text{m}$
14. $s = 2700\,\text{m} \mathrel{\hat{=}} 2{,}7\,\text{km}$

Abschnitt 2.2.3 bis 2.2.5

1. $x = 65\,m$ $v_x = 35\,m/s$ $a_x = 10\,m/s^2$
   $y = -33\,m$ $v_y = -3\,m/s$ $a_y = 18\,m/s^2$
2. a) $t = 9{,}005\,s$
   b) $x_1 = 270{,}14\,m$ $y_1 = 70{,}175\,m$
   c) $v = 47{,}15\,m/s$ $\gamma = 50{,}486°$
3. $v = 12{,}83\,m/s$
4. $x = 26\,m$ $v_x = 22\,m/s$ $a_x = 10\,m/s^2$
   $y = -17\,m$ $v_y = 2\,m/s$ $a_y = 12\,m/s^2$
5. $r = 1{,}9\,m$ $v_r = 0{,}9\,m/s$ $a_r = -3{,}675\,m/s^2$
   $v_\varphi = 2{,}85\,m/s$ $a_\varphi = 2{,}7\,m/s^2$
6. $r = 3{,}2667\,m$ $v_r = 2{,}4\,m/s$
   $a_r = -438{,}16\,m/s^2$ $\hat{\varphi} = 8{,}133\,rad$
   $v_\varphi = 37{,}89\,m/s$ $a_\varphi = 92{,}95\,m/s^2$
   $u = 1{,}29$ Umdrehungen
7. $a = v \cdot \omega \cdot \sin(\alpha/2) \cdot \sqrt{4 + \omega^2 \cdot t^2} = 12\,m/s^2$
8. a) $t = 5{,}912\,s$
   b) $P\,(90/31{,}2923)\,m$
   c) $v = 16{,}425\,m/s$
   d) $\beta = 32{,}478°$
9. $\alpha_0 = 246{,}74\,s^{-2}$ $u = 63{,}66$ Umdr.
10. a) $\alpha_1 = 0{,}698\,s^{-2}$ b) $\alpha_2 = 0{,}061\,s^{-2}$
    c) $u = 9200$ Umdr. d) $u_1 = 17{,}5$ Umdr.
    e) $s = 57805{,}3\,m$
11. a) $\alpha_1 = 251{,}3\,s^{-2}$ b) $t_1 = 1\,s$
    c) $(t_4 - t_3) = 8{,}45\,s$ d) $t_4 = 24{,}45\,s$
    e) $u_R = 345{,}66$ Umdr.
    f) $u_L = 143{,}98$ Umdr.
    g) $t = 12{,}28\,s$
12. $r = 216\,m$
13. $n = 1061$ U/min

Abschnitt 2.3

1. $v_C = 4{,}16\,m/s$ $\gamma = 59{,}7°$
2. $v_E = 2{,}24\,m/s$ $\gamma = 71{,}57°$
3. $v_C = 2{,}37\,m/s$ $a_C = 205{,}58\,m/s^2$
4. $v_B = v_D = 3\,m/s$ $\omega_{BA} = 15\,s^{-1}\,\omega_{BD} = 0\,s^{-1}$
5. $a_A = 11{,}5\,m/s^2$
6. $a_C = 73{,}83\,m/s^2$ $\varphi = 5{,}44°$
7. $a_{AB} = 8{,}48\,m/s^2$
8. $v_{abs} = 438{,}3\,m/s$ $\varphi = 55{,}26°$
9. a) $\omega_1 = 0{,}17\,s^{-1}$ b) $\omega_2 = 0{,}083\,s^{-1}$
10. $a_C = 14{,}14\,m/s^2$ $\varphi = 90°$

Abschnitt 2.4

1. **2**.1 L $\Delta 2_1$

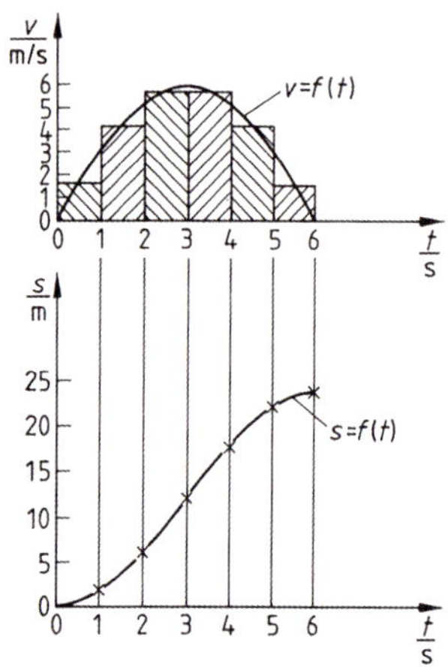

2.1 L

A_i in cm²	Δs_i in m	s_i in m
0,804	1,608	1,608
2,2	4,4	6,008
2,9	5,8	11,808
2,9	5,8	17,608
2,2	4,4	22,008
0,804	1,608	23,614

2. **2**.2 L
   $p = 1\,cm_z$ $m_a = 1\,m/s^2$

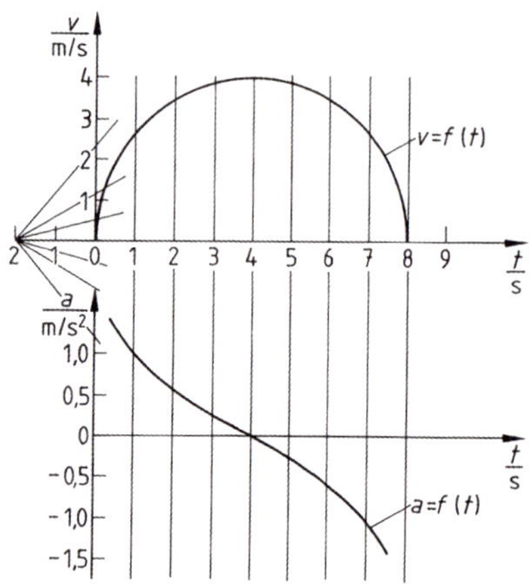

2.2 L

3. **2**.3 L

$p = 2\,cm_z$ $m_a = \frac{0{,}5\,m/s^2}{cm_z}$

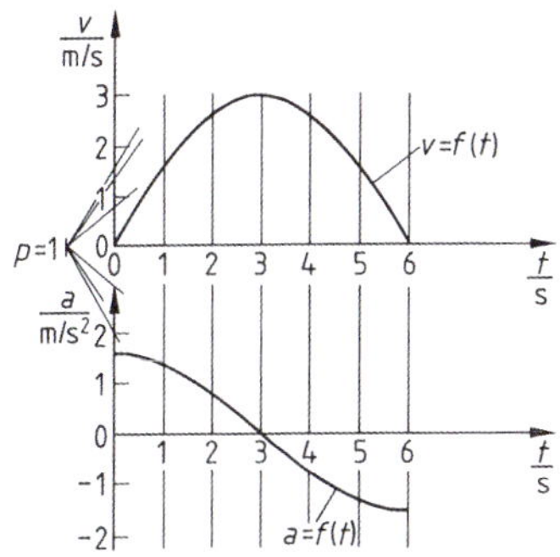

2.3 L

4. **2**.4 L

$p = 2\ \text{cm}_z \quad \text{m}_a = \dfrac{0{,}5\ \text{m/s}^2}{\text{cm}_z}$

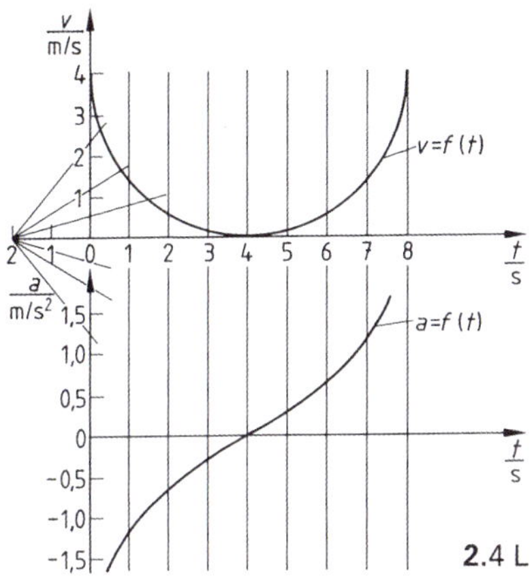

2.4 L

5. **2**.90 L

$v_B = 2{,}5\ \text{m/s} \quad v_c = 5{,}5\ \text{m/s}$

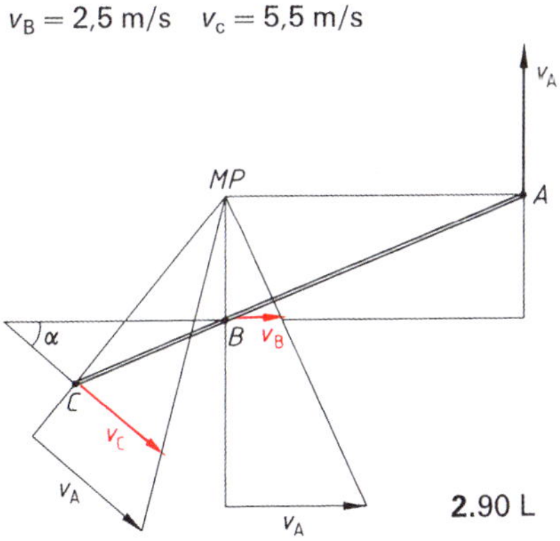

2.90 L

6. **2**.91 L

$\text{m}_a = \dfrac{4\ \text{m/s}^2}{\text{cm}_z} \quad a_A = 17{,}1\ \text{m/s}^2$

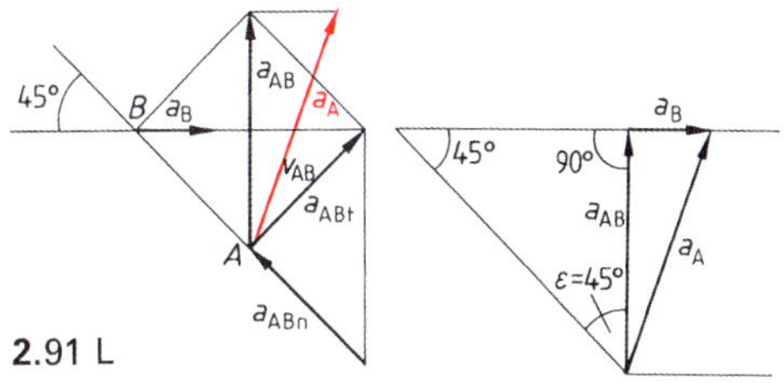

2.91 L

7. **2**.92 L $\quad v_{AB} = 6{,}2\ \text{m/s}$

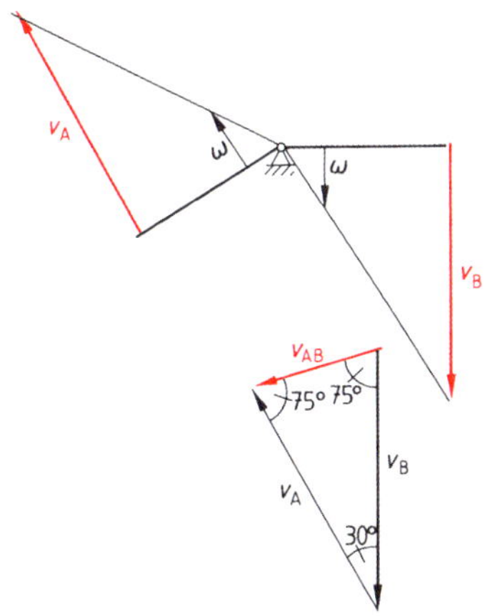

2.92 L

8. **2**.93 L

$\text{m}_a = \dfrac{4\ \text{m/s}^2}{\text{cm}_z} \quad \alpha_{AB} = 4\ \text{s}^{-2} \quad \omega_{AB} = 1\ \text{s}^{-1}$

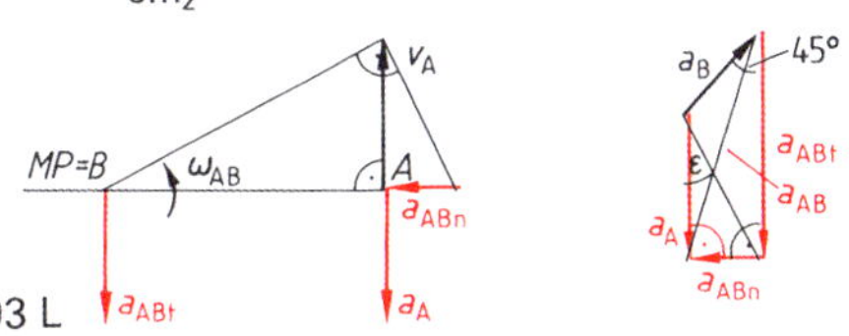

2.93 L

9. **2**.94 L

$\text{m}_a = \dfrac{2\ \text{m/s}^2}{\text{cm}_z} \quad a_B = 1\ \text{m/s}^2 \quad \alpha_{AB} = 0{,}8\ \text{s}^{-2}$

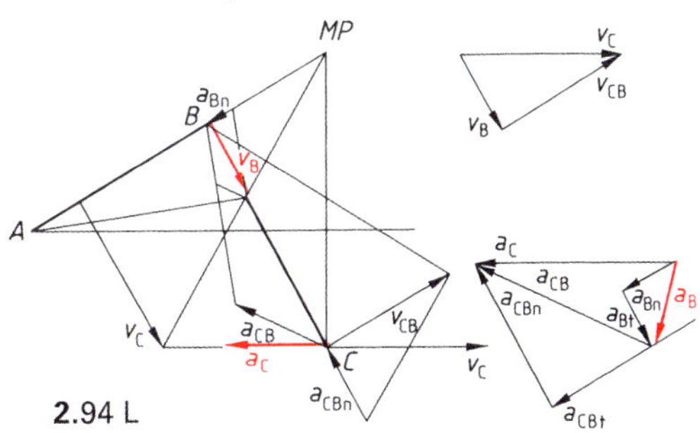

2.94 L

10. **2**.95 L
$v_B = 5$ m/s $\quad \omega_{AB} = 0{,}2\ s^{-1}$
$v_D = 5$ m/s $\quad \omega_{BD} = 0{,}2\ s^{-1}$

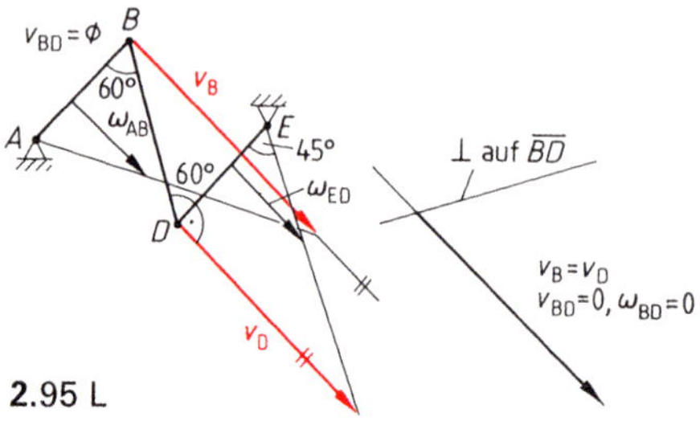

2.95 L

11. **2**.96 L
$s_{max} = 17{,}65/\omega^2 \quad s_{min} = 6{,}24\ \omega^2$

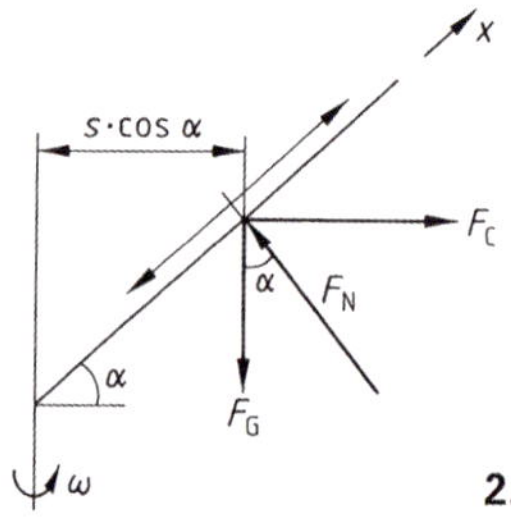

2.96 L

12. **2**.97 L
$v_B = 3$ m/s $\quad \omega_{AB} = 15\ s^{-1}$
$v_D = 3$ m/s $\quad \omega_{BD} = 12\ s^{-1}$

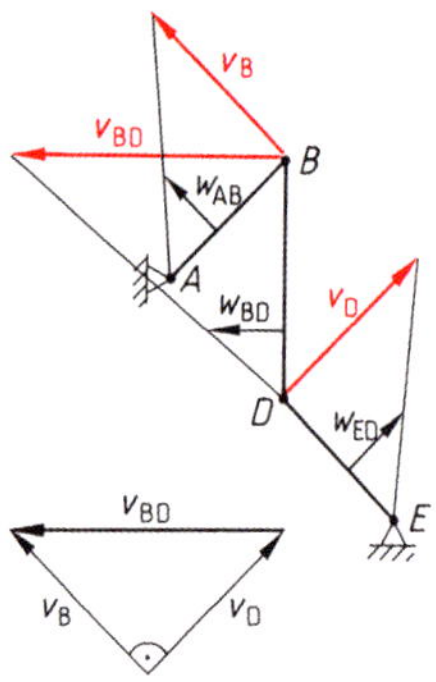

2.97 L

13. **2**.98 L
$v_a = v_B \rightarrow v_{AB} = 0 \quad \omega_{AB} = 0$

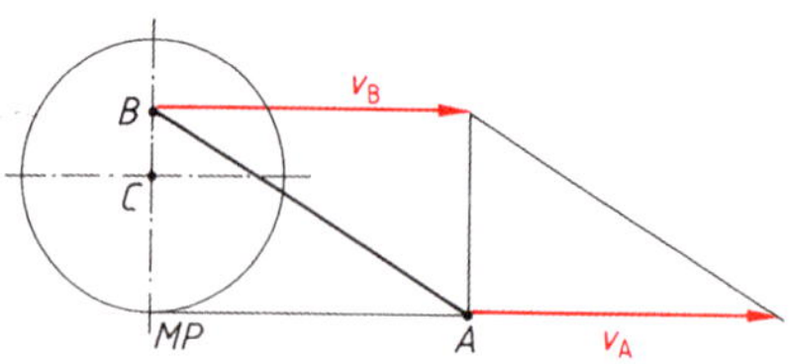

2.98 L

14. **2**.99 L
$$m_a = \frac{25\ m/s^2}{cm_z} \qquad v_A = v_B = 15\ m/s$$
$a_A = 130\ m/s^2$

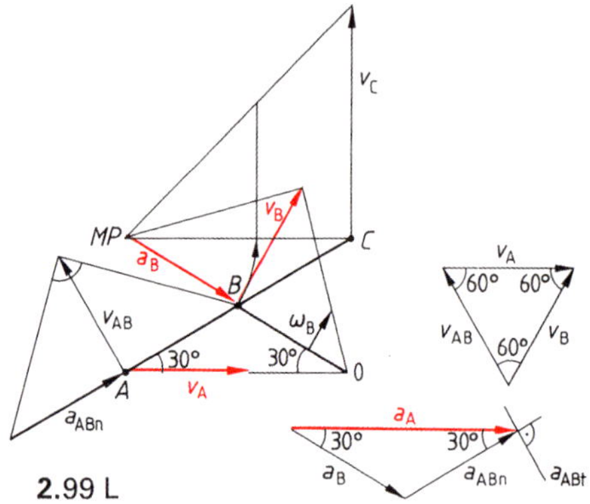

2.99 L

15. **2**.100 L
$$m_a = \frac{400\ m/s^2}{cm_z}$$
$v_A = 70$ m/s $\quad a_A = 1400\ m/s^2$
$v_B = 55$ m/s $\quad a_B = 1650\ m/s^2$

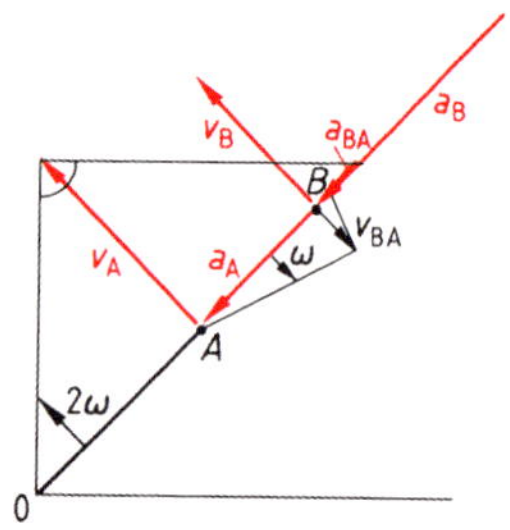

2.100 L

16. **2**.101 L
$v_B = 5{,}6$ m/s

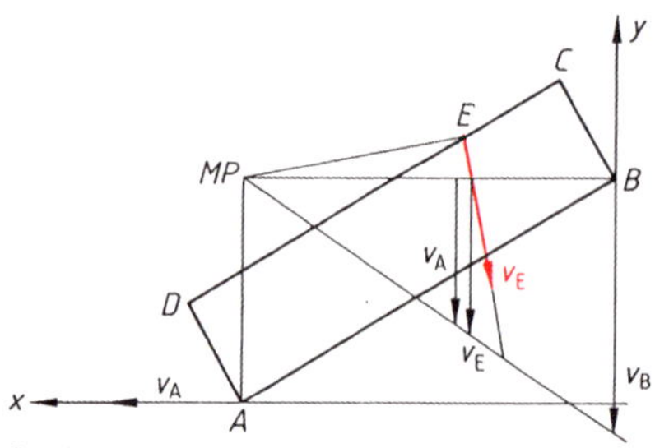

2.101 L

Abschnitt 3.1 und 3.2

1. $s = 26{,}31$ m
2. $a_0 = a/3$
3. a) $\mu = 0{,}3$
   b) $v = 1{,}41$ m/s $\omega = 2{,}8\,s^{-1}$
   c) $\mu_1 = 0{,}26$
4. a) $a = 0{,}94\,m/s^2$ b) $F_s = 5657$ N
5. $a = 0{,}43\,m/s^2$
6. $a_3 = 5{,}48\,m/s^2$
7. $s_1 = 5{,}17$ m
8. a) $I_{ges} = 1{,}55\,kgm^2$ b) $\alpha = 25\,s^{-2}$
   c) $z = 70{,}4$ Umdr.
9. $M = 488{,}69$ Nm $P_{max} = 127{,}9$ kW
10. a) $a = 0{,}02\,m/s^2$ b) $t = 10$ s
    c) $s = 1{,}03$ m d) $a = 0{,}0033\,m/s^2$
11. $h = (7/5)\,r$
12. a) $\alpha = 6{,}26\,s^{-2}$
    b) $\omega_1 = 43{,}8\,s^{-1}$ $n_1 = 418{,}6$ U/min

Abschnitt 3.3

1. a) $a = 2{,}18\,m/s^2$ b) $F_s = 1526$ N
2. $s_1 = 5{,}17$ m
3. a) $P = 17{,}515$ kW b) $F = 35032$ N
4. a) $P = 21{,}8$ kW b) nein
5. $v = 7{,}28$ m/s $a = 4{,}42\,m/s^2$
6. a) $F = 1098{,}7$ N b) $s = 147{,}1$ m
   c) $a = 3{,}78\,m/s^2$
7. a) $a_A = 1{,}057\,m/s^2$ $v_A = 1{,}45$ m/s
   b) $F_s = 276$ N
8. a) $s_1 = 0{,}725$ m b) $s_1 = 1{,}630$ m

Abschnitt 3.4 und 3.5

1. $t = 19$ s
2. a) $\mu = 0{,}46$
   b) $v = 1{,}9$ m/s $\omega = 3{,}8\,s^{-1}$
   c) $\mu_1 = 0{,}398$
3. a) $\omega_A = \omega_B = 78{,}48\,s^{-1}$
   b) $v_B = 156{,}96$ m/s c) $F_s = 981$ N
4. a) $a = 4{,}32\,m/s^2$ $F = 1{,}133$ N
   b) $v = 13$ m/s c) $s = 19{,}44$ m
5. a) $t = 8{,}33$ s b) $\omega = 33{,}3\,s^{-1}$
6. a) $\omega_A = \omega_B = 56{,}06\,s^{-1}$
   b) $v_B = 156{,}96$ m/s c) $F_s = 1177$ N

Abschnitt 3.6

1. $v_1' = 21{,}03$ m/s $v_2' = 8{,}5$ m/s $W = 8{,}55$ Nm
2. $v_1' = 21{,}25$ m/s $v_2' = 15{,}36$ m/s
   $\alpha_1' = 24{,}04°$ $\alpha_2' = 66{,}99°$
3. $v_1' = 0{,}92$ m/s $v_2' = 0{,}733$ m/s
   $\alpha_1' = 87{,}6°$ $\alpha_2' = 0°$
4. $v_A' = 10{,}485$ m/s $v_B' = 10{,}48$ m/s
   $\alpha_A' = 42{,}4°$ $\alpha_B' = 82{,}29°$ $W = 290{,}45$ Nm
5. $v_1' = 16{,}23$ m/s $v_2' = 10{,}68$ m/s
   $\alpha_1' = 32{,}25°$ $\alpha_2' = 83{,}32°$
6. $v_1' = 1{,}75$ m/s $v_2' = 1{,}27$ m/s
   $\alpha_1' = 82{,}76°$ $\alpha_2' = -52{,}05°$
7. a) $W = 8476$ Nm b) $v_2 = 13$ km/h
8. $s = 0{,}711$ m $t = 0{,}851$ s
9. $\beta = 17{,}03°$ $s = 0{,}37$ m
10. $k = 0$
11. $a = 0{,}19$ m

Abschnitt 4.1

1. Zu jeder Temperatur t_1 im Bereich 0 bis 7,9 °C gibt es eine $t_2 = 7{,}9\text{-}t_1\,°C$.
2. $\varrho_0 = 13595\,kg/m^3$ $\varrho_{100} = 13347\,kg/m^3$
3. $\Delta V = 0{,}5485\%$
4. $k_m = 49{,}026 \cdot 10^{-6}\,bar^{-1}$ $E = 20397{,}3$ bar
5. $F = 0{,}09$ N
6. $m = 0{,}45$ g
7. $\Delta p_5 = 2{,}4\,N/m^2$ $\Delta p_{10} = 1{,}2\,N/m^2$
   Überdruck in der kleineren Seifenblase ist doppelt so groß wie in der großen Blase.
8. $h = 37{,}6$ mm
9. $w_A = 0$ m/s $\tau_A = 0{,}04384\,N/m^2$
   $w_B = 0{,}75$ m/s $\tau_B = 0{,}02193\,N/m^2$
   $w_C = 1$ m/s $\tau_C = 0\,N/mm^2$
10. $\eta = 2{,}8 \cdot 10^{-4}$ Pa · s
    $\nu = 2{,}952 \cdot 10^{-7}\,m^2/s$
11. a) $F = 0{,}12267$ N
    b) $F = 0{,}092$ N
12. $\nu = 18{,}51 \cdot 10^{-6}\,m^2/s$ $\eta = 0{,}1777$ Pa · s

Abschnitt 4.2

1. $p = 6{,}72$ bar $F_2 = 5278$ N $s_2 = 10{,}8$ mm
2. a) $\sigma_1 = 125$ N/mm² $\sigma_2 = 62{,}5$ N/mm²
   b) $p = 26$ N/mm²
3. Kolbenboden: $p_{ü} = 0{,}459$ bar
   $p_{abs} = 1{,}473$ bar
   Gefäßboden: $p_{ü} = 0{,}709$ bar
   $p_{abs} = 1{,}722$ bar
4. a) $\varrho_{Öl} = 925$ kg/m³ b) $h_{Glyc} = 25{,}4$ mm
5. $\Delta p = p_1 - p_2 = \Delta h g\,(\varrho_M - \varrho_W)$
6. $F = 7073$ N
7. $F = 30{,}59$ kN
8. $h_1 = 414{,}2$ mm
9. $F_G = 12949$ N
10. $F = 58860$ N $x_D = 1$ m $y_D = 1{,}5$ m
11. $F = 204048$ N $y_D = 3{,}3717$ m
12. $F_G = 2308$ N
13. $F = 717{,}54$ kN $y_D = 6{,}055$ m
14. $F = 426{,}1$ kN $y_D = 4{,}04$ m
15. $y = \dfrac{h^2}{12\,(H-a)} = 51{,}3$ mm
16. $F_M = 3653{,}43$ kN $\alpha = 32{,}48°$
17. $F_A = 9383{,}6$ kN $F_B = 784{,}8$ kN
18. $F_s = 152{,}9$ kN
19. $F = 434778$ N $\alpha = 23{,}96°$ $\nu = 2{,}23$
20. $F = 405200$ N $\alpha = 14{,}44°$
21. $M_z = \rho \cdot g \cdot I_s$ = konst. somit unabhängig vom Wasserstand
22. $F = 198652{,}5$ N $y_D = 1{,}83$ m
23. $F = 23544$ N $y_D = 1{,}67$ m

Abschnitt 4.3 und 4.4

1. $t = 0{,}866$ m
2. $t = 73{,}6$ m
3. Das Gewicht steigt um das Gewicht der verdrängten Wassermenge.
4. $F = 129$ N
5. $t_{12} = a\left(\dfrac{1}{2} \pm \sqrt{\dfrac{1}{12}}\right)$
6. $h = -0{,}194$ m, Schwimmlage labil
7. 1: $h = -2{,}0$ cm, Schwimmlage labil
   2: $h = 0{,}6$ cm, Schwimmlage stabil
   3: $h = -0{,}2$ cm, Schwimmlage labil
8. $\alpha = 35{,}51°$
9. $\alpha = \arcsin g/a = 19{,}47°$
10. Mit derselben Höhe $h/2$ wie im Ruhezustand
11. $p_A = 1$ bar $p_B = 1{,}1$ bar
    $p_C = 1{,}12$ bar $p_D = 1{,}07$ bar
12. Neigung der Flüssigkeitsoberfläche = Neigung der schiefen Ebene = 20°
13. a) $x_2 = 0{,}885$ m $y_0 = 0{,}446$ m
    b) $p_A = 20{,}446$ mWS $p_B = 23{,}7$ mWS
14. a) $\omega = 6{,}3\ s^{-1}$
    b) $p_{üA} = 1$ mWS $p_{üB} = 3$ mWS
    c) $\omega = 7{,}7\ s^{-1}$ d) $V = 4{,}7$ m³
15. $A = 0{,}308$ m²

Abschnitt 4.5

1. $h_2 = 0{,}899$ m
2. $h_2 = 0{,}9$ m
3. $v = 1{,}72$ m/s
4. $v = 1{,}98$ m/s $\dot V = 0{,}62$ l/s
5. $p_ü = 1{,}1$ bar
6. $A_2 = 426{,}2$ mm² $p_2 = 99381$ N/m²
7. **4.**125 L

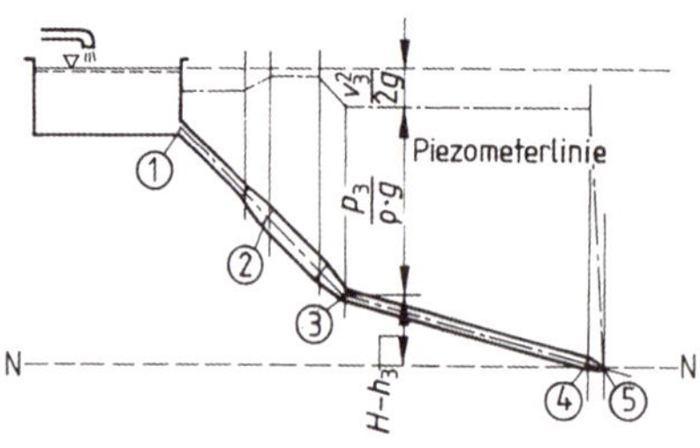

a) $v_a = 19{,}8$ m/s

b) $\dfrac{p_1}{\varrho g} = 3{,}75$ m $\dfrac{p_2}{\varrho g} = 6{,}6$ m $\dfrac{p_3}{\varrho g} = 11{,}4$ m

$\dfrac{p_4}{\varrho g} = 16{,}9$ m $\dfrac{p_5}{\varrho g} = 0$ m

8. $v_0 = 19{,}6$ m/s $v_u = 26{,}4$ m/s
9. $h = 6{,}12$ m
10. $\dot V = 0{,}0526$ m³/s
11. $v_2 = 3{,}07$ m/s
12. $\dot V_{neu} = 0{,}249$ m³/s $\dot V_{alt} = 0{,}189$ m³/s
13. $P = 2027$ kW 14. $P = 19{,}3$ kW
15. $v_3 = 17{,}16$ m/s $\dfrac{p_1}{\varrho g} = -1{,}144$ m
16. $p_{1ü} = 92947$ N/m²
17. $F_R = 21884$ N
18. $F_R = 229$ N 19. $F_R = 115$ N

Formelzeichen

A	Fläche
A_m	mittlere Fläche
A_{proj}	projezierte Fläche
a, b, c	Abstände, Abmessungen, Beiwerte
a	Beschleunigung
a_{abs}	Absolutbeschleunigung
a_{cor}	Coriolisbeschleunigung
a_F	Führungsbeschleunigung
a_n	Normalbeschleunigung
a_r	Radialbeschleunigung
a_{rel}	Relativbeschleunigung
a_t	Tangentialbeschleunigung
a_φ	Umfangsbeschleunigung
B	Drall
b	Breite
c	Federkonstante
c_d	Drehfederkonstante
$c_1, c_2 \ldots$	Beiwerte
D, d	Durchmesser
d_{hydr}	hydraulischer Durchmesser
E	Elastizitätsmodul, Energie, Kompressionsmodul
E_A	Energie am Anfang der Betrachtung
E_E	Energie am Ende der Betrachtung
E_{kin}	kinetische Energie
E_{pot}	potentielle Energie
e	Abstand
e_1, e_2	Faserabstand vom Schwerpunkt
e_{Rand}	Randfaserabstand
F	Kraft
$F_A, F_B \ldots$	Auflagerkräfte
F_C	Fliehkraft
F_G	Gewichtskraft
F_{GD}	Hangnormalkraft (Druckkraft)
F_{GH}	Hangabtriebskraft
F_K	Knickkraft
F_L	Längskraft
F_N	Normalkraft
F_Q	Querkraft
F_R	Reib-, Rollkraft, Resultierende
F_S	Seil-, Stabkraft
F_T	Tangentialkraft, Trägheitskraft
F_V	Vorspannkraft
$F_t, F_x, F_y \ldots$	Kraftkomponenten
f	Federweg
G	Gleit-, Schubmodul
g	Erdbeschleunigung
H	Polabstand, Höhe
H_{geo}	geodätische Höhe
H_n	Nettogefälle, Nutzfallhöhe
h	Höhe
h_{ges}	Gesamthöhe
h_r	Verlusthöhe eines Rohres
h_v	Verlusthöhe allg.
I	Trägheitsmoment (Flächen-, Massenträgheitsmoment)
$I_A, I_0 \ldots$	Trägheitsmoment um den Drehpunkt *A*, 0 ...
I_{erf}	erforderliches Trägheitsmoment
I_p	polares Flächenträgheitsmoment
I_t	Drillungswiderstand, Torsionsträgheitsmoment
$I_x, I_y, I_z \ldots$	Trägheitsmoment um die *x*-, *y*-, *z*- ... Achse
I_{xy}	Deviationsmoment
$I_{2,1}, I_{3,1} \ldots$	reduziertes Massenträgheitsmoment
i	Trägheitsradius
$i_x, i_y \ldots$	Trägheitsradius um die *x*-, *y*- Achse
k	Stoßzahl, Profilbeiwert, Rohr-Rauigkeit, Wandrauigkeit,
k_m	Kompressibilitäts-Koeffizient
l	Länge
l_{red}	reduzierte Länge
l_{res}	Reservelänge einer Feder
l_s	Schwerpunktabstand
l_{ung}	ungespannte Federlänge
l_{vor}	vorgespannte Federlänge
l^*	Stoßstellenabstand
M	Moment
$M_A, M_B \ldots$	Moment im Auflager *A*, *B*
M_b	Biegemoment
M_t	Torsions-, Drehmoment
$M_x, M_y \ldots$	Moment um die *x*-, *y*- Achse...
m	Masse, Poisson'sche Konstante
$m_F, m_L \ldots$	Kraft-, Längenmaßstab
m_{red}	Reduzierte Masse
$\dot{m}$	Massenstrom
P	Leistung
p	Druck
p_A	Atmosphärendruck
$p_Ü$	Überdruck
p_t	Dampfdruck
q	Belastungsintensität
$q(s)$	Schubfluss
Re	Reynolds'sche Zahl
Re_{krit}	kritische Reynolds'sche Zahl
r, R	Radius
r_a, r_i	Außen-, Innenradius
S	statisches Moment
s	Bogenlänge, Dicke, Strecke, freie Knicklänge
$\dot{s}$	Geschwindigkeit (1. Ableitung des Weges nach der Zeit)

$\ddot{s}$	Beschleunigung (2. Ableitung des Weges nach der Zeit)
T	Torsions-, Drehmoment
t	Zeit, Dicke, Temperatur, Tiefe
t_W	Wurfdauer
Δt	Temperaturänderung
V	Volumen
V_0	Bezugsvolumen, Anfangsvolumen
$\dot{V}$	Durchflussmenge, Volumenstrom
v	Geschwindigkeit, spezifisches Volumen
v_{abs}	Absolutgeschwindigkeit
v_m	mittlere Geschwindigkeit
v_r	Geschwindigkeit in radialer Richtung
v_{rel}	Relativgeschwindigkeit
$v_x, v_y, v_\xi, v_\eta \ldots$	Geschwindigkeit in x-, y-, ξ-, η-Achsenrichtung
v_t	Geschwindigkeit in tangentialer Richtung
W	Formänderungsarbeit, Arbeit, Widerstandsmoment
W_{erf}	erforderliches Widerstandsmoment
W_N	Nutzarbeit
W_p	polares Widerstandsmoment
W_t	Torsionswiderstandsmoment
W_V	Verlustarbeit
$W_x, W_y \ldots$	axiales Widerstandsmoment um die x-, y-... Achse
w	spezifische Formänderungsarbeit, Geschwindigkeit
x_W	Wurfweite
x, y, z	Koordinaten im kartesischen Koordinatensystem
x_S, y_S, z_S	Schwerpunktkoordinaten
x_M, y_M	Abstand des Schubmittelpunkts von der x-, y-Achse
$\dot{x}, \dot{y}$	Geschwindigkeit (1. Ableitung des Weges nach der Zeit)
$\ddot{x}, \ddot{y}$	Beschleunigung (2. Ableitung des Weges nach der Zeit)
y	Durchbiegung
$z_1, z_2 \ldots$	geodätische Höhe
$\alpha, \beta, \gamma \ldots$	Winkel
α	linearer Ausdehnungskoeffizient, Winkelbeschleunigung
α_0	Anstrengungsverhältnis
β	Volumen-, Raumausdehnungskoeffizient
β'	scheinbarer Raumausdehnungskoeffizient
γ	Gleitwinkel
$\dot{\gamma}$	Änderungsgeschwindigkeit des Scherwinkels
δ_0	laminare Grenzschichtdicke
Δ	Änderung
ε	Dehnung, Stauchung
ε_q	Querdehnung, -kürzung
ε_R	Raumdehnung, -kürzung
$\varepsilon_x, \varepsilon_y, \varepsilon_z$	Dehnung in x-, y-, z-Achsenrichtung
$\varepsilon_l, \varepsilon_t$	Dehnung in Längs-, Tangentialrichtung
ζ	Windungsverhältnis, Verlustbeiwert
η	Wirkungsgrad, Achsabstand, dynamische Zähigkeit, dynamische Viskosität
ϑ	Temperaturdifferenz
$\varkappa$	Krümmung
λ	Schlankheitsgrad, Rohrreibzahl
μ	Reibzahl, Querzahl
ν	Sicherheit, kinematische Zähigkeit, kinematische Viskosität
ν_K	Knicksicherheit
ξ	Achsabstand
ϱ	Dichte, Reibwinkel, Winkel
σ	Normalspannung, Oberflächenspannung
σ_b	Biegespannung
σ_d	Druckspannung
σ_k	Knickspannung
σ_{res}	resultierende Normalspannung
σ_v	Vergleichsspannung
σ_{vorh}	vorhandene Spannung
$\sigma_x, \sigma_y \ldots$	Normalspannung in x-, y-... Richtung
σ_z	Zugspannung
σ_{zul}	zulässige Spannung
$\sigma_1, \sigma_2, \sigma_3$	Hauptnormalspannungen, Hauptspannungen
τ	Schubspannung
τ_a	Abscherspannung
τ_m, τ_{mittel}	mittlere Schubspannung
τ_{max}, τ_{min}	max., min. Schubspannung
τ_{NF}	Schubspannung in der neutralen Faser
τ_Q	Schubspannung infolge Querkraft
τ_q, τ_k	Schubspannungskomponenten
τ_{res}	resultierende Schubspannung
τ_t	Torsionsspannung
τ_{xy}	Schubspannung in der Ebene senkrecht zur x-Achse und in y-Richtung weisend
τ_I, τ_{II}	Hauptschubspannungen
φ	Winkel, Verdrehwinkel
ψ	Winkel
ω	Winkelgeschwindigkeit

Bildquellenverzeichnis

Holzmann/Meyer/Schumpich, Technische Mechanik (B. G. Teubner, Stuttgart): Bild **1**.105, **1**.108, **1**.152, **1**.157, **2**.34, **3**.13, **3**.84, **3**.106 (Aufgabe), **3**.108 (Aufgabe)

Alle übrigen Bilder stammen aus dem Verlagsarchiv B. G. Teubner, Stuttgart.

Sachwortverzeichnis